スチュワート 微分積分学

II 微積分の応用

James Stewart 著

伊藤雄二・秋山 仁 訳

東京化学同人

CALCULUS

Eighth Edition

JAMES STEWART

序

偉大な発見は大きな問題を解決するが，どんな問題の解決にも一粒の発見がある．あなたの取組んでいる問題はささやかなものかもしれないが，あなたの好奇心を刺激し，創造力をかきたて，あなた自身の手段で解決すれば，問題と格闘している間の緊張を経た後に，発見の勝利感にひたることができるでしょう．

GEORGE POLYA

Mark van Doren は，教育とは発見を助けることだと言っています．私は，微積分が実践力とともに驚くべき美しさという両面をもつものだということを，学生が実感できる手助けができる本を書こうとしてきました．この第 8 版では，これまでの七つの版と同様に，学生に微積分の有用性を伝え，学生の技術的能力を伸ばすことを目指していますが，同時に，微積分本来の美しさを認識してもらうよう努めています．Newton は，偉大な発見をしたとき，間違いなく勝利感を味わったことでしょう．学生にもその興奮を経験してもらいたいのです．

重視するのは概念の理解です．ほぼすべての人は，これが微積分教育の第一の目標であることに同意すると思います．実際，現在の微積分改革運動の原動力は 1986 年のチューレン会議にあり，このとき

概念的な理解に焦点を当てる

ということが最初に勧告されました．

私はこの目標を，"題材は，幾何学的，数値的，代数的に表示すべきである" という三つのルールにより具体化しようとしました．視覚化，数値やグラフを用いた試みなどによって，概念的理解の基礎的な教え方が変わりました．さらに最近では，言語的または記述的な観点を強調することによって，三つのルールは四つのルールに拡大されています．

第 8 版の執筆にあたって，概念理解を達成しながら，かつ伝統的な微積分学の最高の様式を保つことを前提としました．この本は改革の要素を含んでいますが，伝統的な微積分学の教科書であることに変わりはありません．

姉 妹 版

いろいろな教師の希望に合うよう，本書以外にもいくつか微積分学のテキストを執筆してきた．それらのほとんどには，1 変数版および多変数版がある．

- Calculus: Early Transcendentals（第 8 版）は，指数関数，対数関数，逆 3 角関数を最初の学期で扱うことを除いて，本書に近いテキストである．
- Essential Calculus（第 2 版）はかなり簡潔な本（840 ページ）だが，いくつかの題材を簡潔に説明し，コラムのいくつかをウェブサイト上に掲載することによって，本書のほとんどすべ

ての題材を扱っている．

- Essential Calculus: Early Transcendentals（第2版）は Essential Calculus に近い書であるが，指数関数，対数関数，逆3角関数については第3章で説明されている．
- Calculus: Concepts and Contexts（第4版）は，本書よりもさらに概念的な理解を強調する．題材の範囲は網羅的ではなく，超越関数と媒介変数方程式に関する題材は，独立の章で扱うのではなく，随所に織込まれている．
- Calculus: Early Vectors は，最初の学期にベクトルとベクトル値関数を導入できるようにし，それらについて本書全体を通して解説した書である．本書は，工学および物理学のコースを受講する学生が，微積分の書と並行して学ぶのに適している．
- Brief Applied Calculus は，ビジネス，社会科学，および生命科学の学生を対象とした書である．
- Biocalculus: Calculus for the Life Sciences は，生命科学系の学生に，微積分が生物学とどのように関連しているかを示すことを目的して書かれた書である．
- Biocalculus: Calculus, Probability, and Statistics for the Life Sciences には，Biocalculus: Calculus for the Life Sciences のすべての内容の他に，確率と統計に関する三つの章を含む．

第8版のどこが新しいか

第8版での変更は，トロント大学の同僚や学生との会話，読者と査読者からの提案，専門誌を読んだことに由来する．この版に取入れた多くの改良点のうちのいくつかを示す．

- 例や問題の数値をより新しい数値に更新した．
- 新しい例を付け加えた（たとえば第Ⅰ巻§5･1例5，第Ⅱ巻§6･2例5，第Ⅲ巻§3･3例3）．また，いくつかの例の解説をより詳しくした．
- 新しい課題を三つ加えた．第Ⅰ巻§3･7 飛行機と鳥：最小エネルギーで飛ぶにはでは，最小仕事率あるいは最小エネルギーで飛ぶために，鳥がいかにしてはばたきと滑空を繰返すかを調べる．第Ⅱ巻§1･5 手術中の赤血球の喪失の制御では，手術前に血液を患者から抜取り，代わりに生理食塩水を注入するANHという処置を説明する．これにより，患者の血液は希釈され，手術中の出血による赤血球の喪失は少なくなる．抜取られた血液は手術後に患者の体内に戻される．第Ⅲ巻§3･4 競泳用水着レーザー・レーサーでは，この水着が水中の抵抗を減らした結果，多くの水泳記録が塗り替えられたことを説明する．そして，わずかな抵抗の減少がなぜ大きな結果につながったかを問題にする．
- 第Ⅲ巻第4章 重積分は，以前の版の最初の2節をまとめて，累次積分の解説が初期の段階で扱われるようにした．
- 節末問題の20％以上を新しくした．これらのいくつかは私の気に入りの問題である：第Ⅰ巻§2･1の61，§2･2の34～36，§3･3の30, 54，§3･7の39, 67，§4･1の19, 20，§4･2の67, 68，§4･4の63，§5･1の51；第Ⅱ巻§1･2の79，§1･7の54，§1･8の90，§3･1の39；第Ⅲ巻§1･5の81，§1･6の29, 30，§3･6の65, 66．また，いくつかのよい問題を新しく追加問題の中に加えた：第Ⅰ巻第2章10～12，第3章10，第4章14, 15；第Ⅲ巻第3章8．

特　　徴

■ 概念理解を助ける問題

概念の理解を促す最も重要な方法は，問題を解くことである．そのため，さまざまなタイプの問題を考案した．いくつかの節末問題は，節の基本概念の意味を説明することから始まる（たとえば第Ⅰ巻§1·5,§1·8；第Ⅱ巻§6·2；第Ⅲ巻§3·2,§3·3の最初のいくつかの問題）．同様に章末問題は，内容の確認と○×テストより始まる．他の問題もグラフあるいは表を通して概念を理解しているかをみる（第Ⅰ巻§2·1節末問題17，§2·2の33〜36,45〜50；第Ⅱ巻§4·1の11〜13，§5·1の24〜27，§6·10の2；第Ⅲ巻§2·2の1,2，§2·3の33〜39，§3·1の1,2,32〜38,41〜44，§3·3の3〜10，§3·6の1,2，§3·7の3,4，§4·1の6〜8，§5·1の11〜18，§5·2の17,18，§5·3の1,2）．

概念理解をみるために，日常言語による表現を求める問題もある（第Ⅰ巻§1·8節末問題10，§2·2の64，§3·3の57,58；第Ⅱ巻§2·8の67）．特に図と数値と代数的方法を組合わせ，比較する問題を重要視する（第Ⅰ巻§2·7節末問題25，§3·4の33,34；第Ⅱ巻§4·4の4）．

■ レベル分けされた問題

問題は，基本概念の問題や計算技術を伸ばす問題から，応用あるいは証明を含むより難しい挑戦的な問題まで，注意深く段階的に配してある．

■ 実社会のデータ

微積分の概念を説明するための実社会の面白いデータを探すために，協力者と共に多大な時間をかけて，図書館に通い，企業あるいは政府機関に連絡し，そしてインターネットで検索した．その成果として得られたデータあるいはグラフから，例と問題に現れる多くの関数をつくった．たとえば第Ⅰ巻の§1·1図1（ロサンゼルス地震の地震波のグラフ），§2·2節末問題33（失業率），§4·1節末問題16（スペースシャトル エンデバーの速度），§4·4図4（サンフランシスコの電力消費率）をみよ．2変数関数は気温と風速による風冷指数（大雑把には体感気温）の表で説明する（第Ⅲ巻§3·1例2）．偏微分は第Ⅲ巻§3·3で温度と相対湿度による熱指数（体感温度）の表を使って説明する．この例は線形近似のところで再度堀下げる（第Ⅲ巻§3·4例3）．方向微分は，リノからラスベガスへの等温線の変化率を予想することによって，第Ⅲ巻§3·6で導入する．重積分は，2006年12月20〜21日のコロラドの平均降雪量を求めるために使う（第Ⅲ巻§4·1例9）．ベクトル場は，サンフランシスコ湾の実際の風向きをベクトルで描くことによって，第Ⅲ巻§5·1で導入する．

■ 課　　題

やり終えたときに大きな達成感が得られるような広範な課題に，学生を（おそらくグループで）取組ませることにより，学生を能動的かつ積極的に学習させることができる．そのために4種類の課題を用意した．応用課題は学生の想像力に訴えるように作成した．第Ⅱ巻§4·3の課題は，真上に投げ上げられたボールが最高点に達するまでの時間と，最高点からもとの高さに戻るまでの時間のどちらが長いかを問うている（答えを知ると驚くだろう）．第Ⅲ巻§3·8の課題はLagrangeの乗数法を使って，3段ロケットが規定の速度に達っしうる，かつ，ロケットの総質量が最小となるように各段の質量を求める．研究課題は工学的な内容を含む．その一つ第Ⅱ巻§5·2の課題は，レーザープリンターで文字の形をつくるのに，Bézier 曲線をどのように使っているかを示している．レポート課題は文献を与えて，たとえば解析学の創始者 Fermat が接線を求めた方法と，現在の方法との違いを問うている．発見的課題は結果を予想して後で議論したり，あるいはパターン認識を通して発見を助ける（その一つが第Ⅱ巻§2·6の課題である）．他に4面体（第Ⅲ巻§1·4），超球（第Ⅲ巻§4·6），交差した3本の円筒（第Ⅲ巻§4·7）の図形的考察を行う．

■ 問題を解くこと

学生は通常，明白な解法をもたない問題を難しいと思う．私は George Polya の4段階の問題解決法より優れた解決法を誰も提示していないと思うので，本書では第Ⅰ巻第1章の最後に問題解決のための考え方という形で翻案して取入れた．これらの考え方は明白にあるいは暗黙にこの本の中に織り込まれている．最初と最後の章以外は，章の最後に追加問題と名づけた節を設け，困難な微積分の問題にいかに取組むかを示す，特色ある問題を配した．これらの節の問題を選ぶときは，David Hilbert の名言“数学の問題はわれわれを魅惑するだけ十分に難しくなければならない．しかし難しすぎてわれわれの努力を嘲るほど近寄り難くてもいけない”を心に留めた．これらの困難な問題を宿題あるいはテストとして使うときは，一般問題とは異なる評価，すなわち解に向けての考え方あるいは問題解決のための考え方を適切に使っていることに対して，高い評価を与えるように留意いただきたい．

■ 指数関数と対数関数の2通りの取扱い

指数関数と対数関数の導入には2通りの方法があり，おのおのに熱烈な支持者がいる．そのため，双方の支持者が教えることがあることを考慮して，本書では二つの方法を共に完全に扱った．すなわち，第Ⅱ巻の§1·2～1·4では最初に指数関数を定義して，対数関数は指数関数の逆関数として定義する．これは高校でよく行われる定義の仕方である．逆に第Ⅱ巻§1·2*～1·4*では最初に積分を使って対数関数を定義し，指数関数は対数関数の逆関数として定義する．この方法は直感的ではないし，微分積分を修めていなければ使えないが，論理的にはよりエレガントである．読者はどちらの方法を選んでもかまわない．

最初の方法を採用するならば，必要に応じて第Ⅱ巻第1章の中の多くの節を第Ⅰ巻第4, 5章の前にもってくることができる．この変更に対応させるために，第Ⅰ巻第4, 5章の適当な節に指数関数と対数関数の積分を含む問題を特別に配している．この順序で教えるのならば超越関数と定積分を最初の学期で教えることも可能である．

そのような教え方をもっと徹底したい教師のために姉妹書 Calculus: Early Transcendentals（第8版）を用意した．そこでは指数関数と対数関数は第1章で扱い，それらの極限と導関数は多項式や初等関数と一緒に第2, 3章で扱う．

内　容

■ I. 微積分の基礎

診断テスト　本書は，基礎的な代数，解析幾何学，関数，3角法の4分野の診断テストで始まる．

微分積分学についての序文　微分積分学の概要であり，微積分の勉強を動機づけるための質問リストを含む．

第 1 章 関数と極限　最初に，関数をさまざまな表現，すなわち文章で，数値（表）で，視覚的に（図），代数的に表すことを強調する．数学モデルの議論のところで，前記四つの観点から基本的な関数を見直す．極限を接線と速度の問題として提起し，文章，グラフ，表，あるいは数式として扱う．正確な ε–δ 論法による極限の定義を説明する §1·7 は選択自由な節である．

第 2 章 導関数　習熟する時間が十分あるように，導関数は 2 章にわたる．例と問題ではさまざまな状況で導関数の意味を探る．高階導関数は §2·2 で説明する．

第 3 章 微分の応用　極値と曲線の形についての基本的なデータを平均値の定理から導く．グラフ化の技術は，微積分と計算機の相互作用を強調し，曲線の族の解析を助ける．いくつかの実際的な最適化問題を紹介し，その中には，虹を見るときなぜ頭を 42°上に傾ける必要があるのかという内容もある．

第 4 章 積　分　面積と距離の問題から，必要に応じて Σ 記号を使いながら，定積分へと導く（Σ 記号については付録 E を参照）．さまざまな状況での積分の意味を説明し，グラフや表からそれらの値を推定することに重点をおく．

第 5 章 積分の応用　積分の応用として面積，体積，仕事，平均値を求める．特別な方法ではなく一般的な方法で求めることに重点をおく．全体を小片に分割し，Riemann 和を求め，その極限が積分であることを理解する．

II. 微積分の応用

第 1 章 逆関数：指数関数，対数関数，逆 3 角関数　指数関数と対数関数が 2 通りの方法で導入してあるので（詳しくは前ページの「指数関数と対数関数の 2 通りの取扱い」参照），そのうちの片方を選択すればよい．指数関数的増加と指数関数的減少はこの章で説明する．

第 2 章 不定積分の諸解法　標準的な積分のテクニックをすべて紹介するが，真の課題は，特定の状況でどのテクニックを選択すべきか判断できるかどうかである．したがって §2·5 では積分の計算方法を示す．数式処理システムの利用については §2·6 で扱う．

第 3 章 積分のさらなる応用　曲線の長さ，回転体の側面積といった，すべての積分のテクニックが使える応用と，生物，経済，物理（水圧や重心）への応用がある．また，確率の節を用意した．ここには実際に授業で教えられる以上の例があるので，学生にあわせて面白い例を選択するとよい．

第 4 章 微分方程式　モデル化が，微分方程式の導入部である本章を通してのテーマである．変数分離形と線形微分方程式を解く前に方向場と Euler 法を学ぶ．そこでは定性的，数値的，解析的な手法を同等に扱う．これらの手法を，人口増加をモデル化した指数関数，ロジスティック関数，その他のモデルに適用する．最初の四つまたは五つの節は，1 階微分方程式のよい導入であり，選択自由な最後の節では，捕食者–被食者モデルを用いて微分方程式系を説明する．

第 5 章 媒介変数表示と極座標　媒介変数表示あるいは極座標表示曲線を紹介し，それらに微積分を適用する．媒介変数表示曲線（パラメトリック曲線）は研究課題に最適であり，ここでは曲線の族と Bézier 曲線に関する二つの課題を用意した．極座標における円すい曲線の簡潔な扱いは，第Ⅲ巻第 2 章の Kepler の法則への準備である．

第 6 章 無限数列と無限級数　級数の収束判定法を，§6·3 で直観的に正当化し，正式に証明する．級数の和は，級数の収束を証明するために使った方法に基づいて推定する．Taylor 級数と Taylor 多項式の物理への応用を強調し，これらの誤差評価はグラフを使って行う．

Ⅲ. 多変数関数の微積分

第 1 章 ベクトルと空間の幾何　3 次元の解析幾何とベクトルは 2 章にわけて解説する．ここではベクトル，内積，外積，直線，平面，曲面を扱う．

第 2 章 ベクトル値関数　ここでは，ベクトル値関数とその導関数，積分，空間曲線の長さと曲面の曲率，空間曲線に沿った速度と加速度，最後に Kepler の法則を示す．

第 3 章 偏微分　独立変数が二つ以上ある関数を，文章，表，図，数式で学ぶ．特に，実際の温度と相対湿度の関数として，熱指数（体感温度）の値の表の特定の列を使い，偏微分を導入する．

第 4 章 重積分　等高線と中間値の定理を使って，ある地域の平均降雪量や平均気温を求める．重積分と 3 重積分を，確率や曲面の面積を計算するために使い，発見的課題において超球の体積，交差した 3 本の円筒の共通部分の体積を計算するのに使う．3 重積分を求める際に，円柱座標と極座標を導入する．

第 5 章 ベクトル解析　サンフランシスコ湾の風の流れの図としてベクトル場を示し，線積分の基本定理，Green の定理，Stokes の定理，Gauss 定理の間の類似点を説明する．

第 6 章 2 階の微分方程式　1 階微分方程式は第Ⅱ巻第 4 章で扱かったので，この最後の章では 2 階の線形微分方程式と，バネの振動，電気回路，級数解法への応用を説明する．

補助教材（英語版のみ）

本書第 8 版には，学生の理解を助け，創造的教育を容易にする付属教材がある．以下にこれらのうち，学生用補助教材とウェブサイトを説明する（補助教材およびウェブサイトは原出版社により英語版読者のために提供されており，日本語版読者の使用は保証されない．また，教師用補助教材はオンライン教材も含めて日本語版採用教員には利用できない．また日本語版の問題は英語版の問題と一部異なっていることに注意が必要である）．

- **Student Solutions Manual**（日本語版の問題は英語版と一部異なっていることに注意）
  Single Variable by Daniel Anderson, Jeffery A. Cole, Daniel Drucker
  （ISBN 978-1-305-27181-4）
  Multivariable by Dan Clegg, Barbara Frank
  （ISBN 978-1-305-27182-1）
  奇数番号の問題の解答集．学生が自分の解の正否を途中経過も含めて確認できるように，完全な解を掲載．電子書籍としても購入できる．
- **Study Guide**（日本語版の問題は英語版と一部異なっていることに注意）
  Single Variable by Richard St. Andre（ISBN 978-1-305-27913-1）
  Multivariable by Richard St. Andre（ISBN 978-1-305-27184-5）
  本書の各節について，簡潔な導入，習得すべき概念の簡潔なリスト，解の要約とポイントを提供している．また "Technology Plus" の問題と，選択式の "On Your Own" というテスト形式の問題を含む．電子書籍としても購入できる．

- **A Companion to Calculus** by Dennis Ebersole, Doris Schattschneider, Alicia Sevilla, Kay Somers（ISBN 978–0–495–01124–8）
  微積分を受講する学生の，代数と問題解決力の向上を目的とする書．すべての章で微積分の題材が取上げられ，その題材に関する問題を理解し解決するために必要な概念的背景と代数の手法が書かれている．微積分に入る前の概念を復習する微積分コース用，または，個々の使用を想定している．電子書籍としても購入できる．
- **Linear Algebra for Calculus** by Konrad J. Heuvers, William P. Francis, John H. Kuisti, Deborah F. Lockhart, Daniel S. Moak, Gene M. Ortner（ISBN 978–0–534–25248–9）
  微積分のために書かれた線形代数の基本概念を紹介する入門書．電子書籍としても購入できる．
- **Stewart Website** www.stewartcalculus.com
  内容：Homework Hints / Algebra Review / Additional Topics / Drill exercises / Challenge Problems / Web Links / History of Mathematics / Tools for Enriching Calculus（TEC）

謝　辞

本書および以前の版の準備には，多数の有能な査読者からの理路整然とした（ときに矛盾もあったが）助言を読むことに多くの時間を費やした．どんな動機で私が本書のような書き方をしたか，彼らが時間をかけて理解してくれようとしたことに対し，心から感謝したい．私はそれぞれから何かしらを学んだ．

第8版査読者

Jay Abramson, *Arizona State University*
Adam Bowers, *University of California San Diego*
Neena Chopra, *The Pennsylvania State University*
Edward Dobson, *Mississippi State University*
Isaac Goldbring, *University of Illinois at Chicago*
Lea Jenkins, *Clemson University*
Rebecca Wahl, *Butler University*

補助教材の査読者

Maria Andersen, *Muskegon Community College*
Eric Aurand, *Eastfield College*
Joy Becker, *University of Wisconsin–Stout*
Przemyslaw Bogacki, *Old Dominion University*
Amy Elizabeth Bowman, *University of Alabama in Huntsville*
Monica Brown, *University of Missouri–St. Louis*
Roxanne Byrne, *University of Colorado at Denver and Health Sciences Center*
Teri Christiansen, *University of Missouri–Columbia*
Bobby Dale Daniel, *Lamar University*
Jennifer Daniel, *Lamar University*
Andras Domokos, *California State University, Sacramento*
Timothy Flaherty, *Carnegie Mellon University*
Lee Gibson, *University of Louisville*
Jane Golden, *Hillsborough Community College*
Semion Gutman, *University of Oklahoma*
Diane Hoffoss, *University of San Diego*
Lorraine Hughes, *Mississippi State University*
Jay Jahangiri, *Kent State University*
John Jernigan, *Community College of Philadelphia*
Brian Karasek, *South Mountain Community College*
Jason Kozinski, *University of Florida*
Carole Krueger, *The University of Texas at Arlington*
Ken Kubota, *University of Kentucky*
John Mitchell, *Clark College*
Donald Paul, *Tulsa Community College*
Chad Pierson, *University of Minnesota, Duluth*

Lanita Presson, *University of Alabama in Huntsville*
Karin Reinhold, *State University of New York at Albany*
Thomas Riedel, *University of Louisville*
Christopher Schroeder, *Morehead State University*
Angela Sharp, *University of Minnesota, Duluth*
Patricia Shaw, *Mississippi State University*
Carl Spitznagel, *John Carroll University*
Mohammad Tabanjeh, *Virginia State University*
Capt. Koichi Takagi, *United States Naval Academy*
Lorna TenEyck, *Chemeketa Community College*
Roger Werbylo, *Pima Community College*
David Williams, *Clayton State University*
Zhuan Ye, *Northern Illinois University*

■ 第7版までの査読者

B. D. Aggarwala, *University of Calgary*
John Alberghini, *Manchester Community College*
Michael Albert, *Carnegie-Mellon University*
Daniel Anderson, *University of Iowa*
Amy Austin, *Texas A&M University*
Donna J. Bailey, *Northeast Missouri State University*
Wayne Barber, *Chemeketa Community College*
Marilyn Belkin, *Villanova University*
Neil Berger, *University of Illinois, Chicago*
David Berman, *University of New Orleans*
Anthony J. Bevelacqua, *University of North Dakota*
Richard Biggs, *University of Western Ontario*
Robert Blumenthal, *Oglethorpe University*
Martina Bode, *Northwestern University*
Barbara Bohannon, *Hofstra University*
Jay Bourland, *Colorado State University*
Philip L. Bowers, *Florida State University*
Amy Elizabeth Bowman, *University of Alabama in Huntsville*
Stephen W. Brady, *Wichita State University*
Michael Breen, *Tennessee Technological University*
Robert N. Bryan, *University of Western Ontario*
David Buchthal, *University of Akron*
Jenna Carpenter, *Louisiana Tech University*
Jorge Cassio, *Miami-Dade Community College*
Jack Ceder, *University of California, Santa Barbara*
Scott Chapman, *Trinity University*
Zhen-Qing Chen, *University of Washington–Seattle*
James Choike, *Oklahoma State University*
Barbara Cortzen, *DePaul University*
Carl Cowen, *Purdue University*
Philip S. Crooke, *Vanderbilt University*
Charles N. Curtis, *Missouri Southern State College*
Daniel Cyphert, *Armstrong State College*
Robert Dahlin
M. Hilary Davies, *University of Alaska Anchorage*
Gregory J. Davis, *University of Wisconsin–Green Bay*
Elias Deeba, *University of Houston–Downtown*
Daniel DiMaria, *Suffolk Community College*
Seymour Ditor, *University of Western Ontario*
Greg Dresden, *Washington and Lee University*
Daniel Drucker, *Wayne State University*
Kenn Dunn, *Dalhousie University*
Dennis Dunninger, *Michigan State University*
Bruce Edwards, *University of Florida*
David Ellis, *San Francisco State University*
John Ellison, *Grove City College*
Martin Erickson, *Truman State University*
Garret Etgen, *University of Houston*
Theodore G. Faticoni, *Fordham University*
Laurene V. Fausett, *Georgia Southern University*
Norman Feldman, *Sonoma State University*
Le Baron O. Ferguson, *University of California–Riverside*
Newman Fisher, *San Francisco State University*
José D. Flores, *The University of South Dakota*
William Francis, *Michigan Technological University*
James T. Franklin, *Valencia Community College, East*
Stanley Friedlander, *Bronx Community College*
Patrick Gallagher, *Columbia University–New York*
Paul Garrett, *University of Minnesota–Minneapolis*
Frederick Gass, *Miami University of Ohio*
Bruce Gilligan, *University of Regina*
Matthias K. Gobbert, *University of Maryland, Baltimore County*
Gerald Goff, *Oklahoma State University*
Stuart Goldenberg, *California Polytechnic State University*
John A. Graham, *Buckingham Browne & Nichols School*
Richard Grassl, *University of New Mexico*
Michael Gregory, *University of North Dakota*
Charles Groetsch, *University of Cincinnati*
Paul Triantafilos Hadavas, *Armstrong Atlantic State University*
Salim M. Haïdar, *Grand Valley State University*
D. W. Hall, *Michigan State University*
Robert L. Hall, *University of Wisconsin–Milwaukee*
Howard B. Hamilton, *California State University, Sacramento*
Darel Hardy, *Colorado State University*
Shari Harris, *John Wood Community College*
Gary W. Harrison, *College of Charleston*
Melvin Hausner, *New York University/Courant Institute*
Curtis Herink, *Mercer University*
Russell Herman, *University of North Carolina at Wilmington*
Allen Hesse, *Rochester Community College*

Randall R. Holmes, *Auburn University*
James F. Hurley, *University of Connecticut*
Amer Iqbal, *University of Washington–Seattle*
Matthew A. Isom, *Arizona State University*
Gerald Janusz, *University of Illinois at Urbana-Champaign*
John H. Jenkins, *Embry-Riddle Aeronautical University, Prescott Campus*
Clement Jeske, *University of Wisconsin, Platteville*
Carl Jockusch, *University of Illinois at Urbana-Champaign*
Jan E. H. Johansson, *University of Vermont*
Jerry Johnson, *Oklahoma State University*
Zsuzsanna M. Kadas, *St. Michael's College*
Nets Katz, *Indiana University Bloomington*
Matt Kaufman
Matthias Kawski, *Arizona State University*
Frederick W. Keene, *Pasadena City College*
Robert L. Kelley, *University of Miami*
Akhtar Khan, *Rochester Institute of Technology*
Marianne Korten, *Kansas State University*
Virgil Kowalik, *Texas A&I University*
Kevin Kreider, *University of Akron*
Leonard Krop, *DePaul University*
Mark Krusemeyer, *Carleton College*
John C. Lawlor, *University of Vermont*
Christopher C. Leary, *State University of New York at Geneseo*
David Leeming, *University of Victoria*
Sam Lesseig, *Northeast Missouri State University*
Phil Locke, *University of Maine*
Joyce Longman, *Villanova University*
Joan McCarter, *Arizona State University*
Phil McCartney, *Northern Kentucky University*
Igor Malyshev, *San Jose State University*
Larry Mansfield, *Queens College*
Mary Martin, *Colgate University*
Nathaniel F. G. Martin, *University of Virginia*
Gerald Y. Matsumoto, *American River College*
James McKinney, *California State Polytechnic University, Pomona*
Tom Metzger, *University of Pittsburgh*
Richard Millspaugh, *University of North Dakota*
Lon H. Mitchell, *Virginia Commonwealth University*
Michael Montaño, *Riverside Community College*
Teri Jo Murphy, *University of Oklahoma*
Martin Nakashima, *California State Polytechnic University, Pomona*
Ho Kuen Ng, *San Jose State University*
Richard Nowakowski, *Dalhousie University*
Hussain S. Nur, *California State University, Fresno*
Norma Ortiz-Robinson, *Virginia Commonwealth University*
Wayne N. Palmer, *Utica College*
Vincent Panico, *University of the Pacific*
F. J. Papp, *University of Michigan–Dearborn*
Mike Penna, *Indiana University–Purdue University Indianapolis*
Mark Pinsky, *Northwestern University*
Lothar Redlin, *The Pennsylvania State University*
Joel W. Robbin, *University of Wisconsin–Madison*
Lila Roberts, *Georgia College and State University*
E. Arthur Robinson, Jr., *The George Washington University*
Richard Rockwell, *Pacific Union College*
Rob Root, *Lafayette College*
Richard Ruedemann, *Arizona State University*
David Ryeburn, *Simon Fraser University*
Richard St. Andre, *Central Michigan University*
Ricardo Salinas, *San Antonio College*
Robert Schmidt, *South Dakota State University*
Eric Schreiner, *Western Michigan University*
Mihr J. Shah, *Kent State University–Trumbull*
Qin Sheng, *Baylor University*
Theodore Shifrin, *University of Georgia*
Wayne Skrapek, *University of Saskatchewan*
Larry Small, *Los Angeles Pierce College*
Teresa Morgan Smith, *Blinn College*
William Smith, *University of North Carolina*
Donald W. Solomon, *University of Wisconsin–Milwaukee*
Edward Spitznagel, *Washington University*
Joseph Stampfli, *Indiana University*
Kristin Stoley, *Blinn College*
M. B. Tavakoli, *Chaffey College*
Magdalena Toda, *Texas Tech University*
Ruth Trygstad, *Salt Lake Community College*
Paul Xavier Uhlig, *St. Mary's University, San Antonio*
Stan Ver Nooy, *University of Oregon*
Andrei Verona, *California State University–Los Angeles*
Klaus Volpert, *Villanova University*
Russell C. Walker, *Carnegie Mellon University*
William L. Walton, *McCallie School*
Peiyong Wang, *Wayne State University*
Jack Weiner, *University of Guelph*
Alan Weinstein, *University of California, Berkeley*
Theodore W. Wilcox, *Rochester Institute of Technology*
Steven Willard, *University of Alberta*
Robert Wilson, *University of Wisconsin–Madison*
Jerome Wolbert, *University of Michigan–Ann Arbor*
Dennis H. Wortman, *University of Massachusetts, Boston*
Mary Wright, *Southern Illinois University–Carbondale*
Paul M. Wright, *Austin Community College*
Xian Wu, *University of South Carolina*

加えて，次の方々に感謝する．いろいろな提案をしてくれたR. B. Burckel，Bruce Colletti，David Behrman，John Dersch，Gove Effinger，Bill Emerson，Dan Kalman，Quyan Khan，Alfonso Gracia-Saz，Allan MacIsaac，Tami Martin，Monica Nitsche，Lamia Raffo，Norton Starr，Jim Trefzger．自著の微積分教科書の問題を使用することを許可してくれたAl ShenkとDennis Zill．課題の題材としての使用を許可してくれたCOMAP．問題の案を提供してくれたGeorge Bergman，David Bleecker，Dan Clegg，Victor Kaftal，Anthony Lam，Jamie Lawson，Ira Rosenholtz，Paul Sally，Lowell Smylie，Larry Wallen．第Ⅲ巻第4章応用課題の案を提供してくれたDan Drucker．課題の案を提供してくれたThomas Banchoff，Tom Farmer，Fred Gass，John Ramsay，Larry Riddle，Philip Straffin，Klaus Volpert．新しい問題を解きそれを改良してくれたDan Anderson，Dan Clegg，Jeff Cole，Dan Drucker，Barbara Frank．校正をしてくれたMarv Riedesel，Mary Johnson．再校正をしてくれたAndy Bulman-Fleming，Lothar Redlin，Gina Sanders，Saleem Watson．解の原稿の準備と校正をしてくれたJeff Cole，Dan Clegg．

さらに，以前の版に貢献してくださった次の方々にも感謝する．Ed Barbeau，Jordan Bell，George Bergman，Fred Brauer，Andy Bulman-Fleming，Bob Burton，David Cusick，Tom DiCiccio，Garret Etgen，Chris Fisher，Leon Gerber，Stuart Goldenberg，Arnold Good，Gene Hecht，Harvey Keynes，E. L. Koh，Zdislav Kovarik，Kevin Kreider，Emile LeBlanc，David Leep，Gerald Leibowitz，Larry Peterson，Mary Pugh，Lothar Redlin，Carl Riehm，John Ringland，Peter Rosenthal，Dusty Sabo，Doug Shaw，Dan Silver，Simon Smith，Norton Starr，Saleem Watson，Alan Weinstein，Gail Wolkowicz．

また，オンライン教材について以下の方々に感謝する．図版制作をしてくれたKathi Townes，Stephanie Kuhns，Kristina Elliott，Kira Abdallah．そして，コンテンツ制作についてCengage Leaning社のプロジェクトマネージャーCheryll Linthicum，開発代表者Stacy Green，副開発代表者Samantha Lugtu，制作助手Stephanie Kreuz．さらにメディア開発者Lynh Pham，マーケティングマネージャーRyan Ahern，アートディレクターVernon Boes．彼らは重要な仕事をしてくれた．

30年にわたって次の素晴らしい編集者と一緒に仕事ができたことは非常に幸運だった．Ron Munro，Harry Campbell，Craig Barth，Jeremy Hayhurst，Gary Ostedt，Bob Pirtle，Richard Stratton，Liz Covello，そして現在の担当者Neha Taleja．すべての人がこの本の成功に多大の貢献をしてくれた．

JAMES STEWART

著者について　ジェームズ・スチュワート（James Stewart）博士は，1941年カナダトロントに生まれ，2014年同地で没．米国スタンフォード大学で修士号（M.S.）を，カナダトロント大学で博士号（Ph.D.）を取得．英国ロンドン大学博士研究員を経て，カナダマックマスター大学へ．晩年まで教授として教鞭をとる．専門は調和解析．数学者であり，ヴァイオリニストでもあった．彼が著した本書“Calculus”を含む一連の微分積分学教科書シリーズは，世界中で翻訳され，微分積分学の教科書のベストセラーとなっている．

訳者序

本書の原著は千数百ページからなる立派な本です．試しにこの本を計量秤で計ってみたら 3 kg 近くありました．最近の日本の微積の本は薄く軽いものが多いので，最初見たときはただただ圧倒されてしまいました．

James Stewart の“Calculus”は長年にわたり，米国を中心とする英語圏の大学生たちに愛読され続け，いくつもの版を重ねて第 8 版となり，ついに微積分学のバイブル本とまでよばれるようになりました．

なぜこの本が学生や彼らを教える教授たちに支持され続けてきたのか，その原因は何なのだろうか．本書を通読してみて，その理由がわかりました．そこには，若者たちを虜にするいくつものワクワクするような宝物が詰まっていたからです．それらの宝物を具体的にいうと，以下のものです．

1. 微積分が物理，機械，電気，電磁気などの原理や現象，理論を解明するために不可欠であることは，日本の教科書でも多々言及されています．しかし，本書では，それらの分野はもとより，社会学，経済学，医学，スポーツ，気象学，経営学を含む幅広い分野への応用が目から鱗が落ちるように解説されているのです．“へぇー，こんなところにも微積が鮮やかに使われているのか”を手に取るように教えてくれるので，次はどんな話題が飛び出すのだろうと，ワクワクしてしまうほどです．今，自分が学ぼうとしている微積分学がこんな幅広い応用をもつのだということを読者や学生に示しながら解説を進めていく．この Stewart の戦略は大いに学びがいを刺激し，さらなる向上心を煽るような仕掛けがしてあったのです．

2. 本書を貫く二つ目の戦略は，以下のものです．

本書では難しくて抽象的な概念を教授するとき，いきなり難解な用語でもって抽象的に教えるのを避けています．まず，平易な例や，図やグラフ，比喩などをふんだんに用いて，その教えようとしている概念のおおまかなニュアンスが読者にわかるように説明の仕方や説明の手順が周到に配慮されています．

すなわち，一度にたくさんの高度な定義や概念を教えこもうとせず，これから解説するトピックに対して必要最小限に絞って消化不良を防いでいるのです．そのうえで，さらに，発展した定義や包括的概念を新たに導入しなければならなくなったときに，そこで初めてそれらを説明しています．そのとき，読者や学生にはすでにある程度のその定義や概念に対するイメージが醸成されているので，比較的理解がスムーズに進むというわけです．

この戦略を Stewart がとった理由は，いきなり抽象的で難解な定義・概念を教えこもうとすると，その段階で相当数の学生が理解不全に陥って脱落したり，もうそれ以上のページをめくろうとしなくなってしまうからでしょう．特に，将来，数学を専門としないが，微積を道具として駆使できる人材を育成するためには，これはとても重要な戦略だと思います．消化不良や食わず嫌いになってしまう読者や学生を最小に抑える苦心の策であると思います．著者としては，汎用性の高い概念や定義を最初にガーンと示しておきさえすれば，ちょっとずつ定義や概念を拡張する面倒な手間が省け，（わかっている人にとっては）体系的，かつ効率的に議論や解説を進められます．そういう意味で本書は，Authors first ではなく，Readers first をポリシーとして貫いています．

3. 現在，社会にはパソコンや電卓などの発展・普及が著しく，社会学系の職場でもかなり高度な数学の応用が，便利なソフトを用いて，パソコンで一瞬のもとに図解されたり，分析結果が表示される状況にあります．こうしたなかで，従来と同じやり方で微積分を学ぶありがたみが，多くの学び手にとって労力に比して少ない時代になったといえます．だからといって，微積の処理はコンピューターに任せればいいのだから，コンピューターがどういう処理をしているのかわからなくていい，微積の知識はなくてもいいということには当然ながらなりえません．テクノロジーの進化した時代に，テクノロジーと共働していくための微積分の学び方が模索されるべきときが教育現場にすでに到来しています．その課題に対する一つの的確な回答を本書は示しています．すなわち微積の学習において，どの部分は計算機の機能の手助けを受けた方がよく学べ，その一方でどの部分は計算機に頼らずに自分の頭で考え，自分で計算したり，作図すべきなのかがよく練られています．すなわち，本書を学んだ読者が，微積分の理論を熟知したうえで，実際の仕事を処理する際に，コンピューターと共働し，実生活で自在に微積を使いこなしていけるように工夫されています．

以上，本書の利点について 3 点述べましたが，本書で学ぶもう一つ隠された大きなメリットがあります．それは，本書を読破した読者は，微積分学のみならず，大きな体系をもつ別の理論の習得の仕方も自ずと体得していることです．この経験は今後，読者諸賢がさまざまなものを学んでいく際に必ず役に立つと思います．

2018 年 7 月

伊藤雄二，秋山 仁

学 生 へ

微積分の教科書を読むことは，新聞や小説はもちろん，物理の本を読むこととも違います．1 節を 1 回読んだだけで理解できなくても落胆することはありません．紙と鉛筆と計算機をもち，図を描き，計算しながら一つずつ理解していってください．

予習の際，まず問題に手をつけて解けなくなると該当の本文を読む学生がいますが，本文を読んで理解してから問題に取組んだ方がずっとよいでしょう．特に，用語の正確な意味を知るために定義をみておくべきです．そして，各例の解説を読む前に自分で例を解いてみることです．そうすればより効果的です．

この本は論理的思考力を養うことを目的の一つにしていますから，問題の解は，つながりのない計算式や公式を羅列するのではなく，それら一つ一つの関係を説明文によってつなげた有機的なものにしましょう．

奇数番号の問題の解答は巻末につけてあります．問題によっては文章で説明するものがあります．その場合，解はただ一つではないので，典型的な答えが書けなくても心配する必要はありません．また，数値や記号の答えであっても異なる形の答えがある場合があるので，解答と異なっていてもすぐに間違っていると思わないでください．たとえば解答が $\sqrt{2}-1$ とあり，あなたの答えが $1/(1+\sqrt{2})$ だったとします．それを有理化すれば $\sqrt{2}-1$ と等しくなり，この答えも正しいのです．

また，欄外におかれている記号 ⊘ は，多くの人が同じ失敗をする傾向があることを表しています．

あなたがこの本を一通り学び終えた後も，いつでも参照できるようにこの本を手元に置いておくことをお勧めします．細かい部分については忘れてしまうことも多々あるでしょうし，他の科目で微積分を使う必要があるときに，再びこの本が役に立つこともあるでしょう．そして，この本はどの分野をもカバーすることができるように非常に多くの題材を取上げているので，現場の科学者またはエンジニアにとっても価値ある資料となるでしょう．

微積分学は興味深い分野で，人間の知性の最も偉大な成果の一つであると考えられます．ただ単に役に立つというだけでなく，本質的に美しいということを発見してもらいたいと願っています．

JAMES STEWART

関数電卓，計算機，計算ソフト

技術の進歩は，数学のためのより便利で強力な道具を提供している．関数電卓はより強力に進化し，ソフトウェア，インターネット環境もより便利になってきている．そして多くの数学的アプリケーションがスマートフォン用，タブレット用などに開発されている．

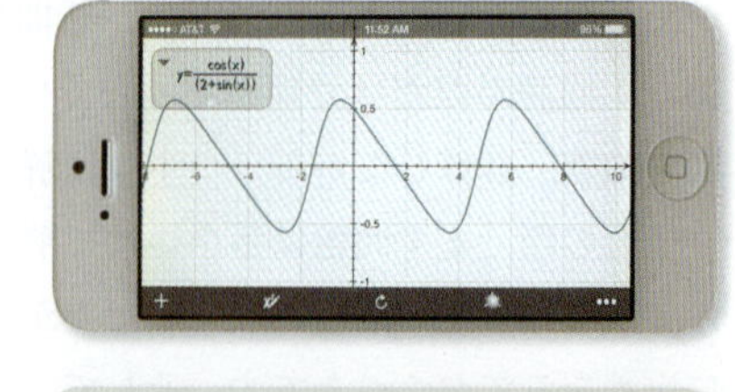

本書の問題でも，関数電卓や計算機などのグラフ機能を使い，関数や方程式のグラフを描いたり，グラフの零点あるいは二つのグラフの交点を求める．また計算機能を使って数値的に方程式を解いたり，定積分を求める．数値計算だけでなく，方程式や微積分を記号を使って解くなどの数式処理も行う．

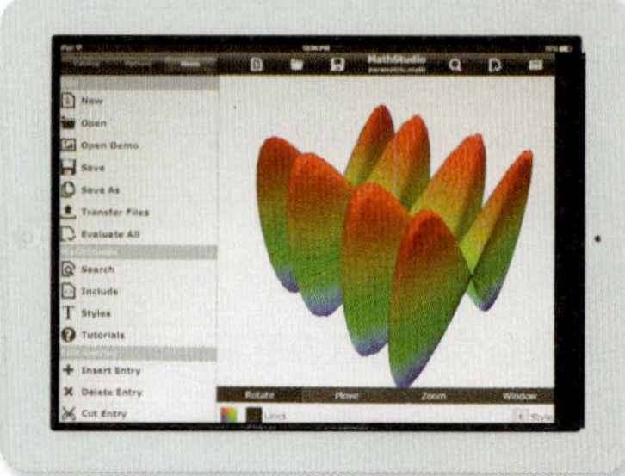

関数電卓（左）とタブレットなど（右）の利用　©Dan Clegg

これらの機能を備えた機械をここでは総称して**計算機**と記す．

関数電卓は各社から出ている．数式処理システムはMathematicaとMapleのソフトウェアが有名であるが，無料のソフトウェアや数式処理の行えるウェブ上の検索エンジンもある．

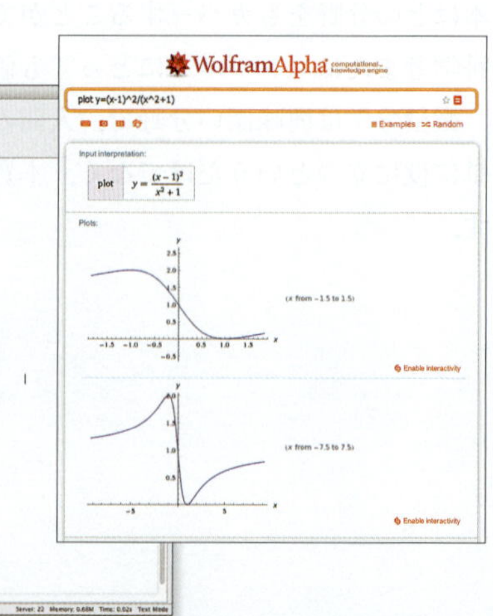

数式処理ソフト（左，真中）と数式処理を行う検索エンジン（右）の利用　©Dan Clegg

主 要 目 次

目　　次

1 逆　関　数
指数関数，対数関数，逆 3 角関数

この章の関数についての共通のテーマは，関数と逆関数を対として扱うことである．数学とそれを使用する場面で特に重要な二つの関数は，指数関数 $f(x)=a^x$ とその逆関数である対数関数 $g(x)=\log_a x$ である．この章では，これらの関数の性質を調べ，微分を計算し，それらを使って生物・物理・化学などの科学における指数関数的増加と指数関数的減少を説明する．また，逆 3 角関数，双曲線関数（ハイパボリック関数）を調べる．最後に，l'Hospital（ロピタル）の定理を使って難しい極限を計算し，曲線を描くのに用いる．

指数関数と対数関数の導入方法は 2 通りある．一つは代数的に指数関数を定義し，その逆関数として対数関数を定義する方法である．§1・2〜§1・4 ではこの方法を学ぶことができ，おそらく最も直観的である．もう一つの方法は積分を用いて対数関数を定義し，その逆関数として指数関数を定義する方法である．これは §1・2*〜§1・4* で学ぶことができ，直観的ではないが，より厳密で，多くのことを容易に証明できる．どちらにしても片方のみを読めば十分である．

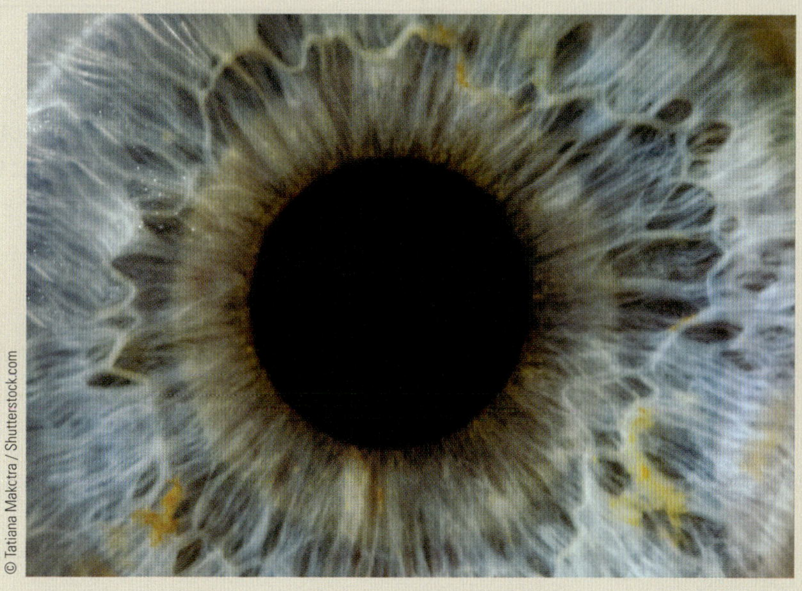

瞳孔の中心部を通って目に入ってきた光は，瞳孔の周辺から入っきた光よりも明るく感じられる．Stiles-Crawford（スタイルズ・クロフォード）効果として知られているこの現象は，§1・8 節末問題 90 で，瞳孔の半径変化を使って調べられる．

1・1　逆　関　数

表1は，個体数100の細菌を制限培地で培養した実験から得られたデータである．細菌の個体数を1時間おきに記録してある．このとき，細菌の個体数 N は時間 t の関数 $N=f(t)$ である．

しかし，ある生物学者は視点を変えて，個体数がさまざまなレベルに達するのに必要な時間を知りたいとする．すなわち，t を N の関数として考える．この関数を f の逆関数といい，f^{-1} と記す．f^{-1} は "f インバース（inverse）" と読む．したがって，$t=f^{-1}(N)$ は個体数が N に達するのに必要な時間である．f^{-1} の値は，表1を右から左にみることによって，あるいは表2から求めることができる．たとえば，$f(6)=550$ であるので $f^{-1}(550)=6$ である．

表1　t の関数 N

t〔時間〕	$N=f(t)$ ＝時間 t における個体数
0	100
1	168
2	259
3	358
4	445
5	509
6	550
7	573
8	586

表2　N の関数 t

N	$t=f^{-1}(N)$ ＝個体数 N に達するのに必要な時間
100	0
168	1
259	2
358	3
445	4
509	5
550	6
573	7
586	8

図1　f は1対1関数であるが，g は1対1関数ではない．

すべての関数が逆関数をもつとは限らない．図1の矢印表示された関数 f と g を比べてみよう．f は同じ値を2度とることはない（A の異なる入力は異なる結果を出力している）が，g は同じ値を2度とることに気づく（A の異なる入力2と3は同じ出力4となっている）．記号を使って表すと，g は

$$g(2)=g(3)$$

であるが，f は

$$x_1 \neq x_2 \quad \text{ならば} \quad f(x_1) \neq f(x_2)$$

である．f のような性質をもつ関数を，1対1関数という．

＊ 関数を入力出力機械とみるならば，この定義は，出力に対応する入力がただ一つであるとき，f は1対1関数であることを示す．

> 1 **定義＊**　関数 f が同じ値を2度とることがないならば，すなわち
>
> $$x_1 \neq x_2 \quad \text{ならば} \quad f(x_1) \neq f(x_2)$$
>
> であるとき，f を**1対1関数**という．

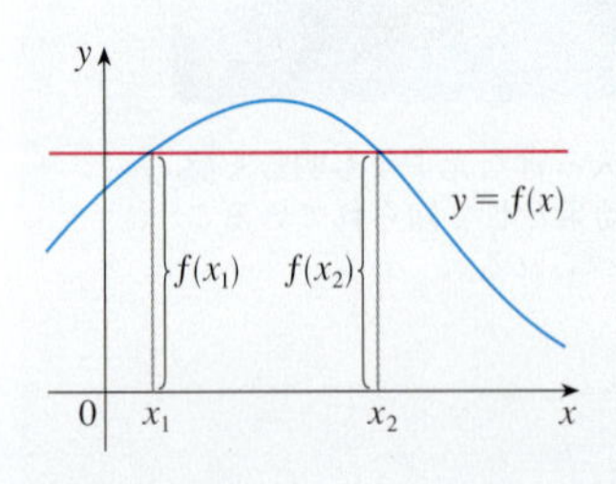

図2　$f(x_1)=f(x_2)$ であるので1対1関数ではない．

水平線（x 軸に平行な直線）が f のグラフと2点以上の交点をもつとき，図2のように $f(x_1)=f(x_2)$ となる異なる数 x_1 と x_2 が存在する．これは，f が1対1ではないことを示している．したがって，関数が1対1か否かを判定するために，次のような幾何学的判定法がある．

水平線テスト（x 軸に平行な直線による 1 対 1 関数の判定法）　関数が 1 対 1 関数であることと，関数のグラフと 2 点以上の交点をもつ水平線（x 軸に平行な直線）が存在しないこととは同値である．

例 1　関数 $f(x)=x^3$ が 1 対 1 か否かを判定せよ．

［解説 1］　二つの異なる数の 3 乗は同じ数にならないので，$x_1 \neq x_2$ ならば $x_1{}^3 \neq x_2{}^3$ である．よって，定義 [1] より $f(x)=x^3$ は 1 対 1 である．

［解説 2］　図 3 に示すように，$f(x)=x^3$ のグラフと 2 点以上の交点をもつ水平線は存在しない．よって，水平線テストの判定から，f は 1 対 1 である．

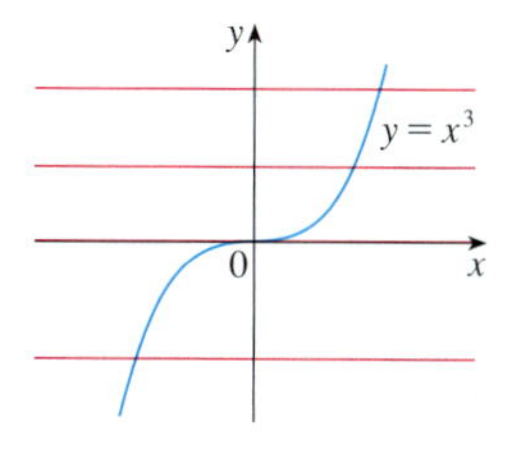

図 3　$f(x)=x^3$ は 1 対 1 である．

例 2　関数 $g(x)=x^2$ が 1 対 1 か否かを判定せよ．

［解説 1］　たとえば

$$g(1) = 1 = g(-1)$$

であり，1 と −1 は同じ出力となるので，g は 1 対 1 ではない．

［解説 2］　図 4 に示すように，g のグラフと 2 点以上の交点をもつ水平線が存在する．よって，水平線テストの判定から，g は 1 対 1 ではない．

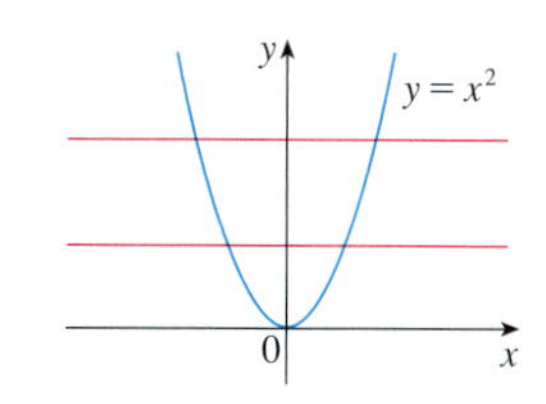

図 4　$f(x)=x^2$ は 1 対 1 ではない．

1 対 1 関数は，次で定義される“逆関数”をもつ関数そのものであるという意味で重要である．

[2] **定義**　f を定義域 A，値域 B の 1 対 1 関数とする．その**逆関数** f^{-1} は定義域 B，値域 A で，B の任意の y について

$$f^{-1}(y) = x \iff f(x) = y$$

と定義される．

この定義は，f が x を y に対応づけるならば，f^{-1} は y を x に対応づける（すなわち，f が 1 対 1 でないならば f^{-1} を一意に定義できない）ことを表している．図 5 の矢印表示は，f^{-1} が f の逆作用であることを示している．

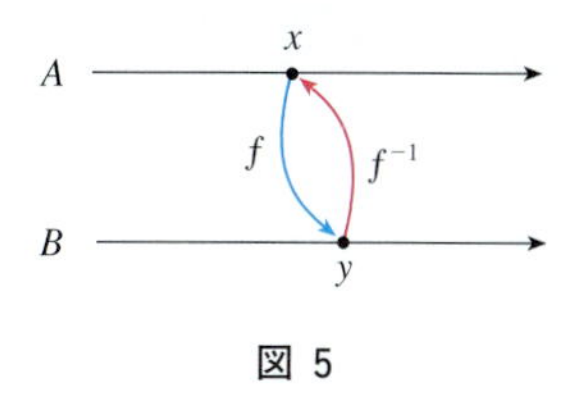

図 5

f^{-1} の定義域 ＝ f の値　域
f^{-1} の値　域 ＝ f の定義域

たとえば，$f(x)=x^3$ の逆関数は，$y=x^3$ とすると，

$$f^{-1}(y) = f^{-1}(x^3) = (x^3)^{1/3} = x$$

となるので，$f^{-1}(x)=x^{1/3}$ である．

注 意　f^{-1} の右肩の −1 を指数と間違えないように気をつけよ．つまり，

$$f^{-1}(x) \text{ は } \frac{1}{f(x)} \text{ ではない.}$$

$\dfrac{1}{f(x)}$ は $(f(x))^{-1}$ と記す．

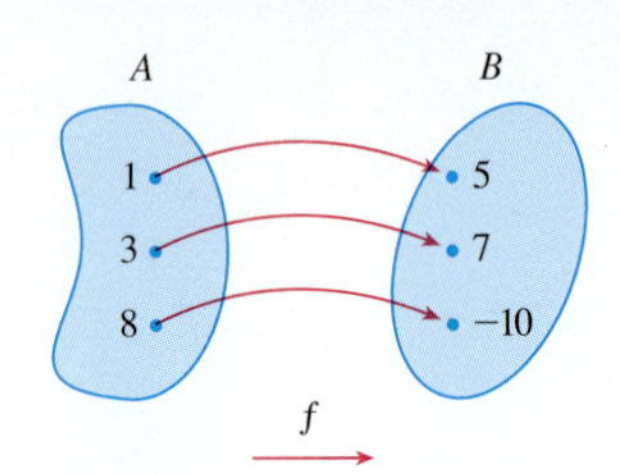

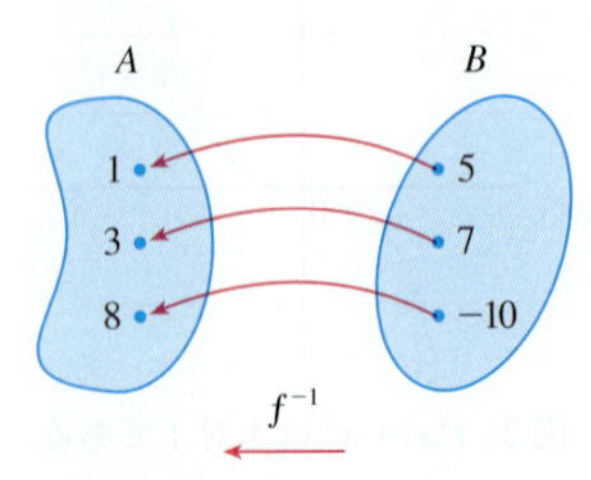

図 6　逆関数は入力と出力が入れ換わる．

■ **例 3**　$f(1)=5$，$f(3)=7$，$f(8)=-10$ であるとき，$f^{-1}(7)$，$f^{-1}(5)$，$f^{-1}(-10)$ を求めよ．

［解 説］　$f(3)=7$ 　であるので　$f^{-1}(7)=3$
$f(1)=5$ 　であるので　$f^{-1}(5)=1$
$f(8)=-10$ であるので　$f^{-1}(-10)=8$

図 6 は，この場合に，f^{-1} がいかにして f の作用を反転させるかを明らかにしている．■

慣習として，文字 x は独立変数として用いられるので，f よりも f^{-1} に注目している場合は，通常，定義 2 において x と y を入れ換えて，

3　$$f^{-1}(x)=y \iff f(y)=x$$

と記す．

定義 2 の左辺の y に右辺の $f(x)$ を代入し，3 の右辺の y に左辺の $f^{-1}(x)$ を代入すると次の**消去律**を得る．

4　A のすべての x について　$f^{-1}(f(x))=x$
B のすべての x について　$f(f^{-1}(x))=x$

一つ目の消去律は，x に f を作用させ，次に $f(x)$ に f^{-1} を作用させると，もとの x に戻ることを示している（図 7）．すなわち，f が行ったことを f^{-1} がもとに戻すことを示している．二つ目の消去律は f^{-1} が行ったことを f がもとに戻すことを示している．

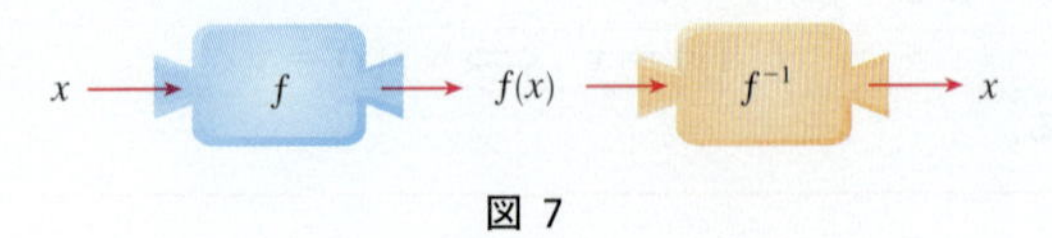

図 7

たとえば，$f(x)=x^3$ ならば $f^{-1}(x)=x^{1/3}$ であるので，消去律

$$f^{-1}(f(x))=(x^3)^{1/3}=x$$
$$f(f^{-1}(x))=(x^{1/3})^3=x$$

が得られる．これらの式は，3 乗関数と 3 乗根関数の二つの関数を連続して作用させると，互いに相手の作用を打ち消し合うことを示している．

では次に，逆関数の求め方をみていこう．関数 $y=f(x)$ が y に関して x について解けるのならば，定義 2 より $x=f^{-1}(y)$ をもつはずである．x を独立変数としたければ，x と y を入れ換えて方程式 $y=f^{-1}(x)$ とすればよい．

5　**1 対 1 関数 f の逆関数の求め方**

ステップ 1　$y=f(x)$ と書く．
ステップ 2　可能ならばこの方程式を x について解き，y で表す．
ステップ 3　f^{-1} を x の関数として表すために，x と y を入れ換えて $y=f^{-1}(x)$ とする．

例 4 $f(x)=x^3+2$ の逆関数を求めよ．

［解 説］ 5 より，まず

$$y = x^3 + 2$$

と書き，次に x について解く．

$$x^3 = y - 2$$
$$x = \sqrt[3]{y-2}$$

最後に x と y を入れ換える．

$$y = \sqrt[3]{x-2}$$

よって，逆関数は $f^{-1}(x)=\sqrt[3]{x-2}$ である*．

＊ 例 4 で，f^{-1} がどのようにして f の作用をもとに戻すか注目せよ．関数 f は "3 乗にしてから 2 を加える"，f^{-1} は "2 を引いてから 3 乗根にする"．

逆関数を求めるために x と y を入れ換える法則は，さらに関数 f のグラフから f^{-1} のグラフを求める方法を与える．$f(a)=b$ であることと $f^{-1}(b)=a$ であることとは同値であるので，点 (a,b) が f のグラフ上の点であることと，点 (b,a) が f^{-1} のグラフ上の点であることとは同値である．したがって，点 (b,a) は点 (a,b) を直線 $y=x$ に関して鏡映をとることによって得られる（図 8）．

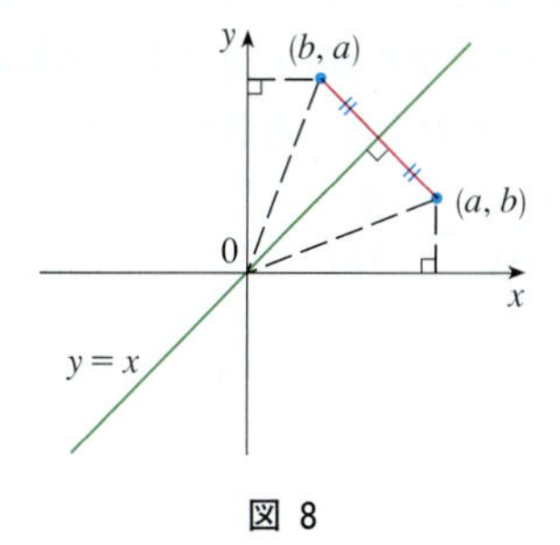

図 8

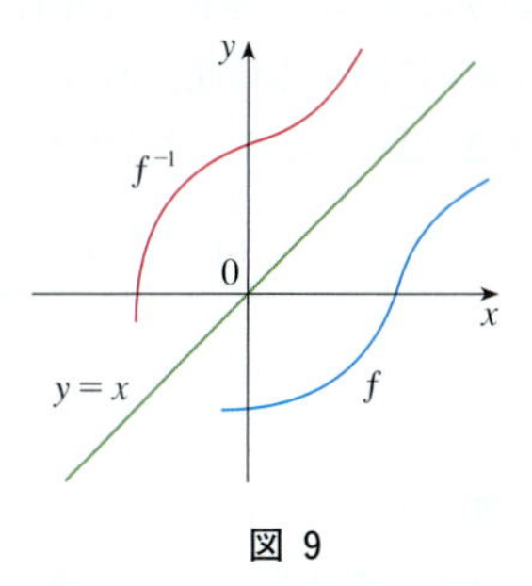

図 9

よって，図 9 が示しているように，

> f^{-1} のグラフは，f のグラフを $y=x$ に関して鏡映をとることによって得られる．

例 5 $f(x)=\sqrt{-1-x}$ のグラフとその逆関数のグラフを，同一座標平面に描け．

［解 説］ まず，曲線 $y=\sqrt{-1-x}$（放物線 $y^2=-1-x$ あるいは $x=-y^2-1$ の上半分）を描き，そのグラフを直線 $y=x$ に関して鏡映をとって f^{-1} のグラフを描く（図 10）．図 10 のグラフの正しさの確認として，f^{-1} の正確な表現が $f^{-1}(x)=-x^2-1$，$x\geqslant 0$ であって，これから f^{-1} のグラフが放物線 $y=-x^2-1$ の右半分であることが結論されるが，この事実は図 10 をみても納得できるので，図 10 は妥当といえる．

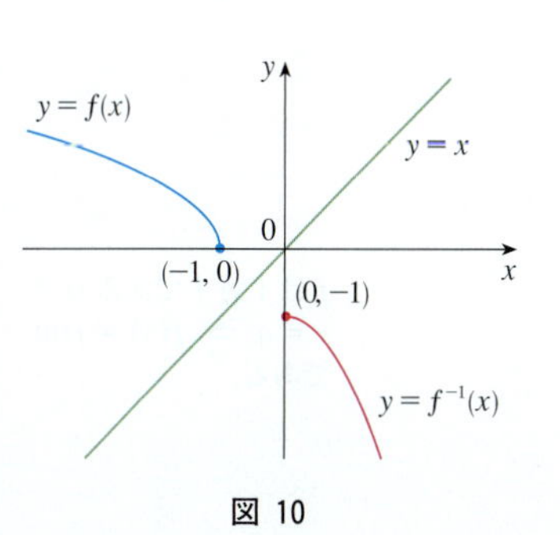

図 10

逆関数の微積分

ここから，微積分の視点で逆関数をみていこう．関数fを1対1かつ連続であるとする．連続関数のグラフは途切れていない（一筆描きができる）グラフであり，f^{-1}のグラフは，fのグラフを直線$y=x$に関して鏡映をとったものであるので，f^{-1}のグラフも途切れていないはずである（図9）．したがって，f^{-1}も連続関数であることが期待できる．

この幾何学的議論は，次の定理の証明にはなっていないが，少なくとも，この定理がもっともらしいということを示している．証明は付録Dで与える．

> **6 定理**　関数fがある区間で1対1かつ連続であるならば，逆関数f^{-1}も連続である．

次に，関数fを1対1かつ微分可能であるとする．幾何学的に，微分可能な関数のグラフは途切れたり，角をもっていないグラフである．f^{-1}のグラフは，fのグラフを直線$y=x$に関して鏡映をとったものであるので，f^{-1}のグラフも途切れたり角をもたないはずである．よって，（接線が垂直なところを除いて）f^{-1}も微分可能な関数であることが期待できる．実際，この幾何学的考察によって，与えられた点におけるf^{-1}の微分係数を求めることができる．図11にfと逆関数f^{-1}のグラフが示されている．$f(b)=a$ならば$f^{-1}(a)=b$であり，$(f^{-1})'(a)$はf^{-1}の点(a,b)における接線Lの傾き$\Delta y/\Delta x$である．直線$y=x$に関して鏡映をとるということは，x座標とy座標を入れ換えるということであるので，接線Lの直線$y=x$に関する鏡映である（つまり，fのグラフの点(b,a)における接線）ℓの傾きは$\Delta x/\Delta y$になる．すなわち，Lの傾きはℓの傾きの逆数であるので，

$$(f^{-1})'(a)=\frac{\Delta y}{\Delta x}=\frac{1}{\Delta x/\Delta y}=\frac{1}{f'(b)}$$

となる．

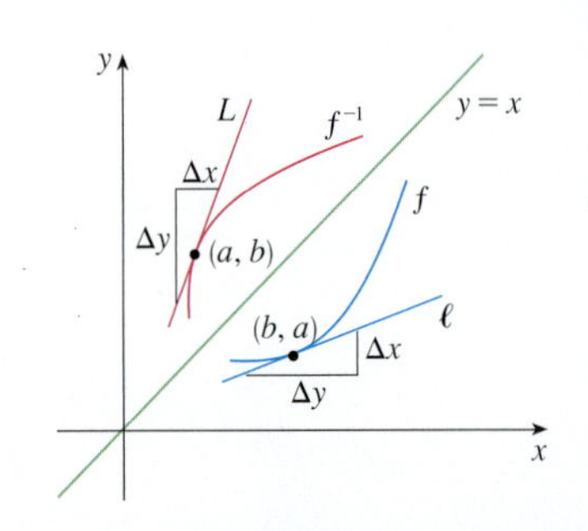

図 11

> **7 定理**　関数fが1対1かつ微分可能で，逆関数f^{-1}をもち，$f'(f^{-1}(a))\neq 0$であるならば，逆関数f^{-1}はaで微分可能で，
>
> $$(f^{-1})'(a)=\frac{1}{f'(f^{-1}(a))}$$
>
> である．

証明　第1巻§2·1の微分係数の定義5より，

$$(f^{-1})'(a)=\lim_{x\to a}\frac{f^{-1}(x)-f^{-1}(a)}{x-a}$$

である．$f(b)=a$ならば$f^{-1}(a)=b$であり，$y=f^{-1}(x)$ならば$f(y)=x$である．また，fは微分可能なので連続であり，定理6よりf^{-1}も連続である．これより$x\to a$ならば$f^{-1}(x)\to f^{-1}(a)$，すなわち$y\to b$である．よって，

fは1対1であるので
$x\neq a \Rightarrow f(y)\neq f(b)$
である．

$$(f^{-1})'(a)=\lim_{x\to a}\frac{f^{-1}(x)-f^{-1}(a)}{x-a}=\lim_{y\to b}\frac{y-b}{f(y)-f(b)}$$

$$=\lim_{y\to b}\frac{1}{\dfrac{f(y)-f(b)}{y-b}}=\frac{1}{\displaystyle\lim_{y\to b}\frac{f(y)-f(b)}{y-b}}$$

$$= \frac{1}{f'(b)} = \frac{1}{f'(f^{-1}(a))}$$

となる. ■

注意 1 定理 7 の公式で, a を x に置き換えると,

8
$$(f^{-1})'(x) = \frac{1}{f'(f^{-1}(x))}$$

となる. $y=f^{-1}(x)$ ならば $f(y)=x$ であるので, 式 8 を Leibniz (ライプニッツ) の記号を使って書くと,

$$\frac{dy}{dx} = \frac{1}{\dfrac{dx}{dy}}$$

となる.

注意 2 f^{-1} の微分可能性がわかっているならば, f^{-1} の微分公式 7 は合成関数の微分公式(連鎖律)と陰関数微分法を使って容易に求めることができる. $y=f^{-1}(x)$ ならば $f(y)=x$ であるので, この両辺を x で微分して, y が x の関数であることに注意して合成関数の微分公式を用いると,

$$f'(y)\frac{dy}{dx} = 1$$

となり,

$$\frac{dy}{dx} = \frac{1}{f'(y)} = \frac{1}{\dfrac{dx}{dy}}$$

を得る.

例 6 関数 $y=x^2$, $x \in \mathbb{R}$ は 1 対 1 ではないので当然逆関数をもたない. しかし, 定義域を制限すれば 1 対 1 になる. たとえば関数 $f(x)=x^2$, $0 \leqslant x \leqslant 2$ は (水平線テストより) 1 対 1 であり, 定義域は $[0, 2]$, 値域は $[0, 4]$ である (図 12). よって, f は定義域 $[0, 4]$, 値域 $[0, 2]$ の逆関数 f^{-1} をもつ.

(a) $y=x^2$, $x \in \mathbb{R}$

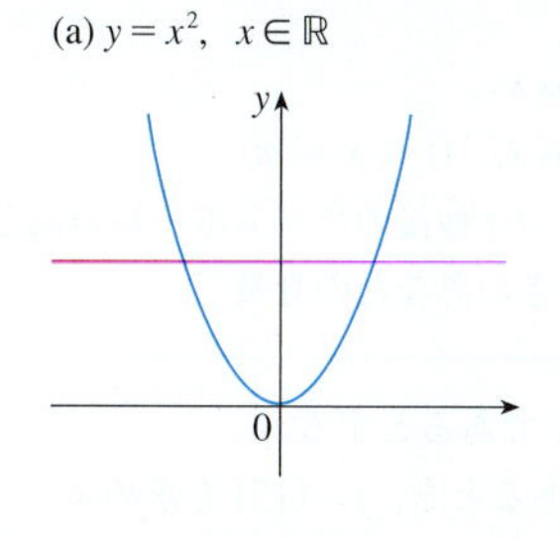

(b) $f(x)=x^2$, $0 \leqslant x \leqslant 2$

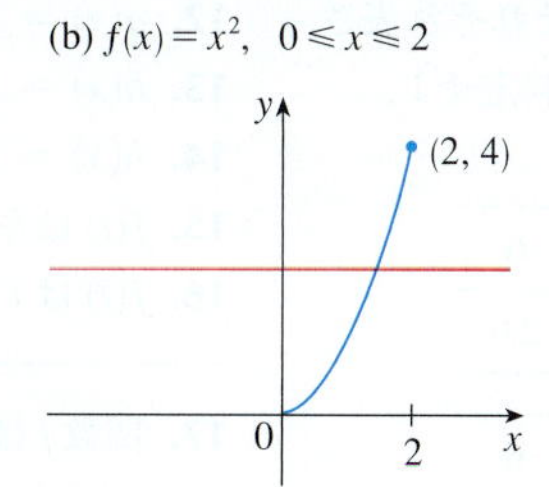

図 12

また, $(f^{-1})'$ を計算しなくても, $(f^{-1})'(1)$ を求めることができる. $f(1)=1$ であるので $f^{-1}(1)=1$, また $f'(x)=2x$ である. よって, 定理 7 を使うと,

$$(f^{-1})'(1) = \frac{1}{f'(f^{-1}(1))} = \frac{1}{f'(1)} = \frac{1}{2}$$

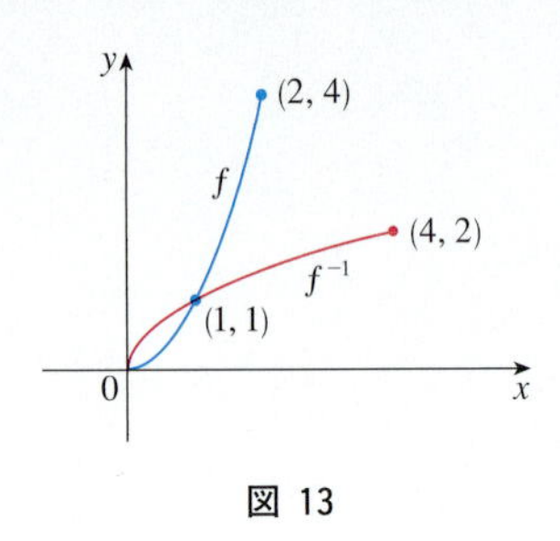

図 13

となる．けれどこの場合は，5 の方法を使って f^{-1} を容易に求めることができる．実際，$f^{-1}(x)=\sqrt{x}$，$0 \leqslant x \leqslant 4$ と求まる．よって，$(f^{-1})'(x)=1/(2\sqrt{x})$ すなわち $(f^{-1})'(1)=\frac{1}{2}$ であり，これは当然前の計算と一致している．関数 f と f^{-1} のグラフが図 13 に示してある．

例 7　$f(x)=2x+\cos x$ のとき，$(f^{-1})'(1)$ を求めよ．

［解 説］　　$f'(x) = 2 - \sin x > 0$

より，f は増加関数なので，1 対 1 である．定理 7 を使うには，$f^{-1}(1)$ を求めなければならないが，

$$f(0) = 1 \quad \Rightarrow \quad f^{-1}(1) = 0$$

である．よって

$$(f^{-1})'(1) = \frac{1}{f'(f^{-1}(1))} = \frac{1}{f'(0)} = \frac{1}{2 - \sin 0} = \frac{1}{2}$$

となる．

1・1　節末問題

1. (a) 1 対 1 関数を説明せよ．
(b) 関数のグラフから，その関数が 1 対 1 か否かを判定する方法を説明せよ．

2. (a) 関数 f を定義域 A，値域 B の 1 対 1 関数であるとする．逆関数 f^{-1} を定義し，定義域と値域を求めよ．
(b) f の方程式が与えられるとき，f^{-1} の方程式をどのようにして求めるか．
(c) f のグラフが与えられるとき，f^{-1} のグラフをどのようにして求めるか．

3-16　関数が数表，グラフ，数式，文章でそれぞれ表されている．これらの関数が 1 対 1 か否かを判定せよ．

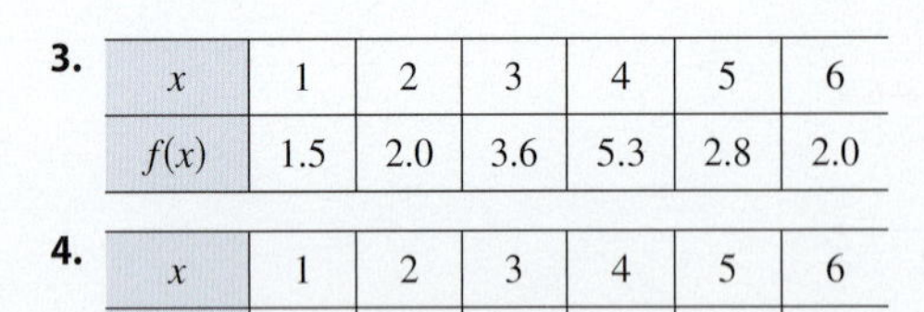

3.

x	1	2	3	4	5	6
$f(x)$	1.5	2.0	3.6	5.3	2.8	2.0

4.

x	1	2	3	4	5	6
$f(x)$	1.0	1.9	2.8	3.5	3.1	2.9

5.　**6.**

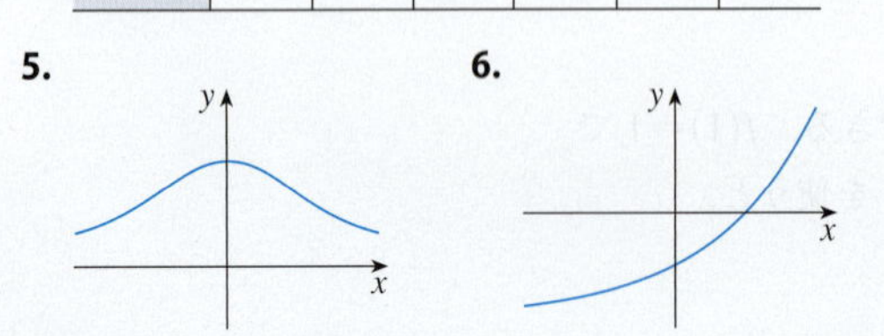

7.　**8.**

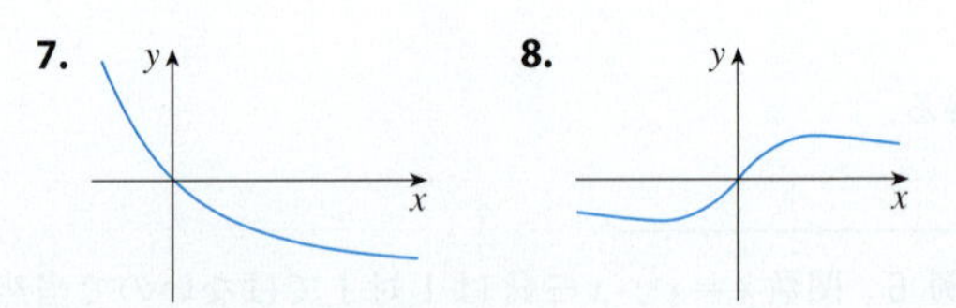

9. $f(x) = 2x - 3$

10. $f(x) = x^4 - 16$

11. $g(x) = 1 - \sin x$

12. $g(x) = \sqrt[3]{x}$

13. $h(x) = 1 + \cos x$

14. $h(x) = 1 + \cos x,\quad 0 \leqslant x \leqslant \pi$

15. $f(t)$ はキックオフ t 秒後のフットボールの高さ

16. $f(t)$ は t 歳のときのあなたの身長

17. 関数 f は 1 対 1 であるとする．
(a) $f(6)=17$ であるとき，$f^{-1}(17)$ を求めよ．
(b) $f^{-1}(3)=2$ であるとき，$f(2)$ を求めよ．

18. $f(x)=x^5+x^3+x$ であるとき，$f^{-1}(3)$ および $f(f^{-1}(2))$ を求めよ．

19. $h(x)=x+\sqrt{x}$ であるとき，$h^{-1}(6)$ を求めよ．

20. f のグラフを示す．
(a) f が 1 対 1 であることを説明せよ．

(b) f^{-1} の定義域と値域を求めよ．
(c) $f^{-1}(2)$ の値を求めよ．
(d) $f^{-1}(0)$ の値を求めよ．

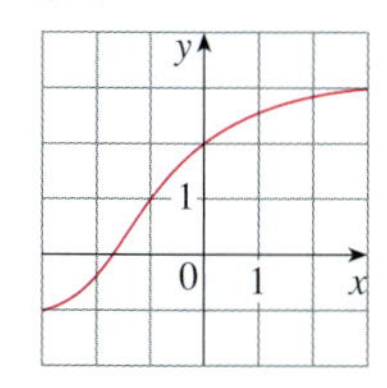

21. $C=\frac{5}{9}(F-32)$, $F\geqq -459.67$ は，華氏温度 F の関数として摂氏温度 C を表す式である．逆関数を求め，その意味を説明せよ．また，逆関数の定義域を求めよ．

22. 相対性理論によると，速さ v で動いている粒子の質量 m は，静止質量を m_0，真空中の光速を c として，

$$m=f(v)=\frac{m_0}{\sqrt{1-v^2/c^2}}$$

で表される．f の逆関数を求め，その意味を説明せよ．

23-28　逆関数を求めよ．

23. $f(x)=5-4x$

24. $f(x)=\dfrac{4x-1}{2x+3}$

25. $f(x)=1+\sqrt{2+3x}$

26. $y=x^2-x,\ x\geqq\frac{1}{2}$

27. $y=\dfrac{1-\sqrt{x}}{1+\sqrt{x}}$

28. $f(x)=2x^2-8x,\ x\geqq 2$

29-30　f^{-1} を求め，計算機を使って，f^{-1} と f のグラフと直線 $y=x$ のグラフを同一スクリーンに描け．f と f^{-1} のグラフは直線 $y=x$ に関して鏡映関係となっているかを確認せよ．

29. $f(x)=\sqrt{4x+3}$

30. $f(x)=2-x^4,\ x\geqq 0$

31-32　与えられた f のグラフを使って，f^{-1} のグラフを描け．

31.

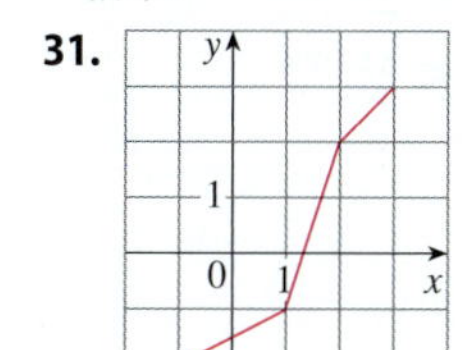

32.

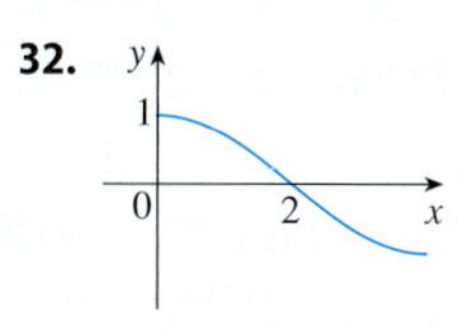

33. $f(x)=\sqrt{1-x^2}$，$0\leqq x\leqq 1$ とする．
(a) f^{-1} を求めよ．f^{-1} と f の関係を説明せよ．
(b) f のグラフはどのようなグラフか．それと (a) の答えとの関係を説明せよ．

34. $g(x)=\sqrt[3]{1-x^3}$ とする．
(a) g^{-1} を求めよ．g と g^{-1} の関係を説明せよ．
(b) 計算機を使って，g のグラフを描け．それと (a) の答えとの関係を説明せよ．

35-38　(a) f が 1 対 1 であることを示せ．
(b) 定理 [7] を使って，$(f^{-1})'(a)$ を求めよ．
(c) $f^{-1}(x)$ を求め，$f^{-1}(x)$ の定義域と値域を求めよ．
(d) (c) で求めた $f^{-1}(x)$ を使って，$(f^{-1})'(a)$ を求め，(b) の結果と一致するか確かめよ．
(e) f と f^{-1} のグラフを，同一座標平面に描け．

35. $f(x)=x^3,\quad a=8$

36. $f(x)=\sqrt{x-2},\quad a=2$

37. $f(x)=9-x^2,\quad 0\leqq x\leqq 3,\quad a=8$

38. $f(x)=1/(x-1),\quad x>1,\quad a=2$

39-42　$(f^{-1})'(a)$ を求めよ．

39. $f(x)=3x^3+4x^2+6x+5,\quad a=5$

40. $f(x)=x^3+3\sin x+2\cos x,\quad a=2$

41. $f(x)=3+x^2+\tan(\pi x/2),\quad -1<x<1,\quad a=3$

42. $f(x)=\sqrt{x^3+4x+4},\quad a=3$

43. f^{-1} は微分可能な関数 f の逆関数であり，$f(4)=5$，$f'(4)=\frac{2}{3}$ である．$(f^{-1})'(5)$ を求めよ．

44. g は $g(2)=8$，$g'(2)=5$ である増加関数である．$(g^{-1})'(8)$ を求めよ．

45. $f(x)=\int_3^x\sqrt{1+t^3}\,dt$ であるとき，$(f^{-1})'(0)$ を求めよ．

46. f^{-1} は微分可能な関数 f の逆関数であり，$G(x)=1/f^{-1}(x)$ とする．$f(3)=2$ および $f'(3)=\frac{1}{9}$ であるとき，$G'(2)$ を求めよ．

47. 関数 $f(x)=\sqrt{x^3+x^2+x+1}$ のグラフを描き，f が 1 対 1 であることを説明せよ．次に計算機（数式処理システム）を使って，$f^{-1}(x)$ を求めよ（計算機が三つの式を出してきた場合，そのうちの二つは解として不適切であることを説明せよ）．

48. $h(x)=\sin x$，$x\in\mathbb{R}$ は 1 対 1 ではないが，$f(x)=\sin x$，$-\pi/2\leqq x\leqq\pi/2$ に制限すると 1 対 1 になることを示せ．定理 [7] 注意 2 の方法で，$f^{-1}=\sin^{-1}$ の導関数を求めよ．

49. (a) 曲線を左に平行移動させると，直線 $y=x$ に関する鏡映として得られる曲線はどのように動くか．この幾何学的考察を使って，f が 1 対 1 であるとき，$g(x)=f(x+c)$ の逆関数を f^{-1} を使って表せ．
(b) $c\neq 0$ として $h(x)=f(cx)$ の逆関数を求めよ．

50. (a) f を 1 対 1 かつ 2 回微分可能な関数，g を f の逆関数とするならば，

$$g''(x)=-\frac{f''(g(x))}{(f'(g(x)))^3}$$

であることを示せ．
(b) f が下に凸な増加関数ならば，逆関数は上に凸であることを示せ．

1・2 指数関数とその導関数*

＊ §1・2*～§1・4* を読むならば，§1・2～§1・4 を読む必要はない．

関数 $f(x)=2^x$ は，変数 x が指数であるので，指数関数とよばれる．指数関数と，底が変数であるベキ関数 $g(x)=x^2$ を混同しないように注意すべきである．

一般に，**指数関数**は，a を正定数として，

$$f(x) = a^x$$

の形で表される関数である．これが何を意味するか思い出そう．

まず，x を自然数 n（$x=n$）とするとき，

$$a^n = \underbrace{a \cdot a \cdot \cdots \cdot a}_{n\text{個}}$$

である．$x=0$ のときは $a^0=1$ であり，n を自然数として $x=-n$ のときは

$$a^{-n} = \frac{1}{a^n}$$

である．また，x を有理数（$x=p/q$，ここで p と q は整数であり $q>0$）とするときは，

$$a^x = a^{p/q} = \sqrt[q]{a^p} = \left(\sqrt[q]{a}\right)^p$$

である．では，x を無理数とするときの a^x は何を意味するのだろうか．たとえば，$2^{\sqrt{3}}$，5^{π} はどういう意味をもつのだろうか．

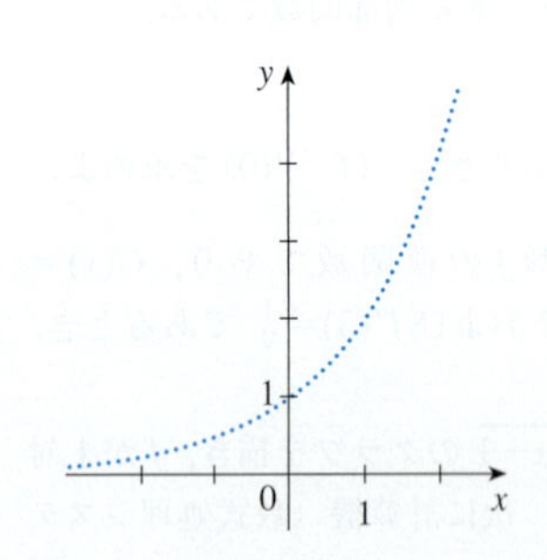

図1　x が有理数のときの $y=2^x$ のグラフ

この問いに答えるために，まず，x が有理数のときの関数 $y=2^x$ のグラフ（図1）をみる．定義域を拡大して有理数，無理数がわかるようにする．図1のグラフは，x が無理数のところで定義されず，穴が開いているから，無理数 x に関して $f(x)=2^x$ を定義して，f が増加関数になるようにする．たとえば無理数 $\sqrt{3}$ は

$$1.7 < \sqrt{3} < 1.8$$

を満たす．よって，

$$2^{1.7} < 2^{\sqrt{3}} < 2^{1.8}$$

でなければならない．1.7 と 1.8 は有理数なので，$2^{1.7}$ と $2^{1.8}$ は求まる．同様に，$\sqrt{3}$ のよりよい近似値を使うならば，下記のように $2^{\sqrt{3}}$ のよりよい近似値が得られる．

$$\begin{array}{rcl}
1.73 < \sqrt{3} < 1.74 & \Rightarrow & 2^{1.73} < 2^{\sqrt{3}} < 2^{1.74} \\
1.732 < \sqrt{3} < 1.733 & \Rightarrow & 2^{1.732} < 2^{\sqrt{3}} < 2^{1.733} \\
1.7320 < \sqrt{3} < 1.7321 & \Rightarrow & 2^{1.7320} < 2^{\sqrt{3}} < 2^{1.7321} \\
1.73205 < \sqrt{3} < 1.73206 & \Rightarrow & 2^{1.73205} < 2^{\sqrt{3}} < 2^{1.73206} \\
\vdots & & \vdots
\end{array}$$

これらのことから，ある数がただ一つ存在して，この数は，

$$2^{1.7},\quad 2^{1.73},\quad 2^{1.732},\quad 2^{1.7320},\quad 2^{1.73205},\quad \ldots$$

のどれよりも大きく，

$$2^{1.8},\quad 2^{1.74},\quad 2^{1.733},\quad 2^{1.7321},\quad 2^{1.73206},\quad \ldots$$

のどれよりも小さくなることが証明できる*．この数を $2^{\sqrt{3}}$ の値と定義とする．この近似方法を使って小数点以下6桁まで計算すると

$$2^{\sqrt{3}} \approx 3.321997$$

である．

同様に，x が無理数のときの 2^x（あるいは $a>0$ の場合の a^x）を定義できる．

＊ この証明は J. Marsden and A. Weinstein, *Calculus Unlimited* (Menlo Park, CA: Benjamin/Cummings, 1981) を参照．オンライン版は resolver.caltech.edu/CaltechBOOK:1981.001.

図 2 は，図 1 のすべての穴が満たされた関数 $f(x)=2^x$，$x\in\mathbb{R}$ のグラフである．

一般に，a を任意の正数とするとき，a^x を次のように定義する．

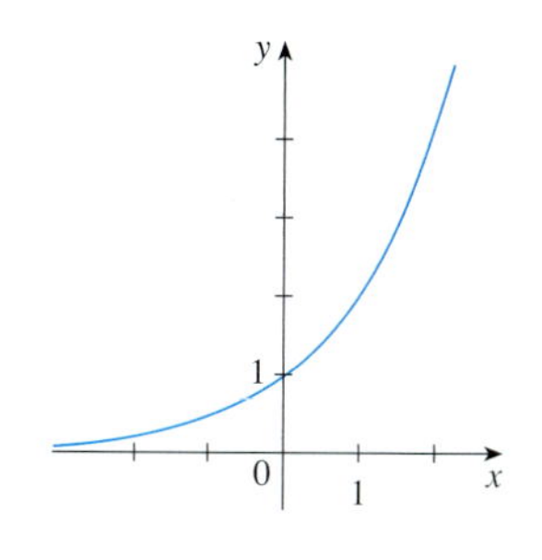

図 2　x が実数のときの $y=2^x$ のグラフ

1　$$a^x = \lim_{r\to x} a^r, \qquad r \text{ は有理数}$$

この定義は，任意の無理数を有理数によって所望の精度で近似することができるので，意味がある．たとえば，$\sqrt{3}$ の小数点表現は $\sqrt{3}=1.7320508\cdots$ であるので，定義 1 は $2^{\sqrt{3}}$ が数列

$$2^{1.7},\quad 2^{1.73},\quad 2^{1.732},\quad 2^{1.7320},\quad 2^{1.73205},\quad 2^{1.732050},\quad 2^{1.7320508},\quad \cdots$$

の極限であることを示している．同様に 5^{π} は数列

$$5^{3.1},\quad 5^{3.14},\quad 5^{3.141},\quad 5^{3.1415},\quad 5^{3.14159},\quad 5^{3.141592},\quad 5^{3.1415926},\quad \cdots$$

の極限である．定義 1 より a^x を一意に決定でき，$f(x)=a^x$ が連続関数になることが示される．

さまざまな底 a の値に対応する関数 $y=a^x$ の族のグラフを図 3 に示してある．$a\neq 0$ ならば $a^0=1$ であるので，すべてのグラフは点 $(0,1)$ を通る．また，底 a の値が大きくなるに従って，$x>0$ の部分で指数関数はより急激に増加する．

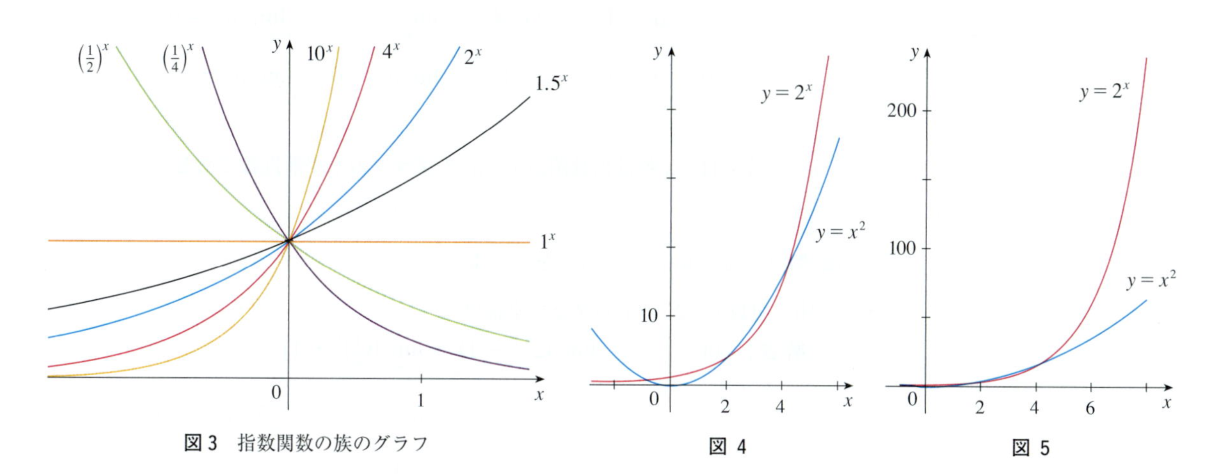

図 3　指数関数の族のグラフ　　図 4　　図 5

図 4 は指数関数 $y=2^x$ とベキ関数 $y=x^2$ を比較している．二つのグラフは 3 回交差しているが，最終的に指数関数 $y=2^x$ は放物線 $y=x^2$ よりはるかに急激に増加している（図 5）．

図 3 から，指数関数 $y=a^x$ には基本的に 3 種類あることがわかる．$0<a<1$ の場合は減少し，$a=1$ の場合は一定であり，$a>1$ の場合は増加する．この三つの場合を図 6 に示してある．$(1/a)^x=1/a^x=a^{-x}$ であるので，$y=(1/a)^x$ のグラフは $y=a^x$ のグラフの y 軸に関する鏡映である．

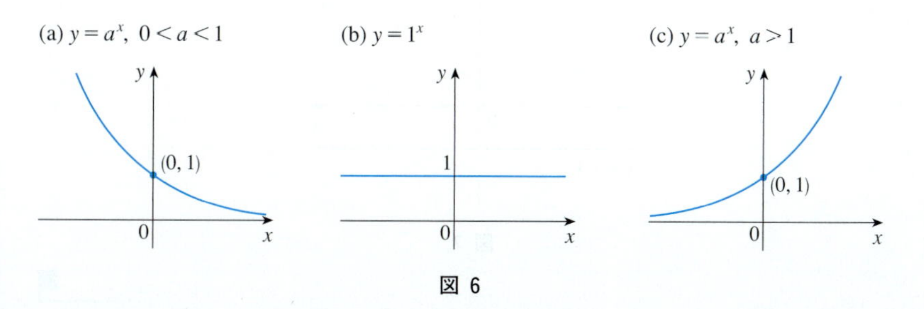

図 6

指数関数の性質を次の定理にまとめる．

> 2 **定 理**　$a>0$，$a\neq 1$ ならば，$f(x)=a^x$ は定義域 $\mathbb{R}$，値域 $(0,\infty)$ の連続関数である．特に，すべての x について $a^x>0$ である．$0<a<1$ ならば $f(x)=a^x$ は減少関数，$a>1$ ならば $f(x)=a^x$ は増加関数である．$a,b>0$，$x,y\in\mathbb{R}$ ならば，
>
> 1. $a^{x+y}=a^xa^y$　　2. $a^{x-y}=\dfrac{a^x}{a^y}$　　3. $(a^x)^y=a^{xy}$　　4. $(ab)^x=a^xb^x$
>
> が成り立つ．

指数関数が重要な関数である理由は，**指数法則**とよばれる定理 2 の性質 1〜4 をもっているからである．x と y が有理数の場合の指数法則は，初等代数学ですでに登場している．x と y が任意の実数の場合は，定義 1 と有理数で成り立っていることから証明される．

次の極限は図 6 のグラフから読み取ることができ，無限遠における極限の定義からも証明することができる（§1･3 節末問題 71 参照）．

> 3
>
> $$a>1 \quad ならば \quad \lim_{x\to\infty} a^x=\infty,\quad \lim_{x\to-\infty} a^x=0$$
>
> $$0<a<1 \quad ならば \quad \lim_{x\to\infty} a^x=0,\quad \lim_{x\to-\infty} a^x=\infty$$

$a\neq 1$ ならば，x 軸は指数関数 $y=a^x$ のグラフの水平漸近線である．

例 1　(a)　$\displaystyle\lim_{x\to\infty}(2^{-x}-1)$ を求めよ．

(b) 関数 $y=2^{-x}-1$ のグラフを描け．

［解 説］(a)

$$\begin{aligned}\lim_{x\to\infty}(2^{-x}-1) &= \lim_{x\to\infty}\left(\left(\tfrac{1}{2}\right)^x-1\right)\\ &= 0-1 \qquad \left(\boxed{3},\ a=\tfrac{1}{2}<1\right)\\ &= -1\end{aligned}$$

(b) (a) で $y=\left(\frac{1}{2}\right)^x-1$ とした．$y=\left(\frac{1}{2}\right)^x$ のグラフは図 3 に示されているので，このグラフを下に 1 平行移動させれば $y=\left(\frac{1}{2}\right)^x-1$ のグラフ（図 7）が得られる（グラフ変換については第 I 巻 §1･3 参照）．(a) は $y=-1$ が水平漸近線であることを示している．

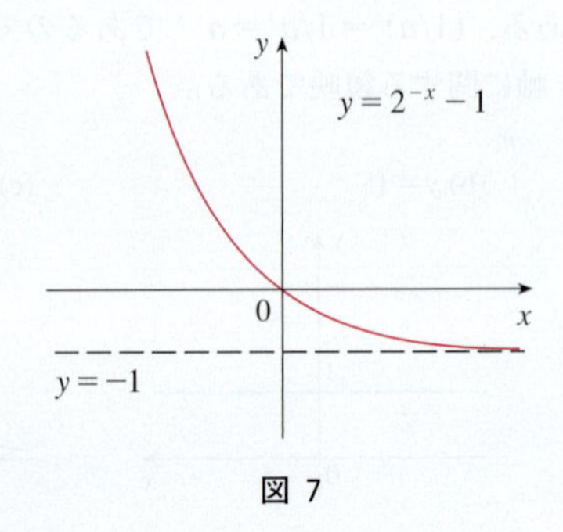

図 7

■ 指数関数の応用

指数関数は，自然科学・社会科学の数学モデルの中に頻繁に現れる．ここでは，指数関数が人口増加の記述にどのように現れるかを簡単に記す．§1・5において，人口増加を含めた他の応用をより詳細に取上げる．

第I巻§2・7において，1時間ごとに個体数が倍になる細菌を考えた．最初の個体数がn_0ならばt時間後の個体数は$f(t)=n_0 2^t$である．この個体数を表している関数は指数関数$y=2^t$を定数倍したものであるので，図2あるいは図5でみたように急速に増加する．理想的な条件下（十分な培地と栄養，衛生的な環境）では，指数関数的増加は自然界で起こることの典型である．

人口についてはどうだろうか．表1は20世紀の世界の人口のデータであり，図8はそれをプロットしたものである．

表 1

t〔1900年から経過した年〕	人口〔100万人〕
0	1650
10	1750
20	1860
30	2070
40	2300
50	2560
60	3040
70	3710
80	4450
90	5280
100	6080
110	6870

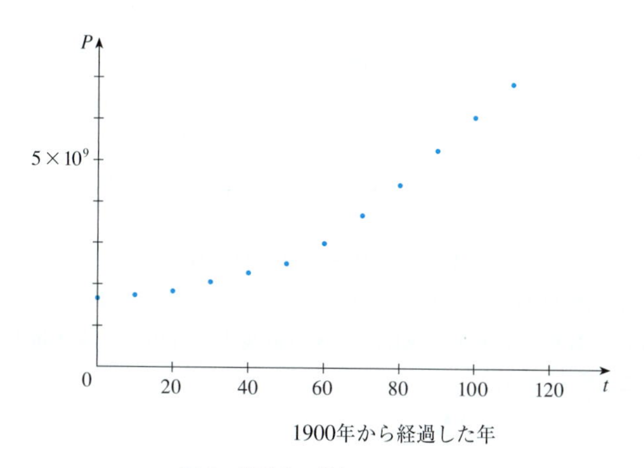

図8　世界人口増加のプロット

図8のプロットは指数関数的増加を表していると考えられるので，最小2乗法を使って，回帰指数曲線を計算機で求める．こうして得られた指数関数モデルが

$$P = (1436.53) \cdot (1.01395)^t$$

である．ここで$t=0$は1990年に対応する．得られた回帰曲線と表のデータを一緒に示したものが図9である．これをみると，回帰指数曲線とデータがよく一致していることがわかる．相対的に人口増加が緩慢である時期は，2度の世界大戦と1930年代の大恐慌で説明される．

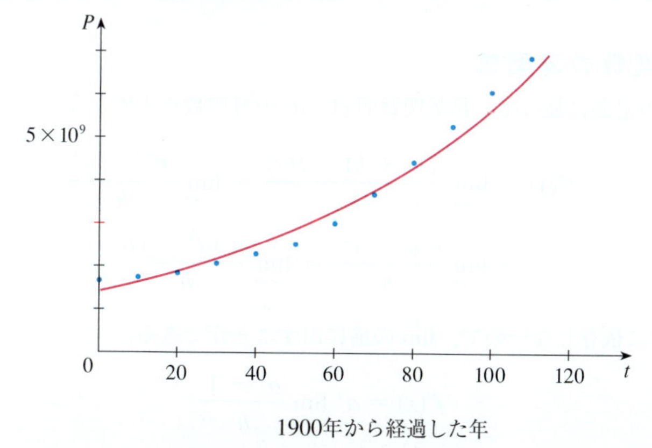

図9　世界人口増加の指数関数

また，1995 年，ヒト免疫不全ウイルス HIV-1 に対するプロテアーゼインヒビターABT-538 の詳しい効果が発表された[1]．表 2 は患者 303 人に ABT-538 を処置して t 日後の血しょう中のウイルス量 $V(t)$（RNA 個/mL）を表したものであり，そのデータをプロットしたものが図 10 である．

1）D. Ho *et al*., "Rapid Turnover of Plasma Virions and CD4 Lymphocytes in HIV-1 Infection," *Nature*, **373**, 123 (1995).

表 2

t〔日〕	$V(t)$
1	76.0
4	53.0
8	18.0
11	9.4
15	5.2
22	3.6

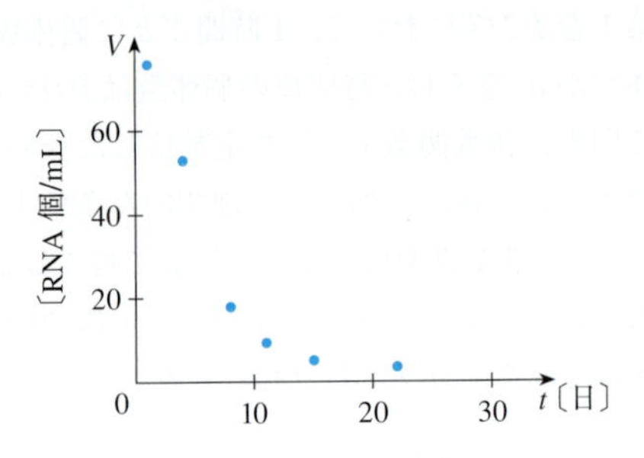

図 10　患者 303 人の血しょう中のウイルス量

図 10 にみる劇的なウイルス量の減少は，図 3 と $a<1$ の場合の図 6(a)の指数関数 $y=a^x$ のグラフを思い出させる．よって，関数 $V(t)$ のモデルとして指数関数を使おう．計算機を使って，表 2 のデータと一致する指数関数 $y=c\cdot a^t$ を求めると，

$$V = 96.39785 \cdot (0.818656)^t$$

が得られる．図 11 は，得られた指数関数 $V(t)$ のグラフと表 2 のデータを一緒に示したものであり，モデルは ABT-538 処置後 1 カ月のウイルス量とよく一致していることがわかる．

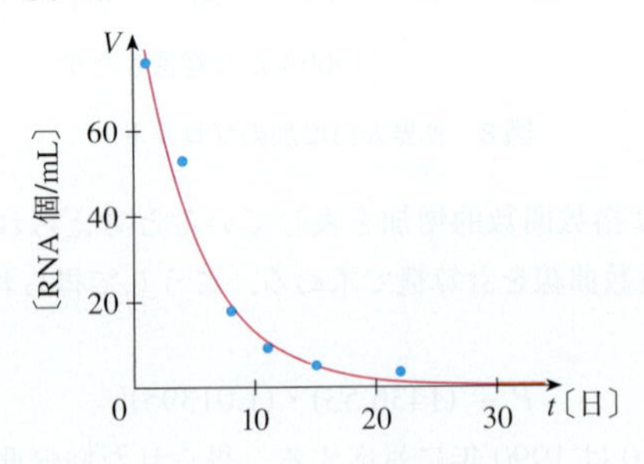

図 11　ウイルス量の指数関数モデル

図 11 のグラフを使えば，ウイルス量 V の半減期，すなわち，ウィルス量が初期値の半分になる時間を求めることができる（節末問題 63 参照）．

指数関数の導関数

導関数の定義に従って，指数関数 $f(x)=a^x$ の導関数を求めよう．

$$f'(x) = \lim_{h\to 0}\frac{f(x+h)-f(x)}{h} = \lim_{h\to 0}\frac{a^{x+h}-a^x}{h}$$

$$= \lim_{h\to 0}\frac{a^x a^h - a^x}{h} = \lim_{h\to 0}\frac{a^x(a^h-1)}{h}$$

項 a^x は h に依存しないので，lim の前に出すことができる．

$$f'(x) = a^x \lim_{h\to 0}\frac{a^h-1}{h}$$

lim の部分は数 0 における f の微分係数なので，

$$\lim_{h\to 0}\frac{a^h-1}{h}=f'(0)$$

である．よって，指数関数 $f(x)=a^x$ が 0 で微分可能ならば，指数関数はどこでも微分可能で，その導関数は，

4 $$f'(x)=f'(0)a^x$$

である．この式は，指数関数の変化率がその指数関数自体に比例している（すなわち任意の点の曲線の傾きは，関数の値に比例している）ことを示している．

欄外の表に，$a=2$ と $a=3$ の場合に計算した値が小数点以下 4 桁まで示してある．これをみると，$f'(0)$ は存在すると考えられる．

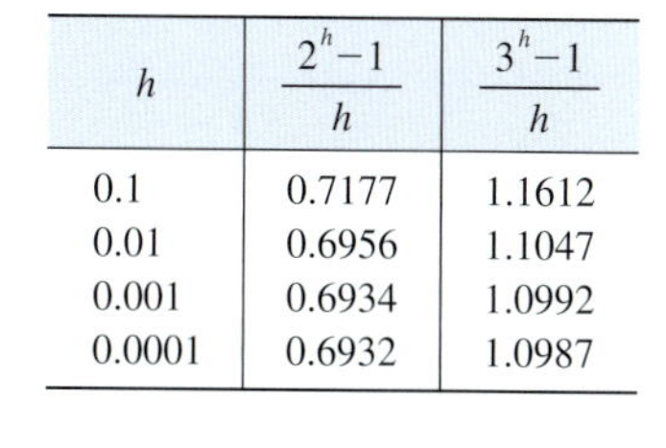

h	$\frac{2^h-1}{h}$	$\frac{3^h-1}{h}$
0.1	0.7177	1.1612
0.01	0.6956	1.1047
0.001	0.6934	1.0992
0.0001	0.6932	1.0987

$$a=2 \quad のとき \quad f'(0)=\lim_{h\to 0}\frac{2^h-1}{h}\approx 0.69$$

$$a=3 \quad のとき \quad f'(0)=\lim_{h\to 0}\frac{3^h-1}{h}\approx 1.10$$

実際，これらの極限が存在することは証明することができ，小数点以下 6 桁までの値は，

5 $$\left.\frac{d}{dx}2^x\right|_{x=0}\approx 0.693147 \qquad \left.\frac{d}{dx}3^x\right|_{x=0}\approx 1.098612$$

である．よって，式 4 より

6 $$\frac{d}{dx}2^x\approx(0.69)2^x \qquad \frac{d}{dx}3^x\approx(1.10)3^x$$

である．

底 a がさまざまな値をとるとき，式 4 が最も簡単な微分公式となるのは，$f'(0)=1$ のときである．$a=2$ と $a=3$ の場合の $f'(0)$ の値から，2 と 3 の間に $f'(0)=1$ となる数 a があると考えられる．その数を慣習として記号 e で表す．Napier（ネイピア）の数という．これより次の定義を得る．

7 数 e の定義

数 e は $\displaystyle\lim_{h\to 0}\frac{e^h-1}{h}=1$ となる数である．

幾何学的には，すべての指数関数 $y=a^x$ の中で，関数 $f(x)=e^x$ だけが点 $(0, 1)$ における接線の傾き $f'(0)$ がちょうど 1 になることを意味している（図 12, 13）．特に，e を底とする指数関数 $y=e^x$ を自然指数関数とよぶ．$\exp x$ とも記す．

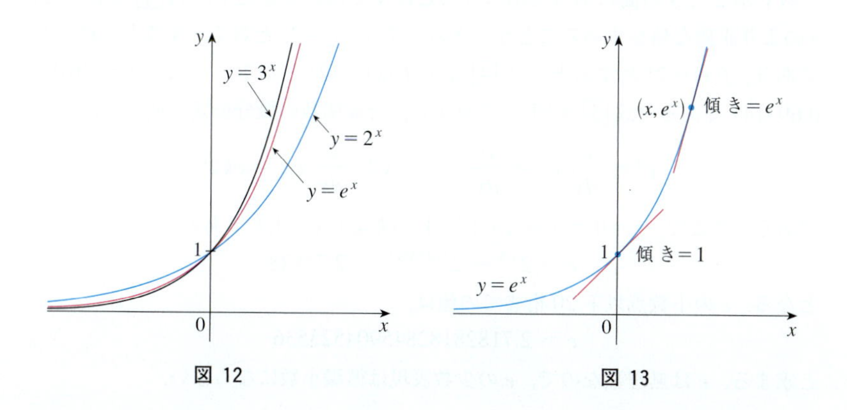

図 12　　図 13

$a=e$ とするならば $f'(0)=1$ であるので，式 4 より次の重要な微分公式を得る．

8 e を底とする指数関数の導関数

$$\frac{d}{dx}e^x = e^x$$

これより，指数関数 $f(x)=e^x$ はその導関数と一致する関数である．幾何学的に重要なポイントは，曲線 $y=e^x$ の接線の傾きが接点の y 座標の値となることである（図 13）．

例 2　関数 $y=e^{\tan x}$ を微分せよ．

［解 説］　合成関数の微分公式を用いるために $u=\tan x$ とおく．$y=e^u$ となるので，

$$\frac{dy}{dx}=\frac{dy}{du}\frac{du}{dx}=e^u\frac{du}{dx}=e^{\tan x}\sec^2 x$$

である．

一般に，例 2 のように，公式 8 と合成関数の微分公式を共に用いると，

9
$$\frac{d}{dx}e^u = e^u\frac{du}{dx}$$

を得る．

例 3　$y=e^{-4x}\sin 5x$ の y' を求めよ．

［解 説］　公式 9 と積の微分公式を用いると，

$$y' = e^{-4x}(\cos 5x)(5) + (\sin 5x)e^{-4x}(-4) = e^{-4x}(5\cos 5x - 4\sin 5x)$$

である．

数 e が 2 と 3 の間にあるであろうことはすでにみてきたが，式 4 を使うと，e のより正確な値を求めることができる．まず，$e=2^c$ とおく．すると，$e^x=2^{cx}$ であり，$f(x)=2^x$ とすると，式 4 より $f'(x)=k2^x$ となる．ここで $k=f'(0)\approx 0.693147$ である（式 5 参照）．これより，合成関数の微分公式を使って，

$$e^x=\frac{d}{dx}e^x=\frac{d}{dx}2^{cx}=k2^{cx}\frac{d}{dx}cx=ck2^{cx}$$

である．ここで，$x=0$ とするならば，$1=ck$ より $c=1/k$ であるので，

$$e=2^{1/k}\approx 2^{1/0.693147}\approx 2.71828$$

となる．e の小数点以下 20 桁までの値は，

$$e\approx 2.71828182845904523536$$

と求まる．e は無理数なので，e の少数表現は循環小数にならない．

例 4 第 I 巻§2・7 例 6 で，均一な培地で培養されている細菌の個体数を取上げた．1 時間ごとに個体数が倍になるならば，最初の個体数が n_0 のとき，t 時間後の個体数 n は

$$n = n_0 2^t$$

であることをみた．ここで，[4] と [5] を用いると，増加率は

$$\frac{dn}{dt} \approx n_0(0.693147)2^t$$

個体数の増加率は最初の個体数に比例する．

となる．たとえば，最初の個体数が $n_0 = 1000$ ならば，2 時間後の増加率は

$$\left.\frac{dn}{dt}\right|_{t=2} \approx (1000)(0.693147)2^t\big|_{t=2}$$
$$= (4000)(0.693147) \approx 2773 \text{（個体数/時間）}$$

である．

例 5 関数 $f(x) = xe^{-x}$ の最大値を求めよ．

［解 説］ 微分して臨界点を求める．

$$f'(x) = xe^{-x}(-1) + e^{-x}(1) = e^{-x}(1 - x)$$

指数関数は常に正値をとるので，$1-x>0$ のとき，つまり $x<1$ のときに $f'(x)>0$ となる．同様に，$x>1$ のとき $f'(x)<0$ となる．これより 1 階微分極値判定法を使って，f は $x=1$ で最大値をとり，その値は

$$f(1) = (1)e^{-1} = \frac{1}{e} \approx 0.37$$

である．

指数関数のグラフ

e を底とする指数関数 $f(x)=e^x$ は，微積分学とその応用において，最も頻繁に現れる関数であるので，そのグラフ（図 14）と性質を習熟しておくことは重要である．$f(x)=e^x$ の性質を以下にまとめる．これらは，定理 [2] で考察した指数関数の底を $a=e>1$ とした場合の性質である．

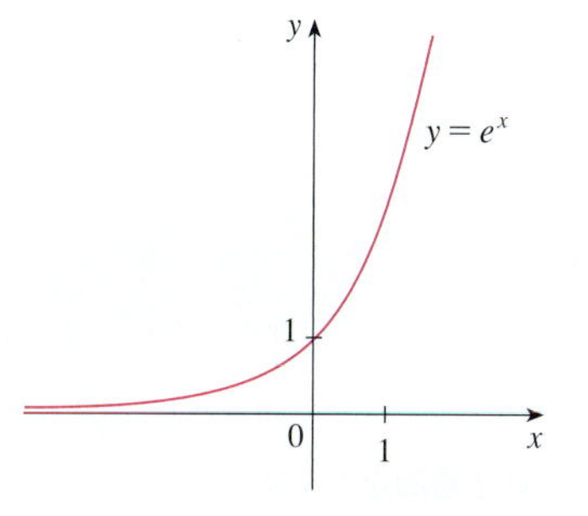

図 14 e を底とする指数関数

> **[10] e を底とする指数関数の性質** 指数関数 $f(x)=e^x$ は定義域 $\mathbb{R}$，値域 $(0,\infty)$ の連続な増加関数である．よって，すべての x について $f(x)>0$ である．また，
>
> $$\lim_{x\to-\infty} e^x = 0 \qquad \lim_{x\to\infty} e^x = \infty$$
>
> であるので，x 軸は $f(x)=e^x$ の水平漸近線である．

例 6 $\displaystyle\lim_{x\to\infty}\frac{e^{2x}}{e^{2x}+1}$ を求めよ．

［解 説］ $x\to\infty$ のとき $t=-2x\to-\infty$ であるので，

$$\lim_{x\to\infty} e^{-2x} = \lim_{t\to-\infty} e^t = 0$$

となることを使う．与式の分母と分子を e^{2x} で割ると，

$$\lim_{x\to\infty}\frac{e^{2x}}{e^{2x}+1}=\lim_{x\to\infty}\frac{1}{1+e^{-2x}}=\frac{1}{1+\lim_{x\to\infty}e^{-2x}}$$
$$=\frac{1}{1+0}=1$$

である．

例 7　$f(x)=e^{1/x}$ の漸近線を求めて，1 階導関数と 2 階導関数を使って，グラフを描け．

［解 説］ f の定義域が $\{x|x\neq 0\}$ であるので，$x\to 0$ のときの左極限と右極限を計算することにより垂直漸近線を求める．$x\to 0^+$ のとき $t=1/x\to\infty$ であるので，

$$\lim_{x\to 0^+}e^{1/x}=\lim_{t\to\infty}e^t=\infty$$

である．よって，$x=0$ は垂直漸近線である．また，$x\to 0^-$ のとき $t=1/x\to -\infty$ であるので，

$$\lim_{x\to 0^-}e^{1/x}=\lim_{t\to-\infty}e^t=0$$

である．$x\to\pm\infty$ のとき $1/x\to 0$ であるので，

$$\lim_{x\to\pm\infty}e^{1/x}=e^0=1$$

である．よって，$y=1$ は水平漸近線である．

次に導関数を求めよう．合成関数の微分公式より，

$$f'(x)=-\frac{e^{1/x}}{x^2}$$

である．0 でないすべての x について，$e^{1/x}>0$ であり，$x^2>0$ であるので，$f'(x)<0$ である．よって，f は区間 $(-\infty,0)$ と区間 $(0,\infty)$ で減少関数である．また，臨界点は存在しないので，関数は極大値も極小値ももたない．2 階導関数は

$$f''(x)=-\frac{x^2e^{1/x}(-1/x^2)-e^{1/x}(2x)}{x^4}=\frac{e^{1/x}(2x+1)}{x^4}$$

である．$e^{1/x}>0$ であり，$x^4>0$ であるので，$x>-\frac{1}{2}$ $(x\neq 0)$ のとき $f''(x)>0$，$x<-\frac{1}{2}$ のとき $f''(x)<0$ である．よって，曲線は区間 $\left(-\infty,-\frac{1}{2}\right)$ で上に凸，区間 $\left(-\frac{1}{2},0\right)$，$(0,\infty)$ で下に凸であり，点 $\left(-\frac{1}{2},e^{-2}\right)$ は変曲点である．

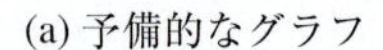

(a) 予備的なグラフ

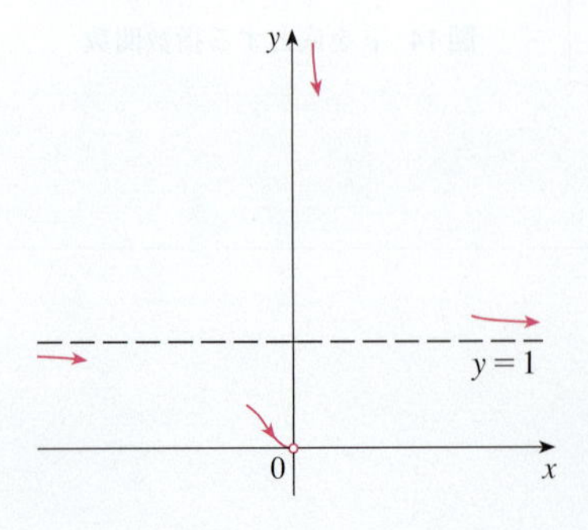

(b) 完成したグラフ

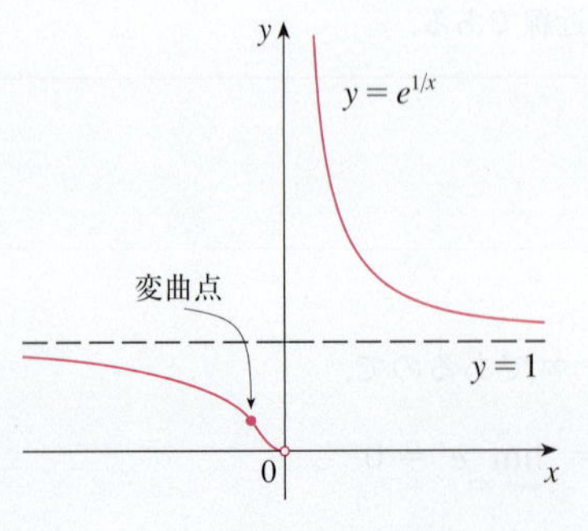

(c) 計算機によるグラフ

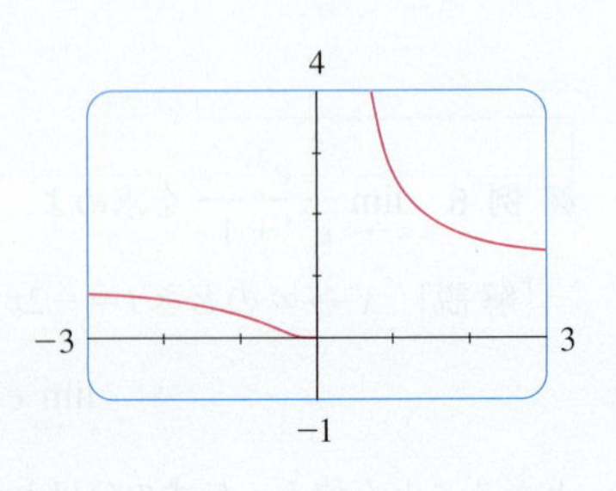

図 15

fのグラフを描くために，まず水平漸近線 $y=1$ を点線で描き，同時に漸近線近くの曲線の一部を予備的に描く（図 15(a)）．これらの部分は，極限とfが区間 $(-\infty, 0)$, $(0, \infty)$ で減少関数であることとが反映するように描かなければならない．$f(0)$ が存在しないにもかかわらず，$x \to 0^-$ のとき $f(x) \to 0$ であることを示しているのに注意しよう．曲線の凸性，変曲点などの情報を総合して描いたグラフが図 15(b)である．図 15(c)は確認のために計算機で描いたグラフである．

積　分

指数関数 $y=e^x$ の導関数が指数関数 $y=e^x$ であることは，指数関数が指数関数の原始関数になることを示している．

11

$$\int e^x \, dx = e^x + C$$

例 8 $\int x^2 e^{x^3} dx$ を求めよ．

［解 説］ $u=x^3$ とおくと，$du=3x^2\,dx$ となり，$x^2\,dx=\frac{1}{3}\,du$ となるので，

$$\int x^2 e^{x^3} dx = \frac{1}{3}\int e^u \, du = \frac{1}{3}e^u + C = \frac{1}{3}e^{x^3} + C$$

となる．

例 9 曲線 $y=e^{-3x}$, $y=0$, $x=0$, $x=1$ で囲まれた領域の面積を求めよ．

［解 説］ 面積は

$$A = \int_0^1 e^{-3x} \, dx = \left[-\frac{1}{3}e^{-3x}\right]_0^1 = \frac{1}{3}(1 - e^{\ 3})$$

である．

1・2 節末問題

1. (a) $a>0$ を底とする指数関数の方程式を書け．
(b) 指数関数の定義域を記せ．
(c) $a \neq 1$ であるときの指数関数の値域を記せ．
(d) 次の場合の指数関数のグラフを描け．
(i) $a > 1$ (ii) $a = 1$ (iii) $0 < a < 1$

2. (a) 数 e の定義を記せ．
(b) e の近似値を記せ．
(c) 自然指数関数 ($\exp x$) とは何か．

3-6 計算機を使って，同一スクリーンに，次の関数のグラフを描き，それらのグラフはどのような関係にあるか説明せよ．

3. $y = 2^x$,　$y = e^x$,　$y = 5^x$,　$y = 20^x$

4. $y = e^x$,　$y = e^{-x}$,　$y = 8^x$,　$y = 8^{-x}$

5. $y = 3^x$,　$y = 10^x$,　$y = \left(\frac{1}{3}\right)^x$,　$y = \left(\frac{1}{10}\right)^x$

6. $y = 0.9^x$,　$y = 0.6^x$,　$y = 0.3^x$,　$y = 0.1^x$

7-12 計算機を使わずに，次の関数のグラフの概形を描け．図 3 と図 14 のグラフを使い，必要に応じて第 I 巻 §1・3 のグラフ変換を参照せよ．

7. $y = 4^x - 1$　　**8.** $y = (0.5)^{x-1}$

9. $y = -2^{-x}$　　**10.** $y = e^{|x|}$

11. $y = 1 - \frac{1}{2}e^{-x}$　　**12.** $y = 2(1 - e^x)$

13. $y=e^x$ のグラフに，次の変換をほどこしたグラフの方程式を求めよ．

(a) 下に2平行移動させる

(b) 右に2平行移動させる

(c) x 軸に関する鏡映をとる

(d) y 軸に関する鏡映をとる

(e) x 軸と y 軸に関する鏡映をとる

14. $y=e^x$ のグラフに，次の変換をほどこしたグラフの方程式を求めよ．

(a) 直線 $y=4$ に関する鏡映をとる

(b) 直線 $x=2$ に関する鏡映をとる

15-16　次の関数の定義域を求めよ．

15. (a) $f(x) = \dfrac{1 - e^{x^2}}{1 - e^{1-x^2}}$　　(b) $f(x) = \dfrac{1 + x}{e^{\cos x}}$

16. (a) $g(t) = \sqrt{10^t - 100}$　　(b) $g(t) = \sin(e^t - 1)$

17-18　グラフの条件を満たす指数関数 $f(x)=Ca^x$ を求めよ．

17.

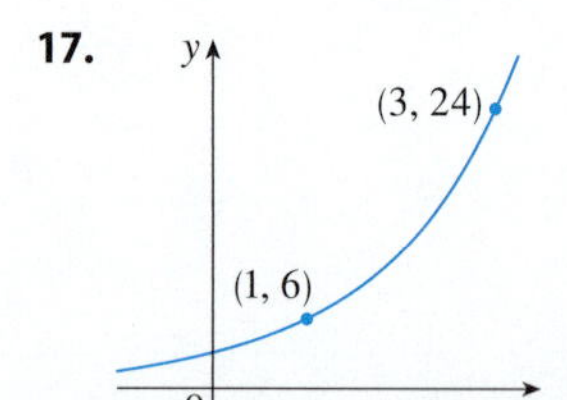

18.

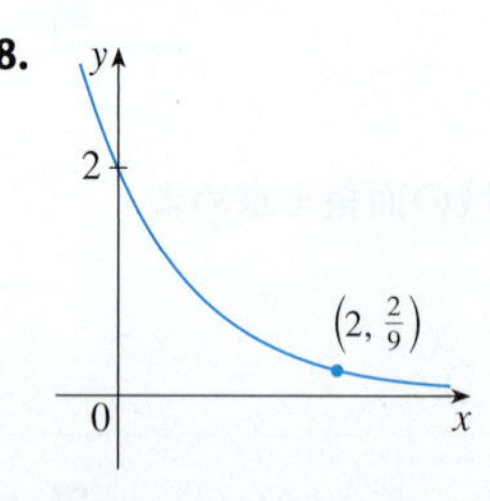

19. 1 cm 目盛りのグラフ用紙に，$f(x)=x^2$ と $g(x)=2^x$ のグラフが描かれているとする．原点より右に1 m の距離で，f のグラフの高さは 100 m であり，g のグラフの高さは約 10^{25} km であることを示せ．

20. 計算機を使って，いくつかの範囲で，関数 $f(x)=x^5$ と $g(x)=5^x$ のグラフを描いて比較せよ．また，二つのグラフの交点すべてを小数点以下1桁まで求めよ．x の値が大きくなると，どちらの関数が急激に増加するか．

21. 計算機を使って，いくつかの範囲で，関数 $f(x)=x^{10}$ と $g(x)=e^x$ のグラフを描いて比較せよ．最終的に，g のグラフが f のグラフを超える x の値を求めよ．

22. 計算機を使ってグラフを描き，$e^x > 1{,}000{,}000{,}000$ となる x の値を求めよ．

23-30　極限を求めよ．

23. $\lim_{x\to\infty} (1.001)^x$　　**24.** $\lim_{x\to-\infty} (1.001)^x$

25. $\lim_{x\to\infty} \dfrac{e^{3x} - e^{-3x}}{e^{3x} + e^{-3x}}$　　**26.** $\lim_{x\to\infty} e^{-x^2}$

27. $\lim_{x\to 2^+} e^{3/(2-x)}$　　**28.** $\lim_{x\to 2^-} e^{3/(2-x)}$

29. $\lim_{x\to\infty} (e^{-2x} \cos x)$　　**30.** $\lim_{x\to(\pi/2)^+} e^{\tan x}$

31-50　次の関数を微分せよ．

31. $f(x) = e^5$　　**32.** $k(r) = e^r + r^e$

33. $f(x) = (3x^2 - 5x)e^x$　　**34.** $y = \dfrac{e^x}{1 - e^x}$

35. $y = e^{ax^3}$　　**36.** $g(x) = e^{x^2-x}$

37. $y = e^{\tan\theta}$　　**38.** $V(t) = \dfrac{4 + t}{te^t}$

39. $f(x) = \dfrac{x^2e^x}{x^2 + e^x}$　　**40.** $y = x^2e^{-1/x}$

41. $y = x^2e^{-3x}$　　**42.** $f(t) = \tan(1 + e^{2t})$

43. $f(t) = e^{at}\sin bt$　　**44.** $f(z) = e^{z/(z-1)}$

45. $F(t) = e^{t\sin 2t}$　　**46.** $y = e^{\sin 2x} + \sin(e^{2x})$

47. $g(u) = e^{\sqrt{\sec u^2}}$　　**48.** $y = \sqrt{1 + xe^{-2x}}$

49. $y = \cos\left(\dfrac{1 - e^{2x}}{1 + e^{2x}}\right)$　　**50.** $f(t) = \sin^2(e^{\sin^2 t})$

51-52　与えられた点における接線の方程式を求めよ．

51. $y = e^{2x}\cos\pi x$,　$(0, 1)$　　**52.** $y = \dfrac{e^x}{x}$,　$(1, e)$

53. $e^{x/y}=x-y$ であるとき，y' を求めよ．

54. 曲線 $xe^y+ye^x=1$ の点 $(0, 1)$ における接線の方程式を求めよ．

55. 関数 $y=e^x+e^{-x/2}$ は微分方程式 $2y''-y'-y=0$ を満たすことを示せ．

56. 関数 $y=Ae^{-x}+Bxe^{-x}$ は微分方程式 $y''+2y'+y=0$ を満たすことを示せ．

57. 関数 $y=e^{rx}$ が微分方程式 $y''+6y'+8y=0$ を満たす r を求めよ．

58. 関数 $y=e^{\lambda x}$ が微分方程式 $y+y'=y''$ を満たす λ を求めよ．

59. $f(x)=e^{2x}$ であるとき，$f^{(n)}(x)$ を求めよ．

60. $f(x)=xe^{-x}$ の 1000 階導関数を求めよ．

61. (a) 中間値の定理を使って，方程式 $e^x+x=0$ が解をもつことを示せ．

(b) Newton（ニュートン）法を使って，方程式 $e^x+x=0$ の解を小数点以下6桁まで求めよ．

62. 計算機を使ってグラフを描き，方程式 $4e^{-x^2}\sin x = x^2-x+1$ の解を小数点以下1桁まで求め，次にこの値を初期近似値として Newton 法を使い，解を小数点以下8桁まで求めよ．

63. 図11のVのグラフを使って，処置後1カ月間における患者303人のウイルス量半減期を求めよ．

64. ランブル鞭毛虫の個体数が倍になる時間を求める．培養液で細菌の培養を始めて，4時間ごとに個体数を測定した結果を表にした．

t〔時 間〕	0	4	8	12	16	20	24
$f(t)$〔個体数/mL〕	37	47	63	78	105	130	173

(a) データをプロットせよ．

(b) 計算機を使って，t時間後の個体数の指数関数モデル$f(t)=c\cdot a^t$を求めよ．

(c) (b)で求めたモデル関数のグラフを(a)のプロット上に描け．(計算機の機能を使って) 個体数が倍になる時間を求めよ．

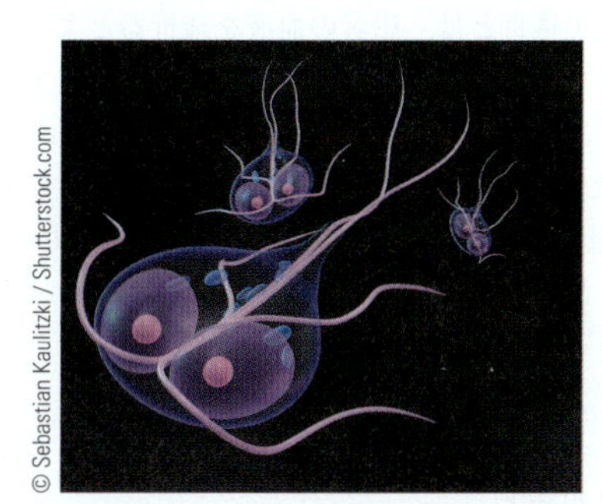

ランブル鞭毛虫

65. ある条件下で，うわさの拡散は，時刻tでうわさを聞いた人の割合$p(t)$の式

$$p(t) = \frac{1}{1 + ae^{-kt}}$$

で表される．ここでaとkは正の定数である（§4・4でこの式が$p(t)$の合理的なモデルであることを示す）．

(a) $\lim_{t\to\infty} p(t)$を求めよ．

(b) うわさが拡散する速さを求めよ．

(c) 計算機を使って，$a=10$，$k=0.5$，tの単位を時間としてpのグラフを描け．また，グラフを使って，人口の80％が噂を聞くのに要する時間を求めよ．

66. 物体が振動するバネの一端に取付けられており，平衡位置からの変位yは，tの単位を秒，yの単位をcmとして，$y = 8e^{-t/2}\sin 4t$で与えられる．

(a) 物体の位置関数のグラフを，関数$y=8e^{-t/2}$と$y=-8e^{-t/2}$のグラフと共に計算機を使って描き，それらのグラフがどのような関係にあるか，またその理由も説明せよ．

(b) グラフを使って，物体の変位の最大値を求めよ．最大値をとる点は，物体の位置関数のグラフと$y=8e^{-t/2}$のグラフの接点か．

(c) 物体が最初に平衡位置を通過するときの，物体の速度を求めよ．

(d) グラフを使って，物体の変位が平衡位置から2 cm以内となる時間を求めよ．

67. 関数$f(x)=x-e^x$の最大値を求めよ．

68. 関数$g(x)=e^x/x$, $x>0$の最小値を求めよ．

69-70 与えられた区間におけるfの最大値と最小値を求めよ．

69. $f(x) = xe^{-x^2/8}$,　$[-1, 4]$

70. $f(x) = xe^{x/2}$,　$[-3, 1]$

71-72 (a) 増加，減少している区間，(b) 上に凸，下に凸である区間，(c) 変曲点を求めよ．

71. $f(x) = (1-x)e^{-x}$　　**72.** $f(x) = \dfrac{e^x}{x^2}$

73-75 第I巻§3・5の曲線を描くときの指針（あるいは§1・4例6欄外参照）に基づき，曲線の概形を描け．

73. $y = e^{-1/(x+1)}$

74. $y = e^{-x}\sin x$,　$0 \leqslant x \leqslant 2\pi$

75. $y = 1/(1 + e^{-x})$

76. $f(0)=3$，$f'(0)=5$，$f''(0)=-2$，$g(x)=e^{cx}+f(x)$，$h(x)=e^{kx}f(x)$とする．

(a) $g'(0)$と$g''(0)$をcを使って表せ．

(b) $x=0$におけるhのグラフの接線の方程式を，kを使って表せ．

77. 薬物反応曲線は，投薬後の血中の薬物レベルを表している．関数$S(t)=At^pe^{-kt}$は，薬物レベルの初期の急上昇とその後の緩やかな減少を反映する薬物反応曲線のモデルとしてしばしば用いられる．ある薬物の場合として$A=0.01$，$p=4$，$k=0.07$，tの単位を分として，薬物反応曲線の変曲点を求め，その重要性を説明せよ．計算機があれば薬物反応曲線のグラフを描け．

78. 抗生物質の血中濃度C（μg/mL）は，tの単位を服用後経過した時間として

$$C(t) = 8(e^{-0.4t} - e^{-0.6t})$$

でモデル化される．服用後12時間までの最大血中濃度を求めよ．

79. アルコール飲料を飲んだ後の血中アルコール濃度は，アルコールの吸収と共に急激に増加し，続いてアルコールの代謝により徐々に減少していく．関数

$$C(t) = 1.35te^{-2.802t}$$

は男性8人の被験者が15 mLのエタノール（1杯のアルコール飲料に相当）を一気に飲んだときのt時間後の平均血中アルコール濃度（mg/mL）のモデルである．飲酒後3時間までの最大血中濃度と，それが起こった時間を求めよ．

（出典：P. Wilkinson *et al*., "Pharmacokinetics of Ethanol after Oral Administration in the Fasting State," *Journal of Pharmacokinetics and Biopharmaceutics*, **5**, 207 (1977)）

80-81　計算機を用いて，曲線のすべての重要な特性を表すグラフを描け．そのグラフから極大値・極小値を求め，微積分の手法でこれらの正確な値を求めよ．また，f'' のグラフを使って変曲点を求めよ．

80. $f(x) = e^{\cos x}$　　**81.** $f(x) = e^{x^3 - x}$

---

82. 確率・統計で用いられるベルカーブ（鐘形曲線）

$$y = \frac{1}{\sigma\sqrt{2\pi}}\, e^{-(x-\mu)^2/(2\sigma^2)}$$

は正規密度関数とよばれる．定数 μ は平均，正定数 σ は標準偏差である．簡単にするために，$1/(\sigma\sqrt{2\pi})$ を除き，$\mu = 0$ とした関数

$$f(x) = e^{-x^2/(2\sigma^2)}$$

を考える．

(a) f の漸近線，最大値，変曲点を求めよ．

(b) 曲線の形に対して σ はどのような役割を果たしているか．

(c) 計算機を使って，同一スクリーンに，σ を変えたグラフを四つ描け．

83-94　積分を求めよ．

83. $\int_0^1 (x^e + e^x)\, dx$　　**84.** $\int_{-5}^5 e\, dx$

85. $\int_0^2 \frac{1}{e^{\pi x}}\, dx$　　**86.** $\int x^2 e^{x^3} dx$

87. $\int e^x \sqrt{1 + e^x}\, dx$　　**88.** $\int \frac{(1 + e^x)^2}{e^x}\, dx$

89. $\int (e^x + e^{-x})^2\, dx$　　**90.** $\int e^x (4 + e^x)^5\, dx$

91. $\int \frac{e^u}{(1 - e^u)^2}\, du$　　**92.** $\int e^{\sin\theta} \cos\theta\, d\theta$

93. $\int_1^2 \frac{e^{1/x}}{x^2}\, dx$　　**94.** $\int_0^1 \frac{\sqrt{1 + e^{-x}}}{e^x}\, dx$

---

95. $y = e^x$，$y = e^{3x}$，$x = 1$ で囲まれた領域の面積を小数点以下 3 桁まで求めよ．

96. $f''(x) = 3e^x + 5\sin x$，$f(0) = 1$，$f'(0) = 2$ であるとき，$f(x)$ を求めよ．

97. $y = e^x$，$y = 0$，$x = 0$，$x = 1$ で囲まれた領域の x 軸を回転軸とした回転体の体積を求めよ．

98. $y = e^{-x^2}$，$y = 0$，$x = 0$，$x = 1$ で囲まれた領域の y 軸を回転軸とした回転体の体積を求めよ．

99. 誤差関数

$$\mathrm{erf}(x) = \frac{2}{\sqrt{\pi}} \int_0^x e^{-t^2}\, dt$$

は確率・統計・工学で使われている．

$$\int_a^b e^{-t^2}\, dt = \tfrac{1}{2}\sqrt{\pi}\,(\mathrm{erf}(b) - \mathrm{erf}(a))$$

であることを示せ．

100. 関数

$$y = e^{x^2} \mathrm{erf}(x)$$

は，微分方程式

$$y' = 2xy + 2/\sqrt{\pi}$$

を満たすことを示せ．

101. 貯油タンクが時間 $t = 0$ において壊れて，油が $r(t) = 100e^{-0.01t}$（L/min）の割合で漏れ出している．最初の 1 時間で漏れ出した油の量を求めよ．

102. ある種の細菌は最初の個体数が 400 のとき，$r(t) = (450.268)e^{1.12567t}$（個体数/時間）の割合で増加する．3 時間後の細菌の個体数を求めよ．

103. 人工透析とは，患者の血液を透析器とよばれる機械に通して，尿素およびその他の不要物を除去する処置である．尿素が血液から除去される割合（mg/min）は，r を血液が透析器を流れる速度（mL/min），V を患者の血液量（mL），C_0 を $t = 0$ の患者の血液中の尿素量（mg）とする式

$$u(t) = \frac{r}{V} C_0 e^{-rt/V}$$

とよく一致することが多い．積分 $\int_0^{30} u(t)\, dt$ を求め，それを説明せよ．

104. ある魚の生物量の増加率（kg/year）は，t の単位を年として，

$$G(t) = \frac{60{,}000e^{-0.6t}}{(1 + 5e^{-0.6t})^2}$$

でモデル化される．2000 年の生物量が 25,000 kg であった場合，2020 年の生物量を求めよ．

105. $f(x) = 3 + x + e^x$ であるとき，$(f^{-1})'(4)$ を求めよ．

106. $\lim_{x \to \pi} \frac{e^{\sin x} - 1}{x - \pi}$ を求めよ．

107. 計算機を使って

$$f(x) = \frac{1 - e^{1/x}}{1 + e^{1/x}}$$

のグラフを描くと，$f(x)$ が奇関数であることがわかる．証明せよ．

108. 計算機を使って

$$f(x) = \frac{1}{1 + ae^{bx}}$$

の関数の族のグラフをいくつか描け．b を変化させるとグラフはどのように変化するか．また，a を変化させるとグラフはどのように変化するか．

109. (a) $x \geqslant 0$ ならば $e^x \geqslant 1 + x$ であることを示せ［ヒント：$x > 0$ について $f(x) = e^x - (1 + x)$ が増加関数であることを示す］．

(b) $\frac{4}{3} \leqq \int_0^1 e^{x^2}\,dx \leqq e$ であることを示せ．

110. (a) 前問 109 (a) の不等式を使って，$x \geqq 0$ について

$$e^x \geqq 1 + x + \tfrac{1}{2}x^2$$

であることを示せ．

(b) (a) を使って，前問 109 (b) の $\int_0^1 e^{x^2}\,dx$ のよりよい評価をせよ．

111. (a) 数学的帰納法を使って，$x \geqq 0$，任意の自然数 n について

$$e^x \geqq 1 + x + \frac{x^2}{2!} + \cdots + \frac{x^n}{n!}$$

であることを証明せよ．

(b) (a) を使って，$e > 2.7$ であることを示せ．

(c) (a) を使って，任意の自然数 k について

$$\lim_{x\to\infty} \frac{e^x}{x^k} = \infty$$

であることを示せ．

1・3 対 数 関 数

$a>0$，$a \neq 1$ ならば，指数関数 $f(x)=a^x$ は増加関数あるいは減少関数であるので，水平線テストの判定から 1 対 1 関数である．したがって指数関数には逆関数 f^{-1} が存在し，その逆関数を **a を底とする対数関数**といい，$\log_a$ と記す．§1・1 [3] で与えた逆関数の関係式

$$f^{-1}(x) = y \quad \Longleftrightarrow \quad f(y) = x$$

を使うならば，

[1]
$$\log_a x = y \quad \Longleftrightarrow \quad a^y = x$$

となる．これより，$x>0$ ならば，$\log_a x$ は底 a の指数乗が x となる数である．

例 1 (a) $\log_3 81$，(b) $\log_{25} 5$，(c) $\log_{10} 0.001$ を求めよ．

［解 説］ (a) $3^4=81$　であるので　$\log_3 81=4$

(b) $25^{1/2}=5$　であるので　$\log_{25} 5=\frac{1}{2}$

(c) $10^{-3}=0.001$　であるので　$\log_{10} 0.001=-3$

§1・1 の消去律 [4] を関数 $f(x)=a^x$ と $f^{-1}(x)=\log_a x$ に適用すると，次のようになる．

[2]
すべての $x \in \mathbb{R}$ について　$\log_a(a^x)=x$
すべての $x>0$ について　$a^{(\log_a x)}=x$

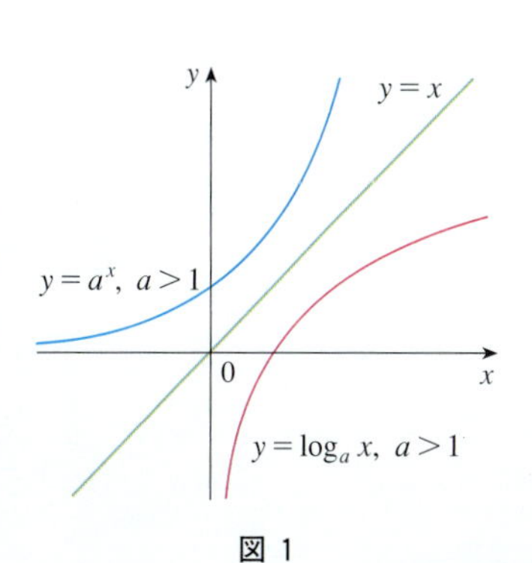

図 1

対数関数 $\log_a$ は，連続な指数関数の逆関数であるので，定義域 $(0,\infty)$，値域 $\mathbb{R}$ の連続関数である．そのグラフは，$y=a^x$ のグラフの直線 $y=x$ に関する鏡映である．

$a>1$ の場合が図 1 に示されている（ほとんどの重要な対数関数は底が $a>1$ である）．$x>0$ について $y=a^x$ が急激な増加関数であることは，$x>1$ について $y=\log_a x$ が緩慢な増加関数であることを反映している．

図 2 はさまざまな底 $a>1$ の値に対する $y=\log_a x$ のグラフを示している．$\log_a 1=0$ であるので，すべての対数関数のグラフは点 $(1,0)$ を通る．

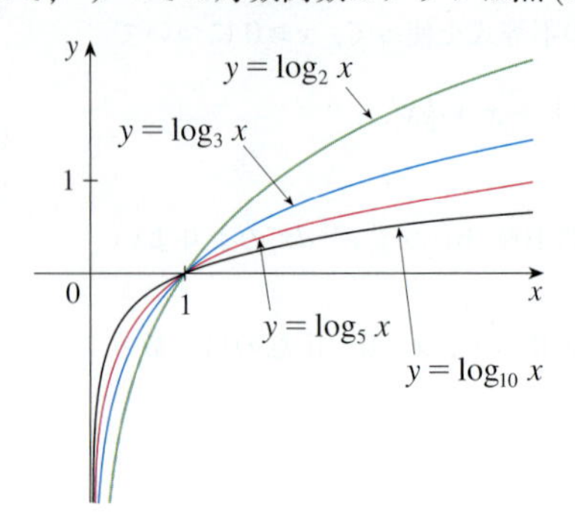

図 2

次の定理は対数関数の性質をまとめたものである．

> 3 **定理**　$a>1$ ならば，関数 $f(x)=\log_a x$ は定義域 $(0,\infty)$，値域 $\mathbb{R}$ の 1 対 1 関数かつ連続な増加関数である．$x, y>0$，r を任意の実数とするならば，
>
> 1. $\log_a(xy) = \log_a x + \log_a y$
>
> 2. $\log_a\left(\dfrac{x}{y}\right) = \log_a x - \log_a y$
>
> 3. $\log_a(x^r) = r\log_a x$
>
> である．

性質 1〜3 は，§1・2 定理 2 で与えた指数関数の性質から導かれる．

例 2　定理 3 の対数関数の性質を使って，次の値を求めよ．

(a) $\log_4 2 + \log_4 32$　　(b) $\log_2 80 - \log_2 5$

［解 説］(a) 定理 3 の性質 1 を使い，$4^3=64$ であるので，

$$\log_4 2 + \log_4 32 = \log_4(2\cdot 32) = \log_4 64 = 3$$

となる．

(b) 定理 3 の性質 2 を使い，$2^4=16$ であるので，

$$\log_2 80 - \log_2 5 = \log_2\left(\tfrac{80}{5}\right) = \log_2 16 = 4$$

である．

§1・2 で与えた指数関数の極限の性質に対応した，対数関数の極限の性質を次に与える（図 1 と比較せよ）．

> 4　$a>1$ ならば
>
> $$\lim_{x\to\infty}\log_a x = \infty \qquad \lim_{x\to 0^+}\log_a x = -\infty$$
>
> である．

y 軸は曲線 $y=\log_a x$ の垂直漸近線である．

例 3　$\lim_{x\to 0}\log_{10}(\tan^2 x)$ を求めよ．

［解説］ $x \to 0$ のとき $t=\tan^2 x \to \tan^2 0=0$ であり，t の値は正値である．$a=10>1$ であるので，4 より

$$\lim_{x\to 0}\log_{10}(\tan^2 x) = \lim_{t\to 0^+}\log_{10} t = -\infty$$

である．

自然対数

次の節で示すが，対数の底 a としては，§1・2 で定義した数 e を使うのが最も便利である．e を底とする対数を**自然対数**といい，特別な記号が存在する*．本書では底 e を省略して log と表す．

$$\log_e x = \ln x$$

1 と 2 において $a=e$ として $\log_e$ を log で表記すると，自然対数関数の性質は

5
$$\log x = y \iff e^y = x$$

6
$$\log(e^x) = x \qquad x \in \mathbb{R}$$
$$e^{\log x} = x \qquad x > 0$$

と表される．

特に $x=1$ とするならば，

$$\log e = 1$$

である．

対数の表記法　電卓やほとんどの微積分学や科学の教科書では，自然対数を $\ln x$ と表記し，"常用対数" $\log_{10} x$ を $\log x$ と表記する．しかし，より高度な数学や科学の論文あるいはコンピューター言語では，通常 $\log x$ は自然対数を表す．

＊訳注：自然対数の記号 ln は自然科学，社会科学でよく使われる常用対数 $\log_{10}$ と区別するために使われることがある．しかし数学の世界では論理的に綺麗な自然対数 $\log_e$ をおもに使うので，特に ln を使わず，log で自然対数を表し，特に明記したい場合には，$\log_e$ を使う．この本でもこれ以後自然対数としては，log を使う．

例 4　$\log x=5$ となる x を求めよ．

［解説 1］ 5 より

$$\log x = 5 \qquad \text{すなわち} \qquad e^5 = x$$

であるので，$x=e^5$ である．

［解説 2］ $\log x=5$ の両辺を e のベキ指数にとるならば，

$$e^{\log x} = e^5$$

である．6 の 2 番目の式 $e^{\log x}=x$ を使うと，$x=e^5$ である．

例 5　方程式 $e^{5-3x}=10$ を解け．

［解説］ 両辺の自然対数をとり，6 を使うと，

$$\log(e^{5-3x}) = \log 10$$
$$5 - 3x = \log 10$$
$$3x = 5 - \log 10$$
$$x = \tfrac{1}{3}(5 - \log 10)$$

である．関数電卓を使って，小数点以下 4 桁までの近似値を求めると，$x \approx 0.8991$ である．

例 6　$\log a+\frac{1}{2}\log b$ を一つの対数で表せ．

［解 説］ 3 の対数関数の性質3と1を使うと，

$$\log a+\tfrac{1}{2}\log b=\log a+\log b^{1/2}$$
$$=\log a+\log\sqrt{b}$$
$$=\log\left(a\sqrt{b}\right)$$

である．

次の公式は，任意の底をもつ対数を自然対数に変換できることを示している．

7 底の変換公式　1ではない任意の正数 a について

$$\log_a x=\frac{\log x}{\log a}$$

証 明　$y=\log_a x$ とするならば，1 より $a^y=x$ であるので，両辺の自然対数をとるならば，$y\log a=\log x$ である．よって，

$$y=\frac{\log x}{\log a}$$

となる．

公式 7 を用いれば，関数電卓を使って，（次の例が示すように）任意の底に関する対数を計算することができる．同様に，公式 7 を用いれば，計算機のグラフ機能を使って任意の対数関数のグラフを描くことができる（節末問題20〜22参照）．

例 7　関数電卓を使って，$\log_8 5$ の値を小数点以下6桁まで求めよ．

［解 説］ 公式 7 より

$$\log_8 5=\frac{\log 5}{\log 8}\approx 0.773976$$

自然対数関数のグラフと増加の仕方

指数関数 $y=e^x$ とその逆関数である自然対数関数 $y=\log x$ のグラフが図3に示されている．曲線 $y=e^x$ の y 軸との交点 $(0,1)$ における傾きは1であるので，直線 $y=x$ に関する鏡映である曲線 $y=\log x$ の x 軸との交点 $(1,0)$ における傾きも1である．

自然対数関数は，底が1より大きいほかの対数関数と同様に，区間 $(0,\infty)$ で定義された連続な増加関数であり，y 軸は垂直漸近線である．

4 において $a=e$ とすると，極限について次のことが成り立つ．

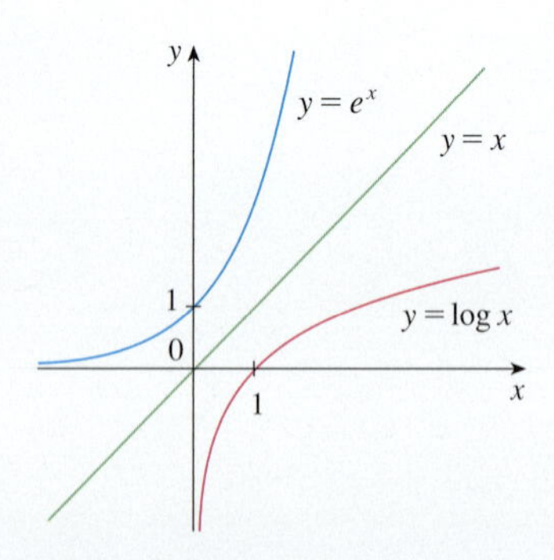

図3　$y=\log x$ のグラフは $y=e^x$ のグラフの直線 $y=x$ に関する鏡映である．

8　$$\lim_{x\to\infty}\log x=\infty \qquad \lim_{x\to 0^+}\log x=-\infty$$

例 8　関数 $y=\log(x-2)-1$ のグラフを描け．

［解 説］　図 3 の $y=\log x$ のグラフをもとにして，第 I 巻 § 1・3 のグラフ変換（平行移動）をほどこす．すなわち，$y=\log x$ のグラフを右側に 2，下方に 1 平行移動させたものが $y=\log(x-2)-1$ のグラフである（図 4）．この場合，

$$\lim_{x\to 2^+}(\log(x-2)-1)=-\infty$$

であるので，x＝2 が垂直漸近線である．

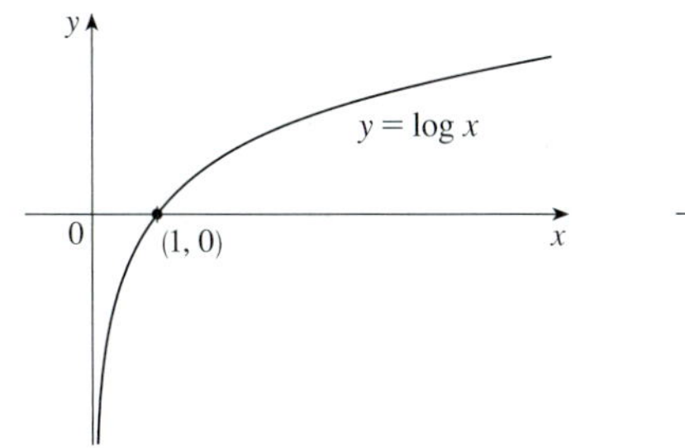

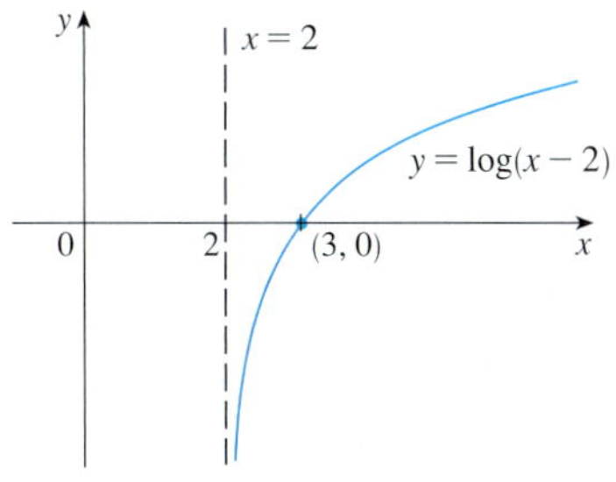

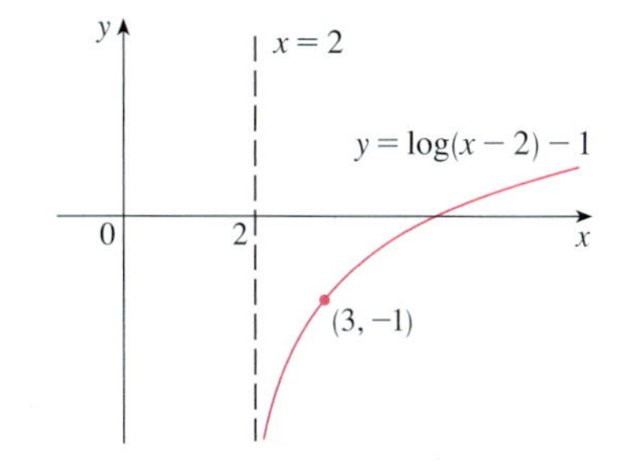

図 4

$x\to\infty$ のとき $\log x\to\infty$ であることはすでに学んだ．しかし，この増加は非常にゆっくりしている．実際，$\log x$ はいかなるベキ関数 x^p（$p>0$）よりもゆっくり増加する．このことを説明するために，関数 $y=\log x$ と $y=x^{1/2}=\sqrt{x}$ の近似値を表で比較し，図 5 と図 6 のグラフを示した．最初，$y=\sqrt{x}$ と $y=\log x$ のグラフは同程度の割合で増加するが，最終的に $y=\sqrt{x}$ は $y=\log x$ よりもはるかに急激に増加する．§ 1・8 において，任意の正数ベキ p について，

$$\lim_{x\to\infty}\frac{\log x}{x^p}=0$$

となることを示す．すなわち，x が十分に大きいならば，x^p の値に比べて $\log x$ の値は非常に小さくなることを示している（節末問題 72 参照）．

x	1	2	5	10	50	100	500	1000	10,000	100,000
$\log x$	0	0.69	1.61	2.30	3.91	4.6	6.2	6.9	9.2	11.5
$\sqrt{x}$	1	1.41	2.24	3.16	7.07	10.0	22.4	31.6	100	316
$\dfrac{\log x}{\sqrt{x}}$	0	0.49	0.72	0.73	0.55	0.46	0.28	0.22	0.09	0.04

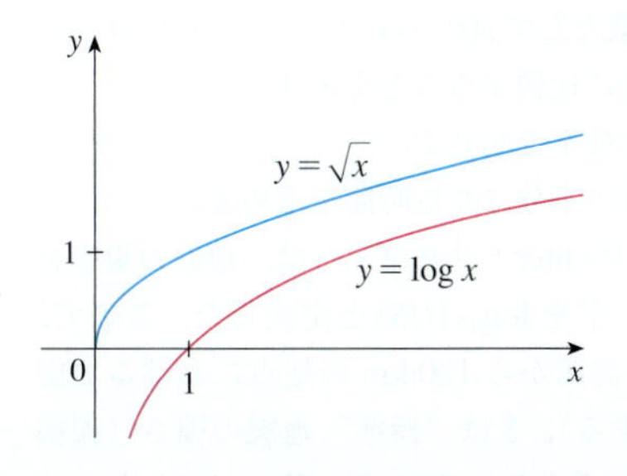

図 5

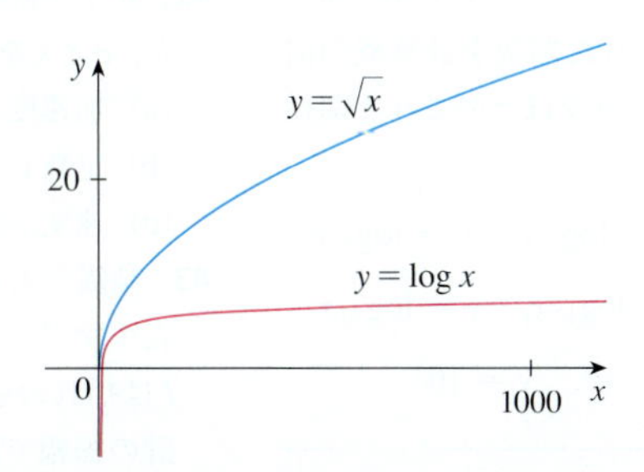

図 6

1・3　節末問題

1. (a) 対数関数 $y=\log_a x$ の定義を述べよ．
(b) 対数関数の定義域を記せ．
(c) 対数関数の値域を記せ．
(d) 関数 $y=\log_a x$ $(a>1)$ のグラフの概形を描け．

2. (a) 自然対数とは何か．
(b) 常用対数とは何か．
(c) 自然対数関数のグラフと e を底とする指数関数のグラフを同一座標平面に描け．

3-8　正確な値を求めよ．

3. (a) $\log_2 32$　(b) $\log_8 2$

4. (a) $\log_5 \frac{1}{125}$　(b) $\log(1/e^2)$

5. (a) $e^{\log 4.5}$　(b) $\log_{10} 0.0001$

6. (a) $\log_{1.5} 2.25$　(b) $\log_5 4 - \log_5 500$

7. (a) $\log_{10} 40 + \log_{10} 2.5$
(b) $\log_8 60 - \log_8 3 - \log_8 5$

8. (a) $e^{-\log 2}$　(b) $e^{\log(\log e^3)}$

9-12　対数関数の性質を使って，式を展開せよ．

9. $\log \sqrt{ab}$　**10.** $\log_{10} \sqrt{\dfrac{x-1}{x+1}}$

11. $\log \dfrac{x^2}{y^3 z^4}$　**12.** $\log\left(s^4 \sqrt{t\sqrt{u}}\right)$

13-18　一つの対数にまとめよ．

13. $2\log x + 3\log y - \log z$

14. $\log_{10} 4 + \log_{10} a - \frac{1}{3}\log_{10}(a+1)$

15. $\log 10 + 2\log 5$

16. $\log 3 + \frac{1}{3}\log 8$

17. $\frac{1}{3}\log(x+2)^3 + \frac{1}{2}\left(\log x - \log(x^2+3x+2)^2\right)$

18. $\log b + 2\log c - 3\log d$

19. 公式 7 を使って，次の対数の値を小数点以下6桁まで求めよ．
(a) $\log_5 10$　(b) $\log_3 57$　(c) $\log_2 \pi$

20-22　公式 7 を使って，与えられた関数を計算機の同一スクリーンに描け．それらのグラフはどのような関係にあるか説明せよ．

20. $y=\log_2 x,\quad y=\log_4 x,\quad y=\log_6 x,\quad y=\log_8 x$

21. $y=\log_{1.5} x,\quad y=\log x,\quad y=\log_{10} x,\quad y=\log_{50} x$

22. $y=\log x,\quad y=\log_{10} x,\quad y=e^x,\quad y=10^x$

23-24　計算機を使わずに，次の関数のグラフの概形を描け．図2と図3のグラフを使い，必要に応じて第I巻§1·3のグラフ変換を参照せよ．

23. (a) $y=\log_{10}(x+5)$　(b) $y=-\log x$

24. (a) $y=\log(-x)$　(b) $y=\log|x|$

25-26　(a) f の定義域と値域を求めよ．
(b) f のグラフと x 軸との交点を求めよ．
(c) f のグラフを描け．

25. $f(x)=\log x+2$　**26.** $f(x)=\log(x-1)-1$

27-36　次の方程式を x について解け．

27. (a) $e^{7-4x}=6$　(b) $\log(3x-10)=2$

28. (a) $\log(x^2-1)=3$　(b) $e^{2x}-3e^x+2=0$

29. (a) $2^{x-5}=3$　(b) $\log x+\log(x-1)=1$

30. (a) $e^{3x+1}=k$　(b) $\log_2(mx)=c$

31. $e-e^{-2x}=1$　**32.** $10(1+e^{-x})^{-1}=3$

33. $\log(\log x)=1$　**34.** $e^{e^x}=10$

35. $e^{2x}-e^x-6=0$　**36.** $\log(2x+1)=2-\log x$

37-38　次の方程式の解を小数点以下4桁まで求めよ．

37. (a) $\log(1+x^3)-4=0$　(b) $2e^{1/x}=42$

38. (a) $2^{1-3x}=99$　(b) $\log\left(\dfrac{x+1}{x}\right)=2$

39-40　次の不等式を x について解け．

39. (a) $\log x<0$　(b) $e^x>5$

40. (a) $1<e^{3x-1}<2$　(b) $1-2\log x<3$

41. 1 cm 目盛りのグラフ用紙に，$y=\log_2 x$ のグラフが描かれているとする．グラフの高さが 1 m になるのは，原点より右に何 km の距離か．

42. 粒子が直線状を粘性力を受けて動いているときの速度が，c と k を正定数として $v(t)=ce^{-kt}$ で与えられている．
(a) 加速度が速度に比例することを示せ．
(b) 定数 c の重要性を説明せよ．
(c) 速度が初速度の半分になる時間を求めよ．

43. 地震学者 C. F. Richter（リヒター）は，地震の規模を表すマグニチュードを $\log_{10}(I/S)$ と定義した．ここで，I は揺れの強さ（震源から 100 km の地点における地震計の振幅で測定する），S は“標準”地震の強さ（振幅 1 μm$=10^{-4}$ cm）である．1989年，サンフランシスコを揺るがしたローマプリエッタ地震のマグニチュードは7.1であった．1906年に起こったサンフランシスコ地震は1989年の地震の16倍の強さを示した．サンフランシスコ地震のマグニチュードを求めよ．

44. 人がかろうじて聴くことのできる音は，周波数1000ヘルツ（Hz）で強さは$I_0=10^{-12}$（W/m^2）である．強さIの音の大きさ（単位はデシベル，dB）は，$L=10\log_{10}(I/I_0)$で定義されている．アンプを使ったロック音楽の音の大きさは120 dBであり，電動機付きの草刈り機の音の大きさは106 dBである．ロック音楽の音と草刈り機の音の強さの比を求めよ．

45. 最初の個体数が100の細菌が，3時間ごとに倍に増えるならば，t時間後の個体数は$n=f(t)=100\cdot 2^{t/3}$である．

(a) この関数の逆関数を求め，その意味を説明せよ．

(b) 個体数が50,000に達するのは何時間後か．

46. カメラのストロボがたかれると，ストロボのコンデンサーはすぐに充電される．Q_0を蓄えうる最大の電荷量，tの単位を秒として，蓄えられる電荷量は

$$Q(t)=Q_0(1-e^{-t/a})$$

で表される．

(a) この関数の逆関数を求め，その意味を説明せよ．

(b) $a=2$のとき，コンデンサーの容量90％が充電されるのにかかる時間を求めよ．

47-52 極限を求めよ．

47. $\lim_{x\to 3^+}\log(x^2-9)$

48. $\lim_{x\to 2^-}\log_5(8x-x^4)$

49. $\lim_{x\to 0}\log(\cos x)$

50. $\lim_{x\to 0^+}\log(\sin x)$

51. $\lim_{x\to\infty}(\log(1+x^2)-\log(1+x))$

52. $\lim_{x\to\infty}(\log(2+x)-\log(1+x))$

53-54 関数の定義域を求めよ．

53. $f(x)=\log(4-x^2)$

54. $g(x)=\log_2(x^2+3x)$

55-57 (a) fの定義域と，(b) f^{-1}とf^{-1}の定義域を求めよ．

55. $f(x)=\sqrt{3-e^{2x}}$

56. $f(x)=\log(2+\log x)$

57. $f(x)=\log(e^x-3)$

---

58. (a) $e^{\log 300}$と$\log(e^{300})$の値を求めよ．

(b) 計算機を使って，$e^{\log 300}$と$\log(e^{300})$の値を求めよ．計算機に何が起こったか．また，その理由を説明できるか．

59-64 逆関数を求めよ．

59. $y=2\log(x-1)$

60. $g(x)=\log_4(x^3+2)$

61. $f(x)=e^{x^3}$

62. $y=(\log x)^2,\quad x\geqq 1$

63. $y=3^{2x-4}$

64. $y=\dfrac{1-e^{-x}}{1+e^{-x}}$

---

65. 関数$f(x)=e^{3x}-e^x$が増加する区間を求めよ．

66. 曲線$y=2e^x-e^{-3x}$が上に凸である区間を求めよ．

67. $f(x)=\log\left(x+\sqrt{x^2+1}\right)$とする．

(a) fが奇関数であることを示せ．

(b) fの逆関数を求めよ．

68. 直線$2x-y=8$と直交する，曲線$y=e^{-x}$の接線を求めよ．

69. 方程式$x^{1/\log x}=2$は解をもたないことを示せ．関数$f(x)=x^{1/\log x}$について何がいえるか．

70. $g(x)>0$のとき，$g(x)=e^{\log g(x)}$と表すことができるから，$f(x)=g(x)^{h(x)}$の形の関数は，$f(x)=e^{h(x)\log g(x)}$と表すことができる．この仕組みを用いて，次の極限を求めよ．

(a) $\lim_{x\to\infty}x^{\log x}$

(b) $\lim_{x\to 0^+}x^{-\log x}$

(c) $\lim_{x\to 0^+}x^{1/x}$

(d) $\lim_{x\to\infty}(\log 2x)^{-\log x}$

71. $a>1$とする．第I巻§3・4の定義[6]，[7]を使って証明せよ．

(a) $\lim_{x\to-\infty}a^x=0$

(b) $\lim_{x\to\infty}a^x=\infty$

72. (a) 計算機を使って，いくつかの範囲で，$f(x)=x^{0.1}$と$g(x)=\log x$のグラフを描いて増加率を比較せよ．最終的に，gのグラフがfのグラフを超えるxの値を求めよ．

(b) $x\to\infty$のときの関数の振舞いがわかるように，関数$h(x)=(\log x)/x^{0.1}$のグラフを描け．

(c) $\qquad x>N \qquad$ ならば $\qquad \dfrac{\log x}{x^{0.1}}<0.1$

となる数Nを求めよ．

73. 不等式$\log(x^2-2x-2)\leqq 0$を解け．

74. **素数**とは，1と自分自身以外の約数をもたない，2以上の自然数である．最初のいくつかの素数を示すと，2, 3, 5, 7, 11, 13, 17, … である．ここで，$\pi(n)$はn以下の素数の個数を表す．たとえば，$\pi(15)$は，15以下の素数は2, 3, 5, 7, 11, 13の6個あるので，$\pi(15)=6$である．

(a) $\pi(25)$と$\pi(100)$の数を求めよ［ヒント：$\pi(100)$を求めるために，Eratosthenes（エラトステネス）の篩（ふるい）を使って，100までの素数をすべて求める．すなわち，まず2から100までの数を書き，2を除いた2の倍数をすべて消す．次に，3を除いた3の倍数をすべて消す．同様にして5を除いた5の倍数をすべて消す．これを100まで続ければ，残った数が100までの素数のすべてである］．

(b) 偉大な数学者 K. F. Gauss（ガウス）は 1792 年 15 歳のときに，素数表と対数表を調べることによって，n が大きくなれば，n までの素数の数 $\pi(n)$ が $n/\log n$ で近似されること，正確にいえば

$$\lim_{n\to\infty}\frac{\pi(n)}{n/\log n}=1$$

となることを予想した．この予想は 100 年後に J. Hadamard（アダマール）と C. de la Vallée Poussin（プーサン）によって独立に証明され，**素数定理**とよばれるようになった．$n=100, 1000, 10^4, 10^5, 10^6, 10^7$ の場合の $n/\log n$ の値を計算して，この定理が正しいことの証拠を示せ．$\pi(n)$ の値は，$\pi(1000)=168$，$\pi(10^4)=1229$，$\pi(10^5)=9592$，$\pi(10^6)=78{,}498$，$\pi(10^7)=664{,}579$ を使え．

(c) 素数定理を使って，10 億（10^9）までの素数の個数を求めよ．

1・4　対数関数の導関数

この節では，対数関数 $y=\log_a x$ と指数関数 $y=a^x$ の導関数を求める．まず，自然対数関数 $y=\log x$ から始める．$y=\log x$ は微分可能な関数 $y=e^x$ の逆関数であるので，微分可能である．よって導関数は次のようになる．

1

$$\frac{d}{dx}(\log x)=\frac{1}{x}$$

証 明　$y=\log x$ とすると，

$$e^y=x$$

である．この方程式を，x に関して陰関数微分法を使って微分すると，

$$e^y\frac{dy}{dx}=1$$

となるので，

$$\frac{dy}{dx}=\frac{1}{e^y}=\frac{1}{x}$$

である．

例 1　$y=\log(x^3+1)$ を微分せよ．

［解 説］　合成関数の微分公式を使うために，$u=x^3+1$ とおくと，$y=\log u$ となるので，

$$\frac{dy}{dx}=\frac{dy}{du}\frac{du}{dx}=\frac{1}{u}\frac{du}{dx}$$
$$=\frac{1}{x^3+1}(3x^2)=\frac{3x^2}{x^3+1}$$

である．

一般に，例 1 のように，公式 $\boxed{1}$ と合成関数の微分公式を共に用いると，次のようになる．

$\boxed{2}$ $$\frac{d}{dx}(\log u) = \frac{1}{u}\frac{du}{dx}$$ あるいは $$\frac{d}{dx}(\log g(x)) = \frac{g'(x)}{g(x)}$$

例 2 $\dfrac{d}{dx}\log(\sin x)$ を求めよ．

［解 説］ $\boxed{2}$ を使うと，

$$\frac{d}{dx}\log(\sin x) = \frac{1}{\sin x}\frac{d}{dx}(\sin x) = \frac{1}{\sin x}\cos x = \cot x$$

である．

例 3 $f(x)=\sqrt{\log x}$ を微分せよ．

［解 説］ この場合は，対数関数が内部関数であるので，合成関数の微分公式を使うと，

$$f'(x) = \tfrac{1}{2}(\log x)^{-1/2}\frac{d}{dx}(\log x) = \frac{1}{2\sqrt{\log x}}\cdot\frac{1}{x} = \frac{1}{2x\sqrt{\log x}}$$

である．

例 4 $\dfrac{d}{dx}\log\dfrac{x+1}{\sqrt{x-2}}$ を求めよ．

［解 説 1］

$$\begin{aligned}
\frac{d}{dx}\log\frac{x+1}{\sqrt{x-2}} &= \frac{1}{\dfrac{x+1}{\sqrt{x-2}}}\frac{d}{dx}\frac{x+1}{\sqrt{x-2}} \\
&= \frac{\sqrt{x-2}}{x+1}\,\frac{\sqrt{x-2}\cdot 1-(x+1)\left(\frac{1}{2}\right)(x-2)^{-1/2}}{x-2} \\
&= \frac{x-2-\frac{1}{2}(x+1)}{(x+1)(x-2)} \\
&= \frac{x-5}{2(x+1)(x-2)}
\end{aligned}$$

［解 説 2］ 対数関数の性質を使って，与えられた関数を分解すると，微分が容易になる．

$$\begin{aligned}
\frac{d}{dx}\log\frac{x+1}{\sqrt{x+2}} &= \frac{d}{dx}\left(\log(x+1)-\tfrac{1}{2}\log(x-2)\right) \\
&= \frac{1}{x+1}-\frac{1}{2}\left(\frac{1}{x-2}\right)
\end{aligned}$$

（この解を通分して整理すれば，解説 1 の解と同じになる．）

図 1 は例 4 の関数 $f(x)=\log((x+1)/\sqrt{x-2})$ とその導関数のグラフである．図をみれば，f が急減に減少しているとき，$f'(x)$ は負として大きく，f が最小値をとるとき，$f'(x)=0$ であることがわかる．

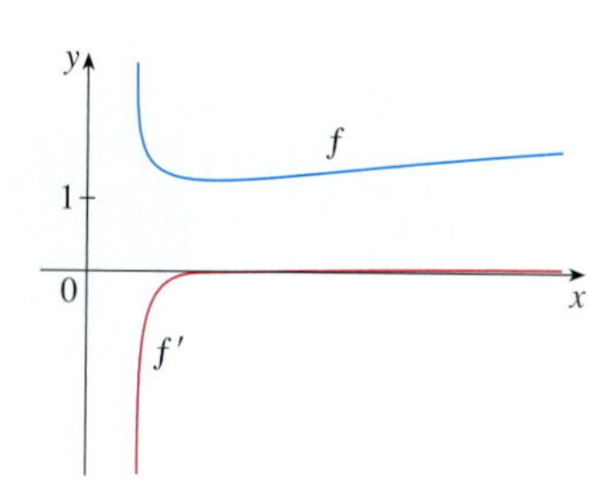

図 1

例 5　$f(x)=x^2\log x$ の最小値を求めよ．

［解 説］　この関数の定義域は $(0,\infty)$ である．積の微分公式を使うと，

$$f'(x) = x^2\cdot\frac{1}{x} + 2x\log x = x(1+2\log x)$$

である．よって，$f'(x)=0$ となる x は，$2\log x=-1$ すなわち $\log x=-\frac{1}{2}$，したがって $x=e^{-1/2}$ である．また，$0<x<e^{-1/2}$ のとき $f'(x)<0$ で，$x>e^{-1/2}$ のとき $f'(x)>0$ であるので，1 階微分極値判定法より，$f\left(1/\sqrt{e}\right)=-1/(2e)$ が最小値である．

＊訳注：第 I 巻 § 3・5 曲線を描くときの指針では，以下に示す A～G の情報を使って，曲線 $y=f(x)$ の概形（H）を描く．
A．定義域
B．交　点
C．対称性
D．漸近線
E．増加あるいは減少の区間
F．極大値，極小値
G．凸性と変曲点
H．曲線の概形

例 6　第 I 巻 § 3・5 の曲線を描くときの指針*に基づき，曲線 $y=\log(4-x^2)$ について考察せよ．

［解 説］

A．定義域　$\{x \mid 4-x^2>0\}=\{x \mid x^2<4\}=\{x \mid |x|<2\}=(-2,2)$

B．交点　y 切片は $f(0)=\log 4$ である．x 切片は，（$e^0=1$ であるので）$\log 1=0$ であることを使って

$$y=\log(4-x^2)=0$$

を解くと，$4-x^2=1$ すなわち $x^2=3$，したがって $x=\pm\sqrt{3}$ である．

C．対称性　$f(-x)=f(x)$ より偶関数であるので，y 軸に関して対称である．

D．漸近線　定義域の端点（$x=\pm 2$）で垂直漸近線を探す．$x\to -2^+$，$x\to 2^-$ ならば，$4-x^2\to 0^+$ であるので，§ 1・3 [8] より

$$\lim_{x\to 2^-}\log(4-x^2)=-\infty \qquad \lim_{x\to -2^+}\log(4-x^2)=-\infty$$

である．よって，直線 $x=2$ と $x=-2$ は垂直漸近線である．

E．増加あるいは減少の区間

$$f'(x)=\frac{-2x}{4-x^2}$$

したがって，$-2<x<0$ のとき $f'(x)>0$，$0<x<2$ のとき $f'(x)<0$ であるので，区間 $(-2,0)$ で増加し，区間 $(0,2)$ で減少する．

F．極大値，極小値　f の臨界点は $x=0$ のみである．f' は 0 で正から負に符号が変わっているので，1 階微分極値判定法より $f(0)=\log 4$ が極大値である．

G．凸性と変曲点　$f''(x)=\dfrac{(4-x^2)(-2)+2x(-2x)}{(4-x^2)^2}=\dfrac{-8-2x^2}{(4-x^2)^2}$

したがって，すべての x について $f''(x)<0$ であるので，区間 $(-2,2)$ で上に凸であり，変曲点をもたない．

H．曲線の概形　これらのことを用いて描いたグラフが図 2 である．

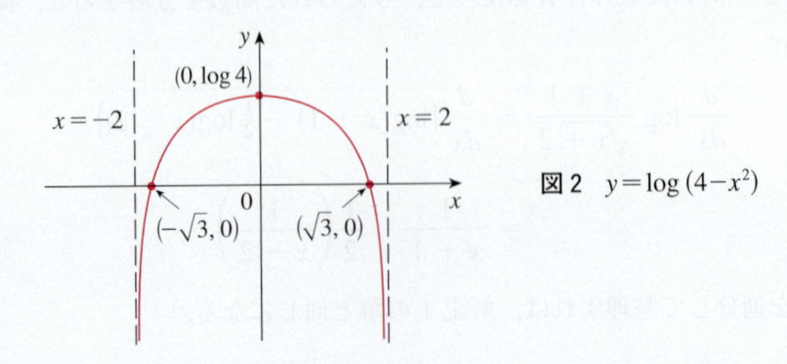

図 2　$y=\log(4-x^2)$

例 7 $f(x)=\log|x|$, $x\neq 0$ の導関数を求めよ．

［解 説］

$$f(x)=\begin{cases}\log x & , \ x>0 \\ \log(-x) , & x<0\end{cases}$$

であるので，

$$f'(x)=\begin{cases}\dfrac{1}{x} & , \ x>0 \\ \dfrac{1}{-x}(-1)=\dfrac{1}{x}, & x<0\end{cases}$$

である．よって，$f'(x)=1/x$, $x\neq 0$ である．

図 3 は例 7 の関数 $f(x)=\log|x|$ とその導関数 $f'(x)=1/x$ のグラフである．x が 0 に近いとき，グラフ $y=\log|x|$ は急峻であり，$f'(x)$ は絶対値として大きい．

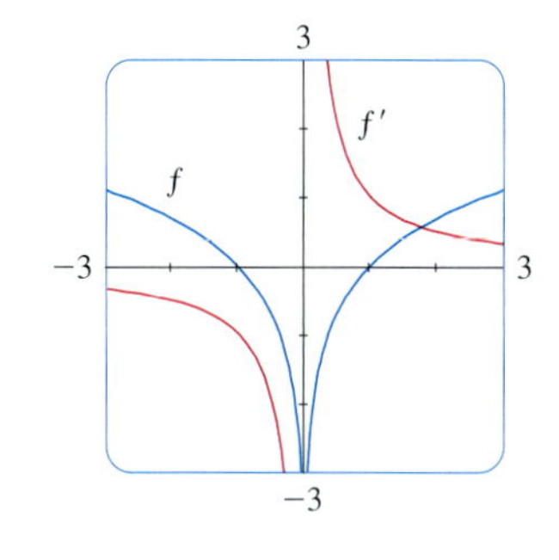

図 3

例 7 の結果は次のように覚えておくとよい．

3
$$\frac{d}{dx}\left(\log|x|\right)=\frac{1}{x}$$

対応する積分の公式は次のようになる．

4
$$\int\frac{1}{x}\,dx=\log|x|+C$$

これで $n=-1$ の場合のベキ関数の積分公式が求まったので，ベキ関数の積分公式は完全になった．

$$\int x^n\,dx=\frac{x^{n+1}}{n+1}+C, \qquad n\neq -1$$

例 8 双曲線 $xy=1$, $y=0$, $x=1$, $x=2$ で囲まれた領域の面積を，小数点以下 3 桁まで求めよ．

［解 説］ 与えられた領域が図 4 に示されている．公式 4 を使うと（$x>0$ であるので絶対値記号をはずす），面積は次のようになる．

$$\begin{aligned}A&=\int_1^2\frac{1}{x}\,dx=\Big[\log x\Big]_1^2\\&=\log 2-\log 1=\log 2\approx 0.693\end{aligned}$$

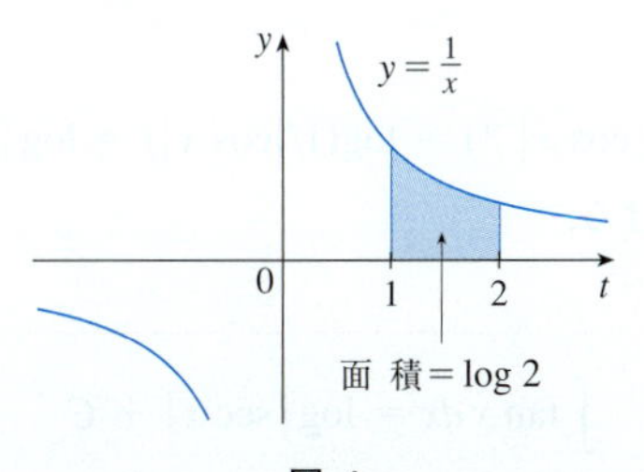

図 4

例 9　$\displaystyle\int \frac{x}{x^2+1}\,dx$ を求めよ．

［解 説］ 微分 $du=2x\,dx$ が現れるように（定数因子2は必要ないが）$u=x^2+1$ とおくと，$x\,dx=\frac{1}{2}\,du$ であるので，

$$\int \frac{x}{x^2+1}\,dx = \frac{1}{2}\int \frac{du}{u} = \frac{1}{2}\log|u| + C$$
$$= \frac{1}{2}\log|x^2+1| + C = \frac{1}{2}\log(x^2+1) + C$$

となる．ここで，すべての x について $x^2+1>0$ であるので，絶対値記号を外してあることに注意する．上記の解は，対数の性質を使うと，

$$\log\sqrt{x^2+1} + C$$

と表すこともできる．

例10の関数 $f(x)=(\log x)/x$ は，$x>1$ について正であるので，積分は図5の水色の領域の面積である．

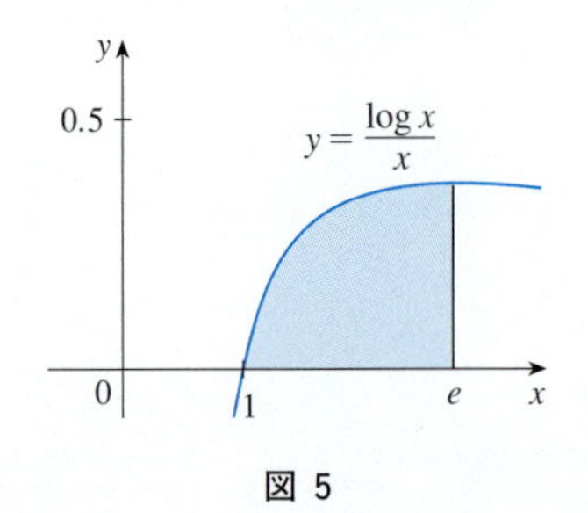

図 5

例 10　$\displaystyle\int_1^e \frac{\log x}{x}\,dx$ を求めよ．

［解 説］ 積分中に微分 $du=dx/x$ が現れるように $u=\log x$ とおくと，$x=1$ のとき $u=\log 1=0$，$x=e$ のとき $u=\log e=1$ であるので，

$$\int_1^e \frac{\log x}{x}\,dx = \int_0^1 u\,du = \left[\frac{u^2}{2}\right]_0^1 = \frac{1}{2}$$

である．

例 11　$\displaystyle\int \tan x\,dx$ を求めよ．

［解 説］ まず，tan 関数を sin 関数と cos 関数で表すと，

$$\int \tan x\,dx = \int \frac{\sin x}{\cos x}\,dx$$

となる．ここで $du=-\sin x\,dx$ すなわち $\sin x\,dx=-du$ が現れるように，$u=\cos x$ とおくと，

$$\int \tan x\,dx = \int \frac{\sin x}{\cos x}\,dx = -\int \frac{1}{u}\,du$$
$$= -\log|u| + C = -\log|\cos x| + C$$

である．

$-\log|\cos x| = \log(|\cos x|^{-1}) = \log(1/|\cos x|) = \log|\sec x|$ より，例11の結果は次のようにも書ける．

5　$$\int \tan x\,dx = \log|\sec x| + C$$

一般の対数関数と指数関数

§1・3 公式 7 は，底 a の対数関数を自然対数関数に変換できることを示していた．

$$\log_a x = \frac{\log x}{\log a}$$

$\log a$ は正定数であるので，次のように微分できる．

$$\frac{d}{dx}(\log_a x) = \frac{d}{dx}\frac{\log x}{\log a} = \frac{1}{\log a}\frac{d}{dx}(\log x) = \frac{1}{x\log a}$$

6
$$\frac{d}{dx}(\log_a x) = \frac{1}{x\log a}$$

例 12 公式 6 と合成関数の微分公式を共に用いると，

$$\frac{d}{dx}\log_{10}(2+\sin x) = \frac{1}{(2+\sin x)\log 10}\frac{d}{dx}(2+\sin x)$$
$$= \frac{\cos x}{(2+\sin x)\log 10}$$

である．

公式 6 から底を e とする自然対数が微積分学においてよく用いられる理由がわかる．$a=e$ ならば $\log e=1$ であるので，微分公式が扱いやすいからである．

***a* を底とする指数関数**　§1・2 において，一般の指数関数 $f(x)=a^x, a>0$ の導関数が，$f(x)$ の定数倍であることを示した．

$$f'(x) = f'(0)a^x \qquad f'(0) = \lim_{h\to 0}\frac{a^h-1}{h}$$

ここで，定数の値が $f'(0)=\log a$ であることを示そう．

7
$$\frac{d}{dx}(a^x) = a^x\log a$$

証明 $e^{\log a}=a$ であるので，次のようになる．

$$\frac{d}{dx}(a^x) = \frac{d}{dx}(e^{\log a})^x = \frac{d}{dx}e^{(\log a)x} = e^{(\log a)x}\frac{d}{dx}(\log a)x$$
$$= (e^{\log a})^x(\log a) = a^x\log a$$

第 I 巻 §2・7 例 6 で，1 時間ごとに個体数が倍になる細菌は，最初の個体数を n_0 とすると，t 時間後の個体数は $n=n_0 2^t$ であることをみた．公式 7 を使うと，増加率は

$$\frac{dn}{dt} = n_0 2^t\log 2$$

と求まる．

例 13　公式 7 と合成関数の微分公式を共に用いると，

$$\frac{d}{dx}\left(10^{x^2}\right) = 10^{x^2}(\log 10)\frac{d}{dx}(x^2) = (2\log 10)x10^{x^2}$$

を得る．

公式 7 より，次の積分公式

$$\int a^x\,dx = \frac{a^x}{\log a} + C, \quad a \neq 1$$

が得られる．

例 14

$$\int_0^5 2^x\,dx = \left[\frac{2^x}{\log 2}\right]_0^5 = \frac{2^5}{\log 2} - \frac{2^0}{\log 2} = \frac{31}{\log 2}$$

対数微分法

複雑に積・商・ベキが組合わされた関数の導関数は，対数をとることにより，簡単に計算できる場合がある．次の例で用いる計算方法を**対数微分法**という．

例 15　$y=\dfrac{x^{3/4}\sqrt{x^2+1}}{(3x+2)^5}$ を微分せよ．

［解説］方程式の両辺の対数をとり，対数の性質を使って右辺を和，差に分解する．

$$\log y = \tfrac{3}{4}\log x + \tfrac{1}{2}\log(x^2+1) - 5\log(3x+2)$$

陰関数微分法を使って*，両辺を x で微分すると，

$$\frac{1}{y}\frac{dy}{dx} = \frac{3}{4}\cdot\frac{1}{x} + \frac{1}{2}\cdot\frac{2x}{x^2+1} - 5\cdot\frac{3}{3x+2}$$

となるので，dy/dx について解くならば，

$$\frac{dy}{dx} = y\left(\frac{3}{4x} + \frac{x}{x^2+1} - \frac{15}{3x+2}\right)$$

となる．後は，y を x の関数として表すと

$$\frac{dy}{dx} = \frac{x^{3/4}\sqrt{x^2+1}}{(3x+2)^5}\left(\frac{3}{4x} + \frac{x}{x^2+1} - \frac{15}{3x+2}\right)$$

である．

* 例15で対数微分法を使わないならば，商の微分公式と積の微分公式を共に用いなければならない．この計算はとても大変である．

対数微分法の手順

1. 方程式 $y=f(x)$ の両辺の自然対数をとり，対数の性質を使って右辺を分解する．
2. 陰関数微分法を使って，両辺を x で微分する．
3. y' について解き，y を x の関数として表す．

ある x について $f(x)<0$ の場合，$\log f(x)$ を定義できないが，$|y|=|f(x)|$ として式 3 を使えば，対数微分法を用いることができる．第I巻§2・3で証明し残した一般のベキ関数の微分公式を証明しながら，この手順を説明する．

> **ベキ関数の微分公式**　n を任意の実数として $f(x)=x^n$ とするならば，
> $$f'(x) = nx^{n-1}$$
> である．

証 明　$y=x^n$ として対数微分法を使うと，

$$\log|y| = \log|x|^n = n\log|x|, \qquad x \neq 0$$

である*．よって

$$\frac{y'}{y} = \frac{n}{x}$$

であるので，

$$y' = n\frac{y}{x} = n\frac{x^n}{x} = nx^{n-1}$$

である．■

* $x=0$ ならば，$n>1$ について $f'(0)=0$ であることは，導関数の定義から直接証明できる．

底が変数で指数が定数であるベキ関数の微分（$(d/dx)x^n=nx^{n-1}$）と，底が定数で指数が変数である指数関数の微分（$(d/dx)\,a^x=a^x\log a$）は，注意深く区別する必要がある．

一般に，底と指数の組合わせには4通りある．

1. $\dfrac{d}{dx}(a^n) = 0$　（a, n を定数とする）　**底が定数，指数が定数**
2. $\dfrac{d}{dx}(f(x))^n = n(f(x))^{n-1}f'(x)$　**底が変数，指数が定数**
3. $\dfrac{d}{dx}(a^{g(x)}) = a^{g(x)}(\log a)g'(x)$　**底が定数，指数が変数**
4. $(d/dx)(f(x))^{g(x)}$，次の例が示すように，この微分は対数微分法を使う．　**底が変数，指数が変数**

例 16　$y= x^{\sqrt{x}}$ を微分せよ．

［解 説 1］　底，指数共に変数であるので，対数微分法を使う．

$$\log y = \log x^{\sqrt{x}} = \sqrt{x}\log x$$

$$\frac{y'}{y} = \sqrt{x}\cdot\frac{1}{x} + (\log x)\frac{1}{2\sqrt{x}}$$

$$y' = y\left(\frac{1}{\sqrt{x}} + \frac{\log x}{2\sqrt{x}}\right) = x^{\sqrt{x}}\left(\frac{2+\log x}{2\sqrt{x}}\right)$$

図6は例16の関数 $f(x)= x^{\sqrt{x}}$ とその導関数のグラフである．

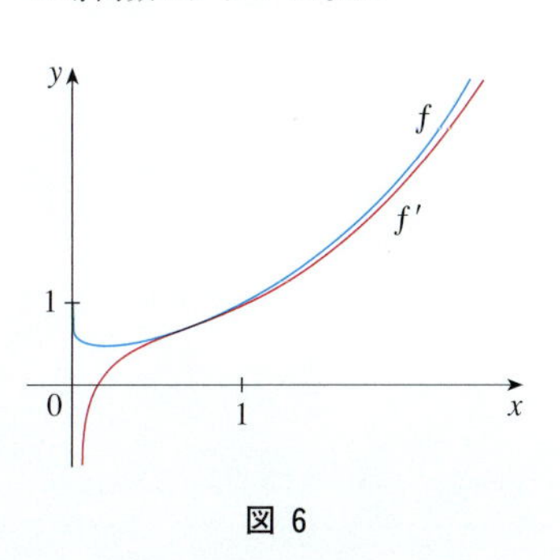

図 6

［解 説 2］　もう一つの方法は，$x^{\sqrt{x}} = (e^{\log x})^{\sqrt{x}}$ とおく方法である．

$$\frac{d}{dx}\left(x^{\sqrt{x}}\right) = \frac{d}{dx}\left(e^{\sqrt{x}\log x}\right) = e^{\sqrt{x}\log x}\frac{d}{dx}\left(\sqrt{x}\log x\right)$$

$$= x^{\sqrt{x}}\left(\frac{2+\log x}{2\sqrt{x}}\right) \quad \text{（解説 1 と同じ）}$$

■ 極限を使った数 e の定義

$f(x)=\log x$ ならば $f'(x)=1/x$ であり，$f'(1)=1$ である．このことを使って，数 e を極限で表そう．

極限としての導関数の定義より，

$$f'(1)=\lim_{h\to 0}\frac{f(1+h)-f(1)}{h}=\lim_{x\to 0}\frac{f(1+x)-f(1)}{x}$$
$$=\lim_{x\to 0}\frac{\log(1+x)-\log 1}{x}=\lim_{x\to 0}\frac{1}{x}\log(1+x)$$
$$=\lim_{x\to 0}\log(1+x)^{1/x}$$

である．$f'(1)=1$ より，

$$\lim_{x\to 0}\log(1+x)^{1/x}=1$$

となる．第 I 巻 § 1･8 定理 8 と指数関数の連続性より，

$$e=e^1=e^{\lim_{x\to 0}\log(1+x)^{1/x}}=\lim_{x\to 0}e^{\log(1+x)^{1/x}}=\lim_{x\to 0}(1+x)^{1/x}$$

である．

8
$$e=\lim_{x\to 0}(1+x)^{1/x}$$

公式 8 は，関数 $y=(1+x)^{1/x}$ のグラフ（図 7）と x が小さい値のときの関数値の表から説明される．e の小数点以下 7 桁までの値は

$$e\approx 2.7182818$$

である．

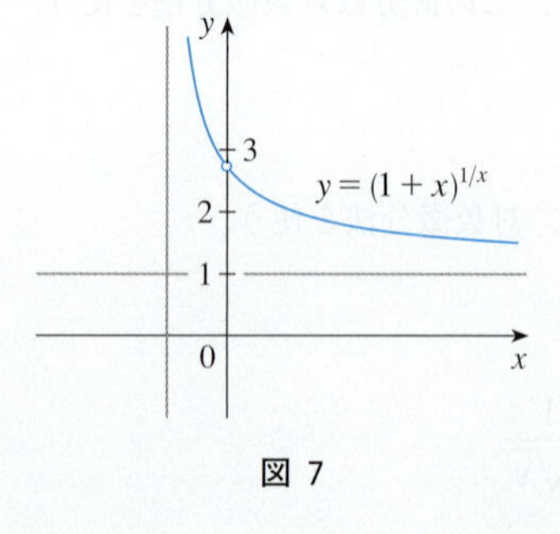

図 7

x	$(1+x)^{1/x}$
0.1	2.59374246
0.01	2.70481383
0.001	2.71692393
0.0001	2.71814593
0.00001	2.71826824
0.000001	2.71828047
0.0000001	2.71828169
0.00000001	2.71828181

公式 8 において $n=1/x$ とすると，$x\to 0^+$ のとき $n\to\infty$ であるので，e のもう一つの公式が得られる．

9
$$e=\lim_{n\to\infty}\left(1+\frac{1}{n}\right)^n$$

1・4 節末問題

1. 微積分学において，自然対数関数 $y=\log x$ が一般の対数関数 $y=\log_a x$ より，よく使われる理由を説明せよ．

2-26 次の関数を微分せよ．

2. $f(x) = x\log x - x$

3. $f(x) = \sin(\log x)$

4. $f(x) = \log(\sin^2 x)$

5. $f(x) = \log\dfrac{1}{x}$

6. $y = \dfrac{1}{\log x}$

7. $f(x) = \log_{10}(1+\cos x)$

8. $f(x) = \log_{10}\sqrt{x}$

9. $g(x) = \log(xe^{-2x})$

10. $g(t) = \sqrt{1+\log t}$

11. $F(t) = (\log t)^2 \sin t$

12. $h(x) = \log\left(x+\sqrt{x^2-1}\right)$

13. $G(y) = \log\dfrac{(2y+1)^5}{\sqrt{y^2+1}}$

14. $P(v) = \dfrac{\log v}{1-v}$

15. $f(u) = \dfrac{\log u}{1+\log(2u)}$

16. $y = \log|1+t-t^3|$

17. $f(x) = x^5 + 5^x$

18. $g(x) = x\sin(2^x)$

19. $T(z) = 2^z \log_2 z$

20. $y = \log(\csc x - \cot x)$

21. $y = \log(e^{-x} + xe^{-x})$

22. $H(z) = \log\sqrt{\dfrac{a^2-z^2}{a^2+z^2}}$

23. $y = \tan(\log(ax+b))$

24. $y = \log_2(x\log_5 x)$

25. $G(x) = 4^{C/x}$

26. $F(t) = 3^{\cos 2t}$

27-30 y' と y'' を求めよ．

27. $y = \sqrt{x}\log x$

28. $y = \dfrac{\log x}{1+\log x}$

29. $y = \log|\sec x|$

30. $y = \log(1+\log x)$

31-34 f の定義域を求め，f を微分せよ．

31. $f(x) = \dfrac{x}{1-\log(x-1)}$

32. $f(x) = \sqrt{2+\log x}$

33. $f(x) = \log(x^2-2x)$

34. $f(x) = \log\log\log x$

---

35. $f(x)=\log(x+\log x)$ であるとき，$f'(1)$ を求めよ．

36. $f(x)=\cos(\log x^2)$ であるとき，$f'(1)$ を求めよ．

37-38 次の曲線の与えられた点における接線の方程式を求めよ．

37. $y = \log(x^2-3x+1)$,　$(3, 0)$

38. $y = x^2\log x$,　$(1, 0)$

---

39. $f(x)=\sin x+\log x$ であるとき，$f'(x)$ を求めよ．計算機で f と f' のグラフを描いて比較して，解が妥当であることを確かめよ．

40. 曲線 $y=(\log x)/x$ の点 $(1, 0)$ と点 $(e, 1/e)$ における接線の方程式を求めよ．計算機を使ってその曲線と接線を描け．

41. $f(x)=cx+\log(\cos x)$ とする．$f'(\pi/4)=6$ となる c の値を求めよ．

42. $f(x)=\log_a(3x^2-2)$ とする．$f'(1)=3$ となる a の値を求めよ．

43-54 対数微分法を使って，次の関数の導関数を求めよ．

43. $y = (x^2+2)^2(x^4+4)^4$

44. $y = \dfrac{e^{-x}\cos^2 x}{x^2+x+1}$

45. $y = \sqrt{\dfrac{x-1}{x^4+1}}$

46. $y = \sqrt{x}\,e^{x^2-x}(x+1)^{2/3}$

47. $y = x^x$

48. $y = x^{\cos x}$

49. $y = x^{\sin x}$

50. $y = \left(\sqrt{x}\right)^x$

51. $y = (\cos x)^x$

52. $y = (\sin x)^{\log x}$

53. $y = (\tan x)^{1/x}$

54. $y = (\log x)^{\cos x}$

---

55. $y=\log(x^2+y^2)$ であるとき，y' を求めよ．

56. $x^y=y^x$ であるとき，y' を求めよ．

57. $f(x)=\log(x-1)$ であるとき，$f^{(n)}(x)$ を求めよ．

58. $\dfrac{d^9}{dx^9}(x^8\log x)$ を求めよ．

59-60 計算機を使ってグラフを描き，方程式の解を小数点以下 1 桁まで求めよ．次にこの値を初期近似値として Newton 法を使い，解を小数点以下 6 桁まで求めよ．

59. $(x-4)^2 = \log x$

60. $\log(4-x^2) = x$

---

61. 関数 $f(x)=(\log x)/\sqrt{x}$ の上に凸・下に凸である区間，変曲点を求めよ．

62. 関数 $f(x)=x\log x$ の最小値を求めよ．

63-66 第 I 巻 §3・5 の曲線を描くときの指針（あるいは例 6 欄外参照）に基づき，曲線を考察せよ．

63. $y = \log(\sin x)$

64. $y = \log(\tan^2 x)$

65. $y = \log(1+x^2)$

66. $y = \log(1+x^3)$

---

67. $f(x)=\log(2x+x\sin x)$ とする．計算機（数式処理

システム）を使ってf, f', f''のグラフを描き，区間$(0, 15]$において，増加する区間と変曲点を求めよ．

68. 曲線$f(x)=\log(x^2+c)$を計算機を用いて調べる．cを変化させると，変曲点と漸近線はどうなるか．それを説明するために，いくつかのcについてグラフを描け．

69. カメラのストロボのコンデンサーには電荷が蓄えられており，ストロボが発光すると，その電荷が急速に放電される．次の表は，時間t（単位はミリ秒，ms）における，コンデンサーに残っている電荷量Q（単位はミリクーロン，mC）を表したものである．

t	0.00	0.02	0.04	0.06	0.08	0.10
Q	100.00	81.87	67.03	54.88	44.93	36.76

(a) 計算機を使って，電荷量の数学モデルを指数関数を用いて求めよ．

(b) 導関数$Q'(t)$はコンデンサーからストロボに流れる電流（単位はアンペアー，A）を表している．(a)を使って，$t=0.04$(ms)における電流を求めよ．第Ⅰ巻§1·4 例2の結果と比較せよ．

70. 表は1790年から1860年の間の米国の人口である．

年	人口	年	人口
1790	3,929,000	1830	12,861,000
1800	5,308,000	1840	17,063,000
1810	7,240,000	1850	23,192,000
1820	9,639,000	1860	31,443,000

(a) 計算機を使って，人口の数学モデルを指数関数を用いて求めよ．また，表のデータのプロットと数学モデルのグラフを描け．グラフはデータによく一致するか．

(b) 1800年と1850年の値で定まる線分の傾きから人口増加率を求めよ．

(c) (a)で求めた数学モデルを使って，1800年から1850年の間の平均人口増加率を求めよ．これを(b)の結果と比較せよ．

(d) 数学モデルを使って，1870年の人口を求めよ．実際の人口38,558,000と比較して，乖離した理由を説明できるか．

71-82 積分を求めよ．

71. $\displaystyle\int_2^4 \frac{3}{x}\,dx$　　**72.** $\displaystyle\int_0^3 \frac{1}{5x+1}\,dx$

73. $\displaystyle\int_1^2 \frac{1}{8-3t}\,dt$　　**74.** $\displaystyle\int_4^9 \left(\sqrt{x}+\frac{1}{\sqrt{x}}\right)^2 dx$

75. $\displaystyle\int_1^e \frac{x^2+x+1}{x}\,dx$　　**76.** $\displaystyle\int \frac{\cos(\log t)}{t}\,dt$

77. $\displaystyle\int \frac{(\log x)^2}{x}\,dx$　　**78.** $\displaystyle\int \frac{\cos x}{2+\sin x}\,dx$

79. $\displaystyle\int \frac{\sin 2x}{1+\cos^2 x}\,dx$　　**80.** $\displaystyle\int \frac{e^x}{e^x+1}\,dx$

81. $\displaystyle\int_0^4 2^s\,ds$　　**82.** $\displaystyle\int x2^{x^2}\,dx$

---

83. (a) 右辺を微分して，あるいは (b) 例11の方法を使って，

$$\int \cot x\,dx = \log|\sin x| + C$$

となることを示せ．

84. 計算機を使って，二つの曲線

$$y=\frac{\log x}{x} \qquad y=\frac{(\log x)^2}{x}$$

で囲まれた領域を図示し，面積を求めよ．

85. 曲線$y=1/\sqrt{x+1}$，$y=0$，$x=0$，$x=1$で囲まれた領域を，x軸のまわりに回転して得られる回転体の体積を求めよ．

86. 曲線$y=1/(x^2+1)$，$y=0$，$x=0$，$x=3$で囲まれた領域を，y軸のまわりに回転して得られる回転体の体積を求めよ．

87. 体積Vの関数として圧力を$P=P(V)$と表される気体が，体積V_1からV_2に膨張するときにする仕事は$W=\int_{V_1}^{V_2} P\,dV$である（第Ⅰ巻§5·4節末問題29参照）．Boyle（ボイル）の法則によると，定温状態の気体は圧力Pと体積Vの間に，Cを定数として$PV=C$という関係がある．最初の体積が600 cm^3，最初の圧力が150 kPa（Paはパスカル）である気体が，定温状態で1000 cm^{3}まで膨張したときにする仕事を求めよ．

88. $f''(x)=x^{-2}$，$x>0$，$f(1)=f(2)=0$であるとき，fを求めよ．

89. gは$f(x)=2x+\log x$の逆関数とする．$g'(2)$を求めよ．

90. $f(x)=e^x+\log x$，$h(x)=f^{-1}(x)$とする．$h'(e)$を求めよ．

91. $y=mx$と$y=x/(x^2+1)$が閉じた領域をつくるmを求め，その領域の面積を求めよ．

92. (a) $x=1$の近くで，$f(x)=\log x$を線形近似せよ．

(b) 計算機を使って，fとその回帰直線のグラフを描き，(a)を説明せよ．

(c) 線形近似を使って，誤差が0.1以下となるxの範囲を求めよ．

93. 導関数の定義を使って，次のことを証明せよ．

$$\lim_{x\to 0}\frac{\log(1+x)}{x}=1$$

94. 任意の$x>0$について$\displaystyle\lim_{n\to\infty}\left(1+\frac{x}{n}\right)^n=e^x$であることを示せ．

1・2* 自然対数関数*

この節では，積分を使って自然対数を定義し，その定義による対数関数が指数関数の逆関数として定義される対数関数と同じ性質をもつことを示す．また，微分積分学の基本定理を用いれば，自然対数は容易に微分することができる．記号も用語も同じものを使っているが，ここでは今までに知っている対数関数のこと，特に§1・2～§1・4を読んだ人は，それらをすべて忘れ，何も知らない新しい関数を扱っているという態度でのぞむことが重要である．

＊ §1・2～§1・4を読むならば，§1・2*～§1・4*を読む必要はない．

1 定義　**自然対数関数**は次のように定義される関数である．

$$\log x = \int_1^x \frac{1}{t}\,dt \qquad x > 0$$

連続関数は積分可能であるので，$x>0$ ならばこの関数の存在は保証されている．$x>1$ の場合は，双曲線 $y=1/t$，$y=0$，$t=1$，$t=x$ で囲まれた領域の面積である（図1）．また，$x=1$ の場合は，

$$\log 1 = \int_1^1 \frac{1}{t}\,dt = 0$$

であり，$0<x<1$ の場合は，

$$\log x = \int_1^x \frac{1}{t}\,dt = -\int_x^1 \frac{1}{t}\,dt < 0$$

である．後者は図2の水色の領域の面積の値を負にしたものである．

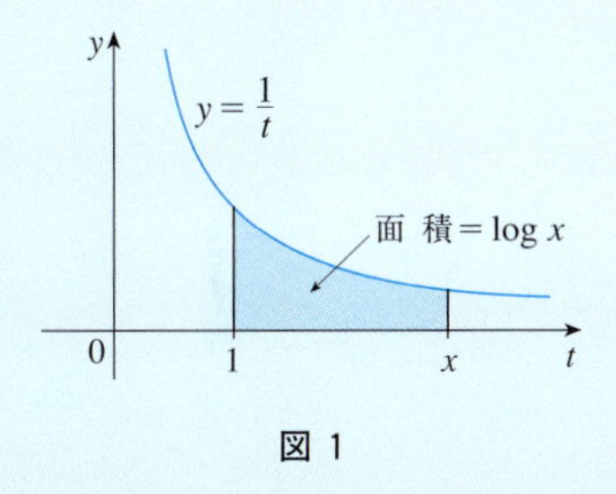

図 1

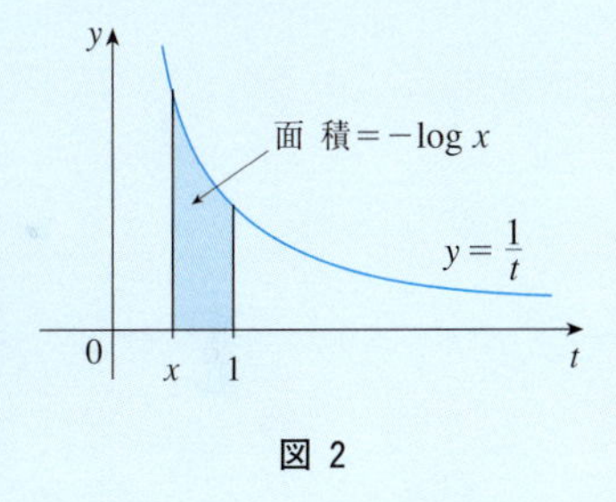

図 2

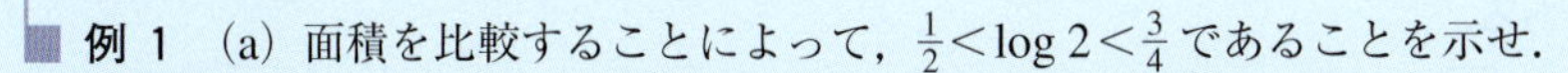

例 1　(a) 面積を比較することによって，$\frac{1}{2}<\log 2<\frac{3}{4}$ であることを示せ．

(b) 分割数 $n=10$ として中点法を使って，$\log 2$ の値を求めよ．

［解 説］ (a) $\log 2$ の値は，曲線 $y=1/t$，$y=0$，$t=1$，$t=2$ で囲まれた領域の面積である．この面積は，図3から，長方形 $BCDE$ の面積より大きく，台形 $ABCD$ の面積より小さいことがわかる．よって，

$$\tfrac{1}{2}\cdot 1 < \log 2 < 1\cdot\tfrac{1}{2}\left(1+\tfrac{1}{2}\right)$$

$$\tfrac{1}{2} < \log 2 < \tfrac{3}{4}$$

である．

(b) $f(t)=1/t$，分割数 $n=10$ として中点法を使うと，$\Delta t=0.1$ であるので，

$$\log 2 = \int_1^2 \frac{1}{t}\,dt \approx (0.1)(f(1.05)+f(1.15)+\cdots+f(1.95))$$

$$= (0.1)\left(\frac{1}{1.05}+\frac{1}{1.15}+\cdots+\frac{1}{1.95}\right) \approx 0.693$$

である．

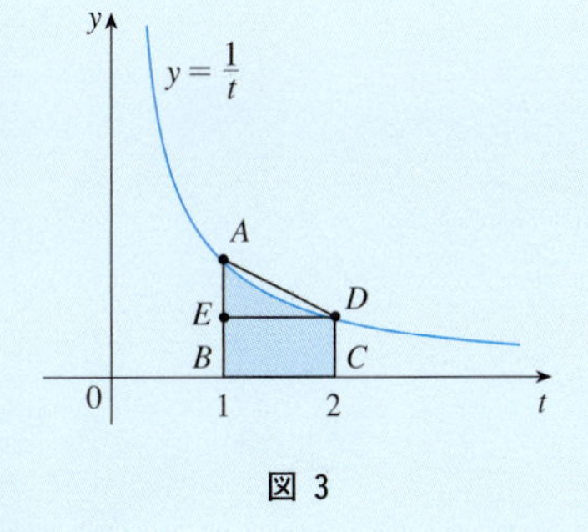

図 3

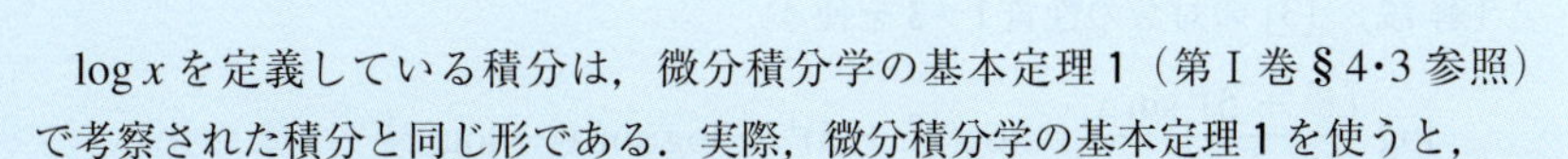

$\log x$ を定義している積分は，微分積分学の基本定理1（第Ⅰ巻§4・3参照）で考察された積分と同じ形である．実際，微分積分学の基本定理1を使うと，

$$\frac{d}{dx}\int_1^x \frac{1}{t}\,dt = \frac{1}{x}$$

となり，次の微分公式を得る．

[2]
$$\frac{d}{dx}(\log x) = \frac{1}{x}$$

この微分公式を使って，次の対数関数の性質を証明する．

[3] **対数の性質**　x, y を正数，r を有理数とするならば，

1. $\log(xy) = \log x + \log y$　　2. $\log\left(\frac{x}{y}\right) = \log x - \log y$　　3. $\log(x^r) = r \log x$

である．

■ **証 明**　1. a を正定数として $f(x) = \log(ax)$ とする．$f(x)$ に公式 [2] と合成関数の微分公式を用いると，

$$f'(x) = \frac{1}{ax}\frac{d}{dx}(ax) = \frac{1}{ax}\cdot a = \frac{1}{x}$$

となる．よって，$f(x)$ と $\log x$ の導関数は同じであるので，この二つの関数の差は定数である．

$$\log(ax) = \log x + C$$

この方程式で $x=1$ とすると，$\log a = \log 1 + C = 0 + C = C$ であるので，

$$\log(ax) = \log x + \log a$$

となる．定数 a を任意の数 y に置き換えると，

$$\log(xy) = \log x + \log y$$

である．

2. [3] の対数の性質 1 において，$x = 1/y$ とすると，

$$\log\frac{1}{y} + \log y = \log\left(\frac{1}{y}\cdot y\right) = \log 1 = 0$$

である．よって，

$$\log\frac{1}{y} = -\log y$$

である．再度，対数の性質 1 を使うと，

$$\log\left(\frac{x}{y}\right) = \log\left(x\cdot\frac{1}{y}\right) = \log x + \log\frac{1}{y} = \log x - \log y$$

となる．

対数の性質 3 の証明は節末問題とする．■

■ **例 2**　$\log\dfrac{(x^2+5)^4\sin x}{x^3+1}$ を展開せよ．

［解 説］ [3] の対数の性質 1〜3 を使う．

$$\log\frac{(x^2+5)^4\sin x}{x^3+1} = \log(x^2+5)^4 + \log\sin x - \log(x^3+1)$$

$$= 4\log(x^2+5) + \log\sin x - \log(x^3+1)$$ ■

例 3　$\log a+\frac{1}{2}\log b$ を一つの対数で表せ．

［解説］　3 の対数の性質 3 と 1 を使う．

$$\begin{aligned}\log a + \tfrac{1}{2}\log b &= \log a + \log b^{1/2}\\ &= \log a + \log\sqrt{b}\\ &= \log\left(a\sqrt{b}\right)\end{aligned}$$

$y=\log x$ のグラフを描くために，まずその極限を求める．

4　(a) $\displaystyle\lim_{x\to\infty}\log x = \infty$　　(b) $\displaystyle\lim_{x\to 0^+}\log x = -\infty$

証明　(a) $x=2$，$r=n$（n は任意の自然数）として 3 の対数の性質 3 を使うと，$\log(2^n)=n\log 2$ である．$\log 2>0$ であるので，$n\to\infty$ のとき $\log(2^n)\to\infty$ である．また，$\log x$ の導関数は $1/x$ であり，$\log x$ は増加関数である．よって，$x\to\infty$ のとき $\log x\to\infty$ である．

(b) $t=1/x$ とすると，$x\to 0^+$ のとき $t\to\infty$ である．よって，(a) を使うと，

$$\lim_{x\to 0^+}\log x = \lim_{t\to\infty}\log\left(\frac{1}{t}\right) = \lim_{t\to\infty}(-\log t) = -\infty$$

である．

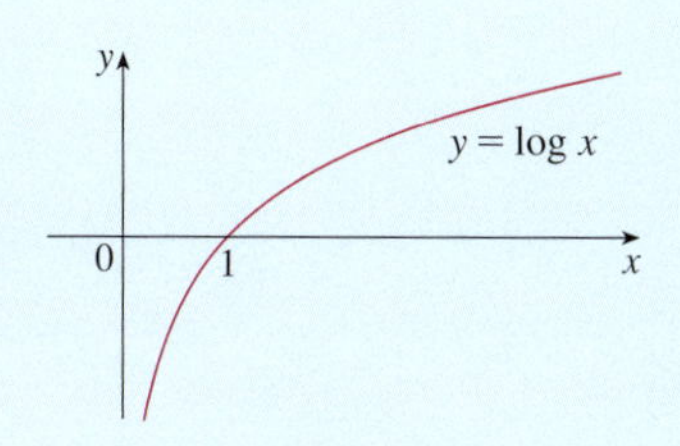

図 4

$y=\log x$，$x>0$ とすると，

$$\frac{dy}{dx}=\frac{1}{x}>0 \qquad \frac{d^2y}{dx^2}=-\frac{1}{x^2}<0$$

であるので，$\log x$ は区間 $(0,\infty)$ で増加していて，上に凸である．このことと 4 を使って描いた $y=\log x$ のグラフを図 4 に示す．

$\log 1=0$ であり，$\log x$ は連続増加関数であるので，中間値の定理より $\log x=1$ となる x がただ一つ存在する（図 5）．この重要な数を e と記し，Napier（ネイピア）の数という．

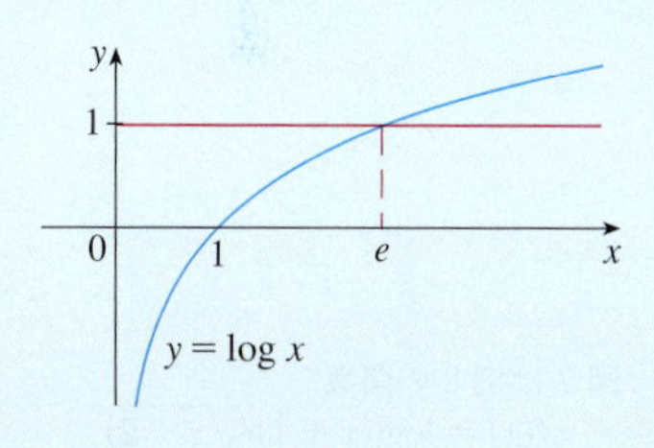

図 5

5　**定義**　e は $\log x=1$ となる数 x である．

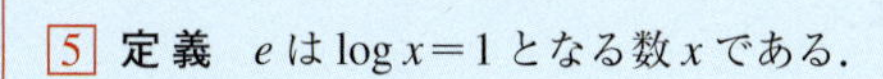

例 4　計算機を使って e の値を求めよ．

［解説］　定義 5 より，e の値を求めるために $y=\log x$ と $y=1$ のグラフを描き，交点の x 座標を求める．図 6 のように交点を中心にグラフを拡大すると，

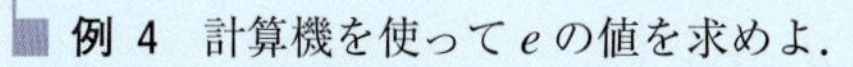

$$e\approx 2.718$$

と求まる．

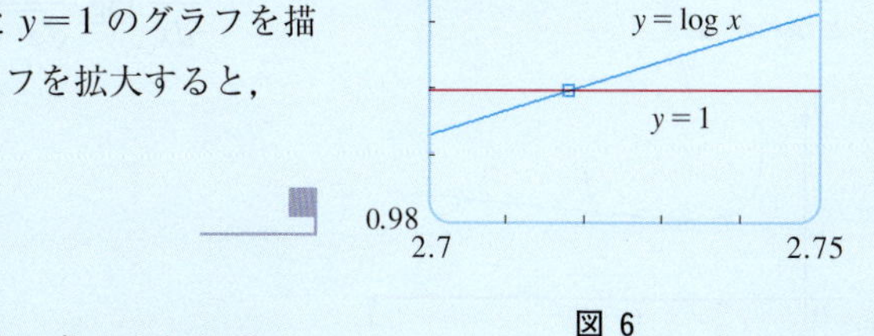

図 6

より精巧な方法を使って，e の近似値を小数点以下 20 桁まで求めるならば，

$$e\approx 2.71828182845904523536$$

である．e は無理数であるので，e の少数表現は循環小数にはならない．

では，公式 2 を使って，自然対数関数を含む関数を微分しよう．

例 5　$y=\log(x^3+1)$ を微分せよ．

［解 説］　合成関数の微分公式を使うために，$u=x^3+1$ とおくと，$y=\log u$ となるので，以下のとおりである．

$$\frac{dy}{dx}=\frac{dy}{du}\frac{du}{dx}=\frac{1}{u}\frac{du}{dx}$$
$$=\frac{1}{x^3+1}(3x^2)=\frac{3x^2}{x^3+1}$$

一般に，例5のように，公式 1 と合成関数の微分公式を共に用いると，次のようになる．

6　$$\frac{d}{dx}(\log u)=\frac{1}{u}\frac{du}{dx}$$ あるいは $$\frac{d}{dx}(\log g(x))=\frac{g'(x)}{g(x)}$$

例 6　$\dfrac{d}{dx}\log(\sin x)$ を求めよ．

［解 説］　公式 6 を使う．

$$\frac{d}{dx}\log(\sin x)=\frac{1}{\sin x}\frac{d}{dx}(\sin x)=\frac{1}{\sin x}\cos x=\cot x$$

例 7　$f(x)=\sqrt{\log x}$ を微分せよ．

［解 説］　この場合は，対数関数が内部関数であるので，合成関数の微分公式を使う．

$$f'(x)=\tfrac{1}{2}(\log x)^{-1/2}\frac{d}{dx}(\log x)=\frac{1}{2\sqrt{\log x}}\cdot\frac{1}{x}=\frac{1}{2x\sqrt{\log x}}$$

図7は例8の関数
$f(x)=\log((x+1)/\sqrt{x-2})$
とその導関数のグラフである．図をみれば，f が急減に減少しているとき，$f'(x)$ は負として大きく，f が最小値をとるとき，$f'(x)=0$ であることがわかる．

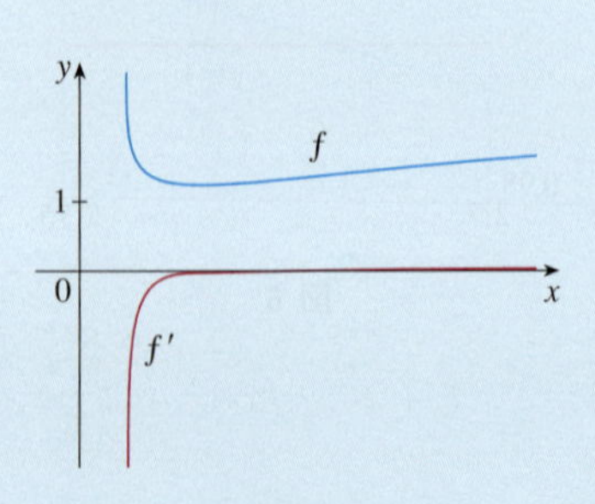

図 7

例 8　$\dfrac{d}{dx}\log\dfrac{x+1}{\sqrt{x-2}}$ を求めよ．

［解 説1］

$$\frac{d}{dx}\log\frac{x+1}{\sqrt{x-2}}=\frac{1}{\dfrac{x+1}{\sqrt{x-2}}}\frac{d}{dx}\frac{x+1}{\sqrt{x-2}}$$
$$=\frac{\sqrt{x-2}}{x+1}\,\frac{\sqrt{x-2}\cdot 1-(x+1)\left(\frac{1}{2}\right)(x-2)^{-1/2}}{x-2}$$
$$=\frac{x-2-\frac{1}{2}(x+1)}{(x+1)(x-2)}=\frac{x-5}{2(x+1)(x-2)}$$

［解 説2］　対数関数の性質を使って，与えられた関数を分解すると，微分が容易になる．

$$\frac{d}{dx}\log\frac{x+1}{\sqrt{x+2}} = \frac{d}{dx}\left(\log(x+1) - \tfrac{1}{2}\log(x-2)\right)$$

$$= \frac{1}{x+1} - \frac{1}{2}\left(\frac{1}{x-2}\right)$$

（この解を通分して整理すれば，解説 1 の解と同じになる.）

例 9 第 I 巻 § 3・5 の曲線を描くときの指針*に基づき，曲線 $y=\log(4-x^2)$ について考察せよ.

［解 説］

A. 定義域

$$\{x \mid 4 - x^2 > 0\} = \{x \mid x^2 < 4\} = \{x \mid |x| < 2\} = (-2, 2)$$

B. 交点 y 切片は $f(0)=\log 4$ である．x 切片は，（$e^0=1$ であるので）$\log 1=0$ であることを使って

$$y = \log(4 - x^2) = 0$$

を解くと，$4-x^2=1$ すなわち $x^2=3$，したがって $x=\pm\sqrt{3}$ である.

C. 対称性 $f(-x)=f(x)$ より偶関数であるので，y 軸に関して対称である.

D. 漸近線 定義域の端点（$x=\pm 2$）で垂直漸近線を探す．$x\to -2^+$，$x\to 2^-$ ならば，$4-x^2\to 0^+$ であるので，

$$\lim_{x\to 2^-}\log(4 - x^2) = -\infty \qquad \lim_{x\to -2^+}\log(4 - x^2) = -\infty$$

である．よって，直線 $x=2$ と $x=-2$ は垂直漸近線である.

E. 増加あるいは減少の区間

$$f'(x) = \frac{-2x}{4 - x^2}$$

したがって，$-2<x<0$ のとき $f'(x)>0$，$0<x<2$ のとき $f'(x)<0$ であるので，区間 $(-2, 0)$ で増加し，区間 $(0, 2)$ で減少する.

F. 極大値，極小値 f の臨界点は $x=0$ のみである．f' は 0 で正から負に符号が変わっているので，1 階微分極値判定法より $f(0)=\log 4$ が極大値である.

G. 凸性と変曲点

$$f''(x) = \frac{(4 - x^2)(-2) + 2x(-2x)}{(4 - x^2)^2} = \frac{-8 - 2x^2}{(4 - x^2)^2}$$

したがって，すべての x について $f''(x)<0$ であるので，区間 $(-2, 2)$ で上に凸であり，変曲点をもたない.

H. 曲線の概形 これらのことを用いて描いたグラフが図 8 である.

＊ 訳注：第 I 巻 § 3・5 曲線を描くときの指針では，以下に示す A〜G の情報を使って，曲線 $y=f(x)$ の概形（H）を描く.
A. 定義域
B. 交　点
C. 対称性
D. 漸近線
E. 増加あるいは減少の区間
F. 極大値，極小値
G. 凸性と変曲点
H. 曲線の概形

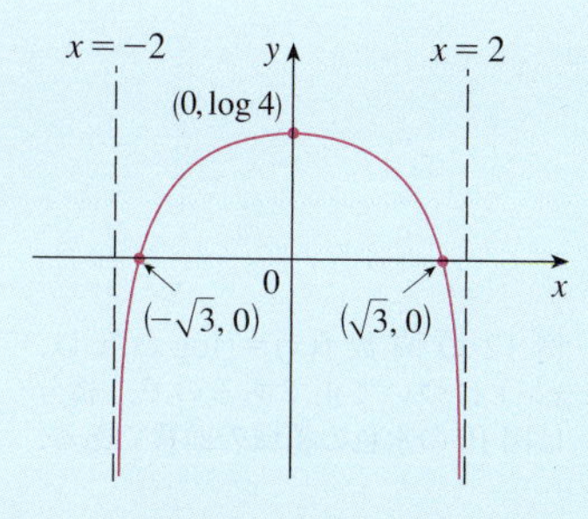

図 8 $y=\log(4-x^2)$

例 10 $f(x)=\log|x|$，$x\neq 0$ の導関数を求めよ.

［解 説］

$$f(x) = \begin{cases} \log x \quad , & x > 0 \\ \log(-x), & x < 0 \end{cases}$$

であるので，

図 9 は例 10 の関数 $f(x)=\log|x|$ とその導関数 $f'(x)=1/x$ のグラフである．x が 0 に近いとき，グラフ $y=\log|x|$ は急峻であり，$f'(x)$ は絶対値として大きい．

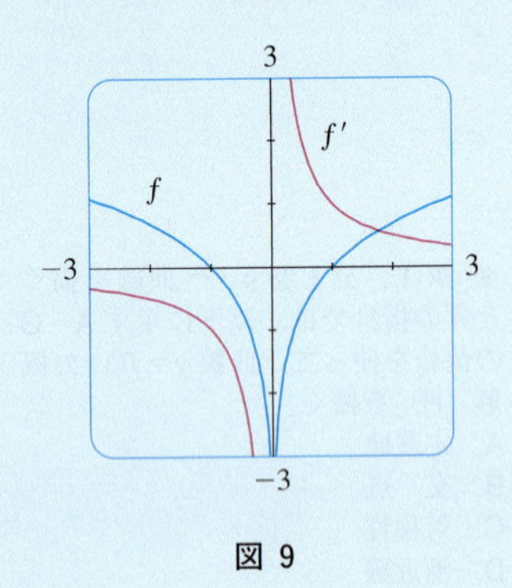

図 9

$$f'(x)=\begin{cases}\dfrac{1}{x}, & x>0\\[2mm] \dfrac{1}{-x}(-1)=\dfrac{1}{x}, & x<0\end{cases}$$

である．よって，$f'(x)=1/x$，$x\neq 0$ である．

例 10 の結果は次のように覚えておくとよい．

7
$$\frac{d}{dx}\left(\log|x|\right)=\frac{1}{x}$$

対応する積分の公式は次のようになる．

8
$$\int\frac{1}{x}\,dx=\log|x|+C$$

これで $n=-1$ の場合のベキ関数の積分公式が求まったので，ベキ関数の積分公式は完全になった．

$$\int x^n\,dx=\frac{x^{n+1}}{n+1}+C,\quad n\neq -1$$

例 11　$\displaystyle\int\frac{x}{x^2+1}\,dx$ を求めよ．

［解 説］　微分 $du=2x\,dx$ が現れるように（定数因子 2 は必要ないが）$u=x^2+1$ とおくと，$x\,dx=\frac{1}{2}\,du$ であるので，

$$\int\frac{x}{x^2+1}\,dx=\tfrac{1}{2}\int\frac{du}{u}=\tfrac{1}{2}\log|u|+C$$
$$=\tfrac{1}{2}\log|x^2+1|+C=\tfrac{1}{2}\log(x^2+1)+C$$

となる．ここで，すべての x について $x^2+1>0$ であるので，絶対値記号を外してあることに注意する．上記の解は，対数の性質を使うと，

$$\log\sqrt{x^2+1}+C$$

と表すこともできる．

例 12 の関数 $f(x)=(\log x)/x$ は，$x>1$ について正であるので，積分は図 10 の水色の領域の面積である．

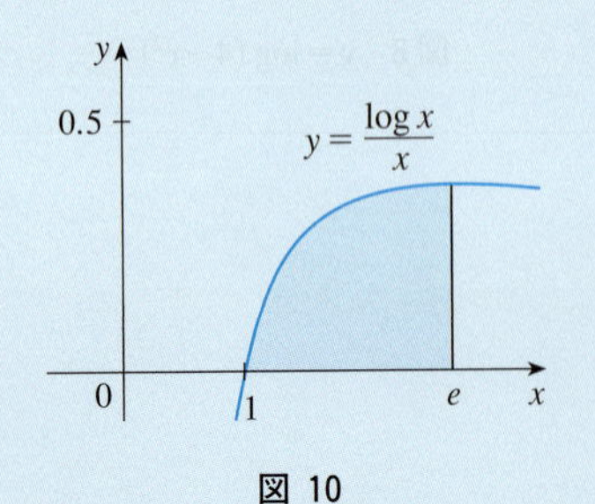

図 10

例 12　$\displaystyle\int_1^e\frac{\log x}{x}\,dx$ を求めよ．

［解 説］　積分中に微分 $du=dx/x$ が現れるように $u=\log x$ とおくと，$x=1$ のとき $u=\log 1=0$，$x=e$ のとき $u=\log e=1$ であるので，

$$\int_1^e\frac{\log x}{x}\,dx=\int_0^1 u\,du=\left[\frac{u^2}{2}\right]_0^1=\frac{1}{2}$$

である．

例 13 $\int \tan x\,dx$ を求めよ．

［解 説］ まず，tan 関数を sin 関数と cos 関数で表すと，

$$\int \tan x\,dx = \int \frac{\sin x}{\cos x}\,dx$$

となる．ここで $du = -\sin x\,dx$ すなわち $\sin x\,dx = -du$ が現れるように，$u = \cos x$ とおくと，以下のとおりである．

$$\int \tan x\,dx = \int \frac{\sin x}{\cos x}\,dx = -\int \frac{1}{u}\,du$$
$$= -\log|u| + C = -\log|\cos x| + C$$

$-\log|\cos x| = \log(|\cos x|^{-1}) = \log(1/|\cos x|) = \log|\sec x|$ より，例 13 の結果は次のようにも書ける．

9
$$\int \tan x\,dx = \log|\sec x| + C$$

対数微分法

複雑に積・商・ベキが組合わされた関数の導関数は，対数をとることにより，簡単に計算できる場合がある．次の例で用いる計算方法を**対数微分法**という．

例 14 $y = \dfrac{x^{3/4}\sqrt{x^2+1}}{(3x+2)^5}$ を微分せよ．

［解 説］ 方程式の両辺の対数をとり，対数の性質を使って右辺を和，差に分解する．

$$\log y = \tfrac{3}{4}\log x + \tfrac{1}{2}\log(x^2+1) - 5\log(3x+2)$$

陰関数微分法を使って*，両辺を x で微分すると，

$$\frac{1}{y}\frac{dy}{dx} = \frac{3}{4}\cdot\frac{1}{x} + \frac{1}{2}\cdot\frac{2x}{x^2+1} - 5\cdot\frac{3}{3x+2}$$

となるので，dy/dx について解くならば，

$$\frac{dy}{dx} = y\left(\frac{3}{4x} + \frac{x}{x^2+1} - \frac{15}{3x+2}\right)$$

となる．後は，y が x の関数として具体的に書けることを用いる．

$$\frac{dy}{dx} = \frac{x^{3/4}\sqrt{x^2+1}}{(3x+2)^5}\left(\frac{3}{4x} + \frac{x}{x^2+1} - \frac{15}{3x+2}\right)$$

* 例 14 で対数微分法を使わないならば，商の微分公式と積の微分公式を共に用いなければならない．この計算はとても大変である．

対数微分法の手順

1. 方程式 $y=f(x)$ の両辺の自然対数をとり，対数の性質を使って右辺を分解する．
2. 陰関数微分法を使って，両辺を x で微分する．
3. y' について解き，y を x の関数として表す．

ある x について $f(x)<0$ の場合，$\log f(x)$ を定義できないが，$|y|=|f(x)|$ として式 7 を使えば，対数微分法を用いることができる．

1・2* 節末問題

1-4 対数関数の性質を使って，式を展開せよ．

1. $\log \sqrt{ab}$　**2.** $\log \sqrt[3]{\dfrac{x-1}{x+1}}$

3. $\log \dfrac{x^2}{y^3 z^4}$　**4.** $\log\left(s^4 \sqrt{t\sqrt{u}}\right)$

5-10 一つの対数にまとめよ．

5. $2\log x + 3\log y - \log z$

6. $\log_{10} 4 + \log_{10} a - \frac{1}{3}\log_{10}(a+1)$

7. $\log 10 + 2\log 5$　**8.** $\log 3 + \frac{1}{3}\log 8$

9. $\frac{1}{3}\log(x+2)^3 + \frac{1}{2}\left(\log x - \log(x^2+3x+2)^2\right)$

10. $\log b + 2\log c - 3\log d$

11-14 計算機を使わずに，次の関数のグラフの概形を描け．図 4 のグラフを使って，必要に応じて第 I 巻 § 1·3 のグラフ変換を参照せよ．

11. $y = -\log x$　**12.** $y = \log|x|$

13. $y = \log(x+3)$　**14.** $y = 1 + \log(x-2)$

15-16 極限を求めよ．

15. $\displaystyle\lim_{x\to 3^+} \log(x^2-9)$

16. $\displaystyle\lim_{x\to\infty} (\log(2+x) - \log(1+x))$

17-36 次の関数を微分せよ．

17. $f(x) = x^3 \log x$　**18.** $f(x) = x\log x - x$

19. $f(x) = \sin(\log x)$　**20.** $f(x) = \log(\sin^2 x)$

21. $f(x) = \log \dfrac{1}{x}$　**22.** $y = \dfrac{1}{\log x}$

23. $f(x) = \sin x \log(5x)$

24. $h(x) = \log\left(x + \sqrt{x^2-1}\right)$

25. $g(x) = \log \dfrac{a-x}{a+x}$　**26.** $g(t) = \sqrt{1+\log t}$

27. $G(y) = \log \dfrac{(2y+1)^5}{\sqrt{y^2+1}}$　**28.** $H(z) = \log \sqrt{\dfrac{a^2-z^2}{a^2+z^2}}$

29. $F(t) = (\log t)^2 \sin t$　**30.** $P(v) = \dfrac{\log v}{1-v}$

31. $f(u) = \dfrac{\log u}{1+\log(2u)}$　**32.** $y = (\log \tan x)^2$

33. $y = \log|2-x-5x^2|$　**34.** $y = \log \tan^2 x$

35. $y = \tan(\log(ax+b))$　**36.** $y = \log(\csc x - \cot x)$

37-38 y' と y'' を求めよ．

37. $y = \sqrt{x}\log x$　**38.** $y = \log(1+\log x)$

39-42 f の定義域を求め，f を微分せよ．

39. $f(x) = \dfrac{x}{1-\log(x-1)}$　**40.** $f(x) = \log(x^2-2x)$

41. $f(x) = \sqrt{1-\log x}$　**42.** $f(x) = \log\log\log x$

43. $f(x)=\log(x+\log x)$ であるとき，$f'(1)$ を求めよ．

44. $f(x) = \dfrac{\log x}{x}$ であるとき，$f''(e)$ を求めよ．

45-46 f' を求めよ．計算機で f と f' のグラフを描いて比較して，解が妥当であることを確かめよ．

45. $f(x) = \sin x + \log x$　**46.** $f(x) = \log(x^2+x+1)$

47-48 次の曲線の与えられた点における接線の方程式を求めよ．

47. $y = \sin(2\log x)$，$(1, 0)$　**48.** $y = \log(x^3-7)$，$(2, 0)$

49. $y=\log(x^2+y^2)$ であるとき，y' を求めよ．

50. $\log xy = y \sin x$ であるとき，y' を求めよ．

51. $f(x) = \log(x-1)$ であるとき，$f^{(n)}(x)$ を求めよ．

52. $\dfrac{d^9}{dx^9}(x^8 \log x)$ を求めよ

53-54 計算機を使ってグラフを描き，方程式の解を小数点以下1桁まで求めよ．次にこの値を初期近似値としてNewton法を使い，解を小数点以下6桁まで求めよ．

53. $(x-4)^2 = \log x$ **54.** $\log(4-x^2) = x$

55-58 第I巻§3・5の曲線を描くときの指針（あるいは例9欄外参照）に基づき，曲線を考察せよ．

55. $y = \log(\sin x)$ **56.** $y = \log(\tan^2 x)$

57. $y = \log(1+x^2)$ **58.** $y = \log(1+x^3)$

---

59. $f(x) = \log(2x + x \sin x)$ とする．計算機（数式処理システム）を使ってf, f', f''のグラフを描き，区間$(0, 15]$において，増加する区間と，変曲点を求めよ．

60. 曲線$f(x) = \log(x^2+c)$を計算機を用いて調べる．cを変化させると，変曲点と漸近線はどうなるか．それを説明するために，いくつかのcについてグラフを描け．

61-64 対数微分法を使って，次の関数の導関数を求めよ．

61. $y = (x^2+2)^2(x^4+4)^4$ **62.** $y = \dfrac{(x+1)^4(x-5)^3}{(x-3)^8}$

63. $y = \sqrt{\dfrac{x-1}{x^4+1}}$ **64.** $y = \dfrac{(x^3+1)^4 \sin^2 x}{x^{1/3}}$

65-74 積分を求めよ．

65. $\displaystyle\int_2^4 \frac{3}{x}\,dx$ **66.** $\displaystyle\int_0^3 \frac{1}{5x+1}\,dx$

67. $\displaystyle\int_1^2 \frac{1}{8-3t}\,dt$ **68.** $\displaystyle\int_4^9 \left(\sqrt{x} + \frac{1}{\sqrt{x}}\right)^2 dx$

69. $\displaystyle\int_1^e \frac{x^2+x+1}{x}\,dx$ **70.** $\displaystyle\int_e^6 \frac{1}{x \log x}\,dx$

71. $\displaystyle\int \frac{(\log x)^2}{x}\,dx$ **72.** $\displaystyle\int \frac{\cos x}{2+\sin x}\,dx$

73. $\displaystyle\int \frac{\sin 2x}{1+\cos^2 x}\,dx$ **74.** $\displaystyle\int \frac{\cos(\log t)}{t}\,dt$

---

75. (a) 右辺を微分，あるいは (b) 例13の方法を使って，$\int \cot x\,dx = \log|\sin x| + C$ となることを示せ．

76. 計算機を使って，二つの曲線

$$y = \frac{\log x}{x} \qquad y = \frac{(\log x)^2}{x}$$

で囲まれた領域を図示し，面積を求めよ．

77. 曲線$y = 1/\sqrt{x+1}$，$y=0$，$x=0$，$x=1$で囲まれた領域を，x軸のまわりに回転して得られる回転体の体積を求めよ．

78. 曲線$y = 1/(x^2+1)$，$y=0$，$x=0$，$x=3$で囲まれた領域を，y軸のまわりに回転して得られる回転体の体積を求めよ．

79. 体積Vの関数として圧力を$P = P(V)$と表される気体が，体積V_1からV_2に膨張するときにする仕事は$W = \int_{V_1}^{V_2} P\,dV$である（第I巻§5・4節末問題29参照）．Boyle（ボイル）の法則によると，定温状態の気体は圧力Pと体積Vの間に，Cを定数として$PV = C$という関係がある．最初の体積が600 cm^3，最初の圧力が150 kPa（Paはパスカル）である気体が，定温状態で1000 cm^{3}まで膨張したときにする仕事を求めよ．

80. $f''(x) = x^{-2}$，$x > 0$，$f(1) = f(2) = 0$であるとき，fを求めよ．

81. gは$f(x) = 2x + \log x$の逆関数とする．$g'(2)$を求めよ．

82. (a) $x=1$の近くで，$f(x) = \log x$を線形近似せよ．

(b) 計算機を使って，fとその回帰直線のグラフを描き，(a)を説明せよ．

(c) 線形近似を使って，誤差が0.1以下となるxの範囲を求めよ．

83. (a) 面積を比較することによって，次のことを示せ．

$$\tfrac{1}{3} < \log 1.5 < \tfrac{5}{12}$$

(b) 分割数$n = 10$として中点法を使って，$\log 1.5$の値を求めよ．

84. 例1（図3）を参照せよ．

(a) A, Dで定まる線分に平行な，曲線$y = 1/t$の接線の方程式を求めよ．

(b) (a)を使って$\log 2 > 0.66$を示せ．

85. 領域の面積を比較して，

$$\frac{1}{2} + \frac{1}{3} + \cdots + \frac{1}{n} < \log n < 1 + \frac{1}{2} + \frac{1}{3} + \cdots + \frac{1}{n-1}$$

であることを示せ．

86. [3] 対数の性質3を証明せよ［ヒント：まず，方程式の両辺が同じ導関数をもつことを示す］．

87. $y = mx$と$y = x/(x^2+1)$が閉じた領域をつくるmの値を求め，その領域の面積を求めよ．

88. (a) 計算機を使って，いくつかの範囲で，$f(x) = x^{0.1}$と$g(x) = \log x$のグラフを描いて増加率を比較せよ．最終的に，gのグラフがfのグラフを超えるxの値を求めよ．

(b) $x \to \infty$のときの関数の振舞いがわかるように，関数$h(x) = (\log x)/x^{0.1}$のグラフを描け．

(c) $x > N$ならば

$$\frac{\log x}{x^{0.1}} < 0.1$$

となる数Nを求めよ．

89. 導関数の定義を使って，次のことを証明せよ．

$$\lim_{x \to 0} \frac{\log(1+x)}{x} = 1$$

1・3* e を底とする指数関数

log は増加関数なので，1 対 1 である．よって，exp と表される逆関数をもつ．逆関数の定義より

$f^{-1}(x)=y \iff f(y)=x$

[1]
$$\exp(x)=y \iff \log y=x$$

であり，消去律は

$f^{-1}(f(x))=x$
$f(f^{-1}(x))=x$

[2]
$$\exp(\log x)=x \quad \text{あるいは} \quad \log(\exp x)=x$$

である．特に

$$\log 1=0 \quad \text{であるので} \quad \exp(0)=1$$
$$\log e=1 \quad \text{であるので} \quad \exp(1)=e$$

である．$y=\exp x$ のグラフは，$y=\log x$ のグラフを直線 $y=x$ に関して鏡映をとることによって得られる（図 1）．exp の定義域は log の値域 $(-\infty,\infty)$ であり，exp の値域は log の定義域 $(0,\infty)$ である．

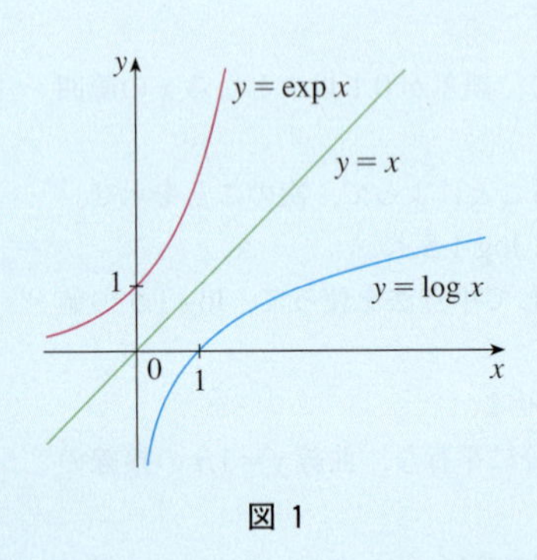

図 1

r を任意の有理数とすると，§1・2* [3] の対数の性質 3 より

$$\log(e^r)=r\log e=r$$

である．よって，[1] を使って

$$\exp(r)=e^r$$

となる．よって，x が有理数ならば $\exp(x)=e^x$ であるので，x が無理数のときにも e^x を定義する．

$$e^x=\exp(x)$$

すなわち e^x を関数 $\log x$ の逆関数として定義すると，この e^x 表記によって，[1] は

[3]
$$e^x=y \iff \log y=x$$

と書き直せる．そして，消去律 [2] は

[4]
$$x>0 \quad \text{ならば} \quad e^{\log x}=x$$

[5]
$$\text{すべての } x \text{ について} \quad \log(e^x)=x$$

となる．

例 1　$\log x=5$ となる x を求めよ．

［解説 1］ [3] より

$$\log x=5 \quad \text{すなわち} \quad e^5=x$$

であるので，$x=e^5$ である．

［解説 2］ $\log x=5$ の両辺を e のベキ指数にとるならば，

$$e^{\log x}=e^5$$

である．[4] の 2 番目の式 $e^{\log x}=x$ を使うと，$x=e^5$ である．

例 2 方程式 $e^{5-3x}=10$ を解け．

［解説］ 両辺の自然対数をとり，[5] を使うと，

$$\log(e^{5-3x})=\log 10$$
$$5-3x=\log 10$$
$$3x=5-\log 10$$
$$x=\tfrac{1}{3}(5-\log 10)$$

である．関数電卓を使って，小数点以下 4 桁までの近似値を求めると，$x\approx 0.8991$ である．

e を底とする指数関数 $f(x)=e^x$ は，微積分学とその応用において，最も頻繁に現れる関数であるので，そのグラフ（図 2）と（自然対数関数の逆関数であることから導き出される）性質を習熟しておくことは重要である．

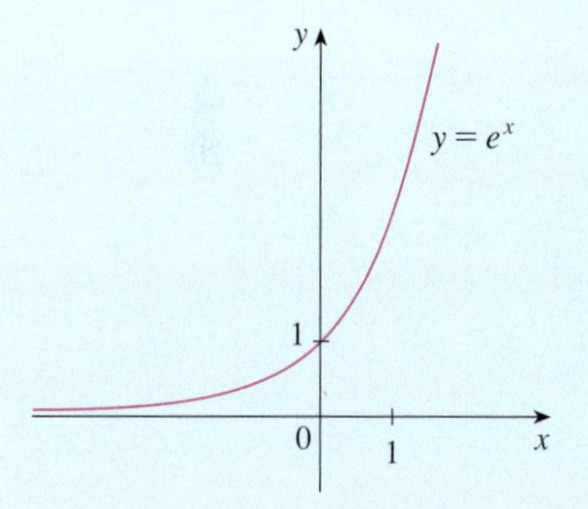

図 2　e を底とする指数関数

[6] **e を底とする指数関数の性質**　指数関数 $f(x)=e^x$ は定義域 $\mathbb{R}$，値域 $(0,\infty)$ の連続な増加関数である．よって，すべての x について $f(x)>0$ である．また，

$$\lim_{x\to-\infty}e^x=0 \qquad \lim_{x\to\infty}e^x=\infty$$

であるので，x 軸は $f(x)=e^x$ の水平漸近線である．

例 3 $\displaystyle\lim_{x\to\infty}\frac{e^{2x}}{e^{2x}+1}$ を求めよ．

［解説］ $x\to\infty$ のとき $t=-2x\to-\infty$ であるので，

$$\lim_{x\to\infty}e^{-2x}=\lim_{t\to-\infty}e^t=0$$

となることを使う．与式の分母と分子を e^{2x} で割る．

$$\lim_{x\to\infty}\frac{e^{2x}}{e^{2x}+1}=\lim_{x\to\infty}\frac{1}{1+e^{-2x}}=\frac{1}{1+\displaystyle\lim_{x\to\infty}e^{-2x}}$$
$$=\frac{1}{1+0}=1$$

ここで，$f(x)=e^x$ が指数関数のもつ他の性質ももつことを示す．

[7] **指数法則**　x, y を任意の実数，r を有理数とするならば，

1. $e^{x+y}=e^xe^y$　　2. $e^{x-y}=\dfrac{e^x}{e^y}$　　3. $(e^x)^r=e^{rx}$

である．

指数法則1の証明　対数の性質1と 5 より

$$\log(e^x e^y) = \log(e^x) + \log(e^y) = x + y = \log(e^{x+y})$$

である．log は1対1関数であるので，$e^x e^y = e^{x+y}$ となる．

指数法則2および3も同様にして証明できる（節末問題107, 108参照）．次の節で，対数の性質3は，r が任意の実数の場合にも成り立つことを示す．

微　分

e を底とする指数関数は，微分しても不変であるという特筆すべき性質をもっている．

8
$$\frac{d}{dx} e^x = e^x$$

証明　関数 $y=e^x$ は，導関数が0とならない微分可能な関数 $y=\log x$ の逆関数であるので，微分可能である．導関数を求めるために，逆関数の微分公式を使う．$y=e^x$ とすると $\log y=x$ であるので，この方程式を陰関数微分法を使って両辺を x に関して微分すると，

$$\frac{1}{y}\frac{dy}{dx} = 1$$

$$\frac{dy}{dx} = y = e^x$$

である．

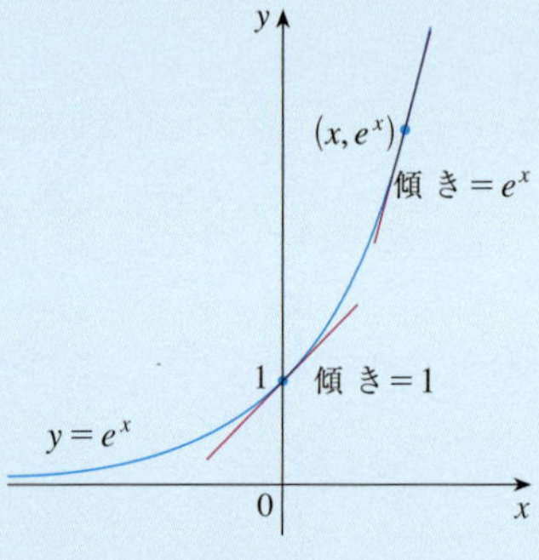

公式 8 を幾何学的に説明するならば，曲線 $y=e^x$ の任意の点における接線の傾きは，その点の y 座標の値であるということである（図3）．この性質は，指数関数 $y=e^x$ のグラフが急激に増加することを示している（節末問題112参照）．

y
(x, e^x)
傾き $=e^x$
1
傾き $=1$
$y=e^x$
0
x

図 3

例 4　関数 $y=e^{\tan x}$ を微分せよ．

［解 説］　合成関数の微分公式を用いるために $u=\tan x$ とおく．$y=e^u$ となるので，

$$\frac{dy}{dx} = \frac{dy}{du}\frac{du}{dx} = e^u \frac{du}{dx} = e^{\tan x}\sec^2 x$$

である．

一般に，例4のように，公式 8 と合成関数の微分公式を共に用いると，

9
$$\frac{d}{dx} e^u = e^u \frac{du}{dx}$$

を得る．

■ **例 5** $y=e^{-4x}\sin 5x$ の y' を求めよ．

［解説］ 公式 9 と積の微分公式を用いると，

$$y' = e^{-4x}(\cos 5x)(5) + (\sin 5x)e^{-4x}(-4) = e^{-4x}(5\cos 5x - 4\sin 5x)$$

である．

■ **例 6** 関数 $f(x)=xe^{-x}$ の最大値を求めよ．

［解説］ 微分して臨界点を求める．

$$f'(x) = xe^{-x}(-1) + e^{-x}(1) = e^{-x}(1-x)$$

指数関数は常に正値をとるので，$1-x>0$ のとき，つまり $x<1$ のときに $f'(x)>0$ となる．同様に，$x>1$ のとき $f'(x)<0$ となる．これより 1 階微分極値判定法を使って，f は $x=1$ で最大値をとり，その値は以下のとおりである．

$$f(1) = (1)e^{-1} = \frac{1}{e} \approx 0.37$$

■ **例 7** $f(x)=e^{1/x}$ の漸近線を求めて，1 階導関数と 2 階導関数を使って，グラフを描け．

［解説］ f の定義域が $\{x|x\neq 0\}$ であるので，$x\to 0$ のときの左極限と右極限を計算することにより垂直漸近線を求める．$x\to 0^+$ のとき $t=1/x\to\infty$ であるので，

$$\lim_{x\to 0^+} e^{1/x} = \lim_{t\to\infty} e^t = \infty$$

である．よって，$x=0$ は垂直漸近線である．また，$x\to 0^-$ のとき $t=1/x\to -\infty$ であるので，

$$\lim_{x\to 0^-} e^{1/x} = \lim_{t\to -\infty} e^t = 0$$

である．$x\to\pm\infty$ のとき $1/x\to 0$ であるので，

$$\lim_{x\to\pm\infty} e^{1/x} = e^0 = 1$$

である．よって，$y=1$ は水平漸近線である．

次に導関数を求めよう．合成関数の微分公式より，

$$f'(x) = -\frac{e^{1/x}}{x^2}$$

である．0 でないすべての x について，$e^{1/x}>0$ であり，$x^2>0$ であるので，$f'(x)<0$ である．よって，f は区間 $(-\infty,0)$ と区間 $(0,\infty)$ で減少関数である．また，臨界点は存在しないので，関数は極大値も極小値ももたない．2 階導関数は

$$f''(x) = -\frac{x^2e^{1/x}(-1/x^2) - e^{1/x}(2x)}{x^4} = \frac{e^{1/x}(2x+1)}{x^4}$$

である．$e^{1/x}>0$ であり，$x^4>0$ であるので，$x>-\frac{1}{2}$ $(x\neq 0)$ のとき $f''(x)>0$，$x<-\frac{1}{2}$ のとき $f''(x)<0$ である．よって，曲線は区間 $\left(-\infty,-\frac{1}{2}\right)$ で上に凸，区間 $\left(-\frac{1}{2},0\right)$，$(0,\infty)$ で下に凸であり，点 $\left(-\frac{1}{2},e^{-2}\right)$ は変曲点である．

(a) 予備的なグラフ

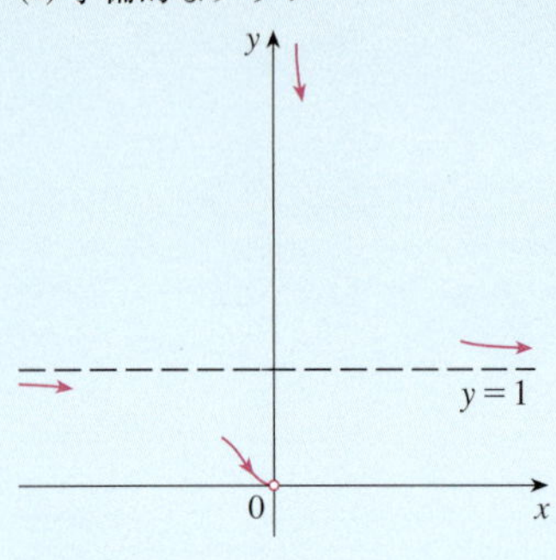

(b) 完成したグラフ

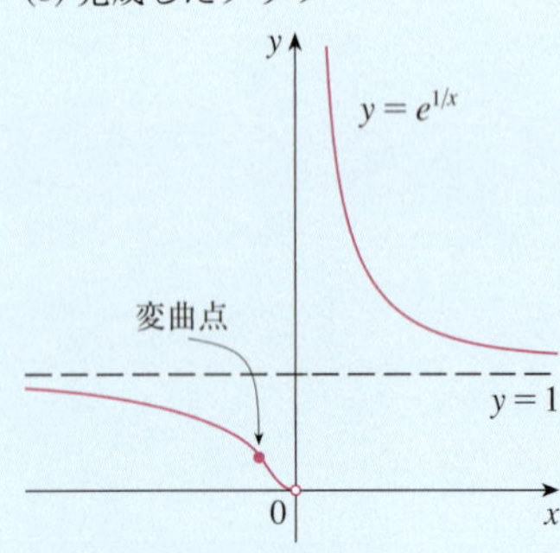

(c) 計算機によるグラフ

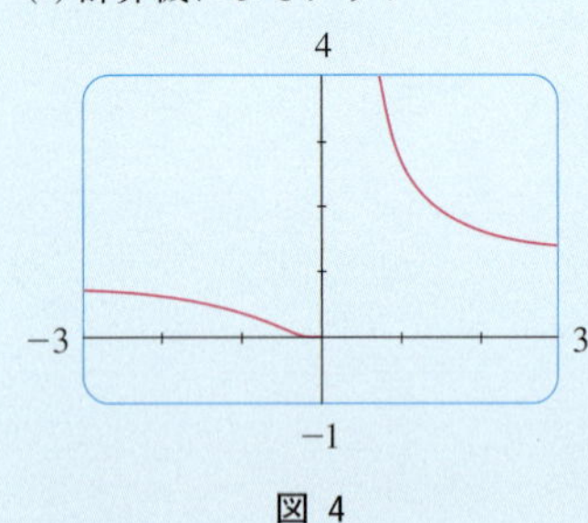

図 4

f のグラフを描くために，まず水平漸近線 $y=1$ を点線で描き，同時に漸近線近くの曲線の一部を予備的に描く（図 4(a)）．これらの部分は，極限と f が区間 $(-\infty, 0)$，$(0, \infty)$ で減少関数であることとが反映するように描かなければならない．$f(0)$ が存在しないにもかかわらず，$x \to 0^-$ のとき $f(x) \to 0$ であることを示しているのに注意しよう．曲線の凸性，変曲点などの情報を総合して描いたグラフが図 4(b) である．図 4(c) は確認のために計算機で描いたグラフである．

■ 積　分

指数関数 $y=e^x$ は簡単な導関数をもつので，原始関数も簡単である．

10　$$\int e^x\,dx = e^x + C$$

例 8　$\int x^2 e^{x^3}\,dx$ を求めよ．

［解 説］　$u=x^3$ とおくと，$du=3x^2\,dx$ となり，$x^2\,dx=\frac{1}{3}\,du$ となるので，

$$\int x^2 e^{x^3}\,dx = \frac{1}{3}\int e^u\,du = \frac{1}{3}e^u + C = \frac{1}{3}e^{x^3} + C$$

となる．

例 9　曲線 $y=e^{-3x}$，$y=0$，$x=0$，$x=1$ で囲まれた領域の面積を求めよ．

［解 説］　面積は

$$A = \int_0^1 e^{-3x}\,dx = \left[-\frac{1}{3}e^{-3x}\right]_0^1 = \frac{1}{3}(1-e^{-3})$$

である．

1・3* 節末問題

1. 関数 $f(x)=e^x$ のグラフの概形を，グラフが y 軸にどのように交差するか注意して描け．また，どのような点に注意すればよいか．

2-4　次の式を簡単に表せ．

2. (a) $e^{\log 15}$　　(b) $\log(1/e^2)$

3. (a) $e^{-\log 2}$　　(b) $e^{\log(\log e^3)}$

4. (a) $\log e^{\sin x}$　　(b) $e^{x+\log x}$

5-12　次の方程式を x について解け．

5. (a) $e^{7-4x}=6$　　(b) $\log(3x-10)=2$

6. (a) $\log(x^2-1)=3$　　(b) $e^{2x}-3e^x+2=0$

7. (a) $e^{3x+1}=k$　　(b) $\log x + \log(x-1) = 1$

8. (a) $\log(\log x)=1$　　(b) $e^{e^x}=10$

9. $e-e^{-2x}=1$　　**10.** $10(1+e^{-x})^{-1}=3$

11. $e^{2x}-e^x-6=0$　　**12.** $\log(2x+1)=2-\log x$

13-14　次の方程式の解を小数点以下 4 桁まで求めよ．

13. (a) $\log(1+x^3)-4=0$　　(b) $2e^{1/x}=42$

14. (a) $\log\left(\dfrac{x+1}{x}\right)=2$　　(b) $e^{1/(x-4)}=7$

15-16　次の不等式を x について解け．

15. (a) $\log x<0$　　(b) $e^x>5$

16. (a) $1<e^{3x-1}<2$　　(b) $1-2\log x<3$

17-20　計算機を使わずに，次の関数のグラフの概形を描

け．図3と図14のグラフを使い，必要に応じて第I巻§1・3のグラフ変換を参照せよ．

17. $y = e^{-x}$

18. $y = e^{|x|}$

19. $y = 1 - \frac{1}{2}e^{-x}$

20. $y = 2(1 - e^{x})$

21-22 (a) f の定義域，(b) f^{-1} と f^{-1} の定義域を求めよ．

21. $f(x) = \sqrt{3 - e^{2x}}$

22. $f(x) = \log(2 + \log x)$

23-26 逆関数を求めよ．

23. $y = 2\log(x - 1)$

24. $y = (\log x)^2, \quad x \geqslant 1$

25. $f(x) = e^{x^3}$

26. $y = \dfrac{1 - e^{-x}}{1 + e^{-x}}$

27-32 極限を求めよ．

27. $\displaystyle\lim_{x\to\infty} \frac{e^{3x} - e^{-3x}}{e^{3x} + e^{-3x}}$

28. $\displaystyle\lim_{x\to\infty} e^{-x^2}$

29. $\displaystyle\lim_{x\to 2^+} e^{3/(2-x)}$

30. $\displaystyle\lim_{x\to 2^-} e^{3/(2-x)}$

31. $\displaystyle\lim_{x\to\infty} (e^{-2x}\cos x)$

32. $\displaystyle\lim_{x\to(\pi/2)^+} e^{\tan x}$

33-52 次の関数を微分せよ．

33. $f(x) = e^5$

34. $k(r) = e^r + r^e$

35. $f(x) = (3x^2 - 5x)e^x$

36. $y = \dfrac{e^x}{1 - e^x}$

37. $y = e^{ax^3}$

38. $g(x) = e^{x^2 - x}$

39. $y = e^{\tan\theta}$

40. $V(t) = \dfrac{4 + t}{te^t}$

41. $f(x) = \dfrac{x^2e^x}{x^2 + e^x}$

42. $y = x^2e^{-1/x}$

43. $y = x^2e^{-3x}$

44. $f(t) = \tan(1 + e^{2t})$

45. $f(t) = e^{at}\sin bt$

46. $f(z) = e^{z/(z-1)}$

47. $F(t) = e^{t\sin 2t}$

48. $y = e^{\sin 2x} + \sin(e^{2x})$

49. $g(u) = e^{\sqrt{\sec u^2}}$

50. $y = \sqrt{1 + xe^{-2x}}$

51. $y = \cos\left(\dfrac{1 - e^{2x}}{1 + e^{2x}}\right)$

52. $f(t) = \sin^2(e^{\sin^2 t})$

53-54 与えられた点における接線の方程式を求めよ．

53. $y = e^{2x}\cos\pi x, \ (0, 1)$

54. $y = \dfrac{e^x}{x}, \ (1, e)$

55. $e^{x/y} = x - y$ であるとき，y' を求めよ．

56. 曲線 $xe^y + ye^x = 1$ の点 $(0, 1)$ における接線の方程式を求めよ．

57. 関数 $y = e^x + e^{-x/2}$ は微分方程式 $2y'' - y' - y = 0$ を満たすことを示せ．

58. 関数 $y = Ae^{-x} + Bxe^{-x}$ は微分方程式 $y'' + 2y' + y = 0$ を満たすことを示せ．

59. 関数 $y = e^{rx}$ が微分方程式 $y'' + 6y' + 8y = 0$ を満たす r を求めよ．

60. 関数 $y = e^{\lambda x}$ が微分方程式 $y + y' = y''$ を満たす λ を求めよ．

61. $f(x) = e^{2x}$ であるとき，$f^{(n)}(x)$ を求めよ．

62. $f(x) = xe^{-x}$ の 1000 階導関数を求めよ．

63. (a) 中間値の定理を使って，方程式 $e^x + x = 0$ が解をもつことを示せ．

(b) Newton 法を使って，方程式 $e^x + x = 0$ の解を小数点以下6桁まで求めよ．

64. 計算機を使ってグラフを描き，方程式 $4e^{-x^2}\sin x = x^2 - x + 1$ の解を小数点以下1桁まで求め，次にこの値を初期近似値として Newton 法を使い，解を小数点以下8桁まで求めよ．

65. ある条件下で，うわさの拡散は，時刻 t でうわさを聞いた人の割合 $p(t)$ の式

$$p(t) = \frac{1}{1 + ae^{-kt}}$$

で表される．ここで a と k は正の定数である（§4・4でこの式が $p(t)$ の合理的なモデルであることを示す）．

(a) $\displaystyle\lim_{t\to\infty} p(t)$ を求めよ．

(b) うわさが拡散する速さを求めよ．

(c) 計算機を使って，$a = 10$，$k = 0.5$，t の単位を時間として p のグラフを描け．また，グラフを使って，人口の 80 % が噂を聞くのに要する時間を求めよ．

66. 物体が振動するバネの一端に取付けられており，平衡位置からの変位 y は，t の単位を秒，y の単位を cm として $y = 8e^{-t/2}\sin 4t$ で与えられる．

(a) 物体の位置関数のグラフを，関数 $y = 8e^{-t/2}$ と $y = -8e^{-t/2}$ のグラフと共に計算機を使って描き，それらのグラフがどのような関係にあるか，またその理由も説明せよ．

(b) グラフを使って，物体の変位の最大値を求めよ．最大値をとる点は，物体の位置関数のグラフと $y = 8e^{-t/2}$ のグラフの接点か．

(c) 物体が最初に平衡位置を通過するときの，物体の速度を求めよ．

(d) グラフを使って，物体の変位が平衡位置から 2 cm 以内となる時間を求めよ．

67. 関数 $f(x) = x - e^x$ の最大値を求めよ．

68. 関数 $g(x) = e^x/x$，$x > 0$ の最小値を求めよ．

69-70 次の区間における f の最大値と最小値を求めよ．

69. $f(x) = xe^{-x^2/8}, \quad [-1, 4]$

70. $f(x) = xe^{x/2}, \quad [-3, 1]$

71-72 (a) 増加，減少している区間，(b) 上に凸，下に凸である区間，(c) 変曲点を求めよ．

71. $f(x) = (1 - x)e^{-x}$

72. $f(x) = \dfrac{e^x}{x^2}$

73-75　第 I 巻§3·5 の曲線を描くときの指針（あるいは§1·2* 欄外参照）に基づき，曲線の概形を描け．

73. $y = e^{-1/(x+1)}$　　**74.** $y = e^{2x} - e^x$

75. $y = 1/(1 + e^{-x})$

---

76. $f(0)=3$，$f'(0)=5$，$f''(0)=-2$，$g(x)=e^{cx}+f(x)$，$h(x)=e^{kx}f(x)$ とする．

(a) $g'(0)$ と $g''(0)$ を c を使って表せ．

(b) $x=0$ における h のグラフの接線の方程式を，k を使って表せ．

77. 薬物反応曲線は，投薬後の血中の薬物レベルを表している．関数 $S(t)=At^pe^{-kt}$ は，薬物レベルの初期の急上昇とその後の緩やかな減少を反映する薬物反応曲線のモデルとしてしばしば用いられる．ある薬物の場合として $A=0.01$，$p=4$，$k=0.07$，t の単位を分として，薬物反応曲線の変曲点を求め，その重要性を説明せよ．計算機があれば薬物反応曲線のグラフを描け．

78. 抗生物質の血中濃度 C（μg/mL）は，t の単位を服用後経過した時間として

$$C(t) = 8(e^{-0.4t} - e^{-0.6t})$$

でモデル化される．服用後 12 時間までの最大血中濃度を求めよ．

79. アルコール飲料を飲んだ後の血中アルコール濃度は，アルコールの吸収と共に急激に増加し，続いてアルコールの代謝により徐々に減少していく．関数

$$C(t) = 1.35te^{-2.802t}$$

は男性 8 人の被験者が 15 mL のエタノール（一杯のアルコール飲料に相当）を一気に飲んだときの t 時間後の平均血中アルコール濃度（mg/mL）のモデルである．飲酒後 3 時間までの最大血中濃度と，それが起こった時間を求めよ．

（出典：P. Wilkinson *et al.*, "Pharmacokinetics of Ethanol after Oral Administration in the Fasting State," *Journal of Pharmacokinetics and Biopharmaceutics*, **5**, 207 (1977)）

80-81　計算機を用いて，曲線のすべての重要な特性を表すグラフを描け．そのグラフから極大値・極小値を求め，また微積分の手法でこれらの正確な値を求めよ．また，f'' のグラフを使って変曲点の位置を推測せよ．

80. $f(x) = e^{\cos x}$　　**81.** $f(x) = e^{x^3-x}$

---

82. 確率・統計で用いられるベルカーブ（鐘形曲線）

$$y = \frac{1}{\sigma\sqrt{2\pi}}\, e^{-(x-\mu)^2/(2\sigma^2)}$$

は正規密度関数とよばれる．定数 μ は平均，正定数 σ は標準偏差である．簡単にするために，$1/(\sigma\sqrt{2\pi})$ を除き，$\mu=0$ とした関数

$$f(x) = e^{-x^2/(2\sigma^2)}$$

を考える．

(a) f の漸近線，最大値，変曲点を求めよ．

(b) 曲線の形に対して σ はどのような役割を果たしているか．

(c) 計算機を使って，同一スクリーンに，σ を変えたグラフを四つ描け．

83-94　積分を求めよ．

83. $\int_0^1 (x^e + e^x)\,dx$　　**84.** $\int_{-5}^5 e\,dx$

85. $\int_0^2 \frac{1}{e^{\pi x}}\,dx$　　**86.** $\int x^2 e^{x^3}\,dx$

87. $\int e^x\sqrt{1 + e^x}\,dx$　　**88.** $\int \frac{(1 + e^x)^2}{e^x}\,dx$

89. $\int (e^x + e^{-x})^2\,dx$　　**90.** $\int e^x(4 + e^x)^5\,dx$

91. $\int \frac{e^u}{(1 - e^u)^2}\,du$　　**92.** $\int e^{\sin\theta}\cos\theta\,d\theta$

93. $\int_1^2 \frac{e^{1/x}}{x^2}\,dx$　　**94.** $\int_0^1 \frac{\sqrt{1 + e^{-x}}}{e^x}\,dx$

---

95. $y=e^x$，$y=e^{3x}$，$x=1$ で囲まれた領域の面積を小数点以下 3 桁まで求めよ．

96. $f''(x)=3e^x+5\sin x$，$f(0)=1$，$f'(0)=2$ であるとき，$f(x)$ を求めよ．

97. $y=e^x$，$y=0$，$x=0$，$x=1$ で囲まれた領域の x 軸を回転軸とした回転体の体積を求めよ．

98. $y=e^{-x^2}$，$y=0$，$x=0$，$x=1$ で囲まれた領域の y 軸を回転軸とした回転体の体積を求めよ．

99. 誤差関数

$$\operatorname{erf}(x) = \frac{2}{\sqrt{\pi}}\int_0^x e^{-t^2}\,dt$$

は確率・統計・工学で使われている．

$$\int_a^b e^{-t^2}\,dt = \tfrac{1}{2}\sqrt{\pi}\,(\operatorname{erf}(b) - \operatorname{erf}(a))$$

であることを示せ．

100.　関数 $y=e^{x^2}\operatorname{erf}(x)$ は，微分方程式 $y'=2xy+2/\sqrt{\pi}$ を満たすことを示せ．

101.　貯油タンクが時間 $t=0$ において壊れて，油が $r(t)=100e^{-0.01t}$（L/min）の割合で漏れ出している．最初の 1 時間で漏れ出した油の量を求めよ．

102.　ある種の細菌は最初の個体数が 400 のとき，$r(t)=(450.268)e^{1.12567t}$（個体数/時間）の割合で増加する．3 時間後の細菌の個体数を求めよ．

103.　人工透析とは，患者の血液を透析器とよばれる機械に通して，尿素およびその他の不要物を除去する処置である．尿素が血液から除去される割合（mg/min）は，r を血液が透析器を流れる速度（mL/min），V を患者の血液量（mL），C_0 を $t=0$ の患者の血液中の尿素量（mg）とする式

$$u(t) = \frac{r}{V}\,C_0 e^{-rt/V}$$

とよく一致することが多い．積分 $\int_0^{30} u(t)\,dt$ を求め，それを説明せよ．

104. ある魚の生物量の増加率（kg/year）は，t の単位を年として，

$$G(t) = \frac{60{,}000e^{-0.6t}}{(1+5e^{-0.6t})^2}$$

でモデル化される．2000 年の生物量が 25,000 kg であった場合，2020 年の生物量を求めよ．

105.
$$f(x) = \frac{1-e^{1/x}}{1+e^{1/x}}$$

のグラフを計算機を使って描くと，$f(x)$ が奇関数であるようにみえる．このことを証明せよ．

106.
$$f(x) = \frac{1}{1+ae^{bx}}, \quad a>0$$

の関数の族のグラフを計算機を使っていくつか描け．b を変化させるとグラフはどのように変化するか．また，a を変化させるとグラフはどのように変化するか．

107. 指数法則 2（7 参照）を証明せよ．

108. 指数法則 3（7 参照）を証明せよ．

109. (a) $x \geqq 0$ ならば $e^x \geqq 1+x$ であることを示せ［ヒント：$x>0$ について $f(x)=e^x-(1+x)$ が増加関数であることを示す］．

(b) $\frac{4}{3} \leqq \int_0^1 e^{x^2}dx \leqq e$ であることを示せ．

110. (a) 前問 109(a)の不等式を使って，$x \geqq 0$ について

$$e^x \geqq 1 + x + \tfrac{1}{2}x^2$$

であることを示せ．

(b) (a)を使って，前問 109(b)の $\int_0^1 e^{x^2}dx$ のよりよい評価をせよ．

111. (a) 数学的帰納法を使って，$x \geqq 0$，任意の自然数 n について

$$e^x \geqq 1 + x + \frac{x^2}{2!} + \cdots + \frac{x^n}{n!}$$

であることを証明せよ．

(b) (a)を使って，$e>2.7$ であることを示せ．

(c) (a)を使って，任意の自然数 k について

$$\lim_{x\to\infty} \frac{e^x}{x^k} = \infty$$

であることを示せ．

112. (a) 計算機を使って，いくつかの範囲で，$f(x)=x^{10}$ と $g(x)=e^x$ のグラフを描いて増加率を比較せよ．最終的に，g のグラフが f のグラフを超える x の値を求めよ．

(b) x が大きい値をとるときの振舞いがわかるように，関数 $h(x)=e^x/x^{10}$ のグラフを描け．

(c) $x>N$ ならば $\dfrac{e^x}{x^{10}} > 10^{10}$ となる数 N を求めよ．

1・4* 一般の対数関数と指数関数

この節では，Napier の数 e を底とする指数関数と自然対数関数を使って，$a>0$ を底とする一般の指数関数と対数関数を扱う．§1・2*，§1・3* の対数関数，指数関数は自動的に自然対数関数，e を底とした指数関数であったこと，そして e^x は x が無理数の場合にも定義されていたこと（§1・3* 3 参照）に注意する．

■ 一般の指数関数

$a>0$，r を有理数とすると，§1・3* 4, 7 より

$$a^r = (e^{\log a})^r = e^{r\log a}$$

である．よって，無理数 x の場合も，

1
$$a^x = e^{x\log a}$$

と定義する．これより，たとえば，

$$2^{\sqrt{3}} = e^{\sqrt{3}\log 2} \approx e^{1.20} \approx 3.32$$

である．関数 $f(x)=a^x$ を **a を底とする指数関数**という．e^x はすべての x について正であるので，a^x もすべての x について正である．

定義 1 を用いると，§1·2* 3 の対数の性質３は，r が任意の実数のときも成り立つことがわかる．すなわち，r が有理数であるとき $\log(a^r) = r\log a$ であるので，定義 1 より，r が任意の実数であるとき，

$$\log a^r = \log(e^{r\log a}) = r\log a$$

つまり，

2　任意の実数 r について　$\log a^r = r\log a$

である．

一般の指数法則は，定義 1 と e^x の指数法則から導き出せる．

3 **指数法則**　x, y を任意の実数，$a, b>0$ とするならば，

1. $a^{x+y} = a^x a^y$　2. $a^{x-y} = \dfrac{a^x}{a^y}$　3. $(a^x)^y = a^{xy}$　4. $(ab)^x = a^x b^x$

である．

■ **指数法則１の証明**　定義 1 と e^x の指数法則より，

$$a^{x+y} = e^{(x+y)\log a} = e^{x\log a + y\log a}$$
$$= e^{x\log a}e^{y\log a} = a^x a^y$$

である．

■ **指数法則３の証明**　2 より

$$(a^x)^y = e^{y\log(a^x)} = e^{yx\log a} = e^{xy\log a} = a^{xy}$$

である．

残りの証明は節末問題とする．■

指数関数の微分公式も定義 1 から導かれる．

4　$$\frac{d}{dx}(a^x) = a^x\log a$$

■ **証　明**　$e^{\log a} = a$ であるので，次のようになる．

$$\frac{d}{dx}(a^x) = \frac{d}{dx}(e^{x\log a}) = e^{x\log a}\frac{d}{dx}(x\log a) = a^x\log a$$

■

$a=e$ ならば $\log e=1$ であるので，公式 4 はより簡単な形 $(d/dx)e^x = e^x$ になる．一般の指数関数よりも，底を e とする指数関数が微積分学においてよく用いられる理由は，微分公式が扱いやすいからである．

例１　第Ⅰ巻§2·7 例６で，滋養物の均一な培地で培養されている細菌の個体数を取上げた．１時間ごとに個体数が倍になるならば，最初の個体数が n_0 のとき，t 時間後の個体数 n は

$$n = n_0 2^t$$

であることをみた．ここで，4 を用いると，増加率は

$$\frac{dn}{dt} \approx n_0(0.693147)2^t$$

となる．たとえば，最初の個体数が $n_0 = 1000$ ならば，2 時間後の増加率は

$$\left.\frac{dn}{dt}\right|_{t=2} \approx (1000)(0.693147)2^t\Big|_{t=2}$$

$$= (4000)(0.693147) \approx 2773 \quad (\text{個体数/時間})$$

である．

例 2　公式 4 と合成関数の微分公式を共に用いると，次式を得る．

$$\frac{d}{dx}\left(10^{x^2}\right) = 10^{x^2}(\log 10)\frac{d}{dx}(x^2) = (2\log 10)x10^{x^2}$$

指数関数のグラフ

$a>1$ ならば $\log a>0$ である．よって $(d/dx)\,a^x = a^x \log a > 0$ であるので，$y=a^x$ は増加関数である（図 1）．また，$0<a<1$ ならば $\log a<0$ であるので，$y=a^x$ は減少関数である（図 2）．

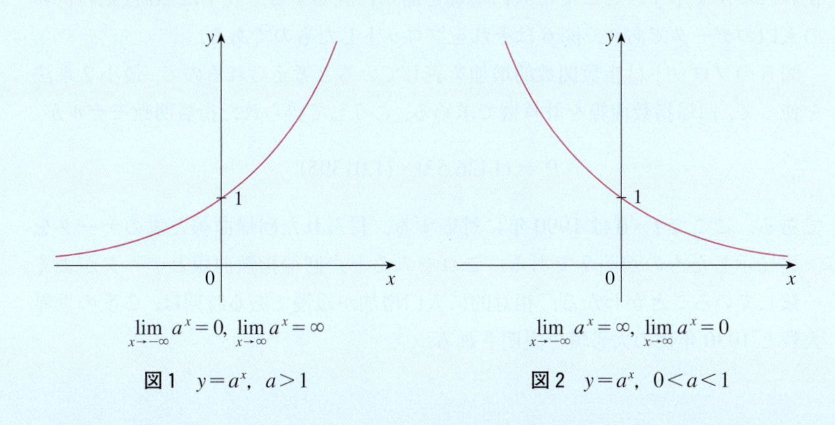

$\lim_{x\to-\infty} a^x = 0,\ \lim_{x\to\infty} a^x = \infty$

図1　$y=a^x$，$a>1$

$\lim_{x\to-\infty} a^x = \infty,\ \lim_{x\to\infty} a^x = 0$

図2　$y=a^x$，$0<a<1$

図 3 からは底 a の値が大きくなると，指数関数は $x>0$ について急激に増加することがわかる．

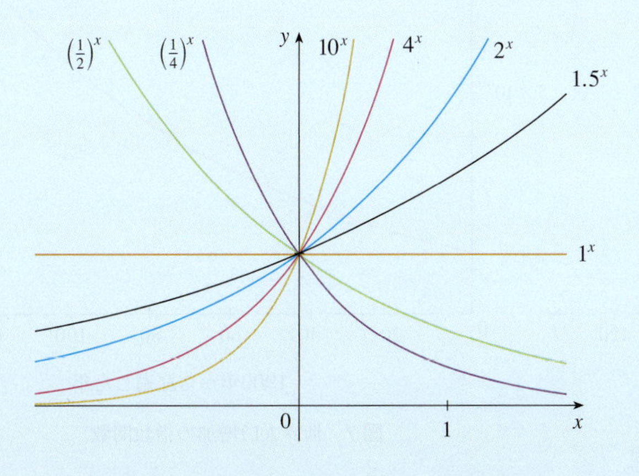

図 3

図4は指数関数 $y=2^x$ とベキ関数 $y=x^2$ の比較である．二つのグラフは3回交差しているが，最終的に指数関数 $y=2^x$ は放物線 $y=x^2$ よりはるかに急激に増加する（図5）．

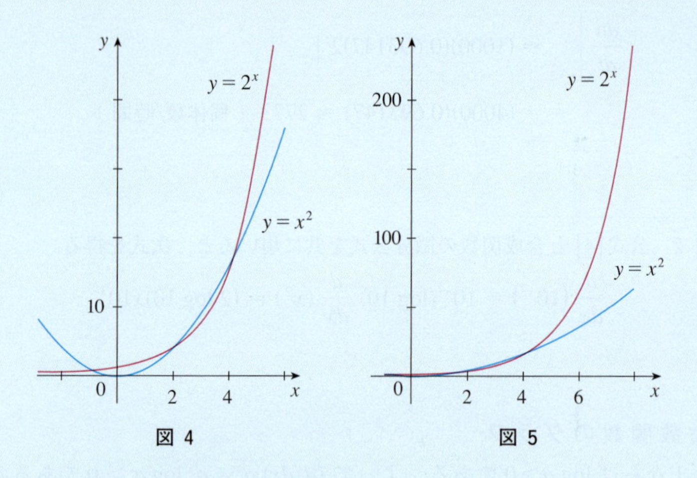

図4　　　図5

表1

t〔1900年から経過した年〕	人口〔100万人〕
0	1650
10	1750
20	1860
30	2070
40	2300
50	2560
60	3040
70	3710
80	4450
90	5280
100	6080
110	6870

§1·5において，人口増加や放射性物質の壊変に関して指数関数がどのように使われるかを示す．ここでは人口増加を簡単に説明する．表1は20世紀の世界の人口のデータであり，図6はそれをプロットしたものである．

図6のプロットは指数関数的増加を表していると考えられるので，最小2乗法を使って，回帰指数曲線を計算機で求める．こうして得られた指数関数モデルが

$$P=(1436.53)\cdot(1.01395)^t$$

である．ここで $t=0$ は1990年に対応する．得られた回帰曲線と表のデータを一緒に示したものが図7である．これをみると，回帰指数曲線とデータがよく一致していることがわかる．相対的に人口増加が緩慢である時期は，2度の世界大戦と1930年代の大恐慌で説明される．

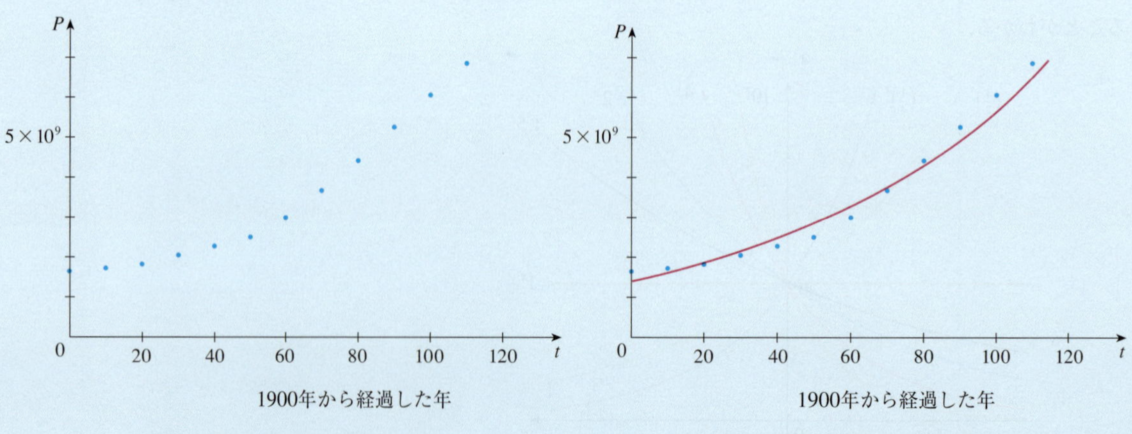

図6　世界人口増加のプロット　　　図7　世界人口増加の指数関数

また，1995 年，ヒト免疫不全ウィルス HIV-1 に対するプロテアーゼインヒビターABT-538 の詳しい効果が発表された[1]．表 2 は患者 303 人に ABT-538 を処置して t 日後の血しょう中のウィルス量 $V(t)$（RNA 個/mL）を表したものであり，そのデータをプロットしたものが図 8 である．

1）D. Ho *et al.*, "Rapid Turnover of Plasma Virions and CD4 Lymphocytes in HIV-1 Infection," *Nature*, **373**, 123 (1995).

表 2

t〔日〕	$V(t)$
1	76.0
4	53.0
8	18.0
11	9.4
15	5.2
22	3.6

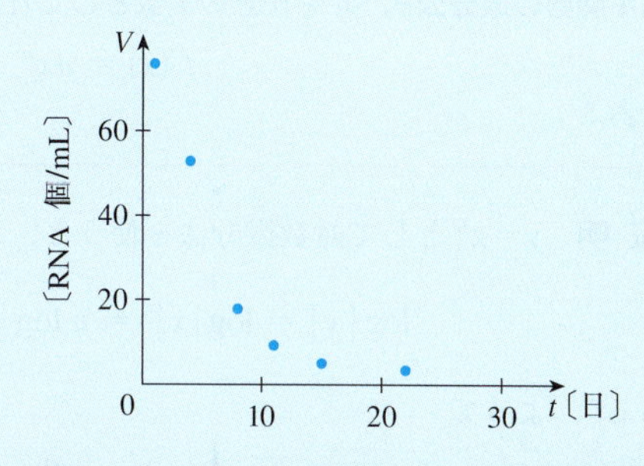

図 8 患者 303 人の血しょう中のウィルス量

図 8 にみる劇的なウィルス量の減少は，図 2 と $a<1$ の場合の図 3 の指数関数 $y=a^x$ のグラフを思い出させる．よって，関数 $V(t)$ のモデルとして指数関数を使おう．計算機を使って，表 2 のデータと一致する指数関数 $y=c\cdot a^t$ を求めると，

$$V = 96.39785 \cdot (0.818656)^t$$

が得られる．図 9 は，得られた指数関数 $V(t)$ のグラフと表 2 のデータを一緒に示したものであり，モデルは ABT-538 処置後 1 カ月のウィルス量とよく一致していることがわかる．

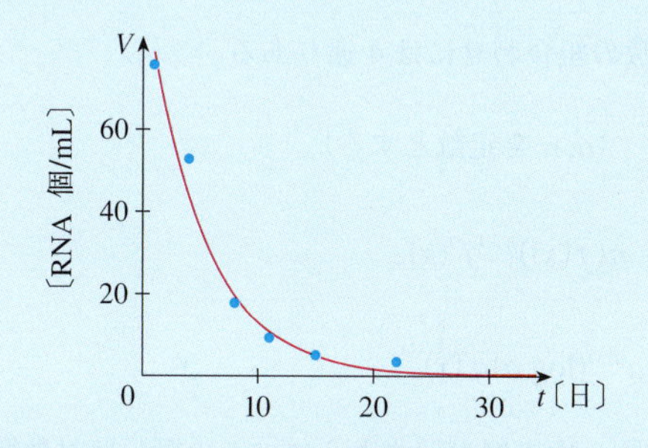

図 9 ウィルス量の指数関数モデル

図 9 のグラフを使えば，ウィルス量 V の半減期，すなわち，ウィルス量が初期値の半分になる時間を求めることができる（節末問題 63 参照）．

指数関数の積分

公式 4 より，次の積分公式

$$\int a^x\,dx = \frac{a^x}{\log a} + C, \qquad a \neq 1$$

が得られる．

例 3

$$\int_0^5 2^x\,dx = \left[\frac{2^x}{\log 2}\right]_0^5 = \frac{2^5}{\log 2} - \frac{2^0}{\log 2} = \frac{31}{\log 2}$$

ベキ関数の微分公式と指数法則

有理数だけでなく，任意の実数についてベキ関数を定義できるようになったので，第I巻§2·3で証明し残した，ベキ関数の微分公式を証明する．

ベキ関数の微分公式　nを任意の実数として$f(x)=x^n$とするならば，

$$f'(x)=nx^{n-1}$$

である．

証明　$y=x^n$として対数微分法を使うと，

$$\log|y|=\log|x|^n=n\log|x|,\quad x\neq 0$$

である*．よって

$$\frac{y'}{y}=\frac{n}{x}$$

であるので，

$$y'=n\frac{y}{x}=n\frac{x^n}{x}=nx^{n-1}$$

である．

* $x=0$ならば，$n>1$について$f'(0)=0$であることは，導関数の定義から直接証明できる．

底が変数で指数が定数であるベキ関数の微分（$(d/dx)x^n=nx^{n-1}$）と，底が定数で指数が変数である指数関数の微分（$(d/dx)\,a^x=a^x\log a$）は，注意深く区別する必要がある．

一般に，底と指数の組合わせには4通りある．

底が定数，指数が定数　1. $\dfrac{d}{dx}(a^n)=0$　（a,nを定数とする）

底が変数，指数が定数　2. $\dfrac{d}{dx}(f(x))^n=n(f(x))^{n-1}f'(x)$

底が定数，指数が変数　3. $\dfrac{d}{dx}(a^{g(x)})=a^{g(x)}(\log a)g'(x)$

底が変数，指数が変数　4. $(d/dx)(f(x))^{g(x)}$，次の例が示すように，この微分は対数微分法を使う．

例 4　$y=x^{\sqrt{x}}$を微分せよ．

［解説1］　底，指数共に変数であるので，対数微分法を使う．

$$\log y=\log x^{\sqrt{x}}=\sqrt{x}\log x$$

$$\frac{y'}{y}=\sqrt{x}\cdot\frac{1}{x}+(\log x)\frac{1}{2\sqrt{x}}$$

$$y'=y\left(\frac{1}{\sqrt{x}}+\frac{\log x}{2\sqrt{x}}\right)=x^{\sqrt{x}}\left(\frac{2+\log x}{2\sqrt{x}}\right)$$

［解説2］　もう一つの方法は，$x^{\sqrt{x}}=(e^{\log x})^{\sqrt{x}}$とおく方法である．

$$\frac{d}{dx}\left(x^{\sqrt{x}}\right)=\frac{d}{dx}\left(e^{\sqrt{x}\log x}\right)=e^{\sqrt{x}\log x}\frac{d}{dx}\left(\sqrt{x}\log x\right)$$

図10は例4の関数$f(x)=x^{\sqrt{x}}$とその導関数のグラフである．

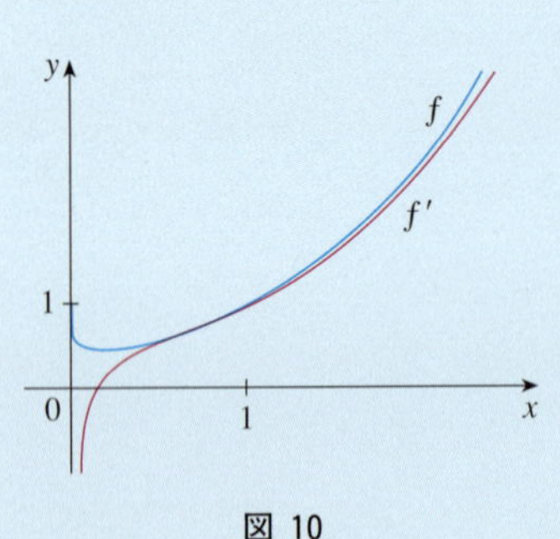

図 10

$$= x^{\sqrt{x}}\left(\frac{2+\log x}{2\sqrt{x}}\right) \qquad \text{（解説1と同じ）}$$

一般の対数関数

$a>0$, $a\neq 1$ ならば $f(x)=a^x$ は1対1関数である．したがって逆関数が存在し，**a を底とする対数関数**とよばれ $\log_a$ と記す．逆関数の関係式は，

5
$$\log_a x = y \iff a^y = x$$

である．特に，e を底とする対数は，本書では底 e を省略して log と表しているが，

$$\log_e x = \ln x$$

と表すことも多い*．$\log_a x$ と a^x は互いに逆関数の関係であるので，消去律より，

$$a^{\log_a x} = x \qquad \text{あるいは} \qquad \log_a(a^x) = x$$

である．

＊訳注：自然対数の記号 ln は自然科学，社会科学でよく使われる常用対数 $\log_{10}$ と区別するために使われることがある．しかし数学の世界では論理的に綺麗な自然対数 $\log_e$ をおもに使うので，特に ln を使わず，log で自然対数を表し，特に明記したい場合には，$\log_e$ を使う．この本でもこれ以後自然対数としては，log を使う．

$a>1$ の場合が図11に示されている（ほとんどの重要な対数関数は底が $a>1$ である）．$x>0$ について $y=a^x$ が急激な増加関数であることは，$x>1$ について $y=\log_a x$ が緩慢な増加関数であることを反映している．

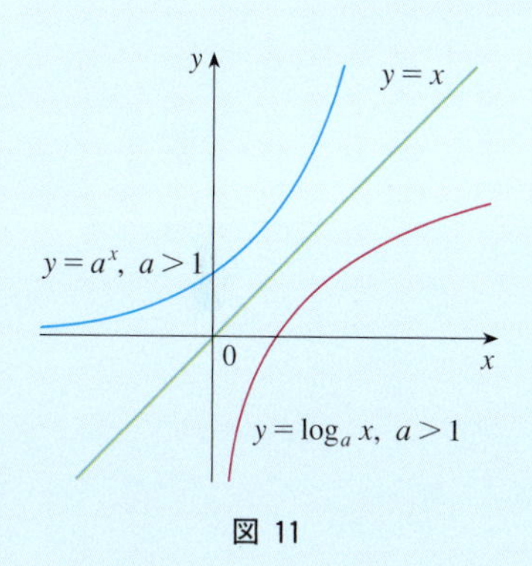

図 11

図12はさまざまな底 $a>1$ の値に対する $y=\log_a x$ のグラフを示している．$\log_a 1=0$ であるので，すべての対数関数のグラフは点 $(1, 0)$ を通る．

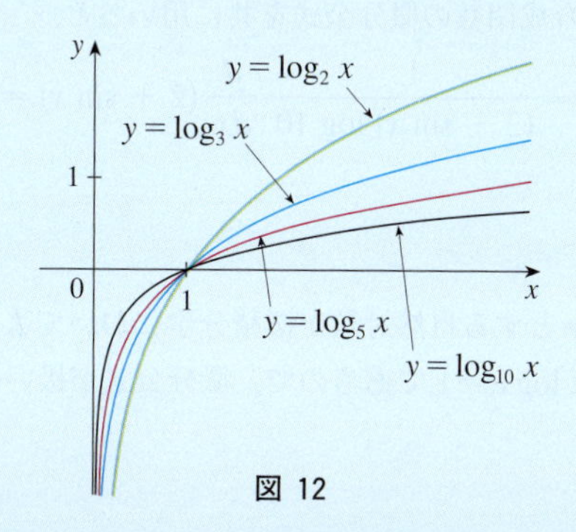

図 12

一般の対数関数は自然対数関数と同様の性質をもっており，一般の指数関数の性質から導き出すことができる（節末問題69参照）．

次の公式は，任意の底をもつ対数を自然対数に変換できることを示している．

6 **底の変換公式**　1ではない任意の正数 a について

$$\log_a x = \frac{\log x}{\log a}$$

証明　$y=\log_a x$ とするならば，5 より $a^y=x$ であるので，両辺の自然対数をとるならば，$y\log a=\log x$ である．よって，

$$y = \frac{\log x}{\log a}$$

となる．

公式 6 を用いれば，関数電卓を使って，（次の例が示すように）任意の底に対する対数を計算することができる．同様に，公式 6 を用いれば，計算機のグラフ機能を使って任意の対数関数のグラフを描くことができる（節末問題 14〜16 参照）．

対数の表記法　電卓やほとんどの微積分学や科学の教科書では，自然対数を $\ln x$ と表記し，“常用対数” $\log_{10} x$ を $\log x$ と表記する．しかし，より高度な数学や科学の論文あるいはコンピューター言語では，通常 $\log x$ は自然対数を表す．

例 5　関数電卓を使って，$\log_8 5$ の値を小数点以下 6 桁まで求めよ．

［解 説］　公式 6 より

$$\log_8 5 = \frac{\log 5}{\log 8} \approx 0.773976$$

公式 6 は一般の対数関数の微分方法を与える．$\log a$ は定数であるので，次のように微分できる．

$$\frac{d}{dx}(\log_a x) = \frac{d}{dx}\frac{\log x}{\log a} = \frac{1}{\log a}\frac{d}{dx}(\log x) = \frac{1}{x \log a}$$

7

$$\boxed{\frac{d}{dx}(\log_a x) = \frac{1}{x \log a}}$$

例 6　公式 7 と合成関数の微分公式を共に用いると，

$$\frac{d}{dx}\log_{10}(2 + \sin x) = \frac{1}{(2 + \sin x)\log 10}\frac{d}{dx}(2 + \sin x) = \frac{\cos x}{(2 + \sin x)\log 10}$$

である．

公式 7 から底を e とする自然対数が微積分学においてよく用いられる理由がわかる．$a = e$ ならば $\log e = 1$ であるので，微分公式が扱いやすいからである．

極限を使った数 e の定義

$f(x) = \log x$ ならば $f'(x) = 1/x$ であり，$f'(1) = 1$ である．このことを使って，数 e を極限で表そう．

極限としての導関数の定義より，

$$\begin{aligned} f'(1) &= \lim_{h \to 0}\frac{f(1 + h) - f(1)}{h} = \lim_{x \to 0}\frac{f(1 + x) - f(1)}{x} \\ &= \lim_{x \to 0}\frac{\log(1 + x) - \log 1}{x} = \lim_{x \to 0}\frac{1}{x}\log(1 + x) \\ &= \lim_{x \to 0}\log(1 + x)^{1/x} \end{aligned}$$

である．$f'(1) = 1$ より，

$$\lim_{x \to 0}\log(1 + x)^{1/x} = 1$$

となる．第Ⅰ巻§1・8 定理[8]と指数関数の連続性より，

$$e = e^1 = e^{\lim_{x\to 0} \log(1+x)^{1/x}} = \lim_{x\to 0} e^{\log(1+x)^{1/x}} = \lim_{x\to 0} (1+x)^{1/x}$$

である．

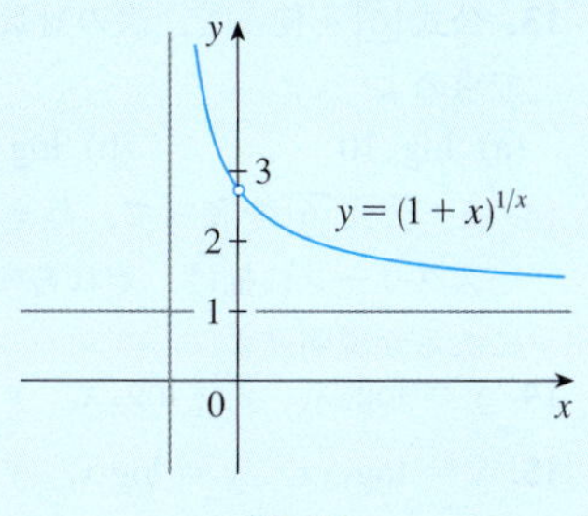

図 13

[8]
$$e = \lim_{x\to 0} (1+x)^{1/x}$$

公式[8]は，関数 $y=(1+x)^{1/x}$ のグラフ（図 13）と x が小さい値のときの関数値の表（欄外）から説明される．e の小数点以下 7 桁までの値は

$$e \approx 2.7182818$$

である．

x	$(1+x)^{1/x}$
0.1	2.59374246
0.01	2.70481383
0.001	2.71692393
0.0001	2.71814593
0.00001	2.71826824
0.000001	2.71828047
0.0000001	2.71828169
0.00000001	2.71828181

公式[8]において $n=1/x$ とすると，$x \to 0^+$ のとき $n \to \infty$ であるので，e のもう一つの公式が得られる．

[9]
$$e = \lim_{n\to\infty} \left(1 + \frac{1}{n}\right)^n$$

1・4* 節末問題

1. (a) $a>0$ を底とする指数関数の定義を与える方程式を書け．
(b) 指数関数の定義域を記せ．
(c) $a \neq 1$ であるときの指数関数の値域を記せ．
(d) 次の場合の指数関数のグラフを描け．
(i) $a>1$ (ii) $a=1$ (iii) $0<a<1$

2. (a) 対数関数 $y=\log_a x$ の定義を述べよ．
(b) 対数関数の定義域を記せ．
(c) 対数関数の値域を記せ．
(d) 関数 $y=\log_a x$ $(a>1)$ のグラフの概形を描け．

3-6 次の式を e のベキで表せ．

3. $4^{-\pi}$　　**4.** $x^{\sqrt{5}}$

5. 10^{x^2}　　**6.** $(\tan x)^{\sec x}$

7-10 次の式の値を求めよ．

7. (a) $\log_2 32$　(b) $\log_8 2$

8. (a) $\log_{10} \sqrt{10}$　(b) $\log_8 320 - \log_8 5$

9. (a) $\log_{10} 40 + \log_{10} 2.5$
(b) $\log_8 60 - \log_8 3 - \log_8 5$

10. (a) $\log_a \dfrac{1}{a}$　(b) $10^{(\log_{10} 4 + \log_{10} 7)}$

11-12 計算機を使って，同一スクリーンに，次の関数のグラフを描き，それらのグラフはどのような関係にあるか説明せよ．

11. $y=2^x$, $y=e^x$, $y=5^x$, $y=20^x$

12. $y=3^x$, $y=10^x$, $y=\left(\frac{1}{3}\right)^x$, $y=\left(\frac{1}{10}\right)^x$

13. 公式 $\boxed{6}$ を使って，次の対数の値を小数点以下 6 桁まで求めよ．

(a) $\log_5 10$　(b) $\log_3 57$　(c) $\log_2 \pi$

14-16 公式 $\boxed{6}$ を使って，与えられた関数を計算機の同一スクリーンに描け．それらのグラフはどのような関係にあるか説明せよ．

14. $y = \log_2 x,\quad y = \log_4 x,\quad y = \log_6 x,\quad y = \log_8 x$

15. $y = \log_{1.5} x,\quad y = \log x,\quad y = \log_{10} x,\quad y = \log_{50} x$

16. $y = \log x,\quad y = \log_{10} x,\quad y = e^x,\quad y = 10^x$

17-18 グラフの条件を満たす指数関数 $f(x) = Ca^x$ を求めよ．

17.

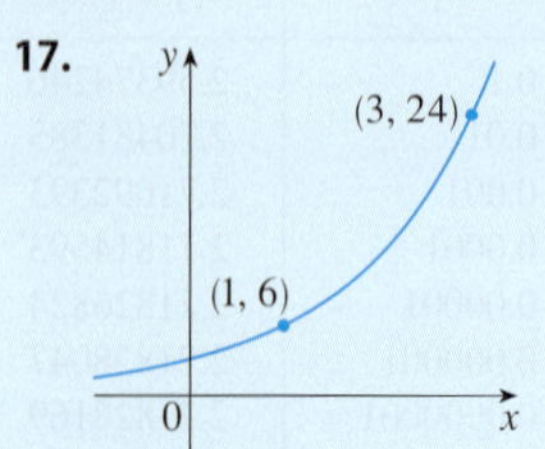

18.

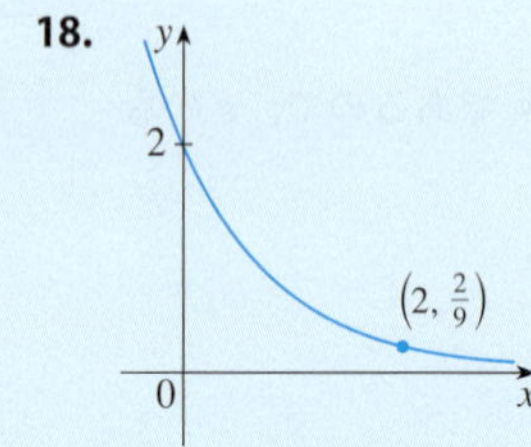

19. (a) 1 cm 目盛りのグラフ用紙に，$f(x) = x^2$ と $g(x) = 2^x$ のグラフが描かれているとする．原点より右に 1 m の距離で，f のグラフの高さは 100 m であり，g のグラフの高さは約 1025 km であることを示せ．

(b) 1 cm 目盛りのグラフ用紙に，$y = \log_2 x$ のグラフが描かれているとする．グラフの高さが 1 m になるのは，原点より右に何 km の距離か．

20. 計算機を使って，いくつかの範囲で，関数 $f(x) = x^5$ と $g(x) = 5^x$ のグラフを描いて比較せよ．また，二つのグラフの交点すべてを小数点以下 1 桁まで求めよ．x の値が大きくなると，どちらの関数が急激に増加するか．

21-24 極限を求めよ．

21. $\displaystyle\lim_{x\to\infty} (1.001)^x$

22. $\displaystyle\lim_{x\to-\infty} (1.001)^x$

23. $\displaystyle\lim_{t\to\infty} 2^{-t^2}$

24. $\displaystyle\lim_{x\to3^+} \log_{10}(x^2 - 5x + 6)$

25-42 次の関数を微分せよ．

25. $f(x) = x^5 + 5^x$　**26.** $g(x) = x\sin(2^x)$

27. $G(x) = 4^{C/x}$　**28.** $F(t) = 3^{\cos 2t}$

29. $L(v) = \tan(4^{v^2})$　**30.** $G(u) = (1 + 10^{\log u})^6$

31. $f(x) = \log_2(1 - 3x)$　**32.** $f(x) = \log_{10}\sqrt{x}$

33. $y = x\log_4 \sin x$　**34.** $y = \log_2(x\log_5 x)$

35. $y = x^x$　**36.** $y = x^{\cos x}$

37. $y = x^{\sin x}$　**38.** $y = (\sqrt{x})^x$

39. $y = (\cos x)^x$　**40.** $y = (\sin x)^{\log x}$

41. $y = (\tan x)^{1/x}$　**42.** $y = (\log x)^{\cos x}$

43. 曲線 $y = 10^x$ の点 $(0, 1)$ における接線の方程式を求めよ．

44. $f(x) = x^{\cos x}$ であるとき，$f'(x)$ を求めよ．計算機で f と f' のグラフを描いて比較して，解が妥当であることを確かめよ．

45-50 積分を求めよ．

45. $\displaystyle\int_0^4 2^s\, ds$　**46.** $\displaystyle\int (x^5 + 5^x)\, dx$

47. $\displaystyle\int \frac{\log_{10} x}{x}\, dx$　**48.** $\displaystyle\int x2^{x^2}\, dx$

49. $\displaystyle\int 3^{\sin\theta}\cos\theta\, d\theta$　**50.** $\displaystyle\int \frac{2^x}{2^x + 1}\, dx$

51. 曲線 $y = 2^x$，$y = 5^x$，$x = -1$，$x = 1$ で囲まれた領域の面積を求めよ．

52. 曲線 $y = 10^{-x}$，$y = 0$，$x = 0$，$x = 1$ で囲まれた領域を，x 軸のまわりに回転して得られる回転体の体積を求めよ．

53. 計算機を使ってグラフを描き，方程式 $2^x = 1 + 3^{-x}$ の解を小数点以下 1 桁まで求め，次にこの値を初期近似値として Newton 法を使い，解を小数点以下 7 桁まで求めよ．

54. $x^y = y^x$ であるとき，y' を求めよ．

55. $g(x) = \log_4(x^3 + 2)$ の逆関数を求めよ．

56. $\displaystyle\lim_{x\to0^+} x^{-\log x}$ を求めよ．

57. 地震学者 C. F. Richter（リヒター）は，地震の規模を表すマグニチュードを $\log_{10}(I/S)$ と定義した．ここで，I は揺れの強さ（震源から 100 km の地点における地震計の振幅で測定する），S は“標準”地震の強さ（振幅 $1\,\mu\text{m} = 10^{-4}$ cm）である．1989 年，サンフランシスコを揺るがしたローマプリエッタ地震のマグニチュードは 7.1 であった．1906 年に起こったサンフランシスコ地震は 1989 年の地震の 16 倍の強さを示した．サンフランシスコ地震のマグニチュードを求めよ．

58. 人がかろうじて聴くことのできる音は，周波数 1000 ヘルツ（Hz）で強さは $I_0 = 10^{-12}$ (W/m^2) である．強さ I の音の大きさ（単位はデシベル，dB）は，$L = 10\log_{10}(I/I_0)$ で定義されている．アンプを使ったロック音楽の音の大きさは 120 dB であり，電動機付きの草刈り機の音の大きさは 106 dB である．ロック音楽の音と草刈り機の音の強さの比を求めよ．

59. 前問 58 を参照して，音の大きさが 50 dB と測定されたときの，音の強さに関する大きさの変化率を求めよ．

60. Lambert-Beer（ランベルト・ベール）の法則によれば，海面からの水深が x メートル（m）の光の強度は，I_0 を海面の光の強度，a を $0<a<1$ の定数として，$I(x)=I_0a^x$ である．

(a) x に関する $I(x)$ の変化率を，$I(x)$ を用いて表せ．

(b) $I_0=8$，$a=0.38$ ならば，水深 20 m において x に関する光の強度の変化率を求めよ．

(c) (b)の値を使って，海面と水深 20 m の間の光の平均強度を求めよ．

61. アルコール飲料を飲んだ後の血中アルコール濃度は，アルコールの吸収と共に急激に増加し，続いてアルコールの代謝により徐々に減少していく．関数

$$C(t) = 1.35te^{-2.802t}$$

は男性 8 人の被験者が 15 mL のエタノール（一杯のアルコール飲料に相当）を一気に飲んだときの t 時間後の平均血中アルコール濃度（mg/mL）のモデルである．飲酒後 3 時間までの最大血中濃度と，それが起こった時間を求めよ．

（出典：P. Wilkinson *et al.*, "Pharmacokinetics of Ethanol after Oral Administration in the Fasting State," *Journal of Pharmacokinetics and Biopharmaceutics*, **5**, 207 (1977)）

62. 本節では，1900 年から 2010 年の間の世界人口の増加を，指数関数

$$P(t) = (1436.53)\cdot(1.01395)^t$$

でモデル化した．ここで，$t=0$ は 1990 年に対応し，$p(t)$ の単位は 10 億である．このモデルを用いて，1920 年，1950 年，2000 年の世界人口の増加率を求めよ．

63. 図 9 の V のグラフを使って，処置後 1 カ月の間に患者 303 人のウィルス量半減期を求めよ．

64. ランブル鞭毛虫の個体数が倍になる時間を求める．培養液で細菌の培養を始めて，4 時間ごとに個体数を測定した結果を表にした．

t〔時 間〕	0	4	8	12	16	20	24
$f(t)$〔個体数/mL〕	37	47	63	78	105	130	173

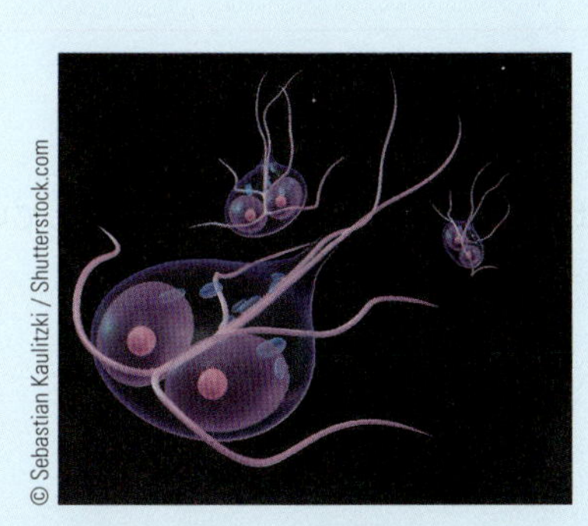

© Sebastian Kaulitzki / Shutterstock.com

ランブル鞭毛虫

(a) データをプロットせよ．

(b) 計算機を使って，t 時間後の細菌個体数の指数関数モデル $f(t)=c\cdot a^t$ を求めよ．

(c) (b)で求めたモデル関数のグラフを (a) のプロット上に描け．（計算機の機能を使って）個体数が倍になる時間を求めよ．

65. カメラのストロボのコンデンサーには電荷が蓄えられており，ストロボが発光すると，その電荷が急速に放電される．次の表は，時間 t（単位はミリ秒，ms）における，コンデンサーに残っている電荷量 Q（単位はミリクーロン，mC）を表したものである．

t	0.00	0.02	0.04	0.06	0.08	0.10
Q	100.00	81.87	67.03	54.88	44.93	36.76

(a) 計算機を使って，電荷量の数学モデルを指数関数を用いて求めよ．

(b) 導関数 $Q'(t)$ はコンデンサーからストロボに流れる電流（単位はアンペアー，A）を表している．(a)を使って，$t=0.04$ (ms)における電流を求めよ．第 I 巻 §1·4 例 2 の結果と比較せよ．

66. 表は 1790 年から 1860 年の間の米国の人口である．

年	人 口	年	人 口
1790	3,929,000	1830	12,861,000
1800	5,308,000	1840	17,063,000
1810	7,240,000	1850	23,192,000
1820	9,639,000	1860	31,443,000

(a) 計算機を使って，人口の数学モデルを指数関数を用いて求めよ．また，表のデータのプロットと数学モデルのグラフを描け．グラフはデータによく一致するか．

(b) 1800 年と 1850 年の値で定まる線分の傾きから人口増加率を求めよ．

(c) (a)で求めた数学モデルを使って，1800 年から 1850 年の間の平均人口増加率を求めよ．これを(b)の結果と比較せよ．

(d) 数学モデルを使って，1870 年の人口を求めよ．実際の人口 38,558,000 と比較して，乖離した理由を説明できるか．

67. 指数法則 2（3 参照）を証明せよ．

68. 指数法則 4（3 参照）を証明せよ．

69. 3 から次の対数の性質を導け．

(a) $\log_a(xy) = \log_a x + \log_a y$

(b) $\log_a(x/y) = \log_a x - \log_a y$

(c) $\log_a(x^y) = y\log_a x$

70. 任意の $x>0$ について $\lim_{n\to\infty}\left(1+\dfrac{x}{n}\right)^n=e^x$ であることを示せ．

1・5　指数関数的増加と指数関数的減少

多くの自然現象において，物質量はその大きさに比例した割合で増加したり減少したりする．たとえば，$f(t)$ をある動物もしくはある細菌の時間 t における個体数とするならば，個体数の増加率 $f'(t)$ はそのときの個体数 $f(t)$ に比例する．すなわち，k をある定数として，$f'(t)=kf(t)$ と表すことができる．実際，理想的な条件下（十分な培地と栄養，衛生的な環境）では，方程式 $f'(t)=kf(t)$ で表される数学モデルは，実際に起こることをかなり正確に予想する．これ以外の例としては，核物理における放射壊変がある．放射性物質の壊変の速さは，そのときの放射性物質の残存質量に比例する．また，化学においては，単一分子の１次反応速度は，物質の濃度に比例する．そして金融関連では，連続複利預金の貯蓄額は，そのときの預金額に比例して増加する．

一般に，時間 t における量 y を $y(t)$ として，任意の時間 t において，t に関する y の変化率が $y(t)$ に比例するならば，k を定数として

$$\boxed{1}\qquad \frac{dy}{dt} = ky$$

となる．式 [1] は，$k>0$ のとき**指数関数的増加の法則**，$k<0$ のとき**指数関数的減少の法則**とよばれることがある．また，式 [1] は未知関数 y とその導関数 dy/dx を含んでいるので，**微分方程式**とよばれる．

方程式 [1] の解を見つけることはそう難しくない．y の導関数が y の定数倍となるような関数を見つければよいのである．すでに本章でそのような関数をみた．C を定数とする $y(t)=Ce^{kt}$ の形で表される任意の指数関数は，

$$y'(t) = C(ke^{kt}) = k(Ce^{kt}) = ky(t)$$

であった．§4·4 で，$dy/dt=ky$ を満たす任意の関数は $y=Ce^{kt}$ の形に限ることを示そう．ここで，定数 C の重要性が，次の式よりわかる．

$$y(0) = Ce^{k\cdot 0} = C$$

であるので，定数 C は関数の初期値である．

[2] **定 理**　微分方程式 $dy/dt=ky$ の解は，指数関数

$$y(t) = y(0)e^{kt}$$

のみである．

■人 口 増 加

それでは，比例定数 k の重要性はどこにあるのか．人口増加率に関していえば，$P(t)$ を時間 t における人口として

$$\boxed{3}\qquad \frac{dP}{dt} = kP \qquad あるいは \qquad \frac{1}{P}\frac{dP}{dt} = k$$

と表すことができる．ここで，

$$\frac{1}{P}\frac{dP}{dt}$$

は，人口増加率を人口で割った値であって，**相対増加率**とよばれる．3 より，“増加率は人口に比例する”という代わりに，“相対増加率は定数である”ということができる．よって，定理 2 より，相対増加率が定数である人口は，指数関数的に増加しているといえる．このとき，相対増加率 k は指数関数 Ce^{kt} の t の係数 k に現れる．たとえば，t の単位を年として

$$\frac{dP}{dt} = 0.02P$$

で表されるならば，人口の相対増加率は $k=0.02$ で，人口は毎年 2 % ずつ増加していく．時間 0 における人口が P_0 ならば，時間 t における人口は

$$P(t) = P_0e^{0.02t}$$

と表される．

例 1 1950 年の世界人口は 25 億 6000 万人，1960 年の世界人口は 30 億 4000 万人であった．人口の増加率が人口に比例するという仮定のもとで，20 世紀後半の世界人口モデルをつくり，その相対増加率を求めよ．この世界人口モデルを使って，1993 年の人口を求め，2020 年の人口を予想せよ．

［解 説］ 時間 t の単位を年，1950 年を $t=0$ とする．人口 $P(t)$ の単位を 100 万人とすると，$P(0)=2560$，$P(10)=3040$ である．$dP/dt=kP$ と仮定しているので，定理 2 より

$$P(t) = P(0)e^{kt} = 2560e^{kt}$$

$$P(10) = 2560e^{10k} = 3040$$

$$k = \frac{1}{10}\log\frac{3040}{2560} \approx 0.017185$$

である．よって，人口の相対増加率は約 1.7 %/年であり，数学モデルは

$$P(t) = 2560e^{0.017185t}$$

である．これを使って 1993 年の世界人口を求めると，

$$P(43) = 2560e^{0.017185(43)} \approx 5360 \text{（100万人）}$$

である．同様に 2020 年の世界人口を予想すると，

$$P(70) = 2560e^{0.017185(70)} \approx 8524 \text{（100万人）}$$

である．図 1 のグラフは数学モデルの関数と，実際の人口を点で表している．こ

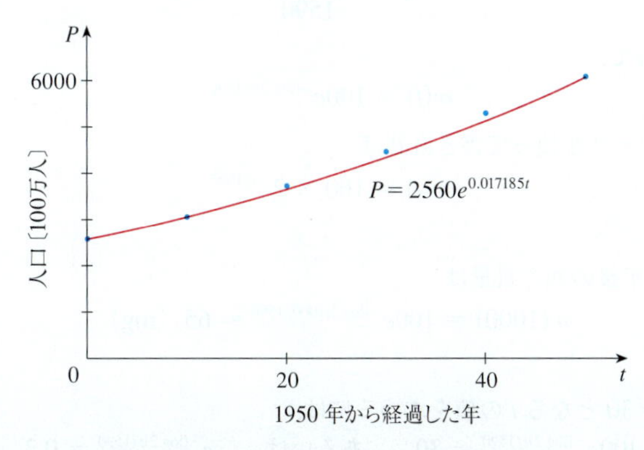

図 1 20 世紀後半の世界人口増加率のモデル

れをみると，この数学モデルは 20 世紀末までかなり正確に表されており，求めた 1993 年の人口は妥当であるといえる．しかし 2020 年の予想値を採択するのは，危険度が高い．

■ 放射壊変

放射性物質は，自発的に放射線を放射して壊変する．ある放射性物質の最初の質量を m_0，時間 t が経過した後の残存質量を $m(t)$ とすると，放射性物質の質量の）相対減少率

$$-\frac{1}{m}\frac{dm}{dt}$$

は定数になることが，実験からわかっている（dm/dt は負であるので相対減少率は正である）．これより k を負の定数として，

$$\frac{dm}{dt} = km$$

である．すなわち，放射性物質の減少率は残存質量に比例する．このことは，定理 2 より，残存質量 $m(t)$ が指数関数的に減少するということを意味している．

$$m(t) = m_0 e^{kt}$$

核物理では，減少率を，放射性物質の量が半分になるのに必要な時間，すなわち**半減期**で表す．

例 2　ラジウム-226 の半減期は 1590 年である．

(a) ラジウム-226 の試料が 100 mg ある．t 年後の残存質量を表す公式を求めよ．

(b) 1000 年後の残存質量（mg）を求めよ．

(c) 残存質量が 30 mg になるのに必要な時間を求めよ．

［解 説］ (a) t 年後のラジウム-226 の残存質量（mg）を $m(t)$ とする．

$dm/dt = km$，$m(0) = 100$ であるので，2 より

$$m(t) = m(0)e^{kt} = 100e^{kt}$$

である．k の値を求めるために $m(1590) = \frac{1}{2} \times 100$ を使うと，

$$100e^{1590k} = 50 \qquad \text{すなわち} \qquad e^{1590k} = \frac{1}{2}$$

であるので，

$$1590k = \log\frac{1}{2} = -\log 2$$

$$k = -\frac{\log 2}{1590}$$

である．よって，

$$m(t) = 100e^{-(\log 2)t/1590}$$

である．$e^{\log 2} = 2$ を使って書き直せば

$$m(t) = 100 \times 2^{-t/1590}$$

となる．

(b) 1000 年後の残存質量は

$$m(1000) = 100e^{-(\log 2)1000/1590} \approx 65 \text{（mg）}$$

である．

(c) $m(t) = 30$ となる t の値を求めるには，

$$100e^{-(\log 2)t/1590} = 30 \qquad \text{あるいは} \qquad e^{-(\log 2)t/1590} = 0.3$$

この方程式を t について解く．両辺の自然対数をとると，

$$-\frac{\log 2}{1590}t = \log 0.3$$

よって，

$$t = -1590\frac{\log 0.3}{\log 2} \approx 2762 \text{（年）}$$

である．

例 2 の解を確認するために，計算機を使って，$m(t)$ のグラフと水平線 $m=30$ を共に描いたのが図 2 である．曲線と水平線は $t \approx 2800$ のあたりで交差しているので，例 2(c)の解と一致する．

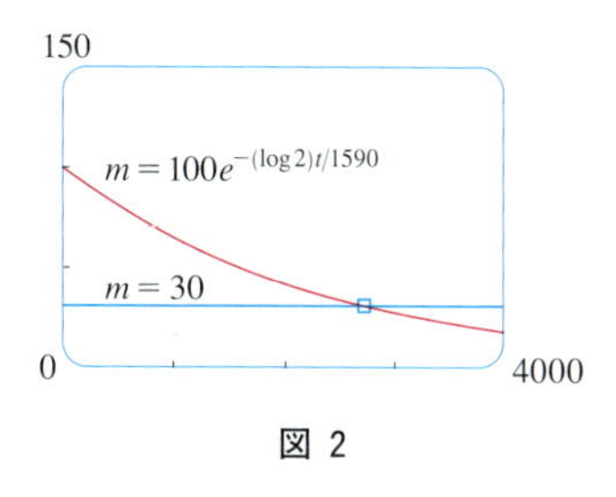

図 2

Newton の冷却の法則

Newton の冷却の法則とは，物体とその周囲の温度差が大きすぎなければ，物体が冷える速度は，物体とその周囲の温度差に比例するというものである（これは物体が温まる場合にも成り立つ）．$T(t)$ を時間 t における物体の温度，T_s を周囲の温度とすると，k を定数として，Newton の冷却の法則は微分方程式で表すことができる．

$$\frac{dT}{dt} = k(T - T_s)$$

この方程式は式 1 と完全に同じ形ではないので，変数を $y(t)=T(t)-T_s$ とする．T_s は定数であるので，$y'(t)=T'(t)$ であり，方程式は

$$\frac{dy}{dt} = ky$$

となる．y は 2 を使って求まるので，T も求めることができる．

例 3　室温（22 °C）のソーダ水のボトルを 7 °C の冷蔵庫に入れたら，30 分後に 16 °C になった．

(a) 冷蔵庫に入れてから 1 時間後のソーダ水の温度を求めよ．

(b) ソーダ水が 10 °C になるのに必要な時間を求めよ．

［解 説］ (a) 冷蔵庫に入れてから t 分後のソーダ水の温度を $T(t)$ とする．周囲温度は $T_s=7$（°C）であるので，Newton の冷却の法則により，

$$\frac{dT}{dt} = k(T - 7)$$

である．$y=T-7$ とすると，$y(0)=T(0)-7=22-7=15$ であるので，y は

$$\frac{dy}{dt} = ky \qquad y(0) = 15$$

を満たしている．よって，2 より

$$y(t) = y(0)e^{kt} = 15e^{kt}$$

である．ここで，$T(30)=16$ であるので，$y(30)=16-7=9$ であり，

$$15e^{30k} = 9 \qquad e^{30k} = \tfrac{3}{5}$$

となる．対数をとると，

$$k = \frac{\log\left(\frac{3}{5}\right)}{30} \approx -0.01703$$

となる．よって

$$y(t) = 15e^{-0.01703t}$$

$$T(t) = 7 + 15e^{-0.01703t}$$

$$T(60) = 7 + 15e^{-0.01703(60)} \approx 12.4$$

より，1 時間後の温度は約 12 ℃ である．

(b) $T(t) = 10$ となる t を求める．

$$7 + 15e^{-0.01703t} = 10$$

$$e^{-0.01703t} = \frac{1}{5}$$

$$t = \frac{\log\left(\frac{1}{5}\right)}{-0.01703} \approx 94.5$$

であるので，ソーダ水が 10 ℃ に冷えるのは約 1 時間 35 分後である．■

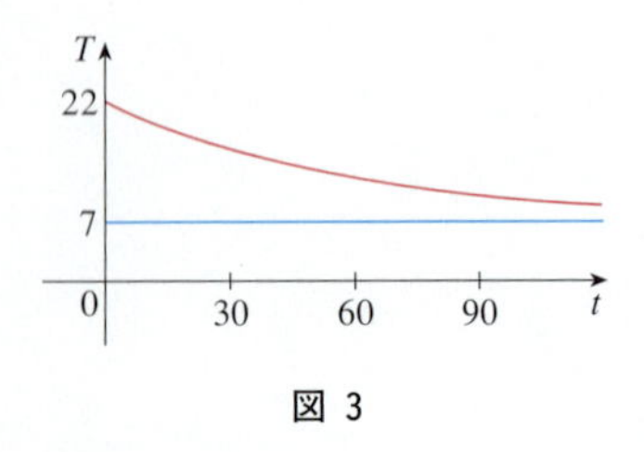

図 3

例 3 では

$$\lim_{t\to\infty} T(t) = \lim_{t\to\infty} (7 + 15e^{-0.01703t}) = 7 + 15 \cdot 0 = 7$$

であり，これは予想される結果である．温度関数 $T(t)$ のグラフを図 3 に示してある．

■ 連続複利

例 4　1000 ドルを年利率 6 % で複利運用する場合，投資額は 1 年後には 1000 ドル ×1.06＝1060 ドル，2 年後には（1000 ドル ×1.06)×1.06＝1123.60 ドル，t 年後には 1000 ドル $\times(1.06)^t$ となる．一般に，金額 A_0 を年利率 r（この場合は $r = 0.06$）で複利運用するならば，t 年後の投資額は $A_0(1+r)^t$ になる．しかし，一般には，利子はより頻繁に，たとえば，1 年に n 回支払われる．このとき，各複利期間における金利は r/n であり，t 年間で複利期間は nt あるので，t 年後の投資額は

$$A_0\left(1 + \frac{r}{n}\right)^{nt}$$

である．たとえば，1000 ドルを年利率 6 % で 3 年間複利運用するときの投資額は，次のようになる．

$$1000\text{ドル} \times (1.06)^3 = 1191.02\text{ ドル（1 年ごとの複利）}$$

$$1000\text{ドル} \times (1.03)^6 = 1194.05\text{ ドル（半年ごとの複利）}$$

$$1000\text{ドル} \times (1.015)^{12} = 1195.62\text{ ドル（3 カ月ごとの複利）}$$

$$1000\text{ドル} \times (1.005)^{36} = 1196.68\text{ ドル（月ごとの複利）}$$

$$1000\text{ドル} \times \left(1 + \frac{0.06}{365}\right)^{365\times 3} = 1197.20\text{ ドル（日ごとの複利）}$$

これより，複利期間の数（n）が増加すれば，投資額が増加することがわかる．$n \to \infty$ とすると**連続複利**となり，投資額は次のようになる．

$$A(t) = \lim_{n\to\infty} A_0\left(1 + \frac{r}{n}\right)^{nt}$$

$$= \lim_{n\to\infty} A_0\left(\left(1 + \frac{r}{n}\right)^{n/r}\right)^{rt}$$

$$= A_0\left(\lim_{n\to\infty}\left(1 + \frac{r}{n}\right)^{n/r}\right)^{rt}$$

$$= A_0\left(\lim_{m\to\infty}\left(1 + \frac{1}{m}\right)^{m}\right)^{rt} \qquad (m = n/r)$$

この式の極限の部分は数 e（§1・4 9 あるいは §1・4* 9 参照）であるので，年利率 r を連続複利で運用するならば，最初の投資額 A_0 は t 年後に

$$A(t) = A_0 e^{rt}$$

となる．この式の両辺を微分すると，

$$\frac{dA}{dt} = rA_0 e^{rt} = rA(t)$$

であり，連続複利の場合，投資額の増加率はそのときの投資額に比例することを示している．

最初の例に戻って，1000 ドルを年利率 6 % で 3 年間連続複利運用する場合は，3 年後の投資額は

$$A(3) = 1000e^{(0.06)3} = 1197.22 \text{（ドル）}$$

である．これは日歩で複利計算した場合の額 1197.20 と非常に近い値である．連続複利で計算することの利点は，計算が容易なことにある．

1・5 節末問題

1. 原生動物の相対増加率は定数で，1 日 1 個体当たり 0.7944 である．ある日，2 個体の原生動物がいたとして，6 日後の個体数を求めよ．

2. 人間の腸内に生息する一般的な生物は大腸菌である（大腸菌は 1885 年にドイツの小児科医 Theodor Escherich（エッシェリヒ）により同定され，彼にちなんで *Escherichia coli* と名付けられた）．大腸菌を培養すると，20 分ごとに二つに分裂して増殖する．最初の個体数を 50 とする．

(a) 相対増加率を求めよ．

(b) t 時間後の個体数を求めよ．

(c) 6 時間後の個体数を求めよ．

(d) 6 時間後の増加率を求めよ．

(e) 個体数が 100 万に達するのに必要な時間を求めよ．

3. 個体数 100 のある細菌を培養する．細菌はその個体数に比例して増殖し，1 時間後の個体数は 420 とする．

(a) t 時間後の個体数を求めよ．

(b) 3 時間後の個体数を求めよ．

(c) 3 時間後の増加率を求めよ．

(d) 個体数が 10,000 に達するのに必要な時間を求めよ．

4. ある細菌を培養して増殖させる．その相対増加率は定数であり，2 時間後の個対数は 400，6 時間後の個体数

は 25,600 とする．

(a) 相対増加率（%）を求めよ．

(b) 最初の個体数を求めよ．

(c) t 時間後の個体数を求めよ．

(d) 4.5 時間後の個体数を求めよ．

(e) 4.5 時間後の増加率を求めよ．

(f) 個体数が 50,000 に達するのに必要な時間を求めよ．

5. 表は，1750 年から 2000 年の間の世界人口を，100 万人単位で表したものである．

年	人口	年	人口
1750	790	1900	1650
1800	980	1950	2560
1850	1260	2000	6080

(a) 1750 年と 1800 年のデータを使って指数関数モデルをつくり，そのモデルを使って 1900 年と 1950 年の人口を求めよ．求まった値を実際のデータと比較せよ．

(b) 1850 年と 1900 年のデータを使って指数関数モデルをつくり，そのモデルを使って 1950 年の人口を求めよ．求まった値を実際のデータと比較せよ．

(c) 1900 年と 1950 年のデータを使って指数関数モデルをつくり，そのモデルを使って 2000 年の人口を求めよ．求まった値を実際のデータと比較せよ．

6. 表は，20 世紀後半のインドネシアの人口を，100 万人単位で表したものである．

年	人口
1950	83
1960	100
1970	122
1980	150
1990	182
2000	214

(a) 人口の増加率はそのときの人口に比例すると仮定して，1950 年と 1960 年のデータを使って数学モデルをつくり，そのモデルを使って 1980 年の人口を求めよ．求まった値を実際のデータと比較せよ．

(b) 1960 年と 1980 年のデータを使って数学モデルをつくり，そのモデルを使って 2000 年の人口を求めよ．求まった値を実際のデータと比較せよ．

(c) 1980 年と 2000 年のデータを使って数学モデルをつくり，そのモデルを使って 2010 年の人口を求めよ．求まった値を 2010 年の実際の人口 2 億 4300 万人と比較せよ．

(d) (c) のモデルを使って 2020 年の人口を予想せよ．その予想は実際の人口より大きくなるか，小さくなるか考えよ．

7. 45 ℃ における化学反応

$$N_2O_5 \rightarrow 2NO_2 + \tfrac{1}{2}O_2$$

の反応速度は，五酸化二窒素（N_2O_5）の濃度に比例していて，次のように表せることが実験で示されている（第 I 巻 § 2・7 例 4 参照）．

$$-\frac{d[N_2O_5]}{dt} = 0.0005[N_2O_5]$$

(a) N_2O_5 の初期濃度が C であるとき，t 秒後の濃度 $[N_2O_5]$ を求めよ．

(b) N_2O_5 の濃度が初期濃度の 90 % になるのに必要な時間を求めよ．

8. ストロンチウム-90 の半減期は 28 日である．

(a) 50 mg のストロンチウム-90 の試料がある．t 日後の残存質量を求めよ．

(b) 40 日後の残存質量を求めよ．

(c) 残存質量が 2 mg になるのに必要な時間を求めよ．

(d) 残存質量の関数のグラフを描け．

9. セシウム-137 の半減期は 30 年である．100 mg のセシウム-137 の試料がある．

(a) t 年後の残存質量を求めよ．

(b) 100 年後の残存質量を求めよ．

(c) 残存質量が 1 mg になるのに必要な時間を求めよ．

10. トリチウム（三重水素，質量数 3 の水素）の試料は，1 年後に残存質量は 94.5 % になる．

(a) トリチウムの半減期を求めよ．

(b) 残存質量が初期値の 20 % になるのに必要な時間を求めよ．

11. 科学者は放射性炭素年代測定法を使って，古代の物の年代を決めることができる．窒素は，大気上層で宇宙から降り注ぐ宇宙線と衝突し，半減期 5730 年の炭素の放射性同位体炭素-14（^{14}C）に変わる．植物は大気中の二酸化炭素を吸収することにより，また，動物は食物連鎖を通じて，^{14}C を体内に取込む．植物や動物が死ぬと炭素の取込みが止まり，^{14}C の量は放射壊変によって減少していく．ゆえに，^{14}C の放射活性レベルも指数関数的減少を示す．

羊皮紙が発見され，その ^{14}C 放射活性は，現在地上にある植物由来材料が示す活性の 74 % 程度であった．この羊皮紙のつくられた年代を求めよ．

12. 恐竜の化石はあまりにも古いので，^{14}C による年代測定ができない（前問 11 参照）．6800 万年前の恐竜の化石があったとする．現在，恐竜の化石の中の ^{14}C は，恐竜が生きていたときの何 % 残っているか．^{14}C による年代測定は ^{14}C が 0.1 % 残っていないと信頼する値を得る事ができないとすると，^{14}C による年代測定値が信頼できるのは何年前までか．

13. 恐竜の化石は，炭素より長い半減期（この場合，約 12 億 5000 万年）をもつカリウム-40（^{40}K）などの元素を使って年代測定される．この方法により，恐竜は6800万年前に生存していたと結論されたが，これは妥当であろうか．この場合も0.1％の^{40}Kが残っていれば測定可能として，^{40}Kを使った測定方法で測定できる最大年代を求めよ．

14. 曲線は点(0, 5)を通り，曲線上の点Pにおける傾きが点Pのy座標の2倍である．この曲線の方程式を求めよ．

15. 85℃のオーブントースターから七面鳥の丸焼きが取出され，22℃の室内のテーブルに置かれる．

(a) 七面鳥の温度が30分後に65℃になるとき，45分後の温度を求めよ．

(b) 40℃に冷める時間を求めよ．

16. 殺人事件の捜査で死体の温度を測ったところ，午後1時30分は32.5℃，それから1時間後は30.3℃だった．平常体温は37.0℃，周囲温度は20℃である．殺人が行われた時刻を求めよ．

17. 室温が20℃のとき，庫内温度5℃の冷蔵庫から取出された飲み物の温度が25分後には10℃になった．

(a) 50分後の飲み物の温度を求めよ．

(b) 飲み物の温度が15℃になる時間を求めよ．

18. 95℃のコーヒーを20℃の室内に置いた．コーヒーの温度が70℃のとき，毎分1℃の割合で冷めていった．コーヒーの温度が70℃になった時間を求めよ．

19. 定温状態では，高度hに関する大気圧Pの変化率は，Pに比例する．15℃のとき，海面での大気圧が101.3 kPa，$h=1000$（m）での大気圧が87.14 kPaである．

(a) 高度3000 mにおける大気圧を求めよ．

(b) 標高6187 mのマッキンリー山の頂上の気圧を求めよ．

20. (a) 1000ドルを年利率8％の次の条件で借り入れ，3年後に一括返済するとする．返済額を求めよ．

(i) 1年ごとの複利，(ii) 3カ月ごとの複利，(iii) 月ごとの複利，(iv) 週ごとの複利，(v) 日ごとの複利，(vi) 時間ごとの複利，(vii) 連続複利

(b) 1000ドルを連続複利で借り入れたとする．$A(t)$をt年後の一括返済額として（$0\leq t\leq 3$），計算機を使って，年利率6％，8％，10％の場合の$A(t)$のグラフを同一スクリーンに描け．

21. (a) 3000ドルを年利率5％の次の条件で，5年間運用するとする．5年後の受取り額を求めよ．

(i) 1年ごとの複利，(ii) 半年ごとの複利，(iii) 月ごとの複利，(iv) 週ごとの複利，(v) 日ごとの複利，(vi) 連続複利

(b) $A(t)$を連続複利の場合の時間tにおける投資額とする．$A(t)$の満たす微分方程式をつくり，その初期値を求めよ．

22. (a) 年利率6％の連続複利の場合，投資額が倍になるには何年かかるか．

(b) (a)の場合に相当する1年複利の年利率を求めよ．

応用課題　手術中の赤血球の喪失の制御

一般に，人体における血液量は約5 Lである．血液中の赤血球の体積割合をヘマトクリット値といい，男性の標準は約45％である．男性患者が4時間の手術を受け，2.5 Lの出血があるとする．手術中，患者の血液量は生理食塩水を注入することにより5 Lに保たれる．注入された食塩水は急速に血液と混合するが，ヘマトクリット値は時間の経過とともに減少するように希釈していく．

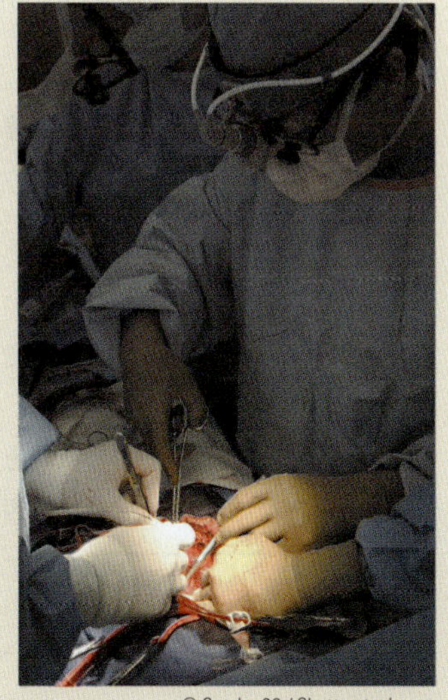

© Condor 36 / Shutterstock.com

1. 赤血球の喪失割合はそのときの赤血球の体積に比例するとして，手術が終わった時点での患者の赤血球体積を求めよ．
2. 手術中の赤血球の喪失を最小に抑えるために急性等量血液希釈（ANH）とよばれる処置が開発されている．これは，手術前に患者から血液を一部抜取り，代わりに生理食塩水を注入する．これにより，患者の血液は希釈され，出血によって失われる赤血球が減少する．手術後，抜取られた血液は患者に戻される．しかし，手術中のヘマトクリット値は25％を下回ってはならない．そのため，抜取ることができる血液量は限られている．この手術の場合の，患者から抜取ることのできる血液の最大量を求めよ．
3. ANH処置を行わない場合の赤血球の喪失分を求めよ．また，課題2で求めた量の血液を抜取ってANH処置を行った場合の赤血球の喪失分を求めよ．

1・6　逆 3 角 関 数

この節では，§1・1で学んだ考え方を使って，逆3角関数とよばれる導関数を求める．3角関数は1対1ではないため逆関数を定義できない．したがって，この場合は少しばかり困難がある．しかし，これらの3角関数の定義域を制限して1対1にすれば，この困難は回避される．

サイン関数 $y=\sin x$ が1対1でないことは，図1の水平線テストより明白である．一方，関数 $f(x)=\sin x,\ -\pi/2\leqslant x\leqslant\pi/2$ は1対1である（図2）．定義域を制限したこの sin 関数 f の逆関数を $\sin^{-1}$ あるいは arcsin と記し，**逆サイン関数**（**逆正弦関数**）という．

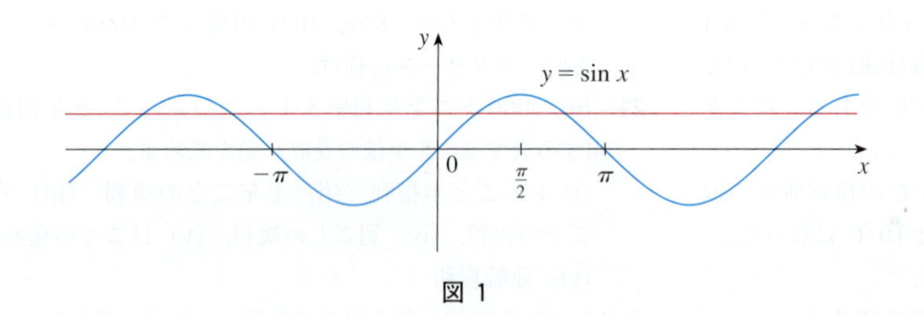

図 1

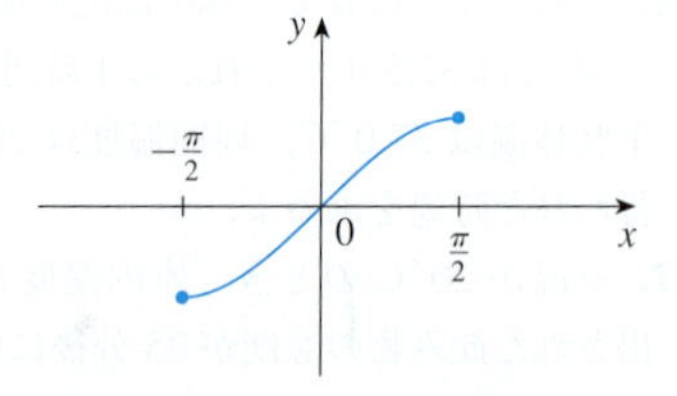

図 2　$y=\sin x,\ -\frac{\pi}{2}\leqslant x\leqslant\frac{\pi}{2}$

逆関数の定義は

$$f^{-1}(x)=y \iff f(y)=x$$

であるので，

1

$$\sin^{-1}x=y \iff \sin y=x,\quad -\frac{\pi}{2}\leqslant y\leqslant\frac{\pi}{2}$$

$\sin^{-1}x\neq\dfrac{1}{\sin x}$

となる．よって，x が $-1\leqslant x\leqslant 1$ ならば，$\sin^{-1}x$ は sin の値が x となる $-\pi/2$ から $\pi/2$ の間の数である．

例 1　(a) $\sin^{-1}(\frac{1}{2})$，(b) $\tan(\arcsin\frac{1}{3})$ を求めよ．

［解 説］　(a) $\sin(\pi/6)=\frac{1}{2}$ かつ $-\pi/2\leqslant\pi/6\leqslant\pi/2$ であるので，

$$\sin^{-1}\left(\tfrac{1}{2}\right)=\frac{\pi}{6}$$

である．

(b) $\theta=\arcsin\frac{1}{3}$ とすると，$\sin\theta=\frac{1}{3}$ である．したがって，図3のような角 θ をもつ直角3角形を描き，ピタゴラスの定理（3平方の定理）を使って三つ目の辺の長さを $\sqrt{9-1}=2\sqrt{2}$ と算出できる．この3角形を使うと，

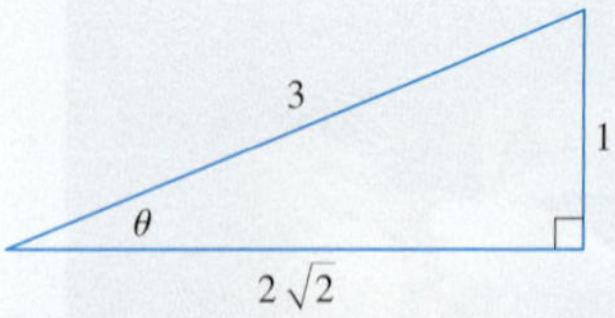

$$\tan\left(\arcsin\tfrac{1}{3}\right)=\tan\theta=\frac{1}{2\sqrt{2}}$$

である．

3　1　θ　$2\sqrt{2}$

図 3

この場合の逆関数の消去律は

2

$$\sin^{-1}(\sin x) = x, \quad -\frac{\pi}{2} \leqslant x \leqslant \frac{\pi}{2}$$
$$\sin(\sin^{-1}x) = x, \quad -1 \leqslant x \leqslant 1$$

である．

逆サイン関数 $\sin^{-1}$ の定義域は $[-1, 1]$，値域は $[-\pi/2, \pi/2]$ であり，グラフは定義域を制限したsin関数のグラフ(図2)の直線 $y=x$ に関する鏡像である(図4)．sin関数は連続なので，逆関数 $\sin^{-1}$ も連続である．また，第I巻§2・4より，sin関数は微分可能なので，逆関数 $\sin^{-1}$ も微分可能である．したがって，$\sin^{-1}$ の導関数は§1・1定理7を使っても求めることはできるが，$\sin^{-1}$ が微分可能であることがわかっているので，次のように陰関数微分法を使えば簡単に求めることができる．

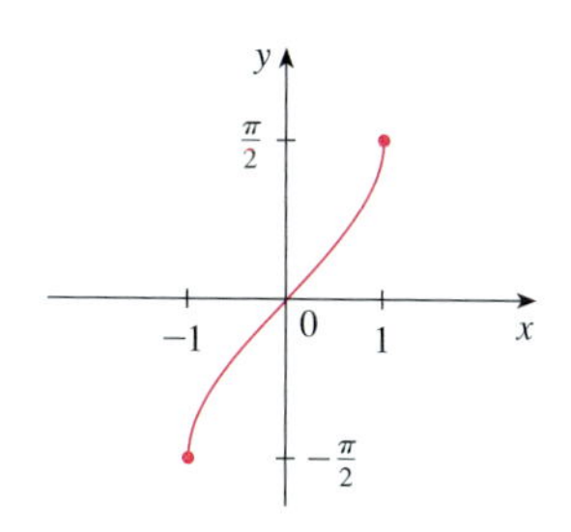

図4　$y = \sin^{-1}x = \arcsin x$

$y=\sin^{-1}x$ とすると，$\sin y=x$，$-\pi/2 \leqslant y \leqslant \pi/2$ である．$\sin y=x$ の両辺を陰関数微分法を使って x で微分すると，

$$\cos y \frac{dy}{dx} = 1$$

これより

$$\frac{dy}{dx} = \frac{1}{\cos y}$$

である．ここで，$-\pi/2 \leqslant y \leqslant \pi/2$ において $\cos y \geqslant 0$ であるので，

$$\cos y = \sqrt{1 - \sin^2 y} = \sqrt{1 - x^2}$$

を使って，

$$\frac{dy}{dx} = \frac{1}{\cos y} = \frac{1}{\sqrt{1 - x^2}}$$

となる．

3

$$\frac{d}{dx}(\sin^{-1}x) = \frac{1}{\sqrt{1 - x^2}} \qquad -1 < x < 1$$

例 2　$f(x)=\sin^{-1}(x^2-1)$ であるとき，(a) f の定義域，(b) $f'(x)$，(c) f' の定義域を求めよ．

［解説］(a) 逆サイン関数 $\sin^{-1}$ の定義域は $[-1, 1]$ であるので，f の定義域は

$$\{x \mid -1 \leqslant x^2 - 1 \leqslant 1\} = \{x \mid 0 \leqslant x^2 \leqslant 2\}$$
$$= \{x \mid |x| \leqslant \sqrt{2}\} = \left[-\sqrt{2}, \sqrt{2}\right]$$

である．

(b) 公式3と合成関数の微分公式を共に用いると，

$$f'(x) = \frac{1}{\sqrt{1 - (x^2 - 1)^2}} \frac{d}{dx}(x^2 - 1)$$
$$= \frac{1}{\sqrt{1 - (x^4 - 2x^2 + 1)}} 2x = \frac{2x}{\sqrt{2x^2 - x^4}}$$

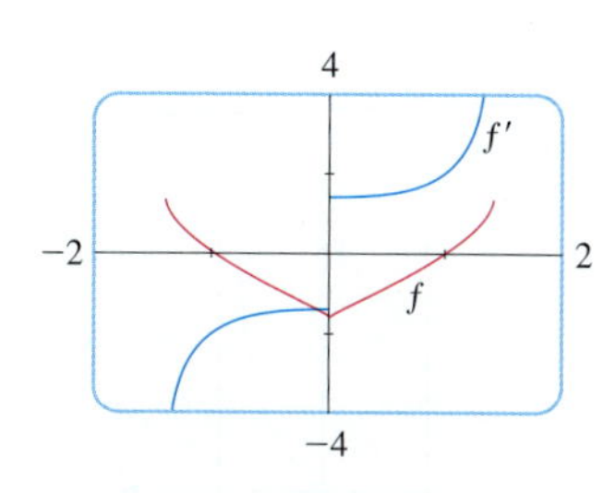

図5

例2の関数 f とその導関数のグラフが図5に示してある．f は0で微分不可能であり，このことは f' のグラフは $x=0$ で跳躍していることに対応している．

である．

(c) f' の定義域は

$$\{x \mid -1 < x^2 - 1 < 1\} = \{x \mid 0 < x^2 < 2\}$$
$$= \{x \mid 0 < |x| < \sqrt{2}\} = (-\sqrt{2}, 0) \cup (0, \sqrt{2})$$

である．

cos 関数の逆関数（**逆コサイン関数，逆余弦関数**）も同様に扱える．定義域を $0 \leqslant x \leqslant \pi$ に制限した cos 関数は 1 対 1 になる（図 6）ので，逆関数をもつ．この逆関数を $\cos^{-1}x$ あるいは arccos と記す．

4
$$\cos^{-1}x = y \iff \cos y = x, \quad 0 \leqslant y \leqslant \pi$$

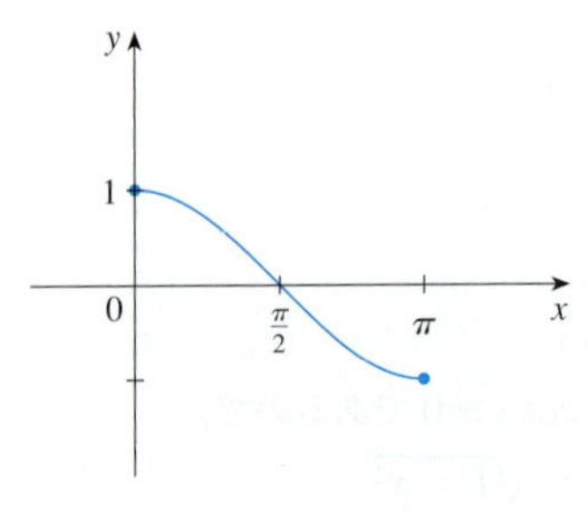

図 6　$y = \cos x, 0 \leqslant x \leqslant \pi$

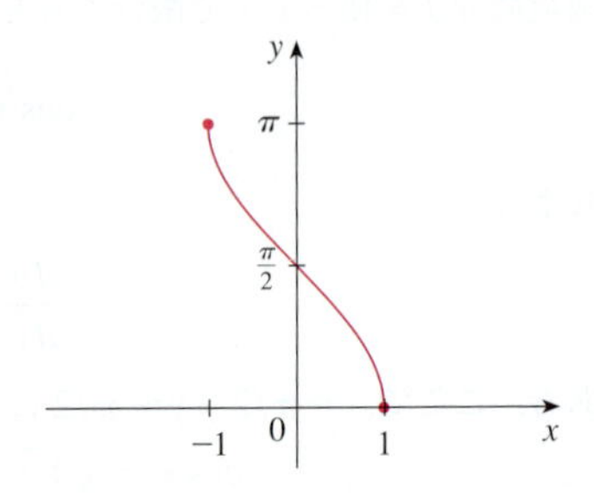

図 7　$y = \cos^{-1}x = \arccos x$

消去律は次のようになる．

5
$$\cos^{-1}(\cos x) = x, \quad 0 \leqslant x \leqslant \pi$$
$$\cos(\cos^{-1}x) = x, \quad -1 \leqslant x \leqslant 1$$

逆コサイン関数 $\cos^{-1}$ は定義域 $[-1, 1]$，値域 $[0, \pi]$ の連続関数である．図 7 にグラフが示されている．$\cos^{-1}$ の導関数は

6
$$\frac{d}{dx}(\cos^{-1}x) = -\frac{1}{\sqrt{1 - x^2}} \qquad -1 < x < 1$$

であり，公式 3 と同様に証明できるので，証明は節末問題 17 にゆずる．

tan 関数も定義域を $(-\pi/2, \pi/2)$ に制限すれば 1 対 1 にすることができるので，tan 関数の逆関数（**逆タンジェント関数，逆正接関数**）は関数 $f(x) = \tan x$, $-\pi/2 < x < \pi/2$ の逆関数として定義され（図 8），$\tan^{-1}$ あるいは arctan と記す．

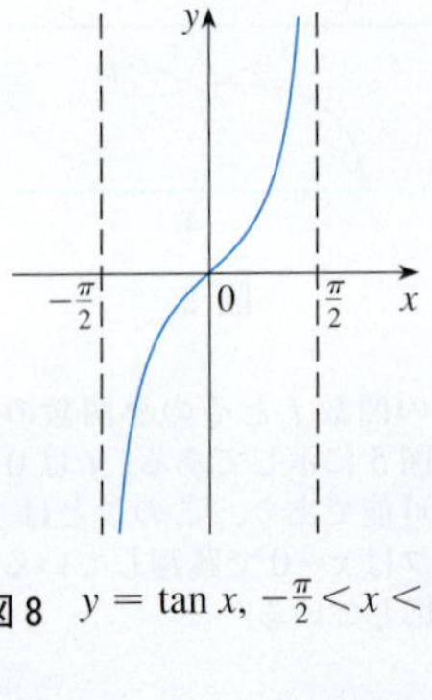

図 8　$y = \tan x, -\frac{\pi}{2} < x < \frac{\pi}{2}$

7
$$\tan^{-1}x = y \iff \tan y = x, \quad -\frac{\pi}{2} < y < \frac{\pi}{2}$$

例 3　$\cos(\tan^{-1}x)$ のより簡単な表現を求めよ．

［解説 1］ $y=\tan^{-1}x$ とすると，$\tan y=x$，$-\pi/2<y<\pi/2$ である．ここでは，$\cos y$ を求めたいのだが，$\tan y$ が既知であるので，まず $\sec y$ を求める方が簡単である．

$$\sec^2 y = 1 + \tan^2 y = 1 + x^2$$

$$\sec y = \sqrt{1 + x^2} \qquad (\sec y > 0,\ -\pi/2 < y < \pi/2)$$

となり，$-\pi/2<y<\pi/2$ において $\cos y>0$ であるので，$\cos y=1/\sqrt{1+x^2}$ である．よって

$$\cos(\tan^{-1}x) = \cos y = \frac{1}{\sec y} = \frac{1}{\sqrt{1 + x^2}}$$

である．

［解説 2］ 解説 1 のように 3 角関数の公式（3 角恒等式）を使うのではなく，おそらく図を使う方が簡単に求まる．$y=\tan^{-1}x$ とすると $\tan y=x$ であるので，図 9（$y>0$ の場合を図示してある）より

$$\cos(\tan^{-1}x) = \cos y = \frac{1}{\sqrt{1 + x^2}}$$

である．

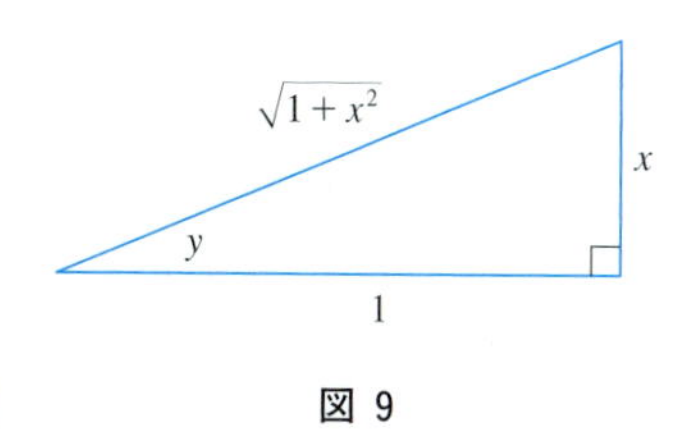

図 9

逆タンジェント関数 $\tan^{-1}=\arctan$ の定義域は $\mathbb{R}$，値域は $(-\pi/2, \pi/2)$ であり，グラフは図 10 に示してある．

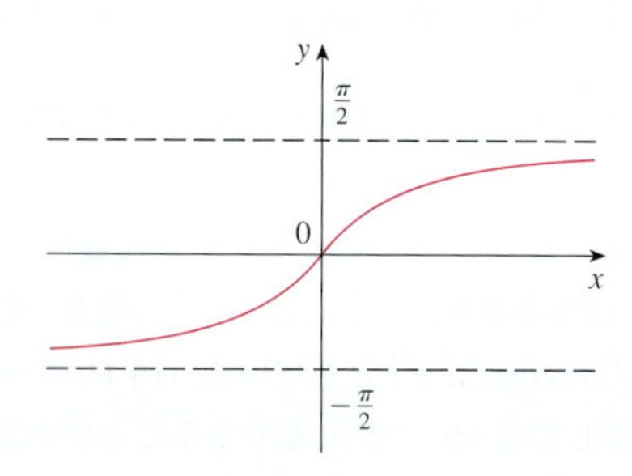

図 10　$y = \tan^{-1}x = \arctan x$

$$\lim_{x\to(\pi/2)^-} \tan x = \infty \qquad \text{あるいは} \qquad \lim_{x\to-(\pi/2)^+} \tan x = -\infty$$

であるから，直線 $x=\pm\pi/2$ は tan 関数のグラフの垂直漸近線である．$\tan^{-1}$ のグラフは，定義域を制限した tan 関数のグラフの直線 $y=x$ に関する鏡像であるので，直線 $y=\pi/2$，$y=-\pi/2$ は $\tan^{-1}$ のグラフの水平漸近線である．このことは，次の極限で表される．

8

$$\lim_{x\to-\infty} \tan^{-1}x = -\frac{\pi}{2} \qquad \lim_{x\to\infty} \tan^{-1}x = \frac{\pi}{2}$$

例 4　$\displaystyle\lim_{x\to 2^+} \arctan\left(\frac{1}{x-2}\right)$ を求めよ．

［解説］ $t=1/(x-2)$ とすると，$x\to 2^+$ のとき $t\to\infty$ である．よって，8 の 2 番目の式より次のとおりである．

$$\lim_{x\to 2^+} \arctan\left(\frac{1}{x-2}\right) = \lim_{t\to\infty} \arctan t = \frac{\pi}{2}$$

tan 関数が微分可能であるので，$\tan^{-1}$ 関数も微分可能である．$\tan^{-1}$ の導関数を求めるために $y=\tan^{-1}x$ とすると，$\tan y = x$ である．$\tan y = x$ の両辺を，陰関数微分法を使って x で微分すると，

$$\sec^2 y \frac{dy}{dx} = 1$$

が得られる．よって

$$\frac{dy}{dx} = \frac{1}{\sec^2 y} = \frac{1}{1+\tan^2 y} = \frac{1}{1+x^2}$$

9
$$\frac{d}{dx}(\tan^{-1}x) = \frac{1}{1+x^2}$$

残りの逆 3 角関数はあまり使われないので，次にまとめておく．

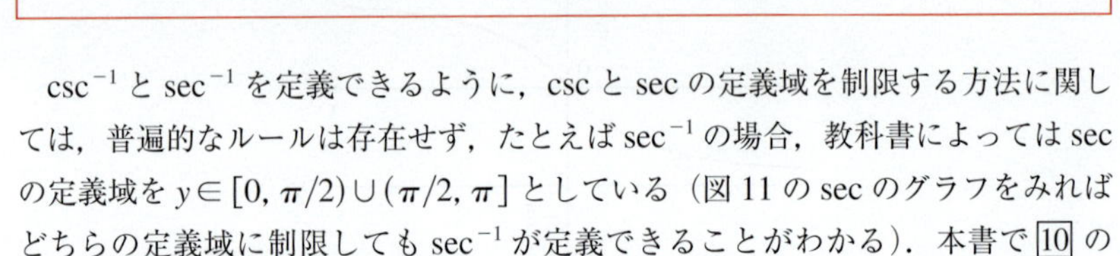

10
$$y = \csc^{-1}x \ (|x| \geqslant 1) \iff \csc y = x, \quad y \in (0, \pi/2] \cup (\pi, 3\pi/2]$$
$$y = \sec^{-1}x \ (|x| \geqslant 1) \iff \sec y = x, \quad y \in [0, \pi/2) \cup [\pi, 3\pi/2)$$
$$y = \cot^{-1}x \ (x \in \mathbb{R}) \iff \cot y = x, \quad y \in (0, \pi)$$

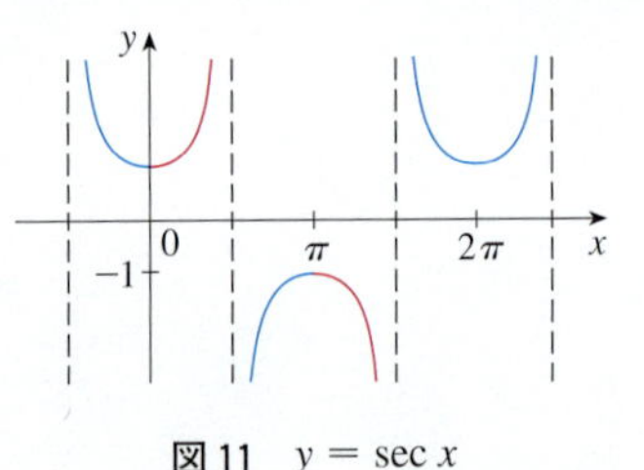

図 11　$y = \sec x$

$\csc^{-1}$ と $\sec^{-1}$ を定義できるように，csc と sec の定義域を制限する方法に関しては，普遍的なルールは存在せず，たとえば $\sec^{-1}$ の場合，教科書によっては sec の定義域を $y\in[0, \pi/2)\cup(\pi/2, \pi]$ としている（図 11 の sec のグラフをみればどちらの定義域に制限しても $\sec^{-1}$ が定義できることがわかる）．本書で 10 の定義域を選んだ理由は，微分公式が簡単になるからである（節末問題 79 参照）．

表 11 にすべての逆 3 角関数の微分公式を示す．$\csc^{-1}$，$\sec^{-1}$，$\cot^{-1}$ の微分公式の証明は節末問題 19〜21 にゆずる．

11 **逆 3 角関数の微分公式**

$$\frac{d}{dx}(\sin^{-1}x) = \frac{1}{\sqrt{1-x^2}} \qquad \frac{d}{dx}(\csc^{-1}x) = -\frac{1}{x\sqrt{x^2-1}}$$

$$\frac{d}{dx}(\cos^{-1}x) = -\frac{1}{\sqrt{1-x^2}} \qquad \frac{d}{dx}(\sec^{-1}x) = \frac{1}{x\sqrt{x^2-1}}$$

$$\frac{d}{dx}(\tan^{-1}x) = \frac{1}{1+x^2} \qquad \frac{d}{dx}(\cot^{-1}x) = -\frac{1}{1+x^2}$$

u が x について微分可能な関数であるとき，これらの公式に合成関数の微分公式を適用すると，次のようになる．

$$\frac{d}{dx}(\sin^{-1}u) = \frac{1}{\sqrt{1-u^2}}\frac{du}{dx}$$

あるいは

$$\frac{d}{dx}(\tan^{-1}u) = \frac{1}{1+u^2}\frac{du}{dx}$$

例 5　(a) $y = \dfrac{1}{\sin^{-1}x}$，(b) $f(x) = x\arctan\sqrt{x}$ を微分せよ．

［解 説］　(a)　$\dfrac{dy}{dx} = \dfrac{d}{dx}(\sin^{-1}x)^{-1} = -(\sin^{-1}x)^{-2}\dfrac{d}{dx}(\sin^{-1}x)$

$$= -\frac{1}{(\sin^{-1}x)^2\sqrt{1-x^2}}$$

(b)*　$f'(x) = x\dfrac{1}{1+(\sqrt{x})^2}\left(\frac{1}{2}x^{-1/2}\right) + \arctan\sqrt{x}$

$$= \frac{\sqrt{x}}{2(1+x)} + \arctan\sqrt{x}$$

* $\arctan x$ は $\tan^{-1}x$ のことである．

例 6　恒等式 $\tan^{-1}x + \cot^{-1}x = \pi/2$ を証明せよ．

［解 説］　この恒等式を証明するのに，微分学を使う必要なないが，微分学を用いるときわめて簡単な証明が得られる．$f(x) = \tan^{-1}x + \cot^{-1}x$ とすると，すべての x について

$$f'(x) = \frac{1}{1+x^2} - \frac{1}{1+x^2} = 0$$

である．よって，C をある定数として $f(x) = C$ と表すことができる．C の値を決定するために，$x = 1$ とおくと（$f(1)$ は正確に求めることができるため），

$$C = f(1) = \tan^{-1}1 + \cot^{-1}1 = \frac{\pi}{4} + \frac{\pi}{4} = \frac{\pi}{2}$$

となる．これより $\tan^{-1}x + \cot^{-1}x = \pi/2$ である．

表 11 の各式から積分公式が得られる．これらの中で，最も有用な二つの公式を次に示す．

12　$$\int \frac{1}{\sqrt{1-x^2}}\,dx = \sin^{-1}x + C$$

13　$$\int \frac{1}{x^2+1}\,dx = \tan^{-1}x + C$$

例 7　$\displaystyle\int_0^{1/4} \frac{1}{\sqrt{1-4x^2}}\,dx$ を求めよ．

［解 説］
$$\int_0^{1/4} \frac{1}{\sqrt{1-4x^2}}\,dx = \int_0^{1/4} \frac{1}{\sqrt{1-(2x)^2}}\,dx$$
と書き直せば，公式 12 と似た形になる．したがって，$u=2x$ とおくと，$du=2\,dx$ となり，$dx=du/2$ となる．$x=0$ のとき $u=0$，$x=\frac{1}{4}$ のとき $u=\frac{1}{2}$ となるので，
$$\int_0^{1/4} \frac{1}{\sqrt{1-4x^2}}\,dx = \frac{1}{2}\int_0^{1/2} \frac{1}{\sqrt{1-u^2}}\,dx = \left[\frac{1}{2}\sin^{-1}u\right]_0^{1/2}$$
$$= \frac{1}{2}\left(\sin^{-1}\left(\frac{1}{2}\right) - \sin^{-1}0\right) = \frac{1}{2}\cdot\frac{\pi}{6} = \frac{\pi}{12}$$
である．

例 8　$\displaystyle\int \frac{1}{x^2+a^2}\,dx$ を求めよ．

［解 説］　公式 13 と似た形になるように書き直すと，
$$\int \frac{1}{x^2+a^2}\,dx = \int \frac{1}{a^2\left(\dfrac{x^2}{a^2}+1\right)}\,dx = \frac{1}{a^2}\int \frac{1}{\left(\dfrac{x}{a}\right)^2+1}\,dx$$
となる．したがって，$u=x/a$ とおくと，$du=dx/a$ となり，$dx=a\,du$ となるので，
$$\int \frac{1}{x^2+a^2}\,dx = \frac{1}{a^2}\int \frac{a}{u^2+1}\,dx = \frac{1}{a}\int \frac{1}{u^2+1}\,dx = \frac{1}{a}\tan^{-1}u + C$$
となる．これより次の公式を得る．

14*
$$\int \frac{1}{x^2+a^2}\,dx = \frac{1}{a}\tan^{-1}\left(\frac{x}{a}\right) + C$$

＊ 微積分学において，逆 3 角関数は有理関数を積分するときによく現れる．

例 9　$\displaystyle\int \frac{x}{x^4+9}\,dx$ を求めよ．

［解 説］　$u=x^2$ とおくと，$du=2x\,dx$ となる．よって，公式 14 を $a=3$ として使える．
$$\int \frac{x}{x^4+9}\,dx = \frac{1}{2}\int \frac{1}{u^2+9}\,du = \frac{1}{2}\cdot\frac{1}{3}\tan^{-1}\left(\frac{u}{3}\right) + C$$
$$= \frac{1}{6}\tan^{-1}\left(\frac{x^2}{3}\right) + C$$

1・6　節末問題

1-10　各式の正確な値を求めよ．

1. (a) $\sin^{-1}(0.5)$　(b) $\cos^{-1}(-1)$

2. (a) $\tan^{-1}\sqrt{3}$　(b) $\sec^{-1} 2$

3. (a) $\csc^{-1}\sqrt{2}$　(b) $\cos^{-1}(\sqrt{3}/2)$

4. (a) $\cot^{-1}(-\sqrt{3})$　(b) $\arcsin 1$

5. (a) $\tan(\arctan 10)$　(b) $\arcsin(\sin(5\pi/4))$

6. (a) $\tan^{-1}(\tan 3\pi/4)$　(b) $\cos(\arcsin \frac{1}{2})$

7. $\tan(\sin^{-1}(\frac{2}{3}))$　**8.** $\csc(\arccos \frac{3}{5})$

9. $\cos(2\sin^{-1}(\frac{5}{13}))$　**10.** $\cos(\tan^{-1} 2 + \tan^{-1} 3)$

---

11. $\cos(\sin^{-1}x)=\sqrt{1-x^2}$ を証明せよ．

12-14　各式のより簡単な表現を求めよ．

12. $\tan(\sin^{-1}x)$　**13.** $\sin(\tan^{-1}x)$

14. $\sin(2\arccos x)$

15-16　計算機を使って同一スクリーンにグラフを描き，それらのグラフにはどのような関係があるか説明せよ．

15. $y=\sin x,\ -\pi/2 \leqslant x \leqslant \pi/2;$

$y=\sin^{-1}x;\quad y=x$

16. $y=\tan x,\ -\pi/2 < x < \pi/2;$

$y=\tan^{-1}x;\quad y=x$

---

17. 公式 [3] の証明と同様に，$\cos^{-1}$ の微分公式 [6] を証明せよ．

18. (a) $\sin^{-1}x+\cos^{-1}x=\pi/2$ を証明せよ．

(b) (a)を使って，公式 [6] を証明せよ．

19. $\dfrac{d}{dx}(\cot^{-1}x) = -\dfrac{1}{1+x^2}$ を証明せよ．

20. $\dfrac{d}{dx}(\sec^{-1}x) = \dfrac{1}{x\sqrt{x^2-1}}$ を証明せよ．

21. $\dfrac{d}{dx}(\csc^{-1}x) = -\dfrac{1}{x\sqrt{x^2-1}}$ を証明せよ．

22-35　次の関数の導関数を求め，可能な限り簡単な形で表せ．

22. $y=\tan^{-1}(x^2)$

23. $y=(\tan^{-1}x)^2$　**24.** $g(x)=\arccos\sqrt{x}$

25. $y=\sin^{-1}(2x+1)$　**26.** $R(t)=\arcsin(1/t)$

27. $y=x\sin^{-1}x+\sqrt{1-x^2}$　**28.** $y=\cos^{-1}(\sin^{-1}t)$

29. $F(x)=x\sec^{-1}(x^3)$

30. $y=\arctan\sqrt{\dfrac{1-x}{1+x}}$

31. $y=\arctan(\cos\theta)$

32. $y=\tan^{-1}(x-\sqrt{1+x^2})$

33. $h(t)=\cot^{-1}(t)+\cot^{-1}(1/t)$

34. $y=\tan^{-1}\left(\dfrac{x}{a}\right)+\log\sqrt{\dfrac{x-a}{x+a}}$

35. $y=\arccos\left(\dfrac{b+a\cos x}{a+b\cos x}\right),\quad 0\leqslant x\leqslant\pi,\ a>b>0$

36-37　次の関数の導関数を求めよ．次に関数 f とその導関数の定義域を求めよ．

36. $f(x)=\arcsin(e^x)$

37. $g(x)=\cos^{-1}(3-2x)$

---

38. $\tan^{-1}(x^2y)=x+xy^2$ であるとき，y' を求めよ．

39. $g(x)=x\sin^{-1}(x/4)+\sqrt{16-x^2}$ であるとき，$g'(2)$ を求めよ．

40. 曲線 $y=3\arccos(x/2)$ の点 $(1, \pi)$ における接線の方程式を求めよ．

41-42　$f'(x)$ を求めよ．計算機で f と f' のグラフを描いて比較し，その解が妥当であることを確かめよ．

41. $f(x)=\sqrt{1-x^2}\arcsin x$

42. $f(x)=\arctan(x^2-x)$

43-46　極限を求めよ．

43. $\displaystyle\lim_{x\to-1^+}\sin^{-1}x$

44. $\displaystyle\lim_{x\to\infty}\arccos\left(\frac{1+x^2}{1+2x^2}\right)$

45. $\displaystyle\lim_{x\to\infty}\arctan(e^x)$　**46.** $\displaystyle\lim_{x\to0^+}\tan^{-1}(\log x)$

---

47. 角 θ が最大となる点 P の位置を線分 AB 上に求めよ．

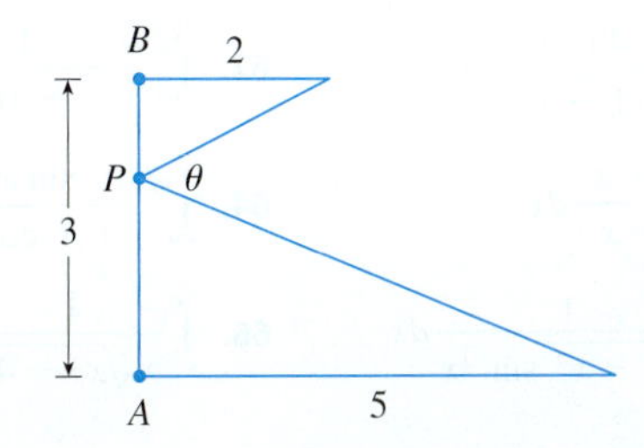

48. ある美術館に高さ h の絵が展示してある．絵の下端は（図のように）鑑賞者の目の高さよりも d 高い位置にある．この絵を最もよく見るために（すなわち，絵が最も大きく見えるように視角 θ を最大にするには），鑑賞者は絵からどのくらい離れればよいか．

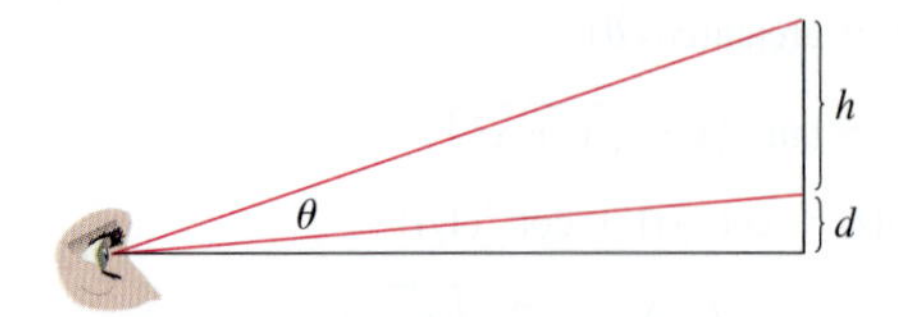

49. 長さ5 mの梯子が垂直の壁に立て掛けてある．梯子の底部が0.3 m/sの速さで壁の底部から遠ざかっている．梯子の底部が壁の底部より4 mの位置にあるとき，壁と梯子のなす角の変化率を求めよ．

50. 真直ぐな海岸線の点 P から沖合3 kmの小島に灯台があり，灯台の光は1分間に4回転している．P から1 kmの地点において，灯台の光線が海岸沿いに動く速さを求めよ．

51-54　第Ⅰ巻§3·5の曲線を描くときの指針（あるいは§1·4例6欄外参照）に基づいて，曲線を描け．

51. $y = \sin^{-1}\left(\dfrac{x}{x+1}\right)$

52. $y = \tan^{-1}\left(\dfrac{x-1}{x+1}\right)$

53. $y = x - \tan^{-1}x$

54. $y = e^{\arctan x}$

---

55. $f(x)=\arctan(\cos(3\arcsin x))$ とする．計算機（数式処理システム）を使って f, f', f'' のグラフを描き，最大値，最小値，極大値，極小値，変曲点の x 座標を求めよ．

56. 曲線 $f(x)=x-c\sin^{-1}x$ を計算機を用いて調べる．c を変化させると，最大値，最小値，極大値，極小値はどうなるか．それを説明するために，いくつかの c についてグラフを描け．

57. 最も一般的な形で，関数

$$f(x) = \frac{2x^2+5}{x^2+1}$$

の不定積分を求めよ．

58. $g'(t)=2/\sqrt{1-t^2}$, $g(1)=5$ であるとき，$g(t)$ を求めよ．

59-70　積分せよ．

59. $\displaystyle\int_{1/\sqrt{3}}^{\sqrt{3}} \frac{8}{1+x^2}\,dx$

60. $\displaystyle\int_{-1/\sqrt{2}}^{1/\sqrt{2}} \frac{6}{\sqrt{1-p^2}}\,dp$

61. $\displaystyle\int_0^{1/2} \frac{\sin^{-1}x}{\sqrt{1-x^2}}\,dx$

62. $\displaystyle\int_0^{\sqrt{3}/4} \frac{1}{+16x^2}\,dx$

63. $\displaystyle\int \frac{1+x}{1+x^2}\,dx$

64. $\displaystyle\int_0^{\pi/2} \frac{\sin x}{1+\cos^2 x}\,dx$

65. $\displaystyle\int \frac{1}{\sqrt{1-x^2}\,\sin^{-1}x}\,dx$

66. $\displaystyle\int \frac{1}{x\sqrt{x^2-4}}\,dx$

67. $\displaystyle\int \frac{t^2}{\sqrt{1-t^6}}\,dt$

68. $\displaystyle\int \frac{e^{2x}}{\sqrt{1-e^{4x}}}\,dx$

69. $\displaystyle\int \frac{1}{\sqrt{x}(1+x)}\,dx$

70. $\displaystyle\int \frac{x}{1+x^4}\,dx$

---

71. $a>0$ のとき，例8の方法を使って，次のこと示せ．

$$\int \frac{1}{\sqrt{a^2-x^2}}\,dx = \sin^{-1}\left(\frac{x}{a}\right) + C$$

72. $y=1/\sqrt{x^2+4}$, $y=0$, $x=0$, $x=2$ で囲まれた領域を，x 軸のまわりに回転して得られる回転体の体積を求めよ．

73. $\int_0^1 \sin^{-1}x\,dx$ の値を図形の面積を表すものと考え，x の代わりに y で積分して求めよ．

74. $xy\neq 1$ であるとき，$-\pi/2<\arctan x+\arctan y<\pi/2$ が成り立つならば，

$$\arctan x + \arctan y = \arctan\frac{x+y}{1-xy}$$

であることを証明せよ．

75. 前問74の結果を使って，次のことを示せ．

(a) $\arctan\frac{1}{2} + \arctan\frac{1}{3} = \pi/4$

(b) $2\arctan\frac{1}{3} + \arctan\frac{1}{7} = \pi/4$

76. (a) 関数 $f(x)=\sin(\sin^{-1}x)$ のグラフを描け．

(b) 関数 $g(x)=\sin^{-1}(\sin x)$, $x\in\mathbb{R}$ のグラフを描け．

(c) $g'(x)=\dfrac{\cos x}{|\cos x|}$ であることを示せ．

(d) $h(x)=\cos^{-1}(\sin x)$, $x\in\mathbb{R}$ のグラフを描き，その導関数を求めよ．

77. 例6の方法を使って，次の恒等式を証明せよ．

$$2\sin^{-1}x = \cos^{-1}(1-2x^2) \qquad x \geqslant 0$$

78. 次の恒等式を証明せよ．

$$\arcsin\frac{x-1}{x+1} = 2\arctan\sqrt{x} - \frac{\pi}{2}$$

79. ある教科書では

$$y=\sec^{-1}x \iff \sec y=x,$$

$$y\in[0,\pi/2)\cup(\pi/2,\pi]$$

と定義する．この定義の場合，（節末問題20で与えた公式の代わりに）次のような公式が得られることを示せ．

$$\frac{d}{dx}(\sec^{-1}x) = \frac{1}{|x|\sqrt{x^2-1}} \qquad |x|>1$$

80. $f(x)=\begin{cases} x\arctan(1/x), & x\neq 0 \\ 0, & x=0 \end{cases}$ とする．

(a) f は0で連続か．

(b) f は0で微分可能か．

応用課題　映画館のどこに座るか

ある映画館では，高さ 10 m のスクリーンを床から 3 m の高さに設置してある．座席は全部で 21 列あり，最前列はスクリーンから 3 m 離して設置してあり，列の間隔は 1 m である．座席を設置してある床は，水平面に対して $\alpha = 20°$ の傾斜がつけられており，座席の位置を床の傾斜に沿った距離 x で表す．映画館には 21 列の座席があるので，$0 \leqq x \leqq 60$ である．最良の座席は，視角 θ が最大になる（スクリーンが最も大きく見える）列にあるとする．また，図に示すように，目の位置は床から 1.2 m の高さにあるとする（§ 1・6 節末問題 48 では，床が水平であるとした簡単な条件で求めたが，この課題はより複雑で技術を必要とする）．

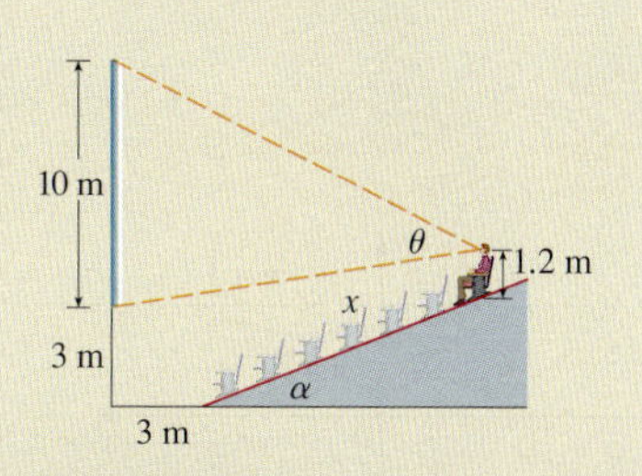

1. 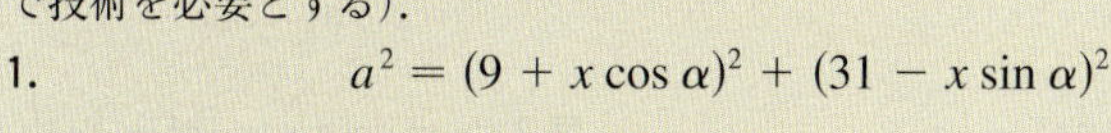

$$a^2 = (9 + x\cos\alpha)^2 + (31 - x\sin\alpha)^2$$

$$b^2 = (9 + x\cos\alpha)^2 + (x\sin\alpha - 6)^2$$

とすると，

$$\theta = \arccos\left(\frac{a^2 + b^2 - 625}{2ab}\right)$$

であることを示せ．

2. x の関数である θ のグラフを使って，θ が最大となる x の値を求めよ．何列目に座るべきか．そのときの視角 θ を求めよ．
3. 計算機（数式処理システム）を使って，θ を微分して方程式 $d\theta/dx = 0$ の解を求めよ．この値は課題 2 の解と一致するか．
4. θ のグラフを使って，区間 $0 \leqq x \leqq 60$ における θ の平均値を求めよ．次に計算機（数式処理システム）を使って，θ の平均値を求めよ．θ の最大値，最小値を比較せよ．

1・7 双曲線関数

指数関数 e^x と e^{-x} の組合わせでつくられる偶関数と奇関数は，数学とそれを応用する分野に頻繁に用いられるので，特別な名前が付けられている．この関数は，多くの点で 3 角関数と類似の性質をもち，3 角関数が円と関係しているように，双曲線と関係している．それゆえ，これらの関数は**双曲線関数**あるいは**ハイパボリック関数**と総称され，個別には**ハイパボリックサイン**（**双曲線正弦**），**ハイパボリックコサイン**（**双曲線余弦**）などとよばれる．

双曲線関数の定義

$$\sinh x = \frac{e^x - e^{-x}}{2} \qquad \operatorname{csch} x = \frac{1}{\sinh x}$$

$$\cosh x = \frac{e^x + e^{-x}}{2} \qquad \operatorname{sech} x = \frac{1}{\cosh x}$$

$$\tanh x = \frac{\sinh x}{\cosh x} \qquad \coth x = \frac{\cosh x}{\sinh x}$$

ハイパボリックサインとハイパボリックコサインのグラフは，図 1, 2 のように，グラフ上で二つの関数を加え合わせることにより描くことができる．

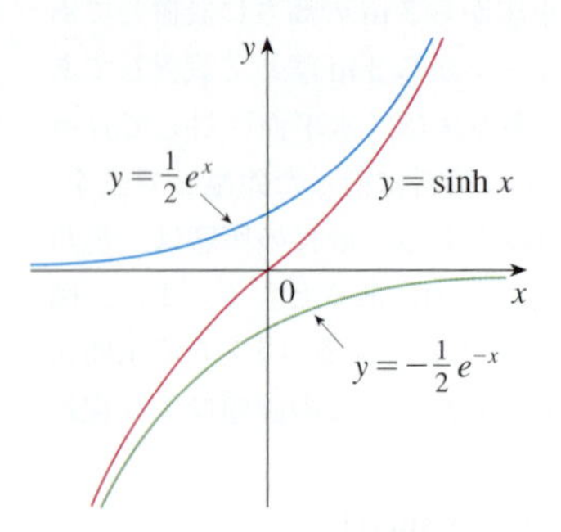

図 1　$y = \sinh x = \frac{1}{2}e^x - \frac{1}{2}e^{-x}$

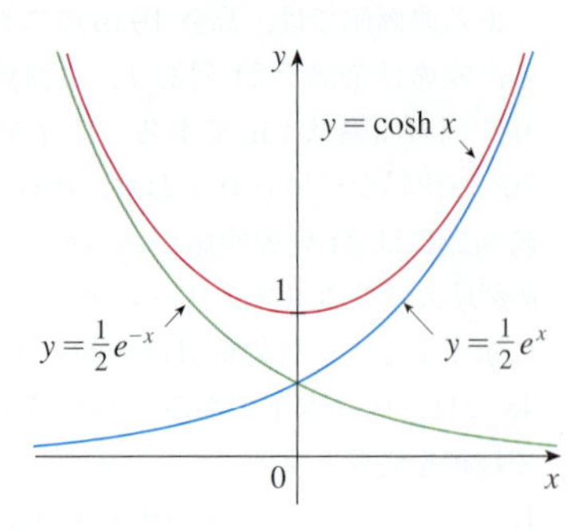

図 2　$y = \cosh x = \frac{1}{2}e^x + \frac{1}{2}e^{-x}$

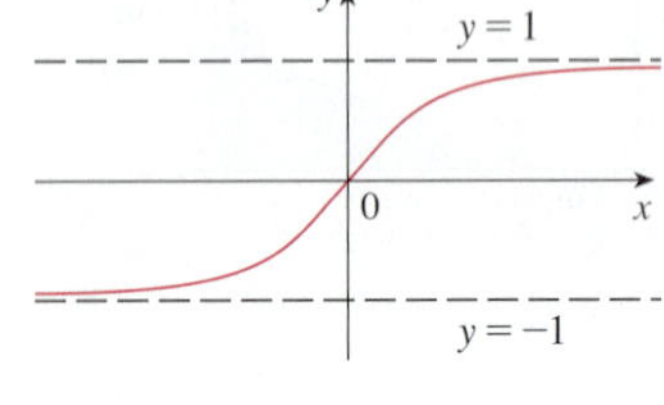

図 3　$y = \tanh x$

sinh の定義域と値域は ℝ であり，cosh の定義域は ℝ，値域は $[1, \infty]$ である．tanh のグラフが図 3 に示してある．水平漸近線は ±1 である（節末問題 23 参照）．

数学における双曲線関数の使用例は第 2 章に示してある．科学・工学では，双曲線関数を光・速度・電気・放射能などが徐々に吸収あるいは消滅する“減衰”を記述するのに用いる．また，吊り線の形状の記述にも用いられるのは非常に有名である．重いしなやかなケーブル（電話線や電線など）を同じ高さの 2 地点で吊り下げると，ハイパボリックコサインで表される曲線の形状をとる．この曲線は懸垂線（カテナリー，ラテン語で“鎖”を意味する *catena* が由来）とよばれ，方程式 $y = c + a\cosh(x/a)$ で表される（図 4）．

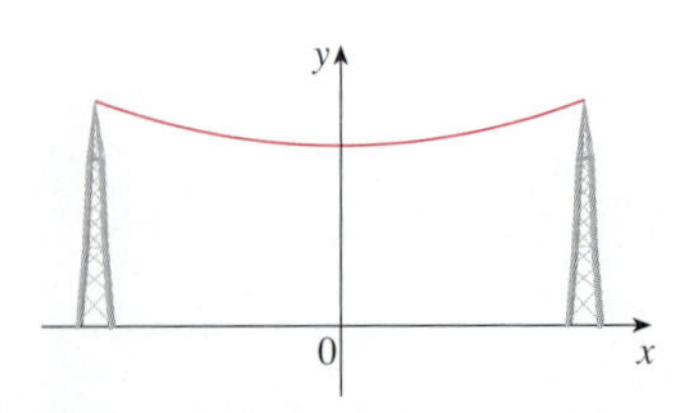

図 4　懸垂線 $y = c + a\cosh(x/a)$

双曲線関数で表されるもう一つの例は，海洋波である．水深 d における波長 L の波の速度は，重力加速度を g として，関数

$$v = \sqrt{\frac{gL}{2\pi}\tanh\left(\frac{2\pi d}{L}\right)}$$

でモデル化される（図 5，節末問題 49 参照）．

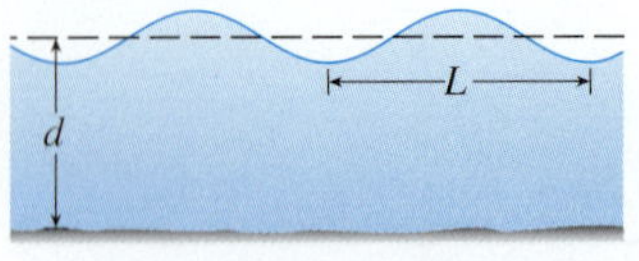

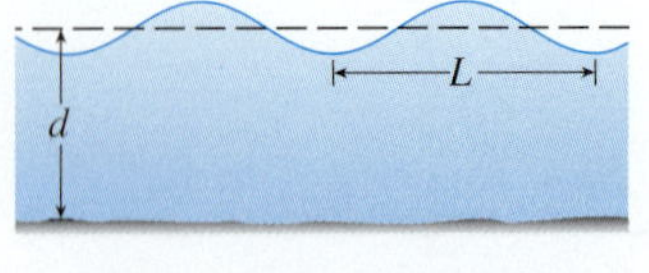

図 5　理想化された海洋波

セントルイスにあるゲートウェイアーチはハイパボリックコサイン関数を使ってデザインされた（節末問題 48 参照）．

Stockbyte / Getty Images

双曲線関数には，よく知られている 3 角関数の公式（3 角恒等式）と似たような公式（恒等式）がいくつもあり，それらのいくつかをここに示す．一部の証明は節末問題にゆずる．

双曲線関数の公式

$$\sinh(-x) = -\sinh x \qquad \cosh(-x) = \cosh x$$

$$\cosh^2 x - \sinh^2 x = 1 \qquad 1 - \tanh^2 x = \operatorname{sech}^2 x$$

$$\sinh(x + y) = \sinh x \cosh y + \cosh x \sinh y$$

$$\cosh(x + y) = \cosh x \cosh y + \sinh x \sinh y$$

例 1　(a) $\cosh^2 x - \sinh^2 x = 1$，(b) $1 - \tanh^2 x = \operatorname{sech}^2 x$ を証明せよ．

［解 説］　(a)

$$\cosh^2 x - \sinh^2 x = \left(\frac{e^x + e^{-x}}{2}\right)^2 - \left(\frac{e^x - e^{-x}}{2}\right)^2$$

$$= \frac{e^{2x} + 2 + e^{-2x}}{4} - \frac{e^{2x} - 2 + e^{-2x}}{4}$$

$$= \frac{4}{4} = 1$$

(b) (a)で証明した公式

$$\cosh^2 x - \sinh^2 x = 1$$

の両辺を $\cosh^2 x$ で割ると，

$$1 - \frac{\sinh^2 x}{\cosh^2 x} = \frac{1}{\cosh^2 x}$$

あるいは

$$1 - \tanh^2 x = \operatorname{sech}^2 x$$

が得られる．■

例 1(a)で証明された恒等式が，“双曲線”関数の名前の由来である．

t を任意の実数とすると，$\cos^2 t + \sin^2 t = 1$ であるので，点 $P(\cos t, \sin t)$ は単位円 $x^2 + y^2 = 1$ 上の点である．実際，t は図 6 で示された $\angle POQ$ の弧度法で表される角である．ゆえに，3 角関数はしばしば円関数とよばれる．

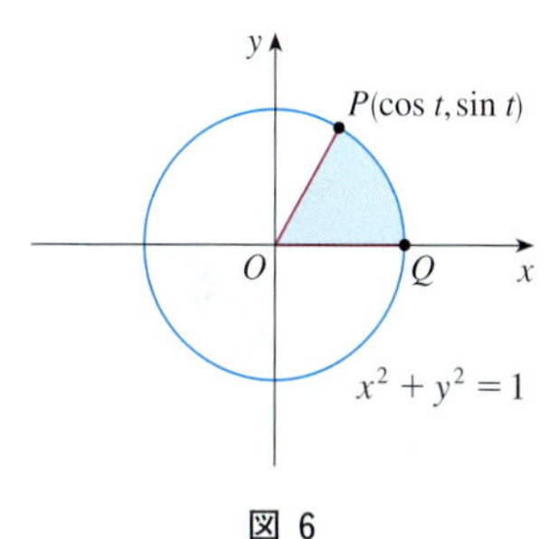

図 6

同様に，t を任意の実数とすると，$\cosh^2 t - \sinh^2 t = 1$ は $\cosh t \geqslant 1$ であるので，点 $P(\cosh t, \sinh t)$ は双曲線 $x^2 - y^2 = 1$ の右半分上にある．この場合，t は角を表すのではなく，図 7 で水色の双曲線で囲まれた領域の面積の 2 倍に相当する．これは 3 角関数の場合，t が図 6 の水色の扇形領域の面積の 2 倍に相当することに対応する．

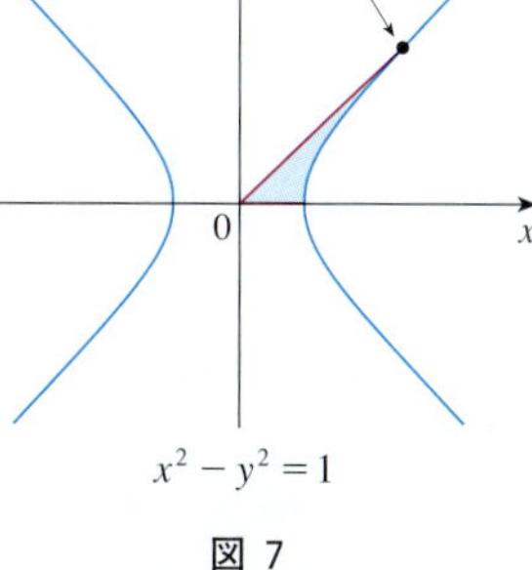

図 7

双曲線関数の導関数は，次の例のように簡単に計算できる．

$$\frac{d}{dx}(\sinh x) = \frac{d}{dx}\left(\frac{e^x - e^{-x}}{2}\right) = \frac{e^x + e^{-x}}{2} = \cosh x$$

表 1 に双曲線関数の微分公式を示す．証明の残りは節末問題とする．これらは，3 角関数の微分公式と似ているが，場合によっては符号が異なることに注意する必要がある．

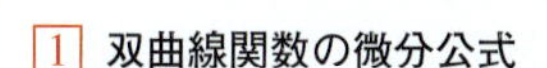

1 双曲線関数の微分公式

$$\frac{d}{dx}(\sinh x) = \cosh x \qquad \frac{d}{dx}(\operatorname{csch} x) = -\operatorname{csch} x \coth x$$

$$\frac{d}{dx}(\cosh x) = \sinh x \qquad \frac{d}{dx}(\operatorname{sech} x) = -\operatorname{sech} x \tanh x$$

$$\frac{d}{dx}(\tanh x) = \operatorname{sech}^2 x \qquad \frac{d}{dx}(\coth x) = -\operatorname{csch}^2 x$$

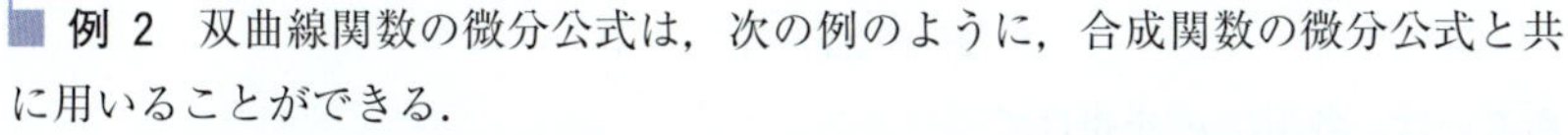

例 2　双曲線関数の微分公式は，次の例のように，合成関数の微分公式と共に用いることができる．

$$\frac{d}{dx}\left(\cosh\sqrt{x}\right) = \sinh\sqrt{x} \cdot \frac{d}{dx}\sqrt{x} = \frac{\sinh\sqrt{x}}{2\sqrt{x}}$$

■

逆双曲線関数

図 1, 3 をみればわかるように，sinh と tanh は 1 対 1 であるので，$\sinh^{-1}$，$\tanh^{-1}$ と記す逆関数をもつ．しかし，図 2 からわかるように，cosh は 1 対 1 ではない．しかし，定義域を $[0, \infty)$ に制限すれば 1 対 1 になるので，cosh の逆関数は定義域を制限した cosh の逆関数として定義される．

2

$$y = \sinh^{-1}x \iff \sinh y = x$$

$$y = \cosh^{-1}x \iff \cosh y = x \quad \text{かつ} \quad y \geqq 0$$

$$y = \tanh^{-1}x \iff \tanh y = x$$

残りの双曲線関数の逆関数も同様に定義される（節末問題 28 参照）．

図 1〜3 を使って描いた $\sinh^{-1}$，$\cosh^{-1}$，$\tanh^{-1}$ のグラフを図 8〜10 に示す．

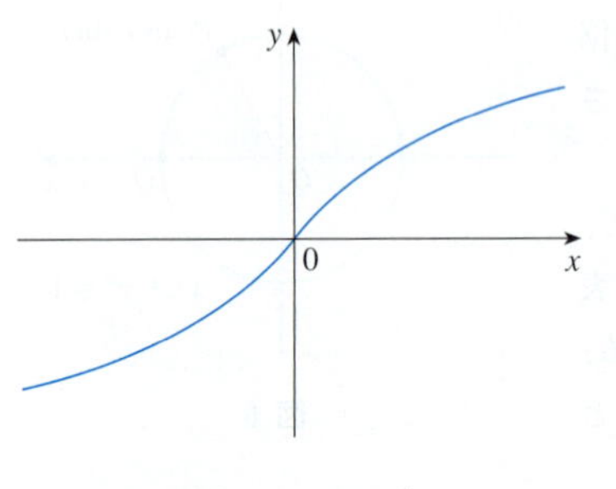

図 8　$y = \sinh^{-1}x$
定義域 $= \mathbb{R}$　値域 $= \mathbb{R}$

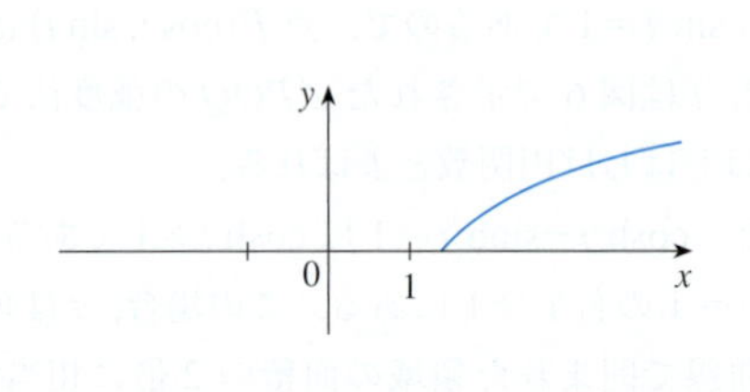

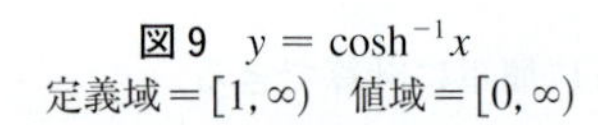

図 9　$y = \cosh^{-1}x$
定義域 $= [1, \infty)$　値域 $= [0, \infty)$

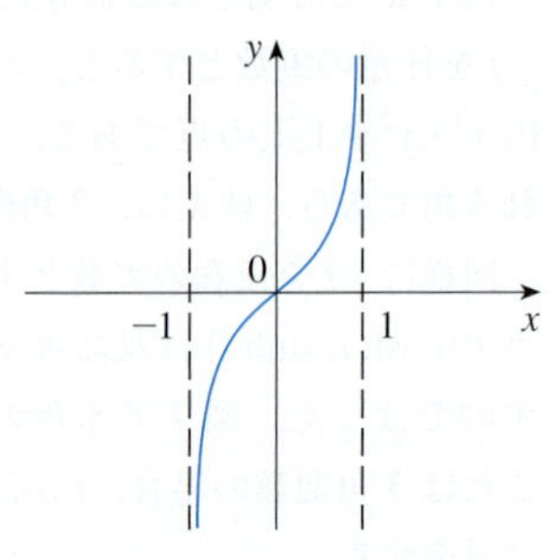

図 10　$y = \tanh^{-1}x$
定義域 $= (-1, 1)$　値域 $= \mathbb{R}$

双曲線関数は指数関数を使って定義されているので，逆双曲線関数が対数関数を使って表されても不思議ではない．

3　$$\sinh^{-1}x = \log\left(x + \sqrt{x^2 + 1}\right) \qquad x \in \mathbb{R}$$

4　$$\cosh^{-1}x = \log\left(x + \sqrt{x^2 - 1}\right) \qquad x \geqq 1$$

5　$$\tanh^{-1}x = \tfrac{1}{2}\log\left(\frac{1 + x}{1 - x}\right) \qquad -1 < x < 1$$

公式 3 は例 3 で証明する．公式 4, 5 の証明は節末問題 26, 27 にゆずる．

例 3　$\sinh^{-1}x = \log\left(x+\sqrt{x^2+1}\right)$ を示せ．

［解 説］　$y = \sinh^{-1}x$ とすると，

$$x = \sinh y = \frac{e^y - e^{-y}}{2}$$

である．よって，

$$e^y - 2x - e^{-y} = 0$$

あるいは，各項に e^y を掛けて

$$e^{2y} - 2xe^y - 1 = 0$$

となる．これは e^y の 2 次方程式である．

$$(e^y)^2 - 2x(e^y) - 1 = 0$$

2 次方程式の解の公式より，

$$e^y = \frac{2x \pm \sqrt{4x^2+4}}{2} = x \pm \sqrt{x^2+1}$$

を得る．$e^y > 0$ なので，片方の解 $x - \sqrt{x^2+1} < 0$（$x < \sqrt{x^2+1}$ であるので）は解として適さない．よって

$$e^y = x + \sqrt{x^2+1}$$

である．これを y について解くと，

$$y = \log(e^y) = \log\left(x + \sqrt{x^2+1}\right)$$

となるので，

$$\sinh^{-1}x = \log\left(x + \sqrt{x^2+1}\right)$$

である（他の証明法については節末問題 25 参照）．■

6 逆双曲線関数の導関数

$$\frac{d}{dx}(\sinh^{-1}x) = \frac{1}{\sqrt{1+x^2}} \qquad \frac{d}{dx}(\operatorname{csch}^{-1}x) = -\frac{1}{|x|\sqrt{x^2+1}}$$

$$\frac{d}{dx}(\cosh^{-1}x) = \frac{1}{\sqrt{x^2-1}} \qquad \frac{d}{dx}(\operatorname{sech}^{-1}x) = -\frac{1}{x\sqrt{1-x^2}}$$

$$\frac{d}{dx}(\tanh^{-1}x) = \frac{1}{1-x^2} \qquad \frac{d}{dx}(\coth^{-1}x) = \frac{1}{1-x^2}$$

$\tanh^{-1}x$ と $\coth^{-1}x$ の導関数は同一の公式だが，定義域はまったく異なることに注意する．$\tanh^{-1}x$ は $|x| < 1$ について定義されており，$\coth^{-1}x$ は $|x| > 1$ について定義されている．

双曲線関数は微分可能であるので，逆双曲線関数もすべて微分可能である．表 6 の公式は逆関数の微分公式を使うか，または具体的に逆関数を与えている公式 3～5 を微分することによって証明できる．

例 4 $\dfrac{d}{dx}(\sinh^{-1}x) = \dfrac{1}{\sqrt{1+x^2}}$ を証明せよ．

［解説 1］ $y = \sinh^{-1}x$ とすると，$\sinh y = x$ である．この式を，陰関数微分法を使って両辺を x で微分すると，

$$\cosh y \frac{dy}{dx} = 1$$

である．$\cosh^2 y - \sinh^2 y = 1$ および $\cosh y > 0$ より $\cosh y = \sqrt{1+\sinh^2 y}$ となるので，

$$\frac{dy}{dx} = \frac{1}{\cosh y} = \frac{1}{\sqrt{1+\sinh^2 y}} = \frac{1}{\sqrt{1+x^2}}$$

である．

［解説 2］（例 3 で証明した）公式 3 を使う．

$$\frac{d}{dx}(\sinh^{-1}x) = \frac{d}{dx}\log\left(x + \sqrt{x^2+1}\right)$$

$$= \frac{1}{x + \sqrt{x^2+1}} \frac{d}{dx}\left(x + \sqrt{x^2+1}\right)$$

$$= \frac{1}{x+\sqrt{x^2+1}}\left(1+\frac{x}{\sqrt{x^2+1}}\right)$$

$$= \frac{\sqrt{x^2+1}+x}{\left(x+\sqrt{x^2+1}\right)\sqrt{x^2+1}}$$

$$= \frac{1}{\sqrt{x^2+1}}$$

例 5　$\dfrac{d}{dx}(\tanh^{-1}(\sin x))$ を求めよ．

［解説］　表 6 の微分公式と合成関数の微分公式を使うと，

$$\frac{d}{dx}(\tanh^{-1}(\sin x)) = \frac{1}{1-(\sin x)^2}\frac{d}{dx}(\sin x)$$

$$= \frac{1}{1-\sin^2 x}\cos x = \frac{\cos x}{\cos^2 x} = \sec x$$

となる．

例 6　$\displaystyle\int_0^1 \frac{1}{\sqrt{1+x^2}}\,dx$ を求めよ．

［解説］　表 6（あるいは例 4）より，$1/\sqrt{x^2+1}$ の原始関数は $\sinh^{-1}x$ であるので，

$$\int_0^1 \frac{1}{\sqrt{1+x^2}}\,dx = \left[\sinh^{-1}x\right]_0^1$$

$$= \sinh^{-1}1$$

$$= \log\left(1+\sqrt{2}\right) \quad （公式 3 より）$$

となる．

1・7　節末問題

1-6　各式の値を求めよ．

1. (a) $\sinh 0$　(b) $\cosh 0$

2. (a) $\tanh 0$　(b) $\tanh 1$

3. (a) $\cosh(\log 5)$　(b) $\cosh 5$

4. (a) $\sinh 4$　(b) $\sinh(\log 4)$

5. (a) $\operatorname{sech} 0$　(b) $\cosh^{-1}1$

6. (a) $\sinh 1$　(b) $\sinh^{-1}1$

7-19　各恒等式を証明せよ．

7. $\sinh(-x) = -\sinh x$
（これは sinh が奇関数であることを示す）

8. $\cosh(-x) = \cosh x$
（これは cosh が偶関数であることを示す）

9. $\cosh x + \sinh x = e^x$

10. $\cosh x - \sinh x = e^{-x}$

11. $\sinh(x+y) = \sinh x\cosh y + \cosh x\sinh y$

12. $\cosh(x+y) = \cosh x \cosh y + \sinh x \sinh y$

13. $\coth^2 x - 1 = \operatorname{csch}^2 x$

14. $\tanh(x+y) = \dfrac{\tanh x + \tanh y}{1 + \tanh x \tanh y}$

15. $\sinh 2x = 2 \sinh x \cosh x$

16. $\cosh 2x = \cosh^2 x + \sinh^2 x$

17. $\tanh(\log x) = \dfrac{x^2 - 1}{x^2 + 1}$

18. $\dfrac{1 + \tanh x}{1 - \tanh x} = e^{2x}$

19. $(\cosh x + \sinh x)^n = \cosh nx + \sinh nx$
（n は任意の実数）

---

20. $\tanh x = \frac{12}{13}$ であるとき，他の双曲線関数の x における値を求めよ．

21. $\cosh x = \frac{5}{3}$，$x > 0$ であるとき，他の双曲線関数の x における値を求めよ．

22. (a) 図1～3に示した sinh，cosh，tanh のグラフを使って，csch，sech，coth のグラフを描け．
(b) 計算機を使って，(a)で描いたグラフを確かめよ．

23. 双曲線関数の定義を使って，次の極限を求めよ．

(a) $\displaystyle\lim_{x\to\infty} \tanh x$　(b) $\displaystyle\lim_{x\to-\infty} \tanh x$

(c) $\displaystyle\lim_{x\to\infty} \sinh x$　(d) $\displaystyle\lim_{x\to-\infty} \sinh x$

(e) $\displaystyle\lim_{x\to\infty} \operatorname{sech} x$　(f) $\displaystyle\lim_{x\to\infty} \coth x$

(g) $\displaystyle\lim_{x\to 0^+} \coth x$　(h) $\displaystyle\lim_{x\to 0^-} \coth x$

(i) $\displaystyle\lim_{x\to-\infty} \operatorname{csch} x$　(j) $\displaystyle\lim_{x\to\infty} \frac{\sinh x}{e^x}$

24. 表[1]の微分公式を，(a) cosh，(b) tanh，(c) csch，(d) sech，(e) coth について証明せよ．

25. $y = \sinh^{-1} x$ として，節末問題9と例1(a) の x を y に置き換えた式を使って，例3の別証明を行え．

26. 公式[4]を証明せよ．

27. 公式[5]を，(a) 例3の方法を使って，(b) 節末問題18の x を y に置き換えた式を使って，2通りの方法で証明せよ．

28. 次の各関数について，(i)[2]のように定義せよ．(ii) グラフを描け．(iii)[3]のような公式を求めよ．

(a) csch^{-1}　(b) sech^{-1}　(c) $\coth^{-1}$

29. 次の表[6]の微分公式を証明せよ．

(a) $\cosh^{-1}$　(b) $\tanh^{-1}$　(c) csch^{-1}
(d) sech^{-1}　(e) $\coth^{-1}$

30-45 次の導関数を求め，可能な限り簡単な形で表せ．

30. $f(x) = e^x \cosh x$

31. $f(x) = \tanh \sqrt{x}$　**32.** $g(x) = \sinh^2 x$

33. $h(x) = \sinh(x^2)$　**34.** $F(t) = \log(\sinh t)$

35. $G(t) = \sinh(\log t)$

36. $y = \operatorname{sech} x\,(1 + \log \operatorname{sech} x)$

37. $y = e^{\cosh 3x}$

38. $f(t) = \dfrac{1 + \sinh t}{1 - \sinh t}$

39. $g(t) = t \coth \sqrt{t^2 + 1}$

40. $y = \sinh^{-1}(\tan x)$

41. $y = \cosh^{-1} \sqrt{x}$

42. $y = x \tanh^{-1} x + \log \sqrt{1 - x^2}$

43. $y = x \sinh^{-1}(x/3) - \sqrt{9 + x^2}$

44. $y = \operatorname{sech}^{-1}(e^{-x})$

45. $y = \coth^{-1}(\sec x)$

---

46. $\dfrac{d}{dx} \sqrt[4]{\dfrac{1+\tanh x}{1-\tanh x}} = \frac{1}{2} e^{x/2}$ を示せ．

47. $\dfrac{d}{dx} \arctan(\tanh x) = \operatorname{sech} 2x$ を示せ．

48. セントルイスのゲートウェイアーチは Eero Saarinen（サーリネン）によって設計され，アーチの中心の曲線は，x と y の単位をメートル，$|x| \leqq 91.20$ とした方程式

$$y = 211.49 - 20.96 \cosh 0.03291765x$$

を使って構築された．
(a) 計算機を使って，中心曲線のグラフを描け．
(b) 中心部のアーチの高さを求めよ．
(c) 高さが 100 m の点を求めよ．
(d) (c)で求めた点での，アーチの傾きを求めよ．

49. 水深 d における波長 L の波の速度 v は，重力加速度を g として

$$v = \sqrt{\frac{gL}{2\pi} \tanh\left(\frac{2\pi d}{L}\right)}$$

と表される（図5参照）．十分に深い所では，速度は近似的に

$$v \approx \sqrt{\frac{gL}{2\pi}}$$

と表すことができる理由を説明せよ．

50. しなやかなケーブルを2地点で吊り下げると，その形状は，c を定数，a を正定数として，懸垂線 $y = c + a\cosh(x/a)$ で表される（図4および節末問題52参照）．関数の族 $y = a\cosh(x/a)$ のグラフを計算機でいくつか描け．a を変化させるとグラフはどのように変化するか．

51. 14 m 離れた2本の電柱の間に張られた電話線の形状は，x と y の単位をメートルとして，懸垂線 $y = 20\cosh(x/20) - 15$ で与えられているとする．

(a) 電話線が右の電柱に固定されている点での，電話線の傾きを求めよ．

(b) 電話線が電柱に固定されている点での，電話線と電柱のなす角 θ を求めよ．

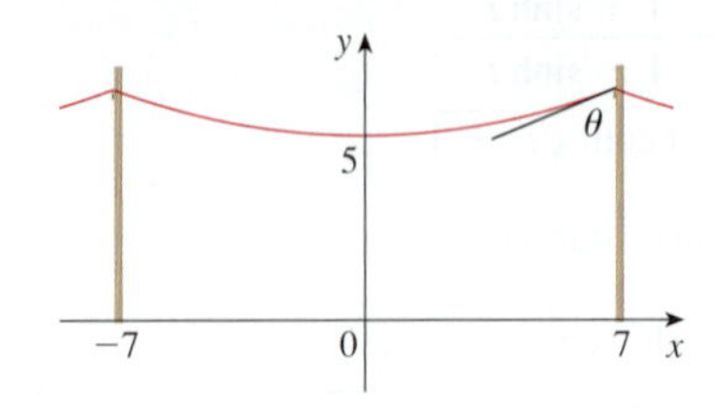

52. 物理法則によると，ケーブルを 2 地点で吊り下げると，その形状は，ρ をケーブルの線密度，g を重力加速度，T を最下点におけるケーブルの張力として，座標系を適切に選択したとき，次の微分方程式

$$\frac{d^2y}{dx^2} = \frac{\rho g}{T}\sqrt{1 + \left(\frac{dy}{dx}\right)^2}$$

を満たす曲線 $y=f(x)$ で表される．関数

$$y = f(x) = \frac{T}{\rho g}\cosh\left(\frac{\rho g x}{T}\right)$$

はこの微分方程式の解であることを示せ．

53. 線密度 $\rho=2$ (kg/m) のケーブルが 200 m 離れた 2 本の柱のてっぺんに張られている．

(a) 前問 52 を使って，最下点が地上 60 m であるときの最下点におけるケーブルの張力 T を求めよ．また，柱の高さを求めよ．

(b) 最下点における張力が倍になるとき，最下点の位置はどのように変化するか．また，柱の高さを求めよ（訳注：この問題は物理的意味を考えず，節末問題 52 の式だけを使って解くこと）．

54. 時間 t 経過後の落下物体の速度モデルは，m を物体の質量，$g=9.8$ (m/s^2) を重力加速度，k を定数，t の単位を秒，v の単位を m/s として，

$$v(t) = \sqrt{\frac{mg}{k}}\tanh\left(t\sqrt{\frac{gk}{m}}\right)$$

である．

(a) 物体の最終速度，つまり $\lim_{t\to\infty} v(t)$ を求めよ．

(b) 人が建物から落ちた場合，定数 k の値は落ち方に依存する．腹部から落ちた場合は $k=0.515$ (kg/s) であり，足から落ちた場合は $k=0.067$ (kg/s) である．60 kg の人が腹部から落ちたとき，最終速度を求めよ．また，足から落ちた場合も同様に求めよ．

（出典：L. Long *et al.*, "How Terminal Is Terminal Velocity?", *American Mathematical Monthly*, **113**, 752 (2006)）

55. (a)　$y = A\sinh mx + B\cosh mx$
の形の任意の関数は，微分方程式 $y''=m^2y$ を満たすことを示せ．

(b) $y''=9y$, $y(0)=-4$, $y'(0)=6$ であるとき，$y=y(x)$ を求めよ．

56. $x = \log(\sec\theta+\tan\theta)$ であるとき，$\sec\theta=\cosh x$ であることを示せ．

57. 曲線 $y=\cosh x$ の接線の傾きが 1 となる点を求めよ．

58. n は自然数として，関数の族

$$f_n(x) = \tanh(n\sin x)$$

のグラフを計算機で描いて調べよ．n が大きくなるとき，f_n のグラフはどうなるか説明せよ．

59-67　積分を求めよ．

59. $\int \sinh x\cosh^2 x\,dx$

60. $\int \sinh(1+4x)\,dx$

61. $\int \frac{\sinh\sqrt{x}}{\sqrt{x}}\,dx$

62. $\int \tanh x\,dx$

63. $\int \frac{\cosh x}{\cosh^2 x - 1}\,dx$

64. $\int \frac{\operatorname{sech}^2 x}{2+\tanh x}\,dx$

65. $\int_4^6 \frac{1}{\sqrt{t^2-9}}\,dt$

66. $\int_0^1 \frac{1}{\sqrt{16t^2+1}}\,dt$

67. $\int \frac{e^x}{1-e^{2x}}\,dx$

---

68. $y=\sinh cx$, $y=0$, $x=0$, $x=1$ で囲まれた領域の面積が 1 となる数 c の値を，計算機でグラフを描いて推定せよ．

69. (a) Newton 法を使うか，計算機でグラフを描いて，方程式 $\cosh 2x=1+\sinh x$ の近似解を求めよ．

(b) 曲線 $y=\cosh 2x$ と $y=1+\sinh x$ で囲まれた領域の面積を推定せよ．

70. 図 7 の水色の領域の面積は $A(t)=\frac{1}{2}t$ であることを示せ［ヒント：まず，

$$A(t) = \tfrac{1}{2}\sinh t\cosh t - \int_1^{\cosh t}\sqrt{x^2-1}\,dx$$

を示してから，$A'(t)=\frac{1}{2}$ を示す］．

71. $a\neq0$, $b\neq0$ ならば，$ae^x+be^{-x}=\alpha\sinh(x+\beta)$ あるいは $\alpha\cosh(x+\beta)$ となる数 α,β が存在することを示せ．すなわち，$f(x)=ae^x+be^{-x}$ の形のほぼすべての関数は，ハイパボリックサイン関数あるいはハイパボリックコサイン関数の平行移動と伸縮で表せることを示せ．

1・8　不定形の極限と l'Hospital（ロピタル）の定理

たとえば，$x=1$ で定義されていない関数

$$F(x) = \frac{\log x}{x - 1}$$

の振舞いを調べるには，$x=1$ の近くで F がどう振舞うかを知る必要がある．特に，極限

1

$$\lim_{x \to 1} \frac{\log x}{x - 1}$$

の値が知りたい．しかし，この極限を計算する際，分母の極限が 0 なので，第 I 巻 §1·6 の極限公式 5（商の公式，商の極限は極限の商である）を使うことができない．実際，1 の極限が存在するにもかかわらず，分母・分子共に 0 に近づき，$\frac{0}{0}$ は定義されないので，極限の値ははっきりと求まらない．

一般に，$x \to a$ のとき，$f(x) \to 0$，$g(x) \to 0$ となる

$$\lim_{x \to a} \frac{f(x)}{g(x)}$$

の形の極限は，存在することも存在しないこともある．これを $\frac{0}{0}$ **型の不定形の極限**という．この形の極限は第 I 巻第 1 章ですでにみた．有理関数の場合は，分母・分子の共通因数を消去して，

$$\lim_{x \to 1} \frac{x^2 - x}{x^2 - 1} = \lim_{x \to 1} \frac{x(x - 1)}{(x + 1)(x - 1)} = \lim_{x \to 1} \frac{x}{x + 1} = \frac{1}{2}$$

とした．また，幾何学的考察より

$$\lim_{x \to 0} \frac{\sin x}{x} = 1$$

であった．しかし，これらの方法は 1 の極限には使えないので，この節では，l'Hospital の定理として知られる，不定形の極限を求める統一的方法を学ぼう．

極限がはっきりと求まらないもう一つのケースは，F の水平漸近線を求めるために，無限遠における極限

2

$$\lim_{x \to \infty} \frac{\log x}{x - 1}$$

を求める必要があるときに生じる．$x \to \infty$ のとき，分母・分子共に無限に大きくなる場合，この極限をどのようにも求めるかはっきりとしない．分母・分子がせめぎ合っていて，分子が分母に優勢，すなち分子が分母より急激に大きくなるならば極限は ∞ となるだろうし，分母が分子に優勢ならば極限は 0 となるだろう．分母と分子がうまく折り合うならば，有限の正数になるだろう．

一般に，$x \to a$ のとき $f(x) \to \infty$（あるいは $-\infty$），$g(x) \to \infty$（あるいは $-\infty$）となる

$$\lim_{x \to a} \frac{f(x)}{g(x)}$$

の形の極限は，存在することも存在しないこともある．これを**∞/∞ 型の不定形の極限**という．第 I 巻 §3·4 では，有理関数などの特定の関数の場合に，この極限を求めることができた．次の例のように，分母・分子の各項を分母の x の最高次のベキで割ることによって求まる．

$$\lim_{x\to\infty}\frac{x^2-1}{2x^2+1}=\lim_{x\to\infty}\frac{1-\dfrac{1}{x^2}}{2+\dfrac{1}{x^2}}=\frac{1-0}{2+0}=\frac{1}{2}$$

この方法は [2] の極限には使えない．しかし，l'Hospital の定理はこの不定形にも使うことができる．

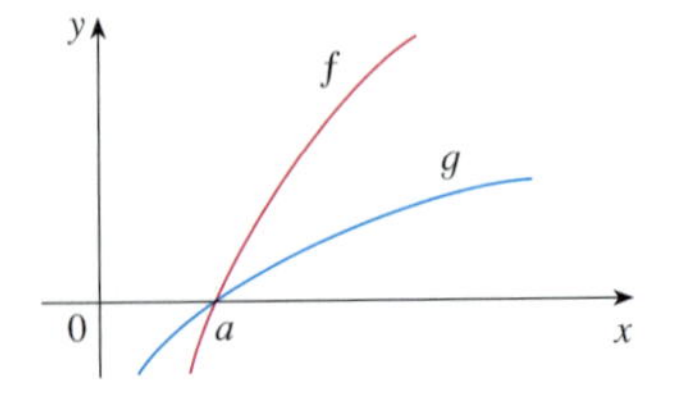

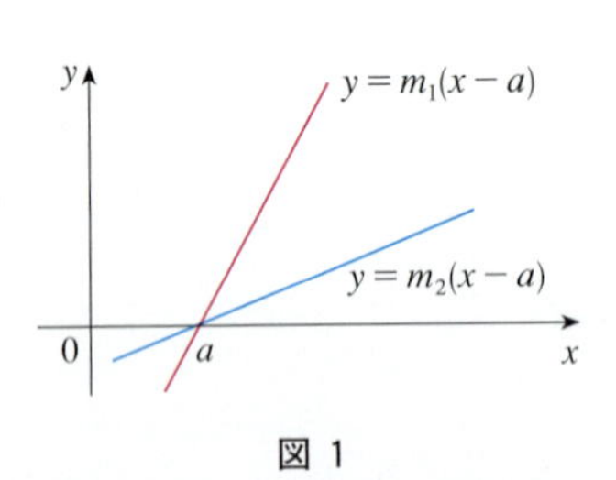

図 1

図 1 は l'Hospital の定理が正しいであろうことを視覚的に示している．上のグラフは，$x\to a$ のとき 0 に近づく微分可能な二つの関数 f, g を示している．点 $(a, 0)$ 周辺を拡大していくと，グラフはほぼ直線に近づいていく．関数が実際に直線ならば，下のグラフのようになり，それらの比は

$$\frac{m_1(x-a)}{m_2(x-a)}=\frac{m_1}{m_2}$$

となり，これは各関数の微分係数の比である．よって，

$$\lim_{x\to a}\frac{f(x)}{g(x)}=\lim_{x\to a}\frac{f'(x)}{g'(x)}$$

となる．

l'Hospital の定理　関数 f と g は a を含む開区間 I で a を除いて微分可能で，$g'(x)\neq 0$ とする．

$$\lim_{x\to a} f(x)=0 \qquad \lim_{x\to a} g(x)=0$$

あるいは

$$\lim_{x\to a} f(x)=\pm\infty \qquad \lim_{x\to a} g(x)=\pm\infty$$

であり（すなわち $\frac{0}{0}$ 型あるいは ∞/∞ 型の不定形ならば），このとき $\lim_{x\to\infty}(f'(x)/g'(x))$ が存在する（$\pm\infty$ も含めて）ならば，

$$\lim_{x\to a}\frac{f(x)}{g(x)}=\lim_{x\to a}\frac{f'(x)}{g'(x)}$$

である．

注意 1　l'Hospital の定理は，与えられた条件が満たされているならば，関数の商の形をした極限が，その導関数の商の形をした極限と等しくなることを示している．l'Hospital の定理を用いる前に，f と g の極限に関する条件が満たされていることを確認することがきわめて重要である．

注意 2　l'Hospital の定理は，片側極限および無限遠における極限についても成り立つ．すなわち，"$x\to a$" の条件を $x\to a^+$，$x\to a^-$，$x\to\infty$，$x\to-\infty$ に置き換えることができる．

注意 3　特別な場合として，$f(a)=g(a)=0$，f' と g' は連続，$g'(a)\neq 0$ とするならば，l'Hospital の定理が成り立つことは容易にわかる．実際，導関数の定義を変形させると，

$$\lim_{x\to a}\frac{f'(x)}{g'(x)}=\frac{f'(a)}{g'(a)}=\frac{\displaystyle\lim_{x\to a}\frac{f(x)-f(a)}{x-a}}{\displaystyle\lim_{x\to a}\frac{g(x)-g(a)}{x-a}}=\lim_{x\to a}\frac{\dfrac{f(x)-f(a)}{x-a}}{\dfrac{g(x)-g(a)}{x-a}}$$

$$=\lim_{x\to a}\frac{f(x)-f(a)}{g(x)-g(a)}=\lim_{x\to a}\frac{f(x)}{g(x)} \qquad (f(a)=g(a)=0 \text{ より})$$

である．

f', g' の連続性を仮定しない場合の $\frac{0}{0}$ 型の不定形の l'Hospital の定理の証明は，いくらか難しく，この節の最後で行う．∞/∞ 型の不定形の場合の証明は，より上級者向けの教科書にゆずることにする．

l'Hospital（ロピタル）

l'Hospital の定理は，フランスの貴族 Marquis de l'Hospital（1661-1704）にちなんで名付けられたが，この定理の発見者はスイスの数学者 John Bernoulli（ベルヌーイ，1667-1748）である．l'Hôpital と表記されることもあるが，彼自身は 17 世紀に一般的だった l'Hospital の綴りで署名している．l'Hospital の定理を説明するために彼自身の著書で用いた例については節末問題 95 で，定理の歴史的な詳細についてはレポート課題「l'Hospital の定理の原点」で紹介する．

■ **例 1**　$\displaystyle\lim_{x\to 1}\frac{\log x}{x-1}$ を求めよ．

［解 説］　$\displaystyle\lim_{x\to 1}\log x=\log 1=0 \qquad \lim_{x\to 1}(x-1)=0$

より，極限は $\frac{0}{0}$ 型の不定形である．よって，l'Hospital の定理を使うと，

$$\lim_{x\to 1}\frac{\log x}{x-1}=\lim_{x\to 1}\frac{\dfrac{d}{dx}(\log x)}{\dfrac{d}{dx}(x-1)}=\lim_{x\to 1}\frac{1/x}{1}$$

$$=\lim_{x\to 1}\frac{1}{x}=1$$

である．

l'Hospital の定理を用いる場合，分子と分母を別々に微分すること．間違っても，商の微分公式を使わないこと．

■ 例 2　$\displaystyle\lim_{x\to\infty}\frac{e^x}{x^2}$ を求めよ．

［解説］ $\displaystyle\lim_{x\to\infty}e^x=\infty$，$\displaystyle\lim_{x\to\infty}x^2=\infty$ より，極限は $\frac{0}{0}$ 型の不定形である．よって，l'Hospital の定理を使うと，

$$\lim_{x\to\infty}\frac{e^x}{x^2}=\lim_{x\to\infty}\frac{\dfrac{d}{dx}(e^x)}{\dfrac{d}{dx}(x^2)}=\lim_{x\to\infty}\frac{e^x}{2x}$$

である．$x\to\infty$ のとき，$\displaystyle\lim_{x\to\infty}e^x=\infty$，$\displaystyle\lim_{x\to\infty}2x=\infty$ であるので，右辺の極限は不定形のままである．よって，再度 l'Hospital の定理を使うと，

$$\lim_{x\to\infty}\frac{e^x}{x^2}=\lim_{x\to\infty}\frac{e^x}{2x}=\lim_{x\to\infty}\frac{e^x}{2}=\infty$$

である．

例 2 の関数のグラフを図 2 に示す．すでに指数関数がベキ関数より急激に増加することを知っているので，例 2 の結果は驚くべきことではない．節末問題 73 も参照．

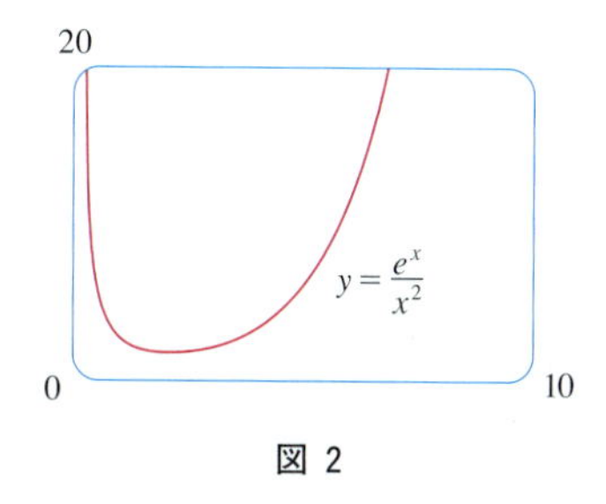

図 2

■ 例 3　$\displaystyle\lim_{x\to\infty}\frac{\log x}{\sqrt[3]{x}}$ を求めよ．

［解説］ $x\to\infty$ のとき，$\log x\to\infty$，$\sqrt[3]{x}\to\infty$ であるので，l'Hospital の定理を使うと，

$$\lim_{x\to\infty}\frac{\log x}{\sqrt[3]{x}}=\lim_{x\to\infty}\frac{1/x}{\frac{1}{3}x^{-2/3}}$$

である．右辺の極限は $\frac{0}{0}$ 型の不定形のままである．しかし，今度は例 2 のように右辺に再度 l'Hospital の定理を使うのではなく，式を整理すると，

$$\lim_{x\to\infty}\frac{\log x}{\sqrt[3]{x}}=\lim_{x\to\infty}\frac{1/x}{\frac{1}{3}x^{-2/3}}=\lim_{x\to\infty}\frac{3}{\sqrt[3]{x}}=0$$

になる．

例 3 の関数のグラフを図 3 に示す．すでに対数関数が緩やかに増加することを知っているので，$x\to\infty$ のとき，この比が 0 に近づくことに驚きはない．節末問題 74 も参照．

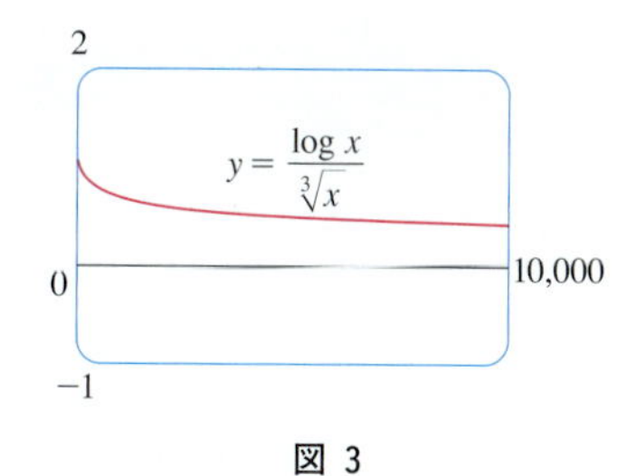

図 3

例 2, 3 共に ∞/∞ 型の不定形の極限を求めたが，二つの異なる結論が得られた．例 2 では，分子の e^x が分母の x^2 よりはるかに急激に増加し，結果として分数 e^x/x^2 がいくらでも大きくなることを示す．実際，$y=e^x$ はいかなるベキ関数 $y=x^n$ より急激に大きくなる（節末問題 73 参照）．逆に例 3 では，極限が 0 とは分母が分子より速く大きくなることを意味し，比は最終的に 0 に近づく．

図4のグラフは，例4の結果を視覚的に示している．しかし，拡大しすぎるとグラフが不正確になる．なぜなら，xが小さくなると，$\tan x$はxに近づくからである．第I巻§1·5節末問題44(d)を参照．

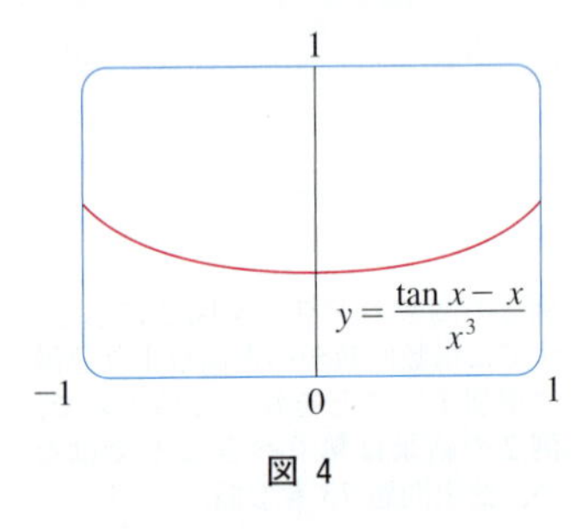

図 4

例 4　$\displaystyle\lim_{x\to 0}\frac{\tan x-x}{x^3}$ を求めよ（第I巻§1·5節末問題44参照）．

［解説］ $x\to 0$のとき，$\tan x-x\to 0$，$x^3\to 0$であるので，l'Hospitalの定理を使うと，

$$\lim_{x\to 0}\frac{\tan x-x}{x^3}=\lim_{x\to 0}\frac{\sec^2 x-1}{3x^2}$$

である．右辺の極限は $\frac{0}{0}$ 型の不定形のままであるので，再度l'Hospitalの定理を使うと，

$$\lim_{x\to 0}\frac{\sec^2 x-1}{3x^2}=\lim_{x\to 0}\frac{2\sec^2 x\tan x}{6x}$$

である．$\displaystyle\lim_{x\to 0}\sec^2 x=1$であるので，式を整理すると，

$$\lim_{x\to 0}\frac{2\sec^2 x\tan x}{6x}=\frac{1}{3}\lim_{x\to 0}\sec^2 x\cdot\lim_{x\to 0}\frac{\tan x}{x}=\frac{1}{3}\lim_{x\to 0}\frac{\tan x}{x}$$

となる．

最後の極限は，再度l'Hospitalの定理を使うか，あるいは$\tan x=\sin x/\cos x$であることを使って3角関数の極限公式$\displaystyle\lim_{x\to 0}(\sin x)/(\cos x)=1$を用いて求めることができる．ここでは，再度l'Hospitalの定理を使って，式を整理する．

$$\lim_{x\to 0}\frac{\tan x-x}{x^3}=\lim_{x\to 0}\frac{\sec^2 x-1}{3x^2}=\lim_{x\to 0}\frac{2\sec^2 x\tan x}{6x}$$

$$=\frac{1}{3}\lim_{x\to 0}\frac{\tan x}{x}=\frac{1}{3}\lim_{x\to 0}\frac{\sec^2 x}{1}=\frac{1}{3}$$

例 5　$\displaystyle\lim_{x\to\pi^-}\frac{\sin x}{1-\cos x}$ を求めよ．

［解説］ 条件を無視してやみくもにl'Hospitalの定理を使うと，

$$\lim_{x\to\pi^-}\frac{\sin x}{1-\cos x}=\lim_{x\to\pi^-}\frac{\cos x}{\sin x}=-\infty$$

となる．しかし，これは間違っている．$x\to\pi^-$のとき，分子は$\sin x\to 0$であるが，分母$1-\cos x$は0に近づかないので，l'Hospitalの定理の条件，"分母・分子が共に0に収束する"を満たしていない，したがってl'Hospitalの定理を用いることはできない．

この場合，関数はπで連続で，分母は0にならないので，与えられた極限は次のように簡単に求まる．

$$\lim_{x\to\pi^-}\frac{\sin x}{1-\cos x}=\frac{\sin\pi}{1-\cos\pi}=\frac{0}{1-(-1)}=0$$

例5は，l'Hospitalの定理を深く考えずに用いると，何がうまくいかないかを示している．また，l'Hospitalの定理を用いて極限を求められる場合でも，他の方法を使うとより簡単に極限が求まることがある（第I巻§1·6例3, 5，第I巻§3·4例3およびこの節の冒頭の議論を参照）．したがって，任意の極限を求める際は，l'Hospitalの定理を用いる前に，他の方法が使えないかをまずは検討すべきである．

■ 積が不定形になる場合

$\lim_{x\to a} f(x)=0$，$\lim_{x\to a} g(x)=\infty$（あるいは $-\infty$）であるとき，$\lim_{x\to a}(f(x)g(x))$ が存在するとしても，どんな値になるかはっきりとわからない．f と g がせめぎ合っていて，f が優勢ならば極限は 0 となるだろうし，g が優勢ならば極限は ∞（あるいは $-\infty$）となるだろう．f と g がうまく折り合うならば，有限の数になるかもしれない．これを **0・∞型の不定形の極限**という．これは，積 fg を商の形に書き直すことによって扱いやすくなる．

$$fg=\frac{f}{1/g} \quad \text{あるいは} \quad fg=\frac{g}{1/f}$$

これにより，与えられた極限は $\frac{0}{0}$ 型あるいは ∞/∞ 型の不定形に変換されるので，l'Hospital の定理を用いることができる．

例 6　$\lim_{x\to 0^+} x\log x$ を求めよ．

［解説］与えられた極限の一つ目の因子（x）は，$x\to 0^+$ のとき 0 に近づき，二つ目の因子（$\log x$）は $-\infty$ に近づくので，不定形である．$x=1/(1/x)$ とすると，$x\to 0^+$ のとき $1/x\to\infty$ であるので，l'Hospital の定理を使うと次のようになる．

$$\lim_{x\to 0^+} x\log x=\lim_{x\to 0^+}\frac{\log x}{1/x}=\lim_{x\to 0^+}\frac{1/x}{-1/x^2}=\lim_{x\to 0^+}(-x)=0$$

図 5 は，例 6 の関数のグラフを示している．関数は $x=0$ で定義されていないことに注意する．グラフは原点に近づくが，達することはない．

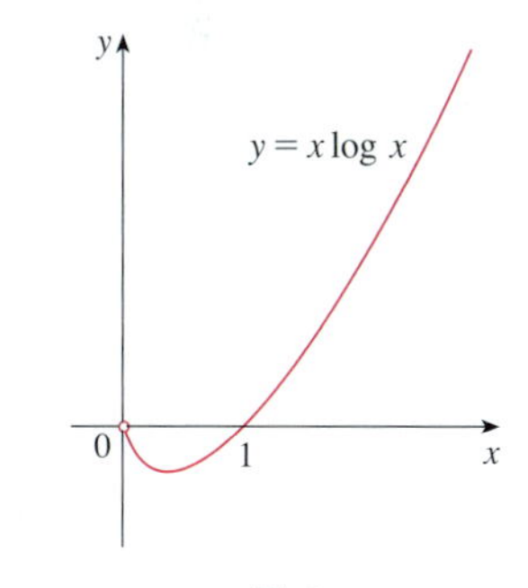

図 5

注 意　例 6 を解くのに，

$$\lim_{x\to 0^+} x\log x=\lim_{x\to 0^+}\frac{x}{1/\log x}$$

とする方法もある．これも $\frac{0}{0}$ 型の不定形だが，これに l'Hospital の定理を使うと，最初の不定形よりも複雑な形が現れる．一般に，積の不定形を書き直すときは，より簡単な極限の形になる方法を選ぶとよい．

例 7　l'Hospital の定理を使って，$f(x)=xe^x$ のグラフを描け．

［解説］$x\to\infty$ のとき，x と e^x は共に ∞ に発散するので，$\lim_{x\to\infty} xe^x=\infty$ である．しかし，$x\to-\infty$ のときは $e^x\to 0$ であるので，$(-\infty)\cdot 0$ 型の不定形となり，l'Hospital の定理を用いる．

$$\lim_{x\to-\infty} xe^x=\lim_{x\to-\infty}\frac{x}{e^{-x}}=\lim_{x\to-\infty}\frac{1}{-e^{-x}}=\lim_{x\to-\infty}(-e^x)=0$$

よって，x 軸が水平漸近線である．

曲線を描くときの指針（第 I 巻 §3・5 参照）に基づいて，グラフを描くための情報を求めよう．まず，導関数は

$$f'(x)=xe^x+e^x=(x+1)e^x$$

である．e^x は常に正であり，$x+1>0$ のときは $f'(x)>0$，$x+1<0$ のときは $f'(x)<0$ である．よって，f は区間 $(-1,\infty)$ で増加し，区間 $(-\infty,-1)$ で減少する．また，$f'(-1)=0$ であり，f' の符号は $x=-1$ で負から正に変わるので，$f(-1)=-e^{-1}\approx-0.37$ は極小値であって最小値でもある．次に，2 階導関数は

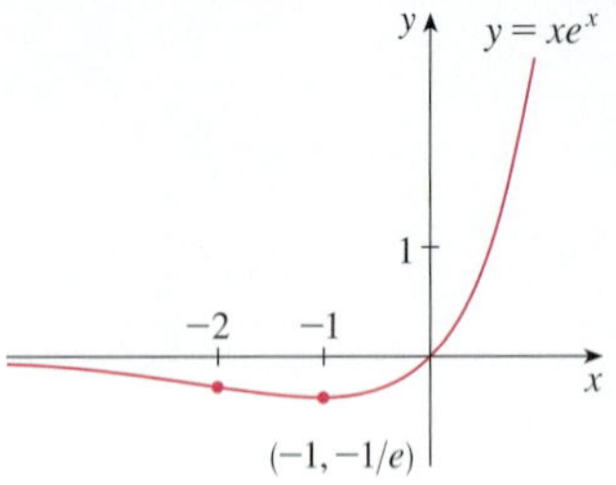

$$f''(x) = (x+1)e^x + e^x = (x+2)e^x$$

である．$x > -2$ ならば $f''(x) > 0$，$x < -2$ ならば $f''(x) < 0$ である．よって f は区間 $(-2, \infty)$ で下に凸であり，区間 $(-\infty, -2)$ で上に凸である．変曲点は $(-2, -2e^{-2}) \approx (-2, -0.27)$ である．

これらの情報を使って描いたグラフが図 6 である．

図 6

差が不定形になる場合

$\lim_{x \to a} f(x) = \infty$，$\lim_{x \to a} g(x) = \infty$ であるとき，極限

$$\lim_{x \to a} (f(x) - g(x))$$

を **$\infty - \infty$ 型の不定形の極限**という．この場合も，f と g がせめぎ合っていて，f が優勢ならば極限は ∞ に，g が優勢ならば $-\infty$ に，f と g がうまく折り合えば有限の数となるだろう．そしてここでも，極限を求めるために $\frac{0}{0}$ 型あるいは ∞/∞ 型の不定形に変換する．つまり，通分，有理化，因数分解などの方法を使って差を商の形に変換する．

例 8　$\lim_{x \to (\pi/2)^-} (\sec x - \tan x)$ を求めよ．

［解 説］ $x \to (\pi/2)^-$ のとき $\sec x \to \infty$，$\tan x \to \infty$ であるので，極限は不定形である．ここでは通分を行う．

$$\lim_{x \to (\pi/2)^-} (\sec x - \tan x) = \lim_{x \to (\pi/2)^-} \left(\frac{1}{\cos x} - \frac{\sin x}{\cos x} \right)$$

$$= \lim_{x \to (\pi/2)^-} \frac{1 - \sin x}{\cos x} = \lim_{x \to (\pi/2)^-} \frac{-\cos x}{-\sin x} = 0$$

このとき，$x \to (\pi/2)^-$ のとき，$1 - \sin x \to 0$，$\cos x \to 0$ であるので，l'Hospital の定理を使ってよいことに注意しよう．

ベキが不定形になる場合

$$\lim_{x \to a} = (f(x))^{g(x)}$$

の場合，いくつかの型*の不定形が現れる．

* 0^0 型，∞^0 型，1^∞ 型は不定形であるが，0^∞ 型は不定形ではない（節末問題 98 参照）．

1. $\lim_{x \to a} f(x) = 0$　かつ　$\lim_{x \to a} g(x) = 0$　0^0 型
2. $\lim_{x \to a} f(x) = \infty$　かつ　$\lim_{x \to a} g(x) = 0$　∞^0 型
3. $\lim_{x \to a} f(x) = 1$　かつ　$\lim_{x \to a} g(x) = \pm\infty$　1^∞ 型

この三つの場合，$y = (f(x))^{g(x)}$ として両辺の自然対数をとり，

$$\log y = g(x) \log f(x)$$

とすることによって扱うこともできるし，上記を指数関数に書き直して

$$(f(x))^{g(x)} = e^{g(x) \log f(x)}$$

とすることによって扱うこともできる（これらの操作は，関数 $(f(x))^{g(x)}$ を微分する際に対数微分法として用いられた）．どちらの方法でも，$0 \cdot \infty$ 型の積の不定形 $g(x) \log f(x)$ に導かれる．

例 9　$\lim_{x\to 0^+}(1+\sin 4x)^{\cot x}$ を求めよ．

［解 説］ $x\to 0^+$ のとき，$1+\sin 4x\to 1$，$\cot x\to\infty$ であるので，この極限は 1^∞ 型の不定形である．

$$y = (1+\sin 4x)^{\cot x}$$

とすると，

$$\log y = \log((1+\sin 4x)^{\cot x}) = \cot x \log(1+\sin 4x) = \frac{\log(1+\sin 4x)}{\tan x}$$

である．よって，l'Hospital の定理より

$$\lim_{x\to 0^+}\log y = \lim_{x\to 0^+}\frac{\log(1+\sin 4x)}{\tan x} = \lim_{x\to 0^+}\frac{\dfrac{4\cos 4x}{1+\sin 4x}}{\sec^2 x} = 4$$

となる．さて，ここで求めたのは $\log y$ の極限だが，求めたいのは y の極限である．そこで $y=e^{\log y}$ を使って次のように導く．

$$\lim_{x\to 0^+}(1+\sin 4x)^{\cot x} = \lim_{x\to 0^+} y = \lim_{x\to 0^+} e^{\log y} = e^4$$

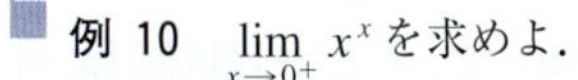

例 10　$\lim_{x\to 0^+} x^x$ を求めよ．

［解 説］ 任意の $x>0$ について $0^x=0$，任意の $x\neq 0$ について $x^0=1$ である（0^0 は定義されていないことを思い出そう）．よって，この極限は不定形である．例 9 のやり方でも計算できるし，指数関数

$$x^x = (e^{\log x})^x = e^{x\log x}$$

とすることによっても計算できる．例 6 において l'Hospital の定理を使って

$$\lim_{x\to 0^+} x\log x = 0$$

と示したので，これを用いると

$$\lim_{x\to 0^+} x^x = \lim_{x\to 0^+} e^{x\log x} = e^0 = 1$$

である．

関数 $y=x^x$，$x>0$ のグラフを図 7 に示す．0^0 は定義されていないが，関数の値は $x\to 0^+$ のとき 1 に近づくことに注意する．例 10 の結果を視覚的に示している．

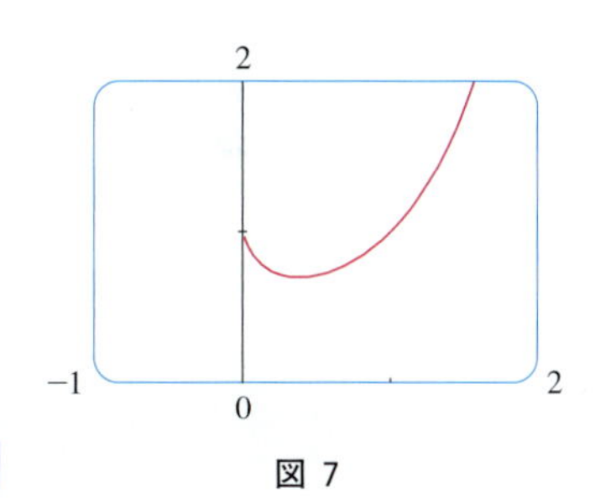

図 7

l'Hospital の定理を証明するには，まず，次に示す平均値の定理の一般化が必要である．この定理は，フランス人の数学者 Cauchy*（1789‐1857）にちなんで名付けられた．

* Cauchy の略歴は第 I 巻 § 1・7 の欄外を参照．

3 Cauchy の平均値の定理　関数 f, g は区間 $[a, b]$ で連続，区間 (a, b) で微分可能であって，区間 (a, b) のすべての x について $g'(x)\neq 0$ であるならば，

$$\frac{f'(c)}{g'(c)} = \frac{f(b)-f(a)}{g(b)-g(a)}$$

となる数 c が区間 (a, b) に存在する．

定理 3 を，特別な場合として $g(x)=x$ とすると，$g'(c)=1$ であるので，通常の平均値の定理（第I巻§3·2でみたもの）となることがわかり，定理 3 もこれと同様に証明することができる．第I巻§3·2式 4 で与えられた関数 h を，ここでは関数

$$h(x) = f(x) - f(a) - \frac{f(b) - f(a)}{g(b) - g(a)}(g(x) - g(a))$$

とし，条件を吟味してから，Roll（ロル）の定理を適用すればよい．

■ l'Hospital の定理の証明　$\lim_{x\to a} f(x)=0$, $\lim_{x\to a} g(x)=0$ と仮定して，

$$L = \lim_{x\to a}\frac{f'(x)}{g'(x)}$$

とし，$\lim_{x\to a}(f(x)/g(x))=L$ であることを示せばよい．

$$F(x) = \begin{cases} f(x), & x \neq a \\ 0\ , & x = a \end{cases} \qquad G(x) = \begin{cases} g(x), & x \neq a \\ 0\ , & x = a \end{cases}$$

と定義し，f は区間 I から a を除いた $\{x\in I \mid x\neq a\}$ で連続であり，

$$\lim_{x\to a} F(x) = \lim_{x\to a} f(x) = 0 = F(a)$$

であるので，F は区間 I で連続である．同様に，G も区間 I で連続である．$x\in I$, $x>a$ とすると，区間 $[a,x]$ で $F'=f'$, $G'=g'$ であるので，F と G は区間 $[a,x]$ で連続，区間 (a,x) で微分可能で，$G'\neq 0$ である．よって，Cauchy の平均値の定理を使うと，

$$\frac{F'(y)}{G'(y)} = \frac{F(x) - F(a)}{G(x) - G(a)} = \frac{F(x)}{G(x)}$$

である数 y が存在する．ここで $F(a)=G(a)=0$ と定義したことを使うなら，$a<y<x$ より，$x\to a^+$ ならば $y\to a^+$ であるので，

$$\lim_{x\to a^+}\frac{f(x)}{g(x)} = \lim_{x\to a^+}\frac{F(x)}{G(x)} = \lim_{y\to a^+}\frac{F'(y)}{G'(y)} = \lim_{y\to a^+}\frac{f'(y)}{g'(y)} = L$$

である．同じことを $x<a$ として区間 $[x,a]$ について行えば，

$$\lim_{x\to a}\frac{f(x)}{g(x)} = L$$

である．これが，a が有限値のときの l'Hospital の定理の証明である．

a が ∞ ならば，$t=1/x$ とすることにより，$x\to\infty$ のとき $t\to 0^+$ であるので，

$$\begin{aligned}\lim_{x\to\infty}\frac{f(x)}{g(x)} &= \lim_{t\to 0^+}\frac{f(1/t)}{g(1/t)} \\ &= \lim_{t\to 0^+}\frac{f'(1/t)(-1/t^2)}{g'(1/t)(-1/t^2)} \qquad \left(\begin{array}{l} a\text{ が有限値のときの} \\ \text{l'Hospital の定理より}\end{array}\right) \\ &= \lim_{t\to 0^+}\frac{f'(1/t)}{g'(1/t)} = \lim_{x\to\infty}\frac{f'(x)}{g'(x)}\end{aligned}$$

となる．■

1・8 節末問題

1-4 関数の極限が

$$\lim_{x\to a} f(x)=0 \qquad \lim_{x\to a} g(x)=0 \qquad \lim_{x\to a} h(x)=1$$

$$\lim_{x\to a} p(x)=\infty \qquad \lim_{x\to a} q(x)=\infty$$

であるとする．次の極限のうち不定形なのはどれか．また，不定形でないものは，可能ならばその極限を求めよ．

1. (a) $\displaystyle\lim_{x\to a}\frac{f(x)}{g(x)}$ (b) $\displaystyle\lim_{x\to a}\frac{f(x)}{p(x)}$

(c) $\displaystyle\lim_{x\to a}\frac{h(x)}{p(x)}$ (d) $\displaystyle\lim_{x\to a}\frac{p(x)}{f(x)}$

(e) $\displaystyle\lim_{x\to a}\frac{p(x)}{q(x)}$

2. (a) $\displaystyle\lim_{x\to a}(f(x)p(x))$ (b) $\displaystyle\lim_{x\to a}(h(x)p(x))$

(c) $\displaystyle\lim_{x\to a}(p(x)q(x))$

3. (a) $\displaystyle\lim_{x\to a}(f(x)-p(x))$ (b) $\displaystyle\lim_{x\to a}(p(x)-q(x))$

(c) $\displaystyle\lim_{x\to a}(p(x)+q(x))$

4. (a) $\displaystyle\lim_{x\to a}(f(x))^{g(x)}$ (b) $\displaystyle\lim_{x\to a}(f(x))^{p(x)}$

(c) $\displaystyle\lim_{x\to a}(h(x))^{p(x)}$ (d) $\displaystyle\lim_{x\to a}(p(x))^{f(x)}$

(e) $\displaystyle\lim_{x\to a}(p(x))^{q(x)}$ (f) $\displaystyle\lim_{x\to a}\sqrt[q(x)]{p(x)}$

5-6 関数f, gのグラフと，それらのグラフの点$(2, 0)$における接線を使って，$\displaystyle\lim_{x\to 2}\frac{f(x)}{g(x)}$を求めよ．

5.

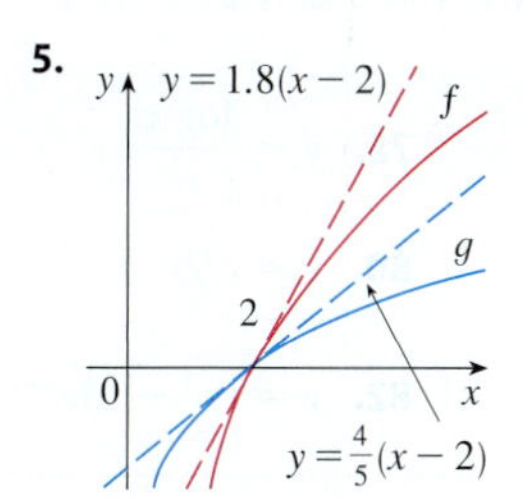

6.

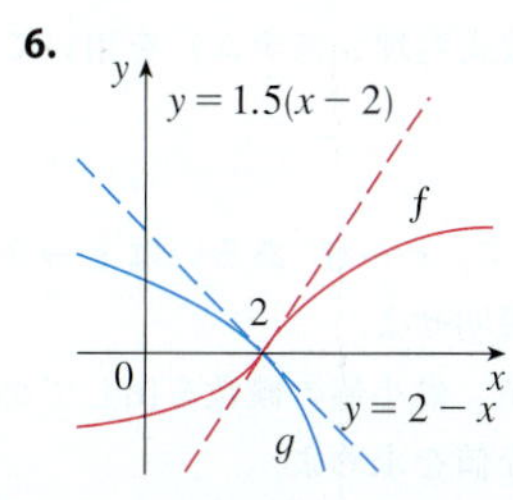

7. 関数fのグラフと，0における接線を示す．

$\displaystyle\lim_{x\to 0}\frac{f(x)}{e^x-1}$を求めよ．

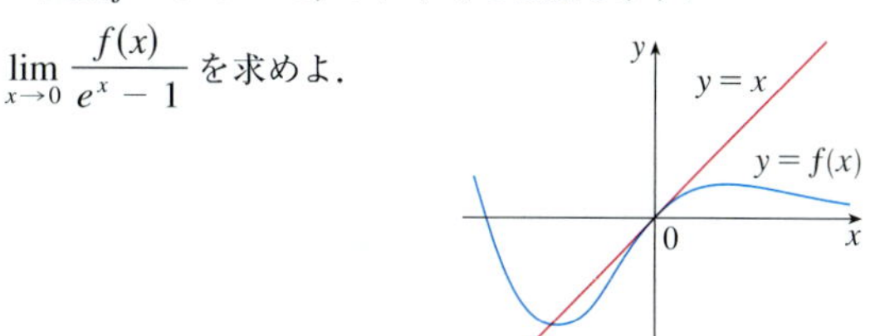

8-68 次の関数の極限を求めよ．l'Hospitalの定理を使うのが適当ならば使って極限を求めよ．l'Hospitalの定理を使わなくても簡単に求まる場合は定理を使わずに求めよ．また，l'Hospitalの定理が使えない場合は，その理由を説明せよ．

8. $\displaystyle\lim_{x\to 3}\frac{x-3}{x^2-9}$

9. $\displaystyle\lim_{x\to 4}\frac{x^2-2x-8}{x-4}$ **10.** $\displaystyle\lim_{x\to -2}\frac{x^3+8}{x+2}$

11. $\displaystyle\lim_{x\to 1}\frac{x^3-2x^2+1}{x^3-1}$ **12.** $\displaystyle\lim_{x\to 1/2}\frac{6x^2+5x-4}{4x^2+16x-9}$

13. $\displaystyle\lim_{x\to(\pi/2)^+}\frac{\cos x}{1-\sin x}$ **14.** $\displaystyle\lim_{x\to 0}\frac{\tan 3x}{\sin 2x}$

15. $\displaystyle\lim_{t\to 0}\frac{e^{2t}-1}{\sin t}$ **16.** $\displaystyle\lim_{x\to 0}\frac{x^2}{1-\cos x}$

17. $\displaystyle\lim_{\theta\to\pi/2}\frac{1-\sin\theta}{1+\cos 2\theta}$ **18.** $\displaystyle\lim_{\theta\to\pi}\frac{1+\cos\theta}{1-\cos\theta}$

19. $\displaystyle\lim_{x\to\infty}\frac{\log x}{\sqrt{x}}$ **20.** $\displaystyle\lim_{x\to\infty}\frac{x+x^2}{1-2x^2}$

21. $\displaystyle\lim_{x\to 0^+}\frac{\log x}{x}$ **22.** $\displaystyle\lim_{x\to\infty}\frac{\log\sqrt{x}}{x^2}$

23. $\displaystyle\lim_{t\to 1}\frac{t^8-1}{t^5-1}$ **24.** $\displaystyle\lim_{t\to 0}\frac{8^t-5^t}{t}$

25. $\displaystyle\lim_{x\to 0}\frac{\sqrt{1+2x}-\sqrt{1-4x}}{x}$

26. $\displaystyle\lim_{u\to\infty}\frac{e^{u/10}}{u^3}$

27. $\displaystyle\lim_{x\to 0}\frac{e^x-1-x}{x^2}$ **28.** $\displaystyle\lim_{x\to 0}\frac{\sinh x-x}{x^3}$

29. $\displaystyle\lim_{x\to 0}\frac{\tanh x}{\tan x}$ **30.** $\displaystyle\lim_{x\to 0}\frac{x-\sin x}{x-\tan x}$

31. $\displaystyle\lim_{x\to 0}\frac{\sin^{-1}x}{x}$ **32.** $\displaystyle\lim_{x\to\infty}\frac{(\log x)^2}{x}$

33. $\displaystyle\lim_{x\to 0}\frac{x3^x}{3^x-1}$

34. $\displaystyle\lim_{x\to 0}\frac{\cos mx-\cos nx}{x^2}$

35. $\displaystyle\lim_{x\to 0}\frac{\log(1+x)}{\cos x+e^x-1}$

36. $\displaystyle\lim_{x\to 1}\frac{x\sin(x-1)}{2x^2-x-1}$

37. $\displaystyle\lim_{x\to 0^+}\frac{\arctan(2x)}{\log x}$

38. $\displaystyle\lim_{x\to 0^+}\frac{x^x-1}{\log x+x-1}$

39. $\displaystyle\lim_{x\to 1}\frac{x^a-1}{x^b-1},\ b\neq 0$

40. $\displaystyle\lim_{x\to 0}\frac{e^x-e^{-x}-2x}{x-\sin x}$

41. $\displaystyle\lim_{x\to 0}\frac{\cos x-1+\frac{1}{2}x^2}{x^4}$

42. $\displaystyle\lim_{x\to a^+}\frac{\cos x\log(x-a)}{\log(e^x-e^a)}$

43. $\displaystyle\lim_{x\to\infty}x\sin(\pi/x)$

44. $\displaystyle\lim_{x\to\infty}\sqrt{x}\,e^{-x/2}$

45. $\displaystyle\lim_{x\to 0}\sin 5x\csc 3x$

46. $\displaystyle\lim_{x\to -\infty}x\log\left(1-\frac{1}{x}\right)$

47. $\displaystyle\lim_{x\to\infty}x^3e^{-x^2}$

48. $\displaystyle\lim_{x\to\infty}x^{3/2}\sin(1/x)$

49. $\displaystyle\lim_{x\to 1^+}\log x\tan(\pi x/2)$

50. $\displaystyle\lim_{x\to(\pi/2)^-}\cos x\sec 5x$

51. $\displaystyle\lim_{x\to 1}\left(\frac{x}{x-1}-\frac{1}{\log x}\right)$

52. $\displaystyle\lim_{x\to 0}(\csc x-\cot x)$

53. $\displaystyle\lim_{x\to 0^+}\left(\frac{1}{x}-\frac{1}{e^x-1}\right)$

54. $\displaystyle\lim_{x\to 0^+}\left(\frac{1}{x}-\frac{1}{\tan^{-1}x}\right)$

55. $\displaystyle\lim_{x\to\infty}(x-\log x)$

56. $\displaystyle\lim_{x\to 1^+}(\log(x^7-1)-\log(x^5-1))$

57. $\displaystyle\lim_{x\to 0^+}x^{\sqrt{x}}$

58. $\displaystyle\lim_{x\to 0^+}(\tan 2x)^x$

59. $\displaystyle\lim_{x\to 0}(1-2x)^{1/x}$

60. $\displaystyle\lim_{x\to\infty}\left(1+\frac{a}{x}\right)^{bx}$

61. $\displaystyle\lim_{x\to 1^+}x^{1/(1-x)}$

62. $\displaystyle\lim_{x\to\infty}x^{(\log 2)/(1+\log x)}$

63. $\displaystyle\lim_{x\to\infty}x^{1/x}$

64. $\displaystyle\lim_{x\to\infty}x^{e^{-x}}$

65. $\displaystyle\lim_{x\to 0^+}(4x+1)^{\cot x}$

66. $\displaystyle\lim_{x\to 1}(2-x)^{\tan(\pi x/2)}$

67. $\displaystyle\lim_{x\to 0^+}(1+\sin 3x)^{1/x}$

68. $\displaystyle\lim_{x\to\infty}\left(\frac{2x-3}{2x+5}\right)^{2x+1}$

69-70　計算機を使ってグラフを描き，極限の値を求めよ．次に，l'Hospital の定理を使って，正確な値を求めよ．

69. $\displaystyle\lim_{x\to\infty}\left(1+\frac{2}{x}\right)^x$

70. $\displaystyle\lim_{x\to 0}\frac{5^x-4^x}{3^x-2^x}$

71-72　計算機を使って，$x=0$ の近くにおける $f(x)/g(x)$ と $f'(x)/g'(x)$ のグラフを描け．次に，そのグラフから，$x\to 0$ のとき二つの比が同じ極限をとることを示し，l'Hospital の定理が正しいことを確認せよ．また，極限の正確な値を求めよ．

71. $f(x)=e^x-1,\quad g(x)=x^3+4x$

72. $f(x)=2x\sin x,\quad g(x)=\sec x-1$

73. 任意の自然数 n について

$$\lim_{x\to\infty}\frac{e^x}{x^n}=\infty$$

となることを証明せよ．これは，指数関数がいかなるベキ関数 x^n よりも速やかに無限大に近づくことを示している．

74. 任意の正数 p について

$$\lim_{x\to\infty}\frac{\log x}{x^p}=0$$

であることを証明せよ．これは，対数関数がいかなるベキ関数 x^p よりも緩やかに無限大に近づくことを示している．

75-76　l'Hospital の定理を使って極限を求めると何が起こるか．また，別の方法を使って極限を求めよ．

75. $\displaystyle\lim_{x\to\infty}\frac{x}{\sqrt{x^2+1}}$

76. $\displaystyle\lim_{x\to(\pi/2)^-}\frac{\sec x}{\tan x}$

77-82　l'Hospital の定理を使って，曲線を描くときの指針（第 I 巻 § 3·5 あるいは § 1·4 例 6 欄外参照）に基づいてグラフを描け．

77. $y=xe^{-x}$

78. $\displaystyle y=\frac{\log x}{x^2}$

79. $y=xe^{-x^2}$

80. $y=e^x/x$

81. $\displaystyle y=\frac{1}{x}+\log x$

82. $y=(x^2-3)e^{-x}$

83-85　必要ならば計算機（数式処理システム）を用いて答えよ．

(a) 関数のグラフを描け．

(b) l'Hospital の定理を使って，$x\to 0^+$ あるいは $x\to\infty$ のときの関数の振舞いを説明せよ．

(c) 極大値，極小値，最大値，最小値の概数を出してから，微積分を使って正確な値を求めよ．

(d) f'' のグラフを使って，変曲点の x 座標を求めよ．

83. $f(x) = x^{-x}$

84. $f(x) = (\sin x)^{\sin x}$

85. $f(x) = x^{1/x}$

---

86. n を自然数として，曲線の族 $f(x)=x^n e^{-x}$ を計算機を使って調べる．これらの曲線の共通点と，互いに異なる点は何か．n が増加すると，極大値，極小値，最大値，最小値，変曲点はどのように変化するか．いくつかの n についてグラフを描き，説明せよ．

87. 曲線の族 $f(x)=e^x-cx$ を計算機を使って調べる．$x\to\pm\infty$ のときの極限と，f が最小値をもつ c の値を求め，c が増加するとき，最小値はどのように変化するか説明せよ．

88. 質量 m の物体が静止状態から落下する場合，空気抵抗を考慮した t 秒後の速度 v の一つのモデルが，g を重力加速度，c を正定数として，

$$v = \frac{mg}{c}(1 - e^{-ct/m})$$

である（第 4 章では，空気抵抗が物体の速度に比例するという仮定からこの式を導き出す．ここで，c は比例定数である）．

(a) $\lim_{t\to\infty} v$ を求めよ．この極限は何を意味しているか．

(b) 時間 t を固定し，l'Hospital の定理を使って，$\lim_{c\to 0^+} v$ を求めよ．真空中で落下する物体の速度について何がいえるか．

89. 投資額 A_0 を年利率 r，1 年を n 分割する複利運用すると，t 年後の投資額は

$$A = A_0\left(1 + \frac{r}{n}\right)^{nt}$$

となる．$n\to\infty$ として連続複利にするとき，t 年後には投資額は

$$A = A_0 e^{rt}$$

となることを，l'Hospital の定理を使って示せ．

90. 光は瞳孔を通して眼に入り，光の明るさと色を感知する視細胞でできた網膜に当たる．W. Stanley Stiles（スタイルズ）と B. H. Crawford（クロフォード）は，光が瞳孔の中心部から外れて入るほど，感じられる明るさが減少する現象を研究した（右上図）．

彼らは，第 1 種 Stiles－Crawford 効果として知られるこの現象の詳細を記した重要な論文を 1933 年に発表した．この論文で，感知する明るさ（輝度）の量は，予知したことに反して光が通る瞳孔の面積に比例しないと述べている．半径 r（mm）の瞳孔を通って入ってきた光が網膜で感知される輝度の全輝度に対する割合 P は

$$P = \frac{1 - 10^{-\rho r^2}}{\rho r^2 \log 10}$$

で与えられる．ρ は実験的に決定される定数で，一般的に約 0.05 である．

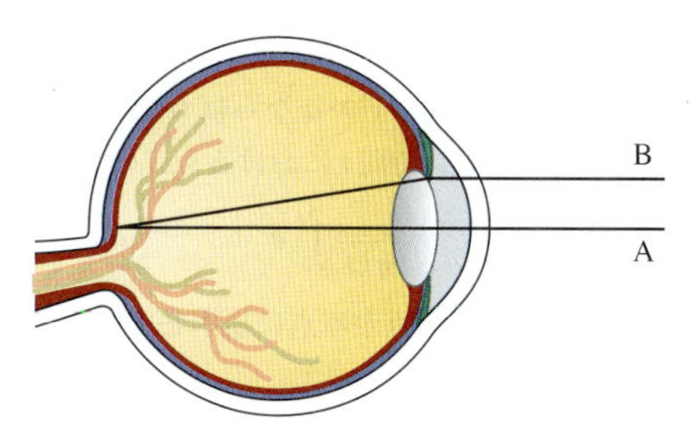

瞳孔の中心を通って入ってくる光線 A は，瞳孔の周辺から入ってくる光線 B よりも明るく感じられる．

(a) $\rho=0.05$ として，瞳孔半径 3 mm のときの感知する明るさの割合を求めよ．

(b) 瞳孔半径 2 mm のときの感知する明るさの割合を求めよ．(a) で求めた値よりも大きい値となることは納得できるか．

(c) $\lim_{r\to 0^+} \rho$ を求めよ．求めた値は予想通りの値か．この結果は物理的に成り立つか．

（出典：W. Stiles and B. Crawford, "The Luminous Efficiency of Rays Entering the Eye Pupil at Different Points", *Proceedings of the Royal Society of London, Series B: Biological Sciences*, **112**, 428（1933））

91. いくつかの個体が存在する場合，初期は指数関数的に増加するが，最終的に増加は止まる．M, A, k を正定数とする

$$P(t) = \frac{M}{1 + Ae^{-kt}}$$

の形の方程式はロジスティック方程式とよばれ，このような個体数の数学モデルに使われることがよくある（詳細は第 4 章で扱う）．ここで，M は環境収容力とよばれ，その環境で生育可能な最大個体数を表し，A は P_0 は初期の個体数として $A=(M-P_0)/P_0$ である．

(a) $\lim_{t\to\infty} P(t)$ を求めよ．その答えがもともと予想されるものであることを説明せよ．

(b) $\lim_{M\to\infty} P(t)$ を求めよ（A は M の関数として表されていることに注意）．求めた関数はどういう種類の関数か．

92. 半径 r の導線が絶縁体で覆われている．導線の中心から絶縁体の外側までの長さは R である．この導線中を流れる電気信号の速度 v は，c を正定数として

$$v = -c\left(\frac{r}{R}\right)^2 \log\left(\frac{r}{R}\right)$$

である．次の極限を求め，その意味を説明せよ．

(a) $\lim_{R\to r^+} v$　　(b) $\lim_{r\to 0^+} v$

93. 第 I 巻 § 4・3 で，光の回析を研究する際に登場する Fresnel（フレネル）関数 $S(x) = \int_0^x \sin\left(\frac{1}{2}\pi t^2\right) dt$ を扱った．

$$\lim_{x\to 0} \frac{S(x)}{x^3}$$

を求めよ．

94. 細長い棒が x 軸に沿って置かれていて，初期温度が $|x|\leq a$ ならば $C/(2a)$，$|x|>a$ ならば 0 である．棒の熱拡散率を k とすると，時間 t における点 x の棒の温度は，

$$T(x,t)=\frac{C}{a\sqrt{4\pi kt}}\int_0^a e^{-(x-u)^2/(4kt)}\,du$$

である．初期，高温の点が原点に集中している場合の温度分布を求めるには，

$$\lim_{a\to 0} T(x,t)$$

を計算すればよい．l'Hospital の定理を使って，この極限を求めよ．

95. l'Hospital の定理が書籍で最初に紹介されたのは，1696 年 Marquis de l'Hospital によって出版された "*Analyse des Infiniment Petits*" であった．この書は初めて出版された微積分学書であり，この中で l'Hospital の定理を説明するために彼自身が使ったのが，$a>0$ として，x が a に近づくとき，関数

$$y=\frac{\sqrt{2a^3x-x^4}-a\sqrt[3]{aax}}{a-\sqrt[4]{ax^3}}$$

の極限を求めるという例であった（当時は a^2 を aa と表すのが普通であった）．この問題を解け．

96. 図は中心角 θ の扇形である．$A(\theta)$ を弦 PR と弧 PR に囲まれた領域の面積，$B(\theta)$ を 3 角形 PQR の面積とする．$\lim_{\theta\to 0^+} A(\theta)/B(\theta)$ を求めよ．

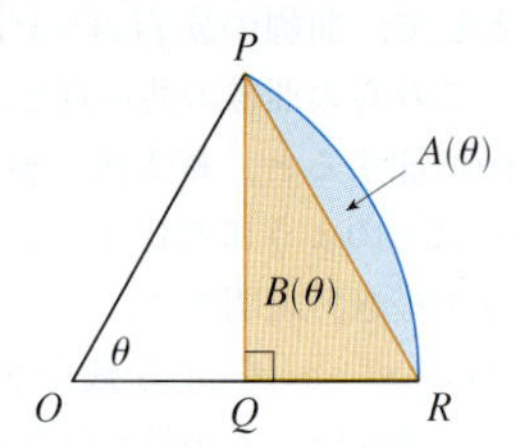

97. $$\lim_{x\to\infty}\left(x-x^2\log\left(\frac{1+x}{x}\right)\right)$$

を求めよ．

98. f は正値関数とする．$\lim_{x\to a} f(x)=0$，$\lim_{x\to a} g(x)=\infty$ であるとき，

$$\lim_{x\to a}(f(x))^{g(x)}=0$$

であることを示せ．これは，0^∞ が不定形でないことを示している．

レポート課題　l'Hospital の定理の原点

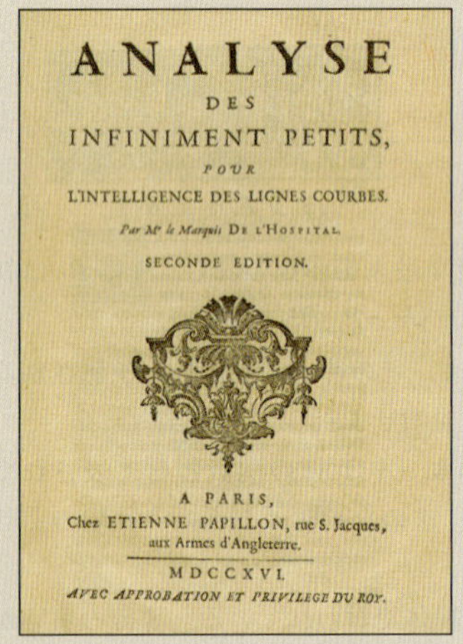
ANALYSE
DES
INFINIMENT PETITS,
POUR
L'INTELLIGENCE DES LIGNES COURBES.
Par Mʳ le Marquis DE L'HOSPITAL.
SECONDE EDITION.
A PARIS,
Chez ETIENNE PAPILLON, rue S. Jacques, aux Armes d'Angleterre.
MDCCXVI.
AVEC APPROBATION ET PRIVILEGE DU ROY.

Thomas Fisher Rare Book Library

l'Hospital の定理が最初に紹介されたのは，Marquis de l'Hospital が 1696 年に出版した微積分の書 "*Analyse des infiniment Petits*" であるが，定理自体は 1694 年スイスの数学者 John（Johann）Bernoulli が見つけた．このような事態になったのは，Bernoulli の数学的発見の権利を l'Hospital が購入するという，奇妙な契約が交わされたからである．l'Hospital が Bernoulli へ契約を提案する手紙の翻訳を含め，この詳細は Eves の書[1] で知ることができる．

l'Hospital の定理の歴史的・数学的起源についてレポートを書け．まず，二人の簡単な経歴を記し（出典として Gillispie 編纂の辞書[2] は良書である），二人の間で交わされた取引を概説せよ．次に，Struik の書[4]，あるいはより簡潔に記されている Katz の書[3] を読み，l'Hospital の定理について l'Hospital 自身がどのように説明しているかを記せ．l'Hospital と Bernoulli は定理を幾何的に定式化し，微分を使っていかに表現したかについても注目せよ．また，§1·8 の l'Hospital の定理の説明と比較し，二つの説明が本質的に同じであることを示せ．

1. H. Eves, *In Mathematical Circles* (*Volume 2: Quadrants III and IV*) (Boston: Prindle, Weber and Schmidt, 1969), p. 20-22.
2. C. C. Gillispie, ed., *Dictionary of Scientific Biography* (New York: Scribner's, 1974). 第 2 巻の E. A. Fellmann と J. O. Fleckenstein による Bernoulli と，第 8 巻の A. Robinson による l'Hospital の項を参照.
3. V. Katz, *A History of Mathematics: An Introduction* (New York: Harper Collins, 1993), p. 484（上野健爾・三浦伸夫 監訳，「カッツ数学の歴史」，共立出版）.
4. D. J. Struik, ed., *A Sourcebook in Mathematics, 1200-1800* (Princeton, NJ: Princeton University Press, 1969), pp. 315-316.

インターネットはこの課題のもう一つの情報源である．

www.stewartcalculus.com

の "History of Mathematics" に，信頼できるウェブサイトのリストがある（英語版のみ．また上記のウェブサイトは英語版読者のために提供されており，日本語版読者の使用は保証されない）．

99. f' が連続で，$f(2)=0$，$f'(2)=7$ であるとき，

$$\lim_{x\to 0}\frac{f(2+3x)+f(2+5x)}{x}$$

を求めよ．

100. 次の方程式が成り立つ a と b の値を求めよ．

$$\lim_{x\to 0}\left(\frac{\sin 2x}{x^3}+a+\frac{b}{x^2}\right)=0$$

101. f' が連続であるとき，l'Hospital の定理を使って，

$$\lim_{h\to 0}\frac{f(x+h)-f(x-h)}{2h}=f'(x)$$

であることを示せ．この方程式の意味を図を使って説明せよ．

102. f'' が連続であるとき，

$$\lim_{h\to 0}\frac{f(x+h)-2f(x)+f(x-h)}{h^2}=f''(x)$$

であることを示せ．

103.

$$f(x)=\begin{cases}e^{-1/x^2}, & x\neq 0\\ 0\quad, & x=0\end{cases}$$

とする．

(a) 導関数の定義を使って，$f'(0)$ を求めよ．

(b) f は $\mathbb{R}$ で無限回微分可能であることを示せ［ヒント：まず，$x\neq 0$ について $f^{(n)}(x)=p_n(x)f(x)/x^{k_n}$ となる多項式 $p_n(x)$ と非負の整数 k_n が存在することを示す］．

104.

$$f(x)=\begin{cases}|x|^x, & x\neq 0\\ 1\quad, & x=0\end{cases}$$

とする．

(a) f が 0 で連続であることを示せ．

(b) 計算機でグラフを描き，点 $(0,1)$ の周辺のグラフを拡大して，f が 0 で微分可能であるかどうかを調べよ．

(c) f が 0 で微分不可能であることを示せ．(b) のグラフを使って得た結論との違いを説明せよ．

1　章末問題

概念の理解の確認

1. (a) 1 対 1 関数とは何か．関数が 1 対 1 であるか否かをグラフからどのように判定するか．

(b) f が 1 対 1 関数であるとき，f の逆関数 f^{-1} をどのように定義するか．f^{-1} のグラフは，f のグラフからどのようにして得られるか．

(c) f が 1 対 1 関数で $f'(f^{-1}(a))\neq 0$ であるとき，$(f^{-1})'(a)$ の公式を求めよ．

2. (a) 自然指数関数（e を底とする指数関数）$f(x)=e^x$ の定義域と値域を記せ．

(b) 自然対数関数 $g(x)=\log x$ の定義域と値域を記せ．

(c) 関数 $f(x)=e^x$ と関数 $g(x)=\log x$ はどのような関係にあるか．

(d) 二つのグラフはどのような関係にあるか．その概形を同一座標平面に描け．

(e) a を 1 でない正数とする．$\log_a x$ を $\log x$ を用いて表せ．

3. (a) 逆サイン関数 $f(x)=\sin^{-1}x$ はどのように定義されているか．定義域と値域を記せ．

(b) 逆コサイン関数 $f(x)=\cos^{-1}x$ はどのように定義されているか．定義域と値域を記せ．

(c) 逆タンジェント関数 $f(x)=\tan^{-1}x$ はどのように定義されているか．定義域と値域を記し，グラフを描け．

4. 双曲線関数（ハイパボリック関数）$\sinh x$，$\cosh x$，$\tanh x$ の定義を記せ．

5. 各関数の導関数を求めよ．

(a) $y=e^x$　(b) $y=a^x$　(c) $y=\log x$

(d) $y=\log_a x$　(e) $y=\sin^{-1}x$　(f) $y=\cos^{-1}x$

(g) $y=\tan^{-1}x$　(h) $y=\sinh x$　(i) $y=\cosh x$

(j) $y=\tanh x$　(k) $y=\sinh^{-1}x$　(l) $y=\cosh^{-1}x$

(m) $y=\tanh^{-1}x$

6. (a) 数 e の定義を記せ．

(b) 極限を使って e を表せ．

(c) なぜ微積分学では，$y=a^x$ ではなく e を底とする指数関数 $y=e^x$ がよく用いられるのか．

(d) なぜ微積分学では，$y=\log_a x$ ではなく自然対数関数 $y=\log x$ がよく用いられるのか．

7. (a) 自然増加の法則を表す微分方程式を書け．

(b) (a) の微分方程式が人口増加の適切な数学モデルとなるのは，どのような状況下においてか．

(c) (a) の微分方程式の解を求めよ．

8. (a) l'Hospital の定理を説明せよ．

(b) $x \to a$ のとき，$f(x) \to 0$，$g(x) \to \infty$ となる積 $f(x)g(x)$ に対して，l'Hospital の定理はどのように使うことができるか．

(c) $x \to a$ のとき，$f(x) \to \infty$，$g(x) \to \infty$ となる差 $f(x)-g(x)$ に対して，l'Hospital の定理はどのように使うことができるか．

(d) $x \to a$ のとき，$f(x) \to 0$，$g(x) \to 0$ となるベキ $(f(x))^{(g(x))}$ に対して，l'Hospital の定理はどのように使うことができるか．

9. 次の極限が不定形であるか否かを記せ．可能であれば，極限を求めよ．

(a) $\dfrac{0}{0}$　(b) $\dfrac{\infty}{\infty}$　(c) $\dfrac{0}{\infty}$　(d) $\dfrac{\infty}{0}$

(e) $\infty + \infty$　(f) $\infty - \infty$　(g) $\infty \cdot \infty$　(h) $\infty \cdot 0$

(i) 0^0　(j) 0^∞　(k) ∞^0　(l) 1^∞

○×テスト

命題の真偽を調べ，真なら証明，偽なら偽となることの理由または偽となる反例を示せ．

1. 関数 f が定義域 $\mathbb{R}$ の 1 対 1 であるならば，$f^{-1}(f(6))=6$ である．

2. 関数 f が定義域 $\mathbb{R}$ の 1 対 1 で微分可能であるならば，$(f^{-1})'(6)=1/f'(6)$ である．

3. 関数 $f(x)=\cos x$，$-\pi/2 \leqq x \leqq \pi/2$ は 1 対 1 である．

4. $\tan^{-1}(-1)=3\pi/4$ である．

5. $0<a<b$ ならば，$\log a < \log b$ である．

6. $\pi^{\sqrt{5}} = e^{\sqrt{5}\log \pi}$ である．

7. e^x を除数として，割り算を常に行うことができる．

8. $a>0$，$b>0$ ならば，$\log(a+b)=\log a+\log b$ である．

9. $x>0$ ならば，$(\log x)^6 = 6\log x$ である．

10. $\dfrac{d}{dx}(10^x) = x10^{x-1}$ である．

11. $\dfrac{d}{dx}(\log 10) = \dfrac{1}{10}$ である．

12. $y=e^{3x}$ の逆関数は $y=\frac{1}{3}\log x$ である．

13. $\cos^{-1}x = \dfrac{1}{\cos x}$ である．

14. $\tan^{-1}x = \dfrac{\sin^{-1}x}{\cos^{-1}x}$ である．

15. すべての x について $\cosh x \geqq 1$ である．

16. $\log\dfrac{1}{10} = -\displaystyle\int_1^{10}\dfrac{1}{x}\,dx$ である．

17. $\displaystyle\int_2^{16}\dfrac{1}{x}\,dx = 3\log 2$ である．

18. $\displaystyle\lim_{x\to\pi^-}\dfrac{\tan x}{1-\cos x} = \lim_{x\to\pi^-}\dfrac{\sec^2 x}{\sin x} = \infty$ である．

19. $\displaystyle\lim_{x\to\infty} f(x)=1, \lim_{x\to\infty} g(x)=\infty$ ならば，$\displaystyle\lim_{x\to\infty}(f(x))^{g(x)}=1$

練習問題

1. f のグラフが示されている．f は 1 対 1 であるか．説明せよ．

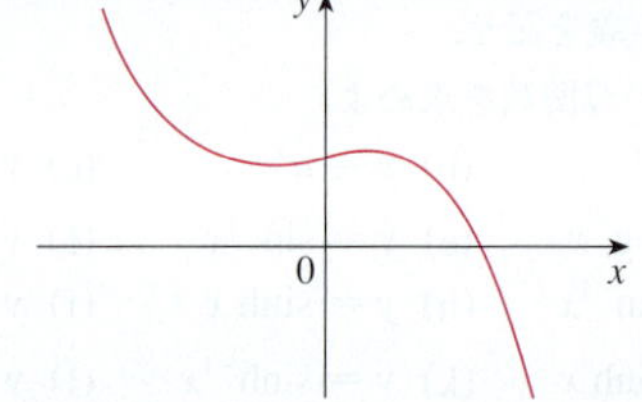

2. g のグラフが与えられている．

(a) なぜ g は 1 対 1 といえるか．

(b) $g^{-1}(2)$ の値を求めよ．

(c) g^{-1} の定義域を求めよ．

(d) g^{-1} のグラフを描け．

3. 関数 f は 1 対 1 で，$f(7)=3$，$f'(7)=8$ であるとき，(a) $f^{-1}(3)$，(b) $(f^{-1})'(3)$ を求めよ．

4. $f(x)=\dfrac{x+1}{2x+1}$ の逆関数を求めよ．

5-9 計算機を使わずに関数のグラフの概形を描け．

5. $y = 5^x - 1$　**6.** $y = -e^{-x}$

7. $y = -\log x$　**8.** $y = \log(x+1)$

9. $y = 2\arctan x$

10. $a>1$ とする．十分に大きい x について，関数 $y=x^a$，$y=a^x$，$y=\log_a x$ のうちで値が最も大きくなる関数と，最も小さくなる関数を求めよ．

11-12 正確な値を求めよ．

11. (a) $e^{2\log 3}$　(b) $\log_{10}25 + \log_{10}4$

12. (a) $\log e^\pi$　(b) $\tan\left(\arcsin\frac{1}{2}\right)$

13-20 x について方程式を解け．

13. $\log x = \frac{1}{3}$　**14.** $e^x = \frac{1}{3}$

15. $e^{e^x} = 17$　**16.** $\log(1+e^{-x}) = 3$

17. $\log(x+1) + \log(x-1) = 1$

18. $\log_5(c^x) = d$　　**19.** $\tan^{-1}x = 1$

20. $\sin x = 0.3$

21-47 微分せよ．

21. $f(t) = t^2 \log t$　　**22.** $g(t) = \dfrac{e^t}{1 + e^t}$

23. $h(\theta) = e^{\tan 2\theta}$　　**24.** $h(u) = 10^{\sqrt{u}}$

25. $y = \log|\sec 5x + \tan 5x|$　　**26.** $y = x \cos^{-1}x$

27. $y = x\tan^{-1}(4x)$　　**28.** $y = e^{mx}\cos nx$

29. $y = \log(\sec^2 x)$　　**30.** $y = \sqrt{t\log(t^4)}$

31. $y = \dfrac{e^{1/x}}{x^2}$　　**32.** $y = (\arcsin 2x)^2$

33. $y = 3^{x\log x}$　　**34.** $y = e^{\cos x} + \cos(e^x)$

35. $H(v) = v\tan^{-1}v$　　**36.** $F(z) = \log_{10}(1 + z^2)$

37. $y = x\sinh(x^2)$　　**38.** $y = (\cos x)^x$

39. $y = \log\sin x - \frac{1}{2}\sin^2 x$　　**40.** $y = \arctan\left(\arcsin\sqrt{x}\right)$

41. $y = \log\left(\dfrac{1}{x}\right) + \dfrac{1}{\log x}$　　**42.** $xe^y = y - 1$

43. $y = \log(\cosh 3x)$　　**44.** $y = \dfrac{(x^2+1)^4}{(2x+1)^3(3x-1)^5}$

45. $y = \cosh^{-1}(\sinh x)$　　**46.** $y = x\tanh^{-1}\sqrt{x}$

47. $y = \cos\left(e^{\sqrt{\tan 3x}}\right)$

48. $\dfrac{d}{dx}\left(\frac{1}{2}\tan^{-1}x + \frac{1}{4}\log\dfrac{(x+1)^2}{x^2+1}\right) = \dfrac{1}{(1+x)(1+x^2)}$

であることを示せ．

49-52 f' を g' で表せ．

49. $f(x) = e^{g(x)}$　　**50.** $f(x) = g(e^x)$

51. $f(x) = \log|g(x)|$　　**52.** $f(x) = g(\log x)$

53-54 $f^{(n)}(x)$ を求めよ．

53. $f(x) = 2^x$　　**54.** $f(x) = \log(2x)$

55. 数学的帰納法を使って，$f(x)=xe^x$ であるならば，$f^{(n)}(x)=(x+n)e^x$ であることを示せ．

56. $y=x+\arctan y$ であるとき，y' を求めよ．

57-58 与えられた点における曲線の接線の方程式を求めよ．

57. $y = (2 + x)e^{-x}$,　$(0, 2)$　　**58.** $y = x\log x$,　(e, e)

59. 曲線 $y = (\log(x + 4))^2$ の接線が水平となる接点を求めよ．

60. $f(x)=xe^{\sin x}$ であるとき，$f'(x)$ を求めよ．計算機を使って，f と f' のグラフを同一画面に描き，それについてコメントせよ．

61. (a) 直線 $x-4y=1$ に平行な，曲線 $y=e^x$ の接線の方程式を求めよ．

(b) 原点を通る，曲線 $y=e^x$ の接線の方程式を求めよ．

62. a, b, K を $b>a$ である正定数として，関数 $C(t)=K(e^{-at}-e^{-bt})$ は血流へ注射された薬の時間 t における血中濃度モデルとして使われている．

(a) $\lim_{t\to\infty} C(t) = 0$ を示せ．

(b) 薬の血中濃度の変化率を表す $C'(t)$ を求めよ．

(c) $C'(t)=0$ となる t を求めよ．

63-78 極限を求めよ．

63. $\lim_{x\to\infty} e^{-3x}$　　**64.** $\lim_{x\to10^-} \log(100 - x^2)$

65. $\lim_{x\to3^-} e^{2/(x-3)}$　　**66.** $\lim_{x\to\infty} \arctan(x^3 - x)$

67. $\lim_{x\to0^+} \log(\sinh x)$　　**68.** $\lim_{x\to\infty} e^{-x}\sin x$

69. $\lim_{x\to\infty} \dfrac{1 + 2^x}{1 - 2^x}$　　**70.** $\lim_{x\to\infty} \left(1 + \dfrac{4}{x}\right)^x$

71. $\lim_{x\to0} \dfrac{e^x - 1}{\tan x}$　　**72.** $\lim_{x\to0} \dfrac{1 - \cos x}{x^2 + x}$

73. $\lim_{x\to0} \dfrac{e^{2x} - e^{-2x}}{\log(x + 1)}$　　**74.** $\lim_{x\to\infty} \dfrac{e^{2x} - e^{-2x}}{\log(x + 1)}$

75. $\lim_{x\to-\infty} (x^2 - x^3)e^{2x}$　　**76.** $\lim_{x\to0^+} x^2\log x$

77. $\lim_{x\to1^+} \left(\dfrac{x}{x - 1} - \dfrac{1}{\log x}\right)$　　**78.** $\lim_{x\to(\pi/2)^-} (\tan x)^{\cos x}$

79-84 第 I 巻 § 3·5 の曲線を描くときの指針（あるいは § 1·4 例 6 欄外参照）に基づき，グラフを描け．

79. $y = e^x\sin x, -\pi \leqslant x \leqslant \pi$

80. $y = \sin^{-1}(1/x)$

81. $y = x\log x$　　**82.** $y = e^{2x-x^2}$

83. $y = (x - 2)e^{-x}$　　**84.** $y = x + \log(x^2 + 1)$

85. c を実数として，曲線の族 $f(x)=xe^{-cx}$ を計算機を調べる．まず，$x\to\pm\infty$ のときの極限を求めよ．次に，曲線の基本的な形が変わる c の値を求めよ．c が変化するとき，最大値と最小値をとる点，変曲点はどのように変化するか．いくつかの c についてグラフを描き，説明せよ．

86. 曲線の族 $f(x)=ce^{-cx^2}$ を計算機を使って調べる．c が変化するとき，最大値，最小値をとる点，変曲点はどのように変化するか．いくつかの c について計算機でグラフを描き，説明せよ．

87. $s=Ae^{-ct}\cos(\omega t+\delta)$ は物体の減衰振動の運動方程式である．この物体の速度と加速度を求めよ．

88. (a) 方程式 $\log x=3-x$ はただ一つの解をもち，その解は 2 と e の間にあることを示せ．
(b) (a)の解を小数点以下 4 桁まで求めよ．

89. 培養当初，細菌の個体は 200 であり，その数に比例した速度で増加し，30 分後には個体数 360 に増加した．
(a) t 時間後の細菌の個体数を求めよ．
(b) 4 時間後の細菌の個体数を求めよ．
(c) 4 時間後の増加率を求めよ．
(d) 個体数が 10,000 に達する時間を求めよ．

90. コバルト-60 の半減期は 5.24 年である．
(a) 100 mg の試料の，20 年後の残存質量を求めよ．
(b) 残存質量が 1 mg となるまでに何年かかるか．

91. 生物学者 G. F. Gause（ガウス）は，1930 年代に，ゾウリムシを使った実験を行い，t 日後のゾウリムシの個体数を

$$P(t) = \frac{64}{1 + 31e^{-0.7944t}}$$

でモデル化した．この関数を使って，個体数が最も急激に増加する時期を求めよ．

92-105　積分を求めよ．

92. $\displaystyle\int_0^4 \frac{1}{16 + t^2}\,dt$

93. $\displaystyle\int_0^1 ye^{-2y^2}\,dy$　　**94.** $\displaystyle\int_2^5 \frac{1}{1 + 2r}\,dr$

95. $\displaystyle\int_0^1 \frac{e^x}{1 + e^{2x}}\,dx$　　**96.** $\displaystyle\int_0^{\pi/2} \frac{\cos x}{1 + \sin^2 x}\,dx$

97. $\displaystyle\int \frac{e^{\sqrt{x}}}{\sqrt{x}}\,dx$　　**98.** $\displaystyle\int \frac{\sin(\log x)}{x}\,dx$

99. $\displaystyle\int \frac{x + 1}{x^2 + 2x}\,dx$　　**100.** $\displaystyle\int \frac{\csc^2 x}{1 + \cot x}\,dx$

101. $\displaystyle\int \tan x \log(\cos x)\,dx$　　**102.** $\displaystyle\int \frac{x}{\sqrt{1 - x^4}}\,dx$

103. $\displaystyle\int 2^{\tan\theta} \sec^2\theta\,d\theta$　　**104.** $\displaystyle\int \sinh au\,du$

105. $\displaystyle\int \left(\frac{1 - x}{x}\right)^2 dx$

106-108　積分の性質を使って，不等式を証明せよ．

106. $\displaystyle\int_0^1 \sqrt{1 + e^{2x}}\,dx \geqslant e - 1$

107. $\displaystyle\int_0^1 e^x \cos x\,dx \leqslant e - 1$　　**108.** $\displaystyle\int_0^1 x \sin^{-1} x\,dx \leqslant \pi/4$

109-110　$f'(x)$ を求めよ．

109. $\displaystyle f(x) = \int_1^{\sqrt{x}} \frac{e^s}{s}\,ds$　　**110.** $\displaystyle f(x) = \int_{\log x}^{2x} e^{-t^2}\,dt$

111. 区間 $[1, 4]$ における関数 $f(x)=1/x$ の平均値を求めよ．

112. $y=e^x$，$y=e^{-x}$，$x=-2$，$x=1$ で囲まれた領域の面積を求めよ．

113. $y=1/(1+x^4)$，$y=0$，$x=0$，$x=1$ で囲まれた領域を，y 軸のまわりに回転して得られる回転体の体積を求めよ．

114. $f(x)=x+x^2+e^x$ であるとき，$(f^{-1})'(1)$ を求めよ．

115. $f(x)=\log x + \tan^{-1}x$ であるとき，$(f^{-1})'(\pi/4)$ を求めよ．

116. 第 1 象限において，$y=e^{-x}$ 上に頂点を一つもち，x 軸と y 軸によって囲まれた長方形の最大面積を求めよ．

117. 第 1 象限において，$y=e^{-x}$ の接線と x 軸，y 軸によって囲まれた 3 角形の最大面積を求めよ．

118. 微分積分学の基本定理を使わずに，$\int_0^1 e^x\,dx$ を求めよ［ヒント：代表点を右端にとって定積分の定義に基づいて求めた等比級数の和を計算し，l'Hospital の定理を使う］．

119. $a, b>0$，$F(x) = \int_a^b t^x\,dt$ であるとき，微分積分学の基本定理より

$$F(x) = \frac{b^{x+1} - a^{x+1}}{x + 1} \qquad x \neq -1$$

$$F(-1) = \log b - \log a$$

である．l'Hospital の定理を使って，F が -1 で連続であることを示せ．

120.

$$\cos\{\arctan[\sin(\operatorname{arccot} x)]\} = \sqrt{\frac{x^2 + 1}{x^2 + 2}}$$

であることを示せ．

121. f が連続であって，すべての x について

$$\int_0^x f(t)\,dt = xe^{2x} + \int_0^x e^{-t} f(t)\,dt$$

であるとき，$f(x)$ を求めよ．

122. 図に第 1 象限の二つの領域を示す．$A(t)$ を曲線 $y=\sin(x^2)$，$y=0$，$x=0$，$x=t$ で囲まれた領域の面積，$B(t)$ を O, P, 点 $(t, 0)$ で囲まれた 3 角形の領域の面積とする．$\displaystyle\lim_{t\to 0^+} (A(t)/B(t))$ を求めよ．

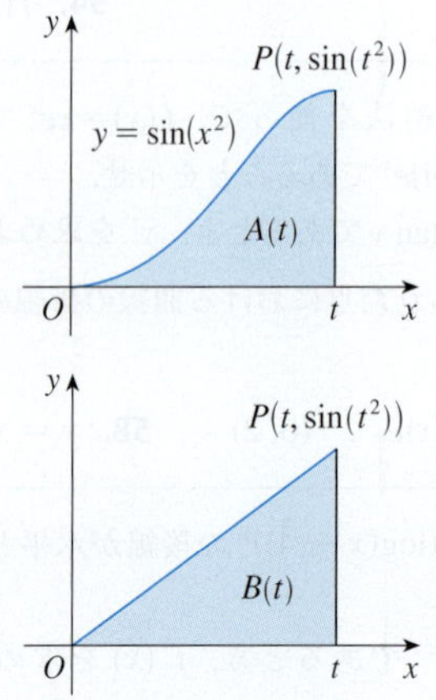

1 追加問題

例* 方程式 $\log x = cx^2$ がただ一つの解をもつ c の値を求めよ．

＊ 解説を読まずに，まず自分で解いてみよう．

［解 説］ 与えられた問題が幾何学的に記述されていなくても，問題解決のための最も重要な考え方の一つは図を描くことである．そこで，この問題を幾何学的な表現で言い換えると，“曲線 $y = \log x$ と曲線 $y = cx^2$ がただ 1 点で交わる c の値を求めよ”となる．

まず，$y = \log x$ といくつかの c の値についての $y = cx^2$ のグラフを描くことから始める．$c \neq 0$ の場合，$c > 0$ ならば $y = cx^2$ は下に凸な放物線であり，$c < 0$ ならば上に凸な放物線である．図 1 にいくつかの正数 c についての放物線 $y = cx^2$ のグラフを示してある．これらのほとんどは $y = \log x$ と交点をもたないが，一つだけ交点を二つもつものがある．これより，図 2 に示すように，曲線同士が 1 度だけ交差する c の値（0.1 から 0.3 の間の値）が一つ存在すると考えられる．

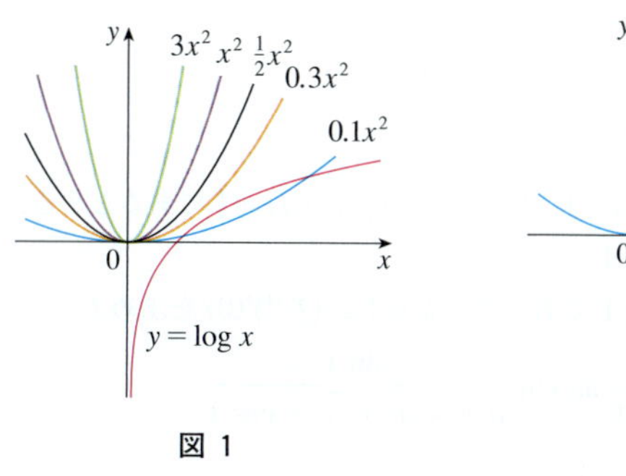

図 1　　図 2

この c の値を求めるために，曲線同士のただ一つの交点の x 座標を a とおく．すなわち，a は $\log a = ca^2$ となる与えられた方程式のただ一つの解である．図 2 より二つの曲線は $x = a$ で接しているので，$x = a$ で共通の接線をもつことがわかる．これは，曲線 $y = \log x$ と $y = cx^2$ が $x = a$ で同じ傾きをもつということでもある．よって，

$$\frac{1}{a} = 2ca$$

であるので，二つの方程式 $\log a = ca^2$ と $1/a = 2ca$ を解くと，

$$\log a = ca^2 = c \cdot \frac{1}{2c} = \frac{1}{2}$$

となり，したがって $a = e^{1/2}$ となる．よって，

$$c = \frac{\log a}{a^2} = \frac{\log e^{1/2}}{e} = \frac{1}{2e}$$

である．

c が負数の場合の放物線 $y = cx^2$ のグラフは図 3 に示す．c が負数ならば，放物線 $y = cx^2$ と $y = \log x$ はただ一つだけの交点をもっていることがわかる．最後に，$c = 0$ の場合，$y = 0x^2 = 0$ は x 軸そのものであり，これは $y = \log x$ とただ一つだけ交点をもっている．

以上をまとめると，求める c の値は $c = 1/(2e)$ および $c \leqslant 0$ である．

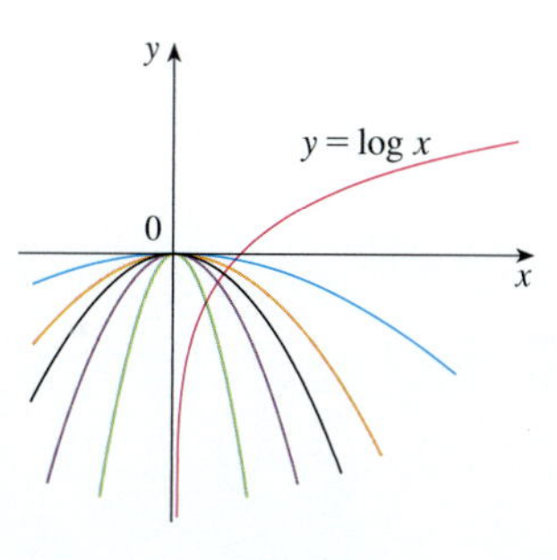

図 3

問　題

1. 底辺が x 軸上にあり，2 頂点が曲線 $y=e^{-x^2}$ 上にある長方形の面積は，2 頂点が曲線の変曲点であるときに最大となることを示せ．

2. $\log_2 5$ が無理数であることを証明せよ．

3. 関数 $f(x)=e^{10|x-2|-x^2}$ に最大値は存在するか．存在するならば，最大値を求めよ．同様に，最小値についても考えよ．

4. $\int_0^4 e^{(x-2)^4}\,dx=k$ であるとき，$\int_0^4 xe^{(x-2)^4}\,dx$ の値を求めよ．

5. a と b は正数で，$r^2=a^2+b^2$，$\theta=\tan^{-1}(b/a)$ であるとき，

$$\frac{d^n}{dx^n}(e^{ax}\sin bx) = r^n e^{ax}\sin(bx+n\theta)$$

を示せ．

6. $\sin^{-1}(\tanh x)=\tan^{-1}(\sinh x)$ であることを示せ．

7. $x>0$ について

$$\frac{x}{1+x^2} < \tan^{-1}x < x$$

であることを示せ．

8. f は連続で，$f(0)=0$，$f(1)=1$，$f'(x)>0$，$\int_0^1 f(x)\,dx=\frac{1}{3}$ であるとする．積分 $\int_0^1 f^{-1}(y)\,dy$ の値を求めよ．

9. $f(x)=\int_1^x \sqrt{1+t^3}\,dt$ が 1 対 1 であることを示し，$(f^{-1})'(0)$ を求めよ．

10. $$y=\frac{x}{\sqrt{a^2-1}}-\frac{2}{\sqrt{a^2-1}}\arctan\frac{\sin x}{a+\sqrt{a^2-1}+\cos x}$$

ならば，$y'=\dfrac{1}{a+\cos x}$ であることを示せ．

11. $\displaystyle\lim_{x\to\infty}\left(\frac{x+a}{x-a}\right)^x=e$ が成り立つ a の値を求めよ．

12. $\displaystyle\lim_{x\to\infty}\frac{(x+2)^{1/x}-x^{1/x}}{(x+3)^{1/x}-x^{1/x}}$ を求めよ．

13. $\displaystyle\lim_{x\to 0}\frac{1}{x}\int_0^x (1-\tan 2t)^{1/t}\,dt$ を求めよ．

14. $|x+y|\leqq e^x$ である点 (x,y) の集合を図示せよ．

15. すべての x について $\cosh(\sinh x)<\sinh(\cosh x)$ であることを示せ．

16. すべての正数 x, y について

$$\frac{e^{x+y}}{xy}\geqq e^2$$

であることを示せ．

17. 方程式 $e^{2x}=k\sqrt{x}$ がただ一つの解をもつ k の値を求めよ．

18. すべての x について $a^x\geqq 1+x$ となる正数 a を求めよ．

19. 曲線 $y=a^x$ と直線 $y=x$ が交わる正数 a を求めよ．

20. 曲線 $y=cx^3+e^x$ が変曲点をもつ c の値を求めよ．

2 不定積分の諸解法

不定積分とよばれる原始関数を知っているならば，微分積分学の基本定理を用いて，定積分を行うことができる．ここに，いままでに学んだ最も重要な不定積分の公式を記す．

$$\int x^n\,dx = \frac{x^{n+1}}{n+1} + C \quad (n \neq -1) \qquad \int \frac{1}{x}\,dx = \log|x| + C$$

$$\int e^x\,dx = e^x + C \qquad \int b^x\,dx = \frac{b^x}{\log b} + C$$

$$\int \sin x\,dx = -\cos x + C \qquad \int \cos x\,dx = \sin x + C$$

$$\int \sec^2 x\,dx = \tan x + C \qquad \int \csc^2 x\,dx = -\cot x + C$$

$$\int \sec x \tan x\,dx = \sec x + C \qquad \int \csc x \cot x\,dx = -\csc x + C$$

$$\int \sinh x\,dx = \cosh x + C \qquad \int \cosh x\,dx = \sinh x + C$$

$$\int \tan x\,dx = \log|\sec x| + C \qquad \int \cot x\,dx = \log|\sin x| + C$$

$$\int \frac{1}{x^2+a^2}\,dx = \frac{1}{a}\tan^{-1}\left(\frac{x}{a}\right) + C \qquad \int \frac{1}{\sqrt{a^2-x^2}}\,dx = \sin^{-1}\left(\frac{x}{a}\right) + C,\quad a>0$$

この章では，これらの基本的な積分公式を使って，より複雑な関数の不定積分を得るテクニックを展開する．第 I 巻 §4･5 では最も重要なテクニックである置換積分を学んだ．もう一つのテクニックである部分積分はこの章の第 1 節で学ぶ．そして 3 角関数と有理関数については，一般的な代数計算であるが，積分と密接に関係している技法を学ぶ．

微分と違って，どのような関数には不定積分が存在するかを保証するような絶対的な定理は存在しない．したがって，個々のテクニックの適用方法をこの章の第 5 節で示す．

上は，ラセンショウジョウバエの写真である．このハエは，殺虫剤を使わない不妊虫放飼法という方法で世界で初めて特定の地域からの駆除に成功した害虫である．この駆除法は，メスと交配できるが子孫は残せないオスを群の中に導入し，個体数を減らしていくというものである．§2･4 節末問題 67 では，時間とメスの個体数の関係を積分で求める．

2・1 部分積分

どの積分公式にも，対応する微分公式がある．たとえば，置換積分の公式は合成関数の微分公式に対応している．積の微分公式からは部分積分の公式が導かれる．

f と g が微分可能な関数であるならば，積の微分公式は

$$\frac{d}{dx}(f(x)g(x)) = f(x)g'(x) + g(x)f'(x)$$

である．不定積分の定義から，この等式は

$$\int (f(x)g'(x) + g(x)f'(x))\,dx = f(x)g(x)$$

すなわち

$$\int f(x)g'(x)\,dx + \int g(x)f'(x)\,dx = f(x)g(x)$$

となる．これを書き直すと，

$$\boxed{1} \qquad \int f(x)g'(x)\,dx = f(x)g(x) - \int g(x)f'(x)\,dx$$

となり，[1] を**部分積分の公式**という．これを次のように書くことができる．$u=f(x)$，$v=g(x)$ とするならば，$du=f'(x)\,dx$，$dv=g'(x)\,dx$ であるので，置換積分の公式は

$$\boxed{2} \qquad \int u\,dv = uv - \int v\,du$$

である．

例 1 $\int x\sin x\,dx$ を求めよ．

［公式[1]による解説］ $f(x)=x$，$g'(x)=\sin x$ とするならば，$f'(x)=1$，$g(x)=-\cos x$（g は g' の原始関数のどれをとってもよい）であるので，公式[1]を使うと

$$\begin{aligned}\int x\sin x\,dx &= f(x)g(x) - \int g(x)f'(x)\,dx \\ &= x(-\cos x) - \int (-\cos x)\,dx \\ &= -x\cos x + \int \cos x\,dx \\ &= -x\cos x + \sin x + C\end{aligned}$$

である．求めた解は微分して確認するとよい．実際，微分してみると，予想通り $x\sin x$ が得られる．

［公式[2]による解説］*

$$u = x \qquad dv = \sin x\,dx$$

とするならば，

$$du = dx \qquad v = -\cos x$$

* 次のような形式で書くと便利である．

$u = \square \qquad dv = \square$

$du = \square \qquad v = \square$

であるので，次のようになる．

$$\int x\sin x\,dx = \int \overset{u}{\overbrace{x}}\ \overset{dv}{\overbrace{\sin x\,dx}} = \overset{u}{\overbrace{x}}\ \overset{v}{\overbrace{(-\cos x)}} - \int \overset{v}{\overbrace{(-\cos x)}}\ \overset{du}{\overbrace{dx}}$$

$$= -x\cos x + \int \cos x\,dx$$

$$= -x\cos x + \sin x + C$$

注 意　部分積分を使う理由は，与えられた積分をより簡単な積分に帰着することにある．例 1 では，$\int x\sin x\,dx$ をより簡単な積分 $\int \cos x\,dx$ を使ってつくり直している．これを，$u=\sin x$，$dv=x\,dx$ とするならば，$du=\cos x\,dx$，$v=x^2/2$ であるので，部分積分を行えば，

$$\int x\sin x\,dx = (\sin x)\frac{x^2}{2} - \frac{1}{2}\int x^2\cos x\,dx$$

となる．$\int x^2\cos x\,dx$ は与えられた積分よりも難しくなっている．一般に u と dv は，$u=f(x)$ は微分することによってより簡単な形になる（少なくとも複雑にならない）ように，$dv=g'(x)\,dx$ は v が容易に求まるように設定しなければならない．

例 2　$\int \log x\,dx$ を求めよ．

［解 説］　u と dv の設定にはほとんど選択の余地はない．

$$u = \log x \qquad dv = dx$$

とするならば，

$$du = \frac{1}{x}dx \qquad v = x$$

である．部分積分を行えば，

$$\int \log x\,dx = x\log x - \int x\frac{1}{x}dx$$

$$= x\log x - \int dx$$

$$= x\log x - x + C$$

$\int 1\,dx$ を慣習で $\int dx$ と記す．

となる*．

* 微分して解を確かめよ．

この例では，関数 $f(x)=\log x$ の導関数が f よりも簡単な関数になるので，部分積分が有効である．

例 3　$\int t^2e^t\,dt$ を求めよ．

［解 説］　e^t は微分しても積分しても変わらないが，t^2 は微分するとより簡単な形になる．したがって，

$$u = t^2 \qquad dv = e^t\,dt$$

とするならば，

$$du = 2t\,dt \qquad v = e^t$$

である．部分積分を行えば，

$$\boxed{3}\qquad \int t^2e^t\,dt = t^2e^t - 2\int te^t\,dt$$

となる．右辺の最後の項 $\int te^t\,dt$ は与えられた積分よりは簡単な形であるが，まだこのままでは原始関数が不明である．そこでもう 1 度 $u=t$，$dv=e^t\,dt$ とおいて部分積分を行う．このとき $du=dt$，$v=e^t$ であるので，

$$\begin{aligned}\int te^t\,dt &= te^t - \int e^t\,dt\\ &= te^t - e^t + C\end{aligned}$$

となる．これを式 $\boxed{3}$ に代入すると，

$$\begin{aligned}\int t^2e^t\,dt &= t^2e^t - 2\int te^t\,dt\\ &= t^2e^t - 2(te^t - e^t + C)\\ &= t^2e^t - 2te^t + 2e^t + C_1 \quad （ここで\ C_1=-2C）\end{aligned}$$

となる．

例 4　$\int e^x\sin x\,dx$ を求めよ．

［解 説］* e^x，$\sin x$ 共に微分しても簡単な形にはならないが，とりあえず $u=e^x$，$dv=\sin x\,dx$ とおいてみるならば，$du=e^x\,dx$，$v=-\cos x$ であるので，部分積分を行えば，

＊ 複素数を使ったより簡単な解法が，付録 C 練習問題 50 にある．

$$\boxed{4}\qquad \int e^x\sin x\,dx = -e^x\cos x + \int e^x\cos x\,dx$$

となる．$\int e^x\cos x\,dx$ は与えられた積分より簡単な形にはなっていないが，複雑にもなっていない．前の例で部分積分を 2 度行ったのにならい，再度，部分積分を行ってみる．今度も，$u=e^x$，$dv=\cos x\,dx$ とおくならば，$du=e^x\,dx$，$v=\sin x$ であるので，

$$\boxed{5}\qquad \int e^x\cos x\,dx = e^x\sin x - \int e^x\sin x\,dx$$

となる．一見すると，最初に与えられた $\int e^x\cos x\,dx$ がまた出てきているので，何も得られていないようにみえる．しかし，式 $\boxed{5}$ の $\int e^x\cos x\,dx$ を式 $\boxed{4}$ に代入すると，

$$\int e^x\sin x\,dx = -e^x\cos x + e^x\sin x - \int e^x\sin x\,dx$$

となる．この式を，未知の積分について解く．両辺に $\int e^x\sin x\,dx$ を加えると，

$$2\int e^x\sin x\,dx = -e^x\cos x + e^x\sin x$$

となり，さらに両辺を 2 で割り，積分定数を加えると，

$$\int e^x\sin x\,dx = \tfrac{1}{2}e^x(\sin x - \cos x) + C$$

となる．

図 1 は $f(x)=e^x\sin x$ と $F(x)=\frac{1}{2}e^x(\sin x-\cos x)$ のグラフによる例 4 の説明である．F が極大値あるいは極小値をとるとき，$f(x)=0$ であることが視覚的に確認できる．

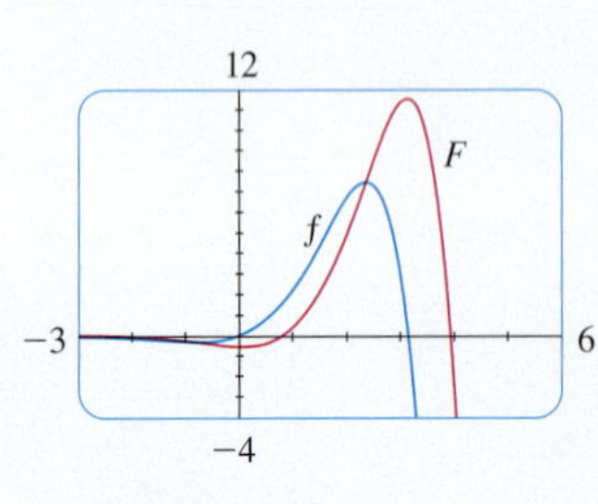

図 1

部分積分の公式と微分積分学の基本定理 2 を組合わせることにより，定積分についての部分積分の公式が得られる．f' と g' が連続であると仮定して，微分積分学の基本定理を使って a と b の間で公式 [1] の両辺の定積分を求めるならば

[6]
$$\int_a^b f(x)g'(x)\,dx = \Big[f(x)g(x)\Big]_a^b - \int_a^b g(x)f'(x)\,dx$$

を得る．

例 5 $\int_0^1 \tan^{-1}x\,dx$ を求めよ．

［解 説］

$$u = \tan^{-1}x \qquad dv = dx$$

とするならば，

$$du = \frac{1}{1+x^2}dx \qquad v = x$$

であるので，公式 [6] より

$$\begin{aligned}\int_0^1 \tan^{-1}x\,dx &= \Big[x\tan^{-1}x\Big]_0^1 - \int_0^1 \frac{x}{1+x^2}dx \\ &= 1\cdot\tan^{-1}1 - 0\cdot\tan^{-1}0 - \int_0^1 \frac{x}{1+x^2}dx \\ &= \frac{\pi}{4} - \int_0^1 \frac{x}{1+x^2}dx\end{aligned}$$

となる．残った積分を求めるために，$t=1+x^2$ と置換積分をするならば（この例では u はすでに使われているので t を使う），$dt=2x\,dx$ すなわち $x\,dx=\frac{1}{2}dt$，$x=0$ のとき $t=1$，$x=1$ のとき $t=2$ であるので，

$$\begin{aligned}\int_0^1 \frac{x}{1+x^2}dx &= \frac{1}{2}\int_1^2 \frac{dt}{t} = \frac{1}{2}\Big[\log|t|\Big]_1^2 \\ &= \frac{1}{2}(\log 2 - \log 1) = \frac{1}{2}\log 2\end{aligned}$$

である．これより次のようになる．

$$\int_0^1 \tan^{-1}x\,dx = \frac{\pi}{4} - \int_0^1 \frac{x}{1+x^2}dx = \frac{\pi}{4} - \frac{\log 2}{2}$$

$x\geqslant 0$ で $\tan^{-1}x\geqslant 0$ であるので，例 5 の積分は図 2 に示された領域の面積である．

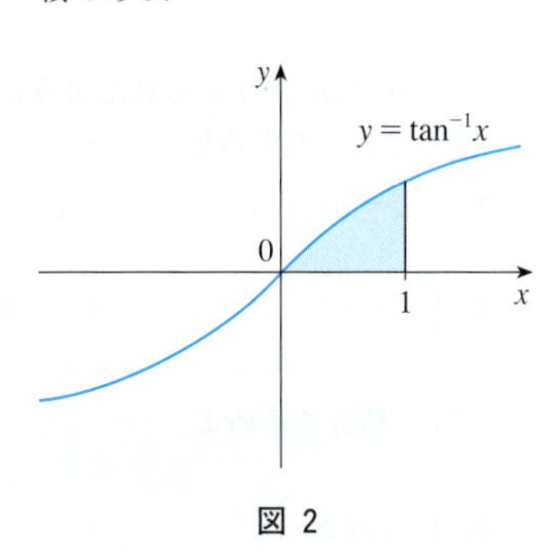

図 2

例 6 n を 2 以上の自然数として，次の漸化式*を証明せよ．

[7]
$$\int \sin^n x\,dx = -\frac{1}{n}\cos x\sin^{n-1}x + \frac{n-1}{n}\int \sin^{n-2}x\,dx$$

［解 説］

$$u = \sin^{n-1}x \qquad dv = \sin x\,dx$$

とするならば，

$$du = (n-1)\sin^{n-2}x\cos x\,dx \qquad v = -\cos x$$

であるので，部分積分を行えば，

$$\int \sin^n x\,dx = -\cos x\sin^{n-1}x + (n-1)\int \sin^{n-2}x\cos^2 x\,dx$$

＊ ベキの字数が n である項が $n-1$ と $n-2$ である項で表されているので，式 [7] は<u>漸化式</u>とよばれる．

となる．ここで，$\cos^2 x = 1 - \sin^2 x$ を代入すると，

$$\int \sin^n x\,dx = -\cos x \sin^{n-1} x + (n-1)\int \sin^{n-2} x\,dx - (n-1)\int \sin^n x\,dx$$

となる．例 4 で行ったように，右辺の最後の項を左辺に移して，題意の積分にしてからこの式を解くと，

$$n\int \sin^n x\,dx = -\cos x \sin^{n-1} x + (n-1)\int \sin^{n-2} x\,dx$$

すなわち

$$\int \sin^n x\,dx = -\frac{1}{n}\cos x \sin^{n-1} x + \frac{n-1}{n}\int \sin^{n-2} x\,dx$$

となる．■

漸化式 7 を繰返し使うことにより，$\int \sin^n x\,dx$ の積分を，n が奇数の場合は $\int \sin^1 x\,dx = \int \sin x\,dx$ の積分に，n が偶数の場合は $\int \sin^0 x\,dx = \int 1\,dx = \int dx$ の積分に帰着することができる．

2・1　節末問題

1-2　u と dv を与えられたように設定して，部分積分を使って積分を求めよ．

1. $\int xe^{2x}\,dx;\quad u = x,\ dv = e^{2x}\,dx$

2. $\int \sqrt{x}\log x\,dx;\quad u = \log x,\ dv = \sqrt{x}\,dx$

3-36　積分を求めよ．

3. $\int x\cos 5x\,dx$

4. $\int ye^{0.2y}\,dy$

5. $\int te^{-3t}\,dt$

6. $\int (x-1)\sin \pi x\,dx$

7. $\int (x^2+2x)\cos x\,dx$

8. $\int t^2 \sin \beta t\,dt$

9. $\int \cos^{-1} x\,dx$

10. $\int \log \sqrt{x}\,dx$

11. $\int t^4 \log t\,dt$

12. $\int \tan^{-1} 2y\,dy$

13. $\int t\csc^2 t\,dt$

14. $\int x\cosh ax\,dx$

15. $\int (\log x)^2\,dx$

16. $\int \frac{z}{10^z}\,dz$

17. $\int e^{2\theta}\sin 3\theta\,d\theta$

18. $\int e^{-\theta}\cos 2\theta\,d\theta$

19. $\int z^3 e^z\,dz$

20. $\int x\tan^2 x\,dx$

21. $\int \frac{xe^{2x}}{(1+2x)^2}\,dx$

22. $\int (\arcsin x)^2\,dx$

23. $\int_0^{1/2} x\cos \pi x\,dx$

24. $\int_0^1 (x^2+1)e^{-x}\,dx$

25. $\int_0^2 y\sinh y\,dy$

26. $\int_1^2 w^2 \log w\,dw$

27. $\int_1^5 \frac{\log R}{R^2}\,dR$

28. $\int_0^{2\pi} t^2 \sin 2t\,dt$

29. $\int_0^{\pi} x\sin x\cos x\,dx$

30. $\int_1^{\sqrt{3}} \arctan(1/x)\,dx$

31. $\int_1^5 \frac{M}{e^M}\,dM$

32. $\int_1^2 \frac{(\log x)^2}{x^3}\,dx$

33. $\int_0^{\pi/3} \sin x \log(\cos x)\,dx$

34. $\int_0^1 \frac{r^3}{\sqrt{4+r^2}}\,dr$

35. $\int_1^2 x^4(\log x)^2\,dx$

36. $\int_0^t e^s \sin(t-s)\,ds$

37-42 置換積分をしてから部分積分をして，積分を求めよ．

37. $\int e^{\sqrt{x}}\,dx$

38. $\int \cos(\log x)\,dx$

39. $\int_{\sqrt{\pi/2}}^{\sqrt{\pi}} \theta^3\cos(\theta^2)\,d\theta$

40. $\int_0^{\pi} e^{\cos t}\sin 2t\,dt$

41. $\int x\log(1+x)\,dx$

42. $\int \dfrac{\arcsin(\log x)}{x}\,dx$

43-46 不定積分を求めよ．計算機を使って被積分関数のグラフと $C=0$ のときの原始関数のグラフを描き，解が妥当であることを確かめよ．

43. $\int xe^{-2x}\,dx$

44. $\int x^{3/2}\log x\,dx$

45. $\int x^3\sqrt{1+x^2}\,dx$

46. $\int x^2\sin 2x\,dx$

47. (a) 例 6 の漸化式を使って，次のことを示せ．

$$\int \sin^2 x\,dx = \frac{x}{2} - \frac{\sin 2x}{4} + C$$

(b) 例 6 の漸化式と (a) を使って，$\int \sin^4 x\,dx$ を求めよ．

48. (a) 次の漸化式を示せ．

$$\int \cos^n x\,dx = \frac{1}{n}\cos^{n-1}x\sin x + \frac{n-1}{n}\int \cos^{n-2}x\,dx$$

(b) (a) を使って，$\int \cos^2 x\,dx$ を求めよ．

(c) (a) と (b) を使って，$\int \cos^4 x\,dx$ を求めよ．

49. (a) n を 2 以上の自然数として，例 6 の漸化式を使って次のことを示せ．

$$\int_0^{\pi/2} \sin^n x\,dx = \frac{n-1}{n}\int_0^{\pi/2} \sin^{n-2}x\,dx$$

(b) (a) を使って，$\int_0^{\pi/2}\sin^3 x\,dx$ と $\int_0^{\pi/2}\sin^5 x\,dx$ を求めよ．

(c) (a) を使って，sin 関数が奇数ベキの場合の，次の式を示せ．

$$\int_0^{\pi/2} \sin^{2n+1}x\,dx = \frac{2\cdot 4\cdot 6\cdot \cdots \cdot 2n}{3\cdot 5\cdot 7\cdot \cdots \cdot (2n+1)}$$

50. sin 関数が偶数ベキの場合の，次の式を示せ．

$$\int_0^{\pi/2} \sin^{2n}x\,dx = \frac{1\cdot 3\cdot 5\cdot \cdots \cdot (2n-1)}{2\cdot 4\cdot 6\cdot \cdots \cdot 2n}\,\frac{\pi}{2}$$

51-54 部分積分を使って，次の漸化式を示せ．

51. $\int (\log x)^n\,dx = x(\log x)^n - n\int (\log x)^{n-1}\,dx$

52. $\int x^n e^x\,dx = x^n e^x - n\int x^{n-1}e^x\,dx$

53. $\int \tan^n x\,dx = \dfrac{\tan^{n-1}x}{n-1} - \int \tan^{n-2}x\,dx \quad (n \neq 1)$

54. $\int \sec^n x\,dx = \dfrac{\tan x\sec^{n-2}x}{n-1} + \dfrac{n-2}{n-1}\int \sec^{n-2}x\,dx \quad (n \neq 1)$

55. 節末問題 51 を使って，$\int (\log x)^3\,dx$ を求めよ．

56. 節末問題 52 を使って，$\int x^4 e^x\,dx$ を求めよ．

57-58 次の 2 曲線で囲まれた領域の面積を求めよ．

57. $y = x^2\log x$, $y = 4\log x$

58. $y = x^2 e^{-x}$, $y = xe^{-x}$

59-60 計算機を使ってグラフを描き，次の 2 曲線の交点 x 座標の近似値を求めよ．また，2 曲線で囲まれた領域の面積の近似値も求めよ．

59. $y = \arcsin\left(\frac{1}{2}x\right)$,　$y = 2 - x^2$

60. $y = x\log(x+1)$,　$y = 3x - x^2$

61-64 次の曲線で囲まれた領域を，指示された直線のまわりに回転して得られる回転体の体積を，円筒法を使って求めよ．

61. 領域 $y = \cos(\pi x/2)$, $y = 0$, $0 \leq x \leq 1$; 回転軸 y 軸

62. 領域 $y = e^x$, $y = e^{-x}$, $x = 1$; 回転軸 y 軸

63. 領域 $y = e^{-x}$, $y = 0$, $x = -1$, $x = 0$; 回転軸 $x = 1$

64. 領域 $y = e^x$, $x = 0$, $y = 3$; 回転軸 x 軸

65. 曲線 $y=\log x$, $y=0$, $x=2$ で囲まれた領域を，(a) y 軸，(b) x 軸のまわりに回転して得られる回転体の体積を求めよ．

66. 区間 $[0, \pi/4]$ における関数 $f(x)=x\sec^2 x$ の平均値を求めよ．

67. 第 I 巻 §4・3 例 3 で扱った Fresnel（フレネル）関数 $S(x)=\int_0^x \sin\left(\frac{1}{2}\pi t^2\right)dt$ は光学で広く用いられる関数である．$S(x)$ を使って $\int S(x)\,dx$ を求めよ．

68. ロケットは，搭載した燃料の燃焼によって加速するので，時間と共にロケットの質量は減少していく．打ち上げ時のロケットの初期質量（燃料を含む）を m，燃焼による燃料の減少率を r，噴射ガスのロケットに対する速度を v_e とする．打ち上げられてから時間 t 後のロケットの速度モデルは，g を重力加速度，t をあまり大きくない値として，

$$v(t) = -gt - v_e\log\frac{m-rt}{m}$$

で与えられる．$g=9.8\,(\mathrm{m/s^2})$，$m=30{,}000\,(\mathrm{kg})$，$r=160\,(\mathrm{kg/s})$，$v_e=3000\,(\mathrm{m/s})$ として，打ち上げ 1 分後のロケットの高さを求めよ．

69. 直線上を動いている粒子の，時間 t 秒後における速度は $v(t)=t^2e^{-t}$ (m/s) である．この粒子は最初の t 秒間でどれだけ動くか．

70. $f(0)=g(0)=0$ で，f'' と g'' は連続であるとする．次のことを示せ．

$$\int_0^a f(x)g''(x)\,dx = f(a)g'(a) - f'(a)g(a) + \int_0^a f''(x)g(x)\,dx$$

71. $f(1)=2,\ f(4)=7,\ f'(1)=5,\ f'(4)=3$ で，f'' は連続であるとき，$\int_1^4 xf''(x)\,dx$ を求めよ．

72. (a) 部分積分を使って，次のことを示せ．

$$\int f(x)\,dx = xf(x) - \int xf'(x)\,dx$$

(b) f と g は互いに逆関数で，f' は連続であるとする．次のことを示せ［ヒント：(a)を使って $y=f(x)$ とおく］．

$$\int_a^b f(x)\,dx = bf(b) - af(a) - \int_{f(a)}^{f(b)} g(y)\,dy$$

(c) f と g は正値関数で $0<a<b$ であるとする．(b)について図を使って説明せよ．

(d) (b)を使って $\int_1^e \log x\,dx$ を求めよ．

73. 第Ⅰ巻 §5·3 で，円筒法を使って回転体の体積を求める式 ② $V=\int_a^b 2\pi x f(x)\,dx$ を示した．f が1対1関数で，それゆえ逆関数 g をもつ場合であれば，同巻 §5·2 の円板（ワッシャー）法でも，部分積分を使うことによって式 ② を示すことができる．ここでは，図を使って，

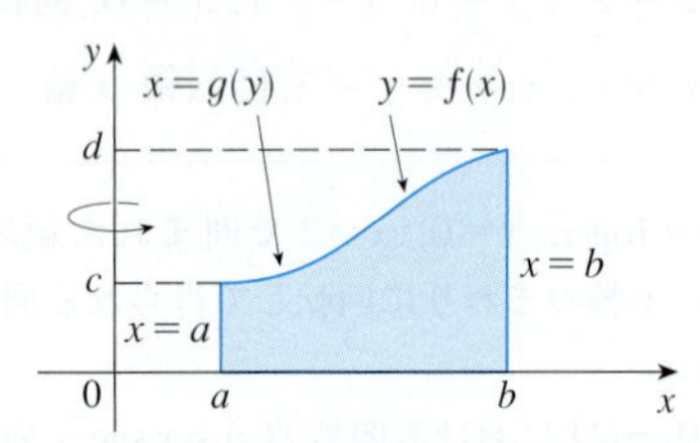

$$V = \pi b^2 d - \pi a^2 c - \int_c^d \pi (g(y))^2\,dy$$

であることを示し，$y=f(x)$ とおいてから部分積分を行って，

$$V = \int_a^b 2\pi x f(x)\,dx$$

であることを示せ．

74. $I_n=\int_0^{\pi/2} \sin^n x\,dx$ であるとする．

(a) $I_{2n+2} \leqq I_{2n+1} \leqq I_{2n}$ であることを示せ．

(b) 節末問題 50 を使って，

$$\frac{I_{2n+2}}{I_{2n}} = \frac{2n+1}{2n+2}$$

であることを示せ．

(c) (a)と(b)を使って，

$$\frac{2n+1}{2n+2} \leqq \frac{I_{2n+1}}{I_{2n}} \leqq 1$$

であることを示し，これより $\lim_{n\to\infty} I_{2n+1}/I_{2n}=1$ となることを導け．

(d) (c)と節末問題 49, 50 を使って，

$$\lim_{n\to\infty} \frac{2}{1}\cdot\frac{2}{3}\cdot\frac{4}{3}\cdot\frac{4}{5}\cdot\frac{6}{5}\cdot\frac{6}{7}\cdot\cdots\cdot\frac{2n}{2n-1}\cdot\frac{2n}{2n+1} = \frac{\pi}{2}$$

となることを示せ．この式は，通常，

$$\frac{\pi}{2} = \frac{2}{1}\cdot\frac{2}{3}\cdot\frac{4}{3}\cdot\frac{4}{5}\cdot\frac{6}{5}\cdot\frac{6}{7}\cdot\cdots$$

と無限積の形で書かれ，Wallis（ウォリス）積とよばれる．

(e) 次のように長方形をつくる．まず，面積1の正方形をおき，横から，上から，横から…と交互に面積1の長方形をくっつけていく（図）．こうしてつくられた長方形の，幅と高さの比の極限を求めよ．

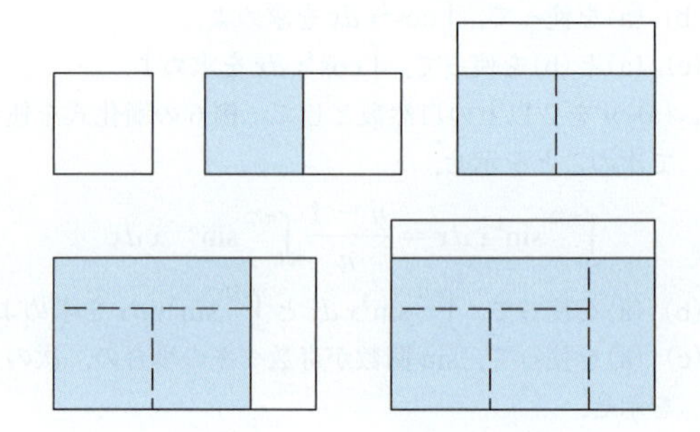

2·2　3角関数の積分

この節では，3角関数の公式（3角恒等式）を使って，3角関数の特定の組合わせの積分を行う．まず，$\sin x$ と $\cos x$ のベキ（累乗ともいう）の積分からみていく．

■ **例 1**　$\int \cos^3 x\,dx$ を求めよ．

［解 説］　単に $u=\cos x$ とおくだけでは，$du=-\sin x\,dx$ となるだけで，うまくいかない．しかし，cos のベキを積分するには，余分な $\sin x$ 項が必要になる．同様に sin のベキを積分するにも，余分な $\cos x$ 項が必要になる．そのために，

一つの cos 項を残し，残りの $\cos^2 x$ 項を $\sin^2 x+\cos^2 x=1$ を使って sin 項で表すと，

$$\cos^3 x = \cos^2 x \cdot \cos x = (1 - \sin^2 x)\cos x$$

である．ここで，$u=\sin x$ とおくと $du=\cos x\,dx$ であるので，

$$\begin{aligned}\int \cos^3 x\,dx &= \int \cos^2 x \cdot \cos x\,dx = \int (1-\sin^2 x)\cos x\,dx \\ &= \int (1-u^2)\,du = u - \tfrac{1}{3}u^3 + C \\ &= \sin x - \tfrac{1}{3}\sin^3 x + C\end{aligned}$$

となる．

一般に，sin のベキを含む積分は sin 項一つと cos のベキに，cos のベキを含む積分は cos 項一つと sin のベキに書き直してみる．このとき $\sin^2 x+\cos^2 x=1$ を使うことにより，sin の偶数ベキを cos の偶数ベキに，またその逆に表すことができる．

例 2　$\int \sin^5 x \cos^2 x\,dx$ を求めよ．

図 1 は例 2 の被積分関数 $\sin^5 x\cos^2 x$ と $C=0$ のときの不定積分のグラフを示している．どちらのグラフがどちらの式か．

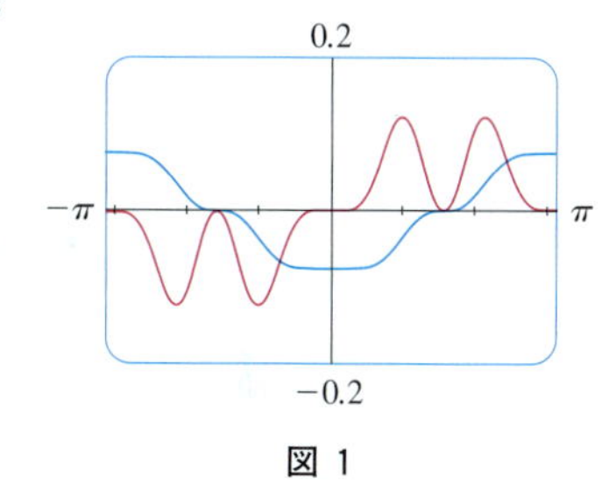

図 1

［解 説］ $\cos^2 x$ を $1-\sin^2 x$ に置き換えることもできるが，その場合，$\sin x$ のベキ項に $\cos x$ 項一つを付加した形にできない．そこで，$\sin^5 x$ 項を一つの $\sin x$ 項と残りの $\sin^4 x$ 項に分けて，$\sin^4 x$ 項を $\cos x$ 項で表すと，次のようになる．

$$\sin^5 x\cos^2 x = (\sin^2 x)^2\cos^2 x\sin x = (1-\cos^2 x)^2\cos^2 x\sin x$$

これに $u=\cos x$ として置換積分を行うならば，$du=-\sin x\,dx$ であるので，

$$\begin{aligned}\int \sin^5 x\cos^2 x\,dx &= \int (\sin^2 x)^2\cos^2 x\sin x\,dx \\ &= \int (1-\cos^2 x)^2\cos^2 x\sin x\,dx \\ &= \int (1-u^2)^2 u^2(-du) = -\int (u^2 - 2u^4 + u^6)\,du \\ &= -\left(\frac{u^3}{3} - 2\frac{u^5}{5} + \frac{u^7}{7}\right) + C \\ &= -\tfrac{1}{3}\cos^3 x + \tfrac{2}{5}\cos^5 x - \tfrac{1}{7}\cos^7 x + C\end{aligned}$$

となる．

これらの例では，sin（あるいは cos）の奇数ベキは，sin 項（あるいは cos 項）を一つ残しておいて，残りの偶数ベキを cos（あるいは sin）の偶数ベキで表した．しかし，被積分関数が sin，cos 共に偶数ベキである場合にはこの方法が使えない．その場合は，次に示す半角の公式（付録 B 公式 17b，17a 参照）を使う．

$$\sin^2 x = \tfrac{1}{2}(1-\cos 2x) \qquad \text{および} \qquad \cos^2 x = \tfrac{1}{2}(1+\cos 2x)$$

例 3　$\int_0^{\pi} \sin^2 x\, dx$ を求めよ．

［解 説］　$\sin^2 x = 1 - \cos^2 x$ とおいても，積分は簡単にならない．しかし，$\sin^2 x$ に半角の公式を使うならば，

$$\int_0^{\pi} \sin^2 x\, dx = \frac{1}{2}\int_0^{\pi} (1 - \cos 2x)\, dx$$
$$= \left[\frac{1}{2}\left(x - \frac{1}{2}\sin 2x\right)\right]_0^{\pi}$$
$$= \frac{1}{2}\left(\pi - \frac{1}{2}\sin 2\pi\right) - \frac{1}{2}\left(0 - \frac{1}{2}\sin 0\right) = \frac{1}{2}\pi$$

である．このとき，$\cos 2x$ の積分を行うために $u = 2x$ とおいている．この積分の別の解法が §2·1 節末問題 47 にある．

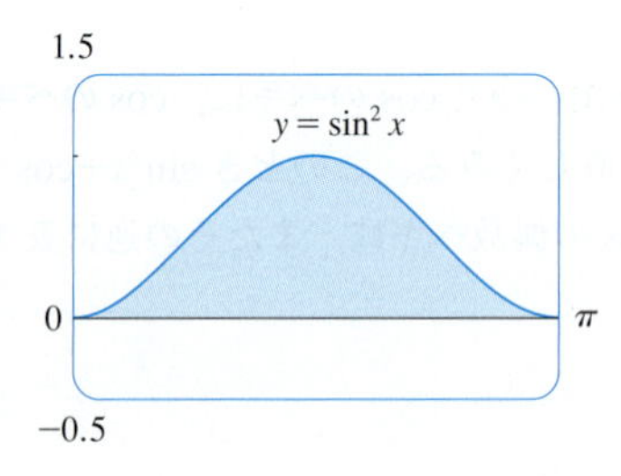

例 3 は図 2 が表している領域の面積が$\pi/2$ であることを示している．

図 2

例 4　$\int \sin^4 x\, dx$ を求めよ．

［解 説］　この積分は，例 3 と同様に $\int \sin^n x\, dx$ の漸化式（§2·1 式 7 ）を使っても求めることができるが（§2·1 節末問題 47 参照），よりよい解き方は $\sin^4 x = (\sin^2 x)^2$ と書いて，半角の公式を使う方法である．つまり，

$$\int \sin^4 x\, dx = \int (\sin^2 x)^2\, dx$$
$$= \int \left(\frac{1 - \cos 2x}{2}\right)^2 dx$$
$$= \frac{1}{4}\int (1 - 2\cos 2x + \cos^2 2x)\, dx$$

とする．ここにはまだ，$\cos^2 2x$ が残っているので，もう 1 度半角の公式

$$\cos^2 2x = \frac{1}{2}(1 + \cos 4x)$$

を使う必要があり，

$$\int \sin^4 x\, dx = \frac{1}{4}\int \left(1 - 2\cos 2x + \frac{1}{2}(1 + \cos 4x)\right) dx$$
$$= \frac{1}{4}\int \left(\frac{3}{2} - 2\cos 2x + \frac{1}{2}\cos 4x\right) dx$$
$$= \frac{1}{4}\left(\frac{3}{2}x - \sin 2x + \frac{1}{8}\sin 4x\right) + C$$

となる．

m, n が 0 以上の整数であるときの $\int \sin^m x \cos^n x\, dx$ の積分方法をまとめておく．

$\int_0^{\pi/2}$ $\sin^m x \cos^n x\, dx$ の積分方法

(a) cos のベキ指数が奇数（$n=2k+1$）であるときは，一つの cos 項を残して，残りの cos 項を $\cos^2 x=1-\sin^2 x$ を使ってすべて sin 項で表す．

$$\int \sin^m x \cos^{2k+1} x\, dx = \int \sin^m x\,(\cos^2 x)^k \cos x\, dx$$
$$= \int \sin^m x\,(1 - \sin^2 x)^k \cos x\, dx$$

そして，$u=\sin x$ として置換積分を行う．

(b) sin のベキ指数が奇数（$m=2k+1$）であるときは，一つの sin 項を残して，残りの sin 項を $\sin^2 x=1-\cos^2 x$ を使ってすべて cos 項で表す．

$$\int \sin^{2k+1} x \cos^n x\, dx = \int (\sin^2 x)^k \cos^n x \sin x\, dx$$
$$= \int (1 - \cos^2 x)^k \cos^n x \sin x\, dx$$

そして，$u=\cos x$ として置換積分を行う（sin，cos のベキ指数が両方共奇数であるときは，(a), (b) どちらを使っても原理的には構わない）．

(c) sin，cos のベキ指数が共に偶数であるときは，半角の公式

$$\sin^2 x = \tfrac{1}{2}(1 - \cos 2x) \qquad \cos^2 x = \tfrac{1}{2}(1 + \cos 2x)$$

を使う．そのとき，公式

$$\sin x \cos x = \tfrac{1}{2}\sin 2x$$

は有用である．

同様の方法で $\int \tan^m x \sec^n x\, dx$ の積分を行うことができる．$(d/dx)\tan x=\sec^2 x$ であるので，n が偶数であるとき，$\sec^2 x$ 項を一つ残し，残りの $\sec x$ の偶数ベキ項を $\sec^2 x=1+\tan^2 x$ を使って $\tan x$ 項で表す．また，m が奇数であるとき，$(d/dx)\sec x=\sec x\tan x$ であるので，$\sec x \tan x$ 項を一つ残し，残りの $\tan x$ の偶数ベキ項を $\tan^2 x=\sec^2 x-1$ を使って $\sec x$ 項で表す．

例 5　$\int \tan^6 x \sec^4 x\, dx$ を求めよ．

［解説］　$\sec^4 x$ から $\sec^2 x$ 項を一つ分離すると，残った $\sec^2 x$ 項は等式 $\sec^2 x=1+\tan^2 x$ を使って tan 項で表わすことができる．ここで $u=\tan x$ として置換積分を行うならば，$du=\sec^2 x\, dx$ であるので，

$$\int \tan^6 x \sec^4 x\, dx = \int \tan^6 x \sec^2 x \sec^2 x\, dx$$
$$= \int \tan^6 x\,(1 + \tan^2 x) \sec^2 x\, dx$$
$$= \int u^6(1 + u^2)\, du = \int (u^6 + u^8)\, du$$
$$= \frac{u^7}{7} + \frac{u^9}{9} + C$$

$$= \frac{1}{7}\tan^7 x + \frac{1}{9}\tan^9 x + C$$

となる．

■ **例 6**　$\int \tan^5\theta \sec^7\theta\, d\theta$ を求めよ．

［解 説］　例 5 のように $\sec^2\theta$ 項を分離するならば，$\sec^5\theta$ 項が残り，この項は tan を使って簡単な形で表せない．しかし，$\sec\theta\tan\theta$ 項を分離するならば，$\tan^4\theta\sec^6\theta$ 項が残り，$\tan^4\theta$ は $\tan^2\theta = \sec^2\theta - 1$ を使って $\sec\theta$ で表せる．これより，$u = \sec\theta$ として置換積分を行うならば，$du = \sec\theta\tan\theta\, d\theta$ であるので，

$$\begin{aligned}
\int \tan^5\theta\ \sec^7\theta\, d\theta &= \int \tan^4\theta\ \sec^6\theta\ \sec\theta\ \tan\theta\, d\theta \\
&= \int (\sec^2\theta - 1)^2 \sec^6\theta\ \sec\theta\ \tan\theta\, d\theta \\
&= \int (u^2 - 1)^2 u^6\, du \\
&= \int (u^{10} - 2u^8 + u^6)\, du \\
&= \frac{u^{11}}{11} - 2\frac{u^9}{9} + \frac{u^7}{7} + C \\
&= \frac{1}{11}\sec^{11}\theta - \frac{2}{9}\sec^9\theta + \frac{1}{7}\sec^7\theta + C
\end{aligned}$$

となる．■

これらは，二つの場合における $\int \tan^m x \sec^n x\, dx$ の積分方法の実例であり，これをまとめておく．

$\int \tan^m x \sec^n x\, dx$ の積分方法

(a) sec のベキ指数が偶数（$n=2k, k \geqq 2$）であるときは，一つの $\sec^2 x$ を残して，残りの $\sec^{n-2}x$ 項を $\sec^2 x = 1 + \tan^2 x$ を使って tan 項で表す．

$$\begin{aligned}
\int \tan^m x \sec^{2k} x\, dx &= \int \tan^m x\, (\sec^2 x)^{k-1} \sec^2 x\, dx \\
&= \int \tan^m x\, (1 + \tan^2 x)^{k-1} \sec^2 x\, dx
\end{aligned}$$

そして，$u = \tan x$ として置換積分を行う．

(b) tan のベキ指数が奇数（$m = 2k+1$）であるときは，一つの $\sec x \tan x$ を残して，残りの $\tan^{n-2}$ 項を $\tan^2 x = \sec^2 x - 1$ を使って sec 項で表す．

$$\begin{aligned}
\int \tan^{2k+1} x \sec^n x\, dx &= \int (\tan^2 x)^k\ \sec^{n-1} x\ \sec x\ \tan x\, dx \\
&= \int (\sec^2 x - 1)^k\ \sec^{n-1} x\ \sec x\ \tan x\, dx
\end{aligned}$$

そして，$u = \sec x$ として置換積分を行う．

これ以外の場合には明確な指針がないので，3 角関数の公式や部分積分，ときには少しばかりの工夫を必要とする．第 1 章で与えられた公式を使えば，tan の積分ができる．

$$\int \tan x\, dx = \log|\sec x| + C$$

また，sec の不定積分

1*

$$\int \sec x\, dx = \log|\sec x + \tan x| + C$$

* 公式1は 1668 年 James Gregory（グレゴリー，第 1 巻 § 2・5 参照）によって見つけられた．Gregory はこの式を使って航海表をつくるときの問題を解決した．

も必要になることがある．公式1の証明は右辺を微分することによってもできるが，次のようにしても証明できる．まず，分母と分子に $\sec x+\tan x$ を掛けるならば，

$$\int \sec x\, dx = \int \sec x \frac{\sec x + \tan x}{\sec x + \tan x} dx$$

$$= \int \frac{\sec^2 x + \sec x \tan x}{\sec x + \tan x} dx$$

となる．$u=\sec x+\tan x$ とおくと，$du=(\sec x \tan x+\sec^2 x)\, dx$ であるので，積分は $\int (1/u)\, du=\log|u|+C$ となる．よって，

$$\int \sec x\, dx = \log|\sec x + \tan x| + C$$

である．

例 7　$\int \tan^3 x\, dx$ を求めよ．

［解説］ $\tan x$ 項しかないので，$\tan^2 x=\sec^2 x-1$ を使って，$\tan^2 x$ 項を $\sec^2 x$ 項で書き直すと，次の式が得られる．

$$\int \tan^3 x\, dx = \int \tan x \tan^2 x\, dx = \int \tan x (\sec^2 x - 1)\, dx$$

$$= \int \tan x \sec^2 x\, dx - \int \tan x\, dx$$

$$= \frac{\tan^2 x}{2} - \log|\sec x| + C$$

ここで，$\tan x \sec^2 x$ の積分は，$u=\tan x$ とおくならば $du=\sec^2 x\, dx$ となることを念頭において計算した．■

tan の偶数ベキと sec の奇数ベキが同時に存在する場合は，被積分関数のすべての項を sec 項で書き直すとよい．次の例が示すように，$\sec x$ の奇数ベキの積分は部分積分が必要となることがある．

■ **例 8**　$\int \sec^3 x\,dx$ を求めよ．

［解 説］

$$u = \sec x \qquad dv = \sec^2 x\,dx$$
$$du = \sec x \tan x\,dx \qquad v = \tan x$$

として部分積分を行うならば，

$$\int \sec^3 x\,dx = \sec x \tan x - \int \sec x \tan^2 x\,dx$$
$$= \sec x \tan x - \int \sec x\,(\sec^2 x - 1)\,dx$$
$$= \sec x \tan x - \int \sec^3 x\,dx + \int \sec x\,dx$$

となる．残った積分部分を公式 1 を使って求めると，

$$\int \sec^3 x\,dx = \frac{1}{2}\bigl(\sec x \tan x + \log|\sec x + \tan x|\bigr) + C$$

となる． ■

ここに示した例は非常に特殊な積分と感じられるだろうが，第 3 章においてみるように，積分の応用例として頻繁に使われる．$1+\cot^2 x=\csc^2 x$ であるので，$\int \cot^m x \csc^n x\,dx$ の積分も同様の方法で行うことができる．

最後に，別の 3 角関数の公式を使う例を示しておこう．

* 3 角関数の積和の公式は付録 B を参照．

2 (a) $\int \sin mx \cos nx\,dx$，(b) $\int \sin mx \sin nx\,dx$，(c) $\int \cos mx \cos nx\,dx$ の積分は，次の 3 角関数の公式*により求まる．

$$\text{(a)}\ \ \sin A \cos B = \frac{1}{2}(\sin(A - B) + \sin(A + B))$$
$$\text{(b)}\ \ \sin A \sin B = \frac{1}{2}(\cos(A - B) - \cos(A + B))$$
$$\text{(c)}\ \ \cos A \cos B = \frac{1}{2}(\cos(A - B) + \cos(A + B))$$

■ **例 9**　$\int \sin 4x \cos 5x\,dx$ を求めよ．

［解 説］　これは部分積分を使っても求められるが，公式 2 (a) を使うほうが容易である．

$$\int \sin 4x \cos 5x\,dx = \int \frac{1}{2}(\sin(-x) + \sin 9x)\,dx$$
$$= \frac{1}{2}\int (-\sin x + \sin 9x)\,dx$$
$$= \frac{1}{2}\Bigl(\cos x - \frac{1}{9}\cos 9x\Bigr) + C$$ ■

2・2 節末問題

1-49 積分を求めよ．

1. $\int \sin^2 x \cos^3 x \, dx$

2. $\int \sin^3\theta \cos^4\theta \, d\theta$

3. $\int_0^{\pi/2} \sin^7\theta \cos^5\theta \, d\theta$

4. $\int_0^{\pi/2} \sin^5 x \, dx$

5. $\int \sin^5(2t) \cos^2(2t) \, dt$

6. $\int t \cos^5(t^2) \, dt$

7. $\int_0^{\pi/2} \cos^2\theta \, d\theta$

8. $\int_0^{2\pi} \sin^2\left(\frac{1}{3}\theta\right) d\theta$

9. $\int_0^{\pi} \cos^4(2t) \, dt$

10. $\int_0^{\pi} \sin^2 t \cos^4 t \, dt$

11. $\int_0^{\pi/2} \sin^2 x \cos^2 x \, dx$

12. $\int_0^{\pi/2} (2 - \sin\theta)^2 \, d\theta$

13. $\int \sqrt{\cos\theta} \sin^3\theta \, d\theta$

14. $\int \frac{\sin^2(1/t)}{t^2} \, dt$

15. $\int \cot x \cos^2 x \, dx$

16. $\int \tan^2 x \cos^3 x \, dx$

17. $\int \sin^2 x \sin 2x \, dx$

18. $\int \sin x \cos\left(\frac{1}{2}x\right) dx$

19. $\int t \sin^2 t \, dt$

20. $\int x \sin^3 x \, dx$

21. $\int \tan x \sec^3 x \, dx$

22. $\int \tan^2\theta \sec^4\theta \, d\theta$

23. $\int \tan^2 x \, dx$

24. $\int (\tan^2 x + \tan^4 x) \, dx$

25. $\int \tan^4 x \sec^6 x \, dx$

26. $\int_0^{\pi/4} \sec^6\theta \tan^6\theta \, d\theta$

27. $\int \tan^3 x \sec x \, dx$

28. $\int \tan^5 x \sec^3 x \, dx$

29. $\int \tan^3 x \sec^6 x \, dx$

30. $\int_0^{\pi/4} \tan^4 t \, dt$

31. $\int \tan^5 x \, dx$

32. $\int \tan^2 x \sec x \, dx$

33. $\int x \sec x \tan x \, dx$

34. $\int \frac{\sin\phi}{\cos^3\phi} \, d\phi$

35. $\int_{\pi/6}^{\pi/2} \cot^2 x \, dx$

36. $\int_{\pi/4}^{\pi/2} \cot^3 x \, dx$

37. $\int_{\pi/4}^{\pi/2} \cot^5\phi \csc^3\phi \, d\phi$

38. $\int_{\pi/4}^{\pi/2} \csc^4\theta \cot^4\theta \, d\theta$

39. $\int \csc x \, dx$

40. $\int_{\pi/6}^{\pi/3} \csc^3 x \, dx$

41. $\int \sin 8x \cos 5x \, dx$

42. $\int \sin 2\theta \sin 6\theta \, d\theta$

43. $\int_0^{\pi/2} \cos 5t \cos 10t \, dt$

44. $\int \sin x \sec^5 x \, dx$

45. $\int_0^{\pi/6} \sqrt{1 + \cos 2x} \, dx$

46. $\int_0^{\pi/4} \sqrt{1 - \cos 4\theta} \, d\theta$

47. $\int \frac{1 - \tan^2 x}{\sec^2 x} \, dx$

48. $\int \frac{1}{\cos x - 1} \, dx$

49. $\int x \tan^2 x \, dx$

---

50. $\int_0^{\pi/4} \tan^6 x \sec x \, dx = I$ とするとき，$\int_0^{\pi/4} \tan^8 x \sec x \, dx$ の値を I を使って表せ．

51-54 不定積分を求めよ．計算機を使って，被積分関数のグラフと $C=0$ のときの原始関数のグラフを描き，解が妥当であることを確かめよ．

51. $\int x \sin^2(x^2) \, dx$

52. $\int \sin^5 x \cos^3 x \, dx$

53. $\int \sin 3x \sin 6x \, dx$

54. $\int \sec^4\left(\frac{1}{2}x\right) dx$

---

55. 区間 $[-\pi, \pi]$ における関数 $f(x) = \sin^2 x \cos^3 x$ の平均値を求めよ．

56. 次の四つの方法で，$\int \sin x \cos x \, dx$ を求めよ．

(a) $u = \cos x$ として置換積分をする．

(b) $u = \sin x$ として置換積分をする．

(c) 公式 $\sin 2x = 2 \sin x \cos x$ を使う．

(d) 部分積分をする．

解き方によって解の表現が異なることについて説明せよ．

57-58 与えられた曲線で囲まれた領域の面積を求めよ．

57. $y = \sin^2 x, \quad y = \sin^3 x, \quad 0 \leqslant x \leqslant \pi$

58. $y = \tan x, \quad y = \tan^2 x, \quad 0 \leqslant x \leqslant \pi/4$

59-60 計算機で被積分関数のグラフを描き，積分の値を求めよ．次にこの節で学んだ方法を使って，上で求めた値が正しいことを示せ．

59. $\int_0^{2\pi} \cos^3 x \, dx$

60. $\int_0^2 \sin 2\pi x \cos 5\pi x \, dx$

61-64 次の曲線で囲まれた領域を，指定された直線を軸として回転して得られる回転体の体積を求めよ．

61. 領域 $y = \sin x, y = 0, \ \pi/2 \leqslant x \leqslant \pi$; 回転軸 x 軸

62. 領域 $y = \sin^2 x, y = 0, \ 0 \leqslant x \leqslant \pi$; 回転軸 x 軸

63. 領域 $y = \sin x, y = \cos x, 0 \leqslant x \leqslant \pi/4$; 回転軸 $y = 1$

64. 領域 $y = \sec x, y = \cos x, 0 \leqslant x \leqslant \pi/3$; 回転軸 $y = -1$

65. 粒子が直線上を速度関数 $v(t)=\sin \omega t \cos^2 \omega t$ で動いている．$f(0)=0$ であるときの粒子の位置関数 $s=f(t)$ を求めよ．

66. 家庭用電気は，電圧が 155 V から −155 V の間で周波数 60 ヘルツ（Hz，サイクル/秒）で変化する交流で供給されている．時間 t（秒）における電圧は

$$E(t) = 155 \sin(120\pi t)$$

で与えられる．電圧計は，1 周期における $(E(t))^2$ の平均値の平方根である 2 乗平均平方根の値で電圧を示すようにできている．

(a) 家庭用電気の電圧（2 乗平均平方根）を求めよ．

(b) 多くの電気ストーブは電圧（2 乗平均平方根）220 V に対応している．電圧が $E(t)=A\sin(120\pi t)$ であるとき振幅 A を求めよ．

67-69　m, n は自然数として，次の式を示せ．

67. $\displaystyle\int_{-\pi}^{\pi} \sin mx \cos nx\, dx = 0$

68. $\displaystyle\int_{-\pi}^{\pi} \sin mx \sin nx\, dx = \begin{cases} 0, & m \neq n \\ \pi, & m = n \end{cases}$

69. $\displaystyle\int_{-\pi}^{\pi} \cos mx \cos nx\, dx = \begin{cases} 0, & m \neq n \\ \pi, & m = n \end{cases}$

70. 有限フーリエ級数は次の和で与えられる．

$$\begin{aligned} f(x) &= \sum_{n=1}^{N} a_n \sin nx \\ &= a_1 \sin x + a_2 \sin 2x + \cdots + a_N \sin Nx \end{aligned}$$

m 番目の係数 a_m は次の式で与えられることを示せ．

$$a_m = \frac{1}{\pi}\int_{-\pi}^{\pi} f(x) \sin mx\, dx$$

2・3　3 角関数による置換積分

円あるいはだ円の面積を求めるときには，$\int\sqrt{a^2-x^2}\,dx$，$a>0$ の形の積分が現れる．$\int x\sqrt{a^2-x^2}\,dx$ の積分には $u=a^2-x^2$ とする置換積分が有効であるが，$\int\sqrt{a^2-x^2}\,dx$ の積分はより困難である．しかし，$x=a\sin\theta$ とおいて変数を x から θ に変換するならば，公式 $1-\sin^2\theta=\cos^2\theta$ を使って，次のように根号（ルート）記号を消去することができる．

$$\sqrt{a^2-x^2} = \sqrt{a^2-a^2\sin^2\theta} = \sqrt{a^2(1-\sin^2\theta)} = \sqrt{a^2\cos^2\theta} = a|\cos\theta|$$

このとき，（新しい変数 u は古い変数 x の関数である）$u=a^2-x^2$ と，（古い変数 x は新しい変数 θ の関数である）$x=a\sin\theta$ の違いに注意する必要がある．

一般に，変換 $x=g(t)$ を通常の置換積分の法則を逆方向に捉えるものとして扱うことができる．計算を容易にするために，g は逆関数をもつ，すなわち 1 対 1 関数であるとする．この場合，置換積分の公式（第 I 巻 §4・5 公式 [4] 参照）において，u を x で，x を t で置き換えると，

$$\int f(x)\,dx = \int f(g(t))g'(t)\,dt$$

を得る．この公式は逆方向の置換積分の公式とよばれる．

$x=a\sin\theta$ が 1 対 1 関数であるならば，$x=a\sin\theta$ として置換積分を定義できる．これは θ を区間 $[-\pi/2, \pi/2]$ に制限することによって可能になる．

次の表は，左列の根号式を置換積分するのに有効な置換と，その根拠を与える 3 角関数の公式を示している．どの場合も，θ の制限は，置換を定義する関数が 1 対 1 関数となることを保証している（これらの区間は §1・6 において，逆関数を定義したときと同じ区間である）．

3角関数による置換積分の表

根号式	置 換	3角関数の公式
$\sqrt{a^2-x^2}$	$x=a\sin\theta,\quad -\dfrac{\pi}{2}\leqq\theta\leqq\dfrac{\pi}{2}$	$1-\sin^2\theta=\cos^2\theta$
$\sqrt{a^2+x^2}$	$x=a\tan\theta,\quad -\dfrac{\pi}{2}<\theta<\dfrac{\pi}{2}$	$1+\tan^2\theta=\sec^2\theta$
$\sqrt{x^2-a^2}$	$x=a\sec\theta,\quad 0\leqq\theta<\dfrac{\pi}{2}$ あるいは $\pi\leqq\theta<\dfrac{3\pi}{2}$	$\sec^2\theta-1=\tan^2\theta$

例 1　$\displaystyle\int\frac{\sqrt{9-x^2}}{x^2}dx$ を求めよ．

［解 説］ $x=3\sin\theta$，$-\pi/2\leqq\theta\leqq\pi/2$ とするならば，$dx=3\cos\theta\,d\theta$ であるので，

$$\sqrt{9-x^2}=\sqrt{9-9\sin^2\theta}=\sqrt{9\cos^2\theta}=3|\cos\theta|=3\cos\theta$$

である（$-\pi/2\leqq\theta\leqq\pi/2$ においては $\cos\theta\geqq0$ である）．よって，置換積分をするならば，

$$\begin{aligned}\int\frac{\sqrt{9-x^2}}{x^2}dx&=\int\frac{3\cos\theta}{9\sin^2\theta}3\cos\theta\,d\theta\\&=\int\frac{\cos^2\theta}{\sin^2\theta}d\theta=\int\cot^2\theta\,d\theta\\&=\int(\csc^2\theta-1)\,d\theta\\&=-\cot\theta-\theta+C\end{aligned}$$

である．これは不定積分であるので，変数をもとの変数 x に戻さなければならない．3角関数の公式を使って，$\cot\theta$ を $\sin\theta=x/3$ の関数として表すこともできるが，図1を使ってもよい．図1で，θ を直角3角形の一つの角とおく．$\sin\theta=x/3$ であるので，斜辺の長さを3，角 θ の対辺の長さを x とおくと，ピタゴラスの定理より残りの1辺の長さは $\sqrt{9-x^2}$ である．よって図1から簡単に $\cot\theta$ の値が読み取れる．

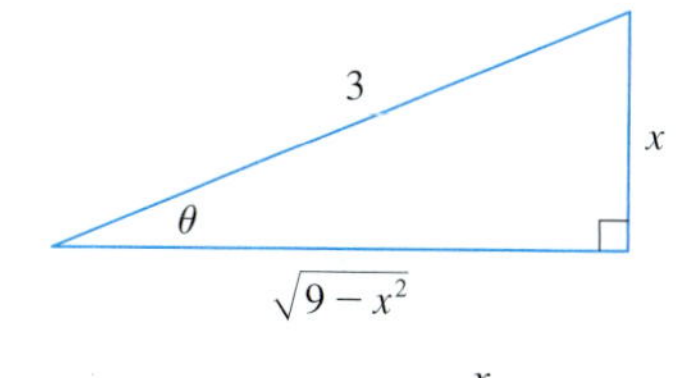

図1　$\sin\theta=\dfrac{x}{3}$

$$\cot\theta=\frac{\sqrt{9-x^2}}{x}$$

（図1では $\theta>0$ であるが，上記の $\cot\theta$ は $\theta<0$ の場合も成り立つ）．$\sin\theta=x/3$ より $\theta=\sin^{-1}(x/3)$ であるので，

$$\int\frac{\sqrt{9-x^2}}{x^2}dx=-\frac{\sqrt{9-x^2}}{x}-\sin^{-1}\left(\frac{x}{3}\right)+C$$

である．

例 2　だ円 $x^2/a^2+y^2/b^2=1$ の面積を求めよ．

［解 説］　だ円の方程式を y について解くならば，

$$\frac{y^2}{b^2}=1-\frac{x^2}{a^2}=\frac{a^2-x^2}{a^2} \qquad \text{すなわち} \qquad y=\pm\frac{b}{a}\sqrt{a^2-x^2}$$

である．このだ円は両座標軸に関して線対称であるので，だ円の全面積 A は第 1 象限におけるだ円の面積の 4 倍である（図 2）．第 1 象限において，だ円は関数

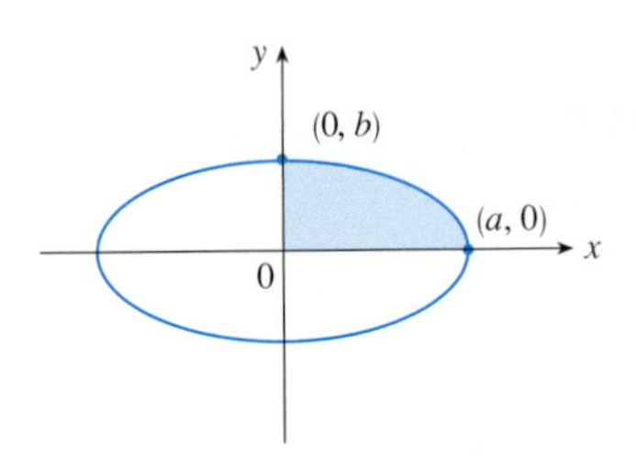

図 2　$\dfrac{x^2}{a^2}+\dfrac{y^2}{b^2}=1$

$$y=\frac{b}{a}\sqrt{a^2-x^2}, \qquad 0\leqslant x\leqslant a$$

で与えられるので，

$$\tfrac{1}{4}A=\int_0^a\frac{b}{a}\sqrt{a^2-x^2}\,dx$$

である．この積分を求めるために，$x=a\sin\theta$ として置換積分を行うならば，$dx=a\cos\theta\,d\theta$ である．積分範囲は $x=0$ のとき $\sin\theta=0$ すなわち $\theta=0$，$x=a$ のとき $\sin\theta=1$ すなわち $\theta=\pi/2$ である．$0\leqslant\theta\leqslant\pi/2$ より

$$\sqrt{a^2-x^2}=\sqrt{a^2-a^2\sin^2\theta}=\sqrt{a^2\cos^2\theta}=a|\cos\theta|=a\cos\theta$$

であるので，

$$\begin{aligned}A&=4\frac{b}{a}\int_0^a\sqrt{a^2-x^2}\,dx=4\frac{b}{a}\int_0^{\pi/2}a\cos\theta\cdot a\cos\theta\,d\theta\\&=4ab\int_0^{\pi/2}\cos^2\theta\,d\theta=4ab\int_0^{\pi/2}\tfrac{1}{2}(1+\cos2\theta)\,d\theta\\&=2ab\Big[\theta+\tfrac{1}{2}\sin2\theta\Big]_0^{\pi/2}=2ab\left(\frac{\pi}{2}+0-0\right)=\pi ab\end{aligned}$$

となる．よって，長軸，短軸の長さが $2a$，$2b$ であるだ円の面積は πab であり，特に $a=b=r$ とするならば，半径 r の円の面積が πr^2 であるというよく知られた公式の証明を与えたことになる．

注 意　例 2 の積分は定積分であるので，積分範囲を変換した．変数をもとの x に戻す必要はなかった．

例 3　$\displaystyle\int\frac{1}{x^2\sqrt{x^2+4}}\,dx$ を求めよ．

［解 説］　$x=2\tan\theta$，$-\pi/2<\theta<\pi/2$ とするならば，$dx=2\sec^2\theta\,d\theta$ であるので，

$$\sqrt{x^2+4}=\sqrt{4(\tan^2\theta+1)}=\sqrt{4\sec^2\theta}=2|\sec\theta|=2\sec\theta$$

である．よって，

$$\int\frac{1}{x^2\sqrt{x^2+4}}dx=\int\frac{2\sec^2\theta\,d\theta}{4\tan^2\theta\cdot2\sec\theta}=\frac{1}{4}\int\frac{\sec\theta}{\tan^2\theta}\,d\theta$$

である．この 3 角関数を積分するために，すべての項を $\sin\theta$ と $\cos\theta$ の項で

書き表すならば，

$$\frac{\sec\theta}{\tan^2\theta} = \frac{1}{\cos\theta}\cdot\frac{\cos^2\theta}{\sin^2\theta} = \frac{\cos\theta}{\sin^2\theta}$$

である．よって，$u=\sin\theta$ として置換積分を行うならば，

$$\begin{aligned}\int\frac{1}{x^2\sqrt{x^2+4}}dx &= \frac{1}{4}\int\frac{\cos\theta}{\sin^2\theta}d\theta = \frac{1}{4}\int\frac{du}{u^2}\\ &= \frac{1}{4}\left(-\frac{1}{u}\right)+C = -\frac{1}{4\sin\theta}+C\\ &= -\frac{\csc\theta}{4}+C\end{aligned}$$

であり，図 3 を使うと $\csc\theta=\sqrt{x^2+4}/x$ であるので，

$$\int\frac{1}{x^2\sqrt{x^2+4}}dx = -\frac{\sqrt{x^2+4}}{4x}+C$$

となる．

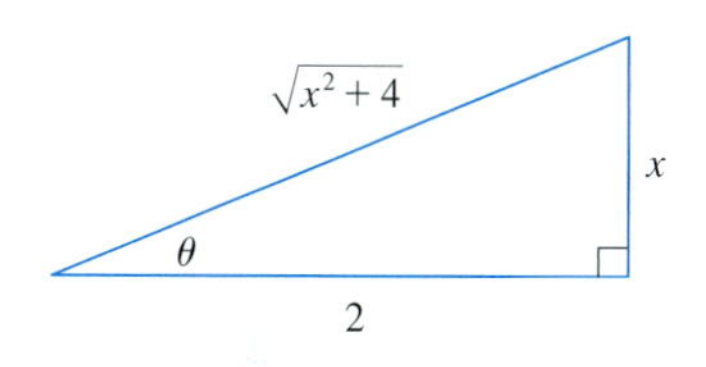

図 3　$\tan\theta = \dfrac{x}{2}$

例 4　$\displaystyle\int\frac{x}{\sqrt{x^2+4}}dx$ を求めよ．

［解 説］ 例 3 のようにして，$x=2\tan\theta$ とおいて 3 角関数による置換積分を行って解くこともできるが，$u=x^2+4$ とおけば $du=2x\,dx$ であるので，より簡単に積分することができる．

$$\int\frac{x}{\sqrt{x^2+4}}dx = \frac{1}{2}\int\frac{1}{\sqrt{u}}du = \sqrt{u}+C = \sqrt{x^2+4}+C$$

注 意　例 4 は，3 角関数による置換積分を使えば解けるが，それが最も容易な解き方とは限らないことを示している．まず，より簡単な解き方がないか探してみるべきである．

例 5　$a>0$ のとき $\displaystyle\int\frac{1}{\sqrt{x^2-a^2}}dx$ を求めよ．

［解 説 1］ $x=a\sec\theta$，$0<\theta<\pi/2$ あるいは $\pi<\theta<3\pi/2$ とするならば，$dx=a\sec\theta\tan\theta\,d\theta$ であるので，

$$\sqrt{x^2-a^2} = \sqrt{a^2(\sec^2\theta-1)} = \sqrt{a^2\tan^2\theta} = a|\tan\theta| = a\tan\theta$$

である．よって，

$$\int\frac{1}{\sqrt{x^2-a^2}}dx = \int\frac{a\sec\theta\tan\theta}{a\tan\theta}d\theta = \int\sec\theta\,d\theta = \log|\sec\theta+\tan\theta|+C$$

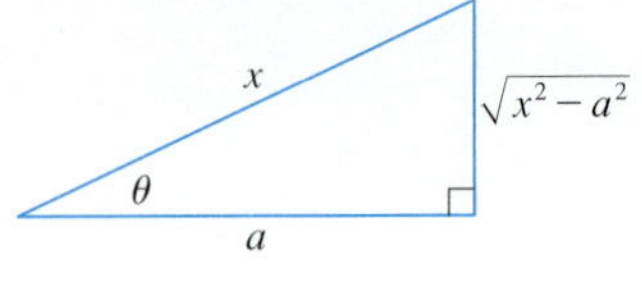

図4　$\sec\theta = \dfrac{x}{a}$

である．図4の直角3角形より $\tan\theta = \sqrt{x^2-a^2}/a$ であるので，

$$\int \frac{1}{\sqrt{x^2-a^2}}\,dx = \log\left|\frac{x}{a} + \frac{\sqrt{x^2-a^2}}{a}\right| + C$$
$$= \log\left|x+\sqrt{x^2-a^2}\right| - \log a + C$$

となり，$C_1 = C - \log a$ とするならば，

[1]
$$\int \frac{1}{\sqrt{x^2-a^2}}\,dx = \log\left|x+\sqrt{x^2-a^2}\right| + C_1$$

である．

［解説2］　$x>0$ の場合，双曲線関数 $x = a\cosh t$ による置換積分を行うことができる．$\cosh^2 y - \sinh^2 y = 1$ を使うと

$$\sqrt{x^2-a^2} = \sqrt{a^2(\cosh^2 t - 1)} = \sqrt{a^2\sinh^2 t} = a\sinh t$$

となり，$dx = a\sinh t\,dt$ より

$$\int \frac{1}{\sqrt{x^2-a^2}}\,dx = \int \frac{a\sinh t\,dt}{a\sinh t} = \int dt = t + C$$

となる．$\cosh t = x/a$ より $t = \cosh^{-1}(x/a)$ であるので，

[2]
$$\int \frac{1}{\sqrt{x^2-a^2}}\,dx = \cosh^{-1}\left(\frac{x}{a}\right) + C$$

である．公式[1]と[2]はかなり異なってみえるが，実際は§1·7 公式[4]と同じものである．

注 意　例5が示すように，3角関数ではなく双曲線関数を使った置換積分も可能であり，ときにはより簡単な解を与える．しかしわれわれは，双曲線関数より3角関数の方に慣れ親しんでいるので，通常は3角関数による置換積分を行いがちである．

例 6*　$\displaystyle\int_0^{3\sqrt{3}/2} \frac{x^3}{(4x^2+9)^{3/2}}\,dx$ を求めよ．

［解説］　まず，$(4x^2+9)^{3/2} = (\sqrt{4x^2+9}\,)^3$ であるので3角関数による置換が適切である．$\sqrt{4x^2+9}$ は「3角関数の置換積分の表」の“根号式”の列にはないが，前段階として $u=2x$ と置換しておけば表にある形になる．ここでは，この置換と tan の置換を組合わせて $x = \frac{3}{2}\tan\theta$ とするならば，$dx = \frac{3}{2}\sec^2\theta\,d\theta$ であるので，

$$\sqrt{4x^2+9} = \sqrt{9\tan^2\theta + 9} = 3\sec\theta$$

である．そして $x=0$ のとき $\tan\theta = 0$ すなわち $\theta = 0$，$x = 3\sqrt{3}/2$ のとき $\tan\theta = \sqrt{3}$ すなわち $\theta = \pi/3$ であるので，

$$\int_0^{3\sqrt{3}/2} \frac{x^3}{(4x^2+9)^{3/2}}\,dx = \int_0^{\pi/3} \frac{\frac{27}{8}\tan^3\theta}{27\sec^3\theta}\,\frac{3}{2}\sec^2\theta\,d\theta$$

＊ 例6に示すように，3角関数の置換積分は，積分中に $(x^2+a^2)^{n/2}$（n は任意の整数）が現れた場合に有効なことがよくある．また，$(a^2-x^2)^{n/2}$ または $(x^2-a^2)^{n/2}$ が現れた場合にも同様である．

$$= \frac{3}{16}\int_0^{\pi/3} \frac{\tan^3\theta}{\sec\theta}\,d\theta = \frac{3}{16}\int_0^{\pi/3} \frac{\sin^3\theta}{\cos^2\theta}\,d\theta$$

$$= \frac{3}{16}\int_0^{\pi/3} \frac{1-\cos^2\theta}{\cos^2\theta}\sin\theta\,d\theta$$

となる．再度 $u=\cos\theta$ とおくと，$du=-\sin\theta\,d\theta$ であるので，$\theta=0$ のとき $u=1$，$\theta=\pi/3$ のとき $u=\frac{1}{2}$ である．これより

$$\int_0^{3\sqrt{3}/2} \frac{x^3}{(4x^2+9)^{3/2}}\,dx = -\frac{3}{16}\int_1^{1/2} \frac{1-u^2}{u^2}\,du$$

$$= \frac{3}{16}\int_1^{1/2}(1-u^{-2})\,du = \frac{3}{16}\left[u+\frac{1}{u}\right]_1^{1/2}$$

$$= \frac{3}{16}\left(\left(\frac{1}{2}+2\right)-(1+1)\right) = \frac{3}{32}$$

である．

例 7　$\displaystyle\int \frac{x}{\sqrt{3-2x-x^2}}\,dx$ を求めよ．

［解説］　まず，根号記号の中を完全平方の形にして，3 角関数による置換を適用できるようにする．

$$3-2x-x^2 = 3-(x^2+2x) = 3+1-(x^2+2x+1)$$
$$= 4-(x+1)^2$$

この式より，$u=x+1$ とおくと $du=dx$，$x=u-1$ であるので，

$$\int \frac{x}{\sqrt{3-2x-x^2}}\,dx = \int \frac{u-1}{\sqrt{4-u^2}}\,du$$

となる．次に $u=2\sin\theta$ とおくと $du=2\cos\theta\,d\theta$，$\sqrt{4-u^2}=2\cos\theta$ であるので，

$$\int \frac{x}{\sqrt{3-2x-x^2}}\,dx = \int \frac{2\sin\theta-1}{2\cos\theta}\,2\cos\theta\,d\theta$$

$$= \int (2\sin\theta-1)\,d\theta$$

$$= -2\cos\theta-\theta+C$$

$$= -\sqrt{4-u^2}-\sin^{-1}\left(\frac{u}{2}\right)+C$$

$$= -\sqrt{3-2x-x^2}-\sin^{-1}\left(\frac{x+1}{2}\right)+C$$

となる．

図 5 は例 7 の被積分関数と $C=0$ のときの不定積分のグラフを示す．どちらのグラフがどちらの式であるか．

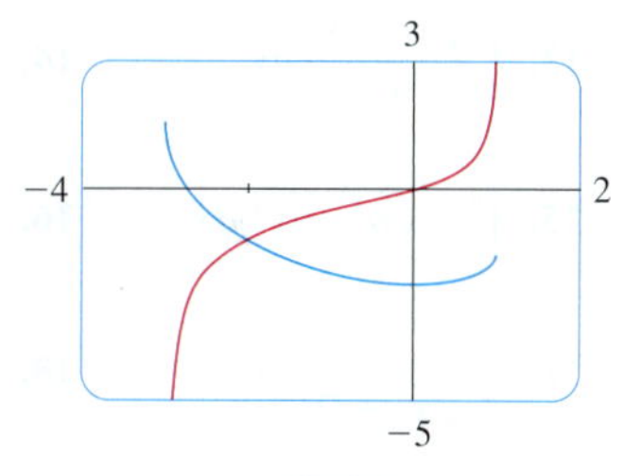

図 5

2・3 節末問題

1-3 与えられた3角関数の置換を使って積分を求めよ．また，直角3角形を描いて，変数の関係を書き込め．

1. $\displaystyle\int \frac{1}{x^2\sqrt{4-x^2}}\,dx \qquad x = 2\sin\theta$

2. $\displaystyle\int \frac{x^3}{\sqrt{x^2+4}}\,dx \qquad x = 2\tan\theta$

3. $\displaystyle\int \frac{\sqrt{x^2-4}}{x}\,dx \qquad x = 2\sec\theta$

4-30 積分を求めよ．

4. $\displaystyle\int \frac{x^2}{\sqrt{9-x^2}}\,dx$

5. $\displaystyle\int \frac{\sqrt{x^2-1}}{x^4}\,dx$　**6.** $\displaystyle\int_0^3 \frac{x}{\sqrt{36-x^2}}\,dx$

7. $\displaystyle\int_0^a \frac{1}{(a^2+x^2)^{3/2}}\,dx,\ a>0$　**8.** $\displaystyle\int \frac{1}{t^2\sqrt{t^2-16}}\,dt$

9. $\displaystyle\int_2^3 \frac{1}{(x^2-1)^{3/2}}\,dx$　**10.** $\displaystyle\int_0^{2/3} \sqrt{4-9x^2}\,dx$

11. $\displaystyle\int_0^{1/2} x\sqrt{1-4x^2}\,dx$　**12.** $\displaystyle\int_0^2 \frac{1}{\sqrt{4+t^2}}\,dt$

13. $\displaystyle\int \frac{\sqrt{x^2-9}}{x^3}\,dx$　**14.** $\displaystyle\int_0^1 \frac{1}{(x^2+1)^2}\,dx$

15. $\displaystyle\int_0^a x^2\sqrt{a^2-x^2}\,dx$　**16.** $\displaystyle\int_{\sqrt{2}/3}^{2/3} \frac{1}{x^5\sqrt{9x^2-1}}\,dx$

17. $\displaystyle\int \frac{x}{\sqrt{x^2-7}}\,dx$　**18.** $\displaystyle\int \frac{1}{((ax)^2-b^2)^{3/2}}\,dx$

19. $\displaystyle\int \frac{\sqrt{1+x^2}}{x}\,dx$　**20.** $\displaystyle\int \frac{x}{\sqrt{1+x^2}}\,dx$

21. $\displaystyle\int_0^{0.6} \frac{x^2}{\sqrt{9-25x^2}}\,dx$　**22.** $\displaystyle\int_0^1 \sqrt{x^2+1}\,dx$

23. $\displaystyle\int \frac{1}{\sqrt{x^2+2x+5}}\,dx$　**24.** $\displaystyle\int_0^1 \sqrt{x-x^2}\,dx$

25. $\displaystyle\int x^2\sqrt{3+2x-x^2}\,dx$　**26.** $\displaystyle\int \frac{x^2}{(3+4x-4x^2)^{3/2}}\,dx$

27. $\displaystyle\int \sqrt{x^2+2x}\,dx$　**28.** $\displaystyle\int \frac{x^2+1}{(x^2-2x+2)^2}\,dx$

29. $\displaystyle\int x\sqrt{1-x^4}\,dx$　**30.** $\displaystyle\int_0^{\pi/2} \frac{\cos t}{\sqrt{1+\sin^2 t}}\,dt$

31. (a) 3角関数による置換積分を使って，次のことを示せ．

$$\int \frac{1}{\sqrt{x^2+a^2}}\,dx = \log\left(x+\sqrt{x^2+a^2}\right) + C$$

(b) 双曲線関数 $x=a\sinh t$ による置換積分を使って，次のことを示せ．

$$\int \frac{1}{\sqrt{x^2+a^2}}\,dx = \sinh^{-1}\left(\frac{x}{a}\right) + C$$

この二つの式が等価であることは§1·7公式[3]を参照せよ．

32.
$$\int \frac{x^2}{(x^2+a^2)^{3/2}}\,dx$$
を次の方法で求めよ．

(a) 3角関数による置換積分により

(b) 双曲線関数 $x=a\sinh t$ による置換積分により

33. $f(x)=\sqrt{x^2-1}/x,\ 1\leqq x\leqq 7$ における平均値を求めよ．

34. 双曲線 $9x^2-4y^2=36$ と直線 $x=3$ に囲まれた領域の面積を求めよ．

35. 半径 r，中心角 θ の扇形の面積が $A=\frac{1}{2}r^2\theta$ であることを示せ［ヒント：$0<\theta<\pi/2$ と仮定して，円の中心を座標の原点におくなら円の方程式は $x^2+y^2=r^2$ である．面積 A は図の3角形 POQ と領域 PQR の面積の和である］．

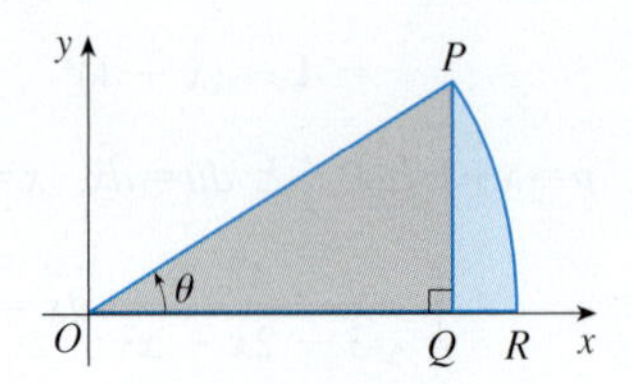

36.
$$\int \frac{1}{x^4\sqrt{x^2-2}}\,dx$$
の積分を求めよ．また，計算機を使って被積分関数とその不定積分を同一スクリーンに描き，解が妥当であることを確かめよ．

37. 曲線 $y=9/(x^2+9)$，$y=0$，$x=0$，$x=3$ で囲まれた領域を，x 軸のまわりに回転して得られる回転体の体積を求めよ．

38. 曲線 $y=x\sqrt{1-x^2}$，$y=0$，$x=0$，$x=1$ で囲まれた領域を，直線 $x=1$ のまわりに回転して得られる回転体の体積を求めよ．

39. (a) 3角関数による置換積分を使って，次のことを示せ．

$$\int_0^x \sqrt{a^2-t^2}\,dt = \tfrac{1}{2}a^2\sin^{-1}(x/a) + \tfrac{1}{2}x\sqrt{a^2-x^2}$$

(b) 図を使って，(a)の式の右辺両項を3角法を用いて説明せよ．

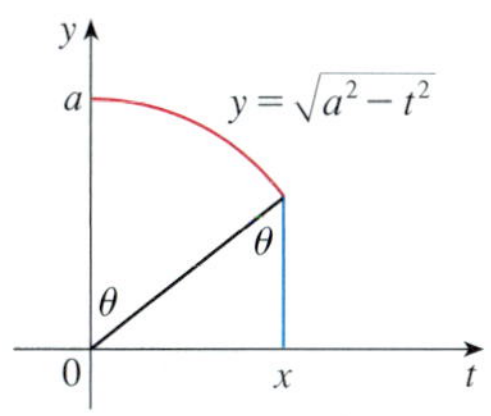

40. 円板 $x^2+y^2\leqq 8$ が放物線 $y=\frac{1}{2}x^2$ によって二つに分割されている．それぞれの面積を求めよ．

41. 円 $x^2+(y-R)^2=r^2$ を x 軸のまわりに回転して得られる回転体をトーラス（円環体）という．この体積を求めよ．

42. 長さ L の帯電したロッドにより生じる，点 $P(a, b)$ における電場の強さ $E(P)$ は，棒の単位長さ当たりの電荷密度を λ，自由空間の誘電率を ε_0 として，

$$E(P)=\int_{-a}^{L-a}\frac{\lambda b}{4\pi\varepsilon_0(x^2+b^2)^{3/2}}\,dx$$

で与えられる．この積分を計算して，電場の強さ $E(P)$ の式を求めよ．

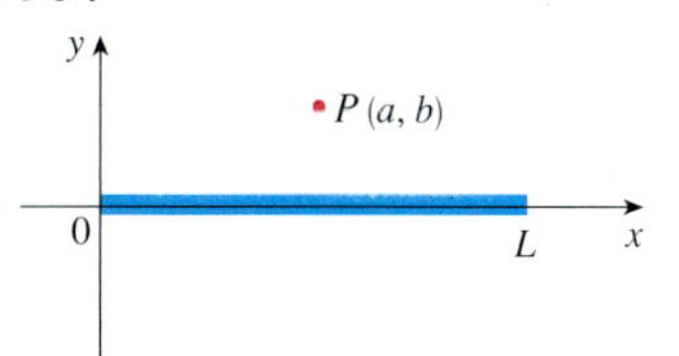

43. 半径 r と R の二つの円の弧で囲まれた三日月形の領域（図）の面積を求めよ．

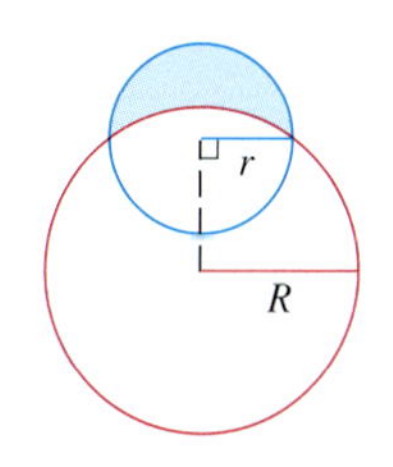

44. 直径 10 m の円筒形の貯水槽が，垂直な切断面が円形になるように設置されている．深さ 7 m まで水が入っている場合，貯水槽の容量の何%が使用されていることになるか求めよ．

2・4　部分分数分解による有理関数の積分

この節では，有理関数（多項式の商）を部分分数分解という方法を使って，積分できる簡単な分数の和・差に分解して，積分する．このことを説明するために，二つの分数 $2/(x-1)$ と $1/(x+2)$ の差をとり通分するならば，次のようになる．

$$\frac{2}{x-1}-\frac{1}{x+2}=\frac{2(x+2)-(x-1)}{(x-1)(x+2)}=\frac{x+5}{x^2+x-2}$$

この手順を逆にたどれば，上の方程式の右辺の関数の積分のやり方がわかる．

$$\int\frac{x+5}{x^2+x-2}\,dx=\int\left(\frac{2}{x-1}-\frac{1}{x+2}\right)dx$$

$$=2\log|x-1|-\log|x+2|+C$$

一般に，部分分数分解をどのように行うかを調べるために，P と Q を多項式として有理関数

$$f(x)=\frac{P(x)}{Q(x)}$$

を考えてみる．P の次数が Q の次数より小さい有理関数 f は，単純な分数の和で表すことができる．復習しておくと，

$$P(x)=a_nx^n+a_{n-1}x^{n-1}+\cdots+a_1x+a_0,\quad a_n\neq 0$$

であるとき，P の次数は n であるといい，$\deg P=n$ と表す．

第 1 ステップとして，有理関数 $f=P/Q$ が $\deg P \geqq \deg Q$ であるとき，$\deg R < \deg Q$ となる余り $R(x)$ が得られるまで，P を Q で割る手計算を続け，多項式 S, R を使って

$$\boxed{1}\qquad f(x)=\frac{P(x)}{Q(x)}=S(x)+\frac{R(x)}{Q(x)}$$

と表す．

次の例は，第 1 ステップだけで積分ができるようになる場合である．

例 1　$\displaystyle\int \frac{x^3+x}{x-1}\,dx$ を求めよ．

$$\begin{array}{r|l} & x^2+x+2 \\ \hline x-1 & x^3 \qquad +x \\ & x^3-x^2 \\ \hline & x^2+x \\ & x^2-x \\ \hline & 2x \\ & 2x-2 \\ \hline & 2 \end{array}$$

［解説］　分子の次数が分母の次数より大きいので，分子を分母で割ることにより，次のようになる．

$$\int \frac{x^3+x}{x-1}\,dx=\int\left(x^2+x+2+\frac{2}{x-1}\right)dx$$

$$=\frac{x^3}{3}+\frac{x^2}{2}+2x+2\log|x-1|+C$$

方程式 $\boxed{1}$ の分母の次数が 1 以上であるときは，分母 $Q(x)$ を可能な限り因数分解することが必要である．任意の多項式 $Q(x)$ は，いくつかの 1 次式（$ax+b$ と表せる）といくつかの既約な 2 次式（$b^2-4ac<0$ を満たす a, b, c を用いて ax^2+bx+c と表せる）の積に分解できることが知られている．たとえば $Q(x)=x^4-16$ は

$$Q(x)=(x^2-4)(x^2+4)=(x-2)(x+2)(x^2+4)$$

と分解できる．

3 番目のステップは，式 $\boxed{1}$ の有理関数 $R(x)/Q(x)$ を次の形の**部分分数**の和として表すことである．

$$\frac{A}{(ax+b)^i}\qquad \text{あるいは}\qquad \frac{Ax+B}{(ax^2+bx+c)^j}$$

代数学の基本定理は，これらの操作が可能であることを保証している．ここでは四つの場合に分けて実例で示す．

場合 I　分母 $Q(x)$ がすべて異なる 1 次式の積の場合

これは，

$$Q(x)=(a_1x+b_1)(a_2x+b_2)\cdots(a_kx+b_k)$$

と表すことができて，どの因子も他の因子の定数倍となっていないということである．この場合，部分分数分解定理により，ある定数 $A_1, A_2, \cdots, A_k$ が存在して，

$$\boxed{2}\qquad \frac{R(x)}{Q(x)}=\frac{A_1}{a_1x+b_1}+\frac{A_2}{a_2x+b_2}+\cdots+\frac{A_k}{a_kx+b_k}$$

と表せる．これらの定数は次の例のようにして求めることができる．

例 2　$\int \frac{x^2+2x-1}{2x^3+3x^2-2x}\,dx$ を求めよ．

［解説］　分子の多項式の次数は，分母の多項式の次数より小さいので，分子を分母で割る最初のステップは必要ない．分母を因数分解するならば

$$2x^3+3x^2-2x = x(2x^2+3x-2) = x(2x-1)(x+2)$$

である．分母は異なる三つの 1 次式の積に分解されているので，[2] より，被積分関数は次のように部分分数の和に分解される．

$$\boxed{3} \qquad \frac{x^2+2x-1}{x(2x-1)(x+2)} = \frac{A}{x} + \frac{B}{2x-1} + \frac{C}{x+2}$$

A, B, C を決定するために[*1]，式 [3] の両辺に $x(2x-1)(x+2)$ を掛けるならば，

$$\boxed{4} \qquad x^2+2x-1 = A(2x-1)(x+2) + Bx(x+2) + Cx(2x-1)$$

となり，式 [4] の右辺を整理すると次のようになる．

$$\boxed{5} \qquad x^2+2x-1 = (2A+B+2C)x^2 + (3A+2B-C)x - 2A$$

式 [5] の両辺の多項式は同じ多項式を表しているので，右辺と左辺の係数はすべて等しくなければならない．すなわち，右辺の x^2 の係数 $2A+B+2C$ は左辺の x^2 の係数 1 と等しくなければならない．同様に両辺の x の係数，定数項共に等しくなければならないので，A, B, C を未知数とする連立方程式

$$\begin{aligned} 2A + B + 2C &= 1 \\ 3A + 2B - C &= 2 \\ -2A &= -1 \end{aligned}$$

を得る．これを解けば，$A=\frac{1}{2}$，$B=\frac{1}{5}$，$C=-\frac{1}{10}$ を得るので，

$$\int \frac{x^2+2x-1}{2x^3+3x^2-2x}\,dx = \int \left(\frac{1}{2}\frac{1}{x} + \frac{1}{5}\frac{1}{2x-1} - \frac{1}{10}\frac{1}{x+2} \right) dx$$
$$= \tfrac{1}{2}\log|x| + \tfrac{1}{10}\log|2x-1| - \tfrac{1}{10}\log|x+2| + K$$

となる[*2]．$1/(2x-1)$ の積分は，$u=2x-1$ とおいて，$du=2\,dx$ すなわち $dx=\frac{1}{2}\,du$ として求めている．

*1 A, B, C の他の求め方は，この例の後の「注意」にある．

図 1 は例 2 の被積分関数と $K=0$ のときの不定積分のグラフを示す．どちらのグラフがどちらの式に対応するか．

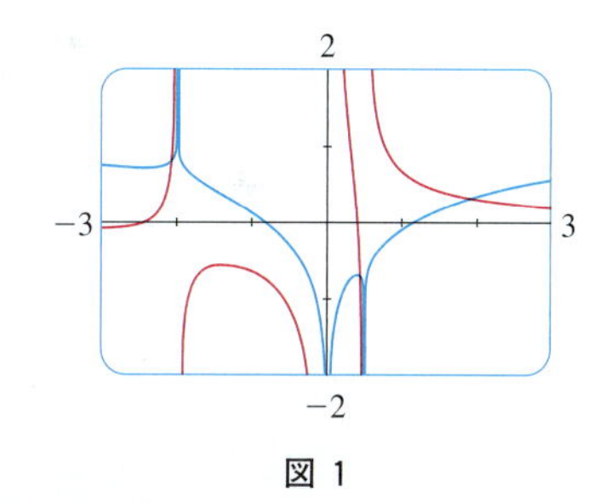

図 1

*2 この部分分数分解の検算は，通分して再び足し合わせればよい．

注 意　例 2 の係数 A, B, C を連立方程式を解かずに求める方法がある．式 [4] は恒等式であるので，すべての x について等号が成り立つ．したがって，特別な x を代入して式 [4] を簡単にする．$x=0$ を代入すれば，式 [4] の右辺第 1 項と第 2 項が消えて，$-1=-2A$ であるので $A=\frac{1}{2}$ と決まる．同様にして $x=\frac{1}{2}$ を代入すれば，$\frac{1}{4}=\frac{5}{4}B$ であるので $B=\frac{1}{5}$，$x=-2$ を代入すれば $-1=10C$ より $C=-\frac{1}{10}$ である．ここで，式 [3] では扱えない $x=0, \frac{1}{2}, -2$ を，式 [4] で扱うことについて異論があるだろう．しかし実際，式 [4] では $x=0, \frac{1}{2}, -2$ を含めてすべての x で成り立つ．説明は節末問題 73 にある．

■ **例 3**　$a \neq 0$ として $\int \frac{1}{x^2-a^2}\,dx$ を求めよ．

［解 説］　部分分数分解は

$$\frac{1}{x^2-a^2} = \frac{1}{(x-a)(x+a)} = \frac{A}{x-a} + \frac{B}{x+a}$$

$$A(x+a) + B(x-a) = 1$$

であるので，前述の「注意」で説明した方法を使って，$x=a$ を代入すると $A(2a)=1$ すなわち $A=1/(2a)$ と決まり，$x=-a$ を代入すると $B(-2a)=1$ すなわち $B=1/(2a)$ と決まる．よって

$$\int \frac{1}{x^2-a^2}\,dx = \frac{1}{2a}\int\left(\frac{1}{x-a} - \frac{1}{x+a}\right)dx$$

$$= \frac{1}{2a}\left(\log|x-a| - \log|x+a|\right) + C$$

となる．$\log x - \log y = \log(x/y)$ であるので，

$$\boxed{6}\qquad \int \frac{1}{x^2-a^2}\,dx = \frac{1}{2a}\log\left|\frac{x-a}{x+a}\right| + C$$

とまとめることができる．公式 $\boxed{6}$ を使った節末問題 57, 58 を参照． ■

場合 II　分母 $Q(x)$ が因子としていくつかの同じ 1 次式の積を含む場合

$Q(x)$ が因子として $(a_1x+b_1)^r$ を含む場合は，式 $\boxed{2}$ の $A_1/(a_1x+b_1)$ の代わりに

$$\boxed{7}\qquad \frac{A_1}{a_1x+b_1} + \frac{A_2}{(a_1x+b_1)^2} + \cdots + \frac{A_r}{(a_1x+b_1)^r}$$

とおく．これより次に示す例のように部分分数に分解できる．

$$\frac{x^3-x+1}{x^2(x-1)^3} = \frac{A}{x} + \frac{B}{x^2} + \frac{C}{x-1} + \frac{D}{(x-1)^2} + \frac{E}{(x-1)^3}$$

しかしここでは，より簡単な例を示す．

■ **例 4**　$\int \frac{x^4-2x^2+4x+1}{x^3-x^2-x+1}\,dx$ を求めよ．

［解 説］　最初のステップである割り算をすると，次のようになる．

$$\frac{x^4-2x^2+4x+1}{x^3-x^2-x+1} = x+1+\frac{4x}{x^3-x^2-x+1}$$

次のステップは分母 $Q(x)=x^3-x^2-x+1$ の因数分解である．$Q(1)=0$ であるので $(x-1)$ を因子にもつことがわかる．よって

$$x^3-x^2-x+1 = (x-1)(x^2-1) = (x-1)(x-1)(x+1)$$

$$= (x-1)^2(x+1)$$

となる．1 次式の因子 $(x-1)$ は二つあるので，部分分数分解は

$$\frac{4x}{(x-1)^2(x+1)} = \frac{A}{x-1} + \frac{B}{(x-1)^2} + \frac{C}{x+1}$$

となり，両辺に分母の最小共通因子を掛けることにより，

8
$$\begin{aligned} 4x &= A(x-1)(x+1) + B(x+1) + C(x-1)^2 \\ &= (A+C)x^2 + (B-2C)x + (-A+B+C) \end{aligned}$$

を得る．両辺の係数が互いに等しいことから

$$\begin{aligned} A \quad\quad + C &= 0 \\ B - 2C &= 4 \\ -A + B + C &= 0 \end{aligned}$$

となる．これを A, B, C について解くと，$A=1$，$B=2$，$C=-1$ を得る*．

よって

$$\int \frac{x^4-2x^2+4x+1}{x^3-x^2-x+1}dx = \int\left(x+1+\frac{1}{x-1}+\frac{2}{(x-1)^2}-\frac{1}{x+1}\right)dx$$

$$= \frac{x^2}{2}+x+\log|x-1|-\frac{2}{x-1}-\log|x+1|+K$$

$$= \frac{x^2}{2}+x-\frac{2}{x-1}+\log\left|\frac{x-1}{x+1}\right|+K$$

となる．

＊ 8 を使った係数の他の求め方：
$x=1$　と代入して　$B=2$
$x=-1$　と代入して　$C=-1$
$x=0$　と代入して　$A=B+C=1$

場合Ⅲ　分母 $Q(x)$ が既約 2 次式の因子をもち，それらがどれも異なっている場合

$Q(x)$ が $b_2-4ac<0$ である因子 ax^2+bx+c をもっているとする．このとき $R(x)/Q(x)$ の部分分数分解は，式 2 と 7 の因子に加えて，A, B を定数として

9
$$\frac{Ax+B}{ax^2+bx+c}$$

の因子をもっている．たとえば，有理式 $f(x)=x/((x-2)(x^2+1)(x^2+4))$ は次のように部分分数分解できる．

$$\frac{x}{(x-2)(x^2+1)(x^2+4)} = \frac{A}{x-2}+\frac{Bx+C}{x^2+1}+\frac{Dx+E}{x^2+4}$$

項 9 の積分は，必要ならば完全平方の形にすることにより，次の公式が使える．

10
$$\int\frac{1}{x^2+a^2}dx = \frac{1}{a}\tan^{-1}\left(\frac{x}{a}\right)+C$$

例 5　$\displaystyle\int\frac{2x^2-x+4}{x^3+4x}dx$ を求めよ．

［解 説］　$x^3+4x=x(x^2+4)$ は実数の範囲ではこれ以上因数分解できないので，

$$\frac{2x^2-x+4}{x(x^2+4)} = \frac{A}{x}+\frac{Bx+C}{x^2+4}$$

と表せる．両辺に $x(x^2+4)$ を掛けるならば，

$$2x^2 - x + 4 = A(x^2 + 4) + (Bx + C)x = (A + B)x^2 + Cx + 4A$$

であるので，係数を比較することにより，

$$A + B = 2 \qquad C = -1 \qquad 4A = 4$$

となり，ここで A, B, C について解くと，$A=1$，$B=1$，$C=-1$ を得る．よって

$$\int \frac{2x^2 - x + 4}{x^3 + 4x} dx = \int \left(\frac{1}{x} + \frac{x - 1}{x^2 + 4} \right) dx$$

となり，右辺第 2 項の積分を二つに分けて，

$$\int \frac{x - 1}{x^2 + 4} dx = \int \frac{x}{x^2 + 4} dx - \int \frac{1}{x^2 + 4} dx$$

一つ目の積分は $u=x^2+4$ とおくならば $du=2x\,dx$，二つ目の積分は $a=2$ として公式 10 を使えばよいので，

$$\int \frac{2x^2 - x + 4}{x(x^2 + 4)} dx = \int \frac{1}{x} dx + \int \frac{x}{x^2 + 4} dx - \int \frac{1}{x^2 + 4} dx$$
$$= \log|x| + \tfrac{1}{2}\log(x^2 + 4) - \tfrac{1}{2}\tan^{-1}(x/2) + K$$

である．

例 6　$\displaystyle\int \frac{4x^2-3x+2}{4x^2-4x+3} dx$ を求めよ．

［解 説］　分子の次数が分母の次数より小さくはないので，まず割り算をすると次のようになる．

$$\frac{4x^2 - 3x + 2}{4x^2 - 4x + 3} = 1 + \frac{x - 1}{4x^2 - 4x + 3}$$

このとき，有理式部分の分母である 2 次式 $4x^2-4x+3$ の判別式は $b^2-4ac=-32<0$ であるので，$4x^2-4x+3$ は既約である．よって，分母は実数の範囲でこれ以上部分分数分解できない．

そこで，積分するために分母を完全平方の形にする．

$$4x^2 - 4x + 3 = (2x - 1)^2 + 2$$

これより，$u=2x-1$ とおくならば，$du=2\,dx$，$x=\frac{1}{2}(u+1)$ であるので，

$$\int \frac{4x^2 - 3x + 2}{4x^2 - 4x + 3} dx = \int \left(1 + \frac{x - 1}{4x^2 - 4x + 3}\right) dx$$
$$= x + \frac{1}{2}\int \frac{\frac{1}{2}(u + 1) - 1}{u^2 + 2} du = x + \frac{1}{4}\int \frac{u - 1}{u^2 + 2} du$$
$$= x + \frac{1}{4}\int \frac{u}{u^2 + 2} du - \frac{1}{4}\int \frac{1}{u^2 + 2} du$$

$$= x + \frac{1}{8}\log(u^2+2) - \frac{1}{4}\cdot\frac{1}{\sqrt{2}}\tan^{-1}\left(\frac{u}{\sqrt{2}}\right) + C$$

$$= x + \frac{1}{8}\log(4x^2-4x+3) - \frac{1}{4\sqrt{2}}\tan^{-1}\left(\frac{2x-1}{\sqrt{2}}\right) + C$$

となる．

注 意　例6は

$$\frac{Ax+B}{ax^2+bx+c}, \qquad b^2-4ac<0$$

の積分の一般的なやり方を説明している．まず，分母を完全平方の形にして，次に変数変換するならば，積分は次の形になる．

$$\int \frac{Cu+D}{u^2+a^2}\,du = C\int \frac{u}{u^2+a^2}\,du + D\int \frac{1}{u^2+a^2}\,du$$

一つ目の積分は対数（log）で，二つ目の積分は $\tan^{-1}$ で表すことができる．

場合Ⅳ　分母 $Q(x)$ が既約2次式の2乗以上の因数を含んでいる場合

$r \geqq 2$ として，$Q(x)$ が $b^2-4ac<0$ である2次式のベキの因子 $(ax^2+bx+c)^r$ をもっているとする．このとき，$R(x)/Q(x)$ の部分分数分解は，$r=1$ の項 9 の代わりに，

$$\boxed{11}\qquad \frac{A_1x+B_1}{ax^2+bx+c} + \frac{A_2x+B_2}{(ax^2+bx+c)^2} + \cdots + \frac{A_rx+B_r}{(ax^2+bx+c)^r}$$

となる．11 の各項は必要ならば完全平方の形にして，置換積分をすることにより積分可能となる．

例 7　次の有理式を部分分数分解せよ．

$$\frac{x^3+x^2+1}{x(x-1)(x^2+x+1)(x^2+1)^3}$$

［解 説］

$$\frac{x^3+x^2+1}{x(x-1)(x^2+x+1)(x^2+1)^3}$$

$$= \frac{A}{x} + \frac{B}{x-1} + \frac{Cx+D}{x^2+x+1} + \frac{Ex+F}{x^2+1} + \frac{Gx+H}{(x^2+1)^2} + \frac{Ix+J}{(x^2+1)^3}$$

例7の係数の値を手計算で求めるのは非常に面倒であるが，計算機を使えば一瞬で次の値が求まる．

$A=-1,\quad B=\frac{1}{8},\quad C=D=-1,$
$E=\frac{15}{8},\quad F=-\frac{1}{8},\quad G=H=\frac{3}{4},$
$I=-\frac{1}{2},\quad J=\frac{1}{2}$

例 8　$\displaystyle\int \frac{1-x+2x^2-x^3}{x(x^2+1)^2}\,dx$ を求めよ．

［解 説］　被積分関数を部分分数分解するならば，

$$\frac{1-x+2x^2-x^3}{x(x^2+1)^2} = \frac{A}{x} + \frac{Bx+C}{x^2+1} + \frac{Dx+E}{(x^2+1)^2}$$

であり，両辺に $x(x^2+1)^2$ を掛けると，次の式を得る．

$$-x^3+2x^2-x+1 = A(x^2+1)^2+(Bx+C)x(x^2+1)+(Dx+E)x$$
$$= A(x^4+2x^2+1)+B(x^4+x^2)+C(x^3+x)+Dx^2+Ex$$
$$= (A+B)x^4+Cx^3+(2A+B+D)x^2+(C+E)x+A$$

この係数を比較することにより，

$$A+B=0 \qquad C=-1 \qquad 2A+B+D=2 \qquad C+E=-1 \qquad A=1$$

であるので，これを A～E について解くと，$A=1$，$B=-1$，$C=-1$，$D=1$，$E=0$ を得る．よって

$$\int \frac{1-x+2x^2-x^3}{x(x^2+1)^2}dx = \int\left(\frac{1}{x}-\frac{x+1}{x^2+1}+\frac{x}{(x^2+1)^2}\right)dx$$
$$= \int\frac{dx}{x}-\int\frac{x}{x^2+1}dx-\int\frac{1}{x^2+1}dx+\int\frac{x}{(x^2+1)^2}dx$$
$$= \log|x| - \tfrac{1}{2}\log(x^2+1)-\tan^{-1}x-\frac{1}{2(x^2+1)}+K$$

となる*．■

＊ 2番目と4番目の項の積分は，$u=x^2+1$ とおく．

注 意　例8の場合，係数 E が0であったので，$x/(x^2+1)^2$ の積分はうまくいった．一般に，$1/(x^2+1)^2$ の形の積分は $x=\tan\theta$ とおけばできる．他の方法としては，節末問題72で証明する公式を使うこともできる．

有理関数を積分するとき，部分分数分解をする必要がない場合がある．たとえば，積分

$$\int\frac{x^2+1}{x(x^2+3)}dx$$

は場合Ⅲの方法でも解けるが，$u=x(x^2+3)=x^3+3x$ とおくほうがずっと簡単に求められる．すなわち，$du=(3x^2+3)\,dx$ であるので，

$$\int\frac{x^2+1}{x(x^2+3)}dx=\tfrac{1}{3}\log|x^3+3x|+C$$

となる．

■置換による有理化

適当な置換を行うことにより，有理関数でない関数を有理関数にすることができる．特に被積分関数が $\sqrt[n]{g(x)}$ の形の項を含んでいる場合，$u=\sqrt[n]{g(x)}$ とおくとうまくいくことがある．他の例は節末問題で紹介する．

例 9　$\displaystyle\int\frac{\sqrt{x+4}}{x}dx$ を求めよ．

［解説］　$u=\sqrt{x+4}$ とおくならば，$u^2=x+4$ すなわち $x=u^2-4$，$dx=2u\,du$ であるので，

$$\int \frac{\sqrt{x+4}}{x}\,dx = \int \frac{u}{u^2-4}\,2u\,du = 2\int \frac{u^2}{u^2-4}\,du = 2\int \left(1+\frac{4}{u^2-4}\right)du$$

となる．$4/(u^2-4)$ の積分は，$u^2-4=(u-2)(u+2)$ であるので，部分分数分解を使うか，$a=2$ として公式 6 を使えばよい．よって

$$\begin{aligned}\int \frac{\sqrt{x+4}}{x}\,dx &= 2\int du + 8\int \frac{1}{u^2-4}du \\ &= 2u + 8\cdot\frac{1}{2\cdot 2}\log\left|\frac{u-2}{u+2}\right| + C \\ &= 2\sqrt{x+4} + 2\log\left|\frac{\sqrt{x+4}-2}{\sqrt{x+4}+2}\right| + C\end{aligned}$$

となる．■

2・4 節末問題

1-6 例 7 のように，次の関数を部分分数分解せよ．係数の値は求めなくてよい．

1. (a) $\dfrac{4+x}{(1+2x)(3-x)}$　(b) $\dfrac{1-x}{x^3+x^4}$

2. (a) $\dfrac{x-6}{x^2+x-6}$　(b) $\dfrac{x^2}{x^2+x+6}$

3. (a) $\dfrac{1}{x^2+x^4}$　(b) $\dfrac{x^3+1}{x^3-3x^2+2x}$

4. (a) $\dfrac{x^4-2x^3+x^2+2x-1}{x^2-2x+1}$　(b) $\dfrac{x^2-1}{x^3+x^2+x}$

5. (a) $\dfrac{x^6}{x^2-4}$　(b) $\dfrac{x^4}{(x^2-x+1)(x^2+2)^2}$

6. (a) $\dfrac{t^6+1}{t^6+t^3}$　(b) $\dfrac{x^5+1}{(x^2-x)(x^4+2x^2+1)}$

7-38 次の積分を求めよ．

7. $\displaystyle\int \frac{x^4}{x-1}dx$　**8.** $\displaystyle\int \frac{3t-2}{t+1}dt$

9. $\displaystyle\int \frac{5x+1}{(2x+1)(x-1)}dx$　**10.** $\displaystyle\int \frac{y}{(y+4)(2y-1)}dy$

11. $\displaystyle\int_0^1 \frac{2}{2x^2+3x+1}dx$　**12.** $\displaystyle\int_0^1 \frac{x-4}{x^2-5x+6}dx$

13. $\displaystyle\int \frac{ax}{x^2-bx}dx$　**14.** $\displaystyle\int \frac{1}{(x+a)(x+b)}dx$

15. $\displaystyle\int_{-1}^0 \frac{x^3-4x+1}{x^2-3x+2}dx$

16. $\displaystyle\int_1^2 \frac{x^3+4x^2+x-1}{x^3+x^2}dx$

17. $\displaystyle\int_1^2 \frac{4y^2-7y-12}{y(y+2)(y-3)}dy$　**18.** $\displaystyle\int_1^2 \frac{3x^2+6x+2}{x^2+3x+2}dx$

19. $\displaystyle\int_0^1 \frac{x^2+x+1}{(x+1)^2(x+2)}dx$

20. $\displaystyle\int_2^3 \frac{x(3-5x)}{(3x-1)(x-1)^2}dx$

21. $\displaystyle\int \frac{1}{(t^2-1)^2}dt$

22. $\displaystyle\int \frac{x^4+9x^2+x+2}{x^2+9}dx$

23. $\displaystyle\int \frac{10}{(x-1)(x^2+9)}dx$　**24.** $\displaystyle\int \frac{x^2-x+6}{x^3+3x}dx$

25. $\displaystyle\int \frac{4x}{x^3+x^2+x+1}dx$　**26.** $\displaystyle\int \frac{x^2+x+1}{(x^2+1)^2}dx$

27. $\displaystyle\int \frac{x^3+4x+3}{x^4+5x^2+4}dx$　**28.** $\displaystyle\int \frac{x^3+6x-2}{x^4+6x^2}dx$

29. $\displaystyle\int \frac{x+4}{x^2+2x+5}dx$

30. $\displaystyle\int \frac{x^3-2x^2+2x-5}{x^4+4x^2+3}dx$

31. $\displaystyle\int \frac{1}{x^3-1}dx$　**32.** $\displaystyle\int_0^1 \frac{x}{x^2+4x+13}dx$

33. $\displaystyle\int_0^1 \frac{x^3+2x}{x^4+4x^2+3}\,dx$　**34.** $\displaystyle\int \frac{x^5+x-1}{x^3+1}\,dx$

35. $\displaystyle\int \frac{5x^4+7x^2+x+2}{x(x^2+1)^2}\,dx$

36. $\displaystyle\int \frac{x^4+3x^2+1}{x^5+5x^3+5x}\,dx$

37. $\displaystyle\int \frac{x^2-3x+7}{(x^2-4x+6)^2}\,dx$

38. $\displaystyle\int \frac{x^3+2x^2+3x-2}{(x^2+2x+2)^2}\,dx$

39-52　置換を行って有理関数の積分に変換し，積分を求めよ．

39. $\displaystyle\int \frac{1}{x\sqrt{x-1}}\,dx$　**40.** $\displaystyle\int \frac{1}{2\sqrt{x+3}+x}\,dx$

41. $\displaystyle\int \frac{1}{x^2+x\sqrt{x}}\,dx$　**42.** $\displaystyle\int_0^1 \frac{1}{1+\sqrt[3]{x}}\,dx$

43. $\displaystyle\int \frac{x^3}{\sqrt[3]{x^2+1}}\,dx$　**44.** $\displaystyle\int \frac{1}{(1+\sqrt{x})^2}\,dx$

45. $\displaystyle\int \frac{1}{\sqrt{x}-\sqrt[3]{x}}\,dx$　[ヒント：$u=\sqrt[6]{x}$ とおく．]

46. $\displaystyle\int \frac{\sqrt{1+\sqrt{x}}}{x}\,dx$

47. $\displaystyle\int \frac{e^{2x}}{e^{2x}+3e^x+2}\,dx$　**48.** $\displaystyle\int \frac{\sin x}{\cos^2 x-3\cos x}\,dx$

49. $\displaystyle\int \frac{\sec^2 t}{\tan^2 t+3\tan t+2}\,dt$　**50.** $\displaystyle\int \frac{e^x}{(e^x-2)(e^{2x}+1)}\,dx$

51. $\displaystyle\int \frac{1}{1+e^x}\,dx$　**52.** $\displaystyle\int \frac{\cosh t}{\sinh^2 t+\sinh^4 t}\,dt$

53-54　部分積分とこの節で学んだ方法を使って，積分を求めよ．

53. $\displaystyle\int \log(x^2-x+2)\,dx$　**54.** $\displaystyle\int x\tan^{-1}x\,dx$

---

55. 計算機で $f(x)=1/(x^2-2x-3)$ のグラフを描き，$\int_0^2 f(x)\,dx$ の正負を決めよ．グラフを使って積分の近似値を求め，部分分数に分解して正確な値を求めよ．

56. いくつかの定数 k について，

$$\int \frac{1}{x^2+k}\,dx$$

を求めよ．

57-58　完全平方の形にして，公式 6 を使って積分を求めよ．

57. $\displaystyle\int \frac{1}{x^2-2x}\,dx$　**58.** $\displaystyle\int \frac{2x+1}{4x^2+12x-7}\,dx$

---

59. ドイツの数学者 Karl Weierstrass（ワイエルシュトラス，1815-1897）は，$\sin x$ と $\cos x$ からなる有理関数が，$t=\tan(x/2)$ とおくと，1 変数 t の有理関数になることを示した．

(a) $t=\tan(x/2)$，$-\pi<x<\pi$ とする．直角 3 角形を描いて，あるいは 3 角関数の公式を使って，

$$\cos\left(\frac{x}{2}\right)=\frac{1}{\sqrt{1+t^2}} \quad \text{および} \quad \sin\left(\frac{x}{2}\right)=\frac{t}{\sqrt{1+t^2}}$$

となることを示せ．

(b) 次のことを示せ．

$$\cos x=\frac{1-t^2}{1+t^2} \quad \text{および} \quad \sin x=\frac{2t}{1+t^2}$$

(c) 次のことを示せ．

$$dx=\frac{2}{1+t^2}\,dt$$

60-63　前問 59 の置換を使って，被積分関数を変数 t の有理関数に変換し，積分を求めよ．

60. $\displaystyle\int \frac{1}{1-\cos x}\,dx$　**61.** $\displaystyle\int \frac{1}{3\sin x-4\cos x}\,dx$

62. $\displaystyle\int_{\pi/3}^{\pi/2} \frac{1}{1+\sin x-\cos x}\,dx$　**63.** $\displaystyle\int_0^{\pi/2} \frac{\sin 2x}{2+\cos x}\,dx$

64-65　次の曲線と $y=0$，$x=1$，$x=2$ で囲まれた領域の面積を求めよ．

64. $y=\dfrac{1}{x^3+x}$　**65.** $y=\dfrac{x^2+1}{3x-x^2}$

---

66. 曲線 $y=1/(x^2+3x+2)$，$y=0$，$x=0$，$x=1$ で囲まれた領域を，(a) x 軸，(b) y 軸のまわりに回転して得られる回転体の体積を求めよ．

67. 殺虫剤を使わずに害虫の数を減らすには，繁殖可能なメスと交配できるが，子孫は残せない多数の不妊オスを群の中に導入するという方法がある（写真は，この方法によって特定の地域からの効果的に駆除することに初めて成功したラセンショウジョウバエ）．

USDA

Pを群におけるメスの個体数，Sを各世代に導入した不妊オスの個体数，rをオスが不妊でない場合のメス1個体当たりのメス個体増加率とすると，メスの個体数Pは時間tと次の関係にある．

$$t = \int \frac{P+S}{P((r-1)P-S)}\,dP$$

メスの個体数Pが10,000，増加率rが1.1であるとき，不妊オス900個体を群の中に導入した．積分を計算してPとtの関係式を求めよ（得られる関係式からPを他の変数の関数として具体的に表すことはできないことに注意せよ）．

68. x^4+1の因数分解は，まず，(x^4+1)にある項を加えてから加えた項と同じ項を引いて，ある平方ともう一つの平方の差で表すことによって行われる．これを使って，$\int 1/(x^4+1)\,dx$を求めよ．

69. (a) 計算機を使って，関数

$$f(x) = \frac{4x^3 - 27x^2 + 5x - 32}{30x^5 - 13x^4 + 50x^3 - 286x^2 - 299x - 70}$$

を部分分数に分解せよ．

(b) (a)を使って（手計算で）$\int f(x)\,dx$を求め，計算機（数式処理システム）でfの積分を直接求めた結果と比較せよ．相違点について見解を述べよ．

70. (a) 計算機（数式処理システム）を使って，関数

$$f(x) = \frac{12x^5 - 7x^3 - 13x^2 + 8}{100x^6 - 80x^5 + 116x^4 - 80x^3 + 41x^2 - 20x + 4}$$

を部分分数に分解せよ．

(b) (a)を使って$\int f(x)\,dx$を求め，計算機でfとその不定積分のグラフを同一画面に描け．

(c) fのグラフを使って，$\int f(x)\,dx$のグラフのおもな特徴を見つけよ．

71. 有理数$\frac{22}{7}$は，Archimedes（アルキメデス）の時代から円周率πの近似値として用いられている．次のことを示せ．

$$\int_0^1 \frac{x^4(1-x)^4}{1+x^2}\,dx = \frac{22}{7} - \pi$$

72. (a) 部分積分を使って，任意の自然数nについて

$$\int \frac{1}{(x^2+a^2)^n}\,dx = \frac{x}{2a^2(n-1)(x^2+a^2)^{n-1}} + \frac{2n-3}{2a^2(n-1)}\int \frac{1}{(x^2+a^2)^{n-1}}\,dx$$

であることを示せ．

(b) (a)を使って次の積分を求めよ．

$$\int \frac{1}{(x^2+1)^2}\,dx \quad \text{および} \quad \int \frac{1}{(x^2+1)^3}\,dx$$

73. F, G, Qは多項式であって，$Q(x) \neq 0$であるすべてのxにおいて

$$\frac{F(x)}{Q(x)} = \frac{G(x)}{Q(x)}$$

であるなら，すべてのxについて$F(x)=G(x)$であることを示せ［ヒント：連続性を使う］．

74. fは$f(0)=1$である4次式であって，

$$\int \frac{f(x)}{x^2(x+1)^3}\,dx$$

は有理式であるなら，$f'(0)$を求めよ．

75. nが自然数であるとき，

$$f(x) = \frac{1}{x^n(x-a)}, \qquad a \neq 0$$

を部分分数に分解せよ［ヒント：まず$1/(x-a)$の係数を求める．得られた結果を引いて，残りを簡単にする］．

2・5 積分のやり方

ここまでみてきたように，積分は微分より難しい．与えられた関数の微分を求めるにはどの微分公式を使えばよいかは明白である．しかし，積分をする場合はどの公式をどのように使うべきかは，多くの場合で明白ではない．

ここまでは，各節で個々のテクニックを示した．たとえば，第I巻§4・5では置換積分，§2・1では部分積分，前節§2・4では部分分数分解を学んだ．しかしこの節では，多様な積分の問題を雑然としたやり方で提示する．この節の真の課題は，与えられた積分を行うためにどのテクニック・公式を用いるべきか判断することである．与えられた積分を解くためにどの積分方法を適用すべきかを決める確かな規則はないが，いくつか，役に立つ積分のやり方をアドバイスしよう．

積分のやり方を学ぶ前提条件は，基本的な積分公式を知っていることである．次の表は，章頭の積分の表に本章で学んだ公式を追加してまとめたものである．

積分公式の表　積分定数は省略されている．

1. $\int x^n\,dx = \dfrac{x^{n+1}}{n+1} \quad (n \neq -1)$
2. $\int \dfrac{1}{x}\,dx = \log|x|$
3. $\int e^x\,dx = e^x$
4. $\int b^x\,dx = \dfrac{b^x}{\log b}$
5. $\int \sin x\,dx = -\cos x$
6. $\int \cos x\,dx = \sin x$
7. $\int \sec^2 x\,dx = \tan x$
8. $\int \csc^2 x\,dx = -\cot x$
9. $\int \sec x \tan x\,dx = \sec x$
10. $\int \csc x \cot x\,dx = -\csc x$
11. $\int \sec x\,dx = \log|\sec x + \tan x|$
12. $\int \csc x\,dx = \log|\csc x - \cot x|$
13. $\int \tan x\,dx = \log|\sec x|$
14. $\int \cot x\,dx = \log|\sin x|$
15. $\int \sinh x\,dx = \cosh x$
16. $\int \cosh x\,dx = \sinh x$
17. $\int \dfrac{1}{x^2+a^2}\,dx = \dfrac{1}{a}\tan^{-1}\left(\dfrac{x}{a}\right)$
18. $\int \dfrac{1}{\sqrt{a^2-x^2}}\,dx = \sin^{-1}\left(\dfrac{x}{a}\right), \quad a > 0$

*19. $\int \dfrac{1}{x^2-a^2}\,dx = \dfrac{1}{2a}\log\left|\dfrac{x-a}{x+a}\right|$

*20. $\int \dfrac{1}{\sqrt{x^2 \pm a^2}}\,dx = \log\left|x + \sqrt{x^2 \pm a^2}\right|$

これらの公式を覚えておくことは有用であるが，アステリスク＊のついた公式19は部分分数分解によって，公式20は3角関数による置換積分によって容易に導き出せるので，覚える必要はない．

これらの基本的な積分公式を学んでおいたうえで，与えられた積分をどのように解くかがすぐにわからなければ，次の四つのステップの手法を試みてみよう．

ステップ1　可能ならば被積分関数を簡単にする　代数計算や3角関数の公式を使うことにより，被積分関数が簡単になり，積分方法が明白になることがある．ここにいくつかの例を示す．

$$\int \sqrt{x}\,(1+\sqrt{x})\,dx = \int (\sqrt{x} + x)\,dx$$

$$\int \frac{\tan\theta}{\sec^2\theta}\,d\theta = \int \frac{\sin\theta}{\cos\theta}\cos^2\theta\,d\theta$$

$$= \int \sin\theta\cos\theta\,d\theta = \tfrac{1}{2}\int \sin 2\theta\,d\theta$$

$$\int (\sin x + \cos x)^2\,dx = \int (\sin^2 x + 2\sin x\cos x + \cos^2 x)\,dx$$

$$= \int (1 + 2\sin x\cos x)\,dx$$

ステップ 2　明白な変数変換（置換積分）があるか否かを検討する　被積分関数の中に，定数倍を無視して，その微分 $du=g'(x)\,dx$ も現れる関数 $u=g(x)$ を見つける．たとえば，積分

$$\int \frac{x}{x^2-1}\,dx$$

は，$u=x^2-1$ とおくならば $du=2x\,dx$ であるので，部分分数分解より置換積分を使った方が楽である．

ステップ 3　被積分関数の形を分類する　ステップ 1, 2 で解にたどり着けないならば，被積分関数 $f(x)$ の形に着目して分類する．

(a) 3 角関数　$f(x)$ が $\sin x$ と $\cos x$ それぞれのベキの積，$\tan x$ と $\sec x$ それぞれのベキの積，$\cot x$ と $\csc x$ それぞれのベキの積の場合，§2・2 で学んだ置換を使う．

(b) 有理関数　f が有理関数の場合，§2・4 で学んだ部分分数分解を含む手順を使う．

(c) 部分積分　$f(x)$ が x のベキ（あるいは多項式）と，3 角関数・指数関数・対数関数などの超越関数*との積なら，§2・1 で示したような u と dv を選んで部分積分を試してみる．§2・1 節末問題で扱った関数のほとんどが上記の形である．

(d) 無理式　ある特定の形の無理式の場合，特定の置換積分が使える．

(i) $\sqrt{\pm x^2 \pm a^2}$ の場合，§2・3 に示した表にある 3 角関数による置換が使える．

(ii) $\sqrt[n]{ax+b}$ の場合，有理化を目指して $u=\sqrt[n]{ax+b}$ とおく．より一般に，$u=\sqrt[n]{g(x)}$ の場合にもうまくいくことがある．

＊ 訳注：超越関数とは，代数関数でない関数のことで，3 角関数や指数関数，対数関数がこれにあたる．

ステップ 4　何度も試す　ステップ 1〜3 で積分ができないならば，基本的な二つの積分方法，置換積分と部分積分を試みる．

(a) 置換積分を試す　ステップ 2 の明白な変数変換が見つからなくても，なんらかの着想，工夫，あるいは無理やりに考えた置換を試すことにより，適切な変換が見つかるかもしれない．

(b) 部分積分を試す　ほとんどの場合，部分積分は，ステップ 3(c) で示した積の形の関数に使われるが，単一の関数にも効果的なことがある．§2・1 では，$\tan^{-1}x$，$\sin^{-1}x$，$\log x$ に使われた．これらはすべて逆関数である．

(c) 被積分関数を変形する　分母の有理化，あるいは 3 角関数の公式などによる代数的変形により，被積分関数をより積分しやすい形にすることは有効である．これらの計算はステップ 1 の計算をより高度にしたものであり，より巧妙なテクニックを含む．この例が次に示してある．

$$\int \frac{1}{1-\cos x}\,dx = \int \frac{1}{1-\cos x}\cdot\frac{1+\cos x}{1+\cos x}\,dx = \int \frac{1+\cos x}{1-\cos^2 x}\,dx$$

$$= \int \frac{1+\cos x}{\sin^2 x}\,dx = \int \left(\csc^2 x + \frac{\cos x}{\sin^2 x}\right) dx$$

(d) すでに解いた問題と関係づける　積分の経験を積めば，過去に解いたことのある積分と似た解き方を使うことができたり，被積分関数を解いたことの

ある形に変形することができるかもしれない．たとえば，$\int \tan^2 x \sec x\, dx$ の積分はそのままでは難しいが，等式 $\tan^2 x = \sec^2 x - 1$ を使って書き直せば，

$$\int \tan^2 x \sec x\, dx = \int \sec^3 x\, dx - \int \sec x\, dx$$

となる．そして，$\int \sec^3 x\, dx$ を以前解いたことがあるならば（§2·2 例 8 参照），その結果を使うことができる．

(e) さまざまな方法を使う　　積分をするために，何ステップもの手順を必要とすることがある．たとえば，置換積分を何度も行ったり，部分積分と置換積分を組合わせることもある．

次の例は解く方法を示してはいるが，積分を最後まで計算していない．

例 1　$\int \frac{\tan^3 x}{\cos^3 x} dx$

ステップ 1 に従って，被積分関数を書き直す．

$$\int \frac{\tan^3 x}{\cos^3 x} dx = \int \tan^3 x \sec^3 x\, dx$$

この積分は m が奇数である $\int \tan^m x \sec^n x\, dx$ の形であるので，§2·2 の方法で積分することができる．

別の方法として，ステップ 1 に従って次にように書き直す．

$$\int \frac{\tan^3 x}{\cos^3 x} dx = \int \frac{\sin^3 x}{\cos^3 x} \frac{1}{\cos^3 x} dx = \int \frac{\sin^3 x}{\cos^6 x} dx$$

ここで続けて $u = \cos x$ とおくならば，

$$\int \frac{\sin^3 x}{\cos^6 x} dx = \int \frac{1 - \cos^2 x}{\cos^6 x} \sin x\, dx = \int \frac{1 - u^2}{u^6} (-du)$$

$$= \int \frac{u^2 - 1}{u^6} du = \int (u^{-4} - u^{-6})\, du$$

である．

例 2　$\int e^{\sqrt{x}} dx$

ステップ 3(d) の (ii) に従って，$u = \sqrt{x}$ とおくならば，$x = u^2$，$dx = 2u\, du$ であるので，

$$\int e^{\sqrt{x}} dx = 2 \int u e^u du$$

となる．これは被積分関数 u と超越関数 e^u との積であるので，部分積分を使って積分できる．

例 3　$\int \frac{x^5 + 1}{x^3 - 3x^2 - 10x} dx$

代数計算によって簡単な式につくり直すこと，あるいは，明白な置換積分は見当たらないので，ステップ 1, 2 は適用できない．被積分関数は有理関数であるので，§2·4 の手順を使う．このとき，最初に多項式の割り算をすることを忘れないようにする．

例 4 $\displaystyle\int \frac{1}{x\sqrt{\log x}}\,dx$

この積分はステップ2の適用がすべてである．$u=\log x$ とおくならば $du=dx/x$ であり，これは積分の中に現れている．

例 5 $\displaystyle\int \sqrt{\frac{1-x}{1+x}}\,dx$

有理化のために

$$u = \sqrt{\frac{1-x}{1+x}}$$

とおくと（ステップ3(d)の(ii)），非常に複雑な有理関数が出てくる．より簡単な方法はいくつかの代数計算をほどこすことである（ステップ1あるいはステップ4(c)）．分母と分子に $\sqrt{1-x}$ を掛けると，

$$\begin{aligned}\int \sqrt{\frac{1-x}{1+x}}\,dx &= \int \frac{1-x}{\sqrt{1-x^2}}\,dx \\ &= \int \frac{1}{\sqrt{1-x^2}}\,dx - \int \frac{x}{\sqrt{1-x^2}}\,dx \\ &= \sin^{-1}x + \sqrt{1-x^2} + C\end{aligned}$$

となる．

すべての連続関数の原始関数を求めることができるか

積分のテクニックを駆使すれば，すべての連続関数の原始関数を求めることができるか．たとえば，$\int e^{x^2}\,dx$ の原始関数は何か．この関数の場合は，少なくともわれわれがよく使う関数で原始関数を書き表すことはできない．

本書で扱っている関数は**初等関数**といわれる関数である．初等関数とは，多項式，有理式，ベキ関数（x^n），指数関数（a^x），対数関数，3角関数，逆3角関数，双曲線関数，逆双曲線関数，およびこれらの関数に加減乗除と合成をほどこしてつくられるすべての関数である．たとえば，関数

$$f(x) = \sqrt{\frac{x^2-1}{x^3+2x-1}} + \log(\cosh x) - xe^{\sin 2x}$$

は初等関数である．

f が初等関数ならば f' も初等関数であるが，$\int f(x)\,dx$ が初等関数であるとは限らない．$f(x)=e^{x^2}$ とするならば，f は連続であるので，f は原始関数をもつ．

$$F(x) = \int_0^x e^{t^2}\,dt$$

で関数 F を定義するならば，微分積分学の基本定理1より，

$$F'(x) = e^{x^2}$$

である．これより，$f(x)=e^{x^2}$ には（積分を使って定義された）原始関数 F が存在するが，F は初等関数でないことが証明されている．これが意味していることは，われわれが知っている関数の形で $\int e^{x^2}\,dx$ を表すことができないということである（第6章では $\int e^{x^2}\,dx$ を無限級数で表す）．次の不定積分も初等関数ではない．

$$\int \frac{e^x}{x}\,dx \qquad \int \sin(x^2)\,dx \qquad \int \cos(e^x)\,dx$$

$$\int \sqrt{x^3+1}\,dx \qquad \int \frac{1}{\log x}\,dx \qquad \int \frac{\sin x}{x}\,dx$$

実際，多くの初等関数は，初等関数である不定積分をもたない．しかし次の節末問題の原始関数はすべて初等関数であると考えてよい．

2・5 節末問題

1-82 次の積分を求めよ．

1. $\int \frac{\cos x}{1-\sin x}\,dx$　**2.** $\int_0^1 (3x+1)^{\sqrt{2}}\,dx$

3. $\int_1^4 \sqrt{y}\log y\,dy$　**4.** $\int \frac{\sin^3 x}{\cos x}\,dx$

5. $\int \frac{t}{t^4+2}\,dt$　**6.** $\int_0^1 \frac{x}{(2x+1)^3}\,dx$

7. $\int_{-1}^1 \frac{e^{\arctan y}}{1+y^2}\,dy$　**8.** $\int t\sin t\cos t\,dt$

9. $\int_2^4 \frac{x+2}{x^2+3x-4}\,dx$　**10.** $\int \frac{\cos(1/x)}{x^3}\,dx$

11. $\int \frac{1}{x^3\sqrt{x^2-1}}\,dx$　**12.** $\int \frac{2x-3}{x^3+3x}\,dx$

13. $\int \sin^5 t\cos^4 t\,dt$　**14.** $\int \log(1+x^2)\,dx$

15. $\int x\sec x\tan x\,dx$　**16.** $\int_0^{\sqrt{2}/2} \frac{x^2}{\sqrt{1-x^2}}\,dx$

17. $\int_0^\pi t\cos^2 t\,dt$　**18.** $\int_1^4 \frac{e^{\sqrt{t}}}{\sqrt{t}}\,dt$

19. $\int e^{x+e^x}dx$　**20.** $\int e^2\,dx$

21. $\int \arctan\sqrt{x}\,dx$　**22.** $\int \frac{\log x}{x\sqrt{1+(\log x)^2}}\,dx$

23. $\int_0^1 \left(1+\sqrt{x}\right)^8 dx$　**24.** $\int (1+\tan x)^2\sec x\,dx$

25. $\int_0^1 \frac{1+12t}{1+3t}\,dt$　**26.** $\int_0^1 \frac{3x^2+1}{x^3+x^2+x+1}\,dx$

27. $\int \frac{1}{1+e^x}\,dx$　**28.** $\int \sin\sqrt{at}\,dt$

29. $\int \log\left(x+\sqrt{x^2-1}\right)dx$　**30.** $\int_{-1}^2 |\,e^x-1\,|\,dx$

31. $\int \sqrt{\frac{1+x}{1-x}}\,dx$　**32.** $\int_1^3 \frac{e^{3/x}}{x^2}\,dx$

33. $\int \sqrt{3-2x-x^2}\,dx$　**34.** $\int_{\pi/4}^{\pi/2} \frac{1+4\cot x}{4-\cot x}\,dx$

35. $\int_{-\pi/2}^{\pi/2} \frac{x}{1+\cos^2 x}\,dx$　**36.** $\int \frac{1+\sin x}{1+\cos x}\,dx$

37. $\int_0^{\pi/4} \tan^3\theta\sec^2\theta\,d\theta$　**38.** $\int_{\pi/6}^{\pi/3} \frac{\sin\theta\cot\theta}{\sec\theta}\,d\theta$

39. $\int \frac{\sec\theta\tan\theta}{\sec^2\theta-\sec\theta}\,d\theta$　**40.** $\int_0^\pi \sin 6x\cos 3x\,dx$

41. $\int \theta\tan^2\theta\,d\theta$　**42.** $\int \frac{\tan^{-1}x}{x^2}\,dx$

43. $\int \frac{\sqrt{x}}{1+x^3}\,dx$　**44.** $\int \sqrt{1+e^x}\,dx$

45. $\int x^5 e^{-x^3}dx$　**46.** $\int \frac{(x-1)e^x}{x^2}\,dx$

47. $\int x^3(x-1)^{-4}\,dx$　**48.** $\int_0^1 x\sqrt{2-\sqrt{1-x^2}}\,dx$

49. $\int \frac{1}{x\sqrt{4x+1}}\,dx$　**50.** $\int \frac{1}{x^2\sqrt{4x+1}}\,dx$

51. $\int \frac{1}{x\sqrt{4x^2+1}}\,dx$　**52.** $\int \frac{1}{x(x^4+1)}\,dx$

53. $\int x^2\sinh mx\,dx$　**54.** $\int (x+\sin x)^2\,dx$

55. $\int \frac{1}{x+x\sqrt{x}}\,dx$　**56.** $\int \frac{1}{\sqrt{x}+x\sqrt{x}}\,dx$

57. $\int x\sqrt[3]{x+c}\,dx$　**58.** $\int \frac{x\log x}{\sqrt{x^2-1}}\,dx$

59. $\displaystyle\int \frac{1}{x^4-16}\,dx$

60. $\displaystyle\int \frac{1}{x^2\sqrt{4x^2-1}}\,dx$

61. $\displaystyle\int \frac{1}{1+\cos\theta}\,d\theta$

62. $\displaystyle\int \frac{1}{1+\cos^2\theta}\,d\theta$

63. $\displaystyle\int \sqrt{x}\,e^{\sqrt{x}}\,dx$

64. $\displaystyle\int \frac{1}{\sqrt{\sqrt{x}+1}}\,dx$

65. $\displaystyle\int \frac{\sin 2x}{1+\cos^4 x}\,dx$

66. $\displaystyle\int_{\pi/4}^{\pi/3} \frac{\log(\tan x)}{\sin x\cos x}\,dx$

67. $\displaystyle\int \frac{1}{\sqrt{x+1}+\sqrt{x}}\,dx$

68. $\displaystyle\int \frac{x^2}{x^6+3x^3+2}\,dx$

69. $\displaystyle\int_1^{\sqrt{3}} \frac{\sqrt{1+x^2}}{x^2}\,dx$

70. $\displaystyle\int \frac{1}{1+2e^x-e^{-x}}\,dx$

71. $\displaystyle\int \frac{e^{2x}}{1+e^x}\,dx$

72. $\displaystyle\int \frac{\log(x+1)}{x^2}\,dx$

73. $\displaystyle\int \frac{x+\arcsin x}{\sqrt{1-x^2}}\,dx$

74. $\displaystyle\int \frac{4^x+10^x}{2^x}\,dx$

75. $\displaystyle\int \frac{1}{x\log x-x}\,dx$

76. $\displaystyle\int \frac{x^2}{\sqrt{x^2+1}}\,dx$

77. $\displaystyle\int \frac{xe^x}{\sqrt{1+e^x}}\,dx$

78. $\displaystyle\int \frac{1+\sin x}{1-\sin x}\,dx$

79. $\displaystyle\int x\sin^2 x\cos x\,dx$

80. $\displaystyle\int \frac{\sec x\cos 2x}{\sin x+\sec x}\,dx$

81. $\displaystyle\int \sqrt{1-\sin x}\,dx$

82. $\displaystyle\int \frac{\sin x\cos x}{\sin^4 x+\cos^4 x}\,dx$

---

83. 関数 $y=e^{x^2}$, $y=x^2e^{x^2}$ は共に初等関数である原始関数をもたないが, $y=(2x^2+1)e^{x^2}$ は初等関数である原始関数をもつ. $\int(2x^2+1)e^{x^2}\,dx$ を求めよ.

84. $F(x)=\int e^{e^t}dt$ は微分積分学の基本定理 1 から連続関数であるが, 初等関数ではない. 関数

$$\int \frac{e^x}{x}\,dx \quad および \quad \int \frac{1}{\log x}\,dx$$

も初等関数ではないが, 関数 F を使って表すことができる. 次の積分を F を使って求めよ.

(a) $\displaystyle\int_1^2 \frac{e^x}{x}\,dx$ (b) $\displaystyle\int_2^3 \frac{1}{\log x}\,dx$

2・6 表あるいは数式処理システムを使った積分

この節では, 表あるいは計算ソフト (数式処理システム, xvi ページ「関数電卓, 計算機, 計算ソフト」参照) を使って, 原始関数が初等関数となる積分を求める方法を説明する. 最も強力な数式処理システムを使っても, e^{x^2} あるいは §2・5 の最後に示した関数の原始関数に具体的な関数表現を与えることはできないことは覚えておくべきである.

■ 不定積分の表

不定積分の表は, 数式処理システムが使えず, 手計算で求めるには難しい積分に出会ったときにきわめて有用である. 本書巻末の「公式集」に, 120 の不定積分を関数の形ごとに分類してまとめてある. また, 次の書籍に, より充実した表がある.

- D. Zwillinger, "*CRC Standard Mathematical Tables and Formulae*", 32nd ed. (Boca Ranton, FL, 2011).
- D. Zwillinger ed., Gradshteyn and Ryzhik's "*Tables of Integrals, Series and Products*", 8th ed. (San Diego, 2014).
- 森口繁一, 宇田川銈久, 一松 信,「岩波数学公式」, I 巻, 岩波書店 (1987).
- 泉 信一ほか 編著,「共立数学公式」, 共立出版 (1969).

これらはどれも積分だけで100ページに及んでいる．しかし，積分する関数がそのままの形で表に載っていないことがしばしばある．置換積分あるいは代数的変換をすることによって，与えられた積分を表に載っている形に直さなければならないことが起こるのが通常であるといってもよい．

例 1　曲線 $y=\tan^{-1}x$，$y=0$，$x=1$ で囲まれた領域を，y 軸のまわりに回転して得られる回転体の体積を求めよ．

［解説］円筒法より，体積は

$$V=\int_0^1 2\pi x\tan^{-1}x\,dx$$

である．不定積分の表*の，項目逆3角関数の公式92

$$\int u\tan^{-1}u\,du=\frac{u^2+1}{2}\tan^{-1}u-\frac{u}{2}+C$$

を用いれば，体積は

$$\begin{aligned}V&=2\pi\int_0^1 x\tan^{-1}x\,dx=2\pi\left[\frac{x^2+1}{2}\tan^{-1}x-\frac{x}{2}\right]_0^1\\&=\pi\Big[(x^2+1)\tan^{-1}x-x\Big]_0^1=\pi(2\tan^{-1}1-1)\\&=\pi(2(\pi/4)-1)=\tfrac{1}{2}\pi^2-\pi\end{aligned}$$

となる．

* 不定積分の表は巻末の「公式集」にある．

例 2　不定積分の表を使って，$\displaystyle\int\frac{x^2}{\sqrt{5-4x^2}}dx$ を求めよ．

［解説］　項目 $\sqrt{a^2-u^2}$，$a>0$ を含む場合の中で，問題の不定積分に最も形が近いのは公式34

$$\int\frac{u^2}{\sqrt{a^2-u^2}}du=-\frac{u}{2}\sqrt{a^2-u^2}+\frac{a^2}{2}\sin^{-1}\left(\frac{u}{a}\right)+C$$

である．これをそのままの形で使うことはできないので，$u=2x$ とおくならば，

$$\int\frac{x^2}{\sqrt{5-4x^2}}dx=\int\frac{(u/2)^2}{\sqrt{5-u^2}}\frac{1}{2}du=\frac{1}{8}\int\frac{u^2}{\sqrt{5-u^2}}du$$

となる．ここで，$a^2=5$ すなわち $a=\sqrt{5}$ として公式34を使うならば，

$$\begin{aligned}\int\frac{x^2}{\sqrt{5-4x^2}}dx&=\frac{1}{8}\int\frac{u^2}{\sqrt{5-u^2}}du=\frac{1}{8}\left(-\frac{u}{2}\sqrt{5-u^2}+\frac{5}{2}\sin^{-1}\frac{u}{\sqrt{5}}\right)+C\\&=-\frac{x}{8}\sqrt{5-4x^2}+\frac{5}{16}\sin^{-1}\left(\frac{2x}{\sqrt{5}}\right)+C\end{aligned}$$

である．

例 3　不定積分の表を使って，$\int x^3 \sin x\, dx$ を求めよ．

［解 説］　項目 3 角関数に u^3 を含む公式はない．しかし，漸化式の公式 84 で $n=3$ とするならば，

$$\int x^3 \sin x\, dx = -x^3 \cos x + 3\int x^2 \cos x\, dx$$

となる．しかし，まだ $\int x^2 \cos x\, dx$ を求めなければならない．そこで，漸化式の公式 85 を $n=2$ として使うならば，

$$\int x^2 \cos x\, dx = x^2 \sin x - 2\int x \sin x\, dx$$

$$= x^2 \sin x - 2(\sin x - x\cos x) + K$$

である．$C=3K$ として以上をまとめると，

$$\int x^3 \sin x\, dx = -x^3 \cos x + 3x^2 \sin x + 6x\cos x - 6\sin x + C$$

である．

85. $\int u^n \cos u\, du = u^n \sin u - n\int u^{n-1} \sin u\, du$

例 4　不定積分の表を使って，$\int x\sqrt{x^2+2x+4}\, dx$ を求めよ．

［解 説］　表には $\sqrt{a^2+x^2}$，$\sqrt{a^2-x^2}$，$\sqrt{x^2-a^2}$ の項目はあるが，$\sqrt{ax^2+bx+c}$ の項目はないので，まず根号の中を完全平方の形にする．

$$x^2 + 2x + 4 = (x+1)^2 + 3$$

次に，$u=x+1$ すなわち $x=u-1$ とおくならば，下式のように被積分関数は $\sqrt{a^2+u^2}$ の項を含むので，

$$\int x\sqrt{x^2+2x+4}\, dx = \int (u-1)\sqrt{u^2+3}\, du$$

$$= \int u\sqrt{u^2+3}\, du - \int \sqrt{u^2+3}\, du$$

となる．第 1 項の積分は $t=u^2+3$ とおくことにより，

$$\int u\sqrt{u^2+3}\, du = \tfrac{1}{2}\int \sqrt{t}\, dt = \tfrac{1}{2}\cdot\tfrac{2}{3}t^{3/2} = \tfrac{1}{3}(u^2+3)^{3/2}$$

であり，第 2 項の積分は公式 21 を $a=\sqrt{3}$ として，

$$\int \sqrt{u^2+3}\, du = \frac{u}{2}\sqrt{u^2+3} + \tfrac{3}{2}\log\left(u + \sqrt{u^2+3}\right)$$

である．よって，

21. $\int \sqrt{a^2+u^2}\, du = \frac{u}{2}\sqrt{a^2+u^2} + \frac{a^2}{2}\log\left(u + \sqrt{a^2+u^2}\right) + C$

$$\int x\sqrt{x^2+2x+4}\, dx$$

$$= \tfrac{1}{3}(x^2+2x+4)^{3/2} - \frac{x+1}{2}\sqrt{x^2+2x+4} - \tfrac{3}{2}\log\left(x+1+\sqrt{x^2+2x+4}\right) + C$$

となる．

数式処理システム

表を使って積分を求める場合，与えられた被積分関数を表中にある形につくり直さねばならないことをみてきた．計算機は特にパターンマッチングを得意とする．不定積分の表を使う場合，置換を使って被積分関数をつくり直したように，数式処理システムも，置換を使って被積分関数をプログラムに内蔵されている関数の形に変換する．したがって，数式処理システムが優れた積分計算を行うことは驚くにあたらない．けれども，積分を手計算で求めることが時代遅れであるということではない．手計算による解が，数式処理システムで求めた解よりも，扱いやすい形の不定積分を導くことはよくあることをみていく．

まず，数式処理システムを使うと何が起こるか，比較的単純な関数 $y=1/(3x-2)$ でみていく．これは，$u=3x-2$ とおくことにより，簡単な手計算で

$$\int \frac{1}{3x-2}\,dx = \tfrac{1}{3}\log|3x-2| + C$$

を得る．これに対して，数式処理システム（ここでは Mathematica と Maple）の出力は

$$\tfrac{1}{3}\log(3x-2)$$

である．最初に気付くのは，数式処理システムは積分定数が省略されていることである．すなわち，原始関数の一般形ではなく，特定の原始関数を出力する．よって，数式処理システムで不定積分を求める場合は，積分定数を加えなければならない．二つ目は，数式処理システムの出力には対数の中に絶対値記号がついていないことである．よって，$\frac{2}{3}$ より大きい x の値のみを扱うのであれば問題ないが，x がそれ以外の値をとるなら，絶対値記号を付け足さなければならない．

次は，例 4 の積分を数式処理システム使って求める．

例 5　数式処理システムを使って，$\int x\sqrt{x^2+2x+4}\,dx$ を求めよ．

［解説］ 数式処理システム（Maple）の出力は

$$\tfrac{1}{3}(x^2+2x+4)^{3/2} - \tfrac{1}{4}(2x+2)\sqrt{x^2+2x+4} - \frac{3}{2}\operatorname{arcsinh}\frac{\sqrt{3}}{3}(1+x)$$

であり，これは，例 4 で表を使って求めた解とは異なっている．しかし，3 番目の項を，等式*

$$\operatorname{arcsinh} x = \log\left(x+\sqrt{x^2+1}\right)$$

を使って書き直すならば，

$$\begin{aligned}\operatorname{arcsinh}\frac{\sqrt{3}}{3}(1+x) &= \log\left(\frac{\sqrt{3}}{3}(1+x)+\sqrt{\tfrac{1}{3}(1+x)^2+1}\right)\\ &= \log\frac{1}{\sqrt{3}}\left(1+x+\sqrt{(1+x)^2+3}\right)\\ &= \log\frac{1}{\sqrt{3}} + \log\left(x+1+\sqrt{x^2+2x+4}\right)\end{aligned}$$

となり，余分な項 $-\frac{3}{2}\log(1/\sqrt{3})$ は定数項に組込むことができる．

これを，別の数式処理システム（Mathematica）で解くと，

$$\left(\frac{5}{6}+\frac{x}{6}+\frac{x^2}{3}\right)\sqrt{x^2+2x+4} - \frac{3}{2}\operatorname{arcsinh}\left(\frac{1+x}{\sqrt{3}}\right)$$

* §1·7 式 3 を参照．

となり，これは，例 4 の解の最初の 2 項をまとめ，結果を因数分解したものである．

例 6　数式処理システムを使って，$\int x(x^2+5)^8\,dx$ を求めよ．

［解 説］　数式処理システム Mathematica と Maple は同じ答えを与えている．

$$\tfrac{1}{18}x^{18} + \tfrac{5}{2}x^{16} + 50x^{14} + \tfrac{1750}{3}x^{12} + 4375x^{10}$$
$$+ 21875x^8 + \tfrac{218750}{3}x^6 + 156250x^4 + \tfrac{390625}{2}x^2$$

共に，$(x^2+5)^8$ を 2 項定理を使って展開してから，各項を積分しているのは明らかである．

もし手計算するならば，$u=x^2+5$ とおいて

$$\int x(x^2+5)^8\,dx = \tfrac{1}{18}(x^2+5)^9 + C$$

を得る．もちろん二つの解は同じものであるが，ほとんどの目的にはこの表現が便利である．

例 7　数式処理システムを使って，$\int \sin^5 x\cos^2 x\,dx$ を求めよ．

［解 説］　§2・2 例 2 で，次の結果を得た．

$$\boxed{1}\qquad \int \sin^5 x\cos^2 x\,dx = -\tfrac{1}{3}\cos^3 x + \tfrac{2}{5}\cos^5 x - \tfrac{1}{7}\cos^7 x + C$$

ある数式処理システムの出力は

$$-\tfrac{1}{7}\sin^4 x\cos^3 x - \tfrac{4}{35}\sin^2 x\cos^3 x - \tfrac{8}{105}\cos^3 x$$

であり，別の数式処理システムの出力は

$$-\tfrac{5}{64}\cos x - \tfrac{1}{192}\cos 3x + \tfrac{3}{320}\cos 5x - \tfrac{1}{448}\cos 7x$$

である．これらの三つの解は適当な 3 角関数の公式を使えば同じになると思われる．それぞれの数式処理システムに，3 角関数の諸公式を用いてこれらの解を整理せよと要求すると，$\boxed{1}$ と同じ解を示すことがわかる．

訳注：計算ソフトは日々進化している．ここで計算ソフトといっているのはおもに Mathematica と Maple であるが，この内容は 2015 年のものであり，将来にわたって当然改良変更されると思われる．ただ変わらないことは，どのアルゴリズムを使うかを選択できるかもしれないが，機械は機械に組込まれたアルゴリズムに従って計算するだけであるから，われわれの望む形の出力が得られるという保証はどこにもないということである．

2・6　節末問題

1-4　不定積分の表の指定された公式を使って，積分を求めよ．

1. $\int_0^{\pi/2}\cos 5x\cos 2x\,dx$;　公式 80

2. $\int_0^1 \sqrt{x-x^2}\,dx$;　公式 113

3. $\int_1^2 \sqrt{4x^2-3}\,dx$;　公式 39

4. $\int_0^1 \tan^3(\pi x/6)\,dx$;　公式 69

5-32　不定積分の表を使って，積分を求めよ．

5. $\int_0^{\pi/8}\arctan 2x\,dx$

6. $\int_0^2 x^2\sqrt{4-x^2}\,dx$

7. $\int \dfrac{\cos x}{\sin^2 x - 9}\,dx$

8. $\int \dfrac{e^x}{4-e^{2x}}\,dx$

9. $\displaystyle\int \frac{\sqrt{9x^2+4}}{x^2}\,dx$　**10.** $\displaystyle\int \frac{\sqrt{2y^2-3}}{y^2}\,dy$

11. $\displaystyle\int_0^{\pi} \cos^6\theta\,d\theta$　**12.** $\displaystyle\int x\sqrt{2+x^4}\,dx$

13. $\displaystyle\int \frac{\arctan\sqrt{x}}{\sqrt{x}}\,dx$　**14.** $\displaystyle\int_0^{\pi} x^3\sin x\,dx$

15. $\displaystyle\int \frac{\coth(1/y)}{y^2}\,dy$　**16.** $\displaystyle\int \frac{e^{3t}}{\sqrt{e^{2t}-1}}\,dt$

17. $\displaystyle\int y\sqrt{6+4y-4y^2}\,dy$　**18.** $\displaystyle\int \frac{1}{2x^3-3x^2}\,dx$

19. $\displaystyle\int \sin^2 x\cos x\log(\sin x)\,dx$　**20.** $\displaystyle\int \frac{\sin 2\theta}{\sqrt{5-\sin\theta}}\,d\theta$

21. $\displaystyle\int \frac{e^x}{3-e^{2x}}\,dx$　**22.** $\displaystyle\int_0^2 x^3\sqrt{4x^2-x^4}\,dx$

23. $\displaystyle\int \sec^5 x\,dx$　**24.** $\displaystyle\int x^3\arcsin(x^2)\,dx$

25. $\displaystyle\int \frac{\sqrt{4+(\log x)^2}}{x}\,dx$　**26.** $\displaystyle\int_0^1 x^4e^{-x}\,dx$

27. $\displaystyle\int \frac{\cos^{-1}(x^{-2})}{x^3}\,dx$　**28.** $\displaystyle\int \frac{1}{\sqrt{1-e^{2x}}}\,dx$

29. $\displaystyle\int \sqrt{e^{2x}-1}\,dx$　**30.** $\displaystyle\int e^t\sin(\alpha t-3)\,dt$

31. $\displaystyle\int \frac{x^4}{\sqrt{x^{10}-2}}\,dx$　**32.** $\displaystyle\int \frac{\sec^2\theta\tan^2\theta}{\sqrt{9-\tan^2\theta}}\,d\theta$

発見的課題　積分に現れる規則性

ここでは，数式処理システムを使って，ある関数の族の不定積分を調べる．族の中のいくつかの関数の積分をしてみることにより，規則性に注目して，その族の関数すべてに対して成り立つ積分公式の一般形を予想し，その公式を証明する．

1. (a) 数式処理システムを使って，次の積分を求めよ．

(i) $\displaystyle\int \frac{1}{(x+2)(x+3)}\,dx$

(ii) $\displaystyle\int \frac{1}{(x+1)(x+5)}\,dx$

(iii) $\displaystyle\int \frac{1}{(x+2)(x-5)}\,dx$　(iv) $\displaystyle\int \frac{1}{(x+2)^2}\,dx$

(b) (a)の結果の規則性に基づいて，$a\neq b$ の場合の積分

$$\int \frac{1}{(x+a)(x+b)}\,dx$$

の値を予想せよ．$a=b$ の場合はどうなるか．

(c) 数式処理システムを使って，(b)の積分値を求め，予想を確かめよ．次に，部分積分を使って，予想を証明せよ．

2. (a) 数式処理システムを使って，次の積分を求めよ．

(i) $\displaystyle\int \sin x\cos 2x\,dx$　(ii) $\displaystyle\int \sin 3x\cos 7x\,dx$

(iii) $\displaystyle\int \sin 8x\cos 3x\,dx$

(b) (a)の結果の規則性に基づいて，次の積分

$$\int \sin ax\cos bx\,dx$$

の値を予想せよ．

(c) 数式処理システムを使って(b)の予想を確かめよ．次に，§2·2 で学んだ積分方法を使ってそれを証明せよ．また，(b)の積分が成り立つ a,b の値を求めよ．

3. (a) 数式処理システムを使って，次の積分を求めよ．

(i) $\displaystyle\int \log x\,dx$　(ii) $\displaystyle\int x\log x\,dx$

(iii) $\displaystyle\int x^2\log x\,dx$　(iv) $\displaystyle\int x^3\log x\,dx$

(v) $\displaystyle\int x^7\log x\,dx$

(b) (a)の結果の規則性に基づいて，積分

$$\int x^n\log x\,dx$$

の値を予想せよ．

(c) 部分積分を使って(b)の予想を証明せよ．いかなる n について予想は真であるか．

4. (a) 数式処理システムを使って，次の積分を求めよ．

(i) $\displaystyle\int xe^x\,dx$　(ii) $\displaystyle\int x^2e^x\,dx$

(iii) $\displaystyle\int x^3e^x\,dx$　(iv) $\displaystyle\int x^4e^x\,dx$

(v) $\displaystyle\int x^5e^x\,dx$

(b) (a)の結果の規則性に基づいて，$\int x^6e^x\,dx$ の値を予想せよ．次に，数式処理システムを使ってその予想を確かめよ．

(c) (a)，(b)の結果の規則性に基づいて，n が自然数のときの積分

$$\int x^ne^x\,dx$$

の値を予想せよ．

(d) 数学的帰納法を使って，(c)の予想を証明せよ．

33. 曲線 $y=\sin^2 x$, $y=0$, $x=0$, $x=\pi$ で囲まれた領域を，x 軸のまわりに回転して得られる回転体の体積を求めよ．

34. 曲線 $y=\sin^{-1}x$, $x=0$, $y=\pi/2$ で囲まれた領域を，y 軸のまわりに回転して得られる回転体の体積を求めよ．

35. 不定積分の表の公式53を，(a) 微分することにより，(b) $t=a+bu$ とおくことにより，確認せよ．

36. 不定積分の表の公式31を，(a) 微分することにより，(b) $u=a\sin\theta$ とおくことにより，確認せよ．

37-44 数式処理システムを使って，積分を求めよ．また，不定積分の表を使って求めた解と比較せよ．解が異なる形である場合は，等価であることを示せ．

37. $\int \sec^4 x\,dx$　　**38.** $\int \csc^5 x\,dx$

39. $\int x^2\sqrt{x^2+4}\,dx$　　**40.** $\int \dfrac{1}{e^x(3e^x+2)}\,dx$

41. $\int \cos^4 x\,dx$　　**42.** $\int x^2\sqrt{1-x^2}\,dx$

43. $\int \tan^5 x\,dx$　　**44.** $\int \dfrac{1}{\sqrt{1+\sqrt[3]{x}}}\,dx$

45. (a)
$$f(x)=\frac{1}{x\sqrt{1-x^2}}$$
として，不定積分の表を使って，$F(x)=\int f(x)\,dx$ を求めよ．また，f と F の定義域も求めよ．

(b) 数式処理システムを使って，$F(x)$ を求めよ．求まった関数 F の定義域も求めよ．ここで求めた F の定義域と(a)で求めた F の定義域に相違はないか．

46. 数式処理システムは，ときに人の助けを必要とすることがある．数式処理システムを使って，
$$\int (1+\log x)\sqrt{1+(x\log x)^2}\,dx$$
を求めよ．出力が得られない場合は，数式処理システムが扱える形の積分になるよう，置換を行え．

2・7　定積分の近似計算

定積分の正確な値が求められない場合が二つある．

一つは，微分積分学の基本定理を使って $\int_a^b f(x)\,dx$ を求める際に，f の原始関数が必要であることから生じる．原始関数を見つけることは，ときに難しく，不可能なことさえあるからである（§2・5参照）．たとえば，次の定積分の正確な値を求めることは不可能である．

$$\int_0^1 e^{x^2}dx \qquad \int_{-1}^1 \sqrt{1+x^3}\,dx$$

もう一つは，関数が科学実験などから得られたデータであって，数式で表された関数とはならない場合である（例5参照）．

どちらの場合も，定積分の近似値を求めることが必要になる．この方法の一つを，第I巻第4章ですでに学んでいる．定積分はRiemann（リーマン）和の極限であるので，Riemann和を定積分の近似として扱うことができる．すなわち，区間 $[a,b]$ を等幅 $\Delta x=(b-a)/n$ の n 個の小区間に分割し，代表点 $x_i{}^*$ を i 番目の小区間 $[x_{i-1},x_i]$ の任意の点とするならば，

$$\int_a^b f(x)\,dx \approx \sum_{i=1}^n f(x_i^*)\,\Delta x$$

である．$x_i{}^*$ を i 番目の小区間 $[x_{i-1},x_i]$ の左端の点とするならば $x_i{}^*=x_{i-1}$ であり，

$$\boxed{1}\qquad \int_a^b f(x)\,dx \approx L_n=\sum_{i=1}^n f(x_{i-1})\,\Delta x$$

である．そして，$f(x)\geqslant 0$ ならばこの積分は面積を表していて，$\boxed{1}$ は図1(a)に

(a) 代表点に左端の点を使う近似

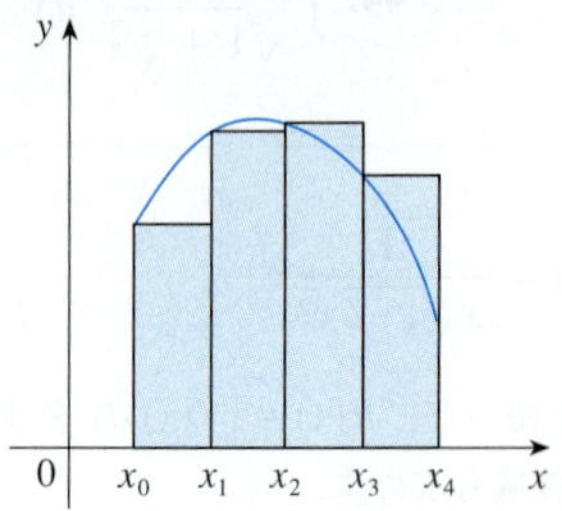

(b) 代表点に右端の点を使う近似

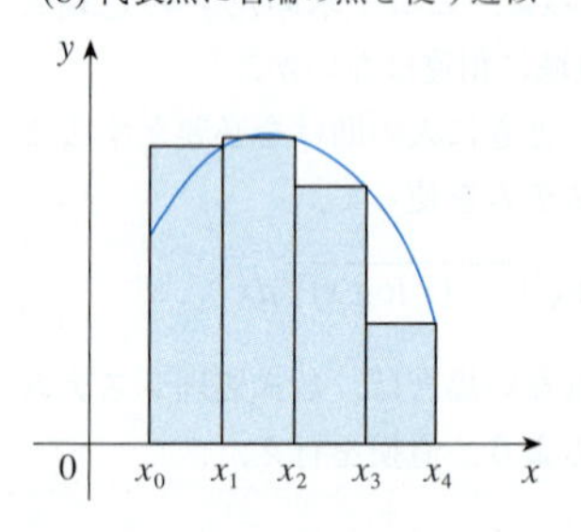

(c) 中点公式による近似

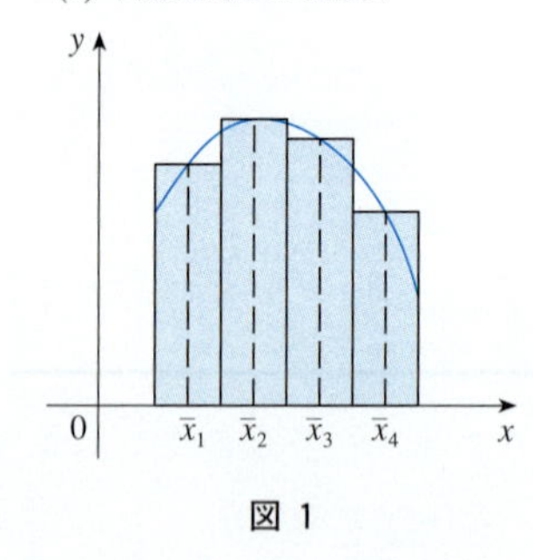

図 1

示されている長方形による面積の近似である．$x_i{}^*$を i 番目の小区間の右端の点とするならば $x_i{}^*=x_i$ であり，

2
$$\int_a^b f(x)\,dx \approx R_n = \sum_{i=1}^{n} f(x_i)\,\Delta x$$

である（図 1(b)）．式 1, 2 で定義される近似値 L_n, R_n それぞれを，**左端の点による近似値**，**右端の点による近似値**という．

第 I 巻§4･2 において，$x_i{}^*$を i 番目の小区間 $[x_{i-1}, x_i]$ の中点とする場合も調べた．図 1(c) は**中点による近似値** M_n を表していて，これは L_n, R_n よりよい近似であるようにみえる．

中点公式（**中点法**，**中点則**ともいう）

$$\Delta x = \frac{b-a}{n}$$

$$\bar{x}_i = \tfrac{1}{2}(x_{i-1}+x_i):\quad 2点\ x_{i-1}, x_i の中点$$

とするとき，

$$\int_a^b f(x)\,dx \approx M_n = \Delta x\,(f(\bar{x}_1) + f(\bar{x}_2) + \cdots + f(\bar{x}_n))$$

である．

定積分を近似する別の方法として，近似値 1 と 2 の平均値を使う，台形公式とよばれる方法もある．

$$\int_a^b f(x)\,dx \approx \frac{1}{2}\left(\sum_{i=1}^{n} f(x_{i-1})\,\Delta x + \sum_{i=1}^{n} f(x_i)\,\Delta x\right) = \frac{\Delta x}{2}\left(\sum_{i=1}^{n}\bigl(f(x_{i-1}) + f(x_i)\bigr)\right)$$

$$= \frac{\Delta x}{2}\Bigl(\bigl(f(x_0)+f(x_1)\bigr) + \bigl(f(x_1)+f(x_2)\bigr) + \cdots + \bigl(f(x_{n-1})+f(x_n)\bigr)\Bigr)$$

$$= \frac{\Delta x}{2}\,(f(x_0) + 2f(x_1) + 2f(x_2) + \cdots + 2f(x_{n-1}) + f(x_n))$$

台形公式

$\Delta x=(b-a)/n$，$x_i=a+i\Delta x$ とするとき，

$$\int_a^b f(x)\,dx \approx T_n = \frac{\Delta x}{2}\,(f(x_0) + 2f(x_1) + 2f(x_2) + \cdots + 2f(x_{n-1}) + f(x_n))$$

である．

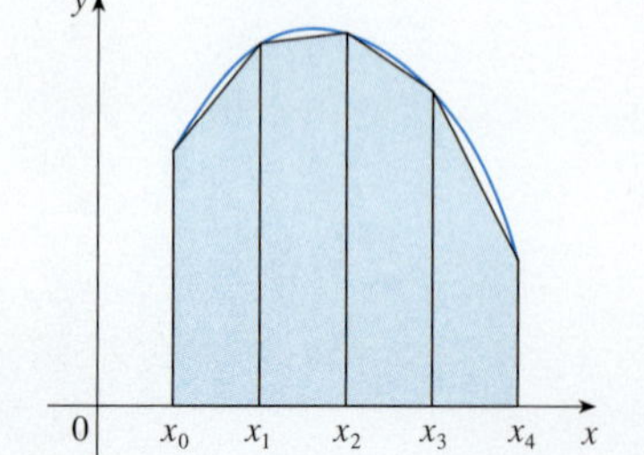

図 2　台形公式による近似

$f(x)\geqslant 0$，分割数 $n=4$ の場合を図示した図 2 をみると，台形公式という名前の由来がわかる．i 番目の小区間における台形の面積は

$$\Delta x\left(\frac{f(x_{i-1}) + f(x_i)}{2}\right) = \frac{\Delta x}{2}\,(f(x_{i-1}) + f(x_i))$$

であり，これらの台形の面積をすべて足し合わせれば，台形公式の右辺が得られる．

例 1 (a) 台形公式,(b) 中点公式を使って,分割数 $n=5$ の場合の積分 $\int_1^2 (1/x)\,dx$ の近似値を求めよ.

[解説] (a) $n=5$, $a=1$, $b=2$ であるので,$\Delta x=(2-1)/5=0.2$ である.よって,台形公式より

$$\int_1^2 \frac{1}{x}\,dx \approx T_5 = \frac{0.2}{2}\left(f(1) + 2f(1.2) + 2f(1.4) + 2f(1.6) + 2f(1.8) + f(2)\right)$$
$$= 0.1\left(\frac{1}{1} + \frac{2}{1.2} + \frac{2}{1.4} + \frac{2}{1.6} + \frac{2}{1.8} + \frac{1}{2}\right)$$
$$\approx 0.695635$$

となる.この近似の説明が図 3 に示してある.

(b) 五つの小区間の中点は 1.1,1.3,1.5,1.7,1.9 であるので,中点公式より

$$\int_1^2 \frac{1}{x}\,dx \approx \Delta x\left(f(1.1) + f(1.3) + f(1.5) + f(1.7) + f(1.9)\right)$$
$$= \frac{1}{5}\left(\frac{1}{1.1} + \frac{1}{1.3} + \frac{1}{1.5} + \frac{1}{1.7} + \frac{1}{1.9}\right)$$
$$\approx 0.691908$$

となる.この近似の説明が図 4 に示してある.

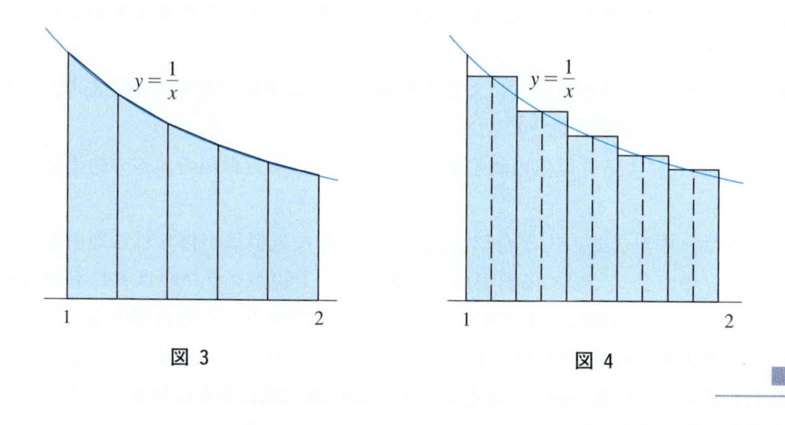

図 3　　図 4

例 1 で,あえて正確な値が計算できる積分を選んだのは,台形公式あるいは中点公式がどのくらい正確であるかを見積もるためである.微分積分学の基本定理を使って,正確な積分値を求めると,

$$\int_1^2 \frac{1}{x}\,dx = \Big[\log x\Big]_1^2 = \log 2 = 0.693147\cdots$$

である.近似値の**誤差**とは,正確な値にするために近似値に加える値と定義される*.例 1 において $n=5$ として計算した台形公式による近似値の誤差 E_T と中点公式による近似値の誤差 E_M は,

$$E_T \approx -0.002488 \qquad E_M \approx 0.001239$$

である.一般に

$$E_T = \int_a^b f(x)\,dx - T_n \qquad E_M = \int_a^b f(x)\,dx - M_n$$

である.

* $\int_a^b f(x)\,dx =$ 近似値 + 誤差

次の表は，$n=5, 10, 20$ の場合に，例 1 と同様に計算した，左端の点による近似値，右端の点による近似値，台形公式および中点公式による近似値とそれらの誤差である．

$\int_1^2 \frac{1}{x}\,dx$ の近似値

n	L_n	R_n	T_n	M_n
5	0.745635	0.645635	0.695635	0.691908
10	0.718771	0.668771	0.693771	0.692835
20	0.705803	0.680803	0.693303	0.693069

対応する誤差

n	E_L	E_R	E_T	E_M
5	−0.052488	0.047512	−0.002488	0.001239
10	−0.025624	0.024376	−0.000624	0.000312
20	−0.012656	0.012344	−0.000156	0.000078

この表からいくつかのことがわかる*．

* これらのことは，ほとんどの場合で成り立つ．

1. どの方法でも，分割数 n の値を大きくすれば，より正確な近似値が得られる（ただし，n をあまり大きくすると，計算が多くなり，丸め誤差が累積していくことに注意する必要がある）．
2. 左右の端点による近似値の誤差は互いに符号が逆であり，分割数 n を倍にすると，誤差は約半分になる．
3. 台形公式および中点公式による近似値は，端点による近似値よりかなり正確である．
4. 台形公式および中点公式による近似値の誤差は互いに符号が逆であり，n を倍にすると，誤差は約 $\frac{1}{4}$ になる．
5. 中点公式による近似値の誤差は，台形公式による近似値の誤差の約半分である．

図 5 は，中点公式の方が台形公式よりも正確な近似値が得られる理由を示している．中点公式で求める典型的な長方形は，上辺がグラフの点 P における接線であり，その面積は台形 $ABCD$ の面積と同じである．この台形の面積は，台形公式で求める台形 $AQRD$ の面積よりも，グラフのつくる面積により近い（中点公式による近似値の誤差（赤色の部分）は台形公式による近似値の誤差（水色の部分）より小さい）．

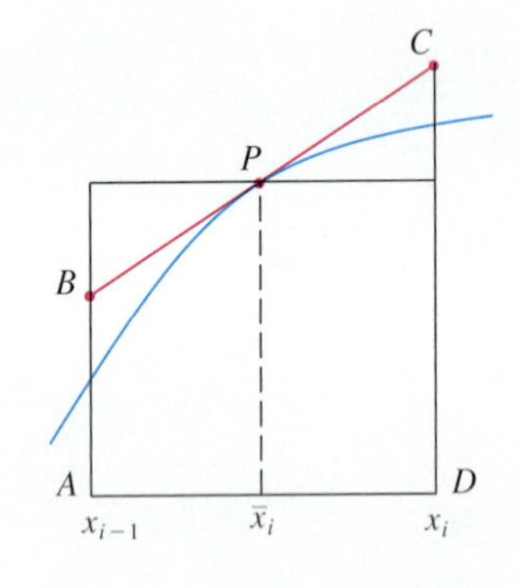

図 5

今みてきた 1～5 は，次の誤差評価で裏付けられ，実際，数値解析の本で証明されている．4 に記していることは，誤差が分母の n^2 に関係しているので，分割数を 2 倍にすれば，$(2n)^2=4n^2$ より誤差が $\frac{1}{4}$ になることに対応している．$f''(x)$ はグラフの曲がり方の程度を表しているから，図 5 をみれば誤差が 2 階微分に関係していることも理解できる．

3 誤差評価　E_T と E_M をそれぞれ台形公式による近似値の誤差，中点公式による近似値の誤差とするとき，$a \leqq x \leqq b$ において $|f''(x)| \leqq K$ であるならば，

$$|E_T| \leqq \frac{K(b-a)^3}{12n^2} \qquad |E_M| \leqq \frac{K(b-a)^3}{24n^2}$$

である．

例 1 の台形公式による近似値にこの誤差評価を適用してみる．$f(x)=1/x$ であ

るので，$f'(x)=-1/x^2$，$f''(x)=2/x^3$ である．$1 \leqq x \leqq 2$ であるので，$1/x \leqq 1$ であり，

$$|f''(x)| = \left|\frac{2}{x^3}\right| \leqq \frac{2}{1^3} = 2$$

となる．よって，誤差評価[3]に $K=2$，$a=1$，$b-2$，$n=5$ を代入すると，

$$|E_T| \leqq \frac{2(2-1)^3}{12(5)^2} = \frac{1}{150} \approx 0.006667$$

である[*1]．この場合，実際の誤差 0.002488 は[3]で与えられた誤差の上限 0.00667 より大幅に小さい．

*1 K は $|f''(x)|$ 以上の値ならばどの値もとれるが，より小さい値をとるほどよい誤差評価を得る．

例 2 $\int_1^2 (1/x)\,dx$ の台形公式および中点公式による近似値が 0.0001 以内の正確さであることを保証するためには，分割数 n をいくつにとればよいか．

［解 説］ 上記の計算より，$1 \leqq x \leqq 2$ について $|f''(x)| \leqq 2$ であるので，[3]に $K=2$，$a=1$，$b=2$ を代入する．0.0001 以内の正確さとは，誤差の大きさが 0.0001 以下であることを意味する．よって，台形公式の場合は n を以下のようにとる．

$$\frac{2(1)^3}{12n^2} < 0.0001$$

これを n について解くと，

$$n^2 > \frac{2}{12(0.0001)}$$

すなわち，

$$n > \frac{1}{\sqrt{0.0006}} \approx 40.8$$

である．よって，分割数を $n=41$ とすれば，望む正確さが保証される[*2]．

同様にして中点公式の場合は，$|E_M| < 0.0001$ とするならば，

$$\frac{2(1)^3}{24n^2} < 0.0001 \qquad \text{すなわち} \qquad n > \frac{1}{\sqrt{0.0012}} \approx 29$$

である．

*2 41 より小さい n の値でも条件を満たすことはあるが，誤差評価の式が 0.0001 以内に正確さを保証する最小値は 41 である．

例 3 (a) 分割数 $n=10$ として，中点公式を使って積分 $\int_0^1 e^{x^2}\,dx$ の近似値を求めよ．

(b) この場合の近似値の誤差の上限を求めよ．

［解 説］ (a) $a=0$，$b=1$，$n=10$ として中点公式を使うならば，

$$\int_0^1 e^{x^2}dx \approx \Delta x\,(f(0.05) + f(0.15) + \cdots + f(0.85) + f(0.95))$$

$$= 0.1(e^{0.0025} + e^{0.0225} + e^{0.0625} + e^{0.1225} + e^{0.2025} + e^{0.3025} + e^{0.4225} + e^{0.5625} + e^{0.7225} + e^{0.9025})$$

$$\approx 1.460393$$

である．図 6 にこの近似を図示する．

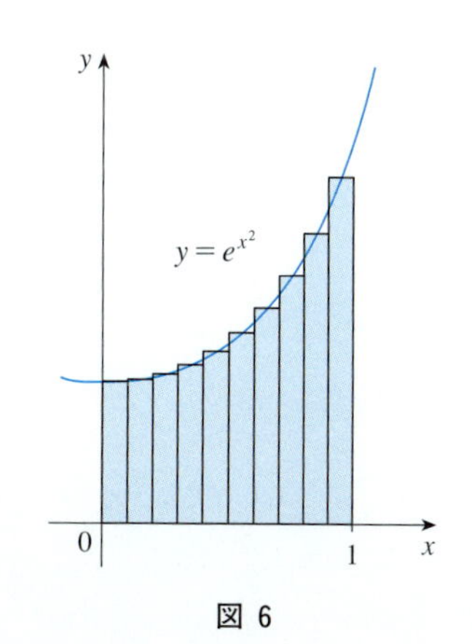

図 6

(b) $f(x)=e^{x^2}$ であるので，$f'(x)=2xe^{x^2}$，$f''(x)=(2+4x^2)e^{x^2}$ となる．また，$0 \leqq x \leqq 1$ であるので，$x^2 \leqq 1$ より

$$0 \leqslant f''(x) = (2 + 4x^2)e^{x^2} \leqslant 6e$$

である．よって，誤差評価[3]に $K=6e$，$a=0$，$b=1$，$n=10$ を代入すると，誤差の上限は

$$\frac{6e(1)^3}{24(10)^2} = \frac{e}{400} \approx 0.007$$

である*．

＊ 誤差評価の式は，誤差の上限を示す．これは理論的に最悪の場合を想定している．この場合の実際の誤差は約 0.0023 である．

■ Simpson（シンプソン）の公式

直線の代わりに放物線を使って曲線を近似し，積分の近似値を求める方法がある．この方法でも，区間 $[a, b]$ を等幅 $h=\Delta x=(b-a)/n$ の n 個の小区間に分割するが，分割数 n は偶数とする．図 7 に示すように，連続した二つの小区間において，曲線 $y=f(x)\geqslant 0$ を放物線で近似する．$y_i=f(x_i)$ とすると，$P_i(x_i, y_i)$ は曲線上の点である．典型的な放物線は，連続した 3 点 P_i，P_{i+1}，P_{i+2} を通る．

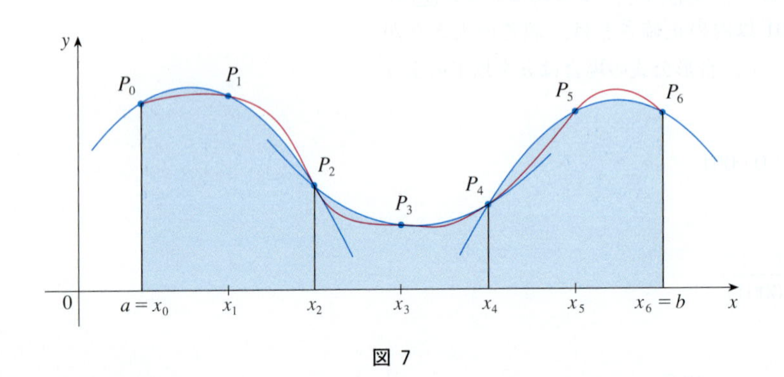

図 7

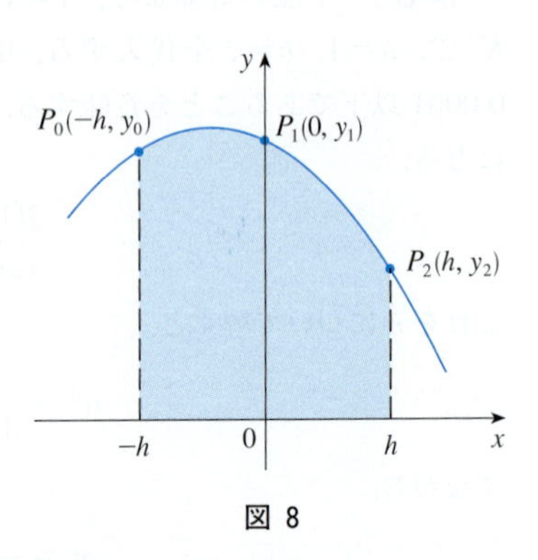

図 8

まず，計算を簡単にするために $x_0=-h$，$x_1=0$，$x_2=h$ の場合を考える（図 8）．点 P_0, P_1, P_2 を通る放物線の方程式は $y=Ax^2+Bx+C$ の形で表され，放物線と $y=0$，$x=-h$，$x=h$ で囲まれた領域の面積は

ここでは第 I 巻 §4·5 の定理[6]を用いる．Ax^2+C は偶関数，Bx は奇関数であることに注意する．

$$\int_{-h}^{h} (Ax^2 + Bx + C)\,dx = 2\int_0^h (Ax^2 + C)\,dx = 2\left[A\frac{x^3}{3} + Cx\right]_0^h$$

$$= 2\left(A\frac{h^3}{3} + Ch\right) = \frac{h}{3}(2Ah^2 + 6C)$$

である．ここで，放物線は点 $P_0(-h, y_0)$，$P_1(0, y_1)$，$P_2(h, y_2)$ を通るので

$$y_0 = A(-h)^2 + B(-h) + C = Ah^2 - Bh + C$$

$$y_1 = C$$

$$y_2 = Ah^2 + Bh + C$$

より

$$y_0 + 4y_1 + y_2 = 2Ah^2 + 6C$$

である．これを使って，上記の放物線の面積を書き直すならば

$$\frac{h}{3}(y_0 + 4y_1 + y_2)$$

であり，この放物線を平行移動させても，放物線と x 軸に挟まれた領域の面積は変わらない．つまり，図 7 に示した点 P_0, P_1, P_2 を通る放物線と，$y=0$，$x=x_0$，

$x=x_2$ で囲まれた領域の面積も

$$\frac{h}{3}(y_0 + 4y_1 + y_2)$$

である．同様にして 3 点 $P_2(x_2, y_2)$，$P_3(x_3, y_3)$，$P_4(x_4, y_4)$ を通る放物線の面積は

$$\frac{h}{3}(y_2 + 4y_3 + y_4)$$

である．この方法で放物線と y 軸に挟まれたすべての領域の面積を計算し，足し合わせると，

$$\int_a^b f(x)\,dx \approx \frac{h}{3}(y_0 + 4y_1 + y_2) + \frac{h}{3}(y_2 + 4y_3 + y_4) + \cdots + \frac{h}{3}(y_{n-2} + 4y_{n-1} + y_n)$$

$$= \frac{h}{3}(y_0 + 4y_1 + 2y_2 + 4y_3 + 2y_4 + \cdots + 2y_{n-2} + 4y_{n-1} + y_n)$$

となる．

これは，$f(x) \geqq 0$ の場合に求めた近似値であるが，任意の連続関数 f についても成り立つ近似式であり，英国の数学者 Thomas Simpson（シンプソン，1710-1761）にちなんで，Simpson の公式といわれている．この公式の係数は $1, 4, 2, 4, 2, 4, 2, \cdots, 4, 2, 4, 1$ となる規則性があることに注意しよう．

Simpson の公式　n を偶数，$\Delta x = (b-a)/n$ として，

$$\int_a^b f(x)\,dx \approx S_n = \frac{\Delta x}{3}(f(x_0) + 4f(x_1) + 2f(x_2) + 4f(x_3) + \cdots + 2f(x_{n-2}) + 4f(x_{n-1}) + f(x_n))$$

である．

Simpson（シンプソン）

Thomas Simpson は，独学で数学を学んだ織工で，18 世紀最高の英国の数学者の一人である．Simpson の公式とよばれる公式は，実際には 17 世紀にすでに Cavalieri（カヴァリエリ）と Gregory に知られていたが，Simpson は彼の著書 "*Mathematical Dissertations*"（1743）の中で世に広めた．

例 4　Simpson の公式を使って，分割数 $n=10$ として $\int_1^2 (1/x)\,dx$ の近似値を求めよ．

［解説］　$f(x)=1/x$ とおき，$n=10$ とするならば $\Delta x=0.1$ であるので，Simpson の公式より，

$$\int_1^2 \frac{1}{x}\,dx \approx S_{10}$$

$$= \frac{\Delta x}{3}(f(1) + 4f(1.1) + 2f(1.2) + 4f(1.3) + \cdots + 2f(1.8) + 4f(1.9) + f(2))$$

$$= \frac{0.1}{3}\left(\frac{1}{1} + \frac{4}{1.1} + \frac{2}{1.2} + \frac{4}{1.3} + \frac{2}{1.4} + \frac{4}{1.5} + \frac{2}{1.6} + \frac{4}{1.7} + \frac{2}{1.8} + \frac{4}{1.9} + \frac{1}{2}\right)$$

$$\approx 0.693150$$

である．

例 4 の場合，真の積分値は $\log 2 \approx 0.693147\cdots$ であるので，Simpson の公式による近似値 $S_{10} \approx 0.693150$ は，台形公式による近似値 $T_{10} \approx 0.693771$，中点公

式による近似値 $M_{10} \approx 0.692835$ よりも格段によい近似であることがわかる．Simpson 公式による近似は，台形公式と中点公式による近似値の重みつき平均（加重平均）である（節末問題 50 参照）．

$$S_{2n} = \frac{1}{3}T_n + \frac{2}{3}M_n$$

（これについては，E_T と E_M の符号は通常逆であり，$|E_n|$ の大きさは $|E_T|$ の約半分であることを思い出してほしい．）

微積分を使った多くの応用では，関数がグラフで与えられたり，数値を並べた表の形で与えられたりして（第 I 巻第 1 章参照），y が x の関数として数式で表されていない場合にも，積分をする必要がある．数式で定義されていない関数についても，関数値が急激に変化しないという保証があるならば，$\int_a^b y\,dx$ の近似値を求めるのに台形公式や Simpson の公式などを使うことができる．

例 5　図 9 は，1998 年 2 月 10 日に米国からスイスの学術・研究ネットワークである SWITCH へ，通信回線を介して転送されたデータ量を示している．$D(t)$ は単位時間当たりのデータ転送量であり，単位は Mb/s（メガビット毎秒）である．Simpson の公式を使って，真夜中 0 時から正午 12 時までの間に転送された総データ量を求めよ．

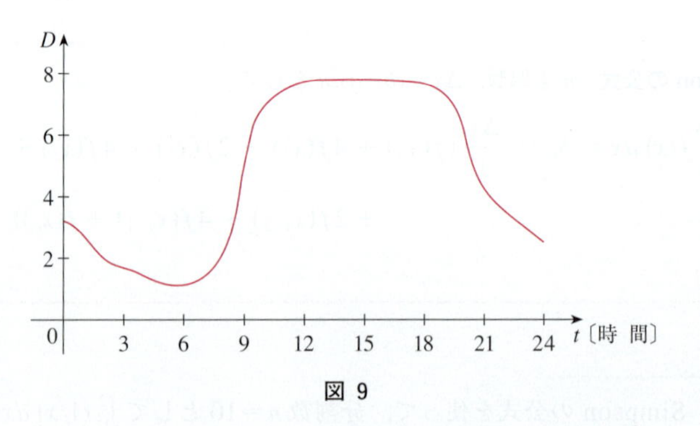

図 9

［解 説］ $D(t)$ の単位はメガビット毎秒であるので，単位を統一するために，グラフの時間 t の単位を時間から秒に変換する．$A(t)$ を時間 t（秒）までに転送された総データ量（メガビット）とするならば，$A'(t) = D(t)$ である．よって，実質的変化量の定理（第 I 巻 §4·4 参照）より，正午（$t = 12 \times 60^2 = 43{,}200$）までに転送された総データ量は

$$A(43{,}200) = \int_0^{43{,}200} D(t)\,dt$$

である．グラフから 1 時間ごとの転送データ量を読み取り，表にまとめる．

t〔時 間〕	t〔秒〕	$D(t)$	t〔時 間〕	t〔秒〕	$D(t)$
0	0	3.2	7	25,200	1.3
1	3,600	2.7	8	28,800	2.8
2	7,200	1.9	9	32,400	5.7
3	10,800	1.7	10	36,000	7.1
4	14,400	1.3	11	39,600	7.7
5	18,000	1.0	12	43,200	7.9
6	21,600	1.1			

これより，$n=12$，$\Delta t=3600$ として Simpson の公式を使って積分の近似値を求めると，

$$\int_0^{43,200} A(t)\,dt \approx \frac{\Delta t}{3}(D(0)+4D(3600)+2D(7200)+\cdots+4D(39,600)+D(43,200))$$

$$\approx \frac{3600}{3}(3.2+4(2.7)+2(1.9)+4(1.7)+2(1.3)+4(1.0)$$
$$+2(1.1)+4(1.3)+2(2.8)+4(5.7)+2(7.1)+4(7.7)+7.9)$$

$$=143,880$$

となる．よって，真夜中から正午までに転送された総データ量は約 144,000 メガビット，すなわち 144 ギガビットである．

欄外の表は，正確な値が約 0.69314718 である積分 $\int_1^2 (1/x)\,dx$ を Simpson の公式と中点公式を使って計算したものである．その下の表は Simpson の公式による近似値の誤差 E_S が，分割数 n が倍になるなら約 1/16 に減少することを示している（これについては，節末問題 27, 28 でさらに二つの実例で確かめてほしい）．このことは，次の Simpson の公式に関する誤差評価の式の，分母に n^4 が出てくることと迎合している．この誤差評価式は [3] の台形公式，中点公式の誤差評価式と似ているが，Simpson の公式の場合は，f の 4 階微分が用いられている．

n	M_n	S_n
4	0.69121989	0.69315453
8	0.69266055	0.69314765
16	0.69302521	0.69314721

n	E_M	E_S
4	0.00192729	−0.00000735
8	0.00048663	−0.00000047
16	0.00012197	−0.00000003

[4] Simpson の公式に関する誤差評価　$a\leqslant x\leqslant b$ において $|f^{(4)}(x)|\leqslant K$ であるならば，Simpson の公式による近似値の誤差 E_S は

$$|E_S|\leqslant\frac{K(b-a)^5}{180n^4}$$

である．

例 6　$\int_1^2 (1/x)\,dx$ の Simpson の公式による近似値が 0.0001 未満の正確さであることを保証するためには，分割数 n をいくつにとればよいか．

［解 説］ $f(x)=1/x$ とするならば $f^{(4)}(x)=24/x^5$ であり，$x\geqslant 1$ であるので $1/x\leqslant 1$ である．よって

$$|f^{(4)}(x)|=\left|\frac{24}{x^5}\right|\leqslant 24$$

であるので，$K=24$ として [4] に代入する．$E_S<0.0001$ であるので，n を以下のようにとる*．

$$\frac{24(1)^5}{180n^4}<0.0001$$

これより，

$$n^4>\frac{24}{180(0.0001)}$$

すなわち

$$n>\frac{1}{\sqrt[4]{0.00075}}\approx 6.04$$

* 多くの電卓と数式処理システムには，定積分の近似を計算するアルゴリズムが組込まれている．これらのうちいくつかは Simpson の公式を使い，またいくつかは，適応型数値積分などのより洗練された手法を使う．適応型積分とは，関数がある区間では他の区間よりもはるかに変動している場合，その部分はより多くの部分区間に分割する手法である．これにより，所望の正確さを保証するために必要な計算の数を減らすことができる．

となる．n は偶数でなければならないので，$n=8$ とすれば所望の正確さが保証される（この値を例 2 の台形公式の分割数 41，中点公式の分割数 29 と比較せよ）．

例 7　(a) 分割数 $n=10$ として，Simpson の公式を使って $\int_0^1 e^{x^2}\,dx$ の近似値を求めよ．

(b) この近似値の誤差を概算せよ．

図 10 は例 7 の計算を図示している．放物線は $y=e^{x^2}$ のグラフに判別がつかないほど接近していることがわかる．

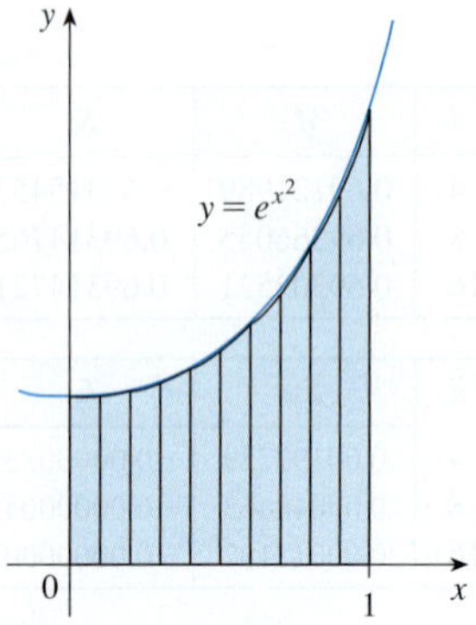

図 10

［解 説］　(a) $n=10$ とするならば $\Delta x=0.1$ であるので，Simpson の公式より，

$$\int_0^1 e^{x^2}\,dx \approx \frac{\Delta x}{3}(f(0)+4f(0.1)+2f(0.2)+\cdots+2f(0.8)+4f(0.9)+f(1))$$

$$= \frac{0.1}{3}(e^0+4e^{0.01}+2e^{0.04}+4e^{0.09}+2e^{0.16}+4e^{0.25}+2e^{0.36}$$
$$+4e^{0.49}+2e^{0.64}+4e^{0.81}+e^1)$$

$$\approx 1.462681$$

である．

(b) $f(x)=e^{x^2}$ の 4 階微分は

$$f^{(4)}(x)=(12+48x^2+16x^4)e^{x^2}$$

あり，$0\leqslant x\leqslant 1$ において

$$0\leqslant f^{(4)}(x)\leqslant(12+48+16)e^1=76e$$

である．よって，誤差評価 4 に $K=76e$，$a=0$，$b=1$，$n=10$ を代入すると，誤差はたかだか

$$\frac{76e(1)^5}{180(10)^4}\approx 0.000115$$

である（例 3 と比較せよ）．よって，小数点以下 3 位までの正確さで

$$\int_0^1 e^{x^2}\,dx \approx 1.463$$

となる．

2・7　節末問題

1. f をグラフで示された関数として，$I=\int_0^4 f(x)\,dx$ とする．

(a) グラフを使って，L_2，R_2，M_2 を求めよ．

(b) これらは I の不足和であるか過剰和であるか判定せよ．

(c) グラフを使って T_2 を求めよ．T_2 と I の大小を比較せよ．

(d) 任意の n について，数 L_n，R_n，M_n，T_n，I を昇順に並べよ．

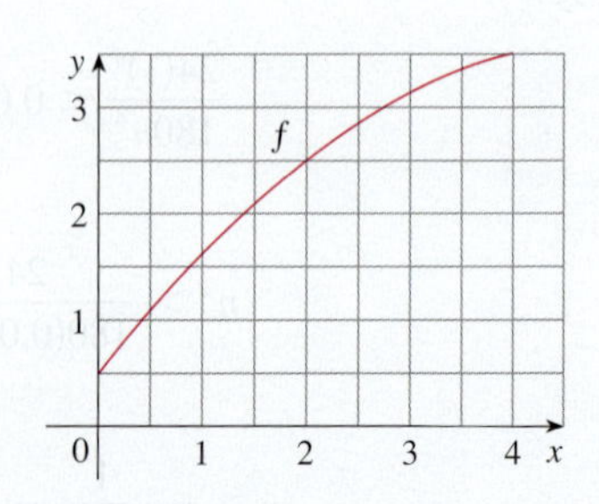

2. 代表点を左端あるいは右端にとる近似，および，台形公式と中点公式による近似を使って積分 $\int_0^2 f(x)\,dx$ を求めた．ここで f はグラフで示された関数である．近似値は 0.7811，0.8675，0.8632，0.9540 であり，分割数はどの近似方法も同じであった．

(a) 近似方法と近似値をそれぞれ対応づけよ．

(b) 真の積分値はどの二つの近似値の間にあるか．

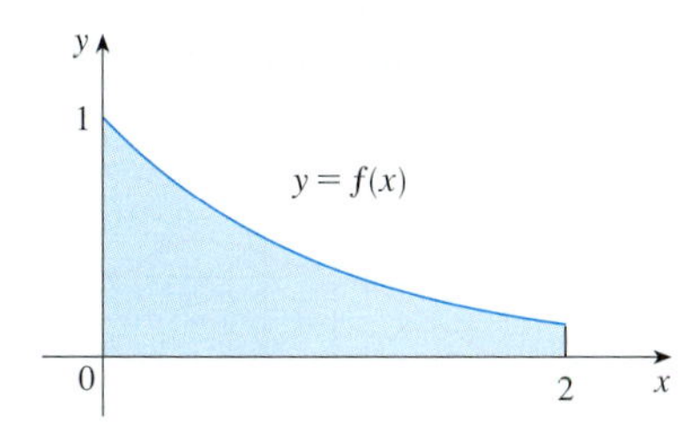

3. 分割数を 4 として，$\int_0^1 \cos(x^2)\,dx$ の近似値を，(a) 台形公式，(b) 中点公式を使って求めよ．計算機で被積分関数のグラフを描き不足和であるか過剰和であるか判定せよ．これより真の積分値について何がいえるか．

4. 計算機を使って，$f(x)=\sin(\frac{1}{2}x^2)$ のグラフを $[0,1]\times[0,0.5]$ の範囲で描け．$I=\int_0^1 f(x)\,dx$ とする．

(a) グラフを使って，I の近似値 L_2，R_2，M_2，T_2 が不足和であるか過剰和であるか判定せよ．

(b) 任意の n について，数 L_n，R_n，M_n，T_n，I を昇順に並べよ．

(c) L_5，R_5，M_5，T_5 を求めよ．グラフより，I の最もよい近似値はどれか考えよ．

5-6 (a) 中点公式，(b) Simpson の公式を使って，指示された分割数 n で次の積分の近似値を求めよ（小数点以下 6 桁まで）．真の値と比較して，各近似値の誤差を求めよ．

5. $\displaystyle\int_0^2 \frac{x}{1+x^2}\,dx,\quad n=10$　　**6.** $\displaystyle\int_0^\pi x\cos x\,dx,\quad n=4$

7-18 (a) 台形公式，(b) 中点公式，(c) Simpson の公式を使って，指示された分割数 n で次の積分の近似値を求めよ（小数点以下 6 桁まで）．

7. $\displaystyle\int_1^2 \sqrt{x^3-1}\,dx,\quad n=10$　　**8.** $\displaystyle\int_0^2 \frac{1}{1+x^6}\,dx,\quad n=8$

9. $\displaystyle\int_0^2 \frac{e^x}{1+x^2}\,dx,\quad n=10$

10. $\displaystyle\int_0^{\pi/2} \sqrt[3]{1+\cos x}\,dx,\quad n=4$

11. $\displaystyle\int_0^4 x^3\sin x\,dx,\quad n=8$　　**12.** $\displaystyle\int_1^3 e^{1/x}\,dx,\quad n=8$

13. $\displaystyle\int_0^4 \sqrt{y}\cos y\,dy,\quad n=8$　　**14.** $\displaystyle\int_2^3 \frac{1}{\log t}\,dt,\quad n=10$

15. $\displaystyle\int_0^1 \frac{x^2}{1+x^4}\,dx,\quad n=10$　　**16.** $\displaystyle\int_1^3 \frac{\sin t}{t}\,dt,\quad n=4$

17. $\displaystyle\int_0^4 \log(1+e^x)\,dx,\quad n=8$

18. $\displaystyle\int_0^1 \sqrt{x+x^3}\,dx,\quad n=10$

---

19. (a) 積分 $\int_0^1 \cos(x^2)\,dx$ の近似値 T_8 と M_8 を求めよ．

(b) (a)で求めた近似値の誤差を評価せよ．

(c) (a)の積分の近似値 T_n と M_n が 0.0001 未満の正確さであることを保証するためには，分割数 n をいくつにとればよいか．

20. (a) 積分 $\int_1^2 e^{1/x}\,dx$ の近似値 T_{10} と M_{10} を求めよ．

(b) (a)で求めた近似値の誤差を評価せよ．

(c) (a)の積分の近似値 T_n と M_n が 0.0001 未満の正確さであることを保証するためには，分割数 n をいくつにとればよいか．

21. (a) 積分 $\int_0^\pi \sin x\,dx$ の近似値 T_{10}，M_{10}，S_{10} と，それぞれの誤差 E_T，E_M，E_S を求めよ．

(b) (a)における実際の誤差の値と，3 および 4 で示されている誤差評価とを比較せよ．

(c) (a)の積分の近似値 T_n，M_n，S_n が 0.00001 未満の正確さであることを保証するためには，分割数 n をいくつにとればよいか．

22. Simpson の公式による $\int_0^1 e^{x^2}\,dx$ の近似値が 0.00001 未満の正確さであることを保証するためには，分割数 n をいくつにとればよいか．

23. 手計算による誤差評価の問題点は，4 階導関数を計算し，$|f^{(4)}(x)|$ の上限である K を求めることが多くの場合で非常に難しいことにある．しかし，数式処理システムを使えば，$f^{(4)}$ の算出もそのグラフを描くことも問題なく処理されるので，グラフから K の値を容易に求めることができる．ここでは $f(x)=e^{\cos x}$ として，$I=\int_0^{2\pi} f(x)\,dx$ の近似値を扱う．

(a) グラフを使って $|f''(x)|$ の上限のよい値を求めよ．

(b) I の近似値 M_{10} を求めよ．

(c) (a)を使って(b)で求めた M_{10} の誤差を評価せよ．

(d) 数式処理システムを使って，I を求めよ．

(e) 真の値との誤差と(c)で求めた誤差の評価とを比較せよ．

(f) グラフを使って $|f^{(4)}(x)|$ の上限のよい値を求めよ．

(g) I の近似値 S_{10} を求めよ．

(h) (f)を使って(g)で求めた S_{10} の誤差を評価せよ．

(i) 真の値との誤差と(h)で求めた誤差の評価とを比較せよ．

(j) 積分の近似値 S_n が 0.0001 未満の正確さであることを保証するためには，分割数 n をいくつにとればよいか．

24. 積分 $\displaystyle\int_{-1}^1 \sqrt{4-x^3}\,dx$ について，前問 23 と同じことを行え．

25-26　分割数 $n=5, 10, 20$ として，近似値 L_n，R_n，T_n，M_n を求めよ．また，対応する誤差 E_L，E_R，E_T，E_M を小数点以下6桁まで求めよ．これより何かわかるか．n が倍になったとき，誤差はどうなるか．

25. $\int_0^1 xe^x\,dx$　　**26.** $\int_1^2 \frac{1}{x^2}\,dx$

27-28　分割数 $n=6, 12$ として，近似値 T_n，M_n，S_n を求めよ．また，対応する誤差 E_T，E_M，E_S を小数点以下6桁まで求めよ．これより何がわかるか．n が倍になったとき，誤差はどうなるか．

27. $\int_0^2 x^4\,dx$　　**28.** $\int_1^4 \frac{1}{\sqrt{x}}\,dx$

---

29. 分割数 $n=6$ として，図で示されたグラフと $y=0$ にはさまれた水色の領域の面積を，(a) 台形公式，(b) 中点公式，(c) Simpson の公式を使って求めよ．

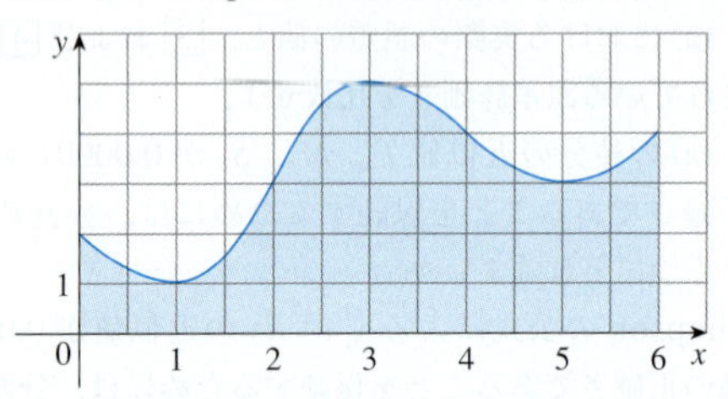

30. 図のような形のプールの幅を，2 m 間隔で測った実測図が示してある．Simpson の公式を使って，プールの面積を求めよ．

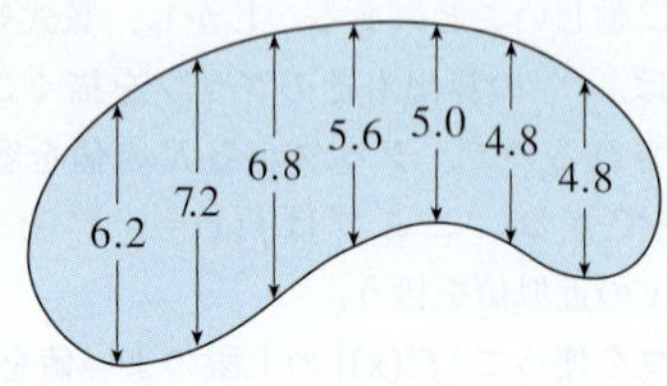

31. (a) 中点公式と表のデータを使って，積分 $\int_1^5 f(x)\,dx$ の値を求めよ．

(b) すべての x について $-2 \leqq f''(x) \leqq 3$ であるとき，(a) で求めた近似値の誤差を評価せよ．

x	$f(x)$	x	$f(x)$
1.0	2.4	3.5	4.0
1.5	2.9	4.0	4.1
2.0	3.3	4.5	3.9
2.5	3.6	5.0	3.5
3.0	3.8		

32. (a) 関数 g の値が表で与えられている．Simpson の公式を使って，$\int_0^{1.6} g(x)\,dx$ を求めよ．

(b) $0 \leqq x \leqq 1.6$ について $-5 \leqq g^{(4)}(x) \leqq 2$ であるとき，(a)で求めた近似値の誤差を評価せよ．

x	$g(x)$	x	$g(x)$
0.0	12.1	1.0	12.2
0.2	11.6	1.2	12.6
0.4	11.3	1.4	13.0
0.6	11.1	1.6	13.2
0.8	11.7		

33. グラフは2013年8月11日のボストンの気温である．分割数 $n=12$ として，Simpson の公式を使って，その日の平均気温を求めよ．

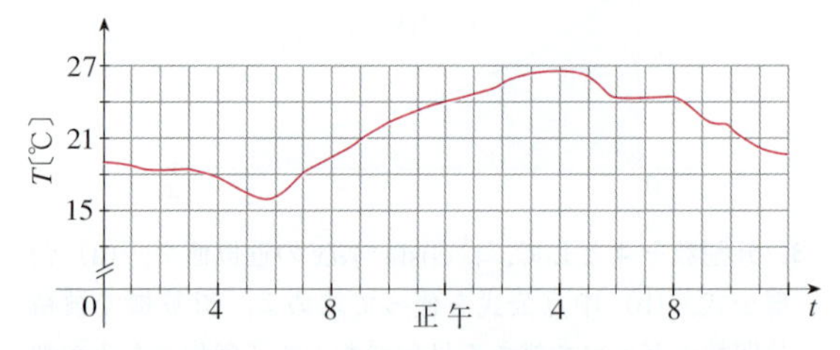

34. レースが始まって，走者が走り始めてから5秒間のスピードをレーダーガンで記録した（表）．Simpson の公式を使って，走者が5秒間に走った距離を概算せよ．

t〔s〕	v〔m/s〕	t〔s〕	v〔m/s〕
0	0	3.0	10.51
0.5	4.67	3.5	10.67
1.0	7.34	4.0	10.76
1.5	8.86	4.5	10.81
2.0	9.73	5.0	10.81
2.5	10.22		

35. グラフは車の加速度 $a(t)$（単位は $\mathrm{m/s^2}$）を示している．Simpson の公式を使って，最初の6秒間の車の速度の増加を概算せよ．

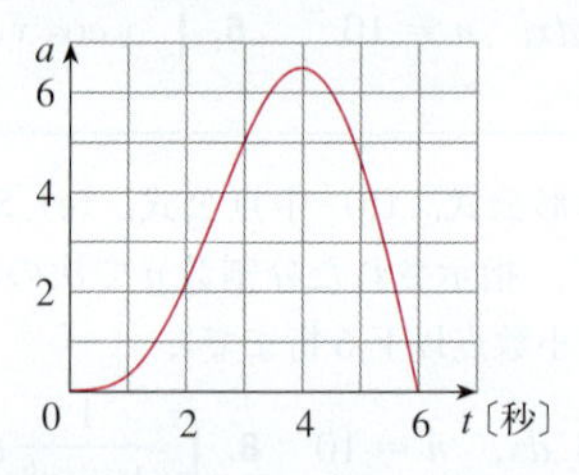

36. タンクから水が $r(t)$（単位は L/時間）の割合で漏出している．ここで，r のグラフは下に示してある．Simpson の公式を使って，最初の6時間で漏出した水の総量を概算せよ．

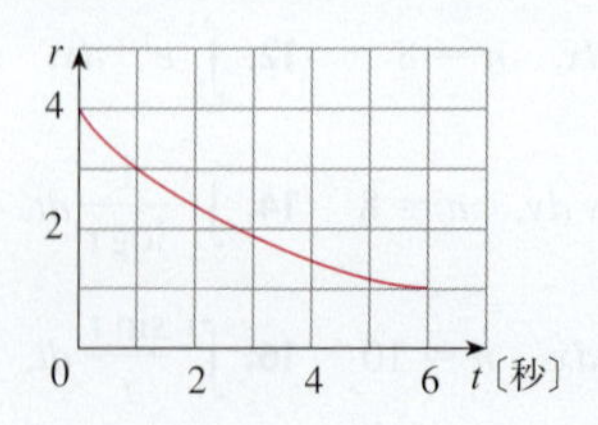

37. 表は米国サンディエゴ郡の 12 月ある日の真夜中 0 時から午前 6:00 までの電力消費量 P をメガワットを単位として表したものである（サン・ディエゴ・ガス・アンド・エレクトリック社提供）．Simpson の公式を使って，その期間に使用されたエネルギーを概算せよ（電力はエネルギーの導関数であることを使う）

t	P	t	P
0:00	1814	3:30	1611
0:30	1735	4:00	1621
1:00	1686	4:30	1666
1:30	1646	5:00	1745
2:00	1637	5:30	1886
2:30	1609	6:00	2052
3:00	1604		

38. グラフは，あるインターネット サービス プロバイダーの通信回線を介して真夜中 0 時から午前 8:00 までの間に転送されたデータ量を示している．D はデータ転送量で，単位は Mb/s（メガビット毎秒）である．Simpson の公式を使って，その期間に転送された総データ量を概算せよ．

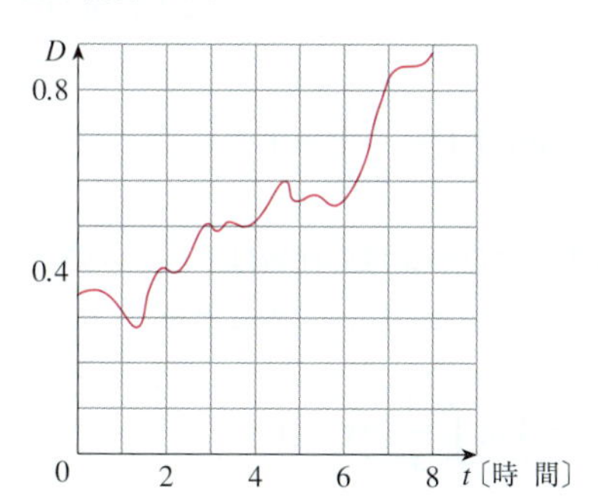

39. 図で示された領域の面積を，(a) x 軸，(b) y 軸のまわりに回転して得られる回転体の体積を，分割数 $n=8$ として，Simpson の公式を使って概算せよ．

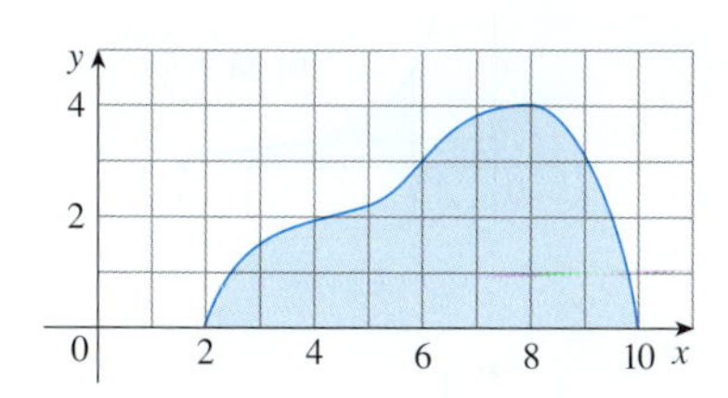

40. 表は，x の単位をメートル (m)，$f(x)$ の単位をニュートン (N) として，力関数 $f(x)$ の値を示している．Simpson の公式を使って，物体が距離 18 m を動くときに，力が物体にする仕事量を概算せよ．

x	0	3	6	9	12	15	18
$f(x)$	9.8	9.1	8.5	8.0	7.7	7.5	7.4

41. 曲線 $y=1/(1+e^{-x})$，$y=0$，$x=0$，$x=10$ で囲まれた領域の面積を，x 軸のまわりに回転して得られる回転体の体積を，分割数 $n=10$ として，Simpson の公式を使って概算せよ．

42. 図は長さ L，鉛直線となす最大角 θ_0 である振り子を示している．Newton（ニュートン）の運動の第 2 法則を使えば，振り子の周期 T（振り子が 1 往復するのに要する時間）は，$k=\sin(\frac{1}{2}\theta_0)$，$g$ を重力加速度として，

$$T=4\sqrt{\frac{L}{g}}\int_0^{\pi/2}\frac{1}{\sqrt{1-k^2\sin^2 x}}\,dx$$

で与えられる．数式処理システムを使って，$L=1$ (m)，$\theta=42$ (°) のとき，分割数 $n=10$ として，Simpson の公式を使って周期 T を求めよ．

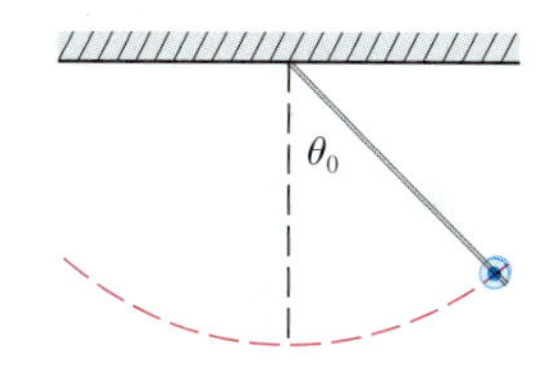

43. スリット数 N，スリット間隔 d の回折格子を，回折角 θ で通過する波長 λ の光の強度は $I(\theta)=N^2\sin^2 k/k^2$ で与えられる．ここで，$k=(\pi Nd\sin\theta)/\lambda$ である．波長 $\lambda=632.8\times10^{-9}$ (m) のヘリウムネオンレーザーは，スリット数 10,000，スリット間隔 10^{-4} m の回折格子を通過した後，$-10^{-6}<\theta<10^{-6}$ で与えられる狭帯域の光を発振している．分割数 $n=10$ として，中点公式を使って全光強度 $\int_{-10^{-6}}^{10^{-6}} I(\theta)\,d\theta$ を概算せよ．

44. 分割数 $n=10$ として，台形公式を使って $\int_0^{20}\cos(\pi x)\,dx$ の近似値を求めよ．この近似値を真の値と比較せよ．二つの値の不一致を説明できるか．

45. 区間 $[0,2]$ における連続関数で，分割数 $n=2$ として台形公式を使った方が中点公式を使うよりも正確な近似値が得られる関数のグラフを描け．

46. 区間 $[0,2]$ における連続関数で，分割数 $n=2$ として右端の点を代表点とした近似の方が Simpson の公式を使うよりも正確な近似値となる関数のグラフを描け．

47. f は正値関数で，$a\leqslant x\leqslant b$ について $f''(x)<0$ であるならば，

$$T_n<\int_a^b f(x)\,dx<M_n$$

が成り立つことを示せ．

48. f を次数 3 以下の多項式とするならば，Simpson の公式は $\int_a^b f(x)\,dx$ の正確な値を与えることを示せ．

49. $\frac{1}{2}(T_n+M_n)=T_{2n}$ であることを示せ．

50. $\frac{1}{3}T_n+\frac{2}{3}M_n=S_{2n}$ であることを示せ．

2・8 広義積分

定積分 $\int_a^b f(x)\,dx$ を定義するとき，関数 f は有限閉区間 $[a, b]$ で定義された関数であった（第Ⅰ巻§4・2 参照）．この節では，定義域が無限区間の場合あるいは関数が有限区間上で無限不連続点をもたない場合に，定積分の定義を広げる．どちらの場合も，この積分を広義積分という．§3・5 では広義積分の最も重要な応用である確率・統計について学習する．

場合 1：無限区間

曲線 $y=1/x^2$ と x 軸に挟まれた，$x=1$ の右側にある無限領域 S について考える．S は右側に無限に広がっているので，S の面積は無限大にちがいないと考えるだろうが，より詳しく調べてみる．直線 $x=t$ の左側にある S の部分領域（図 1 の水色の領域）の面積は，

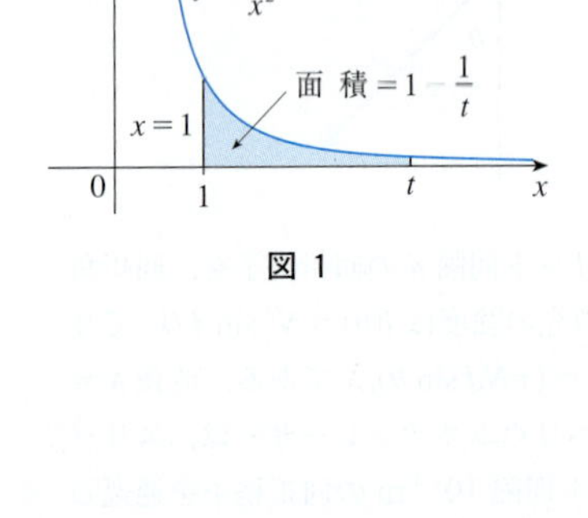

図 1

$$A(t) = \int_1^t \frac{1}{x^2}\,dx = \left[-\frac{1}{x}\right]_1^t = 1 - \frac{1}{t}$$

である．このとき，t をいくら大きくしても $A(t)<1$ であることに気づく．

また，

$$\lim_{t\to\infty} A(t) = \lim_{t\to\infty}\left(1 - \frac{1}{t}\right) = 1$$

であることもわかる．よって，図 2 の水色の領域の面積は，$t\to\infty$ のとき 1 に近づくので，無限領域 S の面積は 1 に等しいといい，このことを

$$\int_1^\infty \frac{1}{x^2}\,dx = \lim_{t\to\infty}\int_1^t \frac{1}{x^2}\,dx = 1$$

と記す．

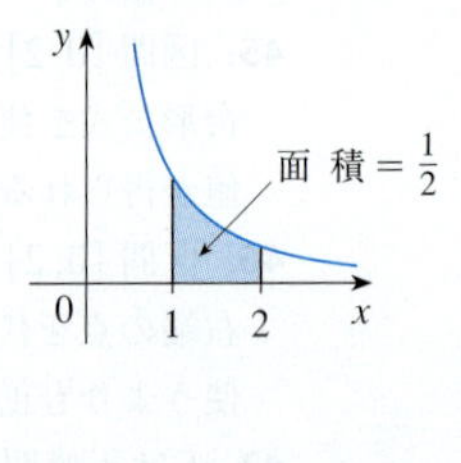

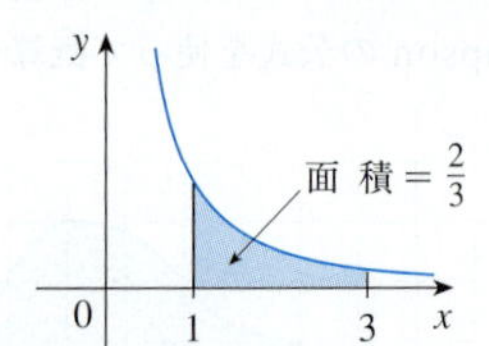

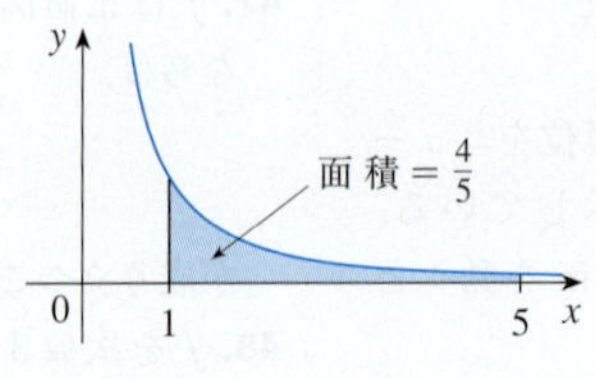

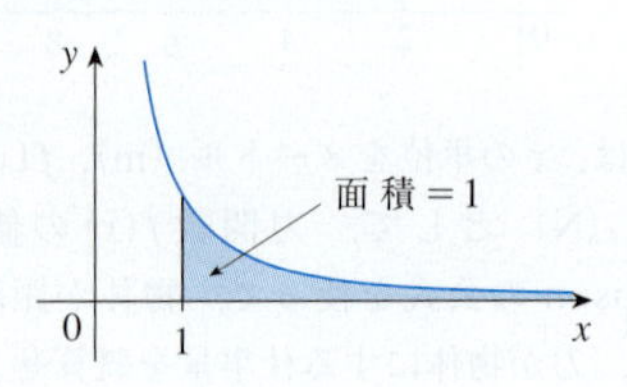

図 2

この例にならい，無限区間における（必ずしも正値関数ではない）関数 f の積分を，有限区間における積分の極限として定義する．

1　場合 1 の広義積分の定義

(a) すべての $t \geqq a$ について $\int_a^t f(x)\,dx$ が存在して，有限の極限値が存在するならば，

$$\int_a^{\infty} f(x)\,dx = \lim_{t\to\infty}\int_a^t f(x)\,dx$$

とする．

(b) すべての数 $t \leqq b$ について $\int_t^b f(x)\,dx$ が存在して，有限の極限値が存在するならば，

$$\int_{-\infty}^{b} f(x)\,dx = \lim_{t\to-\infty}\int_t^b f(x)\,dx$$

である．

広義積分 $\int_a^{\infty} f(x)\,dx$，$\int_{-\infty}^{b} f(x)\,dx$ は，対応する極限が存在するときは**収束**するといい，極限が存在しないときは**発散**するという．

(c) $\int_a^{\infty} f(x)\,dx$ と $\int_{-\infty}^{a} f(x)\,dx$ が共に収束するとき，

$$\int_{-\infty}^{\infty} f(x)\,dx = \int_{-\infty}^{a} f(x)\,dx + \int_a^{\infty} f(x)\,dx$$

と定義する．この場合，a は任意の実数でよい（節末問題 76 参照）．

f が非負関数であるならば，定義 1 の広義積分は面積として説明できる．たとえば(a)の場合，$f(x) \geqq 0$ で積分 $\int_a^{\infty} f(x)\,dx$ が収束するとき，図 3 で示された領域 $S = \{(x, y) \mid x \geqq a, 0 \leqq y \leqq f(x)\}$ の面積を

$$A(S) = \int_a^{\infty} f(x)\,dx$$

と定義する．右辺 $\int_a^{\infty} f(x)\,dx$ は，f のグラフと x 軸で挟まれた領域の，a から t の間の面積の，$t \to \infty$ のときの極限値であるので，この式は妥当である．

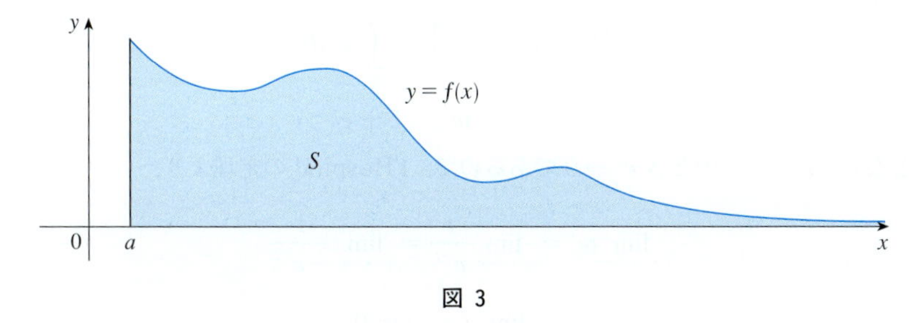

図 3

例 1　積分 $\int_1^{\infty} (1/x)\,dx$ が収束するか発散するかを判定せよ．

［解 説］　定義 1 (a)より，

$$\int_1^{\infty} \frac{1}{x}\,dx = \lim_{t\to\infty}\int_1^t \frac{1}{x}\,dx = \lim_{t\to\infty}\Big[\log|x|\Big]_1^t$$

$$= \lim_{t\to\infty}(\log t - \log 1) = \lim_{t\to\infty}\log t = \infty$$

である．これは有限の極限値をもたないので，広義積分 $\int_1^{\infty} (1/x)\,dx$ は発散する．

例 1 の結果と，この節の最初に取上げた例を比較しよう．

$$\int_1^\infty \frac{1}{x^2}\,dx \text{ は収束} \qquad \int_1^\infty \frac{1}{x}\,dx \text{ は発散}$$

幾何学的に，$x>0$ において，曲線 $y=1/x^2$ と $y=1/x$ の形は非常に似ているが，$x=1$ の右側にある $y=1/x^2$ と x 軸に挟まれた領域（図 4 の水色領域）は有限の面積であり，$y=1/x$ のつくる領域（図 5 の水色領域）の面積は無限大である．これは，$x\to\infty$ のとき $1/x^2$ と $1/x$ は共に 0 に近づくが，$1/x^2$ は $1/x$ よりも速やかに 0 に近づくことに起因している．すなわち，$1/x$ の値は積分が有限の値をもつ程度に速やかに減少しないということである．

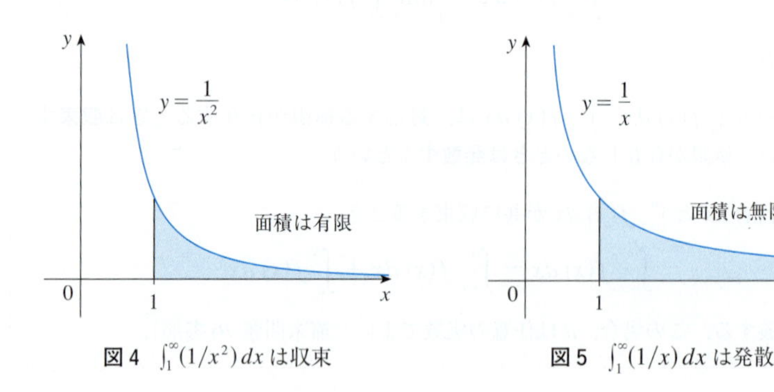

図 4　$\int_1^\infty (1/x^2)\,dx$ は収束　　図 5　$\int_1^\infty (1/x)\,dx$ は発散

例 2　$\displaystyle\int_{-\infty}^0 xe^x\,dx$ を求めよ．

［解 説］　定義 1 (b) より

$$\int_{-\infty}^0 xe^x\,dx = \lim_{t\to-\infty}\int_t^0 xe^x\,dx$$

である．$u=x$，$dv=e^x\,dx$ とするならば，$du=dx$，$v=e^x$ であるので，部分積分をすると，

$$\int_t^0 xe^x\,dx = \Big[\,xe^x\Big]_t^0 - \int_t^0 e^x\,dx$$

$$= -te^t - 1 + e^t$$

となる．$t\to-\infty$ のとき $e^t\to 0$ であるので，l'Hospital の定理より，

$$\lim_{t\to-\infty} te^t = \lim_{t\to-\infty}\frac{t}{e^{-t}} = \lim_{t\to-\infty}\frac{1}{-e^{-t}}$$

$$= \lim_{t\to-\infty}(-e^t) = 0$$

となる．よって，

$$\int_{-\infty}^0 xe^x\,dx = \lim_{t\to-\infty}(-te^t - 1 + e^t)$$

$$= -0 - 1 + 0 = -1$$

となる．

例 3　$\displaystyle\int_{-\infty}^\infty \frac{1}{1+x^2}\,dx$ を求めよ．

［解 説］　定義 1 (c) を $a=0$ とすると扱いやすくなる．

$$\int_{-\infty}^{\infty} \frac{1}{1+x^2}\,dx = \int_{-\infty}^{0} \frac{1}{1+x^2}\,dx + \int_{0}^{\infty} \frac{1}{1+x^2}\,dx$$

右辺の各項の積分を求めなければならない．

$$\int_0^{\infty} \frac{1}{1+x^2}\,dx = \lim_{t\to\infty}\int_0^t \frac{1}{1+x^2}\,dx = \lim_{t\to\infty}\Big[\tan^{-1}x\Big]_0^t$$

$$= \lim_{t\to\infty}(\tan^{-1}t - \tan^{-1}0) = \lim_{t\to\infty}\tan^{-1}t = \frac{\pi}{2}$$

$$\int_{-\infty}^{0} \frac{1}{1+x^2}\,dx = \lim_{t\to-\infty}\int_t^0 \frac{1}{1+x^2}\,dx = \lim_{t\to-\infty}\Big[\tan^{-1}x\Big]_t^0$$

$$= \lim_{t\to-\infty}(\tan^{-1}0 - \tan^{-1}t) = 0 - \left(-\frac{\pi}{2}\right) = \frac{\pi}{2}$$

これらの積分は共に収束するので，与えられた積分も収束する．

$$\int_{-\infty}^{\infty} \frac{1}{1+x^2}\,dx = \frac{\pi}{2} + \frac{\pi}{2} = \pi$$

$1/(1+x^2)>0$ であるので，与えられた広義積分は曲線 $y=1/(1+x^2)$ と x 軸に挟まれた無限領域の面積である（図 6）．

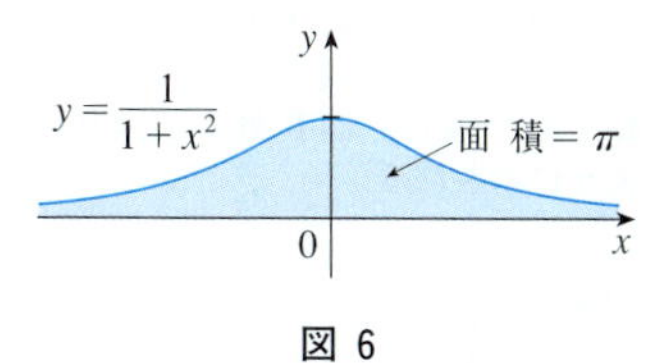

図 6

例 4 $\displaystyle\int_1^{\infty} \frac{1}{x^p}\,dx$ が収束する p の値を求めよ．

［解 説］ 例 1 より，$p=1$ とすると積分は発散するので，$p\neq1$ とする．このとき，

$$\int_1^{\infty} \frac{1}{x^p}\,dx = \lim_{t\to\infty}\int_1^t x^{-p}\,dx = \lim_{t\to\infty}\left[\frac{x^{-p+1}}{-p+1}\right]_{x=1}^{x=t}$$

$$= \lim_{t\to\infty}\frac{1}{1-p}\left[\frac{1}{t^{p-1}} - 1\right]$$

である．$p>1$ とするならば $p-1>0$ であるので，$t\to\infty$ のとき $t^{p-1}\to\infty$ すなわち $1/t^{p-1}\to0$ となる．よって

$$p>1 \quad ならば \quad \int_1^{\infty} \frac{1}{x^p}\,dx = \frac{1}{p-1}$$

となり，積分は収束する．けれども，$p<1$ とするならば $p-1<0$ であるので，

$$t\to\infty \quad のとき \quad \frac{1}{t^{p-1}} = t^{1-p}\to\infty$$

となり，積分は発散する．

後々のため例 4 の結果をまとめておく．

2　$\displaystyle\int_1^{\infty} \frac{1}{x^p}\,dx$ は $p>1$ ならば収束し，$p\leq1$ ならば発散する．

場合 2：被積分関数が無限不連続点をもつ場合

関数 f を区間 $[a, b)$ で定義された正値の連続関数であって，b において垂直漸近線をもっているとする．f のグラフと x 軸に挟まれた $x=a$ から $x=b$ までの間の領域を S とする（場合 1 の積分では，領域は水平方向に無限に広がっていた．ここでは，領域は垂直方向に無限に広がっている）．$x=a$ から $x=t$ までの S の部分領域の面積（図 7 の水色の領域）は，

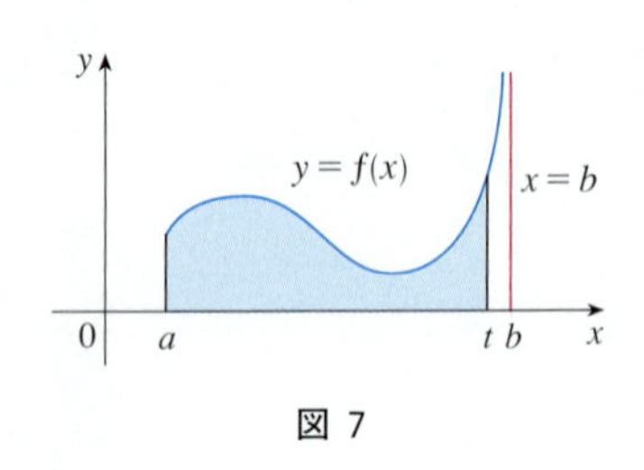

図 7

$$A(t) = \int_a^t f(x)\,dx$$

である．

$t \to b^-$ のとき，$A(t)$ がある有限値 A に収束するならば，

$$\int_a^b f(x)\,dx = \lim_{t\to b^-} \int_a^t f(x)\,dx$$

と記す．そして，f が非負関数でない場合にも，この式で場合 2 の広義積分を定義する．

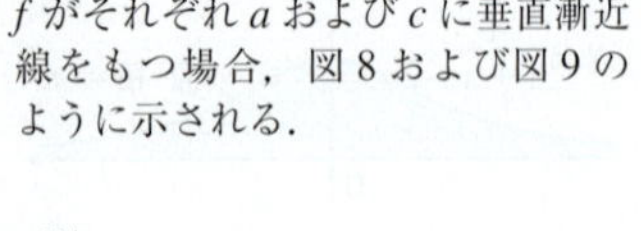
定義 3 (b)，(c)は，$f(x) \geqq 0$ であり，f がそれぞれ a および c に垂直漸近線をもつ場合，図 8 および図 9 のように示される．

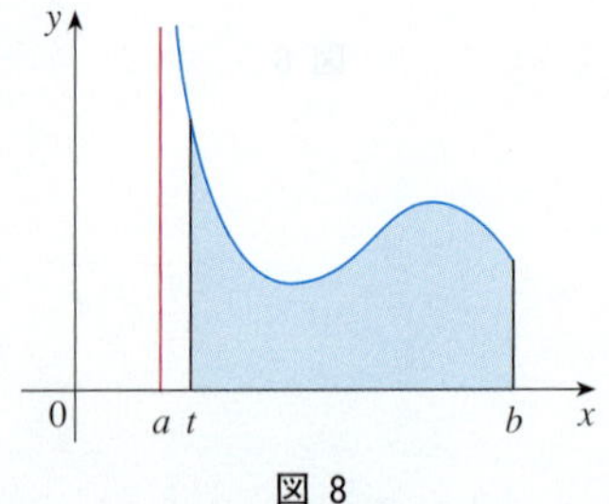

図 8

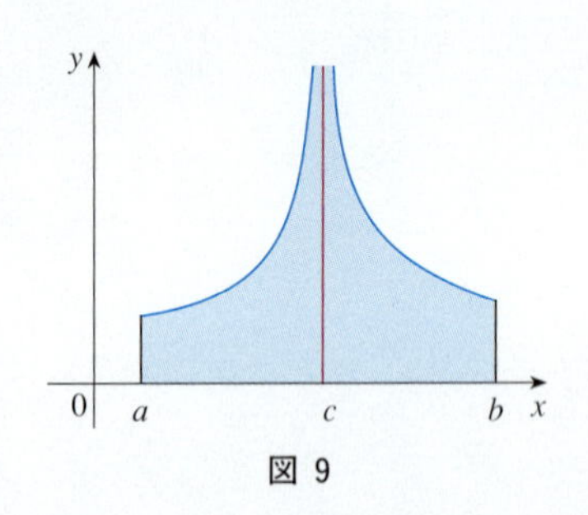

図 9

3 場合 2 の広義積分の定義

(a) f は区間 $[a, b)$ で連続で，b において不連続であり，下記の極限が存在し，有限ならば，

$$\int_a^b f(x)\,dx = \lim_{t\to b^-} \int_a^t f(x)\,dx$$

である．

(b) f は区間 $(a, b]$ で連続で，a において不連続であり，下記の極限が存在し，有限ならば，

$$\int_a^b f(x)\,dx = \lim_{t\to a^+} \int_t^b f(x)\,dx$$

である．

広義積分 $\int_a^b f(x)\,dx$ は，対応する極限が存在するときは**収束**するといい，極限が存在しないときは**発散**するという．

(c) f は c（$a<c<b$）で不連続であり，$\int_a^c f(x)\,dx$ と $\int_c^b f(x)\,dx$ が共に収束するとき，

$$\int_a^b f(x)\,dx = \int_a^c f(x)\,dx + \int_c^b f(x)\,dx$$

と定義する．

例 5　$\displaystyle\int_2^5 \frac{1}{\sqrt{x-2}}\,dx$ を求めよ．

［解 説］　まず，$f(x)=1/\sqrt{x-2}$ は $x=2$ において垂直漸近線をもつので，与えられた積分は広義積分である．関数 f は区間 $[2, 5]$ の左端で無限不連続点をもつので，定義 3 (b) より

$$\int_2^5 \frac{1}{\sqrt{x-2}}\,dx = \lim_{t\to 2^+} \int_t^5 \frac{1}{\sqrt{x-2}}\,dx = \lim_{t\to 2^+} \Big[2\sqrt{x-2}\Big]_t^5$$

$$= \lim_{t\to 2^+} 2\left(\sqrt{3} - \sqrt{t-2}\right) = 2\sqrt{3}$$

である．よって，この広義積分は収束し，被積分関数は正値関数であるので，積分の値は図 10 の水色の領域の面積であると解釈できる．■

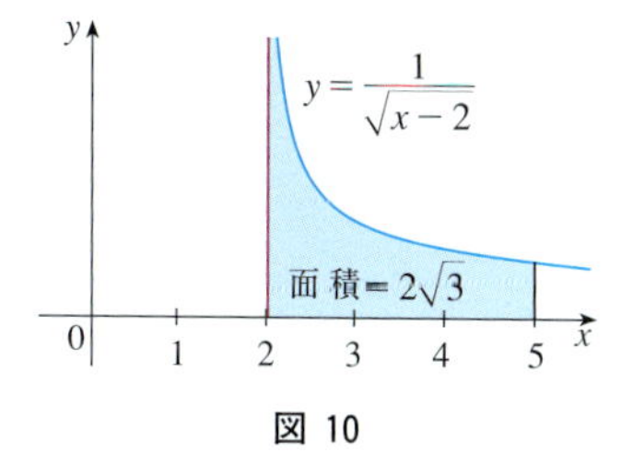

図 10

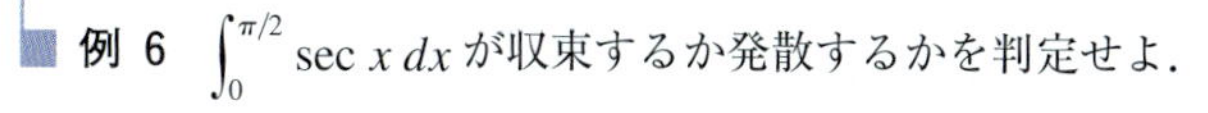

例 6　$\displaystyle\int_0^{\pi/2} \sec x\,dx$ が収束するか発散するかを判定せよ．

［解 説］　$\displaystyle\lim_{x\to(\pi/2)^-} \sec x=\infty$ であるので，この積分は広義積分である．定義 3 (a) と不定積分の表の公式 14，そして $t\to(\pi/2)^-$ のとき $\sec t\to\infty$，$\tan t\to\infty$ であることを使うならば，

$$\int_0^{\pi/2} \sec x\,dx = \lim_{t\to(\pi/2)^-} \int_0^t \sec x\,dx = \lim_{t\to(\pi/2)^-} \Big[\log|\sec x + \tan x|\Big]_0^t$$

$$= \lim_{t\to(\pi/2)^-} (\log(\sec t + \tan t) - \log 1) = \infty$$

である．よって，この広義積分は発散する．■

例 7　計算可能ならば $\displaystyle\int_0^3 \frac{1}{x-1}\,dx$ を求めよ．

［解 説］　直線 $x=1$ は被積分関数の垂直漸近線である．この垂直漸近線は区間 $[0,3]$ の内部にあるので，定義 3 (c) を $c=1$ として用いる．

$$\int_0^3 \frac{1}{x-1}\,dx = \int_0^1 \frac{1}{x-1}\,dx + \int_1^3 \frac{1}{x-1}\,dx$$

ここで，$t\to1^-$ のとき $1-t\to0^+$ であるので，

$$\int_0^1 \frac{1}{x-1}\,dx = \lim_{t\to1^-} \int_0^t \frac{1}{x-1}\,dx = \lim_{t\to1^-} \Big[\log|x-1|\Big]_0^t$$

$$= \lim_{t\to1^-} \big(\log|t-1| - \log|-1|\big) = \lim_{t\to1^-} \log(1-t) = -\infty$$

である．よって，$\int_0^1 1/(x-1)\,dx$ が発散するので，$\int_0^3 1/(x-1)\,dx$ も発散する（この場合は片方が発散しているので，もう一方の $\int_1^3 1/(x-1)\,dx$ を求める必要はない）．■

注 意　例 7 の漸近線 $x=1$ に気がつかずに通常の積分と間違えると，次のような間違った計算をする可能性がある．

$$\int_0^3 \frac{1}{x-1}\,dx = \Big[\log|x-1|\Big]_0^3 = \log 2 - \log 1 = \log 2$$

積分は広義積分であり，極限として計算せねばならないので，これは間違っている．

これより，$\int_a^b f(x)\,dx$ が現れたら，区間 $[a,b]$ における関数 f を調べて，普通の定積分か，広義積分かを判断しなければならない．

例 8　$\displaystyle\int_0^1 \log x\,dx$ を求めよ．

［解 説］　関数 $f(x)=\log x$ は $\displaystyle\lim_{x\to0^+} \log x=-\infty$ であるので，0 において垂直漸近線をもつ．よって，この積分は広義積分であるので，

$$\int_0^1 \log x\,dx = \lim_{t\to 0^+}\int_t^1 \log x\,dx$$

となる．$u=\log x$，$dv=dx$ とするならば，$du=dx/x$，$v=x$ であるので，部分積分より

$$\int_t^1 \log x\,dx = \Big[x\log x\Big]_t^1 - \int_t^1 dx$$

$$= 1\log 1 - t\log t - (1-t) = -t\log t - 1 + t$$

となる．右辺第 1 項の極限を求めるために l'Hospital の定理を使うと

$$\lim_{t\to 0^+} t\log t = \lim_{t\to 0^+}\frac{\log t}{1/t} = \lim_{t\to 0^+}\frac{1/t}{-1/t^2} = \lim_{t\to 0^+}(-t) = 0$$

である．よって，

$$\int_0^1 \log x\,dx = \lim_{t\to 0^+}(-t\log t - 1 + t) = -0 - 1 + 0 = -1$$

となる．図 11 はこの結果を図で説明したものである．$y=\log x$ と x 軸に挟まれたオレンジ色の領域の面積は 1 である．■

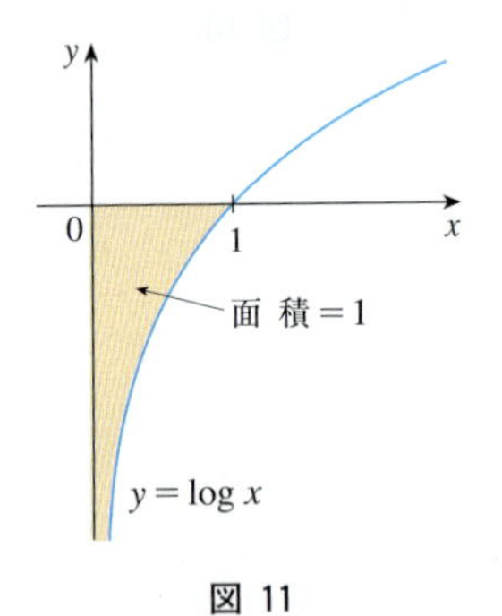

図 11

■ 広義積分の比較収束判定法

広義積分の正確な値を求めることは不可能であるが，ただ収束するか発散するかだけを知りたいことがある．その際は，次の判定法が有用である．これは場合 1 の広義積分について述べているが，同様の判定法は場合 2 の積分についても成り立つ．

> **比較収束判定法**　$x\geqslant a$ において，f と g は連続関数で $0\leqslant g(x)\leqslant f(x)$ であるとする．
>
> (a) $\int_a^\infty f(x)\,dx$ が収束するならば，$\int_a^\infty g(x)\,dx$ も収束する．
>
> (b) $\int_a^\infty g(x)\,dx$ が発散するならば，$\int_a^\infty f(x)\,dx$ も発散する．

比較収束判定法の証明は省略するが，図 12 をみれば比較収束判定法が妥当であることがわかるであろう．上の曲線 $y=f(x)$ のつくる領域の面積が有限ならば，下の曲線 $y=g(x)$ のつくる領域の面積も有限であり，下の曲線 $y=g(x)$ のつくる領域の面積が無限大なら，上の曲線 $y=f(x)$ のつくる領域の面積も無限大になる（この判定法の逆は必ずしも真ではない．すなわち $\int_a^\infty g(x)\,dx$ が収束しても $\int_a^\infty f(x)\,dx$ は収束することも発散することもあり，$\int_a^\infty f(x)\,dx$ が発散しても $\int_a^\infty g(x)\,dx$ は収束することも発散することもある）．

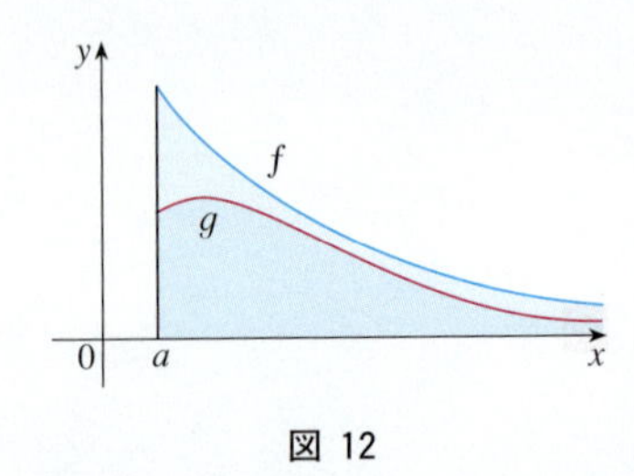

図 12

■ **例 9**　$\displaystyle\int_0^\infty e^{-x^2}dx$ が収束することを判定せよ．

［解 説］（§2・5 で説明したように）e^{-x^2} の原始関数は初等関数ではないので，積分は直接求められない．そこで

$$\int_0^\infty e^{-x^2}dx = \int_0^1 e^{-x^2}dx + \int_1^\infty e^{-x^2}dx$$

と書き直すと，右辺第 1 項は普通の定積分であることに気づく．第 2 項の積分は，$x\geqslant 1$ について $x^2\geqslant x$ すなわち $-x^2\leqslant -x$ であるので，$e^{-x^2}\leqslant e^{-x}$ であることを使う（図 13）．e^{-x} の積分は

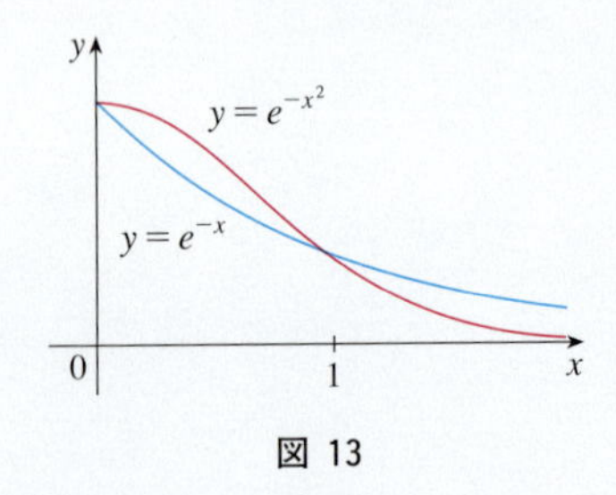

図 13

$$\int_1^\infty e^{-x}\,dx = \lim_{t\to\infty}\int_1^t e^{-x}\,dx = \lim_{t\to\infty}(e^{-1} - e^{-t}) = e^{-1}$$

であり，求めるのは簡単である．よって，$f(x)=e^{-x}$ および $g(x)=e^{-x^2}$ として比較収束判定法を用いると，第2項の $\int_1^\infty e^{-x^2}dx$ は収束すると判定される．よって $\int_0^\infty e^{-x^2}dx$ は収束する．■

例9では，定積分の値を計算せずに $\int_0^\infty e^{-x^2}dx$ が収束することを示した．節末問題72において，この積分の近似値が0.8862であることを示す方法を演習する．確率論においては，この広義積分の正確な値を知ることが重要であり，§3・5において重積分の技法を使って正確な値が $\sqrt{\pi}/2$ であることを示す．表1は計算機を使って，広義積分の定義に従って $\int_0^t e^{-x^2}dx$ が $\sqrt{\pi}/2$ に近づく，ことを示している．そして，$x\to\infty$ のとき e^{-x^2} は非常に素早く0に近づくから，この収束も非常に速い．

表 1

t	$\int_0^t e^{-x^2}\,dx$
1	0.7468241328
2	0.8820813908
3	0.8862073483
4	0.8862269118
5	0.8862269255
6	0.8862269255

例 10 積分 $\int_1^\infty \dfrac{1+e^{-x}}{x}dx$ は

$$\frac{1+e^{-x}}{x} > \frac{1}{x}$$

であり，例1（あるいは $p=1$ として[2]）より $\int_1^\infty (1/x)\,dx$ は発散することがわかっているので，比較収束判定法より発散すると判定される．■

表2は例10の積分の発散を示している．積分値が固有の定数に近づかないことがみてとれる．

表 2

t	$\int_1^t ((1+e^{-x})/x)\,dx$
2	0.8636306042
5	1.8276735512
10	2.5219648704
100	4.8245541204
1000	7.1271392134
10000	9.4297243064

2・8 節末問題

1. 次の積分が広義積分である理由を説明せよ．

(a) $\displaystyle\int_1^2 \frac{x}{x-1}dx$　(b) $\displaystyle\int_0^\infty \frac{1}{1+x^3}dx$

(c) $\displaystyle\int_{-\infty}^\infty x^2e^{-x^2}dx$　(d) $\displaystyle\int_0^{\pi/4}\cot x\,dx$

2. 次の積分のうち広義積分であるのはどれか．理由をつけて説明せよ．

(a) $\displaystyle\int_0^{\pi/4}\tan x\,dx$　(b) $\displaystyle\int_0^{\pi}\tan x\,dx$

(c) $\displaystyle\int_{-1}^1 \frac{1}{x^2-x-2}dx$　(d) $\displaystyle\int_0^\infty e^{-x^3}dx$

3. 曲線 $y=1/x^3$，$y=0$，$x=1$，$x=t$ で囲まれた領域の面積を求め，$t=10, 100, 1000$ の場合の値を求めよ．また，$x\geqq 1$ の範囲でこの曲線と $y=0$ で挟まれた領域の全面積を求めよ．

4. (a) 関数 $f(x)=1/x^{1.1}$，$g(x)=1/x^{0.9}$ のグラフを，計算機を使って $[0,10]\times[0,1]$，$[0,100]\times[0,1]$ の範囲で描け．

(b) f および g のグラフと $y=0$，$x=1$，$x=t$ で囲まれた領域の面積をそれぞれ求め，$t=10, 100, 10^4, 10^6, 10^{10}, 10^{20}$ の場合の値もそれぞれ求めよ．

(c) $x\geqq 1$ の範囲で f および g のグラフと $y=0$ で挟まれた領域の全面積（存在するならば）を求めよ．

5-40 次の積分が収束するか発散するかを判定せよ．収束するならばその値を求めよ．

5. $\displaystyle\int_3^\infty \frac{1}{(x-2)^{3/2}}dx$　**6.** $\displaystyle\int_0^\infty \frac{1}{\sqrt[4]{1+x}}dx$

7. $\displaystyle\int_{-\infty}^0 \frac{1}{3-4x}dx$　**8.** $\displaystyle\int_1^\infty \frac{1}{(2x+1)^3}dx$

9. $\int_2^\infty e^{-5p}\,dp$

10. $\int_{-\infty}^0 2^r\,dr$

11. $\int_0^\infty \frac{x^2}{\sqrt{1+x^3}}\,dx$

12. $\int_{-\infty}^\infty (y^3-3y^2)\,dy$

13. $\int_{-\infty}^\infty xe^{-x^2}\,dx$

14. $\int_1^\infty \frac{e^{-1/x}}{x^2}\,dx$

15. $\int_0^\infty \sin^2\alpha\,d\alpha$

16. $\int_0^\infty \sin\theta\, e^{\cos\theta}\,d\theta$

17. $\int_1^\infty \frac{1}{x^2+x}\,dx$

18. $\int_2^\infty \frac{1}{v^2+2v-3}\,dv$

19. $\int_{-\infty}^0 ze^{2z}\,dz$

20. $\int_2^\infty ye^{-3y}\,dy$

21. $\int_1^\infty \frac{\log x}{x}\,dx$

22. $\int_1^\infty \frac{\log x}{x^2}\,dx$

23. $\int_{-\infty}^0 \frac{z}{z^4+4}\,dz$

24. $\int_e^\infty \frac{1}{x(\log x)^2}\,dx$

25. $\int_0^\infty e^{-\sqrt{y}}\,dy$

26. $\int_1^\infty \frac{1}{\sqrt{x}+x\sqrt{x}}\,dx$

27. $\int_0^1 \frac{1}{x}\,dx$

28. $\int_0^5 \frac{1}{\sqrt[3]{5-x}}\,dx$

29. $\int_{-2}^{14} \frac{1}{\sqrt[4]{x+2}}\,dx$

30. $\int_{-1}^2 \frac{x}{(x+1)^2}\,dx$

31. $\int_{-2}^3 \frac{1}{x^4}\,dx$

32. $\int_0^1 \frac{1}{\sqrt{1-x^2}}\,dx$

33. $\int_0^9 \frac{1}{\sqrt[3]{x-1}}\,dx$

34. $\int_0^5 \frac{w}{w-2}\,dw$

35. $\int_0^{\pi/2} \tan^2\theta\,d\theta$

36. $\int_0^4 \frac{1}{x^2-x-2}\,dx$

37. $\int_0^1 r\log r\,dr$

38. $\int_0^{\pi/2} \frac{\cos\theta}{\sqrt{\sin\theta}}\,d\theta$

39. $\int_{-1}^0 \frac{e^{1/x}}{x^3}\,dx$

40. $\int_0^1 \frac{e^{1/x}}{x^3}\,dx$

41-46（43～46 は計算機を使って） 領域を図示して，その領域の面積が有限ならば，面積を求めよ．

41. $S=\{(x,y)\mid x\geqq 1,\ 0\leqq y\leqq e^{-x}\}$

42. $S=\{(x,y)\mid x\leqq 0,\ 0\leqq y\leqq e^{x}\}$

43. $S=\{(x,y)\mid x\geqq 1,\ 0\leqq y\leqq 1/(x^3+x)\}$

44. $S=\{(x,y)\mid x\geqq 0,\ 0\leqq y\leqq xe^{-x}\}$

45. $S=\{(x,y)\mid 0\leqq x<\pi/2,\ 0\leqq y\leqq \sec^2 x\}$

46. $S=\{(x,y)\mid -2<x\leqq 0,\ 0\leqq y\leqq 1/\sqrt{x+2}\}$

47. (a) $g(x)=(\sin^2 x)/x^2$ として，計算機を使って，$t=2$, 5, 10, 100, 1000, 10000 の場合の $\int_1^t g(x)\,dx$ の値を求め，表にまとめよ．この表から $\int_1^\infty g(x)\,dx$ は収束すると思われるか．

(b) $f(x)=1/x^2$ との比較収束判定法を使って，$\int_1^\infty g(x)\,dx$ が収束することを示せ．

(c) 計算機を使って同一スクリーンに，$1\leqq x\leqq 10$ の範囲で f と g のグラフを描き，(b)を図示せよ．グラフを使って，なぜ $\int_1^\infty g(x)\,dx$ が収束するかを直観的に説明せよ．

48. (a) $g(x)=1/(\sqrt{x}-1)$ として，計算機を使って，$t=5$, 10, 100, 1000, 10 000 の場合の $\int_2^t g(x)\,dx$ の値を求め，表にまとめよ．この表から $\int_2^\infty g(x)\,dx$ は収束すると思われるか．

(b) $f(x)=1/\sqrt{x}$ との比較収束判定法を使って，$\int_2^\infty g(x)\,dx$ が発散することを示せ．

(c) 計算機を使って同一スクリーン上に，$2\leqq x\leqq 20$ の範囲で f と g のグラフを描き，(b)を図示せよ．グラフを使って，なぜ $\int_2^\infty g(x)\,dx$ が収束するかを直観的に説明せよ．

49-54 比較収束判定法を使って，積分が収束するか発散するかを判定せよ．

49. $\int_0^\infty \frac{x}{x^3+1}\,dx$

50. $\int_1^\infty \frac{1+\sin^2 x}{\sqrt{x}}\,dx$

51. $\int_1^\infty \frac{x+1}{\sqrt{x^4-x}}\,dx$

52. $\int_0^\infty \frac{\arctan x}{2+e^x}\,dx$

53. $\int_0^1 \frac{\sec^2 x}{x\sqrt{x}}\,dx$

54. $\int_0^\pi \frac{\sin^2 x}{\sqrt{x}}\,dx$

55.

$$\int_0^\infty \frac{1}{\sqrt{x}\,(1+x)}\,dx$$

は二つの理由から広義積分である．すなわち，区間 $[0,\infty)$ は無限区間であり，被積分関数は 0 において垂直漸近線をもつからである．この積分を，次のように，場合 2 と場合 1 の広義積分に分けて求めよ．

$$\int_0^\infty \frac{1}{\sqrt{x}\,(1+x)}\,dx=\int_0^1 \frac{1}{\sqrt{x}\,(1+x)}\,dx+\int_1^\infty \frac{1}{\sqrt{x}\,(1+x)}\,dx$$

56. 前問 55 にならって

$$\int_2^\infty \frac{1}{x\sqrt{x^2-4}}\,dx$$

を求めよ．

57-59 積分が収束する p の値を求め，そのときの積分を求めよ．

57. $\int_0^1 \frac{1}{x^p}\,dx$

58. $\int_e^\infty \frac{1}{x(\log x)^p}\,dx$

59. $\int_0^1 x^p\log x\,dx$

60. (a) $n=0,1,2,3$ について，積分 $\int_0^\infty x^n e^{-x}\,dx$ を求めよ．

(b) n を任意の自然数として，$\int_0^\infty x^n e^{-x}\,dx$ の値を予想せよ．

(c) 数学的帰納法を使って，(b)の予想を証明せよ．

61. (a) $\int_{-\infty}^{\infty} x\,dx$ が発散することを示せ．

(b)
$$\lim_{t\to\infty}\int_{-t}^{t} x\,dx = 0$$
であることを示せ．これは
$$\int_{-\infty}^{\infty} f(x)\,dx = \lim_{t\to\infty}\int_{-t}^{t} f(x)\,dx$$
と定義できないことを示している．

62. M をある理想気体の分子量，R を気体定数，T を気体の絶対温度，v を分子の速さとすると，理想気体の分子の平均の速さは
$$\bar{v} = \frac{4}{\sqrt{\pi}}\left(\frac{M}{2RT}\right)^{3/2}\int_0^{\infty} v^3 e^{-Mv^2/(2RT)}\,dv$$
である．
$$\bar{v} = \sqrt{\frac{8RT}{\pi M}}$$
を示せ．

63. 領域 $\mathcal{R} = \{(x, y) \mid x \geqq 1, 0 \leqq y \leqq 1/x\}$ が無限領域であることは例 1 で示した．しかし，$\mathcal{R}$ を x 軸のまわりに回転して得られる回転体の体積は有限であることを示せ．

64. 第 I 巻 § 5・4 節末問題 33 を参照して，1000 kg の宇宙船を重力圏外に打ち上げるのに必要な仕事を求めよ．

65. 質量 M，半径 R の惑星の重力場から質量 m のロケットを打ち上げるのに必要な脱出速度 v_0 を求めよ．Newton の重力法則（第 I 巻 § 5・4 節末問題 33 参照）と運動エネルギーの初期値 $\frac{1}{2}mv_0^2$ が必要な仕事を供給することを用いよ．

66. 天文学者は，写真からの分析で導かれる観測（2 次元）密度から，星団内の星密度を決定するために，ステラーステレオグラフィーとよばれる技術を使う．半径 R の球状星団において，星密度は星団の中心からの距離 r のみに依存するとする．s を星団の中心からの平面距離，$x(r)$ を実際の星密度として，感知される星密度 $y(s)$ は，
$$y(s) = \int_s^R \frac{2r}{\sqrt{r^2 - s^2}}\,x(r)\,dr$$
で与えられることを示すことができる．星の実際の密度は $x(r) = \frac{1}{2}(R-r)^2$ であるとするとき，感知密度 $y(s)$ を求めよ．

67. ある電球の製造元は，700 時間程度の寿命をもつ電球を製造したいと思っている．生産される電球の中には，他より寿命の短いものが出てきてしまう．$F(t)$ を t 時間以内に寿命が切れる電球の割合とすると，$0 \leqq F(t) \leqq 1$ である．

(a) F のグラフの形と思ってよさそうな形をもつグラフを大雑把に図示せよ．

(b) 導関数 $r(t) = F'(t)$ は何を意味しているか．

(c) $\int_0^{\infty} r(t)\,dt$ の値を求めよ．なぜその値をとるか．

68. § 1・5 でみたように，放射性物質は指数関数的に減少する．すなわち，時間 t における放射性物質の残存質量は，$m(0)$ を最初の質量，k を負の定数として，$m(t) = m(0)e^{kt}$ と表される．この放射性物質の原子の平均寿命は
$$M = -k\int_0^{\infty} te^{kt}\,dt$$
である．年代測定に使われる炭素の放射性同位体 ^{14}C の定数 k は -0.000121 である．^{14}C の平均寿命を求めよ．

69. 薬物使用者から N 人の集団へ違法薬物使用の広がる研究において，研究者は，予想される新規使用者の数を，c, k, λ を正の定数として
$$\gamma = \int_0^{\infty} \frac{cN(1 - e^{-kt})}{k} e^{-\lambda t}\,dt$$
とモデル化した．この積分を求め，γ を c, N, k および λ を用いて表せ．

（出典：F. Hoppensteadt *et al.*, "Threshold Analysis of a Drug Use Epidemic Model", *Mathematical Biosciences*, **53**, 79 (1981).）

70. 人工透析とは，患者の血液を透析器とよばれる機械に通して，尿素およびその他の不要物を除去する処置である．尿素が血液から除去される割合（mg/min）は，r を血液が透析器を流れる速度（mL/min），V を患者の血液量（mL），C_0 を $t=0$ における患者の血液中の尿素量（mg）として，次に与えられる式
$$u(t) = \frac{r}{V} C_0 e^{-rt/V}$$
とよく一致することが多い．積分 $\int_0^{\infty} u(t)$ を求め，それを説明せよ．

71.
$$\int_a^{\infty} \frac{1}{x^2 + 1}\,dx < 0.001$$
が成り立つには，a がどれほど大きくなければならないかを示せ．

72. $\int_0^{\infty} e^{-x^2}\,dx$ の値を $\int_0^4 e^{-x^2}\,dx$ と $\int_4^{\infty} e^{-x^2}\,dx$ に分割して評価せよ．一つ目の積分は分割数 $n=8$ として Simpson の公式を使って近似値を求め，二つ目の積分は 0.0000001 よりも小さい $\int_4^{\infty} e^{-4x}\,dx$ よりもさらに小さいことを示せ．

73. $f(t)$ は $t \geqq 0$ について連続であるならば，f の Laplace（ラプラス）変換は，
$$F(s) = \int_0^{\infty} f(t)e^{-st}\,dt$$
で定義される関数 F であり，その定義域は積分が収束するすべての数 s からなる集合である．次の関数の Laplace 変換を求めよ．

(a) $f(t) = 1$　(b) $f(t) = e^t$　(c) $f(t) = t$

74. M と a を定数として，$t \geqq 0$ について $0 \leqq f(t) \leqq Me^{at}$ であるならば，$s > a$ に対して $f(t)$ の Laplace 変換 $F(s)$ が存在することを示せ．

75. f' が連続で，$t \geqq 0$ について $0 \leqq f(t) \leqq Me^{at}$，$0 \leqq f'(t) \leqq ke^{at}$ であるとする．$f(t)$ の Laplace 変換を $F(s)$，$f'(t)$ の Laplace 変換を $G(s)$ とするならば，

$$G(s) = sF(s) - f(0) \qquad s > a$$

が成り立つことを示せ．

76. $\int_{-\infty}^{\infty} f(x)\,dx$ が収束し，a と b が任意の実数であるならば，

$$\int_{-\infty}^{a} f(x)\,dx + \int_{a}^{\infty} f(x)\,dx = \int_{-\infty}^{b} f(x)\,dx + \int_{b}^{\infty} f(x)\,dx$$

が成り立つことを示せ．

77. $\int_0^\infty x^2 e^{-x^2}dx = \frac{1}{2}\int_0^\infty e^{-x^2}dx$ であることを示せ．

78. $\int_0^\infty e^{-x^2}dx = \int_0^1 \sqrt{-\log y}\,dy$ であることを，積分を面積として説明せよ．

79.

$$\int_0^\infty \left(\frac{1}{\sqrt{x^2+4}} - \frac{C}{x+2} \right) dx$$

が収束する定数 C の値を求め，そのときの積分を求めよ．

80.

$$\int_0^\infty \left(\frac{x}{x^2+1} - \frac{C}{3x+1} \right) dx$$

が収束する定数 C の値を求め，そのときの積分を求めよ．

81. f を区間 $[0, \infty)$ で連続で，$\lim_{x \to \infty} f(x) = 1$ であるとする．$\int_0^\infty f(x)\,dx$ は収束するか．

82. $a > -1$，$b > a+1$ ならば，

$$\int_0^\infty \frac{x^a}{1+x^b}\,dx$$

が収束することを示せ．

2　章末問題

概念の理解の確認

1. 部分積分を説明して，実際の使い方を示せ．

2. m が奇数であるとき，n が奇数であるとき，m と n が供に偶数であるとき，$\int \sin^m x \cos^n x\,dx$ の積分方法をそれぞれ説明せよ．

3. $\sqrt{a^2-x^2}$，$\sqrt{a^2+x^2}$，$\sqrt{x^2-a^2}$ の形の積分が現れたとき，どのような置換積分を行うか．

4. P の次数が Q の次数より小さい場合，有理関数 $P(x)/Q(x)$ の部分分数分解はどのような形になるか．次の場合について説明せよ．

(1) 分母 $Q(x)$ がすべて異なる 1 次式の積である場合

(2) 分母 $Q(x)$ が同一の 1 次式の積を含む場合

(3) 分母 $Q(x)$ が一つの既約 2 次式を含む場合

(4) 分母 $Q(x)$ が同一の既約 2 次式の積を含む場合

5. 中点公式，台形公式，Simpson の公式による定積分 $\int_a^b f(x)\,dx$ の近似計算について説明せよ．最もよい近似値を与えるのはどの方法か．各方法の誤差評価についても説明せよ．

6. 次の広義積分の定義を記せ．

(a) $\int_a^\infty f(x)\,dx$　　(b) $\int_{-\infty}^b f(x)\,dx$　　(c) $\int_{-\infty}^\infty f(x)\,dx$

7. 次の場合の広義積分 $\int_a^b f(x)\,dx$ の定義を記せ．

(a) f は a で無限不連続点をもつ場合

(b) f は b で無限不連続点をもつ場合

(c) f は c $(a<c<b)$ で無限不連続点をもつ場合

8. 広義積分の比較収束判定法を説明せよ．

○×テスト

命題の真偽を調べ，真なら証明，偽なら偽となることの説明または偽となる反例を示せ．

1. $\dfrac{x(x^2+4)}{x^2-4}$ を $\dfrac{A}{x+2} + \dfrac{B}{x-2}$ の形に書き直すことができる．

2. $\dfrac{x^2+4}{x(x^2-4)}$ を $\dfrac{A}{x} + \dfrac{B}{x+2} + \dfrac{C}{x-2}$ の形に書き直すことができる．

3. $\dfrac{x^2+4}{x^2(x-4)}$ を $\dfrac{A}{x^2} + \dfrac{B}{x-4}$ の形に書き直すことができる．

4. $\dfrac{x^2-4}{x(x^2+4)}$ を $\dfrac{A}{x} + \dfrac{B}{x^2+4}$ の形に書き直すことができる．

5. $\int_0^4 \dfrac{x}{x^2-1}\,dx = \frac{1}{2}\log 15$ である．

6. $\int_1^\infty \frac{1}{x^{\sqrt{2}}}\,dx$ は収束する．

7. 関数 f が連続ならば，$\int_{-\infty}^\infty f(x)\,dx = \lim_{t\to\infty}\int_{-t}^t f(x)\,dx$ である．

8. 中点公式による近似は台形公式よる近似よりも常に正確である．

9. (a) 初等関数の導関数は初等関数である．
(b) 初等関数の原始関数は初等関数である．

10. 関数 f が区間 $[0,\infty)$ で連続で，$\int_1^\infty f(x)\,dx$ は収束するならば，$\int_0^\infty f(x)\,dx$ も収束する．

11. f が区間 $[1,\infty)$ で連続な減少関数で，$\lim_{x\to\infty} f(x)=0$ ならば，$\int_1^\infty f(x)\,dx$ は収束する．

12. $\int_a^\infty f(x)\,dx$ と $\int_a^\infty g(x)\,dx$ が共に収束するならば，$\int_a^\infty (f(x)+g(x))\,dx$ も収束する．

13. $\int_a^\infty f(x)\,dx$ と $\int_a^\infty g(x)\,dx$ が共に発散するならば，$\int_a^\infty (f(x)+g(x))\,dx$ も発散する．

14. $f(x)\leqq g(x)$ で，$\int_0^\infty g(x)\,dx$ が発散するならば，$\int_0^\infty f(x)\,dx$ も発散する．

練習問題

§2·5 の節末問題にも積分のやり方に関する多くの問題が与えられている．

1-40 次の積分を求めよ．

1. $\int_1^2 \frac{(x+1)^2}{x}\,dx$
2. $\int_1^2 \frac{x}{(x+1)^2}\,dx$
3. $\int \frac{e^{\sin x}}{\sec x}\,dx$
4. $\int_0^{\pi/6} t\sin 2t\,dt$
5. $\int \frac{1}{2t^2+3t+1}\,dt$
6. $\int_1^2 x^5\log x\,dx$
7. $\int_0^{\pi/2} \sin^3\theta\cos^2\theta\,d\theta$
8. $\int \frac{1}{\sqrt{e^x-1}}\,dx$
9. $\int \frac{\sin(\log t)}{t}\,dt$
10. $\int_0^1 \frac{\sqrt{\arctan x}}{1+x^2}\,dx$
11. $\int_1^2 \frac{\sqrt{x^2-1}}{x}\,dx$
12. $\int \frac{e^{2x}}{1+e^{4x}}\,dx$
13. $\int e^{\sqrt[3]{x}}\,dx$
14. $\int \frac{x^2+2}{x+2}\,dx$
15. $\int \frac{x-1}{x^2+2x}\,dx$
16. $\int \frac{\sec^6\theta}{\tan^2\theta}\,d\theta$
17. $\int x\cosh x\,dx$
18. $\int \frac{x^2+8x-3}{x^3+3x^2}\,dx$
19. $\int \frac{x+1}{9x^2+6x+5}\,dx$
20. $\int \tan^5\theta\sec^3\theta\,d\theta$
21. $\int \frac{1}{\sqrt{x^2-4x}}\,dx$
22. $\int \cos\sqrt{t}\,dt$
23. $\int \frac{1}{x\sqrt{x^2+1}}\,dx$
24. $\int e^x\cos x\,dx$
25. $\int \frac{3x^3-x^2+6x-4}{(x^2+1)(x^2+2)}\,dx$
26. $\int x\sin x\cos x\,dx$
27. $\int_0^{\pi/2} \cos^3x\sin 2x\,dx$
28. $\int \frac{\sqrt[3]{x}+1}{\sqrt[3]{x}-1}\,dx$
29. $\int_{-3}^3 \frac{x}{1+|x|}\,dx$
30. $\int \frac{1}{e^x\sqrt{1-e^{-2x}}}\,dx$
31. $\int_0^{\log 10} \frac{e^x\sqrt{e^x-1}}{e^x+8}\,dx$
32. $\int_0^{\pi/4} \frac{x\sin x}{\cos^3x}\,dx$
33. $\int \frac{x^2}{(4-x^2)^{3/2}}\,dx$
34. $\int (\arcsin x)^2\,dx$
35. $\int \frac{1}{\sqrt{x+x^{3/2}}}\,dx$
36. $\int \frac{1-\tan\theta}{1+\tan\theta}\,d\theta$
37. $\int (\cos x+\sin x)^2\cos 2x\,dx$
38. $\int \frac{2^{\sqrt{x}}}{\sqrt{x}}\,dx$
39. $\int_0^{1/2} \frac{xe^{2x}}{(1+2x)^2}\,dx$
40. $\int_{\pi/4}^{\pi/3} \frac{\sqrt{\tan\theta}}{\sin 2\theta}\,d\theta$

41-50 収束するならば積分を求め，発散するならば理由を説明せよ．

41. $\int_1^\infty \frac{1}{(2x+1)^3}\,dx$
42. $\int_1^\infty \frac{\log x}{x^4}\,dx$
43. $\int_2^\infty \frac{1}{x\log x}\,dx$
44. $\int_2^6 \frac{y}{\sqrt{y-2}}\,dy$
45. $\int_0^4 \frac{\log x}{\sqrt{x}}\,dx$
46. $\int_0^1 \frac{1}{2-3x}\,dx$
47. $\int_0^1 \frac{x-1}{\sqrt{x}}\,dx$
48. $\int_{-1}^1 \frac{1}{x^2-2x}\,dx$
49. $\int_{-\infty}^\infty \frac{1}{4x^2+4x+5}\,dx$
50. $\int_1^\infty \frac{\tan^{-1}x}{x^2}\,dx$

51-52 不定積分を求めよ．計算機を用いて，被積分関数と $C=0$ とした原始関数のグラフを描き，解が妥当であることを説明せよ．

51. $\int \log(x^2+2x+2)\,dx$
52. $\int \frac{x^3}{\sqrt{x^2+1}}\,dx$

53. 計算機を用いて，関数 $f(x)=\cos^2x\sin^3x$ のグラフを描き，そのグラフを使って $\int_0^{2\pi} f(x)\,dx$ の値を推測せよ．次に，その積分を計算して推測が正しいかを確かめよ．

54. (a) 手計算では $\int x^5e^{-2x}\,dx$ をどのようにして求めるか（実際に計算して値を定めなくてよい）．

(b) 不定積分の表を使うならば，$\int x^5e^{-2x}\,dx$ をどのようにして求めるか（実際に計算して値を定めなくてもよい）．

(c) 数式処理システムを使って $\int x^5e^{-2x}\,dx$ を求めよ．

(d) 被積分関数と原始関数のグラフを同一画面に描け．

55-58 巻末の「公式集」にある不定積分の表を使って，積分を求めよ．

55. $\int \sqrt{4x^2-4x-3}\,dx$ **56.** $\int \csc^5 t\,dt$

57. $\int \cos x\sqrt{4+\sin^2 x}\,dx$ **58.** $\int \dfrac{\cot x}{\sqrt{1+2\sin x}}\,dx$

---

59. 不定積分の表の公式 33 を，(a) 微分することによって，(b) 3 角関数の置換積分を用いることによって証明せよ．

60. 不定積分の表の公式 62 を証明せよ．

61. $\int_0^\infty x^n\,dx$ が収束する数 n は存在するか．

62. $\int_0^\infty e^{ax}\cos x\,dx$ が収束する a の値を決定せよ．それらの a について積分の値を求めよ．

63-64 (a) 台形公式，(b) 中点公式，(c) Simpson の公式を使って，分割数 $n=10$ として，次の積分の近似値を小数点以下 6 桁まで求めよ．

63. $\int_2^4 \dfrac{1}{\log x}\,dx$ **64.** $\int_1^4 \sqrt{x}\cos x\,dx$

---

65. 前問 63 について，(a)，(b) それぞれの場合の誤差を求めよ．それぞれの誤差を 0.00001 未満とするには，n をいくつ以上にとればよいか．

66. 分割数 $n=6$ として，曲線 $y=e^x/x$，$y=0$，$x=1$，$x=4$ で囲まれた領域の面積を，Simpson の公式を使って概算せよ．

67. 車のスピードメーターの値 (v) を 1 分間隔で記録した表がある．Simpson の公式を使って，10 分間に車が移動した距離を概算せよ．

t〔分〕	v〔km/h〕	t〔分〕	v〔km/h〕
0	64	6	90
1	67	7	91
2	72	8	91
3	78	9	88
4	83	10	90
5	86		

68. グラフはミツバチの個体数が毎週 $r(t)$ の割合で増加することを示している．分割数 $n=6$ として，Simpson の公式を使って，最初の 24 週でミツバチの個体数がどれだけ増加したか求めよ．

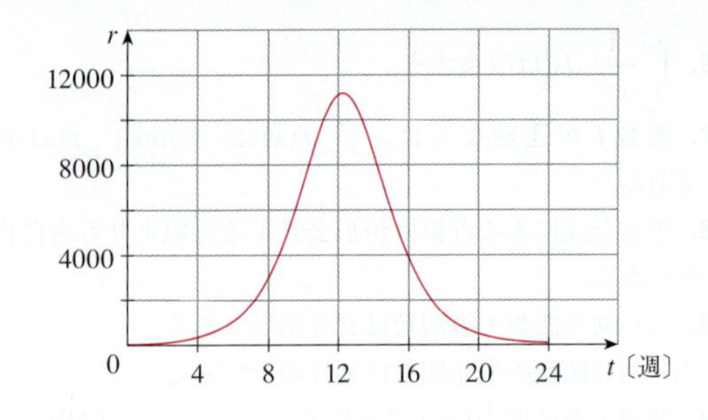

69. 数式処理システムを使って，次の問いに答えよ．

(a) $f(x)=\sin(\sin x)$ としてグラフを描き，$|f^{(4)}(x)|$ の上限を求めよ．

(b) 分割数 $n=10$ として，Simpson の公式を使って $\int_0^\pi f(x)\,dx$ の近似値を求め，(a)の結果を使って誤差を評価せよ．

(c) 分割数 n をいくつ以上にとれば，誤差を 0.00001 未満にできるか．

70. フットボールの体積を求めたい．ボールの長さは 28 cm であり，最も太い所の周長は 53 cm で，各端点より 7 cm の所の周長は 45 cm である．Simpson の公式を使って，体積の近似値を求めよ．

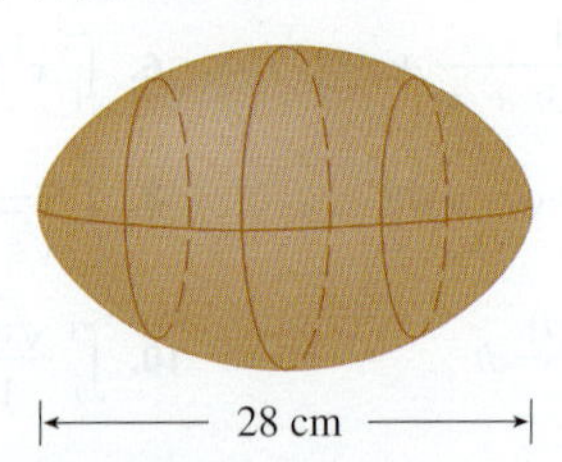

71. 比較収束判定法を使って，積分が収束するか発散するかを判定せよ．

(a) $\int_1^\infty \dfrac{2+\sin x}{\sqrt{x}}\,dx$ (b) $\int_1^\infty \dfrac{1}{\sqrt{1+x^4}}\,dx$

72. 双曲線 $y^2-x^2=1$ と $y=3$ で囲まれた領域の面積を求めよ．

73. $x=0$ から $x=\pi$ の間で，曲線 $y=\cos x$ と $y=\cos^2 x$ で囲まれた領域の面積を求めよ．

74. 曲線 $y=1/(2+\sqrt{x})$，$y=1/(2-\sqrt{x})$，$x=1$ で囲まれた領域の面積を求めよ．

75. $y=\cos^2 x$，$y=0$，$x=0$，$x=\pi/2$ で囲まれた領域を，x 軸のまわりに回転して得られる回転体の体積を求めよ．

76. 前問 75 の領域を，y 軸のまわりに回転して得られる回転体の体積を求めよ．

77. f' が区間 $[0,\infty)$ で連続で，$\lim_{x\to\infty} f(x)=0$ であるならば，

$$\int_0^\infty f'(x)\,dx = -f(0)$$

であることを示せ．

78. 連続関数 f の有限区間における平均値の定義を，次のようにして無限区間に拡張することができる．

$$\lim_{t\to\infty}\frac{1}{t-a}\int_a^t f(x)\,dx$$

(a) 区間 $[0,\infty)$ において $y=\tan^{-1}x$ の平均値を求めよ．

(b) $f(x)\geqq 0$ で，$\int_a^\infty f(x)\,dx$ が発散していて，$\lim_{x\to\infty}f(x)$ が存在するならば，区間 $[a,\infty)$ における f の平均値は $\lim_{x\to\infty}f(x)$ である．

(c) $\int_a^\infty f(x)\,dx$ が収束するならば，区間 $[a,\infty)$ における f の平均値はいくらか．

(d) 区間 $[0,\infty)$ における $y=\sin x$ の平均値を求めよ．

79. $u=1/x$ とおくことによって，

$$\int_0^\infty \frac{\log x}{1+x^2}\,dx=0$$

であることを示せ．

80. 1 点に単位電荷，もう 1 点に同符号の電荷 q が与えられているときの反発力は，2 点間の距離を r，ε_0 を定数として

$$F=\frac{q}{4\pi\varepsilon_0 r^2}$$

で与えられる．電荷 q による点 P におけるポテンシャル V は，電荷 q の位置と点 P を結ぶ直線に沿って，単位電荷を無限遠から点 P まで動かすのに必要な仕事として定義する．ポテンシャル V の公式を求めよ．

2 追加問題

*1 解説を読まずに，まず自力で解いてみよう．

例[*1] (a) f が連続関数であるならば

$$\int_0^a f(x)\,dx = \int_0^a f(a-x)\,dx$$

であることを証明せよ．

(b) (a)を使って，すべての自然数 n について

$$\int_0^{\pi/2} \frac{\sin^n x}{\sin^n x + \cos^n x}\,dx = \frac{\pi}{4}$$

であることを示せ．

*2 「問題解決のための考え方」は第Ⅰ巻第1章末を参照．

［解 説］ (a) 一見したところ，妙な方程式と思われるかもしれない．どのようにすれば，左辺と右辺を等号で結びつけることができるだろうか．このような場合は，「問題解決のための考え方」[*2]で紹介した特別な何かを導入せよを使うとうまくいくことが多い．この場合の“特別な何か”とは新たな変数である．新たな変数の導入は，これまで，与えられた特定の関数の置換積分を行う際に用いた．しかし，このテクニックは，いま考えているような一般的な関数を対象とする場合にも役に立つ．

ここで，新たな変数を導入するならば，右辺の形から $u=a-x$ とおくと，$du=-dx$ である．$x=0$ のとき $u=a$，$x=a$ のとき $u=0$ であるので，

$$\int_0^a f(a-x)\,dx = -\int_a^0 f(u)\,du = \int_0^a f(u)\,du$$

となる．積分変数は何を使ってもかまわないから，この式の右辺は $\int_0^a f(x)\,dx$ である．よって，与えられた方程式が証明された．

図1の計算機によるグラフから，この例の積分すべてが同じ値をとることは妥当と思われる．図1中の数字は，被積分関数の n 値に対応している．

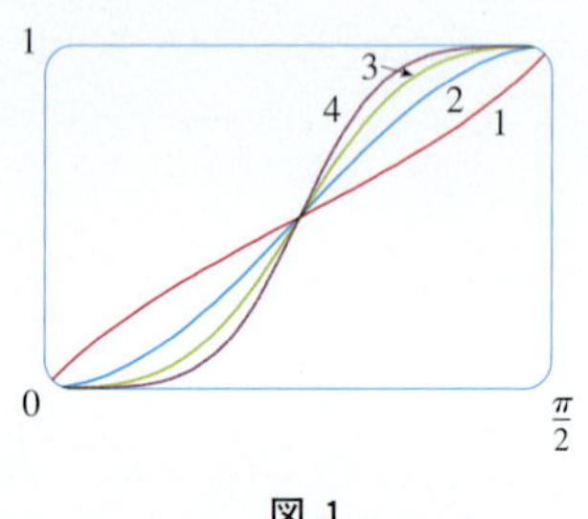

図 1

(b) 与えられた積分を I として，$a=\pi/2$ として(a)を用いて表すと，

$$I = \int_0^{\pi/2} \frac{\sin^n x}{\sin^n x + \cos^n x}\,dx = \int_0^{\pi/2} \frac{\sin^n(\pi/2-x)}{\sin^n(\pi/2-x) + \cos^n(\pi/2-x)}\,dx$$

となる．これに，3角関数の公式（3角関数の恒等式）$\sin(\pi/2-x)=\cos x$，$\cos(\pi/2-x)=\sin x$ を適用すると，

$$I = \int_0^{\pi/2} \frac{\cos^n x}{\cos^n x + \sin^n x}\,dx$$

となる．上の I を表す積分は題意の積分とよく似ていることに気づく．実際，被積分関数は同じ分母である．そこで，この二つの式を足し合わせると，

$$2I = \int_0^{\pi/2} \frac{\sin^n x + \cos^n x}{\sin^n x + \cos^n x}\,dx = \int_0^{\pi/2} 1\,dx = \frac{\pi}{2}$$

となる．よって $I=\pi/4$ である．

問　題

1. 3人の数学科の学生が 35 cm のピザを注文して，従来の方法ではなく，図のように，平行に切り分けることにした．彼らは数学を専攻しているので，ピザの大きさが同じになるように切り分けることができる．3等分するには，どのように切り分ければよいか．計算機でグラフを描いて求めよ．

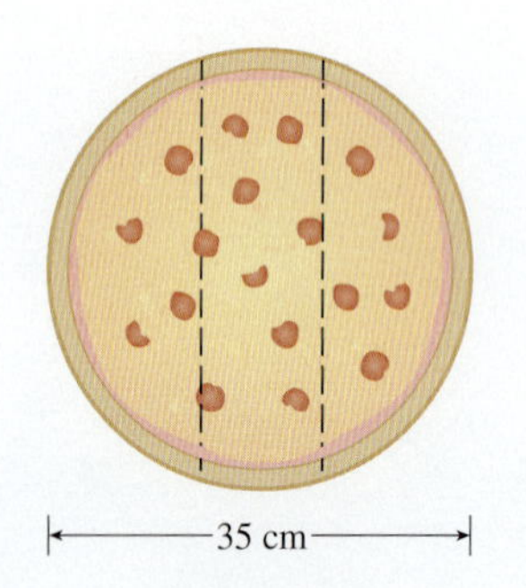

問題1の図

2.
$$\int \frac{1}{x^7 - x}\,dx$$

を求めよ．有理式であるので，部分分数分解が一つの方法であるが，非常に大変である．置換積分を試してみよ．

3. $\int_0^1 \left(\sqrt[3]{1-x^7} - \sqrt[7]{1-x^3}\right) dx$ を求めよ．

4. 半径1の円板が二つあり，円板の中心は1単位離れている．二つの円板で占められる領域の面積を求めよ．

5. 半径 a の円から，だ円を切取る．だ円の長軸の長さは円の直径，短軸の長さは $2b$ である．だ円が切取られた後の残りの円の面積が，長軸 $2a$，短軸 $2a-2b$ のだ円の面積と等しいことを証明せよ．

6. 男はボートにつながれた長さ L のロープをもって点 O に立っている．そこから，ロープがゆるまないように桟橋に沿って歩く．このとき，ボートの航跡は牽引線とよばれる曲線の形になり，ロープは常にこの曲線の接線となるという特徴がある（図）．

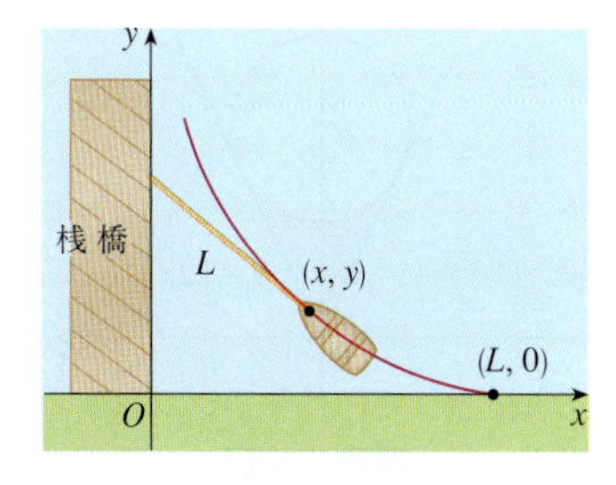

問題6の図

(a) ボートの航跡が関数 $y=f(x)$ のグラフになるならば，

$$f'(x) = \frac{dy}{dx} = \frac{-\sqrt{L^2 - x^2}}{x}$$

であることを示せ．

(b) 関数 $y=f(x)$ を求めよ．

7. 関数 f が

$$f(x) = \int_0^{\pi} \cos t \cos(x - t)\, dt \qquad 0 \leqslant x \leqslant 2\pi$$

によって定義されている．f の最小値を求めよ．

8. n を自然数とするとき，

$$\int_0^1 (\log x)^n\, dx = (-1)^n n!$$

であることを証明せよ．

9.
$$\int_0^1 (1 - x^2)^n\, dx = \frac{2^{2n}(n!)^2}{(2n + 1)!}$$

であることを示せ［ヒント：まず，I_n が積分を表すならば，

$$I_{k+1} = \frac{2k + 2}{2k + 3} I_k$$

となることを示す］．

10. 関数 f が，f' が連続である正値関数であるとする．計算機を使ってグラフを描き，以下の問いに答えよ．

(a) $y=f(x)\sin nx$ のグラフと $y=f(x)$ のグラフにはどのような関係があるか．$n \to \infty$ のとき，どうなるか．

(b) 被積分関数のグラフに基づいて

$$\lim_{n\to\infty} \int_0^1 f(x) \sin nx\, dx$$

の値を予想せよ．

(c) 部分積分を使って，(b)の予想を確かめよ（f' は連続であるので $0 \leqslant x \leqslant 1$ について $|f'(x)| \leqslant M$ となる定数 M が存在することを使う）．

11. $0 < a < b$ として，

$$\lim_{t\to 0} \left\{ \int_0^1 (bx + a(1 - x))^t\, dx \right\}^{1/t}$$

を求めよ．

12. 計算機を使って $f(x)=\sin(e^x)$ のグラフを描き，そのグラフを使って $\int_t^{t+1} f(x)\,dx$ が最大となる t の値を求めよ．次に t の正確な値を求めよ．

13. $\displaystyle\int_{-1}^{\infty}\left(\frac{x^4}{1+x^6}\right)^2 dx$ を求めよ．

14. $\displaystyle\int\sqrt{\tan x}\,dx$ を求めよ．

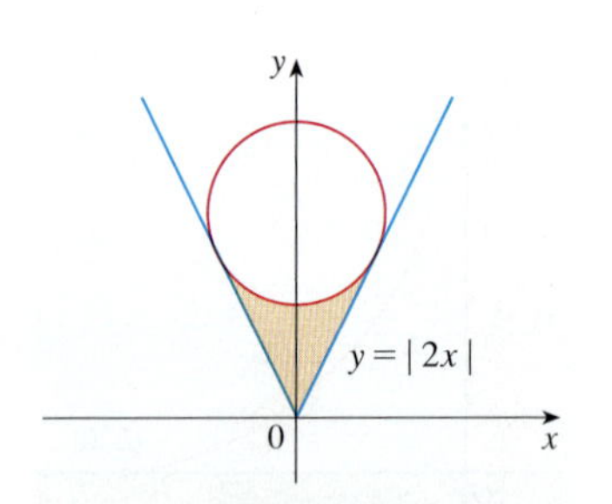

問題 15 の図

15. 半径 1 の円が，直線 $y=|2x|$ と 2 点で接している（図）．円と 2 直線で囲まれた領域の面積を求めよ．

16. ロケットが真上に打ち上げられ，b kg/s の一定速度で燃料が燃焼する．時間 t におけるロケットの速度を $v=v(t)$，排気ガスの速度 u は一定であるとする．時間 t におけるとロケットの質量を $M=M(t)$ とし，燃料が燃焼するにつれて M は減少する．空気抵抗を無視するならば，Newton の第 2 法則より

$$F = M\frac{dv}{dt} - ub$$

である．ここで力 $F=-Mg$ なので，

$$\boxed{1}\qquad M\frac{dv}{dt} - ub = -Mg$$

である．M_1 を燃料のないロケットの質量，M_2 を燃料の初期質量とすると，$M_0=M_1+M_2$ である．また，時間 $t=M_2/b$ で燃料がなくなるまで，質量は $M=M_0-bt$ である．

(a) 方程式 $\boxed{1}$ で $M=M_0-bt$ とおいて，v について解け．次に初期条件 $v(0)=0$ を使って，積分定数を求めよ．

(b) 時間 $t=M_2/b$ におけるロケットの速度を求めよ．これを<u>燃焼完了速度</u>という．

(c) 燃焼完了時間におけるロケットの高度 $y=y(t)$ を求めよ．

(d) 任意の時間 t におけるロケットの高度を求めよ．

3 積分のさらなる応用

第I巻第5章で，面積，体積，仕事，平均といった積分の応用例をみてきた．ここでは，曲線の長さや回転体の側面積といったさらに多くの幾何学的な積分の応用例を学ぶ．さらに，板の重心やダムにかかる水の力，人の心臓からの血液の流れ，コールセンターに顧客が電話をかけた際の担当者につながるまでの平均待ち時間といった，物理学，工学，生物学，経済学，統計学における興味深い諸量の値についても調べる．

ミズーリ州セントルイスのゲートウェイアーチは高さ192メートルで，1965年に完成した．設計者のEero Saarinenは，ハイパボリックコサインを含む方程式を用いて設計した．§3·1節末問題42では，このアーチの曲線の長さを求める．

3·1 曲線の長さ

曲線の長さとは何か．図1の曲線に沿って糸を置き，その糸の長さを定規で測ることにより得られると考えつく．しかし，複雑な曲線の場合は，この方法で正確な値を得ることは難しい．面積，体積の概念を定義したように，曲線の長さの正確な定義が必要である．

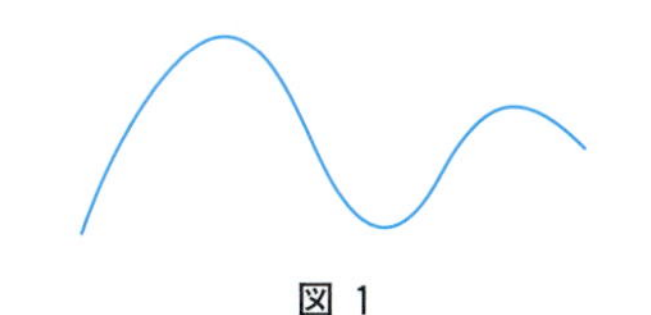

図1

曲線が有限個の線分をつないだ折れ線であるならば，折れ線を構成する線分の長さを足し合わせることにより，簡単に折れ線の長さを求めることができる（距離の公式を使えば，線分の端点間の距離を求めることができる）．そこで，まず，

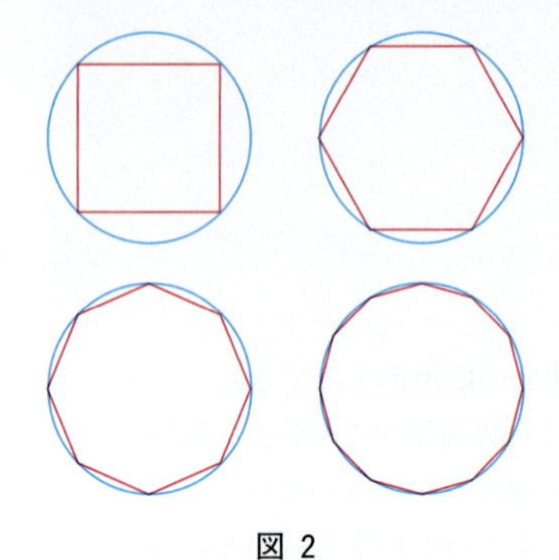
図 2

曲線を折れ線で近似し，折れ線の線分の本数を増やしていったときの線分の長さの和の極限を，一般的な曲線の長さと定義としよう．この方法は，“円の周長は内接多角形の周長の極限である”という，よく知っている事実の一般化である（図 2）．

ここで，曲線 C が区間 $[a, b]$ で定義された連続関数 $y=f(x)$ で表されているとする．区間 $[a, b]$ を，端点が x_0, x_1, …, x_n である等しい区間幅 Δx の n 個の小区間に分割する．$y_i=f(x_i)$ とするならば点 $P_i(x_i, y_i)$ は曲線 C 上にあり，各線分の端点を P_0, P_1, …, P_n とする折れ線は，図 3 に示すように曲線 C の近似になる．

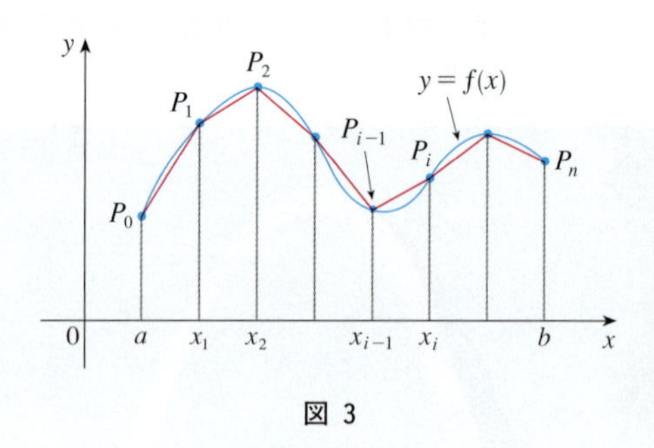

図 3

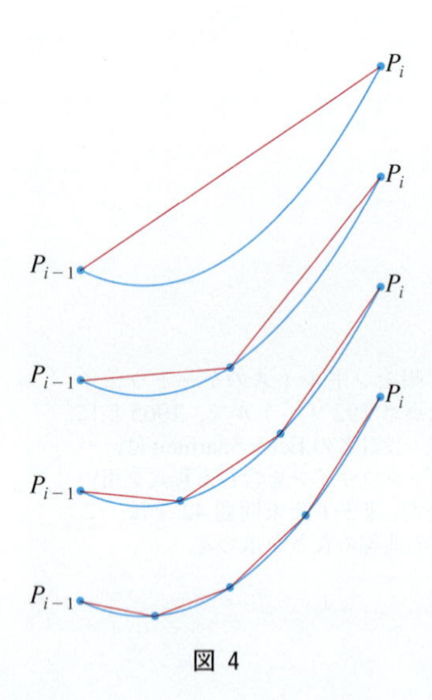

図 4

C の長さ L はこの折れ線の長さで近似され，n を大きくすることにより，近似はよくなる（図 4 は P_{i-1} と P_i の間の曲線の弧を拡大し，Δx の値を小さくしていったときの近似を示している）．これより，区間 $[a, b]$ で定義された連続関数 $f(x)$ で与えられる曲線 C の**長さ** L を，内接折れ線の長さの極限値として定義する（ただし，極限値が存在するならば）．

1

$$L = \lim_{n\to\infty}\sum_{i=1}^{n}|P_{i-1}P_i|$$

曲線の長さの定義は，面積および体積の定義とよく似ている．すなわち，曲線を多くの小部分に分割し，各小部分の長さの近似値を求め，これを足し合わせる．そして，分割数を $n\to\infty$ としたときの極限をとる．

弧長の定義式 1 は計算するにはあまり便利ではない．しかし，関数 f が連続な導関数をもつならば（このような関数に対しては，x の小さい変化は $f'(x)$ の小さい変化しか起こさないので，**滑らかな関数**，連続微分可能な関数，C^1 級の関数といい，曲線を滑らかな曲線という），L についての積分公式を導き出すことができる．

$\Delta y_i=y_i-y_{i-1}$ とするならば，

$$|P_{i-1}P_i| = \sqrt{(x_i - x_{i-1})^2 + (y_i - y_{i-1})^2} = \sqrt{(\Delta x)^2 + (\Delta y_i)^2}$$

である．区間 $[x_{i-1}, x_i]$ で f に平均値の定理を使うならば，

$$f(x_i) - f(x_{i-1}) = f'(x_i^*)(x_i - x_{i-1})$$

となる点 $x_i{}^*$ が x_{i-1} と x_i の間に存在する．これより

$$\Delta y_i = f'(x_i^*)\,\Delta x$$

となるので，

$$|P_{i-1}P_i| = \sqrt{(\Delta x)^2 + (\Delta y_i)^2} = \sqrt{(\Delta x)^2 + (f'(x_i^*)\,\Delta x)^2}$$

$$= \sqrt{1 + (f'(x_i^*))^2}\,\sqrt{(\Delta x)^2} = \sqrt{1 + (f'(x_i^*))^2}\,\Delta x \qquad (\Delta x > 0 \text{より})$$

である．これを定義 1 に代入すると，

$$L = \lim_{n\to\infty} \sum_{i=1}^{n} |P_{i-1}P_i| = \lim_{n\to\infty} \sum_{i=1}^{n} \sqrt{1 + (f'(x_i^*))^2}\,\Delta x$$

となる．この右辺の極限が，定積分

$$\int_a^b \sqrt{1 + (f'(x))^2}\,dx$$

の定義そのものであることに気がつく．$g(x) = \sqrt{1 + (f'(x))^2}$ は連続であるので，この積分は存在する．このことは，次の定理が証明されたことを示している．

2 弧長の公式　f' が区間 $[a, b]$ で連続であるならば，曲線 $y = f(x)$，$a \leqq x \leqq b$ の長さは

$$L = \int_a^b \sqrt{1 + (f'(x))^2}\,dx$$

である．

Leibniz（ライプニッツ）の記号を使うならば，この公式は次のように書ける．

3

$$L = \int_a^b \sqrt{1 + \left(\frac{dy}{dx}\right)^2}\,dx$$

例 1　半3次放物線 $y^2 = x^3$ で与えられる曲線の，点 $(1, 1)$ と点 $(4, 8)$ で定められる弧の長さを求めよ（図5）．

［解　説］　曲線の上半分を考えればよいので，

$$y = x^{3/2} \qquad \frac{dy}{dx} = \tfrac{3}{2}x^{1/2}$$

である．したがって，弧長の公式より

$$L = \int_1^4 \sqrt{1 + \left(\frac{dy}{dx}\right)^2}\,dx = \int_1^4 \sqrt{1 + \tfrac{9}{4}x}\,dx$$

である．$u = 1 + \frac{9}{4}x$ とおくならば $du = \frac{9}{4}\,dx$ であって，$x = 1$ のとき $u = \frac{13}{4}$，$x = 4$ のとき $u = 10$ であるので，

$$L = \frac{4}{9}\int_{13/4}^{10} \sqrt{u}\,du = \left[\frac{4}{9}\cdot\frac{2}{3}u^{3/2}\right]_{13/4}^{10}$$

$$= \frac{8}{27}\left(10^{3/2} - \left(\tfrac{13}{4}\right)^{3/2}\right) = \frac{1}{27}\left(80\sqrt{10} - 13\sqrt{13}\right)$$

である． ■

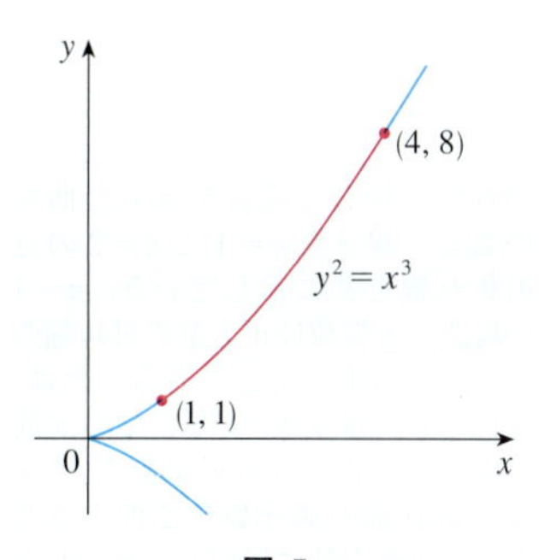

図 5

図5から，点 $(1, 1)$ から点 $(4, 8)$ までの弧長は，2点間の距離

$$\sqrt{58} \approx 7.615773$$

よりもわずかに長いことを使って例1の解を確認する．実際例1の解を計算してみると，弧長は

$$L = \tfrac{1}{27}\left(80\sqrt{10} - 13\sqrt{13}\right)$$

$$\approx 7.633705$$

となり，確かに線分よりわずかに長い．

曲線が区間 $[c,d]$ において関数 $x=g(y)$ で与えられていて，$g'(y)$ が連続であるならば，公式 2 あるいは式 3 において x と y の役割を入れ換えれば，曲線の長さに関する次の公式が得られる．

4
$$L=\int_c^d \sqrt{1+(g'(y))^2}\,dy=\int_c^d \sqrt{1+\left(\frac{dx}{dy}\right)^2}\,dy$$

例 2　放物線 $y^2=x$ で与えられる曲線の，点 $(0,0)$ と点 $(1,1)$ で定められる弧の長さを求めよ．

［解 説］ $x=y^2$ であるから $dx/dy=2y$ であり，公式 4 より表す．

$$L=\int_0^1 \sqrt{1+\left(\frac{dx}{dy}\right)^2}\,dy=\int_0^1 \sqrt{1+4y^2}\,dy$$

3 角関数による置換積分を行うために $y=\frac{1}{2}\tan\theta$ とおけば，$dy=\frac{1}{2}\sec^2\theta\,d\theta$，$\sqrt{1+4y^2}=\sqrt{1+\tan^2\theta}=\sec\theta$ である．$y=0$ のとき $\tan\theta=0$ すなわち $\theta=0$，$y=1$ のとき $\tan\theta=2$ すなわち $\theta=\tan^{-1}2$ であり，これを α とおくならば，

$$\begin{aligned}L&=\int_0^\alpha \sec\theta\cdot\tfrac{1}{2}\sec^2\theta\,d\theta=\tfrac{1}{2}\int_0^\alpha \sec^3\theta\,d\theta\\&=\tfrac{1}{2}\cdot\tfrac{1}{2}\Big[\sec\theta\tan\theta+\log|\sec\theta+\tan\theta|\Big]_0^\alpha \qquad (\S 2\cdot 2\text{ 例 8 より})\\&=\tfrac{1}{4}\big(\sec\alpha\tan\alpha+\log|\sec\alpha+\tan\alpha|\big)\end{aligned}$$

である（巻末の「公式集」にある不定積分の表の公式 21 を使うこともできる）．$\tan\alpha=2$ であるので，$\sec^2\alpha=1+\tan^2\alpha=5$ すなわち $\sec\alpha=\sqrt{5}$ である．よって

$$L=\frac{\sqrt{5}}{2}+\frac{\log(\sqrt{5}+2)}{4}$$

となる．

図 6 は，例 2 で弧長を求めた曲線の弧と，線分数 $n=1$ と $n=2$ の近似折れ線を共に示している．$n=1$ の場合，近似値は正方形の対角線の長さである $L_1=\sqrt{2}$ である．表は，区間 $[0,1]$ を n 個の均等な小区間に分割して得られる近似値 L_n である．折れ線の線分数を 2 倍するごとに，正確な値に近づくことがわかる．

$$L=\frac{\sqrt{5}}{2}+\frac{\log(\sqrt{5}+2)}{4}\approx 1.478943$$

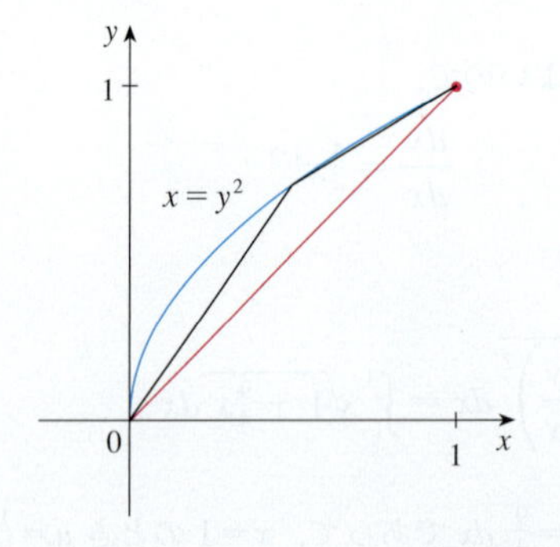

n	L_n
1	1.414
2	1.445
4	1.464
8	1.472
16	1.476
32	1.478
64	1.479

図 6

公式 2 および 4 の被積分関数には根号記号があるので，弧長計算をする際，積分を求めるのが非常に難しかったり，具体的な表現を求めるのは不可能なことさえある．したがって，次の例のように近似値を求めることでよしとしなければならないことがある．

例 3　(a) 双曲線 $xy=1$ の，点 $(1,1)$ から点 $(2,\frac{1}{2})$ までの弧長を求める式をつくれ．

(b) 分割数 $n=10$ として Simpson（シンプソン）の公式を使って，弧長を求めよ．

［解 説］(a)

$$y=\frac{1}{x} \qquad \frac{dy}{dx}=-\frac{1}{x^2}$$

であるので，2 点間の弧長は

$$L=\int_1^2\sqrt{1+\left(\frac{dy}{dx}\right)^2}\,dx=\int_1^2\sqrt{1+\frac{1}{x^4}}\,dx=\int_1^2\frac{\sqrt{x^4+1}}{x^2}\,dx$$

である．

(b) $a=1$，$b=2$，$n=10$，$\Delta x=0.1$，$f(x)=\sqrt{1+1/x^4}$ として Simpson の公式を使うと，

$$\begin{aligned}L&=\int_1^2\sqrt{1+\frac{1}{x^4}}\,dx\\&\approx\frac{\Delta x}{3}(f(1)+4f(1.1)+2f(1.2)+4f(1.3)+\cdots+2f(1.8)+4f(1.9)+f(2))\\&\approx 1.1321\end{aligned}$$

である*．

* 計算機を使ってより正確な定積分の近似値を算出すると，Simpson の公式を使って求めた近似値が小数点以下 4 桁まで正確であることがわかる．

弧長関数

曲線上のある特定の始点から任意の点までの弧長を表す関数があると便利である．滑らかな曲線 C が式 $y=f(x)$，$a\leqslant x\leqslant b$ で与えられているとき，始点 $P_0(a,f(a))$ から $Q(x,f(x))$ までの弧長を $s(x)$ とする．$s(x)$ は**弧長関数**とよばれる関数であり，この関数は公式 [2] より

[5]
$$s(x)=\int_a^x\sqrt{1+(f'(t))^2}\,dt$$

と表される（混乱しないように，積分変数を x から t に変更している）．微分積分学の基本定理 1 を使って，式 [5] を x について微分するならば，被積分関数は連続であるので，

[6]
$$\frac{ds}{dx}=\sqrt{1+(f'(x))^2}=\sqrt{1+\left(\frac{dy}{dx}\right)^2}$$

となる．式 [6] は，x に関する s の変化率は 1 以上であることを示していて，s が 1 となるのは $f'(x)=0$，すなわち曲線の傾きが 0 の場合である．弧長関数の微分（第 I 巻 § 2・9 参照）は

[7]
$$ds=\sqrt{1+\left(\frac{dy}{dx}\right)^2}\,dx$$

であり，この式はしばしば対称的な形に

[8]
$$(ds)^2=(dx)^2+(dy)^2$$

と表される．式 [8] の幾何学的説明が図 7 に示されている．これは公式 [3], [4] を覚えるのによい形をしている．$L=\int ds$ と書くならば，式 [8] から式 [7] を導く

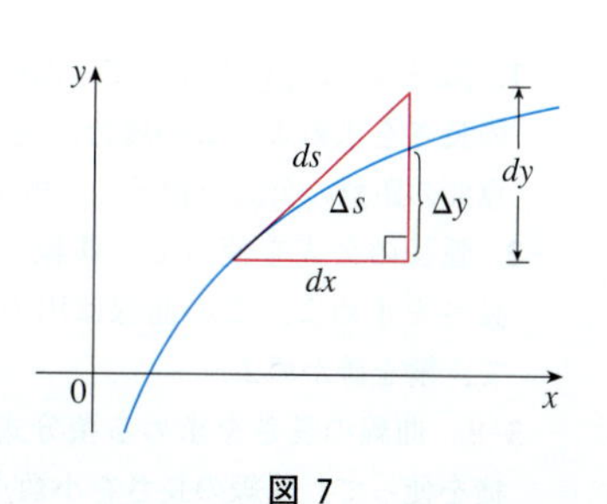

図 7

ことができ，これは式[3]を与える．また，式[8]から

$$ds = \sqrt{1 + \left(\frac{dx}{dy}\right)^2}\,dy$$

を導けば，式[4]が与えられる．

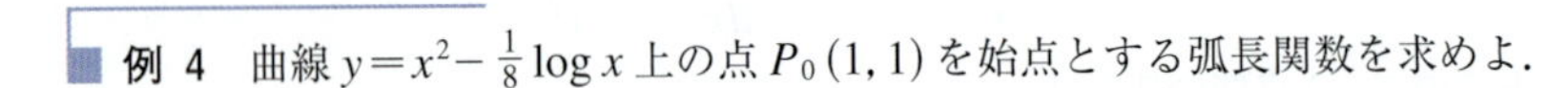

例 4　曲線 $y = x^2 - \frac{1}{8}\log x$ 上の点 $P_0(1, 1)$ を始点とする弧長関数を求めよ．

［解 説］ $f(x) = x^2 - \frac{1}{8}\log x$ とするならば

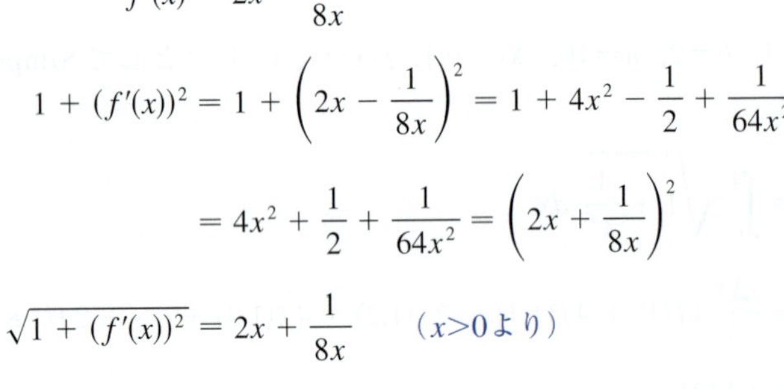

$$f'(x) = 2x - \frac{1}{8x}$$

$$1 + (f'(x))^2 = 1 + \left(2x - \frac{1}{8x}\right)^2 = 1 + 4x^2 - \frac{1}{2} + \frac{1}{64x^2}$$

$$= 4x^2 + \frac{1}{2} + \frac{1}{64x^2} = \left(2x + \frac{1}{8x}\right)^2$$

$$\sqrt{1 + (f'(x))^2} = 2x + \frac{1}{8x} \quad (x>0\text{より})$$

であるので，弧長関数は

$$s(x) = \int_1^x \sqrt{1 + (f'(t))^2}\,dt$$

$$= \int_1^x \left(2t + \frac{1}{8t}\right)dt = \left[t^2 + \tfrac{1}{8}\log t\right]_1^x$$

$$= x^2 + \tfrac{1}{8}\log x - 1$$

である．これより，たとえば点 $(1, 1)$ から点 $(3, f(3))$ までの弧長は

$$s(3) = 3^2 + \tfrac{1}{8}\log 3 - 1 = 8 + \frac{\log 3}{8} \approx 8.1373$$

である．

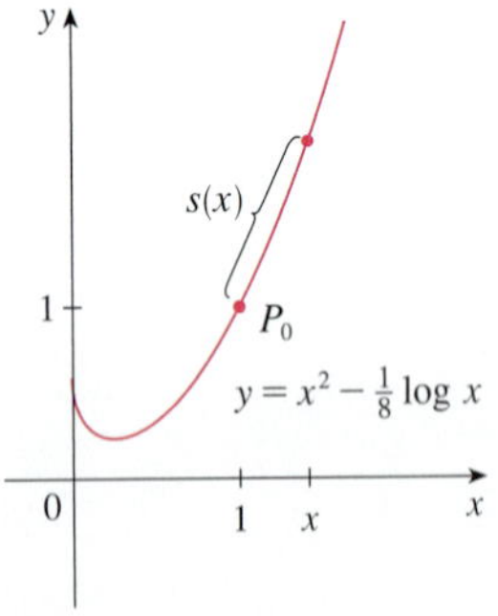

図 8

図 8 は，例 4 の弧長関数を図解している．また，図 9 は，この弧長関数のグラフである．x が 1 未満のとき，$s(x)$ が負になるのはなぜか．

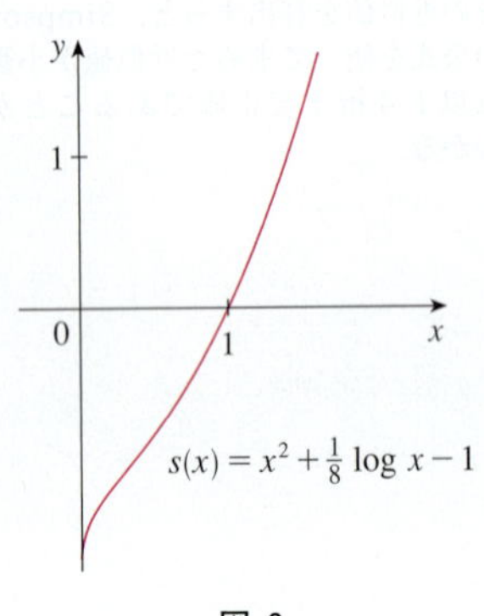

図 9

3・1　節末問題

1. 弧長の公式[3]を使って，曲線 $y = 2x - 5$，$-1 \leqq x \leqq 3$ の長さを求めよ．この場合，実際は線分であるので，2 点間の距離の公式を使って，解を確かめよ．

2. 弧長の公式を使って，曲線 $y = \sqrt{2 - x^2}$，$0 \leqq x \leqq 1$ の長さを求めよ．この曲線は円の一部であることを使って，解を確かめよ．

3-8　曲線の長さを求める積分式をつくれ．次に，計算機を使って，曲線の長さを小数点以下 4 桁まで求めよ．

3. $y = \sin x,\ 0 \leqq x \leqq \pi$

4. $y = xe^{-x},\ 0 \leqq x \leqq 2$

5. $y = x - \log x,\ 1 \leqq x \leqq 4$

6. $x = y^2 - 2y,\ 0 \leqq y \leqq 2$

7. $x = \sqrt{y} - y,\ 1 \leqq y \leqq 4$

8. $y^2 = \log x,\ -1 \leqq y \leqq 1$

9-20 曲線の正確な長さを求めよ．

9. $y = 1 + 6x^{3/2}$,　$0 \leq x \leq 1$

10. $36y^2 = (x^2 - 4)^3$,　$2 \leq x \leq 3$,　$y \geq 0$

11. $y = \dfrac{x^3}{3} + \dfrac{1}{4x}$,　$1 \leq x \leq 2$

12. $x = \dfrac{y^4}{8} + \dfrac{1}{4y^2}$,　$1 \leq y \leq 2$

13. $x = \frac{1}{3}\sqrt{y}\,(y - 3)$,　$1 \leq y \leq 9$

14. $y = \log(\cos x)$,　$0 \leq x \leq \pi/3$

15. $y = \log(\sec x)$,　$0 \leq x \leq \pi/4$

16. $y = 3 + \frac{1}{2}\cosh 2x$,　$0 \leq x \leq 1$

17. $y = \frac{1}{4}x^2 - \frac{1}{2}\log x$,　$1 \leq x \leq 2$

18. $y = \sqrt{x - x^2} + \sin^{-1}(\sqrt{x})$

19. $y = \log(1 - x^2)$,　$0 \leq x \leq \frac{1}{2}$

20. $y = 1 - e^{-x}$,　$0 \leq x \leq 2$

21-22 計算機を使ってグラフを描き，点 P から点 Q までの曲線の弧長を求めよ．

21. $y = \frac{1}{2}x^2$,　$P\left(-1, \frac{1}{2}\right)$,　$Q\left(1, \frac{1}{2}\right)$

22. $x^2 = (y - 4)^3$,　$P(1, 5)$,　$Q(8, 8)$

23-24 計算機を使って曲線のグラフを描き，そのグラフから曲線の長さを推測せよ．次に，計算機を使って，曲線の長さを少数点以下 4 桁まで求めよ．

23. $y = x^2 + x^3$,　$1 \leq x \leq 2$

24. $y = x + \cos x$,　$0 \leq x \leq \pi/2$

25-28 分割数 $n=10$ として，Simpson の公式を使って曲線の弧長を求めよ．その値を計算機で求めた値と比較せよ．

25. $y = x\sin x$, $0 \leq x \leq 2\pi$

26. $y = \sqrt[3]{x}$, $1 \leq x \leq 6$

27. $y = \log(1 + x^3)$, $0 \leq x \leq 5$

28. $y = e^{-x^2}$, $0 \leq x \leq 2$

---

29. (a) 計算機を使って，曲線 $y=x\sqrt[3]{4-x}$，$0 \leq x \leq 4$ のグラフを描け．

(b) $n=1, 2, 4$ として区間を均等な小区間に分割し，(a)の曲線の近似折れ線の長さを求めよ．また，図 6 のような図を描いて説明せよ．

(c) 曲線の長さを求める積分式をつくれ．

(d) 計算機を使って，曲線の長さを小数点以下 4 桁まで求めよ．その値を(b)で求めた値と比較せよ．

30. 曲線 $y=x+\sin x$, $0 \leq x \leq 2\pi$ について，前問 29 と同じことを行え．

31. 数式処理システムあるいは巻末の不定積分の表を使って，曲線 $y=e^x$ の点 $(0, 1)$ から点 $(2, e^2)$ までの正確な弧長を求めよ．

32. 数式処理システムあるいは巻末の不定積分の表を使って，曲線 $y=x^{4/3}$ の点 $(0, 0)$ から点 $(1, 1)$ までの正確な弧長を求めよ．数式処理システムから積分の出力がうまく得られない場合は，数式処理システムが扱える形の積分になるよう，置換を行え．

33. 式 $x^{2/3}+y^{2/3}=1$ で定義される曲線のグラフを描き，対称性を使ってその長さを求めよ．

34. (a) 曲線 $y^3=x^2$ のグラフを描け．

(b) 公式 [3] および [4] を使って，(a)の曲線の点 $(0, 0)$ から点 $(1, 1)$ までの弧長を求める積分式を二つつくれ．片方は広義積分であることを確かめ，両方の解を求めよ．

(c) (a)の曲線の点 $(-1, 1)$ から点 $(8, 4)$ までの弧長を求めよ．

35. $P_0(1, 2)$ を始点として，曲線 $y=2x^{3/2}$ の弧長関数を求めよ．

36. (a) 点 $(\pi/2, 0)$ を始点として，曲線 $y=\log(\sin x)$, $0<x<\pi$ の弧長関数を求めよ．

(b) 計算機を使って，(a)の関数とその弧長関数のグラフを描け．

37. 点 $(0, 1)$ を始点として，$y=\sin^{-1}x+\sqrt{1-x^2}$ の弧長関数を求めよ．

38. f は増加関数であり，曲線 $y=f(x)$ の弧長関数が $s(x)=\int_0^x \sqrt{3t+5}\,dt$ である．

(a) f の y 切片が 2 であるとき，f を定義する式を求めよ．

(b) y 切片から曲線に沿って 3 単位の長さところにあるグラフ上の点を求めよ．値は四捨五入して小数点以下 3 桁まで求めよ．

39. 曲線が関数 $f(x)=\frac{1}{4}e^x+e^{-x}$ で定義されている．任意の区間における曲線の弧長の値は，その区間でこの曲線と x 軸に挟まれた領域の面積と同じ値であることを証明せよ．

40. 定常風が真西から吹いている場所で凧（たこ）揚げをしている．凧揚げの地点 $x=0$ から水平方向 $x=25$ (m) までの位置 x における凧の高さは，$y=50-0.1(x-15)^2$ である．凧揚げを始めてからの凧の移動距離を求めよ．

41. 高度 180 m を速さ 15 m/s で飛んでいる鷹が誤って獲物を落とした．獲物は放物線を描いて地上まで落下し，y を地上からの高度，x を水平距離（単位はメートル）とすると，その軌跡は方程式

$$y = 180 - \frac{x^2}{45}$$

で表される．獲物が落下した距離を，単位をメートルとして，小数点 1 桁まで正確に求めよ．

42. セントルイスのゲートウェイアーチ（本章の章扉の写真参照）の中央の曲線は，方程式

$$y = 211.49 - 20.96 \cosh 0.03291765x$$

を用いて設計された．なお，x と y の単位はメートルで，$|x| \leqslant 91.20$ である．アーチの長さを求める積分式をつくり，計算機を使ってその長さをメートル単位で求めよ．

43. 波形金属板（なまこ板）の製造業者は，図に示すように，平らな金属版を加工して幅 60 cm，高さ 4 cm の波形金属板を製造したい．波形は方程式 $y = 2\sin(\pi x/15)$ で表されるとき，この波形金属板をつくるために必要な平らな金属版の幅 w を求めよ（計算機を使って，有効数字 4 桁で求めよ）．

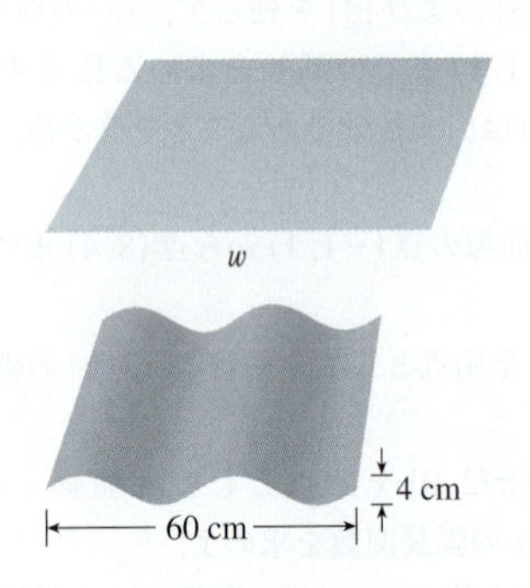

44. (a) 図は，$x=-b$ と $x=b$ にある 2 本の電柱の間に張られた電話線を示している．電話線は方程式 $y = c + a\cosh(x/a)$ で定義される懸垂線の形状をとる．この電話線の長さを求めよ．

(b) 2 本の電柱の間隔は 20 m で，電柱間の電線の長さは 20.4 m とする．計算機を使ってグラフを描け．電線の最下部は地上 9 m になければならない場合，電線を取りつける電柱の高さを求めよ．

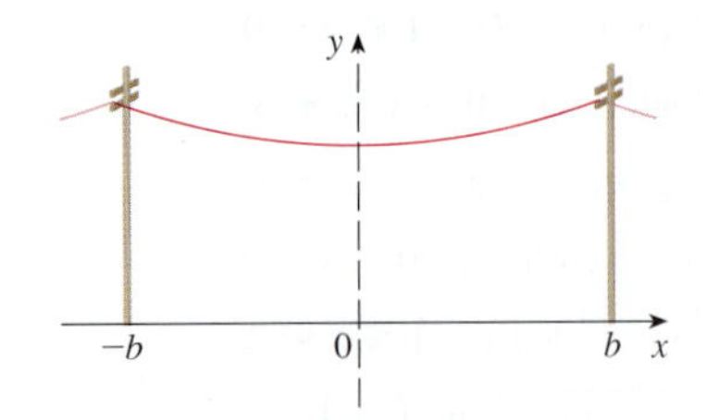

45. 次の曲線の長さを求めよ．

$$y = \int_1^x \sqrt{t^3 - 1}\, dt \qquad 1 \leqslant x \leqslant 4$$

46. 方程式 $x^n + y^n = 1$，$n = 4, 6, 8, \cdots$ で定義される曲線は，**fat ciercle**（太い円）とよばれることがある．その理由を調べるために，$n = 2, 4, 6, 8, 10$ の曲線のグラフを計算機を使って描け．$n = 2k$ とした曲線の長さ L_{2k} の積分式を求めよ．この積分を求めずに，$\lim_{k \to \infty} L_{2k}$ の値を求めよ．

発見的課題　弧長コンテスト

次の条件を満たす連続関数の f のグラフが図示されている．

1. $f(0) = f(1) = 0$
2. $f(x) \geqslant 0$，$0 \leqslant x \leqslant 1$
3. f のグラフと x 軸，$x=0$，$x=1$ で囲まれた領域の面積が 1 である．

けれども，これらの曲線の長さ L はそれぞれ異なっている．

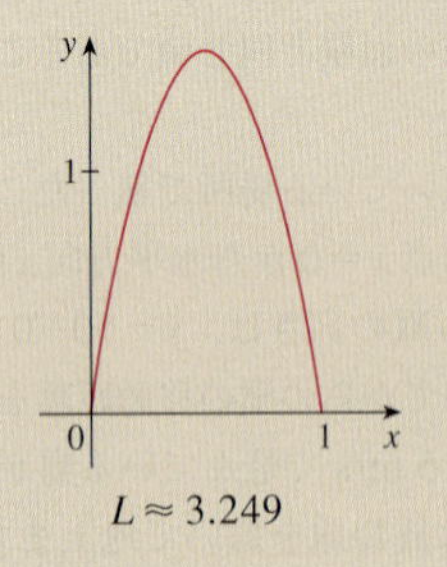

$L \approx 3.249$

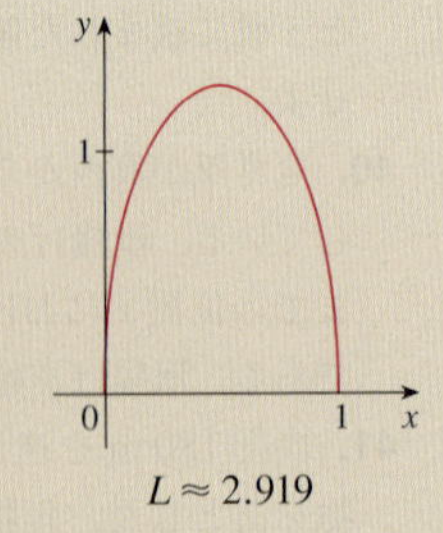

$L \approx 2.919$

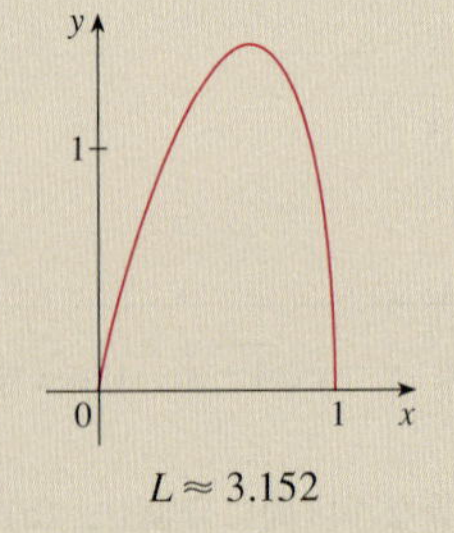

$L \approx 3.152$

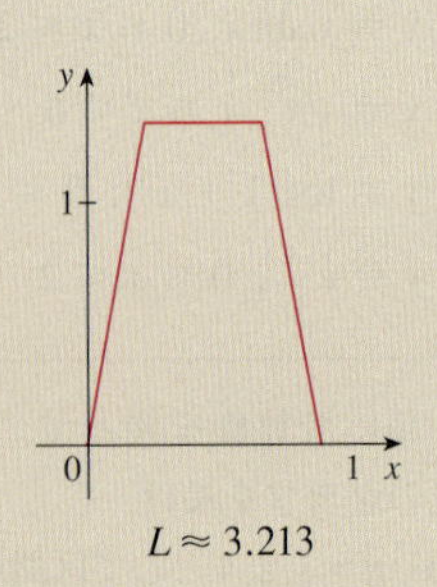

$L \approx 3.213$

条件 1〜3 を満たす関数を二つつくり（それは例示したグラフに似たものかもしれないし，また，かなり違ったものかもしれない），そのグラフの弧長をそれぞれ求めよ．最小の弧長の値を与える曲線が優勝である．

3・2 回転体の側面積

曲線を，ある直線を軸として1回転させることにより，回転面が得られる．このような回転面は，第I巻§5・2，§5・3で論じた回転体の側面である．

回転面の面積を，直観に従って定義したい．回転面の面積がAである場合，この面をペンキで塗るには，面積Aの平らな領域を塗るのと同じ量のペンキが必要であると考えられる．

まずは，単純な回転面を考えよう．半径r，高さhの円柱の側面積は$A=2\pi rh$である．これは，円柱を図1のように切り開いて展開すると，幅$2\pi r$，高さhの長方形となることから容易に考えうる．

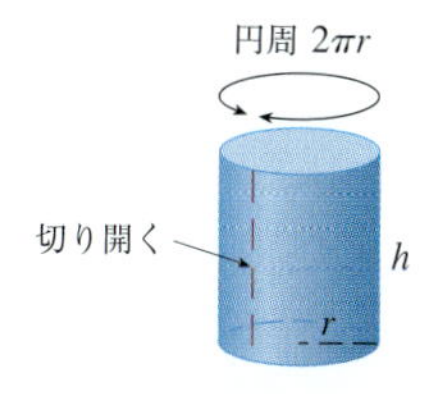

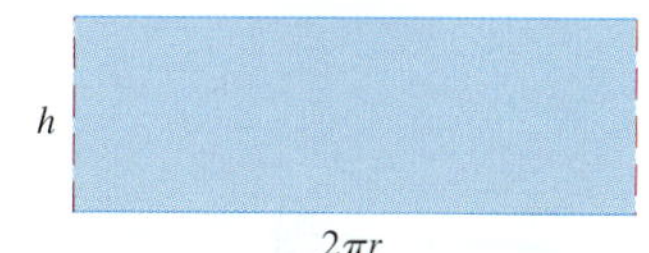

図 1

同様に，底面の半径r，斜高lの直円すいを図2の点線に沿って切り開いて展開すると，半径l，中心角$\theta=2\pi r/l$の扇形が得られる．一般に，半径l，中心角θの扇形の面積は$\frac{1}{2}l^2\theta$であるので（§2・3節末問題35参照），この場合の扇形の面積は

$$A=\frac{1}{2}l^2\theta=\frac{1}{2}l^2\left(\frac{2\pi r}{l}\right)=\pi rl$$

である．よって，円すいの側面積は$A=\pi rh$である．

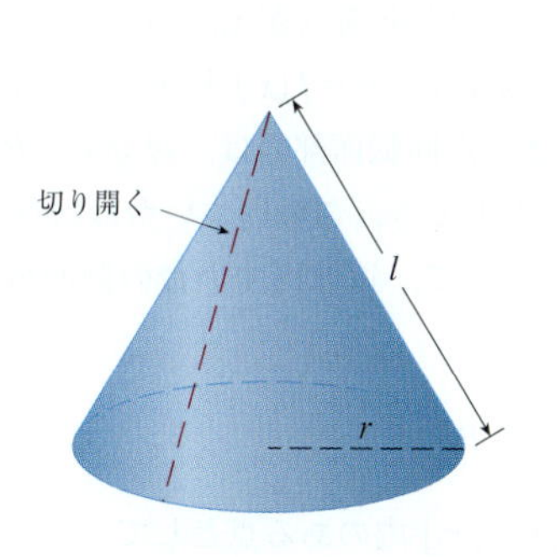

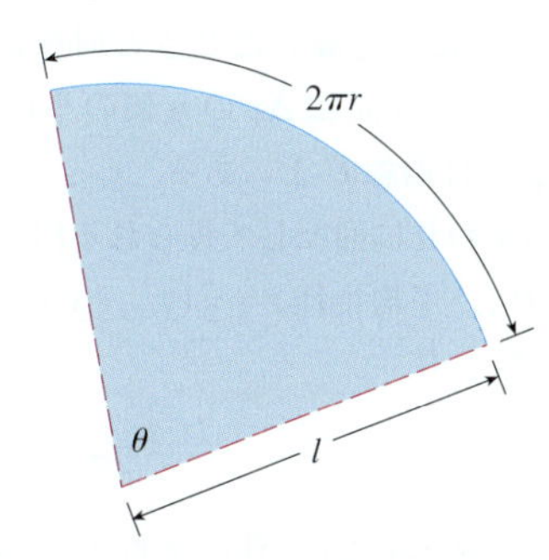

図 2

次に，より複雑な回転面について考える．曲線の弧長を定義した方法を用いれば，回転面を構成するもととなる曲線を折れ線で近似できる．この近似折れ線を回転軸のまわりに回転させると，より単純な回転面が得られ，その面積は実際の回転面の近似である．よって，この極限をとることにより，回転面の正確な面積が求まる．

近似回転面は，折れ線を構成する線分が回転軸のまわりに回転してできる多数の帯からなる．近似回転面の面積を求めるために，これらの帯一つ一つを図3のような円すいの一部（円すい台）とみなして考える．底面の半径r_2，上面の半径r_1，斜長lの円すい台の側面積Aは，二つの円すいの側面積の差で求まる．

$$A=\pi r_2(l_1+l)-\pi r_1 l_1=\pi((r_2-r_1)l_1+r_2 l) \tag{1}$$

3角形の相似を使うならば

$$\frac{l_1}{r_1}=\frac{l_1+l}{r_2}$$

であるので，

$$r_2 l_1=r_1 l_1+r_1 l \qquad すなわち \qquad (r_2-r_1)l_1=r_1 l$$

となる．これを式[1]に代入すると，

$$A=\pi(r_1 l+r_2 l)$$

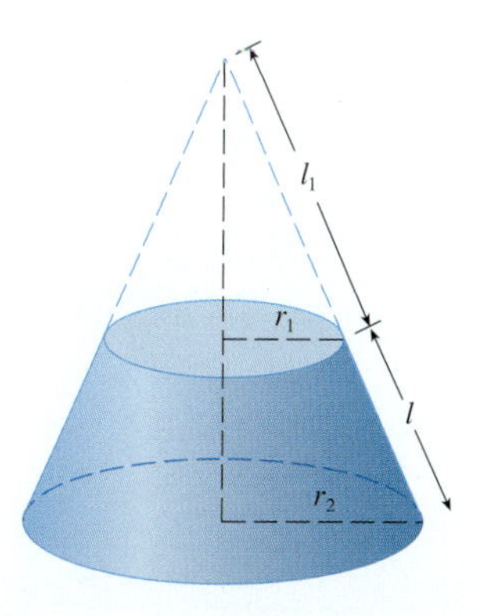

図 3

あるいは，円すい台の平均半径を $r=\frac{1}{2}(r_1+r_2)$ とおいて

2
$$A = 2\pi rl$$

である．

この公式を使って，図 4 に示す $a \leqslant x \leqslant b$ の曲線 $y=f(x)$ を，x 軸のまわりに回転させて得られる回転面の面積を考えよう．ここで，f は正値関数で，連続な導関数をもつとする．

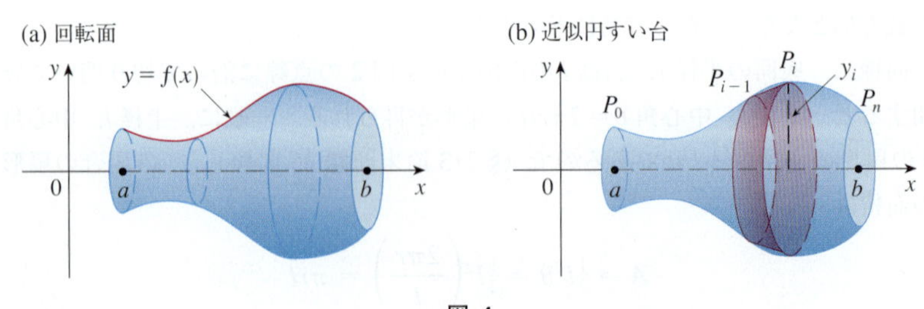

図 4

曲線の弧長を定義したときと同様に，区間 $[a,b]$ を端点が x_0，x_1，…，x_n である等しい区間幅 Δx の n 個の小区間に分割する．$y_i=f(x_i)$ とするならば点 $P_i(x_i,y_i)$ は曲線 C 上にある．x_{i-1} と x_i に挟まれた回転面部分は，線分 $P_{i-1}P_i$ を x 軸のまわりに回転して得られる円すい台で近似でき，この円すい台は斜長 $l=|P_{i-1}P_i|$，平均半径 $r=\frac{1}{2}(y_{i-1}+y_i)$ である．よって，近似円すい台の側面積は，公式 2 より

$$2\pi \frac{y_{i-1}+y_i}{2}|P_{i-1}P_i|$$

である．§3·1 定理 2 の証明で $x_i{}^*$ を区間 $[x_{i-1},x_i]$ 内のある点として，

$$|P_{i-1}P_i| = \sqrt{1+(f'(x_i^*))^2}\,\Delta x$$

と表した．ここで，Δx が小さいならば，f は連続であるので，$y_i=f(x_i)\approx f(x_i{}^*)$ および $y_{i-1}=f(x_{i-1})=f(x_i{}^*)$ である．よって

$$2\pi \frac{y_{i-1}+y_i}{2}|P_{i-1}P_i| \approx 2\pi f(x_i^*)\sqrt{1+(f'(x_i^*))^2}\,\Delta x$$

となるので，回転面の面積と思われるものの近似値は，

3
$$\sum_{i=1}^{n} 2\pi f(x_i^*)\sqrt{1+(f'(x_i^*))^2}\,\Delta x$$

である．この近似は $n\to\infty$ とするとよくなり，3 は関数 $g(x)=2\pi f(x)\sqrt{1+(f'(x))^2}$ の Riemann（リーマン）和を表しているので，

$$\lim_{n\to\infty}\sum_{i=1}^{n} 2\pi f(x_i^*)\sqrt{1+(f'(x_i^*))^2}\,\Delta x = \int_a^b 2\pi f(x)\sqrt{1+(f'(x))^2}\,dx$$

となる．これらのことから，f が正で，連続な導関数をもつならば，$a \leqslant x \leqslant b$ で曲線 $y=f(x)$ を x 軸のまわりに回転させて得られる**回転面の面積**は

4
$$S = \int_a^b 2\pi f(x)\sqrt{1+(f'(x))^2}\,dx$$

である．Leibniz の記号を使うならば，④ は

⑤
$$S = \int_a^b 2\pi y \sqrt{1 + \left(\frac{dy}{dx}\right)^2}\, dx$$

と表せる．また，曲線が $x=g(y)$，$c \leqq y \leqq d$ と定義されているならば，

⑥
$$S = \int_c^d 2\pi y \sqrt{1 + \left(\frac{dx}{dy}\right)^2}\, dy$$

である．そして公式⑤，⑥に §3・1 の弧長に関する記号を使うならば，

⑦
$$S = \int 2\pi y\, ds$$

と表せる．y 軸を回転軸とするならば，回転面の面積の公式は

⑧
$$S = \int 2\pi x\, ds$$

であり，公式⑦，⑧の場合

$$ds = \sqrt{1 + \left(\frac{dy}{dx}\right)^2}\, dx \qquad \text{あるいは} \qquad ds = \sqrt{1 + \left(\frac{dx}{dy}\right)^2}\, dy$$

のどちらも使える．これらの公式の $2\pi y$ あるいは $2\pi x$ は，曲線上の点 (x, y) が x 軸あるいは y 軸のまわりを回転する際に描く円周を表している（図 5）．

(a) x 軸を回転軸とする: $S = \int 2\pi y\, ds$

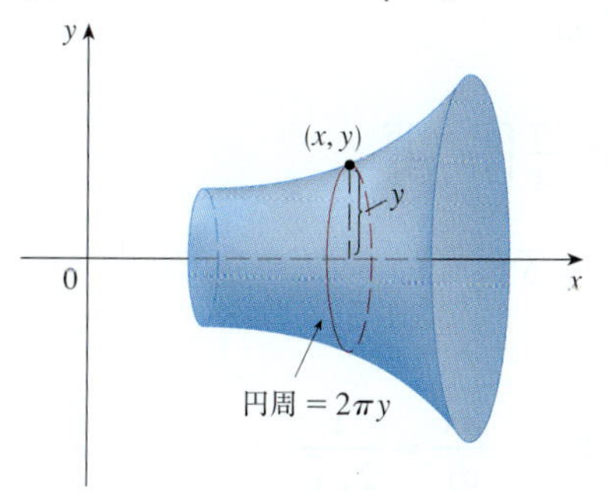

(b) y 軸を回転軸とする: $S = \int 2\pi x\, ds$

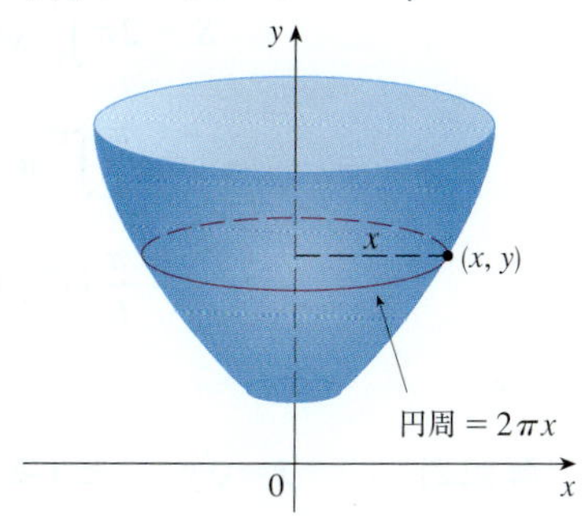

図 5

例 1　曲線 $y=\sqrt{4-x^2}$，$-1 \leqq x \leqq 1$ は，円 $x^2+y^2=4$ の弧である．この弧を x 軸のまわりに回転させて得られる回転面の面積を求めよ（次ページの図 6 で示されているように，回転面は半径 2 の球面の一部である）．

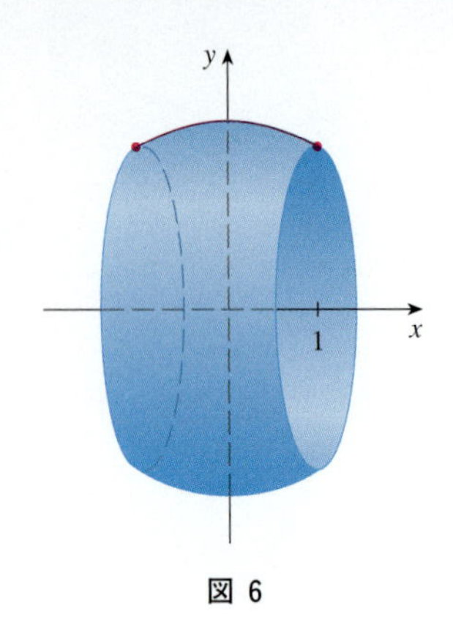

図 6

図 6 は例 1 で回転面の計算をした球の一部を示す．

［解 説］　$\dfrac{dy}{dx} = \frac{1}{2}(4 - x^2)^{-1/2}(-2x) = \dfrac{-x}{\sqrt{4 - x^2}}$

であるので，公式 5 より回転面の面積は

$$S = \int_{-1}^{1} 2\pi y \sqrt{1 + \left(\frac{dy}{dx}\right)^2}\, dx$$

$$= 2\pi \int_{-1}^{1} \sqrt{4 - x^2} \sqrt{1 + \frac{x^2}{4 - x^2}}\, dx$$

$$= 2\pi \int_{-1}^{1} \sqrt{4 - x^2} \sqrt{\frac{4 - x^2 + x^2}{4 - x^2}}\, dx$$

$$= 2\pi \int_{-1}^{1} \sqrt{4 - x^2} \frac{2}{\sqrt{4 - x^2}}\, dx = 4\pi \int_{-1}^{1} 1\, dx = 4\pi(2) = 8\pi$$

である．

図 7 は例 2 で計算した回転面の面積を示す．

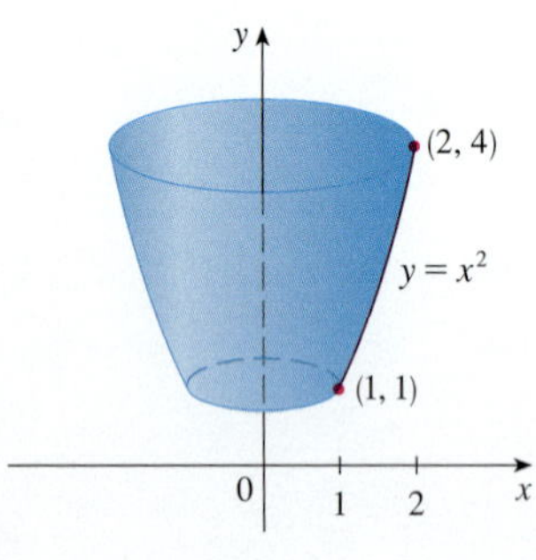

図 7

例 2 の解を確認する際，図 7 から，この回転面の面積は，回転体と同じ高さ・底面の半径が回転体の上面と底面の平均半径をもつ円柱の側面積，$2\pi(1.5)(3) \approx 28.27$ に近づくであろうことに気づく．実際例 1 の解を計算してみると，

$$\frac{\pi}{6}\left(17\sqrt{17} - 5\sqrt{5}\right) \approx 30.85$$

となり，解は妥当と考えられる．また，回転面は，回転体と同じ大きさの上面と底面をもつ円すい台の側面積より，わずかに大きくなるはずである．この円すい台の側面積は，式 2 より，$2\pi(1.5)(\sqrt{10}) \approx 29.80$ である．

例 2　曲線 $y = x^2$ の点 $(1, 1)$ から点 $(2, 4)$ までの弧を，y 軸のまわりに回転して得られる回転面の面積を求めよ．

［解 説 1］　$y = x^2$　とするならば　$\dfrac{dy}{dx} = 2x$

であるので，公式 8 より

$$S = \int 2\pi x\, ds$$

$$= \int_{1}^{2} 2\pi x \sqrt{1 + \left(\frac{dy}{dx}\right)^2}\, dx$$

$$= 2\pi \int_{1}^{2} x\sqrt{1 + 4x^2}\, dx$$

である．$u = 1 + 4x^2$ とおくと，$du = 8x\, dx$ であり，積分域を x から u に変換して

$$S = 2\pi \int_{5}^{17} \sqrt{u} \cdot \tfrac{1}{8}\, du$$

$$= \frac{\pi}{4} \int_{5}^{17} u^{1/2}\, du = \frac{\pi}{4}\left[\tfrac{2}{3} u^{3/2}\right]_{5}^{17}$$

$$= \frac{\pi}{6}\left(17\sqrt{17} - 5\sqrt{5}\right)$$

となる．

［解 説 2］　$x = \sqrt{y}$　とするならば　$\dfrac{dx}{dy} = \dfrac{1}{2\sqrt{y}}$

であるので，公式 8 より

$$S = \int 2\pi x\, ds = \int_{1}^{4} 2\pi x \sqrt{1 + \left(\frac{dx}{dy}\right)^2}\, dy$$

$$= 2\pi \int_{1}^{4} \sqrt{y} \sqrt{1 + \frac{1}{4y}}\, dy = 2\pi \int_{1}^{4} \sqrt{y + \tfrac{1}{4}}\, dy = \pi \int_{1}^{4} \sqrt{4y + 1}\, dy$$

$$= \frac{\pi}{4}\int_5^{17}\sqrt{u}\,du \qquad (\text{ここで}u=1+4y)$$

$$= \frac{\pi}{6}\left(17\sqrt{17}-5\sqrt{5}\right) \qquad (\text{解説1と同じ})$$

となる.

■ **例 3** $y=e^x$, $0\leqq x\leqq 1$ を x 軸のまわりに回転して得られる回転面の面積を求めよ.

[解 説][*1] $y=e^x$ とするならば $\dfrac{dy}{dx}=e^x$ であるので, 公式5 より

$$S=\int_0^1 2\pi y\sqrt{1+\left(\frac{dy}{dx}\right)^2}\,dx = 2\pi\int_0^1 e^x\sqrt{1+e^{2x}}\,dx$$

$$= 2\pi\int_1^e\sqrt{1+u^2}\,du \qquad (\text{ここで } u=e^x)$$

$$= 2\pi\int_{\pi/4}^{\alpha}\sec^3\theta\,d\theta \qquad (\text{ここで } u=\tan\theta,\ \alpha=\tan^{-1}e)$$

$$= 2\pi\cdot\tfrac{1}{2}\Big[\sec\theta\,\tan\theta+\log|\sec\theta+\tan\theta|\Big]_{\pi/4}^{\alpha} \qquad (\S\,2\cdot 2\ \text{例}8\text{より}^{*2})$$

$$= \pi\left(\sec\alpha\,\tan\alpha+\log(\sec\alpha+\tan\alpha)-\sqrt{2}-\log(\sqrt{2}+1)\right)$$

となる. $\tan\alpha=e$ より $\sec^2\alpha=1+\tan^2\alpha=1+e^2$ であるので,

$$S=\pi\left(e\sqrt{1+e^2}+\log\left(e+\sqrt{1+e^2}\right)-\sqrt{2}-\log(\sqrt{2}+1)\right)$$

である. ■

*1 もう一つの方法: $x=\log y$ として公式6 を使う.

*2 巻末の不定積分の表の公式 21 を使う方法もある.

3・2 節末問題

1-6 (a) 曲線を (i) x 軸, (ii) y 軸のまわりに回転して得られる回転面の面積を求める積分式をつくれ.
(b) 計算機を使って, 回転面の面積を少数点以下 4 桁まで正しい値を求めよ.

1. $y=\tan x,\ 0\leqq x\leqq \pi/3$

2. $y=x^{-2},\ 1\leqq x\leqq 2$

3. $y=e^{-x^2},\ -1\leqq x\leqq 1$

4. $x=\log(2y+1),\ 0\leqq y\leqq 1$

5. $x=y+y^3,\ 0\leqq y\leqq 1$

6. $y=\tan^{-1}x,\ 0\leqq x\leqq 2$

7-14 曲線を x 軸のまわりに回転して得られる回転面の面積を求めよ.

7. $y=x^3,\ 0\leqq x\leqq 2$

8. $y=\sqrt{5-x},\ 3\leqq x\leqq 5$

9. $y^2=x+1,\ 0\leqq x\leqq 3$

10. $y=\sqrt{1+e^x},\ 0\leqq x\leqq 1$

11. $y=\cos\left(\tfrac{1}{2}x\right),\ 0\leqq x\leqq \pi$

12. $y=\dfrac{x^3}{6}+\dfrac{1}{2x},\ \tfrac{1}{2}\leqq x\leqq 1$

13. $x=\tfrac{1}{3}(y^2+2)^{3/2},\ 1\leqq y\leqq 2$

14. $x=1+2y^2,\ 1\leqq y\leqq 2$

15-18 次の曲線を y 軸のまわりに回転して得られる回転面の面積を求めよ．

15. $y=\frac{1}{3}x^{3/2},\ 0\leqslant x\leqslant 12$

16. $x^{2/3}+y^{2/3}=1,\ 0\leqslant y\leqslant 1$

17. $x=\sqrt{a^2-y^2},\ 0\leqslant y\leqslant a/2$

18. $y=\frac{1}{4}x^2-\frac{1}{2}\log x,\ 1\leqslant x\leqslant 2$

19-22 分割数 $n=10$ として Simpson の公式を使って，曲線を x 軸のまわりに回転して得られる回転面の面積を求めよ．その値を計算機で求めた値と比較せよ．

19. $y=\frac{1}{5}x^5,\ 0\leqslant x\leqslant 5$

20. $y=x+x^2,\ 0\leqslant x\leqslant 1$

21. $y=xe^x,\ 0\leqslant x\leqslant 1$

22. $y=x\log x,\ 1\leqslant x\leqslant 2$

23-24 数式処理システムあるいは巻末の不定積分の表を使って，次の曲線を x 軸のまわりに回転して得られる回転面の面積を求めよ．

23. $y=1/x,\quad 1\leqslant x\leqslant 2$

24. $y=\sqrt{x^2+1},\quad 0\leqslant x\leqslant 3$

25-26 数式処理システムあるいは巻末の不定積分の表を使って，次の曲線を y 軸のまわりに回転して得られる回転面の面積を求めよ．数式処理システムから積分の出力がうまく得られない場合は，数式処理システムが扱える形の積分になるよう，置換を行え．

25. $y=x^3,\ 0\leqslant y\leqslant 1$

26. $y=\log(x+1),\ 0\leqslant x\leqslant 1$

---

27. 領域 $\mathcal{R}=\{(x,y)\,|\,x\geqslant 1, 0\leqslant y\leqslant 1/x\}$ を x 軸のまわりに回転して得られる回転体の体積は有限である（§2·8 節末問題 63 参照）．しかし，この回転体の回転面の側面積は無限であることを示せ（この回転面は図のような形をしており，**Gabriel**（ガブリエル）のラッパとよばれる．体積は有限であるので，有限量のペンキで内部を満たすことはできるが，面積は無限であるので有限量のペンキで塗り尽くすことはできない？？）．

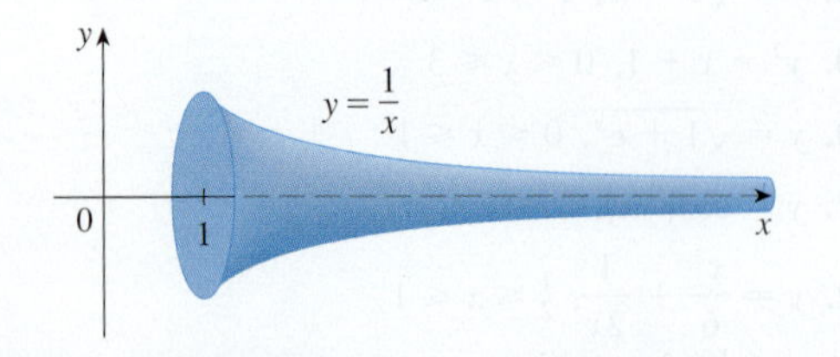

28. 無限に広がる曲線 $y=e^{-x}$，$x\geqslant 0$ を x 軸のまわりに回転して得られる回転面の面積を求めよ．

29. (a) $a>0$ のとき，曲線 $3ay^2=x(a-x)^2$ の閉じている領域を x 軸のまわりに回転して得られる回転面の面積を求めよ．

(b) (a)の領域を y 軸のまわりに回転して得られる回転面の面積を求めよ．

30. 技術者らが衛星パラボラアンテナを建設している．このアンテナは曲線 $y=ax^2$ を y 軸のまわりに回転させた形をしている．アンテナの直径が 3 m，最大深さが 0.6 m の場合，a の値と回転面の面積を求めよ．

31. (a) だ円

$$\frac{x^2}{a^2}+\frac{y^2}{b^2}=1 \qquad a>b$$

を x 軸のまわりに回転させると，だ円面あるいは回転だ円面とよばれる回転面が得られる．この回転だ円面の面積を求めよ．

(b) (a)のだ円を短軸（y 軸）のまわりに回転して得られる回転だ円面の面積を求めよ．

32. 第 I 巻 §5·2 節末問題 63 のトーラス（円環体）の表面積を求めよ．

33. 曲線 $y=f(x)$，$a\leqslant x\leqslant b$ を水平線 $y=c$（ここで $f(x)\leqslant c$ である）のまわりに回転して得られる回転面の面積を求める積分式をつくれ．

34. 前問 33 を使って，曲線 $y=\sqrt{x}$，$0\leqslant x\leqslant 4$ を直線 $y=4$ のまわりに回転して得られる回転面の面積を求める積分式をつくれ．数式処理システムを使って，その積分を求めよ．

35. 円 $x^2+y^2=r^2$ を直線 $y=r$ のまわりに回転して得られる回転面の面積を求めよ．

36. (a) 間隔 h の平行な 2 平面が共に半径 R の球面を横切るとき，2 平面に挟まれた部分の球面の面積は $S=2\pi Rh$ であることを示せ（S は平面間の距離に依存し，位置に依存しないことに注意する）．

(b) 半径 R，高さ h の円柱の側面積が，(a)の球面の部分面積と等しいことを示せ．

37. 任意の区間 $a\leqslant x\leqslant b$ について，曲線 $y=e^{x/2}+e^{-x/2}$ を x 軸のまわりに回転して得られる回転面の面積は，同様にして得られる回転体の体積と，同じ値をとることを示せ．

38. L を曲線 $y=f(x)$，$a\leqslant x\leqslant b$ の長さとする．ここで，f は正値関数で，連続な導関数をもつとする．また，S_f をこの曲線を x 軸のまわりに回転して得られる回転面の面積とする．c を正定数として，$g(x)=f(x)+c$ と定義し，S_g を曲線 $y=g(x)$，$a\leqslant x\leqslant b$ を x 軸のまわりに回転して得られる回転面の面積とするとき，S_g を S_f と L で表せ．

39. 公式 $\boxed{4}$ は $f(x)\geqslant 0$ のとき成り立つ．$f(x)$ が必ずしも正値をとらない場合，回転面の面積の公式は

$$S=\int_a^b 2\pi\,|\,f(x)\,|\sqrt{1+(f'(x))^2}\,dx$$

となることを示せ．

発見的課題　斜線による回転

ある領域を，水平な線あるいは垂直な線のまわりに回転して得られる回転体の体積の求め方は，第Ⅰ巻§5・2で学んだ．また，ある曲線を，水平な線あるいは垂直な線のまわりに回転して得られる回転面の面積の求め方は，§3・2でみた．水平でも垂直でもない斜めの直線を回転軸としたらどうなるか．この課題では，回転軸が斜めの場合の回転体の体積と回転面の面積の公式を求める．

$y=f(x)$ の点 $P(p, f(p))$ から点 $Q(q, f(q))$ までの弧を C として，C と直線 $y=mx+b$（曲線と x 軸の間にある），点 P および点 Q から $y=mx+b$ におろされた2本の垂直な直線で囲まれた領域を $\mathcal{R}$ とする．

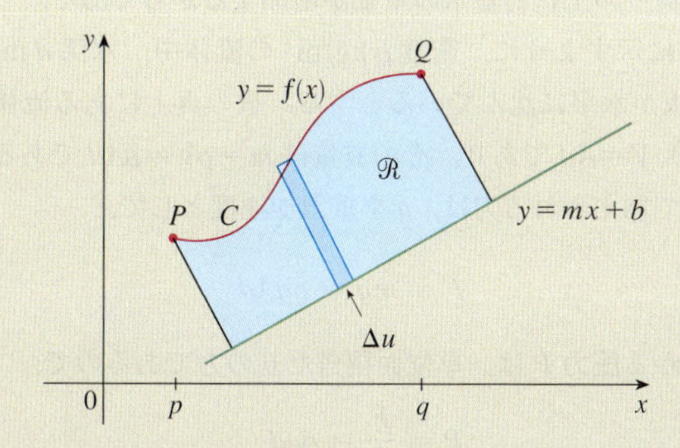

1. $\mathcal{R}$ の面積は

$$\frac{1}{1+m^2}\int_p^q (f(x)-mx-b)(1+mf'(x))\,dx$$

であることを示せ［ヒント：この公式は，面積の加減算によっても求まるが，下の図に示すように，まず直線 $y=mx+b$ に垂直な長方形を使って面積を近似して導いた方が，この課題を通して役に立つだろう．下の図を使って，Δu を Δx の項で表す］．

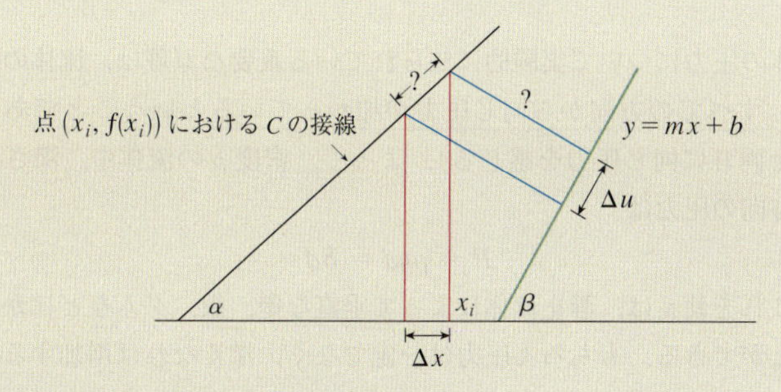

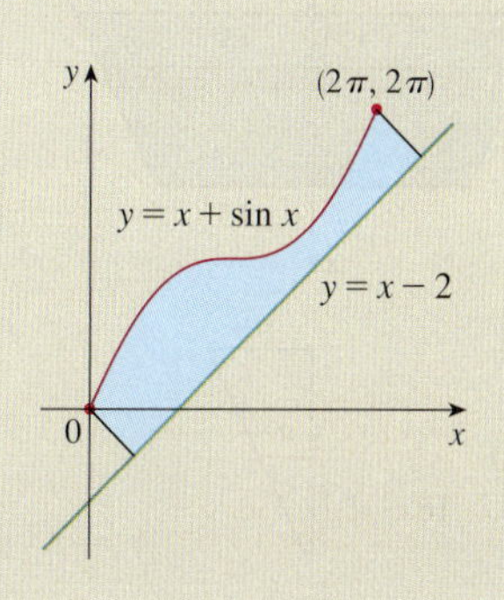

2. 欄外の図に示した領域の面積を求めよ．
3. 領域 $\mathcal{R}$ の直線 $y=mx+b$ のまわりに回転して得られる回転体の体積の公式（課題1の式に似ている）を求めよ．
4. 課題2の領域を直線 $y=x-2$ のまわりに回転して得られる回転体の体積を求めよ．
5. C を直線 $y=mx+b$ のまわりに回転して得られる回転面の面積を求めよ．
6. 数式処理システムを使って，曲線 $y=\sqrt{x}$，$0\leqq x\leqq 4$ を直線 $y=\frac{1}{2}x$ のまわりに回転して得られる回転面の面積を求め，その近似値を少数点以下3桁まで求めよ．

3・3　物理・工学への応用

積分学の物理・工学への応用はたくさんあるが，ここでは水圧と重心の二つを取上げる．面積，体積，長さ，仕事を求めたときと同様に，物理量をいくつもの小部分に分割し，各小部分を近似したものを足し合わせ（Riemann 和をとる），その極限をとることにより，結果が積分で表される．

■水　圧

深海に潜るダイバーは，深く潜水するにつれて水圧が上昇することを実感する．これはダイバーの上にある水の重量が増加するからである．

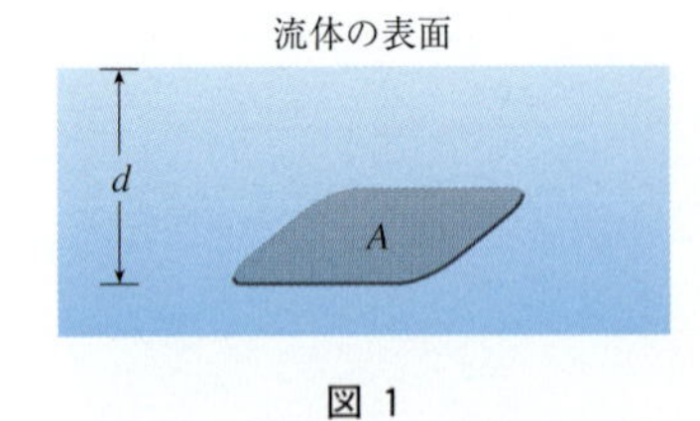

図 1

一般に，図 1 に示すように，密度 ρ kg/m^3 の流体中，水深 d m の位置に，面積 A m^2 の薄い板が水平に沈んでいるとする．板の真上にある流体の体積は（流体の柱と考えると）$V=Ad$ であり，その質量は $m=\rho V=\rho Ad$ である．よって，板上の流体によって加えられる力は，g を重力加速度として，

$$F = mg = \rho gAd$$

である．板にかかる**圧力** P は，単位面積当たりの力であるので，

$$P = \frac{F}{A} = \rho gd$$

である．圧力の SI 単位は Pa（パスカル）と記し，1 Pa＝N/m^2 である．これは小さな値の単位なので，キロパスカル（kPa）あるいはヘクトパスカル（hPa）がよく使われる．たとえば，水の密度は $\rho=1000$（kg/m^3）であるので，水深 2 m のプールの底での圧力は

$$\begin{aligned} P = \rho gd &= 1000\,(\mathrm{kg/m^3}) \times 9.8\,(\mathrm{m/s^2}) \times 2\,(\mathrm{m}) \\ &= 19{,}600\,(\mathrm{Pa}) = 19.6\,(\mathrm{kPa}) \end{aligned}$$

である．

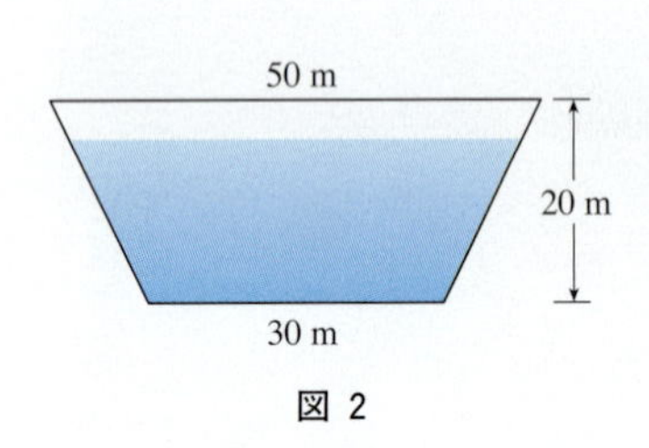

図 2

静止流体の圧力について実験的に知られている重要な原理は，流体の中の任意の点では，すべての方向から同じ圧力が加わっているということである（ダイバーは鼻と両耳に同じ圧力を感じる）．よって，密度 ρ の流体中，深さ d における任意の方向の圧力は

$$P = \rho gd = \delta d \qquad \boxed{1}$$

である．これを使えば，静止流体によって垂直な壁，板，ダムなどにかかる力を求めることができる．もちろん圧力は一定でなく，深くなれば増加するので，これは単純な問題ではない．

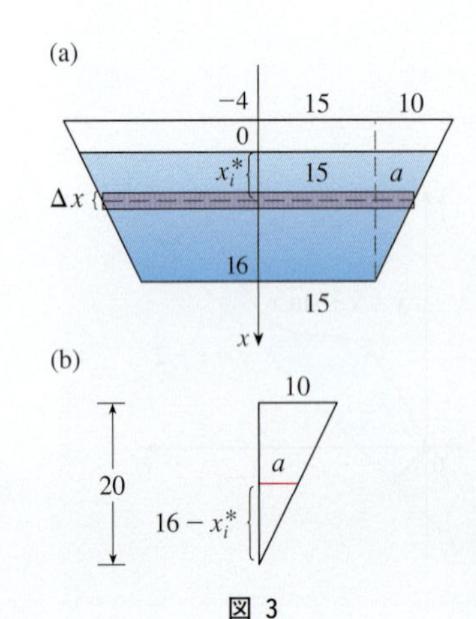

図 3

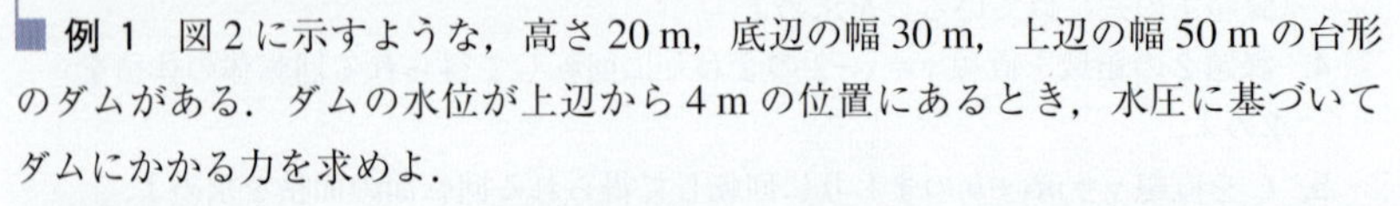

例 1　図 2 に示すような，高さ 20 m，底辺の幅 30 m，上辺の幅 50 m の台形のダムがある．ダムの水位が上辺から 4 m の位置にあるとき，水圧に基づいてダムにかかる力を求めよ．

［解 説］ 図 3(a)のように，下向き垂直に x 軸をとり，原点を水面に設定する．水深は 16 m であるので，区間 $[0, 16]$ を等しい長さ Δx の小区間 $[x_{i-1}, x_i]$ に分割し，$x_i^* \in [x_{i-1}, x_i]$ とする．ダムの i 番目の水平な帯は，高さ Δx，幅 w_i の長方形で近似でき，図 3(b)の 3 角形の相似を使うならば，

$$\frac{a}{16 - x_i^*} = \frac{10}{20} \qquad \text{すなわち} \qquad a = \frac{16 - x_i^*}{2} = 8 - \frac{x_i^*}{2}$$

であるので

$$w_i = 2(15 + a) = 2\left(15 + 8 - \tfrac{1}{2}x_i^*\right) = 46 - x_i^*$$

となる．A_i を i 番目の帯の面積とするならば，

$$A_i \approx w_i\,\Delta x = (46 - x_i^*)\,\Delta x$$

であり，Δx が小さければ，i 番目の帯にかかる圧力 P_i はほぼ一定になるので，式 1 より

$$P_i \approx 1000 g x_i^*$$

となる．よって，i 番目の帯に水圧に基づいてかかる力 F_i は圧力 P_i と面積 A_i の積であるので，

$$F_i = P_i A_i \approx 1000 g x_i^* (46 - x_i^*)\,\Delta x$$

となる．この水圧による力 F_i を足し合わせて，分割数を $n \to \infty$ として極限をとると，ダムにかかるすべての力 F が得られる．

$$\begin{aligned}
F &= \lim_{n\to\infty} \sum_{i=1}^{n} 1000 g x_i^* (46 - x_i^*)\,\Delta x = \int_0^{16} 1000 g x(46 - x)\,dx \\
&= 1000(9.8)\int_0^{16} (46x - x^2)\,dx = 9800\left[23x^2 - \frac{x^3}{3}\right]_0^{16} \\
&\approx 4.43 \times 10^7\ (\mathrm{N})
\end{aligned}$$

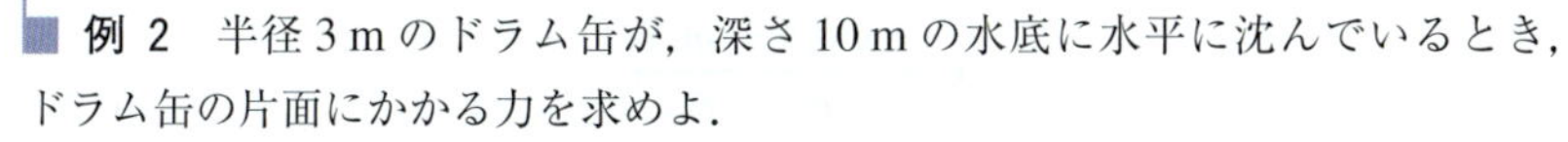

例 2　半径 3 m のドラム缶が，深さ 10 m の水底に水平に沈んでいるとき，ドラム缶の片面にかかる力を求めよ．

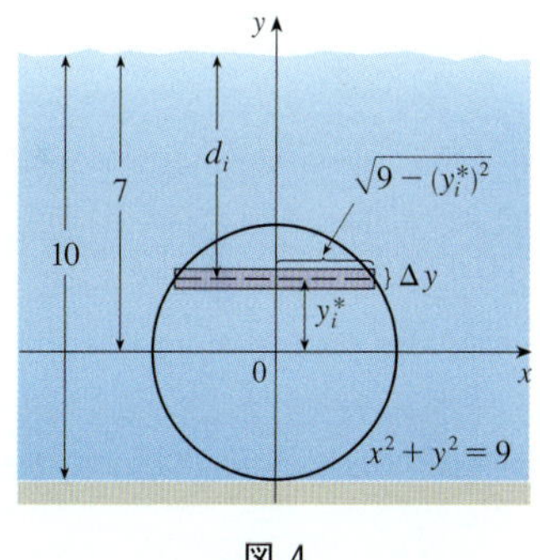

図 4

［解 説］　この例の場合，原点をドラム缶の中心にとり，両軸を図 4 のようにとると便利である．このとき，円の方程式は $x^2+y^2=9$ である．例 1 と同様に，幅の等しい水平な帯で円を分割する．円の方程式より，i 番目の帯の長さは $2\sqrt{9-(y_i^*)^2}$ であるので，帯の面積は

$$A_i = 2\sqrt{9 - (y_i^*)^2}\,\Delta y$$

となる．よって，この帯にかかる圧力は近似的に，

$$\rho g d_i = 9{,}800(7 - y_i^*)$$

であるので，帯にかかる力は近似的に，

$$\rho g d_i A_i = 9{,}800(7 - y_i^*)\,2\sqrt{9 - (y_i^*)^2}\,\Delta y$$

となる．よって，ドラム缶の片面にかかる力は，帯にかかる力をすべて足し合わせ，その極限をとったものであるので，

$$\begin{aligned}
F &= \lim_{n\to\infty} \sum_{i=1}^{n} 9{,}800(7 - y_i^*)\,2\sqrt{9 - (y_i^*)^2}\,\Delta y \\
&= 19{,}600\int_{-3}^{3} (7 - y)\sqrt{9 - y^2}\,dy \\
&= 137{,}200 \cdot 7\int_{-3}^{3} \sqrt{9 - y^2}\,dy - 19{,}600\int_{-3}^{3} y\sqrt{9 - y^2}\,dy
\end{aligned}$$

である．右辺の 2 番目の積分は奇関数の積分であるため 0 となる（第 I 巻 §4・5 定理 6 参照）．1 番目の積分は $y = 3\sin\theta$ とおいても求まるが，この積分が半径 3 の半円の面積を求めていることに気がつけば，計算はより簡単になる．

$$F = 137{,}200 \int_{-3}^{3} \sqrt{9 - y^2}\, dy = 137{,}200 \cdot \tfrac{1}{2}\pi(3)^2$$

$$\approx 1{,}939{,}619\ (\mathrm{N})$$

■ モーメントと重心

ここからのおもな内容は，任意の形状をした薄い板が，図5のように，水平に釣り合う点Pを見つけることである．この点を板の**重心**（あるいは**質量中心**）という．

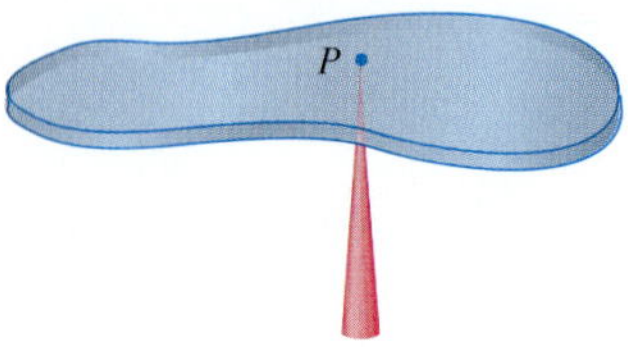

図 5

まず，図6に示すような，より単純な場合を考える．質量m_1, m_2の質点が，質量の無視できる棒の両端に，支点からそれぞれ距離d_1, d_2の位置に取付けてあるとする．このとき，

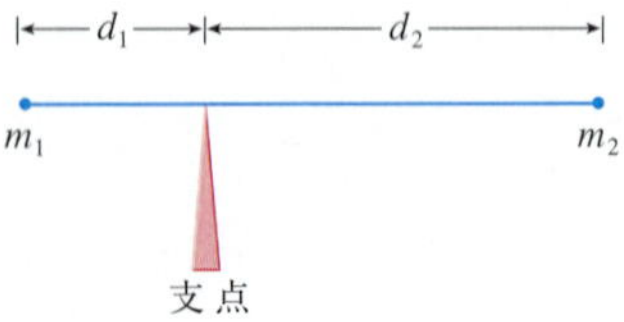

2　$$m_1 d_1 = m_2 d_2$$

図 6

の関係が成り立つならば，棒は水平に釣り合う．これはArchimedes（アルキメデス）が実験的に発見したテコの原理である（シーソーでバランスをとるためには，体重の軽い人が重い人より中心から遠く離れて座ることを考えればよい）．

ここで，棒がx軸上にあり，質量m_1の質点がx_1に，質量m_2の質点がx_2に，重心が$\bar{x}$にあるとする．図6, 7を比較すると，$d_1 = \bar{x} - x_1$，$d_2 = x_2 - \bar{x}$であるので，式 2 より

$$m_1(\bar{x} - x_1) = m_2(x_2 - \bar{x})$$

$$m_1\bar{x} + m_2\bar{x} = m_1 x_1 + m_2 x_2$$

3　$$\bar{x} = \frac{m_1 x_1 + m_2 x_2}{m_1 + m_2}$$

となる．ここで，m_1x_1, m_2x_2それぞれを質点m_1, m_2の（原点に関する）**モーメント**といい，式 3 は重心$\bar{x}$が各質点のモーメントを足し合わせて，全質量$m = m_1 + m_2$で割ったものであることを示している．

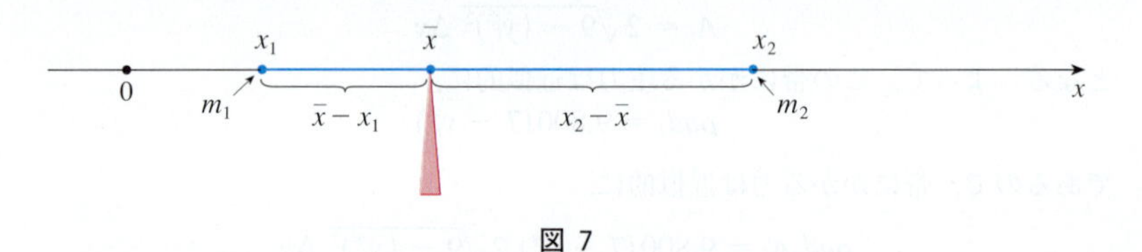

図 7

一般に，x軸上の$x_1, x_2, \cdots, x_n$にある質量$m_1, m_2, \cdots, m_n$のn個の粒子からなる多粒子系の重心は，式 3 と同様に，

4　$$\bar{x} = \frac{\sum_{i=1}^{n} m_i x_i}{\sum_{i=1}^{n} m_i} = \frac{\sum_{i=1}^{n} m_i x_i}{m}$$

にある．ここで，$m = \sum m_i$は系の全質量であり，個々のモーメントの合計

$$M = \sum_{i=1}^{n} m_i x_i$$

は，**原点のまわりの系のモーメント**とよばれる．式 4 は$m\bar{x} = M$と書くことができ，全質量が重心に集まったと考えた場合のモーメントは，質量が分散してい

る系のモーメントと等しいということを表している．

次に，図 8 に示すような，xy 平面上の点 $(x_1, y_1), (x_2, y_2), \cdots, (x_n, y_n)$ にある質量 $m_1, m_2, \cdots, m_n$ の n 個の粒子からなる系を考える．1 次元の場合にならって，**y 軸のまわりの系のモーメント**を

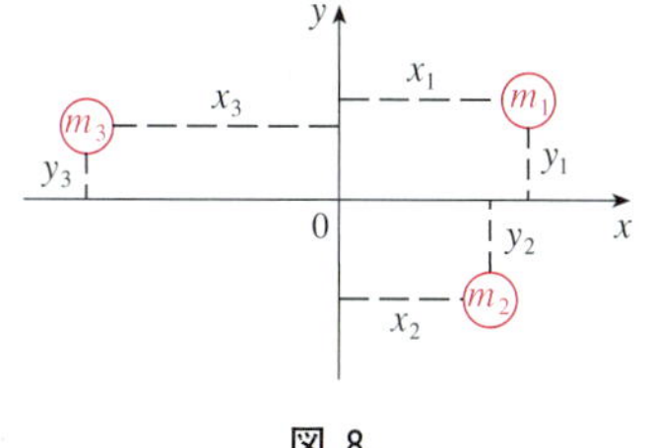

図 8

5
$$M_y = \sum_{i=1}^{n} m_i x_i$$

で，**x 軸のまわりの系のモーメント**を

6
$$M_x = \sum_{i=1}^{n} m_i y_i$$

で定義する．M_y は y 軸を回転軸とした回転の起こりやすさを表し，M_x は x 軸を回転軸とした回転の起こりやすさを表している．

1 次元の場合と同様，重心の座標 $(\bar{x}, \bar{y})$ は，$m=\Sigma m_i$ を系の全質量として，モーメントを使って

7
$$\bar{x} = \frac{M_y}{m} \qquad \bar{y} = \frac{M_x}{m}$$

で与えられる．$m\bar{x}=M_y$，$m\bar{y}=M_x$ であるので，重心 $(\bar{x}, \bar{y})$ とは，全質量が重心に集まったときのモーメントが，系のモーメントと等しくなる点である．

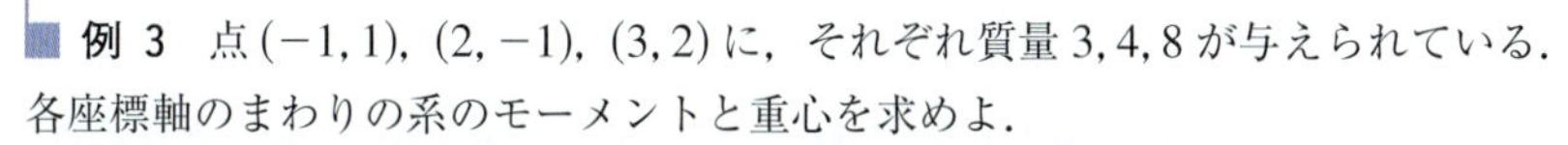

例 3 点 $(-1, 1)$，$(2, -1)$，$(3, 2)$ に，それぞれ質量 3, 4, 8 が与えられている．各座標軸のまわりの系のモーメントと重心を求めよ．

［解 説］ 式 5, 6 を使ってモーメントを求める．

$$M_y = 3(-1) + 4(2) + 8(3) = 29$$

$$M_x = 3(1) + 4(-1) + 8(2) = 15$$

また，全質量は $m=3+4+8=15$ であるので，式 7 を使って，

$$\bar{x} = \frac{M_y}{m} = \frac{29}{15} \qquad \bar{y} = \frac{M_x}{m} = \frac{15}{15} = 1$$

となる．よって，重心は $(1\frac{14}{15}, 1)$ である（図 9）．

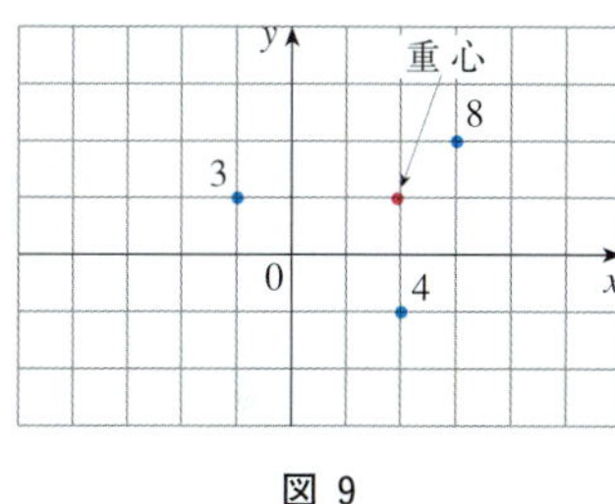

図 9

次に，平面領域 $\mathscr{R}$ を占める密度一様な薄板の重心を考えよう．そのために，“領域 $\mathscr{R}$ が直線 l に関して**線対称**であるならば，$\mathscr{R}$ の**重心**は直線 l 上にある”という物理法則を使う（l に関して $\mathscr{R}$ の鏡映をとっても，$\mathscr{R}$ は同じままなので重心は変わらない．そして，鏡映操作をしても変わらない点は l 上にある）．よって，長方形の重心は，長方形の中心である．また，モーメントは，領域の全質量が重心に集まっているとしても不変であり，共通部分をもたない二つの領域の和のモーメントは，各領域のモーメントの和である．

領域 $\mathscr{R}$ を，図 10(a) に示すような，連続関数 $f(x)$ と x 軸，$x=a$，$x=b$ に囲まれた領域とする．区間 $[a, b]$ を端点が $x_0, x_1, \cdots, x_n$ である等しい区間幅 Δx の n 個の小区間に分割する．i 番目の小区間 $[x_{i-1}, x_i]$ の代表点 x_i^* として中点 $\bar{x}_i=(x_{i-1}+x_i)/2$ をとる．これは，図 10(b) に示す，領域 $\mathscr{R}$ の長方形近似である．i 番目の近似長方形 R_i の重心は中心 $C_i(\bar{x}_i, \frac{1}{2}f(\bar{x}_i))$ であり，R_i の面積は $f(\bar{x}_i)\Delta x$ であるので，質量は

$$\rho f(\bar{x}_i)\,\Delta x$$

(a)
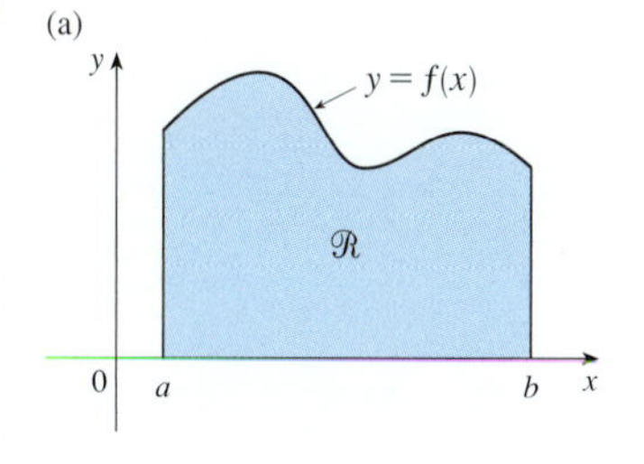

(b)
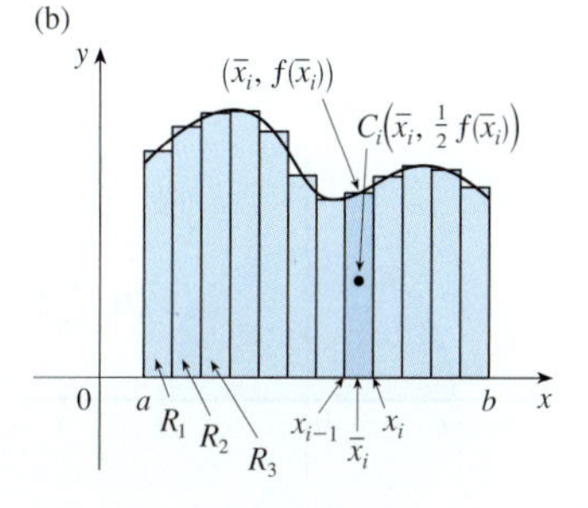

図 10

である．y 軸のまわりの R_i のモーメントは，R_i の質量と C_i から y 軸までの距離 $\bar{x}_i$ との積であるので，

$$M_y(R_i) = (\rho f(\bar{x}_i)\,\Delta x)\,\bar{x}_i = \rho\bar{x}_i f(\bar{x}_i)\,\Delta x$$

である．これらの近似長方形のモーメントをすべて足し合わせることにより，$\mathcal{R}$ の長方形近似によるモーメントを得ることができるので，分割数 $n \to \infty$ とした極限をとることにより，y 軸のまわりの $\mathcal{R}$ のモーメントを得る．

$$M_y = \lim_{n\to\infty}\sum_{i=1}^{n} \rho\bar{x}_i f(\bar{x}_i)\,\Delta x = \rho\int_a^b x f(x)\,dx$$

同様にして，x 軸のまわりの R_i のモーメントは，R_i の質量と C_i から x 軸までの距離（R_i の半分の高さ）の積であるので，

$$M_x(R_i) = (\rho f(\bar{x}_i)\,\Delta x)\,\tfrac{1}{2}f(\bar{x}_i) = \rho\cdot\tfrac{1}{2}(f(\bar{x}_i))^2\,\Delta x$$

である．ここでも，これらのモーメントの和を求め，極限をとるならば，x 軸のまわりの $\mathcal{R}$ のモーメントを得る．

$$M_x = \lim_{n\to\infty}\sum_{i=1}^{n} \rho\cdot\tfrac{1}{2}(f(\bar{x}_i))^2\,\Delta x = \rho\int_a^b \tfrac{1}{2}(f(x))^2\,dx$$

質点系と同様に，板の重心も $m\bar{x}=M_y$，$m\bar{y}=M_x$ で定義される．板の質量 m は，密度と面積の積であるので，

$$m = \rho A = \rho\int_a^b f(x)\,dx$$

より

$$\bar{x} = \frac{M_y}{m} = \frac{\rho\int_a^b xf(x)\,dx}{\rho\int_a^b f(x)\,dx} = \frac{\int_a^b xf(x)\,dx}{\int_a^b f(x)\,dx}$$

$$\bar{y} = \frac{M_x}{m} = \frac{\rho\int_a^b \frac{1}{2}(f(x))^2\,dx}{\rho\int_a^b f(x)\,dx} = \frac{\int_a^b \frac{1}{2}(f(x))^2\,dx}{\int_a^b f(x)\,dx}$$

となる．ここで，ρ が約分されていることに注意する．これは，重心の位置が密度によらないことを示している．

これをまとめると，板の重心（あるいは $\mathcal{R}$ の重心）の座標 $(\bar{x},\bar{y})$ は，$f(x)$ のつくる面積 $\int_a^b f(x)\,dx$ を A として次のように与えられる．

8
$$\bar{x} = \frac{1}{A}\int_a^b xf(x)\,dx \qquad \bar{y} = \frac{1}{A}\int_a^b \tfrac{1}{2}(f(x))^2\,dx$$

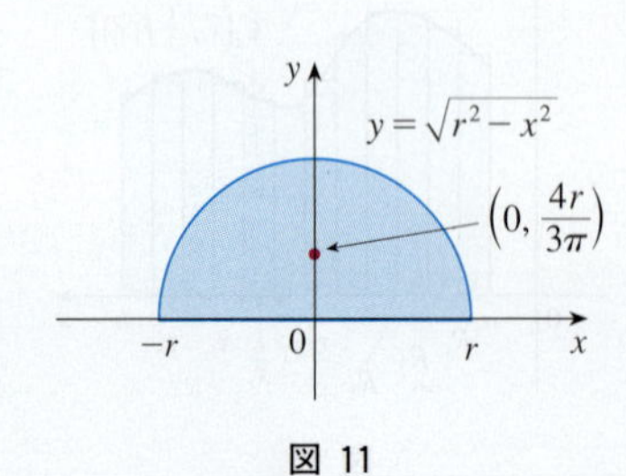

図 11

例 4　半径 r の半円の重心を求めよ．

［解 説］　公式 8 を使うために，図 11 のように半円を設定するならば，

$f(x)=\sqrt{r^2-x^2}$，$a=-r$，$b=r$ である．ここで，領域は y 軸に関して線対称であるので，重心は y 軸上にある．したがって，重心の x 座標は $\bar{x}=0$ である．また，半円の面積は $A=\frac{1}{2}\pi r^2$ であるので，

$$\begin{aligned}\bar{y} &= \frac{1}{A}\int_{-r}^{r}\tfrac{1}{2}(f(x))^2\,dx\\ &= \frac{1}{\frac{1}{2}\pi r^2}\cdot\tfrac{1}{2}\int_{-r}^{r}\left(\sqrt{r^2-x^2}\right)^2 dx\\ &= \frac{2}{\pi r^2}\int_0^r (r^2-x^2)\,dx \qquad \text{（被積分関数が偶関数であることより）}\\ &= \frac{2}{\pi r^2}\left[r^2x-\frac{x^3}{3}\right]_0^r\\ &= \frac{2}{\pi r^2}\frac{2r^3}{3}=\frac{4r}{3\pi}\end{aligned}$$

である．よって，重心の座標は $(0, 4r/(3\pi))$ である．

例 5 曲線 $y=\cos x$，$y=0$，$x=0$，$x=\pi/2$ で囲まれた領域の重心を求めよ．

［解 説］ 領域の面積は

$$A=\int_0^{\pi/2}\cos x\,dx=\Big[\sin x\Big]_0^{\pi/2}=1$$

であるので，公式 8 より

$$\begin{aligned}\bar{x} &= \frac{1}{A}\int_0^{\pi/2} xf(x)\,dx=\int_0^{\pi/2}x\cos x\,dx\\ &= \Big[x\sin x\Big]_0^{\pi/2}-\int_0^{\pi/2}\sin x\,dx \qquad \text{（部分積分）}\\ &= \frac{\pi}{2}-1\end{aligned}$$

$$\begin{aligned}\bar{y} &= \frac{1}{A}\int_0^{\pi/2}\tfrac{1}{2}(f(x))^2\,dx=\tfrac{1}{2}\int_0^{\pi/2}\cos^2x\,dx\\ &= \tfrac{1}{4}\int_0^{\pi/2}(1+\cos 2x)\,dx=\tfrac{1}{4}\Big[x+\tfrac{1}{2}\sin 2x\Big]_0^{\pi/2}=\frac{\pi}{8}\end{aligned}$$

となり，重心は $(\frac{1}{2}\pi-1, \frac{1}{8}\pi)$ である．それが図 12 に示してある．

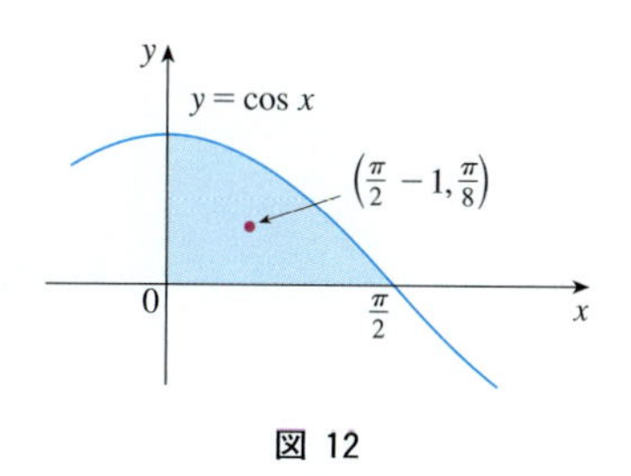

図 12

領域 $\mathcal{R}$ が，図 13 に図示されているように，二つの曲線 $y=f(x)$ と $y=g(x)$，$f(x)\geqq g(x)$ によってつくられる場合も，領域 $\mathcal{R}$ の重心座標 $(\bar{x},\bar{y})$ は，公式 8 を導いたのと同様の方法を使って次のように与えられる（節末問題 51 参照）．

9

$$\bar{x}=\frac{1}{A}\int_a^b x(f(x)-g(x))\,dx$$

$$\bar{y}=\frac{1}{A}\int_a^b \tfrac{1}{2}\{(f(x))^2-(g(x))^2\}\,dx$$

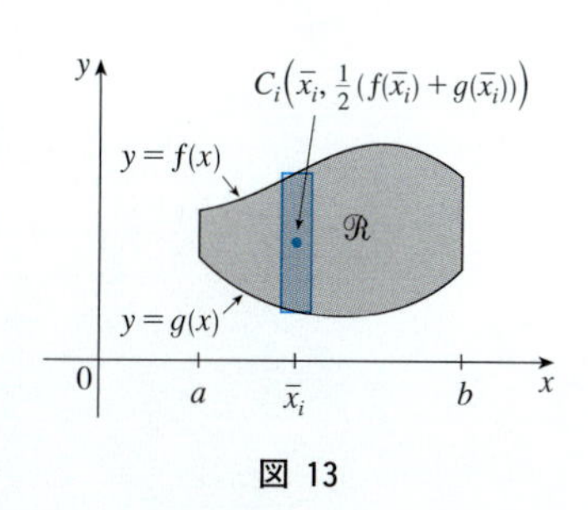

図 13

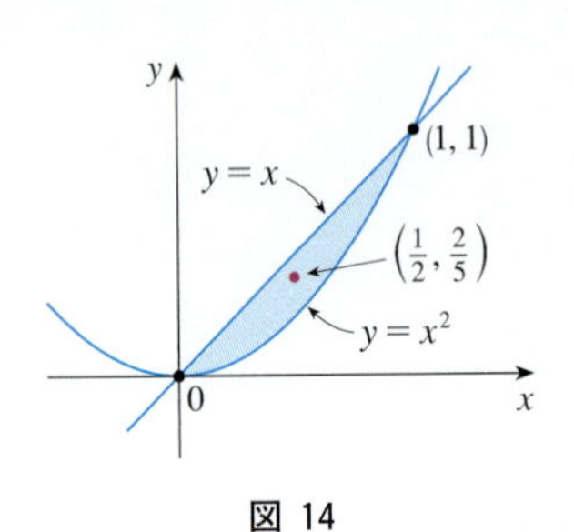

図 14

例 6　直線 $y=x$ と放物線 $y=x^2$ によって囲まれた領域の重心を求めよ．

［解 説］　領域が図 14 に示してある．$f(x)=x$，$g(x)=x^2$，$a=0$，$b=1$ として公式 9 を使う．領域の面積は

$$A=\int_0^1 (x-x^2)\,dx=\left[\frac{x^2}{2}-\frac{x^3}{3}\right]_0^1=\frac{1}{6}$$

であるので，

$$\bar{x}=\frac{1}{A}\int_0^1 x(f(x)-g(x))\,dx=\frac{1}{\frac{1}{6}}\int_0^1 x(x-x^2)\,dx$$

$$=6\int_0^1 (x^2-x^3)\,dx=6\left[\frac{x^3}{3}-\frac{x^4}{4}\right]_0^1=\frac{1}{2}$$

$$\bar{y}=\frac{1}{A}\int_0^1 \tfrac{1}{2}\{(f(x))^2-(g(x))^2\}\,dx=\frac{1}{\frac{1}{6}}\int_0^1 \tfrac{1}{2}(x^2-x^4)\,dx$$

$$=3\left[\frac{x^3}{3}-\frac{x^5}{5}\right]_0^1=\frac{2}{5}$$

より，重心は $\left(\frac{1}{2}, \frac{2}{5}\right)$ である．

この節を終えるにあたり，重心と回転体の体積に関する驚くべき関係を示す．

Pappus（パップス）の定理*　$\mathcal{R}$ を直線 l の片方にある平面領域とする．$\mathcal{R}$ を l のまわりに回転して得られる回転体の体積は，$\mathcal{R}$ の面積 A と $\mathcal{R}$ の重心がつくる円の周長 d との積である．

* この定理は，4 世紀にアレクサンドリアで活躍したギリシャ数学者 Pappus にちなんで名づけられた．

証 明　$\mathcal{R}$ を図 13 で示す $y=f(x)$ と $y=g(x)$ で囲まれた領域，直線 l を y 軸とする特別の場合について証明する．円筒法（第 I 巻 § 5·3 参照）を使って体積を求めると，

$$V=\int_a^b 2\pi x(f(x)-g(x))\,dx$$

$$=2\pi\int_a^b x(f(x)-g(x))\,dx$$

$$=2\pi(\bar{x}A)\qquad（公式 9）$$

$$=(2\pi\bar{x})A=Ad$$

となる．ここで，$d=2\pi\bar{x}$ は $\mathcal{R}$ の重心が y 軸のまわりに 1 回転する際に移動した距離で，$\bar{x}$ を半径とする円の周長に等しい．

例 7　トーラス（円環体）は，平面上にある半径 r の円を，円の中心から距離 R（$>r$）の位置にある同平面上の線のまわりに回転して得られるドーナツ状の回転体である．この体積を求めよ．

［解 説］　円の面積は $A=\pi r^2$ である．円は対称な領域であるので，重心は円の中心にあり，円が回転することにより，円の中心がつくる円の周長は $d=2\pi R$ である．よって，Pappus の定理を使うならば，トーラスの体積は

$$V = Ad = (2\pi R)(\pi r^2) = 2\pi^2 r^2 R$$

である. ■

例 7 の方法と，第 I 巻 § 5・2 節末問題 63 の方法とを比較せよ.

3・3 節末問題

1. 幅 1.5 m，奥行き 0.6 m，深さ 0.9 m の水槽に水がいっぱいに入っている. (a) 水槽の底面にかかる水圧，(b) 水槽の底面にかかる力，(c) 水槽の側面にかかる力を求めよ.

2. 横 8 m，幅 4 m，高さ 2 m のタンクに密度 820 kg/m^3 の石油が深さ 1.5 m 入っている. (a) タンクの底面にかかる水圧，(b) タンクの底面にかかる力，(c) タンクの側面にかかる力を求めよ.

3-11 さまざまな形状の板が，水中に垂直に浸されている（あるいは一部が浸されている）. 板の片面にかかる力の近似値を求める方法について，Riemann 和を使って説明せよ. また，その力を積分で表し，求めよ.

3.

3 m

8 m

2 m

4.

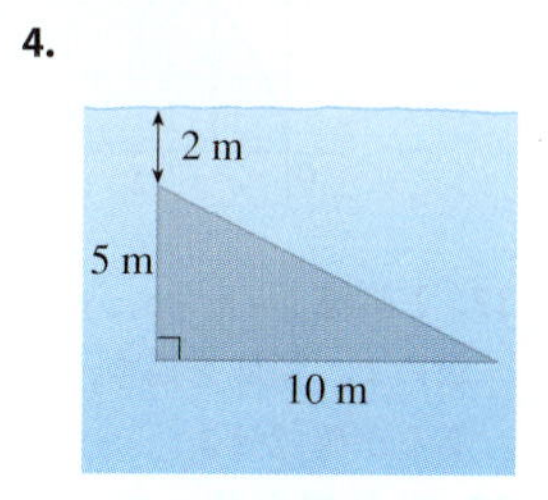

5.

4 m

8 m

6.

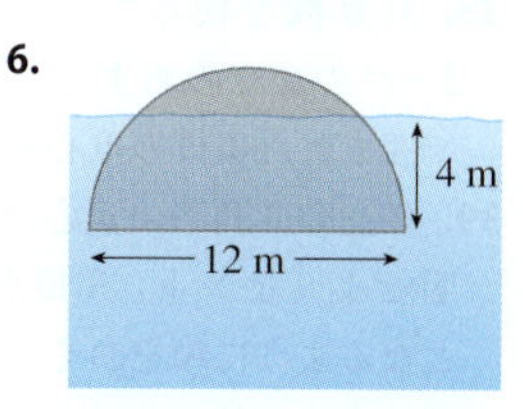

7.

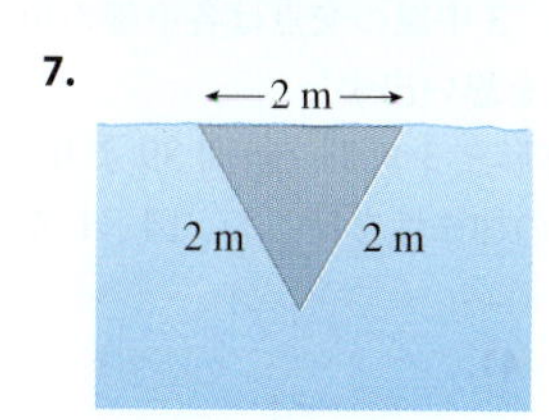

8.

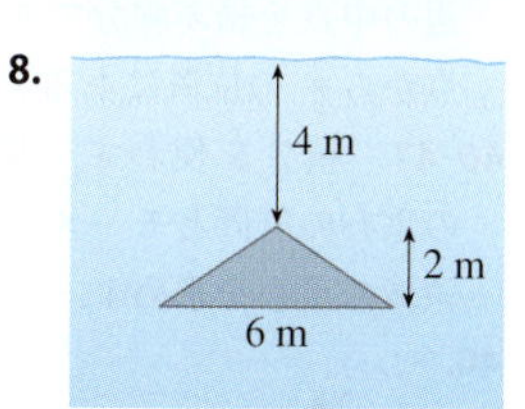

9.

4 m

1 m

2 m

8 m

10.

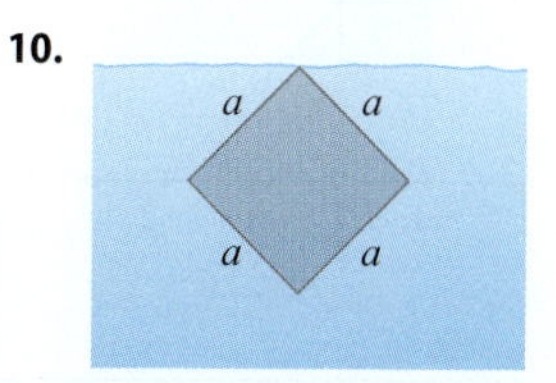

12. 直径 1.8 m の円筒形タンクを水平に載せたタンク車が，密度 1035 kg/m^3 のミルクを運んでいる.

(a) タンクが満杯のとき，タンクの片面にかかる力を求めよ.

(b) ミルクが半分だけ入っている場合についても求めよ.

13. 3 角柱型の飼い葉おけが，密度 840 kg/m^3 の液体で満たされている. このおけの断面は，1 辺の長さが 8 m の正 3 角形で，底に頂点をもつ. タンクの側面にかかる力を求めよ.

14. 図に示すように，垂直なダムに，半円形の水門がある. 水門にかかる力を求めよ.

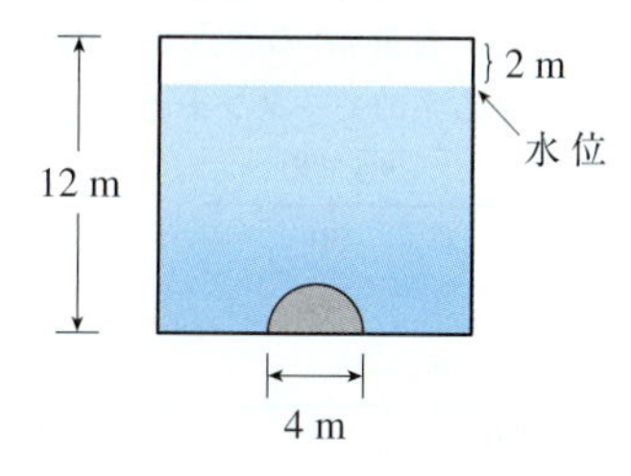

15. 1 辺 20 cm の立方体が，水深 1 m の水槽の底に沈んでいる. (a) 立方体の上面にかかる力，(b) 立方体の側面にかかる力を求めよ.

16. 底辺の幅 15 m，上辺の幅 30 m，斜高 21 m，鉛直線に対して傾き 30° の台形のダムがある. 満水時，ダムにかかる力を求めよ.

17. 幅 10 m，長さ 20 m のプールがある. 底面は長辺に沿って傾斜しており浅い所は 1 m，深い所は 3 m である. 満水時，(a) 浅い方の側面にかかる力，(b) 深い方の側面にかかる力，(c) 傾斜している側の側面にかかる力，(d) 底面にかかる力を求めよ.

11.

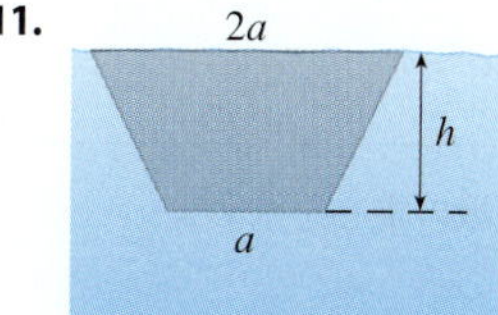

18. 密度 ρ の流体中に，板が垂直に浸されていて，深さ x メートルの板の幅を $w(x)$ とする．板の上端が深さ a にあり，下端が深さ b にあるとき，板の片面にかかる力は

$$F = \int_a^b \rho g x w(x)\, dx$$

であることを示せ．

19. 密度 1025 kg/m^3 の海水中に金属板が垂直に沈んでいる．いくつかの水深で板の幅を測定した．Simpson の公式を使って，板にかかる力を求めよ．

水 深〔m〕	7.0	7.4	7.8	8.2	8.6	9.0	9.4
板の幅〔m〕	1.2	1.8	2.9	3.8	3.6	4.2	4.4

20. (a) 節末問題 18 の公式を使って，

$$F = (\rho g \bar{x})A$$

であることを示せ．ただし，$\bar{x}$ は板の重心の x 座標であり，A は板の面積である．この式は，水圧によって垂直な板にかかる力は，その板の重心における深さで板を水平にした場合と，かかる力は同じであることを示している．

(b) (a)の結果を使って，節末問題 10 の別の解法を考えよ．

21-22　図のように，質量 m_i の質点が x 軸上に位置している．原点に関する系のモーメントと重心 $\bar{x}$ を求めよ．

21. $m_1 = 6$（$x = 10$），$m_2 = 9$（$x = 30$）

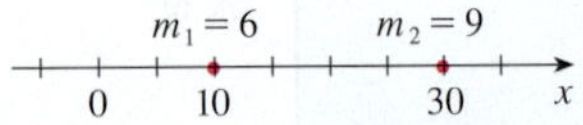

22. $m_1 = 12$（$x = -3$），$m_2 = 15$（$x = 2$），$m_3 = 20$（$x = 8$）

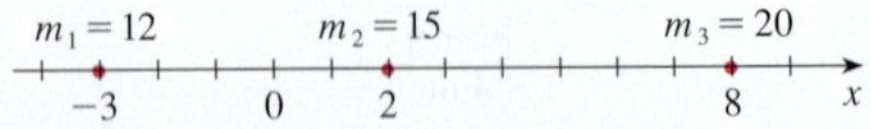

23-24　質量 m_i が点 P_i にある．モーメント M_x, M_y と系の重心を求めよ．

23. $m_1 = 4,\ m_2 = 2,\ m_3 = 4$;
$P_1(2, -3),\ P_2(-3, 1),\ P_3(3, 5)$

24. $m_1 = 5,\ m_2 = 4,\ m_3 = 3,\ m_4 = 6$;
$P_1(-4, 2),\ P_2(0, 5),\ P_3(3, 2),\ P_4(1, -2)$

25-28　曲線で囲まれた領域を描き，その図をもとに重心を予想せよ．次に，正確な重心座標を求めよ．

25. $y = 2x,\quad y = 0,\quad x = 1$

26. $y = \sqrt{x},\quad y = 0,\quad x = 4$

27. $y = e^x,\quad y = 0,\quad x = 0,\quad x = 1$

28. $y = \sin x,\quad y = 0,\quad 0 \leqq x \leqq \pi$

29-33　次の曲線で囲まれた領域の重心を求めよ．

29. $y = x^2,\quad x = y^2$

30. $y = 2 - x^2,\quad y = x$

31. $y = \sin x,\quad y = \cos x,\quad x = 0,\quad x = \pi/4$

32. $y = x^3,\quad x + y = 2,\quad y = 0$

33. $x + y = 2,\quad x = y^2$

34-35　密度と形が示された薄板のモーメント M_x, M_y と重心を求めよ．

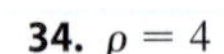
34. $\rho = 4$

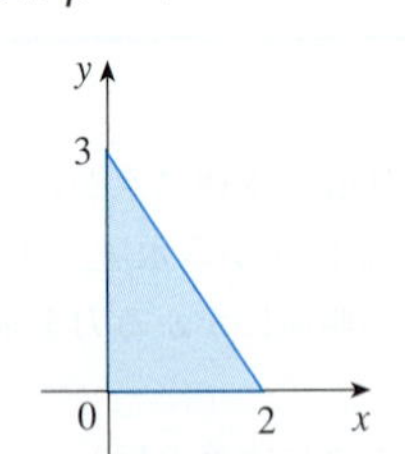

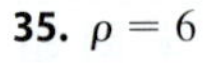
35. $\rho = 6$

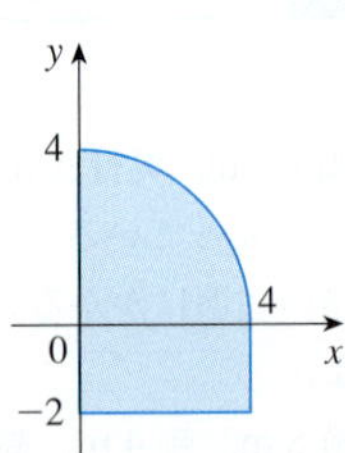

36. Simpson の公式を使って，図で示された領域の重心を求めよ．

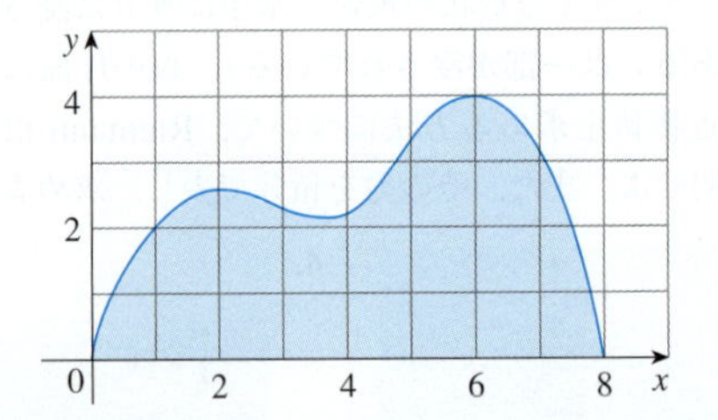

37. 2 曲線 $y=x^3-x$，$y=x^2-1$ で囲まれた領域の重心を求めよ．領域を描き，重心をプロットして，解が妥当であるか確認せよ．

38. 計算機を使ってグラフを描き，曲線 $y=e^x$ と $y=2-x^2$ の交点のおよその x 座標を求めよ．次に，2 曲線で囲まれた領域の重心を（近似値で）求めよ．

39. 任意の 3 角形の重心は，3 中線の交点であることを証明せよ［ヒント：3 頂点の座標が $(a, 0)$，$(0, b)$，$(c, 0)$ となるように軸をおく．また，中線とは頂点からその対辺の中点を結ぶ線分であり，3 中線の交点は各中線の頂点から $\frac{2}{3}$ の位置にあることを思い出す］．

40-41　積分を使わず，長方形と 3 角形（前問 39 より）の重心の位置とモーメントの加法性を使って，図示した領域の重心を求めよ．

40.

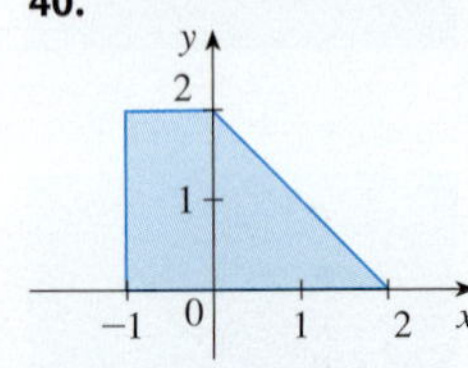

41.

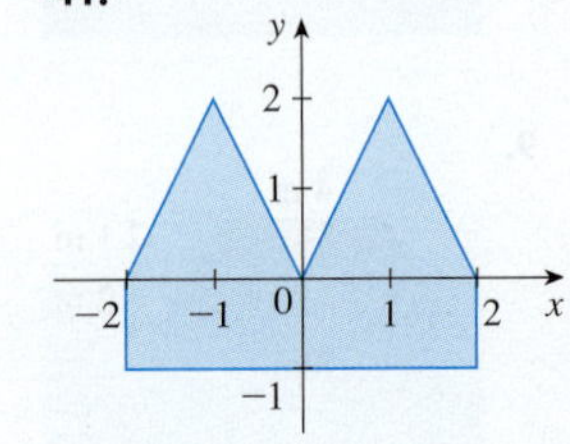

42. 2 辺の長さが a, b である長方形 $\mathscr{R}$ が，放物線の弧によって，二つの領域 $\mathscr{R}_1$, $\mathscr{R}_2$ に分割されている．放物線の頂点は長方形の 1 頂点と一致しており，放物線は長方形の対角頂点も通っている．$\mathscr{R}_1$, $\mathscr{R}_2$ の重心を求めよ．

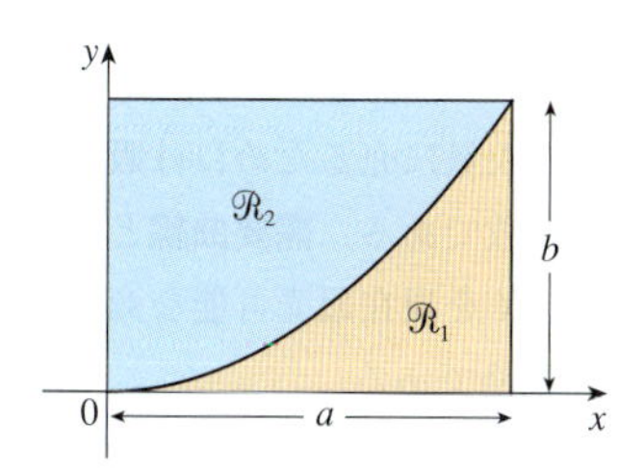

43. 連続関数 f と $y=0$, $a \leq x \leq b$ で囲まれた領域の重心の x 座標を $\bar{x}$ とする．次のことを示せ．

$$\int_a^b (cx + d) f(x)\, dx = (c\bar{x} + d) \int_a^b f(x)\, dx$$

44-46 Pappus の定理を使って次の立体の体積を求めよ．

44. 半径 r の球（例 4 を使え）

45. 高さ h，底面半径 r の円すい

46. 3 頂点 (2, 3)，(2, 5)，(5, 4) の 3 角形を x 軸のまわりに回転して得られる回転体

---

47. 曲線の重心も，領域の重心を求める方法と同様のやり方で求めることができる．C を長さ L の曲線とすると，その重心 $(\bar{x}, \bar{y})$ は

$$\bar{x} = (1/L)\int x\,ds \qquad \bar{y} = (1/L)\int y\,ds$$

である．ここで，積分には極限が存在するとし，ds は §3・1, §3・2 で定義されたものである．曲線の重心が曲線上にないことはよくある．曲線が線密度一定の針金でつくられ，重さを考えない板上に置かれたとき，求める重心は板上のつり合いの位置になる．$\frac{1}{4}$ 円 $y=\sqrt{16-x^2}$, $0 \leq x \leq 4$ の重心を求めよ

48. Pappus の第 2 定理は，本節の最後に紹介した Pappus の定理と同じ内容だが，体積ではなく表面積についての定理である．C を平面上にある直線 l の一方にある曲線とする．C を l のまわりに回転させて得られる回転面の面積は，C の弧長と C の重心が回転に伴って描く軌跡の長さ d との積である（前問 47 参照）．

(a) 曲線 C が $y=f(x)$, $f(x) \geq 0$ で与えられていて，C を x 軸のまわりに回転させる場合について，Pappus の第 2 定理を証明せよ．

(b) Pappus の第 2 定理を使って，前問 47 で与えた曲線を x 軸のまわりに回転して得られる半球の面積を求めよ．求めた解は，第 I 巻 §4・2 の方法で求める解と一致するか．

49. 前問 48 で説明した Pappus の第 2 定理を使って，例 7 のトーラス（円環体）の表面積を求めよ．

50. m, n を $0 \leq n < m$ の整数として，$0 \leq x \leq 1$ の範囲で 2 曲線 $y=x^m$, $y=x^n$ に囲まれた領域を $\mathscr{R}$ とする．

(a) 領域 $\mathscr{R}$ を描け．

(b) $\mathscr{R}$ の重心の座標中心を求めよ．

(c) $\mathscr{R}$ の重心が $\mathscr{R}$ の外側にくるような m, n の値を求めよ．

51. 公式 [9] を証明せよ．

発見的課題　互いに補い合う形状のコーヒーカップのペア

図のように，外側に膨らんだコーヒーカップと内側に凹んだコーヒーカップがある．二つのカップは同じ高さで，膨らみと凹みの形がぴったりと合っているとき，どちらのコーヒーカップにより多くのコーヒーが入るか調べる．もちろん，片方のカップに水をいっぱいに入れ，その水をもう一つのカップに移すという方法で調べることもできるが，微分積分学を学んでいるのだから数学的な方法で調べてみよう．取っ手を無視すれば，カップは回転面であるので，コーヒーは回転体の体積で考えることができる．

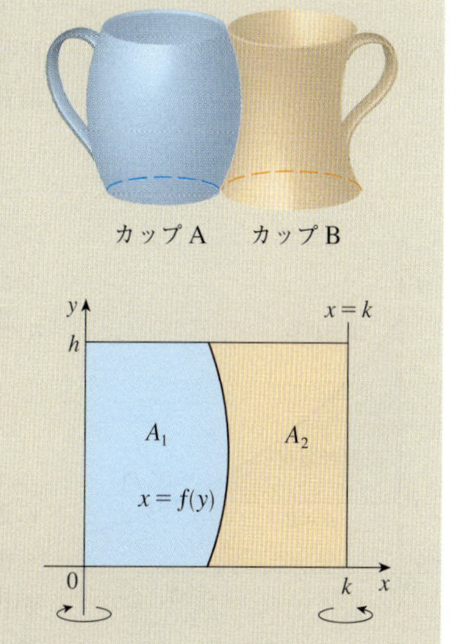

1. カップの高さは両方共 h で，カップ A は曲線 $x=f(y)$ を y 軸のまわりに回転させてつくられており，カップ B は同じ曲線を $x=k$ のまわりに回転させてつくられている．二つのカップに同じ量のコーヒーが入るよう，k を求めよ．
2. 課題 1 の結果から，図で示された領域 A_1, A_2 についてわかることを述べよ．
3. Pappus の定理を使って，課題 1 と 2 の結果を説明せよ．
4. 測定と観測に基づき，高さ h の値と方程式 $x=f(x)$ を立て，各カップに入るコーヒーの量を求めよ．

3・4　経済学と生物学への応用

この節では，積分の応用として，経済学から消費者余剰を，生物学から血流と心拍出量について考える．他の話題については節末問題にゆずる．

■ 消費者余剰

第 I 巻 § 3·7 で，需要関数 $p(x)$ とは，会社が商品を x 単位売るために設定する販売価格であると述べた．通常，商品を大量に売るためには販売価格を安くしなければならないので，需要関数は減少関数である．**需要曲線**とよばれる需要関数のグラフの典型例が図 1 に示してある．X を現在販売可能な商品の量とするならば，$P=p(X)$ はその商品の現在の販売価格である．

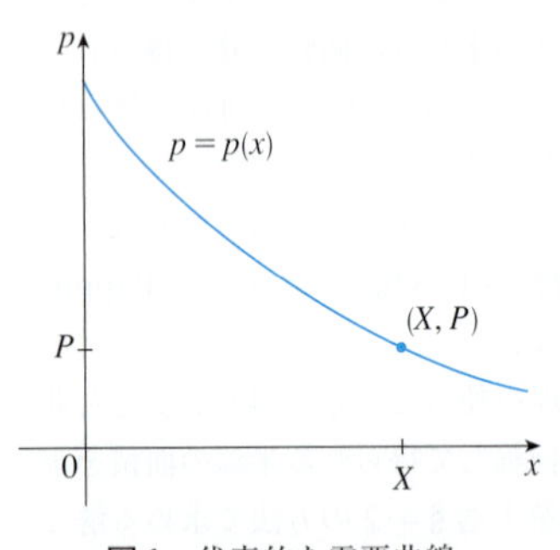

図 1　代表的な需要曲線

ある商品がある価格で販売されているとき，その商品を購入する消費者の中に，もっと支払ってもよいと考える人がいるとする．そのような人たちは，実際余計に支払う必要がなければ，利益を得ることになる．商品に対して消費者が支払ってもよいと考える価格と，消費者が実際に支払う金額の差を消費者余剰という．商品の全購入者についての消費者余剰の和を求めることによって，経済学者は社会への市場全体の利益を評価することができる．

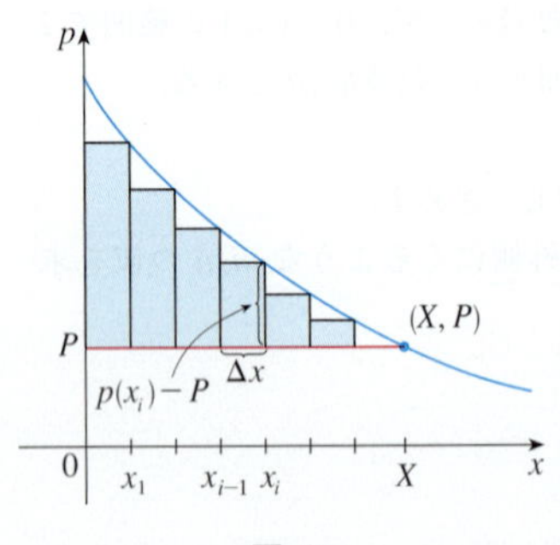

図 2

販売価格 P の商品を購入した全消費者の消費者余剰の和を求めるために，図 2 で示すように，需要曲線の区間 $[0, X]$ を等幅 $\Delta x = X/n$ の n 個の小区間に分割し，i 番目の小区間 $[x_{i-1}, x_i]$ の代表点 x_i^* として右端の点 x_i をとる．需要曲線によると，商品 x_{i-1} 単位までは，1 単位当たり $p(x_{i-1})$ ドルの販売価格で買われるはずである．さらに x_i 単位まで売上げを増やすには，販売価格を $p(x_i)$ ドルに下げなければならない．そうすれば，あと Δx 単位売れるであろう（ただし，それ以上は売れない）．一般に，この商品に $p(x_i)$ ドルを支払ってもいいと考える消費者は，この商品にそれだけの価値を見出している．したがって，その価値に値する額を支払うであろう．よって，その商品が P ドルで手に入るならば，この消費者らは，

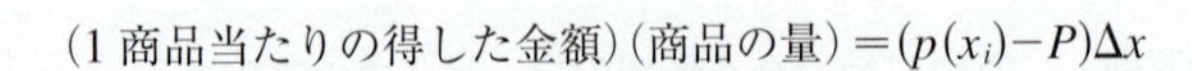

$$(1\,\text{商品当たりの得した金額})(\text{商品の量}) = (p(x_i)-P)\Delta x$$

の金額を節約したことになる．それぞれの小区間について，消費者らがその商品に抱く価値観をもとに彼らが節約した金額を求め，それらを足し合わせると，全消費者の節約した総額は

$$\sum_{i=1}^{n} (p(x_i) - P)\,\Delta x$$

である（この和は図 2 で示した長方形によって囲まれた領域の面積である）．$n \to \infty$ とするならば，この Riemann 和は積分

$$\boxed{1}\qquad \int_0^X (p(x) - P)\,dx$$

に近づいていく．これを経済学者は，商品の**消費者余剰**という．

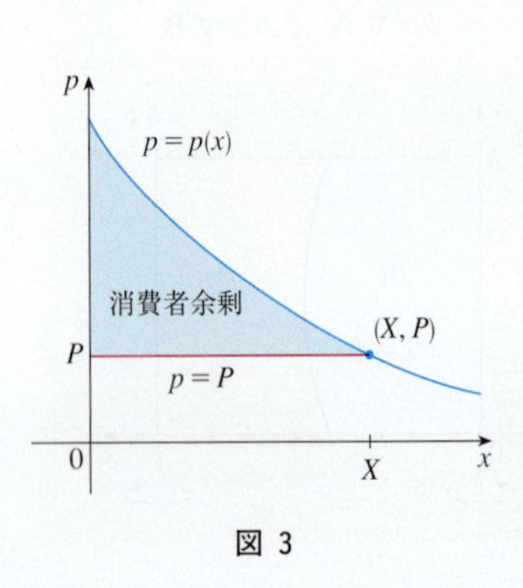

図 3

消費者余剰とは，需要量 X のときに対応する販売価格を P とすると，消費者が得する金額を表している．図 3 は，需要曲線と直線 $p=P$ で挟まれた領域の面積として消費者余剰を説明している．

例 1 ある製品の需要関数が与えられている（単位はドル）.

$$p = 1200 - 0.2x - 0.0001x^2$$

500 単位売るときの，消費者余剰を求めよ.

［解 説］ 販売された製品の数は $X = 500$ であるので，販売価格は

$$P = 1200 - (0.2)(500) - (0.0001)(500)^2 = 1075$$

である．よって，消費者余剰の定義 [1] より

$$\begin{aligned}\int_0^{500} (p(x) - P)\,dx &= \int_0^{500} (1200 - 0.2x - 0.0001x^2 - 1075)\,dx \\ &= \int_0^{500} (125 - 0.2x - 0.0001x^2)\,dx \\ &= \left[125x - 0.1x^2 - (0.0001)\left(\frac{x^3}{3}\right)\right]_0^{500} \\ &= (125)(500) - (0.1)(500)^2 - \frac{(0.0001)(500)^3}{3} \\ &= 33{,}333.33 \text{（ドル）}\end{aligned}$$

である．

血　流

第 I 巻 § 2・7 例 7 で，層流の公式

$$v(r) = \frac{P}{4\eta l}(R^2 - r^2)$$

を使って，半径 R，長さ l の血管に，粘性率 η の血液が流れ，血管の両端の圧力差が P であるとき，血管の中心から r の位置を流れる血液の速度 v を調べた．ここでは，血流量（血流速度，単位時間当たりに流れる血液の体積）を求める．血管を，より小さい等間隔の半径，$r_1, r_2, \cdots$ に分割して考える．内径 r_{i-1}，外径 r_i の環（ワッシャー）の近似面積は

$$2\pi r_i \,\Delta r \qquad \text{ここで} \qquad \Delta r = r_i - r_{i-1}$$

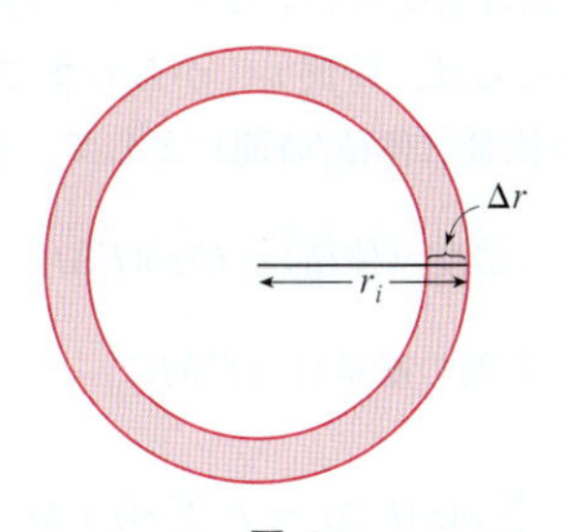

図 4

である（図 4）．Δr が小さいならば，血液の速度はこの環全体でほぼ一定とみなされるので，近似的に $v(r_i)$ で与えられる．これより，単位時間当たりにこの環を通過する血液の体積は，およそ

$$(2\pi r_i \,\Delta r)\, v(r_i) = 2\pi r_i\, v(r_i)\, \Delta r$$

であり，単位時間当たりにこの血管の断面を通過する血液の総体積は，およそ

$$\sum_{i=1}^{n} 2\pi r_i\, v(r_i)\, \Delta r$$

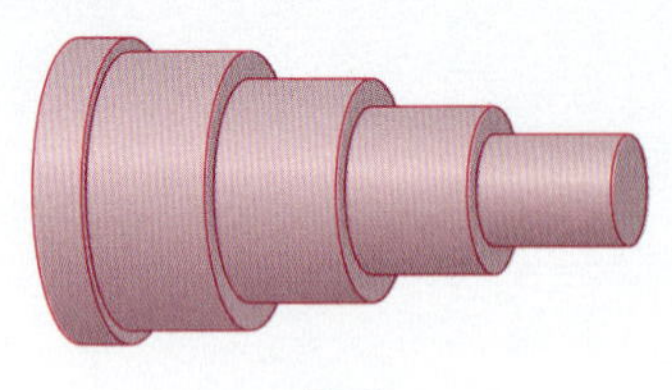

図 5

である．この近似方法が図 5 に示してある．このとき，血管の中心に近いほど血液の速度（すなわち**血流量**）は増加することに注目しよう．n を大きくすれば近似値はよくなるので，極限をとると，単位時間当たりに血管の断面を通過する血液の体積の正確な値が得られる．

$$F = \lim_{n\to\infty} \sum_{i=1}^{n} 2\pi r_i v(r_i)\,\Delta r = \int_0^R 2\pi r\, v(r)\, dr$$

$$= \int_0^R 2\pi r \frac{P}{4\eta l}(R^2 - r^2)\, dr$$

$$= \frac{\pi P}{2\eta l}\int_0^R (R^2 r - r^3)\, dr = \frac{\pi P}{2\eta l}\left[R^2 \frac{r^2}{2} - \frac{r^4}{4}\right]_{r=0}^{r=R}$$

$$= \frac{\pi P}{2\eta l}\left(\frac{R^4}{2} - \frac{R^4}{4}\right) = \frac{\pi P R^4}{8\eta l}$$

これより得られた式

2　$$F = \frac{\pi P R^4}{8\eta l}$$

を **Poiseuille（ポアズイユ）の法則**といい，血流量は血管の半径の 4 乗に比例することを示している．

■心拍出量

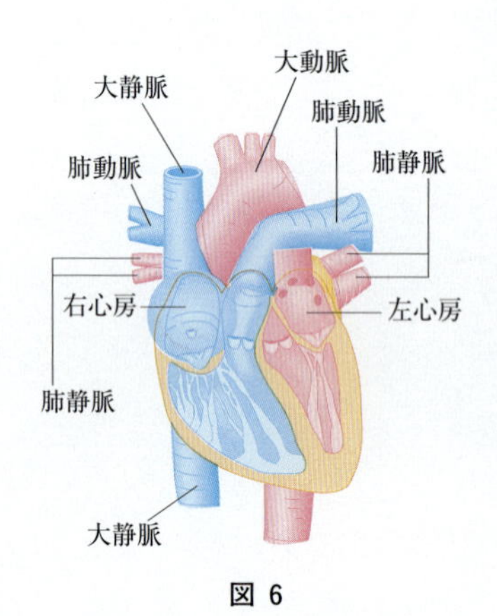

図 6

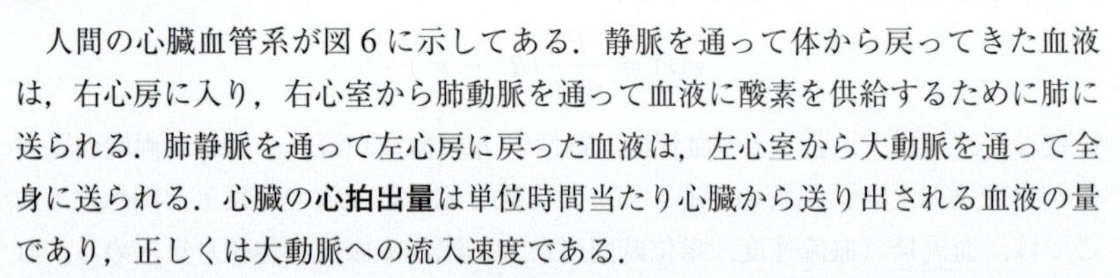

人間の心臓血管系が図 6 に示してある．静脈を通って体から戻ってきた血液は，右心房に入り，右心室から肺動脈を通って血液に酸素を供給するために肺に送られる．肺静脈を通って左心房に戻った血液は，左心室から大動脈を通って全身に送られる．心臓の**心拍出量**は単位時間当たり心臓から送り出される血液の量であり，正しくは大動脈への流入速度である．

心拍出量を測定するために，色素希釈法が使われる．薬剤（色素）が右心房に注入され，心臓を通って大動脈に流れる．大動脈に薬剤の濃度を計測するプローブを入れ，心臓に残った薬剤の濃度が 0 になる時間 T まで，等間隔で薬剤の濃度を測る．$c(t)$ を時間 t における薬剤の濃度とする．時間区間 $[0, T]$ を等時間間隔 Δt の小区間に分割するならば，時間 t_{i-1} から t_i までの区間に測定点を流れる薬剤の量は，F を求めたい流量（体積/時間）として，近似的に

$$(\text{濃度})(\text{体積}) = C(t_i)(F\Delta t)$$

で与えられる．これより，薬剤の総量は近似的に

$$\sum_{i=1}^{n} c(t_i) F\,\Delta t = F\sum_{i=1}^{n} c(t_i)\,\Delta t$$

で与えられるので，$n \to \infty$ とするならば，色素の総量は

$$A = F\int_0^T c(t)\, dt$$

である．よって，心拍出量は

3　$$F = \frac{A}{\displaystyle\int_0^T c(t)\, dt}$$

である．このとき，薬剤の量 A は既知であり，積分は計測値として得られる $c(t)$ から近似することができる．

例 2 薬剤 5 mg を右心房に注入する．大動脈で 1 秒ごとに測定された薬剤濃度（mg/L）の値を表にしてある．心拍出量を求めよ．

t	$c(t)$	t	$c(t)$
0	0	6	6.1
1	0.4	7	4.0
2	2.8	8	2.3
3	6.5	9	1.1
4	9.8	10	0
5	8.9		

［解 説］ $A=5$, $\Delta t=1$, $T=10$ として，Simpson の公式を使って，濃度の積分を近似するならば

$$\int_0^{10} c(t)\,dt \approx \tfrac{1}{3}(0 + 4(0.4) + 2(2.8) + 4(6.5) + 2(9.8) + 4(8.9)$$

$$+ 2(6.1) + 4(4.0) + 2(2.3) + 4(1.1) + 0)$$

$$\approx 41.87$$

であるので，公式 3 より心拍出量は

$$F = \frac{A}{\int_0^{10} c(t)\,dt} \approx \frac{5}{41.87} \approx 0.12 \ (\text{L/s}) = 7.2 \ (\text{L/min})$$

である．

3・4 節末問題

1. 限界費用関数 $C'(x)$ は費用関数の導関数として定義されている（第 I 巻 § 2・7, § 3・7 参照）．織物を x m 生産するための限界費用は

$$C'(x) = 5 - 0.008x + 0.000009x^2$$

である．初期固定費が $C(0)=20{,}000$（ドル）であるとき，実質的変化量の定理（第 I 巻 § 4・4 参照）を使って，最初に 2000 m の織物を生産するのに必要な費用を求めよ．

2. ある会社は，ある製品を x 単位販売するときの限界収入（ドル/単位）を $48-0.0012x$ と見積もっている．この見積もりが正確であるとして，売上げが 5,000 単位から 10,000 単位に増加するときの収入の増加を求めよ．

3. ある鉱山会社が，銅鉱石を採掘するときの限界費用を $0.6+0.008x$（1000 ドル/トン）と見積もっている．初期費用が 100,000 ドルであるとき，最初の 50 トンを採掘するのに必要な費用を求めよ．また，続けて次の 50 トンを採掘するのに必要な費用を求めよ．

4. あるパック旅行の需要関数は $p(x)=2000-46\sqrt{x}$（ドル）である．400 人の旅行者を予定しているときの消費者余剰を求めよ．需要曲線を描き，消費者余剰を面積で示して説明せよ．

5. 需要曲線が $p=450/(x+8)$ で与えられている．販売価格が 10 ドルのときの消費者余剰を求めよ．

6. 商品の**供給関数** $p_s(x)$ は販売価格と生産者がその価格で生産する商品個数との関係を与える．価格が上がれば，生産者はより多くの商品を生産するので p_s は x について増加関数になる．X を現在生産されている商品の量，$P=p_s(X)$ を現在の販売価格とする．ある生産者はより安い値段でつくり売ることを望むことがありえるが，その生産者にとっては，より多くの収入を得ることができる．余剰部分を**生産者余剰**といい，消費者余剰と同様に，生産者余剰も積分で与えられる．

$$\int_0^X (P - p_S(x))\,dx$$

供給関数 $p_s(x)=3+0.01x^2$，生産量 $X=10$ であるときの生産者余剰を求め，供給曲線を描き，生産者余剰を面積で示して説明せよ．

7. 供給曲線が方程式 $p_s=125+0.002x^2$ で与えられていて，販売価格が 625 ドルのときの生産者余剰を求めよ．

8. 純粋な競争市場では，商品の価格は，消費者の需要量と生産者の供給量が一致する点で決まり，この状態を市場均衡という．そしてこのときの価格と取引量は供給曲線と需要曲線の交点の座標で与えられる．

(a) ある商品の需要曲線が $p=50-\frac{1}{20}x$，供給曲線が $p_s=20+\frac{1}{10}x$ であるとき，市場均衡が成り立つときの価格と取引量を求めよ．

(b) 市場均衡であるときの消費者余剰と生産者余剰を求めよ．供給曲線と需要曲線を描き，消費者余剰と生産者余剰を面積で示して説明せよ．

9. 消費者余剰と生産者余剰を足し合わせたものを総余剰といい，経済の健全性を計る指標の一つとして使われている．総余剰は市場均衡の状態で最大値をとる．

(a) x の単位を 1000 台として，ある電機会社のカーステレオの需要曲線は $p(x)=228.4-18x$，供給曲線は $p_s(x)=27x+57.4$ である．このカーステレオが市場均衡であるときの取引量を求めよ．

(b) このカーステレオについて，総余剰の最大値を求めよ．

10. x の単位を 1000 台として，あるカメラ会社が新しいデジタルカメラの需要関数を $p(x)=312e^{-0.14x}$，供給関数を $p_s(x)=26e^{0.2x}$ と見積もっている．総余剰の最大値を求めよ．

11. ある商品の需要曲線は関数

$$p=\frac{800{,}000e^{-x/5000}}{x+20{,}000}$$

で与えられている．計算機を使ってグラフを描き，販売価格が 16 ドルのときの売上個数を求めよ．また，そのときの消費者余剰のおよその値を求めよ．

12. ある映画館はチケットを 10 ドルで売っており，平日の夜は約 500 人の客が入る．調査の結果，チケットを 0.5 ドル安くするごとに客が 50 人ずつ増えると見積もられた．需要関数を求め，チケットを 8 ドルにしたときの消費者余剰を求めよ．

13. 時間 t における会社の資本金を $f(t)$ とするならば，導関数 $f'(t)$ は正味の投資フローである．t の単位を年として，正味の投資フローを $\sqrt{t}$ (100 万ドル/年) とする．4 年目から 8 年目までの資本の増加 (資本形成) を求めよ．

14. t の単位を年として，会社の収益率を

$$f(t)=9000\sqrt{1+2t}\ (\text{ドル/年})$$

とする．最初の 4 年間の総収入を求めよ．

15. ある人の収入が年度 t において $f(t)$ ドルであり，その額が定利率 r で投資され，連続複利で T 年間継続されるとすると，この投資による T 年後の収入は

$$\int_0^T f(t)\,e^{r(T-t)}\,dt$$

で与えられている．$f(t)=8000e^{0.04t}$，$r=6.2$ % であるとき，$T=6$ 年後の収入の値を計算せよ．

16. 収入の流れの現在値とは，前問 15 で考慮した未来の収入額に到達するために現時点で必要な投資額のことをいい，$\int_0^T f(t)\,e^{-rt}\,dt$ で与えられる．前問 15 で検討した収入の流れの現在値を求めよ．

17. Pareto (パレート) の法則によると，収入が $x=a$ から $x=b$ の間の人の数は，A と k を $A>0$，$k>1$ の定数として $N=\int_a^b Ax^{-k}\,dx$ で与えられる．これらの人々の平均収入は

$$\bar{x}=\frac{1}{N}\int_a^b Ax^{1-k}\,dx$$

である．$\bar{x}$ を求めよ．

18. 暑く湿った夏，湖畔のリゾート地ではカが爆発的に発生する．カの個体数の増加率 (個体数/週) は t の単位を週として，$2200+10e^{0.8t}$ と見積もられる．夏季第 5 週から第 9 週の間でカの個体数はどれだけ増加するか．

19. Poiseuille の法則を使って，$l=2$ (cm)，$R=0.008$ (cm)，$P=4000$ (dyn/cm^2) であるとき，$\eta=0.027$ の小動脈の血流量を求めよ．

20. 高血圧は動脈の狭窄 (きょうさく) に起因する．狭窄が起こると，正常な血流量を確保するために，心臓はより強く拍動し，結果として血圧が上がる．Poiseuille の法則を使って，動脈の半径と血圧の正常値を R_0 と P_0，狭窄の起こった動脈の半径と血圧の値を R と P とするとき，血流量が同じならば，次の関係式が成立することを示せ．

$$\frac{P}{P_0}=\left(\frac{R_0}{R}\right)^4$$

これより，動脈の半径が $\frac{3}{4}$ になると，血圧は 3 倍以上になることを示せ．

21. 6 mg の色素を使って，色素希釈法により心拍出量を測定する．t の単位を秒として，色素の濃度が $c(t)=20te^{-0.6t}$ (mg/L)，$0\leqq t\leqq 10$ であったとき，心拍出量を求めよ．

22. 心臓に 5.5 mg の色素を注入した後，色素の濃度 (mg/L) を 2 秒ごとに測り，表にした．Simpson の公式を使って，心拍出量を求めよ．

t	$c(t)$	t	$c(t)$
0	0.0	10	4.3
2	4.1	12	2.5
4	8.9	14	1.2
6	8.5	16	0.2
8	6.7		

23. グラフは心臓に 7 mg の色素を注入した後の濃度関数 $c(t)$ を表している．Simpson の公式を使って，心拍出量を求めよ．

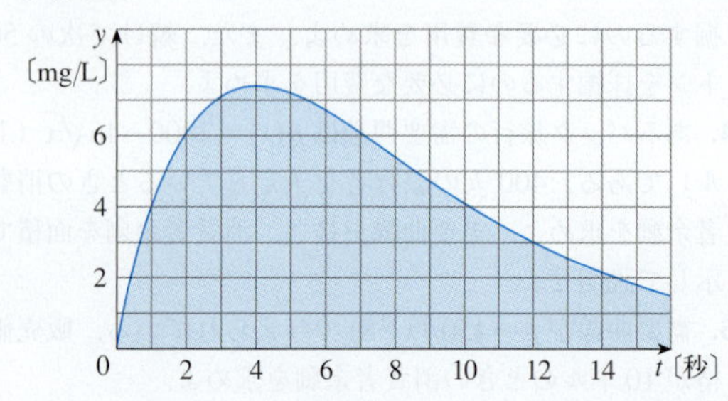

3・5 確　率

微分積分学は確率的現象の解析にも役立っている．ある年齢層から無作為に選んだ人のコレステロール値，無作為に選んだ成人女性の身長，ある種類の電池の集まりの中から無作為に選んだ電池の寿命などを考える．これらの量は，測定の際に最も近い整数値で記録されることがあるが，実際は実数区間に値をとる．そのため，（**連続**）**確率変数**とよばれる．血中コレステロール値が 250 を超える確率，成人女性の身長が 150〜170 cm である確率，購入した電池の寿命が 100〜200 時間である確率を知りたいとする．X でその種の電池の寿命を表すならば，電池の寿命の確率は次のように書ける．"確率"を"事象の起こる相対頻度"と理解する方式に従えば，この数はある種類の電池のすべてのうちで，その寿命が 100〜200 時間であるものの比率を表している．

$$P(100 \leqslant X \leqslant 200)$$

これが表しているのは比率であるので，確率は当然 0 から 1 の間の値をとる．

連続な確率変数 X にはいろいろな種類があるが，ここでは積分の応用として考えるので，**確率密度関数** f をもつもののみを考える．すなわち，X が a から b の間にある値をとる確率が，f を a から b まで積分することで求められるもののみを考察する*．

1　$$P(a \leqslant X \leqslant b) = \int_a^b f(x)\,dx$$

* 確率密度関数を扱うときは，常に，"確率変数 X の値がある区間に入る確率を求める"というように使うことに注意する．たとえば，$X = a$ となる確率を求めることはできない．

たとえば，図 1 は米国の成人女性の身長を表すモデルとされた確率変数 X の確率密度関数 f のグラフである．この母集団から無作為に選んだ米国の成人女性の身長が 150〜180 cm の間にある確率は，f のグラフが 150 から 180 の間でつくる領域の面積に等しい．

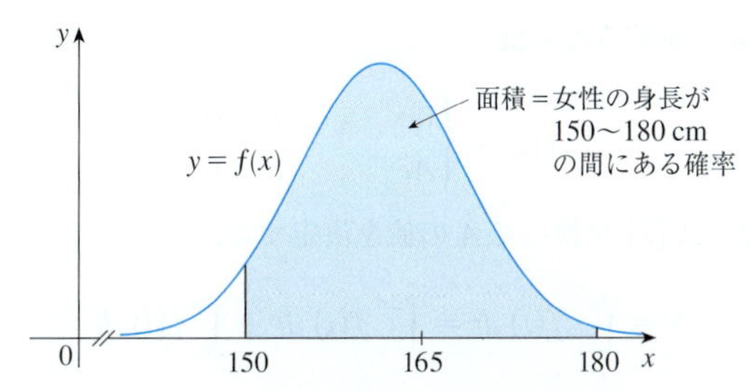

図 1　成人女性の身長の確率密度

一般に，確率変数 X の確率密度関数 f は，すべての x について条件 $f(x) \geqslant 0$ を満たす．かつ，確率は 0 から 1 の間の値をとるので，

2　$$\int_{-\infty}^{\infty} f(x)\,dx = 1$$

である．

例 1　$f(x) = \begin{cases} 0.006x(10-x), & 0 \leqslant x \leqslant 10 \\ 0, & x < 0 \text{ あるいは } x > 10 \end{cases}$ とする．

(a) f が確率密度関数であることを示せ．

(b) $P(4 \leqslant X \leqslant 8)$ を求めよ．

［解 説］ (a) $0 \leqslant x \leqslant 10$ について $0.006x(10-x) \geqslant 0$ であるので，すべての x について $f(x) \geqslant 0$ である．よって，式 2 を満たすことだけを示す．

$$\int_{-\infty}^{\infty} f(x)\,dx = \int_0^{10} 0.006x(10-x)\,dx = 0.006\int_0^{10}(10x - x^2)\,dx$$

$$= 0.006\left[5x^2 - \tfrac{1}{3}x^3\right]_0^{10} = 0.006\left(500 - \tfrac{1000}{3}\right) = 1$$

これより，f は確率密度関数である．

(b) X の値が 4 から 8 の間の値をとる確率は，

$$P(4 \leqslant X \leqslant 8) = \int_4^8 f(x)\,dx = 0.006\int_4^8 (10x - x^2)\,dx$$

$$= 0.006\left[5x^2 - \tfrac{1}{3}x^3\right]_4^8 = 0.544$$

である．

例 2　一般に，待ち時間やある装置が壊れるまでの時間は，指数関数的に減少する確率密度関数によってモデル化される．このような確率密度関数の正確な形を記せ．

［解 説］ 確率変数として，あるコールセンターに電話をかけて，担当者が応答するまでの時間を考える．時間を問題にしているので，変数として x の代わりに t を使って，単位は分とする．f を確率密度関数として，時間 $t=0$ で電話をかけたとするならば，定義 1 より $\int_0^2 f(t)\,dt$ は 2 分以内に担当者が応答する確率であり，$\int_4^5 f(t)\,dt$ は 4 分以上 5 分以内に応答する確率である．

電話をかけなかれば担当者が応答することはないので，$t<0$ については当然 $f(t)=0$ である．$t \geqslant 0$ については減少する指数関数，すなわち，A と c を正定数として $f(t)=Ae^{-ct}$ を使うならば

$$f(t) = \begin{cases} 0, & t < 0 \\ Ae^{-ct}, & t \geqslant 0 \end{cases}$$

である．ここで，式 2 を使って A の値を決定する．

$$1 = \int_{-\infty}^{\infty} f(t)\,dt = \int_{-\infty}^{0} f(t)\,dt + \int_0^{\infty} f(t)\,dt$$

$$= \int_0^{\infty} Ae^{-ct}dt = \lim_{x\to\infty}\int_0^x Ae^{-ct}\,dt$$

$$= \lim_{x\to\infty}\left[-\frac{A}{c}e^{-ct}\right]_0^x = \lim_{x\to\infty}\frac{A}{c}(1 - e^{-cx})$$

$$= \frac{A}{c}$$

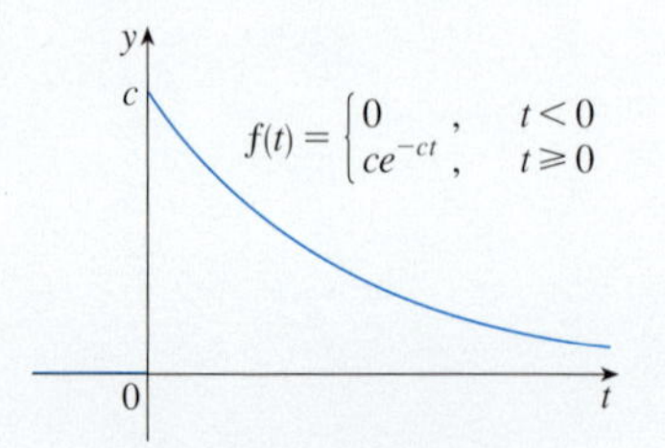

図 2　確率分布の指数密度関数

であるので，$A/c=1$ すなわち $A=c$ より，指数分布の確率密度関数は

$$f(t) = \begin{cases} 0, & t < 0 \\ ce^{-ct}, & t \geqslant 0 \end{cases}$$

である．典型的なグラフを図 2 に示す．

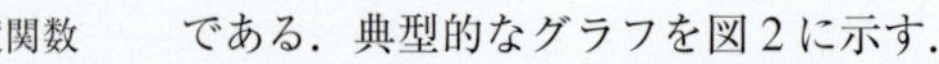

平 均 値

あるコールセンターに電話をかけるとき，平均してどのくらい待たされるかを考える．t の単位を分，待ち時間を表す確率変数の確率密度関数を $f(t)$ として，コールセンターに電話をかける N 人について考える．1 時間以上待たされるということはありえないので，時間区間を $0 \leqslant t \leqslant 60$ に制限して考えよう．この区間 $[0, 60]$ を端点が $t_0 = 0, t_1, t_2, \cdots, t_n = 60$ である等区間幅 Δt の小区間に分割する（たとえば Δt を 1 分，30 秒，10 秒，1 秒とする）．時間 t_{i-1} から t_i の間に電話がつながる確率は，$y = f(t)$，$y = 0$，$t = t_{i-1}$，$t = t_i$ で囲まれた領域の面積で与えられ，これは $\bar{t}_i$ を区間の中点として，近似的に $f(\bar{t}_i)\Delta t$ である（これは，$\bar{t}_i$ を区間の中点としたときの図 3 で示した近似長方形の面積である）．

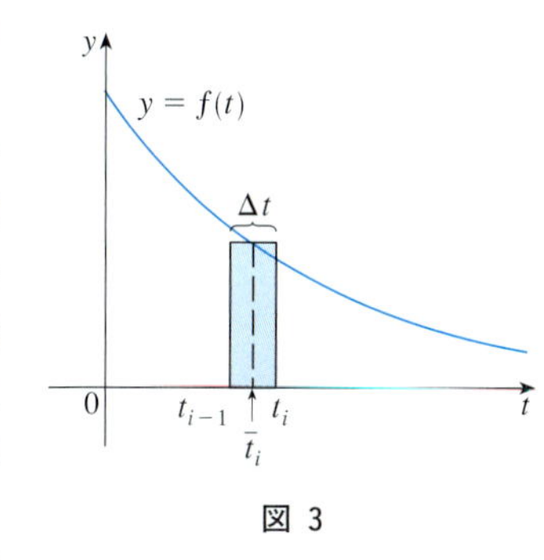

図 3

時間区間 t_{i-1} から t_i の間に，電話がつながる確率は $f(\bar{t}_i)\Delta t$ であるので，電話をかけた N 人中，その時間区間に電話がつながる人数は $Nf(\bar{t}_i)\Delta t$ であり，それぞれの待ち時間は約 $\bar{t}_i$ 分である．よって，電話がつながる人の待ち時間の合計は約 $\bar{t}_i\,(Nf(\bar{t}_i)\Delta t)$ である．これをすべての時間区間について足し合わせると，N 人すべての待ち時間の合計

$$\sum_{i=1}^{n} N\bar{t}_i\, f(\bar{t}_i)\, \Delta t$$

となる．これを人数 N で割るならば，一人当たりの平均待ち時間が得られる．

$$\sum_{i=1}^{n} \bar{t}_i\, f(\bar{t}_i)\, \Delta t$$

これは，関数 $tf(t)$ の Riemann 和であるので，時間区間を小さくする（すなわち $n \to \infty$ として $\Delta t \to 0$ とする）ならば，Riemann 和は積分

$$\int_0^{60} t\, f(t)\, dt$$

に近づく．この積分は平均待ち時間とよばれる．

一般に，確率密度関数 f の**平均**を次のように定義する*．

$$\mu = \int_{-\infty}^{\infty} x\, f(x)\, dx$$

* 慣習として，平均を表す際，ギリシャ文字 μ（ミュー小文字）を用いる．

確率密度関数の平均は，確率変数 X の長時間にわたった平均値として，あるいは確率密度関数の中心がどこにあるかを表す量として説明できる．

平均の定義式は以前みた積分と類似している．$\mathcal{R}$ を確率密度関数 f のグラフと x 軸によってつくられる領域とするならば，式 2 が成り立っているので，$\mathcal{R}$ の重心の x 座標は §3・3 公式 8 より

$$\bar{x} = \frac{\displaystyle\int_{-\infty}^{\infty} x\, f(x)\, dx}{\displaystyle\int_{-\infty}^{\infty} f(x)\, dx} = \int_{-\infty}^{\infty} x\, f(x)\, dx = \mu$$

である．領域 $\mathcal{R}$ の形状をした薄板は，垂線 $x = \mu$ 上のある点で釣り合う（図 4）．

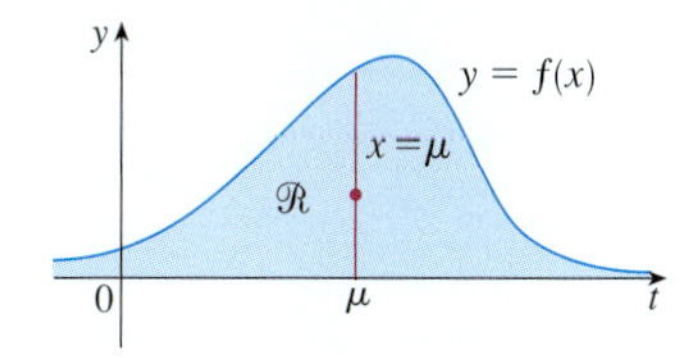

図 4　領域 $\mathcal{R}$ の重心は直線 $x = \mu$ 上にある．

例 3　例 2 の指数分布

$$f(t) = \begin{cases} 0\,, & t < 0 \\ ce^{-ct}\,, & t \geqslant 0 \end{cases}$$

の平均を求めよ．

［解 説］ 平均の定義より，

$$\mu = \int_{-\infty}^{\infty} t f(t)\, dt = \int_0^{\infty} tce^{-ct}\, dt$$

である．この積分は，$u=t$，$dv=ce^{-ct}$ とおくと，$du=dt$，$v=-e^{-ct}$ となるので，部分積分をすれば，

$$\int_0^{\infty} tce^{-ct} dt = \lim_{x\to\infty} \int_0^x tce^{-ct} dt = \lim_{x\to\infty}\left(\Big[-te^{-ct}\Big]_0^x + \int_0^x e^{-ct} dt\right)$$

$$= \lim_{x\to\infty}\left(-xe^{-cx} + \frac{1}{c} - \frac{e^{-cx}}{c}\right) = \frac{1}{c}$$

第 1 項の極限は l'Hospital の定理より 0 である．

である．指数分布の平均は $\mu=1/c$ であるので，指数分布の確率密度関数は

$$f(t) = \begin{cases} 0, & t < 0 \\ \mu^{-1} e^{-t/\mu}, & t \geqq 0 \end{cases}$$

と書き直すことができる．

例 4　あるコールセンターに電話をかけるときの平均待ち時間は 5 分である．待ち時間は指数分布であるとせよ．

(a) 最初の 1 分間で電話がつながる確率を求めよ．

(b) 電話がつながるまでに 5 分以上待つ確率を求めよ．

［解 説］ (a) 指数分布の平均が $\mu=5$（分）であるので，例 3 より，確率密度関数は t の単位を分として，

$$f(t) = \begin{cases} 0, & t < 0 \\ 0.2e^{-t/5}, & t \geqq 0 \end{cases}$$

である．よって，最初の 1 分間で電話がつながる確率は

$$P(0 \leqq T \leqq 1) = \int_0^1 f(t)\, dt$$

$$= \int_0^1 0.2e^{-t/5}\, dt = \Big[0.2(-5)e^{-t/5}\Big]_0^1$$

$$= 1 - e^{-1/5} \approx 0.1813$$

であり，約 18 % である．

(b) 電話がつながるまでに 5 分以上待つ確率は

$$P(T > 5) = \int_5^{\infty} f(t)\, dt = \int_5^{\infty} 0.2e^{-t/5}\, dt$$

$$= \lim_{x\to\infty} \int_5^x 0.2e^{-t/5}\, dt = \lim_{x\to\infty} (e^{-1} - e^{-x/5})$$

$$= \frac{1}{e} - 0 \approx 0.368$$

であり，約 37 % である．

例 4(b) の結果から，平均待ち時間は 5 分であっても，5 分以上待たなければならない人は 37 % しかいないことに注意すべきである．一部の人が 10 分，15 分ともっと長い時間待たされていて，それが平均を引き上げるのである．

確率密度関数を特徴づける他のパラメーターとして中央値（メジアン）がある．これは待ち時間 m 以下の人と，待ち時間 m 以上の人とが同数となる m である．一般に，確率密度関数 f の**中央値**（**メジアン**）は

$$\int_m^{\infty} f(x)\,dx = \frac{1}{2}$$

となる m である．これは，f のグラフと x 軸がつくる領域の面積半分は，$x=m$ の右側の面積と等しいことを意味する．節末問題9では，例4で説明した待ち時間の中央値が約3.5分であることを問う．

正規分布

適性検査の得点，単一人種からなる集団の身長と体重，ある地点の年間降雨量など，多くの重要なランダムな現象は**正規分布**によってモデル化される．正規分布の確率密度関数は，平均 μ と，標準偏差とよばれる正定数 σ より，

$$f(x) = \frac{1}{\sigma\sqrt{2\pi}}\, e^{-(x-\mu)^2/(2\sigma^2)} \qquad \boxed{3}$$

と表される．この関数の平均が μ であることは確かめることができる．正定数 σ は**標準偏差**とよばれ*，X の値の散らばり具合をはかる値である．図5の確率密度関数の釣鐘形（ベル形）のグラフから，σ 値が小さいほど X の値は平均 μ のまわりに集まり，σ 値が大きいほど X の値は散らばる．統計学者は，一連のデータから μ と σ の値を推定する方法を確立している．

* 慣習として，標準偏差を表す際，ギリシャ文字 σ（シグマ小文字）を用いる．

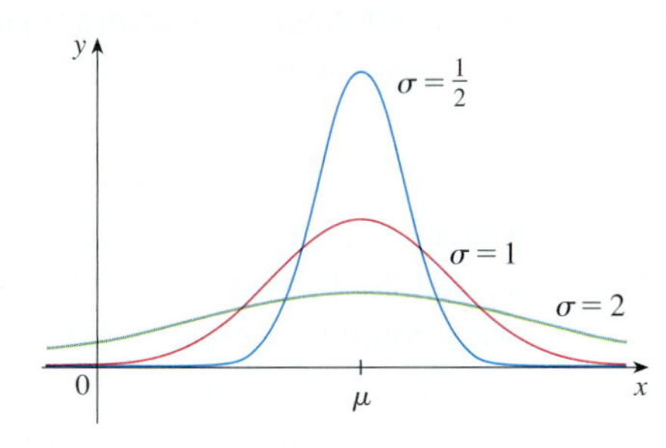

図5　正規分布

式 $\boxed{3}$ の項 $1/(\sigma\sqrt{2\pi})$ は f を確率密度関数にするために必要な定数であって，実際2変数の積分を使うことにより

$$\int_{-\infty}^{\infty} \frac{1}{\sigma\sqrt{2\pi}}\, e^{-(x-\mu)^2/(2\sigma^2)}dx = 1$$

であることが示せる．

例 5　知能指数（IQ）は平均100，標準偏差15の正規分布をなすように定義されている（図6は知能指数の確率密度関数である）．

(a) IQ が 85〜115 の人は，全体の何%を占めるか．

(b) IQ が 140 以上の人は，全体の何%を占めるか．

［解　説］ (a) IQ は正規分布に従うので，式 $\boxed{3}$ の確率密度関数を $\mu=100$，$\sigma=15$ として

$$P(85 \leqslant X \leqslant 115) = \int_{85}^{115} \frac{1}{15\sqrt{2\pi}}\, e^{-(x-100)^2/(2\cdot 15^2)}dx$$

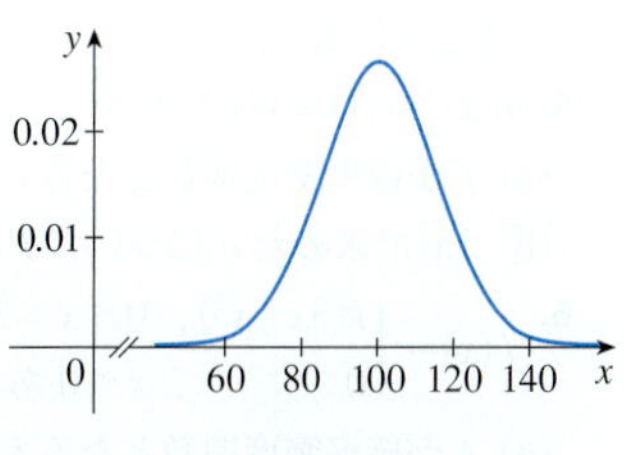

図6

である．§2·5 を思い出せば，$y=e^{-x^2}$ は初等関数で原始関数を表せないので，このままでは積分を正確に求められない．しかし，計算機（あるいは中点公式，Simpson の公式）を使って，近似値を求めることはできる．それによれば，

$$P(85 \leqslant X \leqslant 115) \approx 0.68$$

であるので，IQ が 85〜115，すなわち平均（100）から標準偏差（1σ，15）以内の人は約 68 % である．

(b) 無作為に選んだ人の IQ が 140 以上である確率は

$$P(X > 140) = \int_{140}^{\infty} \frac{1}{15\sqrt{2\pi}} e^{-(x-100)^2/450} dx$$

である．ここでは広義積分を避けるために，IQ が 200 以上の人はほとんどいないことから，積分域を 140 から 200 に制限して近似値を求める．

$$P(X > 140) \approx \int_{140}^{200} \frac{1}{15\sqrt{2\pi}} e^{-(x-100)^2/450} dx \approx 0.0038$$

よって，IQ が 140 以上の人は 0.4 % である．■

3・5 節末問題

1. $f(x)$ はある製造会社のつくる最高級のタイヤの寿命に関する確率密度関数である（x の単位は km）．次の積分の意味を説明せよ．

(a) $\int_{30,000}^{40,000} f(x)\,dx$　　(b) $\int_{25,000}^{\infty} f(x)\,dx$

2. $f(t)$ はある人が登校に要する時間に関する確率密度関数である（t の単位は分）．次の確率を積分で表せ．

(a) 15 分以内に学校に着く確率

(b) 学校に着くのに 30 分以上かかる確率

3. $f(x)=\begin{cases} 30x^2(1-x^2), & 0 \leqslant x \leqslant 1 \\ 0 & , x<0 \text{ あるいは } x>1 \end{cases}$ とする．

(a) f が確率密度関数であることを示せ．

(b) $P(X \leqslant \frac{1}{3})$ を求めよ．

4.
$$f(x) = \frac{e^{3-x}}{(1+e^{3-x})^2}$$

はロジスティック分布の確率密度関数の 1 例である．

(a) f が確率密度関数であることを示せ．

(b) $P(3 \leqslant X \leqslant 4)$ を求めよ．

(c) 計算機を使って f のグラフを描け．平均値と中央値はどこにあるか．

5. $f(x)=c/(1+x^2)$ とする．

(a) f が確率密度関数となる c の値を求めよ．

(b) (a)で求めた c について $P(-1<X<1)$ を求めよ．

6. $f(x)=\begin{cases} k(3x-x^2), & 0 \leqslant x \leqslant 3 \\ 0 & , x<0 \text{ あるいは } x>3 \end{cases}$ とする．

(a) f が確率密度関数となる k の値を求めよ．

(b) (a)で求めた k について $P(X>1)$ を求めよ．

(c) 平均値を求めよ．

7. ルーレットに似ていて，ルーレットは整数が対応するが，これは円板の中心に回転する針があり，その針は円板の周上に記された 0 から 10 までの実数のどれかを指す．ある数が円周のある区間に入っている確率は，他の同じ長さの円周上の区間に入る確率と等しいとする．

(a) これを表す確率密度関数は

$$f(x) = \begin{cases} 0.1, & 0 \leqslant x \leqslant 10 \\ 0\ , & x < 0 \text{ あるいは } x > 10 \end{cases}$$

であることを説明せよ．

(b) 直観的に平均値を推測せよ．積分を求めることによってその値を確かめよ．

8. (a) 図に示されたグラフの関数が確率密度関数であることを説明せよ．

(b) グラフを使って，次の確率を求めよ．

(i) $P(X < 3)$　　(ii) $P(3 \leqslant X \leqslant 8)$

(c) 平均値を求めよ．

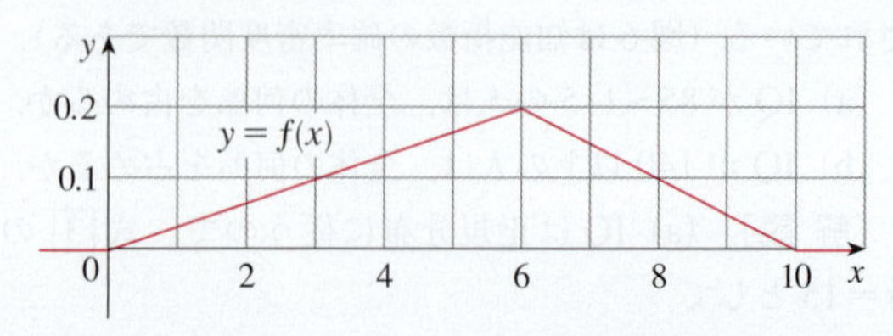

9. 例 4 で与えた電話の待ち時間の中央値が約 3.5 分であることを示せ．

10. (a) ある電球は，平均寿命が1000時間であると説明書に書いてある．電球の寿命が切れる確率を，平均値 $\mu=1000$ の指数分布の確率密度関数でモデル化する．このモデルを使って，次の確率を求めよ．

(i) 200時間以内に寿命が切れる確率

(ii) 800時間以上寿命がある確率

(b) この電球の寿命の中央値を求めよ．

11. オンライン小売業者は，クレジットカードが承認されるまでの平均待ち時間が1.6秒であると推測した．待ち時間分布として指数分布を使って，次の問いに答えよ．

(a) 客の承認待ち時間が1秒以下である確率を求めよ．

(b) 客の待ち時間が3秒以上である確率を求めよ．

(c) 待ち時間が長い方から5％の人の最短待ち時間を求めよ．

12. 連鎖球菌の感染から喉の痛みが現れるまでの時間は，近似的に確率密度関数

$$f(t)=\begin{cases}\frac{1}{15{,}676}t^2e^{-0.05t}, & 0\leqslant t\leqslant 150\\ 0 \quad , & t<0 \text{ あるいは } t>150\end{cases}$$

をもつ確率変数で表される．

(a) 感染した患者に48時間以内に症状が現れる確率を求めよ．

(b) 感染した患者に36時間以内に症状が現れない確率を求めよ．

(出典：P. Sartwell, "The Distribution of Incubation Periods of Infectious Disease", *American Journal of Epidemiology*, **141**, 386 (1995))

13. レム睡眠は最も活発に夢を見ている睡眠状態である．研究によれば，眠りについてから最初の4時間におけるレム睡眠の発現時間は，確率密度関数

$$f(t)=\begin{cases}\frac{1}{1600}t \quad , & 0\leqslant t\leqslant 40\\ \frac{1}{20}-\frac{1}{1600}t, & 40<t\leqslant 80\\ 0 \quad , & t<0 \text{ あるいは } t>80\end{cases}$$

をもつ確率変数で表される．

(a) 眠り始めて30〜60分の間にレム睡眠が発現する割合を求めよ．

(b) レム睡眠の発現量の平均値を求めよ．

14. 国民健康調査によると，米国の成人男性の平均身長は69インチ（約175.3 cm），標準偏差は2.8インチ（7.1 cm）で正規分布をなす．

(a) 無作為に選んだ成人男性の身長が65〜73インチである確率を求めよ．

(b) 72インチ以上の成人男性は全体の何％を占めるか．

15. アリゾナ大学の調査によると，家庭から出される紙ゴミの量は，1週間に平均して4.3 kg，標準偏差は1.9 kgの正規分布をなす．1週間に5 kg以上紙ゴミを出す家庭は全体の何％を占めるか．

16. シリアルの箱に内容量500 gと表示されている．シリアルは機械によって箱に詰められ，内容量は標準偏差12 gの正規分布をなす．

(a) 500 gを目標に詰めるならば，内容量が480 g以下の製品は全体の何％になるか．

(b) 法律により，内容量が表示重量（500 g）より少ない製品は全体の5％以下としなければならないと定められている．何gを目標にして詰めればよいか．

17. 制限速度100 km/hの高速道路における車の速度は平均速度112 km/h，標準偏差8 km/hの正規分布をなしている．

(a) 制限速度以下の速度で走っている車の割合を求めよ．

(b) 125 km/h以上の車を取締まるならば，全体の何％の車が標的となるか．

18. 正規分布の確率密度関数の変曲点は $x=\mu\pm\sigma$ であることを示せ．

19. 正規分布において，確率変数の値が平均±標準偏差の間に入る確率を求めよ．

20. 確率密度関数 f，平均 μ の確率変数の標準偏差を

$$\sigma=\left[\int_{-\infty}^{\infty}(x-\mu)^2f(x)\,dx\right]^{1/2}$$

で定義する．平均 μ の指数分布の確率密度関数の標準偏差を求めよ．

21. 水素原子は原子核にある一つの陽子と，一つの電子からなる．量子論によれば，電子は一つの軌道を点として動くのではなく，原子核の周りに分布した負の電荷をもつ"雲"のような状態であると考えられている．基底状態または1s軌道といわれる，エネルギー準位が最底状態のときの雲の形は，原子核を中心とする球形である．この球は，a_0 をBohr（ボーア）半径（$a_0\approx5.59\times10^{-11}$ m）として，確率密度関数

$$p(r)=\frac{4}{a_0^3}r^2e^{-2r/a_0} \qquad r\geqslant 0$$

で与えられる．積分

$$P(r)=\int_0^r\frac{4}{a_0^3}s^2e^{-2s/a_0}\,ds$$

は，電子が中心の原子核から半径rの位置に存在する確率を示す．

(a) $p(r)$ が確率密度関数であることを示せ．

(b) $\lim_{r\to\infty}p(r)$ を求めよ．$p(r)$ が最大値をとる r を求めよ．

(c) 計算機を使って，確率密度関数のグラフを描け．

(d) 電子が中心の原子核から半径 $4a_0$ の球の中にある確率を求めよ．

(e) 基底状態にある水素原子の電子の平均半径を求めよ．

3 章末問題

概念の理解の確認

1. (a) 曲線の長さをどのように定義するか.
(b) $y=f(x)$, $a\leqslant x\leqslant b$ で与えられる滑らかな曲線の長さを求める式を記せ.
(c) (b)について, x が y の関数として与えられる場合を記せ.

2. (a) 曲線 $y=f(x)$, $a\leqslant x\leqslant b$ を x 軸のまわりに回転させて得られる回転面の面積を求める式を記せ.
(b) (a)について, x が y の関数として与えられる場合を記せ.
(c) 曲線を y 軸のまわりに回転させて得られる回転面の面積を求める式を記せ.

3. 流体中に沈んでいる垂直な壁にかかる流体による力の求め方を説明せよ.

4. (a) 薄板の重心の物理的意味は何か.
(b) 板の形状が $y=f(x)$, $y=0$, $a\leqslant x\leqslant b$ で与えられているとき, 重心の座標を求めよ.

5. Pappus の定理を説明せよ.

6. ある商品の需要関数 $p(x)$ が与えられている. 現在販売可能な商品の量が X, 現在の販売価格が P であるとき, 消費者余剰について図を使って説明せよ.

7. (a) 心臓の心拍出量とは何か.
(b) 心拍出量の色素希釈法による計測について説明せよ.

8. 確率密度関数とは何か. その関数はどのような性質をもっているか.

9. $f(x)$ は女子大学生の体重の確率密度関数とする (x の単位は kg).
(a) 積分 $\int_0^{55} f(x)\,dx$ は何を意味しているか.
(b) 確率密度関数の平均値を与える式を記せ.
(c) 確率密度関数の中央値 (メジアン) はどのようにして求めるか.

10. 正規分布とは何か. 標準偏差の重要性を説明せよ.

章末問題

1-3 曲線の長さを求めよ.

1. $y = 4(x-1)^{3/2}$,　$1\leqslant x\leqslant 4$

2. $y = 2\log\left(\sin\frac{1}{2}x\right)$,　$\pi/3\leqslant x\leqslant \pi$

3. $12x = 4y^3 + 3y^{-1}$,　$1\leqslant y\leqslant 3$

4. 曲線を

$$y = \frac{x^4}{16} + \frac{1}{2x^2} \qquad 1\leqslant x\leqslant 2$$

とする.
(a) 曲線の長さを求めよ.
(b) 曲線を y 軸のまわりに回転して得られる回転面の面積を求めよ.

5. C を曲線 $y=2/(x+1)$ の点 $(0, 2)$ から点 $(3, \frac{1}{2})$ までの弧とする. 計算機を使って, 次の値を小数点以下 4 桁まで求めよ.
(a) C の長さ
(b) C を x 軸のまわりに回転して得られる回転面の面積
(c) C を y 軸のまわりに回転して得られる回転面の面積

6. 曲線を $y=x^2$, $0\leqslant x\leqslant 1$ とする.
(a) 曲線を y 軸のまわりに回転して得られる回転面の面積を求めよ.
(b) 曲線を x 軸のまわりに回転して得られる回転面の面積を求めよ.

7. $n=10$ として Simpson の公式を使って, 曲線 $y=\sin x$, $0\leqslant x\leqslant \pi$ の長さを求めよ.

8. $n=10$ として Simpson の公式を使って, 曲線 $y=\sin x$, $0\leqslant x\leqslant \pi$ を x 軸のまわりに回転して得られる回転面の面積を求めよ.

9. 次の曲線の長さを求めよ.

$$y = \int_1^x \sqrt{\sqrt{t}-1}\,dt \qquad 1\leqslant x\leqslant 16$$

10. 前問 9 の曲線を y 軸のまわりに回転して得られる回転面の面積を求めよ.

11. 用水路に, 底辺の幅 1 m, 上辺の幅 2 m, 高さ 1 m の台形取水用ゲートが設けてあり, 水位はゲートのちょうど上面に位置する. ゲートの片面にかかる水による力を求めよ.

12. 図に示すような端面が垂直で, その形状が放物線である桶に水が満たされている. 端面にかかる水による力を求めよ.

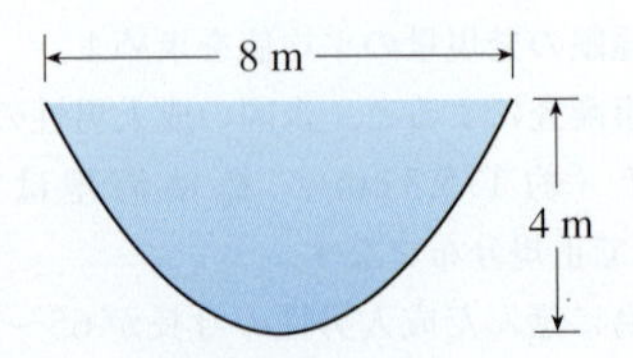

13-14 示された領域の重心を求めよ.

13.

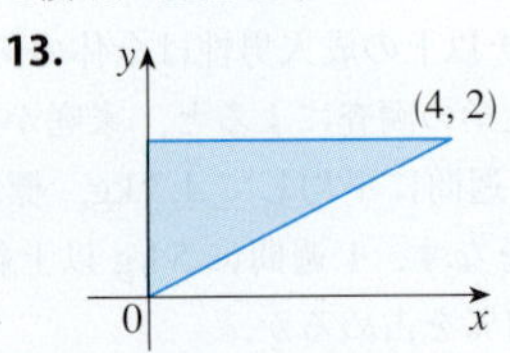

14.

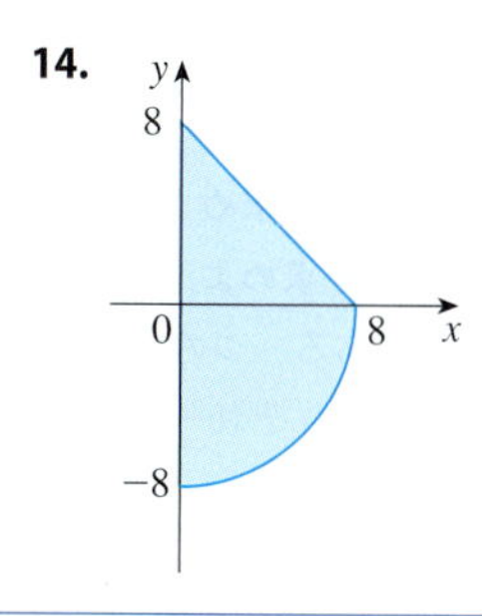

15-16　曲線で囲まれた領域の重心を求めよ．

15. $y=\frac{1}{2}x,\quad y=\sqrt{x}$

16. $y=\sin x,\quad y=0,\quad x=\pi/4,\quad x=3\pi/4$

17. 中心 $(1, 0)$，半径 1 の円を y 軸のまわりに回転して得られる回転体の体積を求めよ．

18. Pappus の定理と，半径 r の球の体積が $\frac{4}{3}\pi r^3$ であることを使って，曲線 $y=\sqrt{r^2-x^2}$ と $y=0$ で囲まれた半円の重心を求めよ．

19. ある商品の需要関数は

$$p=2000-0.1x-0.01x^2$$

である．販売する商品の時価が 100 であるときの消費者余剰を求めよ．

20. 薬剤 6 mg を心臓に注入した後，2 秒ごとに測定した薬剤濃度の値が表にしてある．Simpson の公式を使って，心拍出量を求めよ．

t	$c(t)$	t	$c(t)$
0	0	14	4.7
2	1.9	16	3.3
4	3.3	18	2.1
6	5.1	20	1.1
8	7.6	22	0.5
10	7.1	24	0
12	5.8		

21. (a) 関数

$$f(x)=\begin{cases}\dfrac{\pi}{20}\sin\left(\dfrac{\pi x}{10}\right), & 0\leqq x\leqq 10\\ 0 & , \quad x<0 \text{ あるいは } x>10\end{cases}$$

が確率密度関数であることを示せ．

(b) $P(X<4)$ を求めよ．

(c) 平均値を求めよ．その値は予想通りの値であるか．

22. 人の妊娠期間は平均 268 日，標準偏差 15 日の正規分布をなす．妊娠期間が 250〜280 日である人は何 % を占めるか．

23. ある銀行の窓口の待ち時間は，平均 8 分の指数分布で与えられる．

(a) 客が 3 分以内にサービスを受けられる確率を求めよ．

(b) 客がサービスを受けるまでに 10 分以上待たされる確率を求めよ．

(c) 待ち時間の中央値を求めよ．

3 追加問題

1. 領域 $S=\{(x,y)\,|\,x\geqq 0, y\leqq 1, x^2+y^2\leqq 4y\}$ の面積を求めよ．

2. 曲線 $y^2=x^3-x^4$ によって囲まれた領域の重心を求めよ．

3. 半径 r の球を，球の中心から距離 d の位置にある一つの平面によって，二つの部分に分割する．この二つの部分の球面領域を，それぞれ一つの平面によって分割された球面領域とよぶ．

(a) 左の図で示された二つの球面領域の面積を求めよ．

(b) 北極海を，北極を中心とする北緯 75° 以上の“球面領域”と仮定して，面積の概数を求めよ．地球の半径は 6370 km とする．

(c) 半径 r の円筒に，半径 r の球が内接している（右の図）．円筒の中心軸に垂直で，間隔が h の 2 平面によって，球が 3 分割されている．2 平面に挟まれた部分の球面の面積は，2 平面に挟まれた部分の円柱の側面積と等しいことを示せ．

(d) 地表上で南北両回帰線（南緯 23.45° と北緯 23.45°）に挟まれた地帯を熱帯という．熱帯の面積を求めよ．

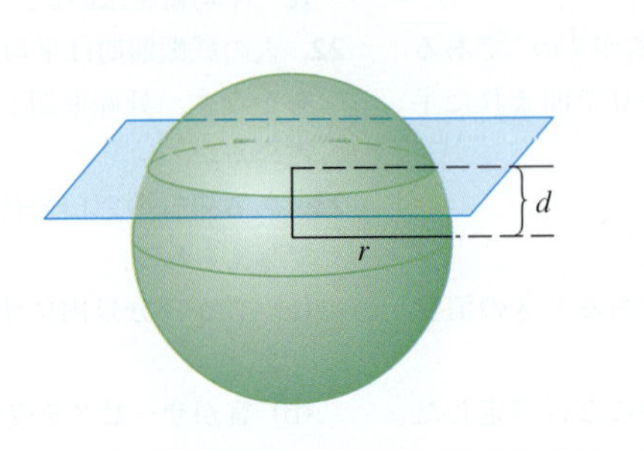

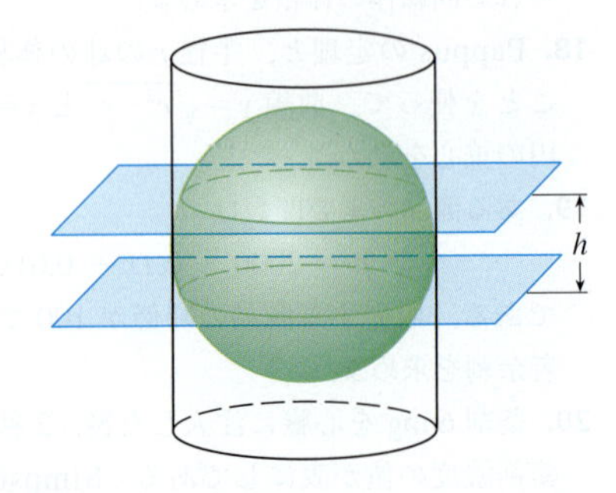

問題 3 の図

4. (a) 半径 r の球の北極地点上，距離 H の高さに観測者がいるとする．ここから観測しうる球面の面積は

$$\frac{2\pi r^2 H}{r+H}$$

であることを示せ．

(b) 半径 r と R の二つの球が，中心間の距離 d，$d>r+R$ の位置に置かれている．2 中心を結ぶ線上に点光源を置いて，なるべく広く 2 球面を照らしたい．光源をどこに置いたらよいか．

5. (a) 海水の密度 $\rho=\rho(z)$ は水深 z によって決まるとする．(海)水圧は g を重力加速度として，微分方程式

$$\frac{dP}{dz}=\rho(z)g$$

で与えられることを示せ．P_0 と ρ_0 を $z=0$ のときの水圧と密度として，水深 z における水圧を積分で表せ．

(b) 水深 z における海水の密度は，H を正定数として，$\rho=\rho_0 e^{z/H}$ とする．中心が水深 L にある半径 r（$L>r$）の垂直丸窓にかかる海水による力を，積分を使って表せ．

6. 図が示しているのは，半径 1 の半円と，半円の直径となる線分 PQ，および P, Q における接線である．ここに，線分 PQ に平行な線分をひくと，水色の領域がつくられる．この面積が最小となるのは，その線分が線分 PQ からどれだけ離れているときか．

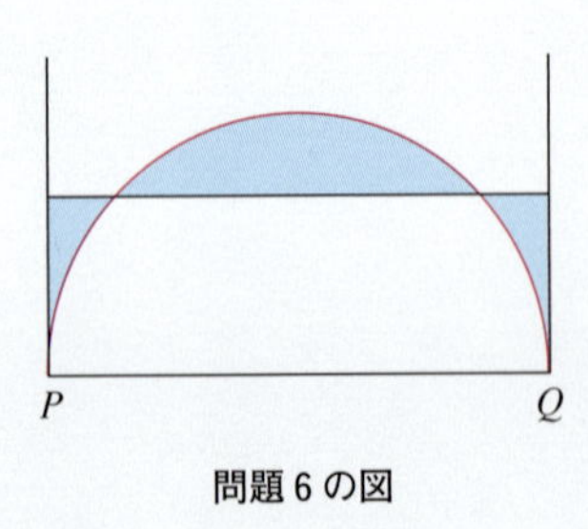

問題 6 の図

7. Pは1辺$2b$の正方形を底面とする4角すい（ピラミッド）であり，球Sは中心が4角すいの底面上にあり，Pの8辺すべてと接している．Pの高さと，SとPの共通部分の体積を求めよ．

8. 上端が水深2 mの位置になるように，平らな金属が垂直に沈めてある．板を幅が等しい水平な帯に分割したとき，各帯にかかる水による力がどの帯についても同じになる板の形状を求めよ．

9. 半径1 mの一様な密度の円板を直線で2分割し，小片の重心が円の中心から0.5 mの位置にあるようにする．分割する直線はどこに設定すべきか．中心からの距離を小数点以下2桁まで正確に求めよ．

10. 図で示すように，1辺10 cmの正方形の角から面積30 cm^{2}の直角三角形を取除く．残った領域の重心が正方形の右辺から4 cmの位置にあるならば，重心は正方形の底辺から何cmの位置にあるか求めよ．

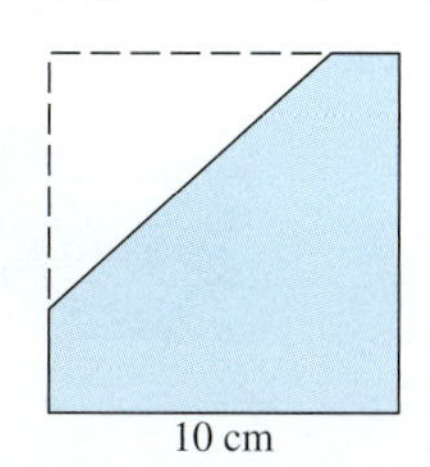

問題10の図

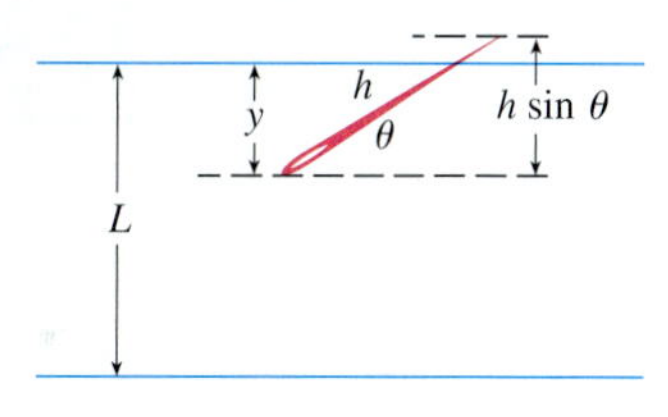

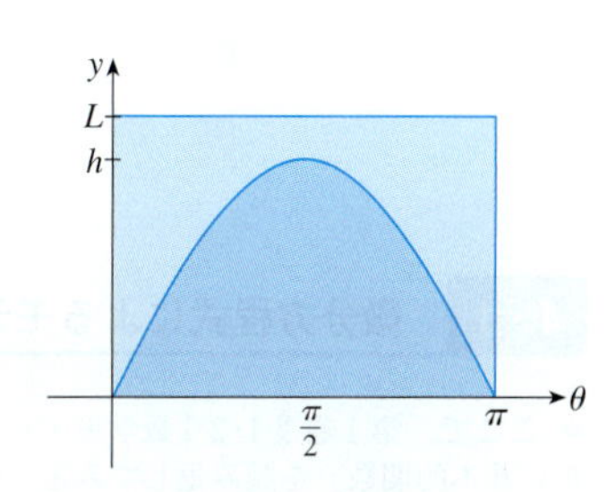

問題11の図

11. 等間隔Lで平行線を引いた平面（たとえばテーブル）上に長さhの針を落としたとき，針が平行線のいずれかと交差する確率を求めるのが，Buffon（ビュッホン）の針の問題といわれる18世紀の有名な問題である．図のように，平行線は直交座標系のx軸に平行に引かれているとする．針の下端点（y座標が小さい方の端点），下端点より上にある最も近い平行線までの距離をyとする（下端点が平行線上にある場合は$y=0$とし，針がx軸と平行になる場合は左端点を下端点とする）．針の下端点から上端点に向けて伸ばした直線と，平行線正の方向となす角をθとする．針がとりうる状態は$0\leqq y\leqq L$，$0\leqq\theta\leqq\pi$の長方形と同一視できる．また，針は$y<h\sin\theta$のときにのみ平行線のどれかと交差することに注意する．よって，針が平行線と交差する確率は，次の比で与えられる．

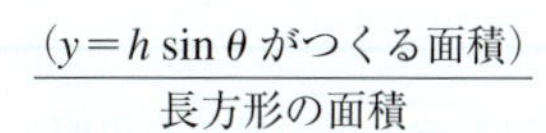

$$\frac{(y=h\sin\theta\text{ がつくる面積})}{\text{長方形の面積}}$$

$h=L$のとき，針が直線と交差する確率を求めよ．$h=\frac{1}{2}L$のときはどうなるか．

12. 前問11において$h>L$とするならば，針は少なくとも1本以上の平行線と交差することが可能である．

(a) $L=4$，$h=7$として，針が1本以上の平行線と交差する確率を求めよ［ヒント：前問11にならい，針のとりうる状態を長方形領域$0\leqq y\leqq L$，$0\leqq\theta\leqq\pi$と同一視して，針が平行線と交差する長方形の部分を求める］．

(b) $L=4$，$h=7$として，針が2本の平行線と交差する確率を求めよ．

(c) $2L<h\leqq 3L$として，針が3本の平行線と交差する確率の一般公式を求めよ．

13. だ円$x^2+(x+y+1)^2=1$の重心を求めよ．

4 微分方程式

微積分学の応用の中で最も重要なものは，おそらく微分方程式である．自然科学者や社会科学者が微積分学を使うのは，ほとんどの場合，研究している現象をモデル化する過程で現れる微分方程式を解析するときである．多くの場合，微分方程式の解を具体的に書き表すことは不可能であるけれども，必要な情報をグラフあるいは数値計算の方法で得ることができることをみていこう．

本章の最後の節で，二つの微分方程式を連立させてジャガーとイボイノシシ，オオカミとウサギ，ヤマネコとノウサギ，テントウムシとアブラムシなどの捕食者と被食者の関係を調べる．

4・1 微分方程式によるモデル化*

* ここで，第I巻 §1・2「数学モデル：基本的関数」を読み返してみるとよい．

第I巻 §1・2 において数学モデル化の過程を説明した際，現実世界の問題を，その現象に関する直観的推測や実験データに基づく自然法則を使って，数学モデルとして定式化することについて述べた．その数学モデルは微分方程式，すなわち未知関数とその微分を含む方程式の形で与えられることが多い．これは驚くべきことではない．というのは，現実世界の問題は刻々と変化しており，現在の値の変化に基づいて未来を予測したいからである．まず，物理的現象をモデル化するとき，微分方程式がどのように現れるかを調べる．

■ 個体数増加のモデル

個体数の増加を表すモデルの一つは，個体数がその大きさに比例した割合で増加するという仮定に基づいている．これは，理想的な条件（十分な環境と栄養，捕食者の不在，衛生的な環境）下での細菌や動物の個体数を考える際に，合理的な仮定である．

このモデルの変数を規定する．

t：時　間（独立変数）

P：個体数（従属変数）

個体数の増加率は微分 dP/dt であるので，個体数増加率は個体数の大きさに比例するという仮定から，k を比例定数として，次の方程式が得られる．

[1]
$$\frac{dP}{dt} = kP$$

方程式 [1] は個体数増加のモデルとしては1番簡単なものであり，未知関数 P とその微分 dP/dt を含んでいるので，微分方程式である．

モデル化ができたので，次にこれが表していることを調べる．ここで，$P(t)$ は個体数であるので0をとらないとすれば，すべての t について $P(t)>0$ である．よって，方程式 [1] より，$k>0$ ならばすべての t について $P'(t)>0$，すなわち，個体数 $P(t)$ は常に増加している．また，方程式 [1] より，$P(t)$ が増加するならば，dP/dt が大きくなることがわかる．すなわち，個体数 $P(t)$ が増加するにつれて個体数の増加率が大きくなる．

方程式 [1] の解というべきものが，どのようなものかを考えてみよう．この方程式は，「それ自体の導関数が，それ自体の定数倍となるような関数を求めよ」と言っている．第1章で導入した指数関数はこのような性質をもっていた．実際，$P(t)=Ce^{kt}$ とするならば，

$$P'(t) = C(ke^{kt}) = k(Ce^{kt}) = kP(t)$$

であるので，指数関数 $P(t)=Ce^{kt}$ は方程式 [1] の解である．これ以外の解が存在しないことは§4・4で示す．

C はすべての実数値をとることができるので，方程式 [1] は C というパラメーターに依存する解の族 $P(t)=Ce^{kt}$（図1）をもつことがわかる．しかし個体数は正の値しかとらないので，$C>0$ の場合のみを考える．また，おそらく t は初期値 $t=0$ より大きい t の値のみを考えるので，図2が実際に意味のある解である．$t=0$ とすれば，$P(0)=Ce^{kt}=C$ であるので，定数 C は初期個体数 $P(0)$ である．

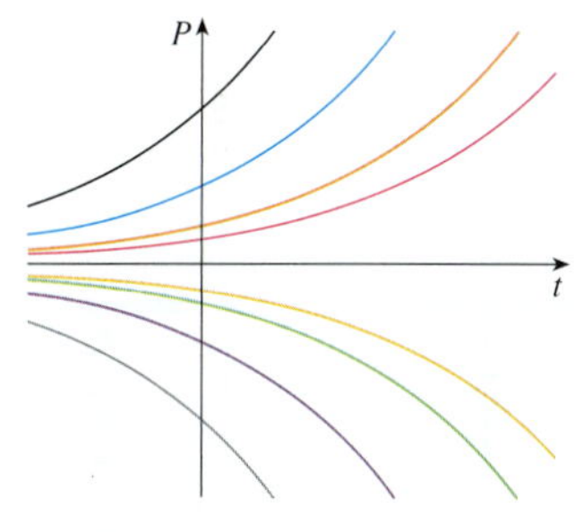

図1　$dP/dt=kP$ の解の族

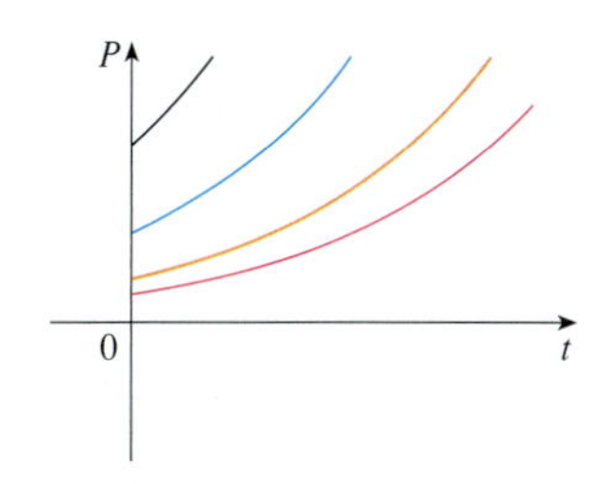

図2　$C>0$ および $t\geqslant 0$ の場合の $P(t)=Ce^{kt}$

方程式 [1] は，理想的な条件下における個体数増加のモデルとしては適しているが，現実には生息場所，食料などの資源が有限であることをモデルに反映させなければならない．多くの場合，初期の個体数は指数関数的に増加してゆき，環境収容力 M に近づくと増加はゆっくりとなる．あるいは，個体数が M を超えてしまうことが起こったとしたら，M に向かって減少する．この二つの傾向を取入れるために，二つの仮定をおく．

■ P が小さい場合　$\dfrac{dP}{dt} \approx kP$　初期，P の増加率は P に比例する

■ $P>M$ の場合　$\dfrac{dP}{dt} < 0$　P が M を超えると P は減少する

この二つの仮定を取入れてつくったのが，次の方程式である．

[2]
$$\frac{dP}{dt} = kP\left(1 - \frac{P}{M}\right)$$

P が M より十分に小さいならば，P/M は0に近づくので $dP/dt \approx kP$ である．$P>M$ ならば，$1-P/M$ は負であるので $dP/dt<0$ である．

方程式 [2] はロジスティック方程式とよばれ，ドイツの数理生物学者 Pierre-François Verhulst（フェルフルスト）により，世界人口増加のモデルとして，1840 年に提案された．§4·4 で微分方程式 [2] の解法を与えて解を求めるので，ここでは解の定性的性質を調べる．まず，定数関数 $P(t)=0$ および $P(t)=M$ は，いずれも方程式 [2] の右辺の項のどちらかが 0 になるので，[2] の解であることがわかる（これは確かに理にかなっている．個体数が 0 あるいは環境収容力 M になる場合は，個体数は増加も減少もしない）．この二つの定数解は，**平衡解**という．

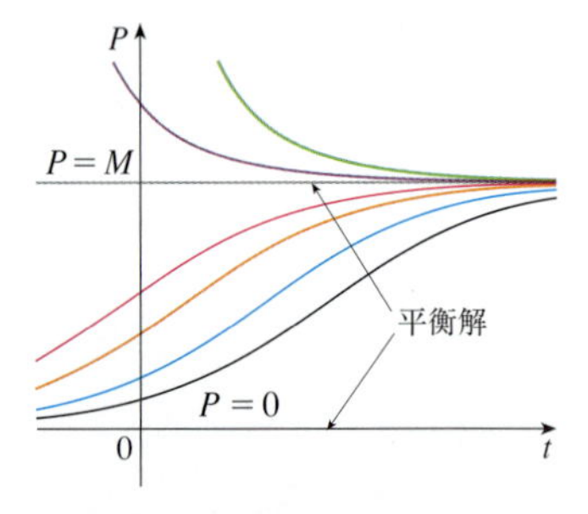

図 3　ロジスティック方程式の解

次に，初期値 $P(0)$ が 0 と M の間にあるならば，方程式 [2] の右辺は正であるので，$dP/dt>0$ より個体数 $P(t)$ は増加する．しかし，個体数 $P(t)$ が環境収容力 M を超えるならば（$P>M$），$1-P/M$ は負であるので，$dP/dt<0$ より個体数 $P(t)$ は減少する．そして，どちらの場合も，個体数 $P(t)$ が M に近づく（$P(t)\to M$）ならば $dP/dt\to 0$ となるので，$P(t)$ は定数 M に近づいていく．これより，ロジスティック方程式 [2] の解関数のグラフは図 3 のようになると考えられる．また，解関数のグラフは，$P(0)\to 0$ の場合は平衡解 $P(t)=0$ に近づき，$P(0)\to M$ の場合は平衡解 $P(t)=M$ に近づく．

■ バネの振動モデル

物理におけるモデル化の例をみていこう．垂直につるしたバネの一端に付けた，質量 m の物体の運動を考える（図 4）．第 I 巻 §5·4 で扱った Hooke（フック）の法則によれば，バネを自然長から x 単位伸ばす（あるいは縮める）ならば，バネには x に比例した復元力が生じる．すなわち，k をバネ定数とよばれる正定数として

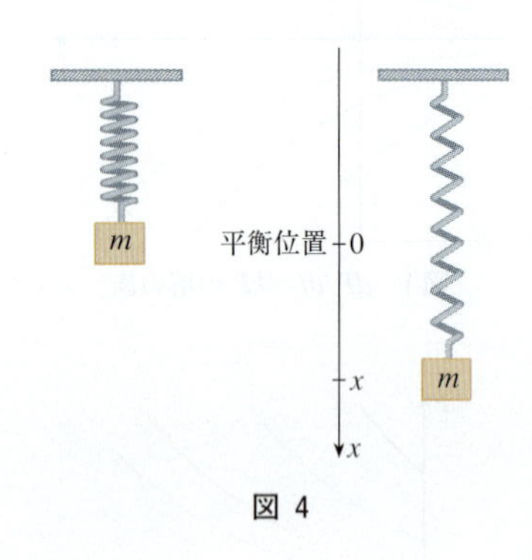

図 4

$$復元力 = -kx$$

である．空気抵抗，摩擦などの外界からの抵抗力を無視するならば，Newton（ニュートン）の運動の第 2 法則（力は質量と加速度の積である）より，

$$m\frac{d^2x}{dt^2} = -kx \qquad [3]$$

である．これは 2 階の微分を含んでいるので，2 階の微分方程式といわれるものの例である．方程式から直接的に解を予想してみる．方程式 [3] を書き直して

$$\frac{d^2x}{dt^2} = -\frac{k}{m}x$$

とすれば，x の 2 階微分は，x に比例するが，x とは逆の符号をもつことがわかる．サイン関数とコサイン関数はこの性質をもっていた．実際，方程式 [3] のすべての解は，サイン関数とコサイン関数の線形結合で書き表すことができる（節末問題 4 参照）．これは別に驚くべきことではない．バネは平衡位置を中心に振動すると考えられるので，3 角関数に関係があると考えることは妥当である．

■ 一般の微分方程式

一般に，**微分方程式**とは，未知関数とその 1 階以上の導関数を含む方程式のことであり，微分方程式の**階数**とは方程式の中に現れる導関数の階数の最大なものを指す．方程式 [1] と [2] は 1 階の微分方程式であり，[3] は 2 階の微分方程式である．これら三つの方程式の独立変数は t であり，時間を表しているが，一般には独立変数が時間とは限らない．たとえば，次の微分方程式

$$y' = xy \tag{4}$$

は，x を独立変数とし，y は x の未知関数と考える．

関数 f が微分方程式の**解**であるとは，$y=f(x)$ とその導関数を微分方程式に代入したとき，その方程式が成り立つことをいう．すなわち，関数 f が方程式 4 の解であるとは，ある区間のすべての x について，

$$f'(x) = xf(x)$$

となることである．

一般に，微分方程式を解くときは，方程式のすべての解が得られることが望ましい．すでに，非常に単純な微分方程式

$$y' = f(x)$$

を解いている．たとえば，微分方程式

$$y' = x^3$$

の一般解は

$$y = \frac{x^4}{4} + C, \qquad C\text{ は任意定数}$$

で与えられる．

しかし，一般に，微分方程式を解くことは容易ではなく，すべての微分方程式を解きうる体系的テクニックも存在しない．§4・2 では，解である関数が具体的に求まらなくてもそのグラフを描く方法や近似数値解の求め方を学ぶ．

例 1　次の関数の族

$$y = \frac{1 + ce^t}{1 - ce^t}$$

に属するそれぞれの関数は，微分方程式 $y' = \frac{1}{2}(y^2-1)$ の解であることを示せ．

［解 説］　商の微分公式を使って y を微分するならば，

$$y' = \frac{(1 - ce^t)(ce^t) - (1 + ce^t)(-ce^t)}{(1 - ce^t)^2}$$

$$= \frac{ce^t - c^2e^{2t} + ce^t + c^2e^{2t}}{(1 - ce^t)^2} = \frac{2ce^t}{(1 - ce^t)^2}$$

である．微分方程式の右辺は

$$\tfrac{1}{2}(y^2 - 1) = \frac{1}{2}\left(\left(\frac{1 + ce^t}{1 - ce^t}\right)^2 - 1\right)$$

$$= \frac{1}{2}\left(\frac{(1 + ce^t)^2 - (1 - ce^t)^2}{(1 - ce^t)^2}\right)$$

$$= \frac{1}{2}\,\frac{4ce^t}{(1 - ce^t)^2} = \frac{2ce^t}{(1 - ce^t)^2}$$

であるので，すべての c について，与えられた関数は微分方程式の解である． ■

図 5 は，例 1 の解のうち七つのグラフを示す．微分方程式より，$y \approx \pm 1$ であるならば，$y' \approx 0$ である．これは，$y=1$ および $y=-1$ の近くでグラフが水平に近くなっていくことと一致する．

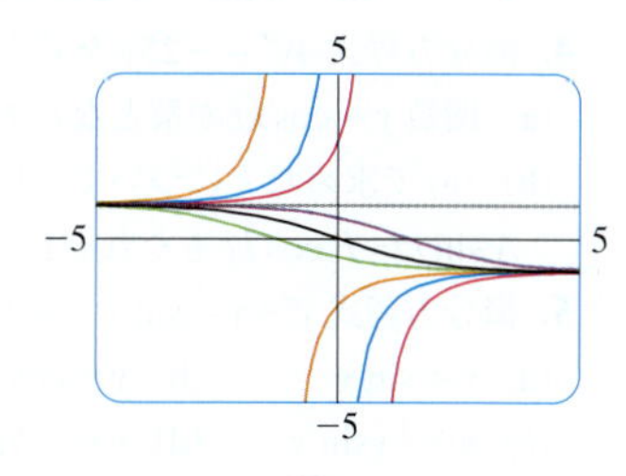

図 5

通常，微分方程式のすべての解（一般解）を求めるより，なんらかの特定の条件を満たす解を求めたいことの方が多い．多くの物理的問題では，条件 $y(t_0)=$

y_0 を満たす解を求める必要がある．これを**初期条件**といい，初期条件を満たす微分方程式の解を求めることを**初期値問題**という．

グラフを使うならば，解曲線の族の中から与えられた初期条件 (t_0, y_0) を通る曲線を選べばよい．これは，物理的には，時間 t_0 における系の状態を表しており，初期値問題の解は，系の将来の状態を予想するものになっている．

例 2　初期条件 $y(0)=2$ を満たす微分方程式 $y'=\frac{1}{2}(y^2-1)$ の解を求めよ．

［解 説］ $y'=\frac{1}{2}(y^2-1)$ の一般解は，例 1 より

$$y = \frac{1+ce^t}{1-ce^t}$$

であるので，初期条件 $y(0)=2$ （$t=0$，$y=2$）を代入すると，

$$2 = \frac{1+ce^0}{1-ce^0} = \frac{1+c}{1-c}$$

を得る．c についてこの式を解くと，$2-2c=1+c$ すなわち $c=\frac{1}{3}$ となる．よって，この初期値問題の解は

$$y = \frac{1+\frac{1}{3}e^t}{1-\frac{1}{3}e^t} = \frac{3+e^t}{3-e^t}$$

である．

4・1 節末問題

1. $y=\frac{2}{3}e^x+e^{-2x}$ は微分方程式 $y'+2y=2e^x$ の解であることを示せ．

2. $y=-t\cos t-t$ は，次の微分方程式の初期値問題

$$t\frac{dy}{dt} = y + t^2\sin t \qquad y(\pi) = 0$$

の解であることを示せ．

3. 微分方程式 $2y''+y'-y=0$ を考える．

(a) 関数 $y=e^{rx}$ が解となる r の値を求めよ．

(b) r_1, r_2 を(a)で求めた r の値とする．任意の a, b に対して $y=ae^{r_1x}+be^{r_2x}$ もそれぞれ解であることを示せ．

4. 微分方程式 $4y''=-25y$ を考える．

(a) 関数 $y=\cos kt$ が解となる k の値を求めよ．

(b) (a)で求めた k について，任意の A, B に対して $y=A\sin kt+B\cos kt$ もそれぞれ解であることを示せ．

5. 微分方程式 $y''+y=\sin x$ の解はどの関数か．

(a) $y=\sin x$　　(b) $y=\cos x$

(c) $y=\frac{1}{2}x\sin x$　　(d) $y=-\frac{1}{2}x\cos x$

6. 微分方程式 $x^2y'+xy=1$ を考える．

(a) 任意の C に対して $y=(\log x+C)/x$ が解であることを示せ．

(b) 計算機を使って，同一スクリーンに(a)の解関数のグラフをいくつか描け．

(c) 初期条件 $y(1)=2$ を満たす微分方程式の解を求めよ．

(d) 初期条件 $y(2)=1$ を満たす微分方程式の解を求めよ．

7. 微分方程式 $y'=-y^2$ を考える．

(a) 微分方程式をみて，解について何がいえるか．

(b) 任意の C に対して $y=1/(x+C)$ が解であることを示せ．

(c) (b)で与えたもの以外の解があるか．

(d) 初期値問題

$$y' = -y^2 \qquad y(0) = 0.5$$

の解を求めよ．

8. 微分方程式 $y'=xy^3$ を考える．

(a) x が 0 に近いところで，解関数のグラフについて何がいえるか．x が大きいところでは何がいえるか．

(b) 任意の c に対して $y=(c-x^2)^{-1/2}$ が解であることを示せ．

(c) 計算機を使って，同一スクリーンに(b)の解関数のグラフをいくつか描け．(a)で予想したことと一致しているか．

(d) 初期値問題

$$y' = xy^3 \qquad y(0) = 2$$

の解を求めよ．

9. 個体数のモデルを次の微分方程式で与える．

$$\frac{dP}{dt} = 1.2P\left(1 - \frac{P}{4200}\right)$$

(a) 個体数が増加する P の値の範囲を求めよ．

(b) 個体数が減少する P の値の範囲を求めよ．

(c) この方程式の平衡解を求めよ．

10. ニューロン（神経細胞）の活動電位（インパルス）についての Fitzhugh-Nagumo（フィッツフュー・南雲）モデルでは，緩和効果がない場合，ニューロンの電位 $v(t)$ は，a を $0<a<1$ である正定数として，微分方程式

$$\frac{dv}{dt} = -v(v^2 - (1 + a)v + a)$$

に従うとする．

(a) v が変化しないとき（すなわち $dv/dt=0$）の v の値を求めよ．

(b) v が増加するときの v の値の範囲を求めよ．

(c) v が減少するときの v の値の範囲を求めよ．

11. グラフで示された関数が，微分方程式

$$\frac{dy}{dt} = e^t(y - 1)^2$$

の解ではありえないことを示せ．

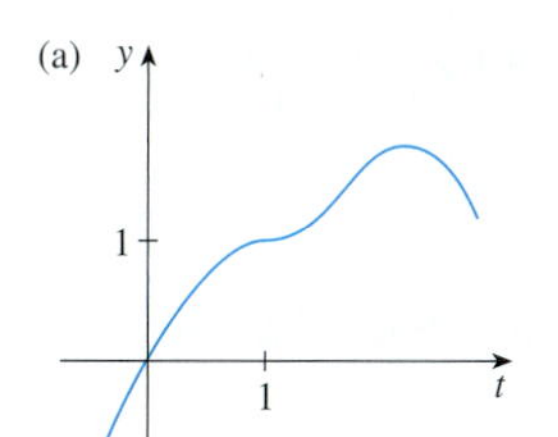

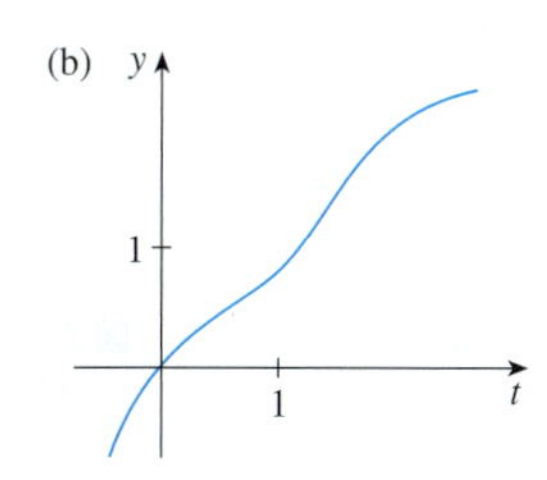

12. グラフで示された関数は，次の微分方程式のいずれかの解である．その微分方程式を選び，理由を説明せよ．

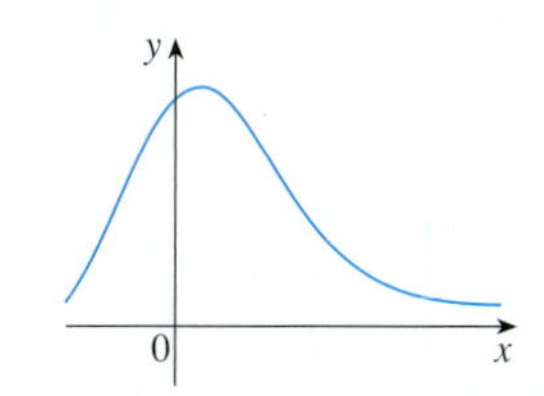

A. $y' = 1 + xy$

B. $y' = -2xy$

C. $y' = 1 - 2xy$

13. 微分方程式(a)～(d)の解関数のグラフをⅠ～Ⅳより選び理由も説明せよ．

(a) $y' = 1 + x^2 + y^2$　　(b) $y' = xe^{-x^2-y^2}$

(c) $y' = \dfrac{1}{1 + e^{x^2+y^2}}$　　(d) $y' = \sin(xy)\cos(xy)$

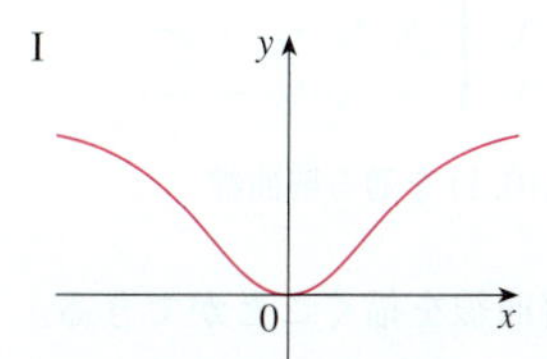

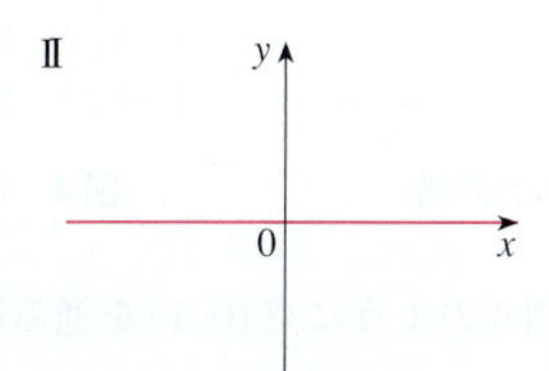

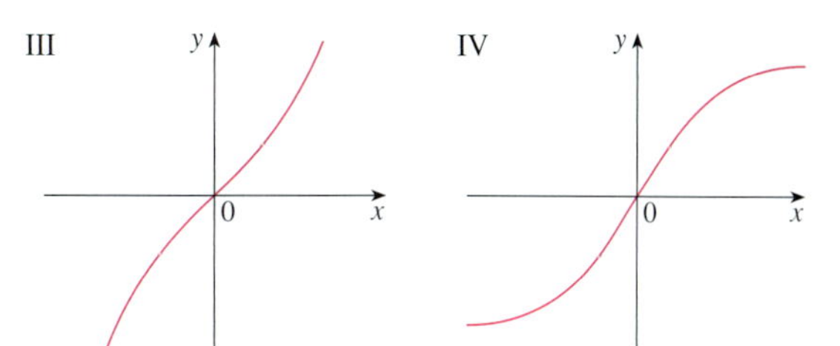

14. 室温 20 ℃の部屋で 95 ℃のコーヒーを煎れるとする．

(a) コーヒーが最も急速に冷めるのはいつか．時間の経過によって冷める速度はどうなるか説明せよ．

(b) 物体とその周囲の温度差が大きすぎないならば，物体の冷却速度はその温度差に比例するというのが，Newton の冷却の法則である．これを微分方程式で表せ．この場合の初期条件は何か．(a)の答えと比較して，この微分方程式は冷却について妥当なモデルであるといえるか．

(c) (b)で求めた初期値問題の解のグラフを描け．

15. 学習理論に関心のある心理学者は**学習曲線**を研究する．学習曲線は，ある学習者がある技能を習得する能力 $P(t)$ を，訓練時間 t の関数として表したグラフであり，導関数 dP/dt は能力が向上する速度を表す．

(a) P が最も急激に上昇するのはいつであるか．t が増加すると dP/dt はどうなるか説明せよ．

(b) M が学習者の最大能力であるとき，k を正定数として，微分方程式

$$\frac{dP}{dt} = k(M - P)$$

が学習についての妥当なモデルとなることを説明せよ．

(c) この微分方程式の解と思われるものの大雑把なグラフを描け．

16. Von Bertalanffy（フォン・ベルタランフィ）の方程式によれば，個々の魚の体長の成長率は，現在の体長 L と成魚の体長 L_∞（単位は cm）との差に比例するとしている．

(a) これを微分方程式で表せ．

(b) この微分方程式について，典型的な初期値問題の解の大雑把なグラフを描け．

17. 微分方程式は，経口薬を患者に投与した際の，薬物分解の研究において広く用いられてきた．そのような方程式の一つに，薬物の濃度 $c(t)$ を表す Weibull（ワイブル）方程式

$$\frac{dc}{dt} = \frac{k}{t^b}(c_s - c)$$

がある．ここで，k と c_s は正定数，$0<b<1$ である．$\alpha=k/(1-b)$ として，$t>0$ について，

$$c(t) = c_s\left(1 - e^{-\alpha t^{1-b}}\right)$$

は Weibull 方程式の解であることを示せ．この微分方程式は薬物の分解について何を示しているか．

4・2　方向場と Euler（オイラー）法

残念なことに，ほとんどの微分方程式は，解を具体的な数式の形で得るという意味で解くことはできない．この節では，具体的な式の形で解が存在しなくても，方向場を使った図形的な手法，あるいは Euler 法を使った数値的な手法を用いれば，微分方程式の解について多くの情報が得られることをみていく．

■方向場

「次の微分方程式の初期値問題

$$y' = x + y \qquad y(0) = 1$$

の解のグラフを描け」という問題があるとする．この微分方程式の解である関数が求まらないとき，グラフを描くにはどうしたらよいか．まず，微分方程式が何を意味するかについて考えてみる．微分方程式 $y'=x+y$ は，解曲線とよばれる解関数のグラフが点 (x, y) を通るならば，点 (x, y) における解曲線の傾きは $x+y$ であることを表している（図 1）．これより，特に，解曲線が点 $(0, 1)$ を通るならば，点 $(0, 1)$ における解曲線の傾きは $0+1=1$ である．よって，点 $(0, 1)$ の近くの解曲線は，点 $(0, 1)$ を通る傾き 1 の短い線分で近似できる（図 2）．

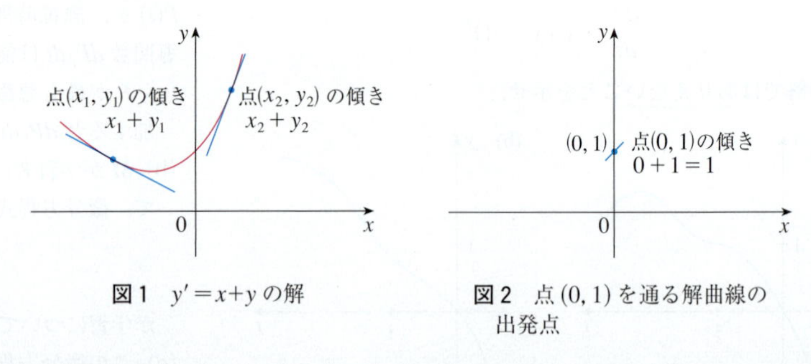

図 1　$y'=x+y$ の解　　　図 2　点 $(0, 1)$ を通る解曲線の出発点

残りの曲線を描く目安として，いくつかの点 (x, y) に傾き $x+y$ の短い線分を描く．これを方向場といい，図 3 に示してある．たとえば，点 $(1, 2)$ における短い線分の傾きは $1+2=3$ である．方向場は，解曲線が各点でどの方向に進むかを示すことによって，解曲線の概形を示してくれる．

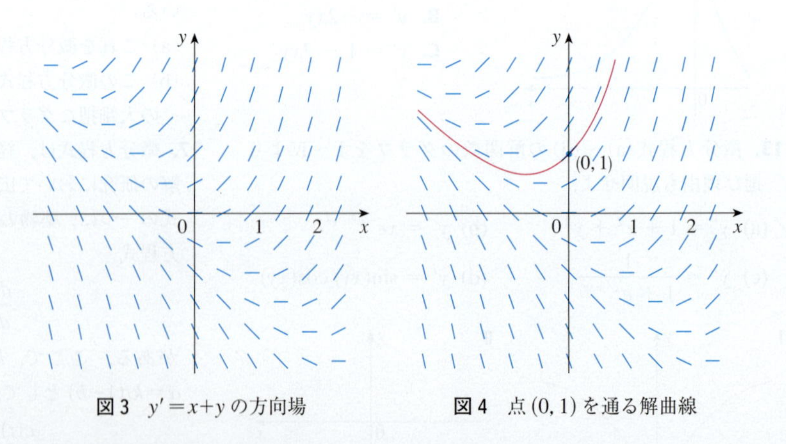

図 3　$y'=x+y$ の方向場　　　図 4　点 $(0, 1)$ を通る解曲線

この方向場に従えば，図 4 のように点 $(0, 1)$ を通る解曲線を描くことができる．近くの線分と平行になるように解曲線を描いていることに注意する．

一般に，$F(x, y)$ が x と y の関数であるとき，

$$y' = F(x, y)$$

の形の1階の微分方程式を考えてみよう．この微分方程式は，解曲線上の点 (x, y) における解曲線の傾きが $F(x, y)$ であることを表している．点 (x, y) を通る傾き $F(x, y)$ の短い線分をいくつか描いたものを**方向場**といい，これらの線分は解曲線の進む方向を表しているので，方向場は解曲線のおおまかな形状をつかむのに役立つ．

例 1　(a) 微分方程式 $y' = x^2 + y^2 - 1$ の方向場を描け．

(b) (a)の方向場を使って，原点を通る解曲線を図示せよ．

［解 説］(a) いくつかの点における傾きを計算したのが次の表である．

x	−2	−1	0	1	2	−2	−1	0	1	2	…
y	0	0	0	0	0	1	1	1	1	1	…
$y' = x^2 + y^2 - 1$	3	0	−1	0	3	4	1	0	1	4	…

各点に，うえで求めた傾きの短い線分を描いたものが，図5の方向場である．

(b) 原点から始めて，傾き −1 の短い線分に沿って右方向に進む．近くの線分と平行になるように解曲線を描いていく．右端までいったら原点に戻り，今度は左方向に進んでいく．こうして描かれた解曲線が図6である．

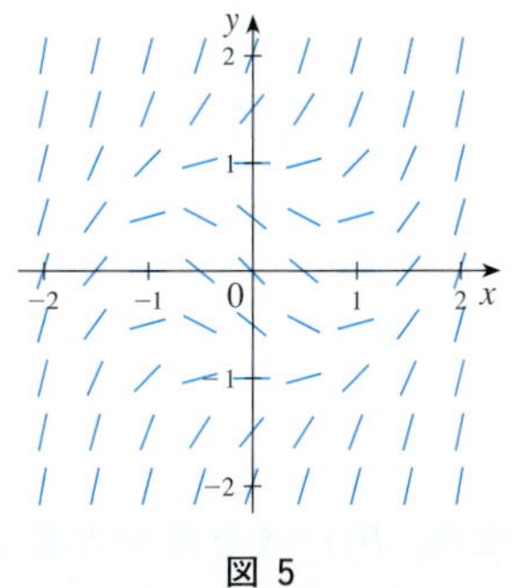

図 5

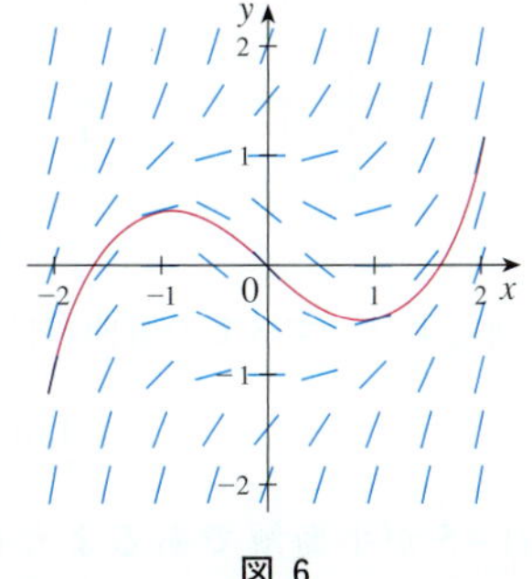

図 6

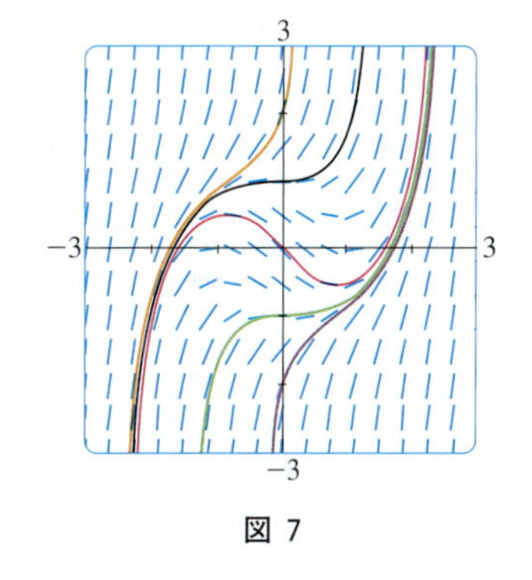

図 7

線分が多いほど，図はより精細になる．膨大な点の傾きを計算して線分を描く作業は，手作業で行うには単調で退屈であるが，計算機には適した作業である．図7は計算機で描いた例1のより精細な方向場である．この方向場を使えば，y 軸と −2, −1, 0, 1, 2 で交わる解曲線を妥当な精度で描くことができる．

次に，方向場が物理的現象をどのように表しているか調べる．図8は，起電力 $E(t)$（ボルト，V）の電源（通常は電池あるいは発電器）と抵抗 R（オーム，Ω）の抵抗，インダクタンス L（ヘンリー，H）のインダクター（コイル）を直列につないだ簡単な電気回路である．この回路に時間 t において流れる電流を $I(t)$（アンペア，A）とする．

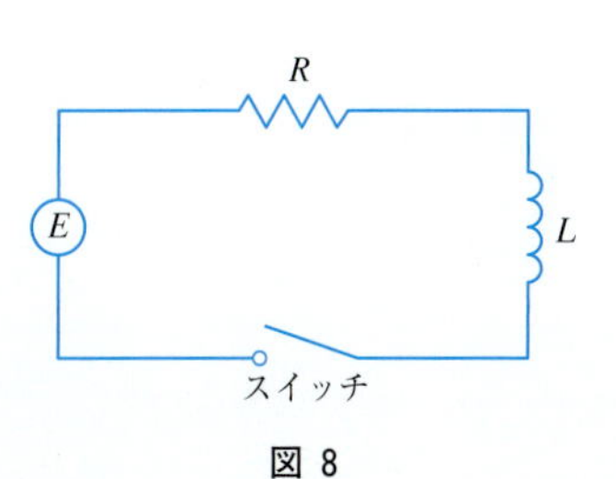

図 8

Ohm（オーム）の法則によれば，抵抗による電圧降下は RI である．また，インダクターによる電圧降下は $L(dI/dt)$ である．Kirchhoff（キルヒホッフ）の第2法則によると，閉回路の電圧降下の総和は起電力 $E(t)$ と等しいため，

$$\boxed{1} \qquad L\frac{dI}{dt} + RI = E(t)$$

が得られる．これは時間 t における電流 I をモデル化する 1 階微分方程式である．

例 2　図 8 の回路の抵抗は 12 Ω，インダクタンスは 4 H，電源は 60 V の一定電圧とする．

(a) 微分方程式 $\boxed{1}$ の方向場を描け．

(b) 回路に流れる電流の極限値を求めよ．

(c) 平衡解があるならば，それを求めよ．

(d) $t=0$ でスイッチをオンにするならば，初期条件は $I(0)=0$ である．方向場を使って解曲線を描け．

［解 説］(a) $L=4$，$R=12$，$E(t)=60$ とするならば，式 $\boxed{1}$ は

$$4\frac{dI}{dt} + 12I = 60 \qquad \text{すなわち} \qquad \frac{dI}{dt} = 15 - 3I$$

となる．よって，この微分方程式の方向場は図 9 のようになる．

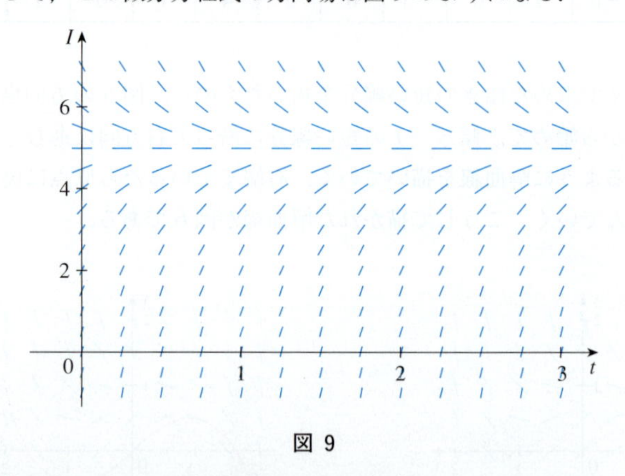

図 9

(b) 方向場より，すべての解曲線は 5 A に収束しているので，

$$\lim_{t\to\infty} I(t) = 5$$

(c) $I(t)=5$ が平衡解であるようにみえる．実際，$I(t)=5$ を微分方程式 $dI/dt=15-3I$ に代入すると左辺・右辺共に 0 であるので，$I(t)=5$ は解である．

(d) 図 10 に，方向場を使って描いた点 (0, 0) を通る解曲線を赤色で示してある．

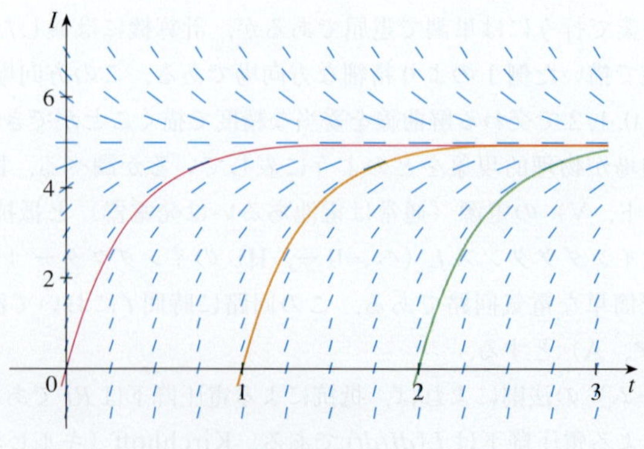

図 10

図 9 の場合，任意の水平線上の短い線分は互いにすべて平行である．これは，微分方程式 $I'=15-3I$ の右辺に独立変数 t が現れないからである．一般に，

$$y' = f(y)$$

の形の微分方程式で右辺に独立変数 x が現れないものを**自励系方程式**とよぶが，その形の微分方程式の場合，方向場における y 座標の等しい短い線分はすべて同じ傾きをもつ．これは，$y'=f(y)$ の形の微分方程式の解を一つ得たならば，その解のグラフを右あるいは左に平行移動させるだけで無限に多くの解が得られることを示している．図 10 は，例 2 の解曲線を右に 1 秒あるいは 2 秒平行移動させたものを示しており，これらも解である．それぞれ，スイッチが $t=1$ あるいは $t=2$ でオンになる場合に相当する．

■ Euler 法

方向場の概念の基になっている思考法を用いて，微分方程式の近似数値解を求めることができる．その方法を，方向場を説明するために使った初期値問題

$$y' = x + y \qquad y(0) = 1$$

を使って説明する．$y'(0)=0+1=1$ であるので，解曲線は点 $(0, 1)$ で傾きが 1 である．最初に，解を解曲線の 1 次近似式 $L(x)=x+1$ で大雑把に近似する．すなわち，点 $(0, 1)$ における接線で解曲線を近似する（図 11）．

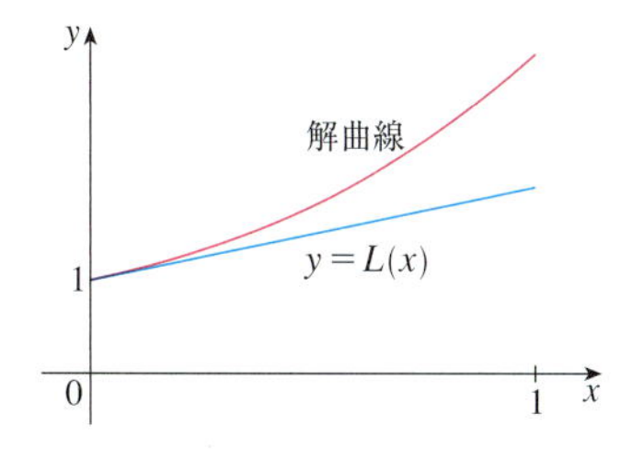

図 11 Euler 法による近似：1 次近似

Euler の考えはこれを発展させ，接線を短い折れ線にして，各折れ線の傾きを，方向場を使って修正していくというものである．図 12 は，刻み幅 0.5 の場合を示している．まず，点 $(0, 1)$ における接線から始めて $x=0.5$ までを一つの線分とする．次に，$L(0.5)=1.5$ より $y(0.5)\approx 1.5$ であるので，次の線分の出発点を $(0.5, 1.5)$ とし，傾きを $y'(0.5)=0.5+1.5=2$ とする．すなわち，直線

$$y = 1.5 + 2(x - 0.5) = 2x + 0.5$$

で $x>0.5$ の解を近似する（図 12 緑線）．刻み幅を 0.5 から 0.25 にするならば，図 13 が示すように，よりよい Euler 近似が得られる．

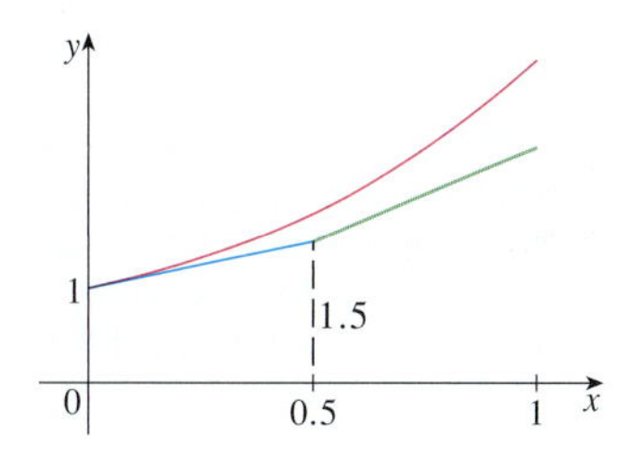

図 12 刻み幅 0.5 とする Euler 法による近似

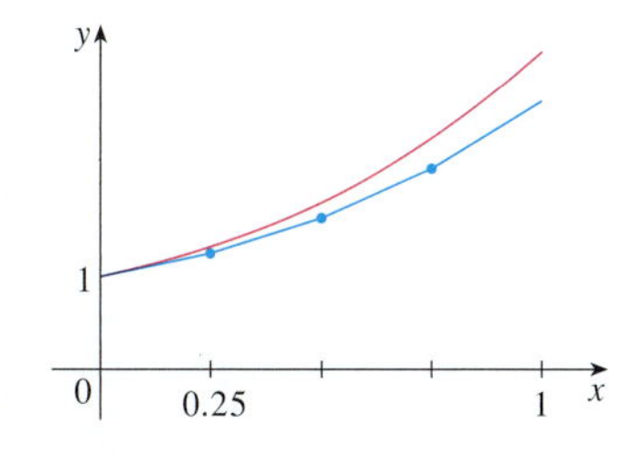

図 13 刻み幅 0.25 とする Euler 法による近似

一般に，Euler 法は，初期値によって与えられた点を出発点として，その点における方向場の示す方向に短い線分を引く．次に，その線分の端を新しい出発点として，その点における方向場に従って傾きを変えて次の線分を引く．これを繰返す．Euler 法では，初期値問題の正確な解が求まるわけではない．しかし，この方法で近似値を求めることができる．刻み幅を小さくすればするほど（したがって，折れ線の線分数を増やすほど），よりよい近似値が得られる（図 11〜13 を比較）．

一般的な 1 階微分方程式の初期値問題 $y'=F(x, y)$，$y(x_0)=y_0$ に関して，目的とすることは，一定の刻み幅 h で，すなわち，$x, x_1=x_0+h, x_2=x_1+h, \cdots$ における近似解を求めることにある．微分方程式は，点 (x_0, y_0) における解曲線の傾きが $y'=F(x_0, y_0)$ であることを示しているので，$x=x_1$ における解曲線の近似値は

$$y_1 = y_0 + hF(x_0, y_0)$$

である（図 14）．同様に，$x=x_2$ における近似値は

$$y_2 = y_1 + hF(x_1, y_1)$$

であり，一般に $x=x_n$ における近似値は

$$y_n = y_{n-1} + hF(x_{n-1}, y_{n-1})$$

となる．

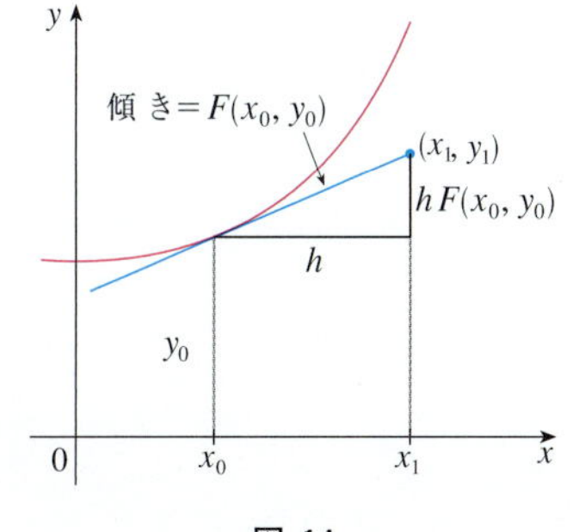

図 14

Euler 法　初期値問題 $y'=F(x,y)$，$y(x_0)=y_0$ に対して，h を刻み幅としたときの $x_n=x_{n-1}+h$ における解の近似値は

$$y_n = y_{n-1} + hF(x_{n-1}, y_{n-1}) \qquad n = 1, 2, 3, \ldots$$

である．

例 3　刻み幅 0.1 として Euler 法を使って，次の初期値問題

$$y' = x + y \qquad y(0) = 1$$

の近似解を求め，表にまとめよ．

［解 説］ $h=0.1$，$x_0=0$，$y_0=1$，$F(x,y)=x+y$ より

$$y_1 = y_0 + hF(x_0, y_0) = 1 + 0.1(0 + 1) = 1.1$$

$$y_2 = y_1 + hF(x_1, y_1) = 1.1 + 0.1(0.1 + 1.1) = 1.22$$

$$y_3 = y_2 + hF(x_2, y_2) = 1.22 + 0.1(0.2 + 1.22) = 1.362$$

である．これは，$y(x)$ を正確な解とするならば，$y(0.3)\approx 1.362$ であることを示している．

同様の計算を繰返してまとめたのが次の表である*．

n	x_n	y_n	n	x_n	y_n
1	0.1	1.100000	6	0.6	1.943122
2	0.2	1.220000	7	0.7	2.197434
3	0.3	1.362000	8	0.8	2.487178
4	0.4	1.528200	9	0.9	2.815895
5	0.5	1.721020	10	1.0	3.187485

＊ 計算機を使って微分方程式の解を数値近似で求める際，Euler 法を改良した方法が使われている．Euler 法は簡単な方法で精度は高くないが，こうしたより高度な計算方法の基盤となっている．

例 3 の表の値をより正確にするために刻み幅を小さくすると，計算量が膨大になるため，計算機を必要とする．次の表は，例 3 の初期値問題にさまざまな刻み幅で Euler 法を適用したものである．

刻み幅	$y(0.5)$の Euler近似値	$y(1)$の Euler近似値
0.500	1.500000	2.500000
0.250	1.625000	2.882813
0.100	1.721020	3.187485
0.050	1.757789	3.306595
0.020	1.781212	3.383176
0.010	1.789264	3.409628
0.005	1.793337	3.423034
0.001	1.796619	3.433848

この表をみると，Euler 法による近似値は，極限値すなわち $y(0.5)$ および $y(1)$ の真の値に収束するようにみえる．図 15 は，刻み幅 0.5, 0.25, 0.1, 0.05, 0.02, 0.01 の Euler 法による近似グラフを示している．これらは，刻み幅 h が 0 に近づくとき，正確な解曲線に近づいていく．

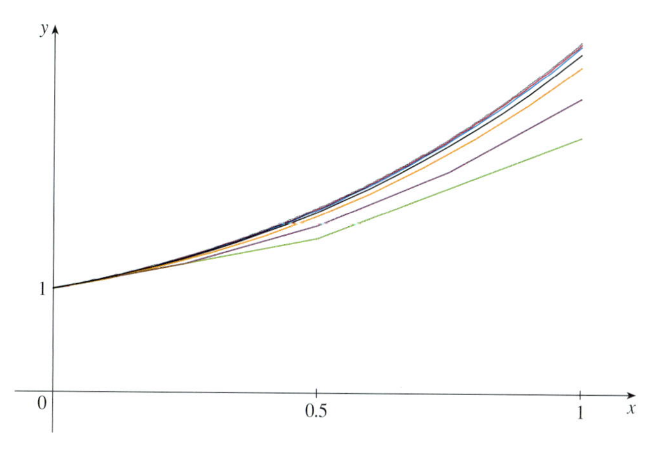

図 15　正確な解曲線に近づいていく Euler 近似

Euler（オイラー）

Leonhard Euler（オイラー，1707-1783）は，18 世紀半ばに活躍した大数学者であり，これまでの数学史上最も多くの業績を残した人物であるといえる．Euler はスイスで生まれたが，数学者としての人生の大半を，サンクトペテルブルグにあった女帝エカチェリーナによる科学学士院やベルリンにあったフリードリッヒ大王 2 世による科学学士院でおくった．Euler の論文は膨大で，まとめたものは 100 巻を超える．フランスの物理学者 Arago（アラゴ）は，"人が息をするように，鷲が空を舞うように，Euler は自然に計算していた" と述べている．Euler は 13 人の子供を育て，その人生の最後の 17 年間は視力を失ったにもかかわらず精力的に研究を続けた．実際，失明してからも，驚異的な記憶力と想像力を駆使して，助手の手を借りた口述筆記で論文を執筆した．微積分学やそれ以外の数学的な主題に関する彼の論文や著作は数学教育の標準となり，彼が発見した式 $e^{i\pi}+1=0$ は数学において最も有名な五つの数字を結びつけた．

例 4　例 2 では抵抗 12 Ω，インダクタンス 4 H，電圧 60 V の電源とスイッチを直列につないだ簡単な電気回路を調べた．時間 $t=0$ でスイッチをオンにするならば，時間 t における電流 I は，初期条件付きの微分方程式

$$\frac{dI}{dt} = 15 - 3I \qquad I(0) = 0$$

で与えられる．スイッチがオンになって 0.5 秒後の電流を求めよ．

［解 説］ $F(t, I)=15-3I$，$t_0=0$，$I_0=0$，刻み幅 $h=0.1$ として，Euler 法を使う．

$$I_1 = 0 + 0.1(15 - 3 \cdot 0) = 1.5$$
$$I_2 = 1.5 + 0.1(15 - 3 \cdot 1.5) = 2.55$$
$$I_3 = 2.55 + 0.1(15 - 3 \cdot 2.55) = 3.285$$
$$I_4 = 3.285 + 0.1(15 - 3 \cdot 3.285) = 3.7995$$
$$I_5 = 3.7995 + 0.1(15 - 3 \cdot 3.7995) = 4.15965$$

これより，0.5 秒後の電流は，

$$I(0.5) \approx 4.16 \text{ (A)}$$

4・2　節 末 問 題

1. 右段に微分方程式 $y'=x\cos \pi y$ の方向場を示してある．

(a) 次の初期条件を満たす解曲線を描け．

(i) $y(0)=0$

(ii) $y(0)=0.5$

(iii) $y(0)=1$

(iv) $y(0)=1.6$

(b) 平衡解をすべて求めよ．

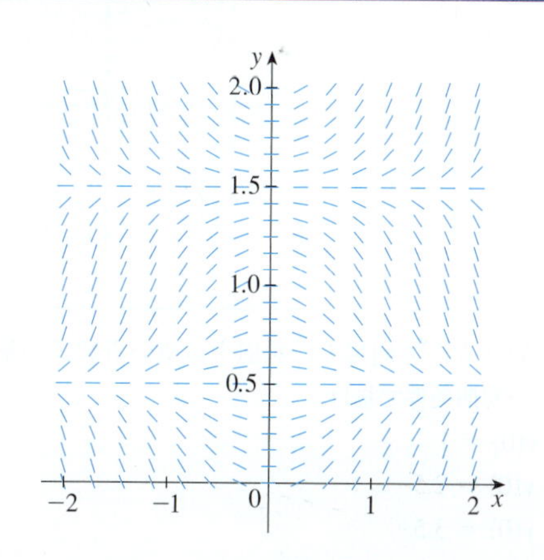

2. 微分方程式 $y'=\tan(\frac{1}{2}\pi y)$ の方向場を示してある．

(a) 次の初期条件を満たす解曲線を描け．

(i) $y(0)=1$　　(ii) $y(0)=0.2$

(iii) $y(0)=2$　　(iv) $y(1)=3$

(b) 平衡解をすべて求めよ．

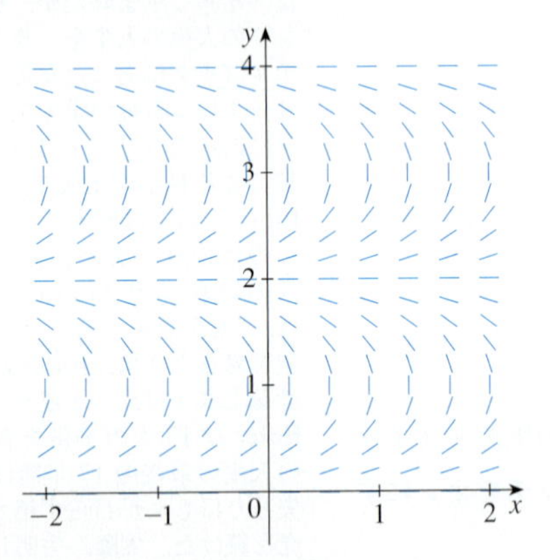

3-6 微分方程式（3〜6）に対応する方向場（Ⅰ〜Ⅳ）を求め，理由も説明せよ．

3. $y'=2-y$　　**4.** $y'=x(2-y)$

5. $y'=x+y-1$　　**6.** $y'=\sin x\sin y$

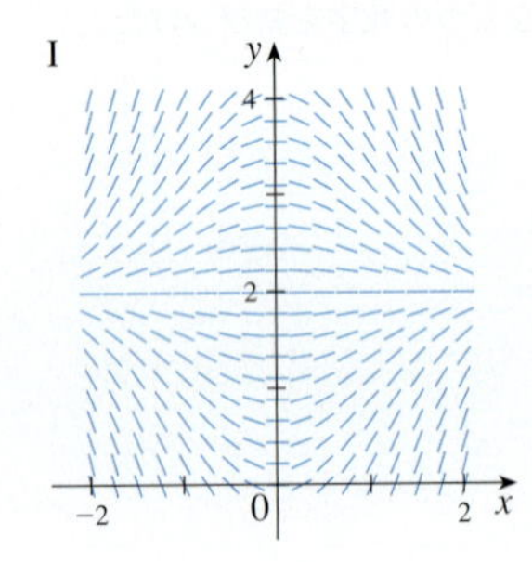

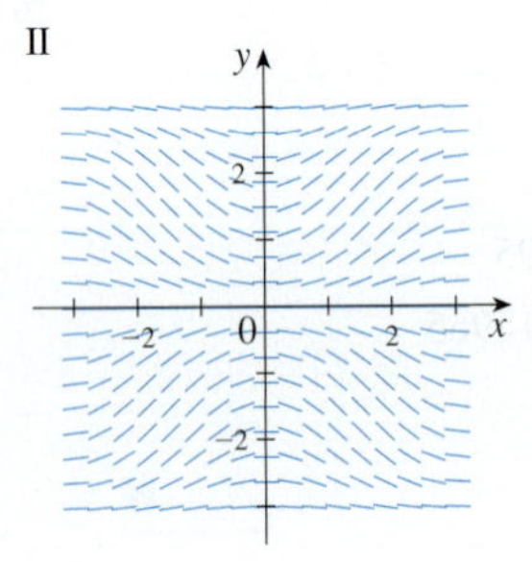

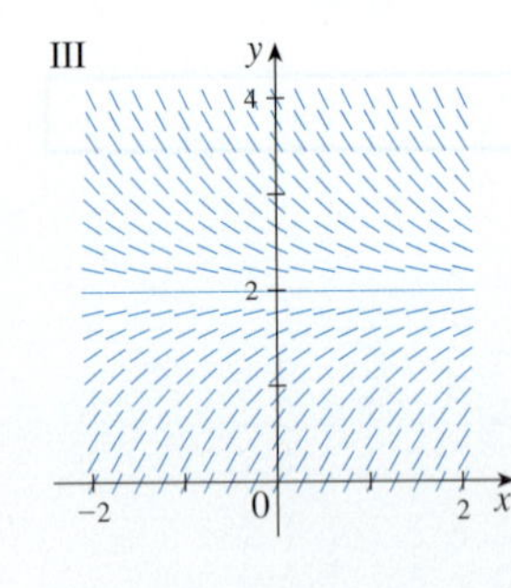

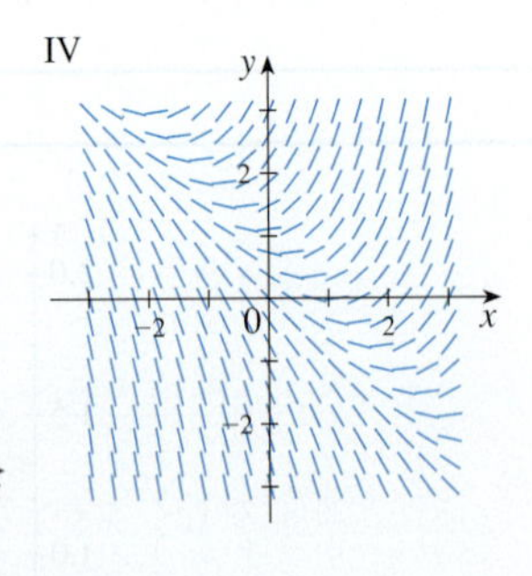

7. 前問 3-6 の方向場Ⅰに対応する微分方程式の解曲線を次の初期条件で描け．

(a) $y(0)=1$

(b) $y(0)=2.5$

(c) $y(0)=3.5$

8. 前問 3-6 の方向場Ⅲに対応する微分方程式の解曲線を次の初期条件で描け．

(a) $y(0)=1$

(b) $y(0)=2.5$

(c) $y(0)=3.5$

9-10 次の微分方程式の方向場を描き，それを使って解曲線を 3 本描け．

9. $y'=\frac{1}{2}y$　　**10.** $y'=x-y+1$

11-14 次の微分方程式の方向場を描き，それを使って与えられた点を通る解曲線を描け．

11. $y'=y-2x,\ (1,0)$

12. $y'=xy-x^2,\ (0,1)$

13. $y'=y+xy,\ (0,1)$

14. $y'=x+y^2,\ (0,0)$

15-16 計算機（数式処理システム）を使って，次の微分方程式の方向場を描き，点 (0, 1) を通る解曲線を手描きせよ．次に，計算機で解曲線を求め，比較せよ．

15. $y'=x^2y-\frac{1}{2}y^2$　　**16.** $y'=\cos(x+y)$

17. 計算機（数式処理システム）を使って，微分方程式 $y'=y^3-4y$ の方向場を描き，いくつかの c の値について，初期条件 $y(0)=c$ を満たす解曲線を手描きせよ．また，$\lim_{t\to\infty}y(t)$ が存在する c の値と，$\lim_{t\to\infty}y(t)$ が正となる c の値を求めよ．

18. 関数 f のグラフが図のように与えられているとき，微分方程式 $y'=f(y)$ の方向場を描け．$y(0)$ の値によって極限における解の振舞いはどのようになるか．

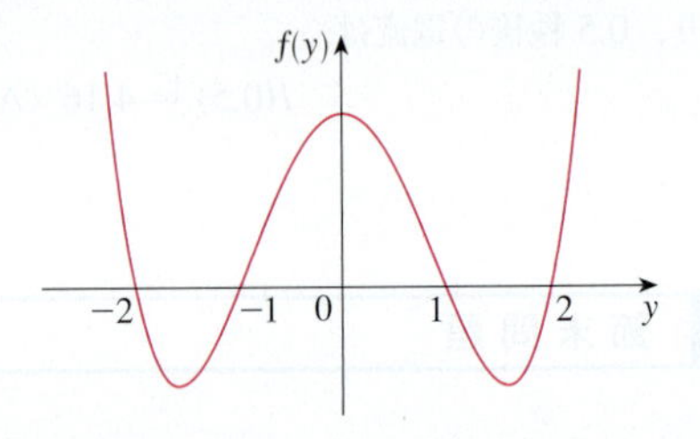

19. (a) 初期条件を与えられた微分方程式 $y'=y$，$y(0)=1$ の，$x=0.4$ における解 $y(0.4)$ を，Euler 法により次の刻み幅で求めよ．

(i) $h=0.4$　　(ii) $h=0.2$　　(iii) $h=0.1$

(b) (a)の正確な解は $y=e^x$ である．$0\leqq x\leqq 0.4$ の範囲で $y=e^x$ のグラフと，Euler 法により(a)の刻み幅で近似したグラフを描け（そのグラフは図 11〜13 と似ている）．これらのグラフを使って，(a)の近似値が過大評価であるかを判断せよ．

(c) Euler 法の誤差は，真の値と Euler 法による近似値との差である．(a)で求めた Euler 法による近似値の誤差を求めよ．刻み幅が半分になると誤差はどうなるか．

20. ある微分方程式の方向場が示してある．刻み幅 $h=1$ および $h=0.5$ として Euler 法を使って，原点を通る近似解直線を定規を使って描け．Euler 法による近似値は過大評価であるか過小評価であるか，説明せよ．

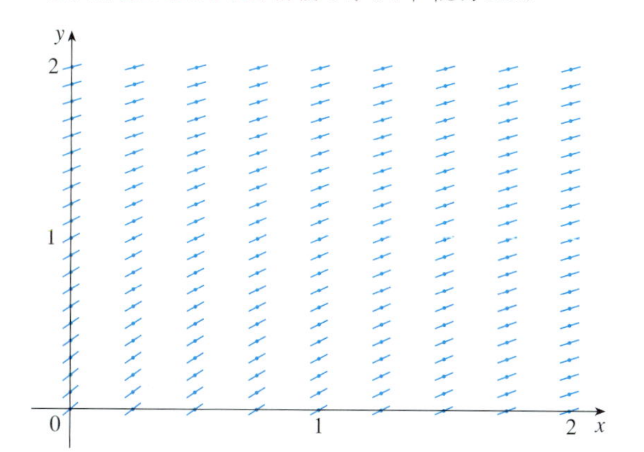

21. 刻み幅 0.5 として Euler 法を使って，初期条件を与えられた微分方程式 $y'=y-2x$，$y(1)=0$ の，$x_1=1, x_2=1.5, x_3=2, x_4=2.5$ に対する y の近似値 y_1, y_2, y_3, y_4 を求めよ．

22. 刻み幅 0.2 として Euler 法を使って，初期条件を与えられた微分方程式 $y'=x^2y-\frac{1}{2}y^2$，$y(0)=1$ の $y(1)$ の近似解を求めよ．

23. 刻み幅 0.1 として Euler 法を使って，初期条件を与えられた微分方程式 $y'=y+xy$，$y(0)=1$ の $y(0.5)$ の近似解を求めよ．

24. (a) 刻み幅 0.2 として Euler 法を使って，初期条件を与えられた微分方程式 $y'=\cos(x+y)$，$y(0)=0$ の $y(0.6)$ の近似解を求めよ．

(b) (a)を刻み幅 0.1 として解け．

25. 初期条件を与えられた微分方程式

$$\frac{dy}{dx}+3x^2y=6x^2 \qquad y(0)=3$$

を考える．

(a) 計算機を使って，$y(1)$ の近似値を Euler 法により次の刻み幅で求めよ．

(i) $h=1$　(ii) $h=0.1$

(iii) $h=0.01$　(iv) $h=0.001$

(b) $y=2+e^{-x^3}$ は正確な解であることを示せ．

(c) (a)で求めた，Euler 法による $y(1)$ の近似値の誤差を求めよ．刻み幅が $\frac{1}{10}$ になると誤差はどうなるか．

26. 初期条件を与えられた微分方程式

$$y'=x^3-y^3 \qquad y(0)=1$$

を考える．

(a) 数式処理システムを使って，$y(1)$ の近似値を Euler 法により刻み幅 0.01 で求めよ．

(b) 数式処理システムを使って解曲線を描き，(a)の結果と比較せよ．

27. 図は，電源と容量 C（ファラデー，F）のコンデンサー，抵抗 R（Ω）の抵抗およびスイッチを直列につないだ電気回路である．コンデンサーによる電圧降下は，コンデンサーに蓄えられている電荷を Q（クーロン，C）とすると，Q/C であるので，Kirchhoff の法則により，次の関係式が得られる．

$$RI+\frac{Q}{C}=E(t)$$

ここで．$I=dQ/dt$ であるので，上式は

$$R\frac{dQ}{dt}+\frac{1}{C}Q=E(t)$$

と書き直せる．抵抗を 5 Ω，コンデンサーの容量を 0.05 F，電源を 60 V の一定電圧とする．

(a) この微分方程式の方向場を描け．

(b) 時間 t が $t\to\infty$ となったとき，電荷 Q はどうなるか．

(c) 平衡解は存在するか．

(d) 初期電荷が $Q(0)=0$（C）のとき，方向場を使って解曲線を描け．

(e) 初期電荷が $Q(0)=0$（C）のとき，刻み幅 0.1 秒として Euler 法を使って 0.5 秒後の電荷を求めよ．

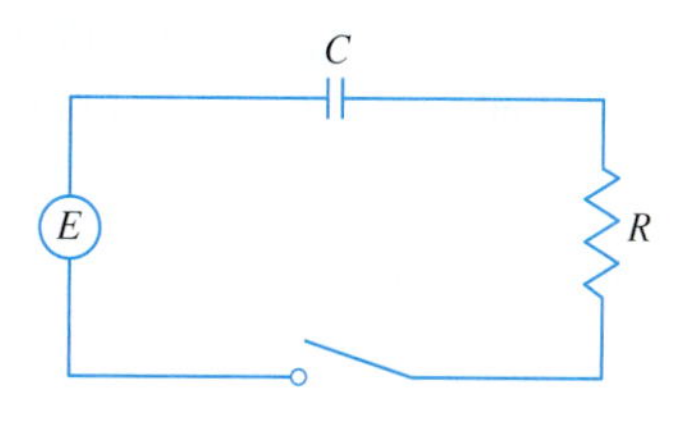

28. §4・1 節末問題 14 で，室温 20 ℃ の部屋で 95 ℃ のコーヒーを煎れる場合を考えた．コーヒーが 70 ℃ のとき，コーヒーは 1 分間に 1 ℃ の速さで冷めるとする．

(a) この場合の微分方程式をつくれ．

(b) 方向場を描き，それを使って，この場合の初期条件を満たす解曲線を描け．最終的にコーヒーの温度はどうなるか．

(c) 刻み幅 $h=2$（分）として Euler 法を使って，10 分後のコーヒーの温度を求めよ．

4・3 変数分離形

1階の微分方程式を，方向場によって幾何学的な観点から，あるいはEuler法によって数値的な観点から検討してきた．それでは，数式的な観点からみたらどうであろうか．微分方程式の解を具体的な関数の形で求めることができれば素晴しいが，残念なことにそれは常に可能であるわけではない．しかし，この節では，具体的な関数の形で解を求めることができる特別な微分方程式について調べる．

1階の微分方程式で，dy/dx が x の関数と y の関数との積で表されているとき，すなわち，

$$\frac{dy}{dx} = g(x)f(y)$$

である微分方程式を**変数分離形方程式**という．変数分離形とは方程式の右辺が x の関数項と y の関数項に分離できるということである．同様に，$f(y) \neq 0$ の場合，$h(y) = 1/f(y)$ とすると

1 $$\frac{dy}{dx} = \frac{g(x)}{h(y)}$$

と書ける．この方程式を解くために微分形式に書き直すと，

$$h(y)\,dy = g(x)\,dx$$

となり，左辺は y の項のみとなり，右辺は x の項のみとなる．次に，両辺を積分すると

2* $$\int h(y)\,dy = \int g(x)\,dx$$

となる．方程式 2 は y を x の陰関数として定義している．場合によっては，y を x の関数として具体的に解くことができる．

＊ 変数分離形の微分方程式を解くための手法は，1690年にJames Bernoulli（ベルヌーイ）が振り子の問題を解くために，また，Huygens（ホイヘンス）への手紙によると1691年にLeibniz（ライプニッツ）が使った．John Bernoulliは，1694年に出版された論文でこの一般的な手法を説明している．

合成関数の微分公式を使って，上記の方法が正しいことを示そう．h と g が 2 を満たす関数であるならば，

$$\frac{d}{dx}\left(\int h(y)\,dy\right) = \frac{d}{dx}\left(\int g(x)\,dx\right)$$

となるので，

$$\frac{d}{dy}\left(\int h(y)\,dy\right)\frac{dy}{dx} = g(x)$$

よって

$$h(y)\frac{dy}{dx} = g(x)$$

である．これより h と g は 1 を満たすことが示された．

例 1　(a) 微分方程式 $\dfrac{dy}{dx} = \dfrac{x^2}{y^2}$ を解け．

(b) 初期条件 $y(0) = 2$ を満たすこの微分方程式の解を求めよ．

［解 説］ (a) 微分方程式を微分形式を用いて書き直し，両辺を積分すると，C を任意定数として，

$$y^2 dy = x^2 dx$$

$$\int y^2 dy = \int x^2 dx$$

$$\tfrac{1}{3} y^3 = \tfrac{1}{3} x^3 + C$$

となる（左辺を積分したときの任意定数を C_1，右辺を積分したとき任意定数を C_2 とし，C_1 と C_2 をまとめて $C = C_2 - C_1$ としている）．

これを y について解けば，

$$y = \sqrt[3]{x^3 + 3C}$$

である．解としてはこのままでも構わないが，$K = 3C$ として，

$$y = \sqrt[3]{x^3 + K}$$

と書き直すことができる（C は任意定数であるので，K も任意定数である）．

(b) (a) で求めた一般解に $x=0$ を代入すると，$y(0) = \sqrt[3]{K}$ となる．初期条件 $y(0) = 2$ より $\sqrt[3]{K} = 2$，すなわち $K = 8$ となるので，初期値問題の解は

$$y = \sqrt[3]{x^3 + 8}$$

である．■

図 1 は，例 1 の微分方程式の解のいくつかのグラフを示す．(b) の初期値問題の解を赤で示す．

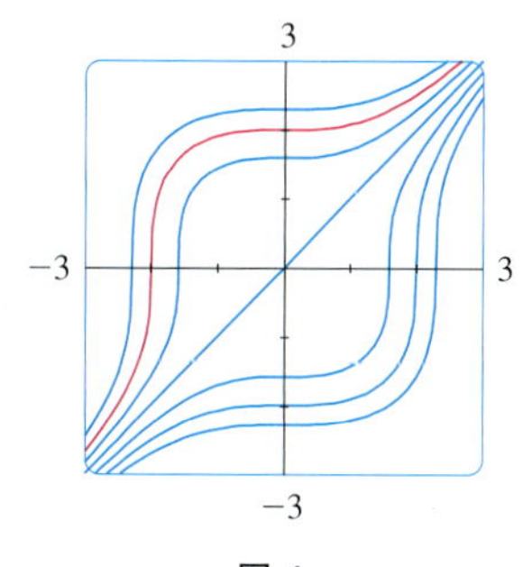

図 1

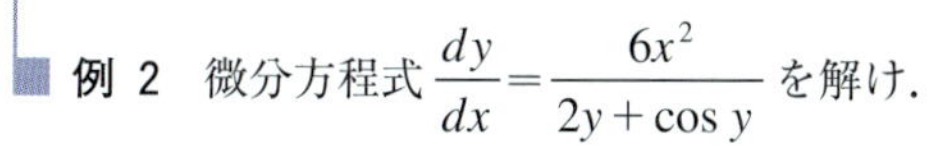

例 2　微分方程式 $\dfrac{dy}{dx} = \dfrac{6x^2}{2y + \cos y}$ を解け．

［解 説］ 微分方程式を微分形式にして両辺を積分すると，C を任意定数として，

$$(2y + \cos y)\, dy = 6x^2 dx$$

$$\int (2y + \cos y)\, dy = \int 6x^2 dx$$

$$y^2 + \sin y = 2x^3 + C \qquad \boxed{3}$$

となる．方程式 $\boxed{3}$ は与えられた微分方程式の一般解を与えている．この例に関しては，y を x の具体的な関数として表す形で解を与えるのは不可能である．■

コンピューターソフトウェアによっては，陰関数によって定義された曲線をプロットできるものもある．図 2 は，例 2 の微分方程式の解のいくつかのグラフを示す．左から右へ，C の値が $3, 2, 1, 0, -1, -2, -3$ のグラフである．

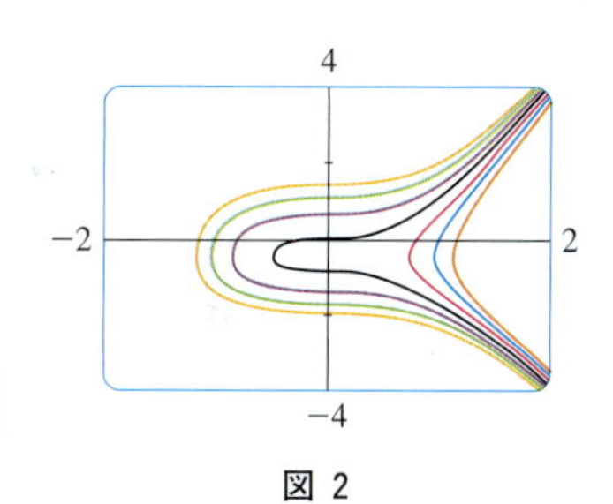

図 2

例 3　微分方程式 $y' = x^2 y$ を解け．

［解 説］ まず，Leibniz の記号を使って書き直す．

$$\frac{dy}{dx} = x^2 y$$

$y \neq 0$ の場合*，微分形式にして両辺を積分すると，

$$\frac{dy}{y} = x^2 dx \qquad y \neq 0$$

$$\int \frac{dy}{y} = \int x^2 dx$$

$$\log|y| = \frac{x^3}{3} + C$$

となる．この式から y を x の陰関数とみなすことができる．しかし，この場合，この式を解いて次のように y を x の具体的な関数として表すことができる．

＊ もし微分方程式 $y' = x^2 y$ の解 y が，ある x について $y(x) \neq 0$ となるならば，微分方程式の解に関する一意性の定理から，$y(x) \neq 0$ がすべての x について成り立つことが示される．

$$|y| = e^{\log|y|} = e^{(x^3/3)+C} = e^C e^{x^3/3}$$

$$y = \pm e^C e^{x^3/3}$$

$y=0$ も解であることは確かであるので，A を任意定数（$A=e^C$，$A=-e^C$，$A=0$ のどれか）として，一般解を

$$y = Ae^{x^3/3}$$

と表すことができる．

図3は，例3の微分方程式の方向場を示し，図4は，解 $y=Ae^{x^3/3}$ をいくつかの A の値についてグラフで示した．方向場を使って，y 切片 $5, 2, 1, -1, -2$ の解曲線を描くならば，図4の曲線によく似た形状になる．

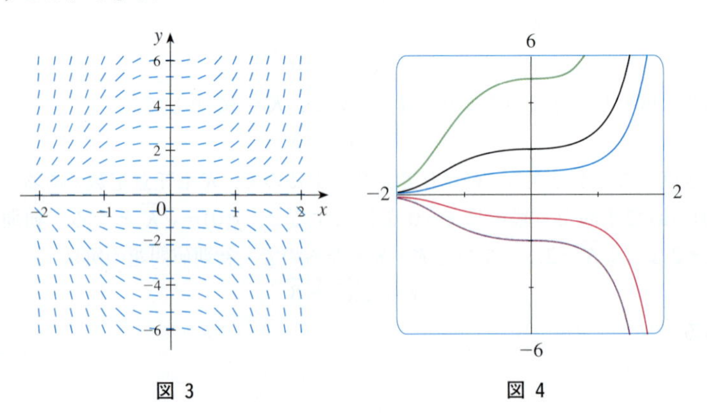

図 3　　図 4

■ **例 4**　§4·2において，図5に示した電気回路に流れる電流 $I(t)$ を，微分方程式

$$L\frac{dI}{dt} + RI = E(t)$$

でモデル化した．抵抗 12 Ω，インダクタンス 4 H，電源が 60 V の一定電圧で，$t=0$ でスイッチがオンになったときの電流と，$t\to\infty$ のときの電流の極限値を求めよ．

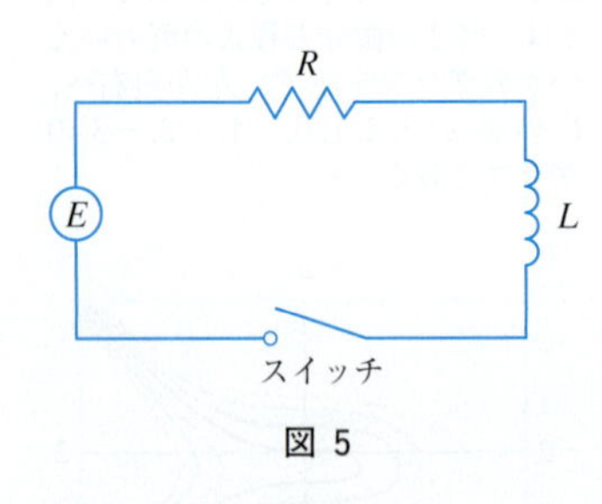

図 5

［解 説］　$L=4$，$R=12$，$E(t)=60$ より，微分方程式は

$$4\frac{dI}{dt} + 12I = 60 \qquad \text{すなわち} \qquad \frac{dI}{dt} = 15 - 3I$$

である．よって，初期値問題

$$\frac{dI}{dt} = 15 - 3I \qquad I(0) = 0$$

を解けばよい．これは変数分離形の微分方程式であり，次のようにして解ける．

図6は，例4の解，すなわち $t\to\infty$ のときの電流の振舞いを示す．§4·2図10を見返すと，方向場を使って非常に正確な解曲線を描けていたことがわかる．

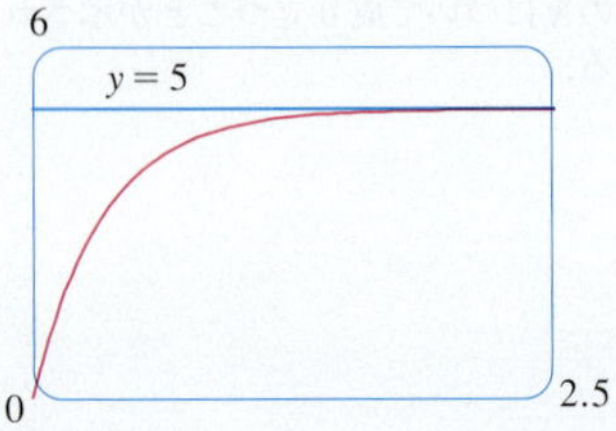

$$\int \frac{1}{15-3I}\,dI = \int dt \qquad (15 - 3I \neq 0)$$

$$-\tfrac{1}{3}\log|15 - 3I| = t + C$$

$$|15 - 3I| = e^{-3(t+C)}$$

$$15 - 3I = \pm e^{-3C}e^{-3t} = Ae^{-3t}$$

$$I = 5 - \tfrac{1}{3}Ae^{-3t}$$

6　$y=5$　0　2.5

図 6

初期条件 $I(0)=0$ より，$5-\frac{1}{3}A=0$ すなわち $A=15$ であるので，解は

$$I(t) = 5 - 5e^{-3t}$$

である．$t \to \infty$ のときの電流（アンペア，A）は

$$\lim_{t\to\infty} I(t) = \lim_{t\to\infty} (5 - 5e^{-3t}) = 5 - 5 \lim_{t\to\infty} e^{-3t} = 5 - 0 = 5$$

である．

直交軌道

ある曲線の族に属するすべての曲線と直交する曲線を，その曲線の族の**直交軌道**という（図 7）．たとえば，原点を通る直線の族 $y = mx$ は原点を中心とする同心円の族 $x^2 + y^2 = r^2$ の直交軌道である（図 8）．曲線の族と，その直交軌道である曲線の族は，互いに直交軌道の関係にある．

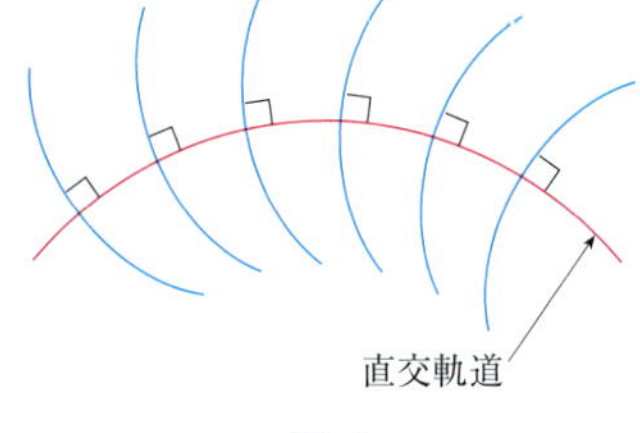

図 7

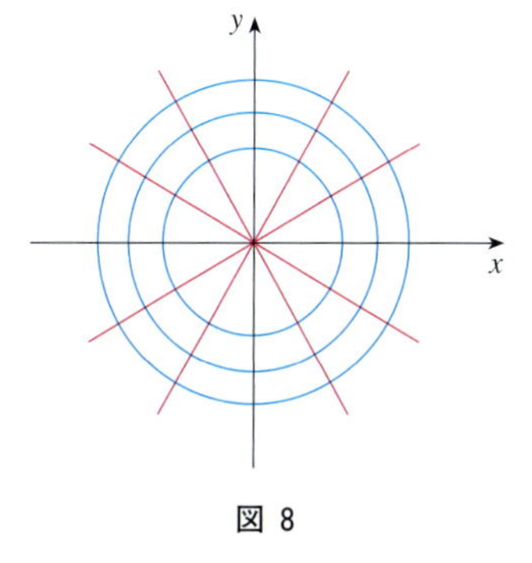

図 8

例 5　k を任意定数として表される曲線の族 $x = ky^2$ の直交軌道を求めよ．

［解 説］　曲線 $x = ky^2$ は，対称軸が x 軸である放物線の族である．最初に，放物線の族を表す微分方程式を求める．$x = ky^2$ の両辺を x で微分するならば，

$$1 = 2ky \frac{dy}{dx} \qquad \text{すなわち} \qquad \frac{dy}{dx} = \frac{1}{2ky}$$

であり，この微分方程式は k に依存している．求めたいのはすべての k について同時に成り立つ微分方程式であるので，$x = ky^2$ を使って k を消去する．$k = x/y^2$ を微分方程式に代入すると，

$$\frac{dy}{dx} = \frac{1}{2ky} = \frac{1}{2\dfrac{x}{y^2}y} \qquad \text{すなわち} \qquad \frac{dy}{dx} = \frac{y}{2x}$$

である．これが意味していることは，族のうちの一つの放物線上の任意の点 (x, y) におけるこの放物線への接線の傾きが，$y' = y/(2x)$ であるという事実である．点 (x, y) を通る直交軌道への接線の傾きは，上記の放物線への接線の傾きの負の逆数 $-1/y' = 2x/y$ である．よって，直交軌道は微分方程式

$$\frac{dy}{dx} = -\frac{2x}{y}$$

を満たしていなければならない．この微分方程式は変数分離形であるので，解は C を正の任意定数として，

$$\int y\,dy = -\int 2x\,dx$$

$$\frac{y^2}{2} = -x^2 + C$$

$$x^2 + \frac{y^2}{2} = C \qquad \boxed{4}$$

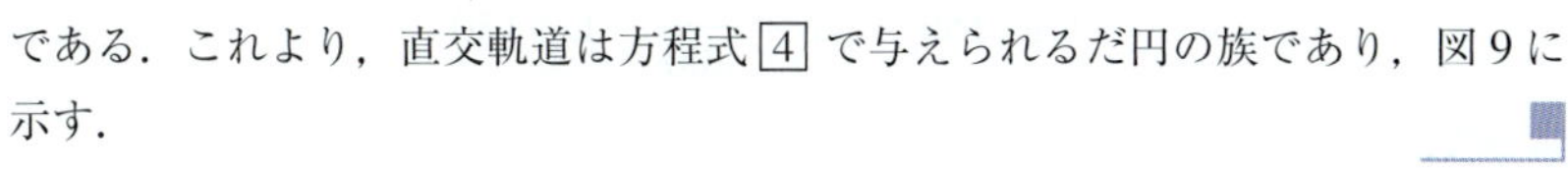

である．これより，直交軌道は方程式 $\boxed{4}$ で与えられるだ円の族であり，図 9 に示す．

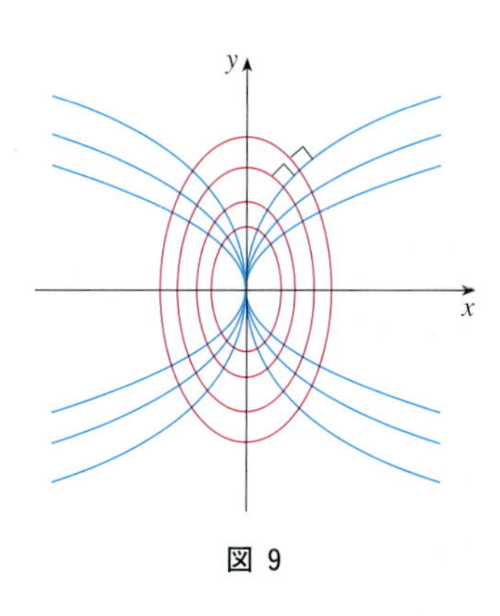

図 9

直交軌道の概念は物理のいろいろな場面に表れる．たとえば静電場の力は，等電位曲線に直交している．あるいは，気体の流れる方向は等圧曲線の直交軌道である．

■ 混合問題

典型的な混合問題では，塩などの溶質が均一に溶けた溶液がタンクに入っていて，ここに同じ溶質が溶けたある濃度の溶液が一定の割合で流入し，流入した溶液は完全に攪拌されてタンク内の濃度はすぐに均一になると同時に，ある割合（流入割合と異なることもある）でタンクから流出する場合を扱う．$y(t)$ を時間 t におけるタンク内の溶質の量とするならば，$y'(t)$ は流入する溶質の量の割合から流出する溶質の量の割合を引いたものである．この数学的表現は，多くの場合，1 階の変数分離形の微分方程式になり，この考えは，化学反応，湖沼の汚染，血中への薬物投与などの現象のモデル化に使える．

例 6　塩 20 kg を溶かした塩水 5000 L の入ったタンクがある．このタンクに，1 L 当たり 0.03 kg の塩が溶けた塩水が 25 L/min の割合で流入している．流入した溶液は完全に攪拌されて同じ割合でタンクから流出している．30 分後にタンク内に残っている塩の量を求めよ．

［解 説］ t 分後にタンク内にある塩の量を $y(t)$ kg とする．この場合，$y(0)=20$ であり，求めたいのは $y(30)$ である．$y(t)$ が満たす微分方程式を求める．dy/dt はタンク内の塩の量の変化率であるので，

$$\frac{dy}{dt}=(\text{流入割合})-(\text{流出割合}) \tag{5}$$

となり，

$$\text{流入割合}=\left(0.03\,\frac{\text{kg}}{\text{L}}\right)\left(25\,\frac{\text{L}}{\text{min}}\right)=0.75\,\frac{\text{kg}}{\text{min}}$$

である．タンクは常に 5000 L の塩水で満たされているので，時間 t における濃度は $y(t)/5000$（kg/L）である．塩水は 25 L/min の割合で流出しているので，

$$\text{流出割合}=\left(\frac{y(t)}{5000}\,\frac{\text{kg}}{\text{L}}\right)\left(25\,\frac{\text{L}}{\text{min}}\right)=\frac{y(t)}{200}\,\frac{\text{kg}}{\text{min}}$$

である．よって，式 5 は

$$\frac{dy}{dt}=0.75-\frac{y(t)}{200}=\frac{150-y(t)}{200}$$

となる．この変数分離形の微分方程式を解くと，

$$\int\frac{1}{150-y}\,dy=\int\frac{1}{200}\,dt$$

$$-\log|150-y|=\frac{t}{200}+C$$

である．まず，初期条件 $y(0)=20$ より $-\log 130=C$ である．これを代入すると，

$$-\log|150-y|=\frac{t}{200}-\log 130$$

よって，

$$|150-y|=130e^{-t/200}$$

となる．$y(t)$ は連続関数であり，$y(0)=20$，また右辺は 0 にならないので，$150-y(t)$ は常に正である．よって，$|150-y|=150-y$ であるので，

$$y(t)=150-130e^{-t/200}$$

図 10 は，例 6 の関数 $y(t)$ のグラフを示す．時間 t が経過すると，塩の量は 150 kg に近づくことがわかる．

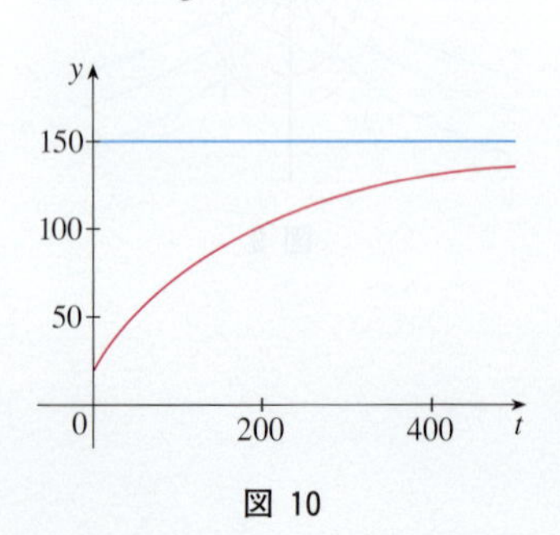

図 10

となる．これを使うと，30 分後のタンク内の塩の量は，

$$y(30) = 150 - 130e^{-30/200} \approx 38.1\,(\mathrm{kg})$$

である．■

4・3 節末問題

1-10 微分方程式を解け．

1. $\dfrac{dy}{dx} = 3x^2y^2$

2. $\dfrac{dy}{dx} = x\sqrt{y}$

3. $xyy' = x^2 + 1$

4. $y' + xe^y = 0$

5. $(e^y - 1)y' = 2 + \cos x$

6. $\dfrac{du}{dt} = \dfrac{1 + t^4}{ut^2 + u^4t^2}$

7. $\dfrac{d\theta}{dt} = \dfrac{t\sec\theta}{\theta e^{t^2}}$

8. $\dfrac{dH}{dR} = \dfrac{RH^2\sqrt{1 + R^2}}{\log H}$

9. $\dfrac{dp}{dt} = t^2p - p + t^2 - 1$

10. $\dfrac{dz}{dt} + e^{t+z} = 0$

11-18 与えられた初期条件を満たす微分方程式の解を求めよ．

11. $\dfrac{dy}{dx} = xe^y,\ \ y(0) = 0$

12. $\dfrac{dy}{dx} = \dfrac{x\sin x}{y},\ \ y(0) = -1$

13. $\dfrac{du}{dt} = \dfrac{2t + \sec^2 t}{2u},\ \ u(0) = -5$

14. $x + 3y^2\sqrt{x^2 + 1}\ \dfrac{dy}{dx} = 0,\ \ y(0) = 1$

15. $x\log x = y\left(1 + \sqrt{3 + y^2}\right)y',\ \ y(1) = 1$

16. $\dfrac{dP}{dt} = \sqrt{Pt},\ \ P(1) = 2$

17. $y'\tan x = a + y,\ \ y(\pi/3) = a,\ \ 0 < x < \pi/2$

18. $\dfrac{dL}{dt} = kL^2\log t,\ \ L(1) = -1$

19. 点 $(0, 2)$ を通り，点 (x, y) での傾きが x/y である曲線の方程式を求めよ．

20. $f'(x) = xf(x) - x,\ f(0) = 2$ である関数 f を求めよ．

21. 変数を $u = x + y$ とおいて，微分方程式 $y' = x + y$ を解け．

22. 変数を $v = y/x$ とおいて，微分方程式 $xy' = y + xe^{y/x}$ を解け．

23. (a) 微分方程式 $y' = 2x\sqrt{1-y^2}$ を解け．
(b) 初期条件を与えられた微分方程式 $y' = 2x\sqrt{1-y^2}$, $y(0) = 0$ を解き，計算機を使って解曲線を描け．
(c) 初期条件を与えられた微分方程式 $y' = 2x\sqrt{1-y^2}$, $y(0) = 2$ は解をもつか．説明せよ．

24. 方程式 $e^{-y}y' + \cos x = 0$ を解き，計算機を使って解曲線をいくつか描け．任意定数 C の変化により，解曲線はどのように変化するか．

25. 計算機（数式処理システム）を使って，初期条件を与えられた微分方程式 $y' = (\sin x)/\sin y$, $y(0) = \pi/2$ を解き，解曲線を描け．

26. 方程式 $y' = x\sqrt{x^2+1}/(ye^y)$ を解き，計算機（数式処理システム）を使って解曲線のいくつかを描け．任意定数 C の変化により，解曲線はどのように変化するか．

27-28 (a) 数式処理システムを使って，次の微分方程式の方向場を描き，それを使って解曲線をいくつか描け．
(b) 微分方程式を解け．
(c) 数式処理システムを使って，(b)で得られた解の解曲線をいくつか描き，(a)で得られた解曲線と比較せよ．

27. $y' = y^2$

28. $y' = xy$

29-32 次の曲線の族の直交軌道を求めよ．計算機を使って，同一スクリーンに曲線と直交軌道をいくつか描け．

29. $x^2 + 2y^2 = k^2$

30. $y^2 = kx^3$

31. $y = \dfrac{k}{x}$

32. $y = \dfrac{1}{x + k}$

33-35 未知関数 $y(x)$ と $y(x)$ に関連する積分を含む方程式を**積分方程式**という．次の積分方程式を解け［ヒント：積分方程式から得られる初期条件を用いる］．

33. $y(x) = 2 + \displaystyle\int_2^x (t - ty(t))\,dt$

34. $y(x) = 2 + \displaystyle\int_1^x \frac{dt}{ty(t)},\ \ x > 0$

35. $y(x) = 4 + \int_0^x 2t\sqrt{y(t)}\,dt$

---

36. 初期条件 $f(3)=2$ を満たす次の微分方程式の解を求めよ［ヒント: 巻末「公式集」にある $\tan(x+y)$ の加法定理を使う］.

$$(t^2+1)f'(t) + (f(t))^2 + 1 = 0 \qquad t \neq 1$$

37. §4·2 節末問題 27 を，時間 t におけるコンデンサーに蓄えられている電荷について解き，$t \to \infty$ のときの電荷の極限値を求めよ.

38. §4·2 節末問題 28 で室温 20 °C の室内に置かれた 95 °C のコーヒーの，時間 t における温度を微分方程式で表した．この微分方程式を解け.

39. §4·1 節末問題 15 で，学習について，次の微分方程式

$$\frac{dP}{dt} = k(M-P)$$

でモデル化した．ここで，$P(t)$ はある学習者が時間 t 訓練した後に測定されるある技能，M はその最大能力，k は正定数である．この微分方程式を解き，$P(t)$ とその極限を求めよ.

40. 基本的な化学反応では，反応物 A と B の 1 分子ずつから生成物 C の 1 分子ができる（A+B → C）．質量作用の法則より，反応速度は A と B の濃度（[A], [B]）の積に比例するので，

$$\frac{d[\mathrm{C}]}{dt} = k[\mathrm{A}][\mathrm{B}]$$

である（第 I 巻 § 2·7 例 4 参照）．よって，A, B の初期濃度（単位は mol/L）を $[\mathrm{A}]=a$，$[\mathrm{B}]=b$，時間 t における C の濃度を $[\mathrm{C}]=x$ とするならば，

$$\frac{dx}{dt} = k(a-x)(b-x)$$

である.

(a) $t=0$ における C の濃度は 0 である．$a \neq b$ として x を t の関数で表せ.

(b) $a=b$ として $x(t)$ を求めよ．20 秒後に $[\mathrm{C}]=\frac{1}{2}a$ となるとするとき，$x(t)$ を表す式はどのくらい簡単になるか.

41. 前問 40 に対応して，化学反応 $H_2+Br_2 \to 2HBr$ の反応速度は，実験から

$$\frac{d[\mathrm{HBr}]}{dt} = k[\mathrm{H_2}][\mathrm{Br_2}]^{1/2}$$

となる．よって，水素と臭素の $t=0$ における濃度を a と b，臭化水素の時間 t における濃度を $[\mathrm{HBr}]=x$ とするならば，微分方程式は

$$\frac{dx}{dt} = k(a-x)(b-x)^{1/2}$$

である.

(a) $x(0)=0$ であることを用いて，$a=b$ とするとき x を t の関数で表せ.

(b) $a>b$ として，t を x の関数として表せ［ヒント: $u=\sqrt{b-x}$ とおき，置換積分をする］.

42. 半径 2 m，温度 25 °C の球の内側に，半径 1 m，温度 15 °C の球が同心で入っている（すなわち二つの中心は同じ）．球の中心からの距離 r（$1 \leqslant r \leqslant 2$）における温度 $T(r)$ は 2 階の微分方程式

$$\frac{d^2T}{dr^2} + \frac{2}{r}\frac{dT}{dr} = 0$$

を満たす．$S=dT/dr$ とするならば，T についての 2 階の微分方程式は S についての 1 階の微分方程式になる．この微分方程式を解き，その結果を用いて球の間の温度 $T(r)$ を表す式を求めよ.

43. グルコース溶液が一定速度 r で静脈に投与されている．体内に入ったグルコースは他の物質に変換され，そのときのグルコース濃度に比例する速度で，血中から排出される．よって，血中グルコース濃度 $C=C(t)$ のモデルは，k を正定数として，

$$\frac{dC}{dt} = r - kC$$

で表される.

(a) 時間 $t=0$ における濃度を C_0 とする．時間 t における濃度を，うえの微分方程式を解くことによって決定せよ.

(b) $C_0 < r/k$ であるとき，$\lim_{t\to\infty} C(t)$ を求め，これを解釈せよ.

44. ある小国では，100 億ドル相当の紙幣が国内に流通していて，毎日 5000 万ドル相当の紙幣が国内の銀行に戻ってくる．政府は，銀行に戻ってくる古い紙幣を同額の新しい紙幣に入れ替えるという政策を導入することを決定したとする．$x=x(t)$ を時間 t における新紙幣の流通量として，$x(0)=0$ とする.

(a) 市場に流通している新紙幣の量（“フロー”という）を表す，初期条件付きの微分方程式で表されるモデルを構成せよ.

(b) (a)で構成された初期値問題を解け.

(c) 新紙幣の流通量が 90 % に達するのに必要な時間を求めよ.

45. タンクに，塩 15 kg を溶かした塩水 1500 mL が入っている．ここに，水を 10 mL/min の割合で注入し，溶液は完全に混合されて，同じ割合でタンクから流出している．(a) t 分後，(b) 20 分後にタンク内に残っている塩の量を求めよ.

46. 容積 180 m^3 の部屋がある．最初，室内の二酸化炭素濃度は 0.15 % であり，ここに，二酸化炭素濃度 0.05 % の新鮮な空気を 2 m^3/min の割合で流入させ，混合した室内の空気を同じ割合で室外へ流出させる．室内の二酸化炭素濃度を時間の関数として求めよ．十分に時間が経つと濃度はどうなるか．

47. 大だるの中に，体積比 4 % のアルコール入りビールが 2000 L 入っている．このたるの中に，6 % のアルコール入りビールが 20 L/min の割合で流入し，混合されて同じ割合で排出されている．1 時間後のアルコール濃度を求めよ．

48. 純水 1000 L が入ったタンクがある．ここに，水 1 L 当たり塩を 0.05 kg 溶かした塩水が 5 L/min，水 1 L 当たり塩を 0.04 kg 溶かした塩水が 10 L/min の割合で流入し，完全に混合されて，タンクから 15 L/min の割合で流出している．(a) t 分後，(b) 1 時間後のタンク内にある塩の量を求めよ．

49. 雨滴は落下しながら成長していく．時間 t における雨滴の質量を $m(t)$ とする．質量の増加率は k を正定数として $km(t)$ である．雨滴に Newton の運動の第 2 法則を適用するならば，座標軸を下向きにとり，v を雨滴の速度，g を重力加速度として，$(mv)'=gm$ である．雨滴の終端速度 $\lim_{t\to\infty} v(t)$ を g と k で表せ．

50. 質量 m の物体が媒体中を水平に移動するならば，物体は媒体から速度の関数で表される抵抗力を受ける（水の上のボートを考えよ）．$v=v(t)$，$s=s(t)$ を時間 t における物体の速度，位置とするならば，抵抗力 $f(v)$ は

$$m\frac{d^2s}{dt^2}=m\frac{dv}{dt}=f(v)$$

である．

(a) 抵抗力が速度に比例するならば，k を正定数として，$f(v)=-kv$ である（このモデルは v の値が小さい場合に成り立つ）．$v(0)=v_0$，$s(0)=s_0$ を v と s の初期値として，時間 t における v と s 求めよ．このとき，$t=0$ からの総移動距離を求めよ．

(b) v の値が大きい場合，抵抗力 $f(v)$ は速度の 2 乗に比例する．すなわち，k を正定数として，$f(v)=-kv^2$ とする方がよい（モデルであるこの式は Newton により最初に提案された）．v_0, s_0 を v と s の初期値として，時間 t における v と s を求めよ．このとき，$t=0$ からの総移動距離を求めよ．

51. 生物学における相対成長とは，ある生物の器官と器官の大きさの関係，たとえば頭蓋骨の大きさと身長の関係などを指す．$L_1(t), L_2(t)$ をある生物の年齢 t における二つの器官の大きさ，k を定数として，

$$\frac{1}{L_1}\frac{dL_1}{dt}=k\frac{1}{L_2}\frac{dL_2}{dt}$$

が満たされるとき，L_1 と L_2 は相対成長を満たすという．

(a) L_1 と L_2 が相対成長を満たしているとき，L_1 と L_2 の関係を表す微分方程式を，L_1 と L_2 の関数として解け．

(b) 単細胞藻類の研究より，細胞重量 B と細胞体積 V との間には，相対成長の比例定数が $k=0.0794$ であることがわかった．B を V の関数として表せ．

52. 腫瘍の成長を表すモデルに，Gompertz（ゴンペルツ）の式

$$\frac{dV}{dt}=a(\log b-\log V)V$$

がある．ここで，a および b は正定数であり，V は測定された腫瘍体積（単位は mm^3）である．

(a) 腫瘍の大きさを時間の関数の族として求めよ．

(b) 初期の腫瘍の大きさを $V(0)=1$（mm^3）として解を求めよ．

53. $A(t)$ を時間 t における培養組織の面積とし，M を成長が完了したときの組織の最終面積とする．細胞分裂のほとんどは組織の周辺部分で起こっていて，周辺部分の細胞数は $\sqrt{A(t)}$ に比例する．よって，組織成長の合理的なモデルは，培養組織の面積成長率が $\sqrt{A(t)}$ と $M-A(t)$ 両方に比例すると考えることによって得られる．

(a) 微分方程式をつくり，それを使って培養組織の成長が最も速いのは，$A(t)=\frac{1}{3}M$ のときであることを示せ．

(b) 微分方程式を解き，解を $A(t)$ で表せ．数式処理システムを使って，積分を求めよ．

54. Newton の万有引力の法則によると，地球表面から鉛直上向きに投げ上げられる質量 m の物体にかかる重力は，$x=x(t)$ を時間 t における地球表面から物体までの距離，R を地球半径，g を重力加速度として，

$$F=\frac{mgR^2}{(x+R)^2}$$

で表される．また，Newton の第 2 法則 $F=ma=m(dv/dt)$ より，

$$m\frac{dv}{dt}=-\frac{mgR^2}{(x+R)^2}$$

である．

(a) ロケットが初速度 v_0 で鉛直上向きに発射されたとする．ロケットが到達する地球表面からの最大の高さを h として，

$$v_0=\sqrt{\frac{2gRh}{R+h}}$$

を示せ［ヒント：合成関数の微分公式 $m(dv/dt)=mv(dv/dx)$ を使う］．

(b) $v_e=\lim_{h\to\infty} v_0$ を求めよ．この極限は地球脱出速度という．

(c) $R=6370$（km），$g=9.8$（m/s^2）として，v_e（単位は km/s）を求めよ．

応用課題 上昇と下降ではどちらが速いか

空に向かってボールを投げ上げるとする．ボールが最高点に達するまでの時間と，最高点から地面に落下するまでの時間ではどちらが長いだろうか．この課題を解く前に，まずこの状況を考え，物理的直観に基づいて推測しておこう．

1. 質量 m のボールを，正の初速度 v_0 で地面から鉛直上方に投げ上げる．ボールに作用する力は，重力と空気抵抗による力とする．ここで，空気抵抗による力とは，大きさ $p|v(t)|$（p は正定数，$v(t)$ は時間 t におけるボールの速度）の運動方向とは逆向きの力である*．ボールが上昇するとき，あるいは下降するとき，それぞれにおいて，ボールに作用する総力は $-pv-mt$ である（ボールが上昇中，$v(t)$ は正で抵抗は下向きに作用する．下降中は $v(t)$ は負であり，抵抗は上向きに作用する）．したがって，Newton の運動の第 2 法則より，運動方程式は
$$mv' = -pv - mg$$
になる．この微分方程式を解き，速度が
$$v(t) = \left(v_0 + \frac{mg}{p}\right)e^{-pt/m} - \frac{mg}{p}$$
となることを示せ．

2. ボールを投げ上げてから地面に落下するまで，ボールの高さは
$$y(t) = \left(v_0 + \frac{mg}{p}\right)\frac{m}{p}(1 - e^{-pt/m}) - \frac{mgt}{p}$$
であることを示せ．

3. ボールが最高点に達するまでの時間を t_1 として，
$$t_1 = \frac{m}{p}\log\left(\frac{mg + pv_0}{mg}\right)$$
であることを示せ．質量 1 kg のボールが初速度 20 m/s で投げ上げられた場合の最高点に達する時間 t_1 を求めよ．ただし，空気抵抗は速度の $\frac{1}{10}$ であるとする．

4. ボールが地面に落下する時間を t_2 とする．課題 3 の場合について，計算機を使ってボールの高さに関する関数 $y(t)$ のグラフを描き，t_2 を求めよ．上昇と下降ではどちらが速いか．

5. 一般に，$y(t)=0$ の方程式を解くことは不可能であるので，t_2 を求めるのは簡単ではない．しかし，ボールの上昇あるいは下降のどちらが速いかを判断するためであれば，間接的な方法を使うことができる．すなわち，$y(2t_1)$ が正か負かを判断すればよい．ここで，$x=e^{pt_1/m}$ として，
$$y(2t_1) = \frac{m^2 g}{p^2}\left(x - \frac{1}{x} - 2\log x\right)$$
を示せ．さらに，$x>1$ について，関数
$$f(x) = x - \frac{1}{x} - 2\log x$$
は増加することを示せ．この結果を使って，$y(2t_1)$ が正か負かを判断せよ．結論付けられることは何か．上昇と下降ではどちらが速いか．

* 空気抵抗による力のモデル化には，ボールの物理的特性や速度に依存してさまざまな関数が使われる．ここでは，線形モデル $-pv$ を使っているが，2 次式のモデル（ボール上昇中を $-pv^2$，下降中を pv^2 とする）は v の値が大きい場合に用いられる（§4·3 節末問題 50 参照）．ゴルフボールでは，上昇中を $-pv^{1.3}$，下降中を $p|v|^{1.3}$ とするとよいモデルになることが実験的に示されている．しかし，どのような力関数 $-f(v)$（ここで，$v>0$ について $f(v)>0$，$v<0$ について $f(v)<0$）を用いても，問題への答えは変わらない（F. Brauer, "What Goes Up Must Come Down, Eventually", *American Mathematical Monthly*, 108, 437 (2001) 参照）．

応用課題　タンクからの排水速度はいくらか

水（あるいはなんらかの液体）がタンクから排出されるとき，最初，水位が最大であるときに排水量は最大となり，水位が低くなるにつれて徐々に排水量は減少すると予測される．しかし，タンクから完全に排水するにはどのくらい時間がかかるか，スプリンクラーシステムの最低限の水圧を保証するためにはタンクにどのくらいの水を貯めておかなければならないかといった，技術者が求める問題の答えを出すためには，排水の勢いがどのように減少するかをより正確に数学的に表す必要がある．

$h(t)$, $V(t)$ を時間 t におけるタンク内の水の水位と体積とする．タンクの底にある面積 a の孔から水が排出されるならば，Torricelli（トリチェリ）の法則より，g を重力加速度として

1
$$\frac{dV}{dt} = -a\sqrt{2gh}$$

である．よって，タンクから水が排出される割合は，水位の平方根に比例する．

1. (a) 半径 1 m，高さ 2 m の円筒形のタンクの底に，半径 2 cm の孔が開いているとき，重力加速度を 10 m/s^2 とするならば，h は微分方程式

$$\frac{dh}{dt} = -0.0004\sqrt{20h}$$

を満たすことを示せ．

(b) $t=0$ のときタンクは満杯であるとして，この方程式を解いて，時間 t における水位を求めよ．

(c) 完全に排水するのに必要な時間を求めよ．

2. 液体の粘度や排水時の回転を考慮していないため，式 1 によって与えられるモデルはあまり正確ではない．代わりに，

2
$$\frac{dh}{dt} = k\sqrt{h}$$

がモデルとして使われることが多い．定数 k は液体の物性に依存し，タンクの排水データから決定される．

(a) 円筒形タンクの側面に孔を開け，孔の上部から測った水位 h が 10 cm から 3 cm に減るのにかかる時間が 68 秒であるとする．式 2 を使って，$h(t)$ を求め，$t=10, 20, 30, 40, 50, 60$ について $h(t)$ を計算せよ．

(b) 2 L の円筒形ペットボトル側面の底部に直径 4 mm の孔を開け，孔の上部を 0 cm として，上に向かって 1 cm ずつ，10 cm まで印を付ける．次に，孔を指でおさえて水を 10 cm まで入れ，孔から指をはずしてからの時間 $t=10, 20, 30, 40, 50, 60$ 秒後の水位 $h(t)$ を記録せよ（おそらく 68 秒で $h=3$（cm）になると思われる）．このデータを，(a)の計算値と比較せよ．モデルは実測値をどの程度一致したか．

3. 多くの国で，大きなホテルや病院に設置されているスプリンクラーの水は，ビルの屋上付近に設置された円筒形タンクから重力によって供給される仕組みになっている．タンクの半径を 3 m，導水管の半径を 6 cm とする．スプリンクラーの水圧は，10 分間，少なくとも 104 kPa を保証しなければならない（火災が発生して電気系統が故障する場合，非常用発電機と消火用ポンプが作動するまでの所要時間は最大 10 分である）．そのためには，タンクをどのくらいの高さに設置すべきか（水深 d m における水圧は $P=10d$（kPa）である．§3・3 参照）．

問題 2(b) は，教室で実演したり，グループ課題にするとよい．グループの場合は 3 人一組とし，それぞれ時間をはかる係，10 秒ごとに高さをよむ係，記録係とする．

4. すべてのタンクが円筒形をしているわけではない．高さ h における水平切断面の面積を $A(h)$ とするならば，高さ h までの水の体積は $V=\int_0^h A(u)\,du$ であり，微分積分学の基本定理より $dV/dh=A(h)$ である．よって，

$$\frac{dV}{dt}=\frac{dV}{dh}\frac{dh}{dt}=A(h)\frac{dh}{dt}$$

となり，Torricelli の法則より

$$A(h)\frac{dh}{dt}=-a\sqrt{2gh}$$

である．

(a) タンクが半径 2 m の球形であると仮定して，最初は半分だけ水が入っているとする．孔の半径が 1 cm，重力加速度 $g=10$ (m/s^2) とするとき，h は微分方程式

$$(4h-h^2)\frac{dh}{dt}=-0.0001\sqrt{20h}$$

を満たすことを示せ．

(b) 完全に排水するのに必要な時間を求めよ．

4・4 個体数増加のモデル

この節では，自然増加の法則やロジスティック方程式といった個体数増加をモデル化する微分方程式について説明する．

■ 自然増加の法則

§4・1 で学んだ個体数増加に関する数学モデルの一つは，「個体数はその大きさに比例した割合で増加する」という仮定，すなわち

$$\frac{dP}{dt}=kP$$

に基づいていた．これは適切な仮定であろうか．個体数 $P=1000$ の細菌群が，ある時間において増加率 $P'=300$ 個体数/時間の割合で増加するときを考えよう．この細菌群に同種の細菌を 1000 個体加える．総計 2000 個体の細菌群のそれぞれ半分ずつは，前述のとおり，1 時間当たり 300 個体の割合で増加するので，2000 個体の細菌は 1 時間当たり 600 個体の割合で増加すると期待できる（十分な空間と栄養があればではあるが）．したがって，個体数が 2 倍になると，増加率も 2 倍になるので，「増加率はそのときの個体数に比例する」という仮定は適切である．

一般に，$P(t)$ を時間 t における量 y の値として，t に関する P の変化率が $P(t)$ に比例するならば，k を比例定数として，

$$\frac{dP}{dt}=kP \tag{1}$$

である．[1] を**自然増加の法則**という．k が正ならば個体数は増加し，k が負ならば個体数は減少する．

微分方程式 [1] は変数分離形であるので，§4・3 で学んだ方法で解くことができる．

$$\int \frac{1}{P}\,dP = \int k\,dt$$

$$\log|P| = kt + C$$

$$|P| = e^{kt+C} = e^{C}e^{kt}$$

$$P = Ae^{kt}$$

ここで，A（$= \pm e^{C}$ あるいは 0）は任意定数である．定数 A の重要性は次の式からわかる．

$$P(0) = Ae^{k \cdot 0} = A$$

すなわち，A は解の関数の初期値である．

[2]* 初期条件を与えられた微分方程式

$$\frac{dP}{dt} = kP \qquad P(0) = P_0$$

の解は

$$P(t) = P_0 e^{kt}$$

である．

＊ [2] を扱う例と問題は§1・5 参照．

方程式 [1] は

$$\frac{1}{P}\frac{dP}{dt} = k$$

と書き換えられ，これは**相対増加率**（個体数当たりの増加率）が定数であることを示す．よって，[2] は相対増加率が定数であるならば，個体数の増加は指数関数的であることを示す．

方程式 [1] を修正すると，全個体数からの移住（もしくは“採取”）についても考えることができる．移住率を定数 m とするならば，個体数の変化率は微分方程式

$$\frac{dP}{dt} = kP - m \qquad [3]$$

でモデル化できる．式 [3] の解き方と結論については，節末問題 17 を参照せよ．

■ ロジスティックモデル

§4・1 で説明したように，個体数は，多くの場合，初期の段階では指数関数的に増加するが，最終的にはゆっくりと増加するようになり，資源が限られているため環境収容力に近づく．$P(t)$ を時間 t における個体数の大きさとするならば，

$$P\text{が小さい場合} \qquad \frac{dP}{dt} \approx kP$$

である．これは，初期の増加率が個体数に比例すること，すなわち，相対増加率は個体数が少ないとほぼ一定であることを示している．しかし，個体数 P が増

加すると相対増加率は減少し，**環境収容力** M（長期的に環境を維持できる個体数の最大値）を超えると負になることを考慮して，これらの仮定を組込むと，相対増加率の最も簡単な微分方程式は

$$\frac{1}{P}\frac{dP}{dt} = k\left(1 - \frac{P}{M}\right)$$

になる．この両辺に P を掛けたものが**ロジスティック微分方程式**として知られる個体数増加のモデルである．

$$\boxed{4} \qquad \boxed{\frac{dP}{dt} = kP\left(1 - \frac{P}{M}\right)}$$

式 4 より，P が M に比べて十分に小さいならば，P/M は 0 に近づくので $dP/dt \approx kP$ となることがわかる．個体数が環境収容力に近づく，すなわち $P \to M$ ならば $P/M \to 1$ であるので，$dP/dt \to 0$ である．式 4 から，個体数が増加しているか，減少しているかを判定することができる．個体数 P が $0 < P < M$ であるならば右辺は正であるので，$dP/dt > 0$ より個体数は増加している．しかし，個体数が環境収容力を超える，すなわち $P > M$ であるならば右辺 $1 - P/M$ は負であるので，$dP/dt < 0$ より個体数は減少している．

次に，方向場を使って，ロジスティック微分方程式をより詳しく解析する．

例 1　比例定数 $k = 0.08$，環境収容力 $M = 1000$ として，ロジスティック微分方程式の方向場を描け．それから解曲線に関して何が読み取れるか．

［解 説］　この場合のロジスティック微分方程式は

$$\frac{dP}{dt} = 0.08P\left(1 - \frac{P}{1000}\right)$$

であり，この微分方程式の方向場が図 1 に示してある．個体数であるので，P は正であり，時間 $t > 0$ に関心があるとして，第 1 象限のみを示してある．

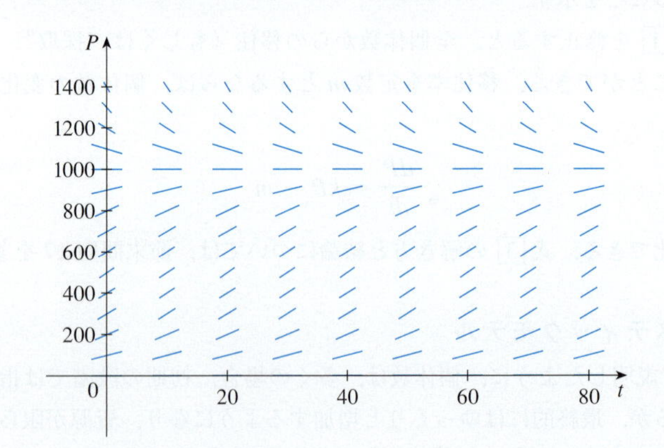

図 1　例 1 のロジスティック方程式の方向場

ロジスティック方程式は自励系である（dP/dt は t に依らず，P のみに依存している）ので，方向場の傾きは同一水平線上ですべて同じであり，$0 < P < 1000$ の部分での傾きは正であり，$P > 1000$ の部分での傾きは負である．

P が 0 あるいは 1000（環境収容力）に近づくとき，傾きは小さくなる．平衡解 $P=0$ 以外の解はすべて，平衡解 $P=1000$ に近づいていく．

図 2 に，方向場を使って初期個体数 $P(0)=100$，$P(0)=400$，$P(0)=1300$ の解曲線を描いてある．このとき，初期個体数が $P=1000$ より小さい解曲線は増加し，$P=1000$ より大きい解曲線は減少している．方向場の傾きは $P\approx 500$ で最大となるので，初期個体数が $P=1000$ より小さい解曲線は $P\approx 500$ あたりで変曲点をもつ．実際，初期個体数が $P=500$ より小さいならば解曲線は $P=500$ で変曲点をもつことを証明できる（節末問題 13 参照）．

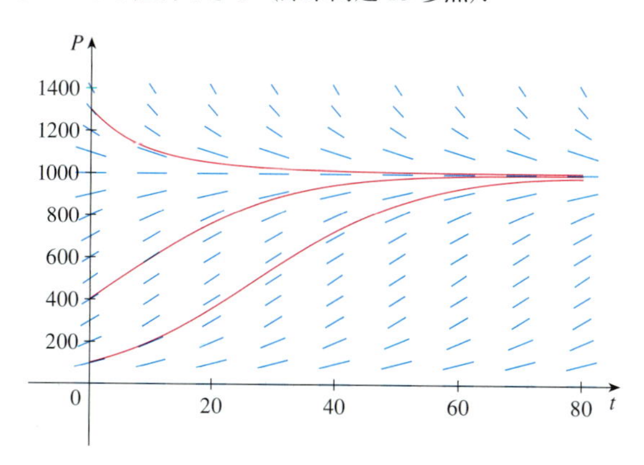

図 2　例 1 のロジスティック方程式の解曲線

ロジスティック方程式 $\boxed{4}$ は変数分離形であるので，§4・3 で学んだ方法で解くことができる．

$$\frac{dP}{dt}=kP\left(1-\frac{P}{M}\right)$$

であるので，

$$\boxed{5}\qquad \int\frac{1}{P(1-P/M)}\,dP=\int k\,dt$$

である．左辺の積分を求めるために，被積分関数を次のように書き直す．

$$\frac{1}{P(1-P/M)}=\frac{M}{P(M-P)}$$

これに，部分分数分解（§2・4 参照）を適用すると，

$$\frac{M}{P(M-P)}=\frac{1}{P}+\frac{1}{M-P}$$

となる．これを使って式 $\boxed{5}$ を書き直すと，

$$\int\left(\frac{1}{P}+\frac{1}{M-P}\right)dP=\int k\,dt$$

$$\log|P|-\log|M-P|=kt+C$$

$$\log\left|\frac{M-P}{P}\right|=-kt-C$$

$$\left|\frac{M-P}{P}\right|=e^{-kt-C}=e^{-C}e^{-kt}$$

となる．ここで $A=\pm e^{-C}$ とすると

6
$$\frac{M-P}{P}=Ae^{-kt}$$

である．式 6 を P について解くと，

$$\frac{M}{P}-1=Ae^{-kt}\quad\Rightarrow\quad\frac{P}{M}=\frac{1}{1+Ae^{-kt}}$$

よって

$$P=\frac{M}{1+Ae^{-kt}}$$

である．式 6 に $t=0$ を代入して A の値を求める．$t=0$ ならば，$P=P_0$（初期個体数）であるので，

$$\frac{M-P_0}{P_0}=Ae^0=A$$

よって，ロジスティック方程式の解は

7
$$P(t)=\frac{M}{1+Ae^{-kt}}\qquad ここで\ A=\frac{M-P_0}{P_0}$$

である．

式 7 の $P(t)$ の表現を用いると，

$$\lim_{t\to\infty}P(t)=M$$

となるが，これは予想される事実に一致する．

例 2　初期条件を与えられた微分方程式

$$\frac{dP}{dt}=0.08P\left(1-\frac{P}{1000}\right)\qquad P(0)=100$$

を解き，これを使って個体数 $P(40)$ と $P(80)$ の値を求めよ．また，個体数が 900 に達する時間を求めよ．

［解 説］ この方程式は $k=0.08$，環境収容力 $M=1000$，初期値 $P_0=100$ とするロジスティック方程式であるので，式 7 より，時間 t における個体数は

$$P(t)=\frac{1000}{1+Ae^{-0.08t}}\qquad ここで\ A=\frac{1000-100}{100}=9$$

である．よって，

$$P(t)=\frac{1000}{1+9e^{-0.08t}}$$

となる．したがって，$t=40$，$t=80$ のときの個体数は

$$P(40)=\frac{1000}{1+9e^{-3.2}}\approx 731.6\qquad P(80)=\frac{1000}{1+9e^{-6.4}}\approx 985.3$$

である．また，個体数が 900 に達する時間は，

$$\frac{1000}{1+9e^{-0.08t}} = 900$$

を t について解くならば

$$1 + 9e^{-0.08t} = \tfrac{10}{9}$$

$$e^{-0.08t} = \tfrac{1}{81}$$

$$-0.08t = \log \tfrac{1}{81} = -\log 81$$

$$t = \frac{\log 81}{0.08} \approx 54.9$$

である．したがって，t が約 55 のときに個体数は 900 に達する．解を確認するために，図 3 のように計算機で個体数曲線のグラフを描く．直線 $P = 900$ と交わる点を確認すると，交点は $t \approx 55$ である．

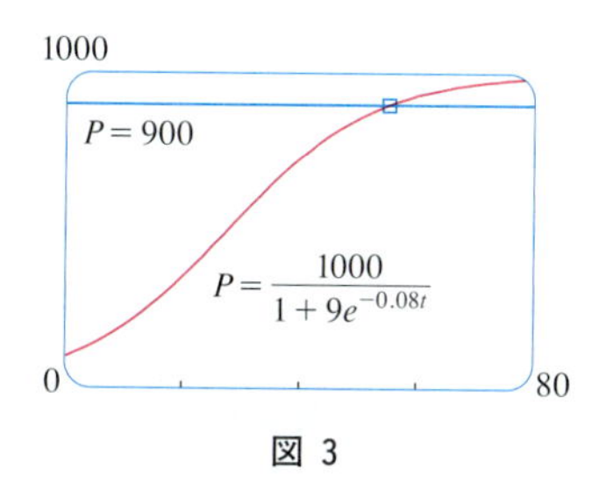

図 3

図 3 の解曲線と，図 2 の方向場から得られた最下端の解曲線を比較せよ．

自然増加とロジスティックモデルの比較

1930 年代に生物学者 G. F. Gause（ガウス）はゾウリムシの個体数を調べる実験を行い，データをモデル化するためにロジスティック方程式を適用した．表は日ごとのゾウリムシの個体数である．彼はそのデータから初期の相対増加率を 0.7944，環境収容力を 64 とした．

t〔日〕	0	1	2	3	4	5	6	7	8	9	10	11	12	13	14	15	16
P〔個体数〕	2	3	22	16	39	52	54	47	50	76	69	51	57	70	53	59	57

例 3　Gause のデータについて，指数関数モデルとロジスティックモデルをつくれ．二つのモデルの予測値を実験値と比較して，モデルの妥当性について述べよ．

［解　説］　与えられた初期相対増加率 0.7944 と初期個体数 $P_0 = 2$ より，指数関数モデルは

$$P(t) = P_0 e^{kt} = 2e^{0.7944t}$$

である．Gause はロジスティックモデルに同じ k の値を使用した．これは，初期値 $P_0 = 2$ が環境収容力 $M = 64$ に対して小さいので，妥当である．実際，

$$\left.\frac{1}{P_0}\frac{dP}{dt}\right|_{t=0} = k\left(1 - \frac{2}{64}\right) \approx k$$

であるので，ロジスティックモデルの k の値は，指数関数モデルの k の値に非常に近いのである．

このとき，式 7 のロジスティック方程式の解は

$$P(t) = \frac{M}{1 + Ae^{-kt}} = \frac{64}{1 + Ae^{-0.7944t}}$$

であり，

$$A = \frac{M - P_0}{P_0} = \frac{64 - 2}{2} = 31$$

より

$$P(t) = \frac{64}{1 + 31e^{-0.7944t}}$$

となる．これらの方程式を使って，予測値を計算して四捨五入したものが次の表である．データとモデルによる予測値を比較する．

t〔日〕	0	1	2	3	4	5	6	7	8	9	10	11	12	13	14	15	16
P〔実験値〕	2	3	22	16	39	52	54	47	50	76	69	51	57	70	53	59	57
P〔ロジスティックモデル〕	2	4	9	17	28	40	51	57	61	62	63	64	64	64	64	64	64
P〔指数関数モデル〕	2	4	10	22	48	106	…										

表と図 4 のグラフから，最初の 3〜4 日間は，指数関数モデルによる値はより高度なロジスティックモデルと同等の値であるが，$t \geqslant 5$ になると，指数関数モデルは限りなく不正確になり，対してロジスティックモデルは実験値と合理的に一致していることがわかる．

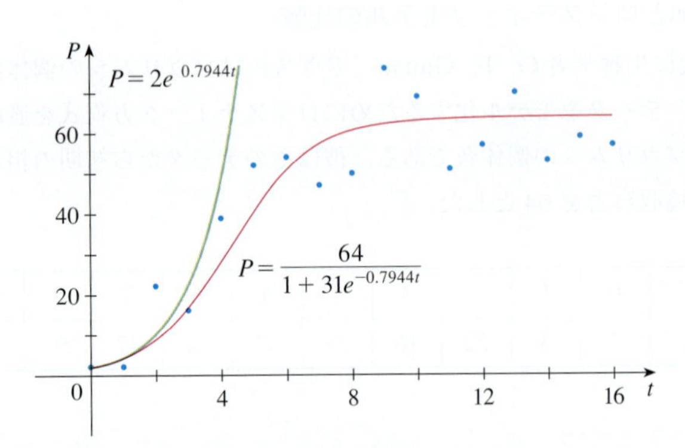

図 4　ゾウリムシの個体数増加に関する指数モデルとロジスティックモデル

t	$B(t)$	t	$B(t)$
1980	9,847	1998	10,217
1982	9,856	2000	10,264
1984	9,855	2002	10,312
1986	9,862	2004	10,348
1988	9,884	2006	10,379
1990	9,969	2008	10,404
1992	10,046	2010	10,423
1994	10,123	2012	10,438
1996	10,179		

過去，指数関数的な人口増加を経た多くの国々は，現在，人口増加率が低下しており，ロジスティックモデルがよりよい人口増加のモデルであることがわかっている．欄外の表は，1980〜2012 年までの，時間 t におけるベルギーの人口 $B(t)$ の値を示している（t 年 6 月の人口，単位は 1000 人）．図 5 に，これらのデータのプロットと共に，このデータのロジスティック関数（計算機を使ってロジスティック回帰分析を行って得られた）を示す．ロジスティックモデルは非常によくデータと一致していることがわかる．

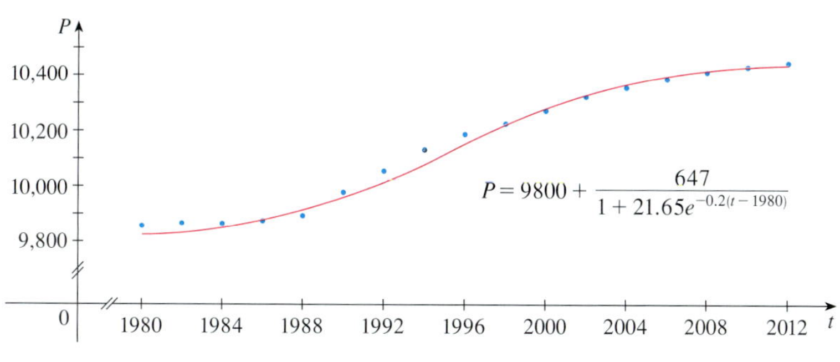

図 5 ベルギーの人口に関するロジスティックモデル

■ 個体数増加を表すその他のモデル

自然増加の法則とロジスティック微分方程式だけが個体数増加のモデルではない．節末問題 22 で Gompertz（ゴンペルツ）関数を，節末問題 23, 24 で季節変動を扱うモデルを調べる．

ここでは，ロジスティックモデルを修正した増加モデルを二つ示す．微分方程式

$$\frac{dP}{dt} = kP\left(1 - \frac{P}{M}\right) - c$$

は，一定割合で漁獲される魚の個体数のような，ある種の捕獲対象の個体数をモデル化する．この方程式については節末問題 19, 20 で扱う．

また，ある種の生物には存続可能な最小個体数 m が存在し，個体数がその値を下回ると，成体が適切な配偶者を見つけられないなどの理由で，絶滅する傾向にある．このような個体数は次の微分方程式

$$\frac{dP}{dt} = kP\left(1 - \frac{P}{M}\right)\left(1 - \frac{m}{P}\right)$$

でモデル化される．加えられた項 $1-m/P$ はまばらな個体数の影響を考慮したものである（節末問題 21 参照）．

4・4 節末問題

1-2 個体数は次のロジスティック方程式に従って増加するとする（t の単位は週）．計算機でグラフを描いて求めよ．

(a) 環境収容力 M と比例定数 k の値を求めよ．

(b) ロジスティック方程式の解を求めよ．

(c) 10 週後の個体数を求めよ．

1. $\dfrac{dP}{dt} = 0.04P\left(1 - \dfrac{P}{1200}\right), \quad P(0) = 60$

2. $\dfrac{dP}{dt} = 0.02P - 0.0004P^2, \quad P(0) = 40$

3. 個体数は次のロジスティック方程式に従って増加するとする（単位は週）．

$$\frac{dP}{dt} = 0.05P - 0.0005P^2$$

(a) 環境収容力 M と比例定数 k の値を求めよ．

(b) この微分方程式の方向場が図示してある．方向場の

傾きが0に近いのはどこか．方向場の傾きが最大になるのはどこか．増加している解と，減少している解を求めよ．

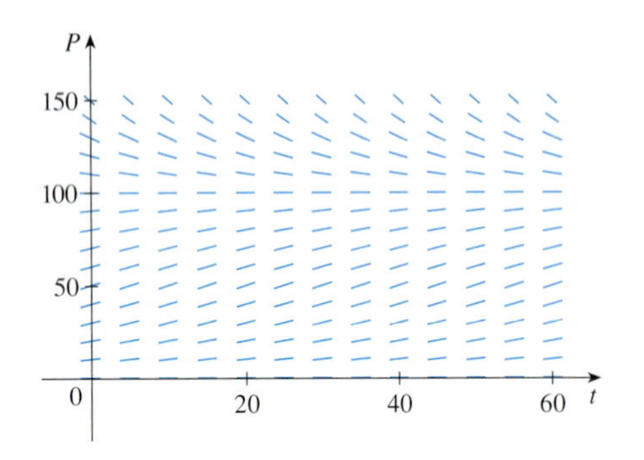

(c) 方向場を使って，初期値が20，40，60，80，120，140の場合の解曲線を描け．これらの解の共通点と相異点を述べよ．どの解が，どこに変曲点をもつか．

(d) 平衡解を求めよ．他の解は平衡解とどのような関係にあるか．

4. 個体数は，環境収容力 $M=6000$，$k=0.0015$(/年)であるロジスティックモデルに従って増加するとする．

(a) この場合のロジスティック微分方程式を記せ．

(b) フリーハンドで，あるいは計算機を使って，方向場を描け．解曲線の意味していることを記せ．

(c) 方向場を使って，初期値が1000，2000，4000，8000の場合の解曲線を描け．解曲線の凸性を説明せよ．また，変曲点の重要性を述べよ．

(d) 刻み幅 $h=1$ としてEuler法を使って，初期個体数1000の場合の50年後の個体数を計算機で求めよ．

(e) 初期個体数を1000として，t 年後の個体数を求める式をつくれ．この式を使って50年後の個体数を求め，(d)の値と比較せよ．

(f) (e)で求めた解のグラフを描き，(c)で描いた解曲線と比較せよ．

5. 太平洋のオヒョウ（カレイに似た魚）漁場は，$y(t)$ を時間 t（年）におけるオヒョウの生物量（全質量，kg），環境収容力 M を 8×10^7(kg)，比例定数 k を0.71(/年)として，微分方程式

$$\frac{dy}{dt}=ky\left(1-\frac{y}{M}\right)$$

によってモデル化される．

(a) $y(0)=2\times10^7$(kg)であるとき，1年後の生物量 $y(1)$ を求めよ．

(b) 生物量が 4×10^7(kg)に達する時間を求めよ．

6. t の単位を年として，個体数 $P(t)$ は次の式を満たしているとする．

$$\frac{dP}{dt}=0.4P-0.001P^2 \qquad P(0)=50$$

(a) 環境収容力を求めよ．

(b) $P'(0)$ を求めよ．

(c) 個体数が環境収容力の50％に達する時間を求めよ．

7. 初期個体数1000，環境収容力10000であるロジスティックモデルに従って個体数が増加するとする．1年後に個体数が2500に増加するときの，4年後の個体数を求めよ．

8. 表は実験室系で新規に培養した酵母細胞の数である．

時間〔hour〕	酵母細胞数	時間〔hour〕	酵母細胞数
0	18	10	509
2	39	12	597
4	80	14	640
6	171	16	664
8	336	18	672

(a) データをプロットして，酵母細胞の環境収容力を求めよ．

(b) データを使って，初期相対増加率を求めよ．

(c) データを使って，指数関数モデルとロジスティックモデルをつくれ．

(d) 表とグラフを使って，二つのモデルの値と実測値を比較し，これぞれのモデルがデータとどの程度一致するか述べよ．

(e) ロジスティックモデルを使って，7時間後の酵母細胞の数を求めよ．

9. 2000年の世界人口は約61億人であった．また当時の世界の出生率は1年当たり3500万～4000万人，死亡率は1年当たり1500万～2000万人であった．地球の人類に対する環境収容力は200億人であると仮定しよう．

(a) これらのデータを使ってロジスティック方程式をつくれ（初期値は環境収容力より小さいので，比例定数 k として初期相対増加率を使える）．

(b) このロジスティックモデルを使って，2010年の世界人口を求め，実際の人口69億と比較せよ．

(c) このロジスティックモデルを使って，2100年，2500年の世界人口を予測せよ．

10. (a) 米国人口の環境収容力を8億人とする．2000年の米国人口が2億8200万人であったことも使って，米国人口を表すロジスティックモデルをつくれ．

(b) 2010年の米国人口が3億900万人であったことも使って，(a)のモデルの k の値を求めよ．

(c) このモデルを使って，2100年と2200年の米国人口を予測せよ．

(d) このモデルを使って，米国人口が5億を突破する年を求めよ．

11. うわさの拡散のモデルの一つに，うわさの拡散速度はうわさを聞いた人の割合 y とうわさを聞いていない人の割合との積に比例するというものがある．

(a) y が満たすべき微分方程式をつくれ.

(b) この微分方程式を解け.

(c) 1000 人が暮らす小さな町がある. 午前 8 時の時点で 80 人があるうわさを聞き, 正午には住民の半分がそれを聞いていた. 住民の 90 %がそのうわさを聞くのは何時か.

12. 生物学者らはある湖に 400 匹の魚を放流し, 湖の環境収容力 (その湖で生息しうるその種の魚の最大個体数) を 10,000 と見積もった. 最初の年に魚の数は 3 倍になった.

(a) 魚の個体数はロジスティック方程式に従うとして, t 年後の魚の個体数を求めよ.

(b) 個体数が 5000 に増加する時間を求めよ.

13. (a) P がロジスティック方程式 4 を満たすならば,

$$\frac{d^2P}{dt^2} = k^2P\left(1 - \frac{P}{M}\right)\left(1 - \frac{2P}{M}\right)$$

であることを示せ.

(b) 個体数が環境収容力の半分に達するとき, 個体増加率は最大であることを示せ.

14. 固定値 M (たとえば $M=10$) について, 式 7 で与えられるロジスティック関数の族は初期値 P_0 と比例定数 k によって決まる. 計算機を使って, この関数のグラフをいくつか描き, P_0 あるいは k が変化するとき, グラフはどのように変化するか説明せよ.

15. 表は 1960〜2010 年までの日本の人口である (各年 6 月の人口, 単位は 1000 人). 計算機を使って, これらのデータを近似する指数関数とロジスティック関数を求めよ. データと両方の関数をグラフにして, モデルの正確さについて説明せよ [ヒント: 各人口データから 94,000 を引く. この値を使って計算機でモデルをつくった後, 94,000 を加えて最終モデルとする. 1960 年あるいは 1980 年を $t=0$ とするとよい].

年	人口	年	人口
1960	94,092	1990	123,537
1965	98,883	1995	125,327
1970	104,345	2000	126,776
1975	111,573	2005	127,715
1980	116,807	2010	127,579
1985	120,754		

16. 表は 1960〜2010 年までのノルウェーの人口データである (各年 6 月の人口, 単位は 1000 人). 計算機を使って, これらのデータを近似する指数関数とロジスティック関数を求めよ. データと両方の関数をグラフにして, モデルの正確さについて説明せよ. [ヒント: 各人口データから 3500 を引く. この値を使って計算機でモデルをつくった後, 3500 を加えて最終モデルとする. 1960 年を $t=0$ とするとよい].

年	人口	年	人口
1960	3581	1990	4242
1965	3723	1995	4359
1970	3877	2000	4492
1975	4007	2005	4625
1980	4086	2010	4891
1985	4152		

17. 相対出生率と相対死亡率がそれぞれ正定数 α と β, 移住率 m として, 時間 t における個体数 $P=P(t)$ を考える. ここで $\alpha>\beta$ とする. 時間 t における個体数変化率は次の微分方程式でモデル化される.

$$\frac{dP}{dt} = kP - m \qquad \text{ここで, } k = \alpha - \beta$$

(a) 初期条件 $P(0)=P_0$ として, この微分方程式の解を求めよ.

(b) 個体数が指数関数的に増加するときの m を求めよ.

(c) 個体数が不変となる場合の m の値を求めよ. また, 個体数が減少するときの m の値を求めよ.

(d) 1847 年アイルランドの人口は約 800 万人であり, 相対出生率と相対死亡率との差は人口の 1.6 %であった. 1840 年と 1850 年にはジャガイモの凶作のため, 1 年に約 21 万人が海外に移住した. このとき, 人口は増加していたか, 減少していたか.

18. c と k を正定数として,

$$\frac{dy}{dt} = ky^{1+c}$$

の形の微分方程式は, 破滅の方程式とよばれる. y^{1+c} の指数が自然成長 y^1 の指数 1 より大きいためである.

(a) 初期条件 $P(0)=P_0$ として, この微分方程式の解を求めよ.

(b) $\lim_{t \to T^-} y(t)=\infty$ となるような $t=T$ (破滅の日) が存在することを示せ.

(c) ある多産品種のウサギの増加率は $ky^{1.01}$ である. このウサギ 2 頭が繁殖し, 3 カ月後には 16 頭になる. 破滅の日を求めよ.

19. 例 1 のロジスティック方程式を次のように修正する.

$$\frac{dP}{dt} = 0.08P\left(1 - \frac{P}{1000}\right) - 15$$

(a) $P(t)$ を時間 t (単位は週) における魚の個体数とする. 方程式の最後の項 (-15) の意味を説明せよ.

(b) この微分方程式の方向場を描け.

(c) 平衡解を求めよ.

(d) 方向場を使って, 解曲線をいくつか描け. 初期個体数によって, 魚の個体数はどのように変化するか説明せよ.

(e) 初期個体数を 200 および 300 として, 部分分数分解あるいは数式処理システムを使って, この微分方程式を解け. 解のグラフを書き, (d)の解曲線と比較せよ.

20. t の単位を週，c を定数として，魚の個体数のモデルとして微分方程式

$$\frac{dP}{dt} = 0.08P\left(1 - \frac{P}{1000}\right) - c$$

を考える．

(a) 数式処理システムを使って，いくつかの c の値について方向場を描け．

(b) (a)の方向場を使って，少なくとも一つの平衡解をもつ c の値と，魚が絶滅する c の値を求めよ．

(c) 微分方程式を使って，(b)で図形から求めた事実の証明を与えよ．

(d) この魚の週ごとの漁獲量をいくつまでと提案するか．

21. ある種の生物には，存在可能な最小個体数 m が存在し，個体数がその値を下回ると絶滅する傾向にあることが裏付けられている．この条件は，項 $(1-m/P)$ を加えることによってロジスティック方程式に組込むことができる．よって，この条件を組込んだロジスティックモデルは，微分方程式

$$\frac{dP}{dt} = kP\left(1 - \frac{P}{M}\right)\left(1 - \frac{m}{P}\right)$$

である．

(a) この微分方程式を使って，この方程式のどの解も $m<P<M$ ならば解は増加し，$0<P<m$ ならば解は減少することを示せ．

(b) $k=0.08$，$M=1000$，$m=200$ の場合について方向場を描き，それを使って解曲線をいくつか描け．初期個体数によって，個体数はどのように変化するか説明せよ．また，平衡解を求めよ．

(c) 初期個体数 P_0 として，部分分数分解あるいは計算機を使って，微分方程式を解け．

(d) (c)で求めた解を使って，$P_0<m$ ならばその種は絶滅に向かうことを示せ［ヒント：ある t の値について $P(t)$ の分子が 0 であることを示す］．

22. 孤立環境にある個体群の増加関数に，**Gompertz 関数**がある．これは c を定数，M を環境収容力とした微分方程式

$$\frac{dP}{dt} = c \log\left(\frac{M}{P}\right)P$$

の解である．

(a) この微分方程式を解け．

(b) $\lim_{t\to\infty} P(t)$ を求めよ．

(c) $M=1000$，$P_0=100$，$c=0.05$ として Gompertz 関数のグラフを描き，例 2 のロジスティック関数と比較して，共通点と相違点を述べよ．

(d) 節末問題 13 で，ロジスティック関数は $P=M/2$ のとき最も増加率が大きいことをみた．Gompertz 関数を定義する微分方程式を使って，Gompertz 関数は $P=M/e$ のとき最も増加率が大きいことを示せ．

23. **季節変動モデル**では，増加率における季節変動を説明するために，時間の周期関数が導入される．ここでいう季節変動の原因は，たとえば，季節ごとの食物の入手可能性がある．

(a) k，r，ϕ を正定数として，季節変動モデル

$$\frac{dP}{dt} = kP\cos(rt - \phi) \qquad P(0) = P_0$$

の解を求めよ．

(b) 計算機を使って，いくつかの k，r，ϕ の値について解のグラフを描き，k，r，ϕ の値が解にどのような影響を与えるか説明せよ．$\lim_{t\to\infty} P(t)$ はどうなるか．

24. 前問 23 の微分方程式を次のように修正する．

$$\frac{dP}{dt} = kP\cos^2(rt - \phi) \qquad P(0) = P_0$$

(a) 巻末の「公式集」にある不定積分の表を使うか，あるいは計算機を使って，この微分方程式を解け．

(b) 計算機を使って，いくつかの k，r，ϕ の値について解のグラフを描き，k，r，ϕ の値が解にどのような影響を与えるか説明せよ．$\lim_{t\to\infty} P(t)$ はどうなるか．

25. ロジスティック関数のグラフ（図 2, 3）は，ハイパボリックタンジェント（双曲線正接）関数のグラフ（§ 1・7 図 3）と似ている．このことを，式 [7] で与えられたロジスティック関数は，$c=(\log A)/k$ として，

$$P(t) = \tfrac{1}{2}M\left(1 + \tanh\left(\tfrac{1}{2}k(t - c)\right)\right)$$

と書けることを示して説明せよ．つまりロジスティック関数はハイパボリックタンジェントを平行移動させたものであるということである．

4・5　1 階の線形微分方程式

1 階の**線形**微分方程式とは，P と Q を与えられた区間における連続関数として，

[1]
$$\frac{dy}{dx} + P(x)y = Q(x)$$

の形で表しうる方程式のことである．この種の方程式は，今からみていくように，広範な科学分野で扱われる．

式 $xy'+y=2x$ は，$x \neq 0$ ならば

[2]
$$y' + \frac{1}{x}y = 2$$

の形で表すことができるので，1 階の線形微分方程式の 1 例である．この微分方程式は，y' を x の関数と y の関数との積として表すことができないので，変数分離形として解くことはできないことに注意しよう．しかし，積の微分公式によって

$$xy' + y = (xy)'$$

であることに気づき，与えられた微分方程式を

$$(xy)' = 2x$$

と書き直すことができれば，両辺を x で積分して，

$$xy = x^2 + C \qquad \text{すなわち} \qquad y = x + \frac{C}{x}$$

が得られる．もちろんこれは [2] の解である．方程式 [2] の形で微分方程式が与えられる場合は，両辺に x を掛けるという前段階をふむ必要がある．

この方法にならい，すべての 1 階の線形微分方程式は，両辺に積分因子とよばれる適当な関数を掛けることにより解くことができる．すなわち，式 [1] の左辺に適当な関数 $I(x)$ を掛けたものが，$I(x)y$ の微分と等しくなるような I を求める．

[3]
$$I(x)\big(y' + P(x)y\big) = \big(I(x)y\big)'$$

であるので，そのような関数 I が存在するならば，式 [1] より

$$\big(I(x)y\big)' = I(x)\,Q(x)$$

となり，両辺を x で積分すれば，

$$I(x)y = \int I(x)\,Q(x)\,dx + C$$

である．よって，

[4]
$$y(x) = \frac{1}{I(x)}\left(\int I(x)\,Q(x)\,dx + C\right)$$

が解である．次に，条件を満たす関数 I を求める．式 [3] の両辺を展開して整理すると，

$$I(x)y' + I(x)\,P(x)y = \big(I(x)y\big)' = I'(x)y + I(x)y'$$

$$I(x)\,P(x) = I'(x)$$

であり，これは I を未知関数とする変数分離形であるので，

$$\int \frac{1}{I}\,dI = \int P(x)\,dx$$

$$\log|I| = \int P(x)\,dx$$

$$I = Ae^{\int P(x)\,dx}$$

となる．この場合，積分因子 I は一般形である必要はないので，$A=1$ として

$$I(x) = e^{\int P(x)\,dx} \quad \boxed{5}$$

とすればよい．よって，微分方程式 $\boxed{1}$ の一般解は，式 $\boxed{5}$ で定義された関数 I を使って，式 $\boxed{4}$ で与えられる．解の公式 $\boxed{4}$ よりも積分因子 $\boxed{5}$ の形を正確に覚えておくとよい．

> 線形微分方程式 $y'+P(x)y=Q(x)$ を解くには，両辺に**積分因子** $I(x) = e^{\int P(x)\,dx}$ を掛けて，両辺を積分する．

例 1　微分方程式 $\dfrac{dy}{dx}+3x^2y=6x^2$ を解け．

［解 説］　この方程式は，$P(x)=3x^2$，$Q(x)=6x^2$ とする式 $\boxed{1}$ の形をとっているので，1 階の線形微分方程式である．よって，積分因子は

$$I(x) = e^{\int 3x^2\,dx} = e^{x^3}$$

であるので，両辺に e^{x^3} を掛けるならば，

$$e^{x^3}\frac{dy}{dx} + 3x^2e^{x^3}y = 6x^2e^{x^3}$$

すなわち

$$\frac{d}{dx}(e^{x^3}y) = 6x^2e^{x^3}$$

が得られる．この両辺を積分すると，

$$e^{x^3}y = \int 6x^2e^{x^3}\,dx = 2e^{x^3} + C$$

$$y = 2 + Ce^{-x^3}$$

となる．

図 1 は，例 1 の解曲線を五つ示している．これらはすべて $x\to\infty$ のとき 2 に近づく．

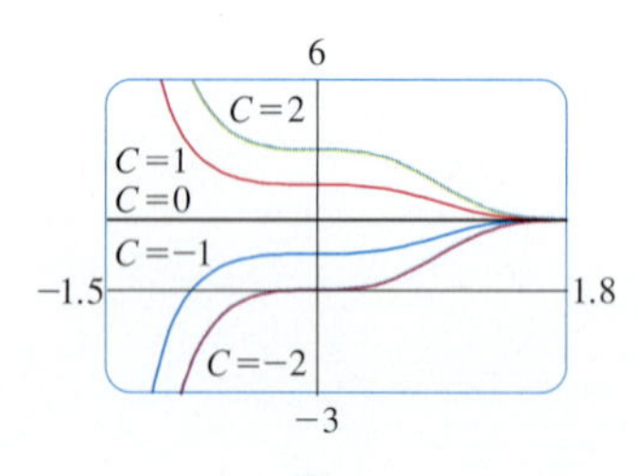

図 1

例 2　初期条件を与えられた次の微分方程式を解け．

$$x^2y' + xy = 1 \qquad x>0 \qquad y(1)=2$$

［解 説］　まず，y' の係数で両辺を割り，式 $\boxed{1}$ の形に直すならば

$$y' + \frac{1}{x}y = \frac{1}{x^2} \qquad x>0 \quad \boxed{6}$$

である．よって，積分因子は

$$I(x) = e^{\int (1/x)\,dx} = e^{\log x} = x$$

であるので，式 $\boxed{6}$ の両辺に x を掛けるならば，

$$xy' + y = \frac{1}{x} \qquad \text{すなわち} \qquad (xy)' = \frac{1}{x}$$

が得られる．よって，

$$xy = \int \frac{1}{x}\,dx = \log x + C$$

$$y = \frac{\log x + C}{x}$$

となる．$y(1)=2$ より

$$2 = \frac{\log 1 + C}{1} = C$$

であるので，解は

$$y = \frac{\log x + 2}{x}$$

である．

例2の初期値問題の解を図2に示す．

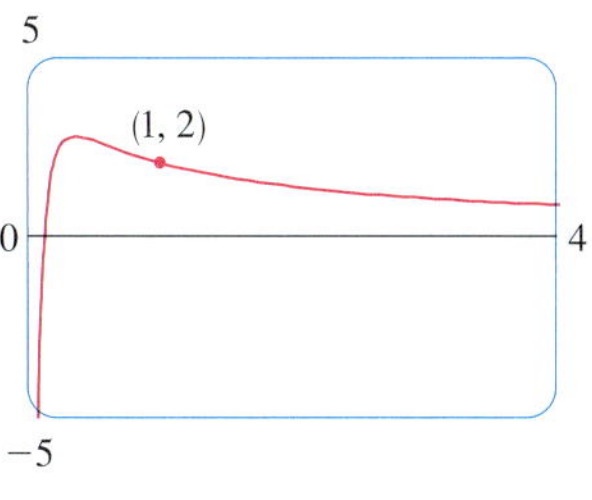

図 2

例 3 $y'+2xy=1$ を解け．

［解 説］ これは1階の線形微分方程式の標準形であるので，積分因子

$$e^{\int 2x\,dx} = e^{x^2}$$

を両辺に掛けて整理するならば，

$$e^{x^2}y' + 2xe^{x^2}y = e^{x^2}$$

$$\left(e^{x^2}y\right)' = e^{x^2}$$

となる．よって，

$$e^{x^2}y = \int e^{x^2}\,dx + C$$

である．§2・5でみたとおり，$\int e^{x^2}\,dx$ は初等関数で表すことができないので，解は積分記号を残したまま

$$y = e^{-x^2}\int e^{x^2}\,dx + Ce^{-x^2}$$

で構わない．これは

$$y = e^{-x^2}\int_0^x e^{t^2}\,dt + Ce^{-x^2}$$

とも書き表せる（積分の下限には任意の数が選べる）．

例3の微分方程式の解は積分項を含むが，計算機を使えばグラフを描くことができる（図3）．

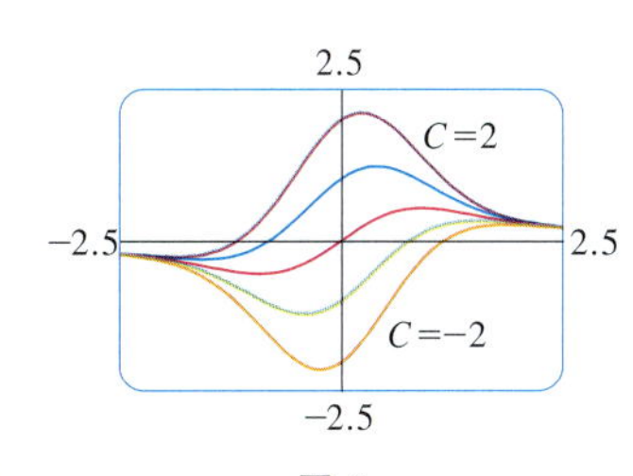

図 3

電気回路への応用

§4・2で，図4に示す，起電力 $E(t)$（V）の電源（通常は電池あるいは発電機）と抵抗 R（Ω）の抵抗，インダクタンス L（H）のインダクターをつないだ簡単な電気回路の，時間 t における電流 I（A）について考えた．

Ohmの法則によれば，抵抗による電圧降下は RI である．また，インダクターによる電圧降下は $L(dI/dt)$ である．Kirchhoffの第2法則によると，閉回路の電圧降下の総和は起電力 $E(t)$ と等しいため，

$$L\frac{dI}{dt} + RI = E(t) \quad \boxed{7}$$

となり，これは1階の線形微分方程式であり，解は時間 t において回路に流れている電流である．

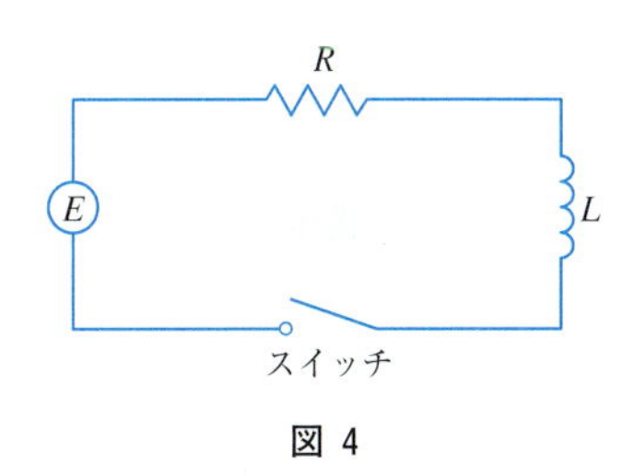

図 4

例 4　図4の回路の抵抗は 12 Ω，インダクタンスは 4 H，電源の電圧は 60 V で一定とする．$t=0$ でスイッチをオンにするならば，初期条件は $I(0)=0$ である．(a) $I(t)$，(b) 1 秒後の電流，(c) 回路に流れる電流の極限値を求めよ．

例4の微分方程式は線形であるが，変数分離形でもあるため，変数分離形の微分方程式としても解くことができる（§4·3 例4）．しかし，電源を発電機に換えるならば，線形であるが変数分離形ではない微分方程式となる（例5）．

［解 説］ (a) 式 7 において $L=4$，$R=12$，$E(t)=60$ とするならば，初期条件を与えられた微分方程式

$$4\frac{dI}{dt}+12I=60 \qquad I(0)=0$$

すなわち

$$\frac{dI}{dt}+3I=15 \qquad I(0)=0$$

を得る．積分因子 $e^{\int 3\,dt}=e^{3t}$ を両辺に掛けるならば，

$$e^{3t}\frac{dI}{dt}+3e^{3t}I=15e^{3t}$$

$$\frac{d}{dt}(e^{3t}I)=15e^{3t}$$

$$e^{3t}I=\int 15e^{3t}\,dt=5e^{3t}+C$$

$$I(t)=5+Ce^{-3t}$$

図5は，例4の電流が極限値に近づく様子を示している．

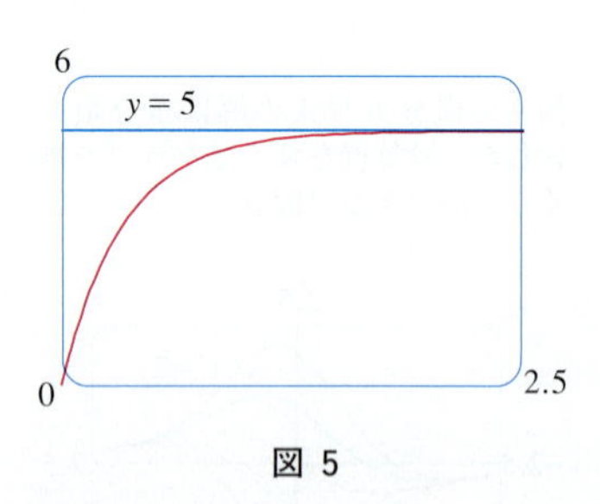

図 5

となる．$I(0)=0$ より $5+C=0$ すなわち $C=-5$ であるので，これを代入すると，

$$I(t)=5(1-e^{-3t})$$

である．

(b) 1 秒後の電流は

$$I(1)=5(1-e^{-3})\approx 4.75\ \text{(A)}$$

(c) 電流の極限値は

$$\lim_{t\to\infty}I(t)=\lim_{t\to\infty}5(1-e^{-3t})=5-5\lim_{t\to\infty}e^{-3t}=5-0=5$$

例 5　例4の抵抗とコイルはそのままにして，電源を発電機に換える．電圧を $E(t)=60\sin 30t$ である交流電源として，$I(t)$ を求めよ．スイッチは $t=0$ でオンになるとする．

図6は，電源を発電機で換えたときの電流のグラフを示している．

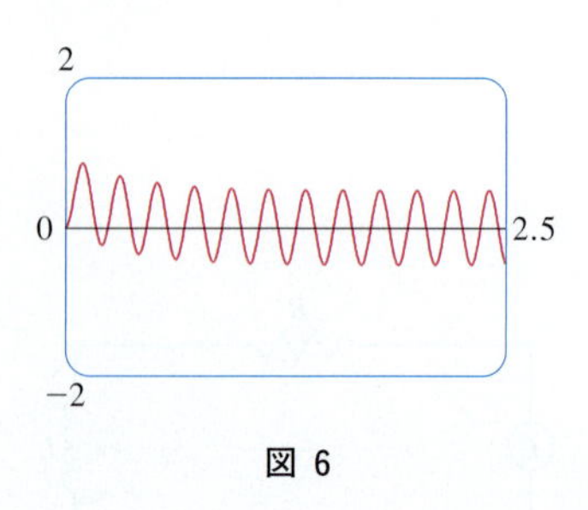

図 6

［解 説］ この場合の微分方程式は

$$4\frac{dI}{dt}+12I=60\sin 30t \qquad \text{すなわち} \qquad \frac{dI}{dt}+3I=15\sin 30t$$

である．積分因子は e^{3t} であって，例4の場合と変わらないので，

$$\frac{d}{dt}(e^{3t}I)=e^{3t}\frac{dI}{dt}+3e^{3t}I=15e^{3t}\sin 30t$$

となり，巻末「公式集」にある不定積分の公式 98 を使うと，

$$e^{3t}I=\int 15e^{3t}\sin 30t\,dt=15\frac{e^{3t}}{909}(3\sin 30t-30\cos 30t)+C$$

$$I=\tfrac{5}{101}(\sin 30t-10\cos 30t)+Ce^{-3t}$$

となる．よって，$I(0)=0$ より，

$$-\tfrac{50}{101} + C = 0$$

となり，これを代入すると，

$$I(t) = \tfrac{5}{101}(\sin 30t - 10\cos 30t) + \tfrac{50}{101}e^{-3t}$$

となる．■

4・5 節末問題

1-4 次の微分方程式は線形か否か判断せよ．

1. $y' + x\sqrt{y} = x^2$　**2.** $y' - x = y\tan x$

3. $ue^t = t + \sqrt{t}\dfrac{du}{dt}$　**4.** $\dfrac{dR}{dt} + t\cos R = e^{-t}$

5-14 微分方程式を解け．

5. $y' + y = 1$　**6.** $y' - y = e^x$

7. $y' = x - y$　**8.** $4x^3y + x^4y' = \sin^3 x$

9. $xy' + y = \sqrt{x}$　**10.** $2xy' + y = 2\sqrt{x}$

11. $xy' - 2y = x^2,\quad x > 0$　**12.** $y' + 2xy = 1$

13. $t^2\dfrac{dy}{dt} + 3ty = \sqrt{1 + t^2},\quad t > 0$

14. $t\log t\dfrac{dr}{dt} + r = te^t$

15-20 初期条件を与えられた微分方程式を解け．

15. $x^2y' + 2xy = \log x,\quad y(1) = 2$

16. $t^3\dfrac{dy}{dt} + 3t^2y = \cos t,\quad y(\pi) = 0$

17. $t\dfrac{du}{dt} = t^2 + 3u,\quad t > 0,\quad u(2) = 4$

18. $xy' + y = x\log x,\quad y(1) = 0$

19. $xy' = y + x^2\sin x,\quad y(\pi) = 0$

20. $(x^2 + 1)\dfrac{dy}{dx} + 3x(y - 1) = 0,\quad y(0) = 2$

21-22 微分方程式を解き，計算機を使って，解のグラフをいくつか描け．C の変化によって解曲線はどのように変化するか．

21. $xy' + 2y = e^x$　**22.** $xy' = x^2 + 2y$

23.
$$\frac{dy}{dx} + P(x)y = Q(x)y^n$$
の形の式を，James Bernoulli（ベルヌーイ）にちなみ **Bernoulli 微分方程式**とよぶ．$n=0$ あるいは $n=1$ の場合は線形である．n が 0, 1 以外の値の場合は，$u=y^{1-n}$ とおくと，Bernoulli 微分方程式は線形

$$\frac{du}{dx} + (1 - n)P(x)u = (1 - n)Q(x)$$

に変換されることを示せ．

24-25 前問 23 の方法を使って，微分方程式を解け．

24. $xy' + y = -xy^2$

25. $y' + \dfrac{2}{x}y = \dfrac{y^3}{x^2}$

26. $u=y'$ とおくことにより，2 階の微分方程式 $xy''+2y'=12x^2$ を解け．

27. 図 4 の電気回路において，電源は 40 V の一定電圧であり，インダクタンスは 2 H，抵抗は 10 Ω で，$I(0)=0$ である．

(a) $I(t)$ を求めよ．

(b) 0.1 秒後の電流を求めよ．

28. 図 4 の電気回路において，電源は $E(t)=40\sin 60t$ (V) の交流であり，インダクタンスは 1 H，抵抗は 20 Ω で，$I(0)=1$ (A) である．

(a) $I(t)$ を求めよ．

(b) 0.1 秒後の電流を求めよ．

(c) 計算機を使って，電流関数のグラフを描け．

29. 図は，電源と容量が C F のコンデンサー，抵抗 R Ω の抵抗を直列につないだ電気回路である．

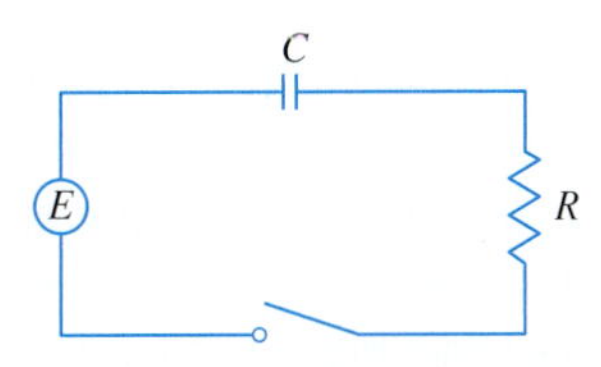

コンデンサーによる電圧降下は Q/C（ここで Q は電荷，単位は C）であるので，Kirchhoff の法則により

$$RI + \frac{Q}{C} = E(t)$$

である．また，$I=dQ/dt$（第 I 巻 § 2・7 例 3 参照）より

$$R\frac{dQ}{dt}+\frac{1}{C}Q=E(t)$$

である．抵抗が 5 Ω，容量が 0.05 F，電源が 60 V の一定電圧であり，コンデンサーに蓄えられている初期電荷量が $Q(0)=0$ (C) であるとする．時間 t における電荷量と電流を求めよ．

30. 前問 29 の回路において，$R=2$ (Ω)，$C=0.01$ (F)，$Q(0)=0$，$E(t)=10\sin 60t$ とする．時間 t における電荷量と電流を求めよ．

31. 訓練時間 t の関数として，ある学習者がある技能を習得する能力を $P(t)$ とするとき，このグラフを学習曲線とよぶ．§4·1 節末問題 15 では，k を正定数として，微分方程式

$$\frac{dP}{dt}=k(M-P(t))$$

を学習の合理的なモデルとして示した．これを線形微分方程式として解き，解を使って学習曲線を描け．

32. 工場の組立てラインに二人の労働者が新しく雇われた．Jim は最初の 1 時間で 25 個，2 時間で 45 個を組立てた．Mark は最初の 1 時間で 35 個，2 時間で 50 個を組立てた．前問 31 のモデルを使って，$P(0)=0$ として，Jim と Mark それぞれが 1 時間当たり何個を組み立てられるようになるか最大数を求めよ．

33. §4·3 で，タンク内の溶液体積を一定に保つ混合問題を扱い，その場合，変数分離形の微分方程式で表されることをみた（§4·3 例 6 参照）．タンクへの，溶液の流入割合と流出割合が異なるならば，タンク内の溶液体積は一定でなく，この場合は変数分離分離形ではない線形の微分方程式で表される．

水 100 L が入っているタンクに，濃度 0.4 kg/L の塩水が 5 L/min の割合で流入している．タンク内の溶液は完全に混合され，3 L/min の割合でタンクから排水される．$y(t)$ を t 分後の塩の量（単位は kg）とするならば，y は微分方程式

$$\frac{dy}{dt}=2-\frac{3y}{100+2t}$$

を満たすことを示せ．この方程式を解き，20 分後のタンク内の溶液濃度を求めよ．

34. 塩素濃度 0.05 g/L の水溶液が，容量 400 L のタンクを満たしている．塩素濃度を下げるために，水を 4 L/s の割合でタンクに注入する．タンク内の溶液は完全に混合され，10 L/s の割合でタンクから排水される．タンク内の塩素量を時間の関数として求めよ．

35. 静止状態から質量 m の物体が落下し，空気抵抗は物体の速度に比例すると仮定する．$s(t)$ を t 秒後の落下距離とするならば，そのときの速度は $v=s'(t)$，加速度は $a=v'(t)$ である．g を重力加速度，物体にかかる下向きの力を c を正定数として $mg-cv$ とすると，Newton の運動の第 2 法則より

$$m\frac{dv}{dt}=mg-cv$$

が与えられる．

(a) 上式を線形微分方程式として解き，

$$v=\frac{mg}{c}(1-e^{-ct/m})$$

であることを示せ．

(b) 極限速度はいくらか．

(c) t 秒後の落下距離を求めよ．

36. 空気抵抗を無視するならば落下速度は重さに関係しないが，空気抵抗を考慮すると，この結論は変わってくる．前問 35(a) の落下物の速度式を使って，dv/dm を求め，重い物体が軽い物体よりも速く落下することを示せ．

37. (a) $z=1/P$ とおくことで，ロジスティック方程式 $P'=kP(1-P/M)$ が線形微分方程式

$$z'+kz=\frac{k}{M}$$

に変形することを示せ．

(b) (a) の線形微分方程式を解き，$P(t)$ を求めよ．これを §4·4 式 7 と比較せよ．

38. ロジスティック方程式で季節変動を説明するために，定数 k と M を t の関数として，

$$\frac{dP}{dt}=k(t)P\left(1-\frac{P}{M(t)}\right)$$

とする．

(a) $z=1/P$ とおくことで，このロジスティック方程式が線形微分方程式

$$\frac{dz}{dt}+k(t)z=\frac{k(t)}{M(t)}$$

に変形することを示せ．

(b) (a) の線形微分方程式の解を書き，それを使って，環境収容力 M が定数であるならば，

$$P(t)=\frac{M}{1+CMe^{-\int k(t)\,dt}}$$

であることを示せ．また，$\int_0^\infty k(t)\,dt=\infty$ ならば $\lim_{t\to\infty}P(t)=M$ であることを示せ（これは，$k_0>0$ として $k(t)=k_0+a\cos bt$，すなわち，$k(t)$ が周期的な季節変動を伴う正の固有増加率であれば成り立つ）．

(c) k が定数で M が変数ならば，

$$z(t)=e^{-kt}\int_0^t\frac{ke^{ks}}{M(s)}ds+Ce^{-kt}$$

であることを示せ．また，l'Hospital（ロピタル）の定理を使って，$t\to\infty$ のとき $M(t)$ の極限が存在するならば，$P(t)$ も極限が存在し，かつ，同じ極限の値をとることを示せ．

4・6 捕食者と被食者の関係

ここまでは，環境中に単独で生息する単一種の，さまざまな増加モデルを調べてきた．この節では，生息地を同じくする二つの種の相互作用を考慮した，より現実的なモデルを考える．こういったモデルは，互いに関係しあう微分方程式の組（連立微分方程式）で与えられることをみていこう．

最初に，ある捕食者のエサが1種の被食者に限られ，被食者のエサが十分にある状況を考える．被食者と捕食者の例としては，孤立した森林に生息するウサギとオオカミ，サメのエサとなる魚とサメ，アブラムシとテントウムシ，細菌とアメーバーなどがある．このモデルは，二つの互いに関係しあう変数で表され，共に時間の関数である．つまり，時間 t における被食者（たとえばウサギ）の個体数 $R(t)$ と時間 t における捕食者（たとえばオオカミ）の固体数 $W(t)$ で表される．

捕食者が存在しない場合，被食者はエサが十分にあるため，その個体数は指数関数的に増加する．つまり，

$$\frac{dR}{dt} = kR, \quad k \text{ は正定数}$$

である．被食者が存在しない場合の捕食者は，捕食者自体の個体数に比例した死亡率によって減少するとする．つまり，

$$\frac{dW}{dt} = -rW, \quad r \text{ は正定数}$$

である．しかし，両方の種が存在する場合は，被食者の主要な死亡原因は捕食者に捕食されることとし，捕食者の出生率と生存率は被食者の個体数に依存するとする．また，各種の個体がもう一つの種に属する個体と遭遇する割合は，相手の個体数に比例するとし，したがって，積 RW に比例した割合で遭遇するとする（個体数が多いほど，異種間での遭遇が増える可能性が高まる）．これらの仮定を組込んだ二つの微分方程式を，k, r, a, b を正定数として，次に示す．

$$\boxed{1} \qquad \frac{dR}{dt} = kR - aRW \qquad \frac{dW}{dt} = -rW + bRW$$

R は被食者，W は捕食者を示す．

項 $-aRW$ は被食者の自然増加率を減少させ，項 bRW は捕食者の自然増加率を増加させる．

$\boxed{1}$ は，**捕食者-被食者の方程式**あるいは **Lotka-Volterra（ロトカ・ヴォルテラ）の方程式***として知られており，この連立微分方程式の**解**は，時間 t における被食者と捕食者の個体数を表す関数の組 $R(t)$ と $W(t)$ である．まず一つの方程式を解いて，次にもう一つの方程式を解くというわけにはいかない．すなわち，同時に両方程式を解く必要がある．通常，R と W を t の関数として表すことは不可能であるが，グラフを使って連立微分方程式を解析することができる．

* Lotka-Volterra 方程式は，イタリアの数学者 Vito Volterra（1860-1940）によってアドリア海のサメとそのエサとなる魚の個体数の変動を説明するモデルとして提案された．

© kochanowski / Shutterstock.com

例 1　ウサギとオオカミの個体数が，$k=0.08$，$a=0.001$，$r=0.02$，$b=0.00002$ として Lotka-Volterra 方程式 $\boxed{1}$ で表されるとする．ここで，時間 t の単位は月である．

(a) 定数解（**平衡解**とよぶ）を求め，その解を説明せよ．

(b) (a)の結果を使って，dW/dR を求めよ．

(c) (b)の微分方程式を使って，R-W 平面に dW/dR の方向場を描け．次に，

それを使って，解曲線をいくつか描け．

(d) ある時点で，ウサギ 1000 匹とオオカミ 40 頭がいるとする．これに対応する解曲線を描き，ウサギとオオカミの個体数の変化を記せ．

(e) (d)の結果を使って，t の関数として R と W のグラフを描け．

［解 説］ (a) 与えられた k, a, r, b の値より，Lotka-Volterra の方程式は

$$\frac{dR}{dt} = 0.08R - 0.001RW$$

$$\frac{dW}{dt} = -0.02W + 0.00002RW$$

となる．R と W の導関数がどちらも 0 であるならば R と W は定数となるので，

$$R' = R(0.08 - 0.001W) = 0$$

$$W' = W(-0.02 + 0.00002R) = 0$$

である．これを解くと，まず一つ目の解 $R=0$，$W=0$ が得られる（ウサギもオオカミも存在しないのであれば増えようがないので，これは妥当な解である）．もう一つの解は，

$$W = \frac{0.08}{0.001} = 80$$

$$R = \frac{0.02}{0.00002} = 1000$$

である．平衡状態の個体数はウサギ 1000 匹，オオカミ 80 頭ということである．これは，ウサギが 1000 匹いれば，過不足なくオオカミ 80 頭を生存させられるということを意味しており，オオカミが多すぎても（その結果ウサギが減る），少なすぎても（その結果ウサギが増える），平衡状態からそれる．

(b) 合成関数の微分公式を使うならば，

$$\frac{dW}{dt} = \frac{dW}{dR}\frac{dR}{dt}$$

より

$$\frac{dW}{dR} = \frac{\dfrac{dW}{dt}}{\dfrac{dR}{dt}} = \frac{-0.02W + 0.00002RW}{0.08R - 0.001RW}$$

である．

(c) W を R の関数とみなすならば，微分方程式

$$\frac{dW}{dR} = \frac{-0.02W + 0.00002RW}{0.08R - 0.001RW}$$

を得る．この微分方程式の方向場を図 1 に描き，これを使って図 2 にいくつかの解曲線を示す．解曲線に沿ってみていくと，時間の経過に従って R と W の関係がどのように変化するかがわかる．解曲線は 1 周して元の点に戻ってくる，すなわち解曲線は閉じているようにみえる．また，点 $(1000, 80)$ はすべての解曲線の内側にあることもわかる．この点は平衡解 $R=1000$，$W=80$ に対応しているので，この点は平衡点とよばれる．

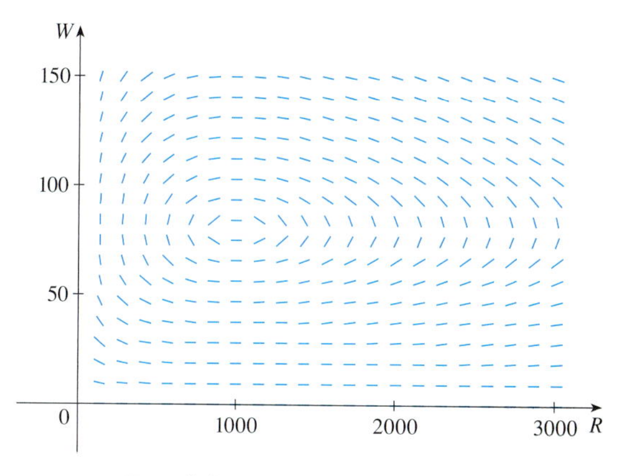

図 1 捕食者-被食者の方程式の方向場

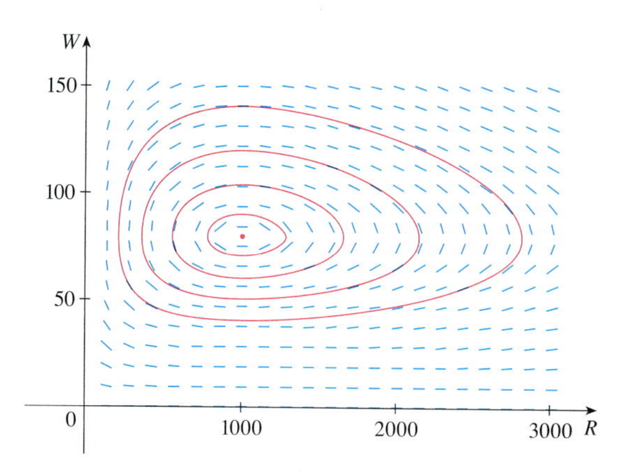

図 2 捕食者-被食者の方程式の相画像

図 2 のように連立微分方程式の解を示すとき，R-W 平面を**相平面**といい，解曲線を**相軌道**という．よって，相軌道とは時間 t の経過に従って解 (R, W) がたどった軌跡である．**相画像**は，図 2 に示すような，平衡解といくつかの代表的な相軌道からなる．

(d) ウサギ 1000 匹とオオカミ 40 頭から始めるとは，点 $P_0(1000, 40)$ を通る解曲線を描くことに対応する．図 3 は方向場を消去して相軌道だけを記したものである．時間 $t=0$ における点 P_0 から始めて，t が増加するとき，相軌道に従ってどちらへ進むのか，時計回りに進むのか，それとも反時計回りに進むのか．一つ目の微分方程式に $R=1000$，$W=40$ を代入すると，

$$\frac{dR}{dt} = 0.08(1000) - 0.001(1000)(40) = 80 - 40 = 40$$

であるので，$dR/dt>0$ である．これは R が P_0 で増加していることを示しているので，相軌道を反時計回りに動けばよい．

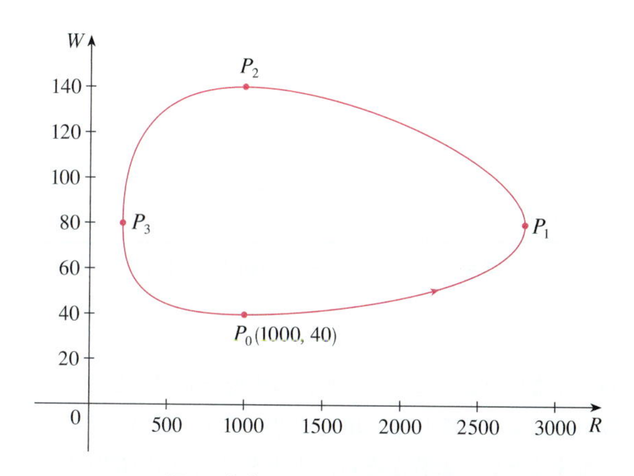

図 3 点 (1000, 40) を通る相軌道

P_0 の時点では個体数のバランスを保つのに十分なオオカミが存在しないので，ウサギの個体数は増加する．その結果，オオカミが増え，ウサギの個体数は減少し始める（点 P_1 において R は最大個体数約 2800 をとる）．これは，しばらくするとオオカミの個体数が減少し始めることを意味している（点 P_2 において $R=1000$，$W\approx 140$ となる）．しかし，オオカミの減少はウサギにとっては朗報であ

り，しばらくするとウサギの個体数は増加し始める（点 P_3 において $R \approx 210$, $W = 80$）．結果として，しばらくするとまたオオカミの個体数は増加し始める．個体数は初期値 $R = 1000$, $W = 40$ に戻り，同じことを繰返す．

(e) ウサギとオオカミの個体数がどのように増減するかという(d)の説明から，$R(t)$ と $W(t)$ のグラフを描くことができる．図3の点 P_1, P_2, P_3 に対応する時間を t_1, t_2, t_3 として，R と W のグラフを図4のように描くことができる．

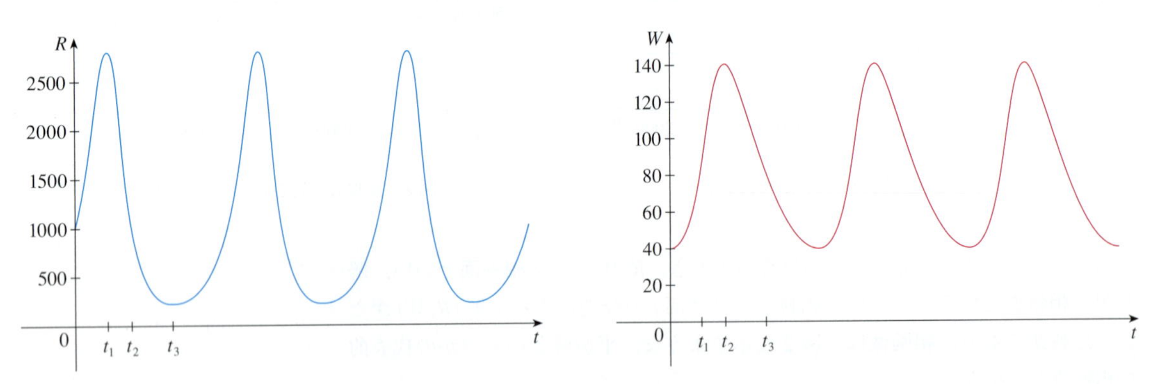

図4　時間の関数としてのウサギとオオカミの個体数のグラフ

個体数の変化を比較しやすいように，同軸上に目盛りの尺度を変えて R と W のグラフを描いたのが図5である．これをみると，オオカミの個体数が最大となる約1/4周期前にウサギの個体数が最大となることがわかる．

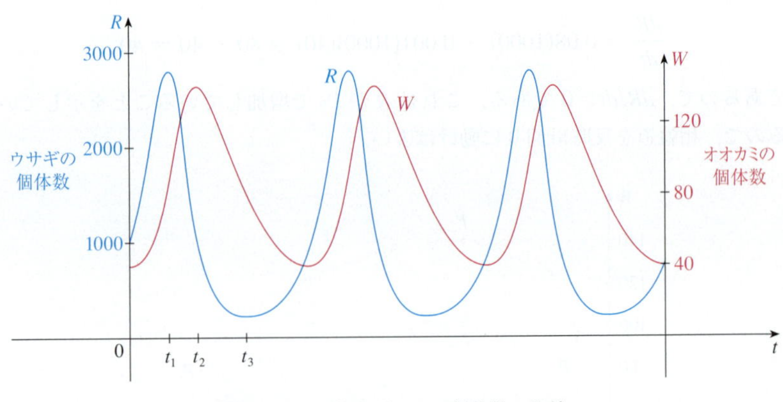

図5　ウサギとオオカミの個体数の比較

第I巻§1·2で論じたように，モデル化の重要な過程として，数学モデルから引き出した数学的結論を解釈して，現実世界の予想を行い，その予想を現実世界と照合し，検証するという過程がある．カナダにおいて1670年に毛皮取引を目的に設立されたHudson's Bay Companyは，1840年台までさかのぼる取引記録を残している．図6は，90年間以上にわたってこの会社で取引きされたカンジキウサギとその捕食者であるオオヤマネコの毛皮の数をグラフにしたものである．Lotka-Volterraモデルによって予測されたカンジキウサギとオオヤマネコの個体数の周期的変化が実際に起こっていること，その周期が約10年であることがわかる．

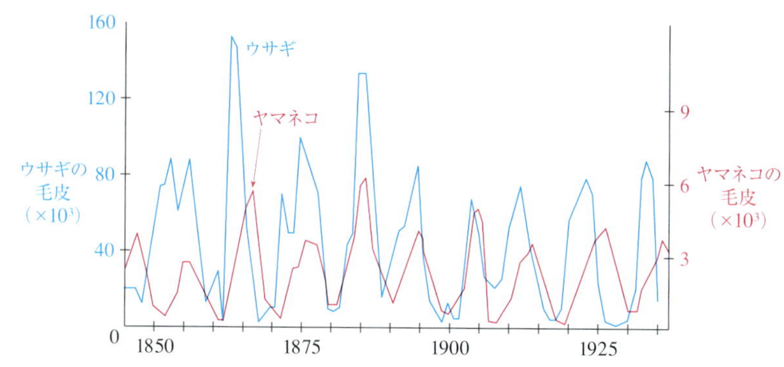

図 6 Hudson's Bay Company の記録から読取れるウサギとヤマネコの相対的存在量

比較的単純な Lotka-Volterra モデルでも，相互作用のある異種の個体数の解釈と予想にある程度成功するが，より精巧なモデルも提案されている．そのようなモデルの一つに，捕食者がいない場合，被食者の個体数の増加が環境収容力 M のロジスティックモデルに従うという仮定を Lotka-Volterra 方程式 1 に組込むものがある．この場合の連立微分方程式は，

$$\frac{dR}{dt} = kR\left(1 - \frac{R}{M}\right) - aRW \qquad \frac{dW}{dt} = -rW + bRW$$

である．このモデルは節末問題 11, 12 で扱う．

二つ以上の種が同一の資源を求めて競合する場合，あるいは相互利益のために協同する場合の個体数を予想するモデルも提案されている．これらのモデルは節末問題 24 で扱う．

Jeffrey Lepore / Science Source

4・6 節末問題

1. 次に示す被食者と捕食者の関係において，被食者の個体数と捕食者の個体数を表す変数は，それぞれ x, y のどちらか．被食者の個体数増加を制限しているのは，捕食者の存在のみか，あるいは他にも要因があるか．捕食者のエサは被食者のみか，あるいは他にもエサは存在するか．説明せよ．

(a) $\dfrac{dx}{dt} = -0.05x + 0.0001xy$

$\dfrac{dy}{dt} = 0.1y - 0.005xy$

(b) $\dfrac{dx}{dt} = 0.2x - 0.0002x^2 - 0.006xy$

$\dfrac{dy}{dt} = -0.015y + 0.00008xy$

2. 次の連立微分方程式は，同一の資源を求めて競合するか相互利益のために協同する二つの種（たとえば，花を咲かせる植物と受粉を行う昆虫）の個体数のモデルである．それぞれ，競合モデルか協同モデルかを決定し，説明せよ（一方の種の増加が，他方の種の増加率にどのように影響するか考えよ）．

(a) $\dfrac{dx}{dt} = 0.12x - 0.0006x^2 + 0.00001xy$

$\dfrac{dy}{dt} = 0.08x + 0.00004xy$

(b) $\dfrac{dx}{dt} = 0.15x - 0.0002x^2 - 0.0006xy$

$\dfrac{dy}{dt} = 0.2y - 0.00008y^2 - 0.0002xy$

3. 次の連立微分方程式は，二つの種の個体数のモデルである．

$$\frac{dx}{dt} = 0.5x - 0.004x^2 - 0.001xy$$

$$\frac{dy}{dt} = 0.4y - 0.001y^2 - 0.002xy$$

(a) このモデルは競合，協同，あるいは捕食者と被食者の関係のいずれか．

(b) 平衡解を求め，解を説明せよ．

4. オオヤマネコはカンジキウサギをエサとし，カンジキウサギはヤナギを食べる．ウサギが存在しなければ，ヤナギの個体数は指数関数的に増加し，ヤマネコの個体数は指数関数的に減少するとする．ヤマネコとヤナギが存在しなければ，ウサギの個体数は指数関数的に減少する．時間 t におけるヤマネコの個体数を $L(t)$，ウサギの個体数を $H(t)$，ヤナギの木の個体数を $W(t)$ とする．この 3 種の個体数に関する連立微分方程式をつくり，答えの方程式の係数がすべて正であるならば，なぜ正か負の符号を用いたのか理由を述べよ．

5-6 ウサギ (R) とキツネ (F) の個体数の相軌道が図示してある．

5.

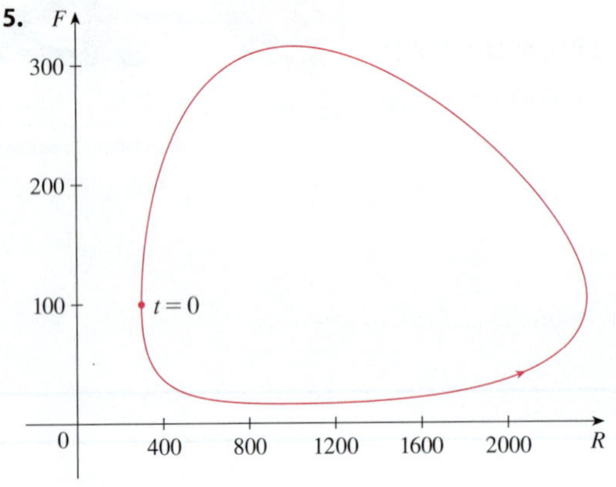

6.

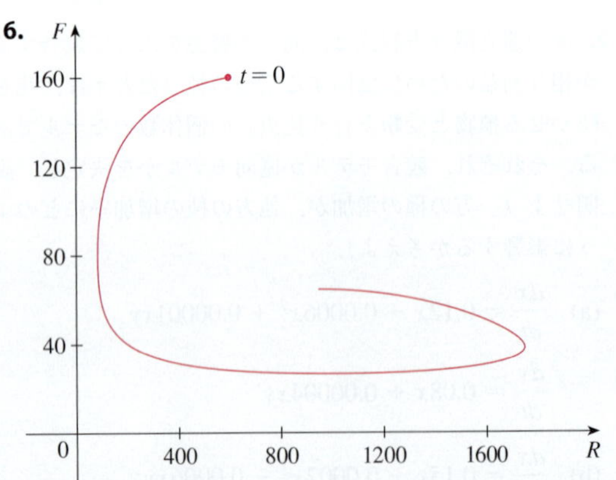

(a) 時間の経過に従って，ウサギとキツネの個体数がどのように変化するか説明せよ．

(b) (a)の結果を使って，時間に関するウサギとキツネの個体数の関数のグラフを描け．

7-8 二つの種の個体数のグラフが図示してある．これらを使って対応する相軌道を描け．

7.

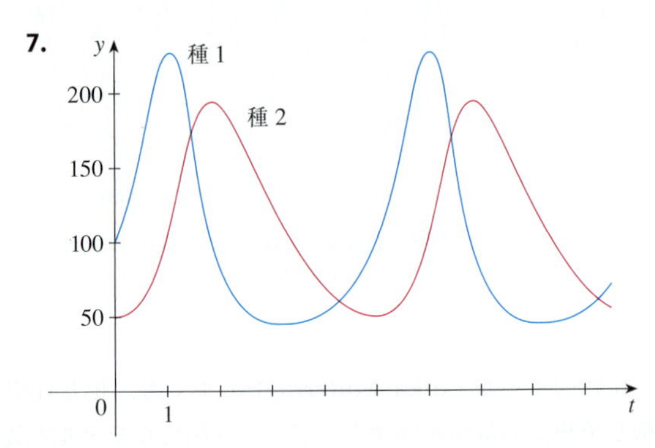

8.

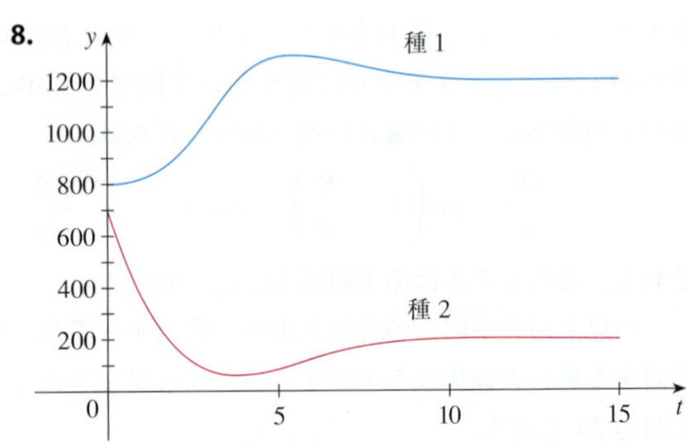

9. 例 1(b)において，ウサギとオオカミの個体数は次の微分方程式を満たすことを示した．

$$\frac{dW}{dR} = \frac{-0.02W + 0.00002RW}{0.08R - 0.001RW}$$

この変数分離形の微分方程式を解き，C を任意定数として，

$$\frac{R^{0.02}W^{0.08}}{e^{0.00002R}e^{0.001W}} = C$$

であることを示せ．

この方程式を解いて W を R の関数として表すこと（あるいはその逆）は不可能である．手元に陰関数をグラフ化する計算機があるならば，それを使って点 (1000, 40) を通る解曲線を描き，図 3 と比較せよ．

10. アブラムシの個体数 $A(t)$ とテントウムシの個体数 $L(t)$ は，次の連立微分方程式でモデル化される．

$$\frac{dA}{dt} = 2A - 0.01AL$$

$$\frac{dL}{dt} = -0.5L + 0.0001AL$$

(a) 平衡解を求め，その解を説明せよ．

(b) dL/dA を求めよ．

(c) (b)で求めた微分方程式の方向場が図示してある．これを使って，相画像を描け．相軌道の共通点は何か．

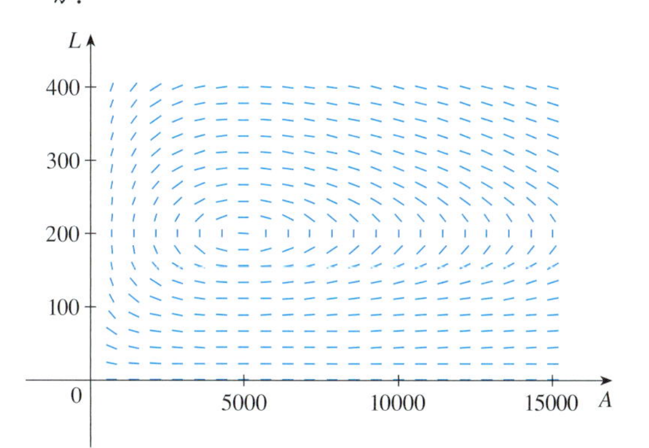

(d) 時間 $t=0$ においてアブラムシ 1000 匹とテントウムシ 200 匹がいるとする．これに対応する相軌道を描き，両者の個体数の変化を記せ．

(e) (d)の結果を使って，t の関数としてアブラムシとテントウムシの個体数のおおまかなグラフを描け．グラフは互いにどのように関連するか．

11. 例 1 において，Lotka-Volterra の方程式を使って，ウサギとオオカミの個体数をモデル化した．この方程式を次のように修正する．

$$\frac{dR}{dt} = 0.08R(1 - 0.0002R) - 0.001RW$$

$$\frac{dW}{dt} = -0.02W + 0.00002RW$$

(a) この場合，オオカミがいないときのウサギの個体数はどうなるか．

(b) すべての平衡解を求め，その解を説明せよ．

(c) 点 $(R, W)=(1000, 40)$ から始まる相軌道を図示してある．ウサギとオオカミの個体数は最終的にどうなるか．

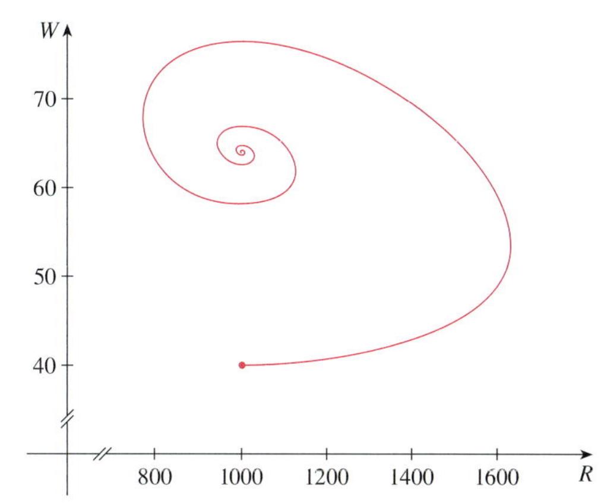

(d) 時間の関数としてウサギとオオカミの個体数のグラフを描け．

12. 節末問題 10 において，アブラムシとテントウムシの個体数のモデルとして Lotka-Volterra の方程式を使った．この方程式を次のように修正する．

$$\frac{dA}{dt} = 2A(1 - 0.0001A) - 0.01AL$$

$$\frac{dL}{dt} = -0.5L + 0.0001AL$$

(a) テントウムシのいない場合，モデルからアブラムシの個体数はどのように予想されるか．

(b) 平衡解を求めよ．

(c) dL/dA を求めよ．

(d) 数式処理システムを使って(c)で求めた微分方程式の方向場を描き，それを使って相画像を描け．相軌道の共通点は何か．

(e) 時間 $t=0$ においてアブラムシ 1000 匹とテントウムシ 200 匹がいるとする．これに対応する相軌道を描き，それを使って，アブラムシとテントウムシの個体数の変化をついて記せ．

(f) (e)の結果を使って，t の関数としてアブラムシとテントウムシの個体数のおおまかなグラフを描け．グラフは互いにどのように関連するか．

4 章末問題

概念の理解の確認

1. (a) 微分方程式とは何か.

(b) 微分方程式の階数とは何か.

(c) 初期条件とは何か.

2. 見ただけで微分方程式 $y'=x^2+y^2$ の解について何がいえるか.

3. 微分方程式 $y'=F(x,y)$ の方向場とは何か.

4. Euler 法について説明せよ.

5. 変数分離形の微分方程式とは何か．それはどのようにして解くか.

6. 1 階の線形微分方程式とは何か．それはどのようにして解くか.

7. (a) 自然増加を表す微分方程式をつくれ．この式は相対増加率に関して何を示すか.

(b) このモデルが適切であるのはどのような環境か.

(c) この微分方程式の解は何か.

8. (a) ロジスティックモデルを表す微分方程式をつくれ.

(b) このモデルが適切であるのはどのような環境か.

9. (a) サメのエサとなる魚とサメの個体数をモデル化する Lotka-Volterra 方程式をつくれ.

(b) この方程式は，一方の種が存在しないとき，もう一方の種の個体数について何を表すか.

○×テスト

命題の真偽を調べ，真なら証明，偽なら偽となることの理由または偽となる反例を示せ.

1. 微分方程式 $y'=-1-y^4$ の解はすべて減少関数である.

2. 関数 $f(x)=(\log x)/x$ は微分方程式 $x^2y'+xy=1$ の解である.

3. $y'=x+y$ は変数分離形の微分方程式である.

4. $y'=3y-2x+6xy-1$ は変数分離形の微分方程式である.

5. $e^xy'=y$ は線形微分方程式である.

6. $y'+xy=e^y$ は線形微分方程式である.

7. y を初期条件の与えられた微分方程式

$$\frac{dy}{dt}=2y\left(1-\frac{y}{5}\right) \qquad y(0)=1$$

の解とするならば，$\lim_{t\to\infty} y=5$ である.

練習問題

1. 微分方程式 $y'=y(y-2)(y-4)$ の方向場を図示してある.

(a) 与えられた初期条件を満たす解曲線を描け.

(i) $y(0)=-0.3$　(ii) $y(0)=1$

(iii) $y(0)=3$　(iv) $y(0)=4.3$

(b) 初期条件を $y(0)=c$ とする．$\lim_{t\to\infty} y(t)$ が有限となる c，平衡解となる c を求めよ.

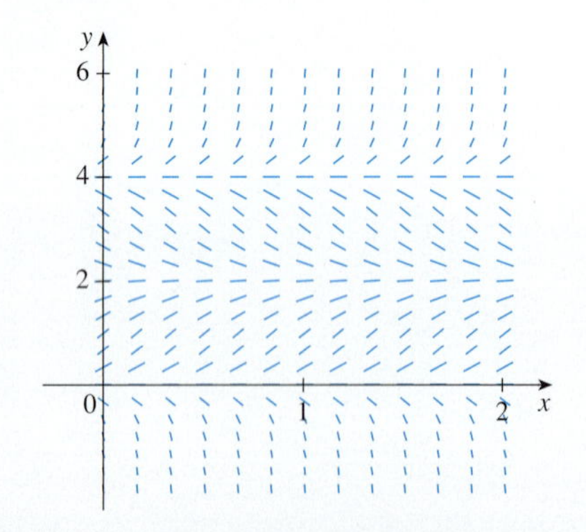

2. (a) 微分方程式 $y'=x/y$ の方向場を描き，これを使って初期条件 $y(0)=1$，$y(0)=-1$，$y(2)=1$，$y(-2)=1$ を満たす四つの解曲線を描け.

(b) (a)の微分方程式を解き，(a)で描いた解曲線を検証せよ．それぞれの解曲線はどのようなタイプの曲線か.

3. (a) 微分方程式 $y'=x^2-y^2$ の方向場を図示してある．初期条件を与えられた微分方程式

$$y'=x^2-y^2 \qquad y(0)=1$$

の解曲線を描き，これを使って $y(0.3)$ の値を求めよ.

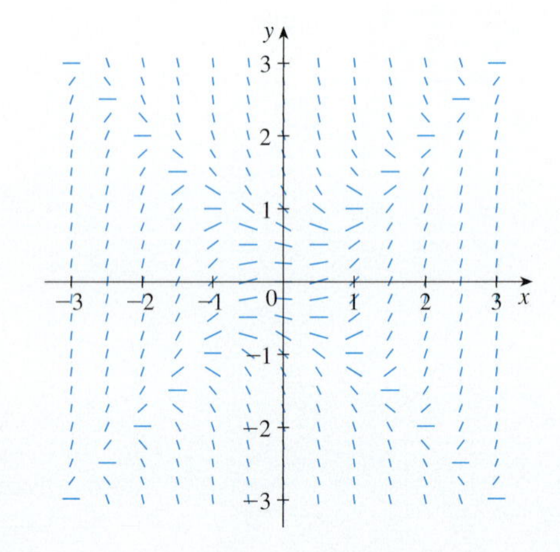

(b) $y(x)$ を (a) で与えた微分方程式の解とする．刻み幅 0.1 として Euler 法を使って，$y(0.3)$ の値を求め，(a) で求めた値と比較せよ．

(c) (a) で与えた方向場を構成する線分のうちで水平な線分の中心はどんな直線上にあるか．解曲線とそれらの直線との交点では何が起こっているか．

4. (a) 初期条件を与えられた微分方程式

$$y' = 2xy^2 \qquad y(0) = 1$$

の解を $y(x)$ として，刻み幅 0.2 として Euler 法を使って，$y(0.4)$ の値を求めよ．

(b) (a) と同じことを刻み幅 0.1 として求めよ．

(c) 微分方程式を解き，$y(0.4)$ の値を求めて，(a), (b) の結果と比較せよ．

5-8 微分方程式を解け．

5. $y' = xe^{-\sin x} - y\cos x$

6. $\dfrac{dx}{dt} = 1 - t + x - tx$

7. $2ye^{y^2}y' = 2x + 3\sqrt{x}$

8. $x^2y' - y = 2x^3e^{-1/x}$

9-11 初期条件を与えられた微分方程式を解け．

9. $\dfrac{dr}{dt} + 2tr = r,\quad r(0) = 5$

10. $(1 + \cos x)y' = (1 + e^{-y})\sin x,\quad y(0) = 0$

11. $xy' - y = x\log x,\quad y(1) = 2$

---

12. 初期条件を与えられた微分方程式 $y' = 3x^2e^y$，$y(0) = 1$ を解き，計算機を使って解のグラフを描け．

13-14 解曲線の族の直交軌道を求めよ．

13. $y = ke^x$　　**14.** $y = e^{kx}$

---

15. (a) 次の初期値問題の解を求め，それを用いて，$t = 20$ のときの個体数 P を求めよ．

$$\frac{dP}{dt} = 0.1P\left(1 - \frac{P}{2000}\right) \qquad P(0) = 100$$

(b) $P(t) = 1200$ となる t を求めよ．

16. (a) 2000 年の世界人口は 61 億人，2010 年は 69 億人であった．人口の指数関数モデルをつくり，2020 年の世界人口を予想せよ．

(b) (a) でつくった指数関数モデルを使って，世界人口が 100 億人を突破する年を予想せよ．

(c) (a) のデータを使って，地球の環境収容力を 200 億人として，人口のロジスティックモデルをつくり，2020 年の世界人口を予想せよ．

(d) (c) でつくったロジスティックモデルを使って，世界人口が 100 億人を突破する年を予想し，(b) の結果と比較せよ．

17. von Bertalanffy の増加モデルは，魚の成長を予想するのに使われる．L_∞ をその魚の最大体長として，体長の増加率は $L_\infty - L$ に比例するとする．

(a) これを微分方程式で表し，その微分方程式を解いて $L(t)$ を求めよ．

(b) 北海のタラは $L_\infty = 53$ (cm)，$L(0) = 10$ (cm)，比例定数 0.2 である．この魚の $L(t)$ を求めよ．

18. 純水 100 L が入ったタンクに，濃度 0.1 kg/L の塩水が 10 L/min の割合で流入している．タンク内の溶液は完全に混合され，同じ割合でタンクから排水される．6 分後にタンク内にある塩の量を求めよ．

19. 伝染病流行モデルの一つに，伝染病が広がる割合は，感染者と非感染者の数の両方に比例するというものがある．人口 5000 人の孤立した町で，週の始めに 160 人が感染していて，週末には 1200 人が感染した．80 % の人が感染するのに要する時間を求めよ．

20. 心理学の Brentano-Stevens（ブレンター・スティーブンス）法は，被験者が刺激に応答する反応のモデルである．R を刺激量 S に対応する反応とするならば，R および S の相対増加率は比例関係にある．すなわち，k を正定数として，

$$\frac{1}{R}\frac{dR}{dt} = \frac{k}{S}\frac{dS}{dt}$$

と表される．R を S の関数として表せ．

21. 肺毛細管壁を介する基質（ホルモン）の輸送は，微分方程式

$$\frac{dh}{dt} = -\frac{R}{V}\left(\frac{h}{k + h}\right)$$

でモデル化される．ここで，h は血中ホルモン濃度，t は時間，R は最大輸送速度，V は毛細管体積，k はホルモンと輸送を助ける酵素との親和力を表す正定数である．この微分方程式を解き，h と t の関係を求めよ．

22. 鳥と昆虫の個体数が次の微分方程式でモデル化されている．

$$\frac{dx}{dt} = 0.4x - 0.002xy$$

$$\frac{dy}{dt} = -0.2y + 0.000008xy$$

(a) 鳥の個体数と昆虫の個体数を表す変数は，それぞれ x, y のどちらか．

(b) 平衡解を求め，その解を説明せよ．

(c) dy/dx を求めよ．

(d) (c) で求めた微分方程式の方向場を次のページに図示してある．これを使って，初期条件として鳥と昆虫の個体数がそれぞれ 100, 40,000 のときの相軌道を描き，鳥と昆虫の個体数の変化を記せ．

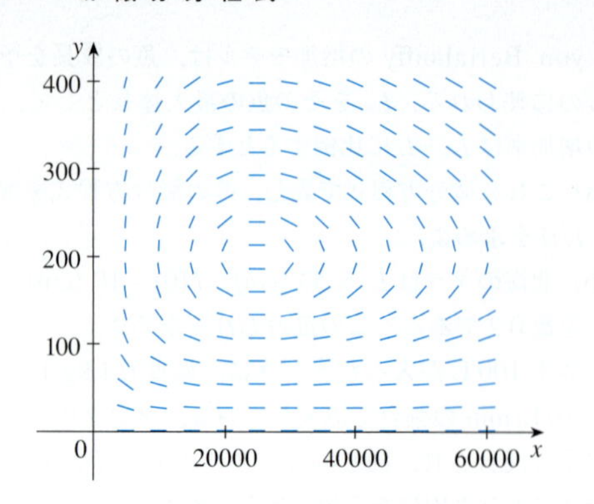

(e) (d)の結果を使って，時間の関数としての鳥と昆虫の個体数のおおまかなグラフを描け．グラフは互いにどのように関連するか．

23. 前問22のモデルを次のように修正する．

$$\frac{dx}{dt} = 0.4x(1 - 0.000005x) - 0.002xy$$

$$\frac{dy}{dt} = -0.2y + 0.000008xy$$

(a) この場合，鳥がいないときの昆虫の個体数はどうなるか．

(b) 平衡解を求め，その解を説明せよ．

(c) 図は鳥100羽と昆虫40,000匹から始まる相軌道である．鳥と昆虫の個体数は最終的にどうなるか．

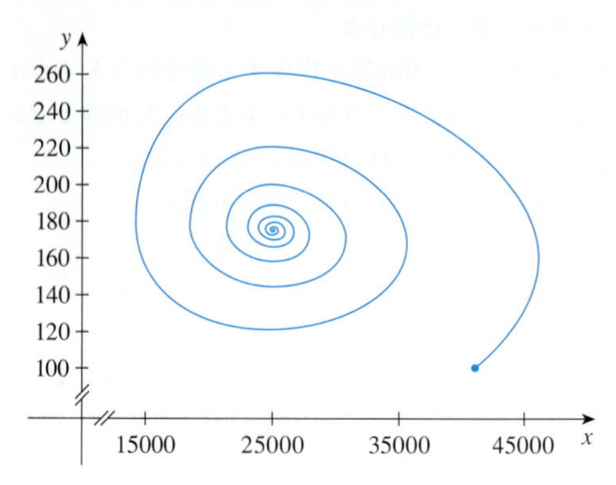

(d) 時間の関数として鳥と昆虫の個体数のグラフを描け．

24. Barbara（バーバラ）の体重は60 kg，毎日1600カロリー（cal）の食事を摂っていて，そのうち850 calは基礎代謝で消費される．彼女は，毎日，体重1 kg当たり熱量15 calを消費する運動をしている（15 cal/(kg·day)）．脂肪1 kgは熱量10,000 calを含み，熱量は脂肪の形で体内に蓄えられているとする．微分方程式をつくり，それを解いて，時間の関数として彼女の体重を求めよ．彼女の体重は最終的に平衡解に近づくか．

4 追加問題

1. f' が連続で，すべての実数 x について

$$(f(x))^2 = 100 + \int_0^x \{(f(t))^2 + (f'(t))^2\}\,dt$$

である関数 f を求めよ．

2. ある学生が積の微分公式を忘れてしまい，間違えて $(fg)' = f'g'$ として計算したが答えは合っていた．彼の用いた関数 f は $f(x) = e^{x^2}$，定義域は区間 $(\frac{1}{2}, \infty)$ である．関数 g は何であったか．

3. 関数 f は $f(0)=1$, $f'(0)=1$ であり，すべての実数 a, b について $f(a+b)=f(a)f(b)$ が成り立つとする．すべての x について $f'(x)=f(x)$ であることを示し，$f(x)=e^x$ であることを結論づけよ．

4. 次の方程式を満たす関数 f をすべて求めよ．

$$\left(\int f(x)\,dx\right)\left(\int \frac{1}{f(x)}\,dx\right) = -1$$

5. 関数 f は $f(x) \geqslant 0$, $f(0)=0$, $f(1)=1$ であり，曲線 $y=f(x)$ と x 軸に挟まれた 0 から x までの領域の面積は $f(x)^{(n+1)}$ に比例する．このような $f(x)$ を求めよ．

6. 接線影とは，接線と x 軸との交点と，接点から x 軸に下ろした垂線の足を結ぶ x 軸上の線分である．点 $(c, 1)$ を通り，すべての接線影が長さ c である曲線を求めよ．

7. 桃のパイを午後 5 時にオーブンから取出す．そのときのパイの温度は 100 ℃ であり，5 時 10 分には 80 ℃，5 時 20 分には 65 ℃ であった．室温を求めよ．

8. 2 月 2 日の朝から雪が降り始め，午後になっても降り続いた．除雪車は一定時間に一定量の雪を除雪するとする．正午から稼働し始めた除雪車は，正午から午後 1 時までは 6 km 除雪し，午後 1 時から午後 2 時までは 3 km しか除雪できなかった．雪が降り始めたのはいつか［ヒント：t の単位を時間とし，正午を $t=0$ とする．$x(t)$ を時間 t において除雪車の移動した距離とすると，除雪車の速度は dx/dt である．b を雪の降り始めから正午までの時間として，時間 t における積雪の高さを求める式をつくり，さらに，除雪量 R（$\mathrm{m^3/h}$）が一定であるという条件を使う］．

9. 野原を横切って一直線に走るウサギを見たイヌが，ウサギを追い掛け始める．図のように直交座標系を定め，次のように仮定する．

(i) イヌがウサギを最初に見たとき，ウサギは原点にいて，イヌは点 $(L, 0)$ にいるとする．

(ii) ウサギは y 軸に沿って走り，イヌは常にウサギめがけてまっすぐに走るとする．

(iii) イヌとウサギは同じ速さで走るとする．

(a) イヌの軌跡は，微分方程式

$$x\frac{d^2y}{dx^2} = \sqrt{1 + \left(\frac{dy}{dx}\right)^2}$$

を満たす関数 $y=f(x)$ のグラフであることを示せ．

(b) (a)の微分方程式を，初期条件 $x=L$, $y=y'=0$ として解け［ヒント：微分方程式を $z=dy/dx$ とおいて，z を未知関数とする 1 階の微分方程式を解き，z を積分して y を求める］．

(c) イヌはウサギを捕らえることができるか．

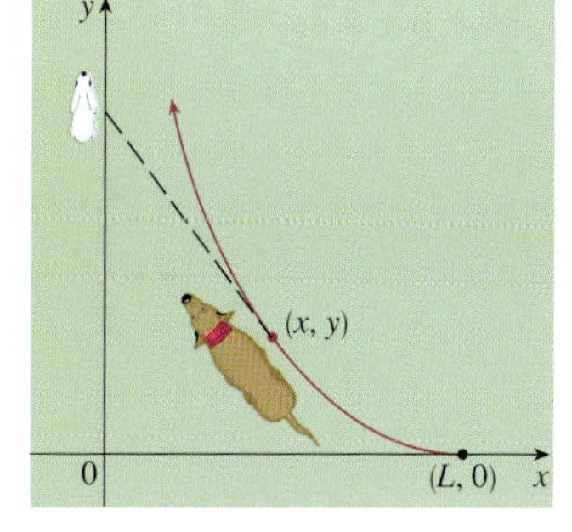

問題 9 の図

10. (a) 前問 9 において，イヌの速さがウサギの速さの 2 倍であるとする．イヌの

軌跡を表す微分方程式をつくり，それを解いてイヌがウサギを捕らえる位置を求めよ．

(b) 前問 9 において，イヌの速さがウサギの速さの半分であるとする．イヌとウサギが最も近づいたときの 2 匹の距離と，そのときのイヌの位置を求めよ．

11. 新しいミョウバン工場を立案する技術者は，ミョウバンに加工するまでボーキサイト鉱石を貯蔵しておく貯蔵庫の容量について，会社にいくつかの見積もりを報告しなければならない．鉱石はピンク色の粉末で，貯蔵庫上部のコンベアーから投入される．貯蔵庫は半径 60 m，高さ 30 m の円筒形であり，コンベアーは 1500π m^3/h の割合で鉱石を投入し，鉱石は半径が高さの 1.5 倍である円すい形に積もる．

(a) ある時間 t において円すいの高さが 20 m のとき，円すいの頂点が貯蔵庫の天井に着くまでに要する時間を求めよ．

(b) 円すいの高さが 20 m のとき，貯蔵庫の残された床面積と鉱石の占有する床面積の増加率を求めよ．

(c) 円すいの頂点が 27 m になったとき，鉱石は 500π m^3/h の割合で貯蔵庫から運び出される．積もった鉱石の形状が円すい形であることは変わらないとして，これらの条件のもとで，円すいの頂点が貯蔵庫の天井に着くまでに要する時間を求めよ．

12. 次の条件を満たす曲線を求めよ：点 $(3, 2)$ を通り，曲線上の任意の点 P における接線の第 1 象限の部分は，点 P によって 2 等分される．

13. 曲線上の点 P における法線は，点 P を通り，点 P の接線と直交する直線である．次の条件を満たす曲線を求めよ：点 $(3, 2)$ を通り，曲線上の任意の点における法線の y 切片は 6 である．

14. 次の条件を満たす曲線を求めよ：曲線上の点 P における法線の，点 P と x 軸との間の部分は，y 軸によって 2 等分される．

15. 次の条件を満たす曲線を求めよ：原点から曲線上の任意の点 (x, y) まで引いた直線，点 (x, y) における曲線の接線，x 軸で囲まれた三角形が，点 (x, y) を頂点とする 2 等辺 3 角形となる．

16. (a) 外野手は，ホームベースから 84 m 離れた位置にいて，初速度 30 m/s でキャッチャーに直接送球する．t 秒後のボールの速度 $v(t)$ は，空気抵抗を考慮した微分方程式 $dv/dt = -\frac{1}{10}v$ で表されるとする．ボールがホームベースに到達するまでに要する時間を求めよ（ボールの垂直方向の動きを無視する）．

(b) チームのマネージャーは，ボールを内野手が中継する方が，外野手が直接送球するよりも早くホームベースに達するかと考える．内野手は外野手とホームベースの間にポジションをとり，外野手が投げたボールをキャッチして，振り返り，初速度 31.5 m/s でキャッチャーにボールを送球することができる．マネージャーは，内野手の中継時間（キャッチして振り返り，投げる）を 0.5 秒と計測した．中継プレーによるボールの送球に要する時間を最小限に抑えるには，内野手はホームベースからどのくらい離れた位置にいるとよいか．マネージャーは直接送球を指示すべきか，中継プレーを指示すべきか．内野手が初速度 34.5 m/s でボールを送球する場合はどちらがよいか．

(c) 計算機でグラフを描き，直接送球と中継プレーによる送球の時間が同じになるときの，内野手の送球初速度を求めよ．

5 媒介変数表示と極座標

これまでは平面上の曲線を x の関数である y（$y=f(x)$）や y の関数である x（$x=g(y)$），あるいは x と y の関係を与える式を通して y が x の陰関数と考えられることを用いて記述してきた．この章では，二つの新しい方法で曲線を記述することを説明する．

サイクロイド曲線は，x と y が共に媒介変数（パラメーター）とよばれる第3の変数 t の関数（$x=f(t)$，$y=g(t)$）として扱うのが最適である．また，カーディオイド（心臓形）曲線は，極座標系とよばれる新しい座標系を使って表すのが便利である．

Stocktrek / Stockbyte / Getty Images

写真は，Halley（ハレー）彗星が1986年に地球のそばを通過したときのものである．この彗星は，2061年に再度地球に近づく予定であり，その周期性を最初に発見した英国の科学者 Edomond Halley（1656-1742）にちなんで名付けられた．§5･6では，極座標によってこの彗星のだ円軌道を表す方程式が与えられることをみていく．

5・1 曲線の媒介変数表示

図1で示すように，粒子が x–y 平面上の曲線 C に沿って動いていると想像しよう．垂線テストの判定からもわかるように，曲線 C を関数 $y=f(x)$ の形で表すことは不可能である．しかし，粒子の x 座標および y 座標は時間 t の関数であるので，$x=f(t)$ および $y=g(t)$ と表すことができる．このような方程式の組は曲線を表す便利な方法であることが多いので，次の定義を与える．

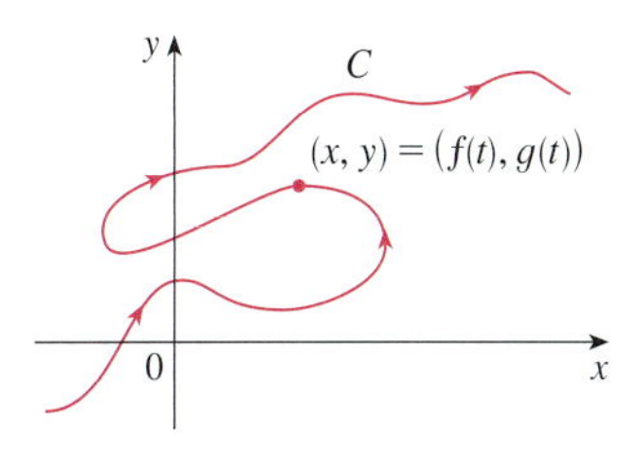

図 1

x, y は共に，第3の変数 t（**媒介変数，パラメーター**とよぶ）の関数として，方程式（**パラメトリック方程式**とよぶ）

$$x = f(t) \qquad y = g(t)$$

で与えられるとする．t の各値によって点 (x, y) が決まり，座標平面上にその点がプロットされる．t が変化すると，点 $(x, y)=(f(t), g(t))$ も変化し，**パラメトリック曲線**とよばれる曲線 C が描かれる．媒介変数は必ずしも時間を表すものではなく，実際には媒介変数として t 以外の文字を使うことができる．しかし，パラメトリック曲線を扱う多くの応用において媒介変数は時間であり，$(x, y)=(f(t), g(t))$ を時間 t における粒子の位置として説明することができる．

例 1　パラメトリック方程式

$$x = t^2 - 2t \qquad y = t + 1$$

で定義される曲線の概形を描き，曲線が何であるかを確認せよ．

［解 説］　表に示すように，t の各値は曲線上の点を与える．たとえば，$t=0$ ならば $x=0, y=1$ より対応する点は $(0, 1)$ である．いくつかの媒介変数値に対応する点 (x, y) をプロットして，その点を結んで曲線としたのが図 2 である．

t	x	y
−2	8	−1
−1	3	0
0	0	1
1	−1	2
2	0	3
3	3	4
4	8	5

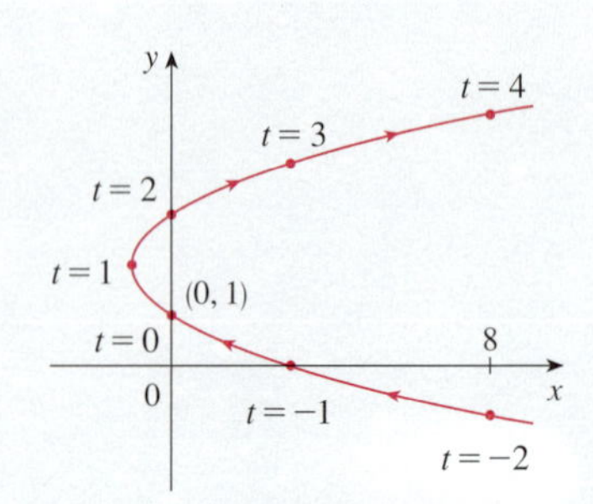

図 2

パラメトリック方程式によって位置が決まる粒子は，t が増加するにつれて矢印の向きに曲線に沿って動く．曲線上の点は，等距離間隔ではなく，等時間間隔でプロットされていることに注意する．これは t が増加するにつれて粒子が減速し，次いで加速するということである．

図 2 をみれば，粒子によって描かれる曲線は放物線であると考えられる．これは，次のように媒介変数を消去して確かめることができる．2 番目の式 $y=t+1$ より $t=y-1$ であるので，これを最初の式 $x=t^2-2t$ に代入すると

$$x = t^2 - 2t = (y-1)^2 - 2(y-1) = y^2 - 4y + 3$$

である．これはパラメトリック方程式によって表される曲線が放物線 $x=y^2-4y+3$ であることを示している*．

* x と y で表されるこの式は，粒子がどこを動いたかを示しているが，粒子がある点にいつ位置していたかを示してはいない．パラメトリック方程式の利点は，粒子がその点にいつ位置したかがわかることである．また，粒子が動く方向も示す．

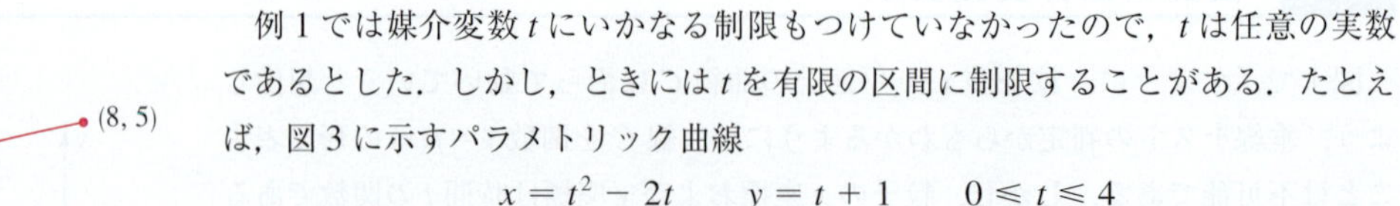

例 1 では媒介変数 t にいかなる制限もつけていなかったので，t は任意の実数であるとした．しかし，ときには t を有限の区間に制限することがある．たとえば，図 3 に示すパラメトリック曲線

$$x = t^2 - 2t \qquad y = t + 1 \qquad 0 \leqslant t \leqslant 4$$

は，点 $(0, 1)$ から始まり点 $(8, 5)$ で終わる，例 1 の放物線の一部である．矢印は，t が 0 から 4 まで増加するときの曲線上の点が動く方向を示している．

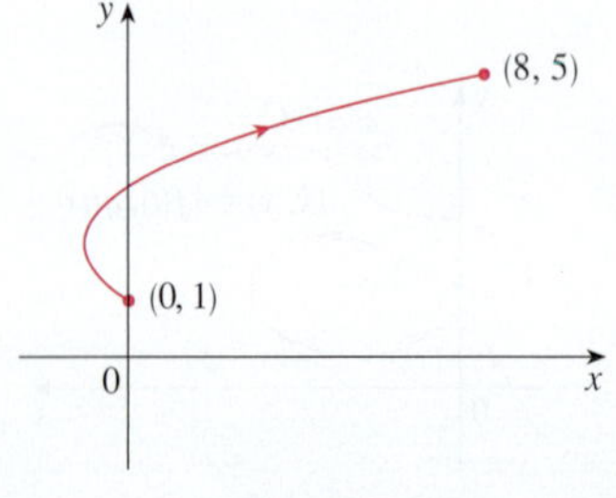

図 3

一般に，パラメトリック方程式

$$x = f(t) \qquad y = g(t) \qquad a \leqslant t \leqslant b$$

で表される曲線の**始点**は $(f(a), g(a))$，**終点**は $(f(b), g(b))$ である．

例 2 次のパラメトリック方程式で表される曲線を求めよ．

$$x = \cos t \qquad y = \sin t \qquad 0 \leqslant t \leqslant 2\pi$$

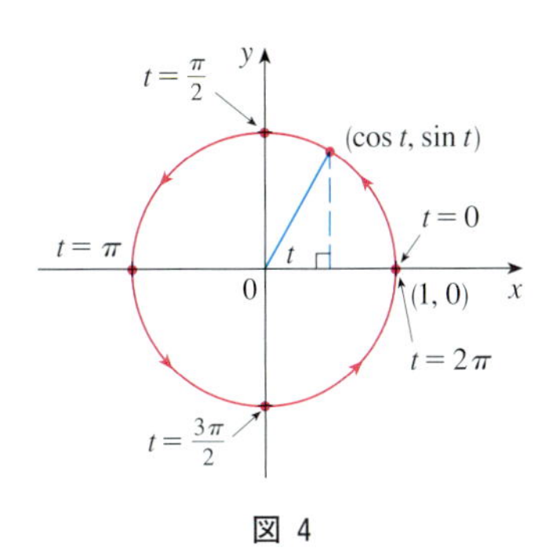

図 4

［解 説］ いくつかの点をプロットすれば，曲線が円らしいことがわかる．このことは，パラメトリック方程式から t を消去することによって確かめることができる．

$$x^2 + y^2 = \cos^2 t + \sin^2 t = 1$$

よって，点 (x, y) は単位円 $x^2+y^2=1$ 上を動き，媒介変数 t は，図4で示すように，弧度法で定義された角度と解釈することができる．t が 0 から 2π まで増加するとき，点 $(x, y)=(\cos t, \sin t)$ は点 $(1, 0)$ を始点として，この単位円を反時計回りに 1 周する．

例 3 次のパラメトリック方程式で表される曲線を求めよ．

$$x = \sin 2t \qquad y = \cos 2t \qquad 0 \leqslant t \leqslant 2\pi$$

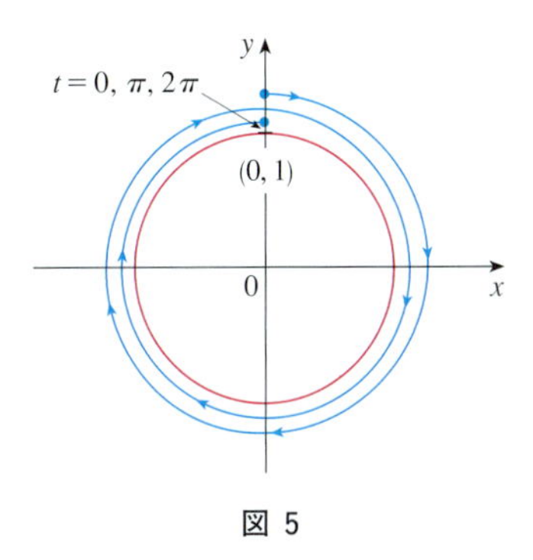

図 5

［解 説］ 例 2 と同様に，

$$x^2 + y^2 = \sin^2 2t + \cos^2 2t = 1$$

であるので，パラメトリック方程式が表すのは単位円 $x^2+y^2=1$ である．しかし例2と異なり，t が0から 2π まで増加するとき，点 $(x, y)=(\sin 2t, \cos 2t)$ は点 $(0, 1)$ を始点として，図 5 に示すように，この単位円を時計回りに 2 周する．

例 2 と例 3 は，異なるパラメトリック方程式の組が同じ曲線を表しうることを示す．したがって，点の集合である曲線と，点がどのように動くかを表しているパラメトリック曲線は区別される．

例 4 中心 (h, k)，半径 r の円を表すパラメトリック方程式を求めよ．

［解 説］ 例 2 で扱った単位円のパラメトリック方程式，すなわち x と y の式に r を掛けると，$x=r\cos t$，$y=r\sin t$ が得られる．これらのパラメトリック方程式は，中心を原点とする半径 r 円の反時計回りの軌跡である．これを，x 軸正の方向に h, y 軸正の方向に k だけ平行移動させると，図 6 に示す，中心 (h, k)，半径 r の円を表すパラメトリック方程式

$$x = h + r\cos t \qquad y = k + r\sin t \qquad 0 \leqslant t \leqslant 2\pi$$

が得られる．

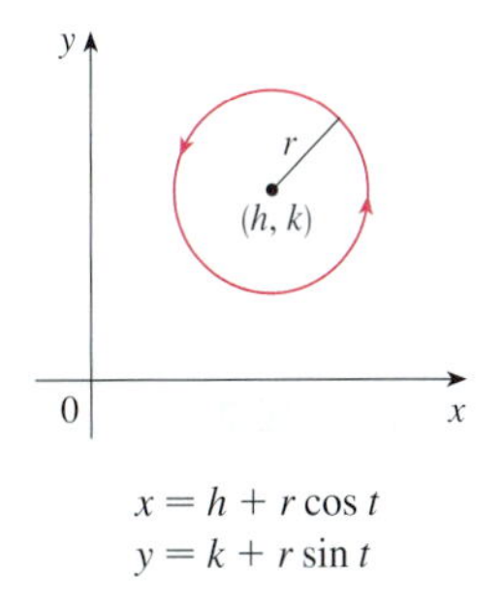

$x = h + r\cos t$
$y = k + r\sin t$

図 6

例 5 パラメトリック方程式 $x=\sin t$，$y=\sin^2 t$ が表す曲線を描け．

［解 説］ $y=(\sin t)^2=x^2$ であるので，点 (x, y) は放物線 $y=x^2$ 上を動く．ただし $-1 \leqslant \sin t \leqslant 1$ であるので $1 \leqslant x \leqslant 1$ の制限が付き，パラメトリック方程式が表す曲線は放物線の $-1 \leqslant x \leqslant 1$ の部分である．$\sin t$ は周期関数であるので，点 $(x, y)=(\sin t, \sin^2 t)$ は放物線上の点 $(-1, 1)$ と $(1, 1)$ の間を無限に往復する（図 7）．

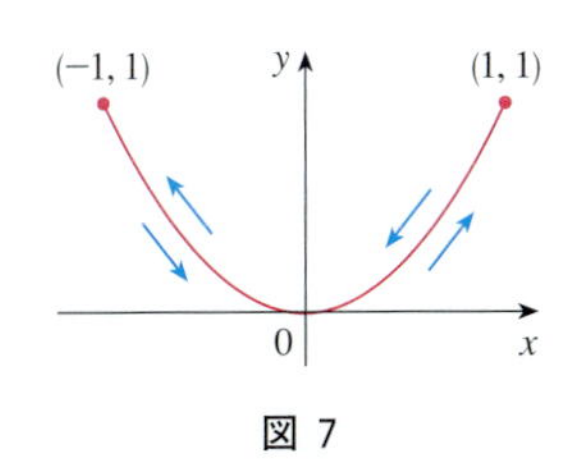

図 7

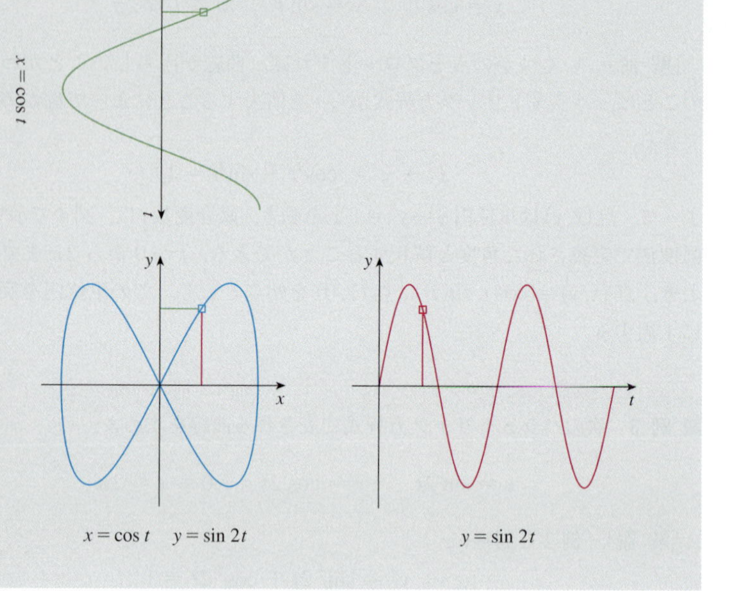

パラメトリック曲線 $x=f(t)$, $y=g(t)$ に沿った動きと，t の関数である f および g に沿った動きとの関係も併せて示す．

図 8　Lissajous（リサージュ）図形と呼ばれるパラメトリック曲線 $x=\cos t$, $y=\sin$

■ グラフを描く計算機

計算機などのグラフ機能を使って，パラメトリック方程式によって定義された曲線を描くことができる．実際には，媒介変数値を増やすたびに対応する点がプロットされていくので，計算機によって描かれていくパラメトリック曲線を見ることは有意義である．

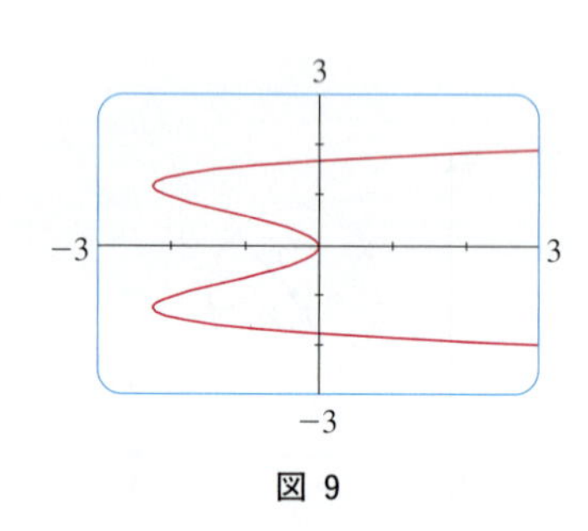

図 9

例 6　計算機を使って，曲線 $x=y^4-3y^2$ のグラフを描け．

［解 説］ 媒介変数を $t=y$ とするならば，パラメトリック方程式

$$x = t^4 - 3t^2 \qquad y = t$$

を得る．そのグラフが図 9 である．もちろん，与えられた方程式（$x=y^4-3y^2$）を y について解き，四つの x に関する関数を得て，それらを個別にグラフ化することはできるが，パラメトリック方程式として扱った方がより簡単にグラフを描くことができる．

一般に，方程式 $x=g(y)$ のグラフは，パラメトリック方程式

$$x = g(t) \qquad y = t$$

が表す曲線であり，また最も使い慣れている方程式 $y=f(x)$ のグラフは，パラメトリック方程式

$$x = t \qquad y = f(t)$$

が表す曲線である．

グラフ機能をもつ計算機は，複雑なパラメトリック曲線を描くのに便利である．たとえば，図 10〜12 に示す曲線を手描きすることは事実上不可能である．

パラメトリック曲線の最も重要な使いみちの一つは，計算機による設計・製図システム（キャド，CAD）である．§ 5・2 の末尾にある研究課題では，製造業，

特に自動車産業で幅広く使われている **Bézier**（ベジェ）**曲線**とよばれる特別なパラメトリック曲線を調べる．この曲線は，レーザープリンターなどの電子機器で，文字・記号を表すときに使われる．

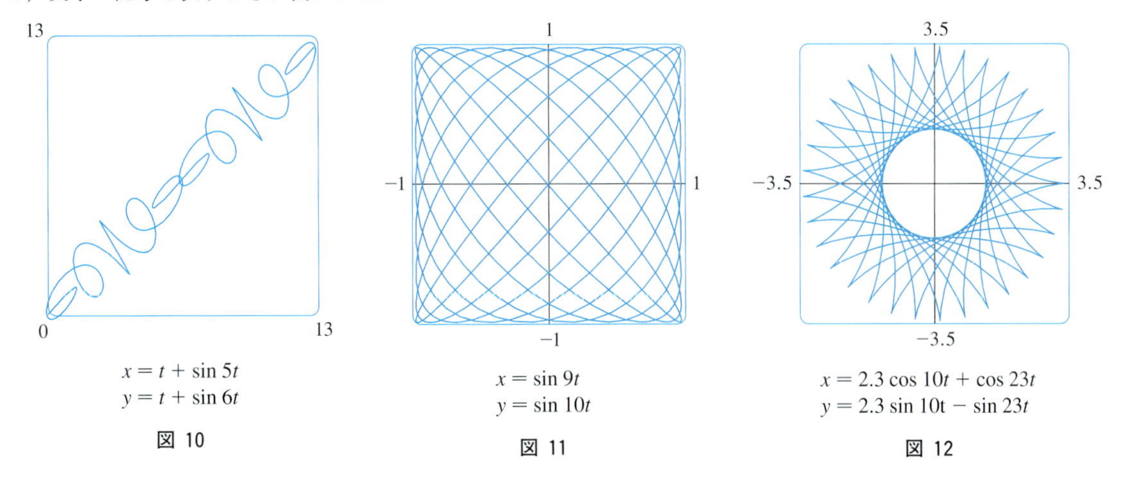

$x = t + \sin 5t$
$y = t + \sin 6t$

図 10

$x = \sin 9t$
$y = \sin 10t$

図 11

$x = 2.3\cos 10t + \cos 23t$
$y = 2.3\sin 10t - \sin 23t$

図 12

サイクロイド

例 7　円が直線に沿って滑らずに回転するとき，円周上の点 P が描く曲線を**サイクロイド**という（図 13）．半径 r の円が x 軸上を回転するとして，最初，点 P は原点にあるとする．サイクロイドのパラメトリック方程式を求めよ．

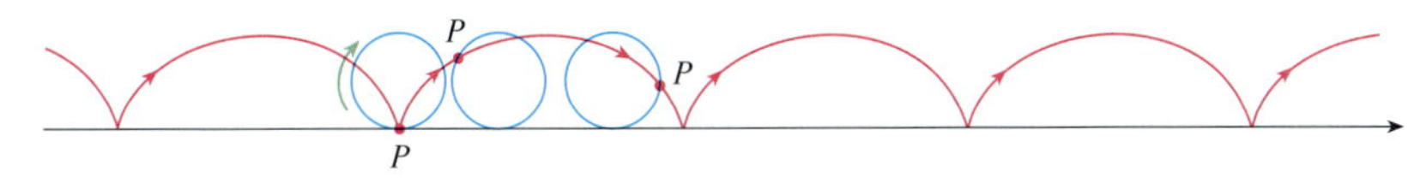

図 13

［解 説］ 媒介変数として，円の回転角 θ をとる（点 P が原点にあるとき $\theta = 0$）．円が θ ラジアン回転するとき，円は x 軸に接しながら回転しているので，図 14 より，円の中心が動いた距離は

$$|OT| = \text{弧 } PT = r\theta$$

となる．よって，円の中心は $C(r\theta, r)$ であるので，点 P の座標を (x, y) とするならば，図 14 から読み取れるように，

$$x = |OT| - |PQ| = r\theta - r\sin\theta = r(\theta - \sin\theta)$$

$$y = |TC| - |QC| = r - r\cos\theta = r(1 - \cos\theta)$$

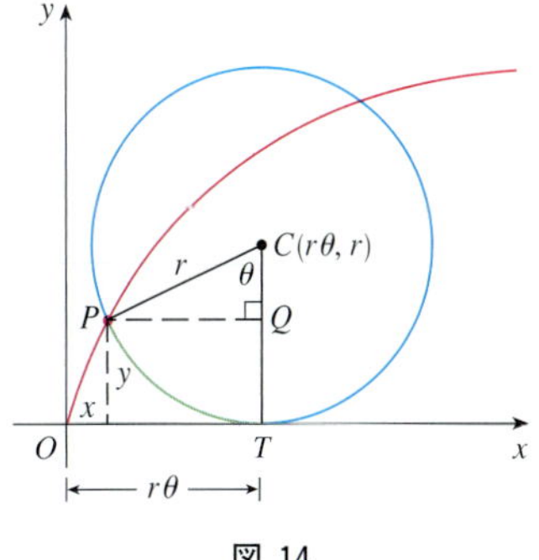

図 14

である．よって，サイクロイドのパラメトリック方程式は

[1]　$x = r(\theta - \sin\theta) \qquad y = r(1 - \cos\theta) \qquad \theta \in \mathbb{R}$

である．サイクロイドの 1 周期を構成する一つの弧は円 1 回転分の軌跡であるので，$0 \leqq \theta \leqq 2\pi$ の範囲で描かれる．また，方程式 [1] は $0 < \theta < \pi/2$ の範囲で描かれた図 14 より導かれているが，他の θ の値についても同じようにして証明は成立する（節末問題 39 参照）．

方程式 [1] から媒介変数 θ を消去して，x と y の関係式（方程式）をつくることもできるが，複雑すぎてパラメトリック方程式のように便利ではない．■

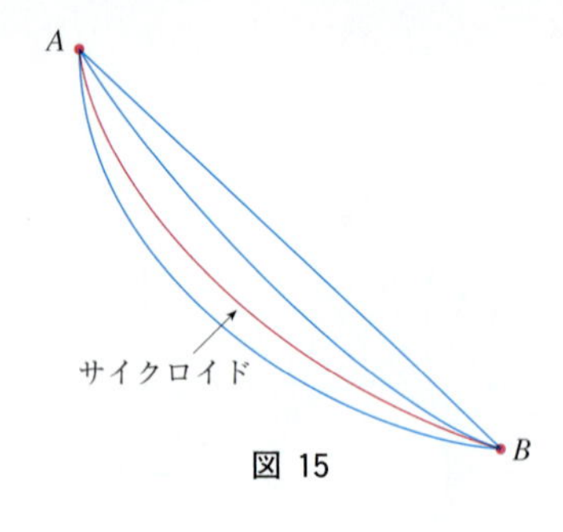

図 15

サイクロイドの研究に最初に取組んだ一人に Galileo（ガリレオ）がいる．彼は，橋のアーチをサイクロイド曲線とすることを提案し，そのときアーチの下の空間の面積がいくらになるかを求めようとした．後に，サイクロイド曲線は，最速降下曲線問題に関連して登場する．**最速降下曲線問題**とは，粒子が（重力下で）点 A から点 A の直下にない点 B に滑って到達するのに，最短時間となるような曲線を求める問題である．スイスの数学者 John Bernoulli（ベルヌーイ）が 1696 年にこの問題を提起し，図 15 のように A と B を結ぶ曲線の中で，粒子が最短時間で A から B に到達するのは，曲線がサイクロイドの反転した弧の一部である場合と示した．

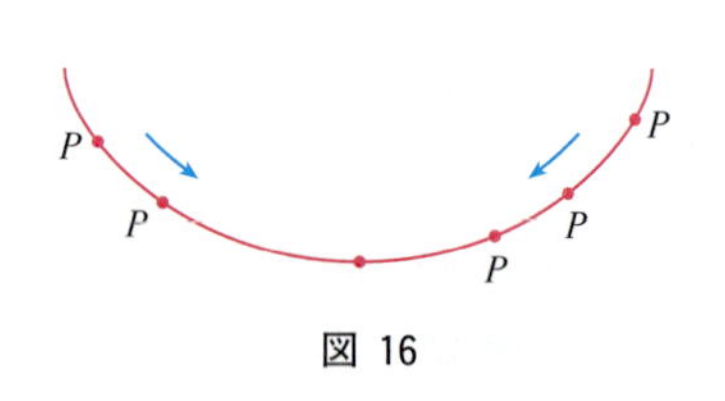

図 16

また，オランダの物理学者 Huygens（ホイヘンス）は，「曲線上任意の点におかれた粒子が，重力によって最下点まで滑り落ちる時間が一定となる曲線を求める」という**等時曲線問題**の解もサイクロイドであることを示していた（図 16）．振り子時計を発明した Huygens は，振り子は振れ幅によらず周期時間が一定にならなければならないので，振り子の軌跡がサイクロイドになるようにつくられるべきだと述べている．

■ パラメトリック曲線の族

例 8　パラメトリック方程式

$$x = a + \cos t \qquad y = a \tan t + \sin t$$

で表される曲線の族を調べよ．この族の曲線に共通な性質は何か．a が増加するに従って，曲線の形はどのように変わるか．

［解 説］ $a=-2, -1, -0.5, -0.2, 0, 0.5, 1, 2$ のときのグラフを図 17 に示す．これらの曲線は，$a=0$ を除いて，分離した 2 本の曲線からなり，$x=a$ は 2 本の曲線両方の垂直漸近線である．

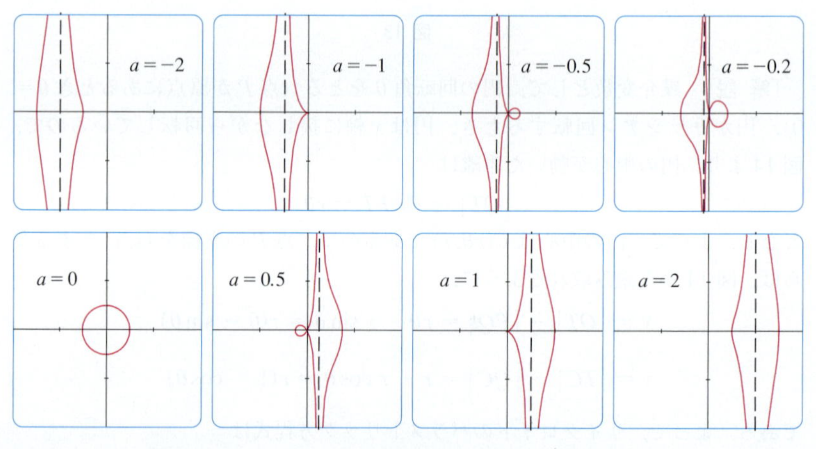

図 17　$x=a+\cos t$，$y=a\tan t+\sin t$ で表される曲線の族．
$-4 \leqq x \leqq 4$，$-4 \leqq y \leqq 4$ の範囲で示す．

$a<-1$ ならば，2 本の曲線は共に滑らかであるが，a が -1 に近づくと漸近線の右側の曲線に尖点とよばれるシャープな点が現れる．a が -1 と 0 の間にあるとき，尖点はループに変わり，a が 0 に近づくに従ってループは大きくなる．$a=0$ のとき，2 本の曲線は一つの円になる（例 2 参照）．a が 0 と 1 の間にあるとき，漸近線の左側の曲線はループをもち，$a=1$ のとき，ループは尖点に変わ

る．$a>1$ ならば，2 本の曲線は滑らかな曲線になり，a が大きくなるに従って曲がり方が小さくなる．a が正のときの曲線と a が負のときの曲線は y 軸に関して線対称である．

この曲線は，古代ギリシャの学者 Nicomedes（ニコメデス）にちなんで，**Nicomedes のコンコイド**あるいは**螺獅線**（らしせん）とよばれている．これは，2 本の曲線がつくる形が巻貝（conch）の外形に似ていることから名付けられた．■

5・1　節末問題

1-4　点をプロットすることによって，パラメトリック方程式で表される曲線を描け．t が増加するとき，点が移動する方向を矢印で示せ．

1. $x = 1 - t^2,\quad y = 2t - t^2,\quad -1 \leqslant t \leqslant 2$

2. $x = t^3 + t,\quad y = t^2 + 2,\quad -2 \leqslant t \leqslant 2$

3. $x = t + \sin t,\quad y = \cos t,\quad -\pi \leqslant t \leqslant \pi$

4. $x = e^{-t} + t,\quad y = e^t - t,\quad -2 \leqslant t \leqslant 2$

5-10　(a) 点をプロットすることによって，パラメトリック方程式で表される曲線を描け．t が増加するとき，点が移動する方向を矢印で示せ．
(b) 媒介変数を消去して，曲線を x と y の関係式で表せ．

5. $x = 2t - 1,\quad y = \frac{1}{2}t + 1$

6. $x = 3t + 2,\quad y = 2t + 3$

7. $x = t^2 - 3,\quad y = t + 2,\quad -3 \leqslant t \leqslant 3$

8. $x = \sin t,\quad y = 1 - \cos t,\quad 0 \leqslant t \leqslant 2\pi$

9. $x = \sqrt{t},\quad y = 1 - t$

10. $x = t^2,\quad y = t^3$

11-18　(a) 媒介変数を消去して，曲線を x と y の関係式で表せ．
(b) 曲線を描き，媒介変数が増加するとき，点が移動する方向を矢印で示せ．

11. $x = \sin\frac{1}{2}\theta,\quad y = \cos\frac{1}{2}\theta,\quad -\pi \leqslant \theta \leqslant \pi$

12. $x = \frac{1}{2}\cos\theta,\quad y = 2\sin\theta,\quad 0 \leqslant \theta \leqslant \pi$

13. $x = \sin t,\quad y = \csc t,\quad 0 < t < \pi/2$

14. $x = e^t,\quad y = e^{-2t}$　　**15.** $x = t^2,\quad y = \log t$

16. $x = \sqrt{t + 1},\quad y = \sqrt{t - 1}$

17. $x = \sinh t,\quad y = \cosh t$

18. $x = \tan^2\theta,\quad y = \sec\theta,\quad -\pi/2 < \theta < \pi/2$

19-22　与えられた区間において t が変化するとき，位置 (x, y) にある粒子の動きを説明せよ．

19. $x = 5 + 2\cos \pi t,\quad y = 3 + 2\sin \pi t,\quad 1 \leqslant t \leqslant 2$

20. $x = 2 + \sin t,\quad y = 1 + 3\cos t,\quad \pi/2 \leqslant t \leqslant 2\pi$

21. $x = 5\sin t,\quad y = 2\cos t,\quad -\pi \leqslant t \leqslant 5\pi$

22. $x = \sin t,\quad y = \cos^2 t,\quad -2\pi \leqslant t \leqslant 2\pi$

23. 曲線がパラメトリック方程式 $x=f(t)$，$y=g(t)$ によって与えられており，f の値域が $[1, 4]$，g の値域が $[2, 3]$ であるとする．この曲線について何がいえるか．

24. パラメトリック方程式 $x=f(t)$，$y=g(t)$ のグラフ (a)～(d) を，パラメトリック曲線 I～IV に対応づけて，理由も説明せよ．

(a)
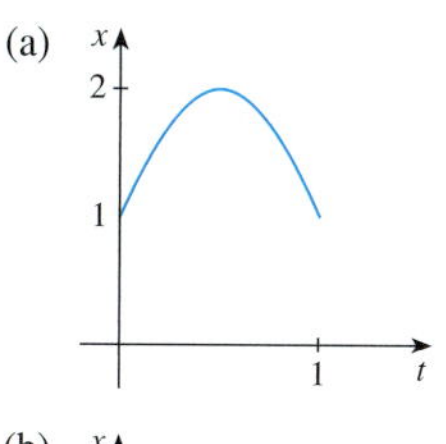

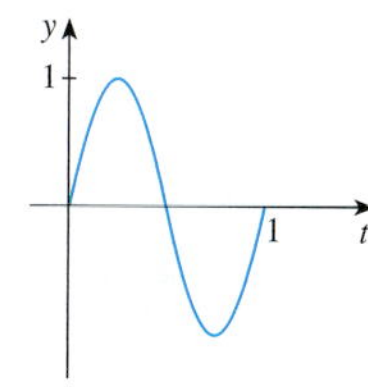

(b)
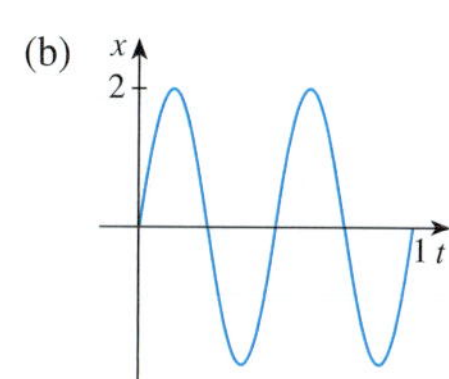

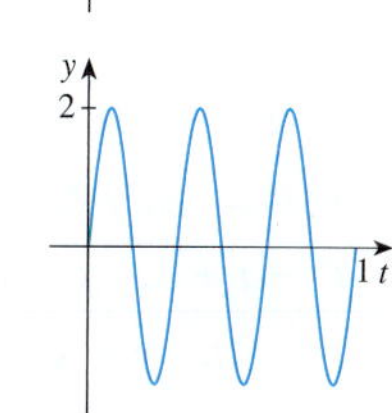

(c)
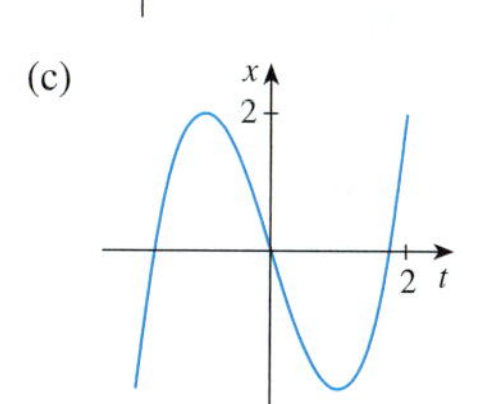

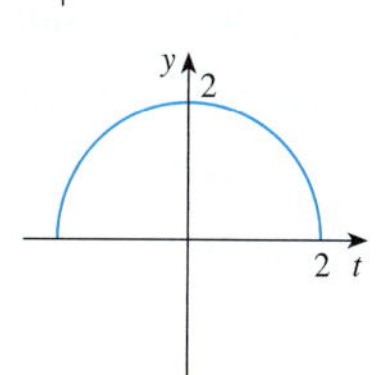

(d)
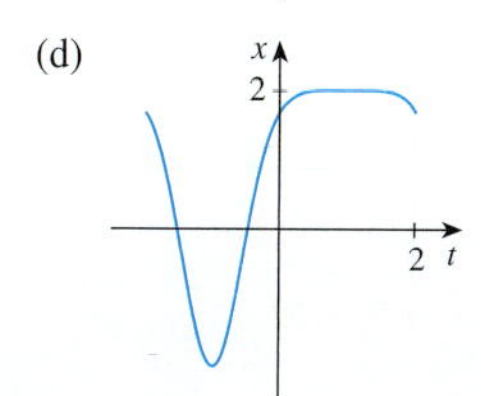

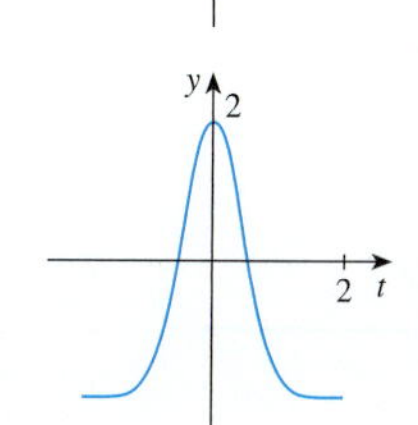

I

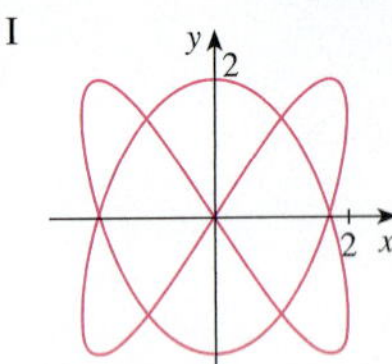

II

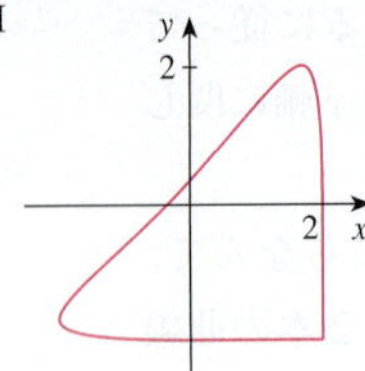

III

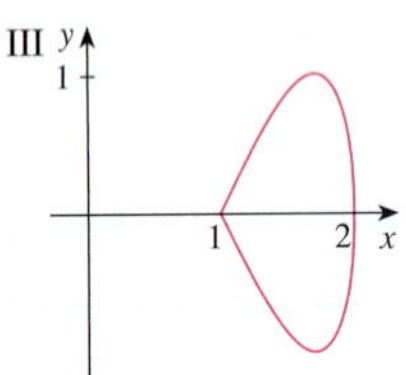

IV

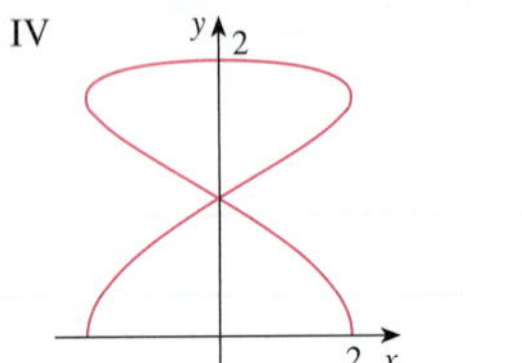

25-27　$x=f(t)$ と $y=g(t)$ のグラフを使って，パラメトリック曲線 $x=f(t)$，$y=g(t)$ を描け．t が増加するとき，曲線が進む方向を矢印で示せ．

25.

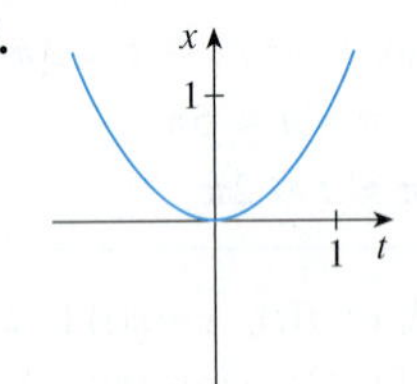

26.

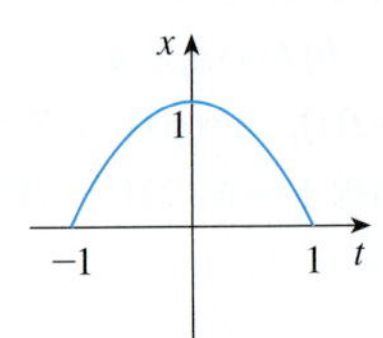

27.

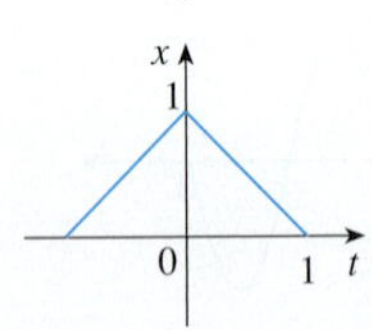

---

28. パラメトリック方程式をグラフ I ～ VI に対応づけて，理由も説明せよ（計算機を使わないこと）．

(a) $x=t^4-t+1,\quad y=t^2$

(b) $x=t^2-2t,\quad y=\sqrt{t}$

(c) $x=\sin 2t,\quad y=\sin(t+\sin 2t)$

(d) $x=\cos 5t,\quad y=\sin 2t$

(e) $x=t+\sin 4t,\quad y=t^2+\cos 3t$

(f) $x=\dfrac{\sin 2t}{4+t^2},\quad y=\dfrac{\cos 2t}{4+t^2}$

I

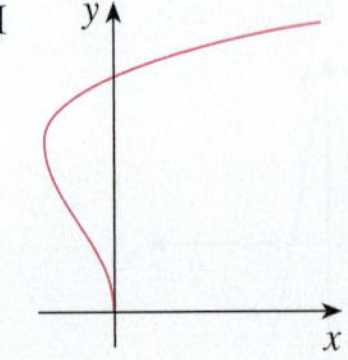

II

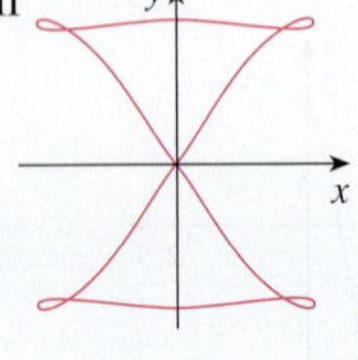

III

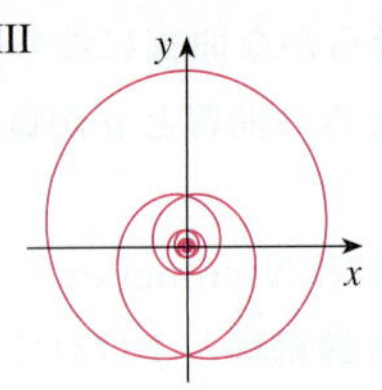

IV

V

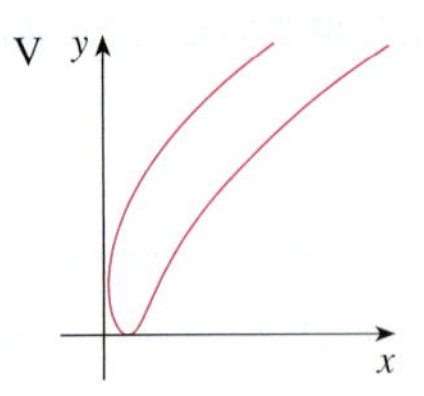

VI

29. 計算機を使って，曲線 $x=y-2\sin\pi y$ のグラフを描け．

30. 計算機を使って，曲線 $y=x^3-4x$ と $x=y^3-4y$ のグラフを描き，交点の座標を小数点以下 1 桁まで求めよ．

31. (a) パラメトリック方程式

$$x=x_1+(x_2-x_1)t \qquad y=y_1+(y_2-y_1)t$$
$$0\leqq t\leqq 1$$

の表す曲線は点 $P_1(x_1, y_1)$，$P_2(x_2, y_2)$ を端点とする線分であることを示せ．

(b) 点 $(-2, 7)$，点 $(3, -1)$ を端点とする線分を表すパラメトリック方程式を求めよ．

32. 計算機と前問 31(a) の結果を使って，頂点 $A(1, 1)$，$B(4, 2)$，$C(1, 5)$ である 3 角形を描け．

33. 円 $x^2+(y-1)^2=4$ に沿って次の条件下で移動する粒子のパラメトリック方程式を求めよ．

(a) 点 $(2, 1)$ を始点として，時計回りに 1 回転

(b) 点 $(2, 1)$ を始点として，反時計回りに 3 回転

(c) 点 $(0, 3)$ を始点として，反時計回りに半回転

34. (a) だ円 $x^2/a^2+y^2/b^2=1$ を表すパラメトリック方程式を求めよ［ヒント：例 2 の円の方程式を修正する］．

(b) 計算機とパラメトリック方程式を使って，$a=3$，$b=1, 2, 4, 8$ のときのだ円を描け．

(c) b が変化するとき，だ円の形はどのように変化するか．

35-36　計算機を使って，次の絵を描け．

35.

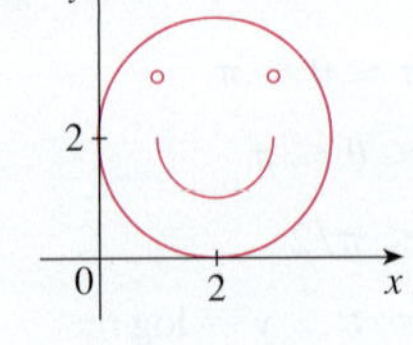

36.

37-38　パラメトリック方程式で表された曲線を比較し，相違点をあげよ．

37. (a) $x=t^3,\quad y=t^2$　　(b) $x=t^6,\quad y=t^4$

(c) $x=e^{-3t},\quad y=e^{-2t}$

38. (a) $x = t,\quad y = t^{-2}$　　(b) $x = \cos t,\quad y = \sec^2 t$
(c) $x = e^t,\quad y = e^{-2t}$

---

39. $\pi/2 < \theta < \pi$ の範囲で方程式 [1] を導き出せ．

40. P を半径 r の円の中心から距離 d の点とする．円が直線に沿って転がるとき，P が描く曲線を**トロコイド**とよぶ（自転車の車輪のスポーク上のある 1 点の動きを想像せよ）．サイクロイドは $d=r$ とするトロコイドの特別な場合である．サイクロイドの場合と同様に媒介変数を θ として，直線を x 軸，P がその最低点にあるとき $\theta=0$ とする．トロコイドのパラメトリック方程式は

$$x = r\theta - d\sin\theta \qquad y = r - d\cos\theta$$

であることを示せ．$d<r$ および $d>r$ の場合のトロコロイドを描け．

41. a と b が定数であるとして，P を図で示す点とする．角度 θ を媒介変数として，点 P の軌跡を表すパラメトリック方程式を求めよ．次に媒介変数を消去して，x と y の関係式をつくって曲線が何であるか決定せよ．

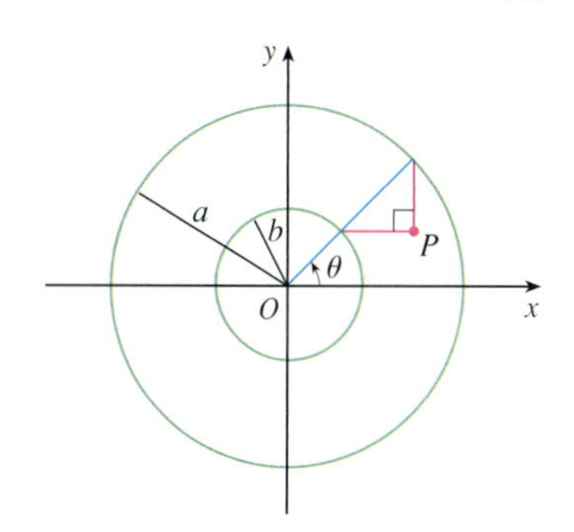

42. a と b が定数であるとして，線分 AB は点 A における円の接線，P を図で示す点とする．角度 θ を媒介変数として，点 P の軌跡を表すパラメトリック方程式を求めよ．

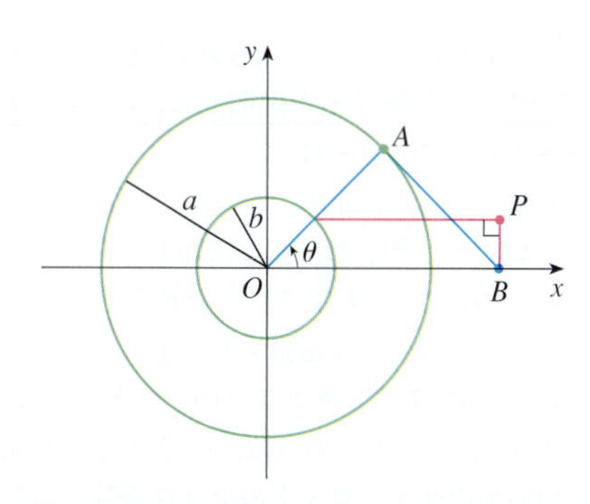

43. **Maria Agnesi**（マリア・アーネシ）**の魔女**とよばれる曲線は，次の図の点 P の軌跡である．この曲線を表すパラメトリック方程式は

$$x = 2a\cot\theta \qquad y = 2a\sin^2\theta$$

であることを示し，曲線を描け．

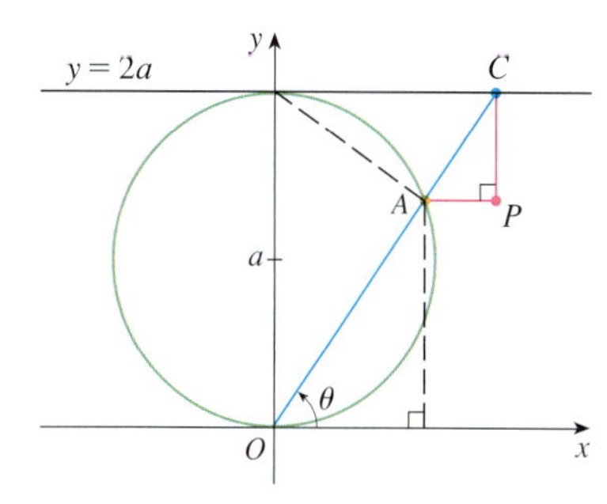

44. (a) P を図で示す $|OP|=|AB|$ となる点とする．点 P の軌跡を表すパラメトリック方程式を求めよ（この曲線は**Diocles**（ディオクレス）**のシッソイド**とよばれ，古代ギリシャの学者 Diocles が立方体倍積問題を解くために導入した）．

(b) 曲線の幾何学的記述を使って，曲線の概略を手描きせよ．その結果が妥当であるか，(a)で求めたパラメトリック方程式をグラフ化して確かめよ．

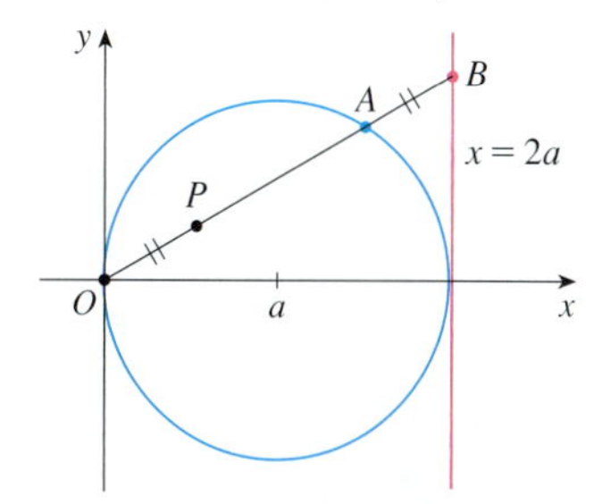

45. 時間 t において，第 1 の粒子の位置が

$$x_1 = 3\sin t \qquad y_1 = 2\cos t \qquad 0 \leqslant t \leqslant 2\pi$$

で与えられており，第 2 の粒子の位置が

$$x_2 = -3 + \cos t \qquad y_2 = 1 + \sin t \qquad 0 \leqslant t \leqslant 2\pi$$

で与えられているとする．計算機のグラフ機能を用いてよい．

(a) 2 粒子の軌跡を描き，軌跡の交点の数を求めよ．

(b) 2 粒子は衝突するか．衝突するならばその点を求めよ．

(c) 第 2 の粒子の軌跡が

$$x_2 = 3 + \cos t \qquad y_2 = 1 + \sin t \qquad 0 \leqslant t \leqslant 2\pi$$

で与えられている場合，どのようなことが起こるか．

46. 弾丸が初速度 v_0 (m/s)，仰角 α で発射されるとする．空気抵抗は無視できるとして，g を重力加速度（9.8 m/s^2）とすると，t 秒後の弾丸の位置は，パラメトリック方程式

$$x = (v_0\cos\alpha)t \qquad y = (v_0\sin\alpha)t - \tfrac{1}{2}gt^2$$

で与えられる．

(a) 弾丸が仰角 $\alpha=30°$，$v_0=500$ (m/s) で発射されるとき，弾丸が地面に落ちる時間，発射される点から弾丸が落ちる点までの距離，弾丸が達する最高点の高さを求めよ．

(b) 計算機を使って(a)の解を確認せよ．次に，いくつかの仰角 α の値について弾丸の軌跡をグラフ化し，

弾丸が地面に落ちる点について気づいたことを述べよ．

(c) 媒介変数を消去して，弾道が放物線であることを示せ．

47. 計算機を使って，c を任意定数とするパラメトリック方程式 $x=t^2$, $y=t^3-ct$ で定義された曲線の族を調べよ．c が増加するにつれて曲線の形はどのように変化するか．曲線をいくつか描いて説明せよ．

48. **ツバメの尾カタストロフィー曲線**は，c を任意定数とするパラメトリック方程式 $x=2ct-4t^3$, $y=-ct^2+3t^4$ で定義される．計算機を使って，この曲線をいくつかの c について描け．これらの曲線に共通な性質は何か．c が増加するにつれて曲線の形はどのように変化するか．

49. 計算機を使って，a を正の任意定数とするパラメトリック方程式 $x=t+a\cos t$, $y=t+a\sin t$ を，いくつかの a について描け．a が増加するにつれて曲線の形はどのように変化するか．曲線がループをもつ a の値を求めよ．

50. 計算機を使って，n を自然数とするパラメトリック方程式 $x=\sin t+\sin nt$, $y=\cos t+\cos nt$ を，いくつかの n について描け．これらの曲線の共通点は何か．n が増加するにつれて曲線の形はどのように変化するか．

51. n を自然数，a, b を任意定数とするパラメトリック方程式 $x=a\sin nt$, $y=b\cos t$ で表される曲線は **Lissajous（リサージュ）図形**とよばれる．計算機を使ってグラフを描き，a, b, n の変化に対して曲線の形はどのように変化するか説明せよ．

52. 計算機を使って，c を正の任意定数とするパラメトリック方程式 $x=\cos t$, $y=\sin t-\sin ct$ の曲線の族を調べよ．まず c を自然数として，c が増加するにつれて曲線の形はどうなるか．次に c を有理数とするとどうなるかを説明せよ．

研究課題　円周上を回転する円

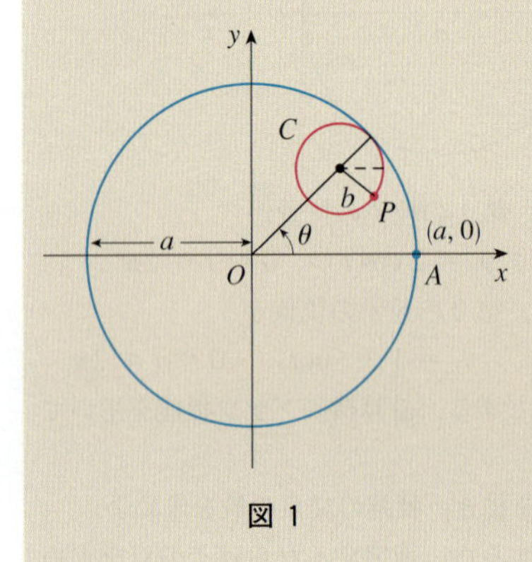

図 1

この課題では，内サイクロイドあるいは外サイクロイドとよばれる，定円に内接あるいは外接しながら回転している円の，円周上のある点の軌跡を，計算機でグラフを描いて調べる．

1. **内サイクロイド**は，半径 a，中心 O の定円の円周に内接して，滑らずに回転している半径 b の円 C の，円周上の点 P の軌跡である．P の始点を $(a, 0)$，媒介変数 θ を図のようにとるとき，内サイクロイドのパラメトリック方程式は
$$x=(a-b)\cos\theta+b\cos\left(\frac{a-b}{b}\theta\right)$$
$$y=(a-b)\sin\theta-b\sin\left(\frac{a-b}{b}\theta\right)$$
であることを示せ．

2. 計算機を使って，a を自然数，$b=1$ として，いくつかの内サイクロイドを描き，a の値がグラフの形にどのように影響するか説明せよ．$a=4$ とするならば，内サイクロイドのパラメトリック方程式は
$$x=4\cos^3\theta \qquad y=4\sin^3\theta$$
となることを示せ．これは**アストロイド**（**星芒形**（せいぼうけい））とよばれる．

3. $b=1$, n, d 共に自然数として $a=n/d$ を既約表現された有理数とする．まず $n=1$ として，分母 d の値がグラフの形にどう影響するかを説明せよ．次に，d を固定して n を変化させよ．$n=d+1$ のときグラフの形はどうなるか．

4. $b=1$, a が無理数のときグラフの形はどうなるか．$\sqrt{2}$, $e-2$ のときを試してみよ．θ のすべての実数値について内サイクロイドのグラフが描けるとするならば，θ を十分に大きくとると，グラフはどうなるか．

5. 円 C が定円に外接しながら回転しているとき，点 P の軌跡を**外サイクロイド**という．外サイクロイドのパラメトリック方程式を求めよ．

6. 課題 2〜4 と同様に，外サイクロイドはいかなる形になるか調べよ．

5・2　パラメトリック曲線にかかわる微積分

前節でパラメトリック方程式による曲線の表し方をみてきたので，ここではパラメトリック曲線に微積分を適用して，接線，面積，曲線の長さ，回転体の側面積の問題を解いてみる．

■ 接　線

f と g は微分可能な関数であり，パラメトリック曲線 $x=f(t)$，$y=g(t)$ 上のある点における接線を求めたいとする．ここで，y も x について微分可能な関数であるとする．合成関数の微分公式より

$$\frac{dy}{dt}=\frac{dy}{dx}\cdot\frac{dx}{dt}$$

であるので，$dx/dt\neq 0$ ならば dy/dx について解くことができ，

[1]
$$\frac{dx}{dt}\neq 0 \qquad \text{ならば} \qquad \frac{dy}{dx}=\frac{\dfrac{dy}{dt}}{\dfrac{dx}{dt}}$$

曲線を移動する粒子の軌跡と考えると，dy/dt および dx/dt は粒子の垂直方向および水平方向の速度であり，式[1]は接線の傾きはこれらの速度の比であることを示す．

である．

式[1]（分子と分母に現れる dt を消去すると得られるものと思って）を使うと，媒介変数 t を消去することなく，パラメトリック曲線の接線の傾き dy/dx を求めることができる．[1]から，$dy/dt=0$（ただし $dx/dt\neq 0$）ならば曲線は水平接線をもち，$dx/dt=0$（ただし $dy/dt\neq 0$）ならば曲線は垂直接線をもつことがわかる．このことは，パラメトリック曲線のグラフを描く際に役立つ．

第 I 巻第 4 章でみたように，2 階微分 d^2y/dx^2 も重要である．これは式[1]の y を dy/dx で置き直すことにより求まる．

$$\frac{d^2y}{dx^2}=\frac{d}{dx}\left(\frac{dy}{dx}\right)=\frac{\dfrac{d}{dt}\left(\dfrac{dy}{dx}\right)}{\dfrac{dx}{dt}}$$

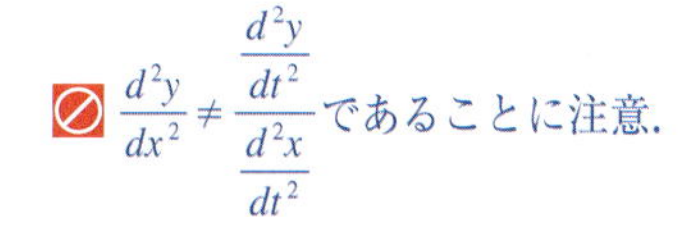
$\dfrac{d^2y}{dx^2}\neq\dfrac{\dfrac{d^2y}{dt^2}}{\dfrac{d^2x}{dt^2}}$ であることに注意．

例 1　曲線 C はパラメトリック方程式 $x=t^2$，$y=t^3-3t$ で定義されているとする．

(a) C は点 $(3, 0)$ において 2 本の接線をもつことを示し，その方程式を求めよ．

(b) 水平接線あるいは垂直接線をもつ C 上の点を求めよ．

(c) 曲線の凸性を調べよ．

(d) 曲線の概形を描け．

［解 説］ (a) $t=0$ あるいは $t=\pm\sqrt{3}$ ならば，$y=t^3-3t=t(t^2-3)=0$ である．よって，C 上の点 $(3, 0)$ は $t=\sqrt{3}$ および $t=-\sqrt{3}$ の二つの媒介変数値に対応する．これは，C が点 $(3, 0)$ において交差することを示している．よって，

$$\frac{dy}{dx}=\frac{dy/dt}{dx/dt}=\frac{3t^2-3}{2t}=\frac{3}{2}\left(t-\frac{1}{t}\right)$$

であるので，$t=\pm\sqrt{3}$ のときの接線の傾きは $dy/dx=\pm 6/(2\sqrt{3})=\pm\sqrt{3}$ となり，したがって，点 $(3, 0)$ における接線の方程式は

$$y=\sqrt{3}\,(x-3) \qquad y=-\sqrt{3}\,(x-3)$$

となる．

(b) C が水平接線をもつのは $dy/dx=0$，すなわち $dy/dt=0$ かつ $dx/dt\neq 0$ の場合である．よって，$dy/dt=3t^2-3$ より $t^2=1$ すなわち $t=\pm 1$ となり，このときの C 上の点は $(1, -2)$，$(1, 2)$ である．C が垂直接線をもつのは $dx/dt=2t=0$，すなわち $t=0$ の場合である（かつ $dy/dt\neq 0$）．このときの C 上の点は $(0, 0)$ である．

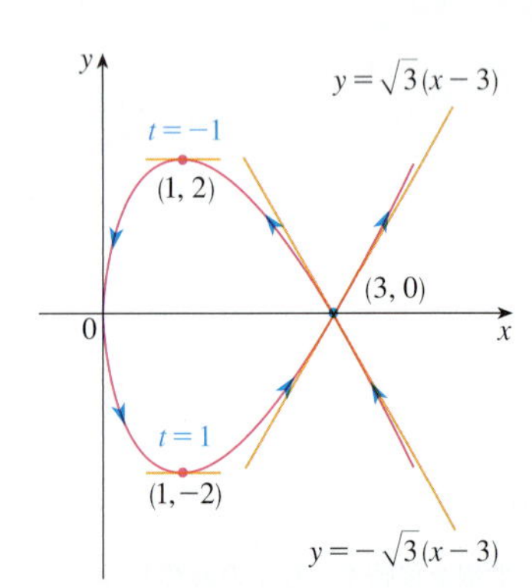

図 1

(c) 凸性を調べるために 2 階微分を求める．

$$\frac{d^2y}{dx^2}=\frac{\dfrac{d}{dt}\left(\dfrac{dy}{dx}\right)}{\dfrac{dx}{dt}}=\frac{\dfrac{3}{2}\left(1+\dfrac{1}{t^2}\right)}{2t}=\frac{3(t^2+1)}{4t^3}$$

よって，$t>0$ ならば下に凸であり，$t<0$ ならば上に凸である．

(d) (b), (c)の結果を使って描いた曲線 C のグラフが図 1 である．

例 2　(a) サイクロイド $x=r(\theta-\sin\theta)$, $y=r(1-\cos\theta)$ の，$\theta=\pi/3$ のときの点における接線を求めよ（§ 5•1 例 7 参照）．

(b) 接線が水平，垂直となる曲線上の点を求めよ．

［解 説］ (a) 接線の傾きは

$$\frac{dy}{dx}=\frac{dy/d\theta}{dx/d\theta}=\frac{r\sin\theta}{r(1-\cos\theta)}=\frac{\sin\theta}{1-\cos\theta}$$

であるので，$\theta=\pi/3$ の場合

$$x=r\left(\frac{\pi}{3}-\sin\frac{\pi}{3}\right)=r\left(\frac{\pi}{3}-\frac{\sqrt{3}}{2}\right) \qquad y=r\left(1-\cos\frac{\pi}{3}\right)=\frac{r}{2}$$

であり，

$$\frac{dy}{dx}=\frac{\sin(\pi/3)}{1-\cos(\pi/3)}=\frac{\sqrt{3}/2}{1-\frac{1}{2}}=\sqrt{3}$$

であるので，接線の傾きは $\sqrt{3}$ である．よって，接線の方程式は

$$y-\frac{r}{2}=\sqrt{3}\left(x-\frac{r\pi}{3}+\frac{r\sqrt{3}}{2}\right) \quad \text{あるいは} \quad \sqrt{3}\,x-y=r\left(\frac{\pi}{\sqrt{3}}-2\right)$$

となる．図 2 が接線の図である．

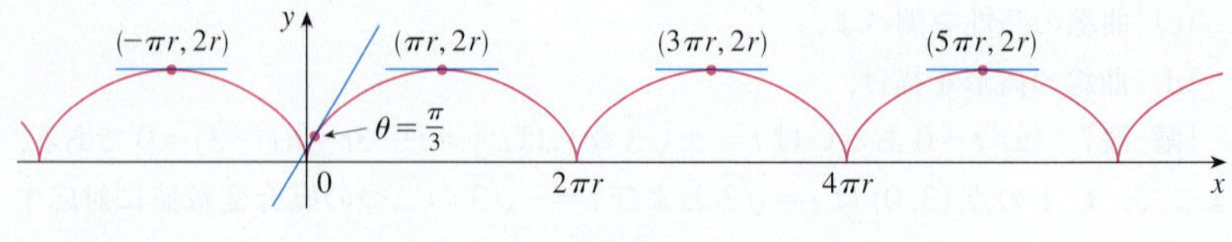

図 2

(b) 接線が水平になるのは，$dy/dx=0$ すなわち $\sin\theta=0$ かつ $1-\cos\theta\neq 0$ となるときであるので，n を整数として $\theta=(2n-1)\pi$ のときである．このときのサ

イクロイド上の点は $((2n-1)\pi r, 2r)$ である.

$\theta=2n\pi$ ならば, $dx/d\theta$ および $dy/d\theta$ は 0 である. グラフから, これらの点で水平接線をもつと考えられる. これは次のように l'Hospital（ロピタル）の定理を使って確かめることができる.

$$\lim_{\theta\to 2n\pi^+}\frac{dy}{dx}=\lim_{\theta\to 2n\pi^+}\frac{\sin\theta}{1-\cos\theta}=\lim_{\theta\to 2n\pi^+}\frac{\cos\theta}{\sin\theta}=\infty$$

同様に, $\theta\to 2n\pi^-$ のとき $dy/dx=-\infty$ となるので, $\theta=2n\pi$ のとき, すなわち $x=2n\pi r$ のとき, 接線は垂直となる.

面　積

$F(x)\geqslant 0$ のとき, 曲線 $y=F(x)$, $x=a$, $x=b$, x 軸で囲まれる領域の面積は $A=\int_a^b F(x)\,dx$ である. 曲線がパラメトリック方程式 $x=f(t)$, $y=g(t)$, $\alpha\leqslant t\leqslant\beta$ で与えられているならば, 定積分の置換積分より

$$A=\int_a^b y\,dx=\int_\alpha^\beta g(t)f'(t)\,dt \qquad \left[\text{あるいは}\quad \int_\beta^\alpha g(t)f'(t)\,dt\right]$$

である. 2 通り表されているのは, t の増加が x の増加する方向とは限らないからである.

t についての積分の極限は置換積分の公式によって求められる. $x=a$ で t は α か β の値をとり, $x=b$ で t はその残りの値をとる.

例 3 サイクロイド

$$x=r(\theta-\sin\theta) \qquad y=r(1-\cos\theta)$$

の 1 周期が x 軸との間につくる面積を求めよ（図 3）.

［解 説］ 周期の一つは $0\leqslant\theta\leqslant 2\pi$ で与えられ, θ の増加は x の増加に対応しているから, $y=r(1-\cos\theta)$ と $dx=r(1-\cos\theta)\,d\theta$ を置換積分の公式に使って,

$$\begin{aligned}A&=\int_0^{2\pi r} y\,dx=\int_0^{2\pi} r(1-\cos\theta)\,r(1-\cos\theta)\,d\theta\\&=r^2\int_0^{2\pi}(1-\cos\theta)^2\,d\theta=r^2\int_0^{2\pi}(1-2\cos\theta+\cos^2\theta)\,d\theta\\&=r^2\int_0^{2\pi}\left(1-2\cos\theta+\tfrac{1}{2}(1+\cos 2\theta)\right)d\theta\\&=r^2\left[\tfrac{3}{2}\theta-2\sin\theta+\tfrac{1}{4}\sin 2\theta\right]_0^{2\pi}\\&=r^2\left(\tfrac{3}{2}\cdot 2\pi\right)=3\pi r^2\end{aligned}$$

である.

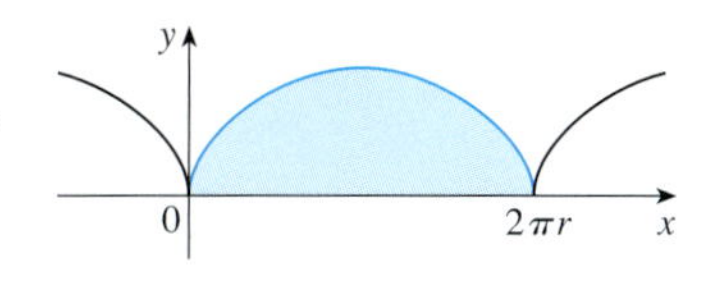

図 3

例 3 の結果は, サイクロイド 1 周期（一つの弧）が x 軸との間につくる面積が, サイクロイドを形成する回転する円の面積の 3 倍であることを示している（§5・1 例 7 参照）. Galileo はこれを予想したが, 最初に証明を与えたのはフランスの数学者 Roberval（ロベルヴァル）とイタリアの数学者 Torricelli（トリチェリ）であった.

曲 線 の 長 さ

$y=F(x)$, $a\leqslant x\leqslant b$ で定義された曲線 C の長さ L は, F' が連続ならば, §3・1 公式 [3], すなわち

[2]
$$L=\int_a^b\sqrt{1+\left(\frac{dy}{dx}\right)^2}\,dx$$

で求め得ることがわかっている. このとき C を, $\alpha\leqslant t\leqslant\beta$ において $dx/dt=f'(t)>0$ であるとして, パラメトリック方程式 $x=f(t)$, $y=g(t)$ で表されるとするならば, $f(\alpha)=a$, $f(\beta)=b$ であり, t が α から β へ増加するとき, C は左か

ら右に単調に進んでいくことを意味する．式 1 を式 2 に代入し，置換積分をするならば，

$$L = \int_a^b \sqrt{1 + \left(\frac{dy}{dx}\right)^2}\, dx = \int_\alpha^\beta \sqrt{1 + \left(\frac{dy/dt}{dx/dt}\right)^2}\, \frac{dx}{dt}\, dt$$

となり，$dx/dt > 0$ より

3
$$L = \int_\alpha^\beta \sqrt{\left(\frac{dx}{dt}\right)^2 + \left(\frac{dy}{dt}\right)^2}\, dt$$

を得る．

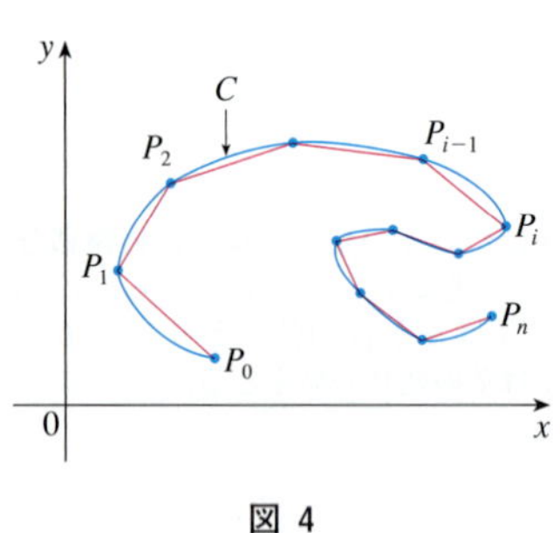

図 4

C を $y = F(x)$ の形で表せない場合でも式 3 は有効であるが，折れ線近似を使って 3 が正しいことを示す．媒介変数の区間 $[\alpha, \beta]$ を等幅 Δt の n 個の小区間に分割する．t_0，t_1，t_2，…，t_n をこれらの小区間の端点とするならば，$x_i = f(t_i)$ と $y_i = g(t_i)$ は C 上の点 $P_i(x_i, y_i)$ の座標であり，点 P_0，P_1，…，P_n を結ぶ折れ線は C の近似である（図 4）．

§3·1 と同様に，C の長さ L を，次のように $n \to \infty$ のときの近似折れ線の長さの極限と定義する．

$$L = \lim_{n \to \infty} \sum_{i=1}^{n} |P_{i-1} P_i|$$

区間 $[t_{i-1}, t_i]$ 上で f に平均値の定理を適用すると，

$$f(t_i) - f(t_{i-1}) = f'(t_i^*)(t_i - t_{i-1})$$

となる数 t_i^* が区間 (t_{i-1}, t_i) に存在する．$\Delta x_i = x_i - x_{i-1}$，$\Delta y_i = y_i - y_{i-1}$ とするならば，上の式は

$$\Delta x_i = f'(t_i^*)\, \Delta t$$

と表せる．同様に，平均値の定理を g に適用すると

$$\Delta y_i = g'(t_i^{**})\, \Delta t$$

となる数 t_i^{**} が区間 (t_{i-1}, t_i) に存在する．よって

$$\begin{aligned} |P_{i-1}P_i| &= \sqrt{(\Delta x_i)^2 + (\Delta y_i)^2} = \sqrt{(f'(t_i^*)\Delta t)^2 + (g'(t_i^{**})\Delta t)^2} \\ &= \sqrt{(f'(t_i^*))^2 + (g'(t_i^{**}))^2}\, \Delta t \end{aligned}$$

であるので，

4
$$L = \lim_{n \to \infty} \sum_{i=1}^{n} \sqrt{(f'(t_i^*))^2 + (g'(t_i^{**}))^2}\, \Delta t$$

を得る．4 は関数 $\sqrt{(f'(t))^2 + (g'(t))^2}$ の Riemann（リーマン）和によく似ているが，通常 $t_i^* \neq t_i^{**}$ となるので，正確には Riemann 和ではない．にもかかわらず，f' と g' が連続であるならば，4 の極限は t_i^* と t_i^{**} が等しい場合の極限，すなわち

$$L = \int_\alpha^\beta \sqrt{(f'(t))^2 + (g'(t))^2}\, dt$$

と同じであることを示せる．よって，Leibniz（ライプニッツ）の記号を使って，公式 3 と同じ形式の次の定理が得られる．

5 定理　曲線 C がパラメトリック方程式 $x=f(t)$, $y=g(t)$, $\alpha \leqq t \leqq \beta$ で表されるならば，C の長さは

$$L = \int_{\alpha}^{\beta} \sqrt{\left(\frac{dx}{dt}\right)^2 + \left(\frac{dy}{dt}\right)^2}\, dt$$

である．ただし，f' と g' は区間 $[\alpha, \beta]$ で連続であり，t が α から β に動くとき，$(f(t),\ g(t))$ は重複なしに C 上を動くものとする．

定理 5 は§3・1 の $(ds)^2=(dx)^2+(dy)^2$ として $L=\int ds$ に対応している．

例 4　単位円を§5・1 例 2 の形

$$x = \cos t \qquad y = \sin t \qquad 0 \leqq t \leqq 2\pi$$

で表すならば，$dx/dt=-\sin t$, $dy/dt=\cos t$ であるので，定理 5 より

$$L = \int_0^{2\pi} \sqrt{\left(\frac{dx}{dt}\right)^2 + \left(\frac{dy}{dt}\right)^2}\, dt = \int_0^{2\pi} \sqrt{\sin^2 t + \cos^2 t}\, dt = \int_0^{2\pi} dt = 2\pi$$

となり，これは自明のことである．もし単位円を§5・1 例 3 の形

$$x = \sin 2t \qquad y = \cos 2t \qquad 0 \leqq t \leqq 2\pi$$

で表すならば，$dx/dt=2\cos 2t$, $dy/dt=-2\sin 2t$ であるので，定理 5 より

$$\int_0^{2\pi} \sqrt{\left(\frac{dx}{dt}\right)^2 + \left(\frac{dy}{dt}\right)^2}\, dt = \int_0^{2\pi} \sqrt{4\cos^2 2t + 4\sin^2 2t}\, dt = \int_0^{2\pi} 2\, dt = 4\pi$$

である．t が 0 から 2π に増加するとき，点 $(\sin 2t, \cos 2t)$ は円を 2 周するので，積分値は円周の長さの 2 倍になっている．一般に曲線 C の長さを媒介変数表示から求めるときは，t が α から β に増加するとき，$(x(t), y(t))$ が C 上を重複なしに動くことに注意する必要がある．

例 5　サイクロイド $x=r(\theta-\sin\theta)$, $y=r(1-\cos\theta)$ の 1 周期の長さを求めよ．

［解 説］ 例 3 より 1 周期は媒介変数区間 $0 \leqq \theta \leqq 2\pi$ で与えられる．よって

$$\frac{dx}{d\theta} = r(1 - \cos\theta) \qquad \frac{dy}{d\theta} = r\sin\theta$$

より

$$\begin{aligned} L &= \int_0^{2\pi} \sqrt{\left(\frac{dx}{d\theta}\right)^2 + \left(\frac{dy}{d\theta}\right)^2}\, d\theta \\ &= \int_0^{2\pi} \sqrt{r^2(1 - \cos\theta)^2 + r^2\sin^2\theta}\, d\theta \\ &= \int_0^{2\pi} \sqrt{r^2(1 - 2\cos\theta + \cos^2\theta + \sin^2\theta)}\, d\theta \\ &= r\int_0^{2\pi} \sqrt{2(1 - \cos\theta)}\, d\theta \end{aligned}$$

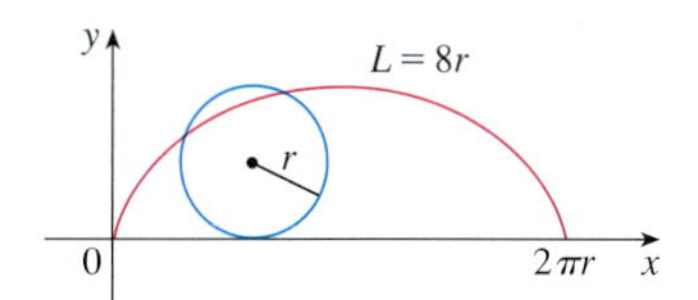

図 5

例 5 の結果は，サイクロイド 1 周期の長さが，サイクロイドを形成する回転する円の半径の 8 倍であることを示している（図 5）．これは 1658 年に Christopher Wren（レン）によって最初に証明された．彼はその後，ロンドンのセントポール大聖堂の建築家となった人物である．

となる．この積分を行うために，恒等式 $\sin^2 x=\frac{1}{2}(1-\cos 2x)$ において $\theta=2x$ とするならば，$1-\cos\theta=2\sin^2(\theta/2)$ である．$0\leqq\theta\leqq 2\pi$ より $0\leqq\theta/2\leqq\pi$ であるので $\sin(\theta/2)\geqq 0$ である．よって

$$\sqrt{2(1-\cos\theta)}=\sqrt{4\sin^2(\theta/2)}=2\left|\sin(\theta/2)\right|=2\sin(\theta/2)$$

となるので

$$L=2r\int_0^{2\pi}\sin(\theta/2)\,d\theta=2r\Big[-2\cos(\theta/2)\Big]_0^{2\pi}$$

$$=2r(2+2)=8r$$

である．

回転体の側面積

弧長と同様のやり方で，§3·2 公式 5 から回転体の表面積の公式が得られる．パラメトリック方程式 $x=f(t)$，$y=g(t)$，$\alpha\leqq t\leqq\beta$ で表される曲線 C を x 軸のまわりに回転させるとする．ここで，f' と g' は連続であり，$g(t)\geqq 0$ である．t が α から β に増加するとき，$(f(t),g(t))$ が重複なしに C 上を動くならば，回転体の表面積は

6
$$S=\int_\alpha^\beta 2\pi y\sqrt{\left(\frac{dx}{dt}\right)^2+\left(\frac{dy}{dt}\right)^2}\,dt$$

となる．一般的な記号式 $S=\int 2\pi y\,ds$ および $S=\int 2\pi x\,ds$（§3·2 式 7, 8）を使うことができるが，パラメトリック曲線では

$$ds=\sqrt{\left(\frac{dx}{dt}\right)^2+\left(\frac{dy}{dt}\right)^2}\,dt$$

とする．

例 6　半径 r の球の表面積は $4\pi r^2$ であることを示せ．

［解 説］ 半径 r の球は，半円

$$x=r\cos t\qquad y=r\sin t\qquad 0\leqq t\leqq\pi$$

を x 軸を回転軸として回転させることによって得られる．よって，公式 6 より

$$S=\int_0^\pi 2\pi r\sin t\sqrt{(-r\sin t)^2+(r\cos t)^2}\,dt$$

$$=2\pi\int_0^\pi r\sin t\sqrt{r^2(\sin^2 t+\cos^2 t)}\,dt$$

$$=2\pi\int_0^\pi r\sin t\cdot r\,dt$$

$$=2\pi r^2\int_0^\pi \sin t\,dt$$

$$=2\pi r^2\Big[(-\cos t)\Big]_0^\pi$$

$$=4\pi r^2$$

である．

5・2 節末問題

1-2 dy/dx を求めよ．

1. $x = \dfrac{t}{1+t}$,　$y = \sqrt{1+t}$

2. $x = te^t$,　$y = t + \sin t$

3-6 媒介変数値に対応する曲線上の点における，接線の方程式を求めよ．

3. $x = t^3 + 1$,　$y = t^4 + t$;　$t = -1$

4. $x = \sqrt{t}$,　$y = t^2 - 2t$;　$t = 4$

5. $x = t\cos t$,　$y = t\sin t$;　$t = \pi$

6. $x = e^t \sin \pi t$,　$y = e^{2t}$;　$t = 0$

7-8 曲線上の与えられた点における接線の方程式を，(a) 媒介変数を消去せずに，(b) まず媒介変数を消去する，という二つの方法で求めよ．

7. $x = 1 + \log t$,　$y = t^2 + 2$;　$(1, 3)$

8. $x = 1 + \sqrt{t}$,　$y = e^{t^2}$;　$(2, e)$

9-10 曲線上の与えられた点における接線の方程式を求め，計算機を使って曲線と接線のグラフを描け．

9. $x = t^2 - t$,　$y = t^2 + t + 1$;　$(0, 3)$

10. $x = \sin \pi t$,　$y = t^2 + t$;　$(0, 2)$

11-16 dy/dx と d^2y/dx^2 を求めよ．曲線のグラフが下に凸となる t の範囲を求めよ．

11. $x = t^2 + 1$,　$y = t^2 + t$

12. $x = t^3 + 1$,　$y = t^2 - t$

13. $x = e^t$,　$y = te^{-t}$

14. $x = t^2 + 1$,　$y = e^t - 1$

15. $x = t - \log t$,　$y = t + \log t$

16. $x = \cos t$,　$y = \sin 2t$,　$0 < t < \pi$

17-20 水平接線と垂直接線をもつ曲線上の点を求め，計算機を使って曲線のグラフを描いて解を確認せよ．

17. $x = t^3 - 3t$,　$y = t^2 - 3$

18. $x = t^3 - 3t$,　$y = t^3 - 3t^2$

19. $x = \cos\theta$,　$y = \cos 3\theta$　　**20.** $x = e^{\sin\theta}$,　$y = e^{\cos\theta}$

---

21. 計算機を使って $x = t - t^6$, $y = e^t$ のグラフを描き，最右端の点の座標を推測してから，微積分学の手法を用いて正確な座標を求めよ．

22. 計算機を使って $x = t^4 - 2t$, $y = t + t^4$ のグラフを描き，最下端の点と最左端の点の座標を推測してから，微積分学の手法を用いて正確な座標を求めよ．

23-24 計算機を使って，曲線のすべての重要な情報が描かれているグラフを描け．

23. $x = t^4 - 2t^3 - 2t^2$,　$y = t^3 - t$

24. $x = t^4 + 4t^3 - 8t^2$,　$y = 2t^2 - t$

---

25. 曲線 $x = \cos t$, $y = \sin t \cos t$ は点 $(0, 0)$ において接線を 2 本もつことを示し，これらの方程式を求めよ．また，曲線のグラフを描け．

26. 計算機を使って曲線 $x = -2\cos t$, $y = \sin t + \sin 2t$ のグラフを描き，この曲線がどこで交点をもつかを示せ．次にその点における接線の方程式を求めよ．

27. (a) トロコイド曲線 $x = r\theta - d\sin\theta$, $y = r - d\cos\theta$ の接線の傾きを θ の関数として表せ（§5・1 節末問題 40 参照）．

(b) $d < r$ ならばトロコイド曲線は垂直接線をもたないことを示せ．

28. (a) アストロイド曲線 $x = a\cos^3\theta$, $y = a\sin^3\theta$ の接線の傾きを θ の関数として表せ（アストロイドは §5・1 節末にある研究課題参照）．

(b) 接線が垂直あるいは水平となる曲線上の点を求めよ．

(c) 接線の傾きが 1 あるいは -1 となる曲線上の点を求めよ．

29. 曲線 $x = 3t^2 + 1$, $y = t^3 - 1$ 上で接線の傾きが $\frac{1}{2}$ となる点を求めよ．

30. 点 $(4, 3)$ を通る，曲線 $x = 3t^2 + 1$, $y = 2t^3 + 1$ の接線の方程式を求めよ．

31. だ円のパラメトリック方程式 $x = a\cos\theta$, $y = b\sin\theta$, $0 \leqq \theta \leqq 2\pi$ を使って，だ円の面積を求めよ．

32. 曲線 $x = t^2 - 2t$, $y = \sqrt{t}$ と y 軸で囲まれる領域の面積を求めよ．

33. 曲線 $x = t^3 + 1$, $y = 2t - t^2$ と x 軸で囲まれる領域の面積を求めよ．

34. アストロイド $x = a\cos^3\theta$, $y = a\sin^3\theta$ で囲まれる領域の面積を求めよ（アストロイドは §5・1 節末にある研究課題参照）．

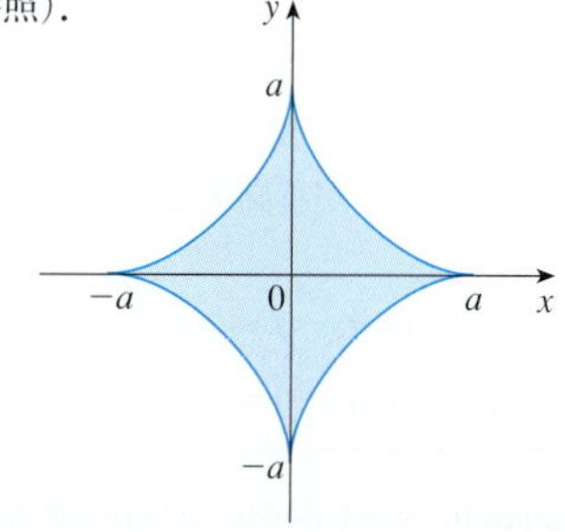

35. §5·1 節末問題 40 のトロコイドについて，$d<r$ の場合に 1 周期（一つの弧）が x 軸との間につくる面積を求めよ．

36. 例 1 の曲線のループで囲まれる領域を $\mathcal{R}$ とする．

(a) $\mathcal{R}$ の面積を求めよ．

(b) $\mathcal{R}$ を x 軸のまわりに回転して得られる回転体の体積を求めよ．

(c) $\mathcal{R}$ の重心を求めよ．

37-40 曲線の長さを求める積分式を作り，計算機を使ってその長さを小数点以下 4 桁まで求めよ．

37. $x = t + e^{-t},\quad y = t - e^{-t},\quad 0 \leqslant t \leqslant 2$

38. $x = t^2 - t,\quad y = t^4,\quad 1 \leqslant t \leqslant 4$

39. $x = t - 2\sin t,\quad y = 1 - 2\cos t,\quad 0 \leqslant t \leqslant 4\pi$

40. $x = t + \sqrt{t},\quad y = t - \sqrt{t},\quad 0 \leqslant t \leqslant 1$

41-44 曲線の正確な長さを求めよ．

41. $x = 1 + 3t^2,\quad y = 4 + 2t^3,\quad 0 \leqslant t \leqslant 1$

42. $x = e^t - t,\quad y = 4e^{t/2},\quad 0 \leqslant t \leqslant 2$

43. $x = t\sin t,\quad y = t\cos t,\quad 0 \leqslant t \leqslant 1$

44. $x = 3\cos t - \cos 3t,\quad y = 3\sin t - \sin 3t,$
$0 \leqslant t \leqslant \pi$

45-46 計算機を使って曲線のグラフを描き，その正確な長さを求めよ．

45. $x = e^t\cos t,\quad y = e^t\sin t,\quad 0 \leqslant t \leqslant \pi$

46. $x = \cos t + \log\left(\tan \frac{1}{2}t\right),\quad y = \sin t,$
$\pi/4 \leqslant t \leqslant 3\pi/4$

---

47. 計算機を使て曲線 $x=\sin t+\sin 1.5t$, $y=\cos t$ のグラフを描き，その長さを小数点以下 4 桁まで求めよ．

48. 曲線 $x=3t-t^3$, $y=3t^2$ のループ部分の長さを求めよ．

49. Simpson（シンプソン）の公式を使って，分割数 $n=6$ として，曲線 $x=t-e^t$, $y=t+e^t$, $-6\leqslant t\leqslant 6$ の長さを求めよ．

50. §5·1 節末問題 43 において，Maria Agnesi の魔女とよばれる曲線のパラメトリック方程式 $x=2a\cot\theta$, $y=2a\sin^2\theta$ を導き出した．Simpson の公式を使って，分割数 $n=4$ として，$\pi/4\leqslant\theta\leqslant\pi/2$ におけるこの曲線の長さの近似値を求めよ．

51-52 与えられた時間区間で t が変化するとき，位置 (x, y) で表される粒子が移動する距離を求め，曲線の長さと比較せよ．

51. $x = \sin^2 t,\quad y = \cos^2 t,\quad 0 \leqslant t \leqslant 3\pi$

52. $x = \cos^2 t,\quad y = \cos t,\quad 0 \leqslant t \leqslant 4\pi$

---

53. だ円 $x=a\sin\theta$, $y=b\cos\theta$, $a>b>0$ の周長は，e をだ円の離心率（$e=c/a$, ここで $c=\sqrt{a^2-b^2}$）として，

$$L = 4a\int_0^{\pi/2}\sqrt{1 - e^2\sin^2\theta}\,d\theta$$

と表せることを示せ．

54. $a>0$ として，アストロイド $x=a\cos^3\theta$, $y=a\sin^3\theta$ の周長を求めよ．

55. (a) エピトロコイド

$$x = 11\cos t - 4\cos(11t/2)$$
$$y = 11\sin t - 4\sin(11t/2)$$

のグラフを描き，完全な曲線を描くために必要な媒介変数区間を求めよ．

(b) 数式処理システムを使って，この曲線の周長の近似値を求めよ．

56. C と S を第 I 巻第 4 章で導入した Fresnel（フレネル）関数として，パラメトリック方程式

$$x = C(t) = \int_0^t \cos(\pi u^2/2)\,du$$

$$y = S(t) = \int_0^t \sin(\pi u^2/2)\,du$$

で定義される曲線を**クロソイド**あるいは **Cornu**（コルニュ）の**螺旋**（らせん）とよぶ．数式処理システムを使って以下の設問に答えよ．

(a) 曲線のグラフを描け．$t\to\infty$, $t\to-\infty$ のとき曲線はどうなるか．

(b) 原点から媒介変数値が t である曲線上の点までの曲線の長さを求めよ．

57-60 曲線を x 軸のまわりに回転させて得られる回転体の表面積を求める積分式をつくれ．計算機を使って，積分値を小数点以下 4 桁まで求めよ．

57. $x = t\sin t,\quad y = t\cos t,\quad 0 \leqslant t \leqslant \pi/2$

58. $x = \sin t,\quad y = \sin 2t,\quad 0 \leqslant t \leqslant \pi/2$

59. $x = t + e^t,\quad y = e^{-t},\quad 0 \leqslant t \leqslant 1$

60. $x = t^2 - t^3,\quad y = t + t^4,\quad 0 \leqslant t \leqslant 1$

61-63 曲線を x 軸のまわりに回転させて得られる回転体の表面積を求めよ．

61. $x = t^3,\quad y = t^2,\quad 0 \leqslant t \leqslant 1$

62. $x = 2t^2 + 1/t,\quad y = 8\sqrt{t},\quad 1 \leqslant t \leqslant 3$

63. $x = a\cos^3\theta,\quad y = a\sin^3\theta,\quad 0 \leqslant \theta \leqslant \pi/2$

---

64. 計算機を使って，曲線

$$x = 2\cos\theta - \cos 2\theta \qquad y = 2\sin\theta - \sin 2\theta$$

のグラフを描け．この曲線を x 軸のまわりに回転させて得られる回転体の表面積を求めよ（グラフを使って，媒介変数区間を求めよ）．

65-66 曲線を y 軸のまわりに回転させて得られる回転体の表面積を求めよ．

65. $x=3t^2,\quad y=2t^3,\quad 0\leqslant t\leqslant 5$

66. $x=e^t-t,\quad y=4e^{t/2},\quad 0\leqslant t\leqslant 1$

---

67. f' は連続で，$a\leqslant t\leqslant b$ について $f'(t)\neq 0$ であるならば，パラメトリック曲線 $x=f(t)$，$y=g(t)$，$a\leqslant t\leqslant b$ は $y=F(x)$ の形で表せることを示せ［ヒント：f^{-1} が存在することを示す］．

68. 曲線が $y=F(x)$，$a\leqslant x\leqslant b$ で表されるとして，公式 1 を使って §3・2 公式 5 から公式 6 を導け．

69. 曲線の点 P における**曲率**は，図に示すように，ϕ を P における接線と x 軸のなす角，s を曲線上のある固定した点より点 P までの距離として，

$$\kappa=\left|\frac{d\phi}{ds}\right|$$

と定義する．したがって，曲率は s に関する ϕ の変化率の絶対値である．これは，P における曲線の方向の変化率とみなすことができ，第Ⅲ巻第2章でより詳細に説明する．

(a) パラメトリック曲線 $x=x(t)$，$y=y(t)$ について，次の公式を導け．

$$\kappa=\frac{|\dot{x}\ddot{y}-\ddot{x}\dot{y}|}{(\dot{x}^2+\dot{y}^2)^{3/2}}$$

ここで，点（ドット）は t に関する導関数を表す．すなわち $\dot{x}=dx/dt$ である［ヒント：$d\phi/dt$ を求めるために $\phi=\tan^{-1}(dy/dx)$ と公式 2 を使う．$d\phi/ds$ を求めるために合成関数の微分公式を使う］．

(b) 曲線 $y=f(x)$ を，媒介変数 x としてパラメトリック曲線 $x=x$，$y=f(x)$ であるとするならば，(a)の公式は

$$\kappa=\frac{|d^2y/dx^2|}{(1+(dy/dx)^2)^{3/2}}$$

と表せることを示せ

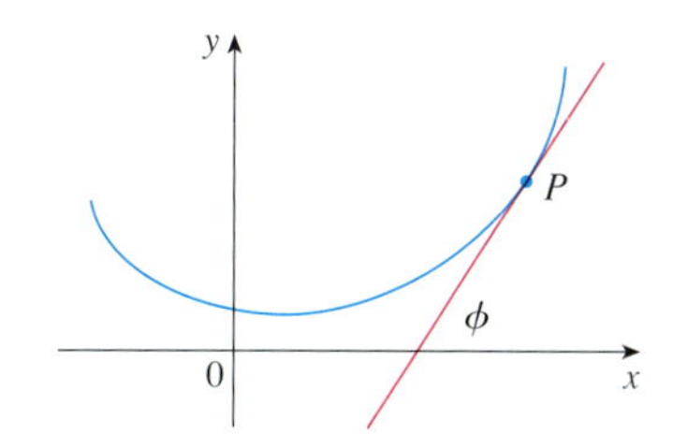

70. (a) 前問69(b)の公式を使って，放物線 $y=x^2$ の点 $(1,1)$ における曲率を求めよ．

(b) この放物線の曲率が最大となる点を求めよ．

71. 前問69(a)の公式を使って，サイクロイド $x=\theta-\sin\theta$，$y=1-\cos\theta$ の弧の頂点での曲率を求めよ．

72. (a) 直線の曲率はどこも0であることを示せ．

(b) 半径 r の円の曲率は，どこでも $1/r$ であることを示せ．

73. 円に巻きつけられた糸を，ゆるまないようピンと張った状態で解いていく．このとき，糸の端点 P の軌跡は**伸開線**あるいは**インボリュート**とよばれる曲線になる．

研究課題　Bézier（ベジェ）曲線

自動車メーカーで働いていたフランスの数学者 Pierre Bézier（1910–1999）にちなんで名付けられた **Bézier 曲線**は，コンピューターによる設計・製図システム（computer-aided-design，CAD）で使われている曲線である．3次 Bézier 曲線は四つの制御点 $P(x_0,y_0)$，$P_1(x_1,y_1)$，$P_2(x_2,y_2)$，$P_3(x_3,y_3)$ を使って，$0\leqslant t\leqslant 1$ としてパラメトリック方程式

$$x=x_0(1-t)^3+3x_1t(1-t)^2+3x_2t^2(1-t)+x_3t^3$$

$$y=y_0(1-t)^3+3y_1t(1-t)^2+3y_2t^2(1-t)+y_3t^3$$

で定義される．これは，$t=0$ のとき $(x,y)=(x_0,y_0)=P_0$ であり，$t=1$ のとき $(x,y)=(x_3,y_3)=P_3$ であるので，曲線の始点は P_0，終点は P_3 である．

1. 計算機を使って，制御点を $P_0(4,1)$，$P_1(28,48)$，$P_2(50,42)$，$P_3(40,5)$ とする Bézier 曲を描け．次に同一スクリーンに線分 P_0P_1，P_1P_2，P_2P_3 を描け（§5・1 節末問題31参照）．このとき，中間の制御点 P_1,P_2 は曲線上にないことに注意せよ．Bézier 曲線は P_0 を始点として，P_1 と P_2 の方向に進み，P_3 を終点とする．
2. 課題1のグラフから，点 P_0 における接線は点 P_1 を通り，点 P_3 における接線は点 P_2 を通ることがわかる．このことを証明せよ．
3. 課題1の点 P_1 を変化させることによって，ループをもった曲線をつくれ．
4. ある種のレーザープリンターは，文字や記号を Bézier 曲線を使って表している．文字“C”を Bézier 曲線で表すように，制御点を変えて試してみよ．
5. より複雑な形は2本以上の Bézier 曲線を組合わせてつくられている．1本目の Bézier 曲線の制御点を P_0，P_1，P_2，P_3，2本目の Bézier 曲線の制御点を P_3，P_4，P_5，P_6 とする．この2本の Bézier 曲線を滑らかにつなぐには，点 P_3 における接線が一致していなければならない．すなわち点 P_2，P_3，P_4 がこの共通接線上にあることを意味している．この考えを使って，文字“S”を表す1組の Bézier 曲線の制御点を求めよ．

円の半径を r，円の中心を O，点 P の初期位置を $(r, 0)$ とし，媒介変数 θ を図のようにとるならば，伸開線のパラメトリック方程式は

$$x = r(\cos\theta + \theta\sin\theta) \qquad y = r(\sin\theta - \theta\cos\theta)$$

であることを示せ．

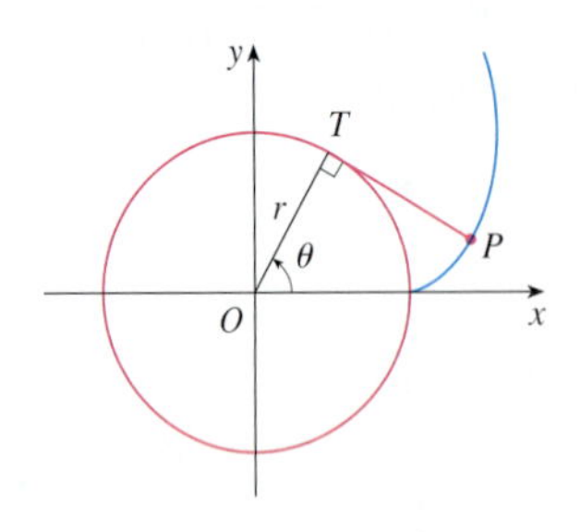

74. 牛は，半径 r の円筒形のサイロの側面にロープで結ばれており，ロープの長さはサイロをちょうど半周する長さである．牛が移動可能な牧草地の面積を求めよ．

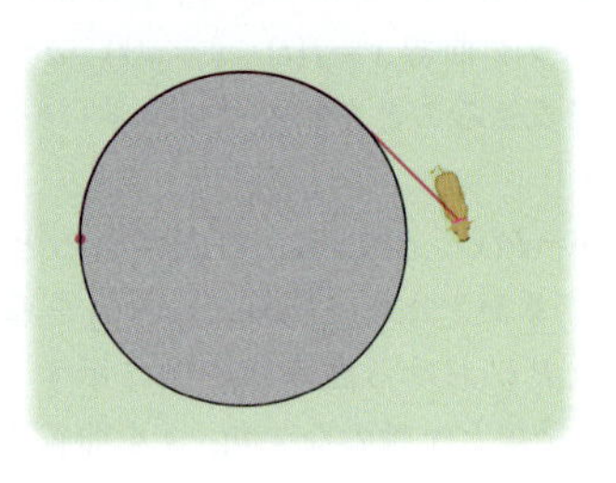

5・3　極　座　標

座標系は，平面上の点を，座標とよばれる二つの順序づけられた数の組（順序対）によって表している．通常用いられる直交座標（カルテシアン座標ともいう）は，2 本の直交した座標軸への方向づけられた距離の組である．ここでは，Newton（ニュートン）によって導入された**極座標系**を説明する．これは，場合によっては非常に便利な座標系である．

まず，平面上のある点を**極**（あるいは原点）として O と表し，次に，O を端点として半直線を設定する．この半直線を**始線**といい，極座標系の座標軸となる．通常，右に水平に描かれ，直交座標の正の x 軸に対応する．

ここで，P が平面上の O 以外の任意の点であるとき，O から P までの距離を r，始線と線分 OP とのなす角（一般的に弧度法で表される）を θ とする（図 1）．これによって，点 P は順序づけられた数の組 (r, θ) で表され，r と θ を**極座標**という．始線と線分 OP とのなす角は，慣習として，始線から反時計回りに測るならば正，時計回りに測るならば負で表す．P が O であるときは，$r=0$ であり，また，任意の θ に対して $(0, \theta)$ は極 O を表すものとする．

図 1

ここで，r が負の場合にも極座標 (r, θ) の定義を広げる．図 2 のように，点 $(-r, \theta)$ と点 (r, θ) は O を通る同じ線上にあり，O からの距離 $|r|$ は等しいが O について点対称の位置にある．$r>0$ ならば，点 (r, θ) は θ と同じ象限にあるが，$r<0$ ならば，点 (r, θ) は極を挟んで反対側の象限にある．点 $(-r, \theta)$ は点 $(r, \theta+\pi)$ と同じ点を表していることに注意しよう．

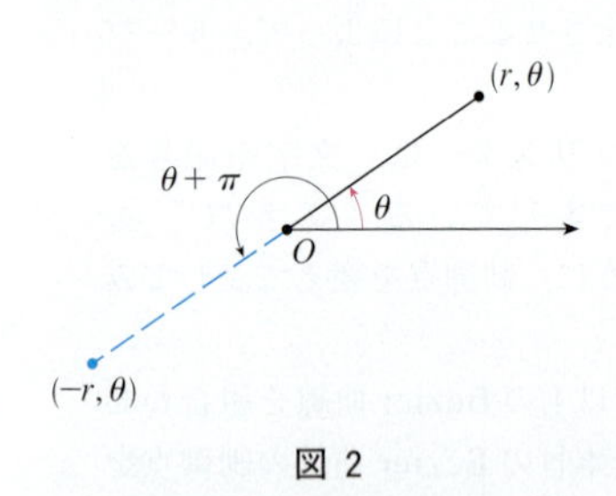

図 2

例 1　与えられた極座標の点をプロットせよ．

(a) $(1, 5\pi/4)$　(b) $(2, 3\pi)$　(c) $(2, -2\pi/3)$　(d) $(-3, 3\pi/4)$

［解 説］ プロットした点が図 3 に示してある．(d) の点 $(-3, 3\pi/4)$ は，角 $3\pi/4$ は第 2 象限の角であり $r=-3$ と負であるため，第 4 象限の，極から 3 単位の位置にある．

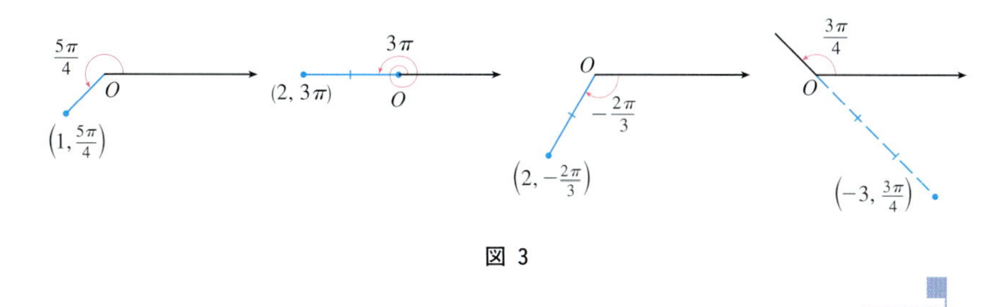

図 3

直交座標系の場合，すべての点は一意に表現されるが，極座標系の場合はすべて点が多くの表現をもっている．たとえば，例 1(a) の点 $(1, 5\pi/4)$ は $(1, -3\pi/4)$，$(1, 13\pi/4)$，$(-1, \pi/4)$ などと表すことができる（図 4）．

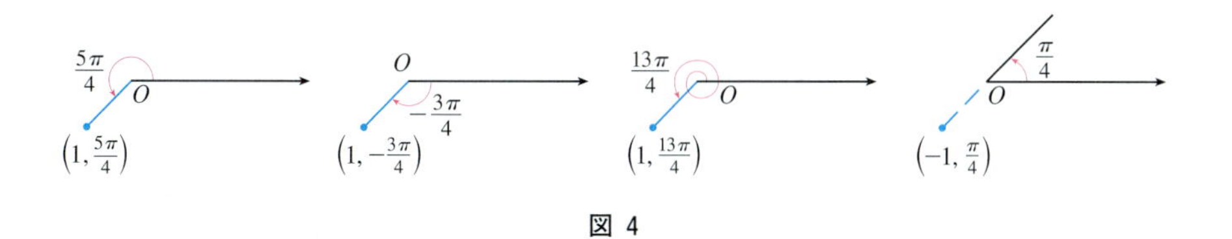

図 4

実際，角 2π はちょうど時計回りに 1 回転することになるので，極座標 (r, θ) で表される点は，n を任意の整数として

$$(r, \theta + 2n\pi) \qquad \text{あるいは} \qquad (-r, \theta + (2n + 1)\pi)$$

と表すことができる．

極と原点および極座標の始線と直交座標の正の x 軸が一致しているならば，極座標と直交座標は図 5 のように対応する．よって，点 P の直交座標が (x, y) で，極座標が (r, θ) であるならば，図 5 より

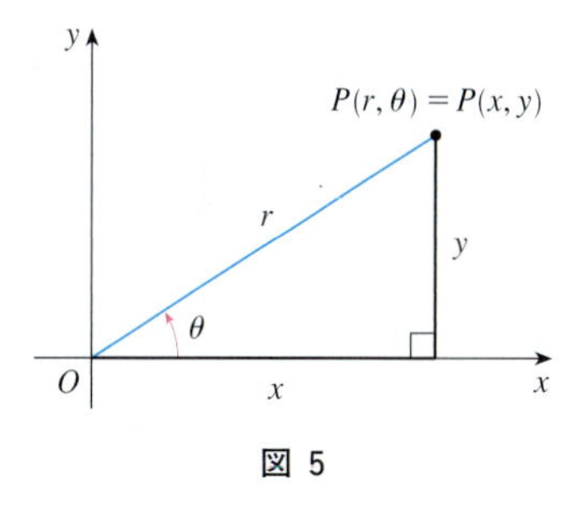

図 5

$$\cos\theta = \frac{x}{r} \qquad \sin\theta = \frac{y}{r}$$

であるので

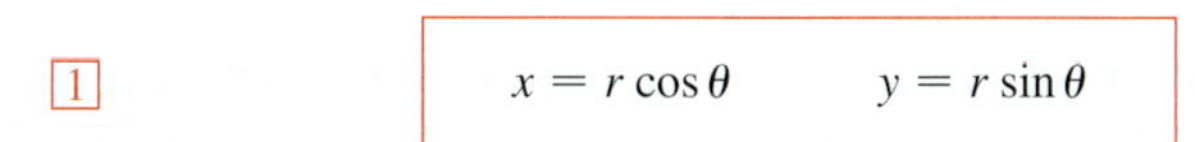

1　$$x = r\cos\theta \qquad y = r\sin\theta$$

となる．

式 1 は $r>0$，$0<\theta<\pi/2$ の場合の図 5 から導かれているが，この式はすべての値の r と θ について成り立つ（一般角の θ に対する $\sin\theta$，$\cos\theta$ については付録 B 参照）．

式 1 から極座標が与えられている点の直交座標を求めることができる．x と y がわかっているならば，式 1 あるいは図 5 から導かれる

2　$$r^2 = x^2 + y^2 \qquad \tan\theta = \frac{y}{x}$$

より，r と θ を求めることができる．

例 2　極座標で $(2, \pi/3)$ と表される点を，直交座標で表せ．

［解 説］ $r=2$，$\theta=\pi/3$ であるので，式[1] より

$$x = r\cos\theta = 2\cos\frac{\pi}{3} = 2\cdot\frac{1}{2} = 1$$

$$y = r\sin\theta = 2\sin\frac{\pi}{3} = 2\cdot\frac{\sqrt{3}}{2} = \sqrt{3}$$

である．よって，直交座標では $(1, \sqrt{3})$ と表される．

例 3　直交座標で $(1, -1)$ と表される点を，極座標で表せ．

［解 説］ r を正にとるならば，式[2] より

$$r = \sqrt{x^2+y^2} = \sqrt{1^2+(-1)^2} = \sqrt{2}$$

であり，

$$\tan\theta = \frac{y}{x} = -1$$

である．点 $(1, -1)$ は第 4 象限に位置するので，θ は $-\pi/4$ あるいは $7\pi/4$ としてよい．よって，極座標では $(\sqrt{2}, -\pi/4)$ あるいは $(\sqrt{2}, 7\pi/4)$ などと表される．

注 意　式[2] は x と y が与えられても一意に決まらない．なぜなら，区間 $0 \leqq \theta < 2\pi$ において $\tan\theta$ は 2 度同じ値をとりうるからである．よって，直交座標から極座標への変換は，式[2] を満たす r と θ を求めるだけでは不十分である．例 3 のように，点 (r, θ) の位置する象限にある θ をとらなければならない．

極座標で表される曲線

極方程式 $r=f(\theta)$ あるいはより一般的に $F(r, \theta)=0$ のグラフとは，その方程式を満たすような極座標表示 (r, θ) をもつ点全体の集合を指す．

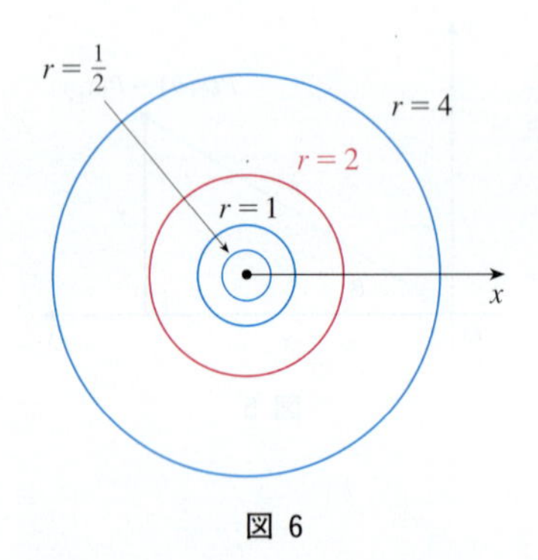

図 6

例 4　極方程式 $r=2$ が表す曲線を求めよ．

［解 説］ 曲線は $r=2$ であるすべての点 (r, θ) よりつくられている．r は点から極までの距離であるので，$r=2$ が表す曲線は中心が O，半径 2 の円である．一般に，方程式 $r=a$ は，中心 O，半径 $|a|$ の円を表している（図 6）．

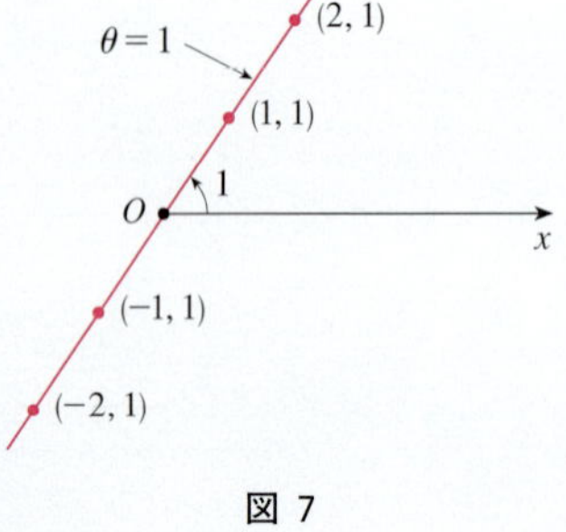

図 7

例 5　極座標表示で $\theta=1$ となる曲線を描け．

［解 説］ この曲線は，極座標表示による角 $\theta=1$ (rad) であるすべての点 (r, θ) からなる．すなわち，O を通り，始線とのなす角が 1 rad の直線である（図 7）．$r>0$ の場合，直線上の点 $(r, 1)$ は第 1 象限に位置し，$r<0$ の場合，第 3 象限に位置する．

例 6　(a) 極方程式 $r=2\cos\theta$ で表す曲線を描け．

(b) この曲線の直交座標系における方程式を求めよ．

［解 説］ (a) いくつかの計算しやすい θ について r を計算し，その点 (r, θ) をプロットしたのが図 8 である．これらの点をつなげて曲線を描くと，曲線は円であると考えられる．ここでは，θ の値を 0 から π の間のみで計算したが，θ が π 以上に増加すると，同じ点が再度得られる．

図 9 は例 6 の円が式 $r=2\cos\theta$ で表されることを示す図．角 OPQ は直角（なぜか？）であり，$r/2=\cos\theta$ である．

θ	$r=2\cos\theta$
0	2
$\pi/6$	$\sqrt{3}$
$\pi/4$	$\sqrt{2}$
$\pi/3$	1
$\pi/2$	0
$2\pi/3$	-1
$3\pi/4$	$-\sqrt{2}$
$5\pi/6$	$-\sqrt{3}$
π	-2

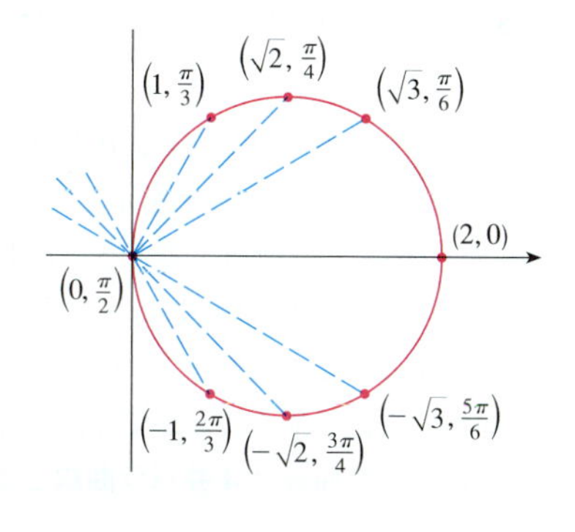

図 8 $r=2\cos\theta$ の値の表とグラフ

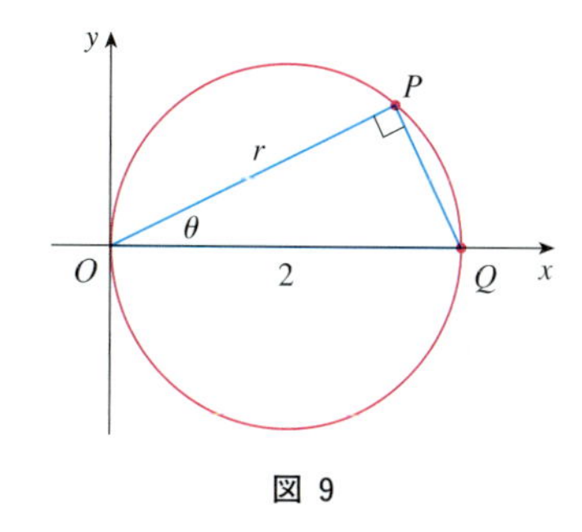

図 9

(b) 式 1 と 2 を使って，極方程式を直交座標系の方程式に変換する．$x=r\cos\theta$ より $\cos\theta=x/r$，$r=2\cos\theta$ より $\cos\theta$ を消去するならば $r=2x/r$ であるので，

$$2x = r^2 = x^2 + y^2 \qquad \text{すなわち} \qquad x^2 + y^2 - 2x = 0$$

である．これを完全平方すると

$$(x-1)^2 + y^2 = 1$$

であり，これは中心 (1, 0)，半径 1 の円である．

例 7 曲線 $r=1+\sin\theta$ のグラフを描け．

［解 説］ 例 6 のように最初から極座標平面上に点をプロットする代わりに，まず図 10 で示すように θ–r 直交座標平面に $r=1+\sin\theta$ のグラフを描く．グラフは sin 曲線を上方に 1 だけ移動することで描ける．これをみれば，θ の増加に対する r の変化が一目でわかる．たとえば，θ が 0 から $\pi/2$ まで増加するとき，極座標において極からの距離を表す r は 1 から 2 まで増加するので，図 11(a) に示す曲線を極座標平面上に描くことができる．θ が $\pi/2$ から π まで増加するとき，図 10 は r が 2 から 1 まで減少することを示しているので，図 11(b) に示す曲線を描くことができる．同様にして，θ が π から $3\pi/2$ まで増加するとき，r は 1 から 0 まで減少するので，図 11(c) の曲線を得る．最後に，θ が $3\pi/2$ から 2π まで増加するとき，r は 0 から 1 まで増加するので，図 11(d) の曲線を得る．θ

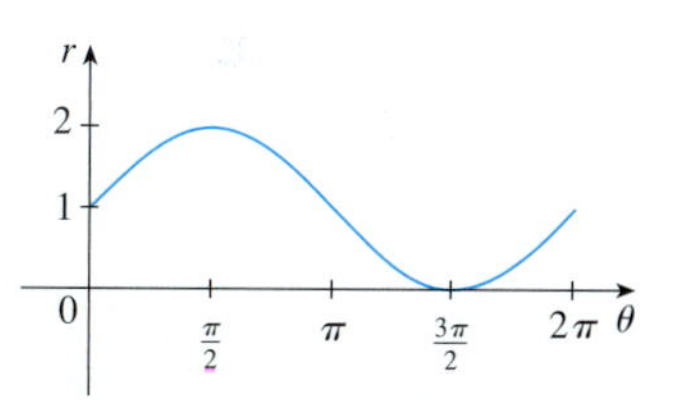

図 10 直交座標における $r=1+\sin\theta$，$0\leq\theta\leq2\pi$

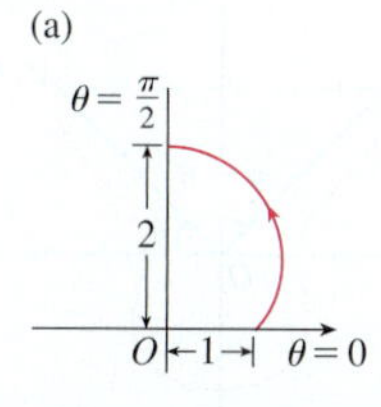

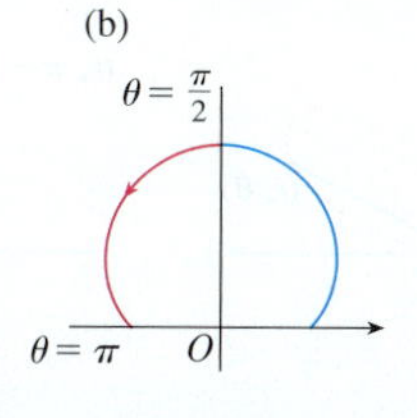

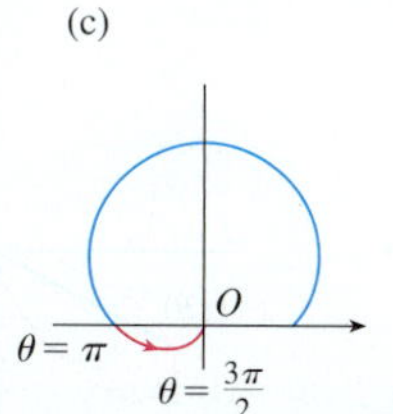

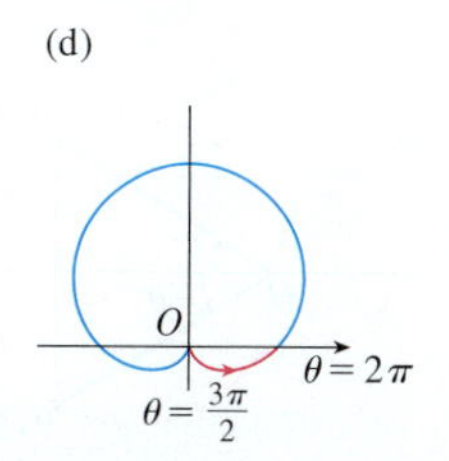

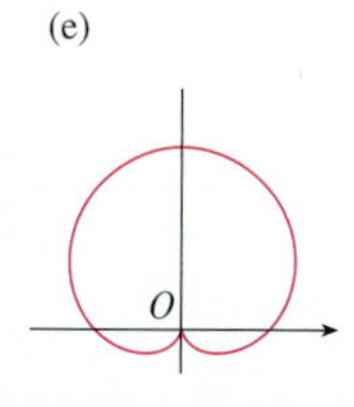

図 11 カーディオイド $r=1+\sin\theta$ を描く手順

を 2π より増加させる，あるいは 0 より減少させるならば，今描いた曲線の上をたどることになる．図 11(a)～(d) の曲線をまとめて描いたのが図 11(e) に示した曲線で，**カーディオイド**あるいは**心臓形**とよばれる．

例 8　曲線 $r=\cos 2\theta$ のグラフを描け．

［解 説］ 例 7 にならって，θ-r 直交座標平面に $r=\cos 2\theta$，$0\leqq\theta\leqq 2\pi$ のグラフを描いたのが図 12 である．θ が 0 から $\pi/4$ まで増加するとき，図 12 は r が 1 から 0 まで減少することを示しているので，図 13 ①に示す曲線を得る．θ が $\pi/4$ から $\pi/2$ まで増加するとき，r は 0 から -1 になる．これは，O からの距離が 0 から 1 まで増加すること，第 1 象限ではなく極を挟んで反対側の第 3 象限に位置することを意味するので，図 13 ②に示す曲線を得る．曲線の残りの部分は同様の方法で描くことができ，矢印および数字は描かれた順序を示す．結果として描かれた曲線は **4 弁バラ曲線**とよばれる．

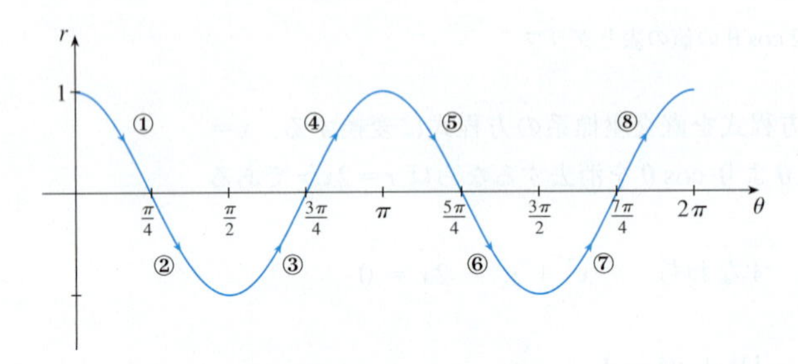

図 12　直交座標における $r=\cos 2\theta$

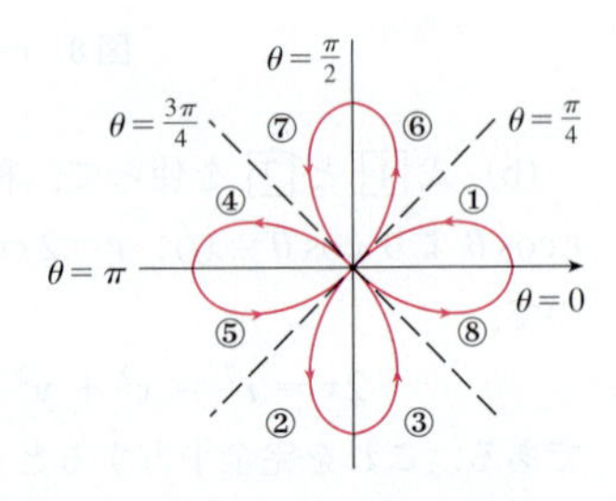

図 13　4 弁バラ曲線
$r=\cos 2\theta$

対 称 性

極座標で表す曲線を描くとき，対称性を利用すると便利なことがある．次の三つの規則について，図 14 を使って説明する．

(a) 方程式の θ を $-\theta$ に置き換えても極方程式が不変であるならば，グラフは始線および始線を延長した直線に関して線対称である．

(b) 方程式の r を $-r$ に，あるいは θ を $\theta+\pi$ に置き換えても極方程式が不変であるならば，グラフは極に関して点対称である．すなわち，曲線のグラフは，極を中心として $180°$ 回転しても不変である．

(c) 方程式の θ を $\pi-\theta$ に置き換えても方程式が不変であるならば，グラフは $\theta=\pi/2$ で表された極を通る垂直な直線に関して線対称である．

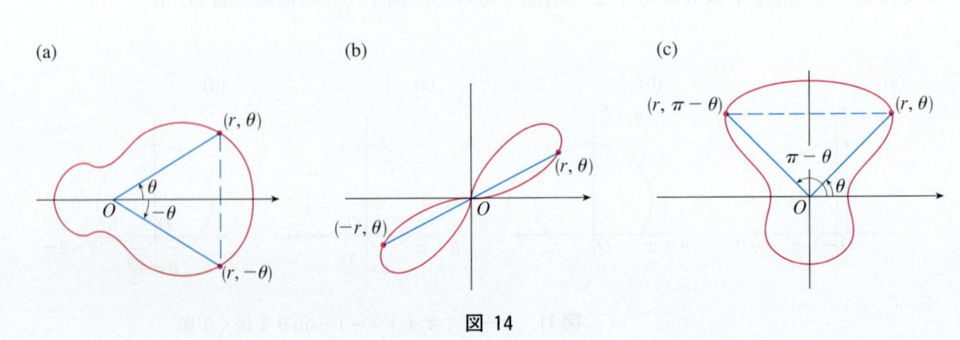

図 14

例6と例8の曲線は $\cos(-\theta)=\cos\theta$ であるので，直線 $\theta=0$ に関して線対称であり，例7と例8の曲線は $\sin(\pi-\theta)=\sin\theta$，$\cos 2(\pi-\theta)=\cos 2\theta$ であるので，直線 $\theta=\pi/2$ に関して線対称である．そして，例8の4弁バラ曲線は極に関して点対称である．この対称性は曲線を描くときに使われていた．たとえば例6においては，$0\leqq\theta\leqq\pi/2$ についてのみプロットして，これを始線に関して鏡映をとることによって曲線の全体を得た．

極座標で表される曲線の接線

極座標で $r=f(\theta)$ と表される曲線の接線を求めるために，

$$x = r\cos\theta = f(\theta)\cos\theta \qquad y = r\sin\theta = f(\theta)\sin\theta$$

を考える．これは θ を媒介変数とした x-y 直交平面上の曲線を与えている．パラメトリック曲線の傾きを求める式 1（§5・2）と積分公式を使うならば，

3
$$\frac{dy}{dx} = \frac{\dfrac{dy}{d\theta}}{\dfrac{dx}{d\theta}} = \frac{\dfrac{dr}{d\theta}\sin\theta + r\cos\theta}{\dfrac{dr}{d\theta}\cos\theta - r\sin\theta}$$

を得る．$dx/d\theta\neq0$ で $dy/d\theta=0$ となる点は水平接線をもち，同様に $dy/d\theta\neq0$ で $dx/d\theta=0$ となる点は垂直接線をもつ．

極における接線の傾きは，$r=0$ であるので，式 3 は

$$\frac{dr}{d\theta}\neq 0 \quad ならば \quad \frac{dy}{dx} = \tan\theta$$

となる．たとえば，例8の場合，$\theta=\pi/4$ あるいは $3\pi/4$ で $r=\cos 2\theta=0$ であり，$dr/d\theta=-2\sin 2\theta\neq0$ であるので，直線 $\theta=\pi/4$（$y=x$）と $\theta=3\pi/4$（$y=-x$）が $r=\cos 2\theta$ の極における接線である．

例 9　例7のカーディオイド $r=1+\sin\theta$ を考える．

(a) $\theta=\pi/3$ における接線の傾きを求めよ．

(b) 接線の傾きが水平あるいは垂直となる点を求めよ．

［解 説］ $r=1+\sin\theta$ に式 3 を使うならば

$$\frac{dy}{dx} = \frac{\dfrac{dr}{d\theta}\sin\theta + r\cos\theta}{\dfrac{dr}{d\theta}\cos\theta - r\sin\theta} = \frac{\cos\theta\ \sin\theta + (1+\sin\theta)\cos\theta}{\cos\theta\ \cos\theta - (1+\sin\theta)\sin\theta}$$

$$= \frac{\cos\theta\,(1+2\sin\theta)}{1-2\sin^2\theta-\sin\theta} = \frac{\cos\theta\,(1+2\sin\theta)}{(1+\sin\theta)(1-2\sin\theta)}$$

である．

(a) $\theta=\pi/3$ における接線の傾きは

$$\left.\frac{dy}{dx}\right|_{\theta=\pi/3} = \frac{\cos(\pi/3)(1+2\sin(\pi/3))}{(1+\sin(\pi/3))(1-2\sin(\pi/3))} = \frac{\frac{1}{2}(1+\sqrt{3})}{(1+\sqrt{3}/2)(1-\sqrt{3})}$$

$$= \frac{1+\sqrt{3}}{(2+\sqrt{3})(1-\sqrt{3})} = \frac{1+\sqrt{3}}{-1-\sqrt{3}} = -1$$

(b)
$$\theta = \frac{\pi}{2}, \frac{3\pi}{2}, \frac{7\pi}{6}, \frac{11\pi}{6} \quad のとき \quad \frac{dy}{d\theta} = \cos\theta\,(1 + 2\sin\theta) = 0$$

$$\theta = \frac{3\pi}{2}, \frac{\pi}{6}, \frac{5\pi}{6} \quad のとき \quad \frac{dx}{d\theta} = (1 + \sin\theta)(1 - 2\sin\theta) = 0$$

である．よって，点 $(2, \pi/2)$，$(\frac{1}{2}, 7\pi/6)$，$(\frac{1}{2}, 11\pi/6)$ での接線の傾きは水平であり，点 $(\frac{3}{2}, \pi/6)$，$(\frac{3}{2}, 5\pi/6)$ での接線の傾きは垂直である．$\theta=3\pi/2$ では $dy/d\theta$ と $dx/d\theta$ は共に 0 であるので，注意しなければならない．$\theta=3\pi/2$ での接線の傾きを l'Hospital の定理を使って求めると，

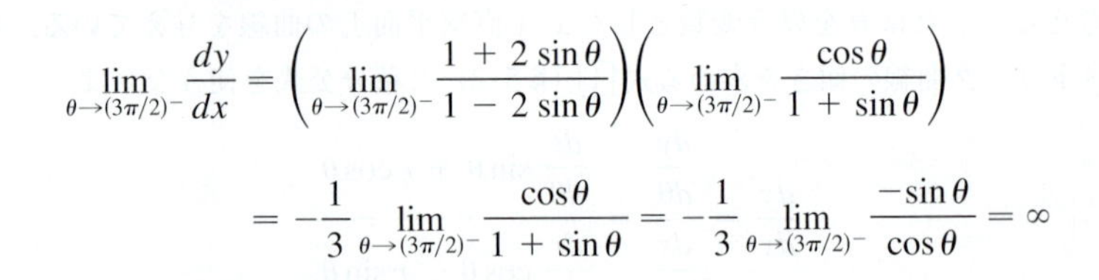

$$\lim_{\theta\to(3\pi/2)^-} \frac{dy}{dx} = \left(\lim_{\theta\to(3\pi/2)^-} \frac{1 + 2\sin\theta}{1 - 2\sin\theta}\right)\left(\lim_{\theta\to(3\pi/2)^-} \frac{\cos\theta}{1 + \sin\theta}\right)$$

$$= -\frac{1}{3} \lim_{\theta\to(3\pi/2)^-} \frac{\cos\theta}{1 + \sin\theta} = -\frac{1}{3} \lim_{\theta\to(3\pi/2)^-} \frac{-\sin\theta}{\cos\theta} = \infty$$

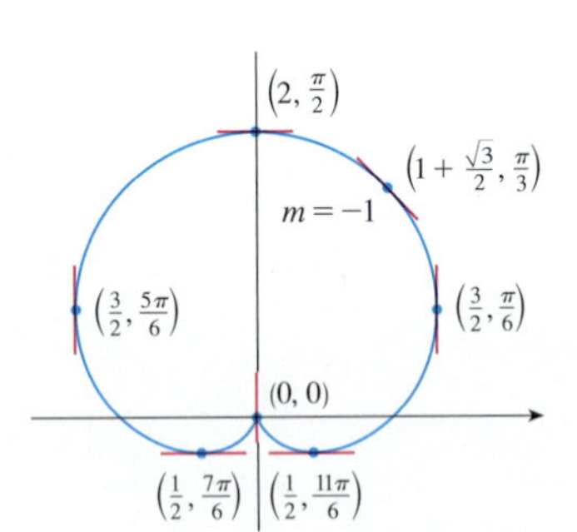

図 15　$r=1+\sin\theta$ の接線

であり，対称性を用いれば，これから

$$\lim_{\theta\to(3\pi/2)^+} \frac{dy}{dx} = -\infty$$

を得るので，極での接線の傾きは垂直である（図 15）．■

注 意　極座標系での微分の公式 3 を覚える代わりに，極座標系で表された式 3 を媒介変数表示して微分することができる．たとえば，例 9 の場合は

$$x = r\cos\theta = (1 + \sin\theta)\cos\theta = \cos\theta + \tfrac{1}{2}\sin 2\theta$$

$$y = r\sin\theta = (1 + \sin\theta)\sin\theta = \sin\theta + \sin^2\theta$$

となり，これから

$$\frac{dy}{dx} = \frac{dy/d\theta}{dx/d\theta} = \frac{\cos\theta + 2\sin\theta\,\cos\theta}{-\sin\theta + \cos 2\theta} = \frac{\cos\theta + \sin 2\theta}{-\sin\theta + \cos 2\theta}$$

を得るが，これは例 9 で計算したものと同じである．

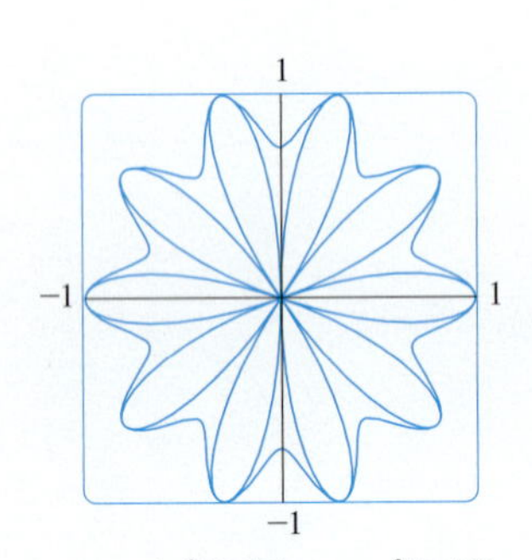

$r = \sin^3(2.5\theta) + \cos^3(2.5\theta)$

図 16

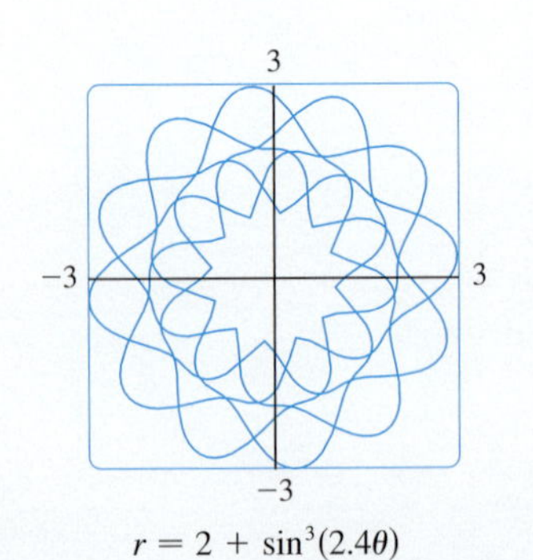

$r = 2 + \sin^3(2.4\theta)$

図 17

■ 計算機を使って極座表で表される曲線を描く

極曲線を手描きすることは重要であるが，図 16, 17 に示す複雑な曲線の場合には計算機を使う必要がある．

計算機によっては極方程式を直接グラフとして表示できるコマンドがあるが，まずパラメトリック方程式に変換する必要がある計算機もある．この場合，極方程式が $r=f(\theta)$ の形であるならば，パラメトリック方程式は

$$x = r\cos\theta = f(\theta)\cos\theta \qquad y = r\sin\theta = f(\theta)\sin\theta$$

である．計算機によっては，媒介変数を θ ではなく t と設定しなけらばならないものもある．

例 10　曲線 $r=\sin(8\theta/5)$ のグラフを描け．

［解 説］計算機に，極方程式を直接グラフ表示するコマンドがない場合，対応するパラメトリック方程式が必要となる．

$$x=r\cos\theta=\sin(8\theta/5)\cos\theta \qquad y=r\sin\theta=\sin(8\theta/5)\sin\theta$$

この場合，θ の定義域を決めなければならない．そこで，曲線を 1 回描ききるために θ は何回転する必要があるかを考える．この回転数を n とするならば，

$$\sin\frac{8(\theta+2n\pi)}{5}=\sin\left(\frac{8\theta}{5}+\frac{16n\pi}{5}\right)=\sin\frac{8\theta}{5}$$

であり，$16n\pi/5$ が π の偶数倍でなければならず，これが満たされる最小の自然数は $n=5$ である．よって，$0\leqq\theta\leqq10\pi$ と指定すれば，曲線全体のグラフが描かれる．θを t と表示するならば，

$$x=\sin(8t/5)\cos t \qquad y=\sin(8t/5)\sin t \qquad 0\leqslant t\leqslant 10\pi$$

であり，図 18 に得られた曲線を示す．これはバラ曲線の一つであり，16 のループをもつ．

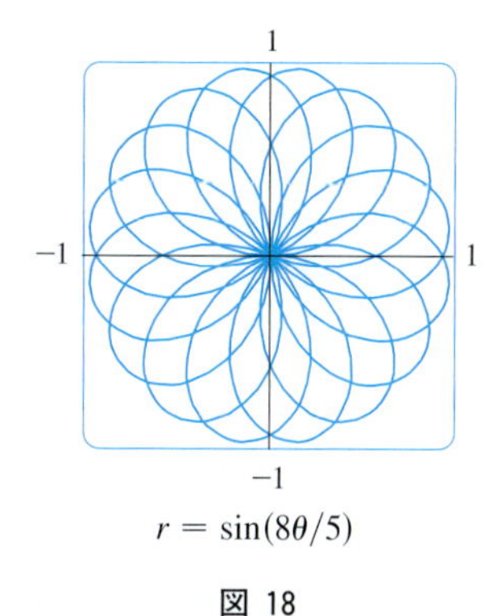

図 18

例 11　c の変化に従って曲線 $r=1+c\sin\theta$ の形がどのように変化するか調べよ（この曲線はある c の値に対する曲線の形がカタツムリに似ているので，**蝸牛形**，あるいはカタツムリのフランス語にちなんで**リマソン**とよばれている）．

［解 説］ 図 19 にさまざまな c の値について計算機で描いたグラフを示す．$c>1$ の場合，c が減少するに従ってループの部分も小さくなっていく．そして $c=1$ のときループは消滅し，曲線は例 7 で示したカーディオイドになる．c が 1 から $\frac{1}{2}$ に近づくに従ってカーディオイドの尖点は消滅し，“凹み”に変わっていく．c が $\frac{1}{2}$ から 0 に減少すると卵形になり，$c\to0$ で円に近づき，$c=0$ のときに $r=1$ の円になる．

c が負の場合は，図 19 の残りの部分が示すように，c が正の場合の逆の変化を示す．実際，c が負のときの形と正のときの形は x 軸に関して対称である．

節末問題 53 で，図 19 のグラフから得られた知見を解析的に証明する．

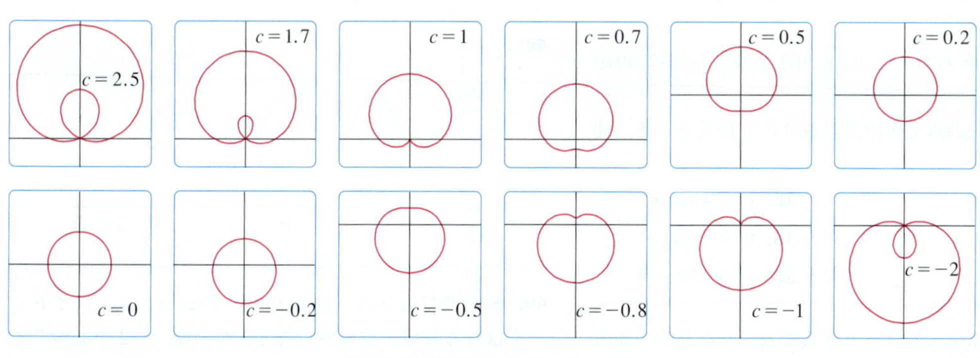

図 19　蝸牛形 $r=1+c\sin\theta$ の族

蝸牛形は惑星運動の研究に現れる．特に，地球からみた火星の軌道は，図 19 に示す $|c|>1$ のループをもった蝸牛形でモデル化されている．

5・3　節末問題

1-2　極座標で与えられた点をプロットせよ．これらの点の極座標をさらに二つ求めよ（一つは $r>0$ として，もう一つは $r<0$ として）．

1. (a) $(1, \pi/4)$　(b) $(-2, 3\pi/2)$　(c) $(3, -\pi/3)$

2. (a) $(2, 5\pi/6)$　(b) $(1, -2\pi/3)$　(c) $(-1, 5\pi/4)$

3-4　極座標で与えられた点をプロットせよ．この点の直交座標を記せ．

3. (a) $(2, 3\pi/2)$　(b) $(\sqrt{2}, \pi/4)$　(c) $(-1, -\pi/6)$

4. (a) $(4, 4\pi/3)$　(b) $(-2, 3\pi/4)$　(c) $(-3, -\pi/3)$

5-6　点の直交座標が与えられている．
(i) $r>0$, $0 \leqslant \theta < 2\pi$ として，点の極座標 (r, θ) を記せ．
(ii) $r<0$, $0 \leqslant \theta < 2\pi$ として，点の極座標 (r, θ) を記せ．

5. (a) $(-4, 4)$　(b) $(3, 3\sqrt{3})$

6. (a) $(\sqrt{3}, -1)$　(b) $(-6, 0)$

7-12　極座標系で次の条件で定義された領域を描け．

7. $r \geqslant 1$

8. $0 \leqslant r < 2$,　$\pi \leqslant \theta \leqslant 3\pi/2$

9. $r \geqslant 0$,　$\pi/4 \leqslant \theta \leqslant 3\pi/4$

10. $1 \leqslant r \leqslant 3$,　$\pi/6 < \theta < 5\pi/6$

11. $2 < r < 3$,　$5\pi/3 \leqslant \theta \leqslant 7\pi/3$

12. $r \geqslant 1$,　$\pi \leqslant \theta \leqslant 2\pi$

13. 極座標で与えられた2点 $(4, 4\pi/3)$ と $(6, 5\pi/3)$ の間の距離を求めよ．

14. 極座標で与えられた2点 (r_1, θ_1) と (r_2, θ_2) の間の距離を求めよ．

15-20　次の曲線の直交座標系における方程式を求め，曲線を同定せよ．

15. $r^2 = 5$　**16.** $r = 4\sec\theta$

17. $r = 5\cos\theta$　**18.** $\theta = \pi/3$

19. $r^2\cos 2\theta = 1$　**20.** $r^2\sin 2\theta = 1$

21-26　直交座標系における方程式で表された曲線の極方程式を求めよ．

21. $y = 2$　**22.** $y = x$

23. $y = 1 + 3x$　**24.** $4y^2 = x$

25. $x^2 + y^2 = 2cx$　**26.** $x^2 - y^2 = 4$

27-28　次の曲線は，極方程式あるいは直交座標系における方程式のどちらによって，より容易に表せるかを調べ，その方程式を書け．

27. (a) 原点を通り，正の x 軸となす角が $\pi/6$ である直線
(b) 点 $(3, 3)$ を通る垂直線

28. (a) 中心 $(2, 3)$，半径5の円
(b) 中心が原点，半径4の円

29-46　まず θ–r 直交座標系に θ の関数として r のグラフを描くことによって，与えられた極方程式の曲線を描け．

29. $r = -2\sin\theta$　**30.** $r = 1 - \cos\theta$

31. $r = 2(1 + \cos\theta)$　**32.** $r = 1 + 2\cos\theta$

33. $r = \theta$, $\theta \geqslant 0$

34. $r = \theta^2$, $-2\pi \leqslant \theta \leqslant 2\pi$

35. $r = 3\cos 3\theta$　**36.** $r = -\sin 5\theta$

37. $r = 2\cos 4\theta$　**38.** $r = 2\sin 6\theta$

39. $r = 1 + 3\cos\theta$　**40.** $r = 1 + 5\sin\theta$

41. $r^2 = 9\sin 2\theta$　**42.** $r^2 = \cos 4\theta$

43. $r = 2 + \sin 3\theta$　**44.** $r^2\theta = 1$

45. $r = \sin(\theta/2)$　**46.** $r = \cos(\theta/3)$

47-48　図は θ–r 直交座標系に r を θ の関数として描いたものである．これを使って，この関数が表す曲線を極座標に描け．

47.

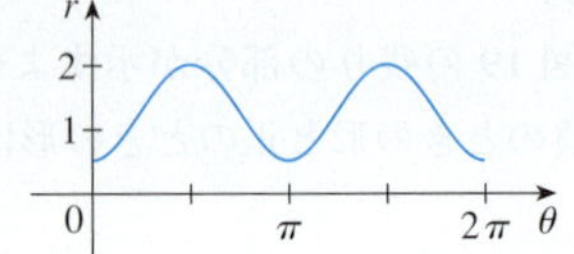

48.

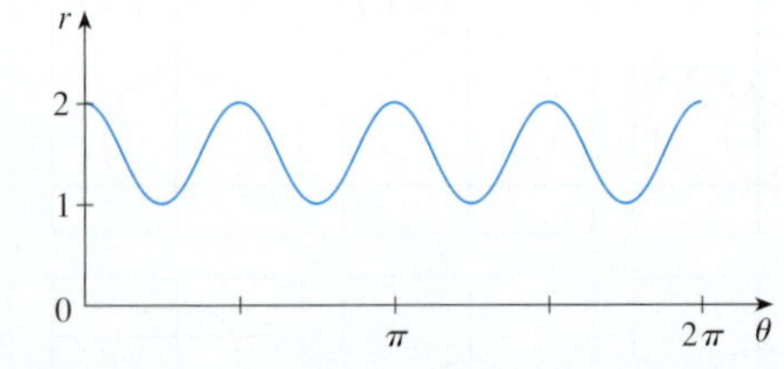

49. 極座標で表される曲線 $r=4+2\sec\theta$（コンコイドとよばれる）は，垂直漸近線として直線 $x=2$ をもつことを，$\lim_{r\to\pm\infty} x=2$ を示すことによって示せ．また，これを使ってコンコイドの概形を描け．

50. 曲線 $r=2-\csc\theta$（これもコンコイドとよばれる）は，水平漸近線として直線 $y=-1$ をもつことを，$\lim_{r\to\pm\infty} y=-1$ を示すことによって示せ．また，これを使ってコン

コイドの概形を描け.

51. 曲線 $r=\sin\theta\tan\theta$（**Diocles** のシッソイドとよばれる）は，垂直漸近線として直線 $x=1$ をもつことを示せ．また，曲線が完全に $0\leqslant x<1$ にあることを示せ．これらを使って，シッソイドの概形を描け.

52. 曲線 $(x^2+y^2)^3=4x^2y^2$ を描け.

53. (a) 例 11 のグラフは，$|c|>1$ のとき，蝸牛形 $r=1+c\sin\theta$ は内側にループをもつことを示している．これが真であることを証明し，内側のループに対応する θ の値を求めよ.

(b) 図 19 より，$c=\frac{1}{2}$ のとき，蝸牛形は凹みがなくなる．このことを証明せよ.

54. 極方程式 (a)～(f) とグラフ I～VI を，理由を付して対応づけよ（計算機は使用しない）.

(a) $r=\log\theta,\quad 1\leqslant\theta\leqslant 6\pi$　(b) $r=\theta^2,\quad 0\leqslant\theta\leqslant 8\pi$

(c) $r=\cos 3\theta$　(d) $r=2+\cos 3\theta$

(e) $r=\cos(\theta/2)$　(f) $r=2+\cos(3\theta/2)$

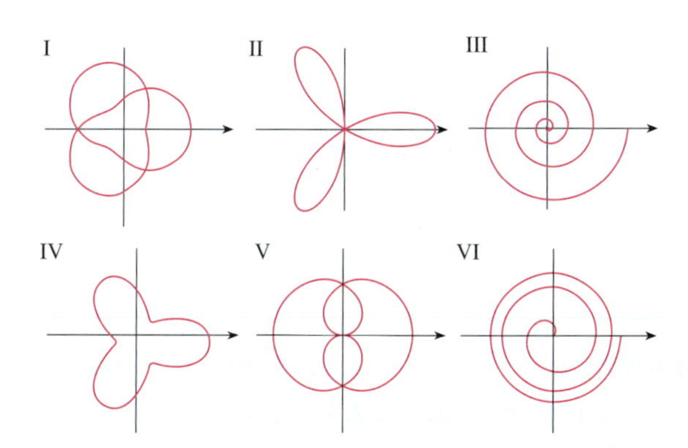

55-60 次の極方程式の，θ の値で与えられた点における接線の傾きを求めよ.

55. $r=2\cos\theta,\quad \theta=\pi/3$

56. $r=2+\sin 3\theta,\quad \theta=\pi/4$

57. $r=1/\theta,\quad \theta=\pi$

58. $r=\cos(\theta/3),\quad \theta=\pi$

59. $r=\cos 2\theta,\quad \theta=\pi/4$

60. $r=1+2\cos\theta,\quad \theta=\pi/3$

61-64 次の曲線の，接線が水平あるいは垂直となる点を求めよ.

61. $r=3\cos\theta$　**62.** $r=1-\sin\theta$

63. $r=1+\cos\theta$　**64.** $r=e^{\theta}$

---

65. 極方程式 $r=a\sin\theta+b\cos\theta$ は $ab\neq 0$ ならば円を表すことを示し，中心と半径を求めよ.

66. 曲線 $r=a\sin\theta$ と $r=a\cos\theta$ は交点で直角に交わることを示せ.

67-72 計算機を使って，次の極座標で表される曲線を描け．完全なグラフになる θ の範囲を求めよ.

67. $r=1+2\sin(\theta/2)$　（ネフロイド，腎臓形）

68. $r=\sqrt{1-0.8\sin^2\theta}$　(hippopede)

69. $r=e^{\sin\theta}-2\cos(4\theta)$　（バタフライ曲線）

70. $r=|\tan\theta|^{|\cot\theta|}$　（バレンティン曲線）

71. $r=1+\cos^{999}\theta$　（パックマン曲線）

72. $r=2+\cos(9\theta/4)$

---

73. 計算機を使って，$r=1+\sin(\theta-\pi/6)$ と $r=1+\sin(\theta-\pi/3)$ のグラフは $r=1+\sin\theta$ のグラフとどのような関係があるか調べよ．一般に，$r=f(\theta-\alpha)$ のグラフと $r=f(\theta)$ のグラフにはどのような関係があるか.

74. 計算機を使って曲線 $r=\sin 2\theta$ を描き，最高点の y 座標を見積もれ．また，正確な値を計算で求めよ.

75. 計算機を使って，c を実数として，極方程式 $r=1+c\cos\theta$ の曲線の族を調べよ．c が変化するとき，曲線の形はどのように変化するか.

76. 計算機を使って，n を自然数として，極座標で表される曲線

$$r=1+\cos^n\theta$$

の族を調べよ．n が増加するとき，曲線の形はどのように変化するか．n が大きくなるとき，曲線の形はどうなるか．θ-r 直交座標系に θ の関数として r のグラフを描き，n を十分大きいときの曲線の形を説明せよ.

77. 点 P を曲線 $r=f(\theta)$ 上の原点ではない任意の点とする．ψ を点 P における接線と線分 OP とのなす角とするならば，

$$\tan\psi=\frac{r}{dr/d\theta}$$

であることを示せ［ヒント：図より $\psi=\phi-\theta$ である］.

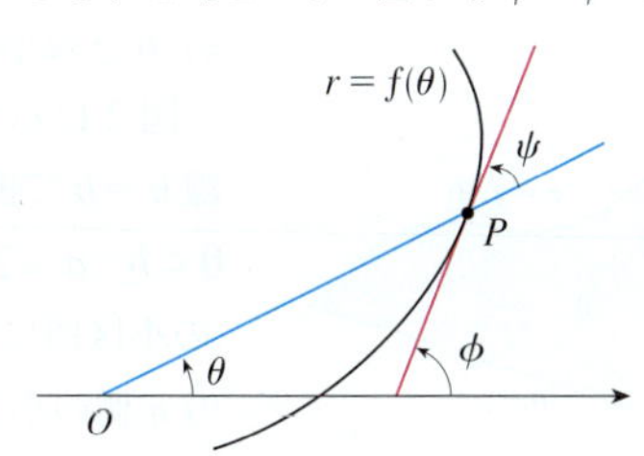

78. (a) 前問 77 を使って，曲線 $r=e^{\theta}$ 上の点 P における接線と線分 OP のなす角は，常に $\pi/4$ であることを示せ.

(b) 計算機を使って，曲線と $\theta=0,\pi/2$ の点における接線を描き，(a) を説明せよ.

(c) 極曲線 $r=f(\theta)$ 上の点 P における接線と線分 OP のなす角 ψ が，点 P によらず定数であるならば，この極曲線は，C と k を定数として $r=Ce^{k\theta}$ と表されることを証明せよ.

研究課題　極座標で表される曲線の族

ここでは，計算機を使って，極座標で表される曲線の族が示す美しく興味深い形を見つける．また，定数を変化させることにより，曲線の形がどのように変化するかもみることができる．

1. n を自然数として，極方程式 $r=\sin n\theta$ で定義される曲線の族を調べる．
   (a) n とループの数との関係を調べよ．
   (b) 方程式を $r=|\sin n\theta|$ とするならば，何が起こるか．
2. c を実数，n を自然数として，極方程式 $r=1+c\sin n\theta$ で定義される拡張された蝸牛形の族を調べる．n が増加するとき，グラフの形はどのように変化するか．c が変化するとき，グラフの形はどのように変化するか．十分な数のグラフを描いて，予想の根拠を与えよ．
3. 極座標系において，曲線の族を
$$r=\frac{1-a\cos\theta}{1+a\cos\theta}$$
で定義する．a の変化はグラフにいかなる変化を与えるか．特に曲線の形が一変するときの a の値を求めよ．
4. 天文学者 Giovanni Cassini（カッシーニ，1625–1712）は，a, c を正の実数として，**Cassini の卵形線**とよばれる，極座標系で定義された曲線
$$r^4-2c^2r^2\cos 2\theta+c^4-a^4=0$$
を研究した．この曲線は特別な a, c の値のときのみ卵形になるのだが，Cassini はこの曲線が Kepler（ケプラー）の主張するだ円より，よりよく惑星の運動を表すと考えた．a, c を変化させることによって，この曲線がとるさまざまな形を調べよ．特にこの曲線が二つに分かれるときの a と c の関係を求めよ．

5・4　極座標系での面積と長さ

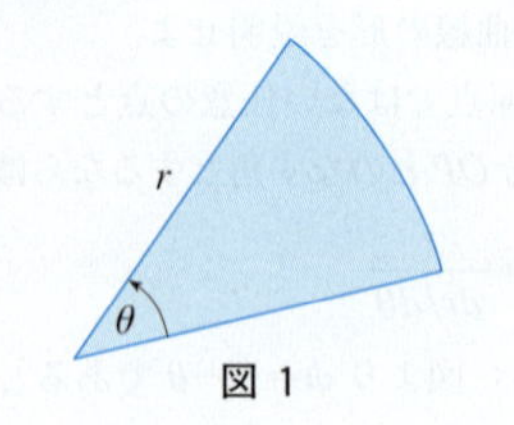

図 1

この節では，境界が極方程式によって定義される領域の面積を公式化する．このとき，図 1 に示すように r を半径，θ を弧度法で表す中心角として，次に示す扇形の面積を求める公式が必要となる．

1
$$A=\tfrac{1}{2}r^2\theta$$

式 1 は，扇形の面積がその中心角に比例すること，すなわち $A=(\theta/2\pi)\pi r^2=\frac{1}{2}r^2\theta$ と導かれる（§2・3 節末問題 35 参照）．

図 2 に示すように，極座標で表される曲線（極曲線）$r=f(\theta)$，直線 $\theta=a$，直線 $\theta=b$ で囲まれた領域を $\mathscr{R}$ とする．ここで，f は正値をとる連続関数，a, b は $0<b-a\leqq 2\pi$ とする．区間 $[a, b]$ を，端点 $\theta_0, \theta_1, \theta_2, \cdots, \theta_n$ とする等区間幅 $\Delta\theta$ の小区間に分割する．このとき，直線 $\theta=\theta_i$ は，領域 $\mathscr{R}$ を中心角 $\Delta\theta=\theta_i-\theta_{i-1}$ の n 個の小領域に分割する．θ_i^* を i 番目の小区間 $[\theta_{i-1}, \theta_i]$ における数とするならば，i 番目の小領域の面積 ΔA_i は，中心角 $\Delta\theta$，半径 $f(\theta_i^*)$ の扇形の面積で近似される（図 3）．

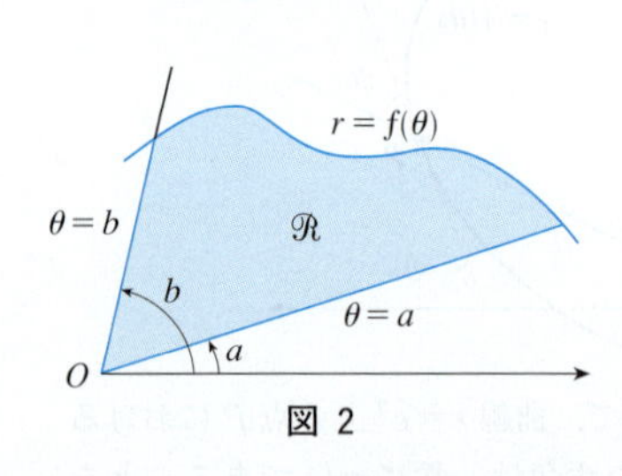

図 2

よって，公式 1 を使うならば
$$\Delta A_i\approx\tfrac{1}{2}(f(\theta_i^*))^2\,\Delta\theta$$
となり，$\mathscr{R}$ の面積 A の近似は

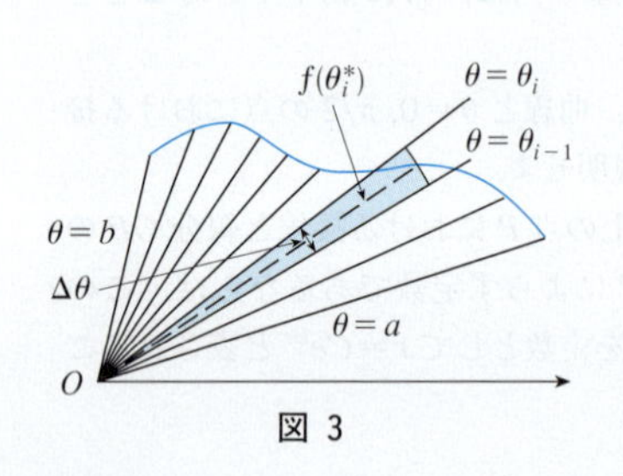

図 3

2
$$A\approx\sum_{i=1}^{n}\tfrac{1}{2}(f(\theta_i^*))^2\,\Delta\theta$$

である．図 3 から，$n \to \infty$ とするならば $\boxed{2}$ の近似値がよくなることは明らかであり，$\boxed{2}$ が表しているのは関数 $g(\theta) = \frac{1}{2}(f(\theta))^2$ の Riemann 和であるので，

$$\lim_{n \to \infty} \sum_{i=1}^{n} \frac{1}{2}(f(\theta_i^*))^2 \Delta\theta = \int_a^b \frac{1}{2}(f(\theta))^2 \, d\theta$$

である．よって，極座標で定義される領域 $\mathcal{R}$ の面積 A の公式が

$$\boxed{3} \qquad \boxed{A = \int_a^b \frac{1}{2}(f(\theta))^2 \, d\theta}$$

であることはもっともらしく思えるし，実際に証明することができる．公式 $\boxed{3}$ は，$r = f(\theta)$ であるという前提で

$$\boxed{4} \qquad \boxed{A = \int_a^b \frac{1}{2} r^2 \, d\theta}$$

とも書かれる．このとき，公式 $\boxed{1}$ と公式 $\boxed{4}$ の相似点に注目する必要がある．

この公式 $\boxed{3}$ あるいは公式 $\boxed{4}$ は，原点 O を端点とする長さの変化する線分を，角 a から角 b まで回転させることによってできる領域の面積と考えることができる．

例 1　4 弁バラ曲線 $r = \cos 2\theta$ の一つのループの面積を求めよ．

［解 説］　曲線 $r = \cos 2\theta$ は §5・3 例 8 で描いた．図 4 をみれば，右のループは線分を $\theta = -\pi/4$ から $\theta = \pi/4$ まで回転させることによってつくられるから，

$$A = \int_{-\pi/4}^{\pi/4} \frac{1}{2} r^2 \, d\theta = \frac{1}{2} \int_{-\pi/4}^{\pi/4} \cos^2 2\theta \, d\theta = \int_0^{\pi/4} \cos^2 2\theta \, d\theta$$

$$= \int_0^{\pi/4} \frac{1}{2}(1 + \cos 4\theta) \, d\theta = \frac{1}{2}\Big[\theta + \frac{1}{4}\sin 4\theta\Big]_0^{\pi/4} = \frac{\pi}{8}$$

である．

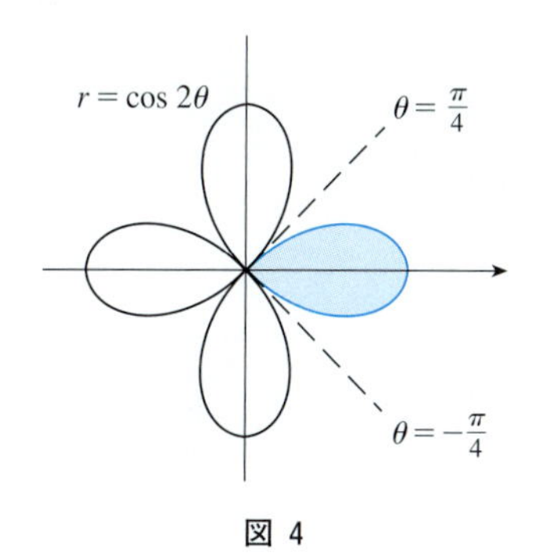

図 4

例 2　円 $r = 3\sin\theta$ の内部であり，カーディオイド $r = 1 + \sin\theta$ の外部である領域の面積を求めよ．

［解 説］　カーディオイド（§5・3 例 7 参照）と円，そして求めるべき領域を水色で示したのが図 5 である．公式 $\boxed{4}$ の a と b の値は，二つの曲線の交点より求まるから，$3\sin\theta = 1 + \sin\theta$ すなわち $\sin\theta = \frac{1}{2}$ を解くことにより，$\theta = \pi/6$ と $\theta = 5\pi/6$ である．よって，求める面積は $\theta = \pi/6$ から $\theta = 5\pi/6$ までの，円の面積からカーディオイドの面積を引いたものである．

$$A = \frac{1}{2}\int_{\pi/6}^{5\pi/6} (3\sin\theta)^2 \, d\theta - \frac{1}{2}\int_{\pi/6}^{5\pi/6} (1 + \sin\theta)^2 \, d\theta$$

問題にしている領域は垂直軸 $\theta = \pi/2$ に関して線対称であるので

$$A = 2\left(\frac{1}{2}\int_{\pi/6}^{\pi/2} 9\sin^2\theta \, d\theta - \frac{1}{2}\int_{\pi/6}^{\pi/2} (1 + 2\sin\theta + \sin^2\theta) \, d\theta\right)$$

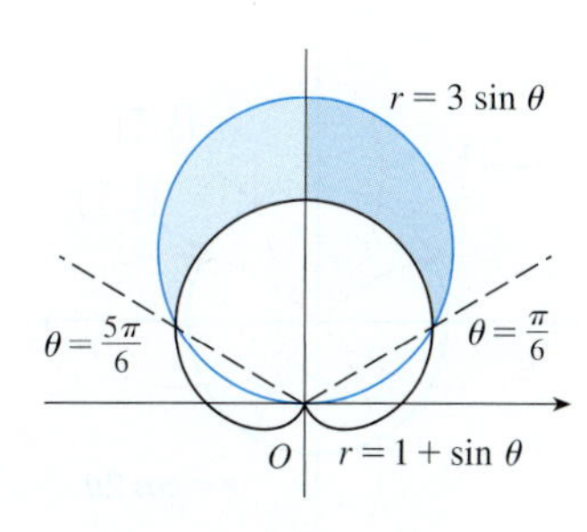

図 5

$$= \int_{\pi/6}^{\pi/2} (8\sin^2\theta - 1 - 2\sin\theta)\, d\theta$$

$$= \int_{\pi/6}^{\pi/2} (3 - 4\cos 2\theta - 2\sin\theta)\, d\theta \qquad \left(\sin^2\theta = \tfrac{1}{2}(1-\cos 2\theta) \text{であるので}\right)$$

$$= \Big[3\theta - 2\sin 2\theta + 2\cos\theta\Big]_{\pi/6}^{\pi/2} = \pi$$

となる．

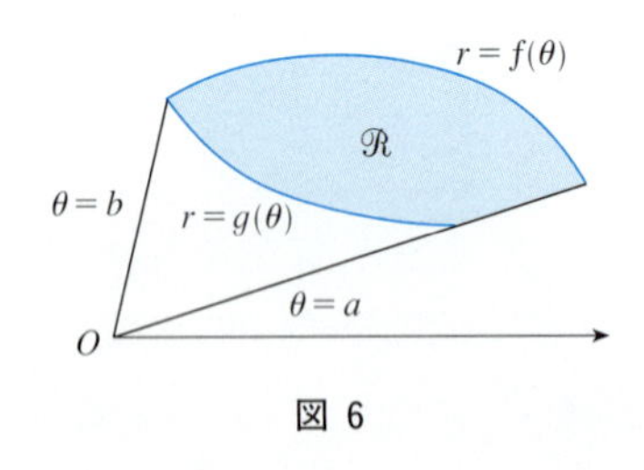

図 6

例 2 は二つの極曲線で囲まれる領域の面積の求め方を説明している．一般に，図 6 に示すように，極方程式で表される曲線 $r=f(\theta)$，$r=g(\theta)$，$\theta=a$，$\theta=b$ で囲まれる領域を $\mathcal{R}$ とする．ここで，$f(\theta)\geqq g(\theta)\geqq 0$ とし，$0<b-a\leqq 2\pi$ である．$\mathcal{R}$ の面積 A は，$r=f(\theta)$ でつくられる領域の面積から $r=g(\theta)$ でつくられる領域の面積を引くことによって求めることができる．公式 3 を使うならば

$$A = \int_a^b \frac{1}{2}(f(\theta))^2\, d\theta - \int_a^b \frac{1}{2}(g(\theta))^2\, d\theta$$

$$= \frac{1}{2}\int_a^b \left((f(\theta))^2 - (g(\theta))^2\right) d\theta$$

である．

注 意　一つの点を表す極座標が一意でなく多数あることが，二つの極曲線のすべての交点を求めることを難しくしている．たとえば，図 5 をみれば，円とカーディオイドには交点が三つあることは明らかであるが，例 2 で，方程式 $r=3\sin\theta$ と $r=1+\sin\theta$ を解くことで求まった交点は $(\frac{3}{2}, \pi/6)$ と $(\frac{3}{2}, 5\pi/6)$ の二つである．原点も交点であるが，両方の式を満たす原点の極座標表現が存在しないため，曲線の方程式を解く方法によって求めることができなかった．原点が $(0,0)$ あるいは $(0,\pi)$ で表されるとき，原点は方程式 $r=3\sin\theta$ を満たす円上の点であり，同様に原点が $(0, 3\pi/2)$ で表されるとき，原点は方程式 $r=1+\sin\theta$ を満たすカーディオイド上の点である．媒介変数 θ が 0 から 2π まで増加するときの，曲線に沿って動く二つの点を考える．$r=3\sin\theta$ 上の点は $\theta=0$ あるいは $\theta=\pi$ のとき原点を通り，$r=1+\sin\theta$ 上の点は $\theta=3\pi/2$ のとき原点を通る．点は決して原点で衝突することはないが，それでも点の軌跡（曲線）は交わる．

したがって，二つの極曲線のすべての交点を求めるのに，両方の曲線のグラフを描くのがよい．そのために計算機を利用すると便利である．

例 3　曲線 $r=\cos 2\theta$ と $r=\frac{1}{2}$ とのすべての交点を求めよ．

［解 説］　方程式 $r=\cos 2\theta$ と $r=\frac{1}{2}$ を解くならば，$\cos 2\theta=\frac{1}{2}$ より $2\theta=\pi/3$，$5\pi/3$，$7\pi/3$，$11\pi/3$ であり，2 式を満たす 0 から 2π までの θ の値は $\theta=\pi/6$，$5\pi/6$，$7\pi/6$，$11\pi/6$ である．よって，四つの交点が求まり，その極座標は $(\frac{1}{2}, \pi/6)$，$(\frac{1}{2}, 5\pi/6)$，$(\frac{1}{2}, 7\pi/6)$，$(\frac{1}{2}, 11\pi/6)$ である．

しかし図 7 をみれば，さらに四つの交点 $(\frac{1}{2}, \pi/3)$，$(\frac{1}{2}, 2\pi/3)$，$(\frac{1}{2}, 4\pi/3)$，$(\frac{1}{2}, 5\pi/3)$ があることがわかる．これらは，対称性を用いるか，あるいは円のもう一つの式が $r=-\frac{1}{2}$ であることを使って，方程式 $r=\cos 2\theta$ と $r=-\frac{1}{2}$ を解くことによって求まる．

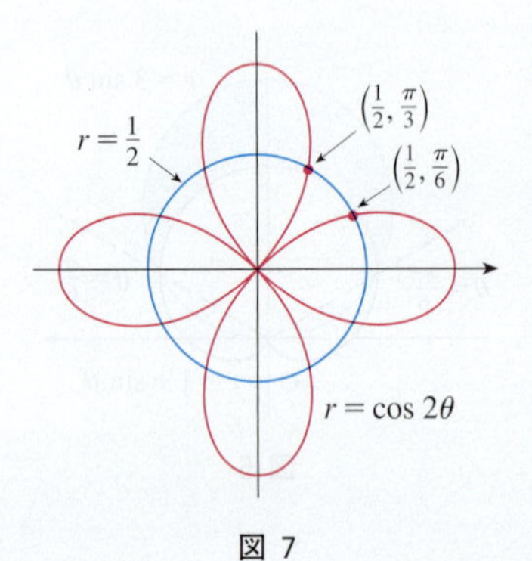

図 7

曲線の長さ

極曲線 $r=f(\theta)$, $a\leqq\theta\leqq b$ の長さを求めるために，θ を媒介変数とする直交座標系における曲線のパラメトリック方程式

$$x = r\cos\theta = f(\theta)\cos\theta \qquad y = r\sin\theta = f(\theta)\sin\theta$$

を考える．積の微分公式を使って θ で微分するならば，

$$\frac{dx}{d\theta} = \frac{dr}{d\theta}\cos\theta - r\sin\theta \qquad \frac{dy}{d\theta} = \frac{dr}{d\theta}\sin\theta + r\cos\theta$$

であり，$\cos^2\theta+\sin^2\theta=1$ を使うならば，

$$\begin{aligned}\left(\frac{dx}{d\theta}\right)^2 + \left(\frac{dy}{d\theta}\right)^2 &= \left(\frac{dr}{d\theta}\right)^2\cos^2\theta - 2r\frac{dr}{d\theta}\cos\theta\ \sin\theta + r^2\sin^2\theta \\ &\quad + \left(\frac{dr}{d\theta}\right)^2\sin^2\theta + 2r\frac{dr}{d\theta}\sin\theta\ \cos\theta + r^2\cos^2\theta \\ &= \left(\frac{dr}{d\theta}\right)^2 + r^2\end{aligned}$$

である．f' が連続であると仮定するならば，§5・2 定理 5 より，曲線の長さは

$$L = \int_a^b \sqrt{\left(\frac{dx}{d\theta}\right)^2 + \left(\frac{dy}{d\theta}\right)^2}\, d\theta$$

で与えられる．よって，極方程式 $r=f(\theta)$, $a\leqq\theta\leqq b$ で表される曲線の長さは

5
$$L = \int_a^b \sqrt{r^2 + \left(\frac{dr}{d\theta}\right)^2}\, d\theta$$

である．

例 4 カーディオイド $r=1+\sin\theta$ の長さを求めよ．

［解 説］ カーディオイドを図 8 に示す（§5・3 例 7 参照）．媒介変数 θ が $0\leqq\theta\leqq 2\pi$ の範囲で動くとき，カーディオイドの全体が描かれるので，公式 5 より

$$\begin{aligned}L &= \int_0^{2\pi} \sqrt{r^2 + \left(\frac{dr}{d\theta}\right)^2}\, d\theta \\ &= \int_0^{2\pi} \sqrt{(1+\sin\theta)^2 + \cos^2\theta}\, d\theta = \int_0^{2\pi} \sqrt{2+2\sin\theta}\, d\theta\end{aligned}$$

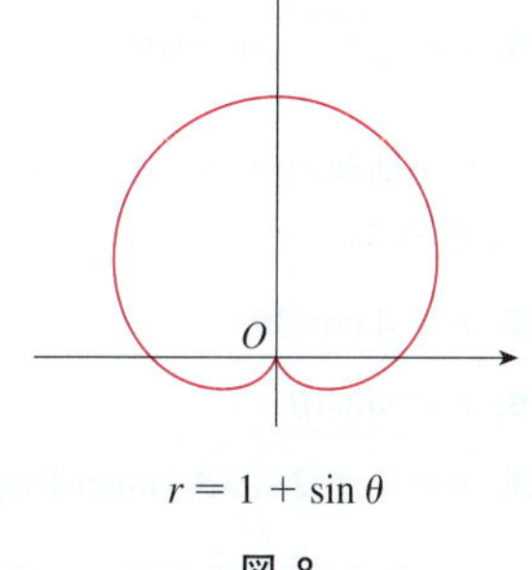

$r = 1 + \sin\theta$

図 8

となる．この原始関数を計算で求めるならば．分母と分子に $\sqrt{2-2\sin\theta}$ を掛けてから，置換積分をすることによって求めることができる．また，計算機を使って原始関数を求めることもできる．いずれにしろ，長さ L は 8 である．

5・4　節末問題

1-4　与えられた曲線で囲まれる領域の，与えられた範囲における面積を求めよ．

1. $r = e^{-\theta/4},\quad \pi/2 \leqq \theta \leqq \pi$

2. $r = \cos\theta,\quad 0 \leqq \theta \leqq \pi/6$

3. $r = \sin\theta + \cos\theta,\quad 0 \leqq \theta \leqq \pi$

4. $r = 1/\theta,\quad \pi/2 \leqq \theta \leqq 2\pi$

5-8　水色の領域の面積を求めよ．

5.

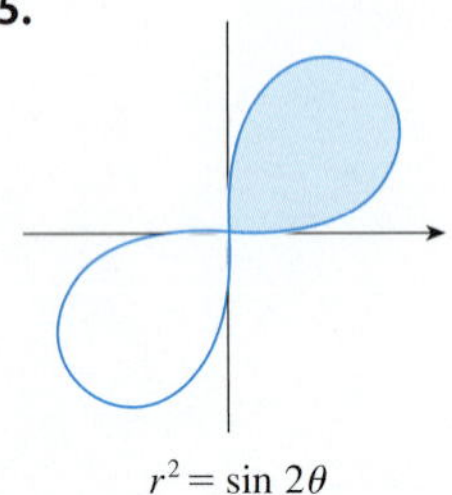

$r^2 = \sin 2\theta$

6.

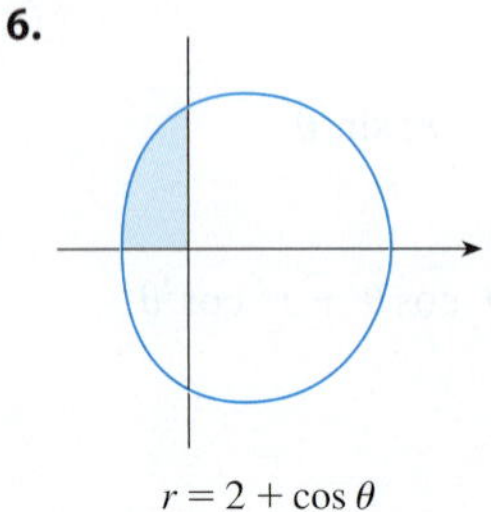

$r = 2 + \cos\theta$

7.

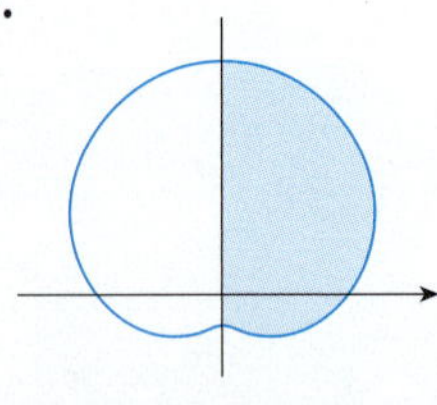

$r = 4 + 3\sin\theta$

8.

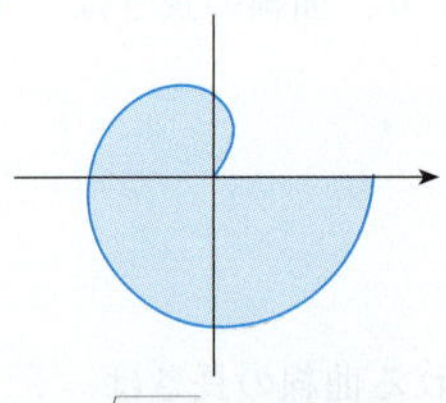

$r = \sqrt{\log\theta},\ 1 \leqq \theta \leqq 2\pi$

9-12　曲線を描き，曲線で囲まれる領域の面積を求めよ．

9. $r = 2\sin\theta$　　**10.** $r = 1 - \sin\theta$

11. $r = 3 + 2\cos\theta$　　**12.** $r = 2 - \cos\theta$

13-16　計算機で曲線を描き，曲線で囲まれる領域の面積を求めよ．

13. $r = 2 + \sin 4\theta$　　**14.** $r = 3 - 2\cos 4\theta$

15. $r = \sqrt{1 + \cos^2(5\theta)}$　　**16.** $r = 1 + 5\sin 6\theta$

17-21　曲線の一つのループによって囲まれる領域の面積を求めよ．

17. $r = 4\cos 3\theta$　　**18.** $r^2 = 4\cos 2\theta$

19. $r = \sin 4\theta$　　**20.** $r = 2\sin 5\theta$

21. $r = 1 + 2\sin\theta$ (inner loop)

22. ストロフォイド

$$r = 2\cos\theta - \sec\theta$$

のループによって囲まれる領域の面積を求めよ．

23-28　一つ目の曲線の内側，二つ目の曲線の外側となる領域の面積を求めよ．

23. $r = 4\sin\theta,\quad r = 2$

24. $r = 1 - \sin\theta,\quad r = 1$

25. $r^2 = 8\cos 2\theta,\quad r = 2$

26. $r = 1 + \cos\theta,\quad r = 2 - \cos\theta$

27. $r = 3\cos\theta,\quad r = 1 + \cos\theta$

28. $r = 3\sin\theta,\quad r = 2 - \sin\theta$

29-34　両方の曲線の内側となる領域の面積を求めよ．

29. $r = 3\sin\theta,\quad r = 3\cos\theta$

30. $r = 1 + \cos\theta,\quad r = 1 - \cos\theta$

31. $r = \sin 2\theta,\quad r = \cos 2\theta$

32. $r = 3 + 2\cos\theta,\quad r = 3 + 2\sin\theta$

33. $r^2 = 2\sin 2\theta,\quad r = 1$

34. $r = a\sin\theta,\quad r = b\cos\theta,\quad a > 0,\ b > 0$

35. 蝸牛形 $r = \frac{1}{2} + \cos\theta$ の大きいループの内側で，小さいループの外側となる領域の面積を求めよ．

36. 曲線 $r = 1 + 2\cos 3\theta$ の大きいループと小さいループの間につくられる領域の面積を求めよ．

37-42　2 曲線の交点をすべて求めよ．

37. $r = \sin\theta,\quad r = 1 - \sin\theta$

38. $r = 1 + \cos\theta,\quad r = 1 - \sin\theta$

39. $r = 2\sin 2\theta,\quad r = 1$

40. $r = \cos 3\theta,\quad r = \sin 3\theta$

41. $r = \sin\theta,\quad r = \sin 2\theta$

42. $r^2 = \sin 2\theta,\quad r^2 = \cos 2\theta$

43. カーディオイド $r = 1 + \sin\theta$ と Archimedes（アルキメデス）の渦巻線 $r = 2\theta$，$-\pi/2 \leqq \theta \leqq \pi/2$ の交点を正確に求めることはできない．そこで計算機を使ってグラフを描き，交点の近似値を求めよ．また，この値を使って両方の曲線の内側となる領域の面積を求めよ．

44. 生演奏を録音する際，録音技師は観客からの雑音を拾

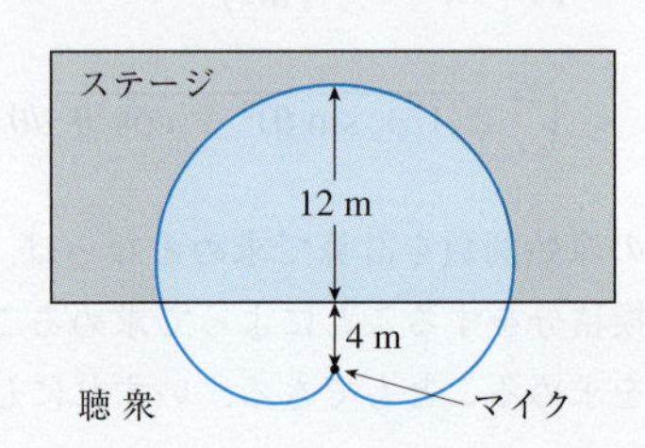

わないよう，録音領域がカーディオイド形になるマイクを使う．マイクがステージの正面から 4 m のところに設置され（図），最適な録音領域の境界はカーディオイド $r=8+8\sin\theta$ によって与えられているとする．ここで，r の単位はメートルであり，マイクは極に置かれている．演奏家から，ステージ上におけるマイクの最適な録音領域の面積を知りたいと聞かれた場合，どのように答えるか．

45-48 極曲線の正確な長さを求めよ．

45. $r = 2\cos\theta,\quad 0 \leqslant \theta \leqslant \pi$

46. $r = 5^{\theta},\quad 0 \leqslant \theta \leqslant 2\pi$

47. $r = \theta^2,\quad 0 \leqslant \theta \leqslant 2\pi$

48. $r = 2(1 + \cos\theta)$

49-50 曲線の正確な長さを求めよ．計算機でグラフを描き，θ の範囲を求めよ．

49. $r = \cos^4(\theta/4)$　　**50.** $r = \cos^2(\theta/2)$

51-54 計算機を使って，曲線の長さを小数点以下 4 桁まで求めよ．必要ならば曲線のグラフを描き，θ の範囲を求めよ．

51. 曲線 $r=\cos 2\theta$ の一つのループ

52. $r = \tan\theta,\quad \pi/6 \leqslant \theta \leqslant \pi/3$

53. $r = \sin(6\sin\theta)$

54. $r = \sin(\theta/4)$

---

55. (a) §5・2 公式 [6] を使って，極曲線

$$r = f(\theta) \qquad a \leqslant \theta \leqslant b$$

を始線のまわりに回転させて得られる回転体の表面積は

$$S = \int_a^b 2\pi r\sin\theta\sqrt{r^2 + \left(\frac{dr}{d\theta}\right)^2}\,d\theta$$

であることを示せ．ただし，f' は連続で $0 \leqslant a < b \leqslant \pi$ であるとする．

(b) (a)の式を使って，レムニスケート $r^2=\cos 2\theta$ を始線のまわりに回転させて得られる回転体の表面積を求めよ．

56. (a) 極曲線 $r=f(\theta)$，$a \leqslant \theta \leqslant b$ を直線 $\theta=\pi/2$ のまわりに回転させた回転体の表面積を与える公式を求めよ．ただし，f' は連続で $0 \leqslant a < b \leqslant \pi$ であるとする．

(b) レムニスケート $r^2=\cos 2\theta$ を直線 $\theta=\pi/2$ のまわりに回転させて得られる回転体の表面積を求めよ．

5・5 円すい曲線

この節では，放物線，だ円，双曲線に幾何学的定義を与え，これらの標準方程式形を導く．これらは，図 1 で示すように，円すいを平面で切断したときの切断面として現れるので，**円すい曲線**とよばれる．また 2 次方程式 $ax^2+bxy+cy^2+dx+e+f=0$ が与える曲線は，すべて上記の 3 曲線または特別な場合として直線あるいは点を表すので，2 次曲線ともよばれる．

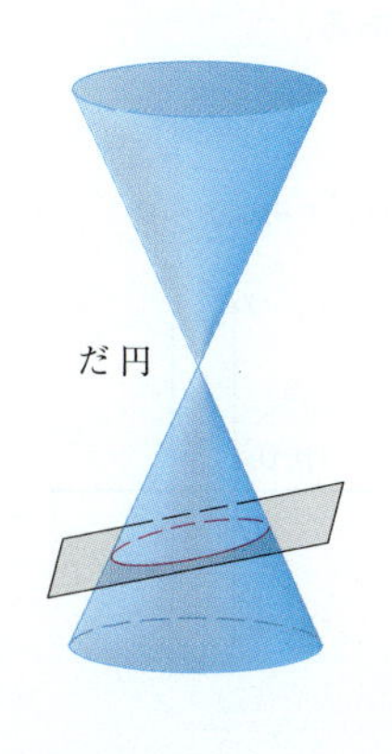

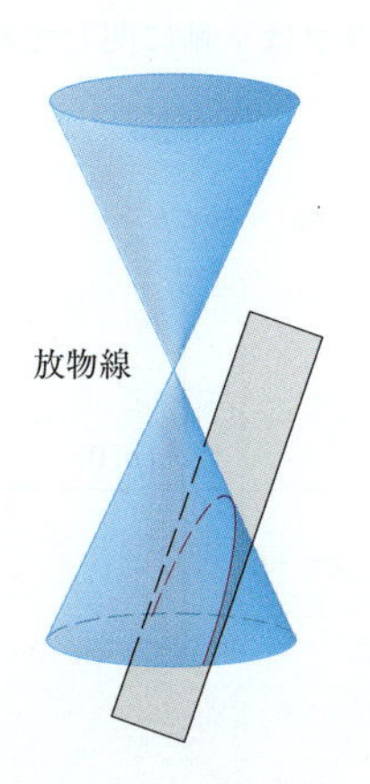

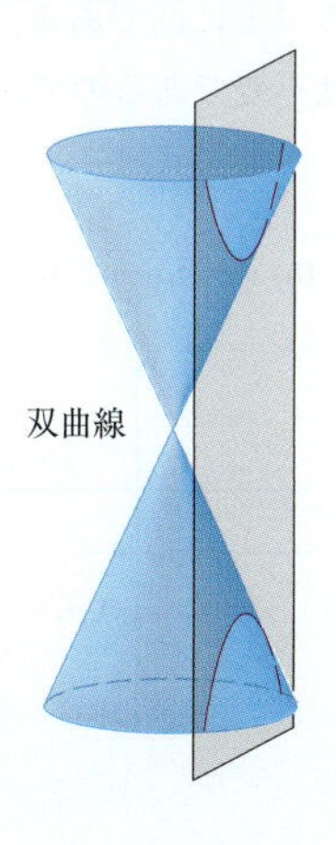

図 1 円すい曲線

放物線

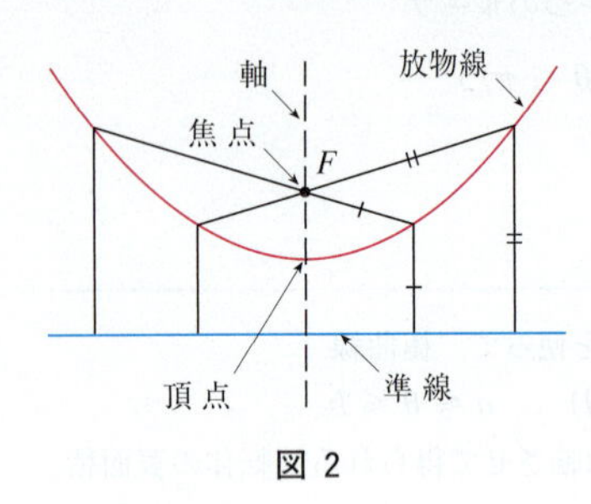

図 2

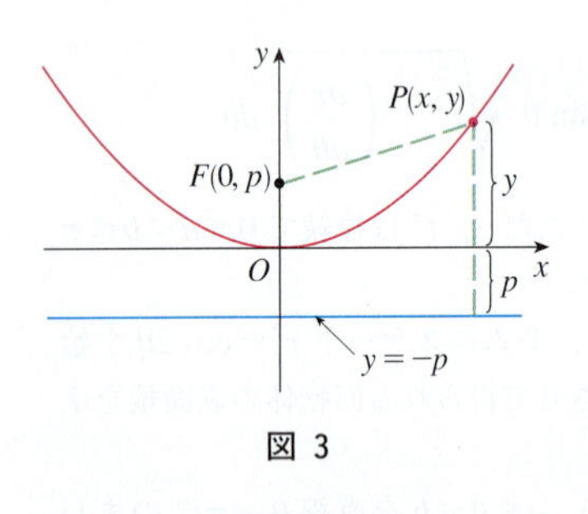

図 3

放物線は，**焦点**とよばれる定点 F と**準線**とよばれる定直線から等距離にある平面上の点の集合である．図 2 にこの定義が説明されている．焦点と準線の中点は放物線上の点であり，**頂点**といわれる．また，焦点を通り，準線に直交している直線を**軸**という．

16 世紀に Galileo は，空気中で斜めに打ち出される弾丸の軌跡が放物線であることを示した．それ以来，放物線型の図形は自動車のヘッドライト，反射望遠鏡，つり橋の設計などに使われてきた（放物面の有用な反射特性については，第Ⅰ巻第 2 章追加問題 18 参照）．

図 3 に示すように，頂点を原点 O，準線を x 軸に平行におくと，簡単な放物線の方程式が得られる．この場合，焦点 F の座標が $(0, p)$ ならば，準線の方程式は $y = -p$ となる．$P(x, y)$ を放物線上の任意の点とするならば，P から焦点 $F(0, p)$ までの距離は

$$|PF| = \sqrt{x^2 + (y - p)^2}$$

であり，P から準線までの距離は $|y + p|$ である（図 3 は $p > 0$ の場合である）．放物線の定義より，この二つの距離は等しいので，

$$\sqrt{x^2 + (y - p)^2} = |y + p|$$

であり，2 乗して整理するならば，

$$x^2 + (y - p)^2 = |y + p|^2 = (y + p)^2$$

$$x^2 + y^2 - 2py + p^2 = y^2 + 2py + p^2$$

$$x^2 = 4py$$

となる．

> [1] 焦点 $(0, p)$，準線 $y = -p$ の放物線の方程式は
>
> $$x^2 = 4py$$
>
> である．

$a = 1/(4p)$ とおくならば，放物線の標準形 [1] は $y = ax^2$ と表すことができる．放物線のグラフは $p > 0$ ならば上に開き（下に凸であり），$p < 0$ ならば下に開いている（上に凸である）（図 4(a), (b)）．[1] において x を $-x$ に置き換えても方程式は不変であるので，[1] のグラフは y 軸に関して線対称である．

(a) $x^2 = 4py,\ p > 0$

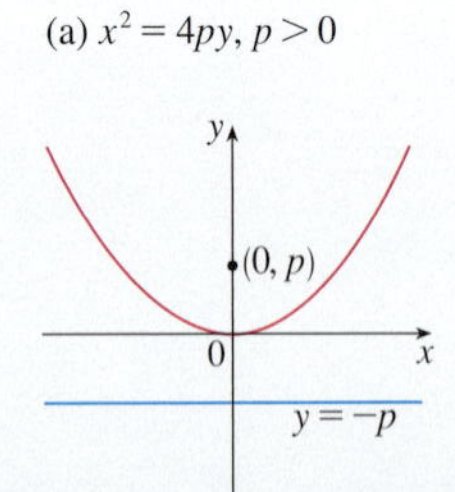

(b) $x^2 = 4py,\ p < 0$

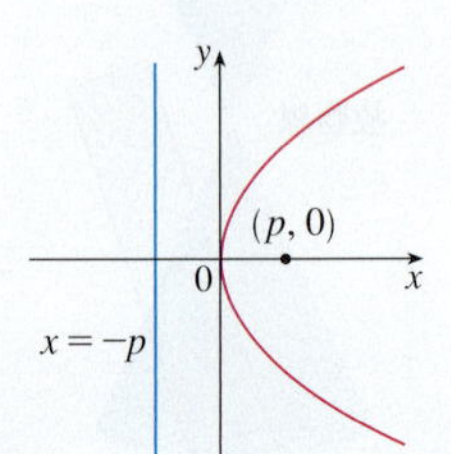

(c) $y^2 = 4px,\ p > 0$

(d) $y^2 = 4px,\ p < 0$

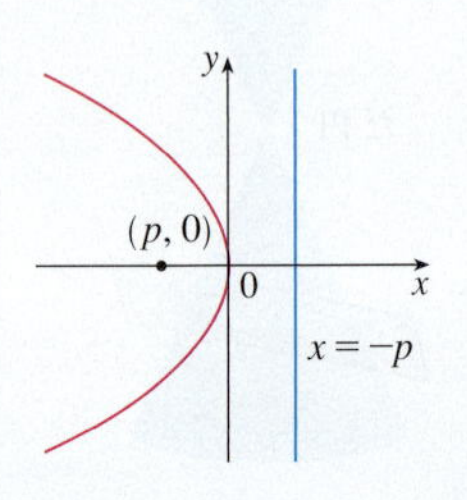

図 4

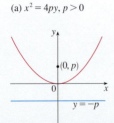

1 において x と y を入れ換えるならば，

2 $$y^2 = 4px$$

が得られる．これは，焦点 $(p,0)$，準線 $x=-p$ の放物線の方程式である（x と y を入れ換えたグラフは対角線 $y=x$ に関して線対称となる）．この放物線のグラフは $p>0$ ならば右に開いており，$p<0$ ならば左に開いている（図 4(c)，(d)）．どちらの場合も放物線の軸，この場合は x 軸に関して線対称である．

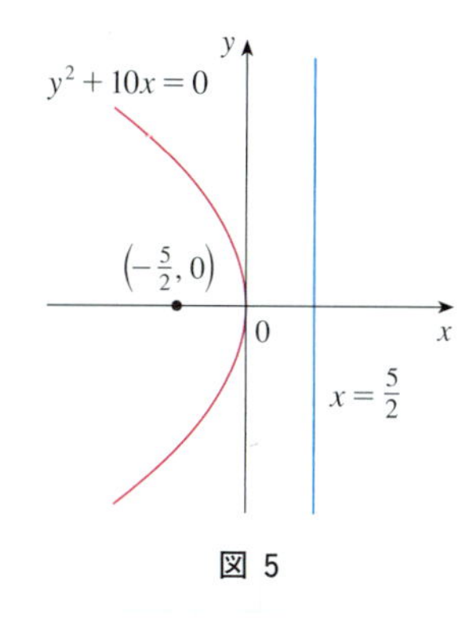

図 5

例 1　放物線 $y^2+10x=0$ の焦点と準線を求め，グラフを描け．

［解 説］ $y^2=-10x$ と方程式を書き直してから，式 2 と比較することにより，$4p=-10$ であるので $p=-\frac{5}{2}$ である．よって，焦点は $(p,0)=(-\frac{5}{2},0)$，準線は $x=\frac{5}{2}$ である．図 5 がグラフである．

だ　円

だ円は，二つの定点 F_1 と F_2 からの距離の和が一定となる，平面上の点の集合である（図 6）．二つの定点は**焦点**という．この定義がだ円の簡単な作図方法を与えている．2 本のピンを打ち，糸でつくった輪を 2 本のピンにかけ，輪の中に鉛筆をおいて，輪がたるまないように鉛筆を動かせばだ円が描かれる．Kepler の法則の一つは，太陽系の惑星は，太陽を一つの焦点とするだ円軌道上を動いているというものである．

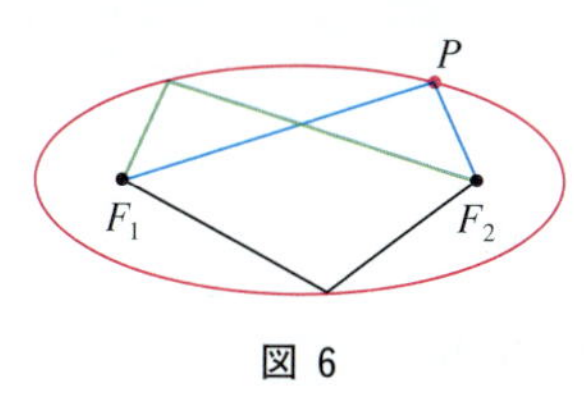

図 6

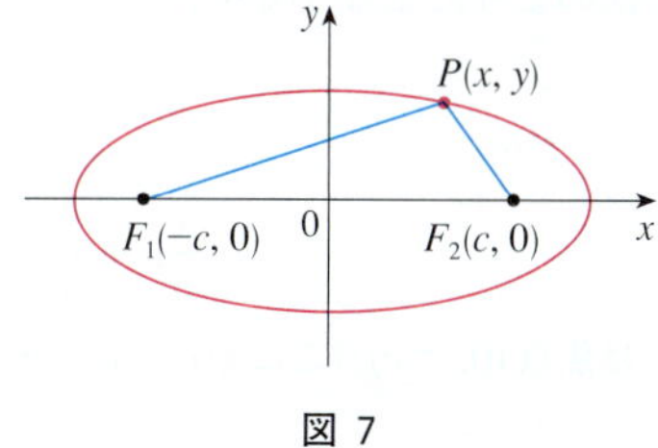

図 7

最も簡単なだ円の方程式を得るために，原点が 2 焦点の中点となるように，x 軸上に焦点 $F_1(-c,0)$ と $F_2(c,0)$ を定める（図 7）．だ円上の点 $P(x,y)$ から焦点までの距離の和を $2a$ とするならば，

$$|PF_1|+|PF_2|=2a$$

すなわち

$$\sqrt{(x+c)^2+y^2}+\sqrt{(x-c)^2+y^2}=2a$$

$$\sqrt{(x-c)^2+y^2}=2a-\sqrt{(x+c)^2+y^2}$$

である．両辺を 2 乗して整理するならば，

$$x^2-2cx+c^2+y^2=4a^2-4a\sqrt{(x+c)^2+y^2}+x^2+2cx+c^2+y^2$$

$$a\sqrt{(x+c)^2+y^2}=a^2+cx$$

となる．再度，両辺を 2 乗して整理すると，

$$a^2(x^2+2cx+c^2+y^2)=a^4+2a^2cx+c^2x^2$$

$$(a^2-c^2)x^2+a^2y^2=a^2(a^2-c^2)$$

となる．図 7 の 3 角形 F_1F_2P から $2c<2a$ すなわち $c<a$ であるので，$a^2-c^2>0$ となることがわかる．簡潔にするために $b^2=a^2-c^2$ とおくならば，だ円の方程式は $b^2x^2+a^2y^2=a^2b^2$ となり，両辺を a^2b^2 で割ると，

3
$$\frac{x^2}{a^2}+\frac{y^2}{b^2}=1$$

となる．このとき，$b^2=a^2-c^2<a^2$ であるので $b<a$ である．x 軸との交点は $y=0$ とおくことにより求まるので，$x^2/a^2=1$ すなわち $x^2=a^2$，よって $x=\pm a$ である．これに対応する点 $(-a,0)$ と $(a,0)$ をだ円の**頂点**といい，2 頂点を結ぶ線分を**長軸**という．y 軸との交点は，$x=0$ とおいて $y^2=b^2$ を解くことにより求まり，$y=\pm b$ である．2 点 $(0,-b)$ と $(0,b)$ を結ぶ線分を**短軸**という．方程式 3 は x を $-x$ に，あるいは y を $-y$ に置き換えても不変であるので，だ円は両軸に関して線対称である．二つの焦点が一致するならば，$c=0$ であるので $a=b$ となり，よって，だ円は半径 $r=a=b$ の円となる．

これらのことを図 8 と次に要約する．

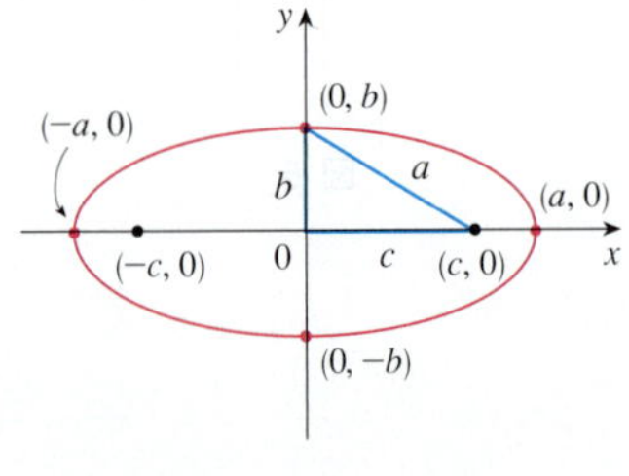

$\frac{x^2}{a^2}+\frac{y^2}{b^2}=1, a\geqq b$

図 8

4　だ円
$$\frac{x^2}{a^2}+\frac{y^2}{b^2}=1 \qquad a\geqq b>0$$
は焦点 $(\pm c,0)$（ここで $c^2=a^2-b^2$），頂点 $(\pm a,0)$ をもつ．

だ円の焦点が y 軸上 $(0,\pm c)$ にあるならば，4 の方程式の x と y を入れ換えて次のようになる（図 9）．

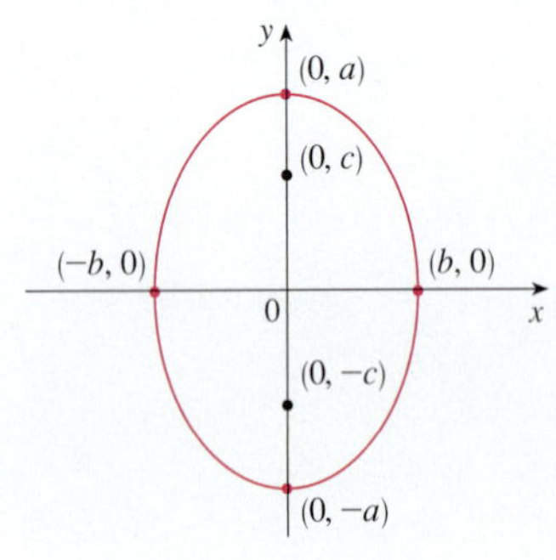

$\frac{x^2}{b^2}+\frac{y^2}{a^2}=1, a\geqq b$

図 9

5　だ円
$$\frac{x^2}{b^2}+\frac{y^2}{a^2}=1 \qquad a\geqq b>0$$
は焦点 $(0,\pm c)$（ここで $c^2=a^2-b^2$），頂点 $(0,\pm a)$ をもつ．

例 2　$9x^2+16y^2=144$ の焦点を求め，グラフを描け．

［解　説］　方程式の両辺を 144 で割るならば，

$$\frac{x^2}{16}+\frac{y^2}{9}=1$$

となるので，これはだ円の標準形である．$a^2=16$，$b^2=9$ より $a=4$，$b=3$ であるので，x 軸との交点は $x=\pm 4$，y 軸と交点は $y=\pm 3$ である．また，$c^2=a^2-b^2=7$ より $c=\pm\sqrt{7}$ であるので，焦点の座標は $(\pm\sqrt{7},0)$ である．図 10 がグラフである．

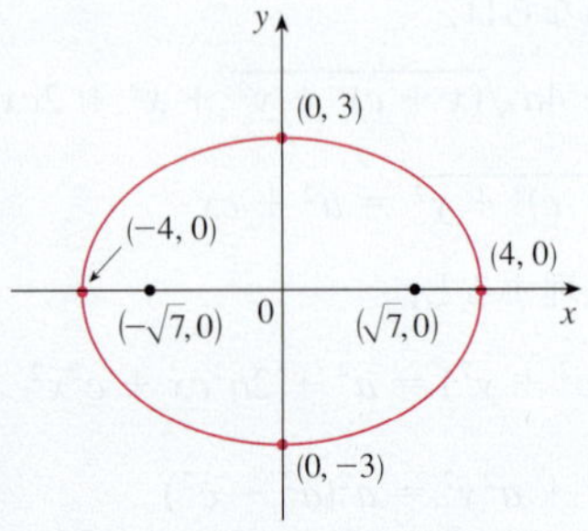

$9x^2+16y^2=144$

図 10

例 3　焦点が(0, ±2), 頂点が(0, ±3)のだ円の方程式を求めよ.

［解 説］　式 5 より $c=2$, $a=3$ であるので, $b^2=a^2-c^2=9-4=5$ である. よって, だ円の方程式は

$$\frac{x^2}{5}+\frac{y^2}{9}=1$$

である. これは $9x^2+5y^2=45$ と表すことができる.

だ円も, 放物線と同じように, 実用性のある興味深い反射特性をもっている. 光源あるいは音源がだ円面の一つの焦点に置かれるならば, すべての光あるいは音はだ円面で反射されてもう一つの焦点に集まるというものである（節末問題 65 参照）. この原理は腎結石の治療である砕石術に使われている. だ円面をもつ反射鏡を, 腎臓結石の上に片方の焦点がくるように置き, もう一つの焦点で高強度の音波を発することにより, すべての音波を結石に集めて周囲の組織を傷つけることなく破壊する. 患者は手術による外傷を受けることなく, 数日以内に回復する.

双 曲 線

双曲線は, **焦点**とよばれる平面上の二つの定点からの距離の差が一定である平面上の点の集合である. 図 11 にこの定義が示されている.

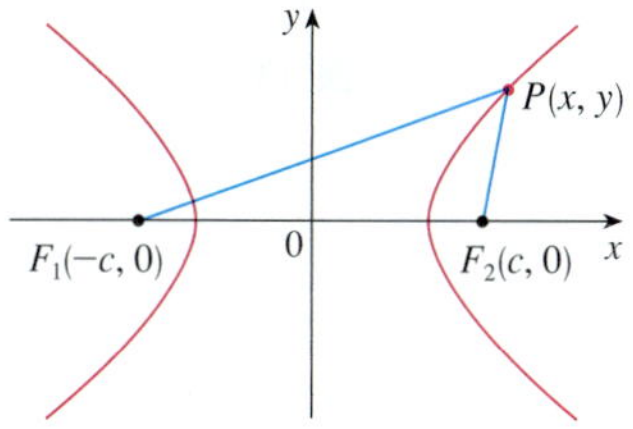

双曲線は化学（Boyle の法則）, 物理学（Ohm の法則）, 生物学, 経済学（需要・供給曲線）における方程式のグラフとして頻繁に現れる. 双曲線の特に重要な応用として, 第 1 次, 第 2 次世界大戦中に開発された航法システムがある（節末問題 51 参照）.

図 11　点 P は $|PF_1|-|PF_2|=\pm 2a$ となる双曲線上の点

双曲線はだ円の定義と非常によく似ていて, 違いは 2 定点からの距離の和が差となっていることだけである. それゆえ, 双曲線の方程式の導き方はだ円の場合と似ている. 焦点が x 軸上 $(\pm c, 0)$ にあり, 2 焦点からの距離の差が $|PF_1|-|PF_2|=\pm 2a$ である双曲線の方程式は, 求め方は節末問題 52 にゆずるが, $c^2=a^2+b^2$ とおくならば,

$$\boxed{6}\qquad \frac{x^2}{a^2}-\frac{y^2}{b^2}=1$$

である. この場合も, x 軸との交点は $x=\pm a$ であり, 点 $(-a, 0)$, $(a, 0)$ を双曲線の**頂点**という. しかし, $x=0$ とするならば, 方程式 6 より $y^2=-b^2$ となるので, y 軸との交点は存在しない. 双曲線は両軸に関して線対称である.

もう少し双曲線について調べる. 方程式 6 より

$$\frac{x^2}{a^2}=1+\frac{y^2}{b^2}\geqslant 1$$

であるので, $x^2\geqslant a^2$ すなわち $|x|=\sqrt{x^2}\geqslant a$ である. よって, $x\geqslant a$ あるいは $x\leqslant -a$ である. これは, 双曲線が二つの部分曲線からなることを示している.

双曲線を描くときは, 最初に, 図 12 に示す点線 $y=(b/a)x$ と $y=-(b/a)x$, すなわち**漸近線**を描くと便利である. 双曲線を構成する各曲線は漸近線に近づいていく（第 I 巻 § 3・5 節末問題 57 参照）.

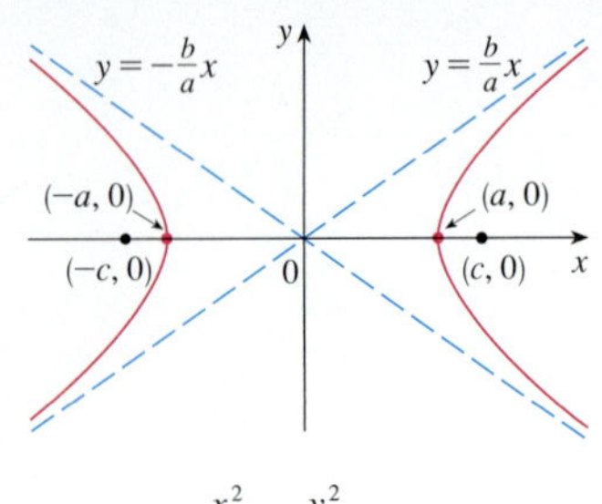

$$\frac{x^2}{a^2}-\frac{y^2}{b^2}=1$$

図 12

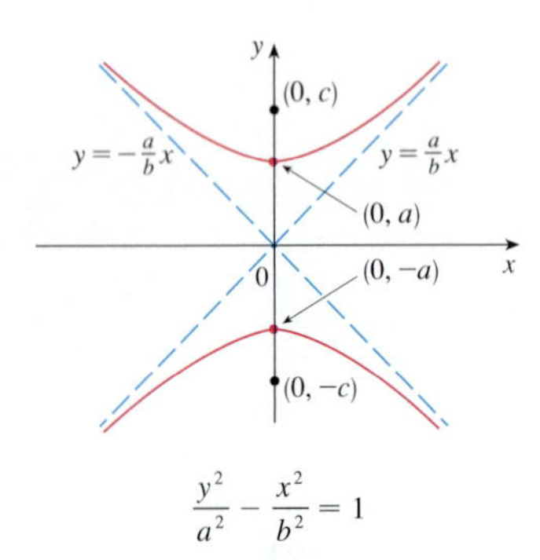

$$\frac{y^2}{a^2}-\frac{x^2}{b^2}=1$$

図 13

7 双曲線

$$\frac{x^2}{a^2}-\frac{y^2}{b^2}=1$$

は焦点 $(\pm c, 0)$（ここで $c^2=a^2+b^2$），頂点 $(\pm a, 0)$，漸近線 $y=\pm(b/a)x$ をもつ．

双曲線の焦点が y 軸上にあるならば，x と y を入れ換えて次のようになる（図 13）．

8 双曲線

$$\frac{y^2}{a^2}-\frac{x^2}{b^2}=1$$

は焦点 $(0, \pm c)$（ここで $c^2=a^2+b^2$），頂点 $(0, \pm a)$，漸近線 $y=\pm(a/b)x$ をもつ．

例 4　双曲線 $9x^2-16y^2=144$ の焦点と漸近線を求め，グラフを描け．

［解　説］　方程式の両辺を 144 で割るならば，

$$\frac{x^2}{16}-\frac{y^2}{9}=1$$

となり，7 の方程式より $a=4$，$b=3$ である．$c^2=16+9=25$ であるので焦点は $(\pm 5, 0)$，漸近線は $y=\frac{3}{4}x$ と $y=-\frac{3}{4}x$ である．図 14 がグラフである．

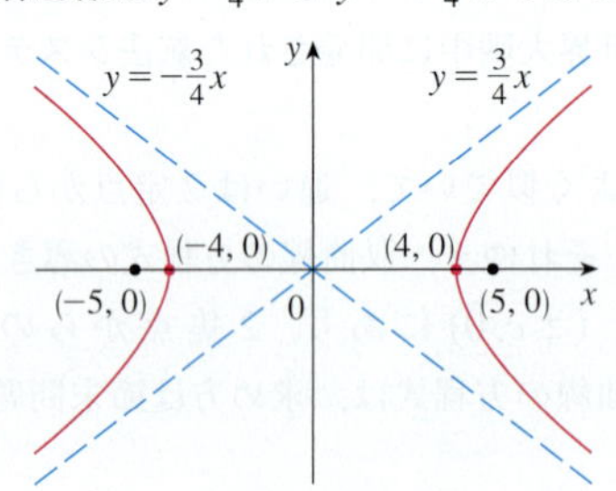

$9x^2-16y^2=144$

図 14

例 5　頂点が $(0, \pm 1)$，漸近線の一つが $y=2x$ である双曲線の焦点と方程式を求めよ．

［解　説］　方程式 8 と与えられた条件より，$a=1$，$a/b=2$ であるので，$b=a/2=\frac{1}{2}$，$c^2=a^2+b^2=\frac{5}{4}$ である．よって，焦点は $(0, \pm\sqrt{5}/2)$ であり，双曲線の方程式は

$$y^2-4x^2=1$$

である．

よく知られている反比例の関数 $xy=1$（$y=1/x$）のグラフは直角双曲線といわれている．これは $y=1/x$ のグラフを $\pi/4$（45°）回転させたグラフが，漸近線が直交した双曲線 $y^2/2-x^2/2=1$ で与えられることに基づいている．

■ 円すい曲線の平行移動

付録 A で扱うように，円すい曲線の平行移動したものの方程式は，それらの標準形 [1], [2], [4], [5], [7], [8] の方程式の x，y に，$x-h$，$y-k$ を代入して得られる．

例 6　焦点が $(2,-2)$，$(4,-2)$，頂点が $(1,-2)$，$(5,-2)$ のだ円の方程式を求めよ．

［解 説］ 主軸は 2 頂点 $(1,-2)$，$(5,-2)$ を結ぶ線分であるので，主軸の長さは 4，したがって $a=2$ である．2 焦点間の距離は 2 であるので，$c=1$ である．よって，$b^2=a^2-c^2=3$ である．中心は $(3,-2)$ であるので，[4] の方程式の x と y に $x-3$ と $y+2$ を代入し，

$$\frac{(x-3)^2}{4}+\frac{(y+2)^2}{3}=1$$

が条件を満たすだ円の方程式である．

例 7　円すい曲線 $9x^2-4y^2-72x+8y+176=0$ の焦点を求め，グラフを描け．

［解 説］ 与式を完全平方して整理するならば，

$$4(y^2-2y)-9(x^2-8x)=176$$

$$4(y^2-2y+1)-9(x^2-8x+16)=176+4-144$$

$$4(y-1)^2-9(x-4)^2=36$$

$$\frac{(y-1)^2}{9}-\frac{(x-4)^2}{4}=1$$

である．これは，方程式 [8] の x と y に $x-4$ と $y-1$ を代入したのである．よって，$a^2=9$，$b^2=4$，$c^2=13$ である．双曲線は標準形を右に 4，上に 1 平行移動させたものであり，焦点は $(4,1+\sqrt{13})$ および $(4,1-\sqrt{13})$，頂点は $(4,4)$ および $(4,-2)$，漸近線は $y-1=\pm\frac{3}{2}(x-4)$ である．図 15 がグラフである．

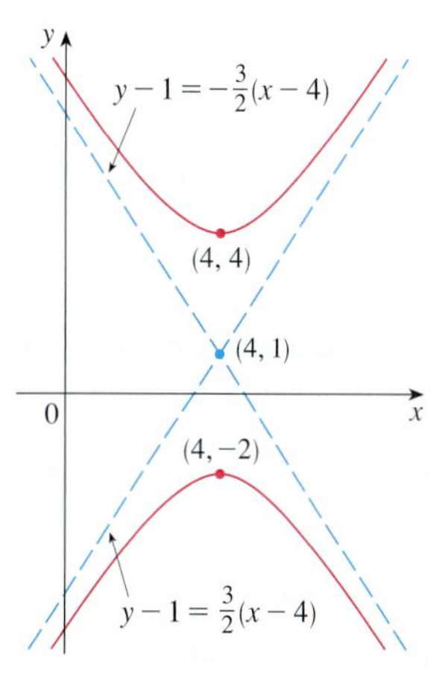

$9x^2-4y^2-72x+8y+176=0$

図 15

5・5 節末問題

1-8　放物線の頂点と焦点と準線を求め，グラフを描け．

1. $x^2=6y$　　**2.** $2y^2=5x$

3. $2x=-y^2$　　**4.** $3x^2+8y=0$

5. $(x+2)^2=8(y-3)$

6. $(y-2)^2=2x+1$

7. $y^2+6y+2x+1=0$

8. $2x^2-16x-3y+38=0$

9-10　放物線の方程式を求め，それより焦点と準線を求めよ．

9.

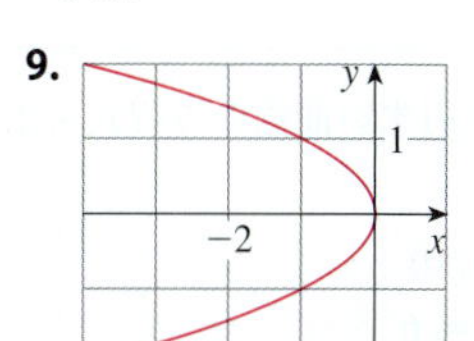

10.

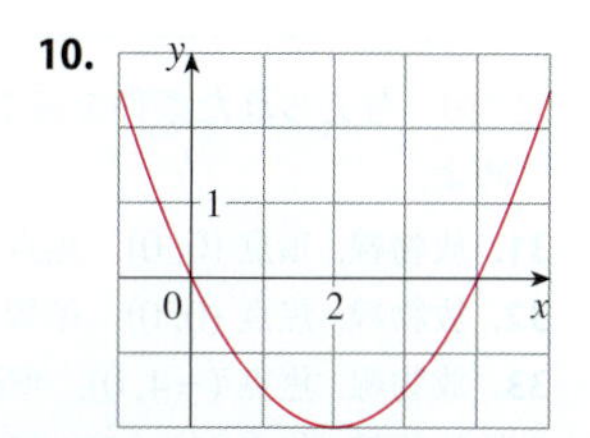

11-16　だ円の頂点と焦点を求め，グラフを描け．

11. $\dfrac{x^2}{2}+\dfrac{y^2}{4}=1$

12. $\dfrac{x^2}{36}+\dfrac{y^2}{8}=1$

13. $x^2+9y^2=9$

14. $100x^2+36y^2=225$

15. $9x^2-18x+4y^2=27$

16. $x^2+3y^2+2x-12y+10=0$

17-18　だ円の方程式を求め，それより焦点を求めよ．

17.

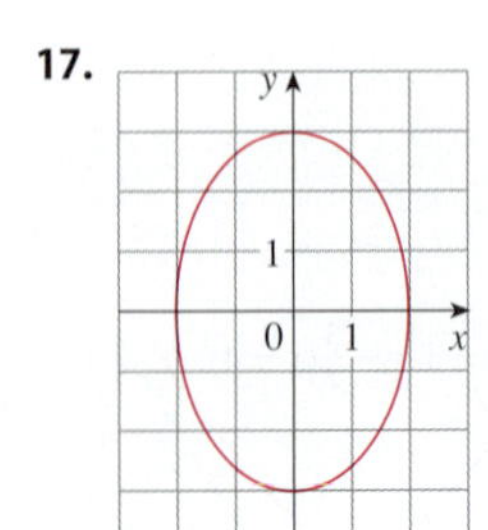

18.

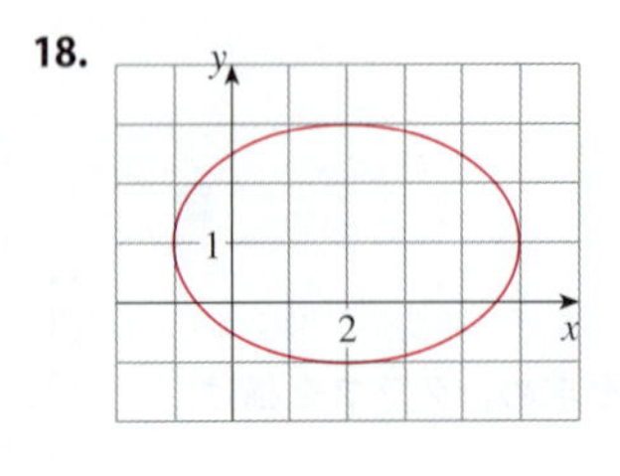

19-24　双曲線の頂点と焦点と漸近線を求め，グラフを描け．

19. $\dfrac{y^2}{25}-\dfrac{x^2}{9}=1$

20. $\dfrac{x^2}{36}-\dfrac{y^2}{64}=1$

21. $x^2-y^2=100$

22. $y^2-16x^2=16$

23. $x^2-y^2+2y=2$

24. $9y^2-4x^2-36y-8x=4$

25-30　方程式で与えられた円すい曲線の種類を決め，頂点と焦点を求めよ．

25. $4x^2=y^2+4$　　**26.** $4x^2=y+4$

27. $x^2=4y-2y^2$　　**28.** $y^2-2=x^2-2x$

29. $3x^2-6x-2y=1$

30. $x^2-2x+2y^2-8y+7=0$

31-48　与えられた条件を満たす円すい曲線の方程式を求めよ．

31. 放物線，頂点 $(0, 0)$，焦点 $(1, 0)$

32. 放物線，焦点 $(0, 0)$，準線 $y=6$

33. 放物線，焦点 $(-4, 0)$，準線 $x=2$

34. 放物線，焦点 $(2, -1)$，頂点 $(2, 3)$

35. 放物線，頂点 $(3, -1)$，水平な準線，点 $(-15, 2)$ を通る

36. 放物線，垂直な準線，点 $(0, 4)$, $(1, 3)$, $(-2, -6)$ を通る

37. だ円，焦点 $(\pm 2, 0)$，頂点 $(\pm 5, 0)$

38. だ円，焦点 $(0, \pm\sqrt{2})$，頂点 $(0, \pm 2)$

39. だ円，焦点 $(0, 2)$, $(0, 6)$，頂点 $(0, 0)$, $(0, 8)$

40. だ円，焦点 $(0, -1)$, $(8, -1)$，頂点 $(9, -1)$

41. だ円，中心 $(-1, 4)$，頂点 $(-1, 0)$，焦点 $(-1, 6)$

42. だ円，焦点 $(\pm 4, 0)$，点 $(-4, 1.8)$ を通る

43. 双曲線，頂点 $(\pm 3, 0)$，焦点 $(\pm 5, 0)$

44. 双曲線，頂点 $(0, \pm 2)$，焦点 $(0, \pm 5)$

45. 双曲線，頂点 $(-3, -4)$, $(-3, 6)$，焦点 $(-3, -7)$, $(-3, 9)$

46. 双曲線，頂点 $(-1, 2)$, $(7, 2)$，焦点 $(-2, 2)$, $(8, 2)$

47. 双曲線，頂点 $(\pm 3, 0)$，漸近線 $y=\pm 2x$

48. 双曲線，焦点 $(2, 0)$, $(2, 8)$，漸近線 $y=3+\frac{1}{2}x$, $y=5-\frac{1}{2}x$

49. 月をめぐる軌道において，月の表面に最も近づく点を近月点，最も遠のく点を遠月点という．宇宙船アポロ11号は，月表面からの距離が近月点で 110 km，遠月点で 314 km のだ円軌道を周回した．月の半径を 1728 km，このだ円軌道の焦点の一つが月の中心であるとして，このだ円の方程式を求めよ．

50. 放物面反射鏡の断面が図に示されている．焦点における開口部は 10 cm である．

(a) 放物線の方程式を求めよ．

(b) 頂点から 11 cm における開口部直径 $|CD|$ を求めよ．

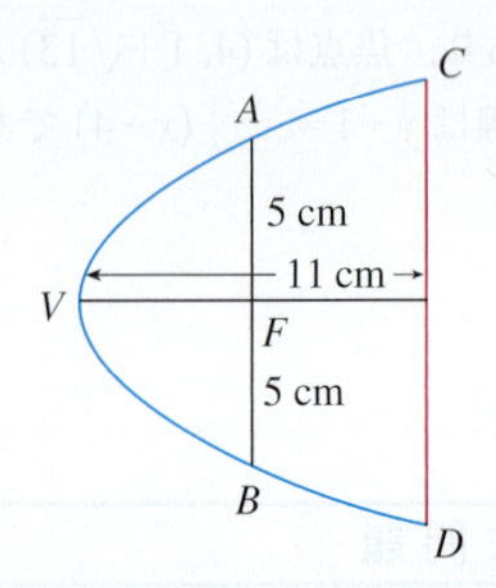

51. LORAN（LOng RAnge Navigation）とよばれる無線航法システムは，GPS システムに取って代わられる1990年代まで広く使われていた．LORAN システムでは，P に位置する船舶（あるいは航空機）が，A および B に位置する二つの無線局が同時に送信する信号を受信する．船舶に搭載されたコンピューターは，これらの信号を受信する際の時間差を距離の差 $|PA|-|PB|$ に変換し，2 点から距離差が一定な点は双曲線を描くという双曲線の定義に従って，双曲線上に船舶を位置づける．ここで，局 B を，海岸線上，局 A の東 600 km にあるとす

る．船舶は，A の信号を受信する 1200 マイクロ秒（μs）前に，B の信号を受信した．

(a) 信号の速度を 300 m/μs として，船舶を位置づける双曲線の方程式を求めよ．

(b) 船舶が局 B の北に位置するならば，海岸線からどれくらい離れた距離にいるか．

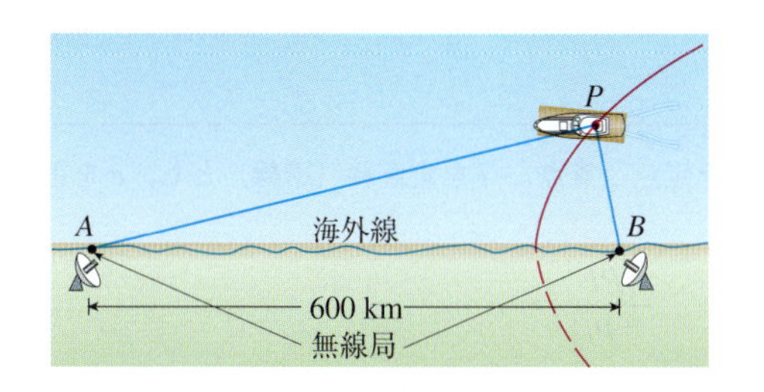

52. 双曲線の定義を使って，焦点が $(\pm c, 0)$，頂点が $(\pm a, 0)$ である双曲線の方程式 6 を導き出せ．

53. 双曲線 $y^2/a^2-x^2/b^2=1$ の上半分で定義される関数のグラフは下に凸であることを示せ．

54. 焦点が $(1, 1)$，$(-1, -1)$，主軸の長さが 4 であるだ円の方程式を求めよ．

55. 方程式

$$\frac{x^2}{k}+\frac{y^2}{k-16}=1$$

で表される曲線の種類を (a)～(c) の場合について調べ，また，(d) を示せ．

(a) $k>16$　(b) $0<k<16$　(c) $k<0$

(d) k の値がいずれであっても，(a) と (b) の場合のすべての曲線は同じ焦点をもつことを示せ．

56. (a) 放物線 $y^2=4px$ の点 (x_0, y_0) における接線の方程式は

$$y_0y=2p(x+x_0)$$

であることを示せ．

(b) 接線と x 軸との交点を求め，それを使って接線を描け．

57. 放物線 $x^2=4py$ の準線上の任意の点から引かれた 2 接線は，直交することを示せ．

58. だ円と双曲線が同じ焦点をもつならば，だ円と双曲線の各交点における接線は直交することを示せ．

59. だ円 $9x^2+4y^2=36$ をパラメトリック方程式で表し，Simpson の公式を使って，分割数 $n=8$ として，だ円の周長の近似値を求めよ．

60. 準惑星である冥王星は，太陽の周りを（太陽を焦点の一つとして）だ円軌道を描いて交転している．このだ円の長軸の長さは 1.18×10^{10} km，短軸の長さは 1.14×10^{10} km である．Simpson の公式を使って，分割数 $n=10$ として，冥王星の公転軌道の長さの近似値を求めよ．

61. 双曲線 $x^2/a^2-y^2/b^2=1$ と焦点を通る垂線で囲まれる領域の面積を求めよ．

62. (a) だ円をその長軸のまわりに回転させて得られる回転体の体積を求めよ．

(b) だ円をその短軸のまわりに回転させて得られる回転体の体積を求めよ．

63. だ円 $9x^2+4y^2=36$ と x 軸で囲まれる上半分の領域の重心を求めよ．

64. (a) だ円をその長軸のまわりに回転させて得られる回転体の表面積を求めよ．

(b) だ円をその短軸のまわりに回転させて得られる回転体の表面積を求めよ．

65. 図のように，点 $P(x, y)$ を焦点が F_1，F_2 であるだ円 $x^2/a^2+y^2/b^2=1$ 上の点，α と β を直線 PF_1 と PF_2 がだ円となす角であるとする．$\alpha=\beta$ であることを証明せよ．これはささやきの回廊や結石の砕石術を説明している．一つの焦点から発した音はだ円面で反射され，もう一方の焦点を通過する［ヒント：第 I 巻第 2 章追加問題 17 の式を使って $\tan\alpha=\tan\beta$ を示す］．

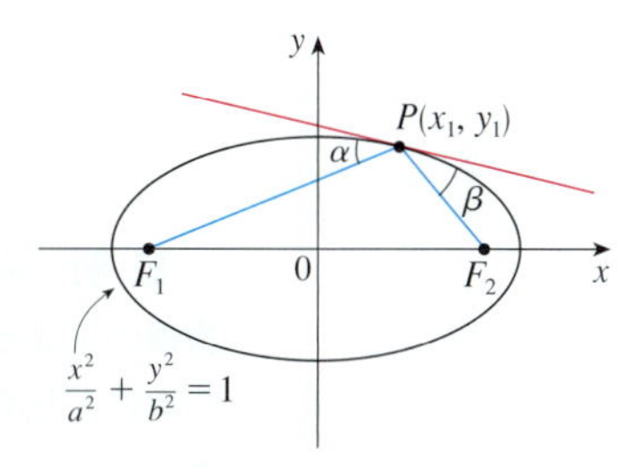

66. 図のように，点 $P(x_1, y_1)$ を焦点が F_1，F_2 である双曲線 $x^2/a^2-y^2/b^2=1$ 上の点，α と β を直線 PF_1 と PF_2 が双曲線となす角であるとする．$\alpha=\beta$ であることを証明せよ（これは双曲面の反射特性である．双曲面反射鏡の焦点 F_2 に向けて発せられる光は，双曲面で反射されて焦点 F_1 に向かう）．

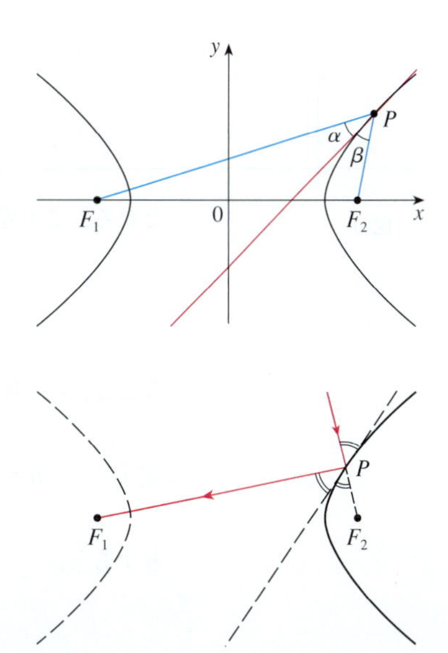

5・6 極座標による円すい曲線

前節で，放物線は焦点と準線を使って定義したが，だ円と双曲線は二つの焦点を使って定義した．この節ではより統一的に，一つの焦点と準線を使って，3種の円すい曲線を定義する．さらに，焦点を原点におくならば，円すい曲線は単純な極方程式で表しうることを示す．これにより，惑星，衛星，彗星の動きを簡便に表現することができる．

1 **定 理**　平面において，F を定点（**焦点**），l を定直線（**準線**）とし，e を正の定数（**離心率**）とする．条件

$$\frac{|PF|}{|Pl|} = e$$

（すなわち，F からの距離と l からの距離の比が定数 e となる条件）を満たす平面上のすべての点 P の集合は円すい曲線であり，e の値によって

(a)　$e<1$　ならば　だ円
(b)　$e=1$　ならば　放物線
(c)　$e>1$　ならば　双曲線

となる．

証 明　離心率 $e=1$ の場合，$|PF|=|Pl|$ であり，これは§5・5で与えた放物線の定義そのものである．

次に，焦点 F を原点におき，準線を y 軸に平行に，原点より d だけ右におくとする．このとき準線の方程式は $x=d$ であり，極座標の座標軸と直交している．点 P の極座標を (r, θ) とするならば，図1より

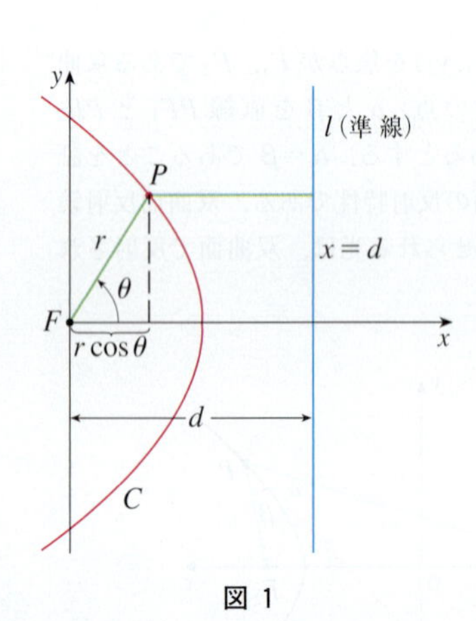

図 1

$$|PF| = r \qquad |Pl| = d - r\cos\theta$$

である．よって，条件 $|PF|/|Pl|=e$，すなわち $|PF|=e|Pl|$ は

2
$$r = e(d - r\cos\theta)$$

となる．この極方程式 2 の両辺を2乗して直交座標系における方程式に変換するならば，

$$x^2 + y^2 = e^2(d-x)^2 = e^2(d^2 - 2dx + x^2)$$

$$(1-e^2)x^2 + 2de^2x + y^2 = e^2d^2$$

となる．これを，$e\neq 1$ であるとして完全平方すると次のようになる．

3
$$\left(x + \frac{e^2d}{1-e^2}\right)^2 + \frac{y^2}{1-e^2} = \frac{e^2d^2}{(1-e^2)^2}$$

ここで，$e<1$ ならば方程式 3 はだ円の方程式である．実際，

4
$$h = -\frac{e^2d}{1-e^2} \qquad a^2 = \frac{e^2d^2}{(1-e^2)^2} \qquad b^2 = \frac{e^2d^2}{1-e^2}$$

とすると，

$$\frac{(x-h)^2}{a^2} + \frac{y^2}{b^2} = 1$$

の形になる．§5・5 によれば，だ円の焦点は中心から距離 c の位置にあるので，

[5]
$$c^2 = a^2 - b^2 = \frac{e^4d^2}{(1-e^2)^2}$$

$$c = \frac{e^2d}{1-e^2} = -h$$

である．よって，定理 [1] で定義した焦点と §5・5 で定義した焦点は同じものであり，また方程式 [4] と [5] より離心率は以下である．

$$e = \frac{c}{a}$$

一方，$e>1$ ならば $1-e^2<0$ より方程式 [3] は双曲線を表しており，だ円のときと同様にして，方程式 [3] は

$$\frac{(x-h)^2}{a^2} - \frac{y^2}{b^2} = 1$$

の形になる．このとき

$$e = \frac{c}{a} \qquad (ここで\ c^2 = a^2 + b^2)$$

である．■

方程式 [2] を r について解くことによって，図 1 で示した円すい曲線を極方程式

$$r = \frac{ed}{1+e\cos\theta}$$

で書くことができる．準線を焦点の左側すなわち $x=-d$ とするならば，あるいは極座標軸に平行に $y=\pm d$ とするならば，図 2 で示すように円すい曲線の極方程式は，次の定理で与えられる（節末問題 21〜23 参照）．

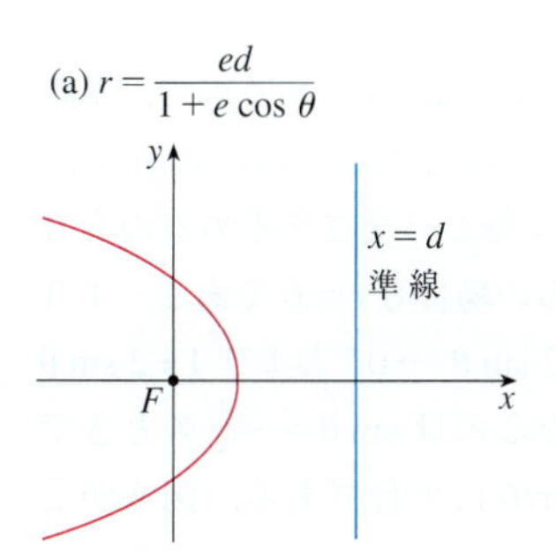

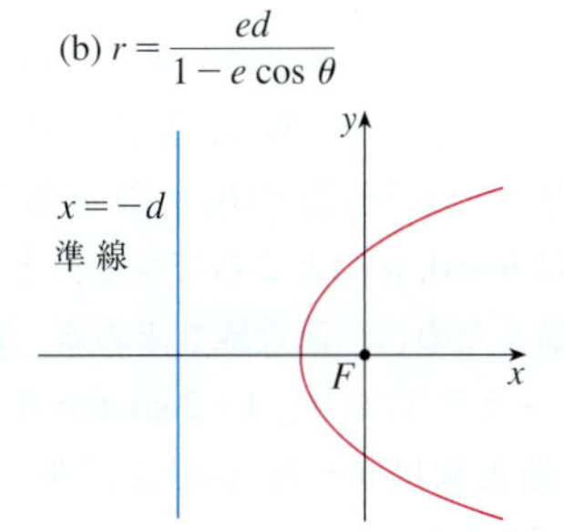

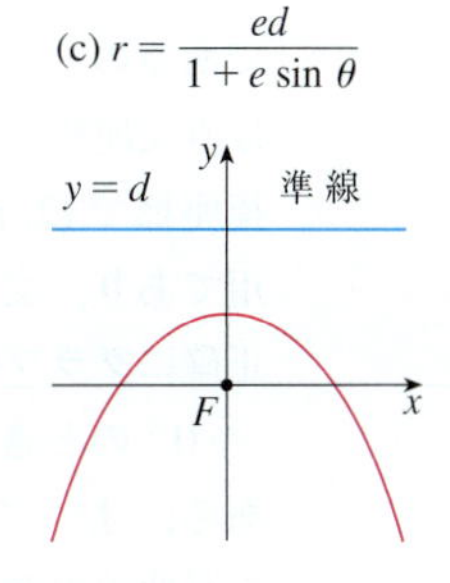

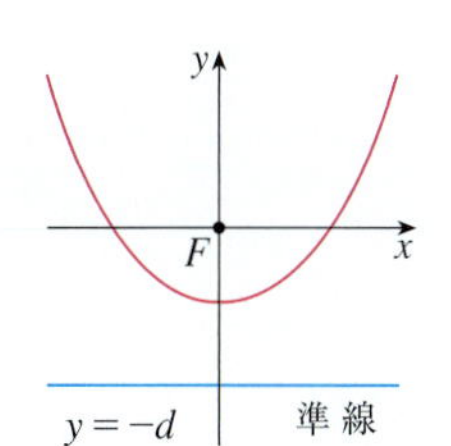

図 2　円すい曲線の極方程式

> [6] **定理**　次の形の極方程式
>
> $$r = \frac{ed}{1\pm e\cos\theta} \qquad あるいは \qquad r = \frac{ed}{1\pm e\sin\theta}$$
>
> は離心率 e の円すい曲線を表していて，$e<1$ ならばだ円，$e=1$ ならば放物線，$e>1$ ならば双曲線である．

例 1　焦点は原点，準線は直線 $y=-6$ である放物線の極方程式を求めよ．

［解 説］　定理 6 に $e=1$，$d=6$ を代入し，図 2(d) より，放物線の方程式は

$$r=\frac{6}{1-\sin\theta}$$

である．

例 2　円すい曲線が極方程式

$$r=\frac{10}{3-2\cos\theta}$$

で定義されている．離心率を求め，円すい曲線の種類を特定し，準線を求めてグラフを描け．

［解 説］　分母・分子を 3 で割ることにより

$$r=\frac{\frac{10}{3}}{1-\frac{2}{3}\cos\theta}$$

となる．定理 6 より離心率 $e=\frac{2}{3}$ のだ円であり，$ed=\frac{10}{3}$ より

$$d=\frac{\frac{10}{3}}{e}=\frac{\frac{10}{3}}{\frac{2}{3}}=5$$

であるので，準線は直交座標系において $x=-5$ である．$\theta=0$ のとき $r=10$，$\theta=\pi$ のとき $r=2$ であるので，頂点の極座標は $(10,0)$ および $(2,\pi)$ である．図 3 がこのだ円のグラフである．

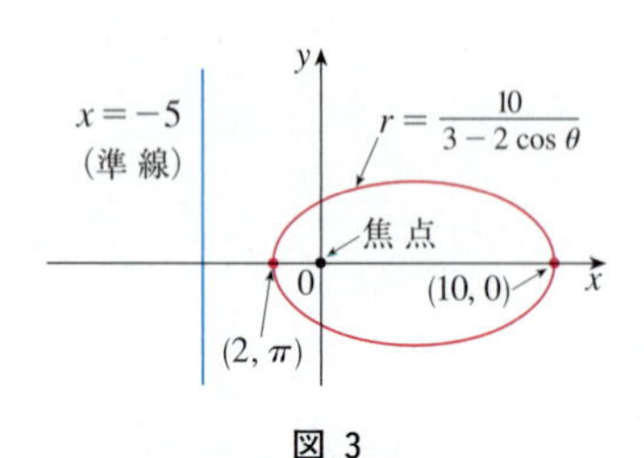

図 3

例 3　円すい曲線 $r=\dfrac{12}{2+4\sin\theta}$ を描け．

［解 説］　方程式を書き直せば

$$r=\frac{6}{1+2\sin\theta}$$

であるので，離心率 $e=2$ の双曲線である．$ed=6$ より $d=3$ であるので，準線は直交座標系において $y=3$ である．頂点は $\theta=\pi/2, 3\pi/2$ のところにあるので，極座標で $(2,\pi/2)$，$(-6,3\pi/2)=(6,\pi/2)$ である．x 軸との交点を求めるのも有用であり，交点は $\theta=0,\pi$ のところで生じ，どちらの場合も $r=6$ である．より正確にグラフを描くために，漸近線も求める．$1+2\sin\theta\to0^+$ および $1+2\sin\theta\to0^-$ のとき $r\to\pm\infty$ であり，$1+2\sin\theta=0$ となるのは $\sin\theta=-\frac{1}{2}$ のときである．よって，漸近線は $\theta=7\pi/6$ および $\theta=11\pi/6$ に平行である．図 4 がこの双曲線のグラフである．

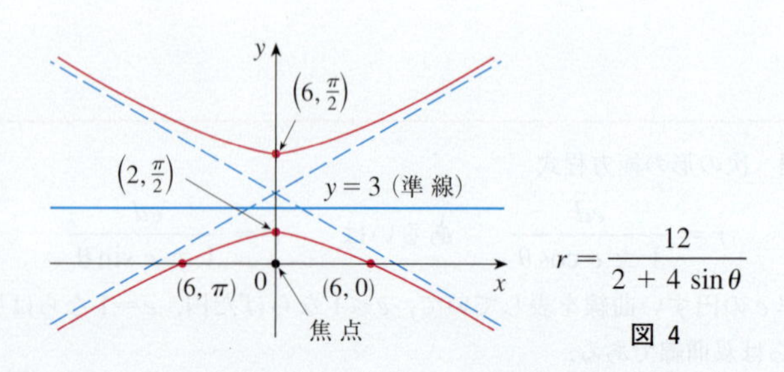

図 4

円すい曲線の回転を扱う際は，直交座標系における方程式よりも極方程式を用いるほうがはるかに簡便である．これは，$r=f(\theta-\alpha)$ のグラフは，$r=f(\theta)$ のグラフを原点を中心に反時計回りに角 α だけ回転させたものであるということに基づく（§5・3 節末問題 73 参照）．

例 4　例 2 のだ円を原点を中心に角 $\pi/4$ 回転させただ円の極方程式を求め，グラフを描け．

［解 説］　例 2 の方程式の θ を $\theta-\pi/4$ で置き換えることにより，回転しただ円の方程式が得られる．

$$r=\frac{10}{3-2\cos(\theta-\pi/4)}$$

この方程式を使って，回転しただ円のグラフを描いたのが図 5 である．このだ円は左の焦点を中心にして回転している．

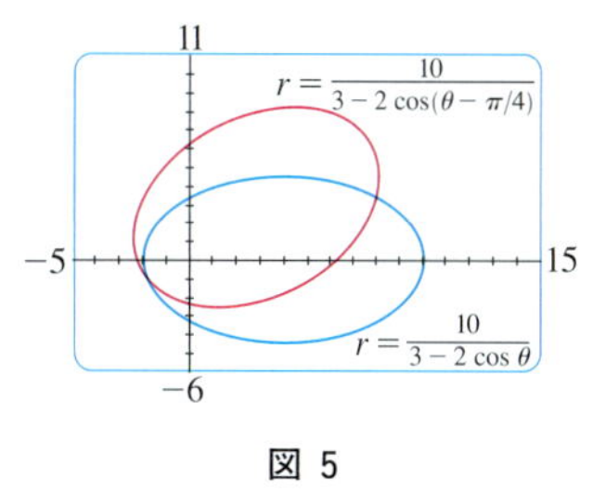

図 5

図 6 は，さまざまな離心率 e の場合の円すい曲線を，計算機を使って描いたものである．e が 0 に近づくならば，だ円は円に近づき，$e\to1^-$ ならば，だ円は細長くなる．そして，$e=1$ のとき，放物線となる．$e>1$ では双曲線である．放物線は離心率 e が 1 のときに一瞬現れる特別な円すい曲線であり，これは円すいを平面で切断したときに現れる円すい曲線の中で，放物線は切断平面が母線に平行な場合に一瞬現れることに対応している．

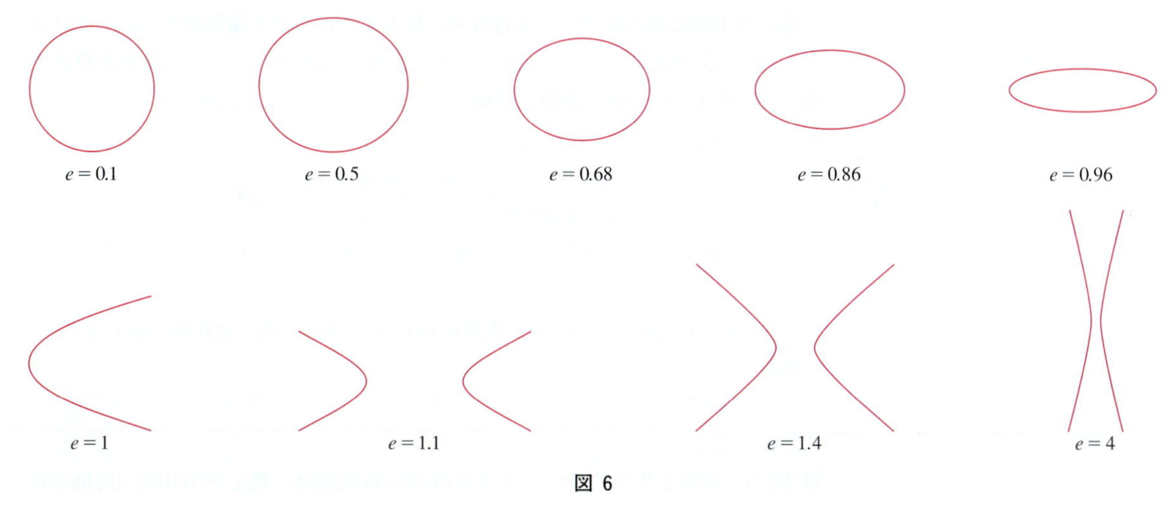

図 6

Kepler の法則

1609 年，ドイツの数学者・天文学者 Johannes Kepler は，膨大な量の天文学データに基づいて，惑星の運動に関する三つの法則を発表した．

Kepler の法則

1. 惑星は，太陽の周りを，太陽を焦点の一つとするだ円軌道に沿ってまわる．
2. 太陽と惑星を結ぶ線分が一定時間にだ円内に描く領域の面積は一定である．
3. 惑星の公転周期の 2 乗は，だ円軌道の長軸の長さの 3 乗に比例する．

Kepler は，太陽の周りをまわる惑星の動きに関する法則を公式化したが，これらの式は，月や彗星，衛星など，2 体間に引力が作用する天体の動きにも適用することができる．第Ⅲ巻 § 2·4 において Newton の万有引力の法則を使って Kepler の法則を導き出す．ここでは，Kepler の第 1 法則とだ円の極方程式を使って，天文学における興味深い数値を求める．

天文学での計算をするためには，だ円の方程式を長軸の半分の長さ a と離心率 e を使って表すと便利である．式 4 を使えば，焦点から準線までの長さ d を a で表すことができる．

$$a^2 = \frac{e^2d^2}{(1-e^2)^2} \quad \Rightarrow \quad d^2 = \frac{a^2(1-e^2)^2}{e^2} \quad \Rightarrow \quad d = \frac{a(1-e^2)}{e}$$

よって，$ed=a(1-e^2)$ である．準線が $x=d$ であるならば，極方程式は

$$r = \frac{ed}{1+e\cos\theta} = \frac{a(1-e^2)}{1+e\cos\theta}$$

となる．

7 焦点を原点におき，長軸の半分の長さ a，離心率 e，準線は $x=d$ のだ円の極方程式は

$$r = \frac{a(1-e^2)}{1+e\cos\theta}$$

の形で表すことができる．

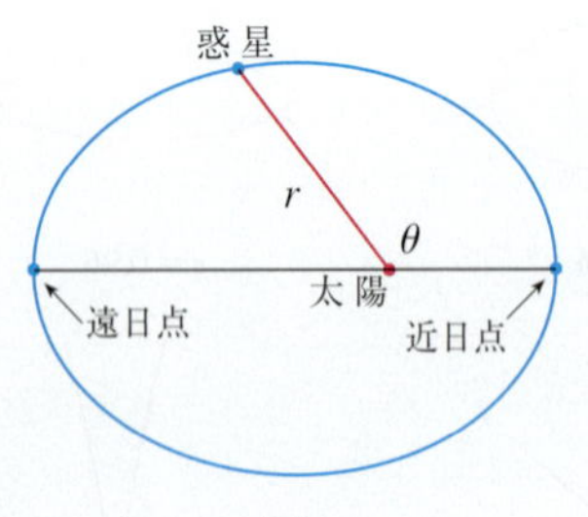

図 7

惑星が太陽に最も近づく点を**近日点**，最も遠ざかる点を**遠日点**といい，これはだ円の頂点に対応している（図 7）．また太陽から近日点までの距離を**近日点距離**，遠日点までの距離を**遠日点距離**という．図 1 では，太陽は焦点 F にあるので，$\theta=0$ が近日点となり，方程式 7 より

$$r = \frac{a(1-e^2)}{1+e\cos 0} = \frac{a(1-e)(1+e)}{1+e} = a(1-e)$$

となる．同様にして，遠日点は $\theta=\pi$ のときであるので，$r=a(1+e)$ である．

8 惑星から太陽までの近日点距離は $a(1-e)$ であり，遠日点距離は $a(1+e)$ である．

例 5　太陽を焦点の一つとする地球の公転軌道は，離心率 0.017，長軸の長さ 2.99×10^8 km のだ円である．

(a) 地球の公転軌道であるだ円の近似極方程式を求めよ．

(b) 地球から太陽までの近日点距離，遠日点距離を求めよ．

［解 説］(a) 長軸の長さが $2a=2.99\times10^8$ (km) であるので，$a=1.495\times10^8$ (km) である．また離心率 $e=0.017$ であるので，方程式 7 より，地球の軌道は

$$r = \frac{a(1-e^2)}{1+e\cos\theta} = \frac{(1.495\times10^8)(1-(0.017)^2)}{1+0.017\cos\theta}$$

であり，およそ

$$r = \frac{1.49\times10^8}{1+0.017\cos\theta}$$

である．

(b) 公式 [8] より，近日点距離は

$$a(1-e) \approx (1.495 \times 10^8)(1-0.017) \approx 1.47 \times 10^8 \text{ (km)}$$

であり，遠日点距離は

$$a(1+e) \approx (1.495 \times 10^8)(1+0.017) \approx 1.52 \times 10^8 \text{ (km)}$$

である．

5・6 節末問題

1-8 焦点を原点におき，与えられた条件を満たす円すい曲線の極方程式を求めよ．

1. だ円，離心率 $\frac{1}{2}$，準線 $x=4$

2. 放物線，準線 $x=-3$

3. 双曲線，離心率 1.5，準線 $y=2$

4. 双曲線，離心率 3，準線 $x=3$

5. だ円，離心率 $\frac{2}{3}$，頂点 $(2, \pi)$

6. だ円，離心率 0.6，準線 $r=4\csc\theta$

7. 放物線，頂点 $(3, \pi/2)$

8. 双曲線，離心率 2，準線 $r=-2\sec\theta$

9-16 (a) 離心率を求め，(b) 円すい曲線の種類を特定し，(c) 準線の方程式を求め，(d) 円すい曲線を描け．

9. $r = \dfrac{4}{5-4\sin\theta}$

10. $r = \dfrac{1}{2+\sin\theta}$

11. $r = \dfrac{2}{3+3\sin\theta}$

12. $r = \dfrac{5}{2-4\cos\theta}$

13. $r = \dfrac{9}{6+2\cos\theta}$

14. $r = \dfrac{1}{3-3\sin\theta}$

15. $r = \dfrac{3}{4-8\cos\theta}$

16. $r = \dfrac{4}{2+3\cos\theta}$

---

17. (a) 円すい曲線 $r=1/(1-2\sin\theta)$ の離心率と準線を求め，計算機を使ってグラフと準線を描け．

(b) この円すい曲線を，原点を中心に反時計回りに角度 $3\pi/4$ だけ回転させたときの方程式を求め，計算機を使ってグラフを描け．

18. 計算機を使って，円すい曲線 $r=4/(5+6\cos\theta)$ のグラフと準線を描け．次に，この円すい曲線を，原点を中心に反時計回りに角 $\pi/3$ だけ回転させたときの方程式を求め，グラフを描け．

19. 計算機を使って，離心率 $e=0.4, 0.6, 0.8, 1.0$ の場合の円すい曲線 $r=e/(1-e\cos\theta)$ のグラフを描き，e の値と曲線の形の関係を調べよ．

20. (a) 計算機を使って，$e=1$ として，さまざまな d の値について円すい曲線 $r=ed/(1+e\sin\theta)$ のグラフを描き，d の値と曲線の形の関係を調べよ．

(b) 次に，この円すい曲線について，$d=1$ として，さまざまな e の値について計算機を使ってグラフを描き，e の値と曲線の形の関係を調べよ．

21. 焦点を原点におき，離心率 e，準線 $x=-d$ の円すい曲線の極方程式は

$$r = \frac{ed}{1-e\cos\theta}$$

であることを示せ．

22. 焦点を原点におき，離心率 e，準線 $y=d$ の円すい曲線の極方程式は

$$r = \frac{ed}{1+e\sin\theta}$$

であることを示せ．

23. 焦点を原点におき，離心率 e，準線 $y=-d$ の円すい曲線の極方程式は

$$r = \frac{ed}{1-e\sin\theta}$$

であることを示せ．

24. 放物線 $r=c/(1+\cos\theta)$ と $r=d/(1-\cos\theta)$ は，交点で直交することを示せ．

25. 火星の公転軌道は離心率 0.093，長軸の半分の長さ 2.28×10^8 km のだ円である．火星の公転軌道の極方程式を求めよ．

26. 木星の公転軌道は離心率 0.048，長軸の長さ 1.56×10^9 km のだ円である．木星の公転軌道の極方程式を求めよ．

27. 最後に見られたのが 1986 年で，次に見られるのが 2061 年である Halley 彗星の公転軌道は，太陽を焦点の一つとし，離心率 0.97，長軸の長さ 36.18 au のだ円である（天文単位（au）は長さの単位であり，1 au は地球と太陽の平均距離約 1.50×10^8 km）．Halley 彗星の公転軌道の極方程式を求めよ．また，この彗星が太陽

から最も遠のくときの距離を求めよ．

28. 1995年に発見されたHale-Bopp（ヘール・ボップ）彗星の公転軌道は，離心率0.9951，長軸の長さ356.5 auのだ円である．この彗星の公転軌道の極方程式を求めよ．また，この彗星が太陽に最も近づくときの距離を求めよ．

© Dean Ketelsen

29. 水星の公転軌道は離心率0.206のだ円で，近日点距離は4.6×10^7 kmである．遠日点距離を求めよ．

30. 準惑星である冥王星の近日点距離は4.43×10^9 km，遠日点距離は7.37×10^9 kmである．冥王星の公転軌道の離心率を求めよ．

31. 節末問題29のデータを使って，水星の公転軌道の長さを求めよ（計算機を使って原始関数が求まるならばそれを使い，求まらないならばSimpsonの公式を使え）．

5 章末問題

概念の理解の確認

1. (a) パラメトリック曲線とは何か．
(b) パラメトリック曲線はどのようにして描くか．

2. (a) パラメトリック曲線の接線の傾きはどのようにして求めるか．
(b) パラメトリック曲線と座標軸で囲まれる領域の面積はどのようにして求めるか．

3. 次の式を記せ．
(a) パラメトリック曲線の長さ
(b) パラメトリック曲線をx軸のまわりに回転させて得られる回転体の表面積

4. (a) ある点の極座標(r,θ)は何を意味しているか図を使って説明せよ．
(b) ある点の極座標(r,θ)を直交座標(x,y)に変換する式を記せ．
(c) ある点の直交座標(x,y)を極座標(r,θ)に変換する式を記せ．

5. (a) 極曲線（極座標で表される曲線）の接線の傾きはどのようにして求めるか．
(b) 極曲線で囲まれる領域の面積はどのようにして求めるか．
(c) 極曲線の長さはどのようにして求めるか．

6. (a) 放物線の幾何学的定義を記せ．
(b) 焦点$(0,p)$，準線$y=-p$である放物線の方程式を記せ．また，焦点$(p,0)$，準線$x=-p$である放物線の方程式も記せ．

7. (a) 焦点を使って，だ円の幾何学的定義を記せ．
(b) 焦点$(\pm c,0)$，頂点$(\pm a,0)$であるだ円の方程式を記せ．

8. (a) 焦点を使って，双曲線の幾何学的定義を記せ．
(b) 焦点$(\pm c,0)$，頂点$(\pm a,0)$である双曲線の方程式を記せ．
(c) (b)で求めた双曲線の漸近線の方程式を記せ．

9. (a) 円すい曲線の離心率とは何か．
(b) 円すい曲線がだ円，双曲線，放物線の場合，離心率を説明せよ．
(c) 離心率e，準線$x=d$である円すい曲線の極方程式を記せ．また，準線が$x=-d$，$y=d$，$y=-d$の場合の極方程式も記せ．

○×テスト

命題の真偽を調べ，真ならば証明，偽ならば偽となることの説明または偽となる反例を示せ．

1. パラメトリック曲線$x=f(t)$，$y=g(t)$に対して$g'(1)=0$が成り立つならば，曲線は$t=1$において水平接線をもつ．

2. $x=f(t)$，$y=g(t)$が2階微分可能ならば，

$$\frac{d^2y}{dx^2}=\frac{d^2y/dt^2}{d^2x/dt^2}$$

である．

3. 曲線 $x=f(t)$, $y=g(t)$, $a \leqq t \leqq b$ の長さは

$$\int_a^b \sqrt{(f'(t))^2 + (g'(t))^2}\, dt$$

である.

4. ある点が直交座標 (x, y)（ここで $x \neq 0$）と極座標 (r, θ) で表されるならば, $\theta = \tan^{-1}(y/x)$ である.

5. 極曲線

$$r = 1 - \sin 2\theta \qquad と \qquad r = \sin 2\theta - 1$$

のグラフは同じである.

6. 次の三つの式, $r=2$ と $x^2+y^2=4$ と $x=2\sin 3t$, $y=2\cos 3t$ $(0 \leqq t \leqq 2\pi)$ のグラフはすべて同じである.

7. パラメトリック方程式 $x=t^2$, $y=t^4$ と $x=t^3$, $y=t^6$ のグラフは同じである.

8. $y^2=2y+3x$ のグラフは放物線である.

9. 放物線の接線は, その放物線とただ 1 点で交差する.

10. 双曲線はその双曲線を定義する準線とは決して交差しない.

練習問題

1-4 パラメトリック曲線を描き, 媒介変数を消去して直交座標系における方程式を求めよ.

1. $x = t^2 + 4t$, $y = 2 - t$, $-4 \leqq t \leqq 1$

2. $x = 1 + e^{2t}$, $y = e^t$

3. $x = \cos\theta$, $y = \sec\theta$, $0 \leqq \theta < \pi/2$

4. $x = 2\cos\theta$, $y = 1 + \sin\theta$

5. 曲線 $y=\sqrt{x}$ のパラメトリック方程式を三つ記せ.

6. $x=f(t)$ と $y=g(t)$ のグラフを使って, パラメトリック曲線 $x=f(t)$, $y=g(t)$ のグラフを描け. また, そのグラフ上に, t が増加するとき, 曲線上の点が移動する方向を矢印で示せ.

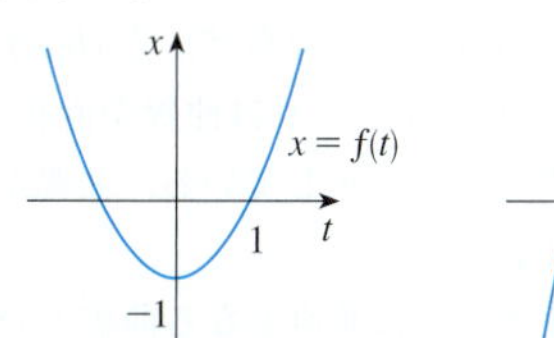

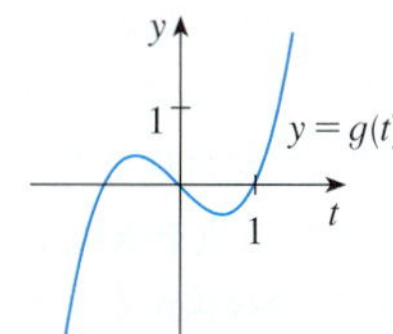

7. (a) 極座標 $(4, 2\pi/3)$ で表される点をプロットし, その直交座標を求めよ.

(b) 直交座標 $(-3, 3)$ で表される点の極座標を二つ記せ.

8. $1 \leqq r < 2$, $\pi/6 \leqq \theta \leqq 5\pi/6$ を満たす極座標上の点からなる領域を図示せよ.

9-16 極曲線を描け.

9. $r = 1 + \sin\theta$

10. $r = \sin 4\theta$

11. $r = \cos 3\theta$

12. $r = 3 + \cos 3\theta$

13. $r = 1 + \cos 2\theta$

14. $r = 2\cos(\theta/2)$

15. $r = \dfrac{3}{1 + 2\sin\theta}$

16. $r = \dfrac{3}{2 - 2\cos\theta}$

17-18 直交座標系における方程式で表される曲線を, 極方程式で表せ.

17. $x + y = 2$

18. $x^2 + y^2 = 2$

19. 極方程式 $r=(\sin\theta)/\theta$ のグラフを描け. まず, θ-r 直交座標にこのグラフを描き, そのグラフを使って極座標にグラフを手描きせよ. それを計算機で描いたグラフと比較せよ.

20. 計算機を使って, だ円 $r=2/(4-3\cos\theta)$ と準線のグラフを描け. 次に, このだ円を原点を中心に角 $2\pi/3$ だけ回転させたグラフを描け.

21-24 与えられた媒介変数値に対応する曲線上の点における接線の傾きを求めよ.

21. $x = \log t$, $y = 1 + t^2$; $t = 1$

22. $x = t^3 + 6t + 1$, $y = 2t - t^2$; $t = -1$

23. $r = e^{-\theta}$; $\theta = \pi$

24. $r = 3 + \cos 3\theta$; $\theta = \pi/2$

25-26 dy/dx および d^2y/dx^2 を求めよ.

25. $x = t + \sin t$, $y = t - \cos t$

26. $x = 1 + t^2$, $y = t - t^3$

27. 計算機を使って, 曲線 $x=t^3-3t$, $y=t^2+t+1$ のグラフを描き, 曲線の最下点を概算せよ. 次に, その座標の正確な値を計算で求めよ.

28. 前問 27 の曲線のループによって囲まれる領域の面積を求めよ.

29. 曲線

$$x = 2a\cos t - a\cos 2t \qquad y = 2a\sin t - a\sin 2t$$

が, 水平接線あるいは垂直接線をもつ点を求めよ. このことを使って, 曲線を描け.

30. 前問 29 の曲線で囲まれる領域の面積を求めよ.

31. 曲線 $r^2=9\cos 5\theta$ で囲まれる領域の面積を求めよ.

32. 曲線 $r=1-3\sin\theta$ の内側のループで囲まれる領域の面積を求めよ.

33. 曲線 $r=2$ および $r=4\cos\theta$ の交点を求めよ.

34. 曲線 $r=\cot\theta$ と $r=2\cos\theta$ の交点を求めよ.

35. 二つの円 $r=2\sin\theta$ と $r=\sin\theta+\cos\theta$ の両方に含まれる領域の面積を求めよ.

36. 曲線 $r=2+\cos 2\theta$ の内側で, 曲線 $r=2+\sin\theta$ の外側

にある領域の面積を求めよ．

37-40　曲線の長さを求めよ．

37. $x=3t^2,\quad y=2t^3,\quad 0\leqslant t\leqslant 2$

38. $x=2+3t,\quad y=\cosh 3t,\quad 0\leqslant t\leqslant 1$

39. $r=1/\theta,\quad \pi\leqslant\theta\leqslant 2\pi$

40. $r=\sin^3(\theta/3),\quad 0\leqslant\theta\leqslant\pi$

41-42　与えられた曲線を x 軸のまわりに回転させて得られる回転体の表面積を求めよ．

41. $x=4\sqrt{t},\quad y=\dfrac{t^3}{3}+\dfrac{1}{2t^2},\quad 1\leqslant t\leqslant 4$

42. $x=2+3t,\quad y=\cosh 3t,\quad 0\leqslant t\leqslant 1$

---

43. パラメトリック方程式

$$x=\frac{t^2-c}{t^2+1}\qquad y=\frac{t(t^2-c)}{t^2+1}$$

で定義される曲線は**ストロフォイド**（ギリシャ語で“向きを変えてねじる”の意）とよばれる．c の変化に対して曲線はどのように変化するか，計算機でグラフを描いて調べよ．

44. a を正定数とする極方程式 $r^a=|\sin 2\theta|$ で表される曲線の族を，計算機でグラフを描いて調べよ．a の変化に対して曲線はどのように変化するか．

45-48　焦点と頂点を求め，グラフを描け．

45. $\dfrac{x^2}{9}+\dfrac{y^2}{8}=1$　　**46.** $4x^2-y^2=16$

47. $6y^2+x-36y+55=0$

48. $25x^2+4y^2+50x-16y=59$

---

49. 焦点 $(\pm 4, 0)$，頂点 $(\pm 5, 0)$ であるだ円の方程式を求めよ．

50. 焦点 $(2, 1)$，準線 $x=-4$ である放物線の方程式を求めよ．

51. 焦点 $(0, \pm 4)$，漸近線 $y=\pm 3x$ である双曲線の方程式を求めよ．

52. 焦点 $(3, \pm 2)$，主軸の長さが 8 であるだ円の方程式を求めよ．

53. 放物線 $x^2+y=100$ と同じ焦点と準線をもち，もう一つの焦点を原点とするだ円の方程式を求めよ．

54. m を任意の実数とする．だ円 $x^2/a^2+y^2/b^2=1$ には傾き m の接線がちょうど 2 本存在して，その接線の方程式は

$$y=mx\pm\sqrt{a^2m^2+b^2}$$

であることを示せ．

55. 焦点を原点におき，離心率 $\frac{1}{3}$，準線の方程式 $r=4\sec\theta$ であるだ円の極方程式を求めよ．

56. 極座標軸と双曲線 $r=ed/(1-e\cos\theta)$，$e>1$ の漸近線がなす角は，$\cos^{-1}(\pm 1/e)$ であることを示せ．

57. 半径 a の円は固定されていて，図のように θ をおく．点 P は線分 QR の中点である．$0<\theta<\pi$ の範囲で θ が動くときの点 P の軌跡をパラメトリック方程式で求めよ．

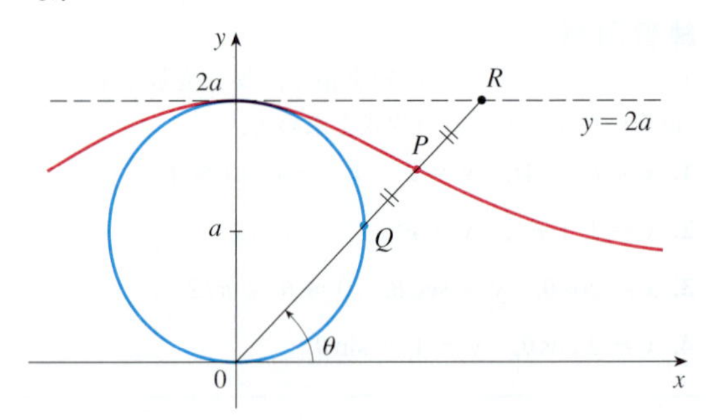

58. パラメトリック方程式

$$x=\frac{3t}{1+t^3}\qquad y=\frac{3t^2}{1+t^3}$$

で定義される曲線を **Descartes**（**デカルト**）**の葉線**という．

(a) 点 (a, b) が曲線上の点であるならば，点 (b, a) も曲線上の点であることを示せ．これは曲線が直線 $y=x$ に関して線対称であることを示している．曲線が $y=x$ と交わる点を求めよ．

(b) 曲線の接線が水平あるいは垂直となる曲線上の点を求めよ．

(c) 直線 $y=-x-1$ が漸近線であることを示せ．

(d) 曲線を描け．

(e) この曲線の直交座標における方程式は

$$x^3+y^3=3xy$$

であることを示せ．

(f) この曲線の極方程式は

$$r=\frac{3\sec\theta\,\tan\theta}{1+\tan^3\theta}$$

の形であることを示せ．

(g) この曲線のループで囲まれる領域の面積を求めよ．

(h) ループで囲まれる面積と，曲線と漸近線で挟まれる領域の面積は等しいことを示せ（積分値を求めるために，数式処理システムを使え）．

5 追加問題

1. 図の外側の円は半径 1 であり，その内側にある円弧の中心はそれぞれ外側の円周上にある．水色の領域の面積を求めよ．

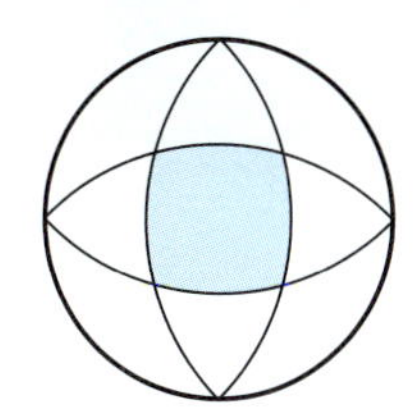

問題 1 の図

2. (a) 曲線 $x^4+y^4=x^2+y^2$ の最高点と最低点を求めよ．

(b) 曲線のグラフを描け（グラフは座標軸および $y=\pm x$ に関して線対称であるので，$y \geqq x \geqq 0$ の領域のみ考えれば十分であることに注意する）．

(c) 数式処理システムを使って，極座標を用いて曲線で囲まれる領域の面積を求めよ．

3. 極曲線 $r=1+c\sin\theta$，$0 \leqq c \leqq 1$ の族全部を表示するのに必要な長方形の画面の範囲を求めよ．次に，計算機で，この範囲にいくつかの極曲線を描いてみよ．

4. 1 辺 a の正方形の各頂点に虫がいて，各虫は同時に同じ速度で反時計回りに歩き始める．このとき，虫は常に隣の虫に向かって進む．虫はらせん軌道を描いて正方形の中心に近づいていく．

(a) 正方形の中心を原点として，虫の歩く軌跡の極方程式を求めよ（虫とその隣の虫を結ぶ線分が軌跡の接線であることを使え）．

(b) 正方形の中心で他の虫に出会うまでに，虫が歩く距離を求めよ．

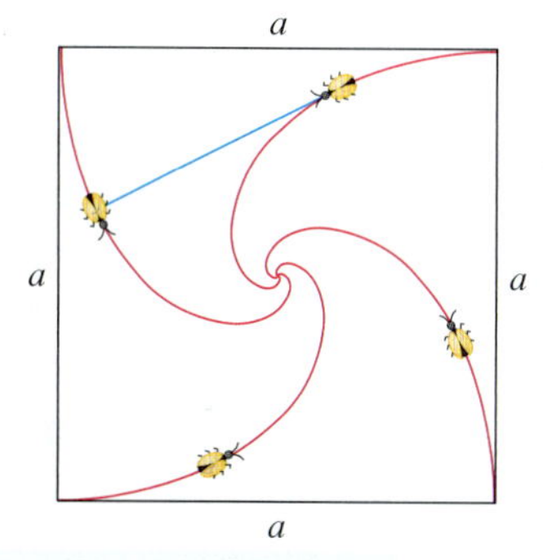

問題 4 の図

5. 双曲線の任意の接線が 2 本の漸近線と交わる 2 交点の中点は，接線の接点であることを示せ．

6. 半径 $2r$ の円 C の中心は原点にある．半径 r の円は，C のまわりを反時計回りに滑らずに転がる．点 P は，転がる円の中心から距離 b（$0<b<r$）の位置にある定点である（図(i), (ii)）．L を C の中心から転がる円の中心までの線分とし，θ を L が正の x 軸となす角度とする．

(a) θ を媒介変数として，点 P の軌跡はパラメトリック方程式

$$x = b\cos 3\theta + 3r\cos\theta \qquad y = b\sin 3\theta + 3r\sin\theta$$

で表されることを示せ［注意：$b=0$ の場合，軌跡は半径 $3r$ の円であり，$b=r$ の場合は外サイクロイド曲線，$0<b<r$ の場合は外トロコイド曲線である］．

(b) 0 から r までさまざまな b の値について，この曲線のグラフを描け．

(c) ある正 3 角形が外トロコイド曲線に内接し，その重心は原点を中心とする半径 b の円周上にあることを示せ［注意：これは Wankel（ヴァンケル）型ロータリーエンジンの原理である．正 3 角形の頂点が外トロコイド曲線に接しながら転がるならば，内接正 3 角形の重心は外トロコイド曲線の中心を中心とする円を描く］．

(d) ほとんどのロータリーエンジンの場合，回転する内接正 3 角形の辺を，対頂点を中心とする円弧に置き換えている（図(iii)）（このときローターの直径は定数である）．$b \leqq \frac{3}{2}(2-\sqrt{3})r$ の場合，ローターは外トロコイド曲線に適合することを示せ．

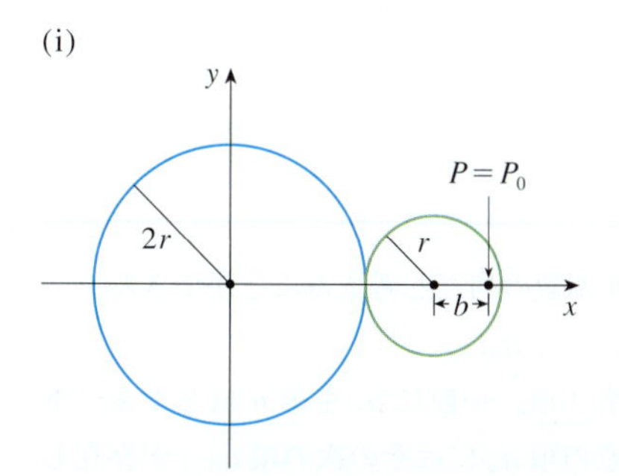

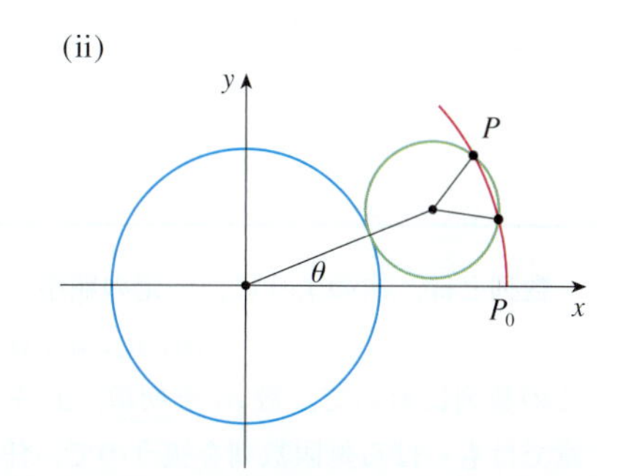

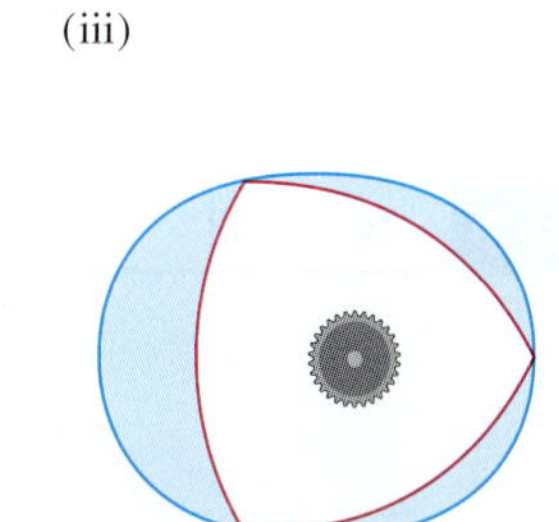

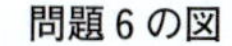
問題 6 の図

6 無限数列と無限級数

無限数列と無限級数について，第Ⅰ巻冒頭の「微分積分学についての序文」で，Zeno（ゼノン）のパラドックスや数の 10 進法表示に関連して簡単に触れた．微積分学におけるそれらの意義についてさかのぼって考えてみると，関数を無限級数の和で表そうとした Newton（ニュートン）のアイディアに行き着く．たとえば，Newton は面積を求める際に，まず関数を級数の形で表してから級数の各項を積分してその和を求めるということをよく行なっていた．§6･10 では，Newton のこのアイディアに従って $y=e^{-x^2}$ のような関数の積分を計算する（本書ではこれまで，このような関数の積分計算をすることが不可能だったことを思い出そう）．Bessel（ベッセル）関数のような，数理物理学や化学で出くわす多くの関数は，級数の和として定義され，それゆえ，無限数列や無限級数の収束という概念に親しんでおくことが重要である．

物理学では，§6･11 でみるように，別の意味で級数を扱うこともある．光学，特殊相対性理論や電磁学のような多様な分野の研究において，現象を分析する際に，関数そのものでなく，それを表す級数の初めのいくつかの項の和で置き換えて考察する．

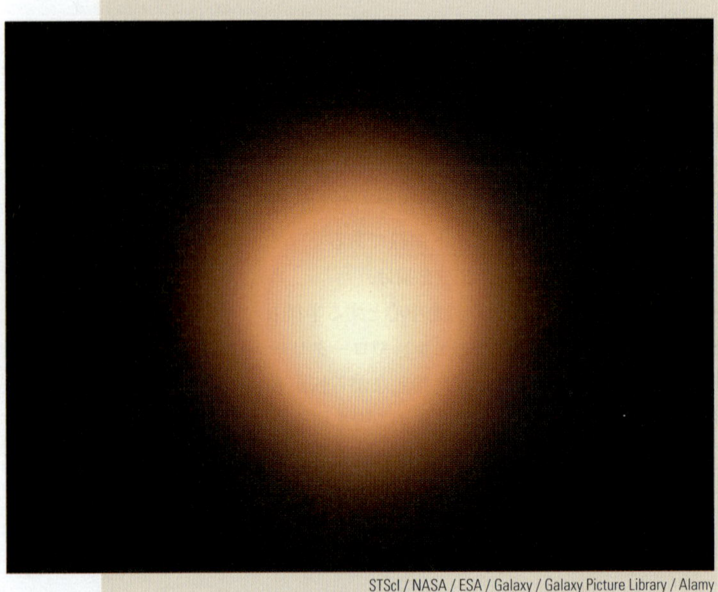

STScI / NASA / ESA / Galaxy / Galaxy Picture Library / Alamy

赤色超巨星ベテルギウス（オリオン座 α 星）は，観測できる星の中で最も巨大で最も明るい星の一つである．章末にある応用課題では，ベテルギウスの放射と他の星の放射について比較する．

6・1 数　列

数列とは，次のように，一定の順序で並ぶ数の列だと考えることができる．

$$a_1,\ a_2,\ a_3,\ a_4,\ \ldots,\ a_n,\ \ldots$$

この数列において，数 a_1 を初項，a_2 を第 2 項，一般に a_n を第 n 項とよぶ．本章ではもっぱら無限数列を扱うので，任意の項 a_n にはその次の項 a_{n+1} が存在している．

任意の自然数nについて，それに対応する数a_nが存在するので，数列は自然数の集合を定義域とする関数として定義できることに注意しよう．しかし，数nで関数fがとる値$f(n)$という関数記法ではなく，a_nと書くのが普通である．

表記法　数列$\{a_1, a_2, a_3, \cdots\}$を次のように表すこともある．

$$\{a_n\} \qquad \text{あるいは} \qquad \{a_n\}_{n=1}^{\infty}$$

例 1　第n項を表す式を与えることによって定義される数列がある．以下の例では，一つの数列に対して，それぞれ3通りの表し方で記した．1番目は上述の表記法を使って，2番目は第n項の定義式を用いて，そして3番目は数列の各項を書き出すことによって表している．ここで，nは必ずしも1から始める必要がないことを注意しよう．

(a) $\left\{\dfrac{n}{n+1}\right\}_{n=1}^{\infty}$　　$a_n = \dfrac{n}{n+1}$　　$\left\{\dfrac{1}{2}, \dfrac{2}{3}, \dfrac{3}{4}, \dfrac{4}{5}, \ldots, \dfrac{n}{n+1}, \ldots\right\}$

(b) $\left\{\dfrac{(-1)^n(n+1)}{3^n}\right\}$　　$a_n = \dfrac{(-1)^n(n+1)}{3^n}$　　$\left\{-\dfrac{2}{3}, \dfrac{3}{9}, -\dfrac{4}{27}, \dfrac{5}{81}, \ldots, \dfrac{(-1)^n(n+1)}{3^n}, \ldots\right\}$

(c) $\left\{\sqrt{n-3}\right\}_{n=3}^{\infty}$　　$a_n = \sqrt{n-3},\ n \geqq 3$　　$\{0, 1, \sqrt{2}, \sqrt{3}, \ldots, \sqrt{n-3}, \ldots\}$

(d) $\left\{\cos\dfrac{n\pi}{6}\right\}_{n=0}^{\infty}$　　$a_n = \cos\dfrac{n\pi}{6},\ n \geqq 0$　　$\left\{1, \dfrac{\sqrt{3}}{2}, \dfrac{1}{2}, 0, \ldots, \cos\dfrac{n\pi}{6}, \ldots\right\}$

例 2　次の数列の初めのいくつかの項から規則性を予測して，この数列の第n項を表す式を求めよ．

$$\left\{\frac{3}{5}, -\frac{4}{25}, \frac{5}{125}, -\frac{6}{625}, \frac{7}{3125}, \ldots\right\}$$

［解　説］

$$a_1 = \frac{3}{5} \qquad a_2 = -\frac{4}{25} \qquad a_3 = \frac{5}{125} \qquad a_4 = -\frac{6}{625} \qquad a_5 = \frac{7}{3125}$$

まず，これらの分数の分子の部分にだけ注目すると，最初が3で，次の項に進むごとに1ずつ増えていることに着目しよう．すなわち，第2項の分子は4，第3項の分子は5，一般に第n項の分子は$n+2$であろうと予測できる．次に分母の部分にだけ注目すると，5のベキになっていることがわかる．すなわち，a_nの分母は5^nである．また，この数列の符号が交互に正負入れ替わっているので，-1のベキを掛け合わせる必要がある．例1(b)で，$(-1)^n$の因子が“数列の初項が負であること”を表していた．ここでは，初項が正であるので，第n項を表す式では，$(-1)^{n-1}$あるいは$(-1)^{n+1}$を乗じればよい．以上のことから，

$$a_n = (-1)^{n-1}\frac{n+2}{5^n}$$

である．

例 3　数列の中には，単純な定義式をもたない数列もある．

(a) 数列 $\{p_n\}$，ここで p_n は n 年 1 月 1 日時点での世界の総人口を表す．

(b) a_n を数 e の第 n 番目の小数位の数とすると，数列 $\{a_n\}$ は，明確に定義された数列であり，初めのいくつかの項を書き出すと次のようである．

$$\{7, 1, 8, 2, 8, 1, 8, 2, 8, 4, 5, \ldots\}$$

(c) **Fibonacci**（**フィボナッチ**）**数列** $\{f_n\}$ は次の条件によって再帰的に定義される．

$$f_1 = 1 \qquad f_2 = 1 \qquad f_n = f_{n-1} + f_{n-2} \qquad n \geqslant 3$$

各項は，その項の一つ前と二つ前の項の和になっている．初めのいくつかの項を書き出すと，

$$\{1, 1, 2, 3, 5, 8, 13, 21, \ldots\}$$

である．この数列は，Fibonacci という名前で知られている 13 世紀のイタリアの数学者が，ウサギの繁殖に関する問題（節末問題 83 参照）を解いた際に初めて登場したとされている．

例 1(a) の $a_n = n/(n+1)$ のような数列は，図 1 のように数直線上に各項をプロットして，あるいは図 2 のように n の関数 a_n のグラフをプロットすることによって視覚化することができる．数列は自然数の集合を定義域とする関数なので，そのグラフは座標

$$(1, a_1) \qquad (2, a_2) \qquad (3, a_3) \qquad \ldots \qquad (n, a_n) \qquad \ldots$$

で表される複数の孤立点で構成されることに注意しよう．

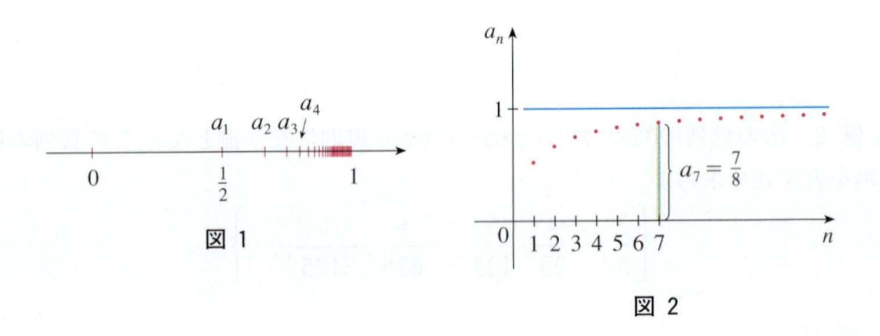

図 1

図 2

図 1 あるいは図 2 から，数列 $a_n = n/(n+1)$ の項は n が大きくなるにつれて，1 に近づいていくようにみえる．実際，1 と a_n の差

$$1 - \frac{n}{n+1} = \frac{1}{n+1}$$

は，n を十分大きくとると，いくらでも小さくできる．この事実は次のように表記できる．

$$\lim_{n\to\infty} \frac{n}{n+1} = 1$$

一般に，

$$\lim_{n\to\infty} a_n = L$$

で，n を十分大きくとると，数列 $\{a_n\}$ の項が L に近づくことを表す．次に示す数列の極限の定義は，第 I 巻 § 3·4 で紹介した無限遠における関数の極限の定義に非常に似ていることに留意しよう．

$\boxed{1}$ **定 義**　n を十分大きくとることによって，項 a_n を L にいくらでも近づけることができるとき，数列 $\{a_n\}$ は**極限** L をもつといい，次のように表記する．

$$\lim_{n\to\infty} a_n = L \qquad \text{あるいは} \qquad n\to\infty \text{ のとき } a_n \to L$$

$\lim_{n\to\infty} a_n$ が存在するならば，その数列は**収束する**という．そうでない場合に，その数列は**発散する**という．

図 3 は，極限 L をもつ 2 種類の数列のグラフを示すことによって，定義 $\boxed{1}$ を視覚化した図である．

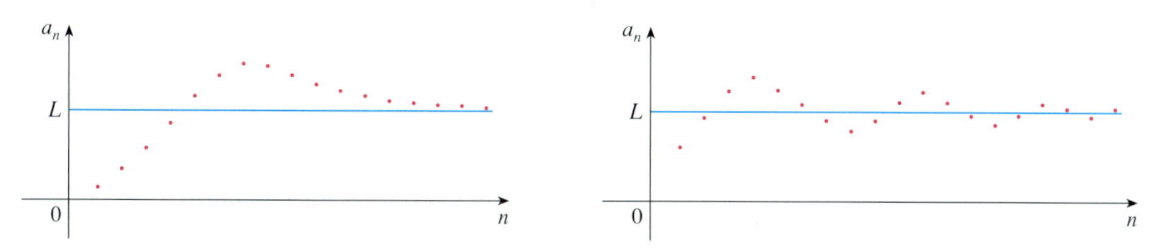

図 3　$\lim_{n\to\infty} a_n = L$ を満たす 2 種類の数列のグラフ

定義 $\boxed{1}$ をより正確に表すと，次のようになる．

$\boxed{2}$* **定 義**　任意の $\varepsilon > 0$ について，

$$n > N \qquad \text{ならば} \qquad |a_n - L| < \varepsilon$$

を満たす整数 N が存在するとき，数列 $\{a_n\}$ は**極限** L をもつといい，次のように表記する．

$$\lim_{n\to\infty} a_n = L \qquad \text{あるいは} \qquad n\to\infty \text{ のとき } a_n \to L$$

* この定義を第 I 巻 § 3・4 定義 $\boxed{5}$ と比較せよ．

定義 $\boxed{2}$ は，数直線上に各項 $a_1, a_2, a_3, \cdots$ をプロットした図 4 によって図解される．すなわち，開区間 $(L-\varepsilon, L+\varepsilon)$ をいかに狭くとろうとも，a_{n+1} 以降の数列のすべての項がこの区間の中に必ずおさまるような N が存在するということである．

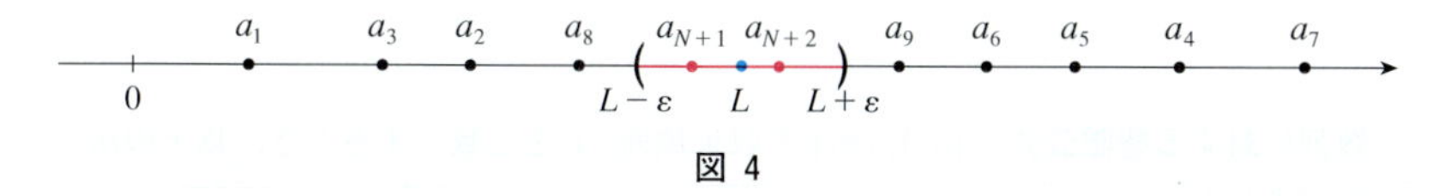

図 4

定義 $\boxed{2}$ は図 5 のように図解することもできる．$n > N$ ならば $\{a_n\}$ のグラフの点は必ず水平な 2 直線 $y = L+\varepsilon$ と $y = L-\varepsilon$ の間に存在している．この図は ε をいかに小さくとろうとも必ず成り立つが，その際は大抵の場合，より小さい ε に対して，より大きな N を選ぶ必要がある．

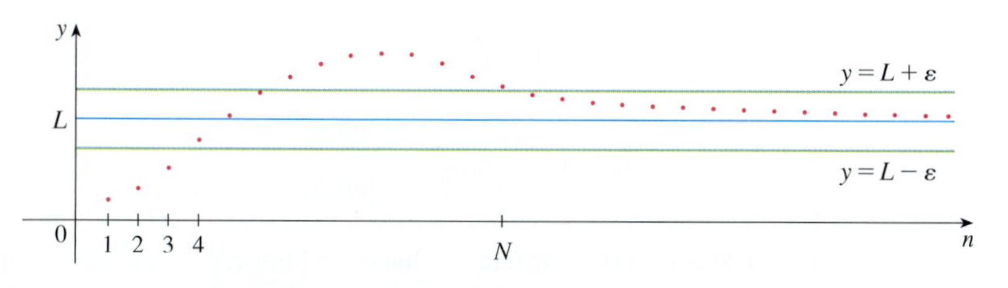

図 5

定義 2 と第 I 巻 § 3·4 定義 5 を比較すると，$\lim_{n\to\infty} a_n = L$ と $\lim_{x\to\infty} f(x) = L$ との違いは，n が整数でなければならないことだけだとわかるだろう．したがって，次の定理が成り立つ．図 6 はこの定理を図解したものである．

3 定理　$\lim_{x\to\infty} f(x) = L$ かつ $f(n) = a_n$（n は整数）ならば，$\lim_{n\to\infty} a_n = L$ である．

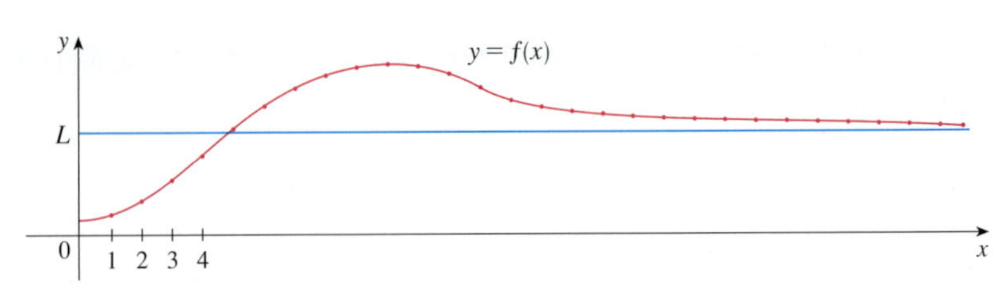

図 6

特に $r>0$ のとき，$\lim_{x\to\infty}(1/x^r) = 0$（第 I 巻 § 3·4 定理 4）であるので，式 4 を得る．

4
$$r > 0 \qquad \text{ならば} \qquad \lim_{n\to\infty} \frac{1}{n^r} = 0$$

n が大きくなるにつれて a_n も大きくなるとき，$\lim_{n\to\infty} a_n = \infty$ と記す．次に示す正確な定義 5 は，第 I 巻 § 3·4 定義 7 に類似している．

5 定義　任意の正数 M について，

$$n > N \qquad \text{ならば} \qquad a_n > M$$

を満たす整数 N が存在するとき，$\lim_{n\to\infty} a_n = \infty$ である．

$\lim_{n\to\infty} a_n = \infty$ のとき，数列 $\{a_n\}$ は発散するが，固有の発散の仕方をする．このとき，数列 $\{a_n\}$ は ∞ に発散するという．

第 I 巻 § 1·6 で紹介した関数に対する極限公式は数列に対しても成り立つ．また，その証明も同様である．

数列に対する極限公式　$\{a_n\}, \{b_n\}$ を収束数列，c を定数とするとき，以下の法則が成り立つ．

$$\lim_{n\to\infty}(a_n + b_n) = \lim_{n\to\infty} a_n + \lim_{n\to\infty} b_n$$

$$\lim_{n\to\infty}(a_n - b_n) = \lim_{n\to\infty} a_n - \lim_{n\to\infty} b_n$$

$$\lim_{n\to\infty} ca_n = c \lim_{n\to\infty} a_n \qquad \lim_{n\to\infty} c = c$$

$$\lim_{n\to\infty}(a_n b_n) = \lim_{n\to\infty} a_n \cdot \lim_{n\to\infty} b_n$$

$$\lim_{n\to\infty} b_n \neq 0 \qquad \text{ならば} \qquad \lim_{n\to\infty} \frac{a_n}{b_n} = \frac{\lim_{n\to\infty} a_n}{\lim_{n\to\infty} b_n}$$

$$p > 0 \text{ かつ } a_n > 0 \qquad \text{ならば} \qquad \lim_{n\to\infty} a_n^p = \left(\lim_{n\to\infty} a_n\right)^p$$

はさみうちの原理も，次のように数列に対しても成り立つ（図7）．

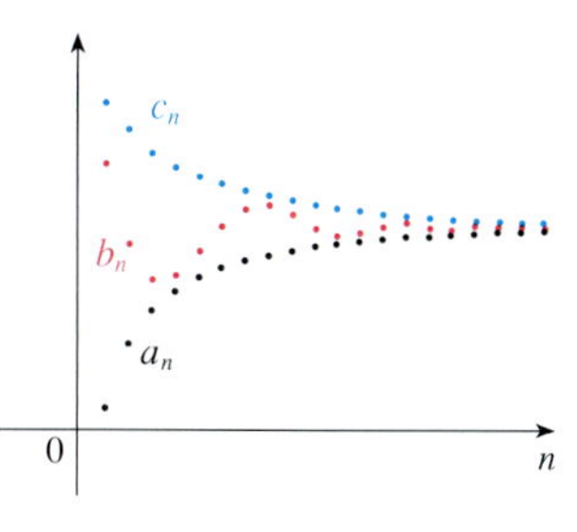

図7　数列 $\{b_n\}$ は二つの数列 $\{a_n\}$ と $\{c_n\}$ の間に挟み込まれている．

数列に対するはさみうちの原理　$n \geqq n_0$ について $a_n \leqq b_n \leqq c_n$ が成り立ち，かつ $\lim_{n\to\infty} a_n = \lim_{n\to\infty} c_n = L$ であるならば，$\lim_{n\to\infty} b_n = L$ である．

次の定理 6 も，（極限公式やはさみうちの原理と同様に）数列の極限を考える際に役に立つ定理である．その証明は節末問題 87 にゆずる．

6 **定 理**　$\lim_{n\to\infty} |a_n| = 0$ であるならば，$\lim_{n\to\infty} a_n = 0$ である．

例 4　$\lim_{n\to\infty} \dfrac{n}{n+1}$ を求めよ．

［解 説］ 第 I 巻 § 3･4 で用いたのと同様の方法で求める．すなわち，n の最高ベキで分子・分母を共に割り，極限公式を用いると，

$$\lim_{n\to\infty} \frac{n}{n+1} = \lim_{n\to\infty} \frac{1}{1+\dfrac{1}{n}} = \frac{\lim_{n\to\infty} 1}{\lim_{n\to\infty} 1 + \lim_{n\to\infty} \dfrac{1}{n}}$$

$$= \frac{1}{1+0} = 1$$

となる*．ここでは式 4 を $r=1$ として用いた．

* 例 1(a) について，図 1 や図 2 から推測していたことが正しかったことが，これにより示された．

例 5　数列 $a_n = \dfrac{n}{\sqrt{10+n}}$ は収束するか発散するか．

［解 説］ 例 4 と同様に分子・分母を共に n で割ると

$$\lim_{n\to\infty} \frac{n}{\sqrt{10+n}} = \lim_{n\to\infty} \frac{1}{\sqrt{\dfrac{10}{n^2} + \dfrac{1}{n}}} = \infty$$

となる．なぜなら，分子は定数で，分母は 0 に近づくからである．したがって，数列 $\{a_n\}$ は発散する．

例 6　$\lim_{n\to\infty} \dfrac{\log n}{n}$ を計算せよ．

［解 説］ $n \to \infty$ のとき，分母も分子も無限大に近づくことに注意しよう．与えられた式に l'Hospital（ロピタル）の定理を直接用いることはできない．なぜなら，l'Hospital の定理は数列に対して用いることはできず，実変数関数に対して用いることのできる定理だからである．しかし，関数 $f(x) = (\log x)/x$ に l'Hospital の定理は用いることができるので，これより

$$\lim_{x\to\infty} \frac{\log x}{x} = \lim_{x\to\infty} \frac{1/x}{1} = 0$$

を得る．したがって，定理 3 より，

$$\lim_{n\to\infty}\frac{\log n}{n}=0$$

である．■

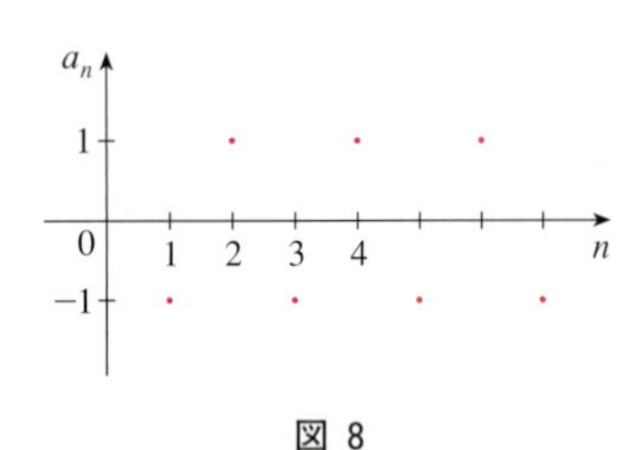

図 8

例 7　数列 $a_n=(-1)^n$ が収束するか発散するかを決定せよ．

［解 説］　この数列の項を書き出してみると，

$$\{-1, 1, -1, 1, -1, 1, -1, \dots\}$$

である．この数列のグラフは図 8 のようである．数列の項は 1 と −1 を無限に行ったり来たりするので，a_n はどの数にも近づくことがない．したがって，$\lim_{n\to\infty}(-1)^n$ は存在しない．すなわち，数列 $\{(-1)^n\}$ は発散する．■

例 8 の数列のグラフは図 9 のようになり，これは求めた答えと合致している．

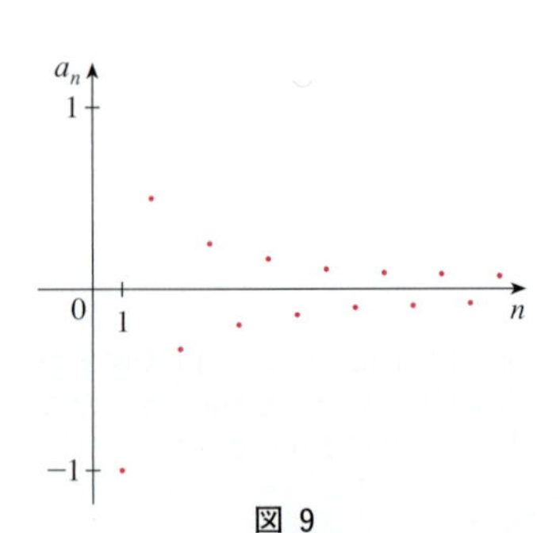

図 9

例 8　$\lim_{n\to\infty}\frac{(-1)^n}{n}$ が存在するならば，それを求めよ．

［解 説］　まず，絶対値をつけたときの極限を計算してみると，

$$\lim_{n\to\infty}\left|\frac{(-1)^n}{n}\right|=\lim_{n\to\infty}\frac{1}{n}=0$$

である．この結果と定理 6 より

$$\lim_{n\to\infty}\frac{(-1)^n}{n}=0$$

である．■

次の定理 7 は，収束数列の各項を連続関数で写して得られる新たな数列を考えると，その新たな数列もまた収束数列となるという定理である．この定理の証明は節末問題 88 にゆずる．

7 定理　$\lim_{n\to\infty}a_n=L$ かつ関数 f が L で連続であるならば，

$$\lim_{n\to\infty}f(a_n)=f(L)$$

である．

例 9　$\lim_{n\to\infty}\sin(\pi/n)$ を求めよ．

［解 説］　サイン関数は 0 で連続なので，定理 7 より次式が成り立つ．

$$\lim_{n\to\infty}\sin(\pi/n)=\sin\left(\lim_{n\to\infty}(\pi/n)\right)=\sin 0=0$$

■

例 10　数列 $a_n=n!/n^n$ の収束性について考察せよ．

ただし，$n!=1\cdot2\cdot3\cdot\cdots\cdot n$ である．

［解 説］　$n\to\infty$ のとき，分子も分母も共に無限大に近づく．そして，l'Hospital の定理を使おうとしても対応する関数が存在しない（x が整数でない場合に，$x!$ は定義できない）．そこで，n が大きくなるにつれて，a_n がどうなるのかという

感触を得るために，初めのいくつかの項を具体的に書き出してみよう．

$$a_1 = 1 \qquad a_2 = \frac{1 \cdot 2}{2 \cdot 2} \qquad a_3 = \frac{1 \cdot 2 \cdot 3}{3 \cdot 3 \cdot 3}$$

[8]
$$a_n = \frac{1 \cdot 2 \cdot 3 \cdot \cdots \cdot n}{n \cdot n \cdot n \cdot \cdots \cdot n}$$

これらの式の形や図 10 のグラフから，項は減少し続け，おそらく 0 に近づくであろうと予測される．この予測が成り立つことを確かめるために，式[8]を次のように変形してみよう．

$$a_n = \frac{1}{n}\left(\frac{2 \cdot 3 \cdot \cdots \cdot n}{n \cdot n \cdot \cdots \cdot n}\right)$$

すると，括弧の中の部分は，分子が分母以下なので，1 未満であることがわかる．したがって，

$$0 < a_n \leqslant \frac{1}{n}$$

である．$n \to \infty$ のとき $1/n \to 0$ であることは既知なので，はさみうちの原理より，$n \to \infty$ のとき $a_n \to 0$ である．■

数列のグラフの描き方　数式処理システムの中には，数列をつくって，自動的にそのグラフを描き出してくれる特別なコマンドをもつものもある．しかし，計算機のグラフ機能の多くは，パラメトリック方程式を使うことによって数列のグラフを描く．たとえば，例 10 の数列では，パラメトリック方程式

$$x = t \qquad y = t!/t^t$$

を入力し，ドットモードでグラフ化して，$t=1$ から 1 ずつ増えるようにしてグラフ化すると，図 10 を得る．

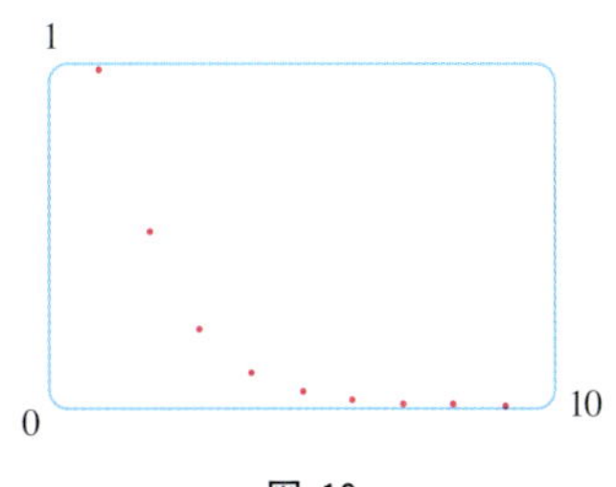

図 10

例 11　数列 $\{r^n\}$ が収束するのは，r がどのような値をとるときか．

［解 説］　第 I 巻 § 3・4 や本巻 § 1・2（あるいは § 1・4*）の指数関数のグラフのところで，$a>1$ について $\lim_{x\to\infty} a^x=\infty$，$0<a<1$ について $\lim_{x\to\infty} a^x=0$ であることを学んだ．したがって，$a=r$ として定理[3]を用いることによって，次式を得る．

$$\lim_{n\to\infty} r^n = \begin{cases} \infty, & r>1 \\ 0, & 0<r<1 \end{cases}$$

また，明らかに

$$\lim_{n\to\infty} 1^n = 1 \qquad および \qquad \lim_{n\to\infty} 0^n = 0$$

である．$-1<r<0$ ならば $0<|r|<1$ であるので，

$$\lim_{n\to\infty} |r^n| = \lim_{n\to\infty} |r|^n = 0$$

よって，定理[6]より $\lim_{n\to\infty} r^n=0$ である．$r\leqslant -1$ ならば例 7 で $\{r^n\}$ は発散することを確かめた．図 11 は r がさまざまな値をとるときの数列 $\{r^n\}$ のグラフである（$r=-1$ の場合は図 8 ですでに示した）．

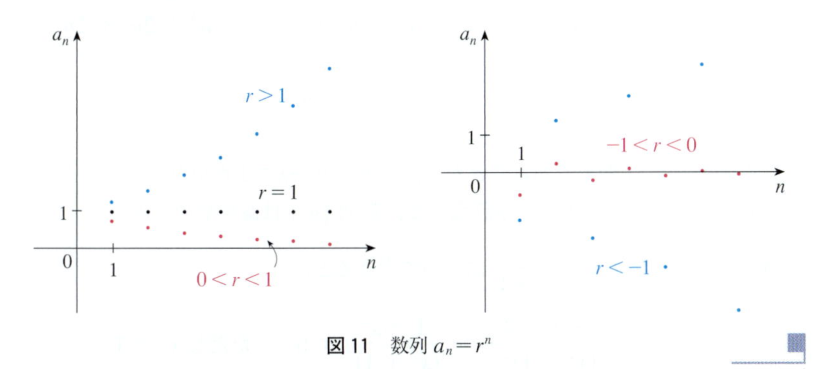

図 11　数列 $a_n=r^n$ ■

例 11 の結果を，先々で使えるように以下のようにまとめておく．

9　数列 $\{r^n\}$ は，$-1<r\leqq 1$ のとき収束し，それ以外の値を r がとるときは発散する．

$$\lim_{n\to\infty} r^n = \begin{cases} 0, & -1<r<1 \\ 1, & r=1 \end{cases}$$

10　**定義**　すべての $n\geqq 1$ について，$a_n<a_{n+1}$ が成り立つとき，すなわち，$a_1<a_2<a_3<\cdots$ が成り立つとき，数列 $\{a_n\}$ は**増加数列**であるという．また，すべての $n\geqq 1$ について，$a_n>a_{n+1}$ が成り立つとき，数列 $\{a_n\}$ は**減少数列**であるという．数列が増加数列または減少数列のどちらかであるとき，その数列は**単調数列**であるという．

例 12　数列 $\left\{\dfrac{3}{n+5}\right\}$ は減少数列である．なぜなら，

右辺の方が分母が大きいので，右辺の方が小さい．

$$\frac{3}{n+5} > \frac{3}{(n+1)+5} = \frac{3}{n+6}$$

すなわち，すべての $n\geqq 1$ について，$a_n>a_{n+1}$ が成り立つからである．

例 13　数列 $a_n=\dfrac{n}{n^2+1}$ が減少数列であることを示せ．

［解説 1］　$a_{n+1}<a_n$，すなわち

$$\frac{n+1}{(n+1)^2+1} < \frac{n}{n^2+1}$$

であることを示せばよい．この不等式の両辺に両辺の分母（どちらも正）を掛けて整理すると，

$$\begin{aligned} \frac{n+1}{(n+1)^2+1} < \frac{n}{n^2+1} &\iff (n+1)(n^2+1) < n((n+1)^2+1) \\ &\iff n^3+n^2+n+1 < n^3+2n^2+2n \\ &\iff 1 < n^2+n \end{aligned}$$

となる．ここで，$n\geqq 1$ であることから，不等式 $n^2+n>1$ が成り立つ．したがって，$a_{n+1}<a_n$ であることが示されたので，数列 $\{a_n\}$ は減少数列である．

［解説 2］　関数 $f(x)=\dfrac{x}{x^2+1}$ について考えると，

$$f'(x) = \frac{x^2+1-2x^2}{(x^2+1)^2} = \frac{1-x^2}{(x^2+1)^2} < 0 \qquad \text{ただし } x^2>1$$

である．よって，関数 f は区間 $(1,\infty)$ で単調減少するので，$f(n)>f(n+1)$ が成り立つ．したがって，数列 $\{a_n\}$ は減少数列である．

> 11 **定義**　ある数 M が存在して，
>
> $$\text{すべての } n \geqq 1 \text{ について} \qquad a_n \leqq M$$
>
> であるとき，数列 $\{a_n\}$ は**上に有界**であるという．ある数 m が存在して，
>
> $$\text{すべての } n \geqq 1 \text{ について} \qquad m \leqq a_n$$
>
> であるとき，数列 $\{a_n\}$ は**下に有界**であるという．数列 $\{a_n\}$ が上に有界，かつ下にも有界であるとき，$\{a_n\}$ は**有界数列**であるという．

たとえば，数列 $a_n = n$ は，下に有界（$a_n > 0$）であるが，上に有界ではない．数列 $a_n = n/(n+1)$ は，すべての n について $0 < a_n < 1$ であるから，有界数列である．

すべての有界数列が必ずしも収束するわけではないことをすでにみた（たとえば，例 7 では，$a_n = (-1)^n$ は $-1 \leqq a_n \leqq 1$ を満たすが，発散していた）．また，すべての単調数列が収束するわけではないこともすでにみた（たとえば，$a_n = n \to \infty$）．しかし，数列が有界で，かつ単調であるならば，その数列は必ず収束する．この事実は，定理 12 で証明するが，図 12 をみればこのことが成り立つことは直観的に理解できるだろう．数列 $\{a_n\}$ が増加数列で，かつすべての n について $a_n \leqq M$ であるならば，数列の項は変動の余地がなくなって，ある数 L に近づいていかざるを得ない．

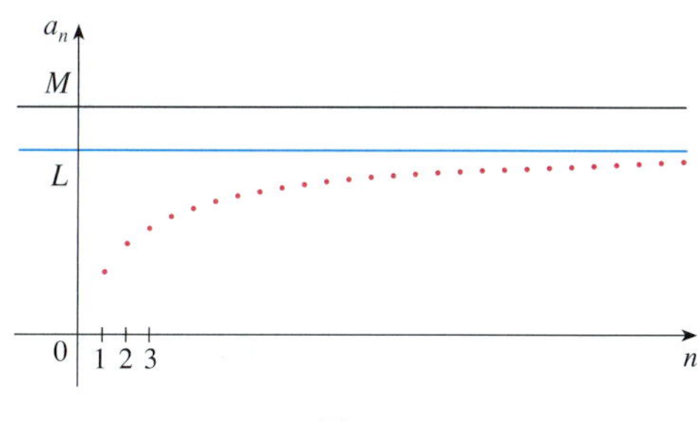

図 12

定理 12 の証明は，実数の集合 ℝ に関する**完備性の公理**を根拠としている．ここで，実数の集合に関する完備性の公理とは，集合 S が空ではない，上界 M をもつ（すべての $x \in S$ について $x \leqq M$）実数の集合であるならば，S は**上限** b をもつ（すなわち，b は S の上界であり，かつ M を b 以外の任意の上界とすると，$b \leqq M$ が成り立つ）ということである．完備性の公理は，実数直線上に隙間も穴も存在しないという事実を述べている．

> 12 **単調数列定理**　任意の有界な単調数列は収束する．

証明　$\{a_n\}$ を増加数列とする．$\{a_n\}$ が有界であるならば，集合 $S = \{a_n | n \geqq 1\}$ は上界をもつ．完備性の公理より，S は上限（上界の最小値）L をもつ．任意の ε（>0）が与えられたとき，$L - \varepsilon$ は S の上限ではない（なぜなら，L が上限だからである）．したがって，

$$\text{ある整数 } N \text{ について} \qquad a_N > L - \varepsilon$$

が成り立つ．しかし，この数列は増加数列であるので，任意の $n > N$ について，$a_n \geqq a_N$ である．よって，$n > N$ ならば

$$a_n > L - \varepsilon$$

すなわち，$a_n \leqq L$ であるので

$$0 \leqq L - a_n < \varepsilon$$

が成り立つ．したがって，

$$|L - a_n| < \varepsilon \quad \text{ただし } n > N$$

である．よって，$\lim_{n \to \infty} a_n = L$ である．

$\{a_n\}$ が減少数列の場合も，（上限の代わりに，下界の最大値，すなわち下限を用いることによって）同様に証明される．■

定理 12 の証明は増加数列で，かつ上に有界ならば収束することを示している（同様に，減少数列で，かつ下に有界ならば収束する）．この事実は，無限数列を扱う際に，よく用いられる．

例 14　次の漸化式で定義される数列 $\{a_n\}$ について調べよ．

$$n = 1, 2, 3, \ldots \text{ について} \qquad a_1 = 2,\ a_{n+1} = \tfrac{1}{2}(a_n + 6)$$

［解 説］ まず，初めのいくつかの項を計算してみると，

$a_1 = 2$　　$a_2 = \frac{1}{2}(2 + 6) = 4$　　$a_3 = \frac{1}{2}(4 + 6) = 5$

$a_4 = \frac{1}{2}(5 + 6) = 5.5$　　$a_5 = 5.75$　　$a_6 = 5.875$

$a_7 = 5.9375$　　$a_8 = 5.96875$　　$a_9 = 5.984375$

となる．これらは，この数列が増加数列で，項が 6 に近づいていくことを示唆している．この数列が増加数列であることを確かめるために，数学的帰納法*を使って，すべての $n \geqq 1$ について $a_{n+1} > a_n$ が成り立つことを示そう．まず，$n=1$ の場合は，$a_2 = 4 > a_1$ であるので成り立つ．$n=k$ の場合に成り立つと仮定すると，

$$a_{k+1} > a_k$$

であり，両辺に 6 を加えて，

$$a_{k+1} + 6 > a_k + 6$$

両辺を 2 で割って，

$$\tfrac{1}{2}(a_{k+1} + 6) > \tfrac{1}{2}(a_k + 6)$$

すなわち

$$a_{k+2} > a_{k+1}$$

である．すなわち，$n=k+1$ の場合にも $a_{n+1} > a_n$ が成り立つ．よって，数学的帰納法より，すべての n について $a_{n+1} > a_n$ が成り立つことが示された．

次に，すべての n について $a_n < 6$ であることを示して，$\{a_n\}$ が有界であることを示す（増加数列であるので，下に有界であることは既知である．すなわち，すべての n について $a_n \geqq a_1 = 2$）．まず，$n=1$ の場合は，$a_1 < 6$ であるので成り立つ．$n=k$ の場合に成り立つと仮定すると，

$$a_k < 6$$

であり，両辺に 6 を加えて，

$$a_k + 6 < 12$$

両辺を 2 で割って，

$$\tfrac{1}{2}(a_k + 6) < \tfrac{1}{2}(12) = 6$$

＊ 数学的帰納法は，再帰的な数列を扱う際によく用いられる．数学的帰納法の原理については，第 I 巻第 1 章巻末「問題解決のための考え方」参照．

すなわち

$$a_{k+1} < 6$$

である．よって，数学的帰納法により，すべての n について $a_n<6$ が成り立つことが示された．

数列 $\{a_n\}$ は増加数列で有界であるので，定理 12 より上限があるが，この定理はその値までは教えてくれない．しかし，$\lim_{n\to\infty} a_n = L$ が存在することがわかっているので，与えられている漸化式を使って，

$$\lim_{n\to\infty} a_{n+1} = \lim_{n\to\infty} \tfrac{1}{2}(a_n + 6) = \tfrac{1}{2}\left(\lim_{n\to\infty} a_n + 6\right) = \tfrac{1}{2}(L + 6)$$

$a_n \to L$ ならば $a_{n+1} \to L$ でもある（$n\to\infty$ ならば，$n+1\to\infty$ である）*．よって，

$$L = \tfrac{1}{2}(L + 6)$$

である．この方程式を L について解くことにより，$L=6$ を得る．■

＊この証明は節末問題70にゆずる．

6・1 節末問題

1. (a) 数列とは何か．

(b) $\lim_{n\to\infty} a_n = 8$ は何を意味するか．

(c) $\lim_{n\to\infty} a_n = \infty$ は何を意味するか．

2. (a) 収束数列とは何か．例を二つ上げよ．

(b) 発散数列とは何か．例を二つ上げよ．

3-12 次の数列の初めの5項をあげよ．

3. $a_n = \dfrac{2^n}{2n+1}$　　**4.** $a_n = \dfrac{n^2-1}{n^2+1}$

5. $a_n = \dfrac{(-1)^{n-1}}{5^n}$　　**6.** $a_n = \cos\dfrac{n\pi}{2}$

7. $a_n = \dfrac{1}{(n+1)!}$　　**8.** $a_n = \dfrac{(-1)^n n}{n!+1}$

9. $a_1 = 1,\quad a_{n+1} = 5a_n - 3$

10. $a_1 = 6,\quad a_{n+1} = \dfrac{a_n}{n}$

11. $a_1 = 2,\quad a_{n+1} = \dfrac{a_n}{1+a_n}$

12. $a_1 = 2,\quad a_2 = 1,\quad a_{n+1} = a_n - a_{n-1}$

13-18 次の数列の初めのいくつかの項の規則性が続くとして，この数列の第 n 項 a_n を表す式を求めよ．

13. $\left\{\frac{1}{2}, \frac{1}{4}, \frac{1}{6}, \frac{1}{8}, \frac{1}{10}, \ldots\right\}$

14. $\left\{4, -1, \frac{1}{4}, -\frac{1}{16}, \frac{1}{64}, \ldots\right\}$

15. $\left\{-3, 2, -\frac{4}{3}, \frac{8}{9}, -\frac{16}{27}, \ldots\right\}$

16. $\{5, 8, 11, 14, 17, \ldots\}$

17. $\left\{\frac{1}{2}, -\frac{4}{3}, \frac{9}{4}, -\frac{16}{5}, \frac{25}{6}, \ldots\right\}$

18. $\{1, 0, -1, 0, 1, 0, -1, 0, \ldots\}$

19-22 次の数列の初めの10項を小数点以下4桁まで求め，それらを使って数列のグラフを手描きせよ．数列には極限が存在するか．存在するならば計算し，存在しないならばその理由を述べよ．

19. $a_n = \dfrac{3n}{1+6n}$　　**20.** $a_n = 2 + \dfrac{(-1)^n}{n}$

21. $a_n = 1 + \left(-\frac{1}{2}\right)^n$　　**22.** $a_n = 1 + \dfrac{10^n}{9^n}$

23-56 次の数列は収束するか発散するかを決定せよ．収束する場合は極限を求めよ．

23. $a_n = \dfrac{3+5n^2}{n+n^2}$　　**24.** $a_n = \dfrac{3+5n^2}{1+n}$

25. $a_n = \dfrac{n^4}{n^3-2n}$　　**26.** $a_n = 2 + (0.86)^n$

27. $a_n = 3^n 7^{-n}$　　**28.** $a_n = \dfrac{3\sqrt{n}}{\sqrt{n}+2}$

29. $a_n = e^{-1/\sqrt{n}}$　　**30.** $a_n = \dfrac{4^n}{1+9^n}$

31. $a_n = \sqrt{\dfrac{1+4n^2}{1+n^2}}$　　**32.** $a_n = \cos\left(\dfrac{n\pi}{n+1}\right)$

33. $a_n = \dfrac{n^2}{\sqrt{n^3+4n}}$　　**34.** $a_n = e^{2n/(n+2)}$

35. $a_n = \dfrac{(-1)^n}{2\sqrt{n}}$　　**36.** $a_n = \dfrac{(-1)^{n+1} n}{n+\sqrt{n}}$

37. $\left\{\dfrac{(2n-1)!}{(2n+1)!}\right\}$　**38.** $\left\{\dfrac{\log n}{\log 2n}\right\}$

39. $\{\sin n\}$　**40.** $a_n = \dfrac{\tan^{-1} n}{n}$

41. $\{n^2 e^{-n}\}$　**42.** $a_n = \log(n+1) - \log n$

43. $a_n = \dfrac{\cos^2 n}{2^n}$　**44.** $a_n = \sqrt[n]{2^{1+3n}}$

45. $a_n = n \sin(1/n)$　**46.** $a_n = 2^{-n} \cos n\pi$

47. $a_n = \left(1 + \dfrac{2}{n}\right)^n$　**48.** $a_n = \sqrt[n]{n}$

49. $a_n = \log(2n^2+1) - \log(n^2+1)$

50. $a_n = \dfrac{(\log n)^2}{n}$　**51.** $a_n = \arctan(\log n)$

52. $a_n = n - \sqrt{n+1}\sqrt{n+3}$

53. $\{0, 1, 0, 0, 1, 0, 0, 0, 1, \ldots\}$

54. $\left\{\frac{1}{1}, \frac{1}{3}, \frac{1}{2}, \frac{1}{4}, \frac{1}{3}, \frac{1}{5}, \frac{1}{4}, \frac{1}{6}, \ldots\right\}$

55. $a_n = \dfrac{n!}{2^n}$　**56.** $a_n = \dfrac{(-3)^n}{n!}$

57-63　計算機を使って次の数列のグラフを描き，数列が収束するか発散するかを決定せよ．数列が収束するならば，グラフから極限値を推測し，それを証明せよ（欄外「数列のグラフの描き方」参照）．

57. $a_n = (-1)^n \dfrac{n}{n+1}$　**58.** $a_n = \dfrac{\sin n}{n}$

59. $a_n = \arctan\left(\dfrac{n^2}{n^2+4}\right)$　**60.** $a_n = \sqrt[n]{3^n + 5^n}$

61. $a_n = \dfrac{n^2 \cos n}{1+n^2}$

62. $a_n = \dfrac{1 \cdot 3 \cdot 5 \cdot \cdots \cdot (2n-1)}{n!}$

63. $a_n = \dfrac{1 \cdot 3 \cdot 5 \cdot \cdots \cdot (2n-1)}{(2n)^n}$

---

64. (a) $n \geqq 1$ について

$$a_1 = 1 \qquad a_{n+1} = 4 - a_n$$

で定義される数列が収束するか発散するかを決定せよ．

(b) 第 1 項が $a_1 = 2$ であるならばどうなるか．

65. 年利率 6 % で 1000 ドルを複利投資するならば，n 年後の投資額は $a_n = 1000(1.06)^n$ となる．

(a) 数列 $\{a_n\}$ の初めの 5 項を求めよ．

(b) 数列は収束するか発散するか．説明せよ．

66. 年利率 3 % の月ごとの複利で運用される口座に，月末ごとに 100 ドルを入金するならば，n ヵ月後の利子総額は

$$I_n = 100\left(\frac{1.0025^n - 1}{0.0025} - n\right)$$

となる．

(a) 数列の初めの 6 項を求めよ．

(b) 2 年後の利子はいくらになるか．

67. ある養殖業者は池で 5000 匹のナマズを飼育している．ナマズの数は月 8 % 増加し，業者は月 300 匹を漁獲する．

(a) n ヵ月後のナマズ個体数 P_n は，

$$P_n = 1.08P_{n-1} - 300 \qquad P_0 = 5000$$

で帰納的に与えられることを示せ．

(b) 6 ヵ月後，池で飼育されているナマズは何匹か．

68.

$$a_1 = 11$$
$$a_{n+1} = \begin{cases} \frac{1}{2}a_n, & a_n \text{は偶数} \\ 3a_n + 1, & a_n \text{は奇数} \end{cases}$$

で定義される数列の初めの 40 項を求めよ．$a_1 = 25$ のときも同様に求め，この数列がどのような規則性をもつか推測せよ．

69. 数列 $\{nr^n\}$ が収束する r の値を求めよ．

70. (a) $\{a_n\}$ が収束するならば，

$$\lim_{n\to\infty} a_{n+1} = \lim_{n\to\infty} a_n$$

であることを示せ．

(b) 数列 $\{a_n\}$ は $n \geqq 1$ について $a_1 = 1$，$a_n = 1/(1+a_n)$ で定義される．$\{a_n\}$ が収束すると仮定して，その極限を求めよ．

71. $\{a_n\}$ は減少数列であり，すべての項が 5 と 8 の間にあるとする．この数列が極限をもつことを説明せよ．また，極限の値について何がいえるか．

72-78　次の数列が増加数列であるか減少数列であるか，単調数列ではないかを決定せよ．また，数列は有界数列であるか．

72. $a_n = \cos n$

73. $a_n = \dfrac{1}{2n+3}$　**74.** $a_n = \dfrac{1-n}{2+n}$

75. $a_n = n(-1)^n$　**76.** $a_n = 2 + \dfrac{(-1)^n}{n}$

77. $a_n = 3 - 2ne^{-n}$　**78.** $a_n = n^3 - 3n + 3$

---

79. 数列

$$\left\{\sqrt{2}, \sqrt{2\sqrt{2}}, \sqrt{2\sqrt{2\sqrt{2}}}, \ldots\right\}$$

の極限を求めよ．

80. 数列 $\{a_n\}$ は $a_1 = \sqrt{2}$，$a_{n+1} = \sqrt{2+a_n}$ で定義される．

(a) 数学的帰納法あるいはそれ以外の方法を用いて，$\{a_n\}$ が増加数列であり，上に有界であり，3 に近づくことを示せ．また，単調数列定理を用いて，

$\lim_{n\to\infty} a_n$ が存在することを示せ．

(b) $\lim_{n\to\infty} a_n$ を求めよ．

81.

$$a_1 = 1 \qquad a_{n+1} = 3 - \frac{1}{a_n}$$

で定義される数列が増加数列であり，すべての n について $a_n<3$ であることを示せ．$\{a_n\}$ が収束することを結論づけて，その極限を求めよ．

82.

$$a_1 = 2 \qquad a_{n+1} = \frac{1}{3 - a_n}$$

で定義される数列が $0<a_n\leqq 2$ を満たし，減少数列であることを示せ．数列が収束することを結論づけて，その極限を求めよ．

83. (a) Fibonacci は次の問題を提示した．ウサギの寿命は考慮せず，メスとオス 1 組のつがいは毎月 1 組のつがいを産むとし，つがいは 2 ヵ月齢に達すると新しいつがいを産むことができるとする．生まれたばかりの 1 組のつがいから繁殖が始まる場合，n ヵ月後にはつがいは何組になるか．答えが例 3(c) で定義した Fibonacci 数列 $\{f_n\}$ であることを示せ．

(b) $a_n=f_{n+1}/f_n$ とすると，$a_{n-1}=1+1/a_{n-2}$ であることを示せ．$\{a_n\}$ が収束するとして，その極限を求めよ．

84. (a) f を連続関数として，$a_1=a$，$a_2=f(a)$，$a_3=f(a_2)=f(f(a)),\cdots$，$a_{n+1}=f(a_n)$ とする．$\lim_{n\to\infty} a_n=L$ ならば $f(L)=L$ であることを示せ．

(b) $f(x)=\cos x$，$a=1$ として (a) を説明せよ．L の値を小数点以下 5 桁まで推定せよ．

85. (a) 計算機で数列のグラフを描き，極限

$$\lim_{n\to\infty} \frac{n^5}{n!}$$

の値を推測せよ．

(b) (a) のグラフを使って，定義 [2] における $\varepsilon=0.1$ および $\varepsilon=0.001$ に対応する N の最小値を求めよ．

86. 定義 [2] を使って，$|r|<1$ のとき $\lim_{n\to\infty} r_n=0$ であることを証明せよ．

87. 定理 [6] を証明せよ［ヒント：定義 [2] あるいははさみうちの原理を使う］．

88. 定理 [7] を証明せよ．

89. $\lim_{n\to\infty} a_n=0$ かつ $\{b_n\}$ が有界数列であるならば，$\lim_{n\to\infty} (a_nb_n)=0$ であることを証明せよ．

90. $a_n=\left(1+\dfrac{1}{n}\right)^n$ とする．

(a) $0\leqq a<b$ ならば

$$\frac{b^{n+1} - a^{n+1}}{b - a} < (n + 1)b^n$$

であることを示せ．

(b) $b^n[(n+1)a-nb]<a^{n+1}$ であることを結論づけよ．

(c) (b) において $a=1+1/(n+1)$，$b=1+1/n$ として，$\{a_n\}$ が増加数列であることを示せ．

(d) (b) において $a=1$，$b=1+1/(2n)$ として，$a_{2n}<4$ であることを示せ．

(e) (c) と (d) を使って，すべての n について $a_n<4$ であることを示せ．

(f) 定理 [12] を使って，$\lim_{n\to\infty} (1+1/n)^n$ が存在することを示せ（極限は e である．§1・4 あるいは §1・4* の式 [9] 参照）．

91. a と b を $a>b$ の正数とし，以下のように a_1 を算術平均，b_1 を幾何平均とする．

$$a_1 = \frac{a + b}{2} \qquad b_1 = \sqrt{ab}$$

この計算を繰返すと，一般項は

$$a_{n+1} = \frac{a_n + b_n}{2} \qquad b_{n+1} = \sqrt{a_n b_n}$$

となる．

(a) 数学的帰納法を使って，

$$a_n > a_{n+1} > b_{n+1} > b_n$$

であることを示せ．

(b) $\{a_n\}$, $\{b_n\}$ 共に収束することを結論づけよ．

(c) $\lim_{n\to\infty} a_n=\lim_{n\to\infty} b_n$ であることを示せ．Gauss（ガウス）は二つの極限の共通の値を数 a と b の**算術幾何平均**とよんだ．

92. (a) $\lim_{n\to\infty} a_{2n}=L$，$\lim_{n\to\infty} a_{2n+1}=L$ であるならば，$\{a_n\}$ は収束し，$\lim_{n\to\infty} a_n=L$ であることを示せ．

(b)

$$a_1 = 1 \qquad a_{n+1} = 1 + \frac{1}{1 + a_n}$$

である数列 $\{a_n\}$ の初めの 8 項を求めよ．(a) を使って，$\lim_{n\to\infty} a_n=\sqrt{2}$ を示せ．これにより，**連分数展開**

$$\sqrt{2} = 1 + \cfrac{1}{2 + \cfrac{1}{2 + \cdots}}$$

が導かれる．

93. 自然環境下で育てられた魚の個体数は，次式

$$p_{n+1} = \frac{bp_n}{a + p_n}$$

でモデル化される．ここで p_n は n 年後の魚の個体数，a, b は種と環境に依存する正定数である．0 年後の個体数は $p_0>0$ とする．

(a) $\{p_n\}$ が収束するならば，その極限が取りうる値は 0 あるいは $b-a$ のみであることを示せ．

(b) $p_{n+1}<(b/a)p_n$ であることを示せ．

(c) (b) を使って，$a>b$ ならば $\lim_{n\to\infty} p_n=0$，すなわち死滅することを示せ．

(d) ここで $a<b$ とする．$p_0<b-a$ ならば，$\{p_n\}$ は増加数列であり，$0<p_n<b-a$ であることを示せ．また，$p_0>b-a$ ならば，$\{p_n\}$ は減少数列であり，$p_n>b-a$ であることを示せ．$a<b$ ならば $\lim_{n\to\infty} p_n=b-a$ であることを結論づけよ．

研究課題　ロジスティック数列

環境学で，個体数の増加を表すモデルとして誕生した数列 $\{p_n\}$ は，次の**ロジスティック差分方程式**で定義される．

$$p_{n+1} = kp_n(1 - p_n)$$

ここで，p_n は単一種の n 世代の個体数のサイズを表す．数を扱いやすいものに保ち続けるために，p_n は個体数の最大サイズの逆数とされているので，$0 \leq p_n \leq 1$ である．この方程式の形が §4·4 のロジスティック微分方程式に似ていること注意しよう．離散モデル（連続関数の代わりに数列を使って表している）は，交配や死が周期的に起こる昆虫の個体数をモデル化する際に適している．

環境学者は，時間の経過に対する個体数のサイズを予測することに関心があり，「個体数は極限的に安定するだろうか」，「個体数は周期的に変化するのだろうか」，あるいは，「ランダムに変化するのだろうか」といった問いを抱いている．

数式処理ステムを使って，初期値 p_0（ただし，$0 < p_0 < 1$）で始まるこの数列の初めの n 個の項を計算するプログラムを書け．そして，そのプログラムを使って，以下の課題に取組め．

1. $p_0 = \frac{1}{2}$ として，k の値を $1 < k < 3$ の間で二つ選んだときの数列の初めの 20 項あるいは 30 項を計算せよ．各数列のグラフを描け．それらの数列は収束しそうか．p_0 の値を 0 と 1 の範囲内で変えて，同じことを繰返せ．極限は，p_0 の選び方に依存するか，k の選び方に依存するか．

2. k の値を 3 と 3.4 の間に選んで数列の初めのいくつかの項を計算し，それらをプロットせよ．項の振舞い方に関して何か気づくことはあるか．

3. k の値を 3.4 と 3.5 の間に選んで課題 **2** と同様のことを試せ．項に何が起こるか．

4. k の値を 3.6 と 4 の間に選んで，少なくとも初めの 100 項を計算し，プロットせよ．そのときの数列の振舞いについてコメントせよ．p_0 の値を 0.001 ずつ変えたら何が起こるか．このタイプの振舞いはカオティック（カオス的）といわれ，ある条件における昆虫の個体数においてみられる現象である．

6·2　級　数

数を無限小数の形で表すとき，何の意味があるのだろうか．たとえば，どういうつもりで，

$$\pi = 3.14159\ 26535\ 89793\ 23846\ 26433\ 83279\ 50288 \ldots$$

と書いているのだろうか．どんな数も無限和の形で書くことができるという事実が，小数表記の背後のきまりごととしてある．ここで，

π の小数表示近似計算の最近の記録は，近藤 茂と Alexander Yee（イー）が 2011 年に達成した，小数点以下 1 兆以上という結果である．

$$\pi = 3 + \frac{1}{10} + \frac{4}{10^2} + \frac{1}{10^3} + \frac{5}{10^4} + \frac{9}{10^5} + \frac{2}{10^6} + \frac{6}{10^7} + \frac{5}{10^8} + \cdots$$

と表せる．“…” は和が無限に続くことを示唆し，より多くの項を加えれば加えるほど，π の真の値に近づくことを意味している．

一般に，無限数列 $\{a_n\}_{n=1}^{\infty}$ の項を足し算しようとすると，次の形の式を得る．

1　$$a_1 + a_2 + a_3 + \cdots + a_n + \cdots$$

この式は**無限級数**（あるいは単に**級数**）とよばれ，記号を使って簡潔に，

$$\sum_{n=1}^{\infty} a_n \qquad \text{あるいは} \qquad \sum a_n$$

と表記される．では，無限に多くの項の和について考察することは意味があることだろうか．

次の無限級数の和

$$1 + 2 + 3 + 4 + 5 + \cdots + n + \cdots$$

は有限の値として定めるのは不可能である．なぜなら，初項から 1 項ずつ加算していくと，累積和は 1, 3, 6, 10, 15, 21, … であり，第 n 項までの和 $n(n+1)/2$ を得るが，n が大きくなるにつれてその値は非常に大きくなってしまうからである．

しかし，次の無限級数

$$\frac{1}{2}+\frac{1}{4}+\frac{1}{8}+\frac{1}{16}+\frac{1}{32}+\frac{1}{64}+\cdots+\frac{1}{2^n}+\cdots$$

は，初項から 1 項ずつ加算していくと，累積和は $\frac{1}{2}, \frac{3}{4}, \frac{7}{8}, \frac{15}{16}, \frac{31}{32}, \frac{63}{64}, \cdots, 1-1/2^n, \cdots$ となる．欄外の表は加算する項の個数を増やせば増やすほど，級数の部分和が 1 にどんどん近づいていくことを示している（第 I 巻冒頭の「微分積分学についての序文」図 11 も参照せよ）．実際，十分に多くの個数の項を加算することによって，部分和をいくらでも 1 に近づけることができる．よって，この無限級数の和は 1 であり，

$$\sum_{n=1}^{\infty}\frac{1}{2^n}=\frac{1}{2}+\frac{1}{4}+\frac{1}{8}+\frac{1}{16}+\cdots+\frac{1}{2^n}+\cdots=1$$

と書くのは妥当のように思える．

n	初めから第 n 項までの和
1	0.50000000
2	0.75000000
3	0.87500000
4	0.93750000
5	0.96875000
6	0.98437500
7	0.99218750
10	0.99902344
15	0.99996948
20	0.99999905
25	0.99999997

同様の考え方を使って，式 [1] で表される一般の無限級数が和をもつか否かを決定しよう．すなわち，次のように**部分和**を与えるのである．

$$s_1 = a_1$$

$$s_2 = a_1 + a_2$$

$$s_3 = a_1 + a_2 + a_3$$

$$s_4 = a_1 + a_2 + a_3 + a_4$$

一般に，

$$s_n = a_1 + a_2 + a_3 + \cdots + a_n = \sum_{i=1}^{n} a_i$$

である．このような部分和は新たな数列 $\{s_n\}$ を形成し，その数列 $\{s_n\}$ が極限をもつこともあれば，もたないこともある．$\lim_{n\to\infty} s_n = s$（という有限数）が存在するならば，上述の例のように，s を無限級数 $\Sigma\, a_n$ の和とよぶ．

[2] **定義**　無限級数 $\sum_{n=1}^{\infty} a_n = a_1 + a_2 + a_3 + \cdots$ が与えられているとき，s_n でその級数の第 n 項までの部分和

$$s_n = \sum_{i=1}^{n} a_i = a_1 + a_2 + \cdots + a_n$$

を表すものとする．数列 $\{s_n\}$ が収束し，かつ $\lim_{n\to\infty} s_n = s$（$s$ は実数）が存在するならば，無限級数 $\Sigma\, a_n$ は**収束する**といい，

$$a_1 + a_2 + \cdots + a_n + \cdots = s \qquad \text{あるいは} \qquad \sum_{n=1}^{\infty} a_n = s$$

と表記する．このような数 s を無限級数 $\Sigma\, a_n$ の**和**という．数列 $\{s_n\}$ が発散するとき，無限級数 $\Sigma\, a_n$ は**発散する**という．

このように，無限級数の和は部分和数列の極限である．したがって，$\Sigma_{n=1}^{\infty} a_n = s$ と書くとき，これは，十分に多くの個数の無限級数 Σa_n の項を足し合わせることによって，s にいくらでも近づけることができることを意味している．

$$\sum_{n=1}^{\infty} a_n = \lim_{n\to\infty} \sum_{i=1}^{n} a_i$$

が成り立つことに注意しておこう．

広義積分

$$\int_1^{\infty} f(x)\,dx = \lim_{t\to\infty} \int_1^t f(x)\,dx$$

と比較してみよう．この積分を計算するためには，1 から t までの積分を求めたあと，$t \to \infty$ とする．これに対して，級数の場合は，1 から n までの和を求めたあと，$n \to \infty$ とする．

例 1　級数 $\Sigma_{n=1}^{\infty} a_n$ の初めから第 n 項までの項の和が次のようにわかっているとする．

$$s_n = a_1 + a_2 + \cdots + a_n = \frac{2n}{3n+5}$$

このとき，この級数の和は，数列 $\{s_n\}$ の極限であるので，

$$\sum_{n=1}^{\infty} a_n = \lim_{n\to\infty} s_n = \lim_{n\to\infty} \frac{2n}{3n+5} = \lim_{n\to\infty} \frac{2}{3+\dfrac{5}{n}} = \frac{2}{3}$$

である．

例 1 では，初めから第 n 項までの項の和を表す式が与えられていたが，このような式が簡単に求められない場合がほとんどである．例 2 では，s_n を表す明快な式をみつけることができる有名な級数を扱う．

例 2　無限級数の典型的な例の一つが，**等比級数（幾何級数）**

$$a + ar + ar^2 + ar^3 + \cdots + ar^{n-1} + \cdots = \sum_{n=1}^{\infty} ar^{n-1} \qquad a \neq 0$$

である．各項は前の項に**公比 r** を掛けることによって得られる（この式の $a=\frac{1}{2}$ かつ $r=\frac{1}{2}$ とする特別な場合について，この節の最初ですでにみている）．

$r=1$ のときは，$s_n = a+a+\cdots+a = na \to \pm\infty$ であり，$\lim_{n\to\infty} s_n$ が存在しないので，等比級数は発散する．

$r \neq 1$ のときは，

$$s_n = a + ar + ar^2 + \cdots + ar^{n-1}$$

であり，両辺を r 倍して

$$rs_n = \quad ar + ar^2 + \cdots + ar^{n-1} + ar^n$$

とし，上式から下式を引くと次式を得る．

$$s_n - rs_n = a - ar^n$$

3

$$s_n = \frac{a(1-r^n)}{1-r}$$

図 1 は例 2 の結果の幾何学的な説明を与えている．図のように，複数の 3 角形を描いたとき，s は級数の和であり，3 角形の相似より

$$\frac{s}{a} = \frac{a}{a-ar}$$

が成り立つ．これより，

$$s = \frac{a}{1-r}$$

である．

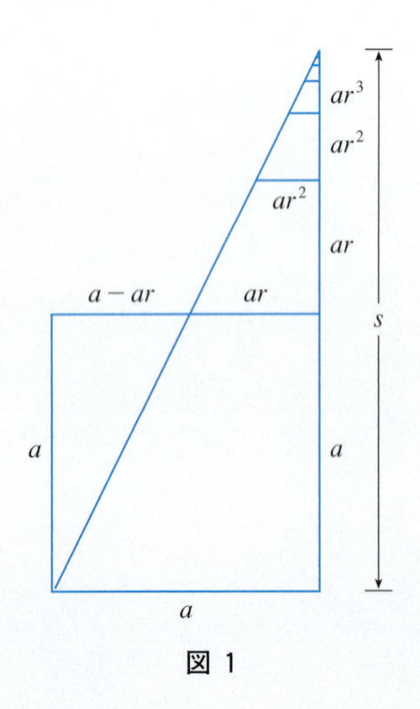

図 1

ここで，$-1<r<1$（すなわち $|r|<1$）の場合は，§6·1 9 より，$n\to\infty$ のとき $r^n \to 0$ となることを知っているので，

$$\lim_{n\to\infty} s_n = \lim_{n\to\infty} \frac{a(1-r^n)}{1-r} = \frac{a}{1-r} - \frac{a}{1-r}\lim_{n\to\infty} r^n = \frac{a}{1-r}$$

である．よって，$|r|<1$ の場合は，等比級数は収束し，和は $a/(1-r)$ である．

$r\leqq -1$ あるいは $r>1$ の場合は，§6・1 9 より，級数 $\{r^n\}$ は発散するので，式 3 の極限値 $\lim_{n\to\infty} s_n$ は存在しない．したがって，$r\leqq -1$ あるいは $r>1$ の場合は，等比級数は発散する．

例 2 の結果をまとめると，次のようになる．

4 等比級数

$$\sum_{n=1}^{\infty} ar^{n-1} = a + ar + ar^2 + \cdots$$

は，$|r|<1$ のとき収束して，その和は

$$\sum_{n=1}^{\infty} ar^{n-1} = \frac{a}{1-r} \qquad |r|<1$$

である．$|r|\geqq 1$ のときは発散する．

言い換えると，収束する等比級数の和は，

$$\frac{\text{初項}}{1-\text{公比}}$$

例 3 次の等比級数の和を求めよ．

$$5 - \tfrac{10}{3} + \tfrac{20}{9} - \tfrac{40}{27} + \cdots$$

［解 説］ 初項 $a=5$，公比 $r=-\frac{2}{3}$ である．$|r|=\frac{2}{3}<1$ であるので，4 よりこの級数は収束し，その和は

$$5 - \frac{10}{3} + \frac{20}{9} - \frac{40}{27} + \cdots = \frac{5}{1-\left(-\frac{2}{3}\right)} = \frac{5}{\frac{5}{3}} = 3$$

である．

n	s_n
1	5.000000
2	1.666667
3	3.888889
4	2.407407
5	3.395062
6	2.736626
7	3.175583
8	2.882945
9	3.078037
10	2.947975

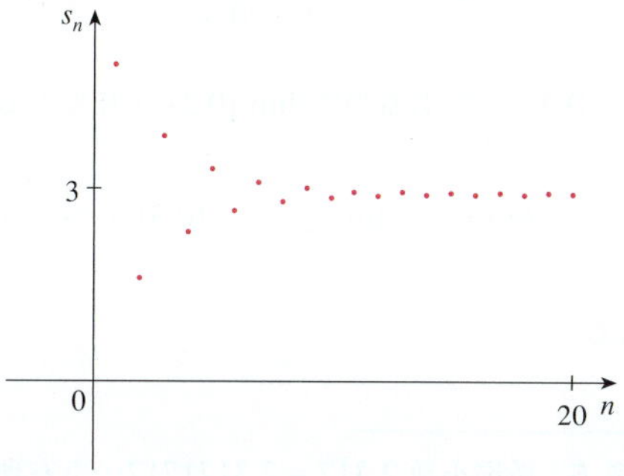

図 2

例 3 の級数の和が 3 に近づくということは，どういうことを意味しているのだろうか．もちろん，無限個の項を文字通り一つずつ足していくことはできない．だが定義 2 によると，無限個の項の和は，部分和数列の極限である．だから，十分多くの個数の項を足し合わせることによって，その値を 3 にいくらでも近づけることができるということである．表は部分和数列 s_n の初めの 10 個を示し，図 2 のグラフは部分和数列がどのように 3 に近づいていくのかを示している．

例 4 級数 $\sum_{n=1}^{\infty} 2^{2n}3^{1-n}$ は収束するか発散するか．

［解 説］ 級数の第 n 項を ar^{n-1} の形で書き直してみよう．

$$\sum_{n=1}^{\infty} 2^{2n}3^{1-n} = \sum_{n=1}^{\infty} (2^2)^n 3^{-(n-1)} = \sum_{n=1}^{\infty} \frac{4^n}{3^{n-1}} = \sum_{n=1}^{\infty} 4\left(\frac{4}{3}\right)^{n-1}$$

この級数は初項 $a=4$，公比 $r=\frac{4}{3}$ の等比級数である．$r>1$ であるので，4 よりこの級数は発散する．

a と r を特定するための別の方法は，初めのいくつかの項を書き出してみることである．

$$4 + \tfrac{16}{3} + \tfrac{64}{9} + \cdots$$

例 5　ある患者は毎日同じ時間に薬を服用する．N 日目の服用直後の薬の血中濃度を C_n（単位は mg/mL）とする．薬を服用する直前，血中には前日の 30 % の濃度しか残っていないとし，1 日の服用で濃度は 0.2 mg/mL 上昇するものとする．

(a) 3 日目の薬を服用した直後の血中濃度 C_3 はいくつか．

(b) n 日目の薬を服用した直後の血中濃度 C_n はいくつか．

(c) 極限血中濃度はいくつか．

［解 説］ (a) $n+1$ 日目に薬を服用する直前，血中濃度は前日の濃度（C_n）の 30 % に下がっている．すなわち，$0.3C_n$ である．$n+1$ 日目に薬を服用すると，血中濃度は 0.2 mg/mL 上昇するので，

$$C_{n+1} = 0.2 + 0.3C_n$$

である．初期値を $C_0=0$ として，$n=0, 1, 2$ を上式に代入すると，

$$\begin{aligned} C_1 &= 0.2 + 0.3C_0 = 0.2 \\ C_2 &= 0.2 + 0.3C_1 = 0.2 + 0.2(0.3) = 0.26 \\ C_3 &= 0.2 + 0.3C_2 = 0.2 + 0.2(0.3) + 0.2(0.3)^2 = 0.278 \end{aligned}$$

となり，3 日目の服用直後の血中濃度は 0.278 mg/mL である．

(b) n 日目の服用直後の血中濃度は，

$$C_n = 0.2 + 0.2(0.3) + 0.2(0.3)^2 + \cdots + 0.2(0.3)^{n-1}$$

である．これは，初項 $a=0.2$，公比 $r=0.3$ の有限等比級数であるので，公式 3 より

$$C_n = \frac{0.2\,(1-(0.3)^n)}{1-0.3} = \frac{2}{7}(1-(0.3)^n)\ (\mathrm{mg/mL})$$

(c) $0.3<1$ であるので $\lim_{n\to\infty}(0.3)^n=0$ である．よって，極限血中濃度は

$$\lim_{n\to\infty} C_n = \lim_{n\to\infty}\frac{2}{7}(1-(0.3)^n) = \frac{2}{7}(1-0) = \frac{2}{7}\ (\mathrm{mg/mL})$$

である．

例 6　循環小数 $2.3\overline{17}=2.3171717\cdots$ を有理数の形で表せ．

［解 説］ $2.3171717\ldots = 2.3 + \dfrac{17}{10^3} + \dfrac{17}{10^5} + \dfrac{17}{10^7} + \cdots$

第 2 項以降の部分は，初項 $a=17/10^3$，公比 $1/10^2$ の等比級数である．したがって，

$$2.3\overline{17} = 2.3 + \frac{\dfrac{17}{10^3}}{1-\dfrac{1}{10^2}} = 2.3 + \frac{\dfrac{17}{1000}}{\dfrac{99}{100}}$$

$$= \frac{23}{10} + \frac{17}{990} = \frac{1147}{495}$$

である．

例 7　無限級数 $\sum_{n=0}^{\infty} x^n$（ただし $|x|<1$ とする）の和を求めよ．

［解 説］ この級数は $n=0$ から始まる．すなわち初項が $x^0=1$ であることに注意しよう（級数を扱うとき，たとえ $x=0$ の場合であっても，$x^0=1$ とする慣習を採用する）．したがって，

$$\sum_{n=0}^{\infty} x^n = 1 + x + x^2 + x^3 + x^4 + \cdots$$

これは初項 $a=1$，公比 $r=x$ の等比級数である．$|r|=|x|<1$ であるので，この級数は収束し，[4] より

5　$$\sum_{n=0}^{\infty} x^n = \frac{1}{1-x}$$

が与えられる．

例 8　級数 $\sum_{n=1}^{\infty} \frac{1}{n(n+1)}$ が収束することを示し，その和を求めよ．

［解 説］ この級数は等比級数ではない．そこで，収束級数の定義に立ち返って，部分和を計算してみる．

$$s_n = \sum_{i=1}^{n} \frac{1}{i(i+1)} = \frac{1}{1\cdot 2} + \frac{1}{2\cdot 3} + \frac{1}{3\cdot 4} + \cdots + \frac{1}{n(n+1)}$$

この式は，部分分数分解

$$\frac{1}{i(i+1)} = \frac{1}{i} - \frac{1}{i+1}$$

を使って簡略化することができる（§2・4 参照）．すなわち*，

$$s_n = \sum_{i=1}^{n} \frac{1}{i(i+1)} = \sum_{i=1}^{n} \left(\frac{1}{i} - \frac{1}{i+1}\right)$$

$$= \left(1 - \frac{1}{2}\right) + \left(\frac{1}{2} - \frac{1}{3}\right) + \left(\frac{1}{3} - \frac{1}{4}\right) + \cdots + \left(\frac{1}{n} - \frac{1}{n+1}\right)$$

$$= 1 - \frac{1}{n+1}$$

したがって，

$$\lim_{n\to\infty} s_n = \lim_{n\to\infty} \left(1 - \frac{1}{n+1}\right) = 1 - 0 = 1$$

以上より，与えられた級数は収束し，

$$\sum_{n=1}^{\infty} \frac{1}{n(n+1)} = 1$$

である．

* 項がペアで相殺されることに注意しよう．これは，**畳み込み和**（telescoping sum）の一例である．相殺されることによって，和が（海賊の入れ子式望遠鏡のように）たった二つの項に畳み込まれるのである．

図 3 は，$a_n=1/(n(n+1))$ を項とする数列と部分和数列 $\{s_n\}$ のグラフを描くことによって，例 8 を図解している．$n\to\infty$ のとき $a_n\to 0$ で $s_n\to 1$ であることに注意しよう．例 8 を 2 通りの幾何学的解釈を行う節末問題 78, 79 を参照せよ．

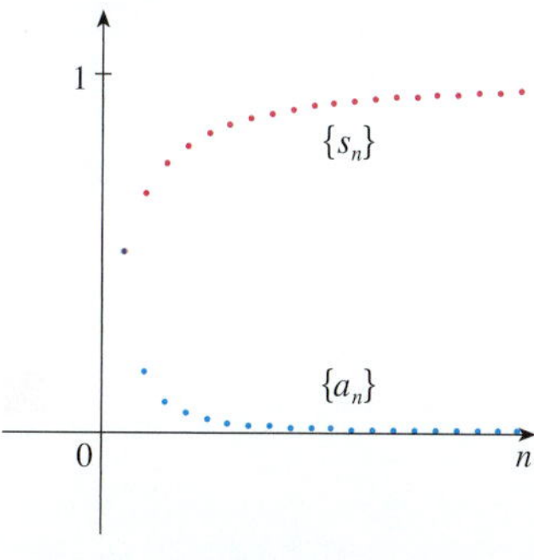

図 3

例 9　調和級数

$$\sum_{n=1}^{\infty}\frac{1}{n}=1+\frac{1}{2}+\frac{1}{3}+\frac{1}{4}+\cdots$$

が発散することを示せ．

［解 説］ この特別な級数に対しては，部分和 $s_2, s_4, s_8, s_{16}, s_{32}, \cdots$ を考えるとよい．そして，それらがいくらでも大きくなっていくことを示す．

$$\begin{aligned}
s_2 &= 1+\tfrac{1}{2}\\
s_4 &= 1+\tfrac{1}{2}+\left(\tfrac{1}{3}+\tfrac{1}{4}\right)>1+\tfrac{1}{2}+\left(\tfrac{1}{4}+\tfrac{1}{4}\right)=1+\tfrac{2}{2}\\
s_8 &= 1+\tfrac{1}{2}+\left(\tfrac{1}{3}+\tfrac{1}{4}\right)+\left(\tfrac{1}{5}+\tfrac{1}{6}+\tfrac{1}{7}+\tfrac{1}{8}\right)\\
&> 1+\tfrac{1}{2}+\left(\tfrac{1}{4}+\tfrac{1}{4}\right)+\left(\tfrac{1}{8}+\tfrac{1}{8}+\tfrac{1}{8}+\tfrac{1}{8}\right)\\
&= 1+\tfrac{1}{2}+\tfrac{1}{2}+\tfrac{1}{2}=1+\tfrac{3}{2}\\
s_{16} &= 1+\tfrac{1}{2}+\left(\tfrac{1}{3}+\tfrac{1}{4}\right)+\left(\tfrac{1}{5}+\cdots+\tfrac{1}{8}\right)+\left(\tfrac{1}{9}+\cdots+\tfrac{1}{16}\right)\\
&> 1+\tfrac{1}{2}+\left(\tfrac{1}{4}+\tfrac{1}{4}\right)+\left(\tfrac{1}{8}+\cdots+\tfrac{1}{8}\right)+\left(\tfrac{1}{16}+\cdots+\tfrac{1}{16}\right)\\
&= 1+\tfrac{1}{2}+\tfrac{1}{2}+\tfrac{1}{2}+\tfrac{1}{2}=1+\tfrac{4}{2}
\end{aligned}$$

同様に，$s_{32}>1+\frac{5}{2}$，$s_{64}>1+\frac{6}{2}$，一般に

$$s_{2^n}>1+\frac{n}{2}$$

である．これは，$n\to\infty$ のとき $s_{2^n}\to\infty$，すなわち $\{s_n\}$ が発散することを示している．したがって，調和級数は発散する*．

* 調和級数が発散することを証明するために例 9 で用いた手法は，フランスの学者 Nicole Oresme（オレーム，1323–1382）による．

6 定理　級数 $\sum_{n=1}^{\infty} a_n$ が収束するならば，$\lim_{n\to\infty} a_n=0$ である．

証 明　$s_n=a_1+a_2+\cdots+a_n$ とする．このとき，$a_n=s_n-s_{n-1}$ である．Σa_n が収束するので数列 $\{s_n\}$ も収束する．そこで，$\lim_{n\to\infty} s_n=s$ とおく．$n\to\infty$ のとき $n-1\to\infty$ であるので，$\lim_{n\to\infty} s_{n-1}=s$ である．よって，

$$\lim_{n\to\infty} a_n=\lim_{n\to\infty}(s_n-s_{n-1})=\lim_{n\to\infty} s_n-\lim_{n\to\infty} s_{n-1}=s-s=0$$

となる．

注意 1　任意の級数 Σa_n は，二つの数列，すなわち部分和数列 $\{s_n\}$ と級数の項からなる数列 $\{a_n\}$ に随伴されている．級数 Σa_n が収束するならば，数列 $\{s_n\}$ の極限値は s（すなわち級数の和）であり，また，定理 6 が主張するように，数列 $\{a_n\}$ の極限値は 0 である．

注意 2　**一般に，定理 6 の逆は成り立たない．もし $\lim_{n\to\infty} a_n=0$ であっても，級数 Σa_n が収束すると結論づけることはできない．** たとえば，調和級数 $\Sigma 1/n$ について，$n\to\infty$ のとき $a_n=1/n\to 0$ であるが，例 9 で示したように調和級数 $\Sigma 1/n$ は発散する．

7 **発散の判定法**　$\lim_{n\to\infty} a_n$ が存在しないか，あるいは，$\lim_{n\to\infty} a_n \neq 0$ であるならば，級数 $\sum_{n=1}^{\infty} a_n$ は発散する．

発散の判定法は定理 6 から導かれる．なぜなら，級数が発散しないならば，その級数は収束するので，$\lim_{n\to\infty} a_n = 0$ だからである．

例 10　級数 $\sum_{n=1}^{\infty} \frac{n^2}{5n^2+4}$ が発散することを示せ．

［解 説］
$$\lim_{n\to\infty} a_n = \lim_{n\to\infty} \frac{n^2}{5n^2+4} = \lim_{n\to\infty} \frac{1}{5+4/n^2} = \frac{1}{5} \neq 0$$
よって，発散の判定法 7 より，この級数は発散する．

注 意 3　$\lim_{n\to\infty} a_n \neq 0$ であることがわかれば，Σa_n は発散することがわかる．しかし，$\lim_{n\to\infty} a_n = 0$ であることがわかっても，級数 Σa_n が収束するか発散するかはまったくわからない．注意 2 で警告したことを思い出そう．$\lim_{n\to\infty} a_n = 0$ であるとき，級数 Σa_n は収束することもあれば発散することもある．

8 **定 理**　Σa_n と Σb_n が共に収束級数であるのならば，級数 Σca_n（ただし c は定数），$\Sigma (a_n+b_n)$，$\Sigma (a_n-b_n)$ も収束級数である．

(i) $\sum_{n=1}^{\infty} ca_n = c\sum_{n=1}^{\infty} a_n$

(ii) $\sum_{n=1}^{\infty} (a_n + b_n) = \sum_{n=1}^{\infty} a_n + \sum_{n=1}^{\infty} b_n$

(iii) $\sum_{n=1}^{\infty} (a_n - b_n) = \sum_{n=1}^{\infty} a_n - \sum_{n=1}^{\infty} b_n$

収束級数に関する定理 8 の性質は，数列に対する極限公式（§6・1）から導かれる．たとえば，定理 8 の(ii)については次のように証明される．
$$s_n = \sum_{i=1}^{n} a_i \qquad s = \sum_{n=1}^{\infty} a_n \qquad t_n = \sum_{i=1}^{n} b_i \qquad t = \sum_{n=1}^{\infty} b_n$$
とする．級数 $\Sigma (a_n+b_n)$ の第 n 項までの部分和
$$u_n = \sum_{i=1}^{n} (a_i + b_i)$$
は，第 I 巻 §4・2 方程式 10 を用いることにより，
$$\begin{aligned}\lim_{n\to\infty} u_n &= \lim_{n\to\infty} \sum_{i=1}^{n} (a_i + b_i) = \lim_{n\to\infty} \left(\sum_{i=1}^{n} a_i + \sum_{i=1}^{n} b_i\right) \\ &= \lim_{n\to\infty} \sum_{i=1}^{n} a_i + \lim_{n\to\infty} \sum_{i=1}^{n} b_i \\ &= \lim_{n\to\infty} s_n + \lim_{n\to\infty} t_n = s + t\end{aligned}$$

となり，したがって $\Sigma(a_n+b_n)$ は収束し，その和は

$$\sum_{n=1}^{\infty}(a_n+b_n)=s+t=\sum_{n=1}^{\infty}a_n+\sum_{n=1}^{\infty}b_n$$

である．

例 11　級数 $\displaystyle\sum_{n=1}^{\infty}\left(\frac{3}{n(n+1)}+\frac{1}{2^n}\right)$ の和を求めよ．

［解 説］　級数 $\Sigma\,1/2^n$ は初項 $a=\frac{1}{2}$，公比 $r=\frac{1}{2}$ の等比級数であるので，

$$\sum_{n=1}^{\infty}\frac{1}{2^n}=\frac{\frac{1}{2}}{1-\frac{1}{2}}=1$$

である．一方，例 8 で求めたように

$$\sum_{n=1}^{\infty}\frac{1}{n(n+1)}=1$$

である．したがって，定理 8 より，与えられる級数は収束し，その和は

$$\sum_{n=1}^{\infty}\left(\frac{3}{n(n+1)}+\frac{1}{2^n}\right)=3\sum_{n=1}^{\infty}\frac{1}{n(n+1)}+\sum_{n=1}^{\infty}\frac{1}{2^n}$$
$$=3\cdot 1+1=4$$

である．

注 意 4　級数の収束あるいは発散に，有限個の項が影響を与えることはない．たとえば，いま，級数

$$\sum_{n=4}^{\infty}\frac{n}{n^3+1}$$

は収束することが証明できたとしよう．

$$\sum_{n=1}^{\infty}\frac{n}{n^3+1}=\frac{1}{2}+\frac{2}{9}+\frac{3}{28}+\sum_{n=4}^{\infty}\frac{n}{n^3+1}$$

であるので，全体の級数 $\Sigma_{n=1}^{\infty}\,n/(n^3+1)$ は収束することが導かれる．同様に，級数 $\Sigma_{n=N+1}^{\infty}\,a_n$ は収束することがすでにわかっているのならば，その完全級数

$$\sum_{n=1}^{\infty}a_n=\sum_{n=1}^{N}a_n+\sum_{n=N+1}^{\infty}a_n$$

もまた収束する．

6・2　節末問題

1. (a) 数列と級数の違いは何か．
(b) 収束級数とは何か．発散級数とは何か．

2. $\Sigma_{n=1}^{\infty}\,a_n=5$ は何を意味するか説明せよ．

3-4　部分和が与えられている級数 $\Sigma_{n=1}^{\infty}\,a_n$ の和を計算せよ．

3. $s_n=2-3(0.8)^n$　　**4.** $s_n=\dfrac{n^2-1}{4n^2+1}$

5-8　部分和数列の初めの 8 項を小数点以下 4 桁まで正確に計算せよ．級数は収束すると考えられるか，発散すると考えられるか．

5. $\displaystyle\sum_{n=1}^{\infty}\frac{1}{n^4+n^2}$　　**6.** $\displaystyle\sum_{n=1}^{\infty}\frac{1}{\sqrt[3]{n}}$

7. $\displaystyle\sum_{n=1}^{\infty}\sin n$　　**8.** $\displaystyle\sum_{n=1}^{\infty}\frac{(-1)^{n-1}}{n!}$

9-14 次の級数の初めから第10項までの部分和を求めよ．計算機を使って，同一スクリーンに項の数列と部分和数列のグラフを描け．級数は収束すると考えられるか，発散すると考えられるか．収束するならば級数の和を求めよ．発散するならばその理由を説明せよ．

9. $\sum_{n=1}^{\infty} \frac{12}{(-5)^n}$　**10.** $\sum_{n=1}^{\infty} \cos n$

11. $\sum_{n=1}^{\infty} \frac{n}{\sqrt{n^2+4}}$　**12.** $\sum_{n=1}^{\infty} \frac{7^{n+1}}{10^n}$

13. $\sum_{n=1}^{\infty} \frac{1}{n^2+1}$　**14.** $\sum_{n=1}^{\infty} \left(\sin\frac{1}{n} - \sin\frac{1}{n+1}\right)$

---

15. $a_n = \frac{2n}{3n+1}$ とする．

(a) $\{a_n\}$ が収束するか否かを決定せよ．

(b) $\sum_{n=1}^{\infty} a_n$ が収束するか否かを決定せよ．

16. (a) $\sum_{i=1}^{n} a_i$ と $\sum_{j=1}^{n} a_j$ の違いを説明せよ．

(b) $\sum_{i=1}^{n} a_i$ と $\sum_{i=1}^{n} a_j$ の違いを説明せよ．

17-26 次の等比級数が収束するか発散するかを決定せよ．収束するならば級数の和を求めよ．

17. $3 - 4 + \frac{16}{3} - \frac{64}{9} + \cdots$　**18.** $4 + 3 + \frac{9}{4} + \frac{27}{16} + \cdots$

19. $10 - 2 + 0.4 - 0.08 + \cdots$

20. $2 + 0.5 + 0.125 + 0.03125 + \cdots$

21. $\sum_{n=1}^{\infty} 12(0.73)^{n-1}$　**22.** $\sum_{n=1}^{\infty} \frac{5}{\pi^n}$

23. $\sum_{n=1}^{\infty} \frac{(-3)^{n-1}}{4^n}$　**24.** $\sum_{n=0}^{\infty} \frac{3^{n+1}}{(-2)^n}$

25. $\sum_{n=1}^{\infty} \frac{e^{2n}}{6^{n-1}}$　**26.** $\sum_{n=1}^{\infty} \frac{6 \cdot 2^{2n-1}}{3^n}$

27-42 次の級数が収束するか発散するかを決定せよ．収束するならば級数の和を求めよ．

27. $\frac{1}{3} + \frac{1}{6} + \frac{1}{9} + \frac{1}{12} + \frac{1}{15} + \cdots$

28. $\frac{1}{3} + \frac{2}{9} + \frac{1}{27} + \frac{2}{81} + \frac{1}{243} + \frac{2}{729} + \cdots$

29. $\sum_{n=1}^{\infty} \frac{2+n}{1-2n}$　**30.** $\sum_{k=1}^{\infty} \frac{k^2}{k^2-2k+5}$

31. $\sum_{n=1}^{\infty} 3^{n+1}4^{-n}$　**32.** $\sum_{n=1}^{\infty} ((-0.2)^n + (0.6)^{n-1})$

33. $\sum_{n=1}^{\infty} \frac{1}{4+e^{-n}}$　**34.** $\sum_{n=1}^{\infty} \frac{2^n+4^n}{e^n}$

35. $\sum_{k=1}^{\infty} (\sin 100)^k$　**36.** $\sum_{n=1}^{\infty} \frac{1}{1+\left(\frac{2}{3}\right)^n}$

37. $\sum_{n=1}^{\infty} \log\left(\frac{n^2+1}{2n^2+1}\right)$　**38.** $\sum_{k=0}^{\infty} \left(\sqrt{2}\right)^{-k}$

39. $\sum_{n=1}^{\infty} \arctan n$　**40.** $\sum_{n=1}^{\infty} \left(\frac{3}{5^n} + \frac{2}{n}\right)$

41. $\sum_{n=1}^{\infty} \left(\frac{1}{e^n} + \frac{1}{n(n+1)}\right)$　**42.** $\sum_{n=1}^{\infty} \frac{e^n}{n^2}$

43-48 次の級数が収束するか発散するかを，s_n を畳み込み和（例8参照）として表して決定せよ．収束するならば級数の和を求めよ．

43. $\sum_{n=2}^{\infty} \frac{2}{n^2-1}$　**44.** $\sum_{n=1}^{\infty} \log\frac{n}{n+1}$

45. $\sum_{n=1}^{\infty} \frac{3}{n(n+3)}$　**46.** $\sum_{n=4}^{\infty} \left(\frac{1}{\sqrt{n}} - \frac{1}{\sqrt{n+1}}\right)$

47. $\sum_{n=1}^{\infty} \left(e^{1/n} - e^{1/(n+1)}\right)$　**48.** $\sum_{n=2}^{\infty} \frac{1}{n^3-n}$

---

49. $x = 0.99999\cdots$ とする．

(a) $x < 1$ あるいは $x = 1$ であると考えるか．

(b) x の値を求めるために等比級数の和を求めよ．

(c) 数1の10進法表示はいくつあるか．

(d) 10進法表示が二つ以上ある数はどのような数か．

50.
$$a_1 = 1 \qquad a_n = (5-n)a_{n-1}$$
で定義される数列がある．$\sum_{n=1}^{\infty} a_n$ を計算せよ．

51-56 有理数の形で表せ．

51. $0.\overline{8} = 0.8888\ldots$　**52.** $0.\overline{46} = 0.46464646\ldots$

53. $2.\overline{516} = 2.516516516\ldots$

54. $10.1\overline{35} = 10.135353535\ldots$

55. $1.234\overline{567}$　**56.** $5.\overline{71358}$

57-63 級数が収束するような x の値を求め，そのときの級数の和を求めよ．

57. $\sum_{n=1}^{\infty} (-5)^n x^n$　**58.** $\sum_{n=1}^{\infty} (x+2)^n$

59. $\sum_{n=0}^{\infty} \frac{(x-2)^n}{3^n}$　**60.** $\sum_{n=0}^{\infty} (-4)^n (x-5)^n$

61. $\sum_{n=0}^{\infty} \frac{2^n}{x^n}$　**62.** $\sum_{n=0}^{\infty} \frac{\sin^n x}{3^n}$

63. $\sum_{n=0}^{\infty} e^{nx}$

64. 調和級数は，項が 0 に近づいていく発散級数であることをみた．

$$\sum_{n=1}^{\infty} \log\left(1+\frac{1}{n}\right)$$

が調和級数と同様の性質をもつ級数であることを示せ．

65-66　数式処理システムの部分分数コマンドを使って，部分和を求める簡便な式をつくれ．次に，この式を使って級数の和を求める式をつくれ．数式処理システムを使って級数の和を計算し，答えを確かめよ．

65. $\displaystyle\sum_{n=1}^{\infty} \frac{3n^2+3n+1}{(n^2+n)^3}$　　**66.** $\displaystyle\sum_{n=3}^{\infty} \frac{1}{n^5-5n^3+4n}$

---

67. 級数 $\sum_{n=1}^{\infty} a_n$ の第 n 項までの部分和が

$$s_n = \frac{n-1}{n+1}$$

であるときの，a_n と $\sum_{n=1}^{\infty} a_n$ を求めよ．

68. 級数 $\sum_{n=1}^{\infty} a_n$ の第 n 項までの部分和が $s_n = 3 - n2^{-n}$ であるときの，a_n と $\sum_{n=1}^{\infty} a_n$ を求めよ．

69. ある医師が抗生物質錠剤 100 mg を 8 時間ごとに服用するよう処方した．錠剤を服用する直前，体内には薬物の 20 %が残存しているとする．

(a) 2 回目の錠剤服用直後，体内の薬物量はいくらか．また，3 回目の錠剤服用直後の体内の薬物量も求めよ．

(b) Q_n を n 回目の錠剤服用直後の体内の薬物量として，Q_{n+1} を Q_n で表せ．

(c) 長期的に体内に残存している薬物量はいくらか．

70. ある患者は 12 時間ごとに薬物を注射される．注射の直前，薬物濃度は 90 %減少し，注射によって薬物濃度は 1.5 mg/L 増加するとする．

(a) 3 回目の注射後の薬物濃度はいくらか．

(b) C_n を n 回目の注射直後の薬物濃度として，C_n を n の関数として求めよ．

(c) 薬物濃度の極限値はいくらか．

71. ある患者は毎日同じ時間に薬物 150 mg を服用する．錠剤を服用する直前，体内には薬物の 5 %が残存しているとする．

(a) 3 回目の錠剤服用直後，体内の薬物量はいくらか．また，n 回目の錠剤服用直後の体内の薬物量も求めよ．

(b) 長期的に体内に残存している薬物量はいくらか．

72. インスリンを投与量 D 注射する場合，患者の体内におけるインスリン濃度は指数関数的に減少し，De^{-at} と表される．ここで，t は時間 (hour)，a は正定数である．

(a) T 時間ごとに投与量 D を注射する場合，$(n+1)$ 回目の注射直前の，体内に残存するインスリン濃度を表す式を記せ．

(b) 注射直前のインスリン濃度の極限を決定せよ．

(c) 体内のインスリン濃度が常に臨界値 C 以上でなければならない場合の最小投与量 D を C, a, T を用いて決定せよ．

73. 商品やサービスが消費されると，その金を受取った人がその一部を使う．さらにその金を受取った人々が，その一部を使う．経済学者はこの連鎖反応を乗数効果とよぶ．ここで，孤立したコミュニティを想定し，地方政府が D ドルを投資してこの連鎖反応を開始させたとする．支払われた金を受取った人々は，そのうちから $100c$ %を消費し，$100s$ %を貯蓄するとする．値 c は限界消費性向，値 s は限界貯蓄性向とよばれ，$c+s=1$ である．

(a) S_n を n 回の取引き後に生じる全消費とするとき，S_n の式を求めよ．

(b) $k=1/s$ として，$\lim_{n\to\infty} S_n = kD$ であることを示せ．数 k は乗数とよばれる．限界消費性向が 80 %の場合の乗数はいくつか．

[注意：この原則を使って，政府は赤字支出を正当化し，銀行は預金の大部分を貸しつけることを正当化する．]

74. あるボールは，高さ h から硬い水平面に落下するときに，高さ rh $(0<r<1)$ まで跳返る性質がある．最初，ボールが高さ H メートルから落下したとする．

(a) ボールが無限に跳返り続けるとするとき，ボールが移動する全距離を求めよ．

(b) ボールが移動する全時間を計算せよ（ボールは t 秒間に $\frac{1}{2}gt^2$ メートル落下することを使う）．

(c) ボールが速度 v で水平面に当たるとき，速度 $-kv$ で跳返るとする．ここで，$0<k<1$ である．ボールが静止するまでにかかる時間を求めよ．

75.

$$\sum_{n=2}^{\infty} (1+c)^{-n} = 2$$

となるような c の値を求めよ．

76.

$$\sum_{n=0}^{\infty} e^{nc} = 10$$

となるような c の値を求めよ．

77. 例 9 で調和級数は発散することを示した．このことを，任意の $x>0$ について $e^x > 1+x$（§1･2 節末問題 109 参照）であることを使って，別の方法で示す．

s_n を調和級数の第 n 項までの部分和とするならば，$e^{s_n} > n+1$ であることを示せ．これにより，調和級数が発散していることを意味するのはなぜか．

78. 計算機を使って，同一スクリーンに $n=0,1,2,3,4,\cdots$ について曲線 $y=x^n$, $0 \leqq x \leqq 1$ を描け．曲線と次の曲線の間の面積を求めることによって，例 8 で示された

$$\sum_{n=1}^{\infty} \frac{1}{n(n+1)} = 1$$

の幾何学的説明を行え．

79. 図は P で接する半径1の二つの円 C と D を示している．直線 T は2円共通の接線，円 C_1 は C, D, T に接する円，C_2 は C, D, C_1 に接する円，C_3 は C, D, C_2 に接する円である．この円は無限に続き，円の無限級数 $\{C_n\}$ となる．C_n の直径を表す式を求め，例8のもう一つの幾何学的説明を行え．

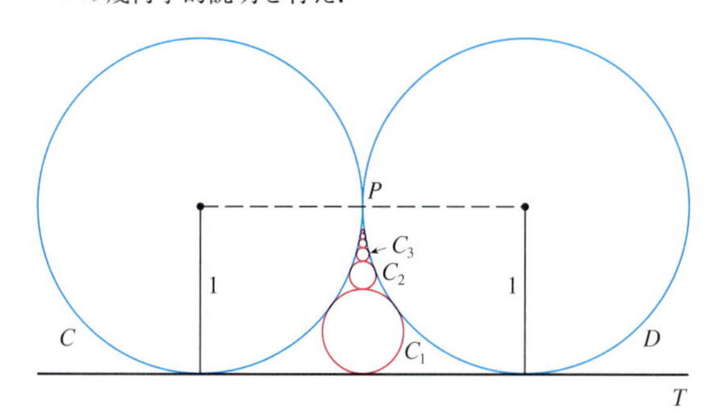

80. 直角3角形 ABC において $\angle A=\theta$, $|AC|=b$ とする．CD は AB に対して垂直（$CD\perp AB$），DE は BC に対して垂直（$DE\perp BC$），$EF\perp AB$ と無限に続く．すべての垂線の全長

$$|CD|+|DE|+|EF|+|FG|+\cdots$$

を，b と θ を使って求めよ．

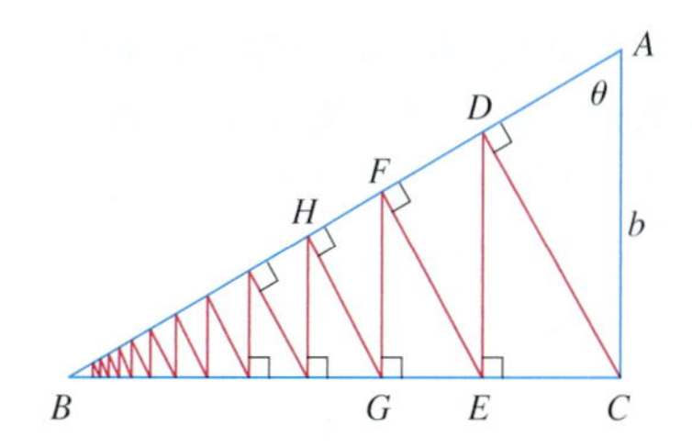

81. 次の計算は何が間違っているのか．

$$\begin{aligned}0&=0+0+0+\cdots\\&=(1-1)+(1-1)+(1-1)+\cdots\\&=1-1+1-1+1-1+\cdots\\&=1+(-1+1)+(-1+1)+(-1+1)+\cdots\\&=1+0+0+0+\cdots=1\end{aligned}$$

（Guido Ubaldus は，「無から有が創造された」として，神の存在を証明したと考えた．）

82. $\sum_{n=1}^{\infty} a_n$ $(a_n\neq 0)$ が収束級数であるとして，$\sum_{n=1}^{\infty} 1/a_n$ は発散級数であることを証明せよ．

83. 定理 8 (i)を証明せよ．

84. Σa_n が発散し，かつ $c\neq 0$ であるならば，Σca_n も発散することを示せ．

85. Σa_n が収束し，Σb_n が発散するならば，級数 $\Sigma(a_n+b_n)$ は発散することを示せ［ヒント：矛盾を使って示す］．

86. Σa_n と Σb_n が共に発散するならば，$\Sigma(a_n+b_n)$ は必ず発散するといえるか．

87. 級数 Σa_n は正の項からなり，その部分和 s_n はすべての n について不等式 $s_n\leqslant 1000$ を満たすのならば，Σa_n は必ず収束することを説明せよ．

88. Fibonacci 数列は

$$f_1=1,\quad f_2=1,\quad f_n=f_{n-1}+f_{n-2}\qquad n\geqslant 3$$

を用いて，§6・1で定義された．(a)～(c)が成り立つことを示せ．

(a) $\dfrac{1}{f_{n-1}f_{n+1}}=\dfrac{1}{f_{n-1}f_n}-\dfrac{1}{f_nf_{n+1}}$

(b) $\displaystyle\sum_{n=2}^{\infty}\frac{1}{f_{n-1}f_{n+1}}=1$　　(c) $\displaystyle\sum_{n=2}^{\infty}\frac{f_n}{f_{n-1}f_{n+1}}=2$

89. ドイツの数学者 Georg Cantor（カントール，1845–1918）にちなんで命名された **Cantor 集合**は以下のように構成される．まず，閉区間 $[0,1]$ から始め，そこから開区間 $(\frac{1}{3},\frac{2}{3})$ を取除く．すると二つの閉区間 $[0,\frac{1}{3}]$，$[\frac{2}{3},1]$ が残るので，それぞれ区間の真ん中 $\frac{1}{3}$ を取除く．すると四つの閉区間が残るので，再びそれぞれの区間の真ん中 $\frac{1}{3}$ を取除く．この操作は，各操作においてその前の操作で残るすべての区間の真ん中 $\frac{1}{3}$ を取除きながら，無限に続く．Contor 集合は真ん中 $\frac{1}{3}$ の区間すべてが取除かれた後に閉区間 $[0,1]$ に残っている数で構成される．

(a) 取除かれた区間の長さを合計すると1であることを示せ．それにもかかわらず，Cantor 集合には無数の数が含まれている．Contor 集合に属する数をいくつかあげよ．

(b) **Sierpinski（シェルピンスキー）のカーペット**は，Cantor 集合を2次元に一般化したものである．辺1の正方形の中心 $\frac{1}{9}$ を取除き，次に取除いた正方形を中心により小さい8個の正方形を取除いていくことにより構成される（図は最初の3操作を示す）．取除かれた正方形の面積を合計すると1であることを示せ．これは，Sierpinski のカーペットが面積0であることを意味する．

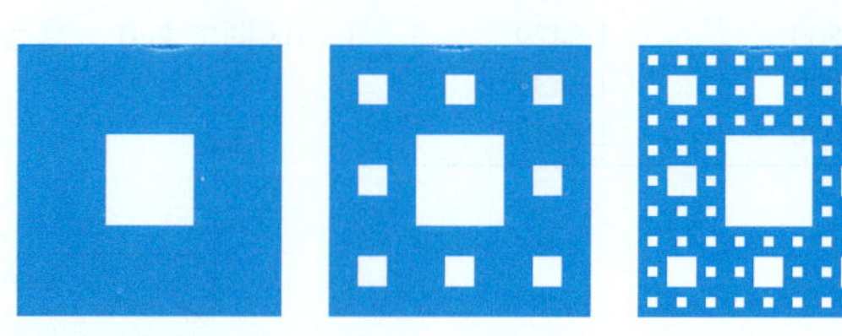

90. (a) 数列 $\{a_n\}$ は，$n\geqslant 3$ について方程式 $a_n=\frac{1}{2}(a_{n-1}+a_{n-2})$ で再帰的に定義される．ここで，a_1 および a_2 は任意の実数である．計算機を使って，a_1 と a_2 にさまざまな値を代入し，この数列の極限を結論づけよ．

(b) $a_{n+1}-a_n$ を a_2-a_1 で表し，級数の和を用いて，$\lim_{n\to\infty} a_n$ を求めよ．

91. 級数 $\sum_{n=1}^{\infty} n/(n+1)!$ を考える．

(a) 部分和 s_1，s_2，s_3，s_4 を求めよ．分母の規則性を考え，この規則性を使って s_n の式を推測せよ．

(b) 数学的帰納法を使って(a)の式を証明せよ．

(c) 与えられた無限級数が収束することを示し，その和を求めよ．

92. 図には，正 3 角形の頂点に向かう無限に続く円を示す．各円は隣の円と 3 角形の辺に接している．3 角形の辺の長さを 1 として，円の面積の合計を求めよ．

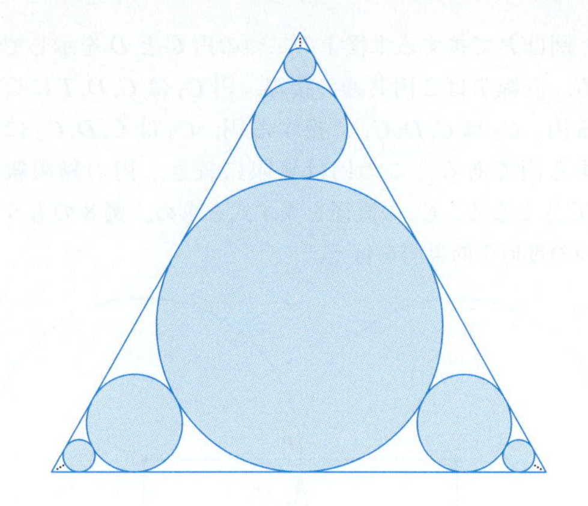

6・3　積分判定法と和の評価

一般に，級数の和を正確に求めることは難しい．等比級数や級数 $\Sigma\, 1/(n(n+1))$ の和を求めることができたのは，これらの第 n 項までの部分和 s_n を表す簡単な公式を見つけることができたからである．しかし，大抵の場合は，このような公式を見つけることは容易ではない．それゆえ，本節から何節かにわたって，級数の和の値を明確に求めずに，その級数が収束するか，あるいは発散するかを決定する判定法（なかには，級数の和のよい推定値を与えてくれるものもある）をいくつかみていく．最初に紹介する判定法は広義積分を用いる．

まず，自然数の 2 乗の逆数を項とする級数を調べることから始めよう．

$$\sum_{n=1}^{\infty} \frac{1}{n^2} = \frac{1}{1^2} + \frac{1}{2^2} + \frac{1}{3^2} + \frac{1}{4^2} + \frac{1}{5^2} + \cdots$$

n	$s_n = \sum_{i=1}^{n} \frac{1}{i^2}$
5	1.4636
10	1.5498
50	1.6251
100	1.6350
500	1.6429
1000	1.6439
5000	1.6447

初めから第 n 項までの和 s_n を表す簡単な式は存在しない．しかし，欄外にある計算機による近似値表は，$n\to\infty$ のとき部分和が 1.64 に近い数に近づいていることを示唆している．

幾何学的に考察することによって，この推測を確かめることができる．図 1 は曲線 $y=1/x^2$ とその曲線の下に並ぶ長方形を表している．各長方形の底辺は長さ 1 の区間であり，高さは各区間の右端点が関数 $y=1/x^2$ でとる値に等しい．

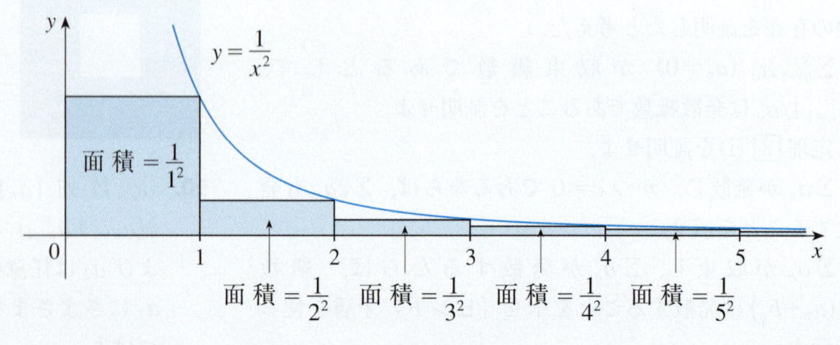

図 1

長方形の面積の和は次のようになる．

$$\frac{1}{1^2}+\frac{1}{2^2}+\frac{1}{3^2}+\frac{1}{4^2}+\frac{1}{5^2}+\cdots=\sum_{n=1}^{\infty}\frac{1}{n^2}$$

一番左の長方形を除くと，残った長方形の面積の和は $x \geqslant 1$ の範囲で曲線 $y = 1/x^2$ と x 軸が囲む領域の面積，すなわち $\int_1^\infty (1/x^2)\,dx$ の値より小さい．§2・8 で，この広義積分が収束し，値 1 をとることをみた．よって，図 1 は，部分和の合計が

$$\frac{1}{1^2}+\int_1^\infty \frac{1}{x^2}\,dx = 2$$

未満であることを示している．これより，部分和は有界である．また，部分和数列が増加していくこともわかっている（なぜなら，部分和の各項は正だからである）．よって，（単調数列定理より）部分和数列は収束し，よって，この級数も収束する．この級数の和（部分和の極限値）もまた 2 未満である．すなわち，

$$\sum_{n=1}^{\infty}\frac{1}{n^2}=\frac{1}{1^2}+\frac{1}{2^2}+\frac{1}{3^2}+\frac{1}{4^2}+\cdots<2$$

である（この級数の和の正確な値が $\pi^2/6$ であることを，スイスの数学者 Leonhard Euler（オイラー，1707−1783）が突きとめている．しかし，その証明はきわめて難しい（第Ⅲ巻第 4 章「追加問題」の問題 6 参照））．

では，次の級数をみてみよう．

$$\sum_{n=1}^{\infty}\frac{1}{\sqrt{n}}=\frac{1}{\sqrt{1}}+\frac{1}{\sqrt{2}}+\frac{1}{\sqrt{3}}+\frac{1}{\sqrt{4}}+\frac{1}{\sqrt{5}}+\cdots$$

s_n の値を記した欄外の表は，部分和が有限の数に近づこうとしていないことを示唆しているので，この数列は発散するのではないかと予測できる．再び，予測を確かめるために図を使おう．図 2 は曲線 $y=1/\sqrt{x}$ と，この曲線の上部に突き出た長方形を示している．

n	$s_n = \sum_{i=1}^{n}\frac{1}{\sqrt{i}}$
5	3.2317
10	5.0210
50	12.7524
100	18.5896
500	43.2834
1000	61.8010
5000	139.9681

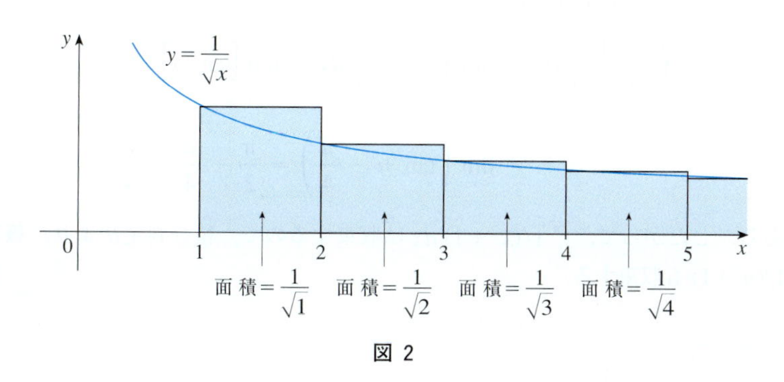

図 2

各長方形の底辺は長さ 1 の区間であり，高さは各区間の左端点が関数 $y = 1/\sqrt{x}$ でとる値に等しい．したがって，長方形の面積の和は

$$\frac{1}{\sqrt{1}}+\frac{1}{\sqrt{2}}+\frac{1}{\sqrt{3}}+\frac{1}{\sqrt{4}}+\frac{1}{\sqrt{5}}+\cdots=\sum_{n=1}^{\infty}\frac{1}{\sqrt{n}}$$

である．この面積の和は，$x \geqslant 1$ の範囲で曲線 $y=1/\sqrt{x}$ と x 軸が囲む領域の面積，すなわち $\int_1^\infty (1/\sqrt{x})\,dx$ の値より大きい．一方，§2・8 で，この広義積分が発散することをみた．すなわち，曲線と x 軸が囲む領域（ただし $x \geqslant 1$）の面積は無限大である．よって，この級数の和は無限大でなければならない．つまり，この級数は発散する．

本節で二つの級数に対して用いたのと同様の論法を用いることによって，次の判定法が成り立つことを証明することができる（この証明は，本節の最後に与える）．

積分判定法　f を区間 $[1, \infty)$ において連続で正の減少関数とし，$a_n = f(n)$ とする．このとき，級数 $\sum_{n=1}^{\infty} a_n$ が収束するのは，広義積分 $\int_1^{\infty} f(x)\,dx$ が収束するとき，かつ，そのときに限る．すなわち，

(i) $\int_1^{\infty} f(x)\,dx$ が収束するならば，$\sum_{n=1}^{\infty} a_n$ は収束する．

(ii) $\int_1^{\infty} f(x)\,dx$ が発散するならば，$\sum_{n=1}^{\infty} a_n$ は発散する．

注 意　積分判定法を使う際に，必ずしも級数や積分を $n = 1$ から始めなくてもよい．たとえば，

$$\text{級数} \sum_{n=4}^{\infty} \frac{1}{(n-3)^2} \text{ を判定する際，} \int_4^{\infty} \frac{1}{(x-3)^2}\,dx \text{ を用いる．}$$

また，f が必ずしも減少関数でなくてもよい．重要なのは，f が究極的に減少していくこと，すなわち，ある数 N より十分大きな x について減少関数であればよい．そうであれば，$\sum_{n=N}^{\infty} a_n$ は収束し，§6･2 の注意 4 より $\sum_{n=1}^{\infty} a_n$ も収束するからである．

例 1　級数 $\displaystyle\sum_{n=1}^{\infty} \frac{1}{n^2+1}$ は収束するか発散するかを判定せよ．

［解 説］　関数 $f(x) = 1/(x^2+1)$ は，区間 $[1, \infty)$ において，連続で正の減少関数である．よって，積分判定法を用いることができ，

$$\int_1^{\infty} \frac{1}{x^2+1}\,dx = \lim_{t\to\infty} \int_1^{t} \frac{1}{x^2+1}\,dx = \lim_{t\to\infty} \left[\tan^{-1} x\right]_1^t$$

$$= \lim_{t\to\infty} \left(\tan^{-1} t - \frac{\pi}{4}\right) = \frac{\pi}{2} - \frac{\pi}{4} = \frac{\pi}{4}$$

である．したがって，$\int_1^{\infty} 1/(x^2+1)\,dx$ は収束するので，積分判定法より，級数 $\sum 1/(n^2+1)$ も収束する．

例 2　級数 $\displaystyle\sum_{n=1}^{\infty} \frac{1}{n^p}$ が収束するのは，p がどんな値をとるときか．

［解 説］　$p < 0$ のとき，$\lim_{n\to\infty} (1/n^p) = \infty$ である．$p = 0$ のとき，$\lim_{n\to\infty} (1/n^p) = 1$ である．どちらの場合も $\lim_{n\to\infty} (1/n^p) \neq 0$ なので，発散の判定法（§6･2 7）より，この級数は発散する．

$p > 0$ のとき，関数 $f(x) = 1/x^p$ は，区間 $[1, \infty)$ において，連続で正の減少関数である．§2･8 2 でみたように，

$$\int_1^{\infty} \frac{1}{x^p}\,dx \text{ は } p>1 \text{ のとき収束し，} p \leqq 1 \text{ のとき発散する}$$

ので，積分判定法より，$p > 1$ のとき級数 $\sum 1/n^p$ は収束し，$0 < p \leqq 1$ のとき

積分判定法を使うために，$\int_1^{\infty} f(x)\,dx$ を見積もることが必要になる．それゆえ，f の不定積分を求めることができなければならない．しかし，これを実行するのは難しいか不可能なことが多いので，収束を判定する他の方法が必要となる．

$\Sigma\, 1/n^p$ は発散する（$p=1$ のとき，この級数は調和級数となり，§6・2 例 9 でみたように発散する）．

例 2 の級数は **p-級数**とよばれる．以降，本章で重要なので，例 2 の結果を今後の参照のためにまとめておく．

> 1 p-級数 $\displaystyle\sum_{n=1}^{\infty}\frac{1}{n^p}$ は $p>1$ のとき収束し，$p\leq 1$ のとき発散する．

例 3 (a) 級数

$$\sum_{n=1}^{\infty}\frac{1}{n^3}=\frac{1}{1^3}+\frac{1}{2^3}+\frac{1}{3^3}+\frac{1}{4^3}+\cdots$$

は収束する．なぜなら，この級数は $p=3$（>1）の p-級数だからである．

(b) 級数

$$\sum_{n=1}^{\infty}\frac{1}{n^{1/3}}=\sum_{n=1}^{\infty}\frac{1}{\sqrt[3]{n}}=1+\frac{1}{\sqrt[3]{2}}+\frac{1}{\sqrt[3]{3}}+\frac{1}{\sqrt[3]{4}}+\cdots$$

は発散する．なぜなら，この級数は $p=\frac{1}{3}$（<1）の p-級数だからである．

注 意 積分判定法から，級数の和が広義積分の値に等しいと推論してはいけない．たとえば，

$$\sum_{n=1}^{\infty}\frac{1}{n^2}=\frac{\pi^2}{6} \qquad \text{に対して} \qquad \int_1^{\infty}\frac{1}{x^2}\,dx=1$$

である．それゆえ，一般には，

$$\sum_{n=1}^{\infty}a_n\neq\int_1^{\infty}f(x)\,dx$$

である．

例 4 級数 $\displaystyle\sum_{n=1}^{\infty}\frac{\log n}{n}$ が収束するか発散するかを決定せよ．

［解 説］ 関数 $f(x)=(\log x)/x$ は $x>1$ において正で連続である．なぜなら，対数関数は連続だからである．しかし，f が減少関数かどうかは明らかではない．そこで f の導関数を計算してみると，

$$f'(x)=\frac{(1/x)x-\log x}{x^2}=\frac{1-\log x}{x^2}$$

である．よって，$\log x>1$ すなわち $x>e$ のとき，$f'(x)<0$ であるので，$x>e$ のとき f は減少関数である．よって，積分判定法を用いることができて，

$$\int_1^{\infty}\frac{\log x}{x}\,dx=\lim_{t\to\infty}\int_1^{t}\frac{\log x}{x}\,dx=\lim_{t\to\infty}\left[\frac{(\log x)^2}{2}\right]_1^t$$

$$=\lim_{t\to\infty}\frac{(\log t)^2}{2}=\infty$$

である．この広義積分が発散するので，積分判定法より級数 $\Sigma\,(\log n)/n$ も発散する．

■ 級数の和の評価

積分判定法を用いて，級数 $\Sigma\,a_n$ が収束することが示せたら，今度は，級数の和 s の近似値を求めたくなる．もちろん，$\lim_{n\to\infty} s_n = s$ であるので，任意の部分和 s_n は s の近似値である．しかし，その近似値はどれぐらい精度のよいものなのだろうか．それを明らかにするために，s と s_n の差

$$R_n = s - s_n = a_{n+1} + a_{n+2} + a_{n+3} + \cdots$$

の大きさを評価する必要がある．差 R_n は，初めから第 n 項までの和 s_n を級数の和 s の近似値としたときの誤差である．

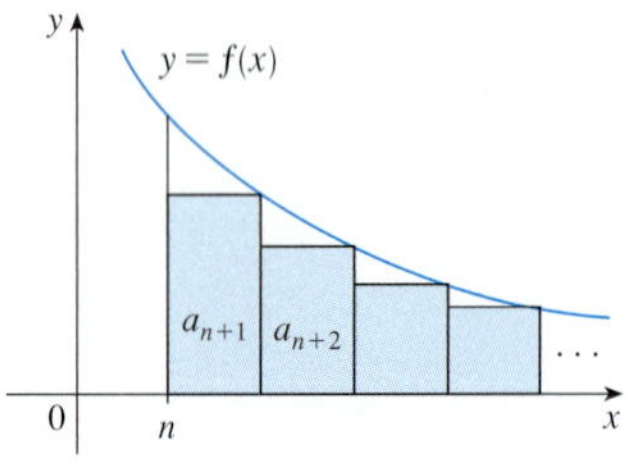

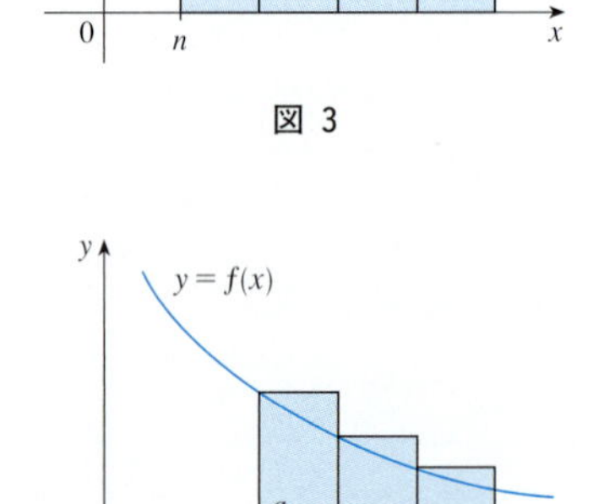

図 3

図 4

積分判定法で用いた記号と考え方を使い，f を区間 $[n, \infty)$ における減少関数とする．図 3 で，$y=f(x)$ と x 軸で囲まれる $x>n$ の領域の面積と長方形の面積の和を比較することにより，

$$R_n = a_{n+1} + a_{n+2} + \cdots \leqslant \int_n^\infty f(x)\,dx$$

となる．同様に，図 4 より，次式を得る．

$$R_n = a_{n+1} + a_{n+2} + \cdots \geqslant \int_{n+1}^\infty f(x)\,dx$$

以上より，次の誤差の評価が示された．

2 積分判定法における誤差の評価　f を $f(k)=a_k$ とし，$x \geqslant n$ において連続な正の減少関数とする．また，$\Sigma\,a_n$ を収束級数とする．$R_n = s - s_n$ とおくとき，次式が成り立つ．

$$\int_{n+1}^\infty f(x)\,dx \leqslant R_n \leqslant \int_n^\infty f(x)\,dx$$

例 5　(a) 初めから第 10 項までの和 s_{10} を用いることにより，級数 $\Sigma\,1/n^3$ の和を近似せよ．また，この近似による誤差を評価せよ．

(b) s と s_n の誤差を 0.0005 以内にするためには，n をいくつにする必要があるか．

［解 説］ (a) と (b) の両方において，$\int_n^\infty f(x)\,dx$ を求める必要がある．$f(x)=1/x^3$ は積分判定法の条件を満たしており，

$$\int_n^\infty \frac{1}{x^3}\,dx = \lim_{t\to\infty}\left[-\frac{1}{2x^2}\right]_n^t = \lim_{t\to\infty}\left(-\frac{1}{2t^2}+\frac{1}{2n^2}\right) = \frac{1}{2n^2}$$

である．

(a) 第 10 項までの部分和で級数の和を近似すると，

$$\sum_{n=1}^\infty \frac{1}{n^3} \approx s_{10} = \frac{1}{1^3} + \frac{1}{2^3} + \frac{1}{3^3} + \cdots + \frac{1}{10^3} \approx 1.1975$$

であり，積分判定法における誤差の評価 2 より，

$$R_{10} \leqslant \int_{10}^\infty \frac{1}{x^3}\,dx = \frac{1}{2(10)^2} = \frac{1}{200}$$

である．よって，誤差の範囲はたかだか 0.005 である．

(b) 0.0005 以内の精度とは，$R_n \leqslant 0.0005$ を満たすような n の値を見つけよということである．

$$R_n \leqslant \int_n^{\infty} \frac{1}{x^3}\,dx = \frac{1}{2n^2}$$

であるので，

$$\frac{1}{2n^2} < 0.0005$$

を満たす n を求めればよい．この不等式を解いて，

$$n^2 > \frac{1}{0.001} = 1000 \qquad \text{すなわち} \qquad n > \sqrt{1000} \approx 31.6$$

精度を 0.0005 以内にするためには，（少なくとも）32 個の項が必要である．■

不等式 [2] の両辺に s_n を加えると，$s_n + R_n = s$ であることから，次式を得る．

[3]
$$s_n + \int_{n+1}^{\infty} f(x)\,dx \leqslant s \leqslant s_n + \int_n^{\infty} f(x)\,dx$$

不等式 [3] は，s の下界と上界を与える．それらは，部分和 s_n より精度のよい級数の和 s の近似値を与える．

例 6 不等式 [3] を $n=10$ として用いて，級数 $\displaystyle\sum_{n=1}^{\infty} \frac{1}{n^3}$ の和を評価せよ．

Euler は $p=2$ の場合の p-級数の値を正確に求めることに成功したが，$p=3$ の場合の p-級数の値を正確に求めることは，こんにちまで誰も成功していない．しかし，例 6 において，この値をどのように評価できるかを示す．

［解 説］ 不等式 [3] は次のようになる．

$$s_{10} + \int_{11}^{\infty} \frac{1}{x^3}\,dx \leqslant s \leqslant s_{10} + \int_{10}^{\infty} \frac{1}{x^3}\,dx$$

例 5 より，

$$\int_n^{\infty} \frac{1}{x^3}\,dx = \frac{1}{2n^2}$$

であるので，

$$s_{10} + \frac{1}{2(11)^2} \leqslant s \leqslant s_{10} + \frac{1}{2(10)^2}$$

である．$s_{10} \approx 1.197532$ を用いることにより

$$1.201664 \leqslant s \leqslant 1.202532$$

である．この区間の中点で s を近似すると，その誤差はたかだかこの区間の半分の長さ（$(1.202532-1.201664)/2=0.000434$）となるので，誤差 0.0005 未満で

$$\sum_{n=1}^{\infty} \frac{1}{n^3} \approx 1.2021$$

と近似できる．■

例 5 と例 6 を比べると改善された [3] の評価のほうが $s \approx s_n$ とする評価よりもずっと優れていることがわかる．誤差を 0.0005 より小さくするために，例 5 では 32 個の項を必要としたが，例 6 ではたったの 10 個の項で達成できた．

■ 積分判定法の証明

級数 $\Sigma 1/n^2$ と $\Sigma 1/\sqrt{n}$ に対して図1と図2を使って積分判定法の証明の背後にある基本的な考え方をすでにみてきた．一般の級数 Σa_n に対して図5と図6を使って積分判定法の証明を考えてみよう．図5の水色の最初の長方形の面積は，区間 $[1, 2]$ の右端点で関数 f がとる値，すなわち $f(2)=a_2$ に等しい．よって，水色の長方形の面積の和と，曲線 $y=f(x)$ と x 軸が囲む $1 \leqslant x \leqslant n$ の領域の面積を比較することにより，次式を得る．

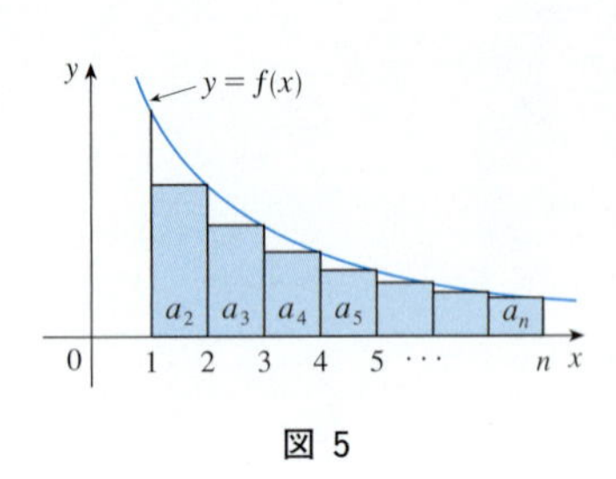

図 5

図 6

$$\boxed{4} \qquad a_2 + a_3 + \cdots + a_n \leqslant \int_1^n f(x)\,dx$$

（この不等式は f が減少関数であるという事実によることに注意せよ．）同様に，図6より，次式を得る．

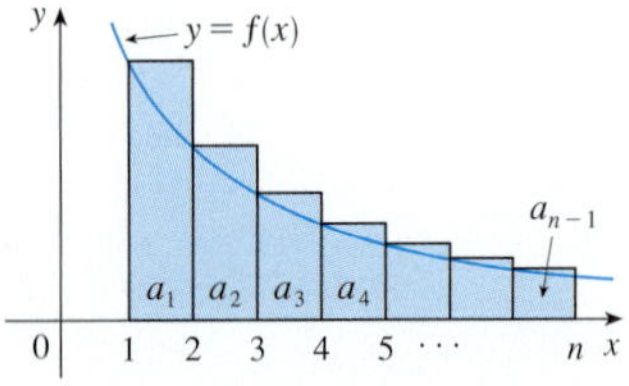

$$\boxed{5} \qquad \int_1^n f(x)\,dx \leqslant a_1 + a_2 + \cdots + a_{n-1}$$

(i) $\int_1^\infty f(x)\,dx$ が収束するならば，$f(x) \geqslant 0$ より $\boxed{4}$ は，

$$\sum_{i=2}^n a_i \leqslant \int_1^n f(x)\,dx \leqslant \int_1^\infty f(x)\,dx$$

を与える．したがって，

$$s_n = a_1 + \sum_{i=2}^n a_i \leqslant a_1 + \int_1^\infty f(x)\,dx = M$$

とすると，すべての n について $s_n \leqslant M$ になるので，数列 $\{s_n\}$ は上に有界である．また，$a_{n+1}=f(n+1) \geqslant 0$ であるので，

$$s_{n+1} = s_n + a_{n+1} \geqslant s_n$$

である．かくして，$\{s_n\}$ は増加有界数列なので，単調数列定理（§6·1 $\boxed{12}$）より，$\{s_n\}$ は収束する．これは Σa_n が収束することを意味している．

(ii) $\int_1^\infty f(x)\,dx$ が発散するならば，$f(x) \geqslant 0$ であるので $n \to \infty$ のとき $\int_1^n f(x)\,dx \to \infty$ である．$\boxed{5}$ より

$$\int_1^n f(x)\,dx \leqslant \sum_{i=1}^{n-1} a_i = s_{n-1}$$

であるので，$s_{n-1} \to \infty$ である．これは，$s_n \to \infty$ であることに他ならないので，Σa_n は発散する．

6・3 節末問題

1. $$\sum_{n=2}^\infty \frac{1}{n^{1.3}} < \int_1^\infty \frac{1}{x^{1.3}}\,dx$$

であることを示す図を描け．級数について何が言えるか．

2. f を $x \geqslant 1$ について連続で正の減少関数とし，$a_n = f(n)$ とする．図を描いて，次の三つを昇順に並べよ．

$$\int_1^6 f(x)\,dx \qquad \sum_{i=1}^5 a_i \qquad \sum_{i=2}^6 a_i$$

3-8　積分判定法を使って，次の級数が収束するか発散するかを決定せよ．

3. $\displaystyle\sum_{n=1}^\infty n^{-3}$　　**4.** $\displaystyle\sum_{n=1}^\infty n^{-0.3}$

5. $\displaystyle\sum_{n=1}^\infty \frac{2}{5n-1}$　　**6.** $\displaystyle\sum_{n=1}^\infty \frac{1}{(3n-1)^4}$

7. $\displaystyle\sum_{n=1}^\infty \frac{n}{n^2+1}$　　**8.** $\displaystyle\sum_{n=1}^\infty n^2 e^{-n^3}$

9-26 次の級数が収束するか発散するかを決定せよ．

9. $\displaystyle\sum_{n=1}^{\infty} \frac{1}{n^{\sqrt{2}}}$

10. $\displaystyle\sum_{n=3}^{\infty} n^{-0.9999}$

11. $1 + \dfrac{1}{8} + \dfrac{1}{27} + \dfrac{1}{64} + \dfrac{1}{125} + \cdots$

12. $\dfrac{1}{5} + \dfrac{1}{7} + \dfrac{1}{9} + \dfrac{1}{11} + \dfrac{1}{13} + \cdots$

13. $\dfrac{1}{3} + \dfrac{1}{7} + \dfrac{1}{11} + \dfrac{1}{15} + \dfrac{1}{19} + \cdots$

14. $1 + \dfrac{1}{2\sqrt{2}} + \dfrac{1}{3\sqrt{3}} + \dfrac{1}{4\sqrt{4}} + \dfrac{1}{5\sqrt{5}} + \cdots$

15. $\displaystyle\sum_{n=1}^{\infty} \frac{\sqrt{n}+4}{n^2}$

16. $\displaystyle\sum_{n=1}^{\infty} \frac{\sqrt{n}}{1+n^{3/2}}$

17. $\displaystyle\sum_{n=1}^{\infty} \frac{1}{n^2+4}$

18. $\displaystyle\sum_{n=1}^{\infty} \frac{1}{n^2+2n+2}$

19. $\displaystyle\sum_{n=1}^{\infty} \frac{n^3}{n^4+4}$

20. $\displaystyle\sum_{n=3}^{\infty} \frac{3n-4}{n^2-2n}$

21. $\displaystyle\sum_{n=2}^{\infty} \frac{1}{n\log n}$

22. $\displaystyle\sum_{n=2}^{\infty} \frac{\log n}{n^2}$

23. $\displaystyle\sum_{k=1}^{\infty} ke^{-k}$

24. $\displaystyle\sum_{k=1}^{\infty} ke^{-k^2}$

25. $\displaystyle\sum_{n=1}^{\infty} \frac{1}{n^2+n^3}$

26. $\displaystyle\sum_{n=1}^{\infty} \frac{n}{n^4+1}$

27-28 次の級数が収束するか否かを決定するために，積分判定法を使えない理由を説明せよ．

27. $\displaystyle\sum_{n=1}^{\infty} \frac{\cos \pi n}{\sqrt{n}}$

28. $\displaystyle\sum_{n=1}^{\infty} \frac{\cos^2 n}{1+n^2}$

29-32 次の級数が収束する p の値を求めよ．

29. $\displaystyle\sum_{n=2}^{\infty} \frac{1}{n(\log n)^p}$

30. $\displaystyle\sum_{n=3}^{\infty} \frac{1}{n\log n\,(\log(\log n))^p}$

31. $\displaystyle\sum_{n=1}^{\infty} n(1+n^2)^p$

32. $\displaystyle\sum_{n=1}^{\infty} \frac{\log n}{n^p}$

---

33. Riemann（リーマン）ゼータ関数 ζ は

$$\zeta(x) = \sum_{n=1}^{\infty} \frac{1}{n^x}$$

で定義され，素数分布の研究のために数論において用いられる．ζ の定義域を記せ．

34. Leonhard Euler は，$p=2$ のときの p-級数の和を次のように正確に計算することができた（本節参照）．

$$\zeta(2) = \sum_{n=1}^{\infty} \frac{1}{n^2} = \frac{\pi^2}{6}$$

この式を使って，次の級数の和を求めよ．

(a) $\displaystyle\sum_{n=2}^{\infty} \frac{1}{n^2}$　(b) $\displaystyle\sum_{n=3}^{\infty} \frac{1}{(n+1)^2}$

(c) $\displaystyle\sum_{n=1}^{\infty} \frac{1}{(2n)^2}$

35. Euler は $p=4$ のときの p-級数の和についても次のような式を見つけた．

$$\zeta(4) = \sum_{n=1}^{\infty} \frac{1}{n^4} = \frac{\pi^4}{90}$$

この式を使って，次の級数の和を求めよ．

(a) $\displaystyle\sum_{n=1}^{\infty} \left(\frac{3}{n}\right)^4$　(b) $\displaystyle\sum_{k=5}^{\infty} \frac{1}{(k-2)^4}$

36. (a) 級数 $\sum_{n=1}^{\infty} 1/n^4$ の部分和 s_{10} を求めよ．級数の和の近似値として s_{10} を用いる場合の誤差を評価せよ

(b) 不等式 3 を $n=10$ として使って，より精度のよい級数の和の近似値を求めよ．

(c) (b)の近似値を前問 35 で求めた正確な値と比較せよ．

(d) s_n が s の 0.00001 以内になるような n の値を求めよ．

37. (a) 級数 $\sum_{n=1}^{\infty} 1/n^2$ の初めから第 10 項までの和を求め，級数の和を見積もれ．この見積もりはどの程度の精度か．

(b) 不等式 3 を $n=10$ として使って，より精度のよい級数の和の近似値を求めよ．

(c) (b)の近似値を前問 34 で求めた正確な値と比較せよ．

(d) s と s_n の誤差を 0.001 以内にするような n の値を求めよ．

38. 級数 $\sum_{n=1}^{\infty} ne^{-2n}$ の和を小数点以下 4 桁まで正確に求めよ．

39. $\sum_{n=1}^{\infty} (2n+1)^{-6}$ を小数点以下 5 桁まで正確に求めよ．

40. 級数 $\sum_{n=2}^{\infty} 1/(n(\log n)^2)$ の和との誤差を 0.01 以内にするためには，いくつの項を足し合わせればよいか．

41. 級数 $\sum_{n=1}^{\infty} n^{-1.001}$ の和との誤差が小数点以下 9 桁の値が 5 以下になるように近似するためには，$10^{11,301}$ 以上の項を足し合わせる必要がある（！）ことを示せ．

42. 以下，数式処理システムを用いてよい．

(a) 級数 $\sum_{n=1}^{\infty} (\log n)^2/n^2$ は収束することを示せ．

(b) 近似値 $s \approx s_n$ における誤差の上限を求めよ．

(c) この上限が 0.05 未満である n の最小値はいくつか．

(d) (c)で求めた n の値について s_n を求めよ．

43. (a) 不等式 4 を使って，s_n が調和級数の第 n 項までの部分和であるならば，

$$s_n \leqq 1 + \log n$$

であることを示せ．

(b) 調和級数は発散するが，非常にゆっくりとである．(a)を使って，初めから第 100 万項までの部分和が 15 以下で，第 10 億項までの部分和が 22 以下であることを示せ．

44. 次の手順で，数列

$$t_n = 1 + \frac{1}{2} + \frac{1}{3} + \cdots + \frac{1}{n} - \log n$$

は極限をもつことを示せ（極限の値は γ で表記され，

Euler 定数とよばれる).

(a) $f(x)=1/x$ として図 6 のような図を描き，t_n を面積として解釈して（あるいは $\boxed{5}$ を使って)，すべての n について $t_n>0$ を示せ.

(b)
$$t_n - t_{n+1} = (\log(n+1) - \log n) - \frac{1}{n+1}$$
を面積の差として解釈して，$t_n-t_{n+1}>0$ であることを示せ．これより，$\{t_n\}$ は減数数列である.

(c) 単調数列定理を使って，$\{t_n\}$ が収束することを示せ.

45. 級数 $\sum_{n=1}^{\infty} b^{\log n}$ が収束するような b の正値をすべて求めよ.

46. 級数
$$\sum_{n=1}^{\infty}\left(\frac{c}{n}-\frac{1}{n+1}\right)$$
が収束するような c の値をすべて求めよ.

6・4　比較判定法

与えられた級数と，すでに収束するか発散するかがわかっている級数とを比較しよう，というのが比較判定法の根底にある考えである．たとえば，級数

$\boxed{1}$
$$\sum_{n=1}^{\infty}\frac{1}{2^n+1}$$

は，級数 $\sum_{n=1}^{\infty} 1/2^n$，すなわち初項 $a=\frac{1}{2}$，公比 $r=\frac{1}{2}$ の等比級数を連想させ，それによって $\boxed{1}$ は収束することがわかる．すなわち，級数 $\boxed{1}$ は収束級数に類似しているので，$\boxed{1}$ も収束するにちがいないという感触を抱く．そして，実際にそのとおりなのである．このことを詳しく述べると，不等式

$$\frac{1}{2^n+1}<\frac{1}{2^n}$$

が成り立つことから，級数 $\boxed{1}$ の各項は，上述の収束する等比級数の各項よりも小さい．したがって，$\boxed{1}$ の部分和は（収束等比級数の和である）1 未満である．これは，部分和が有界増加数列を形成し，収束するということに他ならない．そして，級数 $\boxed{1}$ の和は上述の等比級数の和未満

$$\sum_{n=1}^{\infty}\frac{1}{2^n+1}<1$$

ということもわかる.

同様の議論をすることにより，次の判定法が成り立つことを証明することができる．なお，この判定法は，正の項からなる級数に対してしか用いることはできない．判定法の 1 番目は，ある級数の各項が既知の収束級数の各項よりも小さいのであれば，その級数も収束するということである．2 番目は，ある級数の各項が既知の発散級数の各項よりも大きいのであれば，その級数も発散するということである.

比較判定法　Σa_n と Σb_n を正の項からなる級数とする.

(i) Σb_n が収束し，すべての n について $a_n \leqq b_n$ であるならば，Σa_n も収束する.

(ii) Σb_n が発散し，すべての n について $a_n \geqq b_n$ であるならば，Σa_n も発散する.

■ **証 明** (i) $s_n = \sum_{i=1}^{n} a_i \qquad t_n = \sum_{i=1}^{n} b_i \qquad t = \sum_{n=1}^{\infty} b_n$

とする．どの級数も正の項からなるので，数列 $\{s_n\}$ も $\{t_n\}$ も増加数列である（$s_{n+1} = s_n + a_{n+1} \geqq s_n$）．すべての n について $t_n \leqq t$ であるので，$t_n \to t$ である．$a_i \leqq b_i$ より $s_n \leqq t_n$ であるので，すべての n について $s_n \leqq t$ である．これは，$\{s_n\}$ が上に有界な増加数列であることを意味し，よって，単調数列定理より収束することがわかる．したがって，Σa_n は収束する．

(ii) Σb_n が発散するならば，$t_n \to \infty$ である（なぜなら，$\{t_n\}$ が増加数列だからである）．一方，$a_i \geqq b_i$ より $s_n \geqq t_n$ である．よって，$s_n \to \infty$ である．したがって，Σa_n は発散する．■

数列と級数の違いを認識しておくことが大切である．数列は数の並びであるのに対して，級数は並んでいる数の和である．任意の級数には，関連する二つの数列がある．すなわち，級数の項からなる数列 $\{a_n\}$ と，部分和数列 $\{s_n\}$ である．

比較判定法を用いる際に，比較のために使う級数 Σb_n を当然知っていなければならない．多くの場合に，Σb_n として使われるのは次のうちのどれかである．

比較判定法で使う標準的な級数

- p−級数 $\Sigma 1/n^p$（$p > 1$ のとき収束し，$p \leqq 1$ のとき発散する（§6・3 [1] 参照））．
- 等比級数 Σar^{n-1}（$|r| < 1$ のとき収束し，$|r| \geqq 1$ のとき発散する（§6・2 [4] 参照））

■ **例 1** 級数 $\displaystyle\sum_{n=1}^{\infty} \frac{5}{2n^2+4n+3}$ が収束するか発散するかを決定せよ．

［解 説］ 大きな n について，分母の中で支配的な項となるのが $2n^2$ であるので，与えられた級数（Σa_n）を，級数 $\Sigma 5/(2n^2) = \Sigma b_n$ と比較しよう．すると，すべての n について，

$$\frac{5}{2n^2 + 4n + 3} < \frac{5}{2n^2}$$

である．分母を比べれば，左辺の方が右辺より大きいからである（比較判定法の書き方に従うと，左辺が a_n，右辺が b_n である）．ここで，

$$\sum_{n=1}^{\infty} \frac{5}{2n^2} = \frac{5}{2} \sum_{n=1}^{\infty} \frac{1}{n^2}$$

で，$\Sigma_{n=1}^{\infty} 1/n^2$ は $p=2$ のときの p−級数であるので，これは収束する．したがって，比較判定法(i)より，Σa_n，すなわち

$$\sum_{n=1}^{\infty} \frac{5}{2n^2 + 4n + 3}$$

は収束することが示された．■

注 意 1 比較判定法の中で，条件 $a_n \leqq b_n$ あるいは $a_n \geqq b_n$ は，すべての n について課されているが，実際には，$n \geqq N$（ただし，N はある整数定数）について条件が成り立ってさえいれば十分である．その理由は，級数の収束・発散は，有限個の項によって左右されることがないからである．このことを例 2 で例証する．

例 2　級数 $\sum_{k=1}^{\infty} \frac{\log k}{k}$ が収束するか発散するかを判定せよ．

［解 説］ §6·3 例 4 で，積分判定法を使ってこの級数を判定したが，この級数は調和級数と比較することによって判定することもできる．$k \geqq 3$ について $\log k > 1$ であることから，

$$\frac{\log k}{k} > \frac{1}{k} \qquad k \geqq 3$$

である．一方，調和級数 $\Sigma\, 1/k$ は発散することをすでに知っている（p-級数で $p=1$ としたときの級数が調和級数に他ならない）．したがって，比較判定法(ii)より，与えられた級数は発散することが示された．

注意 2　判定する級数の各項は，収束級数の各項より小さいか，あるいは発散級数の各項より大きくなければならない．もし，各項が収束級数の各項より大きい，あるいは発散級数の各項より小さいというのであれば，比較判定法は適用できない．たとえば，次の級数を考えてみよう．

$$\sum_{n=1}^{\infty} \frac{1}{2^n - 1}$$

不等式

$$\frac{1}{2^n - 1} > \frac{1}{2^n}$$

が成り立つが，$\Sigma\, b_n = \Sigma\, (\frac{1}{2})^n$ は収束し，かつ $a_n > b_n$ であるので，比較判定法に関する限り，この不等式は役に立たない．それにもかかわらず，収束等比級数 $\Sigma\, (\frac{1}{2})^n$ に非常に似通っている．だから，級数 $\Sigma\, 1/(2^n-1)$ も収束するはずだという感想を抱いてしまう．このような場合，次の判定法を使うことができる．

節末問題 40, 41 では，$c=0$ と $c=\infty$ の場合を扱う．

極限比較判定法　$\Sigma\, a_n$ と $\Sigma\, b_n$ を正の項からなる級数とする．このとき，

$$\lim_{n\to\infty} \frac{a_n}{b_n} = c$$

（ただし，$c>0$ のある定数）であるならば，級数は共に収束するか，あるいは共に発散する．

証 明　m と M を $m<c<M$ を満たす正数とする．n が大きくなると a_n/b_n は c に近づくので，ある整数 N が存在して，

$$n > N \qquad \text{ならば} \qquad m < \frac{a_n}{b_n} < M$$

すなわち，

$$n > N \qquad \text{ならば} \qquad mb_n < a_n < Mb_n$$

を満たす．

$\Sigma\, b_n$ が収束するならば，$\Sigma\, Mb_n$ も収束する．したがって，比較判定法(i)より，$\Sigma\, a_n$ も収束する．$\Sigma\, b_n$ が発散するならば，$\Sigma\, Mb_n$ も発散し，比較判定法(ii)より，$\Sigma\, a_n$ も発散する．

例 3　級数 $\displaystyle\sum_{n=1}^{\infty}\frac{1}{2^n-1}$ が収束するか発散するかを判定せよ．

［解 説］
$$a_n=\frac{1}{2^n-1} \qquad b_n=\frac{1}{2^n}$$
として極限比較判定法を用いると，次式を得る．
$$\lim_{n\to\infty}\frac{a_n}{b_n}=\lim_{n\to\infty}\frac{1/(2^n-1)}{1/2^n}=\lim_{n\to\infty}\frac{2^n}{2^n-1}=\lim_{n\to\infty}\frac{1}{1-1/2^n}=1>0$$
a_n/b_n の極限が存在し，かつ $\Sigma\, b_n=\Sigma\, 1/2^n$ は収束等比級数であるので，極限比較判定法より，与えられた級数 $\Sigma\, a_n=\Sigma\, 1/(2^n-1)$ は収束する．

例 4　級数 $\displaystyle\sum_{n=1}^{\infty}\frac{2n^2+3n}{\sqrt{5+n^5}}$ が収束するか発散するのかを決定せよ．

［解 説］　分子の中で支配的な項となるのが $2n^2$ で，分母で支配的なのは $\sqrt{n^5}=n^{5/2}$ である．このことから，次のようにおけばよいとわかる．
$$a_n=\frac{2n^2+3n}{\sqrt{5+n^5}} \qquad b_n=\frac{2n^2}{n^{5/2}}=\frac{2}{n^{1/2}}$$
$$\lim_{n\to\infty}\frac{a_n}{b_n}=\lim_{n\to\infty}\frac{2n^2+3n}{\sqrt{5+n^5}}\cdot\frac{n^{1/2}}{2}-\lim_{n\to\infty}\frac{2n^{5/2}+3n^{3/2}}{2\sqrt{5+n^5}}$$
$$=\lim_{n\to\infty}\frac{2+\dfrac{3}{n}}{2\sqrt{\dfrac{5}{n^5}+1}}=\frac{2+0}{2\sqrt{0+1}}=1$$
さて，一方，$\Sigma\, b_n=2\Sigma\, 1/n^{1/2}$ は発散する（$p=\frac{1}{2}<1$ の p-級数である）ので，極限判定法より，与えられた級数 $\Sigma\, a_n$ は発散する．

多くの級数の収束と発散を検討する場合，比較する級数 $\Sigma\, b_n$ を見つけるには，もとの級数の項を与えている分数の分子と分母の最高次数の項に注目すればよいことに注意しよう．

和の評価

比較判定法を使って級数 $\Sigma\, b_n$ と比較することによって，$\Sigma\, a_n$ が収束することを示すとき，差を比較することによって $\Sigma\, a_n$ の和を評価できることもある．§6・3で行ったように，$\Sigma\, a_n$ の和と部分和の差
$$R_n=s-s_n=a_{n+1}+a_{n+2}+\cdots$$
を考える．級数 $\{b_n\}$ についても同様に差
$$T_n=t-t_n=b_{n+1}+b_{n+2}+\cdots$$
を考える．すべての n について $a_n\leqq b_n$ であるので，$R_n\leqq T_n$ である．もし，$\Sigma\, b_n$ が p-級数ならば，§6・3でみたように差 T_n を見積もることができる．もし，$\Sigma\, b_n$ が等比級数ならば，T_n は等比級数の和であり，その値を正確に計算することができる（節末問題 35, 36 参照）．どちらの場合も，R_n は T_n より小さくなることがわかる．

例 5　級数$\Sigma\, 1/(n^3+1)$の和sについて，初めから第100項までの和s_{100}を使ってsを近似せよ．また，この近似における誤差を評価せよ．

［解　説］
$$\frac{1}{n^3+1} < \frac{1}{n^3}$$
であるので，与えられた級数は比較判定法より収束することがわかる．比較する級数$\Sigma\, 1/n^3$の差T_nは，§6･3 例 5 で積分判定法における誤差の評価を用いてすでに求めた．その結果は，
$$T_n \leqslant \int_n^\infty \frac{1}{x^3}\,dx = \frac{1}{2n^2}$$
であった．したがって，与えられた級数に関する差R_nは次式を満たす．
$$R_n \leqslant T_n \leqslant \frac{1}{2n^2}$$
$n = 100$とすると，
$$R_{100} \leqslant \frac{1}{2(100)^2} = 0.00005$$
であり，これが求める誤差の範囲である．プログラムできる計算機を使って，第100項までの和s_{100}を計算すると，sの近似値は
$$\sum_{n=1}^{\infty} \frac{1}{n^3+1} \approx \sum_{n=1}^{100} \frac{1}{n^3+1} \approx 0.6864538$$
で，その誤差は 0.00005 以内である．

6・4　節末問題

1. $\Sigma\, a_n$および$\Sigma\, b_n$を正の項からなる級数とし，$\Sigma\, b_n$は収束することがわかっているとする．

(a) すべてのnについて$a_n > b_n$ならば，$\Sigma\, a_n$について何が言えるか，理由と共に述べよ．

(b) すべてのnについて$a_n < b_n$ならば，$\Sigma\, a_n$について何が言えるか，理由と共に述べよ．

2. $\Sigma\, a_n$および$\Sigma\, b_n$を正の項からなる級数とし，$\Sigma\, b_n$は発散することがわかっているとする．

(a) すべてのnについて$a_n > b_n$ならば，$\Sigma\, a_n$について何が言えるか，理由と共に述べよ．

(b) すべてのnについて$a_n < b_n$ならば，$\Sigma\, a_n$について何が言えるか，理由と共に述べよ．

3-32　次の級数が収束するか発散するかを決定せよ．

3. $\displaystyle\sum_{n=1}^{\infty} \frac{1}{n^3+8}$　　**4.** $\displaystyle\sum_{n=2}^{\infty} \frac{1}{\sqrt{n}-1}$

5. $\displaystyle\sum_{n=1}^{\infty} \frac{n+1}{n\sqrt{n}}$　　**6.** $\displaystyle\sum_{n=1}^{\infty} \frac{n-1}{n^3+1}$

7. $\displaystyle\sum_{n=1}^{\infty} \frac{9^n}{3+10^n}$　　**8.** $\displaystyle\sum_{n=1}^{\infty} \frac{6^n}{5^n-1}$

9. $\displaystyle\sum_{k=1}^{\infty} \frac{\log k}{k}$　　**10.** $\displaystyle\sum_{k=1}^{\infty} \frac{k\sin^2 k}{1+k^3}$

11. $\displaystyle\sum_{k=1}^{\infty} \frac{\sqrt[3]{k}}{\sqrt{k^3+4k+3}}$　　**12.** $\displaystyle\sum_{k=1}^{\infty} \frac{(2k-1)(k^2-1)}{(k+1)(k^2+4)^2}$

13. $\displaystyle\sum_{n=1}^{\infty} \frac{1+\cos n}{e^n}$　　**14.** $\displaystyle\sum_{n=1}^{\infty} \frac{1}{\sqrt[3]{3n^4+1}}$

15. $\displaystyle\sum_{n=1}^{\infty} \frac{4^{n+1}}{3^n-2}$　　**16.** $\displaystyle\sum_{n=1}^{\infty} \frac{1}{n^n}$

17. $\displaystyle\sum_{n=1}^{\infty} \frac{1}{\sqrt{n^2+1}}$　　**18.** $\displaystyle\sum_{n=1}^{\infty} \frac{2}{\sqrt{n}+2}$

19. $\displaystyle\sum_{n=1}^{\infty} \frac{n+1}{n^3+n}$　　**20.** $\displaystyle\sum_{n=1}^{\infty} \frac{n^2+n+1}{n^4+n^2}$

21. $\displaystyle\sum_{n=1}^{\infty} \frac{\sqrt{1+n}}{2+n}$　　**22.** $\displaystyle\sum_{n=3}^{\infty} \frac{n+2}{(n+1)^3}$

23. $\displaystyle\sum_{n=1}^{\infty} \frac{5+2n}{(1+n^2)^2}$　　**24.** $\displaystyle\sum_{n=1}^{\infty} \frac{n+3^n}{n+2^n}$

25. $\displaystyle\sum_{n=1}^{\infty} \frac{e^n + 1}{ne^n + 1}$

26. $\displaystyle\sum_{n=2}^{\infty} \frac{1}{n\sqrt{n^2 - 1}}$

27. $\displaystyle\sum_{n=1}^{\infty} \left(1 + \frac{1}{n}\right)^2 e^{-n}$

28. $\displaystyle\sum_{n=1}^{\infty} \frac{e^{1/n}}{n}$

29. $\displaystyle\sum_{n=1}^{\infty} \frac{1}{n!}$

30. $\displaystyle\sum_{n=1}^{\infty} \frac{n!}{n^n}$

31. $\displaystyle\sum_{n=1}^{\infty} \sin\left(\frac{1}{n}\right)$

32. $\displaystyle\sum_{n=1}^{\infty} \frac{1}{n^{1+1/n}}$

33-36 初めから第10項までの級数の部分和を使って，次の級数の和を近似し，誤差を評価せよ．

33. $\displaystyle\sum_{n=1}^{\infty} \frac{1}{5 + n^5}$

34. $\displaystyle\sum_{n=1}^{\infty} \frac{e^{1/n}}{n^4}$

35. $\displaystyle\sum_{n=1}^{\infty} 5^{-n}\cos^2 n$

36. $\displaystyle\sum_{n=1}^{\infty} \frac{1}{3^n + 4^n}$

37. 数 $0.d_1d_2d_3\cdots$（ここで各桁の d_i は数 $0, 1, 2, \cdots, 9$ うちの一つをとる）の10進法表示は

$$0.d_1d_2d_3d_4\ldots = \frac{d_1}{10} + \frac{d_2}{10^2} + \frac{d_3}{10^3} + \frac{d_4}{10^4} + \cdots$$

を意味している．この級数は常に収束することを示せ．

38. 級数 $\Sigma_{n=2}^{\infty} 1/(n^p \log n)$ が収束するような p の値はいくつか．

39. $a_n \geqq 0$ かつ Σa_n が収束するならば，$\Sigma a_n{}^2$ も収束することを証明せよ．

40. (a) Σa_n および Σb_n を正の項からなる級数とし，Σb_n は収束することがわかっているとする．

$$\lim_{n\to\infty} \frac{a_n}{b_n} = 0$$

であるならば，Σa_n も収束することを証明せよ．

(b) (a)を使って，次の級数が収束することを示せ．

(i) $\displaystyle\sum_{n=1}^{\infty} \frac{\log n}{n^3}$　　(ii) $\displaystyle\sum_{n=1}^{\infty} \frac{\log n}{\sqrt{n}\, e^n}$

41. (a) Σa_n および Σb_n を正の項からなる級数とし，Σb_n は発散することがわかっているとする．

$$\lim_{n\to\infty} \frac{a_n}{b_n} = \infty$$

であるならば，Σa_n も発散することを証明せよ．

(b) (a)を使って，次の級数が発散することを示せ．

(i) $\displaystyle\sum_{n=2}^{\infty} \frac{1}{\log n}$　　(ii) $\displaystyle\sum_{n=1}^{\infty} \frac{\log n}{n}$

42. Σa_n および Σb_n を正の項からなる級数とし，$\lim_{n\to\infty} (a_n/b_n) = 0$ であり，Σa_n は収束し，Σb_n は発散することがわかっているとする．Σa_n と Σb_n の組み合わせを一つあげよ（節末問題40と比較せよ）．

43. $a_n > 0$ かつ $\lim_{n\to\infty} na_n \neq 0$ であるならば，Σa_n は発散することを示せ．

44. $a_n > 0$ かつ Σa_n は収束するならば，$\Sigma \log(1 + a_n)$ は収束することを示せ．

45. Σa_n は正の項からなる級数で収束するならば，$\Sigma \sin(a_n)$ も収束することは成り立つか．

46. Σa_n および Σb_n は共に正の項からなる級数で収束するならば，$\Sigma a_n b_n$ も収束することは成り立つか．

6・5 交代級数

これまでみてきた収束判定法はどれも，正の項からなる級数に対してしか適用できなかった．本節と次節では，必ずしも正ではない項をもつ級数の扱い方を学ぶ．特に重要なのが，項ごとに符号が変わる交代級数である．

1項ごとに正負が変わる級数を**交代級数**という．二つの例を挙げよう．

$$1 - \frac{1}{2} + \frac{1}{3} - \frac{1}{4} + \frac{1}{5} - \frac{1}{6} + \cdots = \sum_{n=1}^{\infty} (-1)^{n-1} \frac{1}{n}$$

$$-\frac{1}{2} + \frac{2}{3} - \frac{3}{4} + \frac{4}{5} - \frac{5}{6} + \frac{6}{7} - \cdots = \sum_{n=1}^{\infty} (-1)^n \frac{n}{n+1}$$

これらの例から，交代級数の第 n 項は次の形をしていることがわかるだろう．

$$a_n = (-1)^{n-1} b_n \qquad あるいは \qquad a_n = (-1)^n b_n$$

ただし，b_n は正数である（実際には，$b_n = |a_n|$）．

次の判定法は，交代級数の各項の絶対値が減少数列をなすならば，この級数は収束することを主張している．

交代級数判定法　交代級数

$$\sum_{n=1}^{\infty} (-1)^{n-1} b_n = b_1 - b_2 + b_3 - b_4 + b_5 - b_6 + \cdots$$

（ただし，$b_n > 0$）が次の条件を共に満たすならば，この級数は収束する．

(i) $b_{n+1} \leqslant b_n$　　（すべての n について）

(ii) $\displaystyle\lim_{n\to\infty} b_n = 0$

証明を与える前に，証明の背景にある考え方を図解する図 1 をみてみよう．まず，数直線上に点 $s_1 = b_1$ をプロットする．次に，s_2 を見つけるために s_1 から b_2 を引く．よって，s_2 は s_1 より左側にある．この方法を続けていくと，部分和が前後に行ったり来たりすることがわかる．$b_n \to 0$ であるので，1 回ごとに移動する距離はどんどん小さくなっていく．偶数個の項の部分和 $s_2, s_4, s_6, \cdots$ は増加数列をなし，奇数個の項の部分和 $s_1, s_3, s_5, \cdots$ は減少数列をなす．したがって，数列は共に級数の和 s に収束していくと考えるのがもっともそうだ．そこで，以下の証明では，偶数個の項の部分和と奇数個の項の部分和を分けて考える．

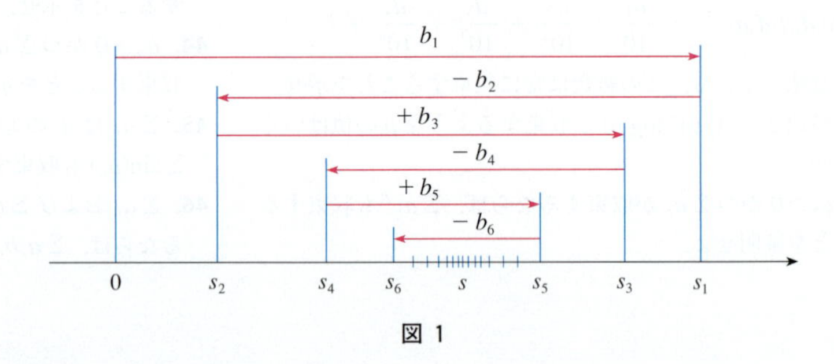

図 1

■ **交代級数判定法の証明**　まず，偶数個の項の部分和について考える．

$b_2 \leqslant b_1$　　であるので　　$s_2 = b_1 - b_2 \geqslant 0$

$b_4 \leqslant b_3$　　であるので　　$s_4 = s_2 + (b_3 - b_4) \geqslant s_2$

一般に，

$b_{2n} \leqslant b_{2n-1}$　　であるので　　$s_{2n} = s_{2n-2} + (b_{2n-1} - b_{2n}) \geqslant s_{2n-2}$

である．よって，

$$0 \leqslant s_2 \leqslant s_4 \leqslant s_6 \leqslant \cdots \leqslant s_{2n} \leqslant \cdots$$

一方，

$$s_{2n} = b_1 - (b_2 - b_3) - (b_4 - b_5) - \cdots - (b_{2n-2} - b_{2n-1}) - b_{2n}$$

と書くこともできて，括弧の中はどれも正なので，すべての n について $s_{2n} \leqslant b_1$ であることがわかる．以上より，偶数個の項の和からなる数列 $\{s_{2n}\}$ は増加数列で，かつ上に有界であるので，単調数列定理より $\{s_{2n}\}$ は収束する．その極限を s とする，すなわち，

$$\lim_{n\to\infty} s_{2n} = s$$

とおく．

さて，次に奇数個の項の部分和の極限を計算すると，

$$\begin{aligned}\lim_{n\to\infty} s_{2n+1} &= \lim_{n\to\infty}(s_{2n} + b_{2n+1})\\ &= \lim_{n\to\infty} s_{2n} + \lim_{n\to\infty} b_{2n+1}\\ &= s + 0 \qquad \text{（条件 (ii) より）}\\ &= s\end{aligned}$$

である．偶数個の項の部分和も奇数個の項の部分和も共に s に収束するので，$\lim_{n\to\infty} s_n = s$ である（§ 6・1 節末問題 92(a) 参照）．よって，級数 $\Sigma(-1)^{n-1}b_n$ は収束する．

例 1　交代調和級数

$$1 - \frac{1}{2} + \frac{1}{3} - \frac{1}{4} + \cdots = \sum_{n=1}^{\infty} \frac{(-1)^{n-1}}{n}$$

は次の二つの条件を満たす．

(i) $b_{n+1} < b_n$　（なぜなら，$\dfrac{1}{n+1} < \dfrac{1}{n}$ であるので）

(ii) $\lim_{n\to\infty} b_n = \lim_{n\to\infty} \dfrac{1}{n} = 0$

したがって，交代級数判定法より，この級数は収束する．

図 2 は，$a_n = (-1)^{n-1}/n$ と部分和 s_n を示すことによって，例 1 を図解している．s_n の値が約 0.7 と思われる極限値を横切って行ったり来たりすることに注目しよう．実際に，正確な級数の和は $\log 2 \approx 0.693$ であることが証明できる（節末問題 36 参照）．

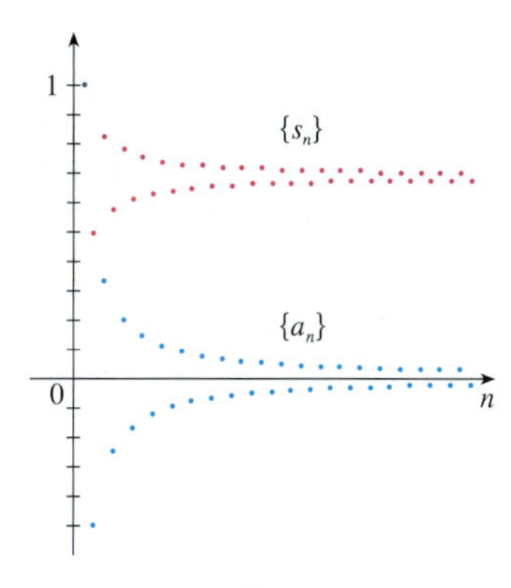

図 2

例 2　級数 $\displaystyle\sum_{n=1}^{\infty} \frac{(-1)^n 3n}{4n-1}$ は交代級数であるが，

$$\lim_{n\to\infty} b_n = \lim_{n\to\infty} \frac{3n}{4n-1} = \lim_{n\to\infty} \frac{3}{4 - \dfrac{1}{n}} = \frac{3}{4}$$

であり，条件 (ii) を満たさない．代わりに，第 n 項の極限

$$\lim_{n\to\infty} a_n = \lim_{n\to\infty} \frac{(-1)^n 3n}{4n-1}$$

に注目してみると，この極限は存在しない．したがって，発散の判定法より，この級数は発散する．

例 3　級数 $\displaystyle\sum_{n=1}^{\infty} (-1)^{n+1} \frac{n^2}{n^3+1}$ が収束するか発散するかを判定せよ．

［解 説］ 与えられた級数は交代級数である．そこで，交代級数判定法の条件 (i) と (ii) を満たすか否かを確かめよう．

例 1 の状況とは異なり，$b_n = n^2/(n^3+1)$ で与えられる数列が減少数列かどうかは明らかではない．しかし，関連する関数 $f(x) = x^2/(x^3+1)$ を考えると，その導関数は，

$$f'(x) = \frac{x(2 - x^3)}{(x^3+1)^2}$$

である．いま，正の x だけを考えているので，$2-x^3<0$ すなわち $x>\sqrt[3]{2}$ ならば $f'(x)<0$ である．つまり，区間 $(\sqrt[3]{2}, \infty)$ で f は減少関数である．これより，$n\geqq 2$ について $f(n+1)<f(n)$，すなわち $b_{n+1}<b_n$ である（$b_2<b_1$ が成り立つことも直接確かめることができるのだが，実際に重要なのは数列 $\{b_n\}$ が究極的に減少していることだけである）[*1]．

＊1 導関数を計算することによって交代級数判定法の条件(i)が成り立つことを確かめる代わりに，§6・1 例 13 の解説 1 の手法を用いることによって，直接 $b_{n+1}<b_n$ を示すこともできる．

条件(ii)を満たしていることは，ただちに確かめられる．

$$\lim_{n\to\infty} b_n = \lim_{n\to\infty} \frac{n^2}{n^3+1} = \lim_{n\to\infty} \frac{\dfrac{1}{n}}{1+\dfrac{1}{n^3}} = 0$$

よって，交代級数判定法より，与えられた級数は収束する．

和の評価

任意の収束級数の部分和 s_n を完全和 s の近似として用いることができるが，近似の誤差を評価できないのであれば，あまり役に立たない．$s\approx s_n$ としたときの誤差は，差 $R_n=s-s_n$ である．次の定理は交代級数判定法の条件を満たす級数に関して，誤差の大きさは，無視された最初の項の絶対値 b_{n+1} よりも小さいという定理である．

＊2 本節の図 1 をみることにより，交代級数の評価定理が成り立つ理由を幾何学的に理解することができる．$s-s_4<b_5$，$|s-s_5|<b_6$，… であることに注意しよう．また，s が連続する任意の二つの部分和の間に存在することにも注意しよう．

交代級数の評価定理[*2]　$s=\Sigma(-1)^{n-1}b_n$（ただし，$b_n>0$）が，次の二つの条件

$$\text{(i)}\ b_{n+1}\leqq b_n \qquad \text{かつ} \qquad \text{(ii)}\ \lim_{n\to\infty} b_n = 0$$

を満たす交代級数の和であるならば，

$$|R_n| = |s-s_n| \leqq b_{n+1}$$

である．

証明　交代級数判定法の証明から，連続する任意の二つの部分和 s_n と s_{n+1} の間に s が存在していることがわかる（そこでは，s が偶数個の項の部分和のどれよりも大きいことを示した．同様の議論により，s が奇数個の項の部分和のどれよりも小さいことが示せる）．したがって，

$$|s-s_n| \leqq |s_{n+1}-s_n| = b_{n+1}$$

である．

例 4　級数 $\displaystyle\sum_{n=0}^{\infty}\frac{(-1)^n}{n!}$ の和について，小数点以下 3 桁まで正確な近似値を求めよ．

［解 説］ まず，この級数が交代級数判定法の条件(i)と(ii)を満たして収束することを確認しよう．

$$\text{(i)}\quad \frac{1}{(n+1)!} = \frac{1}{n!\,(n+1)} < \frac{1}{n!}$$

$$\text{(ii)}\quad 0<\frac{1}{n!}<\frac{1}{n}\to 0 \qquad \text{すなわち} \qquad n\to\infty \text{ のとき } \frac{1}{n!}\to 0$$

所望の近似値を得るために，部分和をとるのに必要な項の個数がいくつなのか見当をつけよう．そこで，級数の初めのいくつかの項を書き出してみる．

$$s = \frac{1}{0!} - \frac{1}{1!} + \frac{1}{2!} - \frac{1}{3!} + \frac{1}{4!} - \frac{1}{5!} + \frac{1}{6!} - \frac{1}{7!} + \cdots$$
$$= 1 - 1 + \tfrac{1}{2} - \tfrac{1}{6} + \tfrac{1}{24} - \tfrac{1}{120} + \tfrac{1}{720} - \tfrac{1}{5040} + \cdots$$

定義により $0!=1$ である.

$$b_7 = \tfrac{1}{5040} < \tfrac{1}{5000} = 0.0002$$

$$s_6 = 1 - 1 + \tfrac{1}{2} - \tfrac{1}{6} + \tfrac{1}{24} - \tfrac{1}{120} + \tfrac{1}{720} \approx 0.368056$$

であることに注目しよう.交代級数の評価定理より,

$$|s - s_6| \le b_7 < 0.0002$$

である.0.0002 未満の誤差は,小数第 3 位に影響を与えないので,$s \approx 0.368$ は小数点以下 3 桁まで正確な近似値である.

§6・10 で,すべての x について $e^x = \sum_{n=0}^{\infty} x^n/n!$ であることを示す.つまり,例 4 で得た結果は,実は e^{-1} の近似値である.

注 意 (s の近似値として s_n を用いるときの)誤差が無視された最初の項よりも小さいという法則は,一般には,交代級数の評価定理の条件を満たす交代級数に対してのみ有効である.**この法則は他のタイプの級数には適用できない.**

6・5 節末問題

1. (a) 交代級数とは何か.
(b) 交代級数が収束するのはどのような条件を満たすときか.
(c) これらの条件を満たすとき,完全和 s と部分和 s_n の差 R_n について何が言えるか.

2-20 次の級数が収束するか発散するか判定せよ.

2. $\frac{2}{3} - \frac{2}{5} + \frac{2}{7} - \frac{2}{9} + \frac{2}{11} - \cdots$

3. $-\frac{2}{5} + \frac{4}{6} - \frac{6}{7} + \frac{8}{8} - \frac{10}{9} + \cdots$

4. $\dfrac{1}{\log 3} - \dfrac{1}{\log 4} + \dfrac{1}{\log 5} - \dfrac{1}{\log 6} + \dfrac{1}{\log 7} - \cdots$

5. $\displaystyle\sum_{n=1}^{\infty} \frac{(-1)^{n-1}}{3+5n}$

6. $\displaystyle\sum_{n=0}^{\infty} \frac{(-1)^{n+1}}{\sqrt{n+1}}$

7. $\displaystyle\sum_{n=1}^{\infty} (-1)^n \frac{3n-1}{2n+1}$

8. $\displaystyle\sum_{n=1}^{\infty} (-1)^n \frac{n^2}{n^2+n+1}$

9. $\displaystyle\sum_{n=1}^{\infty} (-1)^n e^{-n}$

10. $\displaystyle\sum_{n=1}^{\infty} (-1)^n \frac{\sqrt{n}}{2n+3}$

11. $\displaystyle\sum_{n=1}^{\infty} (-1)^{n+1} \frac{n^2}{n^3+4}$

12. $\displaystyle\sum_{n=1}^{\infty} (-1)^{n+1} n e^{-n}$

13. $\displaystyle\sum_{n=1}^{\infty} (-1)^{n-1} e^{2/n}$

14. $\displaystyle\sum_{n=1}^{\infty} (-1)^{n-1} \arctan n$

15. $\displaystyle\sum_{n=0}^{\infty} \frac{\sin\left(n+\frac{1}{2}\right)\pi}{1+\sqrt{n}}$

16. $\displaystyle\sum_{n=1}^{\infty} \frac{n \cos n\pi}{2^n}$

17. $\displaystyle\sum_{n=1}^{\infty} (-1)^n \sin\left(\frac{\pi}{n}\right)$

18. $\displaystyle\sum_{n=1}^{\infty} (-1)^n \cos\left(\frac{\pi}{n}\right)$

19. $\displaystyle\sum_{n=1}^{\infty} (-1)^n \frac{n^n}{n!}$

20. $\displaystyle\sum_{n=1}^{\infty} (-1)^n \left(\sqrt{n+1} - \sqrt{n}\right)$

21-22 計算機を使って,同一スクリーンに,数列の項と部分和のグラフを描け.このグラフを使って,級数の和の概算を求めよ.次に,交代級数の評価定理を使って,級数の和を小数点以下 4 桁まで正確に見積もれ.

21. $\displaystyle\sum_{n=1}^{\infty} \frac{(-0.8)^n}{n!}$

22. $\displaystyle\sum_{n=1}^{\infty} (-1)^{n-1} \frac{n}{8^n}$

23-26 次の級数が収束することを示せ.指定された精度で級数の和を求めるためには,いくつの項までを足し合わせればよいか.

23. $\displaystyle\sum_{n=1}^{\infty} \frac{(-1)^{n+1}}{n^6}$ ($|$誤差$| < 0.00005$)

24. $\displaystyle\sum_{n=1}^{\infty} \frac{\left(-\frac{1}{3}\right)^n}{n}$ ($|$誤差$| < 0.0005$)

25. $\displaystyle\sum_{n=1}^{\infty} \frac{(-1)^{n-1}}{n^2 2^n}$　（|誤差| < 0.0005）

26. $\displaystyle\sum_{n=1}^{\infty} \left(-\frac{1}{n}\right)^n$　（|誤差| < 0.00005）

27-30　次の級数の和を小数点以下 4 桁まで正確に近似せよ．

27. $\displaystyle\sum_{n=1}^{\infty} \frac{(-1)^n}{(2n)!}$　　**28.** $\displaystyle\sum_{n=1}^{\infty} \frac{(-1)^{n+1}}{n^6}$

29. $\displaystyle\sum_{n=1}^{\infty} (-1)^n n e^{-2n}$　　**30.** $\displaystyle\sum_{n=1}^{\infty} \frac{(-1)^{n-1}}{n\,4^n}$

31. 交代級数 $\Sigma_{n=1}^{\infty}(-1)^{n-1}/n$ の第 50 項までの部分和 s_{50} は完全和 s より大きいか小さいか．説明せよ．

32-34　次の級数が収束するような p の値はいくつか．

32. $\displaystyle\sum_{n=1}^{\infty} \frac{(-1)^{n-1}}{n^p}$　　**33.** $\displaystyle\sum_{n=1}^{\infty} \frac{(-1)^n}{n+p}$

34. $\displaystyle\sum_{n=2}^{\infty} (-1)^{n-1}\frac{(\log n)^p}{n}$

35. n が奇数であるとき $b_n = 1/n$，n が偶数であるとき $b_n = 1/n^2$ であるならば，級数 $\Sigma(-1)^{n-1}b_n$ は発散することを示せ．交代級数判定法を使えないのはなぜか．

36. 次の手順で，

$$\sum_{n=1}^{\infty} \frac{(-1)^{n-1}}{n} = \log 2$$

であることを示せ．ここで，h_n は調和級数の部分和，s_n は交代調和級数の部分和とする．

(a) $s_{2n} = h_{2n} - h_n$ であることを示せ．

(b) §6·3 節末問題 44 より

$$n \to \infty \quad \text{のとき} \quad h_n - \log n \to \gamma$$

である．よって，

$$n \to \infty \quad \text{のとき} \quad h_{2n} - \log(2n) \to \gamma$$

である．このことと(a)より，$n \to \infty$ のとき $s_{2n} \to \log 2$ であることを示せ．

6・6　絶対収束と比判定法，ベキ根判定法

任意の級数 Σa_n が与えられるとき，各項の絶対値を項とする新たな級数

$$\sum_{n=1}^{\infty} |a_n| = |a_1| + |a_2| + |a_3| + \cdots$$

を考えることができる．

[1] **定 義**　絶対値級数 $\Sigma|a_n|$ が収束するとき，級数 Σa_n は**絶対収束***するという．

* これまでに正の項からなる級数と交代級数に関する収束判定法を学んだ．しかし，項の符号が不規則に変わるならどうであろうか．そのような場合に，絶対収束の考えが役に立つことがあることを例 3 でみる．

Σa_n が正の項からなる級数であるならば，$|a_n| = a_n$ であり，絶対収束は通常の収束に他ならないことに注意しよう．

例 1　級数

$$\sum_{n=1}^{\infty} \frac{(-1)^{n-1}}{n^2} = 1 - \frac{1}{2^2} + \frac{1}{3^2} - \frac{1}{4^2} + \cdots$$

は絶対収束する．なぜなら，

$$\sum_{n=1}^{\infty} \left|\frac{(-1)^{n-1}}{n^2}\right| = \sum_{n=1}^{\infty} \frac{1}{n^2} = 1 + \frac{1}{2^2} + \frac{1}{3^2} + \frac{1}{4^2} + \cdots$$

は収束 p-級数（$p=2$）であるからである．

例 2 交代調和級数

$$\sum_{n=1}^{\infty}\frac{(-1)^{n-1}}{n}=1-\frac{1}{2}+\frac{1}{3}-\frac{1}{4}+\cdots$$

は収束する（§6・5 例 1 参照）が，絶対収束しない．なぜなら，

$$\sum_{n=1}^{\infty}\left|\frac{(-1)^{n-1}}{n}\right|=\sum_{n=1}^{\infty}\frac{1}{n}=1+\frac{1}{2}+\frac{1}{3}+\frac{1}{4}+\cdots$$

は調和級数（$p=1$ の p-級数）であり，それゆえ発散するからである．

[2] **定 義** 級数 Σa_n が収束するが絶対収束しないとき，この級数は**条件収束**するという．

例 2 は，交代調和級数が条件収束することを示している．このように，級数は収束するが絶対収束しないということがありうる．しかし，次の定理は，絶対収束する級数は収束することを示している．

[3] **定 理** 級数 Σa_n が絶対収束するならば，その級数は収束する．

証 明 次の不等式が成り立つ．

$$0\leqslant a_n+|a_n|\leqslant 2|a_n|$$

なぜなら，$|a_n|$ は a_n か $-a_n$ のどちらかだからである．Σa_n が絶対収束するならば，$\Sigma|a_n|$ は収束し，$\Sigma 2|a_n|$ も収束する．したがって，比較判定法より $\Sigma(a_n+|a_n|)$ は収束する．よって，

$$\sum a_n=\sum(a_n+|a_n|)-\sum|a_n|$$

は二つの収束級数の差であるので収束する．

例 3 級数

$$\sum_{n=1}^{\infty}\frac{\cos n}{n^2}=\frac{\cos 1}{1^2}+\frac{\cos 2}{2^2}+\frac{\cos 3}{3^2}+\cdots$$

が収束するか発散するかを決定せよ．

［解 説］ この級数は正の項も負の項ももつが，交代級数ではない（初項は正，次の三つの項は負，さらにその後の三つの項は正と，符号が不規則に変わる）．絶対値級数

$$\sum_{n=1}^{\infty}\left|\frac{\cos n}{n^2}\right|=\sum_{n=1}^{\infty}\frac{|\cos n|}{n^2}$$

に比較判定法を用いる．すべての n について $|\cos n|\leqslant 1$ であるので，

$$\frac{|\cos n|}{n^2}\leqslant\frac{1}{n^2}$$

である．ここで，$\Sigma 1/n^2$ は（$p=2$ の p-級数であるので）収束する．したがって，比較判定法より級数 $\Sigma|\cos n|/n^2$ は収束する．よって，与えられた級数 $\Sigma(\cos n)/n^2$ は絶対収束するので，定理 [3] より収束する．

図 1 は例 3 の級数の項 a_n のグラフと部分和 s_n のグラフを示している．この級数は正の項も負の項をもつが，交代級数ではない．

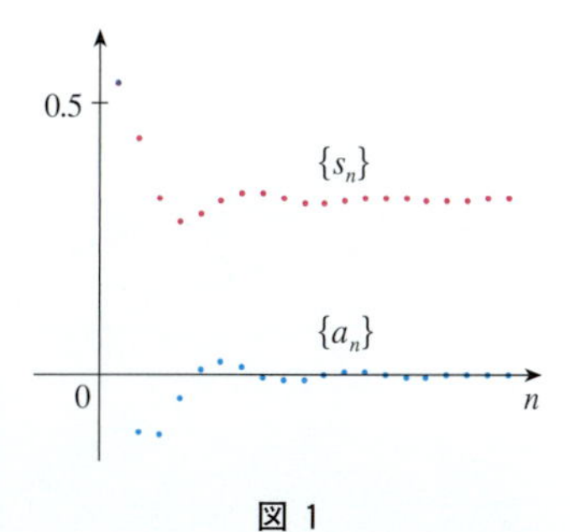

図 1

次の判定法は，与えられた級数が絶対収束するか否かを決定する際に非常に役に立つ．

比判定法

(i) $\lim_{n\to\infty}\left|\frac{a_{n+1}}{a_n}\right|=L<1$ ならば，級数 $\sum_{n=1}^{\infty} a_n$ は絶対収束する（ということは，収束する）．

(ii) $\lim_{n\to\infty}\left|\frac{a_{n+1}}{a_n}\right|=L>1$ あるいは $\lim_{n\to\infty}\left|\frac{a_{n+1}}{a_n}\right|=\infty$ ならば，級数 $\sum_{n=1}^{\infty} a_n$ は発散する．

(iii) $\lim_{n\to\infty}\left|\frac{a_{n+1}}{a_n}\right|=1$ ならば，比判定法では判定できない．すなわち，Σa_n の収束あるいは発散に関して何ら結論を導くことはできない．

■ **証　明**　(i) 与えられた級数と収束等比級数とを比較する．$L<1$ であるので，$L<r<1$ を満たすある数 r を選ぶことができる．よって

$$\lim_{n\to\infty}\left|\frac{a_{n+1}}{a_n}\right|=L \quad \text{かつ} \quad L<r$$

であり，比 $|a_{n+1}/a_n|$ はいずれ r より小さくなる．すなわち，ある整数 N が存在して，

$$n\geqq N \text{ について} \qquad \left|\frac{a_{n+1}}{a_n}\right|<r$$

を満たす．言い換えると，

4　　$$n\geqq N \text{ について} \qquad |a_{n+1}|<|a_n|r$$

である．式 4 に $n=N, N+1, N+2, \cdots$ を次々と代入することにより次式を得る．

$$|a_{N+1}|<|a_N|r$$

$$|a_{N+2}|<|a_{N+1}|r<|a_N|r^2$$

$$|a_{N+3}|<|a_{N+2}|r<|a_N|r^3$$

一般に，

5　　$$\text{すべての } k\geqq 1 \text{ について} \qquad |a_{N+k}|<|a_N|r^k$$

である．ここで，級数

$$\sum_{k=1}^{\infty}|a_N|r^k=|a_N|r+|a_N|r^2+|a_N|r^3+\cdots$$

は収束する．なぜなら，公比 r が $0<r<1$ の等比級数だからである．よって，不等式 5 と比較判定法より，級数

$$\sum_{n=N+1}^{\infty}|a_n|=\sum_{k=1}^{\infty}|a_{N+k}|=|a_{N+1}|+|a_{N+2}|+|a_{N+3}|+\cdots$$

もまた収束する．これは級数 $\Sigma_{n=1}^{\infty}|a_n|$ が収束することを示している（有限個の項は収束に影響を与えないことを思い出そう）．したがって，Σa_n は絶対収束する．

(ii) $|a_{n+1}/a_n|\to L>1$ あるいは $|a_{n+1}/a_n|\to\infty$ ならば，比 $|a_{n+1}/a_n|$ はいずれ 1 より大きくなる．すなわち，ある整数 N が存在して，

$$n \geqq N \text{ について} \quad \left| \frac{a_{n+1}}{a_n} \right| > 1$$

を満たす．これは，$n \geqq N$ について $|a_{n+1}| > |a_n|$ を意味しているので，

$$\lim_{n\to\infty} a_n \neq 0$$

である．したがって，発散の判定法より $\Sigma\, a_n$ は発散する．

注 意　比判定法(iii)は，$\lim_{n\to\infty} |a_{n+1}/a_n| = 1$ ならば，この判定法がなんの情報も与えないことを主張している．たとえば，収束級数 $\Sigma\, 1/n^2$ に関して，$n \to \infty$ のとき，

$$\left| \frac{a_{n+1}}{a_n} \right| = \frac{\dfrac{1}{(n+1)^2}}{\dfrac{1}{n^2}} = \frac{n^2}{(n+1)^2} = \frac{1}{\left(1 + \dfrac{1}{n}\right)^2} \to 1$$

である．一方，発散級数 $\Sigma\, 1/n$ に関して，$n \to \infty$ のとき，

$$\left| \frac{a_{n+1}}{a_n} \right| = \frac{\dfrac{1}{n+1}}{\dfrac{1}{n}} = \frac{n}{n+1} = \frac{1}{1 + \dfrac{1}{n}} \to 1$$

である．つまり，$\lim_{n\to\infty} |a_{n+1}/a_n| = 1$ ならば，級数 $\Sigma\, a_n$ は収束することもあるし，発散することもある．この場合，比判定法は役に立たないので，何か他の判定法を用いなければならない．

例 4 や例 5 でみるように，級数の第 n 項がベキや階乗を含むならば，比判定法は大抵機能して収束か否かの判定を下す．

例 4　級数 $\displaystyle\sum_{n=1}^{\infty} (-1)^n \frac{n^3}{3^n}$ が絶対収束するか否かを判定せよ．

［解 説］　$a_n = (-1)^n n^3/3^n$ として，比判定法を用いる．

$$\left| \frac{a_{n+1}}{a_n} \right| = \left| \frac{\dfrac{(-1)^{n+1}(n+1)^3}{3^{n+1}}}{\dfrac{(-1)^n n^3}{3^n}} \right| = \frac{(n+1)^3}{3^{n+1}} \cdot \frac{3^n}{n^3}$$

$$= \frac{1}{3}\left(\frac{n+1}{n}\right)^3 = \frac{1}{3}\left(1 + \frac{1}{n}\right)^3 \to \frac{1}{3} < 1$$

したがって，比判定法より，与えられた級数は絶対収束する．

和の評価　ここまでの 3 節で，級数の和を評価するためにさまざまな手法を使った．手法は，収束性を証明するためにどの判定法を用いればよいのかにかかっていた．たとえば，比判定法が機能する級数はどうだろうか．それには二つの可能性がある．たとえば，級数がたまたま交代級数であるならば，例 4 のように，§6・5 の方法を用いるのがベストだ．項がすべて正であるならば，節末問題 46 で説明する特別な方法を用いよ．

例 5　級数 $\displaystyle\sum_{n=1}^{\infty} \frac{n^n}{n!}$ の収束性を判定せよ．

［解 説］　項 $a_n = n^n/n!$ は正であるので，絶対値をとる必要がない．$n \to \infty$ のとき，

$$\frac{a_{n+1}}{a_n} = \frac{(n+1)^{n+1}}{(n+1)!} \cdot \frac{n!}{n^n} = \frac{(n+1)(n+1)^n}{(n+1)n!} \cdot \frac{n!}{n^n}$$

$$= \left(\frac{n+1}{n}\right)^n = \left(1 + \frac{1}{n}\right)^n \to e$$

である（§1·4 あるいは §1·4* の式 9 参照）．$e>1$ であるので，比判定法より，与えられた級数は発散する．■

注意　例5では比判定法を用いたが，発散の判定法を使うともっと簡単に判定できる．

$$a_n = \frac{n^n}{n!} = \frac{n \cdot n \cdot n \cdot \cdots \cdot n}{1 \cdot 2 \cdot 3 \cdot \cdots \cdot n} \geqq n$$

より，$n \to \infty$ のとき a_n は0に近づかない．したがって，発散の判定法より，与えられた級数は発散する．

次の判定法は項に n 乗（ベキ）が現れるときに使うと重宝する．証明は比判定法の証明と同様なので，節末問題49にゆずる．

ベキ根判定法

(i)　$\displaystyle\lim_{n\to\infty} \sqrt[n]{|a_n|} = L < 1$ ならば，級数 $\displaystyle\sum_{n=1}^{\infty} a_n$ は絶対収束する（ということは，収束する）．

(ii)　$\displaystyle\lim_{n\to\infty} \sqrt[n]{|a_n|} = L > 1$ あるいは $\displaystyle\lim_{n\to\infty} \sqrt[n]{|a_n|} = \infty$ ならば，級数 $\displaystyle\sum_{n=1}^{\infty} a_n$ は発散する．

(iii)　$\displaystyle\lim_{n\to\infty} \sqrt[n]{|a_n|} = 1$ ならば，ベキ根判定法では判定できない．

ベキ根判定法(iii)は，$\displaystyle\lim_{n\to\infty} \sqrt[n]{|a_n|} = 1$ ならば，この判定法が何の情報も与えないことを主張している．すなわち，級数 Σa_n は収束することもあるし，発散することもある．（比判定法で $L=1$ のとき，ベキ根判定法を試そうとしてはいけない．なぜなら，L が1であるので，こちらでも判定不能だからだ．逆に，ベキ根判定法で $L=1$ のとき，比判定法を試そうとしてはいけない．やはりうまくいかないからだ．）

■ **例 6**　級数 $\displaystyle\sum_{n=1}^{\infty} \left(\frac{2n+3}{3n+2}\right)^n$ の収束性を判定せよ．

［解 説］

$$a_n = \left(\frac{2n+3}{3n+2}\right)^n$$

$$\sqrt[n]{|a_n|} = \frac{2n+3}{3n+2} = \frac{2+\dfrac{3}{n}}{3+\dfrac{2}{n}} \to \frac{2}{3} < 1$$

よって，ベキ根判定法より，与えられた級数は絶対収束する（ということは，収束する）．■

■ 並び替え

与えられた収束級数が絶対収束するか条件収束するかという問いは，無限和が有限和のように振舞うかどうかという問いと関係がある．

有限和の項の順序を並び替えても，和の値は変わらない．しかし，無限級数では必ずしもそうなるとは限らない．無限級数 Σa_n の項の順序を変えるだけで得られる級数を，Σa_n の**並び替え**という．たとえば，Σa_n の並び替えの 1 例は次のようである．

$$a_1 + a_2 + a_5 + a_3 + a_4 + a_{15} + a_6 + a_7 + a_{20} + \cdots$$

次のことは明らかである．

> Σa_n が和 s をもつ絶対収束級数であるならば，
> Σa_n の任意の並び替えはどれもみな同じ和 s をもつ．

しかし，任意の条件収束数列は，和の異なる級数に並び替えることができる．この事実を例証するために，交代調和級数について考えてみよう．

6 $$1 - \tfrac{1}{2} + \tfrac{1}{3} - \tfrac{1}{4} + \tfrac{1}{5} - \tfrac{1}{6} + \tfrac{1}{7} - \tfrac{1}{8} + \cdots = \log 2$$

(§6・5 節末問題 36 参照)．この級数を $\frac{1}{2}$ 倍すると，

$$\tfrac{1}{2} - \tfrac{1}{4} + \tfrac{1}{6} - \tfrac{1}{8} + \cdots = \tfrac{1}{2}\log 2$$

となり，この級数の各項の間に 0 を挿入すると*，

7 $$0 + \tfrac{1}{2} + 0 - \tfrac{1}{4} + 0 + \tfrac{1}{6} + 0 - \tfrac{1}{8} + \cdots = \tfrac{1}{2}\log 2$$

となる．§6・2 定理 8 より上の式 6 と式 7 の級数を足し合わせると，

8 $$1 + \tfrac{1}{3} - \tfrac{1}{2} + \tfrac{1}{5} + \tfrac{1}{7} - \tfrac{1}{4} + \cdots = \tfrac{3}{2}\log 2$$

となる．ここで，式 8 は一つの負の項が一組の正の項に挟まれる形をとって，式 6 とまったく同じ項から成り立っている．ところが，これらの級数の和は異なっている．実際に，Riemann（リーマン）は次のことを証明している．

> Σa_n を条件収束級数，r をどんな実数としても，
> Σa_n の並び替えで和が r になるものが存在する．

この事実の証明は，節末問題 52 で概略をみる．

* このように 0 の項を加えても，級数の和に影響を与えることはない．部分和数列の各項にダブって現れるものが生じるが，極限は同じである．

6・6 節末問題

1. 次のそれぞれの場合で，級数 Σa_n について何がいえるか．

(a) $\displaystyle\lim_{n\to\infty}\left|\frac{a_{n+1}}{a_n}\right| = 8$　(b) $\displaystyle\lim_{n\to\infty}\left|\frac{a_{n+1}}{a_n}\right| = 0.8$

(c) $\displaystyle\lim_{n\to\infty}\left|\frac{a_{n+1}}{a_n}\right| = 1$

2-6 次の級数は絶対収束するか条件収束するかを決定せよ．

2. $\displaystyle\sum_{n=1}^{\infty}\frac{(-1)^{n-1}}{\sqrt{n}}$

3. $\displaystyle\sum_{n=0}^{\infty}\frac{(-1)^n}{5n+1}$　**4.** $\displaystyle\sum_{n=1}^{\infty}\frac{(-1)^n}{n^3+1}$

5. $\displaystyle\sum_{n=1}^{\infty}\frac{\sin n}{2^n}$　**6.** $\displaystyle\sum_{n=1}^{\infty}(-1)^{n-1}\frac{n}{n^2+4}$

7-24 比判定法を使って，次の級数が収束するか発散するかを決定せよ．

7. $\displaystyle\sum_{n=1}^{\infty}\frac{n}{5^n}$　**8.** $\displaystyle\sum_{n=1}^{\infty}\frac{(-2)^n}{n^2}$

9. $\displaystyle\sum_{n=1}^{\infty}(-1)^{n-1}\frac{3^n}{2^n n^3}$　**10.** $\displaystyle\sum_{n=0}^{\infty}\frac{(-3)^n}{(2n+1)!}$

11. $\displaystyle\sum_{k=1}^{\infty}\frac{1}{k!}$　**12.** $\displaystyle\sum_{k=1}^{\infty}ke^{-k}$

13. $\displaystyle\sum_{n=1}^{\infty}\frac{10^n}{(n+1)4^{2n+1}}$　**14.** $\displaystyle\sum_{n=1}^{\infty}\frac{n!}{100^n}$

15. $\displaystyle\sum_{n=1}^{\infty} \frac{n\pi^n}{(-3)^{n-1}}$

16. $\displaystyle\sum_{n=1}^{\infty} \frac{n^{10}}{(-10)^{n+1}}$

17. $\displaystyle\sum_{n=1}^{\infty} \frac{\cos(n\pi/3)}{n!}$

18. $\displaystyle\sum_{n=1}^{\infty} \frac{n!}{n^n}$

19. $\displaystyle\sum_{n=1}^{\infty} \frac{n^{100}100^n}{n!}$

20. $\displaystyle\sum_{n=1}^{\infty} \frac{(2n)!}{(n!)^2}$

21. $\displaystyle 1 - \frac{2!}{1\cdot 3} + \frac{3!}{1\cdot 3\cdot 5} - \frac{4!}{1\cdot 3\cdot 5\cdot 7} + \cdots + (-1)^{n-1}\frac{n!}{1\cdot 3\cdot 5\cdot \cdots \cdot (2n-1)} + \cdots$

22. $\displaystyle \frac{2}{3} + \frac{2\cdot 5}{3\cdot 5} + \frac{2\cdot 5\cdot 8}{3\cdot 5\cdot 7} + \frac{2\cdot 5\cdot 8\cdot 11}{3\cdot 5\cdot 7\cdot 9} + \cdots$

23. $\displaystyle\sum_{n=1}^{\infty} \frac{2\cdot 4\cdot 6\cdot \cdots \cdot (2n)}{n!}$

24. $\displaystyle\sum_{n=1}^{\infty} (-1)^n \frac{2^n n!}{5\cdot 8\cdot 11\cdot \cdots \cdot (3n+2)}$

25-30　ベキ根判定法を使って，次の級数が収束するか発散するかを決定せよ．

25. $\displaystyle\sum_{n=1}^{\infty} \left(\frac{n^2+1}{2n^2+1}\right)^n$

26. $\displaystyle\sum_{n=1}^{\infty} \frac{(-2)^n}{n^n}$

27. $\displaystyle\sum_{n=2}^{\infty} \frac{(-1)^{n-1}}{(\log n)^n}$

28. $\displaystyle\sum_{n=1}^{\infty} \left(\frac{-2n}{n+1}\right)^{5n}$

29. $\displaystyle\sum_{n=1}^{\infty} \left(1+\frac{1}{n}\right)^{n^2}$

30. $\displaystyle\sum_{n=0}^{\infty} (\arctan n)^n$

31-38　なんらかの収束判定法を使って，次の級数は絶対収束するか条件収束するか，あるいは発散するかを決定せよ．

31. $\displaystyle\sum_{n=2}^{\infty} \frac{(-1)^n}{\log n}$

32. $\displaystyle\sum_{n=1}^{\infty} \left(\frac{1-n}{2+3n}\right)^n$

33. $\displaystyle\sum_{n=1}^{\infty} \frac{(-9)^n}{n10^{n+1}}$

34. $\displaystyle\sum_{n=1}^{\infty} \frac{n5^{2n}}{10^{n+1}}$

35. $\displaystyle\sum_{n=2}^{\infty} \left(\frac{n}{\log n}\right)^n$

36. $\displaystyle\sum_{n=1}^{\infty} \frac{\sin(n\pi/6)}{1+n\sqrt{n}}$

37. $\displaystyle\sum_{n=1}^{\infty} \frac{(-1)^n \arctan n}{n^2}$

38. $\displaystyle\sum_{n=2}^{\infty} \frac{(-1)^n}{n\log n}$

39. ある級数の項は

$$a_1 = 2 \qquad a_{n+1} = \frac{5n+1}{4n+3}a_n$$

で再帰的に定義される．級数 Σa_n が収束するか発散するかを決定せよ．

40. 級数 Σa_n は次式で定義される．

$$a_1 = 1 \qquad a_{n+1} = \frac{2+\cos n}{\sqrt{n}}a_n$$

級数 Σa_n が収束するか発散するかを決定せよ．

41-42　$\{b_n\}$ を $\frac{1}{2}$ に収束する正の項からなる数列であるとする．次の級数が絶対収束するか否かを決定せよ．

41. $\displaystyle\sum_{n=1}^{\infty} \frac{b_n^n \cos n\pi}{n}$

42. $\displaystyle\sum_{n=1}^{\infty} \frac{(-1)^n n!}{n^n b_1 b_2 b_3 \cdots b_n}$

43. 以下の級数のうち，比判定法を使えないものはどれか（すなわち，収束するか否かの明確な答えを出すことができないものはどれか）．

(a) $\displaystyle\sum_{n=1}^{\infty} \frac{1}{n^3}$　(b) $\displaystyle\sum_{n=1}^{\infty} \frac{n}{2^n}$

(c) $\displaystyle\sum_{n=1}^{\infty} \frac{(-3)^{n-1}}{\sqrt{n}}$　(d) $\displaystyle\sum_{n=1}^{\infty} \frac{\sqrt{n}}{1+n^2}$

44. 次の級数が収束するような自然数 k はいくつか．

$$\sum_{n=1}^{\infty} \frac{(n!)^2}{(kn)!}$$

45. (a) すべての x について $\Sigma_{n=0}^{\infty} x^n/n!$ が収束することを示せ．

(b) すべての x について $\displaystyle\lim_{n\to\infty} x^n/n! = 0$ が成り立つことを結論づけよ．

46. Σa_n を正の項からなる級数とし，$r_n = a_{n+1}/a_n$ とする．$\displaystyle\lim_{n\to\infty} r_n = L < 1$ とするならば，比判定法より Σa_n は収束する．いままでみてきたように，R_n は完全和と第 n 項までの部分和の差，すなわち

$$R_n = a_{n+1} + a_{n+2} + a_{n+3} + \cdots$$

である．

(a) $\{r_n\}$ が減少数列で $r_{n+1} < 1$ であるならば，等比級数の和をとることによって

$$R_n \leqslant \frac{a_{n+1}}{1-r_{n+1}}$$

であることを示せ．

(b) $\{r_n\}$ が増加級数であるならば，

$$R_n \leqslant \frac{a_{n+1}}{1-L}$$

であることを示せ．

47. (a) 級数 $\Sigma_{n=1}^{\infty} 1/(n2^n)$ の部分和 s_5 を求めよ．前問 46 を使って，s_5 を級数の和の近似値としたときの誤差を評価せよ．

(b) s_n が s の 0.00005 以内になるような n の値を求めよ．このの n の値を使って，級数の和の近似値を求めよ．

48. 級数

$$\sum_{n=1}^{\infty} \frac{n}{2^n}$$

の初めから第 10 項までの和を求め，級数の和の近似値を求めよ．節末問題 46 を使って，誤差を評価せよ．

49. ベキ根判定法を証明せよ［(i)の証明のヒント：$L<r<1$ となるように任意の r をとり，$n \geqslant N$ ならば常に $\sqrt[n]{|a_n|}<r$ が成り立つ整数 N が存在することを使う］．

50. 1910年ころ，インドの数学者 Srinivasa Ramanujan（ラマヌジャン）が次の式を発見した．

$$\frac{1}{\pi}=\frac{2\sqrt{2}}{9801}\sum_{n=0}^{\infty}\frac{(4n)!(1103+26390n)}{(n!)^4 396^{4n}}$$

1985年，William Gosper（ゴスパー）がこの級数を使って，π を1,700万桁計算した．

(a) 級数が収束することを確かめよ．

(b) この級数の第1項目だけを用いる場合，正しい π の値となるのは小数点以下何桁までか．第2項目まで用いる場合はどうなるか．

51. 任意の級数 Σa_n が与えられており，級数 Σa_n^+ を Σa_n のすべての正の項からなる級数，級数 Σa_n^- を Σa_n のすべての負の項からなる級数と定義する．具体的には，

$$a_n^+=\frac{a_n+|a_n|}{2} \qquad a_n^-=\frac{a_n-|a_n|}{2}$$

である．$a_n>0$ ならば，$a_n^+=a_n$ かつ $a_n^-=0$，$a_n<0$ ならば，$a_n^-=a_n$ かつ $a_n^+=0$ であることに留意する．

(a) Σa_n が完全収束するならば，級数 Σa_n^+ と Σa_n^- は共に収束することを示せ．

(b) Σa_n が条件収束するならば，級数 Σa_n^+ と Σa_n^- は共に発散することを示せ．

52. Σa_n を条件収束級数，r を任意の実数とするならば，Σa_n の並び替えで和が r になるものが存在することを証明せよ［ヒント：前問51の表記を使う．和が r よりも大きくなるように十分な正の項からなる a_n^+ をとる．次に，累積和が r より小さくなるように十分な負の項からなる a_n^- を足し合わせる．これを繰返して§6・2定理 6 を使う］．

53. 級数 Σa_n を条件収束級数とする．

(a) 級数 $\Sigma n^2 a_n$ が発散することを証明せよ．

(b) Σa_n が条件収束することは Σna_n が収束するか否かを決定できない．Σna_n が収束する条件収束級数 Σa_n と Σna_n が発散する条件収束級数 Σa_n の例をあげて，これを示せ．

6・7　級数の収束判定法に関する戦略

級数が収束するか発散するかを判定するいくつかの方法をこれまで学んできた．そこで問題になるのが，どの級数にどの判定法を使ったらよいのかを決定することである．（積分のときと同様に）与えられた級数にどの判定法を用いるのかということに関する確かな規則はないが，いくつか，役に立つアドバイスを以下に与える．

判定法のリストをつくって，判定できるまで順番に判定法を試していくのは賢明ではない．そんなことをしたら時間と労力の無駄である．主たる戦略は，積分で行ったように級数をその形によって分類することである．

1. 級数が $\Sigma 1/n^p$ の形をしているときは，その級数は p-級数であり，$p>1$ ならば収束し，$p \leqslant 1$ ならば発散することがわかっている．
2. 級数が Σar^{n-1} あるいは Σar^n の形をしているときは，その級数は等比級数であり，$|r|<1$ ならば収束し，$|r| \geqslant 1$ ならば発散する．級数をこの形に変形するために予備的な代数的操作が必要となることもある．
3. 級数が p-級数や等比級数に似た形をしているときは，比較判定法を使うことを考えてみるべきである．特に，a_n が n に関する有理関数や代数関数（多項式のベキ根も含む）のときは，級数を p-級数と比較すべきである．§6・4節末問題にある大部分の級数はこの形をしていることに注意しよう．

(§6·4 でみたように，分子・分母それぞれの中の最高次数の n だけを考えて p の値を選ぶべきである.) 比較判定法は正の項からなる級数に対してしか適用できないが，Σa_n が負の項をいくつかもっていたとしても，$\Sigma |a_n|$ に対して比較判定法を用いたり，絶対収束判定法を用いることもできる.

4. 一目見て $\lim_{n\to\infty} a_n \neq 0$ であるとわかるときは，発散の判定法を使うべきである.
5. 級数が $\Sigma(-1)^{n-1}b_n$ あるいは $\Sigma(-1)^n b_n$ の形をしているときは，交代級数判定法が明らかに有望である.
6. 階乗や他の積（n 乗された定数を含む）をもつ級数は，比判定法を使うと都合よく判定できることがある．任意の p-級数，そして n のすべての有理関数や代数関数に対して，$n\to\infty$ のとき $|a_{n+1}/a_n|\to 1$ であることを覚えておこう．そのため，そのような級数に対しては，比判定法を使うべきではない.
7. a_n が $(b_n)^n$ の形をしているときは，ベキ根判定法が役に立つだろう.
8. $a_n = f(n)$ で，$\int_1^\infty f(x)\,dx$ の値が簡単に求まるときは，積分判定法が効果的である（この判定法の仮定を満たしていることを確かめること).

以下の例では，詳細には触れず，単に，どの判定法を使うべきかを示す.

例 1　$\displaystyle\sum_{n=1}^{\infty} \frac{n-1}{2n+1}$

$n\to\infty$ のとき $a_n \to \frac{1}{2} \neq 0$ であるから，発散の判定法を使う.

例 2　$\displaystyle\sum_{n=1}^{\infty} \frac{\sqrt{n^3+1}}{3n^3+4n^2+2}$

a_n は n の代数関数なので，与えられた級数と p-級数を比較する．ここで，極限比較判定法の b_n にあたるのは，

$$b_n = \frac{\sqrt{n^3}}{3n^3} = \frac{n^{3/2}}{3n^3} = \frac{1}{3n^{3/2}}$$

である.

例 3　$\displaystyle\sum_{n=1}^{\infty} ne^{-n^2}$

広義積分 $\int_1^\infty xe^{-x^2}\,dx$ の値が簡単に求まるので，積分判定法を使う．比判定法でもうまくいく.

例 4　$\displaystyle\sum_{n=1}^{\infty} (-1)^n \frac{n^3}{n^4+1}$

交代級数なので，交代級数判定法を使う.

例 5　$\displaystyle\sum_{k=1}^{\infty} \frac{2^k}{k!}$

級数が $k!$ を含むので，比判定法を使う.

例 6 $\displaystyle\sum_{n=1}^{\infty} \frac{1}{2+3^n}$

この級数は等比級数 $\Sigma\, 1/3^n$ に非常に関連しているので，比較判定法を使う．

6・7 節末問題

1-38 次の級数が収束するか発散するかを判定せよ．

1. $\displaystyle\sum_{n=1}^{\infty} \frac{n^2-1}{n^3+1}$

2. $\displaystyle\sum_{n=1}^{\infty} \frac{n-1}{n^3+1}$

3. $\displaystyle\sum_{n=1}^{\infty} (-1)^n \frac{n^2 \quad 1}{n^3+1}$

4. $\displaystyle\sum_{n=1}^{\infty} (-1)^n \frac{n^2-1}{n^2+1}$

5. $\displaystyle\sum_{n=1}^{\infty} \frac{e^n}{n^2}$

6. $\displaystyle\sum_{n=1}^{\infty} \frac{n^{2n}}{(1+n)^{3n}}$

7. $\displaystyle\sum_{n=2}^{\infty} \frac{1}{n\sqrt{\log n}}$

8. $\displaystyle\sum_{n=1}^{\infty} (-1)^{n-1} \frac{n^4}{4^n}$

9. $\displaystyle\sum_{n=0}^{\infty} (-1)^n \frac{\pi^{2n}}{(2n)!}$

10. $\displaystyle\sum_{n=1}^{\infty} n^2 e^{-n^3}$

11. $\displaystyle\sum_{n=1}^{\infty} \left(\frac{1}{n^3}+\frac{1}{3^n}\right)$

12. $\displaystyle\sum_{k=1}^{\infty} \frac{1}{k\sqrt{k^2+1}}$

13. $\displaystyle\sum_{n=1}^{\infty} \frac{3^n n^2}{n!}$

14. $\displaystyle\sum_{n=1}^{\infty} \frac{\sin 2n}{1+2^n}$

15. $\displaystyle\sum_{k=1}^{\infty} \frac{2^{k-1}3^{k+1}}{k^k}$

16. $\displaystyle\sum_{n=1}^{\infty} \frac{\sqrt{n^4+1}}{n^3+n}$

17. $\displaystyle\sum_{n=1}^{\infty} \frac{1\cdot 3\cdot 5\cdot\cdots\cdot(2n-1)}{2\cdot 5\cdot 8\cdot\cdots\cdot(3n-1)}$

18. $\displaystyle\sum_{n=2}^{\infty} \frac{(-1)^{n-1}}{\sqrt{n}-1}$

19. $\displaystyle\sum_{n=1}^{\infty} (-1)^n \frac{\log n}{\sqrt{n}}$

20. $\displaystyle\sum_{k=1}^{\infty} \frac{\sqrt[3]{k}-1}{k(\sqrt{k}+1)}$

21. $\displaystyle\sum_{n=1}^{\infty} (-1)^n \cos(1/n^2)$

22. $\displaystyle\sum_{k=1}^{\infty} \frac{1}{2+\sin k}$

23. $\displaystyle\sum_{n=1}^{\infty} \tan(1/n)$

24. $\displaystyle\sum_{n=1}^{\infty} n\sin(1/n)$

25. $\displaystyle\sum_{n=1}^{\infty} \frac{n!}{e^{n^2}}$

26. $\displaystyle\sum_{n=1}^{\infty} \frac{n^2+1}{5^n}$

27. $\displaystyle\sum_{k=1}^{\infty} \frac{k\log k}{(k+1)^3}$

28. $\displaystyle\sum_{n=1}^{\infty} \frac{e^{1/n}}{n^2}$

29. $\displaystyle\sum_{n=1}^{\infty} \frac{(-1)^n}{\cosh n}$

30. $\displaystyle\sum_{j=1}^{\infty} (-1)^j \frac{\sqrt{j}}{j+5}$

31. $\displaystyle\sum_{k=1}^{\infty} \frac{5^k}{3^k+4^k}$

32. $\displaystyle\sum_{n=1}^{\infty} \frac{(n!)^n}{n^{4n}}$

33. $\displaystyle\sum_{n=1}^{\infty} \left(\frac{n}{n+1}\right)^{n^2}$

34. $\displaystyle\sum_{n=1}^{\infty} \frac{1}{n+n\cos^2 n}$

35. $\displaystyle\sum_{n=1}^{\infty} \frac{1}{n^{1+1/n}}$

36. $\displaystyle\sum_{n=2}^{\infty} \frac{1}{(\log n)^{\log n}}$

37. $\displaystyle\sum_{n=1}^{\infty} \left(\sqrt[n]{2}-1\right)^n$

38. $\displaystyle\sum_{n=1}^{\infty} \left(\sqrt[n]{2}-1\right)$

6・8 ベ キ 級 数

次の形をした級数を**ベキ級数**という．

$$\boxed{1} \qquad \sum_{n=0}^{\infty} c_n x^n = c_0 + c_1 x + c_2 x^2 + c_3 x^3 + \cdots$$

ここで，x は変数，c_n は級数の**係数**とよばれる定数である．級数 $\boxed{1}$ の x を固定すると，$\boxed{1}$ は定数級数となり，その収束・発散を判定することができる．ベキ級数は x のいくつかの値については収束し，それ以外の値については発散するということもある．

3 角級数　ベキ級数は，ベキ関数を項とする級数である．**3 角級数**

$$\sum_{n=0}^{\infty} (a_n \cos nx + b_n \sin nx)$$

は 3 角関数を項とする級数である．このタイプの級数については，ウェブサイト

www.stewartcalculus.com

の "ADDITIONAL TOPICS" にある "Fourier Series" で論じる（英語版のみ．またこのウェブサイトは英語版読者のために提供されており，日本語版読者の使用は保証されない）．

この級数の和は関数

$$f(x) = c_0 + c_1 x + c_2 x^2 + \cdots + c_n x^n + \cdots$$

である．ただし，この関数の定義域は，級数を収束させるすべての x からなる集合である．f は多項式に似ているが，唯一の違いは無限個の項をもっていることである．

たとえば，すべての n について $c_n = 1$ であるとすると，級数 1 は次の等比級数になる．

2
$$\sum_{n=0}^{\infty} x^n = 1 + x + x^2 + \cdots + x^n + \cdots$$

この級数は，$-1 < x < 1$ のとき収束し，$|x| \geqslant 1$ のとき発散する（§6·2 式 5 参照）．実際に，等比級数 2 に $x = \frac{1}{2}$ を代入すると，収束級数

$$\sum_{n=0}^{\infty} \left(\frac{1}{2}\right)^n = 1 + \frac{1}{2} + \frac{1}{4} + \frac{1}{8} + \frac{1}{16} + \cdots$$

を得るが，2 に $x = 2$ を代入すると，発散級数

$$\sum_{n=0}^{\infty} 2^n = 1 + 2 + 4 + 8 + 16 + \cdots$$

を得る．

さらに一般には，

3
$$\sum_{n=0}^{\infty} c_n (x-a)^n = c_0 + c_1(x-a) + c_2(x-a)^2 + \cdots$$

という形をした級数を **$(x-a)$ のベキ級数**あるいは **a を中心とするベキ級数**，または **a のまわりのベキ級数**という．級数 1 や級数 3 で $n = 0$ とする項を書き出すとき，$x = a$ の場合でも，慣習的に $(x-a)^0 = 1$ とすることに注意せよ．また，級数 3 において $x = a$ のとき，$n \geqslant 1$ についてすべての項が 0 になり，このベキ級数が常に収束することにも注意しよう．

例 1　級数 $\sum_{n=0}^{\infty} n! x^n$ が収束する x の値を求めよ．

［解 説］　比判定法を用いる．いつものように a_n で級数の第 n 項を表すと，$a_n = n! x^n$ である．$x \neq 0$ ならば，

$$(n+1)! = (n+1)n(n-1) \cdot \cdots \cdot 3 \cdot 2 \cdot 1 = (n+1)n!$$

$$\lim_{n\to\infty} \left| \frac{a_{n+1}}{a_n} \right| = \lim_{n\to\infty} \left| \frac{(n+1)! x^{n+1}}{n! x^n} \right| = \lim_{n\to\infty} (n+1)|x| = \infty$$

である．比判定法より，この級数は $x \neq 0$ のとき発散する．したがって，与えられた級数が収束するのは，$x = 0$ のときのみである．

例 2　級数 $\sum_{n=1}^{\infty} \frac{(x-3)^n}{n}$ が収束する x の値を求めよ．

［解 説］　$a_n = (x-3)^n / n$ とすると，$n \to \infty$ のとき

$$\left| \frac{a_{n+1}}{a_n} \right| = \left| \frac{(x-3)^{n+1}}{n+1} \cdot \frac{n}{(x-3)^n} \right|$$

$$= \frac{1}{1+\frac{1}{n}}|x-3| \to |x-3|$$

である．比判定法より，与えられた級数は $|x-3|<1$ のとき絶対収束する．よって収束し，$|x-3|>1$ のとき発散する．ここで，

$$|x-3|<1 \iff -1<x-3<1 \iff 2<x<4$$

であるから，級数は $2<x<4$ のとき収束し，$x<2$ あるいは $x>4$ のとき発散する．

$|x-3|=1$ のときは，比判定法は何の情報も与えないので，$x=2$ と $x=4$ の場合についてそれぞれ考える必要がある．級数に $x=4$ を代入すると，$\Sigma\, 1/n$ すなわち調和級数になるので発散する．$x=2$ を代入すると，$\Sigma(-1)^n/n$ となり，交代級数判定法より収束する．したがって，与えられた級数が収束するのは，$2 \leqq x<4$ についてである．■

ベキ級数がおもに使われるのは，数学や物理学，化学で発生する最も重要な関数のいくつかを表す方法を与えるからであることをみていこう．特に例 3 のベキ級数の和は，ドイツの天文学者 Friedrich Bessel（ベッセル，1784–1846）に因んで Bessel 関数とよばれる．節末問題 35 で与えられる関数も，例 3 とは別の Bessel 関数である．実際に，これらの関数は，天体の動きを表す Kepler（ケプラー）の方程式を Bessel が解いたときに誕生した．それ以来，これらの関数は円板の温度分布やこ膜の振動形などの多くの異なる物理現象で用いられてきた．

Membrane courtesy of National Film Board of Canada

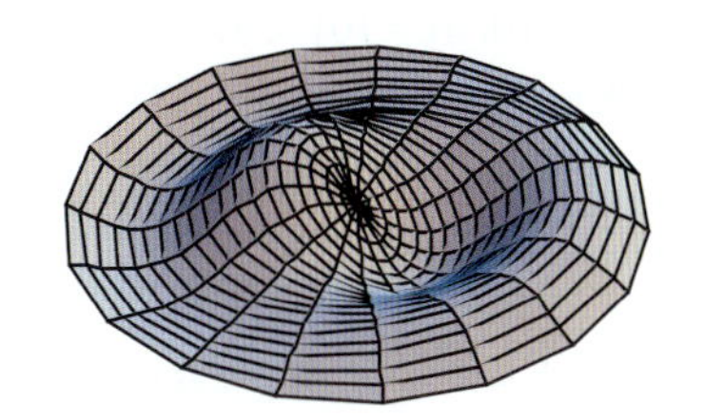

計算機がつくり出したモデル（このモデルは Bessel 関数とコサイン関数を含んでいる）が，振動するゴム膜の写真にいかに一致しているのかに注目しよう．

例 3　$J_0(x)=\sum_{n=0}^{\infty}\frac{(-1)^n x^{2n}}{2^{2n}(n!)^2}$ で定義される，次数 0 の Bessel 関数の定義域を求めよ．

［解 説］ $a_n=(-1)^n x^{2n}/(2^{2n}(n!)^2)$ とする．このとき，すべての x について，

$$\left|\frac{a_{n+1}}{a_n}\right| = \left|\frac{(-1)^{n+1}x^{2(n+1)}}{2^{2(n+1)}[(n+1)!]^2}\cdot\frac{2^{2n}(n!)^2}{(-1)^n x^{2n}}\right|$$

$$= \frac{x^{2n+2}}{2^{2n+2}(n+1)^2(n!)^2}\cdot\frac{2^{2n}(n!)^2}{x^{2n}}$$

$$= \frac{x^2}{4(n+1)^2} \to 0 < 1$$

である．したがって，比判定法より，この級数はすべての x について収束する．すなわち，Bessel 関数 J_0 の定義域は $(-\infty, \infty) = \mathbb{R}$ である．■

級数の和は部分和数列の極限値に等しいことを思い出そう．例 3 で，級数の和として Bessel 関数を定義するとき，任意の実数 x について，

$$J_0(x) = \lim_{n\to\infty} s_n(x) \qquad \text{ただし} \qquad s_n(x) = \sum_{i=0}^{n} \frac{(-1)^i x^{2i}}{2^{2i}(i!)^2}$$

としている．部分和数列の初めのいくつかの項を書き出す．

$$s_0(x) = 1$$

$$s_1(x) = 1 - \frac{x^2}{4}$$

$$s_2(x) = 1 - \frac{x^2}{4} + \frac{x^4}{64}$$

$$s_3(x) = 1 - \frac{x^2}{4} + \frac{x^4}{64} - \frac{x^6}{2304}$$

$$s_4(x) = 1 - \frac{x^2}{4} + \frac{x^4}{64} - \frac{x^6}{2304} + \frac{x^8}{147{,}456}$$

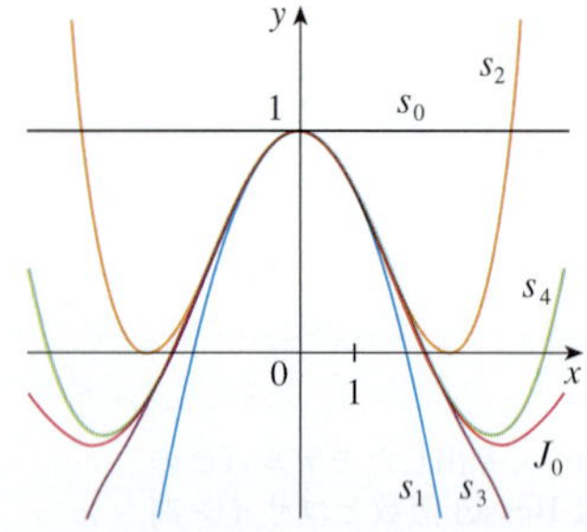

図 1　Bessel 関数 J_0 の部分和

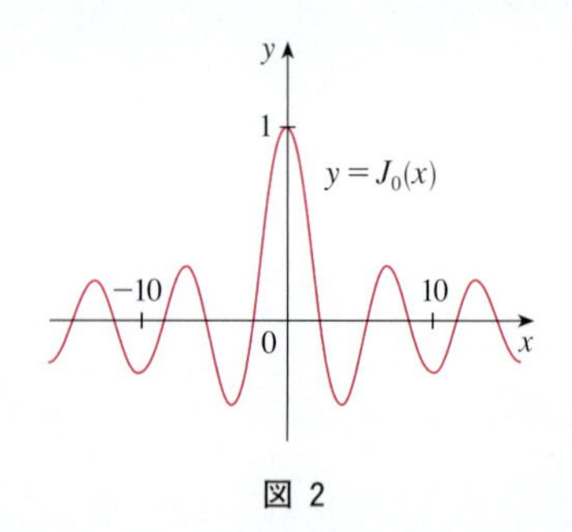

図 2

図 1 は，このように x の多項式で表された部分和のグラフを示している．それらはみな関数 J_0 の近似であるが，項の数が多くなればなるほど近似がよくなることに注意しよう．図 2 は Bessel 関数のより完全なグラフである．

これまでみてきたベキ級数は，級数が収束する x の値の集合は常に区間であった（等比級数や例 2 の級数では有限区間，例 3 では無限区間 $(-\infty, \infty)$，例 1 ではつぶれた区間 $[0, 0] = \{0\}$ であった）．次の定理は，このことが一般に成り立つことを主張している（証明は付録 D に付す）．

4　**定 理**　ベキ級数 $\sum_{n=0}^{\infty} c_n(x-a)^n$ には，次の三つの可能性しかない．

(i)　$x = a$ のときにのみ，級数は収束する．

(ii)　任意の x について，級数は収束する．

(iii)　ある正数 R が存在して，$|x-a| < R$ ならば級数は収束し，$|x-a| > R$ ならば級数は発散する．

(iii) の数 R をベキ級数の**収束半径**という．慣習で，(i) の場合の収束半径は $R = 0$，(ii) の場合は $R = \infty$ とする．ベキ級数が収束する x の値すべてからなる区間を，ベキ級数の**収束区間**という．(i) の場合の収束区間は 1 点 a のみからなる．(ii) の場合の収束区間は $(-\infty, \infty)$ である．(iii) の場合は，不等式 $|x-a| < R$ が $a-R < x < a+R$ と書き直せることに注意しよう．x が区間の端点，すなわち $x = a \pm R$ のとき，どんなことも起こりうる．すなわち，級数が一方の端点または両端点で収束することもあるし，両端点で発散することもある．したがって，(iii) の場合の収束区間には次の四つの可能性がある．

$$(a-R,\, a+R) \qquad (a-R,\, a+R] \qquad [a-R,\, a+R) \qquad [a-R,\, a+R]$$

この状況を図解すると図 3 のようになる．

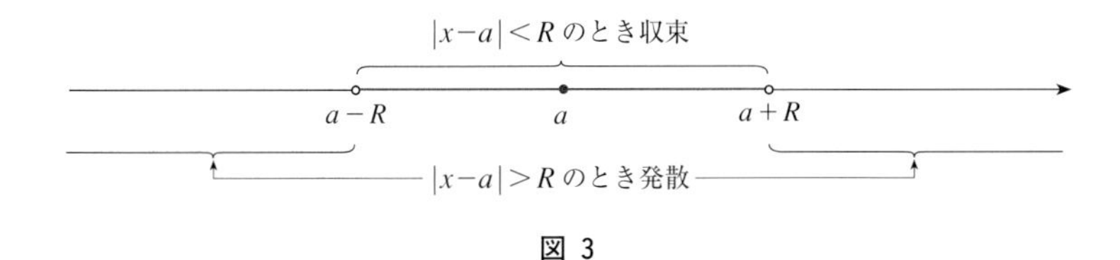

図 3

本節で考察したベキ級数の各例について，収束半径と収束区間をまとめておこう．

	級 数	収束半径	収束区間
等比級数	$\sum_{n=0}^{\infty} x^n$	$R=1$	$(-1, 1)$
例 1	$\sum_{n=0}^{\infty} n!\, x^n$	$R=0$	$\{0\}$
例 2	$\sum_{n=1}^{\infty} \dfrac{(x-3)^n}{n}$	$R=1$	$[2, 4)$
例 3	$\sum_{n=0}^{\infty} \dfrac{(-1)^n x^{2n}}{2^{2n}(n!)^2}$	$R=\infty$	$(-\infty, \infty)$

一般に，比判定法（あるいは，ときにはベキ根判定法）を，収束半径 R の決定のために用いるとよい．比判定法もベキ根判定法も x が収束区間の端点であるときに常に判定不能になるからである．もちろん端点が収束するか否かについては，何らかの他の判定法で確認しなければならない．

例 4　級数

$$\sum_{n=0}^{\infty} \frac{(-3)^n x^n}{\sqrt{n+1}}$$

の収束半径と収束区間を求めよ．

［解 説］ $a_n=(-3)^n x^n/\sqrt{n+1}$ とすると，$n\to\infty$ のとき，

$$\left|\frac{a_{n+1}}{a_n}\right| = \left|\frac{(-3)^{n+1}x^{n+1}}{\sqrt{n+2}}\cdot\frac{\sqrt{n+1}}{(-3)^n x^n}\right| = \left|-3x\sqrt{\frac{n+1}{n+2}}\right|$$

$$= 3\sqrt{\frac{1+(1/n)}{1+(2/n)}}\,|x| \to 3|x|$$

である．比判定法より，与えられた級数は，$3|x|<1$ のとき収束し，$3|x|>1$ のとき発散する．すなわち，$|x|<\frac{1}{3}$ のとき収束し，$|x|>\frac{1}{3}$ のとき発散する．これは，収束半径 $R=\frac{1}{3}$ であることを意味している．

級数が区間 $(-\frac{1}{3}, \frac{1}{3})$ で収束することはわかったが，この区間の端点で収束するか否かを判定する必要がある．$x=-\frac{1}{3}$ のとき，級数は

$$\sum_{n=0}^{\infty} \frac{(-3)^n\left(-\frac{1}{3}\right)^n}{\sqrt{n+1}} = \sum_{n=0}^{\infty} \frac{1}{\sqrt{n+1}} = \frac{1}{\sqrt{1}} + \frac{1}{\sqrt{2}} + \frac{1}{\sqrt{3}} + \frac{1}{\sqrt{4}} + \cdots$$

となって発散する（積分判定法か，$p=\frac{1}{2}<1$ の p-級数であることを用いる）．

$x=\frac{1}{3}$ のとき，級数は

$$\sum_{n=0}^{\infty}\frac{(-3)^n\left(\frac{1}{3}\right)^n}{\sqrt{n+1}}=\sum_{n=0}^{\infty}\frac{(-1)^n}{\sqrt{n+1}}$$

となって，交代級数判定法より収束することがわかる．したがって，与えられた級数は $-\frac{1}{3}<x\leqq\frac{1}{3}$ で収束するので，収束区間は $(-\frac{1}{3},\frac{1}{3}]$ である．■

例 5 級数

$$\sum_{n=0}^{\infty}\frac{n(x+2)^n}{3^{n+1}}$$

の収束半径と収束区間を求めよ．

［解 説］ $a_n=n(x+2)^n/3^{n+1}$ とすると，$n\to\infty$ のとき，

$$\left|\frac{a_{n+1}}{a_n}\right|=\left|\frac{(n+1)(x+2)^{n+1}}{3^{n+2}}\cdot\frac{3^{n+1}}{n(x+2)^n}\right|$$

$$=\left(1+\frac{1}{n}\right)\frac{|x+2|}{3}\to\frac{|x+2|}{3}$$

である．比判定法より，$|x+2|/3<1$ のとき収束し，$|x+2|/3>1$ のとき発散する．すなわち，$|x+2|<3$ のとき収束し，$|x+2|>3$ のとき発散する．よって，収束半径は $R=3$ である．

不等式 $|x+2|<3$ は，$-5<x<1$ と書き直すことができるので，端点 $x=-5$ と $x=1$ で級数が収束するか否かについて判定する．$x=-5$ のとき，級数は

$$\sum_{n=0}^{\infty}\frac{n(-3)^n}{3^{n+1}}=\frac{1}{3}\sum_{n=0}^{\infty}(-1)^n n$$

となり，発散判定法より発散することがわかる（$(-1)^n n$ は 0 に収束しない）．$x=1$ のとき，級数は

$$\sum_{n=0}^{\infty}\frac{n(3)^n}{3^{n+1}}=\frac{1}{3}\sum_{n=0}^{\infty}n$$

となり，これも発散の判定法より発散することがわかる．したがって，級数が収束するのは $-5<x<1$ のときのみであるので，収束区間は $(-5,1)$ である．■

6・8 節末問題

1. ベキ級数とは何か．

2. (a) ベキ級数の収束半径とは何か．どのように求めるか．

(b) ベキ級数の収束区間とは何か．どのように求めるか．

3-28 次の級数の収束半径と収束区間を求めよ．

3. $\sum_{n=1}^{\infty}(-1)^n nx^n$

4. $\sum_{n=1}^{\infty}\frac{(-1)^n x^n}{\sqrt[3]{n}}$

5. $\sum_{n=1}^{\infty}\frac{x^n}{2n-1}$

6. $\sum_{n=1}^{\infty}\frac{(-1)^n x^n}{n^2}$

7. $\sum_{n=0}^{\infty}\frac{x^n}{n!}$

8. $\sum_{n=1}^{\infty}n^n x^n$

9. $\sum_{n=1}^{\infty} \frac{x^n}{n^4 4^n}$

10. $\sum_{n=1}^{\infty} 2^n n^2 x^n$

11. $\sum_{n=1}^{\infty} \frac{(-1)^n 4^n}{\sqrt{n}} x^n$

12. $\sum_{n=1}^{\infty} \frac{(-1)^{n-1}}{n 5^n} x^n$

13. $\sum_{n=1}^{\infty} \frac{n}{2^n(n^2+1)} x^n$

14. $\sum_{n=1}^{\infty} \frac{x^{2n}}{n!}$

15. $\sum_{n=0}^{\infty} \frac{(x-2)^n}{n^2+1}$

16. $\sum_{n=1}^{\infty} \frac{(-1)^n}{(2n-1)2^n}(x-1)^n$

17. $\sum_{n=2}^{\infty} \frac{(x+2)^n}{2^n \log n}$

18. $\sum_{n=1}^{\infty} \frac{\sqrt{n}}{8^n}(x+6)^n$

19. $\sum_{n=1}^{\infty} \frac{(x-2)^n}{n^n}$

20. $\sum_{n=1}^{\infty} \frac{(2x-1)^n}{5^n \sqrt{n}}$

21. $\sum_{n=1}^{\infty} \frac{n}{b^n}(x-a)^n, \quad b>0$

22. $\sum_{n=2}^{\infty} \frac{b^n}{\log n}(x-a)^n, \quad b>0$

23. $\sum_{n=1}^{\infty} n!(2x-1)^n$

24. $\sum_{n=1}^{\infty} \frac{n^2 x^n}{2\cdot 4\cdot 6\cdot \cdots \cdot (2n)}$

25. $\sum_{n=1}^{\infty} \frac{(5x-4)^n}{n^3}$

26. $\sum_{n=2}^{\infty} \frac{x^{2n}}{n(\log n)^2}$

27. $\sum_{n=1}^{\infty} \frac{x^n}{1\cdot 3\cdot 5\cdot \cdots \cdot (2n-1)}$

28. $\sum_{n=1}^{\infty} \frac{n!x^n}{1\cdot 3\cdot 5\cdot \cdots \cdot (2n-1)}$

---

29. $\sum_{n=0}^{\infty} c_n 4^n$ が収束するならば，次の級数は収束すると結論づけられるか．

(a) $\sum_{n=0}^{\infty} c_n(-2)^n$　　(b) $\sum_{n=0}^{\infty} c_n(-4)^n$

30. $\sum_{n=0}^{\infty} c_n x^n$ が $x=-4$ のとき収束し，$x=6$ のとき発散するならば，次の級数が収束するか発散するかについて何がいえるか．

(a) $\sum_{n=0}^{\infty} c_n$　　(b) $\sum_{n=0}^{\infty} c_n 8^n$

(c) $\sum_{n=0}^{\infty} c_n(-3)^n$　　(d) $\sum_{n=0}^{\infty} (-1)^n c_n 9^n$

31. k を自然数として，級数

$$\sum_{n=0}^{\infty} \frac{(n!)^k}{(kn)!} x^n$$

の収束半径を求めよ．

32. p と q を $p<q$ である実数とする．次のような収束区間をもつベキ級数を求めよ．

(a) (p,q)　(b) $(p,q]$　(c) $[p,q)$　(d) $[p,q]$

33. 収束区間が $[0,\infty)$ のベキ級数を求めることは可能か．説明せよ．

34. 計算機を使って，級数 $\sum_{n=0}^{\infty} x^n$ の部分和 $s_n(x)$ を初めからいくつかプロットせよ．また，同一スクリーンに，和の関数 $f(x)=1/(1-x)$ を描け．これらの部分和が $f(x)$ に収束しているようにみえる区間を求めよ．

35. 関数 J_1 は

$$J_1(x) = \sum_{n=0}^{\infty} \frac{(-1)^n x^{2n+1}}{n!(n+1)!2^{2n+1}}$$

と定義され，次数1のBessel関数とよばれる．

(a) 定義域を求めよ．

(b) 計算機を使って，同一スクリーンに初めからいくつかの部分和をプロットせよ．

(c) Bessel関数を扱える数式処理システムがあるならば，(b)で部分和をプロットした同一スクリーンに J_1 のグラフを描き，部分和が J_1 を近似する様子を観察せよ．

36. 関数 A は

$$A(x) = 1 + \frac{x^3}{2\cdot 3} + \frac{x^6}{2\cdot 3\cdot 5\cdot 6} + \frac{x^9}{2\cdot 3\cdot 5\cdot 6\cdot 8\cdot 9} + \cdots$$

と定義され，英国の数学者で天文学者のSir George Airy（エアリー，1801–1892）にちなんでAiry関数とよばれる．

(a) 定義域を求めよ．

(b) 計算機を使って，同一スクリーンに初めからいくつかの部分和をプロットせよ．

(c) Airy関数を扱える数式処理システムがあるならば，(b)で部分和をプロットした同一スクリーンに A のグラフを描き，部分和が A を近似する様子を観察せよ．

37. 関数 f は

$$f(x) = 1 + 2\quad + x^2 + 2x^3 + x^4 + \cdots$$

と定義され，すべての $n \geqslant 0$ について係数は $c_{2n}=1$，$c_{2n+1}=2$ である．級数の収束区間を求め，$f(x)$ の具体的な表現を求めよ．

38. $f(x)=\sum_{n=0}^{\infty} c_n x^n$（すべての $n \geqslant 0$ について $c_{n+4}=c_n$）であるとき，級数の収束区間と $f(x)$ の式を求めよ．

39. $\lim_{n\to\infty} \sqrt[n]{|c_n|}=c$ $(c \neq 0)$ であるとき，ベキ級数 $\sum c_n x^n$ の収束半径は $R=1/c$ であることを示せ．

40. ベキ級数 $\sum c_n(x-a)^n$ がすべての n について $c_n \neq 0$ を満たすとする．$\lim_{n\to\infty} |c_n/c_{n+1}|$ が存在するならば，その値がベキ級数の収束半径と等しいことを示せ．

41. 級数 $\sum c_n x^n$ の収束半径が2，級数 $\sum d_n x^n$ の収束半径が3とする．級数 $\sum (c_n+d_n)$ の収束半径を求めよ．

42. ベキ級数 $\sum c_n x^n$ の収束半径を R とする．ベキ級数 $\sum c_n x^{2^n}$ の収束半径を求めよ．

6・9　ベキ級数で表される関数

本節では，等比級数を操作したり，級数を微分したり積分したりすることによって，ある一定のタイプの関数をベキ級数の和の形で表す方法を学ぶ．いったいなぜ，既知の関数を無限個の項の和で表したいのだろうと思うかもしれない．後でわかるだろうが，この手法は初等的な原始関数をもたない関数を積分したり，微分方程式を解いたり，関数を多項式で近似する際に重宝する．（科学者は，取扱う式を簡略化する目的で関数をベキ級数の和の形で表し，コンピューターサイエンティストは計算機やコンピューター上で関数を表す目的で関数をベキ級数の和の形で表す．）

それでは，まず，すでに取扱った次の式をみてみよう．

[1]
$$\frac{1}{1-x} = 1 + x + x^2 + x^3 + \cdots = \sum_{n=0}^{\infty} x^n \qquad |x| < 1$$

§6･2 例 7 でこの式を初めて取扱った際，この級数が初項 $a=1$，公比 $r=x$ の等比級数であることから，この式を導いた．しかし，ここでは視点を変える．すなわち，式 [1] を，関数 $f(x)=1/(1-x)$ の級数の和の形による表現とみなすのである．

式 [1] の幾何学的解釈を図 1 に与える．級数の和は部分和数列の極限値なので，

$$\frac{1}{1-x} = \lim_{n\to\infty} s_n(x)$$

である．ここで，

$$s_n(x) = 1 + x + x^2 + \cdots + x^n$$

とする．$1<x<1$ の範囲で n が大きくなるにつれて，$s_n(x)$ が $f(x)$ のよりよい近似になることに注意しよう．

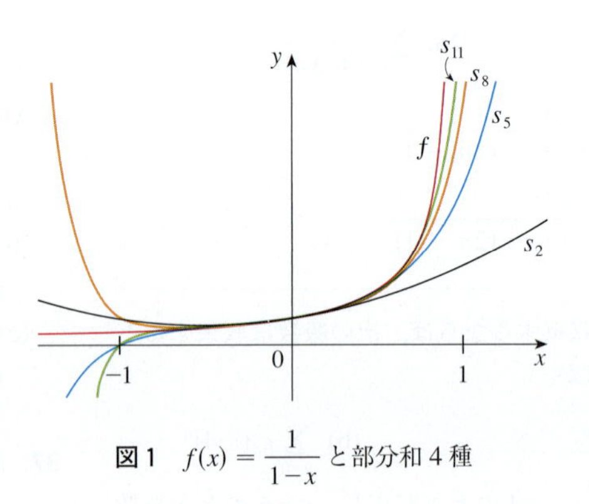

図 1　$f(x) = \dfrac{1}{1-x}$ と部分和 4 種

例 1　関数 $1/(1+x^2)$ をベキ級数の和の形で表し，収束区間を求めよ．

［解　説］　式 [1] の x を $-x^2$ に置き換える．

$$\frac{1}{1+x^2} = \frac{1}{1-(-x^2)} = \sum_{n=0}^{\infty} (-x^2)^n$$

$$= \sum_{n=0}^{\infty} (-1)^n x^{2n} = 1 - x^2 + x^4 - x^6 + x^8 - \cdots$$

これは等比級数であるので，$|-x^2|<1$ すなわち $x^2<1$，つまり，$|x|<1$ のとき収束する．よって，収束区間は $(-1, 1)$ である（もちろん，比判定法を用いて収束半径を求めることもできるが，ここでは余計な作業であり必要ない）．

例 2 関数 $1/(x+2)$ のベキ級数表現を求めよ.

［解 説］ この関数を式 1 の左辺の形で表すために，まず，分子を 2 でくくり出す.

$$\frac{1}{2+x} = \frac{1}{2\left(1+\dfrac{x}{2}\right)} = \frac{1}{2\left(1-\left(-\dfrac{x}{2}\right)\right)}$$

$$= \frac{1}{2}\sum_{n=0}^{\infty}\left(-\frac{x}{2}\right)^n = \sum_{n=0}^{\infty}\frac{(-1)^n}{2^{n+1}}x^n$$

この級数は $|-x/2|<1$，すなわち $|x|<2$ のとき収束する．したがって，収束区間は $(-2, 2)$ である.

例 3 関数 $x^3/(x+2)$ のベキ級数表現を求めよ.

［解 説］ この関数は例 2 の関数をちょうど x^3 倍したものであるので，例 2 の級数に x^3 を掛ければよい.

$$\frac{x^3}{x+2} = x^3\cdot\frac{1}{x+2} = x^3\sum_{n=0}^{\infty}\frac{(-1)^n}{2^{n+1}}x^n = \sum_{n=0}^{\infty}\frac{(-1)^n}{2^{n+1}}x^{n+3}$$

$$= \tfrac{1}{2}x^3 - \tfrac{1}{4}x^4 + \tfrac{1}{8}x^5 - \tfrac{1}{16}x^6 + \cdots$$

x^3 をシグマの外に出すことができる．なぜなら，x^3 は n に依存しないからである（§6・2 定理 8 (i) の $c=x^3$ の場合である）.

この級数は次のようにも書ける.

$$\frac{x^3}{x+2} = \sum_{n=3}^{\infty}\frac{(-1)^{n-1}}{2^{n-2}}x^n$$

例 2 と同様に，収束区間は $(-2, 2)$ である.

ベキ級数の微分と積分

ベキ級数の和は，級数の収束区間を定義域とする関数 $f(x)=\sum_{n=0}^{\infty}c_n(x-a)^n$ である．このような関数を微分，積分できるようにしたい．次の定理は，級数の各項ごとに微分あるいは積分することによって，それが可能だということを主張している（この定理の証明はしない）．それはまた多項式に対して行うのと同じである．これを**項別微分**，**項別積分**という.

2 **定 理** ベキ級数 $\sum c_n(x-a)^n$ が収束半径 R (>0) をもつとき，

$$f(x) = c_0 + c_1(x-a) + c_2(x-a)^2 + \cdots = \sum_{n=0}^{\infty}c_n(x-a)^n$$

で定義される関数 f は区間 $(a-R, a+R)$ で微分可能（したがって連続）であり，かつ，次の 2 式を満たす.

(i) $$f'(x) = c_1 + 2c_2(x-a) + 3c_3(x-a)^2 + \cdots = \sum_{n=1}^{\infty}nc_n(x-a)^{n-1}$$

(ii)* $$\int f(x)\,dx = C + c_0(x-a) + c_1\frac{(x-a)^2}{2} + c_2\frac{(x-a)^3}{3} + \cdots$$

$$= C + \sum_{n=0}^{\infty}c_n\frac{(x-a)^{n+1}}{n+1}$$

ここで，式(i)と(ii)のベキ級数の収束半径は共に R である.

* (ii) では，$\int c_0\,dx = c_0x + C_1$ を $c_0(x-a)+C$ と書いている（ここで，$C=C_1+ac_0$）．それによって，級数のすべての項が同じ形 $(x-a)$ で統一されている.

注意 1　定理 2 の式(i)と(ii)はそれぞれ次のように書くことができる．

$$\text{(iii)}\quad \frac{d}{dx}\left(\sum_{n=0}^{\infty} c_n(x-a)^n\right) = \sum_{n=0}^{\infty} \frac{d}{dx}(c_n(x-a)^n)$$

$$\text{(iv)}\quad \int\left(\sum_{n=0}^{\infty} c_n(x-a)^n\right)dx = \sum_{n=0}^{\infty}\int c_n(x-a)^n\,dx$$

有限和に関しては，“和の導関数は，導関数の和”，“和の積分は，積分の和”が成り立つことを知っている．式(iii)と(iv)は，ベキ級数を扱う際には，無限和に関しても同様のことが成り立つことを主張している（他のタイプの関数を表す級数では，状況はこれほど簡単ではない（節末問題 38 参照））．

注意 2　定理 2 で，ベキ級数を微分しても積分しても，収束半径はもとの級数の収束半径と同じに保たれるとあったが，このことは，収束区間も同じに保たれるということを意味しているわけではない．もとの級数が端点で収束するのに，導関数級数がその点で発散するということが起こることもある（節末問題 39 参照）．

注意 3　ベキ級数を項別微分するという考えが，微分方程式を解くための強力な方法のベースになっている．この方法については第Ⅲ巻第 6 章で論じる．

例 4　§6･8 例 3 で，すべての x について，Bessel 関数

$$J_0(x) = \sum_{n=0}^{\infty} \frac{(-1)^n x^{2n}}{2^{2n}(n!)^2}$$

が定義されることをみた．よって，定理 2 より，J_0 はすべての x について微分可能で，かつ，項別微分することにより，次式が成り立つ．

$$J_0'(x) = \sum_{n=0}^{\infty} \frac{d}{dx}\frac{(-1)^n x^{2n}}{2^{2n}(n!)^2} = \sum_{n=1}^{\infty} \frac{(-1)^n 2n x^{2n-1}}{2^{2n}(n!)^2}$$

■

例 5　式 1 を微分することにより，関数 $1/(1-x)^2$ をベキ級数の形で表し，収束半径を求めよ．

［解 説］　式 1

$$\frac{1}{1-x} = 1 + x + x^2 + x^3 + \cdots = \sum_{n=0}^{\infty} x^n$$

の両辺を微分すると，

$$\frac{1}{(1-x)^2} = 1 + 2x + 3x^2 + \cdots = \sum_{n=1}^{\infty} nx^{n-1}$$

が得られる．

好みの問題だが，n を $n+1$ に置き換えて

$$\frac{1}{(1-x)^2} = \sum_{n=0}^{\infty} (n+1)x^n$$

としてもよい．定理 2 より，微分（ベキ）級数の収束半径はもとのベキ級数の収束半径に等しいので，$R=1$ である．

■

例 6 関数 $\log(1+x)$ のベキ級数表現と，収束半径を求めよ．

［解 説］ この関数の導関数は $1/(1+x)$ であることに注意しよう．式 1 より，

$$\frac{1}{1+x} = \frac{1}{1-(-x)} = 1 - x + x^2 - x^3 + \cdots \qquad |x| < 1$$

であり，この式の両辺を積分すると，

$$\log(1+x) = \int \frac{1}{1+x}\,dx = \int (1 - x + x^2 - x^3 + \cdots)\,dx$$

$$= x - \frac{x^2}{2} + \frac{x^3}{3} - \frac{x^4}{4} + \cdots + C$$

$$= \sum_{n=1}^{\infty} (-1)^{n-1}\frac{x^n}{n} + C \qquad |x| < 1$$

である．C の値を決定するために，この式に $x=0$ を代入すると，$\log(1+0)=C$ であるので $C=0$ である．よって

$$\log(1+x) = x - \frac{x^2}{2} + \frac{x^3}{3} - \frac{x^4}{4} + \cdots = \sum_{n=1}^{\infty} (-1)^{n-1}\frac{x^n}{n} \qquad |x| < 1$$

となる．収束半径はもとの級数の収束半径に等しいので，$R=1$ である．

例 7 $f(x)=\tan^{-1}x$ のベキ級数表現を求めよ．

［解 説］ $f'(x)=1/(1+x^2)$ であるので，例 1 で求めた $1/(1+x^2)$ のベキ級数表現を積分することにより，所望の級数を求めよう．

$$\tan^{-1}x = \int \frac{1}{1+x^2}\,dx = \int (1 - x^2 + x^4 - x^6 + \cdots)\,dx$$

$$= C + x - \frac{x^3}{3} + \frac{x^5}{5} - \frac{x^7}{7} + \cdots$$

この式に $x=0$ を代入して C を求めると，$C=\tan^{-1}0=0$ である．したがって，

$$\tan^{-1}x = x - \frac{x^3}{3} + \frac{x^5}{5} - \frac{x^7}{7} + \cdots$$

$$= \sum_{n=0}^{\infty} (-1)^n \frac{x^{2n+1}}{2n+1}$$

である．$1/(1+x^2)$ のベキ級数表現の収束半径は 1 であるので，$\tan^{-1}x$ を表す級数の収束半径も 1 である．

例7で求めた $\tan^{-1}x$ のベキ級数（表現）は，スコットランドの数学者 James Gregory（グレゴリー，1638–1675）に因んで Gregory 級数とよばれる．Gregory は，Newton が発見した結果のいくつかを Newton よりも先に見つけている．Gregory 級数は，$-1<x<1$ で有効であることを示したが，$x=\pm 1$ のときも有効であることがわかる（その証明は簡単ではない）．$x=1$ のとき，級数は

$$\frac{\pi}{4} = 1 - \frac{1}{3} + \frac{1}{5} - \frac{1}{7} + \cdots$$

となることに注意しよう．この美しい結果は，π についての Leibniz（ライプニッツ）の公式として知られている．

例 8 (a) $\int (1/(1+x^7))\,dx$ をベキ級数の形で表せ．

(b) (a)の結果を使って，$\int_0^{0.5} (1/(1+x^7))\,dx$ を誤差 10^{-7} 以内で近似せよ．

［解 説］ (a) まず，被積分関数 $1/(1+x^7)$ をベキ級数の和の形で表そう．例 1 のように，式 1 の x を $-x^7$ で置き換えることにより，

$$\frac{1}{1+x^7} = \frac{1}{1-(-x^7)} = \sum_{n=0}^{\infty} (-x^7)^n$$

$$= \sum_{n=0}^{\infty} (-1)^n x^{7n} = 1 - x^7 + x^{14} - \cdots$$

となる．次に，項別積分することにより，

この例は，ベキ級数表現が重宝する一例を示している．手計算で $1/(1+x^7)$ を積分するのは信じられないぐらい難しい．異なる数式処理システムで計算すると，異なる形で解が出力されるが，これらはどれもきわめて複雑な形をしている（数式処理システムが使える環境にあるならば，自身で試してみよ）．例8(a)で求めた無限級数の形の解は，数式処理システムが与える有限の解よりも，はるかに扱いやすい．

$$\int \frac{1}{1+x^7}\,dx = \int \sum_{n=0}^{\infty} (-1)^n x^{7n}\,dx = C + \sum_{n=0}^{\infty} (-1)^n \frac{x^{7n+1}}{7n+1}$$

$$= C + x - \frac{x^8}{8} + \frac{x^{15}}{15} - \frac{x^{22}}{22} + \cdots$$

となる．この級数は，$|-x^7|<1$ すなわち $|x|<1$ で収束する．

(b) 微分積分学の基本定理を用いる際に，どの原始関数を使うかは気にする必要がないので，(a)で $C=0$ とした関数を原始関数として使うことにしよう．

$$\int_0^{0.5} \frac{1}{1+x^7}\,dx = \left[x - \frac{x^8}{8} + \frac{x^{15}}{15} - \frac{x^{22}}{22} + \cdots \right]_0^{1/2}$$

$$= \frac{1}{2} - \frac{1}{8\cdot 2^8} + \frac{1}{15\cdot 2^{15}} - \frac{1}{22\cdot 2^{22}} + \cdots + \frac{(-1)^n}{(7n+1)2^{7n+1}} + \cdots$$

この無限級数は定積分の正確な値をとるが，ここでは，この級数が交代級数であることから，交代級数の評価定理を使って和を近似する．$n=3$ で和を求めると，その誤差は $n=4$ の項の値

$$\frac{1}{29\cdot 2^{29}} \approx 6.4\times 10^{-11}$$

より小さい．よって，

$$\int_0^{0.5} \frac{1}{1+x^7}\,dx \approx \frac{1}{2} - \frac{1}{8\cdot 2^8} + \frac{1}{15\cdot 2^{15}} - \frac{1}{22\cdot 2^{22}} \approx 0.49951374$$

である．■

6・9　節末問題

1. ベキ級数 $\sum_{n=0}^{\infty} c_n x^n$ の収束半径が10であるならば，級数 $\sum_{n=1}^{\infty} nc_n x^{n-1}$ の収束半径はいくつか．その理由も述べよ．

2. $|x|<2$ について級数 $\sum_{n=0}^{\infty} b_n x^n$ が収束することが既知であるとするならば，次の級数

$$\sum_{n=0}^{\infty} \frac{b_n}{n+1} x^{n+1}$$

について何がいえるか．その理由も述べよ．

3-10　次の関数のベキ級数表現を求め，収束区間を決定せよ．

3. $f(x) = \dfrac{1}{1+x}$　　**4.** $f(x) = \dfrac{5}{1-4x^2}$

5. $f(x) = \dfrac{2}{3-x}$　　**6.** $f(x) = \dfrac{4}{2x+3}$

7. $f(x) = \dfrac{x^2}{x^4+16}$　　**8.** $f(x) = \dfrac{x}{2x^2+1}$

9. $f(x) = \dfrac{x-1}{x+2}$　　**10.** $f(x) = \dfrac{x+a}{x^2+a^2}$,　$a>0$

11-12　まず部分分数分解を用いて，次の関数をベキ級数の和として表せ．その収束区間も求めよ．

11. $f(x) = \dfrac{2x-4}{x^2-4x+3}$　　**12.** $f(x) = \dfrac{2x+3}{x^2+3x+2}$

13. (a) 微分することにより，

$$f(x) = \frac{1}{(1+x)^2}$$

のベキ級数表現を求めよ．その収束半径はいくつか．

(b) (a)を使って，

$$f(x) = \frac{1}{(1+x)^3}$$

のベキ級数表現を求めよ．

(c) (b)を使って，

$$f(x) = \frac{x^2}{(1+x)^3}$$

のベキ級数表現を求めよ．

14. (a) 式[1]を使って，$f(x)=\log(1-x)$ のベキ級数表現を求めよ．その収束半径はいくつか．

(b) (a)を使って$f(x)=x\log(1-x)$のベキ級数表現を求めよ．

(c) (a)の答えに$x=\frac{1}{2}$を代入して，$\log 2$を無限級数の和として表せ．

15-20 次の関数のベキ級数表現を求め，収束区間を決定せよ．

15. $f(x)=\log(5-x)$

16. $f(x)=x^2\tan^{-1}(x^3)$

17. $f(x)=\dfrac{x}{(1+4x)^2}$

18. $f(x)=\left(\dfrac{x}{2-x}\right)^3$

19. $f(x)=\dfrac{1+x}{(1-x)^2}$

20. $f(x)=\dfrac{x^2+x}{(1-x)^3}$

21-24 次の関数fのベキ級数表現を求め，計算機を使ってfのグラフを描き，同一スクリーンに部分和$s_n(x)$をいくつか描け．nが増加するとどのような変化が起こるか．

21. $f(x)=\dfrac{x^2}{x^2+1}$

22. $f(x)=\log(1+x^4)$

23. $f(x)=\log\left(\dfrac{1+x}{1-x}\right)$

24. $f(x)=\tan^{-1}(2x)$

25-28 次の不定積分をベキ級数の形で表せ．その収束半径はいくらか．

25. $\displaystyle\int\frac{t}{1-t^8}\,dt$

26. $\displaystyle\int\frac{t}{1+t^3}\,dt$

27. $\displaystyle\int x^2\log(1+x)\,dx$

28. $\displaystyle\int\frac{\tan^{-1}x}{x}\,dx$

29-32 ベキ級数を使って，次の定積分を小数点以下6桁まで近似せよ．

29. $\displaystyle\int_0^{0.3}\frac{x}{1+x^3}\,dx$

30. $\displaystyle\int_0^{1/2}\arctan(x/2)\,dx$

31. $\displaystyle\int_0^{0.2}x\log(1+x^2)\,dx$

32. $\displaystyle\int_0^{0.3}\frac{x^2}{1+x^4}\,dx$

---

33. 例7の結果を使って，$\arctan 0.2$を小数点以下5桁まで正確に求めよ．

34. 関数

$$f(x)=\sum_{n=0}^{\infty}\frac{(-1)^n x^{2n}}{(2n)!}$$

は微分方程式

$$f''(x)+f(x)=0$$

の解であることを示せ．

35. (a) J_0（例4で与えられた次数0のBessel関数）が微分方程式

$$x^2J_0''(x)+xJ_0'(x)+x^2J_0(x)=0$$

を満たすことを示せ．

(b) $\int_0^1 J_0(x)\,dx$を小数点以下3桁まで見積もれ．

36. 次数1のBessel関数は

$$J_1(x)=\sum_{n=0}^{\infty}\frac{(-1)^n x^{2n+1}}{n!(n+1)!2^{2n+1}}$$

で定義される．

(a) J_1が微分方程式

$$x^2J_1''(x)+xJ_1'(x)+(x^2-1)J_1(x)=0$$

を満たすことを示せ．

(b) $J_0'=-J_1(x)$であることを示せ．

37. (a) 関数

$$f(x)=\sum_{n=0}^{\infty}\frac{x^n}{n!}$$

は微分方程式

$$f'(x)=f(x)$$

の解であることを示せ．

(b) $f(x)=e^x$であることを示せ．

38. $f_n(x)=(\sin nx)/n^2$とする．すべてのxについて級数$\Sigma f_n(x)$は収束し，$x=2n\pi$（nは整数）のとき導関数の級数$\Sigma f_n'(x)$は発散することを示せ．級数$\Sigma f_n''(x)$が収束するようなnの値はいくつか．

39.

$$f(x)=\sum_{n=1}^{\infty}\frac{x^n}{n^2}$$

とする．f, f', f''の収束区間を求めよ．

40. (a) 等比級数$\Sigma_{n=0}^{\infty}x^n$から始めて，級数

$$\sum_{n=1}^{\infty}nx^{n-1}\qquad |x|<1$$

の和を求めよ．

(b) 次の級数それぞれの和を求めよ．

(i) $\displaystyle\sum_{n=1}^{\infty}nx^n,\quad |x|<1$　　(ii) $\displaystyle\sum_{n=1}^{\infty}\frac{n}{2^n}$

(c) 次の級数それぞれの和を求めよ．

(i) $\displaystyle\sum_{n=2}^{\infty}n(n-1)x^n,\quad |x|<1$

(ii) $\displaystyle\sum_{n=2}^{\infty}\frac{n^2-n}{2^n}$　　(iii) $\displaystyle\sum_{n=1}^{\infty}\frac{n^2}{2^n}$

41. $\tan^{-1}x$を表すベキ級数を使って，πを無限級数の和として次のように表せることを証明せよ．

$$\pi=2\sqrt{3}\sum_{n=0}^{\infty}\frac{(-1)^n}{(2n+1)3^n}$$

42. (a) 完全平方することによって，

$$\int_0^{1/2}\frac{1}{x^2-x+1}\,dx=\frac{\pi}{3\sqrt{3}}$$

であることを示せ．

(b) x^3+1を因数分解し，(a)の積分を書き直せ．次に，$1/(x^3+1)$をベキ級数の和として表し，それを使って，πの次の公式を証明せよ．

$$\pi=\frac{3\sqrt{3}}{4}\sum_{n=0}^{\infty}\frac{(-1)^n}{8^n}\left(\frac{2}{3n+1}+\frac{1}{3n+2}\right)$$

6・10 Taylor（テイラー）級数と Maclaurin（マクローリン）級数

前節では，限定的な種類の関数に対してベキ級数表現を見つけることができた．ここでは，さらに一般的な問題について考察する．どのような関数がベキ級数表現をもつのか．また，そのような表現をどのようにしたら見つけることができるのだろうか．

まず，f がベキ級数を使って表される任意の関数

1　$$f(x) = c_0 + c_1(x-a) + c_2(x-a)^2 + c_3(x-a)^3 + c_4(x-a)^4 + \cdots \qquad |x-a| < R$$

であると仮定して考える．f の項の係数 c_n がどのようでなければならないかを決定してみよう．はじめに，式 1 に $x=a$ を代入すると，第 2 項以外がみな 0 になり，

$$f(a) = c_0$$

であることに注意しよう．§6・9 定理 2 に従って式 1 を項別微分すると，

2　$$f'(x) = c_1 + 2c_2(x-a) + 3c_3(x-a)^2 + 4c_4(x-a)^3 + \cdots \qquad |x-a| < R$$

を得る．式 2 に $x=a$ を代入すると，

$$f'(a) = c_1$$

となる．さらに，式 2 の両辺を微分すると，

3　$$f''(x) = 2c_2 + 2 \cdot 3c_3(x-a) + 3 \cdot 4c_4(x-a)^2 + \cdots \qquad |x-a| < R$$

を得る．式 3 に再び $x=a$ を代入すると，

$$f''(a) = 2c_2$$

となる．この操作をさらにもう 1 回実行しよう．式 3 の級数を微分すると，

4　$$f'''(x) = 2 \cdot 3c_3 + 2 \cdot 3 \cdot 4c_4(x-a) + 3 \cdot 4 \cdot 5c_5(x-a)^2 + \cdots \qquad |x-a| < R$$

を得て，式 4 に $x=a$ を代入すると，

$$f'''(a) = 2 \cdot 3c_3 = 3!c_3$$

となる．ここまでで，規則性を見つけ出すことができるだろう．微分して $x=a$ を代入し続けると，

$$f^{(n)}(a) = 2 \cdot 3 \cdot 4 \cdot \cdots \cdot nc_n = n!c_n$$

となる．この式を n 番目の係数 c_n について解くと，

$$c_n = \frac{f^{(n)}(a)}{n!}$$

を得る．$0!=1$ かつ $f^{(0)}=f$ という慣習に従えば，この式は $n=0$ のときも成り立つ．かくして，次の定理を証明することができた．

5　**定理**　f が a におけるベキ級数表現（ベキ級数展開）をもつ，すなわち，

$$f(x) = \sum_{n=0}^{\infty} c_n(x-a)^n \qquad |x-a| < R$$

であるならば，その係数 c_n は次式で与えられる．

$$c_n = \frac{f^{(n)}(a)}{n!}$$

この式を級数の c_n に代入する．f が a におけるベキ級数展開をもつならば，f は次の形をとる．

$$\boxed{6}\quad f(x)=\sum_{n=0}^{\infty}\frac{f^{(n)}(a)}{n!}(x-a)^n$$
$$=f(a)+\frac{f'(a)}{1!}(x-a)+\frac{f''(a)}{2!}(x-a)^2+\frac{f'''(a)}{3!}(x-a)^3+\cdots$$

式 6 の級数は，**a における（あるいは，a のまわりの，または，a を中心とする）関数 f の Taylor（テイラー）級数**とよばれる．$a=0$ という特別の場合に，Taylor 級数は式 7 のようになる．

$$\boxed{7}\quad f(x)=\sum_{n=0}^{\infty}\frac{f^{(n)}(0)}{n!}x^n=f(0)+\frac{f'(0)}{1!}x+\frac{f''(0)}{2!}x^2+\cdots$$

この状況は頻繁に起こるので，式 7 には **Maclaurin（マクローリン）級数**という特別な名前が与えられている．

注 意　f が a におけるベキ級数表現をもつならば，f は Taylor 級数の和に等しいことを示した．しかし，Taylor 級数の和に等しくならない関数が存在する．そのような関数の一例を節末問題 84 に与える．

Taylor（テイラー）と Maclaurin（マクローリン）

Taylor 級数は英国の数学者 Brook Taylor（1685–1731）に因んで，また，Maclaurin 級数は，実際には Taylor 級数の特別な場合にすぎないにもかかわらず，スコットランドの数学者 Colin Maclaurin（1698–1746）を称えて，そうよばれている．しかし，特別な関数をベキ級数の和の形で表そうというアイディアは Newton にさかのぼることができ，また，Taylor 級数は 1668 年にはスコットランドの数学者 James Gregory に，1690 年代にはスイスの数学者 John Bernoulli（ベルヌーイ）にすでに知られていた．しかし，Taylor が彼の著書 "*Methodus incrementorum directa et inversa*" で 1715 年に自分の発見として発表したとき，どうやら彼は Gregory や Bernoulli の研究に気づいていなかったようである．Maclaurin 級数は，Colin Maclaurin の名を冠しているが，それは，彼が 1742 年に出版した微積分学の教科書 "*Treatise of Fluxions*" でこの級数を広めたからである．

例 1　関数 $f(x)=e^x$ の Maclaurin 級数と，その収束半径を求めよ．

［解 説］ $f(x)=e^x$ であるならば，すべての n について $f^{(n)}(x)=e^x$ であるので，$f^{(n)}(0)=e^0=1$ である．したがって，0 における f の Taylor 級数（すなわち，Maclaurin 級数）は，

$$\sum_{n=0}^{\infty}\frac{f^{(n)}(0)}{n!}x^n=\sum_{n=0}^{\infty}\frac{x^n}{n!}=1+\frac{x}{1!}+\frac{x^2}{2!}+\frac{x^3}{3!}+\cdots$$

である．収束半径を求めるために $a_n=x^n/n!$ とする．このとき，

$$\left|\frac{a_{n+1}}{a_n}\right|=\left|\frac{x^{n+1}}{(n+1)!}\cdot\frac{n!}{x^n}\right|=\frac{|x|}{n+1}\to 0<1$$

となるので，比判定法より，すべての x について級数は収束し，収束半径は $R=\infty$ である．■

定理 5 と例 1 から導くことができる結論は，e^x が 0 におけるベキ級数展開をもつならば，

$$e^x=\sum_{n=0}^{\infty}\frac{x^n}{n!}$$

ということである．それでは，e^x がベキ級数表現をもつか否かをどのように決定できるだろうか．

さらに一般的な次の問題について考察しよう．"関数が，その関数の Taylor 級数の和に等しくなるのはどのような状況のときか"，言い換えると，"f が任意の

階数の導関数をもつならば，次式が成り立つのはどのような場合か”という問題である．

$$f(x)=\sum_{n=0}^{\infty}\frac{f^{(n)}(a)}{n!}(x-a)^n$$

任意の収束級数のときと同じように，これは$f(x)$が部分和数列の極限値であることを意味している．Taylor 級数の場合には，部分和は次式で表される．

$$T_n(x)=\sum_{i=0}^{n}\frac{f^{(i)}(a)}{i!}(x-a)^i$$

$$=f(a)+\frac{f'(a)}{1!}(x-a)+\frac{f''(a)}{2!}(x-a)^2+\cdots+\frac{f^{(n)}(a)}{n!}(x-a)^n$$

T_n は，**a における f の第 n 次 Taylor 多項式**とよばれる n 次多項式であることに注意しよう．たとえば，指数関数$f(x)=e^x$に対する例 1 の結果は，$a=0$ における $n=1,2,3$ の第 n 次 Taylor 多項式が，

$$T_1(x)=1+x \qquad T_2(x)=1+x+\frac{x^2}{2!} \qquad T_3(x)=1+x+\frac{x^2}{2!}+\frac{x^3}{3!}$$

であることを示している．指数関数と，これら 3 通りの Taylor 多項式のグラフを図 1 に示す．

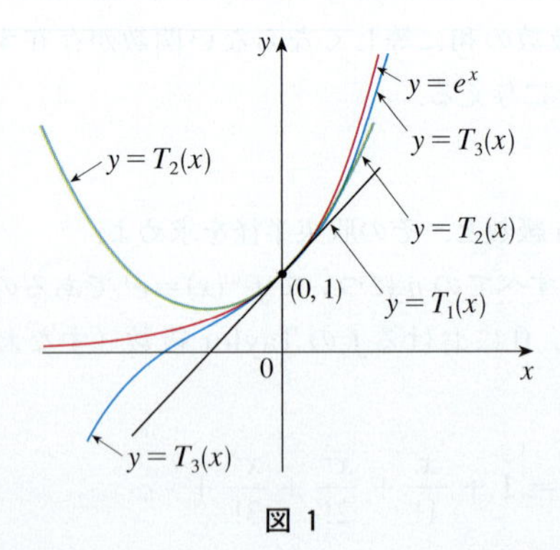

図 1

図 1 において，n が大きくなるにつれて，$T_n(x)$ は e^x に近づくようにみえる．このことは，e^x が Taylor 級数の和に等しいことを示唆している．

一般に，

$$f(x)=\lim_{n\to\infty}T_n(x)$$

ならば，$f(x)$ は Taylor 級数の和である．

$$R_n(x)=f(x)-T_n(x) \qquad \text{すなわち} \qquad f(x)=T_n(x)+R_n(x)$$

とするとき，$R_n(x)$ を Taylor 級数の**剰余項**という．$\lim_{n\to\infty}R(x)=0$ であることをともかく示すことができるのならば，次の式が成り立つことが導かれる．

$$\lim_{n\to\infty}T_n(x)=\lim_{n\to\infty}(f(x)-R_n(x))=f(x)-\lim_{n\to\infty}R_n(x)=f(x)$$

かくして，次の定理が証明された．

8 定理　T_n を a における f の第 n 次 Taylor 多項式とするとき，$f(x)=T_n(x)+R_n(x)$，かつ，

$$\lim_{n\to\infty}R_n(x)=0 \qquad |x-a|<R$$

であるならば，$f(x)$ は区間 $|x-a|<R$ において f の Taylor 級数の和に等しい．

特別な関数 f について $\lim_{n\to\infty} R_n(x)=0$ を示そうとするとき，大抵，次の定理を使う．

9 **Taylor の不等式** $|x-a|\leqslant d$ について $|f^{(n+1)}(x)|\leqslant M$ ならば，Taylor 級数の剰余項 $R_n(x)$ は次の不等式を満たす．

$$|R_n(x)|\leqslant \frac{M}{(n+1)!}|x-a|^{n+1} \qquad (\text{ただし，} |x-a|\leqslant d)$$

$n=1$ の場合に成り立つことを確かめるために，$|f''(x)|\leqslant M$ であると仮定する．$f''(x)\leqslant M$ であるので，$a\leqslant x\leqslant a+d$ について

$$\int_a^x f''(t)\,dt \leqslant \int_a^x M\,dt$$

が成り立つ．f'' の原始関数は f' であるので，微分積分学の基本定理 2 より，

$$f'(x)-f'(a)\leqslant M(x-a) \qquad \text{すなわち} \qquad f'(x)\leqslant f'(a)+M(x-a)$$

である．したがって，

$$\int_a^x f'(t)\,dt \leqslant \int_a^x (f'(a)+M(t-a))\,dt$$

$$f(x)-f(a)\leqslant f'(a)(x-a)+M\frac{(x-a)^2}{2}$$

$$f(x)-f(a)-f'(a)(x-a)\leqslant \frac{M}{2}(x-a)^2$$

一方，$R_1(x)=f(x)-T_1(x)=f(x)-f(a)-f'(a)(x-a)$ である．よって，

$$R_1(x)\leqslant \frac{M}{2}(x-a)^2$$

である．$f''(x)\geqslant -M$ であるとして同様の議論をすることにより，

$$R_1(x)\geqslant -\frac{M}{2}(x-a)^2$$

が示される．したがって，

$$|R_1(x)|\leqslant \frac{M}{2}|x-a|^2$$

である．最初に $x>a$ であると仮定したが，同様の計算を行うことにより，この不等式が $x<a$ に対しても成り立つことが示せる．

これより，$n=1$ の場合に Taylor の不等式が成り立つことが示された．任意の n についての不等式は，$(n+1)$ 回微分することにより，同様に示すことができる（$n=2$ の場合については節末問題 83 参照）．

注 意 §6・11 で Taylor の不等式を使って，関数を近似にすることを学ぶ．本節では，Taylor の不等式は定理 8 と連結して使う．

定理 8 と定理 9 を用いるとき，次の事実を利用すると便利なことが多い．

10 任意の実数 x について $\displaystyle\lim_{n\to\infty}\frac{x^n}{n!}=0$

この命題が成り立つ理由は，例 1 でみたように級数 $\sum x^n/n!$ はすべての x について収束するので，第 n 項は 0 に近づくからである．

Taylor 級数の剰余項に対する公式
Taylor の不等式に代わるものとして，剰余項に対する次の公式がある．$f^{(n+1)}$ がある区間 I で連続で，$x\in I$ とするとき，

$$R_n(x)=\frac{1}{n!}\int_a^x (x-t)^n f^{(n+1)}(t)\,dt$$

である．この式は，剰余項の積分形式とよばれる．剰余項の Lagrange（ラグランジュ）形式とよばれる他の公式もある．それは，"x と a の間にある数 z が存在して，

$$R_n(x)=\frac{f^{(n+1)}(z)}{(n+1)!}(x-a)^{n+1}$$

を満たす" という命題に現れる式である．この解釈は平均値の定理の拡張（$n=0$ の場合）である．

これらの公式の証明は，§6・10 および §6・11 の例を解くために，これらの公式をどのように使うかという議論も含めて，ウェブサイト

www.stewartcalculus.com

の"ADDITIONAL TOPICS"にある"Formulas for the Remainder Term in Taylor series"にある（英語版のみ．またこのウェブサイトは英語版読者のために提供されており，日本語版読者の使用は保証されない）．

例 2　e^x がこの関数の Maclaurin 級数の和に等しいことを示せ．

［解 説］ $f(x)=e^x$ とすると，すべての n について $f^{(n+1)}(x)=e^x$ である．d を任意の正数とし，$|x|\leqq d$ とすると，$|f^{(n+1)}(x)|=e^x\leqq e^d$ である．よって，Taylor の不等式で $a=0$ かつ $M=e^d$ とすることにより，

$$|R_n(x)| \leqq \frac{e^d}{(n+1)!}|x|^{n+1} \qquad (\text{ただし，} |x|\leqq d)$$

となる．すべての n の値について同じ定数 $M=e^d$ が有効であることに注意せよ．ここで，式 10 より

$$\lim_{n\to\infty}\frac{e^d}{(n+1)!}|x|^{n+1} = e^d \lim_{n\to\infty}\frac{|x|^{n+1}}{(n+1)!} = 0$$

である．はさみうちの原理より $\lim_{n\to\infty}|R_n(x)|=0$ となるので，x のとるすべての値について $\lim_{n\to\infty}R_n(x)=0$ である．定理 8 より，e^x はその関数の Maclaurin 級数の和に等しい．すなわち，次式が成り立つ．

11　すべての x について　$$e^x = \sum_{n=0}^{\infty}\frac{x^n}{n!}$$

特に，式 11 で $x=1$ とすると，次に示す数 e の無限級数の和による表現を得る．

12*　$$e = \sum_{n=0}^{\infty}\frac{1}{n!} = 1 + \frac{1}{1!} + \frac{1}{2!} + \frac{1}{3!} + \cdots$$

* 1748 年，Leonhard Euler は式 12 を使って e の値を 23 桁まで正確に求めた．2010 年には，近藤 茂がやはり級数 12 を使って e の値を小数点以下 1 兆桁以上まで求めた．計算をスピードアップするために使われた特別な手法について下記のウェブサイトで解説されている．

numbers.computation.free.fr

例 3　$a=2$ における $f(x)=e^x$ の Taylor 級数を求めよ．

［解 説］ $f^{(n)}(2)=e^2$ であり，さらに Taylor 級数の定義 6 に $a=2$ を代入することにより次式を得る．

$$\sum_{n=0}^{\infty}\frac{f^{(n)}(2)}{n!}(x-2)^n = \sum_{n=0}^{\infty}\frac{e^2}{n!}(x-2)^n$$

例 1 と同様にして，収束半径が $R=\infty$ であることが確かめられる．例 2 と同様に，$\lim_{n\to\infty}R_n(x)=0$ であることが確かめられるので，

13　すべての x について　$$e^x = \sum_{n=0}^{\infty}\frac{e^2}{n!}(x-2)^n$$

e^x に対する 2 通りのベキ級数展開を得た．一つは，式 11 の Maclaurin 級数であり，もう一つは式 13 の Taylor 級数である．0 に近い値をとる x について知りたいときは前者を，2 に近い値をとる x について知りたいときは後者を使うとよい．

例 4　$\sin x$ の Maclaurin 級数を求め，それがすべての x について $\sin x$ を表すことを証明せよ．

［解 説］ 計算結果を 2 列に列挙すると，次のようになる．

$$
\begin{aligned}
f(x) &= \sin x & f(0) &= 0 \\
f'(x) &= \cos x & f'(0) &= 1 \\
f''(x) &= -\sin x & f''(0) &= 0 \\
f'''(x) &= -\cos x & f'''(0) &= -1 \\
f^{(4)}(x) &= \sin x & f^{(4)}(0) &= 0
\end{aligned}
$$

導関数は周期 4 で繰返すので，Maclaurin 級数は次のように書ける．

$$
f(0) + \frac{f'(0)}{1!}x + \frac{f''(0)}{2!}x^2 + \frac{f'''(0)}{3!}x^3 + \cdots
$$

$$
= x - \frac{x^3}{3!} + \frac{x^5}{5!} - \frac{x^7}{7!} + \cdots = \sum_{n=0}^{\infty}(-1)^n \frac{x^{2n+1}}{(2n+1)!}
$$

$f^{(n+1)}(x)$ は $\pm\sin x$ あるいは $\pm\cos x$ であるので，すべての x について $|f^{(n+1)}(x)| \leqslant 1$ である．よって，Taylor の不等式を $M=1$ とする．

14
$$
|R_n(x)| \leqslant \frac{M}{(n+1)!}|x^{n+1}| = \frac{|x|^{n+1}}{(n+1)!}
$$

式 10 より，この不等式の右辺は $n\to\infty$ のとき 0 に近づくので，はさみうちの原理より，$|R_n(x)|\to 0$ である．これは，$n\to\infty$ のとき $R_n(x)\to 0$ であることを示しているので，定理 8 より，$\sin x$ は Maclaurin 級数の和に等しい．

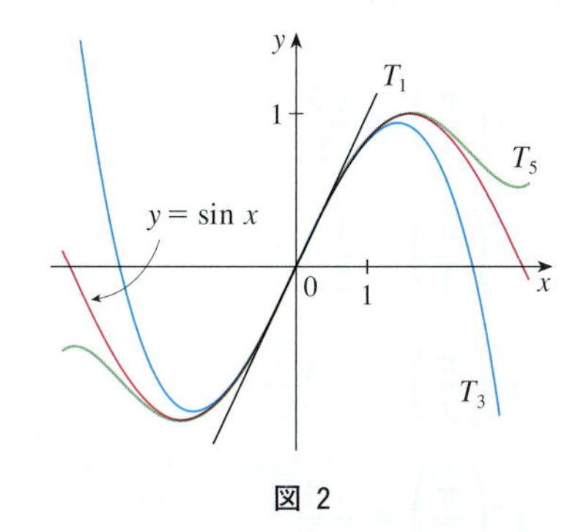

図 2

図2は，$\sin x$ のグラフと Taylor（すなわち Maclaurin）多項式

$$T_1(x) = x$$

$$T_3(x) = x - \frac{x^3}{3!}$$

$$T_5(x) = x - \frac{x^3}{3!} + \frac{x^5}{5!}$$

のグラフを示している．n が大きくなるにつれて，$T_n(x)$ は $\sin x$ のよりよい近似になることに注意せよ．

今後の参考のため，例 4 の結果を記しておく．

15
すべての x について

$$
\sin x = x - \frac{x^3}{3!} + \frac{x^5}{5!} - \frac{x^7}{7!} + \cdots = \sum_{n=0}^{\infty}(-1)^n \frac{x^{2n+1}}{(2n+1)!}
$$

例 5 $\cos x$ の Maclaurin 級数を求めよ．

［解 説］ 例 4 のように直接に処理することもできるが，式 15 で与えられる

$\sin x$ の Maclaurin 級数を微分する方が簡単である．

$$\cos x = \frac{d}{dx}(\sin x) = \frac{d}{dx}\left(x - \frac{x^3}{3!} + \frac{x^5}{5!} - \frac{x^7}{7!} + \cdots\right)$$

$$= 1 - \frac{3x^2}{3!} + \frac{5x^4}{5!} - \frac{7x^6}{7!} + \cdots = 1 - \frac{x^2}{2!} + \frac{x^4}{4!} - \frac{x^6}{6!} + \cdots$$

例 2, 4, 5 で求めた e^x，$\sin x$，$\cos x$ の Maclaurin 級数は，別の方法を使って Newton が発見した．これらは驚くべき式である．なぜなら，これらの関数それぞれについて，唯一の数 0 における n 階導関数の値をすべて知ってさえいれば，その関数のすべての性質がわかると主張している式だからである．

$\sin x$ の Maclaurin 級数はすべての x について収束するので，§6·9 定理 [2] より，$\cos x$ を表す $\sin x$ の微分級数もまた，すべての x について収束する．以上より，

[16]　すべての x について

$$\cos x = 1 - \frac{x^2}{2!} + \frac{x^4}{4!} - \frac{x^6}{6!} + \cdots = \sum_{n=0}^{\infty}(-1)^n \frac{x^{2n}}{(2n)!}$$

例 6　関数 $f(x) = x\cos x$ の Maclaurin 級数を求めよ．

［解 説］ 微分計算して式 [7] に代入する代わりに，式 [16] の $\cos x$ を表す級数を x 倍する方が簡単である．

$$x\cos x = x\sum_{n=0}^{\infty}(-1)^n \frac{x^{2n}}{(2n)!} = \sum_{n=0}^{\infty}(-1)^n \frac{x^{2n+1}}{(2n)!}$$

例 7　$f(x) = \sin x$ を $\pi/3$ を中心とする Taylor 級数の和の形で表せ．

［解 説］ 計算結果を列挙すると，以下のようになる．

sin x を 2 通りの異なる級数で表した．一つは例 4 の Maclaurin 級数で，もう一つは例 7 の Taylor 級数である．0 に近い x の値に対しては，Maclaurin 級数を使うのがベストであり，x が $\pi/3$ に近いときは Taylor 級数を使うとよい．図 3 の第 3 次 Taylor 多項式 T_3 が $\pi/3$ の近くで $\sin x$ のよい近似になっているが，0 の近くではそうでないことに注意せよ．図 2 の第 3 次 Maclaurin 多項式と比較してみよ．図 2 では，正反対のことが起こっている．

$$f(x) = \sin x \qquad f\left(\frac{\pi}{3}\right) = \frac{\sqrt{3}}{2}$$

$$f'(x) = \cos x \qquad f'\left(\frac{\pi}{3}\right) = \frac{1}{2}$$

$$f''(x) = -\sin x \qquad f''\left(\frac{\pi}{3}\right) = -\frac{\sqrt{3}}{2}$$

$$f'''(x) = -\cos x \qquad f'''\left(\frac{\pi}{3}\right) = -\frac{1}{2}$$

このパターンが不定に繰返される．したがって，$\pi/3$ における Taylor 級数は

$$f\left(\frac{\pi}{3}\right) + \frac{f'\left(\frac{\pi}{3}\right)}{1!}\left(x - \frac{\pi}{3}\right) + \frac{f''\left(\frac{\pi}{3}\right)}{2!}\left(x - \frac{\pi}{3}\right)^2 + \frac{f'''\left(\frac{\pi}{3}\right)}{3!}\left(x - \frac{\pi}{3}\right)^3 + \cdots$$

$$= \frac{\sqrt{3}}{2} + \frac{1}{2\cdot 1!}\left(x - \frac{\pi}{3}\right) - \frac{\sqrt{3}}{2\cdot 2!}\left(x - \frac{\pi}{3}\right)^2 - \frac{1}{2\cdot 3!}\left(x - \frac{\pi}{3}\right)^3 + \cdots$$

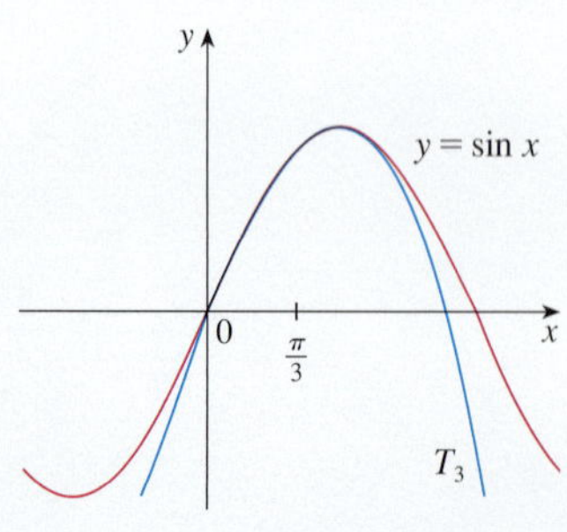

図 3

である．この級数がすべての x について $\sin x$ を表すことの証明は例 4 の証明と非常に似ている（[14] の x を $x-\pi/3$ で置き換えるだけである）．$\sqrt{3}$ を含む項を分

離し，シグマ記号を使って級数を表すと次のようになる．

$$\sin x = \sum_{n=0}^{\infty} \frac{(-1)^n\sqrt{3}}{2(2n)!}\left(x - \frac{\pi}{3}\right)^{2n} + \sum_{n=0}^{\infty} \frac{(-1)^n}{2(2n+1)!}\left(x - \frac{\pi}{3}\right)^{2n+1}$$

例 5 や例 6，§6･9 で間接的な方法で求めたベキ級数は，実は，与えられた関数の Taylor 級数，あるいは，Maclaurin 級数に他ならない．なぜなら，定理 5 が主張するように，ベキ級数表現 $f(x)=\Sigma c_n(x-a)^n$ がどのように得られようとも，常に $c_n=f^{(n)}(a)/n!$ が成り立つからである．すなわち，係数はただ 1 通りに決定されるのである．

例 8 $f(x)=(1+x)^k$ の Maclaurin 級数を求めよ．ただし，k は任意の実数とする．

［解 説］ 計算結果を列挙すると，以下のようになる．

$$\begin{aligned}
f(x) &= (1+x)^k & f(0) &= 1\\
f'(x) &= k(1+x)^{k-1} & f'(0) &= k\\
f''(x) &= k(k-1)(1+x)^{k-2} & f''(0) &= k(k-1)\\
f'''(x) &= k(k-1)(k-2)(1+x)^{k-3} & f'''(0) &= k(k-1)(k-2)\\
&\vdots & &\vdots\\
f^{(n)}(x) &= k(k-1)\cdots(k-n+1)(1+x)^{k-n} & f^{(n)}(0) &= k(k-1)\cdots(k-n+1)
\end{aligned}$$

したがって，$f(x)=(1+x)^k$ の Maclaurin 級数は次のようになる．

$$\sum_{n=0}^{\infty} \frac{f^{(n)}(0)}{n!}x^n = \sum_{n=0}^{\infty} \frac{k(k-1)\cdots(k-n+1)}{n!}x^n$$

この級数は **2 項級数**とよばれる．k が非負整数のとき，何項か目以降の項は 0 になるので，級数は有限であることに注意しよう．k がそれ以外の値のときは，どの項も 0 ではなく，よって比判定法を試すことができる．第 n 項を a_n とすると，$n \to \infty$ のとき，

$$\left|\frac{a_{n+1}}{a_n}\right| = \left|\frac{k(k-1)\cdots(k-n+1)(k-n)x^{n+1}}{(n+1)!} \cdot \frac{n!}{k(k-1)\cdots(k-n+1)x^n}\right|$$

$$= \frac{|k-n|}{n+1}|x| = \frac{\left|1-\dfrac{k}{n}\right|}{1+\dfrac{1}{n}}|x| \to |x|$$

である．したがって，比判定法より，2 項級数は $|x|<1$ のとき収束し，$|x|>1$ のとき発散する．

2 項級数の係数を慣習的な記法で書くと，

$$\binom{k}{n} = \frac{k(k-1)(k-2)\cdots(k-n+1)}{n!}$$

となる．この数は **2 項係数**とよばれる．

次の定理は，$(1+x)^k$ がその関数の Maclaurin 級数の和に等しいことを述べている．剰余項 $R_n(x)$ が 0 に近づくことを示すことによって証明することができるが，これを実行するのは非常に困難なことがわかるだろう．節末問題 85 に示す証明の概要は，それよりもはるかに簡単である．

17 **2項級数**　k を任意の実数とし，$|x|<1$ とするとき，

$$(1+x)^k=\sum_{n=0}^{\infty}\binom{k}{n}x^n=1+kx+\frac{k(k-1)}{2!}x^2+\frac{k(k-1)(k-2)}{3!}x^3+\cdots$$

である．

2 項級数は $|x|<1$ のとき常に収束するのだが，端点 ± 1 でこの級数が収束するか否かという問題は k の値に依存する．$-1<k\leqslant 0$ ならば級数は 1 で収束し，$k\geqslant 0$ ならば両端点で収束する．k が自然数で $n>k$ ならば，$\binom{k}{n}$ の展開式は因数 $(k-k)$ を含むので，$n>k$ について $\binom{k}{n}=0$ である．これは，2 項級数は終結し，k が自然数の場合の通常の 2 項定理に還元されることを意味している（巻末の「公式集」の「代数」参照）．

例 9　関数 $f(x)=\dfrac{1}{\sqrt{4-x}}$ の Maclaurin 級数と，その収束半径を求めよ．

［解 説］ $f(x)$ を 2 項級数が使える形に書き直す．

$$\frac{1}{\sqrt{4-x}}=\frac{1}{\sqrt{4\left(1-\dfrac{x}{4}\right)}}=\frac{1}{2\sqrt{1-\dfrac{x}{4}}}=\frac{1}{2}\left(1-\frac{x}{4}\right)^{-1/2}$$

$k=-\frac{1}{2}$ とするときの 2 項級数を使って，x を $-x/4$ で置き換えると，

$$\frac{1}{\sqrt{4-x}}=\frac{1}{2}\left(1-\frac{x}{4}\right)^{-1/2}=\frac{1}{2}\sum_{n=0}^{\infty}\binom{-\frac{1}{2}}{n}\left(-\frac{x}{4}\right)^n$$

$$=\frac{1}{2}\left(1+\left(-\frac{1}{2}\right)\left(-\frac{x}{4}\right)+\frac{\left(-\frac{1}{2}\right)\left(-\frac{3}{2}\right)}{2!}\left(-\frac{x}{4}\right)^2+\frac{\left(-\frac{1}{2}\right)\left(-\frac{3}{2}\right)\left(-\frac{5}{2}\right)}{3!}\left(-\frac{x}{4}\right)^3\right.$$

$$\left.+\cdots+\frac{\left(-\frac{1}{2}\right)\left(-\frac{3}{2}\right)\left(-\frac{5}{2}\right)\cdots\left(-\frac{1}{2}-n+1\right)}{n!}\left(-\frac{x}{4}\right)^n+\cdots\right)$$

$$=\frac{1}{2}\left(1+\frac{1}{8}x+\frac{1\cdot 3}{2!8^2}x^2+\frac{1\cdot 3\cdot 5}{3!8^3}x^3+\cdots+\frac{1\cdot 3\cdot 5\cdot\cdots\cdot(2n-1)}{n!8^n}x^n+\cdots\right)$$

となる．17 より，この級数は $|-x/4|<1$，すなわち $|x|<4$ のとき収束するので，収束半径は $R=4$ である．

今後の参考のために，本節と前節で導いた Maclaurin 級数の重要なものをいくつか，次の表にまとめておく．

表1 重要な Maclaurin 級数とその収束半径

$\dfrac{1}{1-x} = \sum_{n=0}^{\infty} x^n = 1 + x + x^2 + x^3 + \cdots$	$R = 1$
$e^x = \sum_{n=0}^{\infty} \dfrac{x^n}{n!} = 1 + \dfrac{x}{1!} + \dfrac{x^2}{2!} + \dfrac{x^3}{3!} + \cdots$	$R = \infty$
$\sin x = \sum_{n=0}^{\infty} (-1)^n \dfrac{x^{2n+1}}{(2n+1)!} = x - \dfrac{x^3}{3!} + \dfrac{x^5}{5!} - \dfrac{x^7}{7!} + \cdots$	$R = \infty$
$\cos x = \sum_{n=0}^{\infty} (-1)^n \dfrac{x^{2n}}{(2n)!} = 1 - \dfrac{x^2}{2!} + \dfrac{x^4}{4!} - \dfrac{x^6}{6!} + \cdots$	$R = \infty$
$\tan^{-1} x = \sum_{n=0}^{\infty} (-1)^n \dfrac{x^{2n+1}}{2n+1} = x - \dfrac{x^3}{3} + \dfrac{x^5}{5} - \dfrac{x^7}{7} + \cdots$	$R = 1$
$\log(1+x) = \sum_{n=1}^{\infty} (-1)^{n-1} \dfrac{x^n}{n} = x - \dfrac{x^2}{2} + \dfrac{x^3}{3} - \dfrac{x^4}{4} + \cdots$	$R = 1$
$(1+x)^k = \sum_{n=0}^{\infty} \binom{k}{n} x^n = 1 + kx + \dfrac{k(k-1)}{2!}x^2 + \dfrac{k(k-1)(k-2)}{3!}x^3 + \cdots$	$R = 1$

例 10 級数 $\dfrac{1}{1 \cdot 2} - \dfrac{1}{2 \cdot 2^2} + \dfrac{1}{3 \cdot 2^3} - \dfrac{1}{4 \cdot 2^4} + \cdots$ の和を求めよ.

［解 説］ シグマ記号を使うと，与えられた級数は次のように書き表せる.

$$\sum_{n=1}^{\infty} (-1)^{n-1} \frac{1}{n \cdot 2^n} = \sum_{n=1}^{\infty} (-1)^{n-1} \frac{\left(\frac{1}{2}\right)^n}{n}$$

表1より，この級数は $\log(1+x)$ を $x = \frac{1}{2}$ としたものであることがわかる．よって，

$$\sum_{n=1}^{\infty} (-1)^{n-1} \frac{1}{n \cdot 2^n} = \log\left(1 + \tfrac{1}{2}\right) = \log \tfrac{3}{2}$$

である.

Taylor 級数が重要である理由の一つは，これまで扱うことができなかった関数の積分を可能にすることにある．実際に，本章の導入部分で，Newton が関数をベキ級数の形で表してからそれを項別積分することによって，関数を積分するということをよく行っていたと触れた．たとえば，関数 $f(x) = e^{-x^2}$ はこれまで学んできた手法では積分することができない．なぜなら，この関数の原始関数は初等関数ではないからである（§ 2･5 参照）．次の例で，Newton のアイディアを使って，この関数を積分する.

例 11 (a) $\int e^{-x^2}\,dx$ を無限級数で表せ.

(b) $\int_0^1 e^{-x^2}\,dx$ を誤差 0.001 以内で求めよ.

［解 説］ (a) まず，$f(x) = e^{-x^2}$ の Maclaurin 級数を求めよう．直接的な方法を使うこともできるが，表1で与えられている e^x の級数の x を $-x^2$ で置き換え

ることによって簡単に求めよう．すべてのxの値について，

$$e^{-x^2}=\sum_{n=0}^{\infty}\frac{(-x^2)^n}{n!}=\sum_{n=0}^{\infty}(-1)^n\frac{x^{2n}}{n!}=1-\frac{x^2}{1!}+\frac{x^4}{2!}-\frac{x^6}{3!}+\cdots$$

である．次にこれを項別積分する．

$$\int e^{-x^2}\,dx=\int\left(1-\frac{x^2}{1!}+\frac{x^4}{2!}-\frac{x^6}{3!}+\cdots+(-1)^n\frac{x^{2n}}{n!}+\cdots\right)dx$$

$$=C+x-\frac{x^3}{3\cdot 1!}+\frac{x^5}{5\cdot 2!}-\frac{x^7}{7\cdot 3!}+\cdots+(-1)^n\frac{x^{2n+1}}{(2n+1)n!}+\cdots$$

e^{-x^2}を表すもとの級数がすべてのxについて収束するので，この級数もすべてのxについて収束する．

(b) 微分積分学の基本定理より

$$\int_0^1 e^{-x^2}\,dx=\left[x-\frac{x^3}{3\cdot 1!}+\frac{x^5}{5\cdot 2!}-\frac{x^7}{7\cdot 3!}+\frac{x^9}{9\cdot 4!}-\cdots\right]_0^1$$

(a)の原始関数において$C=0$とすることができる．

$$=1-\tfrac{1}{3}+\tfrac{1}{10}-\tfrac{1}{42}+\tfrac{1}{216}-\cdots$$

$$\approx 1-\tfrac{1}{3}+\tfrac{1}{10}-\tfrac{1}{42}+\tfrac{1}{216}\approx 0.7475$$

である．交代級数の評価定理より，この近似の誤差は，次のようである．

$$\frac{1}{11\cdot 5!}=\frac{1}{1320}<0.001$$

次の例で，Taylor級数の別の使い方を解説する．l'Hospitalの定理を使って，極限値を求めることもできるが，そうせずに級数を使う．

例 12　$\displaystyle\lim_{x\to 0}\frac{e^x-1-x}{x^2}$を求めよ．

［解 説］　e^xのMaclaurin級数を使うことにより，

$$\lim_{x\to 0}\frac{e^x-1-x}{x^2}=\lim_{x\to 0}\frac{\left(1+\dfrac{x}{1!}+\dfrac{x^2}{2!}+\dfrac{x^3}{3!}+\cdots\right)-1-x}{x^2}$$

$$=\lim_{x\to 0}\frac{\dfrac{x^2}{2!}+\dfrac{x^3}{3!}+\dfrac{x^4}{4!}+\cdots}{x^2}$$

数式処理システムの中には，この方法で極限値を計算するものもある．

$$=\lim_{x\to 0}\left(\frac{1}{2}+\frac{x}{3!}+\frac{x^2}{4!}+\frac{x^3}{5!}+\cdots\right)=\frac{1}{2}$$

である．これが成り立つのは，ベキ級数が連続関数だからである．

ベキ級数の掛け算と割り算

ベキ級数を足したり引いたりすると，それらは多項式のように振舞う（§6・2 定理[8]でこのことを示した）．実際に，次の例が解説するように，多項式のよ

うにそれらの掛け算や割り算を行うこともできる．ここでは，初めのいくつかの項だけ計算する．なぜなら，後ろの方の項の計算は冗長であり，初めの方の項だけが最も重要だからである．

例 13 次の関数（a）$e^x \sin x$，（b）$\tan x$ の Maclaurin 級数について，0 でない初めの 3 項を求めよ．

［解 説］（a）表 1 の e^x と $\sin x$ の Maclaurin 級数を用いることにより，

$$e^x \sin x = \left(1 + \frac{x}{1!} + \frac{x^2}{2!} + \frac{x^3}{3!} + \cdots\right)\left(x - \frac{x^3}{3!} + \cdots\right)$$

となる．多項式のように同類項をそろえて，これらのベキ級数を掛け合わせると，

$$\begin{array}{rl} & 1 + x + \frac{1}{2}x^2 + \frac{1}{6}x^3 + \cdots \\ \times & x \qquad\quad - \frac{1}{6}x^3 + \cdots \\ \hline & x + x^2 + \frac{1}{2}x^3 + \frac{1}{6}x^4 + \cdots \\ + & \qquad - \frac{1}{6}x^3 - \frac{1}{6}x^4 - \cdots \\ \hline & x + x^2 + \frac{1}{3}x^3 + \cdots \end{array}$$

となり，したがって，

$$e^x \sin x = x + x^2 + \tfrac{1}{3}x^3 + \cdots$$

である．

（b）表 1 の Maclaurin 級数を用いることにより，

$$\tan x = \frac{\sin x}{\cos x} = \frac{x - \dfrac{x^3}{3!} + \dfrac{x^5}{5!} - \cdots}{1 - \dfrac{x^2}{2!} + \dfrac{x^4}{4!} - \cdots}$$

となる，長除法で計算すると，

$$\begin{array}{r|l} & x + \frac{1}{3}x^3 + \frac{2}{15}x^5 + \cdots \\ 1 - \frac{1}{2}x^2 + \frac{1}{24}x^4 - \cdots & x - \frac{1}{6}x^3 + \frac{1}{120}x^5 - \cdots \\ & x - \frac{1}{2}x^3 + \frac{1}{24}x^5 - \cdots \\ \hline & \frac{1}{3}x^3 - \frac{1}{30}x^5 + \cdots \\ & \frac{1}{3}x^3 - \frac{1}{6}x^5 + \cdots \\ \hline & \frac{2}{15}x^5 + \cdots \end{array}$$

となり，したがって，

$$\tan x = x + \tfrac{1}{3}x^3 + \tfrac{2}{15}x^5 + \cdots$$

である．

例 13 で用いた形式的操作がきちんと成り立つものなのかを確かめようとはしなかったが，これらの操作は正しい．$f(x) = \Sigma\, c_n x^n$ と $g(x) = \Sigma\, b_n x^n$ が共に $|x| < R$ で収束し，かつ，それらがまるで多項式のように掛け算できるならば，その解となる級数もまた $|x| < R$ で収束し，$f(x)g(x)$ を表す．割り算に対しては，$b_0 \neq 0$ であることが必要である．すなわち，割り算の解となる級数は十分に小さい $|x|$ で収束する．

6・10 節末問題

1. すべての x について $f(x)=\sum_{n=0}^{\infty} b_n(x-5)^n$ であるとき，式 b_8 を記せ．

2. f のグラフを示す．

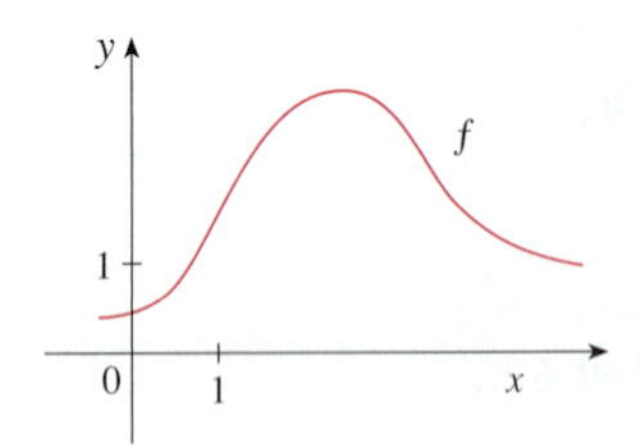

(a) 級数

$1.6 - 0.8(x-1) + 0.4(x-1)^2 - 0.1(x-1)^3 + \cdots$

が1を中心とする f の Taylor 級数ではないことを説明せよ．

(b) 級数

$2.8 + 0.5(x-2) + 1.5(x-2)^2 - 0.1(x-2)^3 + \cdots$

が2を中心とする f の Taylor 級数ではないことを説明せよ．

3. $n=0, 1, 2, \cdots$ について $f^{(n)}(0)=(n+1)!$ であるとき，f の Maclaurin 級数とその収束半径を求めよ．

4. $$f^{(n)}(4) = \frac{(-1)^n n!}{3^n(n+1)}$$

であるときの4を中心とする f の Taylor 級数を求めよ．その収束半径はいくつか．

5-10 Taylor 級数の定義を使って，与えられた a の値を中心とする $f(x)$ の Taylor 級数について，0ではない最初の4項を求めよ．

5. $f(x) = xe^x, \quad a = 0$

6. $f(x) = \dfrac{1}{1+x}, \quad a = 2$

7. $f(x) = \sqrt[3]{x}, \quad a = 8$

8. $f(x) = \log x, \quad a = 1$

9. $f(x) = \sin x, \quad a = \pi/6$

10. $f(x) = \cos^2 x, \quad a = 0$

11-18 Maclaurin 級数の定義を使って，$f(x)$ の Maclaurin 級数を求めよ（f はベキ級数で表されるとする．$R_n(x) \to 0$ は示さない）．また，その収束半径を求めよ．

11. $f(x) = (1-x)^{-2}$

12. $f(x) = \log(1+x)$

13. $f(x) = \cos x$

14. $f(x) = e^{-2x}$

15. $f(x) = 2^x$

16. $f(x) = x\cos x$

17. $f(x) = \sinh x$

18. $f(x) = \cosh x$

19-26 与えられた a の値を中心とする $f(x)$ の Taylor 級数を求めよ（f はベキ級数で表されるとする．$R_n(x) \to 0$ は示さない）．また，その収束半径を求めよ．

19. $f(x) = x^5 + 2x^3 + x, \quad a = 2$

20. $f(x) = x^6 - x^4 + 2, \quad a = -2$

21. $f(x) = \log x, \quad a = 2$

22. $f(x) = 1/x, \quad a = -3$

23. $f(x) = e^{2x}, \quad a = 3$

24. $f(x) = \cos x, \quad a = \pi/2$

25. $f(x) = \sin x, \quad a = \pi$

26. $f(x) = \sqrt{x}, \quad a = 16$

27. 節末問題13で得られた級数がすべての x について $\cos x$ を表すことを証明せよ．

28. 節末問題25で得られた級数がすべての x について $\sin x$ を表すことを証明せよ．

29. 節末問題17で得られた級数がすべての x について $\sinh x$ を表すことを証明せよ．

30. 節末問題18で得られた級数がすべての x について $\cosh x$ を表すことを証明せよ．

31-34 2項級数を使って，次の関数をベキ級数展開で表せ．その収束半径を述べよ．

31. $\sqrt[4]{1-x}$

32. $\sqrt[3]{8+x}$

33. $\dfrac{1}{(2+x)^3}$

34. $(1-x)^{3/4}$

35-44 表1の Maclaurin 級数を使って，与えられた関数の Maclaurin 級数を求めよ．

35. $f(x) = \arctan(x^2)$

36. $f(x) = \sin(\pi x/4)$

37. $f(x) = x\cos 2x$

38. $f(x) = e^{3x} - e^{2x}$

39. $f(x) = x\cos\left(\frac{1}{2}x^2\right)$

40. $f(x) = x^2\log(1+x^3)$

41. $f(x) = \dfrac{x}{\sqrt{4+x^2}}$

42. $f(x) = \dfrac{x^2}{\sqrt{2+x}}$

43. $f(x) = \sin^2 x$　[ヒント：$\sin^2 x = \frac{1}{2}(1-\cos 2x)$を使う．]

44. $$f(x) = \begin{cases} \dfrac{x - \sin x}{x^3}, & x \neq 0 \\ \dfrac{1}{6}, & x = 0 \end{cases}$$

45-48　f の Maclaurin 級数とその収束半径を求めよ（どのような方法を使ってもよい）．計算機を使って f のグラフを描き，同一スクリーンに最初のいくつかの Taylor 多項式も描け．f と Taylor 多項式の間にどのような関係がみられるか．

45. $f(x) = \cos(x^2)$　　**46.** $f(x) = \log(1 + x^2)$

47. $f(x) = xe^{-x}$　　**48.** $f(x) = \tan^{-1}(x^3)$

---

49. $\cos x$ の Maclaurin 級数を使って，$\cos 5°$ を小数点以下 5 桁まで計算せよ．

50. e^x の Maclaurin 級数を使って，$1/\sqrt[10]{e}$ を小数点以下 5 桁まで計算せよ．

51. (a) 2 項級数を使って，$1/\sqrt{1-x^2}$ を展開せよ．

(b) (a)を使って，$\sin^{-1}x$ の Maclaurin 級数を求めよ．

52. (a) 2 項級数を使って，$1/\sqrt[4]{1+x}$ を展開せよ．

(b) (a)を使って $1/\sqrt[4]{1.1}$ を小数点以下 3 桁まで見積もれ．

53-56　次の不定積分を無限級数で表せ．

53. $\int \sqrt{1 + x^3}\, dx$　　**54.** $\int x^2 \sin(x^2)\, dx$

55. $\int \frac{\cos x - 1}{x}\, dx$　　**56.** $\int \arctan(x^2)\, dx$

57-60　級数を使って，次の定積分を求められる正確さで近似せよ．

57. $\int_0^{1/2} x^3 \arctan x\, dx$　（小数点以下4桁）

58. $\int_0^1 \sin(x^4)\, dx$　（小数点以下4桁）

59. $\int_0^{0.4} \sqrt{1 + x^4}\, dx$　（$|$誤差$| < 5\times10^{-6}$）

60. $\int_0^{0.5} x^2 e^{-x^2} dx$　（$|$誤差$| < 0.001$）

61-65　次の極限を級数を使って表せ．

61. $\lim_{x\to0} \frac{x - \log(1 + x)}{x^2}$　　**62.** $\lim_{x\to0} \frac{1 - \cos x}{1 + x - e^x}$

63. $\lim_{x\to0} \frac{\sin x - x + \frac{1}{6}x^3}{x^5}$

64. $\lim_{x\to0} \frac{\sqrt{1 + x} - 1 - \frac{1}{2}x}{x^2}$

65. $\lim_{x\to0} \frac{x^3 - 3x + 3\tan^{-1}x}{x^5}$

---

66. 例 13(b)を使って，

$$\lim_{x\to0} \frac{\tan x - x}{x^3}$$

の値を求めよ．§1・8 例 4 では l'Hospital の定理を 3 回使ってこの極限を求めた．どちらの求め方が好ましいか．

67-72　ベキ級数の乗算あるいは除算を使って，次のそれぞれの関数の Maclaurin 級数について，0 ではない最初の 3 項を求めよ．

67. $y = e^{-x^2}\cos x$　　**68.** $y = \sec x$

69. $y = \frac{x}{\sin x}$　　**70.** $y = e^x \log(1 + x)$

71. $y = (\arctan x)^2$　　**72.** $y = e^x \sin^2 x$

73-80　次の級数の和を求めよ．

73. $\sum_{n=0}^{\infty} (-1)^n \frac{x^{4n}}{n!}$　　**74.** $\sum_{n=0}^{\infty} \frac{(-1)^n \pi^{2n}}{6^{2n}(2n)!}$

75. $\sum_{n=1}^{\infty} (-1)^{n-1} \frac{3^n}{n\,5^n}$　　**76.** $\sum_{n=0}^{\infty} \frac{3^n}{5^n n!}$

77. $\sum_{n=0}^{\infty} \frac{(-1)^n \pi^{2n+1}}{4^{2n+1}(2n + 1)!}$

78. $1 - \log 2 + \frac{(\log 2)^2}{2!} - \frac{(\log 2)^3}{3!} + \cdots$

79. $3 + \frac{9}{2!} + \frac{27}{3!} + \frac{81}{4!} + \cdots$

80. $\frac{1}{1\cdot2} - \frac{1}{3\cdot2^3} + \frac{1}{5\cdot2^5} - \frac{1}{7\cdot2^7} + \cdots$

---

81. p が n 次多項式であるならば，

$$p(x + 1) = \sum_{i=0}^{n} \frac{p^{(i)}(x)}{i!}$$

であることを示せ．

82. $f(x) = (1+x^3)^{30}$ のとき，$f^{(58)}(0)$ はいくつか．

83. $n=2$ のときの Taylor の不等式を証明せよ．すなわち，$|x-a| \leqq d$ について $|f'''(x)| \leqq M$ ならば，

$$|R_2(x)| \leqq \frac{M}{6}|x - a|^3 \qquad (\text{ただし，}|x-a| \leqq d)$$

であることを証明せよ．

84. (a)

$$f(x) = \begin{cases} e^{-1/x^2}, & x \neq 0 \\ 0, & x = 0 \end{cases}$$

で定義される関数は，この関数の Maclaurin 級数と等しくないことを示せ．

(b) 計算機を使って(a)の関数のグラフを描き，そのグラフが原点近くでどのように振舞うかを述べよ．

85. 次の手順で 17 を証明せよ．

(a) $g(x) = \sum_{n=0}^{\infty} \binom{k}{n} x^n$ とする．この級数を微分して

$$g'(x) = \frac{kg(x)}{1 + x} \qquad -1 < x < 1$$

であることを示せ．

(b) $h(x) = (1+x)^{-k} g(x)$ として $h'(x) = 0$ であることを示せ．

(c) $g(x) = (1+x)^k$ であることを結論づけよ．

86. §5・2 節末問題 53 において，だ円 $x = a\sin\theta$，$y =$

$b\cos\theta$ $(a>b>0)$ の長さが

$$L = 4a\int_0^{\pi/2}\sqrt{1-e^2\sin^2\theta}\,d\theta$$

であることを示した．ここで，$e=\sqrt{a^2-b^2}/a$ はだ円の離心率である．

うえの式の積分を2項分布に展開し，§2·1節末問題50の結果を使って，L を離心率のベキの級数として e^6 項まで求めよ．

研究課題　わかりにくい極限値

この課題では次の関数を扱う．

$$f(x) = \frac{\sin(\tan x) - \tan(\sin x)}{\arcsin(\arctan x) - \arctan(\arcsin x)}$$

1. 数式処理システム（CAS）を使って，$x=1, 0.1, 0.01, 0.001, 0.0001$ のときの $f(x)$ を求めよ．$x\to 0$ のとき，f は極限値をもつようにみえるか．
2. CAS を使って，$x=0$ の近くの f のグラフを描け．$x\to 0$ のとき，f は極限値をもつようにみえるか．
3. CAS を使って，分母と分子の導関数を求め，l'Hospital の定理を使って $\lim_{x\to 0} f(x)$ を評価せよ．どんなことがわかるか．また，l'Hospital の定理を何回適用する必要があるか．
4. CAS を使って，分母と分子の Taylor 級数の十分な個数の項を求め，$\lim_{x\to 0} f(x)$ を評価せよ（Maple では taylor コマンドを，Mathematica では Series コマンドを使用せよ）．
5. CAS の極限値コマンドを使って，$\lim_{x\to 0} f(x)$ を直接求めよ（ほとんどの CAS は極限値を計算するために課題4の方法を使用している）．
6. 課題4と5の答えを踏まえると，課題1と2の結果をどのように説明できるか．

レポート課題　いかにして Newton は2項級数を発見したか

$(a+b)^k$ の展開式を与える2項定理は，指数 k が自然数である場合に関しては，Newton の時代より何世紀も前に，中国の数学者たちに知られていた．1665年，Newton が22歳のとき，彼は k が分数指数（正でも負でもよい）である場合に関して $(a+b)^k$ の無限級数展開を史上初めて発見した．彼はこの発見を公表しなかったのだが，1676年6月13日の日付で Leibniz に転送してもらうためにロンドンの王立協会の秘書 Henry Oldenburg（オルデンバーグ）に送った書簡（現在，それは *epistola prior* とよばれている）の中で，その発見について述べ，その使い方についての例を添えている．Leibniz は返信で，いかにして Newton が2項級数を発見したのかと尋ねている．Newton は1676年10月24日付の第2の書簡 *epistola posterior* で，非常に回り道してこの発見に至った経緯を詳細に書いている．Newton は，$n=0, 1, 2, 3, 4, \cdots$ について曲線 $y=(1-x^2)^{n/2}$ と x 軸で挟まれる0から x までの領域の面積を考察していた．n が偶数の場合は，その計算は簡単だった．規則性を観察し，補間することによって，Newton は n が奇数の場合の解を予想することに成功した．そのとき，Newton は $(1-x^2)^{n/2}$ を無限級数で表すことによって同じ解が得られることに気づいたのだった．

Newton の2項級数発見に関するレポートを書け．Newton の記法で2項級数を述べるところから始めよ（*epistola prior* は文献4の p.285 あるいは文献2の p.402 参照）．Newton の考えが§6·10定理[17]に等しい理由を説明せよ．次に，Newton の *epistola posterior*（文献4の p.287 あるいは文献2の p.404）を読んで，曲線 $y=(1-x^2)^{n/2}$ と x 軸で挟まれる領域の面積を考察する際に Newton が発見した規則性を説明せよ．n が奇数の場合の曲線の下の面積を Newton はどうやって予想することができたのか，また，その答えをどうやって確かめたのかを示せ．最後に，これらの発見がどのように2項級数にたどり着いたのかを説明せよ．ちなみに，Edwards による文献1や Katz による文献3は Newton の書簡に関する註釈が付されている．

参考書

1. C. H. Edwards, *The Historical Development of the Calculus* (New York: Springer-Verlag, 1979), p. 178–187.
2. J. Fauvel, J. Gray ed., *The History of Mathematics: A Reader* (London: MacMillan Press, 1987)（上野健爾・三浦伸夫 監訳，「カッツ数学の歴史」，共立出版）．
3. V. Katz, *A History of Mathematics: An Introduction* (New York: HarperCollins, 1993), p. 463–466.
4. D. J. Struik ed., *A Sourcebook in Mathematics, 1200–1800* (Princeton, NJ: Princeton University Press, 1969).

6・11 Taylor 多項式の応用

本節では，Taylor 多項式の応用を 2 種類探求する．一つは，関数を近似するために Taylor 多項式をどのように用いるのかをみる（コンピューターサイエンティストは多項式が関数の最も扱いやすい表現なので，Taylor 多項式を好む）．もう一つは，物理学者や技術者が，相対性理論，光学，黒体放射，電気双極子，水の波の速度，砂漠を横切る高速道路建設などの分野で，Taylor 多項式をどのように利用しているのかを調べる．

■ 多項式による関数の近似

$f(x)$ が a における Taylor 級数の和に等しいとする．すなわち，

$$f(x) = \sum_{n=0}^{\infty} \frac{f^{(n)}(a)}{n!}(x-a)^n$$

とする．§6・10 でこの級数の第 n 項までの和を $T_n(x)$ で表し，a における f の第 n 次 Taylor 多項式とよんだ．すなわち，

$$T_n(x) = \sum_{i=0}^{n} \frac{f^{(i)}(a)}{i!}(x-a)^i$$

$$= f(a) + \frac{f'(a)}{1!}(x-a) + \frac{f''(a)}{2!}(x-a)^2 + \cdots + \frac{f^{(n)}(a)}{n!}(x-a)^n$$

である．f が Taylor 級数の和なので，$n \to \infty$ のとき $T_n(x) \to f(x)$ であり，T_n を f の近似として用いることができる．

第 1 次 Taylor 多項式

$$T_1(x) = f(a) + f'(a)(x-a)$$

は，第 I 巻 §2・9 で論じた a における f の線形化と同じであることに注意しよう．また，T_1 とその導関数はそれぞれ f, f' と a で同じ値をとることにも注意しよう．一般に，T_n の a における導関数が，次数 n に至るまで f の導関数に一致することが証明できる．

図 1 に示す $y=e^x$ のグラフと，その関数を表す多項式 T_1, T_2, T_3 のグラフをみてみよう．T_1 のグラフは点 (0, 1) における $y=e^x$ の接線である．この接線は点 (0, 1) の近くでの e^x の最もよい線形近似である．T_2 のグラフは放物線 $y=1+x+x^2/2$ である．T_3 のグラフは 3 次曲線 $y=1+x+x^2/2+x^3/6$ であり，T_2 よりも指数曲線 $y=e^x$ にもっとフィットしている．その次の Taylor 多項式 T_4 はさらによい近似になるであろう．

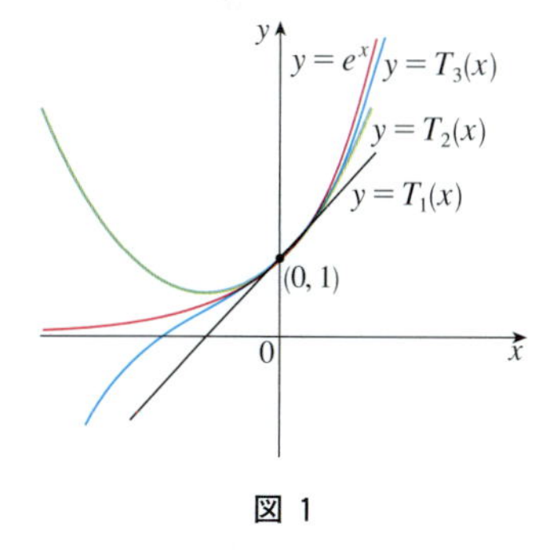

図 1

欄外の表は，Taylor 多項式 $T_n(x)$ が関数 $y=e^x$ に収束する様子を数値的に表している．$x=0.2$ のとき，収束が非常に急速であるのに対して，$x=3$ のときは収束が幾分遅くなることがみてとれる．実際に，x が 0 から遠ざかるほど，$T_n(x)$ の e^x への収束は遅くなる．

	$x=0.2$	$x=3.0$
$T_2(x)$	1.220000	8.500000
$T_4(x)$	1.221400	16.375000
$T_6(x)$	1.221403	19.412500
$T_8(x)$	1.221403	20.009152
$T_{10}(x)$	1.221403	20.079665
e^x	1.221403	20.085537

Taylor 多項式 T_n を使って関数 f を近似するとき，“近似はどれぐらいよいものか”，“所望の精度を満たすためには，n をいくつにするべきか” といった問いかけをしなくてはいけない．これらの問いに答えるためには，剰余項の絶対値

$$|R_n(x)| = |f(x) - T_n(x)|$$

を調べる必要がある．

誤差の大きさを評価するためには，次の三つの方法が考えられる．

1. グラフ機能をもつ計算機があるならば，それを使って $|R_n(x)|$ のグラフを描き，それによって誤差を評価する．
2. 級数が（たまたま）交代級数ならば，交代級数の評価定理を使うことができる．
3. どのような場合でも，Taylorの不等式（§6·10 定理 9）を使うことができる．その定理は，$|f^{(n+1)}(x)| \leqslant M$ ならば，

$$|R_n(x)| \leqslant \frac{M}{(n+1)!}|x-a|^{n+1}$$

ということである．

例 1　(a) 関数 $f(x)=\sqrt[3]{x}$ を $a=8$ における第2次Taylor多項式で近似せよ．

(b) $7 \leqslant x \leqslant 9$ のとき，この近似はどれぐらい正確か．

［解 説］(a)

$$f(x) = \sqrt[3]{x} = x^{1/3} \qquad f(8) = 2$$

$$f'(x) = \tfrac{1}{3}x^{-2/3} \qquad f'(8) = \tfrac{1}{12}$$

$$f''(x) = -\tfrac{2}{9}x^{-5/3} \qquad f''(8) = \tfrac{1}{144}$$

$$f'''(x) = \tfrac{10}{27}x^{-8/3}$$

よって，第2次Taylor多項式は

$$T_2(x) = f(8) + \frac{f'(8)}{1!}(x-8) + \frac{f''(8)}{2!}(x-8)^2$$

$$= 2 + \tfrac{1}{12}(x-8) - \tfrac{1}{288}(x-8)^2$$

であり，所望の近似は，

$$\sqrt[3]{x} \approx T_2(x) = 2 + \tfrac{1}{12}(x-8) - \tfrac{1}{288}(x-8)^2$$

である．

(b) $x<8$ のとき，Taylor級数は交代級数ではないので，この例では，交代級数の評価定理を使うことができない．しかし，$n=2$ かつ $a=8$ としてTaylorの不等式を使うことができる．

$$|R_2(x)| \leqslant \frac{M}{3!}|x-8|^3$$

ただし，$|f'''(x)| \leqslant M$ である．$x \geqslant 7$ ならば $x^{8/3} \geqslant 7^{8/3}$ であるので，

$$f'''(x) = \frac{10}{27}\cdot\frac{1}{x^{8/3}} \leqslant \frac{10}{27}\cdot\frac{1}{7^{8/3}} < 0.0021$$

である．したがって，$M=0.0021$ とすることができる．よって，$7 \leqslant x \leqslant 9$，すなわち $-1 \leqslant x-8 \leqslant 1$ より $|x-8| \leqslant 1$ のときは，Taylorの不等式より

$$|R_2(x)| \leqslant \frac{0.0021}{3!}\cdot 1^3 = \frac{0.0021}{6} < 0.0004$$

が与えられる．以上より，$7 \leqslant x \leqslant 9$ のとき(a)の近似の誤差は0.0004以内である．

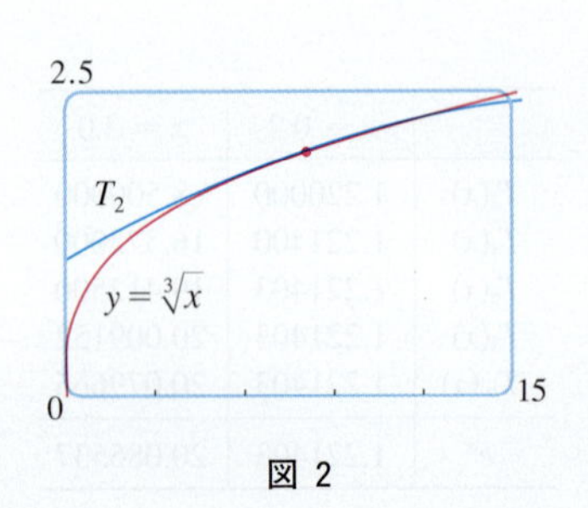

図 2

計算機でグラフを描くとき，例1の計算を確認しよう．図2は，x が8のときに，$y=\sqrt[3]{x}$ のグラフと $y=T_2(x)$ のグラフが互いに非常に近づくことを示してい

る．図 3 は，

$$|R_2(x)| = |\sqrt[3]{x} - T_2(x)|$$

で計算される $|R_2(x)|$ のグラフを示している．このグラフから，$7 \leqq x \leqq 9$ のとき，

$$|R_2(x)| < 0.0003$$

であることがわかる．このように，例 1 の場合には，Taylor の不等式による誤差評価よりも，グラフによる誤差評価の方が，わずかではあるが，優れている．

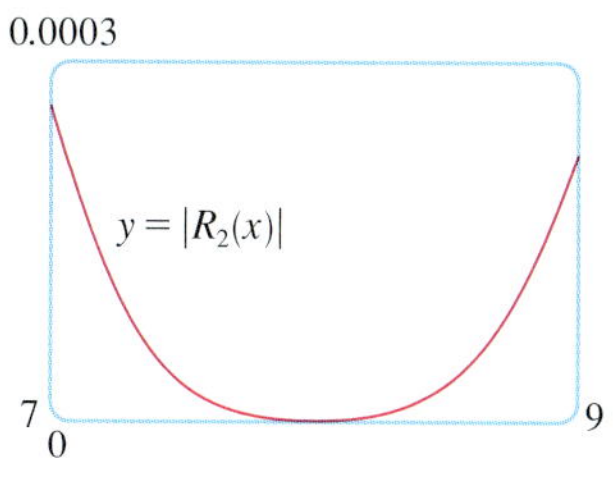

図 3

例 2 (a) $-0.3 \leqq x \leqq 0.3$ のとき，

$$\sin x \approx x - \frac{x^3}{3!} + \frac{x^5}{5!}$$

の近似を使うと，誤差は最大いくつになりうるか．また，この近似を使って，小数点以下 6 桁まで $\sin 12°$ の近似値を求めよ．

(b) x がどのような値のとき，誤差を 0.00005 以内にすることができるか．

［解 説］ (a) Maclaurin 級数

$$\sin x = x - \frac{x^3}{3!} + \frac{x^5}{5!} - \frac{x^7}{7!} + \cdots$$

が，$x \neq 0$ のすべての値で交代級数であることに注意しよう．また，$|x| < 1$ より項の大きさは逐次減少していくので，交代級数の評価定理を使うことができる．Maclaurin 級数の最初の 3 項による $\sin x$ の近似の誤差は，たかだか

$$\left|\frac{x^7}{7!}\right| = \frac{|x|^7}{5040}$$

である．$-0.3 \leqq x \leqq 0.3$ ならば $|x| \leqq 0.3$ であり，誤差は

$$\frac{(0.3)^7}{5040} \approx 4.3 \times 10^{-8}$$

より小さくなる．

$\sin 12°$ を求めるために，まず弧度法に直す．

$$\sin 12° = \sin\left(\frac{12\pi}{180}\right) = \sin\left(\frac{\pi}{15}\right)$$

$$\approx \frac{\pi}{15} - \left(\frac{\pi}{15}\right)^3 \frac{1}{3!} + \left(\frac{\pi}{15}\right)^5 \frac{1}{5!} \approx 0.20791169$$

したがって，小数点以下 6 桁までの近似値は，$\sin 12° \approx 0.207912$ である．

(b)
$$\frac{|x|^7}{5040} < 0.00005$$

ならば，誤差が 0.00005 未満になる．この不等式を x について解くと，

$$|x|^7 < 0.252 \qquad \text{すなわち} \qquad |x| < (0.252)^{1/7} \approx 0.821$$

である．よって，この近似は，$|x| < 0.82$ のとき誤差が 0.00005 以内になる．■

Taylor の不等式を使って例 2 を解くと，どうなるだろうか．$f^{(7)}(x) = -\cos x$ であるので，$|f^{(7)}(x)| \leqq 1$ であることから，

$$|R_6(x)| \leqq \frac{1}{7!}|x|^7$$

である．よって，交代級数の評価定理と同じ評価を得る．

グラフによる方法はどうだろうか．図 4 は次のグラフを示している．

$$|R_6(x)| = \left|\sin x - \left(x - \tfrac{1}{6}x^3 + \tfrac{1}{120}x^5\right)\right|$$

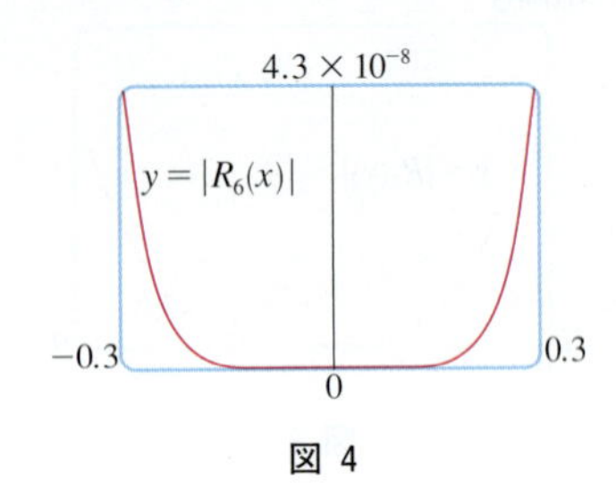

図 4

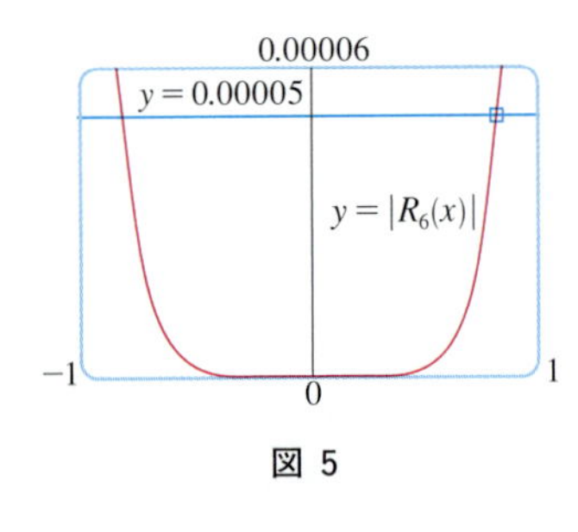

図 5

図 4 のグラフから，$|x| \leqslant 0.3$ のとき $|R_6(x)| < 4.3 \times 10^{-8}$ であることがわかる．これは例 2 で得たのと同じ結果である．(b)に関しては，$|R_6(x)| < 0.00005$ を求めたいのだから，$y = |R_6(x)|$ と $y = 0.00005$ の両者のグラフを図 5 に描いた．右の交点にカーソルを合わせることにより，$|x| < 0.82$ のときに不等式が成り立つことがわかる．これは，また，例 2 の解で得たのと同じ数値である．

例 2 で $\sin 12°$ ではなく，$\sin 72°$ の近似値を求めなくてはいけないとしたら，($a = 0$ ではなく) $a = \pi/3$ における Taylor 多項式を利用するのが賢いだろう．なぜなら，それらが$\pi/3$ に近い x において $\sin x$ のよりよい近似だからである．72° は 60°（すなわち，$\pi/3$ ラジアン）に近く，かつ $x = \pi/3$ における $\sin x$ の導関数の値を計算するのも簡単なことに注意しておこう．

図 6 は，Maclaurin 多項式

$$T_1(x) = x \qquad T_3(x) = x - \frac{x^3}{3!}$$

$$T_5(x) = x - \frac{x^3}{3!} + \frac{x^5}{5!} \qquad T_7(x) = x - \frac{x^3}{3!} + \frac{x^5}{5!} - \frac{x^7}{7!}$$

がサイン曲線を近似する様子を示している．n が増加するにつれて，より広い区間上で $T_n(x)$ が $\sin x$ のよい近似になることがわかるだろう．

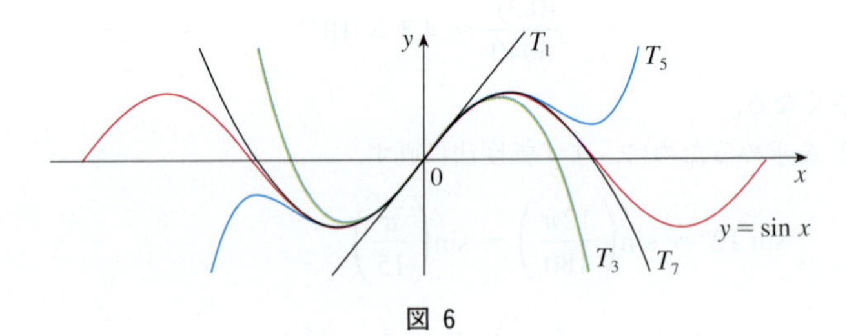

図 6

例 1 や例 2 で行ったタイプの計算は，計算機やコンピューターで使用されている．たとえば，計算機の sin や e^x のキーを押すと，あるいは，コンピュータープログラマーが 3 角関数や指数関数，Bessel 関数に対してサブルーティンを使用すると，多くの機器の内部では，多項式近似が計算されるのである．その際，多項式として，たいてい変形が加えられた Taylor 多項式が使われるので，誤差は区間全体にさらに均一に広がる．

■ 物理学への応用

Taylor 多項式は，物理学でも頻繁に使われる．等式を直観的に読み解くために，物理学者は Taylor 級数の初めの 2, 3 項だけを考えて関数を簡略化するということをよく行う．つまり，物理学者は Taylor 多項式を関数の近似として使うのだ．その際，近似の精度を測定するために Taylor の不等式を使う．次の例は，この考えを特殊相対性理論に用いる方法の一例を示している．

例 3　Einstein（アインシュタイン）の特殊相対性理論では，速度 v で動く物体の質量は，

$$m = \frac{m_0}{\sqrt{1 - v^2/c^2}}$$

で表される．ここで，m_0 は停止時の物体の質量，c は光の速度である．物体の運動エネルギーは全エネルギーと停止時のエネルギーの剰余項であるから，

$$K = mc^2 - m_0c^2$$

である．

(a) v が c に比べてはるかに小さいとき，K を表す上の式は古典的 Newton 物理学の $K=\frac{1}{2}m_0v^2$ に一致することを示せ．

(b) Taylor の不等式を使って，$|v|\leqslant 100$（m/s）のときの K を表す式の誤差を評価せよ．

［解 説］(a) K と m について与えられている式より，

$$K = mc^2 - m_0c^2 = \frac{m_0c^2}{\sqrt{1 - v^2/c^2}} - m_0c^2 = m_0c^2\left(\left(1 - \frac{v^2}{c^2}\right)^{-1/2} - 1\right)$$

を得る．$x=-v^2/c^2$ としたときの関数 $(1+x)^{-1/2}$ の Maclaurin 級数は，$k=-\frac{1}{2}$ の 2 項級数として計算するのが最も簡単である（$v<c$ であるので，$|x|<1$ であることに注意せよ）．したがって，

$$(1 + x)^{-1/2} = 1 - \tfrac{1}{2}x + \frac{\left(-\frac{1}{2}\right)\left(-\frac{3}{2}\right)}{2!}x^2 + \frac{\left(-\frac{1}{2}\right)\left(-\frac{3}{2}\right)\left(-\frac{5}{2}\right)}{3!}x^3 + \cdots$$

$$= 1 - \tfrac{1}{2}x + \tfrac{3}{8}x^2 - \tfrac{5}{16}x^3 + \cdots$$

よって，

$$K = m_0c^2\left(\left(1 + \frac{1}{2}\frac{v^2}{c^2} + \frac{3}{8}\frac{v^4}{c^4} + \frac{5}{16}\frac{v^6}{c^6} + \cdots\right) - 1\right)$$

$$= m_0c^2\left(\frac{1}{2}\frac{v^2}{c^2} + \frac{3}{8}\frac{v^4}{c^4} + \frac{5}{16}\frac{v^6}{c^6} + \cdots\right)$$

である．v が c よりはるかに小さいとき，初項に比べてそれ以降の項は非常に小さい．そこでこれらを消去して，

$$K \approx m_0c^2\left(\frac{1}{2}\frac{v^2}{c^2}\right) = \tfrac{1}{2}m_0v^2$$

となる．

(b) $x=-v^2/c^2$，$f(x)=m_0c^2((1+x)^{-1/2}-1)$，かつ M を $|f''(x)|\leqslant M$ を満たすある数とするとき，Taylor の不等式を使うことができて，

$$|R_1(x)| \leqslant \frac{M}{2!}x^2$$

と書ける．$f''(x)=\frac{3}{4}m_0c^2(1+x)^{-5/2}$ であり，これと与えられた条件 $|v|\leqslant 100$（m/s）より，

$$|f''(x)| = \frac{3m_0c^2}{4(1 - v^2/c^2)^{5/2}} \leqslant \frac{3m_0c^2}{4(1 - 100^2/c^2)^{5/2}} \quad (=M)$$

である．よって，$c=3\times10^8$（m/s）を使うと，

図 7 の上の曲線は，特殊相対性理論に出てくる速度 v の物体の運動エネルギーを表す式のグラフである．下の曲線は，古典的 Newton 物理学で K を表す関数のグラフを示している．v が光の速度よりはるかに小さいとき，二つの曲線は現実に一致している．

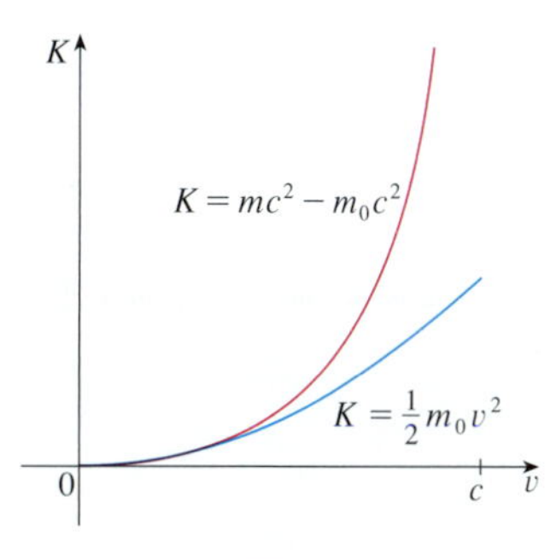

図 7

$$|R_1(x)| \leqslant \frac{1}{2}\cdot\frac{3m_0c^2}{4(1-100^2/c^2)^{5/2}}\cdot\frac{100^4}{c^4} < (4.17\times10^{-10})m_0$$

である．したがって，$|v| \leqslant 100$（m/s）のとき，運動エネルギーとして Newton 力学の式を用いたときの誤差の大きさはたかだか $(4.2\times10^{-10})m_0$ である．

物理学への応用として，他に光学での応用がある．図 8 は "*Optics*" 第 4 版（E. Hecht, *Optics*, 4th ed.（San Francisco, 2002), p153；尾崎義治，朝倉利光 訳,「ヘクト光学」，丸善）からの引用である．この図は点源 S から発生した波が，中心 C，半径 R の球形状の界面にぶつかった状況を描写している．光線 SA は点 P へ屈折する．

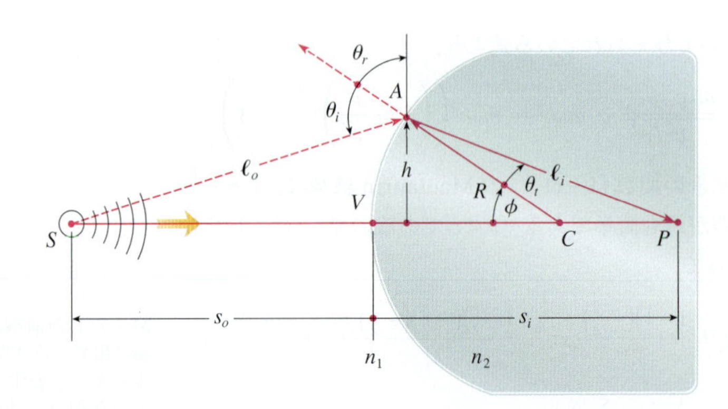

図 8　球状の界面における屈折（出典：E. Hecht, *Optics*, 4th ed.（Upper Saddle River, NJ: Pearson Education, 2002)）

光は所要時間が最小になるように移動するという Fermat（フェルマ）の原理を用いることにより，Hecht は次式を導いている．

$$\boxed{1}\quad \frac{n_1}{\ell_o}+\frac{n_2}{\ell_i}=\frac{1}{R}\left(\frac{n_2 s_i}{\ell_i}-\frac{n_1 s_o}{\ell_o}\right)$$

ここで，n_1 と n_2 はそれぞれ ℓ_o, ℓ_i の屈折率，s_o と s_i は図 8 に記された距離である．3 角形 ACS と ACP に関する余弦定理より，

ここで $\cos(\pi-\phi)=-\cos\phi$ を使った．

$$\boxed{2}\quad \begin{aligned}\ell_o &= \sqrt{R^2+(s_o+R)^2-2R(s_o+R)\cos\phi}\\ \ell_i &= \sqrt{R^2+(s_i-R)^2+2R(s_i-R)\cos\phi}\end{aligned}$$

式 $\boxed{1}$ は扱いにくいので，1841 年に Gauss（ガウス）が小さい値の ϕ に対して線形近似 $\cos\phi\approx1$（実質的に，これは第 1 次 Taylor 多項式を使っていることに等しい）を使うことによりこの式を簡略化した．これによって，式 $\boxed{1}$ は次のより簡単な式になる（この式の証明は節末問題 34(a) にゆずる），

$$\boxed{3}\quad \frac{n_1}{s_o}+\frac{n_2}{s_i}=\frac{n_2-n_1}{R}$$

このようにして得られた光学の理論は，Gauss 光学あるいは 1 次光学として知られ，レンズを設計するために使われる基本的な理論ツールとなっている．

第 3 次 Taylor 多項式（第 2 次 Taylor 多項式と同じもの）で $\cos\phi$ を近似すると，さらに正確な理論が得られる．これは，ϕ がそれほど小さくない場合の光線，すなわち，（水平）軸からの垂直距離が h より大きい界面に光線が衝突する場合を

考慮に入れている．節末問題34(b)で，この近似を使ってさらに正確な方程式

$$\boxed{4} \quad \frac{n_1}{s_o} + \frac{n_2}{s_i} = \frac{n_2 - n_1}{R} + h^2\left(\frac{n_1}{2s_o}\left(\frac{1}{s_o} + \frac{1}{R}\right)^2 + \frac{n_2}{2s_i}\left(\frac{1}{R} - \frac{1}{s_i}\right)^2\right)$$

を導くことが課される．このようにして得られた光学の理論は3次光学系として知られている．

Taylor多項式の物理学や工学への他の応用例を，節末問題32, 33, 35, 36, 37, 38と本節末の応用課題で探索する．

6・11 節末問題

1. (a) $a=0$ を中心とする $f(x)=\sin x$ の Taylor 多項式を第5次まで求めよ．計算機を使って f のグラフを描き，同一スクリーンにこれらの多項式のグラフも描け．

(b) $x=\pi/4, \pi/2, \pi$ における f およびこれらの多項式の値を求めよ．

(c) Taylor 多項式は $f(x)$ にどのように収束するか述べよ．

2. (a) $a=0$ を中心とする $f(x)=\tan x$ の Taylor 多項式を第3次まで求めよ．計算機を使って f のグラフを描き，同一スクリーンにこれらの多項式のグラフも描け．

(b) $x=\pi/6, \pi/4, \pi/3$ における f およびこれらの多項式の値を求めよ．

(c) Taylor 多項式は $f(x)$ にどのように収束するか述べよ．

3-10 数 a を中心とする関数 f の Taylor 多項式 $T_3(x)$ を求めよ．計算機を使って f と T_3 のグラフを同一スクリーンに描け．

3. $f(x) = e^x, \quad a = 1$

4. $f(x) = \sin x, \quad a = \pi/6$

5. $f(x) = \cos x, \quad a = \pi/2$

6. $f(x) = e^{-x}\sin x, \quad a = 0$

7. $f(x) = \log x, \quad a = 1$

8. $f(x) = x\cos x, \quad a = 0$

9. $f(x) = xe^{-2x}, \quad a = 0$

10. $f(x) = \tan^{-1}x, \quad a = 1$

11-12 数式処理システムを使って，a を中心とする次の関数の Taylor 多項式 T_n を $n=2, 3, 4, 5$ について求めよ．これらの多項式と f のグラフを同一スクリーンに描け．

11. $f(x) = \cot x, \quad a = \pi/4$

12. $f(x) = \sqrt[3]{1 + x^2}, \quad a = 0$

13-22 (a) 次の関数を数 a における第 n 次 Taylor 多項式で近似せよ．

(b) Taylor の不等式を使って，x が与えられる区間の値をとるときの近似 $f(x) \approx T_n(x)$ の正確さを評価せよ．

(c) 計算機を使って $|R_n(x)|$ のグラフを描き，(b)の答えを確かめよ．

13. $f(x) = 1/x, \quad a = 1, \quad n = 2, \quad 0.7 \leqslant x \leqslant 1.3$

14. $f(x) = x^{-1/2}, \quad a = 4, \quad n = 2, \quad 3.5 \leqslant x \leqslant 4.5$

15. $f(x) = x^{2/3}, \quad a = 1, \quad n = 3, \quad 0.8 \leqslant x \leqslant 1.2$

16. $f(x) = \sin x, \quad a = \pi/6, \quad n = 4, \quad 0 \leqslant x \leqslant \pi/3$

17. $f(x) = \sec x, \quad a = 0, \quad n = 2, \quad -0.2 \leqslant x \leqslant 0.2$

18. $f(x) = \log(1 + 2x), \quad a = 1, \quad n = 3, \quad 0.5 \leqslant x \leqslant 1.5$

19. $f(x) = e^{x^2}, \quad a = 0, \quad n = 3, \quad 0 \leqslant x \leqslant 0.1$

20. $f(x) = x\log x, \quad a = 1, \quad n = 3, \quad 0.5 \leqslant x \leqslant 1.5$

21. $f(x) = x\sin x, \quad a = 0, \quad n = 4, \quad -1 \leqslant x \leqslant 1$

22. $f(x) = \sinh 2x, \quad a = 0, \quad n = 5, \quad -1 \leqslant x \leqslant 1$

---

23. 節末問題5の情報を使って，$\cos 80°$ を小数点以下5桁まで見積もれ．

24. 節末問題16の情報を使って，$\sin 38°$ を小数点以下5桁まで見積もれ．

25. Taylor の不等式を使って，$e^{0.1}$ を真の値の0.00001以内に見積もるために必要な，e^x の Maclaurin 級数の項

の数を決定せよ．

26. log 1.4 を真の値の 0.001 以内に見積もるために必要な，$\log(1+x)$ の Maclaurin 級数の項の数はいくつか．

27-29 交代級数の評価定理あるいは Taylor の不等式を使って，次の近似で得られる値が与えられた誤差内におさまるよう x の値の範囲を見積もれ．また，計算機でグラフを描いて答えを確かめよ．

27. $\sin x \approx x - \dfrac{x^3}{6}$　（|誤差| < 0.01）

28. $\cos x \approx 1 - \dfrac{x^2}{2} + \dfrac{x^4}{24}$　（|誤差| < 0.005）

29. $\arctan x \approx x - \dfrac{x^3}{3} + \dfrac{x^5}{5}$　（|誤差| < 0.05）

30.
$$f^{(n)}(4) = \frac{(-1)^n n!}{3^n(n+1)}$$
および 4 を中心とする f の Taylor 級数は収束区間のすべての x について $f(x)$ に収束することが既知であるとする．第 5 次 Taylor 多項式が $f(5)$ を誤差 0.0002 未満で近似することを示せ．

31. ある瞬間，車が速さ 20 m/s，加速度 2 m/s² で移動している．第 2 次 Taylor 多項式を使って，車が 1 秒後どのくらい移動するかを推定せよ．この Taylor 多項式を使って，1 分後の移動距離を推定することは妥当か．

32. 導線の抵抗率 ρ は導電率の逆数であり，単位はオーム・メートル（Ω・m）である．ある金属の抵抗率は温度に依存し，
$$\rho(t) = \rho_{20} e^{\alpha(t-20)}$$
で表される．ここで，t は温度（°C）である．さまざまな金属について α（温度係数とよばれる）と ρ_{20}（20 °C での抵抗率）を並べた表がある．極低温を除いて，抵抗率は温度に関してほぼ線形に変化するので，$t=20$ においては第 1 次あるいは第 2 次 Taylor 多項式によって式 $\rho(t)$ を近似するのは一般的である．

(a) 1 次近似式および 2 次近似式を求めよ．

(b) 表より，銅は $\alpha=0.0039$ (/°C)，$\rho_{20}=1.7\times10^{-8}$（Ω・m）である．計算機を使って，銅の抵抗率と $-250\,°\mathrm{C} \leq t \leq 1000\,°\mathrm{C}$ における 1 次近似式および 2 次近似式のグラフを描け．

(c) どの範囲の t に対して，線形近似は指数関数表現に 1 %以内の誤差の範囲で一致しているか．

33. 電気双極子は大きさの等しい反対の符号をもつ二つの電荷からなる．電荷を q と $-q$ として，互いに距離 d 離れて位置するとき，図中の点 P における電場 E は，
$$E = \frac{q}{D^2} - \frac{q}{(D+d)^2}$$
と表される．この式を d/D のベキの級数として展開することによって，P が双極子から遠く離れるとき，E はほぼ $1/D^3$ に比例することを示せ．

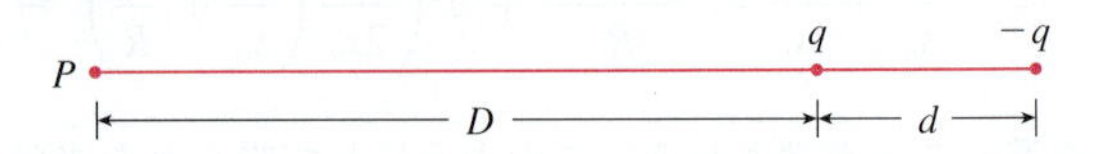

34. (a) 式 [2] の第 1 次 Taylor 多項式を使って $\cos\phi$ を近似し，式 [1] から Gauss 光学の式 [3] を導け．

(b) $\cos\phi$ を式 [2] の第 3 次 Taylor 多項式で置き換えるならば，式 [1] は 3 次光学系の式 [4] となることを示せ［ヒント：ℓ_o^{-1} と ℓ_i^{-1} の 2 項級数の最初の 2 項を使う．また，$\phi \approx \sin\phi$ であることも使う］．

35. 波長 L の水の波が水深 d の水域を速度 v で移動するならば，
$$v^2 = \frac{gL}{2\pi}\tanh\frac{2\pi d}{L}$$
が成り立つ．

(a) 水深が深ければ，$v \approx \sqrt{gL/(2\pi)}$ が成り立つことを示せ．

(b) 水深が浅ければ，tanh の Maclaurin 級数を使って $v \approx \sqrt{gd}$ が成り立つことを示せ（したがって，浅い水域では，波の速度は波長に依存しない傾向がある）．

(c) 交代級数の評価定理を使って，$L > 10d$ ならば，$v^2 \approx gd$ は $0.014gL$ 以内の正確さであることを評価せよ．

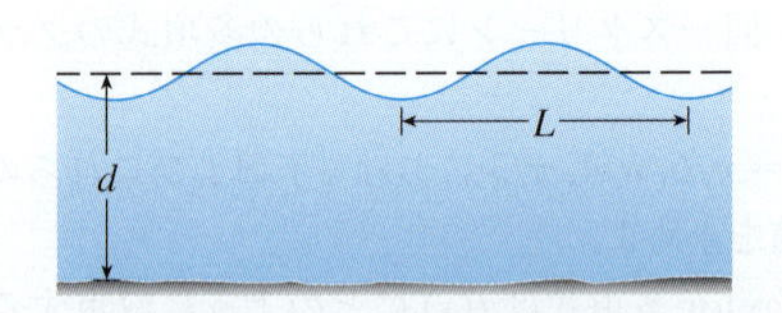

36. 図のような，半径 R，表面電荷密度 ρ の一様に帯電したディスクがある．ディスクに垂直な中心軸に沿って，距離 d の位置にある点 P における電位 V は，k_e を定数（Coulomb（クーロン）定数とよばれる）として，
$$V = 2\pi k_e \sigma\left(\sqrt{d^2+R^2} - d\right)$$
で表される．d の値が大きいとき，
$$V \approx \frac{\pi k_e R^2 \sigma}{d}$$
であることを示せ．

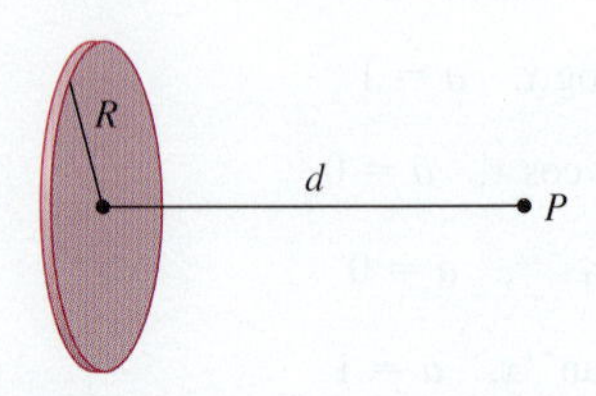

37. 砂漠を横断する高速道路を計画するとして，測量者が標高の差を測定するとき，地球の曲率に基づいた補正値が必要になる．

(a) R を地球半径，L が高速道路の長さとすると，補正値は

$$C = R\sec(L/R) - R$$

であることを示せ．

(b) Taylor 多項式を使って，

$$C \approx \frac{L^2}{2R} + \frac{5L^4}{24R^3}$$

であることを示せ．

(c) 距離 100 km の高速道路について(a)の式と(b)の式による補正値を比較せよ（地球半径を 6370 km とする）．

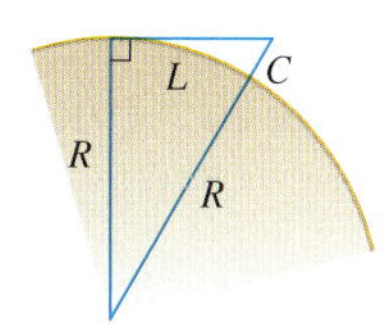

38. 鉛直線となす最大角度 θ_0，長さ L の振り子の周期は，

$$T = 4\sqrt{\frac{L}{g}}\int_0^{\pi/2}\frac{1}{\sqrt{1-k^2\sin^2 x}}\,dx$$

である．ここで，$k=\sin\left(\frac{1}{2}\theta_0\right)$，$g$ は重力加速度である（§2・7 節末問題 42 では Simpson の公式を使ってこの積分を近似している）．

(a) 被積分関数を 2 項級数で展開し，§2・1 節末問題 50 の結果を使って

$$T = 2\pi\sqrt{\frac{L}{g}}\left(1 + \frac{1^2}{2^2}k^2 + \frac{1^2 3^2}{2^2 4^2}k^4 + \frac{1^2 3^2 5^2}{2^2 4^2 6^2}k^6 + \cdots\right)$$

であることを示せ．θ_0 があまり大きくなければ，この級数の第 1 項のみを使う近似 $T\approx 2\pi\sqrt{L/t}$ がよく用いられる．次式のような，第 2 項まで使った近似ではよりよい値が得られる．

$$T \approx 2\pi\sqrt{\frac{L}{g}}\left(1+\tfrac{1}{4}k^2\right)$$

(b) この級数の第 1 項より後の項は，すべてたかだか $\frac{1}{4}$ 以下の係数をもつことに注目せよ．このことを使って，この級数を等比級数と比較し，

$$2\pi\sqrt{\frac{L}{g}}\left(1+\tfrac{1}{4}k^2\right) \leqslant T \leqslant 2\pi\sqrt{\frac{L}{g}}\,\frac{4-3k^2}{4-4k^2}$$

であることを示せ．

(c) (b)の不等式を使って，L が 1 メートル，θ_0 が 10° のときの振り子の周期を推定せよ．近似 $T\approx 2\pi\sqrt{L/g}$ の値と比較して何がいえるか．θ_0 が 42° のときはどうなるか．

39. 第 I 巻 §3・8 では，方程式 $f(x)=0$ の解 r を近似する Newton 法を考え，初期値近似 x_1 から逐次近似 x_2, x_3, … を得た．

$$x_{n+1} = x_n - \frac{f(x_n)}{f'(x_n)}$$

$n=1$，$a=x_n$，$x=r$ として Taylor の不等式を使って，$f''(x)$ が r，x_n，x_{n+1} を含む区間 I に存在し，$|f''(x)|\leqslant M$ であるならば，すべての $x\in I$ について $|f'(x)|\geqslant K$ であり，すなわち

$$|x_{n+1}-r| \leqslant \frac{M}{2K}|x_n - r|^2$$

であることを示せ（つまり，x_n が小数点以下 d 桁まで正確であるならば，x_{n+1} は小数点以下 $2d$ 桁まで正確である．より正確には，n 番目の段階における誤差がせいぜい 10^{-m} であるならば，$n+1$ 番目の段階における誤差はせいぜい $(M/2K)10^{-2m}$ ということである）．

応用課題　星からの放射

どのような物体も，熱せられると放射する．黒体とは，降りかかってくる放射をすべて吸収する系のことである．たとえば，つやのない黒い表面や（溶鉱炉のような）壁面に小さな穴をもつ大きな空洞は黒体であり，黒体自体も放射する．太陽からの放射でさえほぼ黒体放射である．

Luke Dodd / Science Source

19 世紀に提出された Rayleigh–Jeans（レイリー・ジーンズ）の法則は，波長 λ，温度 T の黒体放射のエネルギー密度が

$$f(\lambda) = \frac{8\pi kT}{\lambda^4}$$

の形で表される（ここで，λ, T の単位はそれぞれメートル，ケルビン（K）であり，k は Boltzmann（ボルツマン）定数である）．Rayleigh–Jeans の法則は波長が長い場合の観測測定結果には一致するが，短い波長に対しては全然一

致しない（この法則は $\lambda \to 0^+$ のとき $f(\lambda) \to \infty$ であると予想するが，実験では $f(\lambda) \to 0$ となることが示されている）．この事実は紫外発散として知られている．

1900年に，Max Planck（プランク）が黒体放射のエネルギー密度に対するもっと優れた次のモデルを見つけた（現在では，これはPlanckの法則として知られている）．

$$f(\lambda) = \frac{8\pi hc\lambda^{-5}}{e^{hc/(\lambda kT)} - 1}$$

ここで，波長 λ，温度 T の単位はそれぞれメートル，ケルビン（K）で，

$$h = \text{Planck 定数} = 6.6262 \times 10^{-34}\ (\text{J}\cdot\text{s})$$
$$c = \text{光の速度} = 2.997925 \times 10^{8}\ (\text{m/s})$$
$$k = \text{Boltzmann 定数} = 1.3807 \times 10^{-23}\ (\text{J/K})$$

である．

1. l'Hospitalの定理を用いて，Planckの法則に対して次式が成り立つことを示せ．

$$\lim_{\lambda \to 0^+} f(\lambda) = 0 \qquad \text{かつ} \qquad \lim_{\lambda \to \infty} f(\lambda) = 0$$

   これにより，短い波長に対して，Planckの法則の方がRayleigh-Jeansの法則よりも優れた黒体放射のモデルであることが示される．

2. Taylor多項式を用いることにより，長い波長に対して，Planckの法則はRayleigh-Jeansの法則と同じ近似値を与えることを示せ．
3. 計算機を使って，両方の法則の f のグラフを同一スクリーンに描き，類似点と相違点を述べよ．$T = 5700$（K）を使用せよ（これは太陽の温度である）．（計算する際に，メートル（m）をより計算しやすいマイクロメートル（μm）に換算してよい．$1\ \mu\text{m} = 10^{-6}\ \text{m}$.）
4. 課題3で描いたグラフを使って，Planckの法則のもとで $f(\lambda)$ が最大になる λ の値を評価せよ．
5. T が変化すると f のグラフがどのように変化するのかを調べよ（計算機でPlanckの法則のグラフを描いて用いよ）．特に，課題3で太陽に対する f のグラフを描いたのと同様に，ベテルギウス（オリオン座の α 星）$T =$ 3400（K），プロキオン（こいぬ座の α 星）6400（K），シリウス（おおいぬ座の α 星）9200（K）に対する f のグラフを描け．放射総量（曲線の下の部分の面積）は T に伴ってどのように変化するか．グラフを使って，シリウスが青色星として知られるのに対してベテルギウスが赤色星として知られる理由について説明せよ．

6 章末問題

概念の理解の確認

1. (a) 収束数列とは何か.
(b) 収束級数とは何か.
(c) $\lim_{n\to\infty} a_n=3$ は何を意味するか.
(d) $\Sigma_{n=1}^{\infty} a_n=3$ は何を意味するか.

2. (a) 有界数列とは何か.
(b) 単調数列とは何か
(c) 有界単調数列について何がいえるか.

3. (a) 等比級数(幾何級数)とは何か. どのような条件を満たせば収束するか. また級数の和を記せ.
(b) p-級数とは何か. どのような条件を満たせば収束するか.

4. $\Sigma a_n=3$, s_n を級数の第 n 項までの部分和とする. $\lim_{n\to\infty} a_n$ と $\lim_{n\to\infty} s_n$ を求めよ.

5. 次の判定テストについて説明せよ.
(a) 発散の判定法 (b) 積分判定法
(c) 比較判定法 (d) 極限比較判定法
(e) 交代級数判定法 (f) 比判定法
(g) ベキ根判定法

6. (a) 絶対収束級数とは何か.
(b) 上記の級数について何がいえるか.
(c) 条件収束級数とは何か.

7. (a) ある級数が積分判定法によって収束すると判定されるならば, その和の評価はどのように行うか.
(b) ある級数が比較判定法によって収束すると判定されるならば, その和の評価はどのように行うか.
(c) ある級数が交代級数判定法によって収束すると判定されるならば, その和の評価はどのように行うか.

8. (a) ベキ級数の一般項を記せ.
(b) ベキ級数の収束半径とは何か.
(c) ベキ級数の収束区間とは何か.

9. $f(x)$ を収束半径 R のベキ級数の和とする.
(a) f の微分はどのように行うか. f' における級数の収束半径を求めよ.
(b) f の積分はどのように行うか. $\int f(x)\,dx$ における級数の収束半径を求めよ.

10. (a) a を中心とする f の第 n 次 Taylor 多項式を記せ.
(b) a を中心とする f の Taylor 級数の式を記せ.
(c) Maclaurin 級数の式を記せ.
(d) $f(x)$ がその Taylor 級数の和と等しいことをどのように示すか.
(e) Taylor 不等式について述べよ.

11. 次の関数それぞれについて Maclaurin 級数と収束区間を記せ.
(a) $1/(1-x)$ (b) e^x (c) $\sin x$
(d) $\cos x$ (e) $\tan^{-1}x$ (f) $\log(1+x)$

12. $(1+x)^k$ の 2 項級数展開を記せ. この級数の収束半径はいくつか.

○×テスト

命題の真偽を調べ, 真ならば証明, 偽ならば偽となることの説明または偽となる反例を示せ.

1. $\lim_{n\to\infty} a_n=0$ ならば, Σa_n は収束する.

2. 級数 $\Sigma_{n=1}^{\infty} n^{-\sin 1}$ は収束する.

3. $\lim_{n\to\infty} a_n=L$ ならば, $\lim_{n\to\infty} a_{n+1}=L$ である.

4. $\Sigma c_n 6^n$ が収束するならば, $\Sigma c_n(-2)^n$ は収束する.

5. $\Sigma c_n 6^n$ が収束するならば, $\Sigma c_n(-6)^n$ は収束する.

6. $\Sigma c_n x^n$ が $x=6$ で発散するならば $x=10$ でも発散する.

7. 比判定法は $\Sigma 1/n^3$ が収束するか否かを判定することができる.

8. 比判定法は $\Sigma 1/n!$ が収束するか否かを判定することができる.

9. $0\leqslant a_n\leqslant b_n$ であり, Σb_n が発散するならば, Σa_n も発散する.

10. $\displaystyle\sum_{n=0}^{\infty}\frac{(-1)^n}{n!}=\frac{1}{e}$ である.

11. $-1<\alpha<1$ ならば, $\lim_{n\to\infty}\alpha^n=0$ である.

12. Σa_n が発散するならば, $\Sigma|a_n|$ も発散する.

13. すべての x について $f(x)=2x-x^2+\frac{1}{3}x^3-\cdots$ が収束するならば, $f'''(0)=2$ である.

14. $\{a_n\}$ と $\{b_n\}$ が発散するならば, $\{a_n+b_n\}$ も発散する.

15. $\{a_n\}$ と $\{b_n\}$ が発散するならば, $\{a_n b_n\}$ も発散する.

16. $\{a_n\}$ が減少数列であり, すべての n について $a_n>0$ であるならば, $\{a_n\}$ は収束する.

17. $a_n>0$ であり, Σa_n が収束するならば, $\Sigma(-1)^n a_n$ も収束する.

18. $a_n>0$ であり, $\lim_{n\to\infty}(a_{n+1}/a_n)<1$ ならば, $\lim_{n\to\infty} a_n=0$ である.

19. $0.99999\cdots=1$ である.

20. $\lim_{n\to\infty} a_n=2$ ならば, $\lim_{n\to\infty}(a_{n+3}-a_n)=0$ である.

21. 収束級数に有限個の項が加えられたならば, 新しくできた級数も収束級数である.

22. $\displaystyle\sum_{n=1}^{\infty} a_n=A$ かつ $\displaystyle\sum_{n=1}^{\infty} b_n=B$ ならば, $\displaystyle\sum_{n=1}^{\infty} a_n b_n=AB$ である.

練習問題

1-8　次の数列が収束するか発散するかを決定せよ．収束するならば，その極限も求めよ．

1. $a_n = \dfrac{2+n^3}{1+2n^3}$　　**2.** $a_n = \dfrac{9^{n+1}}{10^n}$

3. $a_n = \dfrac{n^3}{1+n^2}$　　**4.** $a_n = \cos(n\pi/2)$

5. $a_n = \dfrac{n \sin n}{n^2+1}$　　**6.** $a_n = \dfrac{\log n}{\sqrt{n}}$

7. $\{(1+3/n)^{4n}\}$　　**8.** $\{(-10)^n/n!\}$

9. 数列が $a_1=1$，$a_{n+1}=\frac{1}{3}(a_n+4)$ で帰納的に定義されている．$\{a_n\}$ は増加数列であり，すべての n について $a_n<2$ であることを示せ．$\{a_n\}$ は収束することを結論づけ，その極限を求めよ．

10. 計算機を使ってグラフを描き，$\lim_{n\to\infty} n^4e^{-n}=0$ であることを示せ．また，グラフより，極限の正確な定義において $\varepsilon=0.1$ に対応する N の最小値を求めよ．

11-22　次の級数が収束するか発散するかを決定せよ．

11. $\displaystyle\sum_{n=1}^{\infty} \frac{n}{n^3+1}$　　**12.** $\displaystyle\sum_{n=1}^{\infty} \frac{n^2+1}{n^3+1}$

13. $\displaystyle\sum_{n=1}^{\infty} \frac{n^3}{5^n}$　　**14.** $\displaystyle\sum_{n=1}^{\infty} \frac{(-1)^n}{\sqrt{n+1}}$

15. $\displaystyle\sum_{n=2}^{\infty} \frac{1}{n\sqrt{\log n}}$　　**16.** $\displaystyle\sum_{n=1}^{\infty} \log\left(\frac{n}{3n+1}\right)$

17. $\displaystyle\sum_{n=1}^{\infty} \frac{\cos 3n}{1+(1.2)^n}$　　**18.** $\displaystyle\sum_{n=1}^{\infty} \frac{n^{2n}}{(1+2n^2)^n}$

19. $\displaystyle\sum_{n=1}^{\infty} \frac{1\cdot 3\cdot 5\cdot\cdots\cdot(2n-1)}{5^n n!}$

20. $\displaystyle\sum_{n=1}^{\infty} \frac{(-5)^{2n}}{n^2 9^n}$

21. $\displaystyle\sum_{n=1}^{\infty} (-1)^{n-1}\frac{\sqrt{n}}{n+1}$

22. $\displaystyle\sum_{n=1}^{\infty} \frac{\sqrt{n+1}-\sqrt{n-1}}{n}$

23-26　次の級数が絶対収束するか条件収束するか，あるいは発散するかを決定せよ．

23. $\displaystyle\sum_{n=1}^{\infty} (-1)^{n-1}n^{-1/3}$　　**24.** $\displaystyle\sum_{n=1}^{\infty} (-1)^{n-1}n^{-3}$

25. $\displaystyle\sum_{n=1}^{\infty} \frac{(-1)^n(n+1)3^n}{2^{2n+1}}$　　**26.** $\displaystyle\sum_{n=2}^{\infty} \frac{(-1)^n\sqrt{n}}{\log n}$

27-31　次の級数の和を求めよ．

27. $\displaystyle\sum_{n=1}^{\infty} \frac{(-3)^{n-1}}{2^{3n}}$　　**28.** $\displaystyle\sum_{n=1}^{\infty} \frac{1}{n(n+3)}$

29. $\displaystyle\sum_{n=1}^{\infty} (\tan^{-1}(n+1)-\tan^{-1}n)$　　**30.** $\displaystyle\sum_{n=0}^{\infty} \frac{(-1)^n\pi^n}{3^{2n}(2n)!}$

31. $1-e+\dfrac{e^2}{2!}-\dfrac{e^3}{3!}+\dfrac{e^4}{4!}-\cdots$

32. 循環小数 4.17326326326⋯ を有理数の形で表せ．

33. すべての x について $\cosh x \geqq 1+\frac{1}{2}x^2$ であることを示せ．

34. 級数 $\sum_{n=1}^{\infty}(\log x)^n$ が収束するような x の値はいくつか．

35. 級数 $\displaystyle\sum_{n=1}^{\infty} \frac{(-1)^{n+1}}{n^5}$ の和を小数点以下 4 桁まで正確に求めよ．

36. (a) 級数 $\sum_{n=1}^{\infty} 1/n^6$ の部分和 s_5 を求め，完全和 s との誤差を評価せよ．
(b) この級数の和を小数点以下 5 桁まで正確に求めよ．

37. 級数 $\sum_{n=1}^{\infty}(2+5^n)^{-1}$ の和を，初めから第 8 項までの和を用いて近似せよ．誤差の評価も行え．

38. (a) 級数 $\displaystyle\sum_{n=1}^{\infty} \frac{n^n}{(2n)!}$ が収束することを示せ．
(b) $\displaystyle\lim_{n\to\infty} \frac{n^n}{(2n)!}=0$ であることを結論づけよ．

39. 級数 $\sum_{n=1}^{\infty} a_n$ が絶対収束するならば，級数

$$\sum_{n=1}^{\infty} \left(\frac{n+1}{n}\right)a_n$$

も絶対収束することを示せ．

40-43　次の級数の収束半径と収束区間を求めよ．

40. $\displaystyle\sum_{n=1}^{\infty} (-1)^n\frac{x^n}{n^2 5^n}$　　**41.** $\displaystyle\sum_{n=1}^{\infty} \frac{(x+2)^n}{n 4^n}$

42. $\displaystyle\sum_{n=1}^{\infty} \frac{2^n(x-2)^n}{(n+2)!}$　　**43.** $\displaystyle\sum_{n=0}^{\infty} \frac{2^n(x-3)^n}{\sqrt{n+3}}$

44. 級数

$$\sum_{n=1}^{\infty} \frac{(2n)!}{(n!)^2}x^n$$

の収束半径を求めよ．

45. $a=\pi/6$ における $f(x)=\sin x$ の Taylor 級数を求めよ．

46. $a=\pi/3$ における $f(x)=\cos x$ の Taylor 級数を求めよ．

47-54　次の f について Maclaurin 級数と収束半径を求めよ．直接的な方法（Maclaurin 級数の定義を使う）あるいは等比級数，2 項級数などの既知の級数，e^x，$\sin x$，$\tan^{-1}x$，$\log(1+x)$ については Maclaurin 級数を用いてよい．

47. $f(x) = \dfrac{x^2}{1+x}$

48. $f(x) = \tan^{-1}(x^2)$

49. $f(x) = \log(4-x)$

50. $f(x) = xe^{2x}$

51. $f(x) = \sin(x^4)$

52. $f(x) = 10^x$

53. $f(x) = 1/\sqrt[4]{16-x}$

54. $f(x) = (1-3x)^{-5}$

---

55. $\displaystyle\int \frac{e^x}{x}\,dx$ を無限級数の形で表せ．

56. 級数を使って，$\int_0^1 \sqrt{1+x^4}\,dx$ のおよその値を小数点以下 2 桁まで求めよ．

57-58　(a) 数 a における第 n 次 Taylor 多項式を使って f を近似せよ．

(b) 計算機を使って，同一スクリーンに f と T_n のグラフを描け．

(c) Taylor 不等式を使って，x が与えられた区間の値をとるときの近似値 $f(x) \approx T_n(x)$ の精度を評価せよ．

(d) 計算機を使って $|R_n(x)|$ のグラフを描き，(c)の答えを確認せよ．

57. $f(x) = \sqrt{x}$,　$a = 1$,　$n = 3$,　$0.9 \leqslant x \leqslant 1.1$

58. $f(x) = \sec x$,　$a = 0$,　$n = 2$,　$0 \leqslant x \leqslant \pi/6$

---

59. 級数を使って，極限

$$\lim_{x\to 0} \frac{\sin x - x}{x^3}$$

を求めよ．

60. 地上 h の高さにある質量 m の物体にかかる重力による力は

$$F = \frac{mgR^2}{(R+h)^2}$$

である．ここで，R は地球半径であり，g は重力加速度である．

(a) F を h/R のベキ級数で表せ．

(b) 級数の第 1 項で F を近似するならば，h が R に比べてはるかに小さいとき，通常よく用いられる式 $F \approx mg$ が得られることを確認せよ．次に，交代級数の評価定理を使って，近似値 $F \approx mg$ が真の値の 1 % 以内の正確さを得るためには，h の値をどのような範囲にとらなければならないか見積もれ（$R=6400$ (km) を用いる）．

61. すべての x について $f(x) = \sum_{n=0}^{\infty} c_n x^n$ であるとする．

(a) f が奇関数ならば，

$$c_0 = c_2 = c_4 = \cdots = 0$$

であることを示せ．

(b) が偶関数であるならば，

$$c_1 = c_3 = c_5 = \cdots = 0$$

であることを示せ．

62. $f(x) = e^{x^2}$ であるならば，$f^{(2n)}(0) = \dfrac{(2n)!}{n!}$ であることを示せ．

6 追加問題

＊ 解説を読まずに，まず自力で解いてみよう．

例＊　級数 $\sum_{n=0}^{\infty}\frac{(x+2)^n}{(n+3)!}$ の和を求めよ．

［解 説］ ここで，「問題解決のための考え方」として重要なのは，よく知っていることとの関連性を見抜くことである（第Ⅰ巻第1章末「問題解決のための考え方」参照）．既知の級数で，与えられた級数と似たものはあるだろうか．すると，指数関数で構成される点など，e^x の Maclaurin 級数

$$e^x=\sum_{n=0}^{\infty}\frac{x^n}{n!}=1+x+\frac{x^2}{2!}+\frac{x^3}{3!}+\cdots$$

と共通する点がいくつかあることに気づく．このMaclaurin級数のxを$x+2$とすると，

$$e^{x+2}=\sum_{n=0}^{\infty}\frac{(x+2)^n}{n!}=1+(x+2)+\frac{(x+2)^2}{2!}+\frac{(x+2)^3}{3!}+\cdots$$

となり，与えられた級数に近づく．しかし，上記の式では，分子の指数の値が，分母の階乗をとられる値と等しい（すなわち，共に n である）．与えられた級数をこの形に変換するために，$(x+2)^3$ を分子・分母に掛けると，

$$\sum_{n=0}^{\infty}\frac{(x+2)^n}{(n+3)!}=\frac{1}{(x+2)^3}\sum_{n=0}^{\infty}\frac{(x+2)^{n+3}}{(n+3)!}$$

$$=(x+2)^{-3}\left(\frac{(x+2)^3}{3!}+\frac{(x+2)^4}{4!}+\cdots\right)$$

となる．大きい括弧内の級数は最初から3項分の項を除いた e^{x+2} の級数であるので，

$$\sum_{n=0}^{\infty}\frac{(x+2)^n}{(n+3)!}=(x+2)^{-3}\left(e^{x+2}-1-(x+2)-\frac{(x+2)^2}{2!}\right)$$

となる．

問　題

1. $f(x)=\sin(x^3)$ であるときの $f^{(15)}(0)$ を求めよ．

2. 関数 f は

$$f(x)=\lim_{n\to\infty}\frac{x^{2n}-1}{x^{2n}+1}$$

で定義される．f が連続な区間はどこか．

3. (a) $\tan\frac{1}{2}x=\cot\frac{1}{2}x-2\cot x$ であることを示せ．

(b) 級数

$$\sum_{n=1}^{\infty}\frac{1}{2^n}\tan\frac{x}{2^n}$$

の和を求めよ．

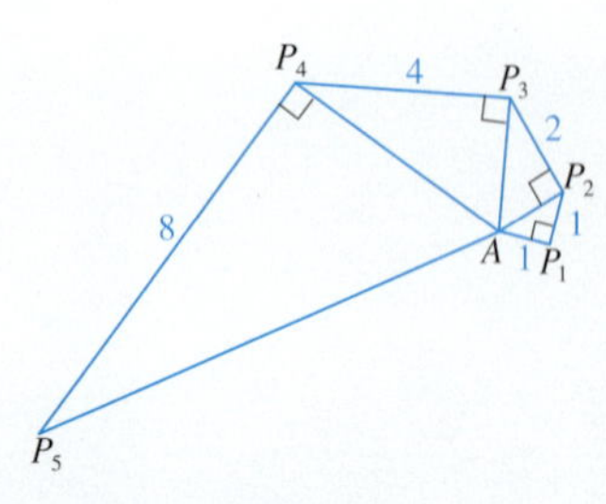

問題4の図

4. $\{P_n\}$ を図のように定義された点の数列であるとする．よって，$|AP_1|=1$，$|P_nP_{n+1}|=2^{n-1}$，$\angle AP_nP_{n+1}$ は直角である．$\lim_{n\to\infty}\angle P_nAP_{n+1}$ を求めよ．

5. **Koch**（コッホ）**雪片曲線**を作成するには，まず辺長1の正3角形からスタートする．ステップ1では，各辺を3等分して辺の中央部分を1辺とする正3角形を作成し，中央部の辺を削除する（図）．ステップ2では，得られた多角形の各辺に対してステップ1を繰返す．この過程を無限に繰返すことでコッホ雪片曲線が得られる．

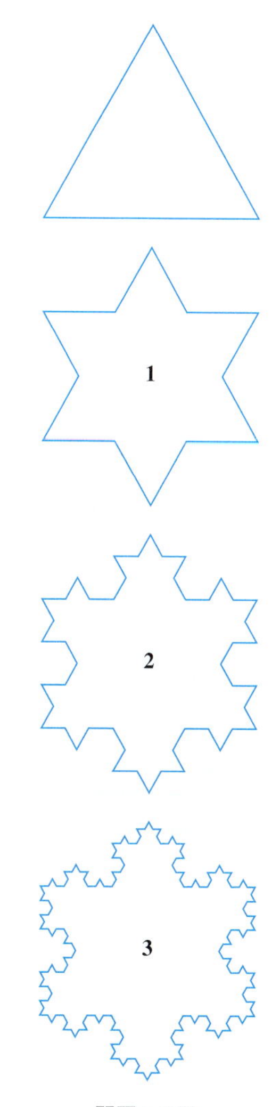

問題 5 の図

(a) s_n を辺の数，l_n を辺の長さ，p_n を n 次近似曲線（ステップ n 後に得られる曲線）の全長とする．s_n，l_n，p_n についての式を求めよ．

(b) $n \to \infty$ のとき，$p_n \to \infty$ になることを示せ．

(c) 無限級数の和をとり，Koch 雪片曲線で囲まれる領域の面積を求めよ．

[注意：(b)と(c)は，Koch 雪片曲線が無限の長さをもつが，有限の領域を囲むことを示している.]

6. 各項が 2 と 3 のみの素因数をもつ自然数の逆数である級数

$$1 + \frac{1}{2} + \frac{1}{3} + \frac{1}{4} + \frac{1}{6} + \frac{1}{8} + \frac{1}{9} + \frac{1}{12} + \cdots$$

がある．この級数の和を求めよ．

7. (a) 左辺が $-\pi/2$ と $\pi/2$ の間をとるならば，$xy \neq -1$ として

$$\arctan x - \arctan y = \arctan \frac{x - y}{1 + xy}$$

であることを示せ．

(b) $\arctan \frac{120}{119} - \arctan \frac{1}{239} = \pi/4$ であることを示せ．

(c) John Machin（マチン，1680–1751）が発見した Machin の公式

$$4 \arctan \tfrac{1}{5} - \arctan \tfrac{1}{239} = \frac{\pi}{4}$$

を導け．

(d) arctan について Maclaurine 級数を使って，

$$0.1973955597 < \arctan \tfrac{1}{5} < 0.1973955616$$

であることを示せ．

(e)
$$0.004184075 < \arctan \tfrac{1}{239} < 0.004184077$$

であることを示せ．

(f) 以上のことから，π の小数点以下 7 桁までの値は $\pi \approx 3.1415927$ であることを導け．

1706 年，Machin はこの方法を使って π の値を小数点以下 100 桁まで求めた．近年，計算機の助けを借りて，π の値はより高い精度まで計算されており，2013 年には，近藤 茂と Alexander Yee が小数点以下 12 兆（！）桁以上まで計算したと発表した．

8. (a) 前問 7(a)の式の arctan を arccot とした式を証明せよ．

(b) 級数 $\sum_{n=0}^{\infty} \operatorname{arccot}(n^2+n+1)$ の和を求めよ．

9. 問題 7(a)の結果を使って，級数 $\sum_{n=1}^{\infty} \arctan(2/n^2)$ の和を求めよ．

10. $a_0+a_1+a_2+\cdots+a_k=0$ ならば，

$$\lim_{n\to\infty} \left(a_0\sqrt{n} + a_1\sqrt{n+1} + a_2\sqrt{n+2} + \cdots + a_k\sqrt{n+k}\right) = 0$$

であることを示せ．この証明の仕方がわからないのであれば，「問題解決のための考え方」の類似問題を利用せよを試みよ．まず $k=1$ と $k=2$ の特別な場合を考える．この場合の証明の仕方がわかれば，その証明を一般化することができるだろう．

11. $\sum_{n=1}^{\infty} n^3x^n$ の収束区間を求め，級数の和を求めよ．

12. たくさんの同じ大きさの本が，テーブルの端に積み重ねられているとする．このとき，図のように，下の本と上の本とがずれて重ねられ，上の本になるほどだんだん机の端から突き出ていくとする．一番上の本がまったくテーブル上にない状態まで重ねることができることを示せ．つまり，十分に高く本を積み重ねるならば，

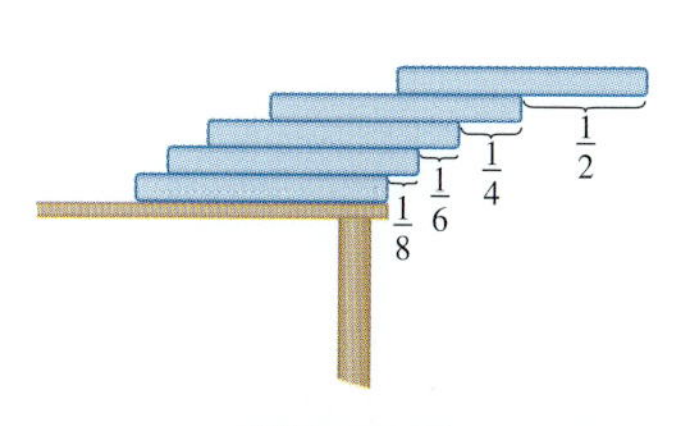

問題 12 の図

テーブル上からどんなに離れた距離までも本を重ねていけることを示せ．本は次の方法で積み重ねていくものとする．1番上の本は，その下の2番目の本より本の幅の半分を突き出して重ねる．2番目の本は3番目の本より幅4分の1を突き出して重ねる．3番目の本は4番目の本より幅6分の1を突き出して重ねる（トランプカードなどで自分で試してみよ）．重心を考えよ．

13. 級数 $\displaystyle\sum_{n=2}^{\infty} \log\left(1-\frac{1}{n^2}\right)$ の和を求めよ．

14. $p>1$ のとき，

$$\frac{1+\dfrac{1}{2^p}+\dfrac{1}{3^p}+\dfrac{1}{4^p}+\cdots}{1-\dfrac{1}{2^p}+\dfrac{1}{3^p}-\dfrac{1}{4^p}+\cdots}$$

を求めよ．

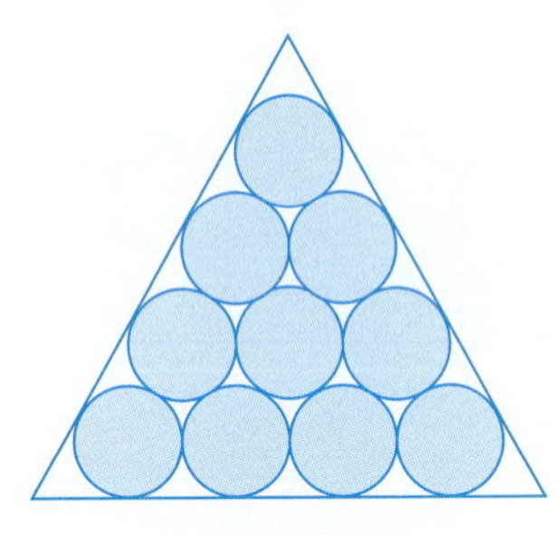

問題15の図

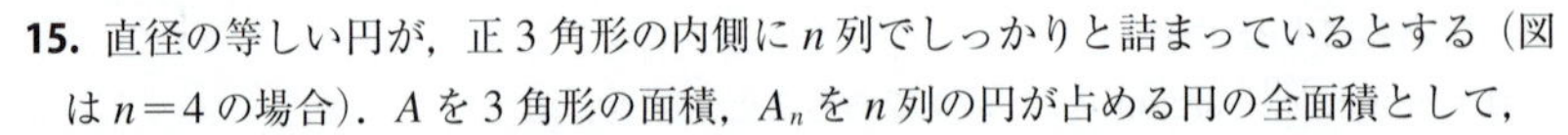

15. 直径の等しい円が，正3角形の内側に n 列でしっかりと詰まっているとする（図は $n=4$ の場合）．A を3角形の面積，A_n を n 列の円が占める円の全面積として，

$$\lim_{n\to\infty}\frac{A_n}{A}=\frac{\pi}{2\sqrt{3}}$$

であることを示せ．

16. 数列 $\{a_n\}$ は

$$a_0=a_1=1 \qquad n(n-1)a_n=(n-1)(n-2)a_{n-1}-(n-3)a_{n-2}$$

で帰納的に定義される．級数 $\sum_{n=0}^{\infty} a_n$ の和を求めよ．

17. 曲線 $y=e^{-x/10}\sin x$，$x\geqq 0$ を x 軸のまわりに回転させると，得られる回転体は無限に減少するビーズのひものようになる．

(a) n 番目のビーズの正確な体積を求めよ（巻末の「公式集」にある不定積分の表か数式処理システムを用いよ）．

(b) ビーズの全体積を求めよ．

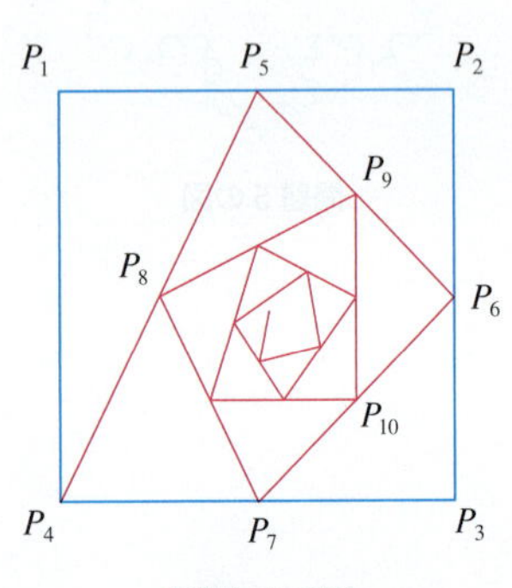

問題18の図

18. 正方形の頂点 $P_1(0,1), P_2(1,1), P_3(1,0), P_4(0,0)$ から始めて，図に示すように，P_1P_2 の中点を P_5，P_2P_3 の中点を P_6，P_3P_4 の中点を P_7 と，さらに点を作成していく．多角らせん $P_1P_2P_3P_4P_5P_6P_7\cdots$ は正方形の内側の点 P に近づいていく．

(a) P_n の座標を (x_n, y_n) とするならば，$\frac{1}{2}x_n+x_{n+1}+x_{n+2}+x_{n+3}=2$ であることを示せ．y 座標についても同様の方程式を求めよ．

(b) P の座標を求めよ．

19. 級数 $\displaystyle\sum_{n=1}^{\infty}\frac{(-1)^n}{(2n+1)3^n}$ の和を求めよ．

20. 次の手順で

$$\frac{1}{1\cdot 2}+\frac{1}{3\cdot 4}+\frac{1}{5\cdot 6}+\frac{1}{7\cdot 8}+\cdots=\log 2$$

であることを示せ．

(a) 有限等比級数の和の公式（§6·2 3）を使って，

$$1-x+x^2-x^3+\cdots+x^{2n-2}-x^{2n-1}$$

についての式を得よ．

(b) (a)の結果を0から1まで積分し，

$$1-\frac{1}{2}+\frac{1}{3}-\frac{1}{4}+\cdots+\frac{1}{2n-1}-\frac{1}{2n}$$

についての積分式を得よ．

(c) (b)を使って，

$$\left| \frac{1}{1\cdot 2}+\frac{1}{3\cdot 4}+\frac{1}{5\cdot 6}+\cdots+\frac{1}{(2n-1)(2n)}-\int_0^1 \frac{dx}{1+x} \right| < \int_0^1 x^{2n}\,dx$$

を示せ．

(d) (c)を使って，与えられた級数の和は log 2 であることを示せ

21.

$$1+\frac{x}{2!}+\frac{x^2}{4!}+\frac{x^3}{6!}+\frac{x^4}{8!}+\cdots=0$$

の解をすべて求めよ［ヒント：$x \geqslant 0$ の場合と $x<0$ の場合を分けて考える］．

22. 図のように，直角 3 角形が作成されていく．各 3 角形は高さが 1 で，底辺は一つ前の 3 角形の斜辺である．この一連の 3 角形が P を中心に無限に作成されていくことを，$\Sigma\,\theta_n$ が発散級数であることを示すことによって表せ．

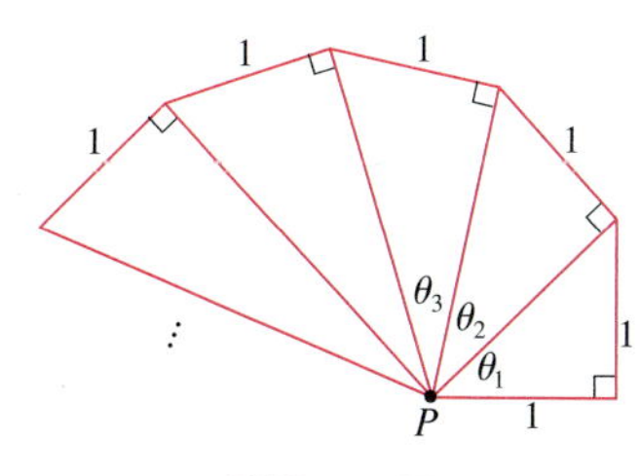

問題 22 の図

23. ある無限級数のそれぞれの項が，10 進法で表したとき 0 が桁数として現れないような自然数の逆数になっているものとする．この級数が収束し，級数の和が 90 より小さいことを示せ．

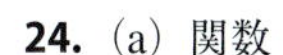

24. (a) 関数

$$f(x)=\frac{x}{1-x-x^2}$$

の Maclaurin 級数は，

$$\sum_{n=1}^{\infty} f_n x^n$$

であることを示せ．ここで，f_n は n 番目の Fibonacci 数であり，$n \geqslant 3$ について $f_1=1$，$f_2=1$，$f_n=f_{n-1}+f_{n-2}$ である［ヒント：$x/(1-x-x^2)=c_0+c_1x+c_2x^2+\cdots$ と書き，両辺に $1-x-x^2$ を掛ける］．

(b) 部分和として $f(x)$ を記し，異なる方法で Maclaurin 級数を得ることによって，n 番目の Fibonacci 数を表す公式を求めよ．

25.

$$u=1+\frac{x^3}{3!}+\frac{x^6}{6!}+\frac{x^9}{9!}+\cdots$$

$$v=x+\frac{x^4}{4!}+\frac{x^7}{7!}+\frac{x^{10}}{10!}+\cdots$$

$$w=\frac{x^2}{2!}+\frac{x^5}{5!}+\frac{x^8}{8!}+\cdots$$

とする．$u^3+v^3+w^3-3uvw=1$ であることを示せ．

26. $n>1$ ならば，調和級数の第 n 項までの部分和は整数ではないことを証明せよ［ヒント：2^k を n 以下の最大の 2 のベキとして，M を n 以下のすべての奇数整数の積とする．また，$s_n=m$ を整数とする．よって $M2^ks_n=M2^km$ である．この方程式の右辺は偶数である．左辺のそれぞれの項が最後のものを除いて偶数であることを示すことによって，左辺が奇数であることを証明する］．

付　　録

A　2次方程式のグラフ

B　3角法

C　複素数

D　定理の証明

A　2次方程式のグラフ

次のような形をした，円，放物線，だ円，双曲線を表す2次方程式*

$$x^2+y^2=1 \qquad y=x^2+1 \qquad \frac{x^2}{9}+\frac{y^2}{4}=1 \qquad x^2-y^2=1$$

を調べる．

xとyの方程式のグラフとは，その方程式を満たすxy平面のすべての点(x, y)からなる集合であり，グラフは方程式を視覚的に表現するものである．逆にxy平面に曲線のグラフが与えられたとき，曲線上の任意の点は満たすが，曲線上にない点は満たさないというような方程式を求めなければならないこともあるかもしれない．幾何学的な曲線が代数方程式で表すことができるのならば，幾何学的な問題を解析するために代数の手法を使うことができる．このような考えが，Descartes（デカルト）とFermat（フェルマ）によってつくられた解析幾何学の基本的原理である．

＊ 訳注：代数的にはx, yについての2次方程式

$$Ax^2+By^2+Cxy+Dx+Ey+F=0$$
$$(A, B, C)\neq(0, 0, 0)$$

のグラフはだ円（特別な場合として円），双曲線，放物線および特別な場合として直線または点となる．このことは，この式を適当な直交座標変換することにより，だ円，双曲線，放物線の方程式の標準形といわれる

$$\frac{x^2}{a^2}+\frac{y^2}{b^2}=1$$
$$\frac{x^2}{a^2}-\frac{y^2}{b^2}=1$$
$$y=ax^2$$

のどれかになることからわかる．

また，同じ軸をもち，頂点同士でつながった同形な二つの円すいを，平面で切断したときに現れる曲線を円すい曲線（§5·5参照）といい，この場合もだ円，双曲線，放物線のどれか（特別な場合に直線または点）が現れる．

■ 円

このタイプの問題の例として，中心(h, k)，半径rの円の方程式を求めよう．円の定義より，円とは中心$C(h, k)$からの距離がrであるすべての点$P(x, y)$の集合である（図1）．このことから点Pが円周上の点であることと，$|PC|=r$であることは同値であり，距離の公式より

$$\sqrt{(x-h)^2+(y-k)^2}=r$$

である．この両辺を2乗すると

$$(x-h)^2+(y-k)^2=r^2$$

であり，これが求める円の方程式である．

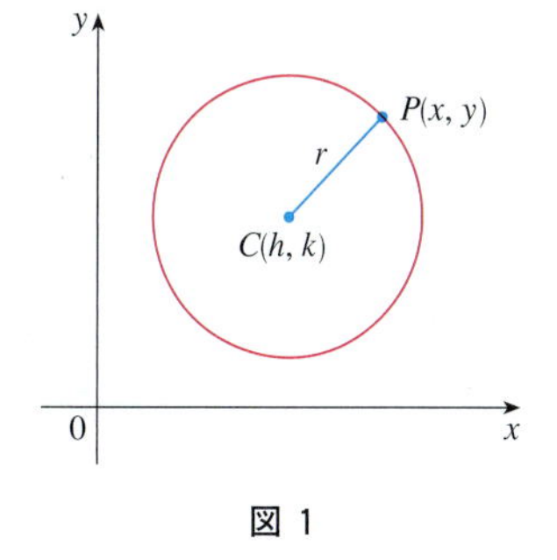

図 1

> [1] **円の方程式**　中心(h, k)，半径rの円の方程式は
> $$(x-h)^2+(y-k)^2=r^2$$
> であり，特に中心が原点$(0, 0)$の場合は
> $$x^2+y^2=r^2$$
> となる．

例 1　半径3，中心$(2, -5)$の円の方程式を求めよ．

［解 説］　円の方程式[1]に$r=3$，$h=2$，$k=-5$を代入すれば

$$(x-2)^2+(y+5)^2=9$$

である．

例 2　方程式$x^2+y^2+2x-6y+7=0$が円を表していることを示してから，その円の中心座標と半径を求めてグラフを描け．

［解 説］　まずxの項とyの項に分ける．

$$(x^2+2x)+(y^2-6y)=-7$$

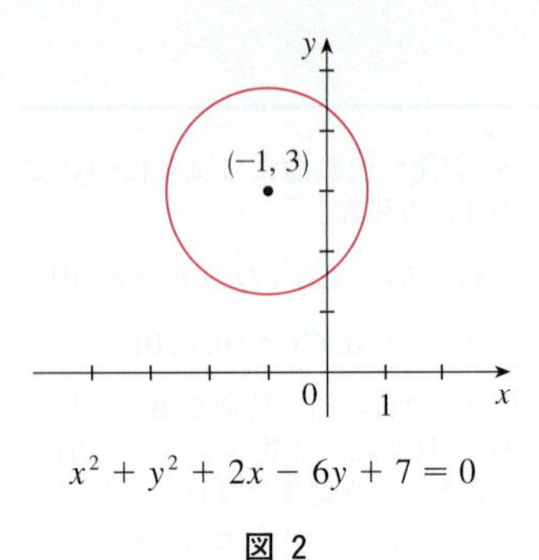

$x^2+y^2+2x-6y+7=0$

図 2

次に左辺の各項に適当な定数（1 次の項の係数の半分の平方）を加えて，各項が完全平方の形になるようにしてから，等式が成り立つように同じ数を方程式の右辺にも加えると，次の式を得る．

$$(x^2+2x+1)+(y^2-6y+9)=-7+1+9$$

すなわち，

$$(x+1)^2+(y-3)^2=3$$

円の方程式 1 と比べることにより，与えられた方程式は中心 $(-1, 3)$，半径 $\sqrt{3}$ の円の方程式であることがわかる．図 2 がこの円のグラフである．

放 物 線

放物線の幾何学的性質は § 5･5 で学習するので，ここでは，放物線とは方程式 $y=ax^2+bx+c$ $(a\neq 0)$ のグラフだとみなすだけにとどめておこう．

例 3　放物線 $y=x^2$ のグラフを描け．

［解 説］ いくつかの x の値に関する y の値を求めて表をつくり，それらの点を xy 座標平面にプロットし，各点の間をなめらかな曲線で結んで得られたのが図 3 に示すグラフである．

x	$y=x^2$
0	0
$\pm\frac{1}{2}$	$\frac{1}{4}$
± 1	1
± 2	4
± 3	9

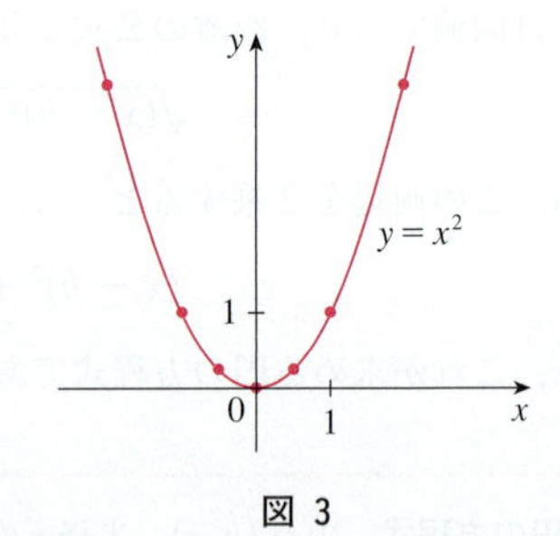

図 3

図 4 はさまざまな a の値に対する放物線の方程式 $y=ax^2$ のグラフである．どの場合も放物線の頂点は原点であり，放物線 $y=ax^2$ は $a>0$ の場合，上に開いており（下に凸であり），$a<0$ の場合，下に開いている（上に凸である）（図 5）．

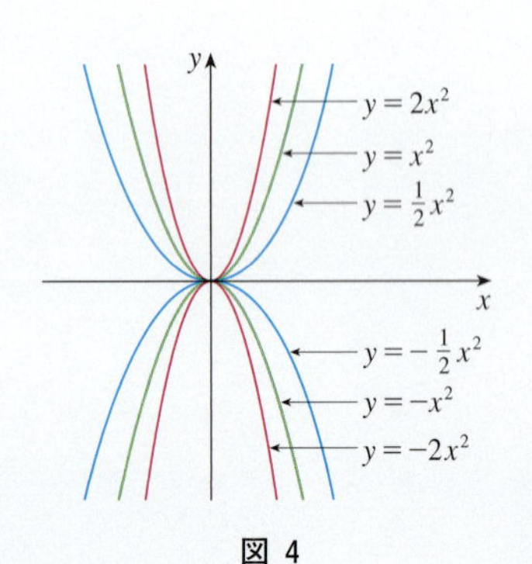

図 4

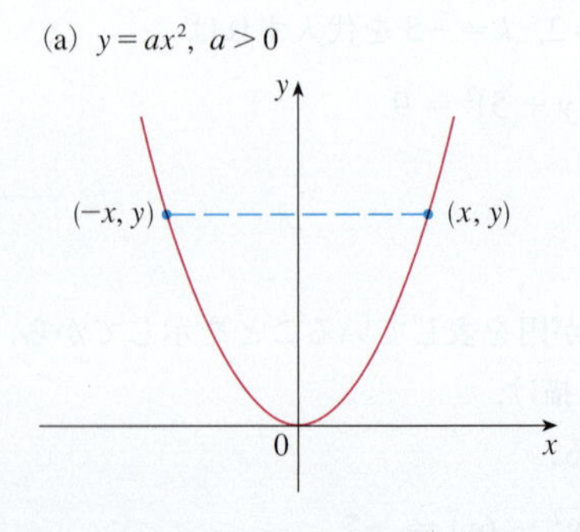

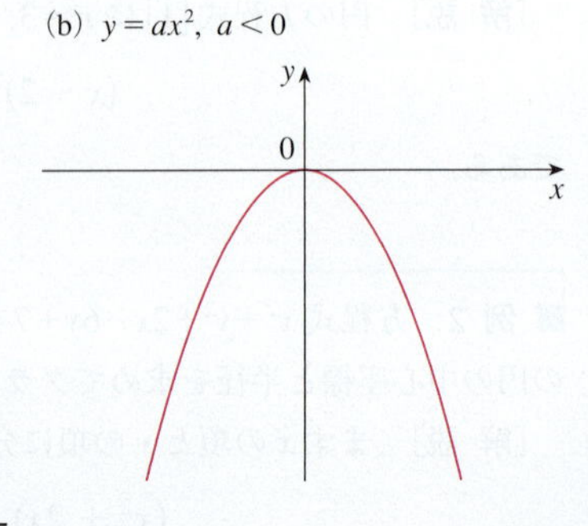

図 5

(x, y) が $y=ax^2$ 上の点ならば $(-x, y)$ も $y=ax^2$ の点であるから，y 軸に関して，グラフの右半分を左に折り返すと，グラフの左半分と一致する．このとき，グラフは **y 軸に関して線対称**であるという．

> x を $-x$ に置き換えても方程式が変わらないとき，方程式のグラフは y 軸に関して線対称である．

方程式 $y=ax^2$ の x と y を入れ換えると，$x=ay^2$ となり，これも放物線である（x と y を入れ換えるということは，二つのグラフが直線 $y=x$ に関して線対称になっている）．放物線 $x=ay^2$ は $a>0$ のとき右に開いていて，$a<0$ のとき左に開いている（図 6）．この場合，点 (x, y) が方程式 $x=ay^2$ を満たしているならば，点 $(x, -y)$ も $x=ay^2$ を満たしているから，この放物線は x 軸に関して線対称である．

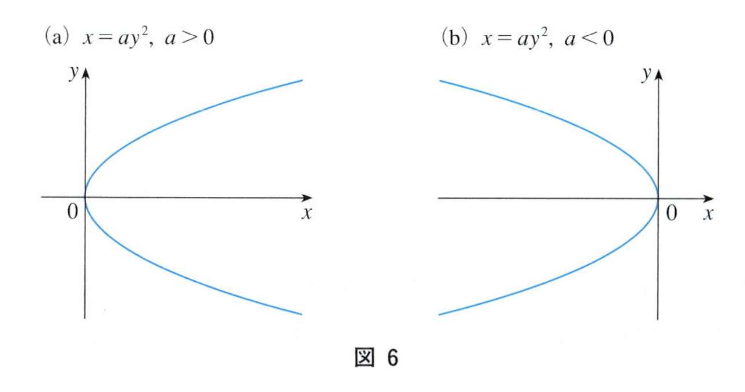

図 6

> y を $-y$ に置き換えても方程式が変わらないとき，方程式のグラフは x 軸に関して線対称である．

例 4　放物線 $x=y^2$ と直線 $y=x-2$ で囲まれた領域を図示せよ．

［解　説］　まず，放物線と直線の交点を求める．$x=y+2$ と $x=y^2$ より x を消去して $y+2=y^2$ を解くと，

$$0 = y^2 - y - 2 = (y-2)(y+1)$$

であるから，$y=-1$ または 2 である．これより交点の座標は $(1, -1)$ と $(4, 2)$ であるから，直線 $y=x-2$ がこの 2 点を通ることを強調して描く．次に放物線 $x=y^2$ を図 6(a) を参照して点 $(0, 0)$ と $(4, 2)$，$(1, -1)$ を通るように描く．$y=x^2$ と $y=x-2$ で囲まれた領域はこれらの曲線と直線を境界とする有限領域であり，それを図示したのが図 7 である．

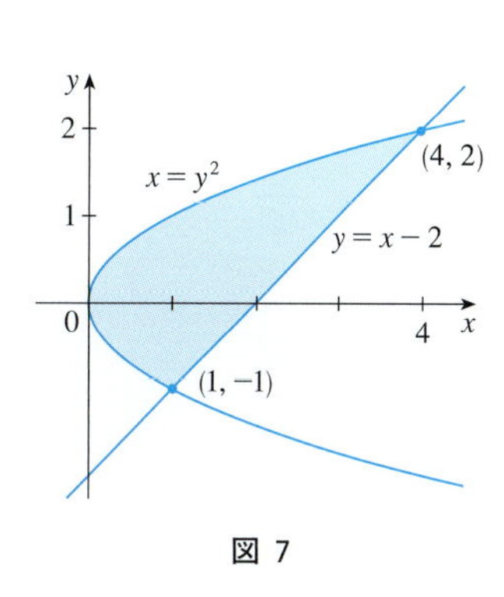

図 7

だ　円

a, b を正定数とするとき，方程式

$$\boxed{2}\qquad \frac{x^2}{a^2}+\frac{y^2}{b^2}=1$$

が表す曲線を（標準の位置の）**だ円**という（だ円の幾何学的性質は §5・5 で論ず

る)．方程式 $\boxed{2}$ は x を $-x$ あるいは y を $-y$ に置き換えても変わらないから，だ円は x 軸, y 軸に関して線対称である．だ円の概形を知るために，座標軸との交点を求める．

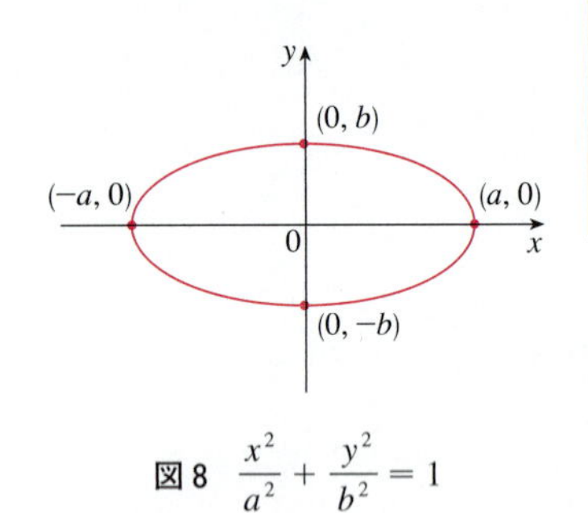

図 8　$\dfrac{x^2}{a^2}+\dfrac{y^2}{b^2}=1$

グラフの **x 切片**はグラフと x 軸との交点の x 座標である．x 切片は，グラフの方程式の y を 0 とおいて，x について方程式を解くことにより求まる．
グラフの **y 切片**はグラフと y 軸との交点の y 座標である．y 切片はグラフの方程式の x を 0 とおいて，y について方程式を解くことにより求まる．

方程式 $\boxed{2}$ において $y=0$ とすると，$x^2=a^2$ であるから，x 切片は $\pm a$ である．同様に $x=0$ とすると，$y^2=b^2$ であるから，y 切片は $\pm b$ である．これらの情報と座標軸に関する対称性を使って描いただ円のグラフが図 8 である．特に $a=b$ であるときは，だ円は半径 a の円である．

例 5　$9x^2+16y^2=144$ のグラフを描け．

［解 説］　両辺を 144 で割ると，

$$\frac{x^2}{16}+\frac{y^2}{9}=1$$

であるから，これは方程式 $\boxed{2}$ のだ円の方程式の標準形をしている．これより x 切片は ± 4，y 切片は ± 3 となるので，グラフは図 9 のようになる．

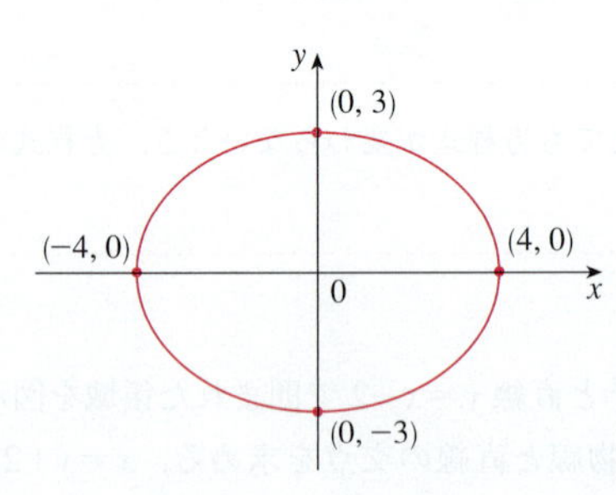

図 9　$9x^2+16y^2=144$

双 曲 線

a, b を正定数とするとき，方程式

$$\boxed{3}\qquad \frac{x^2}{a^2}-\frac{y^2}{b^2}=1$$

が表す曲線を（標準の位置の）**双曲線**という．方程式 $\boxed{3}$ も，x を $-x$ あるいは y を $-y$ に置き換えても変わらないから，標準の位置の双曲線も x 軸, y 軸に関して線対称である．$y=0$ として x 切片を求めると，$x^2=a^2$ すなわち $x=\pm a$ であるが，方程式 $\boxed{3}$ において $x=0$ とすると，実数解のない方程式 $y^2=-b^2$ を得るので，y 軸とは交点をもたない．実際，方程式 $\boxed{3}$ より

$$\frac{x^2}{a^2}=1+\frac{y^2}{b^2}\geqq 1 \qquad すなわち \qquad x^2\geqq a^2$$

であるから，$|x|=\sqrt{x^2}\geqslant$a すなわち $x\leqslant -a$ または $x\geqslant a$ となる．これが意味していることは，双曲線は二つの部分に分かれているということである．図 10 に双曲線のグラフが描かれている．

双曲線を描くためには，図 10 に示した漸近線 $y=(b/a)x$，$y=-(b/a)x$ を描き込むとよい．双曲線の二つの部分は，それぞれ，漸近線にいくらでも近づいていく．これについては第 I 巻第 1 章の極限の概念で詳しく述べた（第 I 巻 § 3･5 の漸近線と節末問題 57 も参照せよ）．

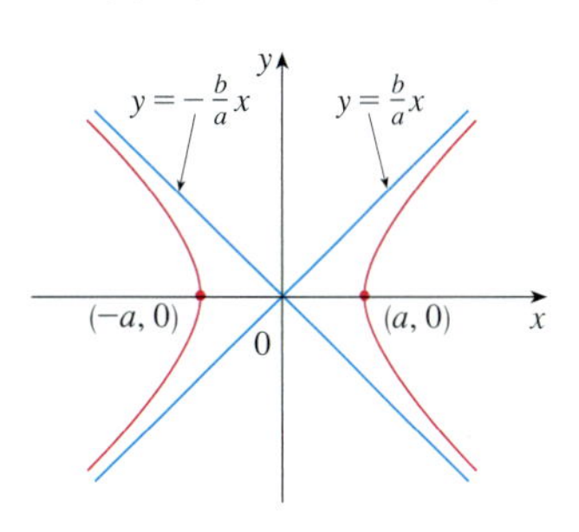

双曲線 $\dfrac{x^2}{a^2}-\dfrac{y^2}{b^2}=1$

図 10

x と y を入れ換えると，方程式は

$$\frac{y^2}{a^2}-\frac{x^2}{b^2}=1$$

となり，これは図 11 に示す双曲線を表している．

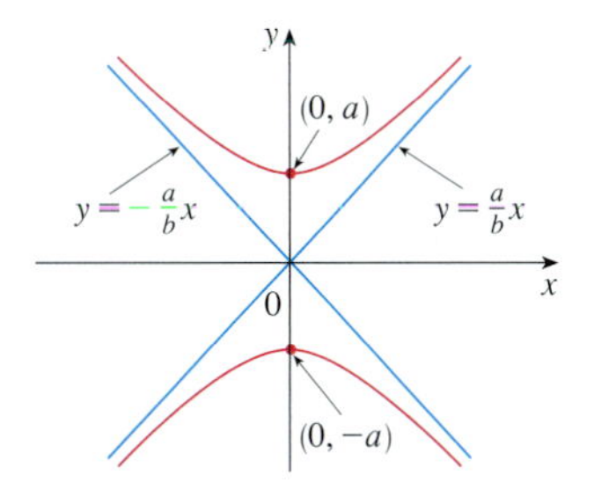

双曲線 $\dfrac{y^2}{a^2}-\dfrac{x^2}{b^2}=1$

図 11

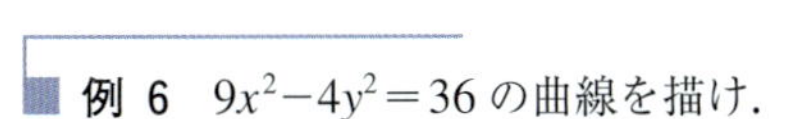

例 6　$9x^2-4y^2=36$ の曲線を描け．

［解 説］　両辺を 36 で割ると

$$\frac{x^2}{4}-\frac{y^2}{9}=1$$

であり，これは方程式 3 の双曲線の方程式の標準形をしている．これより x 切片が ± 2 で漸近線は $y=\pm\frac{3}{2}x$ となるので，グラフでは図 12 のようになる．

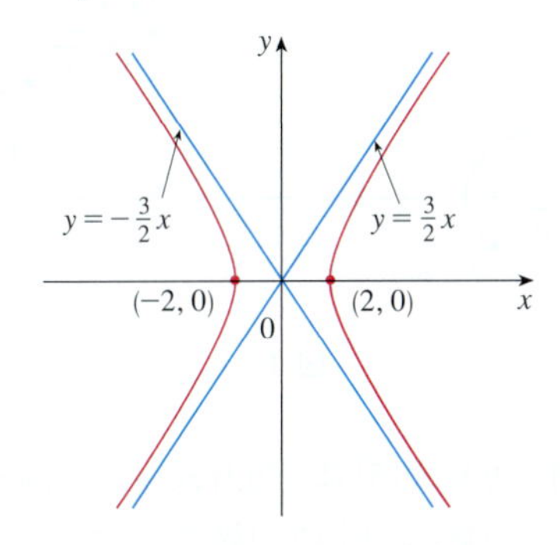

図 12　双曲線 $9x^2-4y^2=36$

$a=b$ の場合，双曲線 $x^2-y^2=a^2$（または $x^2-y^2=-a^2$）を直角双曲線という（図 13(a)）．直角双曲線の 2 本の漸近線 $y=\pm x$ は直交している．直角双曲線を 45° 回転すると，漸近線は座標軸の x 軸, y 軸となり，双曲線の方程式は，k を定数として $xy=k$ となる（図 13(b)）．

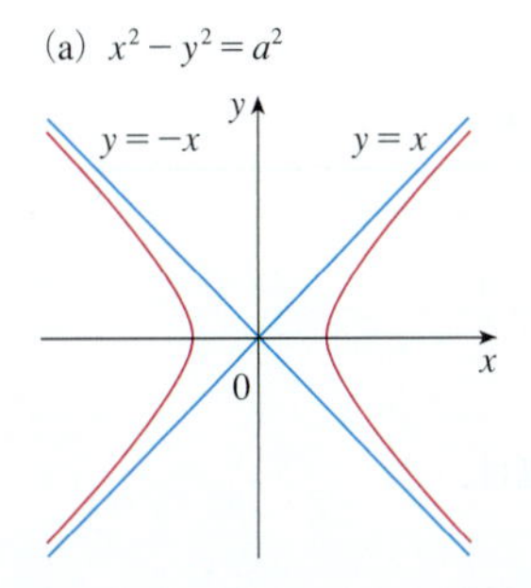

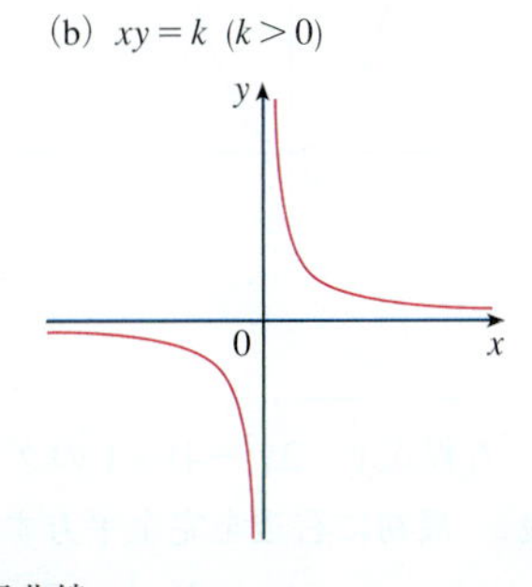

図 13　直角双曲線

2次曲線の平行移動

原点を中心とし，半径 r の円の方程式は $x^2+y^2=r^2$ であり，中心 (h, k)，半径 r の円の方程式は

$$(x-h)^2+(y-k)^2=r^2$$

であった．同様にして

4
$$\frac{x^2}{a^2}+\frac{y^2}{b^2}=1$$

は原点中心のだ円の方程式であって，このだ円の中心を点 (h, k) に平行移動すると，方程式は

5
$$\frac{(x-h)^2}{a^2}+\frac{(y-k)^2}{b^2}=1$$

となる（図 14）．

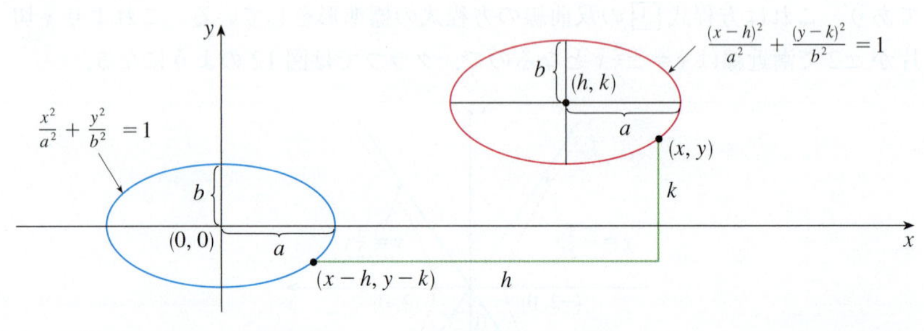

図 14

このだ円の平行移動の方程式 5 は，方程式 4 の x, y それぞれを $x-h, y-k$ に置き換えて得られる．同様に，図 15 の放物線 $y=ax^2$ の頂点（原点 $(0, 0)$ である）が点 (h, k) になるように移動した放物線の方程式は，x, y それぞれを $x-h$，$y-k$ に置き換えて得られる方程式

$$y-k=a(x-h)^2 \qquad \text{すなわち} \qquad y=a(x-h)^2+k$$

である．

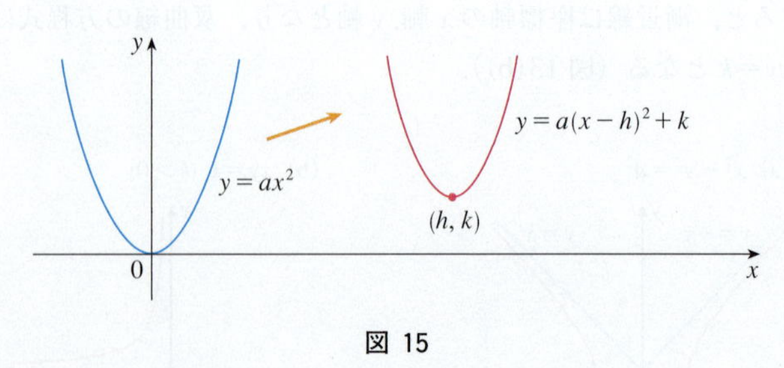

図 15

例 7　方程式 $y=2x^2-4x+1$ のグラフを描け．

［解 説］ 最初に右辺を完全平方する．

$$y=2(x^2-2x)+1=2(x-1)^2-1$$

これより方程式が表す放物線は，放物線 $y=2x^2$ の頂点が $(1,-1)$ になるように平行移動したものである（図 16）．

$y = 2x^2 - 4x + 1$

図 16

例 8　曲線 $x=1-y^2$ のグラフを描け．

［解 説］ $x=1-y^2$ は $x=-(y-0)^2+1$ と書き換えられるから，求める放物線のグラフは図 6 でみた $x=-y^2$ のグラフを右に 1 だけ平行移動したグラフ，すなわち，頂点が $(1,0)$ となるように平行移動したグラフである（図 17）．

(a) $x=-y^2$

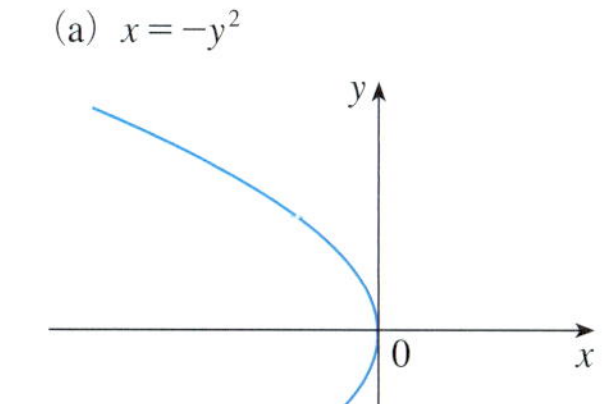

(b) $x=1-y^2$

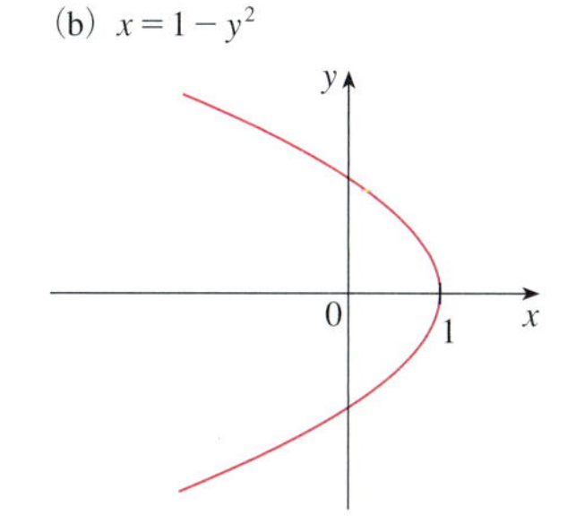

図 17

A 練習問題

1-4　条件を満たす円の方程式を求めよ．

1. 中心 $(3,-1)$，半径 5

2. 中心 $(-2,-8)$，半径 10

3. 原点中心，点 $(4,7)$ を通る

4. 中心 $(-1,5)$，点 $(-4,-6)$ を通る

5-9　円の方程式であることを示し，中心と半径を求めよ．

5. $x^2+y^2-4x+10y+13=0$

6. $x^2+y^2+6y+2=0$

7. $x^2+y^2+x=0$

8. $16x^2+16y^2+8x+32y+1=0$

9. $2x^2+2y^2-x+y=1$

10. 方程式 $x^2+y^2+ax+by+c=0$ が円を表す方程式となる係数 a,b,c の条件を求め，その条件を満たしたときの円の中心と半径を求めよ．

11-32　曲線の種類を求め，点をプロットせずに，図 5, 6, 8, 10, 11 で与えた標準形のグラフと，その平行移動を使って，グラフを描け．

11. $y=-x^2$　**12.** $y^2-x^2=1$

13. $x^2+4y^2=16$　**14.** $x=-2y^2$

15. $16x^2-25y^2=400$　**16.** $25x^2+4y^2=100$

17. $4x^2+y^2=1$　**18.** $y=x^2+2$

19. $x=y^2-1$　**20.** $9x^2-25y^2=225$

21. $9y^2-x^2=9$　**22.** $2x^2+5y^2=10$

23. $xy=4$　**24.** $y=x^2+2x$

25. $9(x-1)^2+4(y-2)^2=36$

26. $16x^2+9y^2-36y=108$

27. $y=x^2-6x+13$

28. $x^2-y^2-4x+3=0$

29. $x=4-y^2$　**30.** $y^2-2x+6y+5=0$

31. $x^2+4y^2-6x+5=0$

32. $4x^2+9y^2-16x+54y+61=0$

33-34　曲線と直線によって囲まれた領域を図示せよ．

33. $y=3x,\quad y=x^2$

34. $y=4-x^2,\quad x-2y=2$

35. 2 点 $(-1,3)$，$(3,3)$ を通り，頂点が $(1,-1)$ である放物線の方程式を求めよ．

36. 2 点 $(1,-10\sqrt{2}/3)$，$(-2,5\sqrt{5}/3)$ を通り，中心が原点であるだ円の方程式を求めよ．

37-40　次の集合が表す領域のグラフを描け．

37. $\{(x,y)\mid x^2+y^2\leqslant 1\}$　**38.** $\{(x,y)\mid x^2+y^2>4\}$

39. $\{(x,y)\mid y\geqslant x^2-1\}$　**40.** $\{(x,y)\mid x^2+4y^2\leqslant 4\}$

B　3 角　法

角　度

角度の表し方には**度数法**と**弧度法**（ラジアン，rad）がある．1 回転は度数法では 360° であり，弧度法では 2π（rad）である．よって

1　$$\pi\ (\text{rad}) = 180°$$

であり，

2　$$1\ (\text{rad}) = \left(\frac{180}{\pi}\right)^{\circ} \approx 57.3° \qquad 1° = \frac{\pi}{180}\ (\text{rad}) \approx 0.017\ (\text{rad})$$

となる．

例 1　(a) 60° を弧度法で表せ．(b) $5\pi/4$（rad）を度数法で表せ．

［解 説］ (a) 1 または 2 の関係式より，度数法から弧度法への変換は，度に $\pi/180$ を掛ければよいから，

$$60° = 60\left(\frac{\pi}{180}\right) = \frac{\pi}{3}\ (\text{rad})$$

(b) 弧度法から度数法へ変換するには，$180/\pi$ を掛ければよいから，

$$\frac{5\pi}{4}\ (\text{rad}) = \frac{5\pi}{4}\left(\frac{180}{\pi}\right) = 225°$$

微積分学で角度を使うときは，特別に明記しない限り，弧度法を使う．次の表は度数法と弧度法による角度の対応表である．

度〔°〕	0°	30°	45°	60°	90°	120°	135°	150°	180°	270°	360°
ラジアン〔rad〕	0	$\frac{\pi}{6}$	$\frac{\pi}{4}$	$\frac{\pi}{3}$	$\frac{\pi}{2}$	$\frac{2\pi}{3}$	$\frac{3\pi}{4}$	$\frac{5\pi}{6}$	π	$\frac{3\pi}{2}$	2π

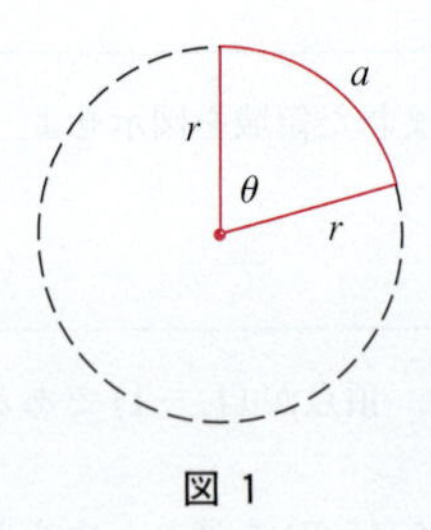

図 1

図 1 は半径 r，中心角 θ（弧度法で表している），弧長が a の扇形を示している．半径 r を固定すれば，弧長は中心角に比例していて，半径 r の円の周長は $2\pi r$，中心角は 2π より

$$\frac{\theta}{2\pi} = \frac{a}{2\pi r}$$

である．これを θ あるいは a について解けば

3　$$\theta = \frac{a}{r} \qquad a = r\theta$$

となる．この式 3 は，θ が弧度法で表されているときにのみ成立する式である．

特に式[3]で $a=r$ とすると，1 (rad) は弧長が円の半径と等しくなるときの角度である（図 2）.

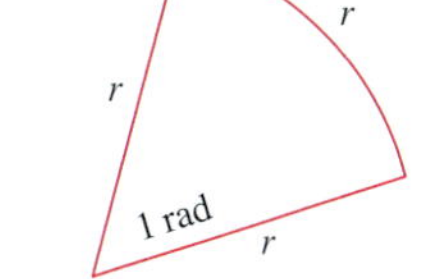

図 2

例 2　(a) 円の半径が 5 cm，弧長が 6 cm に対する中心角を求めよ.

(b) 円の半径が 3 cm，中心角 $3\pi/8$ に対する弧長を求めよ.

［解 説］ (a) 式[3]において，$a=6$ cm，$r=5$ cm とすると，

$$\theta = \tfrac{6}{5} = 1.2 \text{ (rad)}$$

である.

(b) $r=3$ cm，$\theta=3\pi/8$ とすると，

$$a = r\theta = 3\left(\frac{3\pi}{8}\right) = \frac{9\pi}{8} \text{ (cm)}$$

である.

角の標準的な位置は，図 3 に示すように，直交座標系の原点に角をおき，始線（半直線）を x 軸の正の部分にあわせる．そして，始線を反時計まわりに終線と一致するまで回転するとき，**正**の角度とし（図 3），図 4 のように，始線を時計まわりに終線と一致するまで回転するとき，**負**の角度とする.

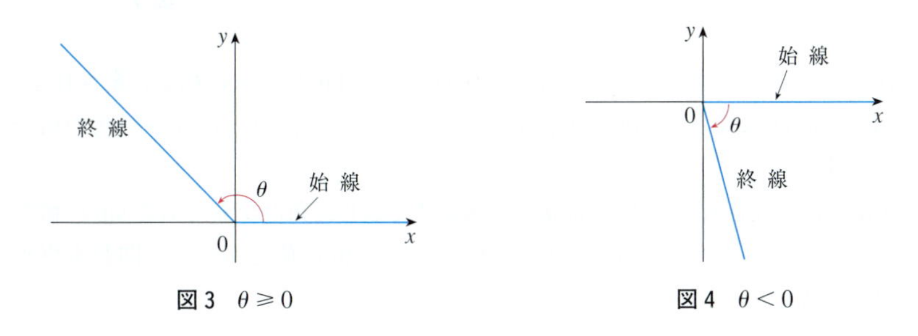

図 3　$\theta \geqslant 0$　　図 4　$\theta < 0$

図 5 は角の例をいくつか示している．$3\pi/4, -5\pi/4, 11\pi/4$ の三つは異なる角度であるが，どれも同じ始線，終線であることに注意しよう.

$$\frac{3\pi}{4} - 2\pi = -\frac{5\pi}{4} \qquad \frac{3\pi}{4} + 2\pi = \frac{11\pi}{4}$$

であり，2π はちょうど 1 回転だからである.

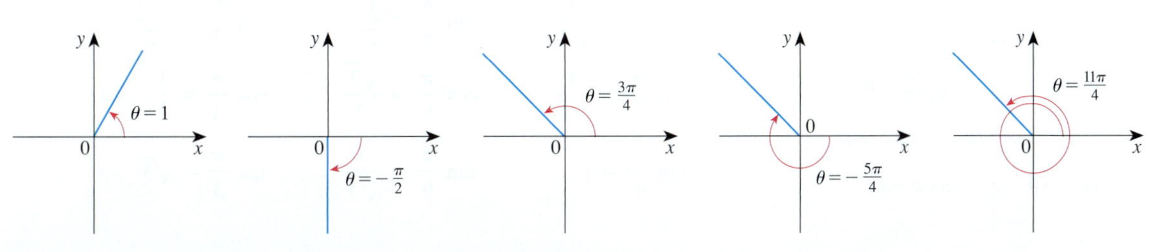

図 5　標準的な位置にある角

■ 3 角関数*

＊ 訳注：三角関数の名称をまとめておく．

sin：サイン，正弦
cos：コサイン，余弦
tan：タンジェント，正接
csc：コセカント，余割
sec：セカント，正割
cot：コタンジェント，余接

日本では，csc を cosec と記すことが多いが，本書では csc と表記した．また日本では，csc，sec，cot はほとんどの場合使わず，sin，cos，tan を使って表す．

直角 3 角形の辺の長さの比を使って，θ が鋭角の場合に，六つの 3 角関数を定義する（図 6）．

4

$$\sin\theta = \frac{b}{r} \qquad \csc\theta = \frac{r}{b}$$

$$\cos\theta = \frac{a}{r} \qquad \sec\theta = \frac{r}{a}$$

$$\tan\theta = \frac{b}{a} \qquad \cot\theta = \frac{a}{b}$$

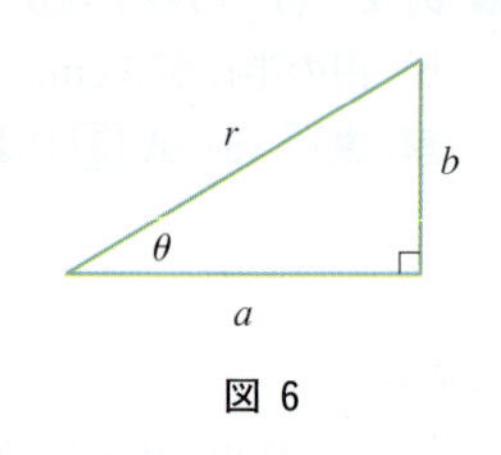

図 6

この定義は鈍角，あるいは負の角には適用できないので，図 7 に示すように $P(x, y)$ を角 θ（正でも負でもよい）の終線上の点，r を OP の長さ $|OP|$ として，六つの 3 角関数を一般角について定義する．

5

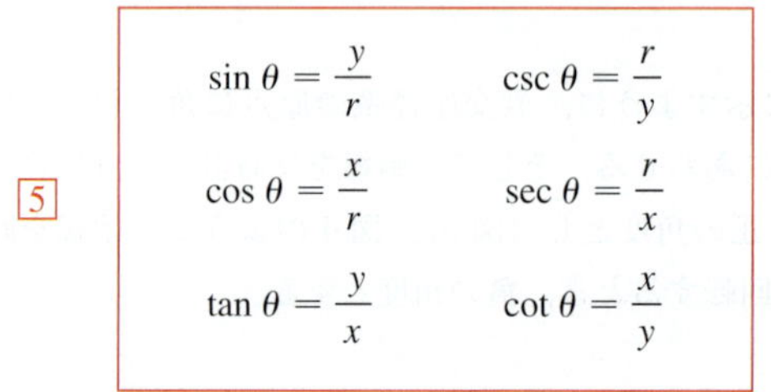

$$\sin\theta = \frac{y}{r} \qquad \csc\theta = \frac{r}{y}$$

$$\cos\theta = \frac{x}{r} \qquad \sec\theta = \frac{r}{x}$$

$$\tan\theta = \frac{y}{x} \qquad \cot\theta = \frac{x}{y}$$

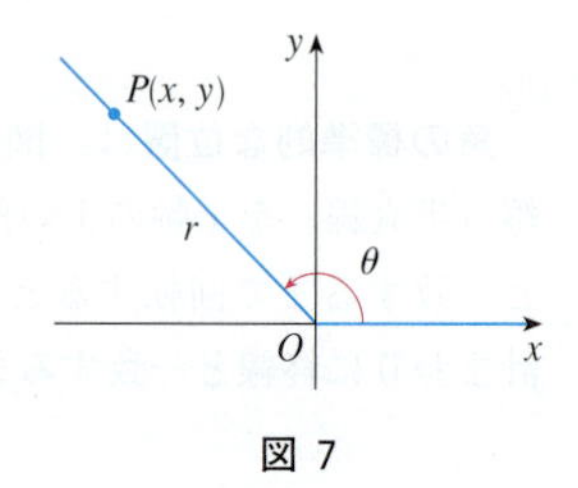

図 7

定義 5 において $r=1$ とし，原点中心の単位円を描き，図 8 のように θ をとるなら，P の座標は $(\cos\theta, \sin\theta)$ である

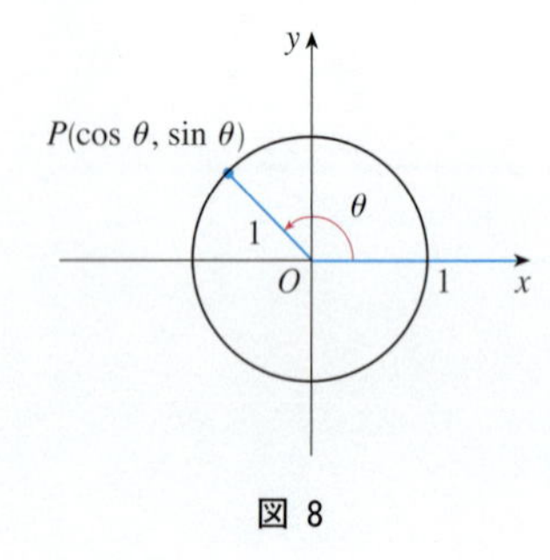

図 8

0 で割ることはできないので，$x=0$ の場合は $\tan\theta$ と $\sec\theta$ は定義されず，$y=0$ の場合は $\csc\theta$ と $\cot\theta$ は定義されない．定義 4 と 5 は θ が鋭角の場合は一致する．

θ が実数で表されるとき，$\sin\theta$ は，弧度法で表した角度が θ である sin の値を意味している．たとえば sin 3 は 3 rad の角度の sin の値であって，関数電卓や計算機を弧度法モードにして使えば，

$$\sin 3 \approx 0.14112$$

と出てくる．それに対し，$\sin 3^\circ$ は 3° の角度の sin の値であって，関数電卓や計算機を度数法モードにして使えば，

$$\sin 3^\circ \approx 0.05234$$

と出てくる．

特別な角に対する 3 角関数の正確な値は，図 9 の 3 角形より得られる．

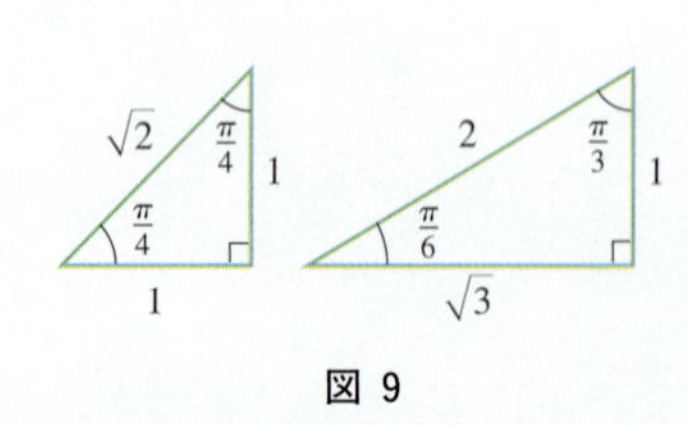

図 9

$$\sin\frac{\pi}{4} = \frac{1}{\sqrt{2}} \qquad \sin\frac{\pi}{6} = \frac{1}{2} \qquad \sin\frac{\pi}{3} = \frac{\sqrt{3}}{2}$$

$$\cos\frac{\pi}{4} = \frac{1}{\sqrt{2}} \qquad \cos\frac{\pi}{6} = \frac{\sqrt{3}}{2} \qquad \cos\frac{\pi}{3} = \frac{1}{2}$$

$$\tan\frac{\pi}{4} = 1 \qquad \tan\frac{\pi}{6} = \frac{1}{\sqrt{3}} \qquad \tan\frac{\pi}{3} = \sqrt{3}$$

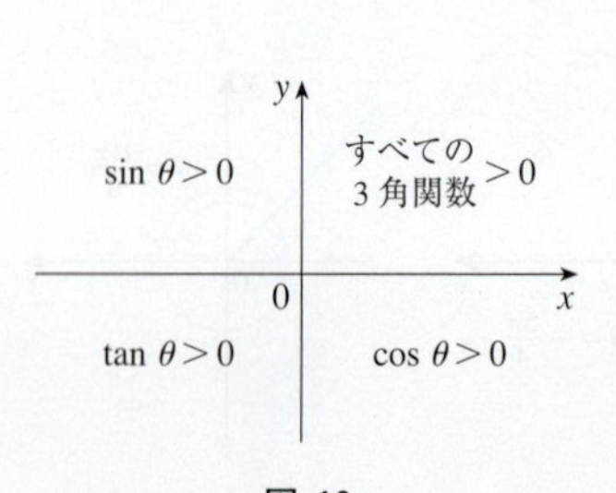

図 10

図 10 は各象限でどの 3 角関数が正となるかを表している．

例 3 $\theta=2\pi/3$ の場合の 3 角関数の値を求めよ．

［解 説］ 図 11 より $P(-1,\sqrt{3})$ は $\theta=2\pi/3$ の終線上の点であるから，

$$x=-1 \qquad y=\sqrt{3} \qquad r=2$$

となる．これより 3 角関数の値は

$$\sin\frac{2\pi}{3}=\frac{\sqrt{3}}{2} \qquad \cos\frac{2\pi}{3}=-\frac{1}{2} \qquad \tan\frac{2\pi}{3}=-\sqrt{3}$$

$$\csc\frac{2\pi}{3}=\frac{2}{\sqrt{3}} \qquad \sec\frac{2\pi}{3}=-2 \qquad \cot\frac{2\pi}{3}=-\frac{1}{\sqrt{3}}$$

である．

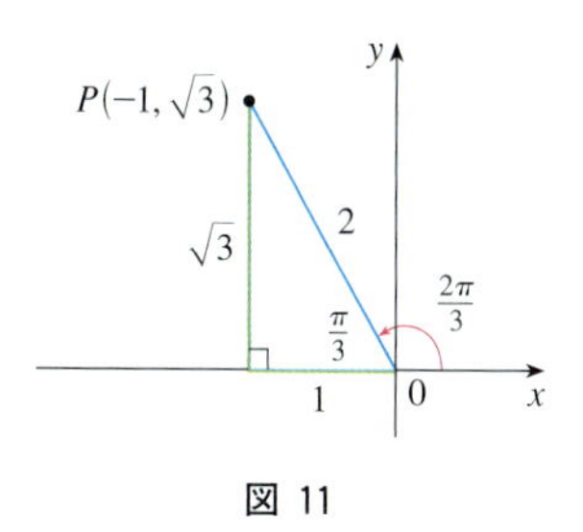

図 11

次の表は例 3 と同様の方法で，$\sin\theta$ と $\cos\theta$ の値を求めたものである．

θ	0	$\frac{\pi}{6}$	$\frac{\pi}{4}$	$\frac{\pi}{3}$	$\frac{\pi}{2}$	$\frac{2\pi}{3}$	$\frac{3\pi}{4}$	$\frac{5\pi}{6}$	π	$\frac{3\pi}{2}$	2π
$\sin\theta$	0	$\frac{1}{2}$	$\frac{1}{\sqrt{2}}$	$\frac{\sqrt{3}}{2}$	1	$\frac{\sqrt{3}}{2}$	$\frac{1}{\sqrt{2}}$	$\frac{1}{2}$	0	-1	0
$\cos\theta$	1	$\frac{\sqrt{3}}{2}$	$\frac{1}{\sqrt{2}}$	$\frac{1}{2}$	0	$-\frac{1}{2}$	$-\frac{1}{\sqrt{2}}$	$-\frac{\sqrt{3}}{2}$	-1	0	1

例 4 ある θ $(0<\theta<\pi/2)$ において，$\cos\theta=\frac{2}{5}$ であるとき，残り五つの 3 角関数の値を求めよ．

［解 説］ $\cos\theta=\frac{2}{5}$ であるから，図 12 に示すように，斜辺の長さが 5，他の 1 辺の長さが 2 で，角 θ はこの 2 辺の挟角となるように直角 3 角形を描く．残りの 1 辺の長さは，Pythagoras（ピタゴラス）の定理（3 平方の定理）より $\sqrt{21}$ である．この図を使えば残り五つの 3 角関数の値を求めることができる．

$$\sin\theta=\frac{\sqrt{21}}{5} \qquad \tan\theta=\frac{\sqrt{21}}{2}$$

$$\csc\theta=\frac{5}{\sqrt{21}} \qquad \sec\theta=\frac{5}{2} \qquad \cot\theta=\frac{2}{\sqrt{21}}$$

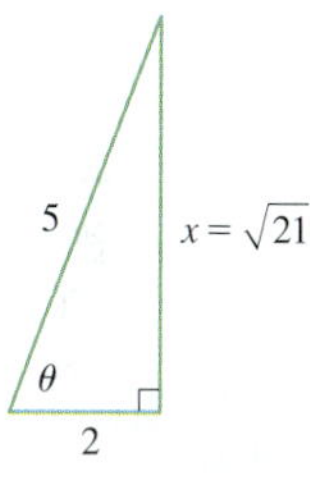

図 12

例 5 関数電卓または計算機を使って，図 13 の x の近似値を求めよ．

［解 説］ 図 13 より

$$\tan 40^\circ=\frac{16}{x}$$

$$x=\frac{16}{\tan 40^\circ}\approx 19.07$$

である．

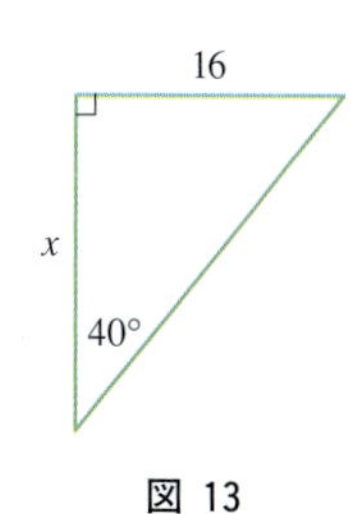

図 13

3 角 恒 等 式

3 角恒等式は，一般には 3 角関数の公式といわれ，3 角関数の間の関係を与えている．3 角関数の定義から直接導かれる最も基本的な関係式が次の五つである．

6
$$\csc\theta = \frac{1}{\sin\theta} \qquad \sec\theta = \frac{1}{\cos\theta} \qquad \cot\theta = \frac{1}{\tan\theta}$$
$$\tan\theta = \frac{\sin\theta}{\cos\theta} \qquad \cot\theta = \frac{\cos\theta}{\sin\theta}$$

次に，図 7 に Pythagoras の定理を使うと，$x^2+y^2=r^2$ であるから，

$$\sin^2\theta + \cos^2\theta = \frac{y^2}{r^2} + \frac{x^2}{r^2} = \frac{x^2+y^2}{r^2} = \frac{r^2}{r^2} = 1$$

となる．これで最も有用な 3 角恒等式の一つが証明できた．

7
$$\sin^2\theta + \cos^2\theta = 1$$

式 7 の両辺を $\cos^2\theta$ で割り，6 を使うと，

8
$$\tan^2\theta + 1 = \sec^2\theta$$

を得る．同様にして式 7 の両辺を $\sin^2\theta$ で割ると，

9
$$1 + \cot^2\theta = \csc^2\theta$$

を得る．恒等式

10a
$$\sin(-\theta) = -\sin\theta$$
10b
$$\cos(-\theta) = \cos\theta$$

は sin が奇関数*，cos が偶関数*であることを示しており，それらは標準の位置で θ と $-\theta$ の角を与える図を描くことにより，容易に示すことができる（練習問題 39 参照）．

* 偶関数と奇関数については第 I 巻 § 1･1 を参照．

角 θ と $\theta+2\pi$ は同じ終線であるので，次の恒等式を得る．

11
$$\sin(\theta + 2\pi) = \sin\theta \qquad \cos(\theta + 2\pi) = \cos\theta$$

これらの恒等式は sin と cos が周期 2π の周期関数であることを示している．

次の恒等式は**加法定理**といわれる基本的かつ最重要な公式で，これから紹介する 3 角恒等式はこれらから導き出すことができる．

12a
$$\sin(x+y) = \sin x \cos y + \cos x \sin y$$
12b
$$\cos(x+y) = \cos x \cos y - \sin x \sin y$$

この加法定理の証明の概略は，練習問題 85～87 で与える．

12a, 12b において y を $-y$ に置き換え，10a, 10b を使うと，**加法定理**の残りを得る．

13a	$\sin(x-y) = \sin x \cos y - \cos x \sin y$
13b	$\cos(x-y) = \cos x \cos y + \sin x \sin y$

公式 12 あるいは公式 13 の中で，a 式を b 式で辺々割ると，tan の加法定理を得る．

14a	$\tan(x+y) = \dfrac{\tan x + \tan y}{1 - \tan x \tan y}$
14b	$\tan(x-y) = \dfrac{\tan x - \tan y}{1 + \tan x \tan y}$

公式 12 において $y=x$ とすると，**倍角の公式**を得る．

15a	$\sin 2x = 2 \sin x \cos x$
15b	$\cos 2x = \cos^2 x - \sin^2 x$

$\sin^2 x + \cos^2 x = 1$ であることを使うと，$\cos 2x$ は次のように書き換えられる．

16a	$\cos 2x = 2\cos^2 x - 1$
16b	$\cos 2x = 1 - 2\sin^2 x$

公式 16 を $\cos^2 x$, $\sin^2 x$ で解くと，積分でよく使う**半角の公式**を得る．

17a	$\cos^2 x = \dfrac{1 + \cos 2x}{2}$
17b	$\sin^2 x = \dfrac{1 - \cos 2x}{2}$

以下の最後の公式は，公式 12, 13 より得られる，積を和や差に，和や差を積に変換する**積和の公式**と**和積の公式**である．

18a	$\sin x \cos y = \frac{1}{2}(\sin(x+y) + \sin(x-y))$
18b	$\cos x \cos y = \frac{1}{2}(\cos(x+y) + \cos(x-y))$
18c	$\sin x \sin y = \frac{1}{2}(\cos(x-y) - \cos(x+y))$
18d	$\sin x + \sin y = 2 \sin \dfrac{x+y}{2} \cos \dfrac{x-y}{2}$
18e	$\sin x - \sin y = 2 \cos \dfrac{x+y}{2} \sin \dfrac{x-y}{2}$
18f	$\cos x + \cos y = 2 \cos \dfrac{x+y}{2} \cos \dfrac{x-y}{2}$
18g	$\cos x - \cos y = -2 \sin \dfrac{x+y}{2} \sin \dfrac{x-y}{2}$

この他にも3角恒等式（3角関数の公式）はたくさんあるが，ここで示した公式は微積分学で最も よく使われる基本的公式である．公式[13]〜[18]を忘れたとき，加法定理[12],[13]を使って導き出せることを思い出そう．

例 6　区間 $[0, 2\pi]$ で $\sin x = \sin 2x$ を解け．

［解 説］ 倍角の公式[15a]を使うと，

$$\sin x = 2\sin x\cos x \qquad すなわち \qquad \sin x(1 - 2\cos x) = 0$$

であるから，

$$\sin x = 0 \qquad または \qquad 1 - 2\cos x = 0$$

である．これを区間 $[0, 2\pi]$ の範囲で解くと，

$$\sin x = 0 \qquad より \qquad x = 0, \pi, 2\pi$$

$$\cos x = \tfrac{1}{2} \qquad より \qquad x = \frac{\pi}{3}, \frac{5\pi}{3}$$

となるから，解は $0, \pi/3, \pi, 5\pi/3, 2\pi$ の五つである．

3角関数のグラフ

関数 $f(x) = \sin x$ のグラフは，$0 \leqslant x \leqslant 2\pi$ で点をプロットし，また，公式[11]でみたように周期関数であることから，図14(a)のような形になる．sin 関数の零点（$\sin x = 0$ となる x のこと）は π の整数倍で生じる．すなわち

$$x = n\pi \ (n は整数) \qquad に対して \qquad \sin x = 0$$

である．

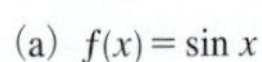

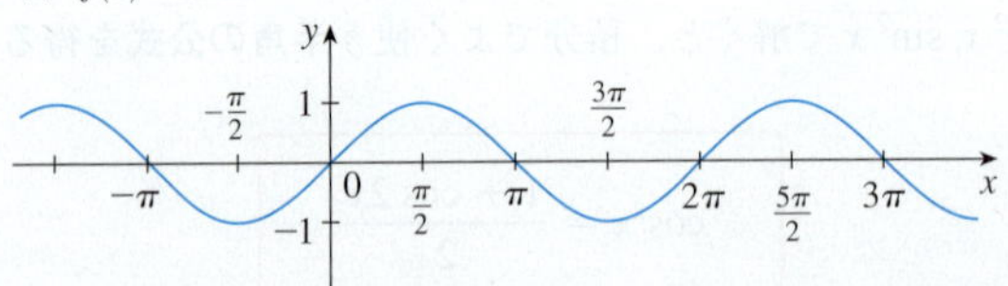

(b) $g(x) = \cos x$

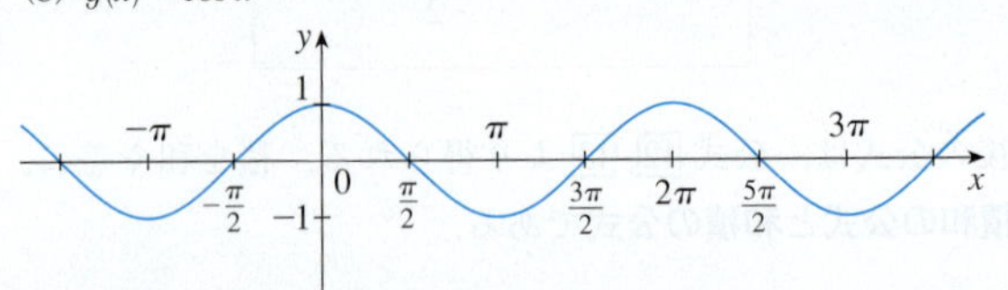

図 14

公式[12a]を使うと，

$$\cos x = \sin\left(x + \frac{\pi}{2}\right)$$

であるから，cos 関数のグラフは sin 関数のグラフを左に $\pi/2$ 移動することにより得られる（図14(b)）．sin 関数と cos 関数の定義域は $(-\infty, \infty)$ であり，値域は閉区間 $[-1, 1]$ であるから，すべての x について

$$-1 \leqslant \sin x \leqslant 1 \qquad -1 \leqslant \cos x \leqslant 1$$

となる．

残りの四つの3角関数のグラフと定義域が図15に示してある．tan と cot の値域は $(-\infty, \infty)$ であり，csc と sec の値域は $(-\infty, -1] \cup [1, \infty)$ である．これら四つの関数は周期関数であり，tan と cot の周期は π，csc と sec の周期は 2π である．

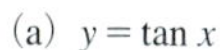

(a) $y = \tan x$

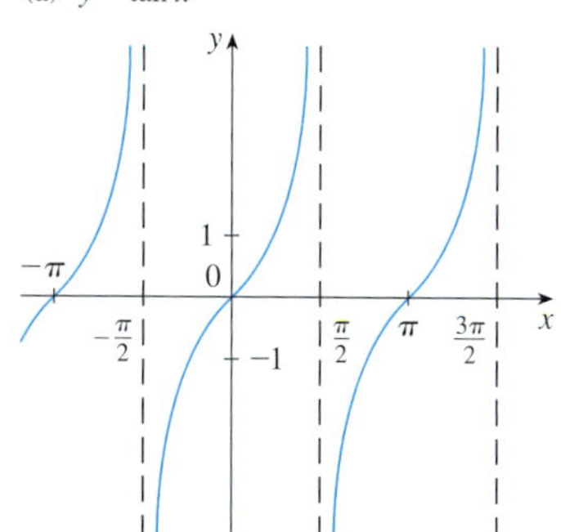

(b) $y = \cot x$

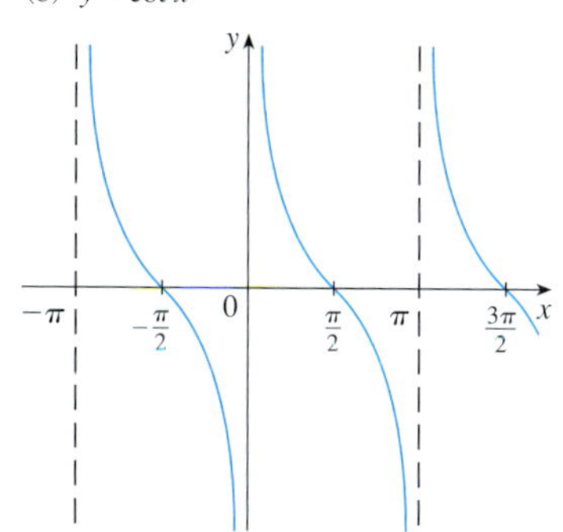

(c) $y = \csc x$

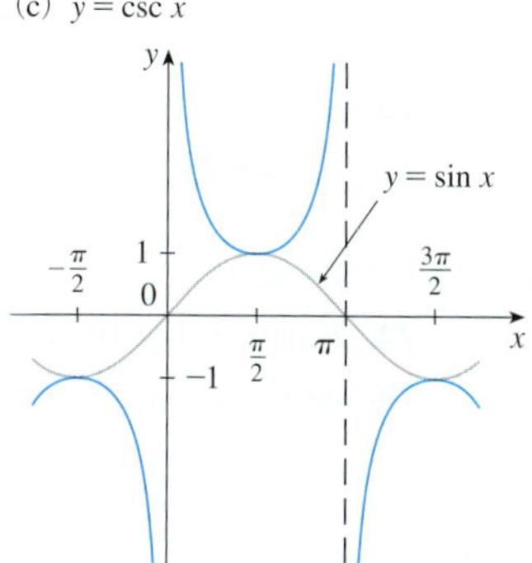

(d) $y = \sec x$

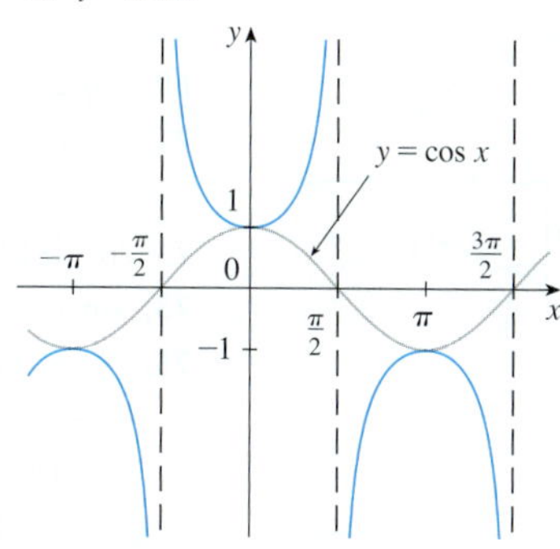

図 15

B 練習問題

1-6 度数法の表示を弧度法の表示に直せ．

1. 210° **2.** 300° **3.** 9°

4. −315° **5.** 900° **6.** 36°

7-12 弧度法の表示を度数法の表示に直せ．

7. 4π **8.** $-\dfrac{7\pi}{2}$ **9.** $\dfrac{5\pi}{12}$

10. $\dfrac{8\pi}{3}$ **11.** $-\dfrac{3\pi}{8}$ **12.** 5

13. 半径 36 cm の円の中心角 $\pi/12$ に対する弧長を求めよ．

14. 半径 10 cm の円の中心角 72° に対する弧長を求めよ．

15. 半径 1.5 m の円の弧長 1 m に対する中心角を求めよ．

16. 中心角 $3\pi/4$ に対する弧長が 6 cm であるときの，円の半径を求めよ．

17-22 次の角を標準的な位置で描け．

17. 315° **18.** −150° **19.** $-\dfrac{3\pi}{4}$ rad

20. $\dfrac{7\pi}{3}$ rad **21.** 2 rad **22.** −3 rad

23-28 弧度法で与えた角に対する六つの3角関数の値を求めよ．

23. $\dfrac{3\pi}{4}$ **24.** $\dfrac{4\pi}{3}$ **25.** $\dfrac{9\pi}{2}$

26. -5π **27.** $\dfrac{5\pi}{6}$ **28.** $\dfrac{11\pi}{4}$

29-34　与えられた3角関数の値を使って，残り五つの3角関数の値を求めよ．

29. $\sin\theta = \dfrac{3}{5},\quad 0 < \theta < \dfrac{\pi}{2}$

30. $\tan\alpha = 2,\quad 0 < \alpha < \dfrac{\pi}{2}$

31. $\sec\phi = -1.5,\quad \dfrac{\pi}{2} < \phi < \pi$

32. $\cos x = -\dfrac{1}{3},\quad \pi < x < \dfrac{3\pi}{2}$

33. $\cot\beta = 3,\quad \pi < \beta < 2\pi$

34. $\csc\theta = -\dfrac{4}{3},\quad \dfrac{3\pi}{2} < \theta < 2\pi$

35-38　辺 x の長さを小数点以下5桁まで求めよ．

35.

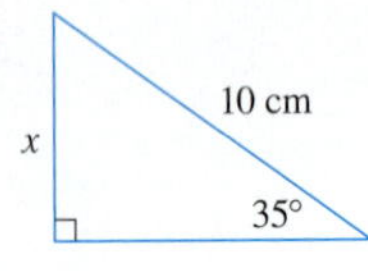

36.

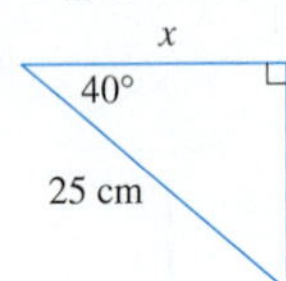

37.

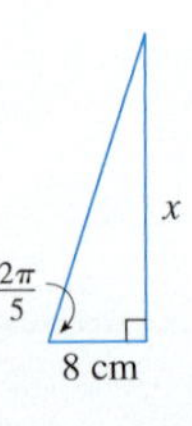

38.

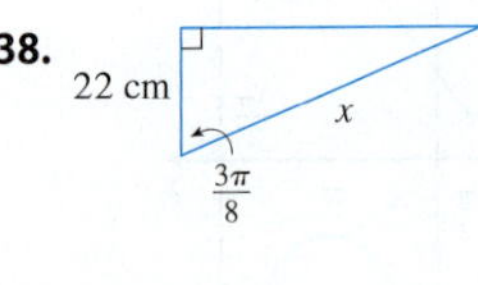

39-41　次の公式を証明せよ．

39. (a) 公式 10a　　(b) 公式 10b

40. (a) 公式 14a　　(b) 公式 14b

41. (a) 公式 18a　　(b) 公式 18b

(c) 公式 18c

42-58　次の公式を証明せよ．

42. $\cos\left(\dfrac{\pi}{2} - x\right) = \sin x$

43. $\sin\left(\dfrac{\pi}{2} + x\right) = \cos x$　　**44.** $\sin(\pi - x) = \sin x$

45. $\sin\theta\ \cot\theta = \cos\theta$

46. $(\sin x + \cos x)^2 = 1 + \sin 2x$

47. $\sec y - \cos y = \tan y \sin y$

48. $\tan^2\alpha - \sin^2\alpha = \tan^2\alpha\ \sin^2\alpha$

49. $\cot^2\theta + \sec^2\theta = \tan^2\theta + \csc^2\theta$

50. $2\csc 2t = \sec t\ \csc t$

51. $\tan 2\theta = \dfrac{2\tan\theta}{1 - \tan^2\theta}$

52. $\dfrac{1}{1 - \sin\theta} + \dfrac{1}{1 + \sin\theta} = 2\sec^2\theta$

53. $\sin x \sin 2x + \cos x \cos 2x = \cos x$

54. $\sin^2 x - \sin^2 y = \sin(x + y)\sin(x - y)$

55. $\dfrac{\sin\phi}{1 - \cos\phi} = \csc\phi + \cot\phi$

56. $\tan x + \tan y = \dfrac{\sin(x + y)}{\cos x \cos y}$

57. $\sin 3\theta + \sin\theta = 2\sin 2\theta\cos\theta$

58. $\cos 3\theta = 4\cos^3\theta - 3\cos\theta$

59-64　$\sin x = \frac{1}{3}$，$\sec y = \frac{5}{4}$，$0 \leqslant x, y \leqslant \pi/2$ であるとき，次の値を求めよ．

59. $\sin(x + y)$　　**60.** $\cos(x + y)$

61. $\cos(x - y)$　　**62.** $\sin(x - y)$

63. $\sin 2y$　　**64.** $\cos 2y$

65-72　区間 $[0, 2\pi]$ で次の方程式を解け．

65. $2\cos x - 1 = 0$　　**66.** $3\cot^2 x = 1$

67. $2\sin^2 x = 1$　　**68.** $|\tan x| = 1$

69. $\sin 2x = \cos x$　　**70.** $2\cos x + \sin 2x = 0$

71. $\sin x = \tan x$　　**72.** $2 + \cos 2x = 3\cos x$

73-76　区間 $[0, 2\pi]$ で次の不等式を解け．

73. $\sin x \leqslant \frac{1}{2}$　　**74.** $2\cos x + 1 > 0$

75. $-1 < \tan x < 1$　　**76.** $\sin x > \cos x$

77-82　図14, 15のグラフと，グラフ変換（第I巻§1·3参照）を使って，次の関数のグラフを描け．

77. $y = \cos\left(x - \dfrac{\pi}{3}\right)$　　**78.** $y = \tan 2x$

79. $y = \dfrac{1}{3}\tan\left(x - \dfrac{\pi}{2}\right)$　　**80.** $y = 1 + \sec x$

81. $y = |\sin x|$　　**82.** $y = 2 + \sin\left(x + \dfrac{\pi}{4}\right)$

---

83. 3辺の長さが a, b, c，辺 a, b の挟角を θ とするとき，

$$c^2 = a^2 + b^2 - 2ab\cos\theta$$

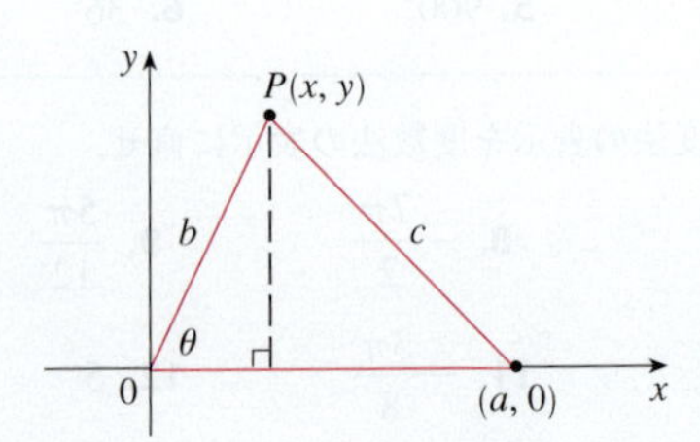

であることを示せ．これを**余弦定理**という［ヒント：図のように直交座標系を設定し，θ を標準的な位置において，x と y を θ で表してから，距離の公式（公式集参照）を使って c の長さを求める］．

84. 小さな入江の 2 点間の距離 $|AB|$ を知るために，図のように点 C を設定して，次の測定値を得た．

$\angle C = 103°$　　$|AC| = 820$ m　　$|BC| = 910$ m

前問 83 の余弦定理を使って，$|AB|$ を求めよ．

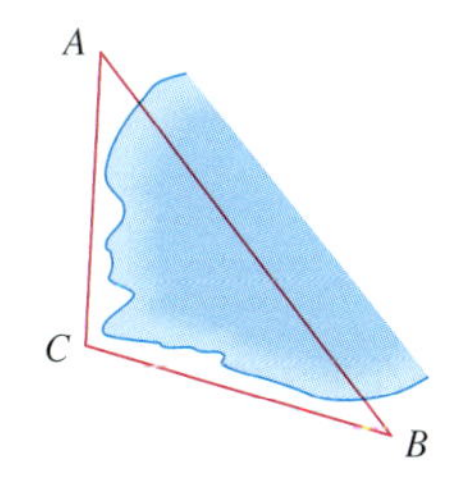

85. 図を使って次の公式を示せ．

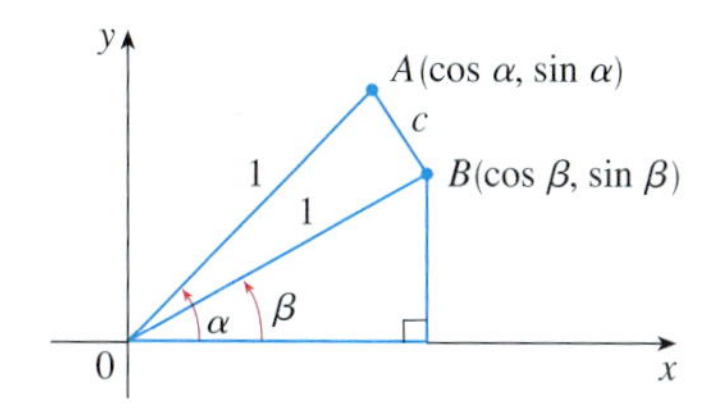

［ヒント：練習問題 83 の余弦定理と，距離の公式（公式集参照）の 2 通りの方法を使って c^2 を求め，比較する］．

$$\cos(\alpha - \beta) = \cos\alpha\ \cos\beta + \sin\alpha\ \sin\beta$$

86. 前問 85 の公式を使って，cos の加法定理 12b を示せ［訳注：公式 12，13 のどれか一つと，練習問題 42, 43 の $\sin x$ と $\cos x$ の変換公式を使えば残り三つは容易に導き出せる］．

87. cos の加法定理と

$$\cos\left(\frac{\pi}{2} - \theta\right) = \sin\theta \qquad \sin\left(\frac{\pi}{2} - \theta\right) = \cos\theta$$

を使い，公式 13a を示せ．

88. 2 辺の長さが a, b，辺 a, b の挟角が θ であるとき，その 3 角形の面積 A は

$$A = \tfrac{1}{2}ab\sin\theta$$

であることを示せ．

89. 次の条件で与えられた 3 角形 ABC の面積を小数点以下 5 桁まで求めよ．

$|AB| = 10$ cm　　$|BC| = 3$ cm　　$\angle ABC = 107°$

C　複 素 数

複素数は，実数 a, b と，$i^2 = -1$ の性質をもつ記号 i を使って，$a+bi$ の形で表される．また，複素数 $a+bi$ は順序づけられた組 (a, b) で表すことも可能で，図 1 のように直交座標系の平面に点で表すこともできる．この平面を複素平面（複素数平面）あるいは Gauss（ガウス）平面という．したがって，複素数 i は，$i = 0+1 \cdot i$ であるので，点 $(0, 1)$ に対応する．

複素数 $a+bi$ の実数 a の部分を**実部**といい，実数 b の部分を**虚部**という．たとえば $4-3i$ の実部は 4，虚部は -3 である．二つの複素数 $a+bi$ と $c+di$ は，$a = c$ かつ $b = d$ ならば**等しい**．これは，実部と虚部が等しいことと同値である．複素平面の水平軸を実軸，垂直軸を虚軸という．

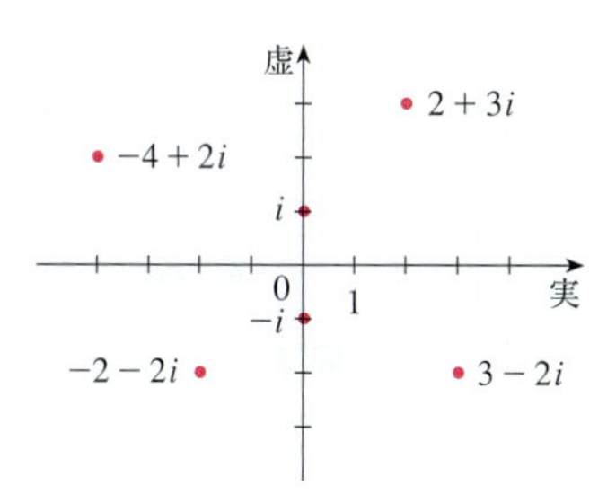

図 1　複素平面に点で表した複素数

二つの複素数の和および差は，以下のように，実部同士および虚部同士を加算あるいは減算することによって定義される．

$$(a + bi) + (c + di) = (a + c) + (b + d)i$$

$$(a + bi) - (c + di) = (a - c) + (b - d)i$$

たとえば，

$$(1 - i) + (4 + 7i) = (1 + 4) + (-1 + 7)i = 5 + 6i$$

である．複素数の積は，一般的な乗法の交換法則や分配法則が成り立つように定義されている．

$$(a+bi)(c+di) = a(c+di) + (bi)(c+di)$$
$$= ac + adi + bci + bdi^2$$

ここで，$i^2 = -1$ であるので，

$$(a+bi)(c+di) = (ac - bd) + (ad + bc)i$$

である．

例 1

$$(-1+3i)(2-5i) = (-1)(2-5i) + 3i(2-5i)$$
$$= -2 + 5i + 6i - 15(-1) = 13 + 11i$$

複素数の除算は，分母の有理化とよく似ている．複素数 $z = a + bi$ について，$\bar{z} = a - bi$ を**共役複素数**と定義すると，二つの複素数の商を求めるには，分母と分子に分母の共役複素数を掛ければよい．

例 2　数 $\dfrac{-1+3i}{2+5i}$ を $a+bi$ の形で表せ．

［解 説］　分母と分子に $2+5i$ の共役複素数 $2-5i$ を掛けてから，例 1 の結果を使うと，

$$\frac{-1+3i}{2+5i} = \frac{-1+3i}{2+5i} \cdot \frac{2-5i}{2-5i} = \frac{13+11i}{2^2+5^2} = \frac{13}{29} + \frac{11}{29}i$$

である．

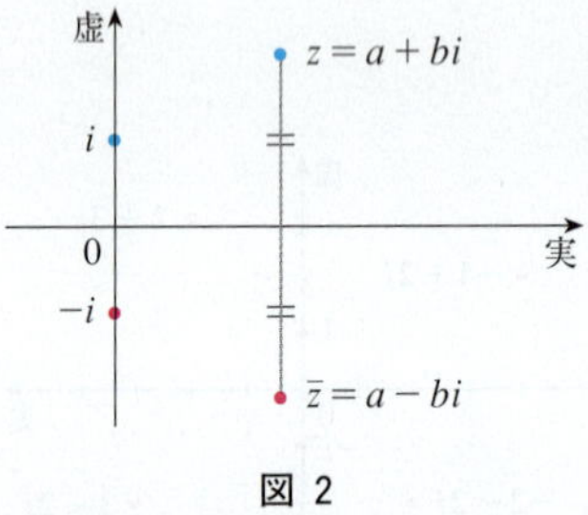

図 2

共役複素数の幾何学的説明が図 2 に示してある．$\bar{z}$ は実軸に関して z の鏡映をとったものである．次に，共役複素数の性質をいくつか示す．証明は定義から導けるので，練習問題 18 にゆずる．

共役複素数の性質

$$\overline{z+w} = \bar{z} + \bar{w} \qquad \overline{zw} = \bar{z}\,\bar{w} \qquad \overline{z^n} = \bar{z}^n$$

複素数 $z = a + bi$ の**絶対値** $|z|$ は原点から点 (a, b) までの距離である．図 3 より，$z = a + bi$ とするならば，

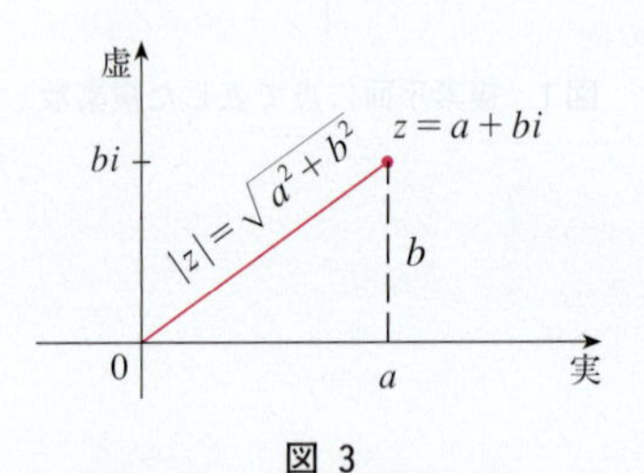

図 3

$$|z| = \sqrt{a^2 + b^2}$$

であり，

$$z\bar{z} = (a+bi)(a-bi) = a^2 + abi - abi - b^2i^2 = a^2 + b^2$$

であることに注意すれば，

$$z\bar{z} = |z|^2$$

となる．これを使うと，例 2 の除算の手順を以下のように説明できる．

$$\frac{z}{w} = \frac{z\overline{w}}{w\overline{w}} = \frac{z\overline{w}}{|w|^2}$$

$i^2=-1$ であるので，i を -1 の平方根と考えることができる．しかし，$(-i)^2=i^2=-1$ であるので，$-i$ も -1 の平方根である．したがって，i は -1 の**平方根**であり，$\sqrt{-1}=i$ と書ける．一般に，c を任意の正数とするとき，

$$\sqrt{-c} = \sqrt{c}\ i$$

である．慣習として，2 次方程式 $ax^2+bx+c=0$ の解の公式は $b^2-4ac<0$ の場合も有効であって，

$$x = \frac{-b \pm \sqrt{b^2 - 4ac}}{2a}$$

と表される．

例 3　方程式 $x^2+x+1=0$ の解を求めよ．

［解 説］ 2 次方程式の解の公式を使うと，次のようになる．

$$x = \frac{-1 \pm \sqrt{1^2 - 4 \cdot 1}}{2} = \frac{-1 \pm \sqrt{-3}}{2} = \frac{-1 \pm \sqrt{3}\ i}{2}$$

例 3 の方程式の解は互いに共役複素数の関係になっている．一般に，実数係数 a, b, c の任意の 2 次方程式 $ax^2+bx+c=0$ の解は，常に共役複素数の関係にある（z が実数のときは $\overline{z}=z$ であるので，z はそれ自体の共役複素数である）．

解として複素数まで範囲に含めるならば，すべての 2 次方程式に解があることをみてきた．一般に，すべての n 次方程式

$$a_nx^n + a_{n-1}x^{n-1} + \cdots + a_1x + a_0 = 0$$

は，少なくとも一つの複素数解をもつ．これは代数学の基本定理といい，Gauss によって証明された．

極　形　式

任意の複素数 $z=a+bi$ は複素平面上の点 (a, b) に対応していて，直交座標 (a, b) は極座標表示 (r, θ)，$r \geqslant 0$ で書き換えることができる．この場合は，

$$a = r\cos\theta \qquad b = r\sin\theta$$

である（図 4）．よって，

$$z = a + bi = (r\cos\theta) + (r\sin\theta)i$$

と表すことができる．すなわち，

$$\boxed{z = r(\cos\theta + i\sin\theta)}$$

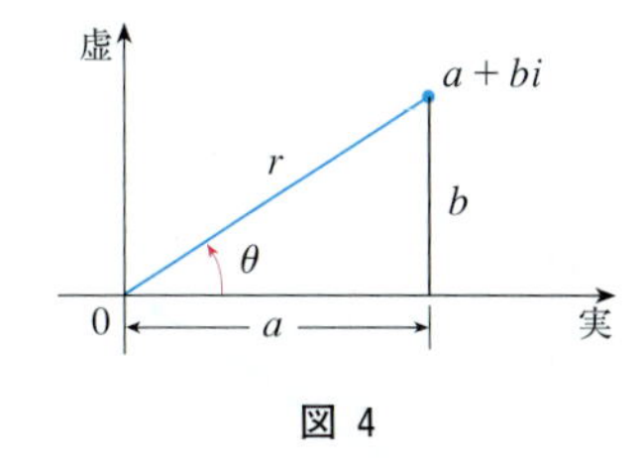

図 4

とすると，任意の複素数 z は以下の形となる．

$$r = |z| = \sqrt{a^2 + b^2} \qquad \text{および} \qquad \tan\theta = \frac{b}{a}$$

角 θ を z の**偏角**といい，$\theta=\arg z$ と表す．このとき，$\arg z$ は z に対して一意に定まらず，それぞれ 2π の整数倍だけ異なる．

■ **例 4**　次の数を極形式で表せ．

(a) $z=1+i$　　　　　　(b) $w=\sqrt{3}-i$

［解 説］ (a) $r=|z|=\sqrt{1^2+1^2}=\sqrt{2}$，$\tan\theta=1$ であるので，$\theta=\pi/4$ ととる．よって，極形式は，

$$z=\sqrt{2}\left(\cos\frac{\pi}{4}+i\sin\frac{\pi}{4}\right)$$

である．

(b) $r=|w|=\sqrt{3+1}=2$，$\tan\theta=-1/\sqrt{3}$ である．w は第 4 象限にあるので，$\theta=-\pi/6$ ととると，

$$w=2\left(\cos\left(-\frac{\pi}{6}\right)+i\sin\left(-\frac{\pi}{6}\right)\right)$$

である．図 5 の複素平面に，z と ω を図示してある．

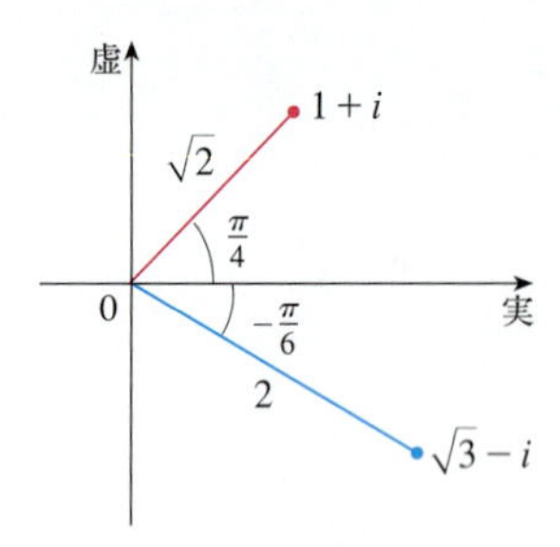

図 5

極形式は複素数の乗算と除算についてよい見通しを与える．

$$z_1=r_1(\cos\theta_1+i\sin\theta_1)\qquad z_2=r_2(\cos\theta_2+i\sin\theta_2)$$

を極形式で書いた二つの複素数とすると，

$$\begin{aligned} z_1z_2&=r_1r_2(\cos\theta_1+i\sin\theta_1)(\cos\theta_2+i\sin\theta_2)\\ &=r_1r_2((\cos\theta_1\cos\theta_2-\sin\theta_1\sin\theta_2)+i(\sin\theta_1\cos\theta_2+\cos\theta_1\sin\theta_2)) \end{aligned}$$

である．cos 関数と sin 関数の加法定理より，

1

$$z_1z_2=r_1r_2(\cos(\theta_1+\theta_2)+i\sin(\theta_1+\theta_2))$$

となる．この公式は，二つの複素数の積を求めるには，絶対値の積と，偏角の和を求めればよいことを示している（図 6）．

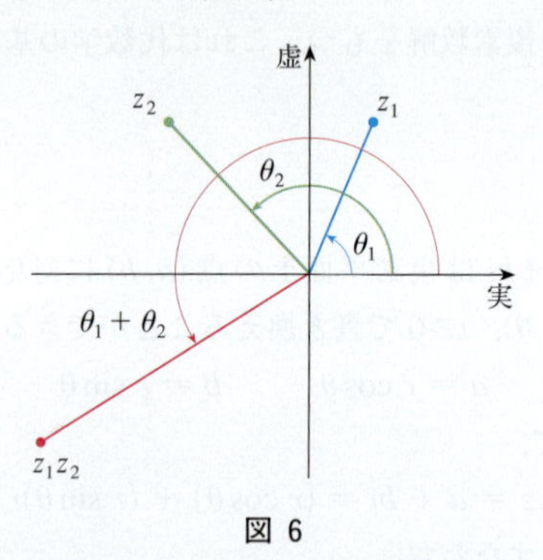

図 6

同様に二つの複素数の商を求めるには，絶対値の商と，偏角の差を求めればよい．

$$\frac{z_1}{z_2}=\frac{r_1}{r_2}(\cos(\theta_1-\theta_2)+i\sin(\theta_1-\theta_2)),\qquad z_2\neq 0$$

特に $z_1=1$，$z_2=z$（つまり $\theta_1=0$，$\theta_2=\theta$）とすると，次のようになり，図解したものが図 7 である．

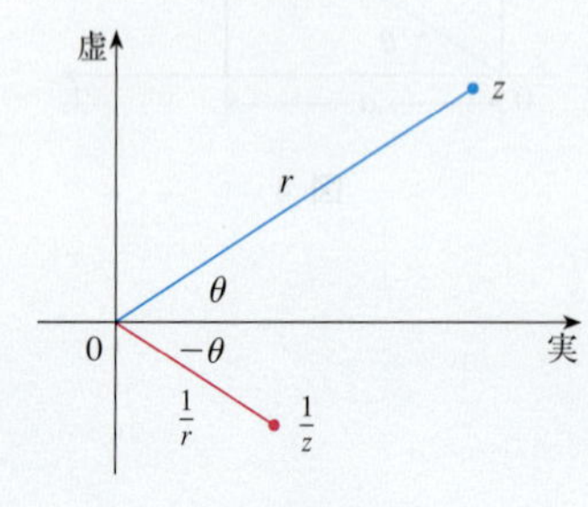

図 7

$$z = r(\cos\theta + i\sin\theta) \quad ならば \quad \frac{1}{z} = \frac{1}{r}(\cos\theta - i\sin\theta)$$

例 5 複素数 $1+i$ と $\sqrt{3}-i$ の積を，極形式で表せ．

［解 説］ 例4より，

$$1 + i = \sqrt{2}\left(\cos\frac{\pi}{4} + i\sin\frac{\pi}{4}\right)$$

$$\sqrt{3} - i = 2\left(\cos\left(-\frac{\pi}{6}\right) + i\sin\left(-\frac{\pi}{6}\right)\right)$$

である．よって，公式 1 より

$$(1+i)(\sqrt{3}-i) = 2\sqrt{2}\left(\cos\left(\frac{\pi}{4}-\frac{\pi}{6}\right) + i\sin\left(\frac{\pi}{4}-\frac{\pi}{6}\right)\right)$$

$$= 2\sqrt{2}\left(\cos\frac{\pi}{12} + i\sin\frac{\pi}{12}\right)$$

であり，これが図8に示してある．

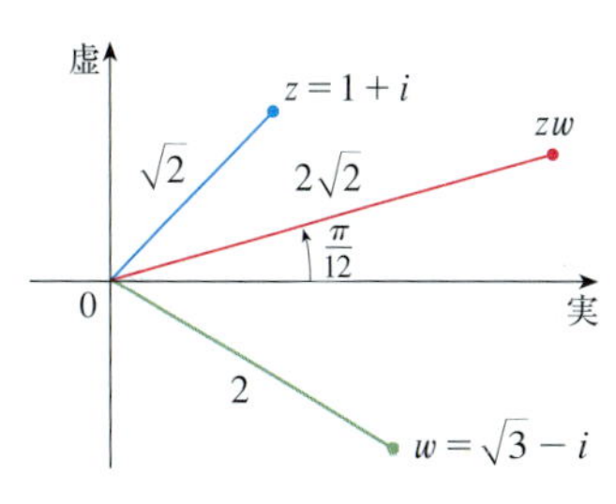

図 8

また，公式 1 を繰返し使うことにより，複素数のベキ計算ができる．

$$z = r(\cos\theta + i\sin\theta)$$

とするならば，

$$z^2 = r^2(\cos 2\theta + i\sin 2\theta)$$

であり，

$$z^3 = zz^2 = r^3(\cos 3\theta + i\sin 3\theta)$$

である．これを一般化した，フランスの数学者 Abraham De Moivre（ド・モアブル，1667−1754）の名を冠した次の定理がある．

2 **De Moivre の定理** n を自然数，$z=r(\cos\theta+i\sin\theta)$ とすると，

$$z^n = (r(\cos\theta + i\sin\theta))^n = r^n(\cos n\theta + i\sin n\theta)$$

である．

この定理は，複素数の n 乗を求めるには，絶対値を n 乗と，偏角の n 倍を求めればよいことを表している（図6）．

例 6 $(\frac{1}{2}+\frac{1}{2}i)^{10}$ を求めよ．

［解 説］ $\frac{1}{2}+\frac{1}{2}i=\frac{1}{2}(1+i)$ であるので，例4(a)の結果を使うならば，$\frac{1}{2}+\frac{1}{2}i$ の極形式は

$$\frac{1}{2} + \frac{1}{2}i = \frac{\sqrt{2}}{2}\left(\cos\frac{\pi}{4} + i\sin\frac{\pi}{4}\right)$$

になる．これに De Moivre の定理を使うと，

$$\left(\frac{1}{2}+\frac{1}{2}i\right)^{10}=\left(\frac{\sqrt{2}}{2}\right)^{10}\left(\cos\frac{10\pi}{4}+i\sin\frac{10\pi}{4}\right)$$

$$=\frac{2^5}{2^{10}}\left(\cos\frac{5\pi}{2}+i\sin\frac{5\pi}{2}\right)=\frac{1}{32}i$$

となる．

De Moivre の定理を使って，複素数の n 乗根を計算することもできる．複素数 z の n 乗根は

$$w^n = z$$

となるような複素数 w である．w と z を次のように極形式で表し，

$$w = s(\cos\phi + i\sin\phi) \qquad z = r(\cos\theta + i\sin\theta)$$

De Moivre の定理を使うと，次の等式を得る．

$$s^n(\cos n\phi + i\sin n\phi) = r(\cos\theta + i\sin\theta)$$

これら二つの複素数は等しいので

$$s^n = r \quad \text{あるいは} \quad s = r^{1/n}$$

および

$$\cos n\phi = \cos\theta \qquad \sin n\phi = \sin\theta$$

である．sin 関数と cos 関数の周期は 2π なので，

$$n\phi = \theta + 2k\pi \quad \text{あるいは} \quad \phi = \frac{\theta + 2k\pi}{n}$$

となる．よって，

$$w = r^{1/n}\left(\cos\left(\frac{\theta+2k\pi}{n}\right) + i\sin\left(\frac{\theta+2k\pi}{n}\right)\right)$$

である．$k=0, 1, 2, \cdots, n-1$ について w は異なる値をとるので，次の結果を得る．

> 3 **複素数の n 乗根**　$z=r(\cos\theta+i\sin\theta)$，$n$ を自然数とするとき，z は n 個の異なる n 乗根
>
> $$w_k = r^{1/n}\left(\cos\left(\frac{\theta+2k\pi}{n}\right) + i\sin\left(\frac{\theta+2k\pi}{n}\right)\right) \qquad k=0, 1, 2, \cdots, n-1$$
>
> をもつ．

z の n 乗根の絶対値 $|w_k|$ はすべて $r^{1/n}$ である．したがって，z の n 乗根はすべて，複素平面上の原点を中心とした半径 $r^{1/n}$ の円周上にある．また，各 n 乗根の偏角は $2\pi/n$ ずつ異なっているので，z の n 乗根はこの円周上に等間隔で並ぶことがわかる．

例 7　$z=-8$ の 6 乗根をすべて求め，解を複素平面上に図示せよ．

［解　説］　$z=-8$ を極形式で表すと，$z=8(\cos\pi+i\sin\pi)$ である．よって，$n=6$ として定理 3 を使うと，

$$w_k = 8^{1/6}\left(\cos\frac{\pi + 2k\pi}{6} + i\sin\frac{\pi + 2k\pi}{6}\right)$$

である．この式に $k=0, 1, 2, \cdots, 5$ を代入すれば，-8 の 6 乗根が得られる．

$$w_0 = 8^{1/6}\left(\cos\frac{\pi}{6} + i\sin\frac{\pi}{6}\right) = \sqrt{2}\left(\frac{\sqrt{3}}{2} + \frac{1}{2}i\right)$$

$$w_1 = 8^{1/6}\left(\cos\frac{\pi}{2} + i\sin\frac{\pi}{2}\right) = \sqrt{2}\,i$$

$$w_2 = 8^{1/6}\left(\cos\frac{5\pi}{6} + i\sin\frac{5\pi}{6}\right) = \sqrt{2}\left(-\frac{\sqrt{3}}{2} + \frac{1}{2}i\right)$$

$$w_3 = 8^{1/6}\left(\cos\frac{7\pi}{6} + i\sin\frac{7\pi}{6}\right) = \sqrt{2}\left(-\frac{\sqrt{3}}{2} - \frac{1}{2}i\right)$$

$$w_4 = 8^{1/6}\left(\cos\frac{3\pi}{2} + i\sin\frac{3\pi}{2}\right) = -\sqrt{2}\,i$$

$$w_5 = 8^{1/6}\left(\cos\frac{11\pi}{6} + i\sin\frac{11\pi}{6}\right) = \sqrt{2}\left(\frac{\sqrt{3}}{2} - \frac{1}{2}i\right)$$

これらの点は，図 9 に示すように，原点を中心とした半径 $\sqrt{2}$ の円周上にある．

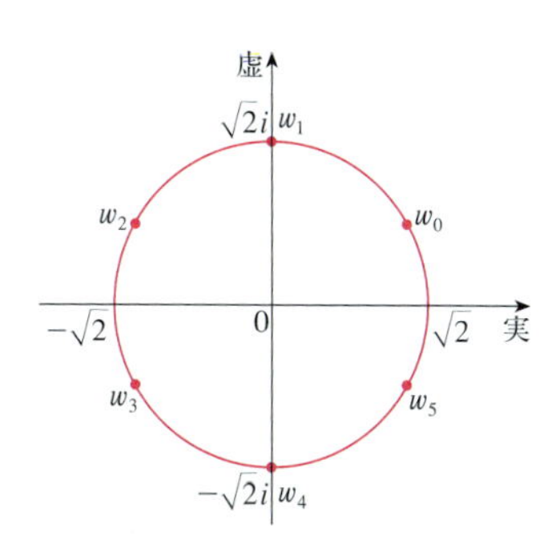

図 9　$z=-8$ の 6 個の 6 乗根

複素指数関数

また，$z=x+iy$ が複素数であるとき，表現 e^z に意味を与える必要がある．第 6 章で扱う無限級数の理論は，項が複素数の場合にも拡張して適用できる．したがって，e^x の Taylor（テイラー）展開（§ 6・10 11 参照）を使って，

4
$$e^z = \sum_{n=0}^{\infty}\frac{z^n}{n!} = 1 + z + \frac{z^2}{2!} + \frac{z^3}{3!} + \cdots$$

と定義する．この複素指数関数は，実数の指数関数と同じ性質をもつので，

5
$$e^{z_1+z_2} = e^{z_1}e^{z_2}$$

が成り立つ．式 4 の z を，y を実数として $z=iy$ とおき，

$$i^2 = -1, \quad i^3 = i^2 i = -i, \quad i^4 = 1, \quad i^5 = i, \quad \cdots$$

であること，$\cos y$ と $\sin y$ の Taylor 展開（§ 6・10 16, 15 参照）を使うと，

$$\begin{aligned} e^{iy} &= 1 + iy + \frac{(iy)^2}{2!} + \frac{(iy)^3}{3!} + \frac{(iy)^4}{4!} + \frac{(iy)^5}{5!} + \cdots \\ &= 1 + iy - \frac{y^2}{2!} - i\frac{y^3}{3!} + \frac{y^4}{4!} + i\frac{y^5}{5!} + \cdots \\ &= \left(1 - \frac{y^2}{2!} + \frac{y^4}{4!} - \frac{y^6}{6!} + \cdots\right) + i\left(y - \frac{y^3}{3!} + \frac{y^5}{5!} - \cdots\right) \\ &= \cos y + i\sin y \end{aligned}$$

となる．この結果得られたのが有名な **Euler（オイラー）の公式**である．

$$e^{iy} = \cos y + i \sin y \tag{6}$$

このEulerの公式と式[5]を共に用いると，

$$e^{x+iy} = e^x e^{iy} = e^x(\cos y + i \sin y) \tag{7}$$

を得る．

例8(a)の解を
$$e^{i\pi} + 1 = 0$$
と書くこともできる．この方程式は，数学全般において重要な五つの数，すなわち $0, 1, e, i, \pi$ を関連づける．

例 8　(a) $e^{i\pi}$，(b) $e^{-1+i\pi/2}$ を求めよ．

［解 説］(a) Eulerの公式[6]より

$$e^{i\pi} = \cos \pi + i \sin \pi = -1 + i(0) = -1$$

である．

(b) 式[7]を使うと，

$$e^{-1+i\pi/2} = e^{-1}\left(\cos \frac{\pi}{2} + i \sin \frac{\pi}{2}\right) = \frac{1}{e}(0 + i(1)) = \frac{i}{e}$$

である．

最後に，Eulerの公式を使うと，De Moivreの定理を簡単な証明できることを示そう．

$$(r(\cos\theta + i \sin\theta))^n = (re^{i\theta})^n = r^n e^{in\theta} = r^n(\cos n\theta + i \sin n\theta)$$

C　練習問題

1-14　次の式の解を，$a+bi$ の形で求めよ．

1. $(5 - 6i) + (3 + 2i)$　**2.** $\left(4 - \frac{1}{2}i\right) - \left(9 + \frac{5}{2}i\right)$

3. $(2 + 5i)(4 - i)$　**4.** $(1 - 2i)(8 - 3i)$

5. $\overline{12 + 7i}$　**6.** $\overline{2i\left(\frac{1}{2} - i\right)}$

7. $\dfrac{1 + 4i}{3 + 2i}$　**8.** $\dfrac{3 + 2i}{1 - 4i}$

9. $\dfrac{1}{1 + i}$　**10.** $\dfrac{3}{4 - 3i}$

11. i^3　**12.** i^{100}

13. $\sqrt{-25}$　**14.** $\sqrt{-3}\sqrt{-12}$

15-17　次の複素数の共役複素数と絶対値を求めよ．

15. $12 - 5i$　**16.** $-1 + 2\sqrt{2}\,i$

17. $-4i$

18. 複素数の次の性質を証明せよ［ヒント：$z=a+bi$，$w=c+di$ とおく］．

(a) $\overline{z + w} = \bar{z} + \bar{w}$　(b) $\overline{zw} = \bar{z}\,\bar{w}$

(c) $\overline{z^n} = \bar{z}^n$，$n$ は自然数

19-24　方程式のすべての解を求めよ．

19. $4x^2 + 9 = 0$　**20.** $x^4 = 1$

21. $x^2 + 2x + 5 = 0$　**22.** $2x^2 - 2x + 1 = 0$

23. $z^2 + z + 2 = 0$　**24.** $z^2 + \frac{1}{2}z + \frac{1}{4} = 0$

25-28　偏角を0から 2π の間にとって，極形式で表せ．

25. $-3 + 3i$　**26.** $1 - \sqrt{3}\,i$

27. $3 + 4i$　**28.** $8i$

29-32　z と w を極形式で表してから，zw，z/w，$1/z$ を極形式で求めよ．

29. $z = \sqrt{3} + i$，　$w = 1 + \sqrt{3}\,i$

30. $z = 4\sqrt{3} - 4i$，　$w = 8i$

31. $z = 2\sqrt{3} - 2i$，　$w = -1 + i$

32. $z = 4\left(\sqrt{3} + i\right)$，　$w = -3 - 3i$

33-36 De Moivre の定理を使って，次のベキを求めよ．

33. $(1+i)^{20}$ **34.** $(1-\sqrt{3}\,i)^5$

35. $(2\sqrt{3}+2i)^5$ **36.** $(1-i)^8$

37-40 次の解を求め，解を複素平面上に図示せよ．

37. 1 の 8 乗根 **38.** 32 の 5 乗根

39. i の 3 乗根 **40.** $1+i$ の 3 乗根

41-46 次の数を $a+bi$ の形で表せ．

41. $e^{i\pi/2}$ **42.** $e^{2\pi i}$ **43.** $e^{i\pi/3}$

44. $e^{-i\pi}$ **45.** $e^{2+i\pi}$ **46.** $e^{\pi+i}$

47. $n=3$ として De Moivre の定理を使って，$\cos 3\theta$ と $\sin 3\theta$ を $\cos\theta$ と $\sin\theta$ で表せ．

48. Euler の公式を使って，$\cos x$ と $\sin x$ についての次の公式を証明せよ．

$$\cos x=\frac{e^{ix}+e^{-ix}}{2}\qquad \sin x=\frac{e^{ix}-e^{-ix}}{2i}$$

49. $u(x)=f(x)+ig(x)$ が実変数 x の複素数値関数であり，実部 $f(x)$ と虚部 $g(x)$ が x に関して微分可能な関数であるとき，u の導関数は $u'(x)=f'(x)+ig'(x)$ と定義される．これと式 $\boxed{7}$ を共に用いて，$F(x)=e^{rx}$，$r=a+bi$ のとき，$F'(x)=re^{rx}$ であることを証明せよ．

50. (a) u を実変数の複素数値関数とするとき，その不定積分 $\int u(x)\,dx$ は u の原始関数である．

$$\int e^{(1+i)x}\,dx$$

を求めよ．

(b) (a)の積分の実部と虚部を求めることにより，

$$\int e^x\cos x\,dx \qquad \text{および} \qquad \int e^x\sin x\,dx$$

を求めよ．

(c) § 2·1 例 4 で用いる方法と比べよ．

D 定理の証明

ここでは，本文で述べたいくつかの定理の証明を与える．欄外の § 番号は，その定理が載っている章・節に対応している．

$\boxed{6}$ **定理** 関数 f がある区間で 1 対 1 かつ連続であるならば，逆関数 f^{-1} も連続である． **§ 1·1**

証明 まず，f が 1 対 1 で区間 (a,b) で連続であるならば，区間 (a,b) で f が増加関数あるいは減少関数であることを証明する．ここで，f を増加関数でも減少関数でもないとすると，区間 (a,b) において，$f(x_2)$ が $f(x_1)$ と $f(x_3)$ の間に位置しない数 x_2（$x_1<x_2<x_3$）が存在するはずである．これには二つの場合が考えられる．一つは $f(x_3)$ が $f(x_1)$ と $f(x_2)$ の間にある場合，もう一つは $f(x_1)$ が $f(x_2)$ と $f(x_3)$ の間にある場合である（図を描け）．一つ目の場合は，連続関数 f に中間値の定理を適用すると，$f(c)=f(x_3)$ となる数 c（$x_1<c<x_2$）が求まる．二つ目の場合も，同様に $f(c)=f(x_3)$ となる数 c（$x_2<c<x_3$）が求まる．どちらの場合も，f が 1 対 1 であることと矛盾する．よって，f が 1 対 1 で区間 (a,b) で連続であるならば，区間 (a,b) で f が増加関数あるいは減少関数であることが示される．

次に，証明を明確にするために f は区間 (a,b) で増加していると仮定しよう．f^{-1} の定義域の任意の数 y_0 をとり，$f^{-1}(y_0)=x_0$ とする．すなわち，x_0 は $f(x_0)=y_0$ となる区間 (a,b) の数である．f^{-1} が y_0 で連続であることを示すために，区間

$(x_0-\varepsilon, x_0+\varepsilon)$ は区間 (a, b) の範囲にあるような任意の $\varepsilon>0$ をとる．f を増加関数と仮定したので，区間 $(x_0-\varepsilon, x_0+\varepsilon)$ 中の数を区間 $(f(x_0-\varepsilon), f(x_0+\varepsilon))$ 中の数に対応づける．f^{-1} はその逆作用である．δ を数 $\delta_1=y_0-f(x_0-\varepsilon)$ と $\delta_2=f(x_0+\varepsilon)-y_0$ のうちの小さい数とすると，区間 $(y_0-\delta, y_0+\delta)$ は区間 $(f(x_0-\varepsilon), f(x_0+\varepsilon))$ の範囲にあり，f^{-1} によって区間 $(x_0-\varepsilon, x_0+\varepsilon)$ に対応づけられる（図1の矢印表示をみよ）．したがって，

$$|y-y_0|<\delta \quad \text{ならば} \quad |f^{-1}(y)-f^{-1}(y_0)|<\varepsilon$$

となる数 $\delta>0$ が求まる．

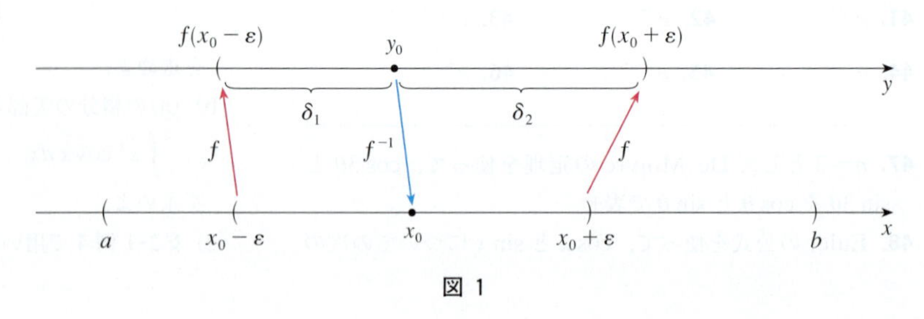

図 1

これにより，$\lim_{y\to y_0} f^{-1}(y)=f^{-1}(y_0)$ であり，f^{-1} はその定義域の任意の数 y_0 で連続であることが示される．■

§6·8　§6·8 定理 4 を証明するには，まず次の定理が必要である．

定理

1. $x=b$（ただし，$b\neq 0$）のときベキ級数 $\Sigma\, c_n x^n$ が収束するならば，$|x|<|b|$ のときこの級数は常に収束する．
2. $x=d$（ただし，$d\neq 0$）のときベキ級数 $\Sigma\, c_n x^n$ が発散するならば，$|x|>|d|$ のときこの級数は常に発散する．

■ **1 の証明**　$\Sigma\, c_n b^n$ が収束するならば，§6·2 定理 6 より $\lim_{n\to\infty} c_n b^n=0$ である．§6·1 定義 2 を $\varepsilon=1$ として用いることにより，$n\geqq N$ ならば $|c_n b^n|<1$ を満たす自然数 N が存在する．よって，$n\geqq N$ について

$$|c_n x^n| = \left|\frac{c_n b^n x^n}{b^n}\right| = |c_n b^n|\left|\frac{x}{b}\right|^n < \left|\frac{x}{b}\right|^n$$

となる．$|x|<|b|$ ならば $|x/b|<1$ であるので，$\Sigma\,|x/b|^n$ は収束等比級数である．よって，比較判定法を使って，級数 $\Sigma_{n=N}^{\infty}|c_n x^n|$ は収束すると判定できる．したがって，級数 $\Sigma\, c_n x^n$ は絶対収束するので収束する．■

■ **2 の証明**　$\Sigma\, c_n d^n$ が発散するとする．x が $|x|>|d|$ となる任意の数をとるならば，$\Sigma\, c_n x^n$ は収束しない．定理1より，$\Sigma\, c_n x^n$ が収束することは $\Sigma\, c_n d^n$ が収束することを意味するからである．したがって，$|x|>|d|$ ならば常に $\Sigma\, c_n x^n$ は発散する．■

定理　ベキ級数 $\sum c_n x^n$ には，次の三つの可能性しかない．

1. $x=0$ のときにのみ，級数は収束する．
2. 任意の x について，級数は収束する．
3. ある正数 R が存在して，$|x|<R$ ならば級数は収束し，$|x|>R$ ならば発散する．

証明　定理1も定理2も成り立たないと仮定する．また，$\sum c_n x^n$ が $x=b$ で収束し，$x=d$ で発散するような，ゼロではない数 b と d があるとする．これより $S=\{x|\sum c_n x^n$ は収束する$\}$ は空集合ではない．前の定理より $|x|>|d|$ ならば級数は発散するので，すべての $x\in S$ について $|x|\leq|d|$ である．これは，$|d|$ が集合 S の上界であることを表す．したがって，完備性の公理（§6・1 参照）より，S は上限 R をもつ．$|x|>R$ ならば，$x\notin S$ であるので，$\sum c_n x^n$ は発散する．$|x|<R$ ならば，$|x|$ は S の上界ではないので，$b>|x|$ となる $b\in S$ が存在する．$b\in S$ であるので，$\sum c_n b^n$ は収束し，前の定理より $\sum c_n x^n$ は収束する．■

4 **定理**　ベキ級数 $\sum c_n(x-a)^n$ には，次の三つの可能性しかない．

1. $x=0$ のときにのみ，級数は収束する．
2. 任意の x について，級数は収束する．
3. ある正数 R が存在して，$|x-a|<R$ ならば級数は収束し，$|x-a|>R$ ならば発散する．

証明　変数 $u=x-a$ とおくならば，ベキ級数 $\sum c_n u^n$ となり，前で証明した定理を適用することができる．定理3では，$|u|<R$ で収束し，$|u|>R$ で発散した．したがって，$|x-a|<R$ で収束し，$|x-a|>R$ で発散する．■

公　式　集

代　数

計算規則

$a(b+c)=ab+ac$　　$\dfrac{a}{b}+\dfrac{c}{d}=\dfrac{ad+bc}{bd}$

$\dfrac{a+c}{b}=\dfrac{a}{b}+\dfrac{c}{b}$　　$\dfrac{\frac{a}{b}}{\frac{c}{d}}=\dfrac{a}{b}\times\dfrac{d}{c}=\dfrac{ad}{bc}$

指数法則

$x^m x^n = x^{m+n}$　　$\dfrac{x^m}{x^n}=x^{m-n}$

$(x^m)^n = x^{mn}$　　$x^{-n}=\dfrac{1}{x^n}$

$(xy)^n = x^n y^n$　　$\left(\dfrac{x}{y}\right)^n=\dfrac{x^n}{y^n}$

$x^{1/n}=\sqrt[n]{x}$　　$x^{m/n}=\sqrt[n]{x^m}=\left(\sqrt[n]{x}\right)^m$

$\sqrt[n]{xy}=\sqrt[n]{x}\sqrt[n]{y}$　　$\sqrt[n]{\dfrac{x}{y}}=\dfrac{\sqrt[n]{x}}{\sqrt[n]{y}}$

因数分解

$x^2-y^2=(x+y)(x-y)$

$x^3+y^3=(x+y)(x^2-xy+y^2)$

$x^3-y^3=(x-y)(x^2+xy+y^2)$

2 項定理

$(x+y)^2=x^2+2xy+y^2$　　$(x-y)^2=x^2-2xy+y^2$

$(x+y)^3=x^3+3x^2y+3xy^2+y^3$

$(x-y)^3=x^3-3x^2y+3xy^2-y^3$

$$(x+y)^n=x^n+nx^{n-1}y+\frac{n(n-1)}{2}x^{n-2}y^2+\cdots+\binom{n}{k}x^{n-k}y^k+\cdots+nxy^{n-1}+y^n$$

ただし　$\dbinom{n}{k}=\dfrac{n(n-1)\cdots(n-k+1)}{1\cdot 2\cdot 3\cdot\cdots\cdot k}$

2 次方程式の解の公式

$$ax^2+bx+c=0 \;\Rightarrow\; x=\frac{-b\pm\sqrt{b^2-4ac}}{2a}$$

不等式と絶対値

$a<b$　かつ　$b<c \;\Rightarrow\; a<c$

$a<b \;\Rightarrow\; a+c<b+c$

$a<b$　かつ　$c>0 \;\Rightarrow\; ca<cb$

$a<b$　かつ　$c<0 \;\Rightarrow\; ca>cb$

$a>0$ とする

$|x|=a \iff x=a$　または　$x=-a$

$|x|<a \iff -a<x<a$

$|x|>a \iff x>a$　または　$x<-a$

幾　何

幾何の公式

面積 A，周長 C，体積 V，弧長 s の公式：

3 角形
$A=\frac{1}{2}bh$
$=\frac{1}{2}ab\sin\theta$

円
$A=\pi r^2$
$C=2\pi r$

扇形
$A=\frac{1}{2}r^2\theta$
$s=r\theta$（θ はラジアン）

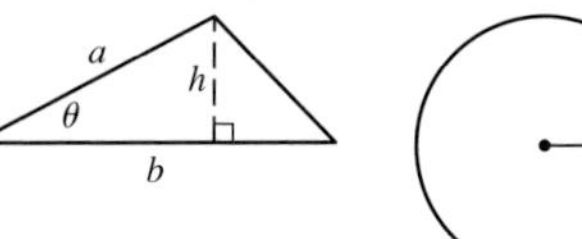

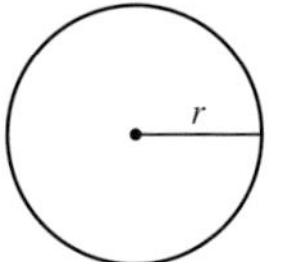

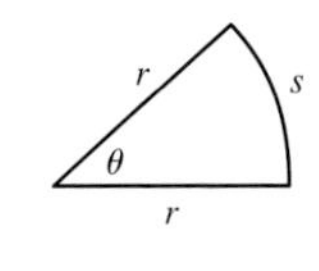

球
$V=\frac{4}{3}\pi r^3$
$A=4\pi r^2$

円筒
$V=\pi r^2 h$

円すい
$V=\frac{1}{3}\pi r^2 h$
$A=\pi r\sqrt{r^2+h^2}$
（底面を除いた面積）

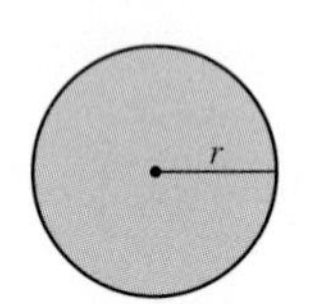

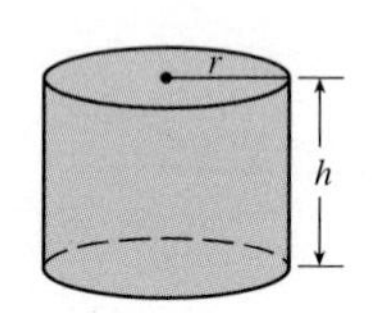

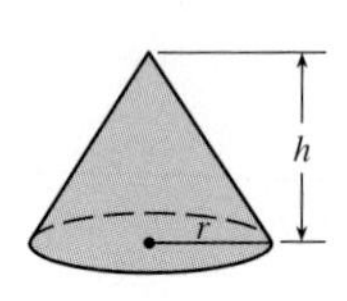

距離と中点

2 点 $P_1(x_1, y_1)$ と $P_2(x_2, y_2)$ の間の距離：

$$d=\sqrt{(x_2-x_1)^2+(y_2-y_1)^2}$$

線分 $\overline{P_1P_2}$ の中点：$\left(\dfrac{x_1+x_2}{2}, \dfrac{y_1+y_2}{2}\right)$

直　線

2 点 $P_1(x_1, y_1)$ と $P_2(x_2, y_2)$ で定まる直線の傾き：

$$m=\frac{y_2-y_1}{x_2-x_1}$$

点 $P_1(x_1, y_1)$ を通り傾き m の直線の方程式：

$$y-y_1=m(x-x_1)$$

傾き m，y 切片 b の直線の方程式：

$$y=mx+b$$

円

中心 (h, k)，半径 r の円の方程式：

$$(x-h)^2+(y-k)^2=r^2$$

3 角 法

弧度法（ラジアン，rad）

$\pi \text{ rad} = 180°$

$1° = \dfrac{\pi}{180} \text{ rad} \qquad 1 \text{ rad} = \dfrac{180°}{\pi}$

$s = r\theta$（θ はラジアン）

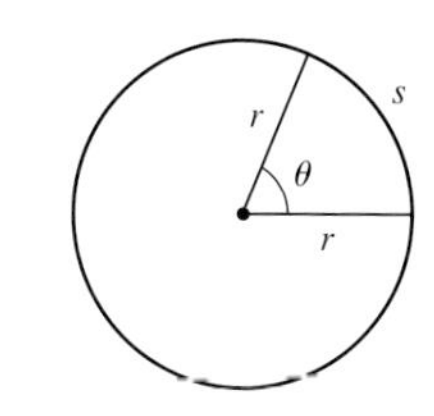

直角 3 角形の 3 角法

$\sin\theta = \dfrac{y}{r} \qquad \csc\theta = \dfrac{r}{y}$

$\cos\theta = \dfrac{x}{r} \qquad \sec\theta = \dfrac{r}{x}$

$\tan\theta = \dfrac{y}{x} \qquad \cot\theta = \dfrac{x}{y}$

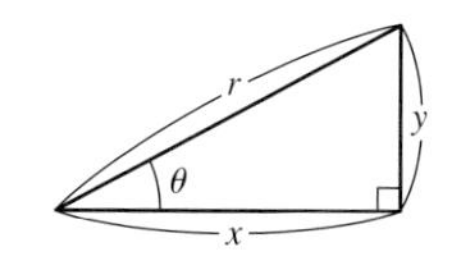

3 角 関 数

$\sin\theta = \dfrac{y}{r} \qquad \csc\theta = \dfrac{r}{y}$

$\cos\theta = \dfrac{x}{r} \qquad \sec\theta = \dfrac{r}{x}$

$\tan\theta = \dfrac{y}{x} \qquad \cot\theta = \dfrac{x}{y}$

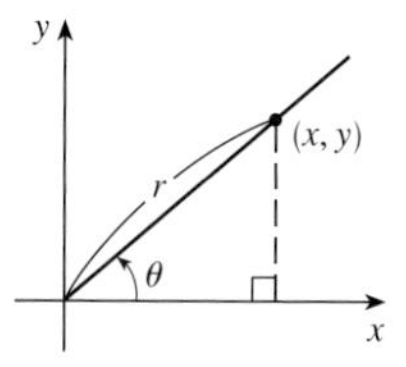

3 角関数のグラフ

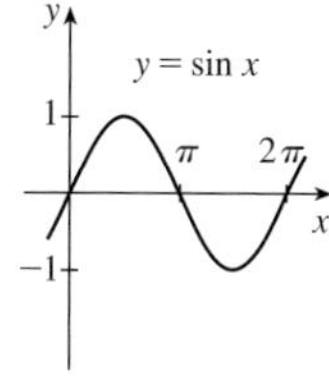

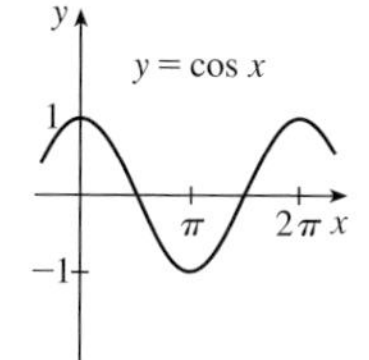

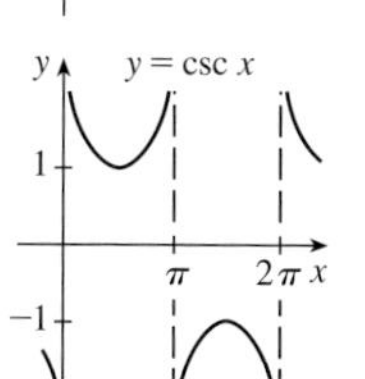

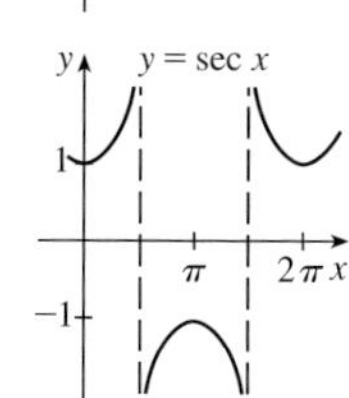

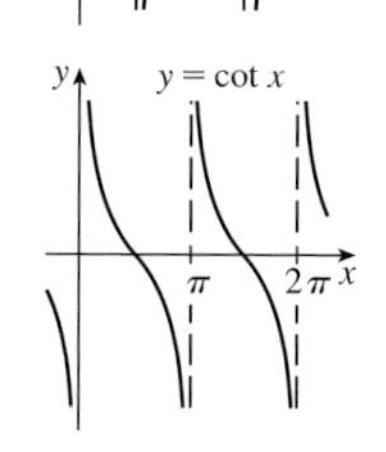

重要な角度の値

θ	角度 (rad)	$\sin\theta$	$\cos\theta$	$\tan\theta$
0°	0	0	1	0
30°	$\pi/6$	$1/2$	$\sqrt{3}/2$	$\sqrt{3}/3$
45°	$\pi/4$	$\sqrt{2}/2$	$\sqrt{2}/2$	1
60°	$\pi/3$	$\sqrt{3}/2$	$1/2$	$\sqrt{3}$
90°	$\pi/2$	1	0	—

基本的関係式

$\csc\theta = \dfrac{1}{\sin\theta} \qquad \sec\theta = \dfrac{1}{\cos\theta}$

$\tan\theta = \dfrac{\sin\theta}{\cos\theta} \qquad \cot\theta = \dfrac{\cos\theta}{\sin\theta}$

$\cot\theta = \dfrac{1}{\tan\theta} \qquad \sin^2\theta + \cos^2\theta - 1$

$1 + \tan^2\theta = \sec^2\theta \qquad 1 + \cot^2\theta = \csc^2\theta$

$\sin(-\theta) = -\sin\theta \qquad \cos(-\theta) = \cos\theta$

$\tan(-\theta) = -\tan\theta \qquad \sin\left(\dfrac{\pi}{2} - \theta\right) = \cos\theta$

$\cos\left(\dfrac{\pi}{2} - \theta\right) = \sin\theta \qquad \tan\left(\dfrac{\pi}{2} - \theta\right) = \cot\theta$

正 弦 定 理

$\dfrac{\sin A}{a} = \dfrac{\sin B}{b} = \dfrac{\sin C}{c}$

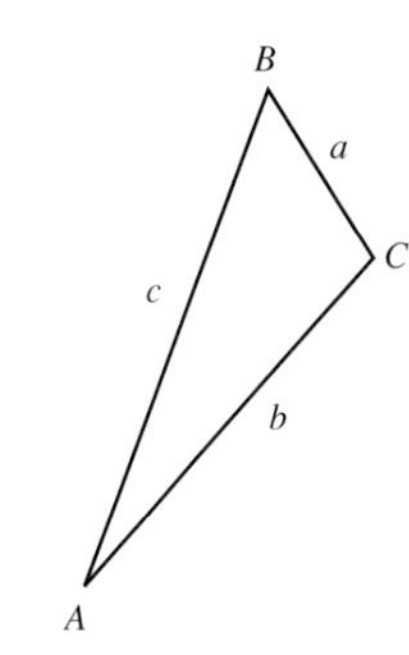

余 弦 定 理

$a^2 = b^2 + c^2 - 2bc\cos A$

$b^2 = a^2 + c^2 - 2ac\cos B$

$c^2 = a^2 + b^2 - 2ab\cos C$

加 法 定 理

$\sin(x + y) = \sin x\cos y + \cos x\sin y$

$\sin(x - y) = \sin x\cos y - \cos x\sin y$

$\cos(x + y) = \cos x\cos y - \sin x\sin y$

$\cos(x - y) = \cos x\cos y + \sin x\sin y$

$\tan(x + y) = \dfrac{\tan x + \tan y}{1 - \tan x\tan y} \qquad \tan(x - y) = \dfrac{\tan x - \tan y}{1 + \tan x\tan y}$

倍 角 の 公 式

$\sin 2x = 2\sin x\cos x$

$\cos 2x = \cos^2 x - \sin^2 x = 2\cos^2 x - 1 = 1 - 2\sin^2 x$

$\tan 2x = \dfrac{2\tan x}{1 - \tan^2 x}$

半 角 の 公 式

$\sin^2\dfrac{x}{2} = \dfrac{1 - \cos x}{2}$

$\cos^2\dfrac{x}{2} = \dfrac{1 + \cos x}{2}$

特別な関数

ベキ関数　$f(x) = x^a$

(**i**)　$f(x) = x^n$, n は自然数

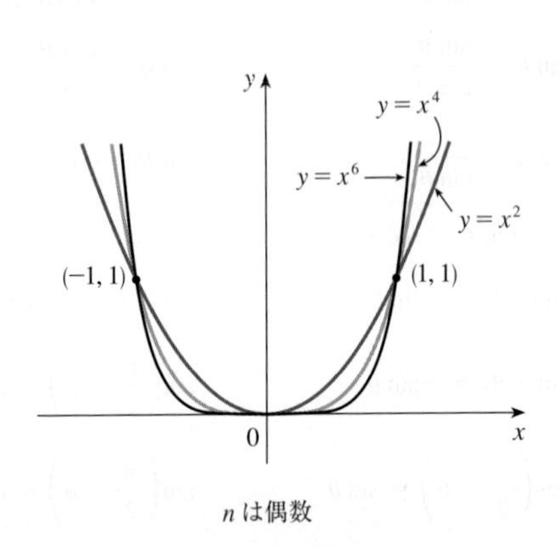

n は偶数

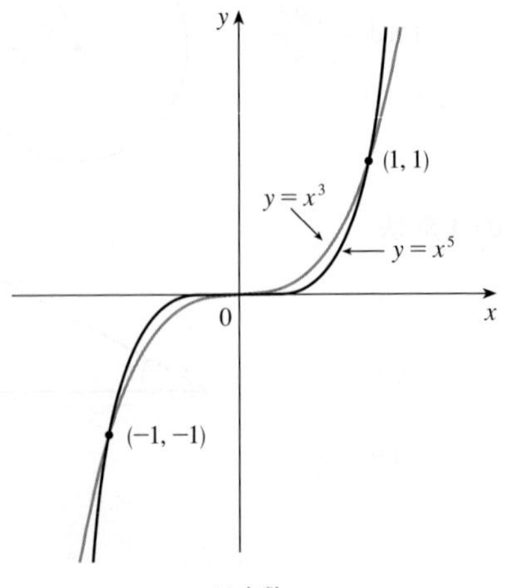

n は奇数

(**ii**)　$f(x) = x^{1/n} = \sqrt[n]{x}$, n は自然数

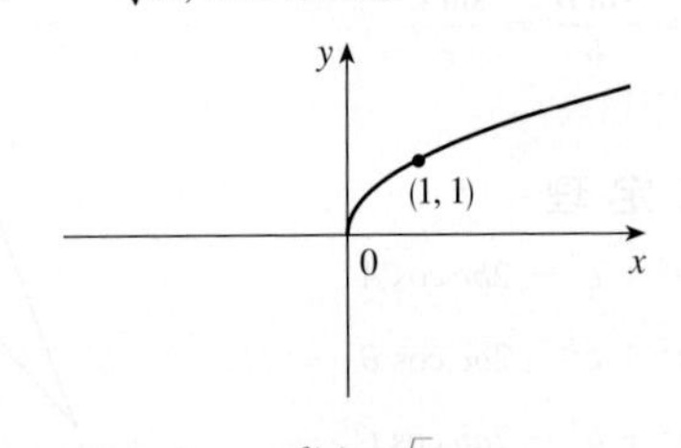

$f(x) = \sqrt{x}$

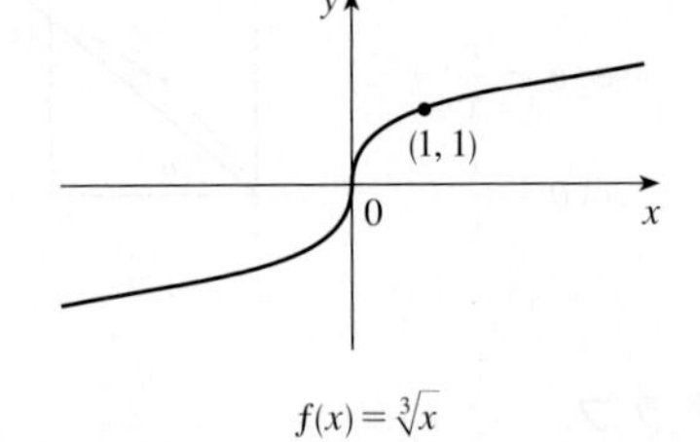

$f(x) = \sqrt[3]{x}$

(**iii**)　$f(x) = x^{-1} = \dfrac{1}{x}$

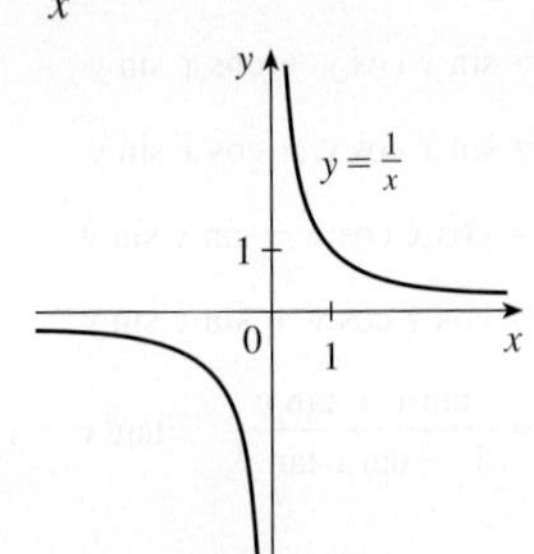

逆 3 角関数

$$\arcsin x = \sin^{-1} x = y \iff \sin y = x, \quad \frac{\pi}{2} \leqslant y \leqslant \frac{\pi}{2}$$

$$\arccos x = \cos^{-1} x = y \iff \cos y = x, \quad 0 \leqslant y \leqslant \pi$$

$$\arctan x = \tan^{-1} x = y \iff \tan y = x, \quad -\frac{\pi}{2} < y < \frac{\pi}{2}$$

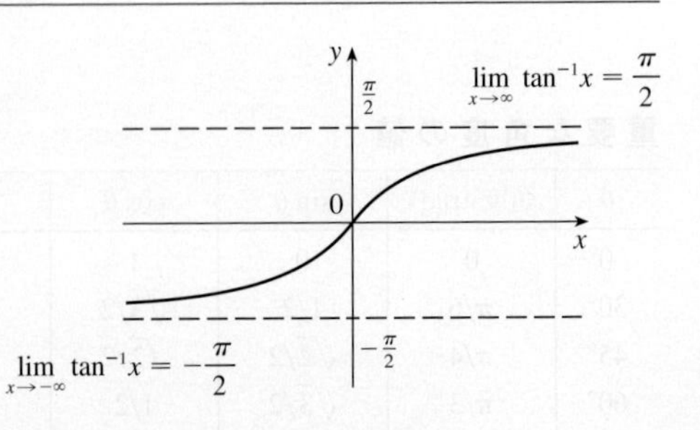

$y = \tan^{-1} x = \arctan x$

特別な関数

指数関数と対数関数

$\log_a x = y \iff a^y = x$

$\log x = \log_e x \qquad \log e = 1$

$\log x = y \iff e^y = x$

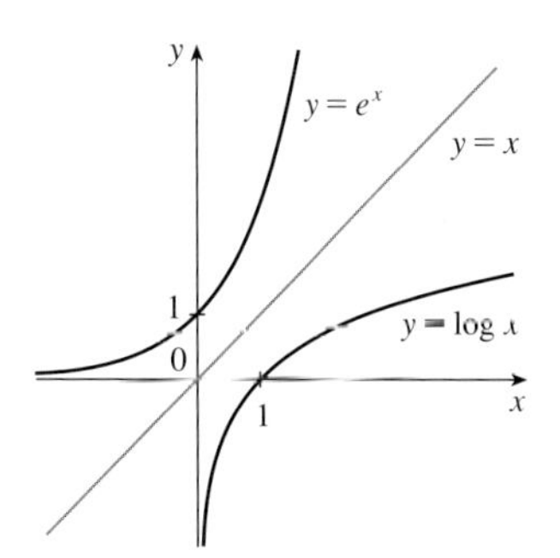

$\lim_{x \to -\infty} e^x = 0 \qquad \lim_{x \to \infty} e^x = \infty$

$\lim_{x \to 0^+} \log x = -\infty \qquad \lim_{x \to \infty} \log x = \infty$

逆関数の関係

$\log_a(a^x) = x \qquad a^{\log_a x} = x$

$\log(e^x) = x \qquad e^{\log x} = x$

対数関数の性質

1. $\log_a(xy) = \log_a x + \log_a y$
2. $\log_a\left(\frac{x}{y}\right) = \log_a x - \log_a y$
3. $\log_a(x^r) = r \log_a x$

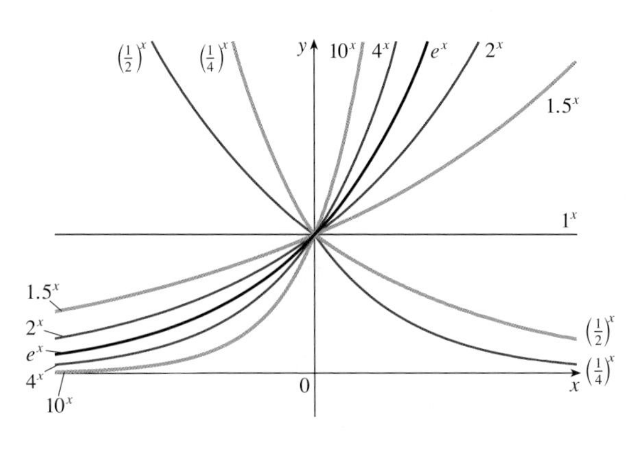

指数関数

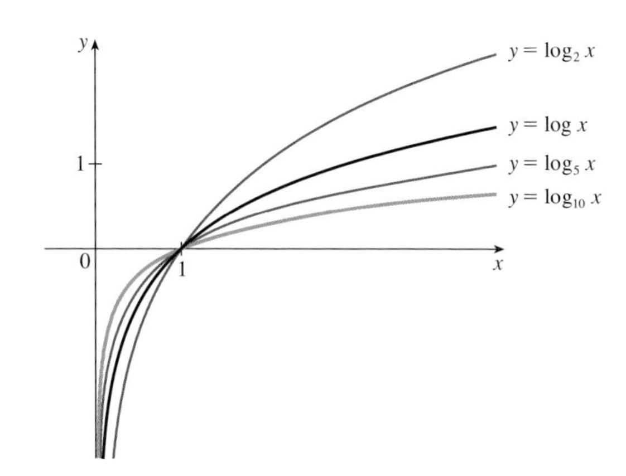

対数関数

双曲線関数

$\sinh x = \frac{e^x - e^{-x}}{2} \qquad \operatorname{csch} x = \frac{1}{\sinh x}$

$\cosh x = \frac{e^x + e^{-x}}{2} \qquad \operatorname{sech} x = \frac{1}{\cosh x}$

$\tanh x = \frac{\sinh x}{\cosh x} \qquad \coth x = \frac{\cosh x}{\sinh x}$

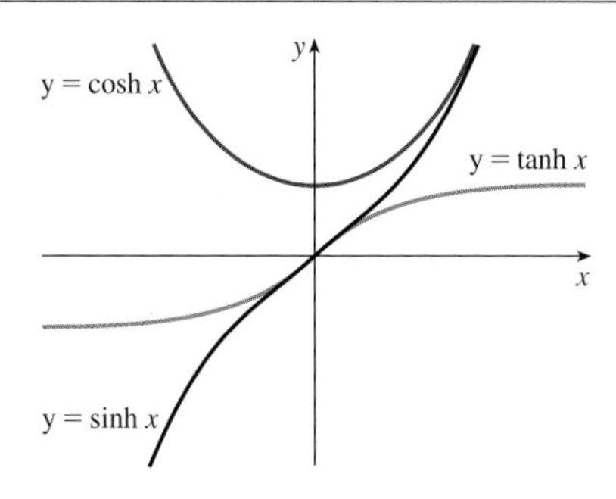

逆双曲線関数

$y = \sinh^{-1} x \iff \sinh y = x$

$y = \cosh^{-1} x \iff \cosh y = x, \quad y \geqslant 0$

$y = \tanh^{-1} x \iff \tanh y = x$

$\sinh^{-1} x = \log\left(x + \sqrt{x^2 + 1}\right)$

$\cosh^{-1} x = \log\left(x + \sqrt{x^2 - 1}\right)$

$\tanh^{-1} x = \frac{1}{2} \log\left(\frac{1 + x}{1 - x}\right)$

微　分

基本的公式

1. $\dfrac{d}{dx}c=0$

2. $\dfrac{d}{dx}(cf(x))=cf'(x)$

3. $\dfrac{d}{dx}(f(x)+g(x))=f'(x)+g'(x)$

4. $\dfrac{d}{dx}(f(x)-g(x))=f'(x)-g'(x)$

5. $\dfrac{d}{dx}(f(x)g(x))=f(x)g'(x)+g(x)f'(x)$ （積の微分公式）

6. $\dfrac{d}{dx}\left(\dfrac{f(x)}{g(x)}\right)=\dfrac{g(x)f'(x)-f(x)g'(x)}{(g(x))^2}$ （商の微分公式）

7. $\dfrac{d}{dx}f(g(x))=f'(g(x))g'(x)$ （合成関数の微分公式）

8. $\dfrac{d}{dx}x^n=nx^{n-1}$ （ベキ関数の微分公式）

指数関数と対数関数

9. $\dfrac{d}{dx}e^x=e^x$

10. $\dfrac{d}{dx}a^x=a^x\log a$

11. $\dfrac{d}{dx}\log|x|=\dfrac{1}{x}$

12. $\dfrac{d}{dx}\log_a x=\dfrac{1}{x\log a}$

3角関数

13. $\dfrac{d}{dx}\sin x=\cos x$

14. $\dfrac{d}{dx}\cos x=-\sin x$

15. $\dfrac{d}{dx}\tan x=\sec^2 x$

16. $\dfrac{d}{dx}\csc x=-\csc x\cot x$

17. $\dfrac{d}{dx}\sec x=\sec x\tan x$

18. $\dfrac{d}{dx}\cot x=-\csc^2 x$

逆3角関数

19. $\dfrac{d}{dx}\sin^{-1}x=\dfrac{1}{\sqrt{1-x^2}}$

20. $\dfrac{d}{dx}\cos^{-1}x=-\dfrac{1}{\sqrt{1-x^2}}$

21. $\dfrac{d}{dx}\tan^{-1}x=\dfrac{1}{1+x^2}$

22. $\dfrac{d}{dx}\csc^{-1}x=-\dfrac{1}{x\sqrt{x^2-1}}$

23. $\dfrac{d}{dx}\sec^{-1}x=\dfrac{1}{x\sqrt{x^2-1}}$

24. $\dfrac{d}{dx}\cot^{-1}x=-\dfrac{1}{1+x^2}$

双曲線関数

25. $\dfrac{d}{dx}\sinh x=\cosh x$

26. $\dfrac{d}{dx}\cosh x=\sinh x$

27. $\dfrac{d}{dx}\tanh x=\operatorname{sech}^2 x$

28. $\dfrac{d}{dx}\operatorname{csch} x=-\operatorname{csch} x\coth x$

29. $\dfrac{d}{dx}\operatorname{sech} x=-\operatorname{sech} x\tanh x$

30. $\dfrac{d}{dx}\coth x=-\operatorname{csch}^2 x$

逆双曲線関数

31. $\dfrac{d}{dx}\sinh^{-1}x=\dfrac{1}{\sqrt{1+x^2}}$

32. $\dfrac{d}{dx}\cosh^{-1}x=\dfrac{1}{\sqrt{x^2-1}}$

33. $\dfrac{d}{dx}\tanh^{-1}x=\dfrac{1}{1-x^2}$

34. $\dfrac{d}{dx}\operatorname{csch}^{-1}x=-\dfrac{1}{|x|\sqrt{x^2+1}}$

35. $\dfrac{d}{dx}\operatorname{sech}^{-1}x=-\dfrac{1}{x\sqrt{1-x^2}}$

36. $\dfrac{d}{dx}\coth^{-1}x=\dfrac{1}{1-x^2}$

不定積分

基本的公式

1. $\int u\,dv = uv - \int v\,du$

2. $\int u^n\,du = \dfrac{u^{n+1}}{n+1} + C, \quad n \neq -1$

3. $\int \dfrac{1}{u}\,du = \log|u| + C$

4. $\int e^u\,du = e^u + C$

5. $\int a^u\,du = \dfrac{a^u}{\log a} + C$

6. $\int \sin u\,du = -\cos u + C$

7. $\int \cos u\,du = \sin u + C$

8. $\int \sec^2 u\,du = \tan u + C$

9. $\int \csc^2 u\,du = -\cot u + C$

10. $\int \sec u \tan u\,du = \sec u + C$

11. $\int \csc u \cot u\,du = -\csc u + C$

12. $\int \tan u\,du = \log|\sec u| + C$

13. $\int \cot u\,du = \log|\sin u| + C$

14. $\int \sec u\,du = \log|\sec u + \tan u| + C$

15. $\int \csc u\,du = \log|\csc u - \cot u| + C$

16. $\int \dfrac{1}{\sqrt{a^2-u^2}}\,du = \sin^{-1}\dfrac{u}{a} + C, \quad a > 0$

17. $\int \dfrac{1}{a^2+u^2}\,du = \dfrac{1}{a}\tan^{-1}\dfrac{u}{a} + C$

18. $\int \dfrac{1}{u\sqrt{u^2-a^2}}\,du = \dfrac{1}{a}\sec^{-1}\dfrac{u}{a} + C$

19. $\int \dfrac{1}{a^2-u^2}\,du = \dfrac{1}{2a}\log\left|\dfrac{u+a}{u-a}\right| + C$

20. $\int \dfrac{1}{u^2-a^2}\,du = \dfrac{1}{2a}\log\left|\dfrac{u-a}{u+a}\right| + C$

$\sqrt{a^2+u^2}$, $a>0$ を含む場合

21. $\int \sqrt{a^2+u^2}\,du = \dfrac{u}{2}\sqrt{a^2+u^2} + \dfrac{a^2}{2}\log\left(u+\sqrt{a^2+u^2}\right) + C$

22. $\int u^2\sqrt{a^2+u^2}\,du = \dfrac{u}{8}(a^2+2u^2)\sqrt{a^2+u^2} - \dfrac{a^4}{8}\log\left(u+\sqrt{a^2+u^2}\right) + C$

23. $\int \dfrac{\sqrt{a^2+u^2}}{u}\,du = \sqrt{a^2+u^2} - a\log\left|\dfrac{a+\sqrt{a^2+u^2}}{u}\right| + C$

24. $\int \dfrac{\sqrt{a^2+u^2}}{u^2}\,du = -\dfrac{\sqrt{a^2+u^2}}{u} + \log\left(u+\sqrt{a^2+u^2}\right) + C$

25. $\int \dfrac{1}{\sqrt{a^2+u^2}}\,du = \log\left(u+\sqrt{a^2+u^2}\right) + C$

26. $\int \dfrac{u^2}{\sqrt{a^2+u^2}}\,du = \dfrac{u}{2}\sqrt{a^2+u^2} - \dfrac{a^2}{2}\log\left(u+\sqrt{a^2+u^2}\right) + C$

27. $\int \dfrac{1}{u\sqrt{a^2+u^2}}\,du = -\dfrac{1}{a}\log\left|\dfrac{\sqrt{a^2+u^2}+a}{u}\right| + C$

28. $\int \dfrac{1}{u^2\sqrt{a^2+u^2}}\,du = -\dfrac{\sqrt{a^2+u^2}}{a^2u} + C$

29. $\int \dfrac{1}{(a^2+u^2)^{3/2}}\,du = \dfrac{u}{a^2\sqrt{a^2+u^2}} + C$

不定積分

$\sqrt{a^2-u^2}$, $a>0$ を含む場合

30. $$\int \sqrt{a^2-u^2}\,du = \frac{u}{2}\sqrt{a^2-u^2} + \frac{a^2}{2}\sin^{-1}\frac{u}{a} + C$$

31. $$\int u^2\sqrt{a^2-u^2}\,du = \frac{u}{8}(2u^2-a^2)\sqrt{a^2-u^2} + \frac{a^4}{8}\sin^{-1}\frac{u}{a} + C$$

32. $$\int \frac{\sqrt{a^2-u^2}}{u}\,du = \sqrt{a^2-u^2} - a\log\left|\frac{a+\sqrt{a^2-u^2}}{u}\right| + C$$

33. $$\int \frac{\sqrt{a^2-u^2}}{u^2}\,du = -\frac{1}{u}\sqrt{a^2-u^2} - \sin^{-1}\frac{u}{a} + C$$

34. $$\int \frac{u^2}{\sqrt{a^2-u^2}}\,du = -\frac{u}{2}\sqrt{a^2-u^2} + \frac{a^2}{2}\sin^{-1}\frac{u}{a} + C$$

35. $$\int \frac{1}{u\sqrt{a^2-u^2}}\,du = -\frac{1}{a}\log\left|\frac{a+\sqrt{a^2-u^2}}{u}\right| + C$$

36. $$\int \frac{1}{u^2\sqrt{a^2-u^2}}\,du = -\frac{1}{a^2u}\sqrt{a^2-u^2} + C$$

37. $$\int (a^2-u^2)^{3/2}\,du = -\frac{u}{8}(2u^2-5a^2)\sqrt{a^2-u^2} + \frac{3a^4}{8}\sin^{-1}\frac{u}{a} + C$$

38. $$\int \frac{1}{(a^2-u^2)^{3/2}}\,du = \frac{u}{a^2\sqrt{a^2-u^2}} + C$$

$\sqrt{u^2-a^2}$, $a>0$ を含む場合

39. $$\int \sqrt{u^2-a^2}\,du = \frac{u}{2}\sqrt{u^2-a^2} - \frac{a^2}{2}\log\left|u+\sqrt{u^2-a^2}\right| + C$$

40. $$\int u^2\sqrt{u^2-a^2}\,du = \frac{u}{8}(2u^2-a^2)\sqrt{u^2-a^2} - \frac{a^4}{8}\log\left|u+\sqrt{u^2-a^2}\right| + C$$

41. $$\int \frac{\sqrt{u^2-a^2}}{u}\,du = \sqrt{u^2-a^2} - a\cos^{-1}\frac{a}{|u|} + C$$

42. $$\int \frac{\sqrt{u^2-a^2}}{u^2}\,du = -\frac{\sqrt{u^2-a^2}}{u} + \log\left|u+\sqrt{u^2-a^2}\right| + C$$

43. $$\int \frac{1}{\sqrt{u^2-a^2}}\,du = \log\left|u+\sqrt{u^2-a^2}\right| + C$$

44. $$\int \frac{u^2}{\sqrt{u^2-a^2}}\,du = \frac{u}{2}\sqrt{u^2-a^2} + \frac{a^2}{2}\log\left|u+\sqrt{u^2-a^2}\right| + C$$

45. $$\int \frac{1}{u^2\sqrt{u^2-a^2}}\,du = \frac{\sqrt{u^2-a^2}}{a^2u} + C$$

46. $$\int \frac{1}{(u^2-a^2)^{3/2}}\,du = -\frac{u}{a^2\sqrt{u^2-a^2}} + C$$

不 定 積 分

$a+bu$ を含む場合

47. $$\int \frac{u}{a+bu}\,du = \frac{1}{b^2}\left(a + bu - a\log|a+bu|\right) + C$$

48. $$\int \frac{u^2}{a+bu}\,du = \frac{1}{2b^3}\{(a+bu)^2 - 4a(a+bu) + 2a^2\log|a+bu|\} + C$$

49. $$\int \frac{1}{u(a+bu)}\,du = \frac{1}{a}\log\left|\frac{u}{a+bu}\right| + C$$

50. $$\int \frac{1}{u^2(a+bu)}\,du = -\frac{1}{au} + \frac{b}{a^2}\log\left|\frac{a+bu}{u}\right| + C$$

51. $$\int \frac{u}{(a+bu)^2}\,du = \frac{a}{b^2(a+bu)} + \frac{1}{b^2}\log|a+bu| + C$$

52. $$\int \frac{1}{u(a+bu)^2}\,du = \frac{1}{a(a+bu)} - \frac{1}{a^2}\log\left|\frac{a+bu}{u}\right| + C$$

53. $$\int \frac{u^2}{(a+bu)^2}\,du = \frac{1}{b^3}\left(a + bu - \frac{a^2}{a+bu} - 2a\log|a+bu|\right) + C$$

54. $$\int u\sqrt{a+bu}\,du = \frac{2}{15b^2}(3bu - 2a)(a+bu)^{3/2} + C$$

55. $$\int \frac{u}{\sqrt{a+bu}}\,du = \frac{2}{3b^2}(bu - 2a)\sqrt{a+bu} + C$$

56. $$\int \frac{u^2}{\sqrt{a+bu}}\,du = \frac{2}{15b^3}(8a^2 + 3b^2u^2 - 4abu)\sqrt{a+bu} + C$$

57. $$\int \frac{1}{u\sqrt{a+bu}}\,du = \begin{cases} \dfrac{1}{\sqrt{a}}\log\left|\dfrac{\sqrt{a+bu}-\sqrt{a}}{\sqrt{a+bu}+\sqrt{a}}\right| + C, & a > 0 \\[2ex] \dfrac{2}{\sqrt{-a}}\tan^{-1}\sqrt{\dfrac{a+bu}{-a}} + C, & a < 0 \end{cases}$$

58. $$\int \frac{\sqrt{a+bu}}{u}\,du = 2\sqrt{a+bu} + a\int \frac{1}{u\sqrt{a+bu}}\,du$$

59. $$\int \frac{\sqrt{a+bu}}{u^2}\,du = -\frac{\sqrt{a+bu}}{u} + \frac{b}{2}\int \frac{1}{u\sqrt{a+bu}}\,du$$

60. $$\int u^n\sqrt{a+bu}\,du = \frac{2}{b(2n+3)}\left\{u^n(a+bu)^{3/2} - na\int u^{n-1}\sqrt{a+bu}\,du\right\}$$

61. $$\int \frac{u^n}{\sqrt{a+bu}}\,du = \frac{2u^n\sqrt{a+bu}}{b(2n+1)} - \frac{2na}{b(2n+1)}\int \frac{u^{n-1}}{\sqrt{a+bu}}\,du$$

62. $$\int \frac{1}{u^n\sqrt{a+bu}}\,du = -\frac{\sqrt{a+bu}}{a(n-1)u^{n-1}} - \frac{b(2n-3)}{2a(n-1)}\int \frac{1}{u^{n-1}\sqrt{a+bu}}\,du$$

不定積分

3 角 関 数

63. $\int \sin^2 u\, du = \frac{1}{2}u - \frac{1}{4}\sin 2u + C$

64. $\int \cos^2 u\, du = \frac{1}{2}u + \frac{1}{4}\sin 2u + C$

65. $\int \tan^2 u\, du = \tan u - u + C$

66. $\int \cot^2 u\, du = -\cot u - u + C$

67. $\int \sin^3 u\, du = -\frac{1}{3}(2 + \sin^2 u)\cos u + C$

68. $\int \cos^3 u\, du = \frac{1}{3}(2 + \cos^2 u)\sin u + C$

69. $\int \tan^3 u\, du = \frac{1}{2}\tan^2 u + \log|\cos u| + C$

70. $\int \cot^3 u\, du = -\frac{1}{2}\cot^2 u - \log|\sin u| + C$

71. $\int \sec^3 u\, du = \frac{1}{2}\sec u \tan u + \frac{1}{2}\log|\sec u + \tan u| + C$

72. $\int \csc^3 u\, du = -\frac{1}{2}\csc u \cot u + \frac{1}{2}\log|\csc u - \cot u| + C$

73. $\int \sin^n u\, du = -\frac{1}{n}\sin^{n-1}u \cos u + \frac{n-1}{n}\int \sin^{n-2}u\, du$

74. $\int \cos^n u\, du = \frac{1}{n}\cos^{n-1}u \sin u + \frac{n-1}{n}\int \cos^{n-2}u\, du$

75. $\int \tan^n u\, du = \frac{1}{n-1}\tan^{n-1}u - \int \tan^{n-2}u\, du$

76. $\int \cot^n u\, du = \frac{-1}{n-1}\cot^{n-1}u - \int \cot^{n-2}u\, du$

77. $\int \sec^n u\, du = \frac{1}{n-1}\tan u \sec^{n-2}u + \frac{n-2}{n-1}\int \sec^{n-2}u\, du$

78. $\int \csc^n u\, du = -\frac{1}{n-1}\cot u \csc^{n-2}u + \frac{n-2}{n-1}\int \csc^{n-2}u\, du$

79. $\int \sin au \sin bu\, du = \frac{\sin(a-b)u}{2(a-b)} - \frac{\sin(a+b)u}{2(a+b)} + C$

80. $\int \cos au \cos bu\, du = \frac{\sin(a-b)u}{2(a-b)} + \frac{\sin(a+b)u}{2(a+b)} + C$

81. $\int \sin au \cos bu\, du = -\frac{\cos(a-b)u}{2(a-b)} - \frac{\cos(a+b)u}{2(a+b)} + C$

82. $\int u \sin u\, du = \sin u - u\cos u + C$

83. $\int u \cos u\, du = \cos u + u \sin u + C$

84. $\int u^n \sin u\, du = -u^n \cos u + n\int u^{n-1}\cos u\, du$

85. $\int u^n \cos u\, du = u^n \sin u - n\int u^{n-1}\sin u\, du$

86. $\int \sin^n u \cos^m u\, du = -\frac{\sin^{n-1}u \cos^{m+1}u}{n+m} + \frac{n-1}{n+m}\int \sin^{n-2}u \cos^m u\, du$

$$= \frac{\sin^{n+1}u \cos^{m-1}u}{n+m} + \frac{m-1}{n+m}\int \sin^n u \cos^{m-2}u\, du$$

不定積分

逆3角関数

87. $\int \sin^{-1}u\,du = u\sin^{-1}u + \sqrt{1-u^2} + C$

88. $\int \cos^{-1}u\,du = u\cos^{-1}u - \sqrt{1-u^2} + C$

89. $\int \tan^{-1}u\,du = u\tan^{-1}u - \frac{1}{2}\log(1+u^2) + C$

90. $\int u\sin^{-1}u\,du = \frac{2u^2-1}{4}\sin^{-1}u + \frac{u\sqrt{1-u^2}}{4} + C$

91. $\int u\cos^{-1}u\,du = \frac{2u^2-1}{4}\cos^{-1}u - \frac{u\sqrt{1-u^2}}{4} + C$

92. $\int u\tan^{-1}u\,du = \frac{u^2+1}{2}\tan^{-1}u - \frac{u}{2} + C$

93. $\int u^n\sin^{-1}u\,du = \frac{1}{n+1}\left(u^{n+1}\sin^{-1}u - \int \frac{u^{n+1}}{\sqrt{1-u^2}}du\right),\quad n \neq -1$

94. $\int u^n\cos^{-1}u\,du = \frac{1}{n+1}\left(u^{n+1}\cos^{-1}u + \int \frac{u^{n+1}}{\sqrt{1-u^2}}du\right),\quad n \neq -1$

95. $\int u^n\tan^{-1}u\,du = \frac{1}{n+1}\left(u^{n+1}\tan^{-1}u - \int \frac{u^{n+1}}{1+u^2}du\right),\quad n \neq -1$

指数関数と対数関数

96. $\int ue^{au}\,du = \frac{1}{a^2}(au-1)e^{au} + C$

97. $\int u^n e^{au}\,du = \frac{1}{a}u^n e^{au} - \frac{n}{a}\int u^{n-1}e^{au}\,du$

98. $\int e^{au}\sin bu\,du = \frac{e^{au}}{a^2+b^2}(a\sin bu - b\cos bu) + C$

99. $\int e^{au}\cos bu\,du = \frac{e^{au}}{a^2+b^2}(a\cos bu + b\sin bu) + C$

100. $\int \log u\,du = u\log u - u + C$

101. $\int u^n\log u\,du = \frac{u^{n+1}}{(n+1)^2}\{(n+1)\log u - 1\} + C$

102. $\int \frac{1}{u\log u}du = \log|\log u| + C$

双曲線関数

103. $\int \sinh u\,du = \cosh u + C$

104. $\int \cosh u\,du = \sinh u + C$

105. $\int \tanh u\,du = \log\cosh u + C$

106. $\int \coth u\,du = \log|\sinh u| + C$

107. $\int \operatorname{sech} u\,du = \tan^{-1}|\sinh u| + C$

108. $\int \operatorname{csch} u\,du = \log\left|\tanh\frac{1}{2}u\right| + C$

109. $\int \operatorname{sech}^2 u\,du = \tanh u + C$

110. $\int \operatorname{csch}^2 u\,du = -\coth u + C$

111. $\int \operatorname{sech} u\tanh u\,du = -\operatorname{sech} u + C$

112. $\int \operatorname{csch} u\coth u\,du = -\operatorname{csch} u + C$

不定積分

$\sqrt{2au-u^2}$, $a>0$ を含む場合

113. $$\int \sqrt{2au-u^2}\,du = \frac{u-a}{2}\sqrt{2au-u^2} + \frac{a^2}{2}\cos^{-1}\left(\frac{a-u}{a}\right) + C$$

114. $$\int u\sqrt{2au-u^2}\,du = \frac{2u^2-au-3a^2}{6}\sqrt{2au-u^2} + \frac{a^3}{2}\cos^{-1}\left(\frac{a-u}{a}\right) + C$$

115. $$\int \frac{\sqrt{2au-u^2}}{u}\,du = \sqrt{2au-u^2} + a\cos^{-1}\left(\frac{a-u}{a}\right) + C$$

116. $$\int \frac{\sqrt{2au-u^2}}{u^2}\,du = -\frac{2\sqrt{2au-u^2}}{u} - \cos^{-1}\left(\frac{a-u}{a}\right) + C$$

117. $$\int \frac{1}{\sqrt{2au-u^2}}\,du = \cos^{-1}\left(\frac{a-u}{a}\right) + C$$

118. $$\int \frac{u}{\sqrt{2au-u^2}}\,du = -\sqrt{2au-u^2} + a\cos^{-1}\left(\frac{a-u}{a}\right) + C$$

119. $$\int \frac{u^2}{\sqrt{2au-u^2}}\,du = -\frac{(u+3a)}{2}\sqrt{2au-u^2} + \frac{3a^2}{2}\cos^{-1}\left(\frac{a-u}{a}\right) + C$$

120. $$\int \frac{1}{u\sqrt{2au-u^2}}\,du = -\frac{\sqrt{2au-u^2}}{au} + C$$

問 題 の 解 答

ここでは，各節末問題，章末問題，各章の最後にある追加問題，巻末の付録の練習問題の，一部の解のみを示す．

第1章

1・1

1. (a) 定義 1 参照　(b) 水平線テストで判定する．

3. ×　**5.** ×　**7.** ○　**9.** ○　**11.** ×　**13.** ×

15. ×　**17.** (a) 6　(b) 3　**19.** 4

21. $F=\frac{9}{5}C+32$；摂氏温度の関数としての華氏温度；$[-273.15, \infty)$

23. $f^{-1}(x) = \frac{5}{4} - \frac{1}{4}x$

25. $f^{-1}(x) = \frac{1}{3}(x-1)^2 - \frac{2}{3},\ x \geqslant 1$

27. $y = \left(\dfrac{1-x}{1+x}\right)^2,\ -1 < x \leqslant 1$

29. $f^{-1}(x) = \frac{1}{4}(x^2-3),\ x \geqslant 0$

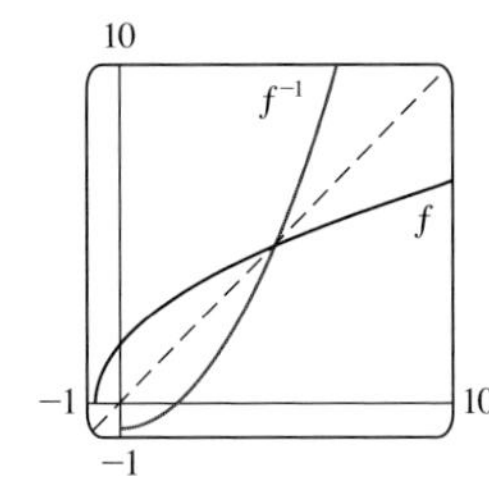

31.

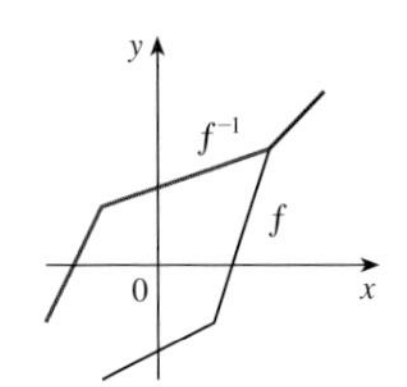

33. (a) $f^{-1}(x) = \sqrt{1-x^2},\ 0 \leqslant x \leqslant 1$；$f^{-1}$ と f は同じ関数　(b) 第1象現の $\frac{1}{4}$ 円

35. (b) $\frac{1}{12}$　(c) $f^{-1}(x) = \sqrt[3]{x}$,　定義域＝ℝ＝値域

(e)

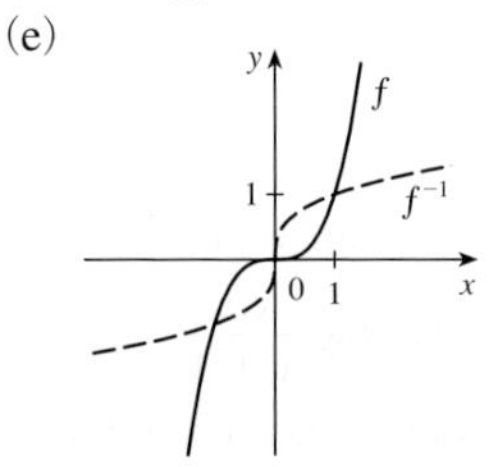

37. (b) $-\frac{1}{2}$

(c) $f^{-1}(x) = \sqrt{9-x}$,　定義域＝[0, 9]，値域＝[0, 3]

(e)

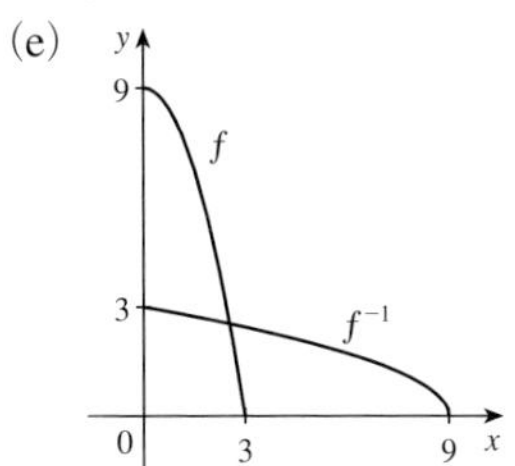

39. $\frac{1}{6}$　**41.** $2/\pi$　**43.** $\frac{3}{2}$　**45.** $1/\sqrt{28}$

47. グラフの水平線テストより1対1と判定できる．

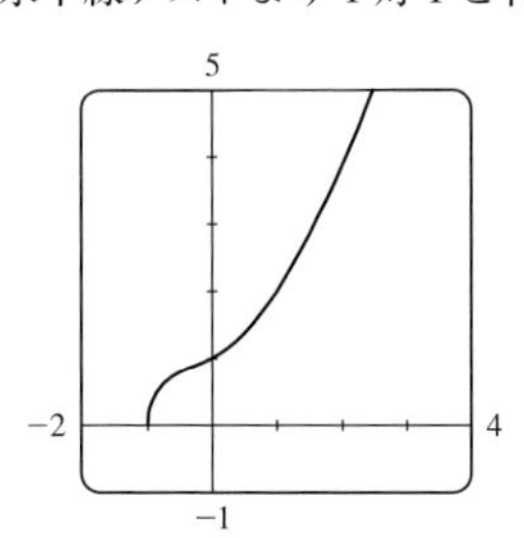

$$f^{-1}(x) = -\tfrac{1}{6}\sqrt[3]{4}\left(\sqrt[3]{D-27x^2+20} - \sqrt[3]{D+27x^2-20} + \sqrt[3]{2}\right)$$

(ただし $D = 3\sqrt{3}\sqrt{27x^4-40x^2+16}$)；二つは複素数である．

49. (a) $g^{-1}(x)=f^{-1}(x)-c$

(b) $h^{-1}(x)=(1/c)f^{-1}(x)$

1・2

1. (a) $f(x)=b^x$,　$b>0$　(b) ℝ　(c) $(0, \infty)$

(d) それぞれ図6(c)，6(b)，6(a)参照．

3.

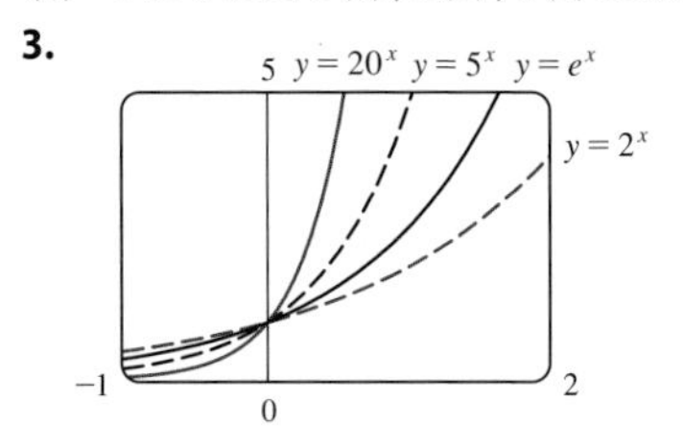

すべてのグラフは，$x \to -\infty$ のとき0に近づき，点(0, 1)を通り，増加関数である．底が大きいほど，増加率は大きくなる．

5.

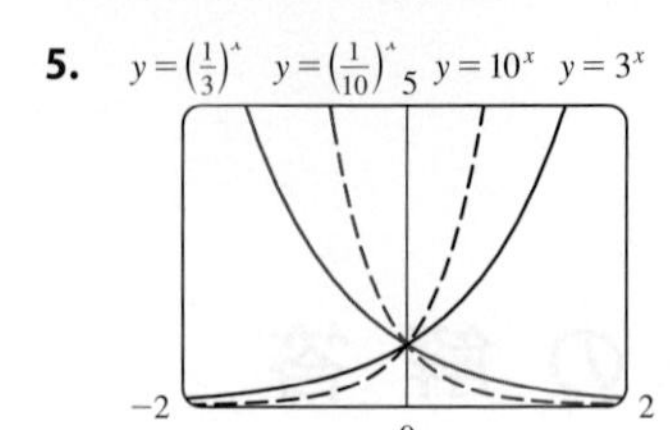

底が 1 より大きい関数は増加し，底が 1 より小さい関数は減少する．後者は，前者を y 軸に関して反転させたものである．

7.

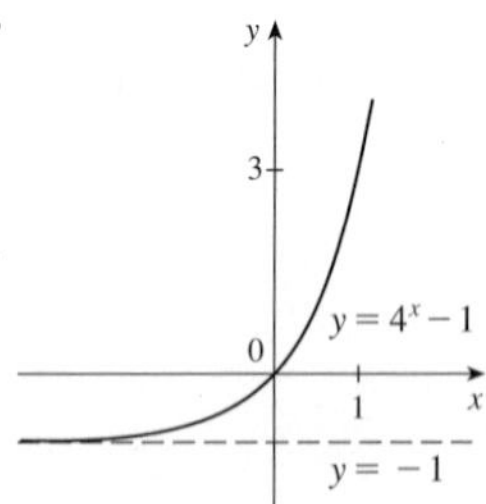

9.

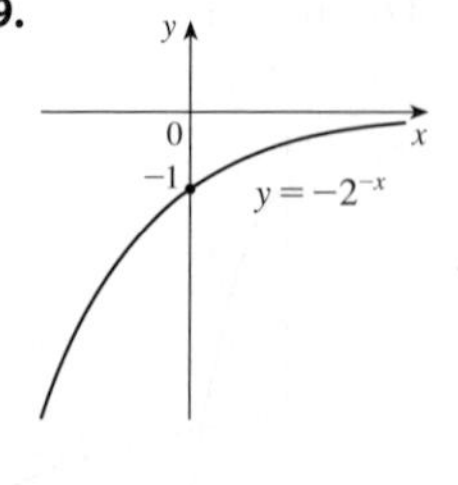

11.

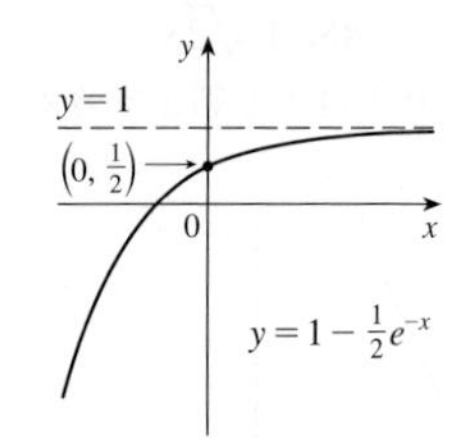

13. (a) $y=e^x-2$　(b) $y=e^{x-2}$　(c) $y=-e^x$
(d) $y=e^{-x}$　(e) $y=-e^{-x}$

15. (a) $(-\infty, -1) \cup (-1, 1) \cup (1, \infty)$　(b) $(-\infty, \infty)$

17. $f(x)=3\cdot 2^x$　**21.** $x \approx 35.8$　**23.** ∞

25. 1　**27.** 0　**29.** 0　**31.** $f'(x)=0$

33. $f'(x)=e^x(3x^2+x-5)$　**35.** $y'=3ax^2e^{ax^3}$

37. $y'=(\sec^2\theta)e^{\tan\theta}$　**39.** $f'(x)=\dfrac{xe^x(x^3+2e^x)}{(x^2+e^x)^2}$

41. $y'=xe^{-3x}(2-3x)$　**43.** $f'(t)=e^{at}(b\cos bt+a\sin bt)$

45. $F'(t)=e^{t\sin 2t}(2t\cos 2t+\sin 2t)$

47. $g'(u)=ue^{\sqrt{\sec u^2}}\sqrt{\sec u^2}\tan u^2$

49. $y'=\dfrac{4e^{2x}}{(1+e^{2x})^2}\sin\left(\dfrac{1-e^{2x}}{1+e^{2x}}\right)$　**51.** $y=2x+1$

53. $y'=\dfrac{y(y-e^{x/y})}{y^2-xe^{x/y}}$　**57.** $-4, -2$

59. $f^{(n)}(x)=2^ne^{2x}$　**61.** (b) -0.567143　**63.** 3.5 日

65. (a) 1　(b) $kae^{-kt}/(1+ae^{-kt})^2$
(c)　$t \approx 7.4$ 時間

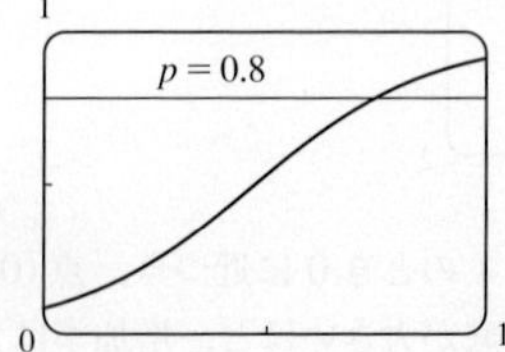

67. -1　**69.** $f(2)=2/\sqrt{e}$, $f(-1)=-1/\sqrt[8]{e}$

71. (a) 増加 $(2, \infty)$；減少 $(-\infty, 2)$
(b) 下に凸 $(-\infty, 3)$；上に凸 $(3, \infty)$　(c) $(3, -2e^{-3})$

73. A. $\{x \mid x \neq -1\}$
B. y 切片 $1/e$　C. なし
D. 水平漸近線 $y=1$；
垂直漸近線 $x=-1$
E. 増加 $(-\infty, -1), (-1, \infty)$
F. なし
G. 下に凸 $(-\infty, -1), \left(-1, -\frac{1}{2}\right)$；上に凸 $\left(-\frac{1}{2}, \infty\right)$；
変曲点 $\left(-\frac{1}{2}, 1/e^2\right)$
H. 右図参照.

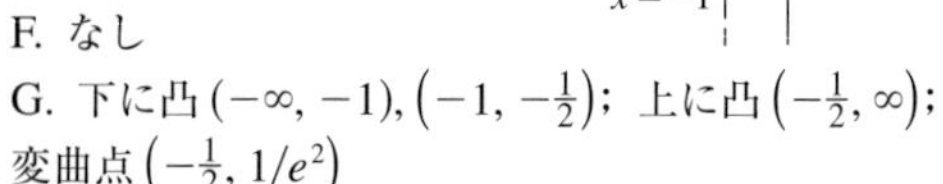

75. A. $\mathbb{R}$　B. y 切片 $\frac{1}{2}$　C. なし
D. 水平漸近線 $y=0, y=1$
E. 増加 $\mathbb{R}$　F. なし
G. 下に凸 $(-\infty, 0)$；
上に凸 $(0, \infty)$；変曲点 $\left(0, \frac{1}{2}\right)$
H. 右図参照.

77. 28.57 分は血中薬物レベルの増加率が最大である場合；85.71 分は血中薬物レベルの減少率が最大の場合

79. 0.177 mg/mL；21.4 分

81. 極大値 $f\left(-1/\sqrt{3}\right)=e^{2\sqrt{3}/9}\approx 1.5$；

極小値 $f\left(1/\sqrt{3}\right)=e^{-2\sqrt{3}/9}\approx 0.7$；
変曲点 $(-0.15, 1.15), (-1.09, 0.82)$

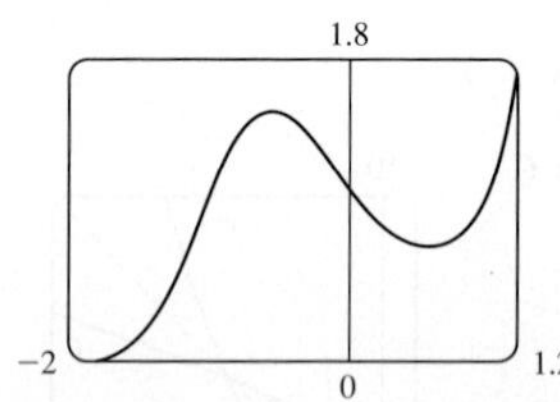

83. $\dfrac{1}{e+1}+e-1$　**85.** $\dfrac{1}{\pi}(1-e^{-2\pi})$

87. $\frac{2}{3}(1+e^x)^{3/2}+C$　**89.** $\frac{1}{2}e^{2x}+2x-\frac{1}{2}e^{-2x}+C$

91. $\dfrac{1}{1-e^u}+C$　**93.** $e-\sqrt{e}$　**95.** 4.644

97. $\pi(e^2-1)/2$　**101.** ≈ 4512 L

103. $C_0(1-e^{-30r/V})$；透析処置の最初の 30 分間に血液から除去される尿素の総量

105. $\frac{1}{2}$

1・3

1. (a) a を底とする指数関数の逆関数と定義される．
$$\log_a x=y \iff a^y=x$$
(b) $(0, \infty)$　(c) $\mathbb{R}$　(d) 図 1 参照

3. (a) 5　(b) $\frac{1}{3}$

5. (a) 4.5　(b) -4　**7.** (a) 2　(b) $\frac{2}{3}$

9. $\frac{1}{2}\log a+\frac{1}{2}\log b$　**11.** $2\log x-3\log y-4\log z$

13. $\log\dfrac{x^2y^3}{z}$　**15.** $\log 250$　**17.** $\log\dfrac{\sqrt{x}}{x+1}$

19. (a) 1.430677　(b) 3.680144　(c) 1.651496

21.

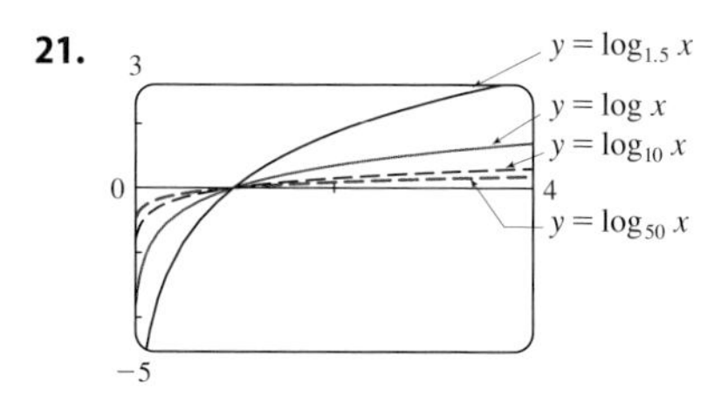

すべてのグラフは，$x \to 0^+$ のとき $-\infty$ に近づき，点 $(0, 1)$ を通り，増加関数である．底が大きいほど，増加率は小さくなる．

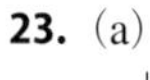

23. (a)

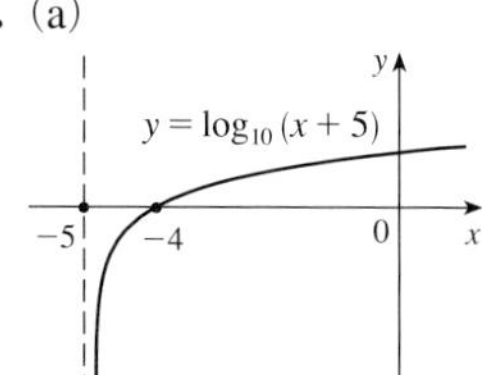

(b)

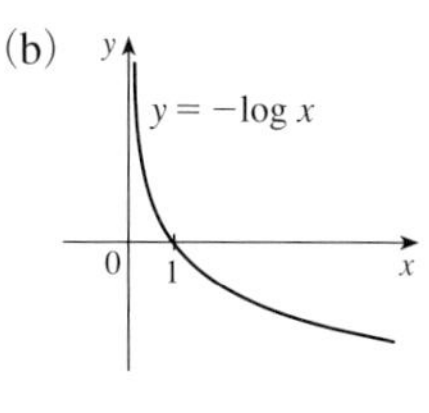

25. (a) $(0, \infty)$；$(-\infty, \infty)$　(b) e^{-2}

(c)

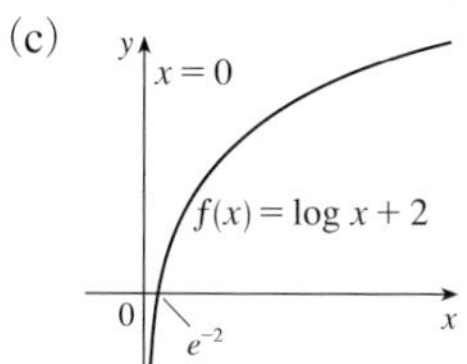

27. (a) $\frac{1}{4}(7 - \log 6)$　(b) $\frac{1}{3}(e^2 + 10)$

29. (a) $5+\log_2 3$ あるいは $5+(\log 3)/\log 2$

(b) $\frac{1}{2}\left(1 + \sqrt{1 + 4e}\right)$

31. $-\frac{1}{2}\log(e - 1)$　**33.** e^e　**35.** $\log 3$

37. (a) 3.7704　(b) 0.3285

39. (a) $0<x<1$　(b) $x>\log 5$

41. 約 1.27×10^{25} km　**43.** 8.3

45. (a) $f^{-1}(n)=(3/\log 2)\log(n/100)$；細菌個体数が n に達するのに必要な時間　(b) 約 26.9 時間後

47. $-\infty$　**49.** 0　**51.** ∞　**53.** $(-2, 2)$

55. (a) $\left(-\infty, \frac{1}{2}\log 3\right]$

(b) $f^{-1}(x) = \frac{1}{2}\log(3 - x^2), \left[0, \sqrt{3}\right)$

57. (a) $(\log 3, \infty)$　(b) $f^{-1}(x)=\log(e^x+3)$；$\mathbb{R}$

59. $y=e^{x/2}+1$　**61.** $f^{-1}(x) = \sqrt[3]{\log x}$

63. $y = 2 + \frac{1}{2}\log_3 x$　**65.** $\left(-\frac{1}{2}\log 3, \infty\right)$

67. (b) $f^{-1}(x) = \frac{1}{2}(e^x - e^{-x})$

69. f は定数関数である．

73. $-1\leqq x<1-\sqrt{3}$ あるいは $1+\sqrt{3}<x\leqq 3$

1・4

1. 微分公式が最も簡単になるので．

3. $f'(x) = \dfrac{\cos(\log x)}{x}$　**5.** $f'(x) = -\dfrac{1}{x}$

7. $f'(x) = \dfrac{-\sin x}{(1 + \cos x)\log 10}$　**9.** $g'(x) = \dfrac{1}{x} - 2$

11. $F'(t) = \log t\left(\log t \cos t + \dfrac{2\sin t}{t}\right)$

13. $G'(y) = \dfrac{10}{2y + 1} - \dfrac{y}{y^2 + 1}$

15. $f'(u) = \dfrac{1 + \log 2}{u(1 + \log(2u))^2}$

17. $f'(x)=5x^4+5^x\log 5$

19. $T'(z) = 2^z\left(\dfrac{1}{z\log 2} + \log z\right)$

21. $y' = \dfrac{-x}{1 + x}$　**23.** $y' = \sec^2(\log(ax + b))\dfrac{a}{ax + b}$

25. $G'(x) = -C(\log 4)\dfrac{4^{C/x}}{x^2}$

27. $y'=(2+\log x)/(2\sqrt{x})$；$y''=2\log x/(4x\sqrt{x})$

29. $y'=\tan x$；$y''=\sec^2 x$

31. $f'(x) = \dfrac{2x - 1 - (x - 1)\log(x - 1)}{(x - 1)(1 - \log(x - 1))^2}$；

$(1, 1+e)\cup(1+e, \infty)$

33. $f'(x) = \dfrac{2(x - 1)}{x(x - 2)}$；$(-\infty, 0)\cup(2, \infty)$

35. 2　**37.** $y=3x-9$　**39.** $\cos x+1/x$　**41.** 7

43. $y' = (x^2 + 2)^2(x^4 + 4)^4\left(\dfrac{4x}{x^2 + 2} + \dfrac{16x^3}{x^4 + 4}\right)$

45. $y' = \sqrt{\dfrac{x - 1}{x^4 + 1}}\left(\dfrac{1}{2x - 2} - \dfrac{2x^3}{x^4 + 1}\right)$

47. $y'=x^x(1+\log x)$

49. $y' = x^{\sin x}\left(\dfrac{\sin x}{x} + \cos x\log x\right)$

51. $y'=(\cos x)^x(-x\tan x+\log\cos x)$

53. $y' = (\tan x)^{1/x}\left(\dfrac{\sec^2 x}{x\tan x} - \dfrac{\log\tan x}{x^2}\right)$

55. $y' = \dfrac{2x}{x^2 + y^2 - 2y}$

57. $f^{(n)}(x) = \dfrac{(-1)^{n-1}(n - 1)!}{(x - 1)^n}$

59. 2.958516, 5.290718

61. 下に凸 $(e^{8/3}, \infty)$，上に凸 $(0, e^{8/3})$，変曲点 $\left(e^{8/3}, \frac{8}{3}e^{-4/3}\right)$

63. A. 区間 $(2n\pi, (2n+1)\pi)$ のすべての x（n は整数）

B. x 切片 $\pi/2+2n\pi$　C. 周期 2π

D. 垂直漸近線 $x=n\pi$

E. 増加 $(2n\pi, \pi/2+2n\pi)$；減少 $(\pi/2+2n\pi, (2n+1)\pi)$

F. 極大値 $f(\pi/2+2n\pi)=0$　G. 上に凸 $(2n\pi, (2n+1)\pi)$

H.

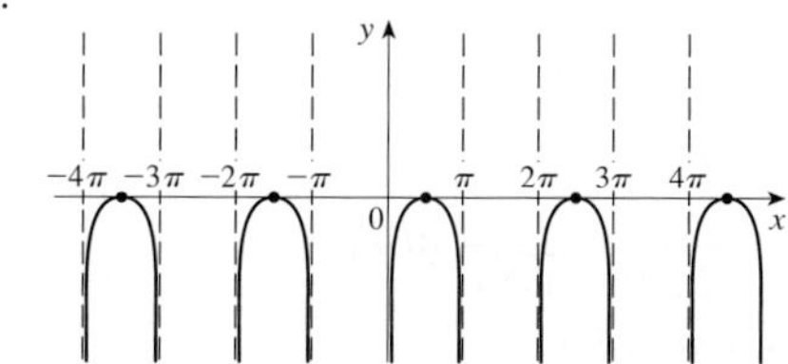

65. A. ℝ　B. y 切片 0；x 切片 0
C. y 軸対称　D. なし
E. 増加 $(0, \infty)$；減少 $(-\infty, 0)$
F. 極小値 $f(0)=0$
G. 下に凸 $(-1, 1)$；
上に凸 $(-\infty, -1), (1, \infty)$；変曲点 $(\pm 1, \log 2)$
H. 右図参照

67. 増加 $(0, 2.7), (4.5, 8.2), (10.9, 14.3)$；
変曲点 $(3.8, 1.7), (5.7, 2.1), (10.0, 2.7), (12.0, 2.9)$

69. (a) $Q=ab^t$, $a \leqslant 100.01244$, $b \approx 0.000045146$
(b) -670.63 A

71. $3 \log 2$　**73.** $\frac{1}{3}\log\frac{5}{2}$　**75.** $\frac{1}{2}e^2 + e - \frac{1}{2}$

77. $\frac{1}{3}(\log x)^3 + C$　**79.** $-\log(1+\cos^2 x)+C$

81. $\dfrac{15}{\log 2}$　**85.** $\pi \log 2$　**87.** 45,974 J　**89.** $\frac{1}{3}$

91. $0<m<1$；$m-1-\log m$

1・2*

1. $\frac{1}{2}\log a + \frac{1}{2}\log b$　**3.** $2\log x - 3\log y - 4\log z$

5. $\log\dfrac{x^2y^3}{z}$　**7.** $\log 250$　**9.** $\log\dfrac{\sqrt{x}}{x+1}$

11.

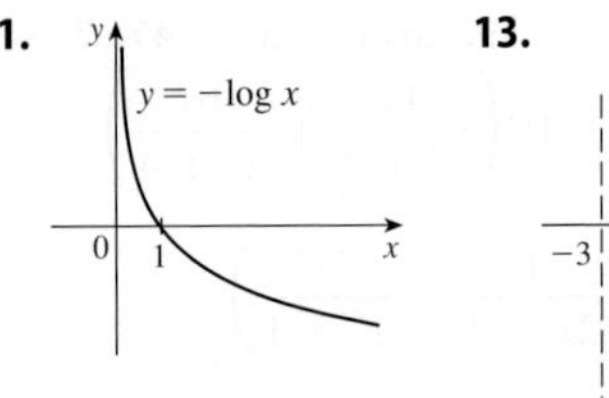

13.

15. $-\infty$　**17.** $f'(x)=x^2+3x^2\log x$

19. $f'(x) = \dfrac{\cos(\log x)}{x}$　**21.** $f'(x) = -\dfrac{1}{x}$

23. $f'(x) = \dfrac{\sin x}{x} + \cos x \log(5x)$

25. $g'(x) = -\dfrac{2a}{a^2 - x^2}$

27. $G'(y) = \dfrac{10}{2y+1} - \dfrac{y}{y^2+1}$

29. $F'(t) = \log t\left(\log t \cos t + \dfrac{2\sin t}{t}\right)$

31. $f'(u) = \dfrac{1+\log 2}{u(1+\log(2u))^2}$　**33.** $y' = \dfrac{10x+1}{5x^2+x-2}$

35. $y' = \sec^2(\log(ax+b))\dfrac{a}{ax+b}$

37. $y' = (2+\log x)/(2\sqrt{x})$；$y'' = -\log x/(4x\sqrt{x})$

39. $f'(x) = \dfrac{2x-1-(x-1)\log(x-1)}{(x-1)(1-\log(x-1))^2}$;
$(1, 1+e) \cup (1+e, \infty)$

41. $f'(x) = -\dfrac{1}{2x\sqrt{1-\log x}}$; $(0, e]$

43. 2　**45.** $\cos x + 1/x$

47. $y=2x-2$　**49.** $y' = \dfrac{2x}{x^2+y^2-2y}$

51. $f^{(n)}(x) = \dfrac{(-1)^{n-1}(n-1)!}{(x-1)^n}$

53. 2.958516, 5.290718

55. A. 区間 $(2n\pi, (2n+1)\pi)$ のすべての x（n は整数）
B. x 切片 $\pi/2+2n\pi$　C. 周期 2π
D. 垂直漸近線 $x=n\pi$
E. 増加 $(2n\pi, \pi/2+2n\pi)$；減少 $(\pi/2+2n\pi, (2n+1)\pi)$
F. 極大値 $f(\pi/2+2n\pi)=0$　G. 上に凸 $(2n\pi, (2n+1)\pi)$
H.

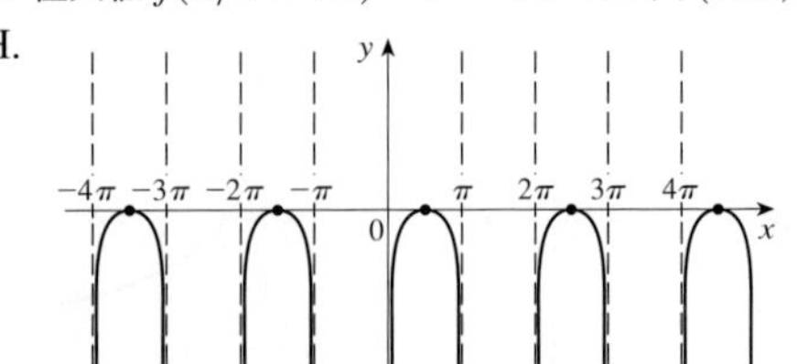

57. A. ℝ　B. y 切片 0；x 切片 0
C. y 軸対称　D. なし
E. 増加 $(0, \infty)$；減少 $(-\infty, 0)$
F. 極小値 $f(0)=0$
G. 下に凸 $(-1, 1)$；
上に凸 $(-\infty, -1), (1, \infty)$；変曲点 $(\pm 1, \log 2)$
H. 右図参照

59. 増加 $(0, 2.7), (4.5, 8.2), (10.9, 14.3)$；
変曲点 $(3.8, 1.7), (5.7, 2.1), (10.0, 2.7), (12.0, 2.9)$

61. $y' = (x^2+2)^2(x^4+4)^4\left(\dfrac{4x}{x^2+2} + \dfrac{16x^3}{x^4+4}\right)$

63. $y' = \sqrt{\dfrac{x-1}{x^4+1}}\left(\dfrac{1}{2x-2} - \dfrac{2x^3}{x^4+1}\right)$

65. $3\log 2$　**67.** $\frac{1}{3}\log\frac{5}{2}$　**69.** $\frac{1}{2}e^2 + e - \frac{1}{2}$

71. $\frac{1}{3}(\log x)^3 + C$　**73.** $-\log(1+\cos^2 x)+C$

77. $\pi\log 2$　**79.** 45,974 J　**81.** $\frac{1}{3}$

83. (b) 0.405

87. $0<m<1$；$m-1-\log m$

1・3*

1. $f(x)=e^x$ ならば，$f'(0)=1$ である．

3. (a) $\frac{1}{2}$　(b) 3

5. (a) $\frac{1}{4}(7-\log 6)$　(b) $\frac{1}{3}(e^2+10)$

7. (a) $\frac{1}{3}(\log k - 1)$　(b) $\frac{1}{2}\left(1+\sqrt{1+4e}\right)$

9. $-\frac{1}{2}\log(e-1)$　**11.** $\log 3$

13. (a) 3.7704　(b) 0.3285

15. (a) $0<x<1$　(b) $x>\log 5$

17.

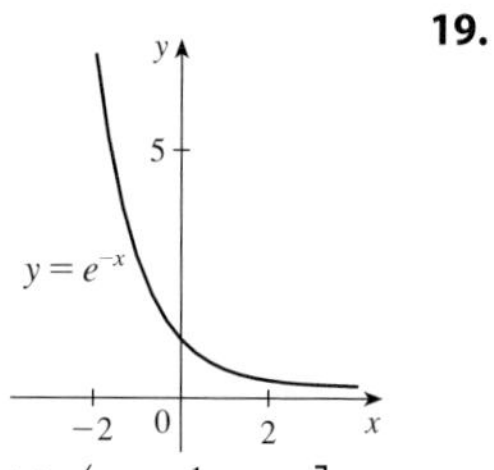

19.

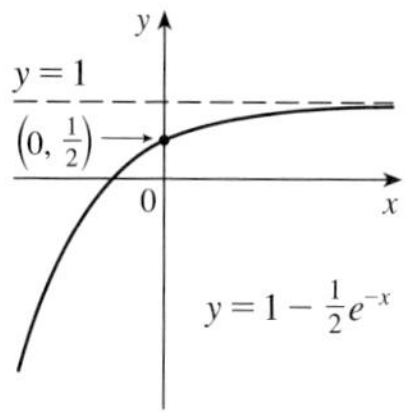

$y=1$　$\left(0, \frac{1}{2}\right)$　$y=1-\frac{1}{2}e^{-x}$

21. (a) $\left(-\infty, \frac{1}{2}\log 3\right]$

(b) $f^{-1}(x)=\frac{1}{2}\log(3-x^2)$, $\left[0, \sqrt{3}\right)$

23. $y=e^{x/2}+1$　**25.** $f^{-1}(x)=\sqrt[3]{\log x}$

27. 1　**29.** 0　**31.** 0

33. $f'(x)=0$　**35.** $f'(x)=e^x(3x^2+x-5)$

37. $y'=3ax^2e^{ax^3}$　**39.** $y'=(\sec^2\theta)e^{\tan\theta}$

41. $f'(x)=\dfrac{xe^x(x^3+2e^x)}{(x^2+e^x)^2}$　**43.** $y'=xe^{-3x}(2-3x)$

45. $f'(t)=e^{at}(b\cos bt+a\sin bt)$

47. $F'(t)=e^{t\sin 2t}(2t\cos 2t+\sin 2t)$

49. $g'(u)=ue^{\sqrt{\sec u^2}}\sqrt{\sec u^2}\tan u^2$

51. $y'=\dfrac{4e^{2x}}{(1+e^{2x})^2}\sin\left(\dfrac{1-e^{2x}}{1+e^{2x}}\right)$　**53.** $y=2x+1$

55. $y'=\dfrac{y(y-e^{x/y})}{y^2-xe^{x/y}}$　**59.** −4, −2

61. $f^{(n)}(x)=2^ne^{2x}$　**63.** (b) −0.567143

65. (a) 1　(b) $kae^{-kt}/(1+ae^{-kt})^2$

(c)　$t\approx 7.4$ 時間

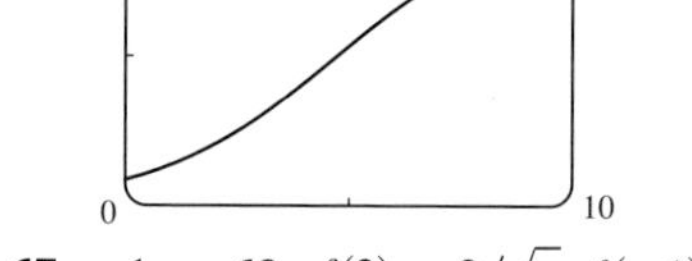

67. −1　**69.** $f(2)=2/\sqrt{e}$, $f(-1)=-1/\sqrt[8]{e}$

71. (a) 増加 $(2, \infty)$；減少 $(-\infty, 2)$

(b) 下に凸 $(-\infty, 3)$；上に凸 $(3, \infty)$　(c) $(3, -2e^{-3})$

73. A. $\{x \mid x\neq -1\}$

B. y 切片 $1/e$　C. なし

D. 水平漸近線 $y=1$；

垂直漸近線 $x=-1$

E. 増加 $(-\infty, -1), (-1, \infty)$

F. なし

G. 下に凸 $(-\infty, -1), \left(-1, -\frac{1}{2}\right)$；上に凸 $\left(-\frac{1}{2}, \infty\right)$；

変曲点 $\left(-\frac{1}{2}, 1/e^2\right)$　H. 右図参照.

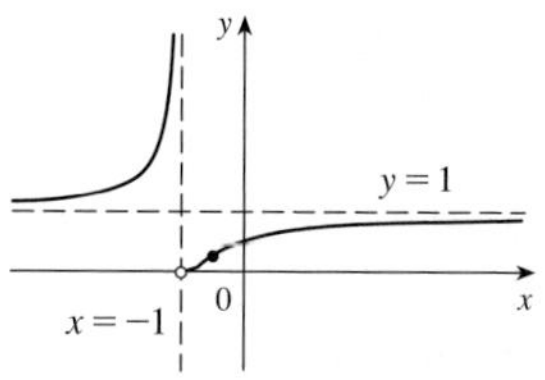

75. A. $\mathbb{R}$　B. y 切片 $\frac{1}{2}$　C. なし

D. 水平漸近線 $y=0, y=1$

E. 増加 $\mathbb{R}$　F. なし

G. 下に凸 $(-\infty, 0)$；

上に凸 $(0, \infty)$；変曲点 $\left(0, \frac{1}{2}\right)$

H. 右図参照.

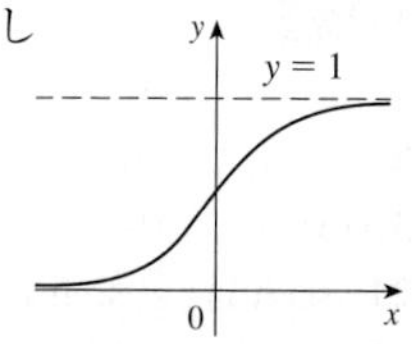

77. 28.57 分は血中薬物レベルの増加率が最大である場合；85.71 分は血中薬物レベルの減少率が最大の場合

79. 0.177 mg/mL；21.4 分

81. 極大値 $f\left(-1/\sqrt{3}\right)=e^{2\sqrt{3}/9}\approx 1.5$；

極小値 $f\left(1/\sqrt{3}\right)=e^{-2\sqrt{3}/9}\approx 0.7$；

変曲点 $(-0.15, 1.15), (-1.09, 0.82)$

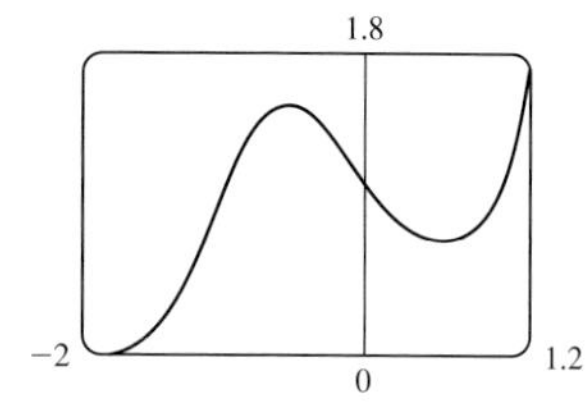

83. $\dfrac{1}{e+1}+e-1$　**85.** $\dfrac{1}{\pi}(1-e^{-2\pi})$

87. $\frac{2}{3}(1+e^x)^{3/2}+C$　**89.** $\frac{1}{2}e^{2x}+2x-\frac{1}{2}e^{-2x}+C$

91. $\dfrac{1}{1-e^u}+C$　**93.** $e-\sqrt{e}$　**95.** 4.644

97. $\pi(e^2-1)/2$　**101.** ≈ 4512 L

103. $C_0(1-e^{-30r/V})$；透析処置の最初の 30 分間に血液から除去される尿素の総量

1・4*

1. (a) $a^x=e^{x\log a}$　(b) $(-\infty, \infty)$　(c) $(0, \infty)$

(d) 図 1, 3, 2 参照

3. $e^{-\pi\log 4}$　**5.** $e^{x^2\log 10}$

7. (a) 5　(b) $\frac{1}{3}$　**9.** (a) 2　(b) $\frac{2}{3}$

11.

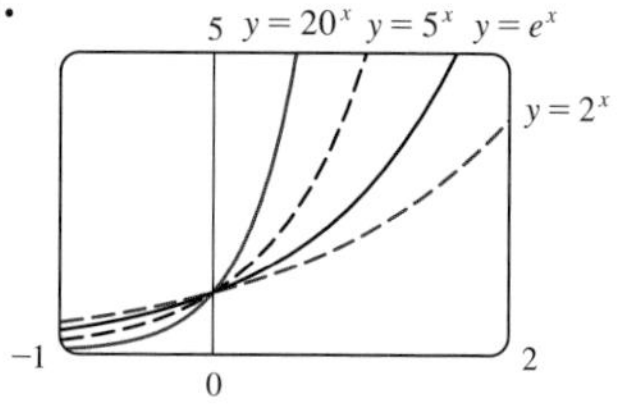

$y=20^x$　$y=5^x$　$y=e^x$　$y=2^x$

すべてのグラフは，$x\to-\infty$ のとき 0 に近づき，点 (0, 1) を通り，増加関数である．底が大きいほど，増加率は大きくなる．

13. (a) 1.430677　(b) 3.680144　(c) 1.651496

15.

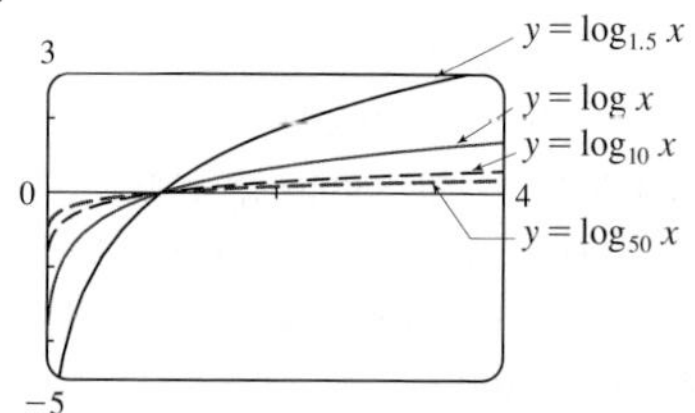

すべてのグラフは，$x\to 0^+$ のとき $-\infty$ に近づき，点 (0, 1) を通り，増加関数である．底が大きいほど，増加率は小さくなる．

17. $f(x)=3\cdot 2^x$　**19.** (b) 約 1.27×10^{25} km

21. ∞　**23.** 0　**25.** $f'(x)=5x^4+5^x\log 5$

27. $G'(x) = -C(\log 4)\dfrac{4^{C/x}}{x^2}$

29. $L'(v) = 2v\log 4 \sec^2(4^{v^2})\cdot 4^{v^2}$

31. $f'(x) = \dfrac{3}{(3x-1)\log 2}$

33. $y' = \dfrac{x\cot x}{\log 4} + \log_4 \sin x$

35. $y' = x^x(1+\log x)$

37. $y' = x^{\sin x}\left(\dfrac{\sin x}{x} + \cos x \log x\right)$

39. $y' = (\cos x)^x(-x\tan x + \log\cos x)$

41. $y' = (\tan x)^{1/x}\left(\dfrac{\sec^2 x}{x\tan x} - \dfrac{\log\tan x}{x^2}\right)$

43. $y = (10\log 10)x + 10(1-\log 10)$ **45.** $\dfrac{15}{\log 2}$

47. $(\log x)^2/(2\log 10) + C$
$\left(あるいは \frac{1}{2}(\log 10)(\log_{10} x)^2 + C\right)$

49. $3^{\sin\theta}/\log 3 + C$ **51.** $16/(5\log 5) - 1/(2\log 2)$

53. 0.600967 **55.** $g^{-1}(x) = \sqrt[3]{4^x - 2}$ **57.** 8.3

59. $10^8/\log 10$ dB/(W/m^2) **61.** 0.177 mg/mL；21.4 分

63. 3.5 日後

65. (a) $Q = ab^t$, $a \leqslant 100.01244$, $b \approx 0.000045146$
(b) -670.63 A

1・5

1. 約 235

3. (a) $100(4.2)^t$ (b) ≈ 7409 (c) $\approx 10{,}632$ 個/h
(d) $(\log 100)/(\log 4.2) \approx 3.2$ 時間

5. (a) 15 億 800 万人，18 億 7100 万人
(b) 21 億 6100 万人
(c) 39 億 7200 万人；19 世紀前半に戦争が起こり，19 世紀後半は平均寿命が延びた.

7. (a) $Ce^{-0.0005t}$ (b) $-2000\log 0.9 \approx 211$ 秒

9. (a) $100\times 2^{-t/30}$ mg (b) ≈ 9.92 mg
(c) ≈ 199.3 年

11. ≈ 2500 年代 **13.** 可能；125 億年代

15. (a) ≈ 58 °C (b) ≈ 98 分

17. (a) $13.\overline{3}$ °C (b) ≈ 67.74 分

19. (a) ≈ 64.5 kPa (b) ≈ 39.9 kPa

21. (a) (i) 3828.84 ドル (ii) 3840.25 ドル
(iii) 3850.08 ドル (iv) 3851.61 ドル
(v) 3852.01 ドル (vi) 3852.08 ドル
(b) $dA/dt = 0.05A$, $A(0) = 3000$

1・6

1. (a) $\pi/6$ (b) π **3.** (a) $\pi/4$ (b) $\pi/6$

5. (a) 10 (b) $-\pi/4$

7. $2/\sqrt{5}$ **9.** $\frac{119}{169}$

13. $x/\sqrt{1+x^2}$

15.

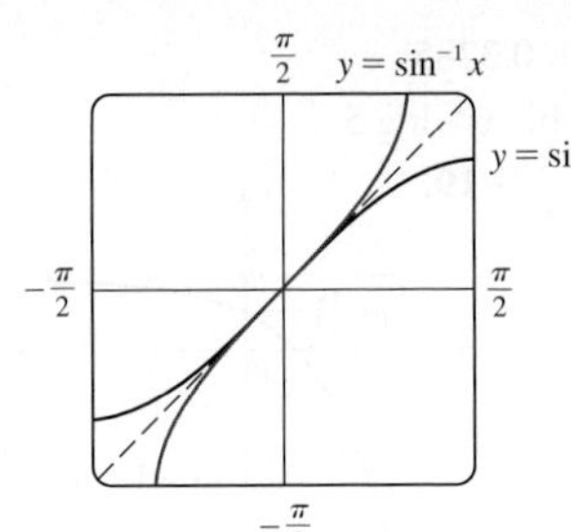

片方のグラフは，もう片方のグラフを直線 $y = x$ に関して鏡映をとったものになる.

23. $y' = \dfrac{2\tan^{-1}x}{1+x^2}$ **25.** $y' = \dfrac{1}{\sqrt{-x^2-x}}$

27. $y' = \sin^{-1}x$ **29.** $F'(x) = \dfrac{3}{\sqrt{x^6-1}} + \sec^{-1}(x^3)$

31. $y' = -\dfrac{\sin\theta}{1+\cos^2\theta}$ **33.** $h'(t) = 0$

35. $y' = \dfrac{\sqrt{a^2-b^2}}{a+b\cos x}$

37. $g'(x) = \dfrac{2}{\sqrt{1-(3-2x)^2}}$; $[1, 2]$, $(1, 2)$ **39.** $\pi/6$

41. $1 - \dfrac{x\arcsin x}{\sqrt{1-x^2}}$ **43.** $-\pi/2$ **45.** $\pi/2$

47. A から距離 $5-2\sqrt{5}$ の位置 **49.** 0.1 rad/s

51. A. $\left[-\frac{1}{2}, \infty\right)$
B. y 切片 0；x 切片 0
C. なし
D. 水平漸近線 $y = \pi/2$
E. 増加 $\left(-\frac{1}{2}, \infty\right)$
F. なし
G. 上に凸 $\left(-\frac{1}{2}, \infty\right)$
H. 右図参照

53. A. $\mathbb{R}$
B. y 切片 0；x 切片 0
C. 点 $(0, 0)$ 対称
D. 傾きのある漸近線 $y = x \pm \pi/2$
E. 増加 $\mathbb{R}$ F. なし
G. 下に凸 $(0, \infty)$；上に凸 $(-\infty, 0)$；
変曲点 $(0, 0)$
H. 右図参照

55. 最大値 $x = 0$，最小値 $x \approx \pm 0.87$，変曲点 $x \approx \pm 0.52$

57. $F(x) = 2x + 3\tan^{-1}x + C$

59. $4\pi/3$ **61.** $\pi^2/72$

63. $\tan^{-1}x + \frac{1}{2}\log(1+x^2) + C$ **65.** $\log|\sin^{-1}x| + C$

67. $\frac{1}{3}\sin^{-1}(t^3) + C$ **69.** $2\tan^{-1}\sqrt{x} + C$ **73.** $\pi/2 - 1$

1・7

1. (a) 0 (b) 1

3. (a) $\frac{13}{5}$ (b) $\frac{1}{2}(e^5 + e^{-5}) \approx 74.20995$

5. (a) 1 (b) 0

21. $\operatorname{sech} x = \frac{3}{5}$, $\sinh x = \frac{4}{3}$, $\operatorname{csch} x = \frac{3}{4}$, $\tanh x = \frac{4}{5}$, $\coth x = \frac{5}{4}$

23. (a) 1 (b) -1 (c) ∞ (d) $-\infty$ (e) 0

(f) 1　(g) ∞　(h) $-\infty$　(i) 0　(j) $\frac{1}{2}$

31. $f'(x) = \dfrac{\operatorname{sech}^2\sqrt{x}}{2\sqrt{x}}$　**33.** $h'(x) = 2x\cosh(x^2)$

35. $G'(t) = \dfrac{t^2+1}{2t^2}$

37. $y' = 3e^{\cosh 3x}\sinh 3x$

39. $g'(t) = \coth\sqrt{t^2+1} - \dfrac{t^2}{\sqrt{t^2+1}}\operatorname{csch}^2\sqrt{t^2+1}$

41. $y' = \dfrac{1}{2\sqrt{x(x-1)}}$

43. $y' = \sinh^{-1}(x/3)$　**45.** $y' = -\csc x$

51. (a) ≈ 0.3572 (b) $\approx 70.34°$

53. (a) ≈ 164.50 m (b) 120 m；≈ 164.13 m

55. (b) $y = 2\sinh 3x - 4\cosh 3x$

57. $\left(\log\left(1+\sqrt{2}\right), \sqrt{2}\right)$

59. $\frac{1}{3}\cosh^3 x + C$　**61.** $2\cosh\sqrt{x} + C$

63. $-\operatorname{csch} x + C$

65. $\log\left(\dfrac{6+3\sqrt{3}}{4+\sqrt{7}}\right)$　**67.** $\tanh^{-1}e^x + C$

69. (a) 0, 0.48　(b) 0.04

1・8

1. (a) 不定形　(b) 0　(c) 0
(d) $\infty, -\infty$, あるいは存在しない　(e) 不定形

3. (a) $-\infty$　(b) 不定形　(c) ∞

5. $\frac{9}{4}$　**7.** 1　**9.** 6　**11.** $-\frac{1}{3}$

13. $-\infty$　**15.** 2　**17.** $\frac{1}{4}$　**19.** 0　**21.** $-\infty$

23. $\frac{8}{5}$　**25.** 3　**27.** $\frac{1}{2}$　**29.** 1　**31.** 1

33. $1/\log 3$　**35.** 0　**37.** 0　**39.** a/b

41. $\frac{1}{24}$　**43.** π　**45.** $\frac{5}{3}$　**47.** 0　**49.** $-2/\pi$

51. $\frac{1}{2}$　**53.** $\frac{1}{2}$　**55.** ∞　**57.** 1　**59.** e^{-2}

61. $1/e$　**63.** 1　**65.** e^4　**67.** e^3　**69.** e^2

71. $\frac{1}{4}$　**75.** 1

77. A. $\mathbb{R}$　B. y 切片 0；x 切片 0　C. なし
D. 水平漸近線 $y=0$　E. 増加 $(-\infty, 1)$, 減少 $(1, \infty)$
F. 極大値 $f(1) = 1/e$
G. 下に凸 $(2, \infty)$；上に凸 $(-\infty, 2)$　変曲点 $(2, 2/e^2)$
H.

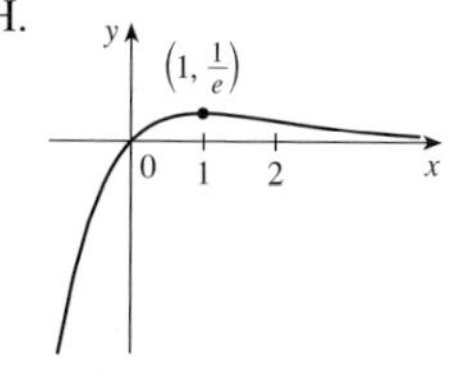

79. A. $\mathbb{R}$　B. y 切片 0；x 切片 0　C. 点 (0, 0) 対称
D. 水平漸近線 $y=0$
E. 増加 $\left(-1/\sqrt{2}, 1/\sqrt{2}\right)$；減少 $\left(-\infty, -1/\sqrt{2}\right), \left(1/\sqrt{2}, \infty\right)$
F. 極小値 $f\left(-1/\sqrt{2}\right) = -1/\sqrt{2e}$；極大値 $f\left(1/\sqrt{2}\right) = 1/\sqrt{2e}$
G. 下に凸 $\left(-\sqrt{3/2}, 0\right), \left(\sqrt{3/2}, \infty\right)$；
上に凸 $\left(-\infty, -\sqrt{3/2}\right), \left(0, \sqrt{3/2}\right)$；
変曲点 $\left(\pm\sqrt{3/2}, \pm\sqrt{3/2}e^{-3/2}\right), (0, 0)$

H.

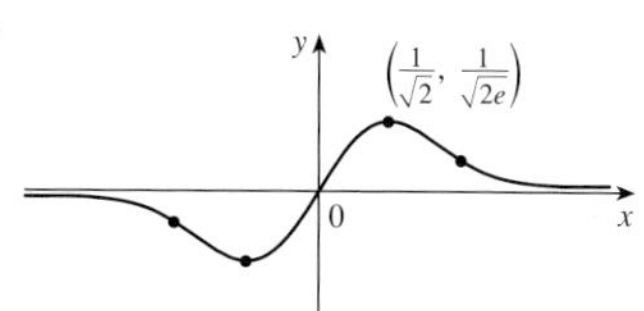

81. A. $(0, \infty)$　B. なし
C. なし
D. 垂直漸近線 $x=0$
E. 増加 $(1, \infty)$；減少 $(0, 1)$
F. 極小値 $f(1) = 1$
G. 下に凸 $(0, 2)$；
上に凸 $(2, \infty)$；
変曲点 $(2, \frac{1}{2} + \log 2)$
H. 右図参照

83. (a)

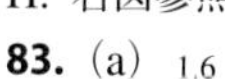

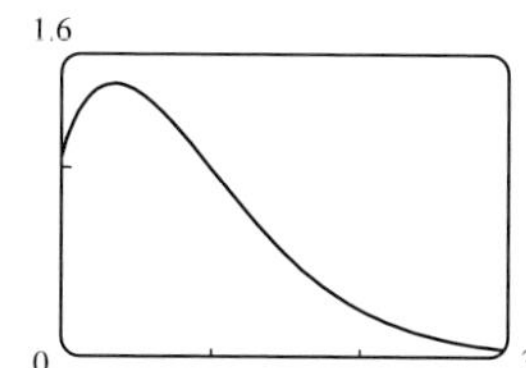

(b) $\lim_{x\to 0^+} x^{-x} = 1$

(c) 最大値 $f(1/e) = e^{1/e} \approx 1.44$　(d) 1.0

85. (a)

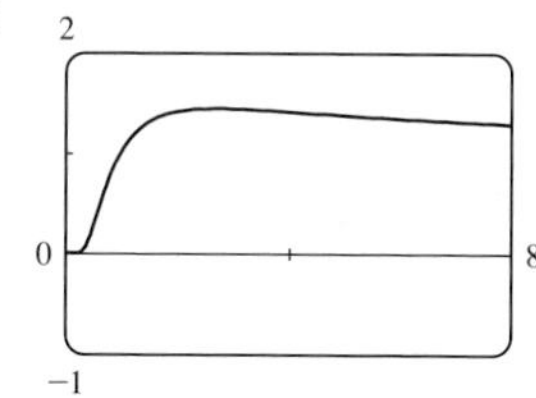

(b) $\lim_{x\to 0^+} x^{1/x} = 0$, $\lim_{x\to\infty} x^{1/x} = 1$

(c) 極大値 $f(e) = e^{1/e}$　(d) 変曲点 $x \approx 0.58, 4.37$

87. f は $c>0$ について最小値をもつ．c が増加すると，最小値の点は原点から遠ざかる．

91. (a) M；個体数は時間が経過するにつれて，生育可能な最大個体数に近づくはずである．(b) P_0e^{kt}；指数関数

93. $\pi/6$　**95.** $\frac{16}{9}a$　**97.** $\frac{1}{2}$　**99.** 56　**103.** (a) 0

章末問題

概念の理解の確認

1. (a) 関数 f が同じ値を 2 度と取ることがないならば，すなわち，$x_1 \neq x_2$ ならば常に $f(x_1) \neq f(x_2)$ であるとき，f は 1 対 1 である．グラフの場合は，水平線テストを用いる．水平線がそのグラフと 2 点以上の交点をもたない場合のみ，関数は 1 対 1 であると判定できる．

(b) f を定義域 A，値域 B の 1 対 1 関数であるとすると，その逆関数 f^{-1} は定義域 B，値域 A で，B の任意の y について

$$f^{-1}(y) = x \iff f(x) = y$$

と定義される．

f^{-1} のグラフは，f のグラフを直線 $y=x$ に関して鏡映をとることによって得られる．

(c)

$$(f^{-1})'(a) = \frac{1}{f'(f^{-1}(a))}$$

2. (a) 定義域：ℝ，値域：$(0, \infty)$

(b) 定義域：$(0, \infty)$，値域：ℝ

(c) それぞれが互いの逆関数の関係にある．

(d) 片方のグラフは，もう片方のグラフを直線 $y=x$ に関して鏡映をとったものである．

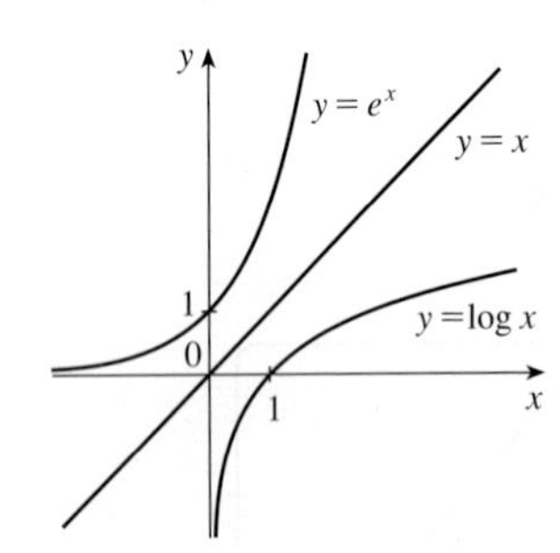

(e)

$$\log_b x = \frac{\log x}{\log b}$$

3. (a) 逆サイン関数 $f(x)=\sin^{-1}x$ は，

$$\sin^{-1}x = y \iff \sin y = x\ (-\pi/2 \leqq y \leqq \pi/2)$$

と定義される．定義域は $-1 \leqq x \leqq 1$，値域は $-\pi/2 \leqq y \leqq \pi/2$ である．

(b) 逆コサイン関数 $f(x)=\cos^{-1}x$ は，

$$\cos^{-1}x = y \iff \cos y = x\ (0 \leqq y \leqq \pi)$$

と定義される．定義域は $-1 \leqq x \leqq 1$，値域は $0 \leqq y \leqq \pi$ である．

(c) 逆タンジェント関数 $f(x)=\tan^{-1}x$ は，

$$\tan^{-1}x = y \iff \tan y = x\ (-\pi/2 < y < \pi/2)$$

と定義される．定義域は ℝ，値域は $-\pi/2 < y < \pi/2$ である．

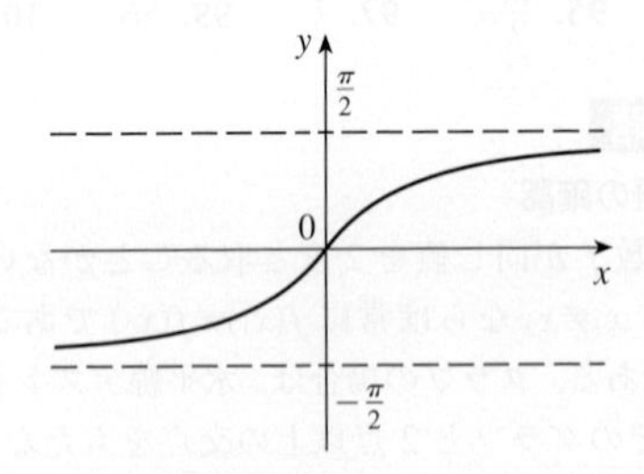

4.

$$\sinh x = \frac{e^x - e^{-x}}{2} \qquad \cosh x = \frac{e^x + e^{-x}}{2}$$

$$\tanh x = \frac{\sinh x}{\cosh x} = \frac{e^x - e^{-x}}{e^x + e^{-x}}$$

5. (a) $y = e^x$:　$y' = e^x$

(b) $y = a^x$:　$y' = a^x \log a$

(c) $y = \log x$:　$y' = 1/x$

(d) $y = \log_a x$:　$y' = 1/(x \log a)$

(e) $y = \sin^{-1}x$:　$y' = 1/\sqrt{1 - x^2}$

(f) $y = \cos^{-1}x$:　$y' = -1/\sqrt{1 - x^2}$

(g) $y = \tan^{-1}x$:　$y' = 1/(1 + x^2)$

(h) $y = \sinh x$:　$y' = \cosh x$

(i) $y = \cosh x$:　$y' = \sinh x$

(j) $y = \tanh x$:　$y' = \mathrm{sech}^2 x$

(k) $y = \sinh^{-1}x$:　$y' = 1/\sqrt{1 + x^2}$

(l) $y = \cosh^{-1}x$:　$y' = 1/\sqrt{x^2 - 1}$

(m) $y = \tanh^{-1}x$:　$y' = 1/(1 - x^2)$

6. (a) e は $\lim_{h\to 0} \frac{e^h - 1}{h} = 1$ で表される数である．

(b)

$$e = \lim_{x\to 0} (1 + x)^{1/x}$$

(c) $y=a^x$ の微分公式（$dy/dx = a^x \log a$）は，$a=e$ のとき $\log e = 1$ となり最も簡単に表されるから．

(d) $y=\log_a x$ の微分公式（$dy/dx = 1/(x \log a)$）は，$a=e$ のとき $\log e = 1$ となり最も簡単に表されるから．

7. (a) $y(t)$ を時間 t における量 y の値とすると，$k>0$ を定数として，

$$\frac{dy}{dt} = ky$$

となる．

(b) 個体数増加のための十分な環境と栄養物があること．

(c) $y(0)=y_0$ とすると，解は $y(t)=y_0 e^{kt}$ となる．

8. (a) l'Hospital の定理とは，関数の商の極限が 0/0 型あるいは ∞/∞ 型の不定形であるとき，その極限はそれぞれの導関数の商の極限に等しいことをいう．

$$\lim_{x\to a} \frac{f(x)}{g(x)} = \lim_{x\to a} \frac{f'(x)}{g'(x)}$$

(b) 極限が 0/0 型あるいは ∞/∞ 型の不定形であるので，fg を $f/(1/g)$ あるいは $g/(1/f)$ と書き直す．

(c) 通分，有理化，因数分解などの方法を使って差を商の形に変換する．

(d) $y=(f(x))^{g(x)}$ の両辺を自然対数にとり，$\log y = g(x)\log f(x)$ とすることによってベキを商の形に変換する．また，指数関数 $(f(x))^{g(x)} = e^{g(x)/\log f(x)}$ に書き直すこともできる．

9. (a) 不定形である．l'Hospital の定理を適用できる．すべての導関数はこの型の極限であることに注意する．

(b) 不定形である．l'Hospital の定理を適用できる．

(c) 不定形ではない．この型の極限の値は 0 である．

(d) 不定形ではない．この型の極限は ∞ あるいは $-\infty$，もしくは存在しない（つまり有限値をとらない）．
(e) 不定形ではない．この型の極限は ∞ である．
(f) 不定形である．
(g) 不定形ではない．この型の極限は無限大である．
(h) 不定形である．
(i) 不定形である．
(j) 不定形ではない．この型の極限の値は 0 である．
(k) 不定形である．
(l) 不定形である．

○×テスト

1. ○　**3.** ×　**5.** ○　**7.** ○　**9.** ×　**11.** ×
13. ×　**15.** ○　**17.** ○　**19.** ×

練習問題

1. 1 対 1 ではない　**3.** (a) 7　(b) $\frac{1}{8}$

5.

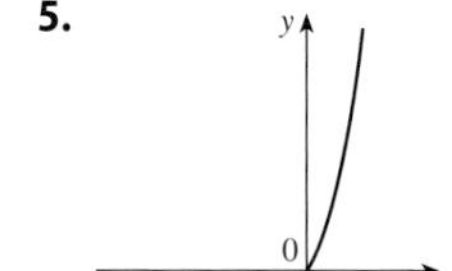

7.

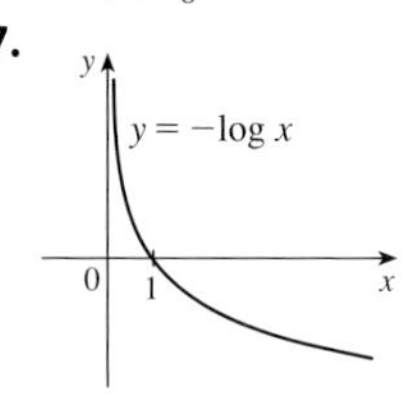

9.

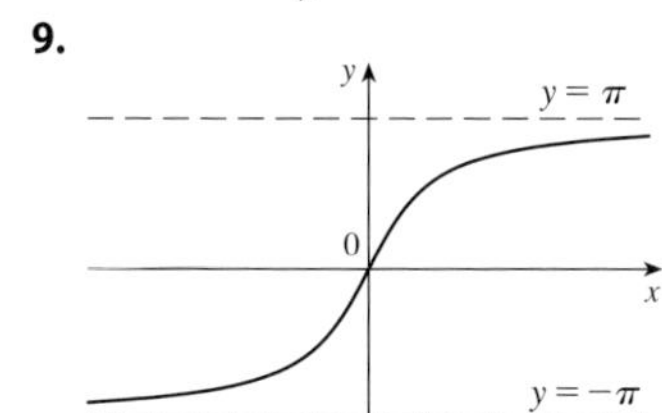

11. (a) 9　(b) 2　**13.** $e^{1/3}$
15. $\log\log 17$　**17.** $\sqrt{1+e}$
19. $\tan 1$　**21.** $f'(t)=t+2t\log t$
23. $h'(\theta)=2\sec^2(2\theta)e^{\tan 2\theta}$　**25.** $y'=5\sec 5x$
27. $y'=\dfrac{4x}{1+16x^2}+\tan^{-1}(4x)$　**29.** $y'=2\tan x$
31. $y'=-\dfrac{e^{1/x}(1+2x)}{x^4}$
33. $y'=3^{x\log x}(\log 3)(1+\log x)$
35. $H'(v)=\dfrac{v}{1+v^2}+\tan^{-1}v$
37. $y'=2x^2\cosh(x^2)+\sinh(x^2)$
39. $y'=\cot x-\sin x\cos x$
41. $y'=-(1/x)(1+1/(\log x)^2)$　**43.** $y'=3\tanh 3x$
45. $y'=(\cosh x)/\sqrt{\sinh^2 x-1}$
47. $y'=\dfrac{-3\sin\left(e^{\sqrt{\tan 3x}}\right)e^{\sqrt{\tan 3x}}\sec^2(3x)}{2\sqrt{\tan 3x}}$　**49.** $e^{g(x)}g'(x)$
51. $g'(x)/g(x)$　**53.** $2^x(\log 2)^n$　**57.** $y=-x+2$
59. $(-3, 0)$　**61.** (a) $y=\frac{1}{4}x+\frac{1}{4}(\log 4+1)$ (b) $y=ex$

63. 0　**65.** 0　**67.** $-\infty$　**69.** -1
71. 1　**73.** 4　**75.** 0　**77.** $\frac{1}{2}$
79. A. $[-\pi, \pi]$　B. y 切片 0；x 切片 $-\pi, 0, \pi$
C. なし　D. なし
E. 増加 $(-\pi/4, 3\pi/4)$；減少 $(-\pi, -\pi/4), (3\pi/4, \pi)$
F. 極大値 $f(3\pi/4)=\frac{1}{2}\sqrt{2}e^{3\pi/4}$,
極小値 $f(-\pi/4)=-\frac{1}{2}\sqrt{2}e^{-\pi/4}$
G. 下に凸 $(-\pi/2, \pi/2)$；上に凸 $(-\pi, -\pi/2), (\pi/2, \pi)$；
変曲点 $(-\pi/2, -e^{-\pi/2})$, $(\pi/2, e^{\pi/2})$
H.

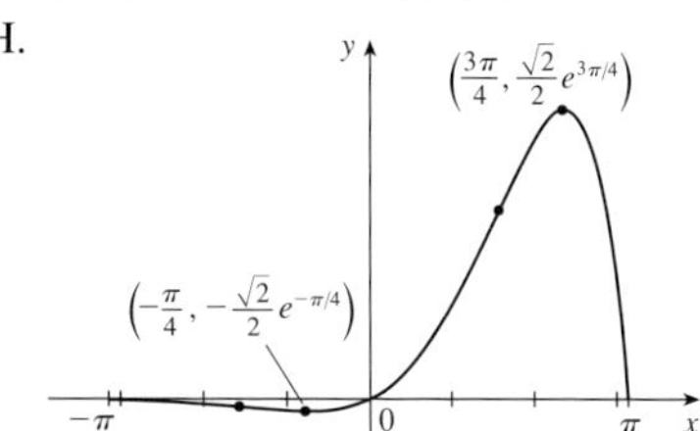

81. A. $(0, \infty)$　B. x 切片 1
C. なし　D. なし
E. 増加 $(1/e, \infty)$；減少 $(0, 1/e)$
F. 極小値 $f(1/e)=-1/e$
G. 下に凸 $(0, \infty)$
H. 右図参照

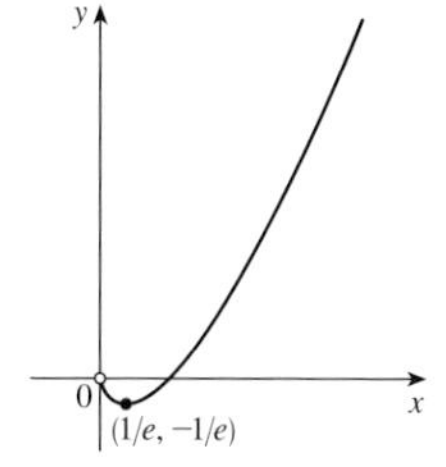

83. A. $\mathbb{R}$
B. y 切片 -2；x 切片 2
C. なし
D. 水平漸近線 $y=0$
E. 増加 $(-\infty, 3)$；減少 $(3, \infty)$
F. 極大値 $f(3)=e^{-3}$
G. 下に凸 $(4, \infty)$;
上に凸 $(-\infty, 4)$；
変曲点 $(4, 2e^{-4})$
H. 右図参照

85.

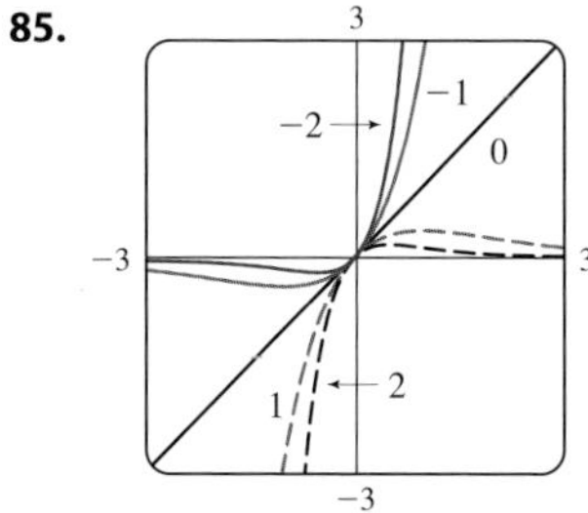

$c>0$ について，$\lim_{x\to\infty} f(x)=0$ および $\lim_{x\to-\infty} f(x)=-\infty$
$c<0$ について，$\lim_{x\to\infty} f(x)=\infty$ および $\lim_{x\to-\infty} f(x)=0$
$|c|$ が増加するにつれて，最大値と最小値，変曲点は原点に近づく．

87. $v(t)=-Ae^{-ct}(c\cos(\omega t+\delta)+\omega\sin(\omega t+\delta))$,
$a(t)=Ae^{-ct}((c^2-\omega^2)\cos(\omega t+\delta)+2c\omega\sin(\omega t+\delta))$
89. (a) $200(3.24)t$　(b) $\approx 22{,}040$
(c) $\approx 25{,}910$ 個/時間

(d) $(\log 50)/(\log 3.24)\approx 3.33$ 時間

91. ≈ 4.32 日後　**93.** $\frac{1}{4}(1-e^{-2})$

95. $\arctan e-\pi/4$

97. $2e^{\sqrt{x}}+C$　**99.** $\frac{1}{2}\log|x^2+2x|+C$

101. $-\frac{1}{2}(\log(\cos x))^2+C$　**103.** $2^{\tan\theta}/\log 2+C$

105. $-(1/x)-2\log|x|+x+C$

109. $e^{\sqrt{x}}/(2x)$

111. $\frac{1}{3}\log 4$　**113.** $\pi^2/4$　**115.** $\frac{2}{3}$　**117.** $2/e$

121. $e^{2x}(1+2x)/(1-e^{-x})$

追加問題

3. 最大値 $f(-5)=e^{45}$，最小値なし　**9.** $1/\sqrt{2}$

11. $a=\frac{1}{2}$　**13.** e^{-2}　**17.** $2\sqrt{e}$　**19.** $a\leqq e^{1/e}$

第2章

2・1

1. $\frac{1}{2}xe^{2x}-\frac{1}{4}e^{2x}+C$　**3.** $\frac{1}{5}x\sin 5x+\frac{1}{25}\cos 5x+C$

5. $-\frac{1}{3}te^{-3t}-\frac{1}{9}e^{-3t}+C$

7. $(x^2+2x)\sin x+(2x+2)\cos x-2\sin x+C$

9. $x\cos^{-1}x-\sqrt{1-x^2}+C$　**11.** $\frac{1}{5}t^5\log t-\frac{1}{25}t^5+C$

13. $-t\cot t+\log|\sin t|+C$

15. $x(\log x)^2-2x\log x+2x+C$

17. $\frac{1}{13}e^{2\theta}(2\sin 3\theta-3\cos 3\theta)+C$

19. $z^3e^z-3z^2e^z+6ze^z-6e^z+C$

21. $\dfrac{e^{2x}}{4(2x+1)}+C$　**23.** $\dfrac{\pi-2}{2\pi^2}$

25. $2\cosh 2-\sinh 2$　**27.** $\frac{4}{5}-\frac{1}{5}\log 5$　**29.** $-\pi/4$

31. $2e^{-1}-6e^{-5}$　**33.** $\frac{1}{2}\log 2-\frac{1}{2}$

35. $\frac{32}{5}(\log 2)^2-\frac{64}{25}\log 2+\frac{62}{125}$

37. $2\sqrt{x}\,e^{\sqrt{x}}-2e^{\sqrt{x}}+C$　**39.** $-\frac{1}{2}-\pi/4$

41. $\frac{1}{2}(x^2-1)\log(1+x)-\frac{1}{4}x^2+\frac{1}{2}x+\frac{3}{4}+C$

43. $-\frac{1}{2}xe^{-2x}-\frac{1}{4}e^{-2x}+C$

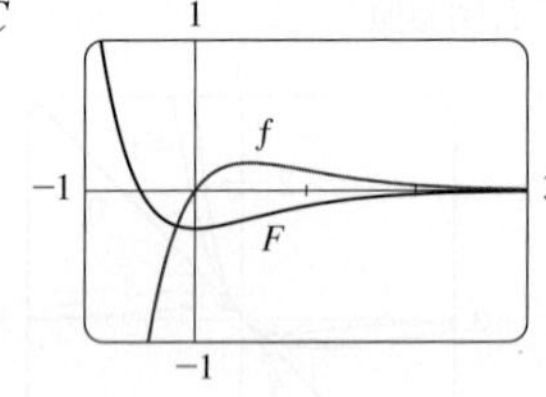

45. $\frac{1}{3}x^2(1+x^2)^{3/2}-\frac{2}{15}(1+x^2)^{5/2}+C$

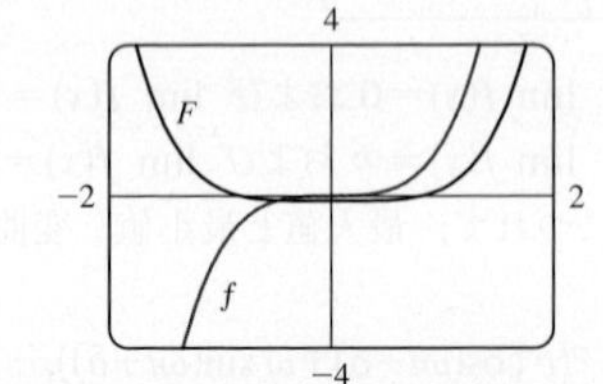

47. (b) $-\frac{1}{4}\cos x\sin^3 x+\frac{3}{8}x-\frac{3}{16}\sin 2x+C$

49. (b) $\frac{2}{3}, \frac{8}{15}$

55. $x((\log x)^3-3(\log x)^2+6\log x-6)+C$

57. $\frac{16}{3}\log 2-\frac{29}{9}$　**59.** $-1.75119, 1.17210$；3.99926

61. $4-8/\pi$　**63.** $2\pi e$

65. (a) $2\pi\left(2\log 2-\frac{3}{4}\right)$

(b) $2\pi((\log 2)^2-2\log 2+1)$

67. $xS(x)+\frac{1}{\pi}\cos\left(\frac{1}{2}\pi x^2\right)+C$

69. $2-e^{-t}(t^2+2t+2)$ m　**71.** 2

2・2

1. $\frac{1}{3}\sin^3 x-\frac{1}{5}\sin^5 x+C$　**3.** $\frac{1}{120}$

5. $-\frac{1}{14}\cos^7(2t)+\frac{1}{5}\cos^5(2t)-\frac{1}{6}\cos^3(2t)+C$

7. $\pi/4$　**9.** $3\pi/8$　**11.** $\pi/16$

13. $\frac{2}{7}(\cos\theta)^{7/2}-\frac{2}{3}(\cos\theta)^{3/2}+C$

15. $\log|\sin x|-\frac{1}{2}\sin^2 x+C$　**17.** $\frac{1}{2}\sin^4 x+C$

19. $\frac{1}{4}t^2-\frac{1}{4}t\sin 2t-\frac{1}{8}\cos 2t+C$　**21.** $\frac{1}{3}\sec^3 x+C$

23. $\tan x-x+C$　**25.** $\frac{1}{9}\tan^9 x+\frac{2}{7}\tan^7 x+\frac{1}{5}\tan^5 x+C$

27. $\frac{1}{3}\sec^3 x-\sec x+C$

29. $\frac{1}{8}\tan^8 x+\frac{1}{3}\tan^6 x+\frac{1}{4}\tan^4 x+C$

31. $\frac{1}{4}\sec^4 x-\tan^2 x+\log|\sec x|+C$

33. $x\sec x-\log|\sec x+\tan x|+C$　**35.** $\sqrt{3}-\frac{1}{3}\pi$

37. $\frac{22}{105}\sqrt{2}-\frac{8}{105}$　**39.** $\log|\csc x-\cot x|+C$

41. $-\frac{1}{6}\cos 3x-\frac{1}{26}\cos 13x+C$　**43.** $\frac{1}{15}$

45. $\frac{1}{2}\sqrt{2}$　**47.** $\frac{1}{2}\sin 2x+C$

49. $x\tan x-\log|\sec x|-\frac{1}{2}x^2+C$

51. $\frac{1}{4}x^2-\frac{1}{4}\sin(x^2)\cos(x^2)+C$

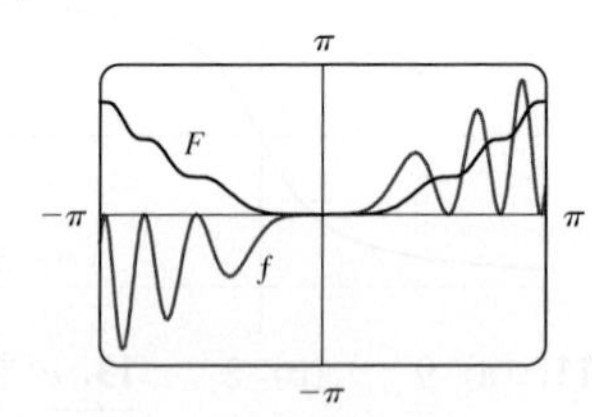

53. $\frac{1}{6}\sin 3x-\frac{1}{18}\sin 9x+C$

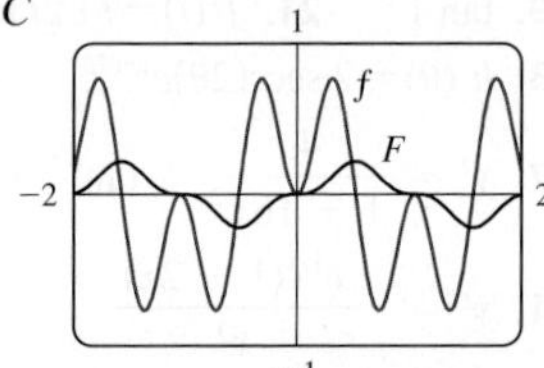

55. 0　**57.** $\frac{1}{2}\pi-\frac{4}{3}$　**59.** 0　**61.** $\pi^2/4$

63. $\pi\left(2\sqrt{2}-\frac{5}{2}\right)$　**65.** $s=(1-\cos^3\omega t)/(3\omega)$

2・3

1. $-\dfrac{\sqrt{4-x^2}}{4x}+C$　**3.** $\sqrt{x^2-4}-2\sec^{-1}\left(\dfrac{x}{2}\right)+C$

5. $\dfrac{1}{3}\dfrac{(x^2-1)^{3/2}}{x^3}+C$　**7.** $\dfrac{1}{\sqrt{2}a^2}$

9. $\frac{2}{3}\sqrt{3}-\frac{3}{4}\sqrt{2}$　**11.** $\frac{1}{12}$

13. $\frac{1}{6}\sec^{-1}(x/3)-\sqrt{x^2-9}/(2x^2)+C$

15. $\frac{1}{16}\pi a^4$　**17.** $\sqrt{x^2-7}+C$

19. $\log\left|\left(\sqrt{1+x^2}-1\right)/x\right| + \sqrt{1+x^2} + C$
21. $\frac{9}{500}\pi$　**23.** $\log\left|\sqrt{x^2+2x+5}+x+1\right| + C$
25. $4\sin^{-1}\left(\dfrac{x-1}{2}\right) + \dfrac{1}{4}(x-1)^3\sqrt{3+2x-x^2} - \frac{2}{3}(3+2x-x^2)^{3/2} + C$
27. $\frac{1}{2}(x+1)\sqrt{x^2+2x} - \frac{1}{2}\log\left|x+1+\sqrt{x^2+2x}\right| + C$
29. $\frac{1}{4}\sin^{-1}(x^2) + \frac{1}{4}x^2\sqrt{1-x^4} + C$
33. $\frac{1}{6}\left(\sqrt{48} - \sec^{-1}7\right)$　**37.** $\frac{3}{8}\pi^2 + \frac{3}{4}\pi$
41. $2\pi^2Rr^2$　**43.** $r\sqrt{R^2-r^2}+\pi r^2/2-R^2\arcsin(r/R)$

2・4

1. (a) $\dfrac{A}{1+2x} + \dfrac{B}{3-x}$
(b) $\dfrac{A}{x} + \dfrac{B}{x^2} + \dfrac{C}{x^3} + \dfrac{D}{1+x}$
3. (a) $\dfrac{A}{x} + \dfrac{B}{x^2} + \dfrac{Cx+D}{1+x^2}$
(b) $1 + \dfrac{A}{x} + \dfrac{B}{x-1} + \dfrac{C}{x-2}$
5. (a) $x^4 + 4x^2 + 16 + \dfrac{A}{x+2} + \dfrac{B}{x-2}$
(b) $\dfrac{Ax+B}{x^2-x+1} + \dfrac{Cx+D}{x^2+2} + \dfrac{Ex+F}{(x^2+2)^2}$
7. $\frac{1}{4}x^4 + \frac{1}{3}x^3 + \frac{1}{2}x^2 + x + \log|x-1| + C$
9. $\frac{1}{2}\log|2x+1| + 2\log|x-1| + C$
11. $2\log\frac{3}{2}$
13. $a\log|x-b| + C$
15. $\frac{5}{2} - \log 2 - \log 3$ (あるいは $\frac{5}{2} - \log 6$)
17. $\frac{27}{5}\log 2 - \frac{9}{5}\log 3$ (あるいは $\frac{9}{5}\log\frac{8}{3}$)
19. $\frac{1}{2} - 5\log 2 + 3\log 3$ (あるいは $\frac{1}{2} + \log\frac{27}{32}$)
21. $\dfrac{1}{4}\left(\log|t+1| - \dfrac{1}{t+1} - \log|t-1| - \dfrac{1}{t-1}\right) + C$
23. $\log|x-1| - \frac{1}{2}\log(x^2+9) - \frac{1}{3}\tan^{-1}(x/3) + C$
25. $-2\log|x+1| + \log(x^2+1) + 2\tan^{-1}x + C$
27. $\frac{1}{2}\log(x^2+1) + \tan^{-1}x - \frac{1}{2}\tan^{-1}\left(\dfrac{x}{2}\right) + C$
29. $\frac{1}{2}\log(x^2+2x+5) + \frac{3}{2}\tan^{-1}\left(\dfrac{x+1}{2}\right) + C$
31. $\frac{1}{3}\log|x-1| - \frac{1}{6}\log(x^2+x+1) - \dfrac{1}{\sqrt{3}}\tan^{-1}\dfrac{2x+1}{\sqrt{3}} + C$
33. $\frac{1}{4}\log\frac{8}{3}$
35. $2\log|x| + \frac{3}{2}\log(x^2+1) + \frac{1}{2}\tan^{-1}x + \dfrac{x}{2(x^2+1)} + C$
37. $\frac{7}{8}\sqrt{2}\tan^{-1}\left(\dfrac{x-2}{\sqrt{2}}\right) + \dfrac{3x-8}{4(x^2-4x+6)} + C$
39. $2\tan^{-1}\sqrt{x-1} + C$
41. $-2\log\sqrt{x} - \dfrac{2}{\sqrt{x}} + 2\log\left(\sqrt{x}+1\right) + C$
43. $\frac{3}{10}(x^2+1)^{5/3} - \frac{3}{4}(x^2+1)^{2/3} + C$
45. $2\sqrt{x} + 3\sqrt[3]{x} + 6\sqrt[6]{x} + 6\log\left|\sqrt[6]{x}-1\right| + C$
47. $\log\left(\dfrac{(e^x+2)^2}{(e^x+1)}\right) + C$
49. $\log|\tan t + 1| - \log|\tan t + 2| + C$
51. $x - \log(e^x+1) + C$
53. $\left(x - \frac{1}{2}\right)\log(x^2-x+2) - 2x + \sqrt{7}\tan^{-1}\left(\dfrac{2x-1}{\sqrt{7}}\right) + C$
55. $-\frac{1}{2}\log 3 \approx -0.55$
57. $\frac{1}{2}\log\left|\dfrac{x-2}{x}\right| + C$
61. $\frac{1}{5}\log\left|\dfrac{2\tan(x/2)-1}{\tan(x/2)+2}\right| + C$
63. $4\log\frac{2}{3} + 2$　**65.** $-1 + \frac{11}{3}\log 2$
67. $t = \log\dfrac{10{,}000}{P} + 11\log\dfrac{P-9000}{1000}$
69. (a) $\dfrac{24{,}110}{4879}\dfrac{1}{5x+2} - \dfrac{668}{323}\dfrac{1}{2x+1} - \dfrac{9438}{80{,}155}\dfrac{1}{3x-7} + \dfrac{1}{260{,}015}\dfrac{22{,}098x+48{,}935}{x^2+x+5}$
(b) $\dfrac{4822}{4879}\log|5x+2| - \dfrac{334}{323}\log|2x+1| - \dfrac{3146}{80{,}155}\log|3x-7| + \dfrac{11{,}049}{260{,}015}\log(x^2+x+5) + \dfrac{75{,}772}{260{,}015\sqrt{19}}\tan^{-1}\dfrac{2x+1}{\sqrt{19}} + C$
計算機（数式処理システム）は絶対値記号と積分定数を省略する．
75. $\dfrac{1}{a^n(x-a)} - \dfrac{1}{a^nx} - \dfrac{1}{a^{n-1}x^2} - \cdots - \dfrac{1}{ax^n}$

2・5

1. $-\log(1-\sin x) + C$　**3.** $\frac{32}{3}\log 2 - \frac{28}{9}$
5. $\dfrac{1}{2\sqrt{2}}\tan^{-1}\left(\dfrac{t^2}{\sqrt{2}}\right) + C$　**7.** $e^{\pi/4} - e^{-\pi/4}$
9. $\frac{4}{5}\log 2 + \frac{1}{5}\log 3$ (あるいは $\frac{1}{5}\log 48$)
11. $\frac{1}{2}\sec^{-1}x + \dfrac{\sqrt{x^2-1}}{2x^2} + C$
13. $-\frac{1}{5}\cos^5 t + \frac{2}{7}\cos^7 t - \frac{1}{9}\cos^9 t + C$
15. $x\sec x - \log|\sec x + \tan x| + C$
17. $\frac{1}{4}\pi^2$　**19.** $e^{e^x} + C$

21. $(x+1)\arctan\sqrt{x}-\sqrt{x}+C$　**23.** $\frac{4097}{45}$
25. $4-\log 4$　**27.** $x-\log(1+e^x)+C$
29. $x\log\left(x+\sqrt{x^2-1}\right)-\sqrt{x^2-1}+C$
31. $\sin^{-1}x-\sqrt{1-x^2}+C$
33. $2\sin^{-1}\left(\frac{x+1}{2}\right)+\frac{x+1}{2}\sqrt{3-2x-x^2}+C$
35. 0　**37.** $\frac{1}{4}$　**39.** $\log|\sec\theta-1|-\log|\sec\theta|+C$
41. $\theta\tan\theta-\frac{1}{2}\theta^2-\log|\sec\theta|+C$
43. $\frac{2}{3}\tan^{-1}(x^{3/2})+C$
45. $-\frac{1}{3}(x^3+1)e^{-x^3}+C$
47. $\log|x-1|-3(x-1)^{-1}-\frac{3}{2}(x-1)^{-2}-\frac{1}{3}(x-1)^{-3}+C$
49. $\log\left|\frac{\sqrt{4x+1}-1}{\sqrt{4x+1}+1}\right|+C$
51. $-\log\left|\frac{\sqrt{4x^2+1}+1}{2x}\right|+C$
53. $\frac{1}{m}x^2\cosh mx-\frac{2}{m^2}x\sinh mx+\frac{2}{m^3}\cosh mx+C$
55. $2\log\sqrt{x}-2\log\left(1+\sqrt{x}\right)+C$
57. $\frac{3}{7}(x+c)^{7/3}-\frac{3}{4}c(x+c)^{4/3}+C$
59. $\frac{1}{32}\log\left|\frac{x-2}{x+2}\right|-\frac{1}{16}\tan^{-1}\left(\frac{x}{2}\right)+C$
61. $\csc\theta-\cot\theta+C$ あるいは $\tan(\theta/2)+C$
63. $2(x-2\sqrt{x}+2)e^{\sqrt{x}}+C$
65. $-\tan^{-1}(\cos^2 x)+C$
67. $\frac{2}{3}((x+1)^{3/2}-x^{3/2})+C$
69. $\sqrt{2}-2/\sqrt{3}+\log\left(2+\sqrt{3}\right)-\log\left(1+\sqrt{2}\right)$
71. $e^x-\log(1+e^x)+C$
73. $-\sqrt{1-x^2}+\frac{1}{2}(\arcsin x)^2+C$
75. $\log|\log x-1|+C$
77. $2(x-2)\sqrt{1+e^x}+2\log\frac{\sqrt{1+e^x}+1}{\sqrt{1+e^x}-1}+C$
79. $\frac{1}{3}x\sin^3 x+\frac{1}{3}\cos x-\frac{1}{9}\cos^3 x+C$
81. $2\sqrt{1+\sin x}+C$　**83.** $xe^{x^2}+C$

2・6

1. $-\frac{5}{21}$　**3.** $\sqrt{13}-\frac{3}{4}\log(4+\sqrt{13})-\frac{1}{2}+\frac{3}{4}\log 3$
5. $\frac{\pi}{8}\arctan\frac{\pi}{4}-\frac{1}{4}\log\left(1+\frac{1}{16}\pi^2\right)$
7. $\frac{1}{6}\log\left|\frac{\sin x-3}{\sin x+3}\right|+C$
9. $-\frac{\sqrt{9x^2+4}}{x}+3\log\left(3x+\sqrt{9x^2+4}\right)+C$
11. $5\pi/16$　**13.** $2\sqrt{x}\arctan\sqrt{x}-\log(1+x)+C$
15. $-\log|\sinh(1/y)|+C$
17. $\frac{2y-1}{8}\sqrt{6+4y-4y^2}+\frac{7}{8}\sin^{-1}\left(\frac{2y-1}{\sqrt{7}}\right)-\frac{1}{12}(6+4y-4y^2)^{3/2}+C$
19. $\frac{1}{9}\sin^3 x\,(3\log(\sin x)-1)+C$
21. $\frac{1}{2\sqrt{3}}\log\left|\frac{e^x+\sqrt{3}}{e^x-\sqrt{3}}\right|+C$
23. $\frac{1}{4}\tan x\sec^3 x+\frac{3}{8}\tan x\sec x+\frac{3}{8}\log|\sec x+\tan x|+C$
25. $\frac{1}{2}(\log x)\sqrt{4+(\log x)^2}+2\log\left(\log x+\sqrt{4+(\log x)^2}\right)+C$
27. $-\frac{1}{2}x^{-2}\cos^{-1}(x^{-2})+\frac{1}{2}\sqrt{1-x^{-4}}+C$
29. $\sqrt{e^{2x}-1}-\cos^{-1}(e^{-x})+C$
31. $\frac{1}{5}\log\left|x^5+\sqrt{x^{10}-2}\right|+C$　**33.** $\frac{3}{8}\pi^2$
37. $\frac{1}{3}\tan x\sec^2 x+\frac{2}{3}\tan x+C$
39. $\frac{1}{4}x(x^2+2)\sqrt{x^2+4}-2\log\left(\sqrt{x^2+4}+x\right)+C$
41. $\frac{1}{4}\cos^3 x\sin x+\frac{3}{8}x+\frac{3}{8}\sin x\cos x+C$
43. $-\log|\cos x|-\frac{1}{2}\tan^2 x+\frac{1}{4}\tan^4 x+C$
45. (a) $-\log\left|\frac{1+\sqrt{1-x^2}}{x}\right|+C$;

定義域は共に $(-1,0)\cup(0,1)$

2・7

1. (a) $L_2=6,\ R_2=12,\ M_2\approx 9.6$
(b) L_2 は不足和，R_2 および M_2 は過剰和
(c) $T_2=9<I$　(d) $L_n<T_n<I<M_n<R_n$
3. (a) $T_4\approx 0.895759$(不足和)
(b) $M_4\approx 0.908907$(過剰和)；$T_4<I<M_4$
5. (a) $M_{10}\approx 0.806598,\ E_M\approx -0.001879$
(b) $S_{10}\approx 0.804779,\ E_S\approx -0.000060$
7. (a) 1.506361　(b) 1.518362　(c) 1.511519
9. (a) 2.660833　(b) 2.664377　(c) 2.663244
11. (a) −7.276910　(b) −4.818251
(c) −5.605350
13. (a) −2.364034　(b) −2.310690

(c) -2.346520

15. (a) 0.243747　(b) 0.243748　(c) 0.243751

17. (a) 8.814278　(b) 8.799212　(c) 8.804229

19. (a) $T_8 \approx 0.902333$, $M_8 \approx 0.905620$

(b) $|E_T| \leqslant 0.0078$, $|E_M| \leqslant 0.0039$

(c) T_n は $n=71$，M_n は $n=50$

21. (a) $T_{10} \approx 1.983524$, $E_T \approx 0.016476$；

$M_{10} \approx 2.008248$, $E_M \approx -0.008248$；

$S_{10} \approx 2.000110$, $E_S \approx -0.000110$

(b) $|E_T| \leqslant 0.025839$, $|E_M| \leqslant 0.012919$, $|E_S| \leqslant 0.000170$

(c) T_n は $n=509$，M_n は $n=360$，S_n は $n=22$

23. (a) 2.8　(b) 7.954926518　(c) 0.2894

(d) 7.954926521

(e) 実際の誤差の方がはるかに小さい．　(f) 10.9

(g) 7.953789422　(h) 0.0593

(i) 実際の誤差の方が小さい．　(j) $n \geqslant 50$

25.

n	L_n	R_n	T_n	M_n
5	0.742943	1.286599	1.014771	0.992621
10	0.867782	1.139610	1.003696	0.998152
20	0.932967	1.068881	1.000924	0.999538

n	E_L	E_R	E_T	E_M
5	0.257057	-0.286599	-0.014771	0.007379
10	0.132218	-0.139610	-0.003696	0.001848
20	0.067033	-0.068881	-0.000924	0.000462

例 1 の後で述べた 1～5 のことがわかる．

27.

n	T_n	M_n	S_n
6	6.695473	6.252572	6.403292
12	6.474023	6.363008	6.400206

n	E_T	E_M	E_S
6	-0.295473	0.147428	-0.003292
12	-0.074023	0.036992	-0.000206

例 1 の後で述べた 1～5 のことがわかる．

29. (a) 19　(b) 18.6　(c) $18.\overline{6}$

31. (a) 14.4　(b) $\frac{1}{2}$

33. 22.2 ℃　**35.** 18.8 m/s

37. 10,177 メガワット時　**39.** (a) 190　(b) 828

41. 28　**43.** 59.4

45.

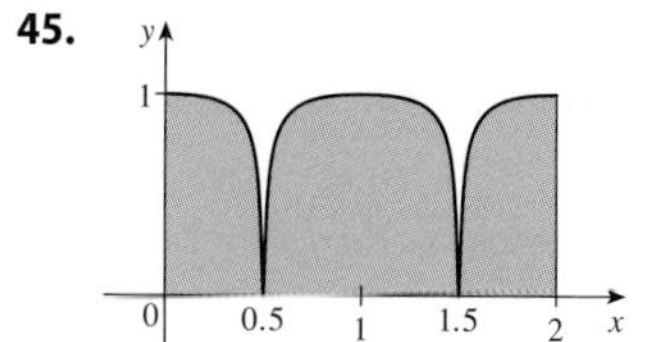

2・8

1. (a), (d) 無限不連続点をもつ (b), (c) 無限区間

3. $\frac{1}{2} - 1/(2t^2)$；0.495, 0.49995, 0.4999995；0.5

5. 2　**7.** 発散　**9.** $\frac{1}{5}e^{-10}$　**11.** 発散　**13.** 0

15. 発散　**17.** $\log 2$　**19.** $-\frac{1}{4}$　**21.** 発散

23. $-\pi/8$　**25.** 2　**27.** 発散　**29.** $\frac{32}{3}$　**31.** 発散

33. $\frac{9}{2}$　**35.** 発散　**37.** $-\frac{1}{4}$　**39.** $-2/e$

41. $1/e$　**43.** $\frac{1}{2}\log 2$

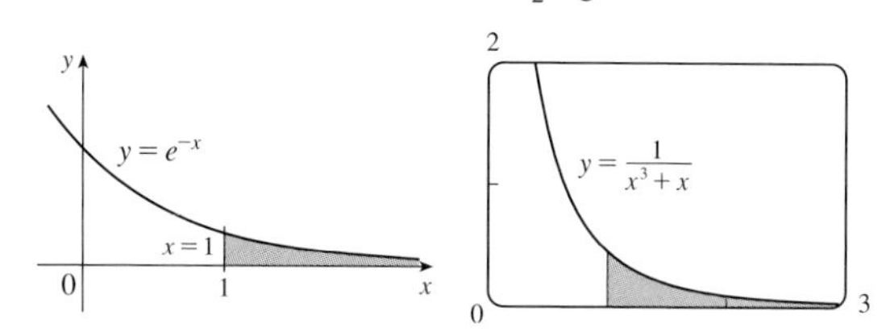

45. 面積無限領域

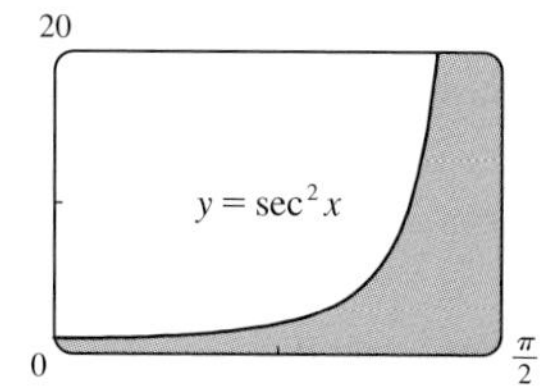

47. (a)

t	$\int_1^t ((\sin^2 x)/x^2)\,dx$
2	0.447453
5	0.577101
10	0.621306
100	0.668479
1,000	0.672957
10,000	0.673407

積分は収束すると思われる．

(c)

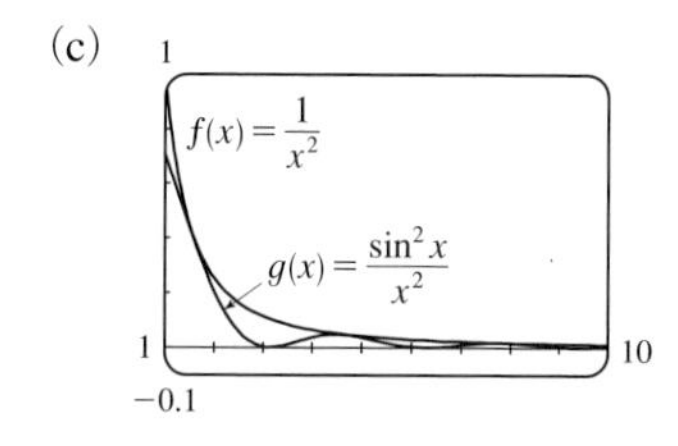

49. 収束　**51.** 発散　**53.** 発散　**55.** π

57. $p<1$, $1/(1-p)$　**59.** $p>-1$, $-1/(p+1)^2$　**63.** π

65. $\sqrt{2GM/R}$

67. (a)

y
1
y = F(t)
0
700
t〔時 間〕

(b) t が増加するときの $F(t)$ の増加率

(c) 1；すべての電球の寿命はいずれ切れるから．

69. $\gamma = \dfrac{cN}{\lambda(k+\lambda)}$

71. 1000

73. (a) $F(s)=1/s$, $s>0$　(b) $F(s)=1/(s-1)$, $s>1$

(c) $F(s)=1/s^2$, $s>0$

79. $C=1$；$\log 2$　**81.** 収束しない

章末問題

概念の理解の確認

1. $\int f(x)g'(x)\,dx$ を積分するには，$u=f(x)$，$v=g(x)$ とおいて，$\int u\,dv=uv-\int v\,du$ とする．

実際は，$u=f(x)$ の場合は微分することによってより簡単な形になる（少なくとも複雑にならない）関数を，$dv=g'(x)$ の場合は簡単な積分で v が求まるように関数を選ぶ．

2. m が奇数であるときは，$\sin x$ 項を一つ残し，残りの $\sin x$ のベキを $\sin^2 x=1-\cos^2 x$ を使って $\cos x$ の項に変換する．そして $u=\cos x$ とおいて置換積分を行う．

n が奇数であるときは，$\cos x$ 項を一つ残し，残りの $\cos x$ のベキを $\cos^2 x=1-\sin^2 x$ を使って $\sin x$ の項に変換する．そして $u=\sin x$ とおいて置換積分を行う．

m と n が共に偶数であるときは，以下の半角の公式

$$\sin^2 x=\tfrac{1}{2}(1-\cos 2x) \qquad \cos^2 x=\tfrac{1}{2}(1+\cos 2x)$$

を使う．

3. $\sqrt{a^2-x^2}$ が現れたときは $x=a\sin\theta$ とおく．$\sqrt{a^2+x^2}$ が現れたときは $x=a\tan\theta$ とおく．$\sqrt{x^2-a^2}$ が現れたときは $x=a\sec\theta$ とおく．

4. (1) 分母 $Q(x)$ がすべて異なる1次式の積である場合は，

$$\frac{P(x)}{Q(x)}=\frac{A_1}{a_1x+b_1}+\frac{A_2}{a_2x+b_2}+\cdots+\frac{A_k}{a_kx+b_k}$$

(2) 分母 $Q(x)$ に同一の1次式 (a_1x+b_1) が r 個ある場合は，

$$\frac{B_1}{a_1x+b_1}+\frac{B_2}{(a_1x+b_1)^2}+\cdots+\frac{B_r}{(a_1x+b_1)^r}$$

(3) 分母 $Q(x)$ が一つの既約2次式を含む場合は，次の形の項を含む．

$$\frac{Ax+B}{ax^2+bx+c}$$

(4) 分母 $Q(x)$ に同一の既約2次式が r 個ある場合は，

$$\frac{A_1x+B_1}{ax^2+bx+c}+\frac{A_2x+B_2}{(ax^2+bx+c)^2}+\cdots+\frac{A_rx+B_r}{(ax^2+bx+c)^r}$$

5. $a\leqslant x\leqslant b$，$I=\int_a^b f(x)\,dx$，$\Delta x=(b-a)/n$ とする．

中点公式（法）による近似計算：

$\bar{x}_i$ を区間 $[x_{i-1}, x_i]$ の中点として，

$$I\approx M_n=\Delta x\,(f(\bar{x}_1)+f(\bar{x}_2)+\cdots+f(\bar{x}_n))$$

台形公式による近似計算：

$x_i=a+i\Delta x$ として，

$$I\approx T_n =\frac{\Delta x}{2}(f(x_0)+2f(x_1)+2f(x_2) +\cdots+2f(x_{n-1})+f(x_n))$$

Simpson の公式による近似計算：

n を偶数として，

$$I\approx S_n =\frac{\Delta x}{3}(f(x_0)+4f(x_1)+2f(x_2)+4f(x_3)+\cdots +2f(x_{n-2})+4f(x_{n-1})+f(x_n))$$

最もよい近似値を与えるのは Simpson の公式による近似方法であると考えられる．

また，$a\leqslant x\leqslant b$ について，$|f''(x)|\leqslant K|$ および $|f^{(4)}(x)|\leqslant L$ であるとする．中点法，台形公式，Simpson の公式による誤差は，それぞれ以下のとおりである．

$$|E_M|\leqslant\frac{K(b-a)^3}{24n^2} \qquad |E_T|\leqslant\frac{K(b-a)^3}{12n^2}$$

$$|E_S|\leqslant\frac{L(b-a)^5}{180n^4}$$

6.

(a) $\int_a^\infty f(x)\,dx=\lim_{t\to\infty}\int_a^t f(x)\,dx$

(b) $\int_{-\infty}^b f(x)\,dx=\lim_{t\to-\infty}\int_t^b f(x)\,dx$

(c) $\int_{-\infty}^\infty f(x)\,dx=\int_{-\infty}^a f(x)\,dx+\int_a^\infty f(x)\,dx$，ここで a は任意の実数（ただし積分が共に収束するとして）

7. (a) f は区間 $(a, b]$ で連続で，下記の極限が存在し，有限ならば，

$$\int_a^b f(x)\,dx=\lim_{t\to a^+}\int_t^b f(x)\,dx$$

である．

(b) f は区間 $[a, b)$ で連続で，下記の極限が存在し，有限ならば，

$$\int_a^b f(x)\,dx=\lim_{t\to b^-}\int_a^t f(x)\,dx$$

である．

(c) $\int_a^c f(x)\,dx$ と $\int_c^b f(x)\,dx$ が共に収束するとき，

$$\int_a^b f(x)\,dx=\int_a^c f(x)\,dx+\int_c^b f(x)\,dx$$

である．

8. $x\geqslant a$ について，f と g は連続関数で $0\leqslant g(x)\leqslant f(x)$ であるとする．

(a) $\int_a^\infty f(x)\,dx$ が収束するならば，$\int_a^\infty g(x)\,dx$ も収束する．

(b) $\int_a^\infty g(x)\,dx$ が発散するならば，$\int_a^\infty f(x)\,dx$ も発散する．

○×問題

1. ×　**3.** ×　**5.** ×　**7.** ×

9. (a) ○　(b) ×　**11.** ×　**13.** ×

練習問題

1. $\frac{7}{2}+\log 2$　**3.** $e^{\sin x}+C$

5. $\log|2t+1|-\log|t+1|+C$

7. $\frac{2}{15}$　**9.** $-\cos(\log t)+C$　**11.** $\sqrt{3}-\frac{1}{3}\pi$

13. $3e^{\sqrt[3]{x}}(x^{2/3}-2x^{1/3}+2)+C$

15. $-\frac{1}{2}\log|x|+\frac{3}{2}\log|x+2|+C$

17. $x\sinh x-\cosh x+C$

19. $\frac{1}{18}\log(9x^2+6x+5)+\frac{1}{9}\tan^{-1}\left(\frac{1}{2}(3x+1)\right)+C$

21. $\log\left|x-2+\sqrt{x^2-4x}\right|+C$

23. $\log\left|\frac{\sqrt{x^2+1}-1}{x}\right|+C$

25. $\frac{3}{2}\log(x^2+1)-3\tan^{-1}x+\sqrt{2}\tan^{-1}(x/\sqrt{2})+C$

27. $\frac{2}{5}$ **29.** 0 **31.** $6-\frac{3}{2}\pi$

33. $\frac{x}{\sqrt{4-x^2}}-\sin^{-1}\left(\frac{x}{2}\right)+C$

35. $4\sqrt{1+\sqrt{x}}+C$ **37.** $\frac{1}{2}\sin 2x-\frac{1}{8}\cos 4x+C$

39. $\frac{1}{8}e-\frac{1}{4}$ **41.** $\frac{13}{6}$ **43.** 発散

45. $4\log 4-8$ **47.** $-\frac{4}{3}$ **49.** $\pi/4$

51. $(x+1)\log(x^2+2x+2)+2\arctan(x+1)-2x+C$

53. 0

55. $\frac{1}{4}(2x-1)\sqrt{4x^2-4x-3}-\log\left|2x-1+\sqrt{4x^2-4x-3}\right|+C$

57. $\frac{1}{2}\sin x\sqrt{4+\sin^2 x}+2\log\left(\sin x+\sqrt{4+\sin^2 x}\right)+C$

61. 存在しない

63. (a) 1.925444 (b) 1.920915 (c) 1.922470

65. (a) $0.01348, n \geqq 368$ (b) $0.00674, n \geqq 260$

67. 13.7 km

69. (a) 3.8 (b) 1.7867, 0.000646 (c) $n \geqq 30$

71. (a) 発散 (b) 収束

73. 2 **75.** $\frac{3}{16}\pi^2$

追加問題

1. 中心から約 4.63 cm のところで切り分ける. **3.** 0

7. $f(\pi)=-\pi/2$ **11.** $(b^b a^{-a})^{1/(b-a)}e^{-1}$

13. $\frac{1}{8}\pi-\frac{1}{12}$ **15.** $2-\sin^{-1}(2/\sqrt{5})$

第3章

3・1

1. $4\sqrt{5}$ **3.** 3.8202 **5.** 3.4467 **7.** 3.6095

9. $\frac{2}{243}(82\sqrt{82}-1)$ **11.** $\frac{59}{24}$ **13.** $\frac{32}{3}$

15. $\log(\sqrt{2}+1)$ **17.** $\frac{3}{4}+\frac{1}{2}\log 2$ **19.** $\log 3-\frac{1}{2}$

21. $\sqrt{2}+\log(1+\sqrt{2})$ **23.** 10.0556

25. 15.498085; 15.374568 **27.** 7.094570; 7.118819

29. (a), (b)

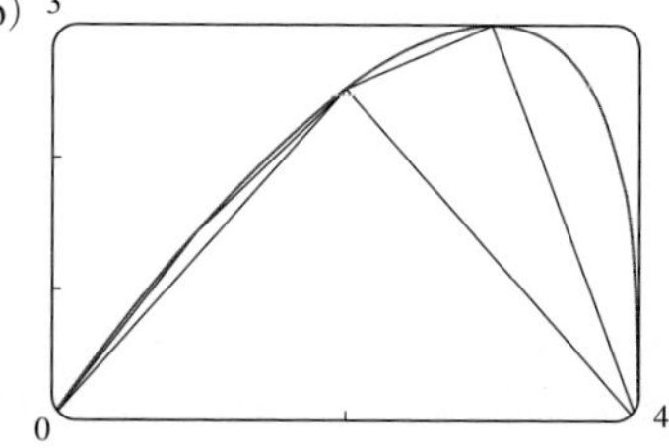

$L_1=4$, $L_2\approx 6.43$, $L_4\approx 7.50$

(c) $\int_0^4\sqrt{1+(4(3-x)/(3(4-x)^{2/3}))^2}\,dx$ (d) 7.7988

31. $\sqrt{1+e^4}-\log\left(1+\sqrt{1+e^4}\right)+2-\sqrt{2}+\log(1+\sqrt{2})$

33. 6

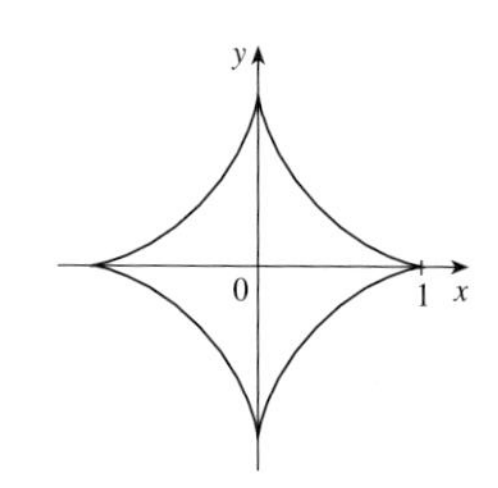

35. $s(x)=\frac{2}{27}\left((1+9x)^{3/2}-10\sqrt{10}\right)$

37. $2\sqrt{2}\left(\sqrt{1+x}-1\right)$ **41.** 209.1 m

43. 62.55 cm **45.** 12.4

3・2

1. (a) (i) $\int_0^{\pi/3}2\pi\tan x\sqrt{1+\sec^4 x}\,dx$

(ii) $\int_0^{\pi/3}2\pi x\sqrt{1+\sec^4 x}\,dx$

(b) (i) 10.5017 (ii) 7.9353

3. (a) (i) $\int_{-1}^1 2\pi e^{-x^2}\sqrt{1+4x^2e^{-2x^2}}\,dx$

(ii) $\int_0^1 2\pi x\sqrt{1+4x^2e^{-2x^2}}\,dx$

(b) (i) 11.0753 (ii) 3.9603

5. (a) (i) $\int_0^1 2\pi y\sqrt{1+(1+3y^2)^2}\,dy$

(ii) $\int_0^1 2\pi(y+y^3)\sqrt{1+(1+3y^2)^2}\,dy$

(b) (i) 8.5302 (ii) 13.5134

7. $\frac{1}{27}\pi\left(145\sqrt{145}-1\right)$ **9.** $\frac{1}{6}\pi\left(27\sqrt{27}-5\sqrt{5}\right)$

11. $\pi\sqrt{5}+4\pi\log\left(\frac{1+\sqrt{5}}{2}\right)$ **13.** $\frac{21}{2}\pi$

15. $\frac{3712}{15}\pi$ **17.** πa^2 **19.** 1,230,507

21. 24.145807

23. $\frac{1}{4}\pi\left(4\log(\sqrt{17}+4)-4\log(\sqrt{2}+1)-\sqrt{17}+4\sqrt{2}\right)$

25. $\frac{1}{6}\pi\left(\log(\sqrt{10}+3)+3\sqrt{10}\right)$

29. (a) $\frac{1}{3}\pi a^2$ (b) $\frac{56}{45}\pi\sqrt{3}\,a^2$

31. (a) $2\pi\left(b^2+\frac{a^2b\sin^{-1}(\sqrt{a^2-b^2}/a)}{\sqrt{a^2-b^2}}\right)$

(b) $2\pi a^2+\frac{2\pi ab^2}{\sqrt{a^2-b^2}}\log\frac{a+\sqrt{a^2-b^2}}{b}$

33. $\int_a^b 2\pi(c-f(x))\sqrt{1+(f'(x))^2}\,dx$ **35.** $4\pi^2r^2$

37. 共に $\pi\int_a^b\left(e^{x/2}+e^{-x/2}\right)^2dx$

3・3

1. (a) 8.82 kPa (b) 7938 N

(c) 2381.4 N

3. 1.0976×10^6 N　**5.** 2.36×10^7 N
7. 9.8×10^3 N　**9.** 1.393952×10^5 N
11. $\frac{2}{3}\delta ah^2$　**13.** 5.27×10^5 N
15. (a) 314 N　(b) 353 N
17. (a) 4.9×10^4 N　(b) $\approx 4.4 \times 10^5$ N
(c) $\approx 4.2 \times 10^5$ N　(d) $\approx 3.9 \times 10^6$ N
19. $\approx 6.5104 \times 10^5$ N　**21.** 330；22
23. 10；14；(1.4, 1)　**25.** $\left(\frac{2}{3}, \frac{2}{3}\right)$

27. $\left(\dfrac{1}{e-1}, \dfrac{e+1}{4}\right)$　**29.** $\left(\frac{9}{20}, \frac{9}{20}\right)$

31. $\left(\dfrac{\pi\sqrt{2}-4}{4(\sqrt{2}-1)}, \dfrac{1}{4(\sqrt{2}-1)}\right)$　**33.** $\left(\frac{8}{5}, -\frac{1}{2}\right)$

35. $\left(\dfrac{28}{3(\pi+2)}, \dfrac{10}{3(\pi+2)}\right)$　**37.** $\left(-\frac{1}{5}, -\frac{12}{35}\right)$

41. $\left(0, \frac{1}{12}\right)$　**45.** $\frac{1}{3}\pi r^2 h$　**47.** $\left(\dfrac{8}{\pi}, \dfrac{8}{\pi}\right)$

49. $4\pi^2 rR$

3・4

1. 38,000 ドル　**3.** 140,000 ドル；60,000 ドル
5. 407.25 ドル　**7.** 166,666.67 ドル
9. (a) 3800　(b) 324,900 ドル
11. 3727；37,753 ドル
13. $\frac{2}{3}(16\sqrt{2}-8) \approx 9.75$（100 万ドル）
15. 65,230.48 ドル　**17.** $\dfrac{(1-k)(b^{2-k}-a^{2-k})}{(2-k)(b^{1-k}-a^{1-k})}$
19. 1.19×10^{-4} cm^3/s　**21.** 6.59 L/min
23. 5.77 L/min

3・5

1. (a) 無作為に選んだタイヤの寿命が 30,000 km から 40,000 km の間にある確率
(b) 無作為に選んだタイヤの寿命が 25,000 km 以上である確率
3. (a) すべての x について $f(x) \geqslant 0$ であり $\int_{-\infty}^{\infty} f(x)\,dx = 1$
(b) $\frac{17}{81}$
5. (a) $1/\pi$　(b) $\frac{1}{2}$
7. (a) すべての x について $f(x) \geqslant 0$ であり $\int_{-\infty}^{\infty} f(x)\,dx = 1$
(b) 5
11. (a) $\approx 46.5\%$　(b) $\approx 15.3\%$　(c) 約 4.8 秒
13. $\approx 59.4\%$　(b) 40 分　**15.** $\approx 44\%$
17. (a) 0.0668　(b) $\approx 5.21\%$　**19.** ≈ 0.9545
21. (b) 0；a_0　(c)
(d) $1-41e^{-8} \approx 0.986$
(e) $\frac{3}{2}a_0$

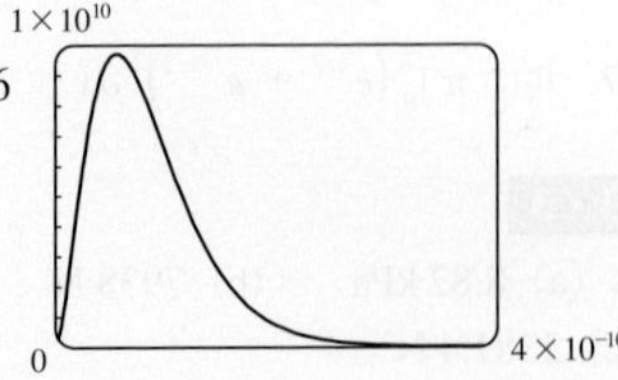

章末問題

概念の理解の確認

1. (a) 曲線 C は C 上に点 P_i をもつ折れ線で近似することができ，曲線 C の長さ L は，これらの内接折れ線の長さの極限値として定義する．

$$L = \lim_{n\to\infty} \sum_{i=1}^{n} |P_{i-1}P_i|$$

(b)
$$L = \int_a^b \sqrt{1+(f'(x))^2}\,dx$$

(c) $x = g(y)$, $c \leqslant y \leqslant d$ ならば，$L = \int_c^d \sqrt{1+(g'(y))^2}\,dy$ である．

2. (a)
$$S = \int_a^b 2\pi f(x)\sqrt{1+(f'(x))^2}\,dx$$

(b) $x = g(y)$, $c \leqslant y \leqslant d$ ならば，$S = \int_c^d 2\pi y\sqrt{1+(g'(y))^2}\,dy$ である．

(c)
$$S = \int_a^b 2\pi x\sqrt{1+(f'(x))^2}\,dx$$
あるいは
$$S = \int_c^d 2\pi g(y)\sqrt{1+(g'(y))^2}\,dy$$

3. 壁を等しい高さ Δx の水平な帯に分割し，それぞれを深さ x_i における幅 $f(x_i)$ の長方形で近似する．ρ を流体の密度，g を重力加速度として，水圧に基づいてかかる力は

$$F = \lim_{n\to\infty} \sum_{i=1}^{n} \rho g x_i f(x_i)\,\Delta x = \int_a^b \rho g x f(x)\,dx$$

である．

4. (a) 重心とは薄板が水平に釣り合う点である．
(b)
$$\bar{x} = \frac{1}{A}\int_a^b x f(x)\,dx \qquad \bar{y} = \frac{1}{A}\int_a^b \tfrac{1}{2}(f(x))^2\,dx$$
$$\text{ただし}\ A = \int_a^b f(x)\,dx$$

5. $\mathcal{R}$ を直線 ℓ の片方にある平面領域とする．$\mathcal{R}$ を ℓ のまわりに回転して得られる回転体の体積は，$\mathcal{R}$ の面積 A と $\mathcal{R}$ の重心がつくる円の周長 d との積である．

6. 需要量 X のときに対応する販売価格を P とする．消費者余剰とは，（価格 $p(x)$ で購入する意思のある）消費者が価格 P で商品を購入する際に節約した金額を表す．

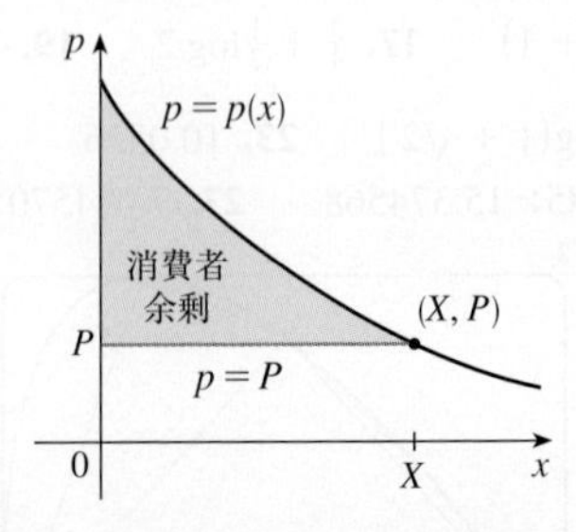

7. (a) 心臓の心拍出量とは，単位時間当たり心臓から送り出される血液の量であり，大動脈への流入速度である．

(b) 量 A の色素を心臓の一部に注入し，心臓から放出される色素濃度 $c(t)$ を濃度が 0 になるまでの時間区間 $[0, T]$ で測定する．心拍出量は $A/\int_0^T c(t)\,dt$ で与えられる．

8. 確率変数 X が与えられるとき，その確率密度関数 f は，X が a から b の間にある値をとる確率を $\int_a^b f(x)\,dx$ で与える関数である．関数 f はすべての x について $f(x) \geqq 0$ であり，$\int_{-\infty}^{\infty} f(x)\,dx = 1$ である．

9. (a) 無作為に選ばれた女子大学生の体重が 55 kg 以下になる確率を表す．

(b)　$\mu = \int_{-\infty}^{\infty} x f(x)\,dx = \int_0^{\infty} x f(x)\,dx$

($x<0$ について $f(x)=0$ であるので)

(c) f の中央値は

$$\int_m^{\infty} f(x)\,dx = \frac{1}{2}$$

となる数 m である．

10. 正規分布とは，釣鐘形（ベル形）のグラフを描く確率密度関数をもつ確率変数 X が従う．正規分布の確率密度関数は，μ を平均，正定数 σ を標準偏差として，

$$f(x) = \frac{1}{\sigma\sqrt{2\pi}}\, e^{-(x-\mu)^2/(2\sigma^2)}$$

で表される．σ は X の値の散らばり具合をはかる値である．

練習問題

1. $\frac{1}{54}\left(109\sqrt{109} - 1\right)$　　**3.** $\frac{53}{6}$

5. (a) 3.5121　(b) 22.1391　(c) 29.8522

7. 3.8202　**9.** $\frac{124}{5}$　**11.** 6533 N　**13.** $\left(\frac{8}{5}, 1\right)$

15. $\left(\frac{4}{3}, \frac{4}{3}\right)$　**17.** $2\pi^2$　**19.** 7166.67 ドル

21. (a) すべての x について $f(x) \geqq 0$ であり $\int_{-\infty}^{\infty} f(x)\,dx = 1$

(b) ≈ 0.3455　(c) 5；予想通りである

23. (a) $1 - e^{-3/8} \approx 0.31$　(b) $e^{-5/4} \approx 0.29$

(c) $8 \log 2 \approx 5.55$ 分

追加問題

1. $\frac{2}{3}\pi - \frac{1}{2}\sqrt{3}$

3. (a) $2\pi r(r \pm d)$　(b) $\approx 8.69 \times 10^6\ \mathrm{km}^2$

(d) $\approx 2.03 \times 10^8\ \mathrm{km}^2$

5. (a) $P(z) = P_0 + g\int_0^z \rho(x)\,dx$

(b) $(P_0 - \rho_0 gH)(\pi r^2) + \rho_0 gHe^{L/H}\int_{-r}^{r} e^{x/H} \cdot 2\sqrt{r^2 - x^2}\,dx$

7. 高さ $\sqrt{2}b$，体積 $\left(\frac{28}{27}\sqrt{6} - 2\right)\pi b^3$　**9.** 0.14 m

11. $2/\pi$；$1/\pi$　**13.** $(0, -1)$

第 4 章

4・1

3. (a) $\frac{1}{2}, -1$　**5.** (d)

7. (a) 解は 0 あるいは減少関数

(c) $y = 0$　(d) $y = 1/(x+2)$

9. (a) $0 < P < 4200$　(b) $P > 4200$

(c) $P = 0, P = 4200$

13. (a) III　(b) I　(c) IV　(d) II

15. (a) 最初；正値をとるが減少する

(c)

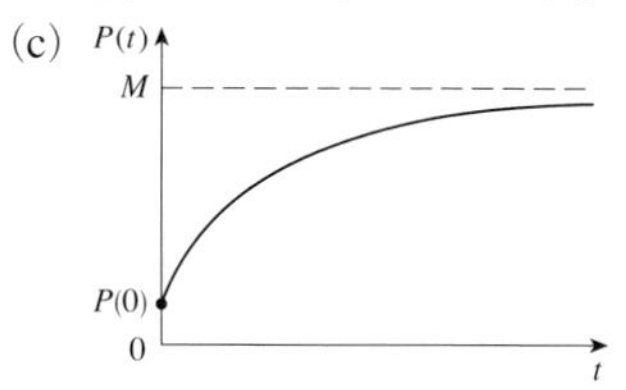

17. c が c_s に近づくならば，薬物の分解は 0 に近づく．

4・2

1. (a)

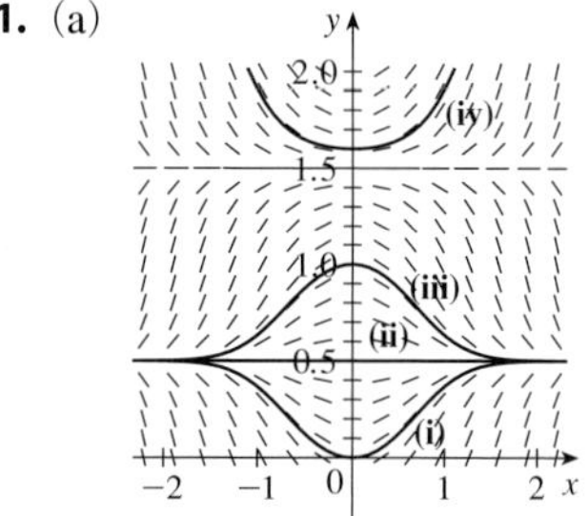

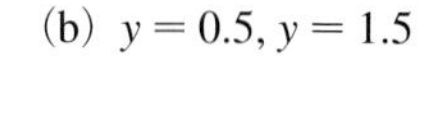
(b) $y = 0.5, y = 1.5$

3. III　**5.** IV

7.

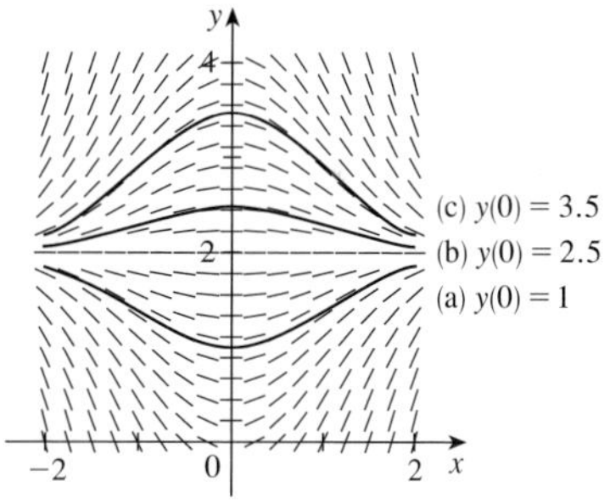

y
4
2
−2
0
2
x
(c) y(0) = 3.5
(b) y(0) = 2.5
(a) y(0) = 1

9.

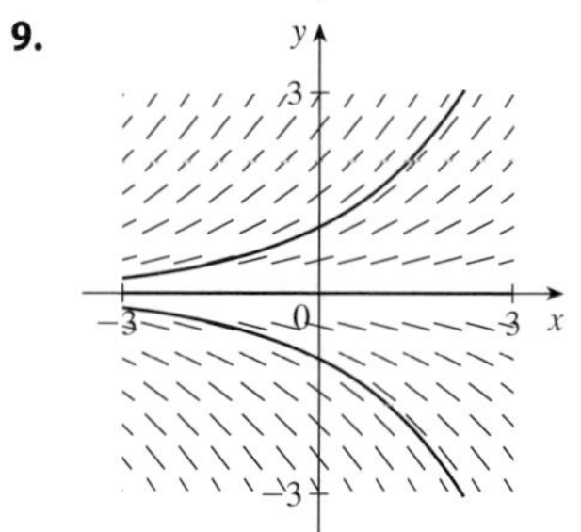

11.

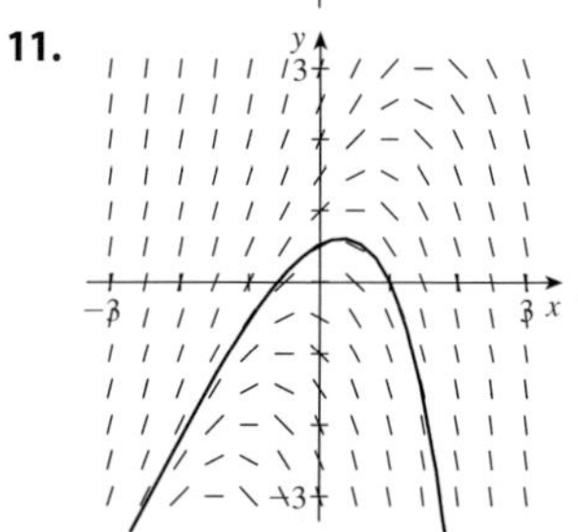

13.

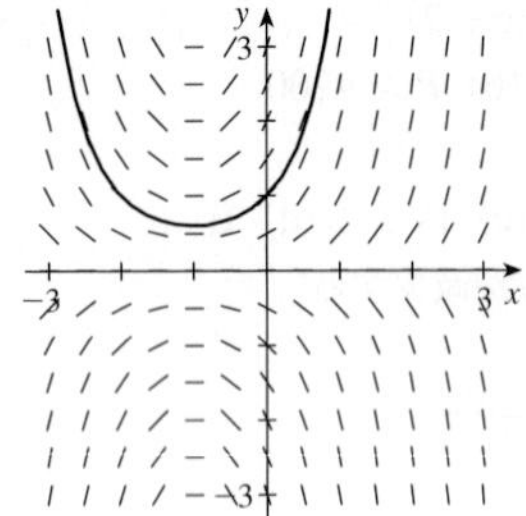

15.

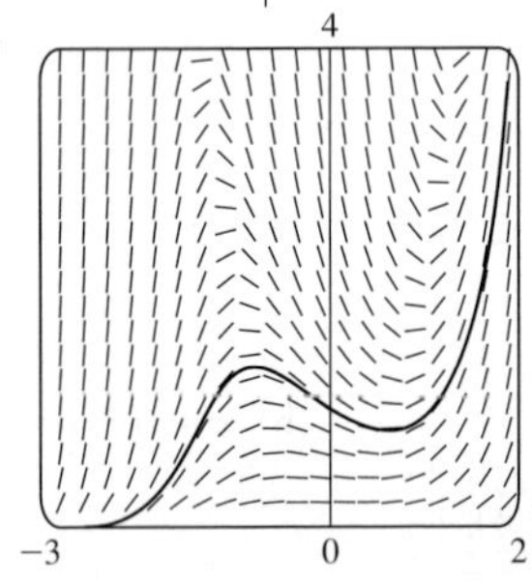

17.

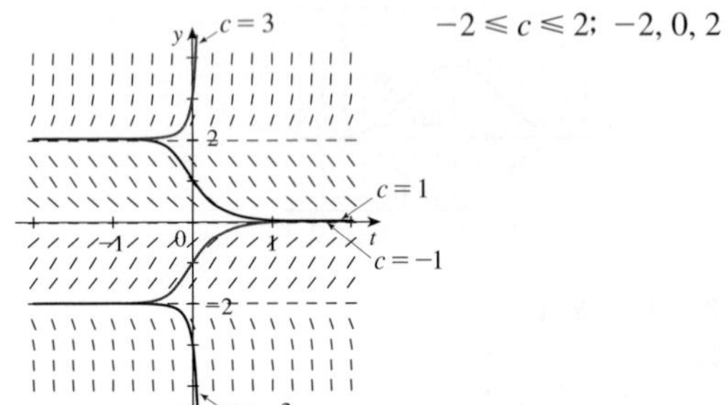

19. (a) (i) 1.4　(ii) 1.44　(iii) 1.4641

(b) 過小評価

$y = e^x$, $h = 0.1$, $h = 0.2$, $h = 0.4$

(c) (i) 0.0918　(ii) 0.0518　(iii) 0.0277

誤差も（およそ）半分になる．

21. $-1, -3, -6.5, -12.25$　**23.** 1.7616

25. (a) (i) 3　(ii) 2.3928　(iii) 2.3701　(iv) 2.3681　(c) (i) -0.6321　(ii) -0.0249　(iii) -0.0022　(iv) -0.0002

誤差もおよそ $\frac{1}{10}$ になる．

27. (a), (d)　(b) 3　(c) 存在する，$Q = 3$　(e) 2.77 C

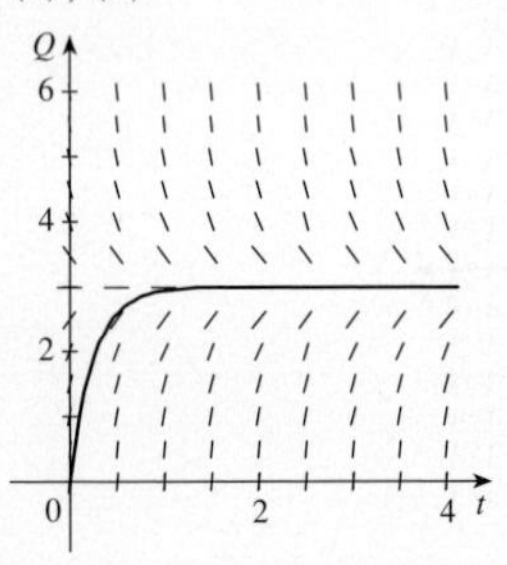

4・3

1. $y = -1/(x^3 + C),\ y = 0$

3. $y = \pm\sqrt{x^2 + 2\log|x| + C}$

5. $e^y - y = 2x + \sin x + C$

7. $\theta \sin\theta + \cos\theta = -\frac{1}{2}e^{-t^2} + C$　**9.** $p = Ke^{t^3/3 - t} - 1$

11. $y = -\log\left(1 - \frac{1}{2}x^2\right)$　**13.** $u = -\sqrt{t^2 + \tan t + 25}$

15. $\frac{1}{2}y^2 + \frac{1}{3}(3 + y^2)^{3/2} = \frac{1}{2}x^2 \log x - \frac{1}{4}x^2 + \frac{41}{12}$

17. $y = \dfrac{4a}{\sqrt{3}} \sin x - a$

19. $y = \sqrt{x^2 + 4}$　**21.** $y = Ke^x - x - 1$

23. (a) $\sin^{-1} y = x^2 + C$

(b) $y = \sin(x^2),\ -\sqrt{\pi/2} \leqslant x \leqslant \sqrt{\pi/2}$　(c) もたない

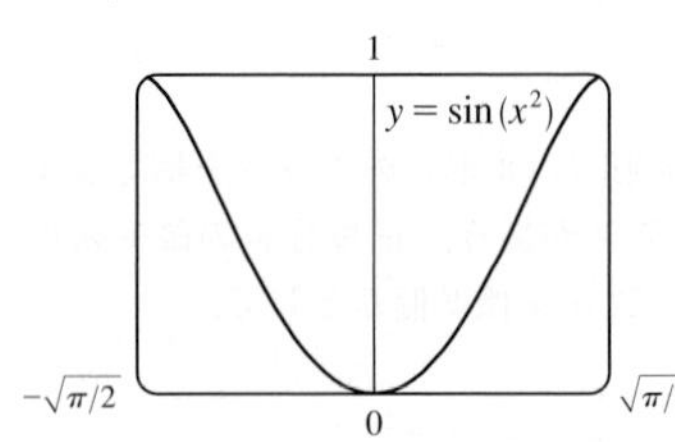

25. $\cos y = \cos x - 1$

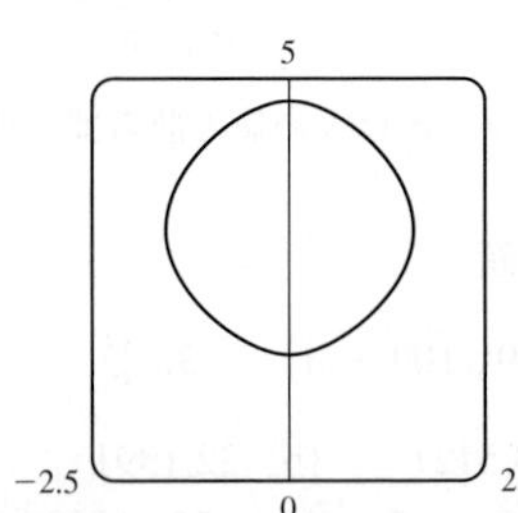

27. (a)　(b) $y = \dfrac{1}{K - x}$

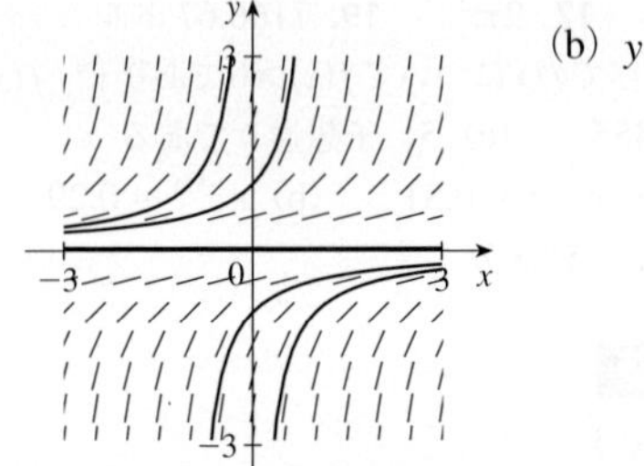

29. $y = Cx^2$　**31.** $x^2 - y^2 = C$

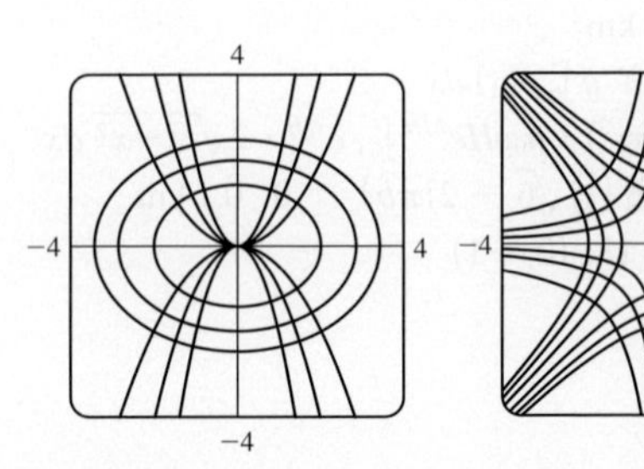

33. $y = 1 + e^{2 - x^2/2}$　**35.** $y = \left(\frac{1}{2}x^2 + 2\right)^2$

37. $Q(t) = 3 - 3e^{-4t}$; 3

39. $P(t) = M - Me^{-kt}$; M

41. (a) $x = a - \dfrac{4}{(kt + 2/\sqrt{a})^2}$

(b) $t = \dfrac{2}{k\sqrt{a-b}}\left(\tan^{-1}\sqrt{\dfrac{b}{a-b}} - \tan^{-1}\sqrt{\dfrac{b-x}{a-b}}\right)$

43. (a) $C(t) = (C_0 - r/k)e^{-kt} + r/k$

(b) r/k；C_0 の値によらず濃度は r/k に近づく

45. (a) $15e^{-t/100}$ kg　(b) $15e^{-0.2} \approx 12.3$ kg

47. 約 4.9%　**49.** g/k

51. (a) $L_1 = KL_2{}^k$　(b) $B = KV^{0.0794}$

53. (a) $dA/dt = k\sqrt{A}(M - A)$

(b) $A(t) = M\left(\dfrac{Ce^{\sqrt{M}kt} - 1}{Ce^{\sqrt{M}kt} + 1}\right)^2$

ここで $C = \dfrac{\sqrt{M} + \sqrt{A_0}}{\sqrt{M} - \sqrt{A_0}}$ および $A_0 = A(0)$

4・4

1. (a) 1200；0.04　(b) $P(t) = \dfrac{1200}{1 + 19e^{-0.04t}}$

(c) 87

3. (a) 100；0.05

(b) P が 0 あるいは 100 に近いところ；

直線 $P = 50$ 上；$0 < P_0 < 100$；$P_0 > 100$

(c)

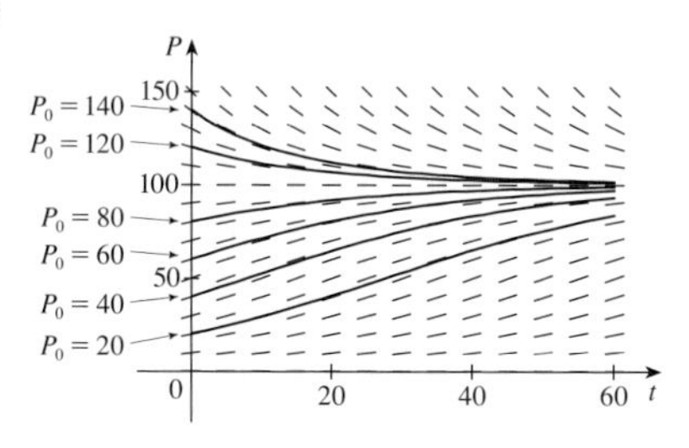

解は 100 に近づく；増加関数であるか否か，減少関数であるか否か，変曲点を一つもつか否か；$P_0 = 20$ と $P_0 = 40$ の解は $P = 50$ で変曲点をもつ

(d) $P = 0$, $P = 100$；他の解は $P = 0$ から離れて $P = 100$ に近づいていく

5. (a) 3.23×10^7 kg　(b) ≈ 1.55 年

7. 9000

9. (a) $\dfrac{dP}{dt} = \dfrac{1}{305}P\left(1 - \dfrac{P}{20}\right)$

(b) 62.4 億　(c) 75.7 億；138.7 億

11. (a) $dy/dt = ky(1 - y)$　(b) $y = \dfrac{y_0}{y_0 + (1 - y_0)e^{-kt}}$

(c) 午後 3:36

15. $P_E(t) = 1909.7761(1.0796)^t + 94{,}000$；

$P_L(t) = \dfrac{33{,}086.4394}{1 + 12.3428e^{-0.1657t}} + 94{,}000$

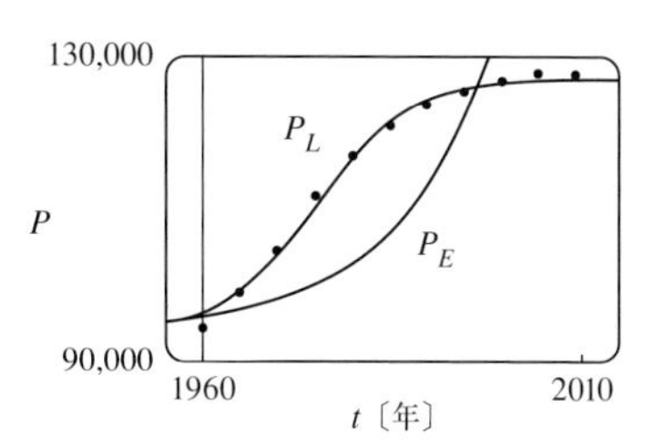

17. (a) $P(t) = \dfrac{m}{k} + \left(P_0 - \dfrac{m}{k}\right)e^{kt}$　(b) $m < kP_0$

(c) $m = kP_0$, $m > kP_0$　(d) 減少

19. (a) 魚は毎週 15 匹の割合で漁獲される．

(b) (d)参照　(c) $P = 250$, $P = 750$

(d)

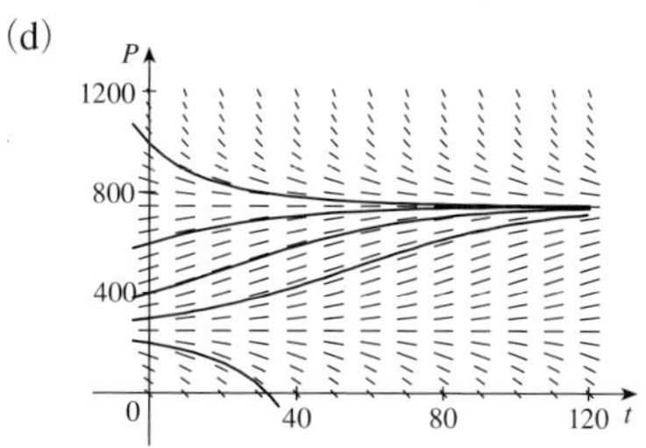

$0 < P_0 < 250$：$P \to 0$；

$P_0 = 250$：$P \to 250$；

$P_0 > 250$：$P \to 750$

(e) $P(t) = \dfrac{250 - 750ke^{t/25}}{1 - ke^{t/25}}$

ここで $k = \frac{1}{11}, -\frac{1}{9}$

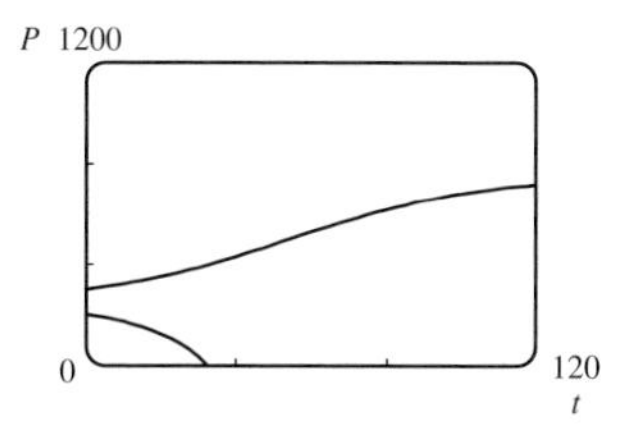

21. (b)

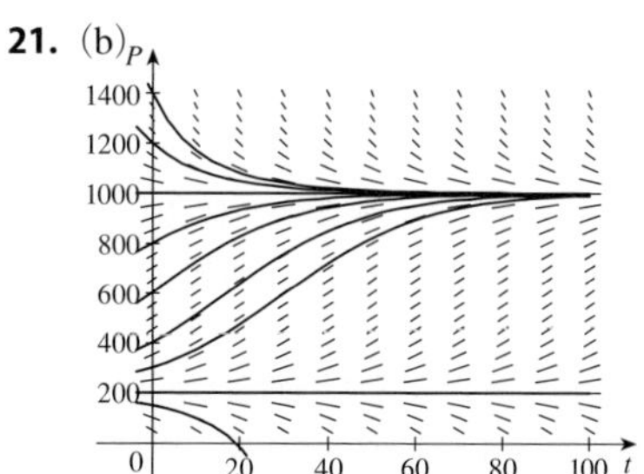

$0 < P_0 < 200$：$P \to 0$；

$P_0 = 200$：$P \to 200$；

$P_0 > 200$：$P \to 1000$

(c) $P(t) = \dfrac{m(M - P_0) + M(P_0 - m)e^{(M-m)(k/M)t}}{M - P_0 + (P_0 - m)e^{(M-m)(k/M)t}}$

23. (a) $P(t) = P_0 e^{(k/r)(\sin(rt-\phi)+\sin\phi)}$

(b) 存在しない

4・5

1. 否　**3.** 線形　**5.** $y = 1 + Ce^{-x}$

7. $y = x - 1 + Ce^{-x}$　**9.** $y = \frac{2}{3}\sqrt{x} + C/x$

11. $y = x^2(\log x + C)$　**13.** $y = \frac{1}{3}t^{-3}(1 + t^2)^{3/2} + Ct^{-3}$

15. $y = \dfrac{1}{x}\log x - \dfrac{1}{x} + \dfrac{3}{x^2}$

17. $u = -t^2 + t^3$

19. $y = -x\cos x - x$

21. $y = \dfrac{(x-1)e^x + C}{x^2}$

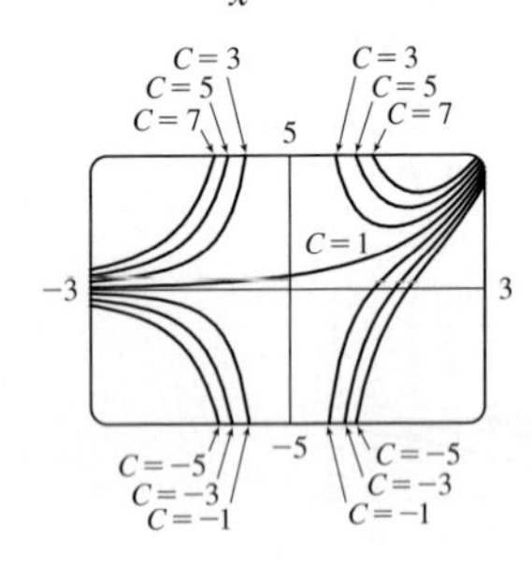

25. $y = \pm\left(Cx^4 + \dfrac{2}{5x}\right)^{-1/2}$

27. (a) $I(t) = 4 - 4e^{-5t}$　(b) $4 - 4e^{-1/2} \approx 1.57$ A

29. $Q(t) = 3(1 - e^{-4t})$, $I(t) = 12e^{-4t}$

31. $P(t) = M + Ce^{-kt}$

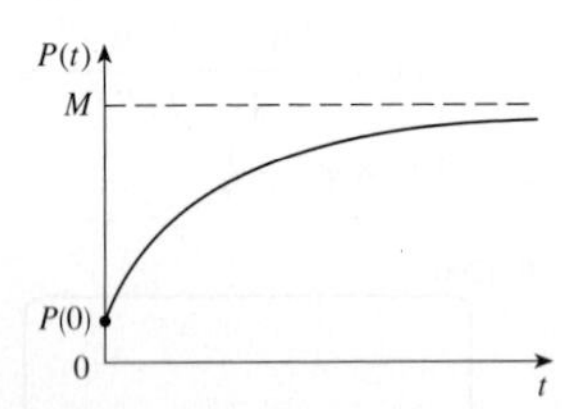

33. $y = \frac{2}{5}(100 + 2t) - 40{,}000(100 + 2t)^{-3/2}$;
0.2275 kg/L

35. (b) mg/c　(c) $(mg/c)(t + (m/c)e^{-ct/m}) - m^2g/c^2$

37. (b) $P(t) = \dfrac{M}{1 + MCe^{-kt}}$

4・6

1. (a) x = 捕食者，y = 被食者；被食者の個体数増加を制限しているのは，捕食者の存在のみで，捕食者のエサは被食者のみ

(b) x = 被食者，y = 捕食者；被食者の個体数増加を制限しているのは，環境収容力と捕食者の存在で，捕食者のエサは被食者のみ

3. (a) 競合

(b) (i) $x = 0, y = 0$：個体数 0

(ii) $x = 0,\ y = 400$：x が存在しないので，y の個体数は 400 で安定する

(iii) $x = 125,\ y = 0$：y が存在しないので，x の個体数は 125 で安定する

(iv) $x = 50, y = 300$：両種の個体数は安定する

5. (a) ウサギの個体数は約 300 で始まり，2400 に増加し，300 に減少する．キツネの個体数は 100 で始まり，約 20 に減少し，約 315 に増加して 100 に減少する．個体数は初期値に戻り，同じことを繰返す．

(b)

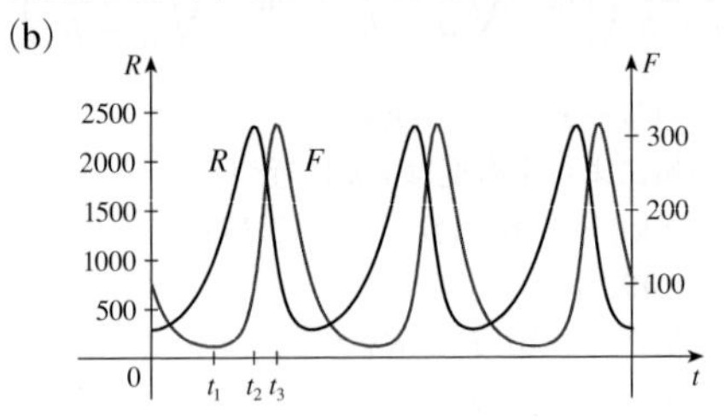

7.

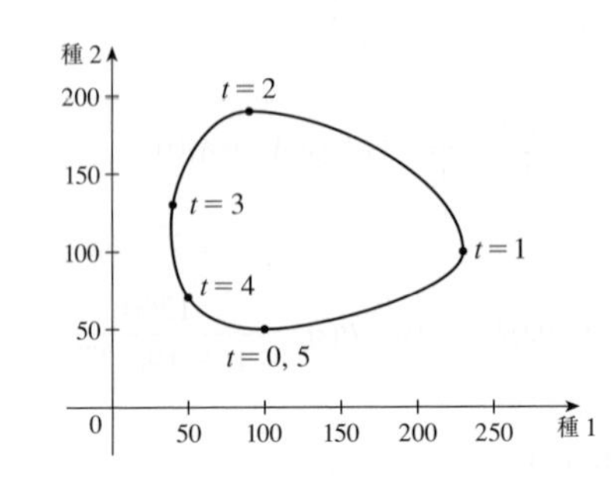

11. (a) 個体数は 5000 で安定する

(b) (i) $W = 0, R = 0$：個体数 0

(ii) $W = 0,\ R = 5000$：オオカミが存在しないので，ウサギの個体数は常に 5000 である

(iii) $W = 64, R = 1000$：両種の個体数は安定する

(c) 個体数はウサギ 1000 匹，オオカミ 64 頭で安定する

(d)

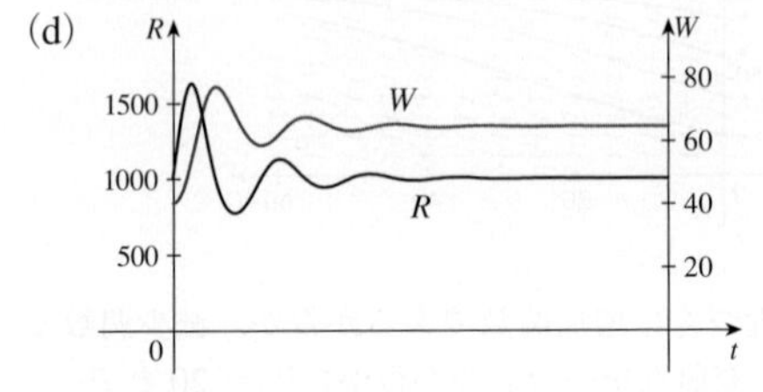

章末問題

概念の理解の確認

1. (a) 未知関数（一つ）とその微分（一つでも複数でも）を含む方程式である．

(b) 方程式の中に現れる導関数の階数のうちで最大の数である．

(c) $f(t_0) = y_0$ の形の条件である．

2. 任意の点 (x, y) における解曲線の傾きは $x^2 + y^2$ である．ここで，原点以外では $x^2 + y^2$ は正値をとることに留意する．原点では $y' = x^2 + y^2 = 0$ である．よって，点 $(0, 0)$ でのみ水平接線をもち，解曲線は増加関数である．

3. 微分方程式 $y' = F(x, y)$ の方向場（あるいは傾斜場）とは，点 (x, y) を通る傾き $F(x, y)$ の短い線分をからなる 2 次元グラフである．

4. Euler 法は，初期値によって与えられた点を出発点として，その点における方向場の示す方向に短い線分を引く．次に，その線分の端を新しい出発点として，その点における方向場に従って傾きを変えて次の線分を引く．近似が完了するまでこれを繰返す．

5. 1 階の微分方程式で，dy/dx が x の関数と y の関数との積，すなわち $dy/dx = g(x)f(x)$ で表される．方程式を $(1/f(y))dy = g(x)\,dx$ と書き直し，両辺を積分して y について解く．

6. 1 階の線形微分方程式とは，

$$\frac{dy}{dx} + P(x)y = Q(x)$$

の形で表しうる微分方程式である．ここで，P と Q は与えられた区間における連続関数である．このような関数の解き方は，両辺に積分因子 $I(x) = e^{\int P(x)\,dx}$ を掛けて $(I(x)y)' = I(x)Q(x)$ の形にし，両辺を積分して y について解く．

7. (a) $P(t)$ を時間 t における量 y の値として，時間 t に関する P の変化率が $P(t)$ の大きさに比例するならば，

$$\frac{dP}{dt} = kP$$

である．この場合，相対増加率

$$\frac{1}{P}\frac{dP}{dt}$$

は定数である．

(b) 理想的な環境，すなわち，十分な環境と栄養，捕食者の不在，衛生的な環境である．

(c) 初期値 $P(0) = P_0$ ならば，解は $P(t) = P_0e^{kt}$ である．

8. (a) ロジスティック微分方程式は

$$\frac{dP}{dt} = kP\left(1 - \frac{P}{M}\right)$$

である．ここで，M は環境収容力である．

(b) 初期の段階では個体数の大きさに比例する割合で増加するが，最終的には横ばいになり，資源が限られているため環境収容力に近づくような個体数変化を記述するのに適したモデル．

9. (a)

$$\frac{dF}{dt} = kF - aFS$$

$$\frac{dS}{dt} = -rS + bFS$$

(b) サメが存在しない場合，十分なエサがあれば魚の個体数は指数関数的に増加する．すなわち，k を正定数として $dF/dt = kF$ に従う．サメのエサとなる魚が存在しない場合，サメの個体数はそれ自体の個体数に比例する割合，すなわち，r を正定数として $dS/dt = -rS$ に従い減少する．

○×テスト

1. ○　**3.** ×　**5.** ○　**7.** ○

練習問題

1. (a)

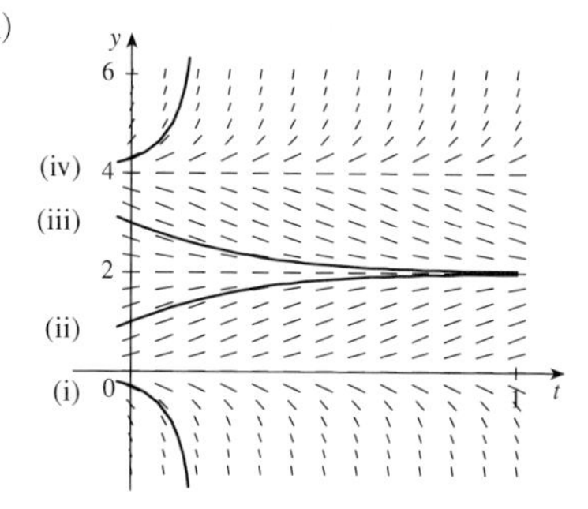

(b) $0 \leqslant c \leqslant 4$；$y = 0, y = 2, y = 4$

3. (a) $y(0.3) \approx 0.8$

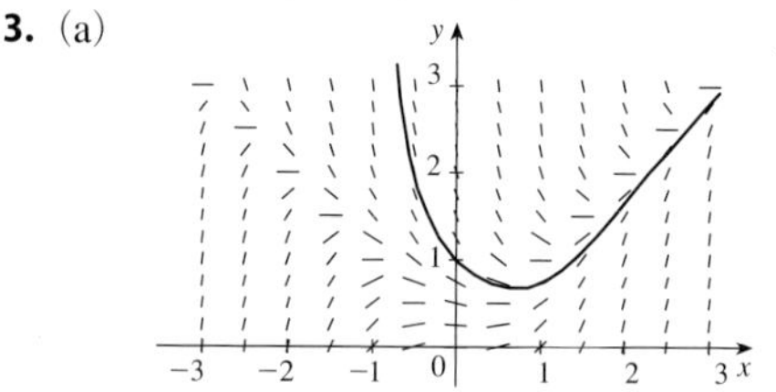

(b) 0.75676

(c) $y = x$ および $y = -x$；極大値あるいは極小値をとっている

5. $y = \left(\frac{1}{2}x^2 + C\right)e^{-\sin x}$

7. $y = \pm\sqrt{\log(x^2 + 2x^{3/2} + C)}$

9. $r(t) = 5e^{t-t^2}$　**11.** $y = \frac{1}{2}x(\log x)^2 + 2x$

13. $x = C - \frac{1}{2}y^2$

15. (a) $P(t) = \dfrac{2000}{1 + 19e^{-0.1t}}$；$\approx 560$

(b) $t = -10 \log \frac{2}{57} \approx 33.5$

17. (a) $L(t) = L_\infty - (L_\infty - L(0))e^{-kt}$

(b) $L(t) = 53 - 43e^{-0.2t}$

19. 15 日　**21.** $k \log h + h = (-R/V)t + C$

23. (a) 個体数 200,000 で安定する

(b) (i) $x = 0, y = 0$：個体数 0

(ii) $x = 200{,}000$, $y = 0$：鳥が存在しないので，昆虫の個体数は常に 200,000 である

(iii) $x = 25{,}000, y = 175$：両種の個体数は安定する

(c) 個体数は昆虫 25,000 匹，鳥 175 羽で安定する

(d)

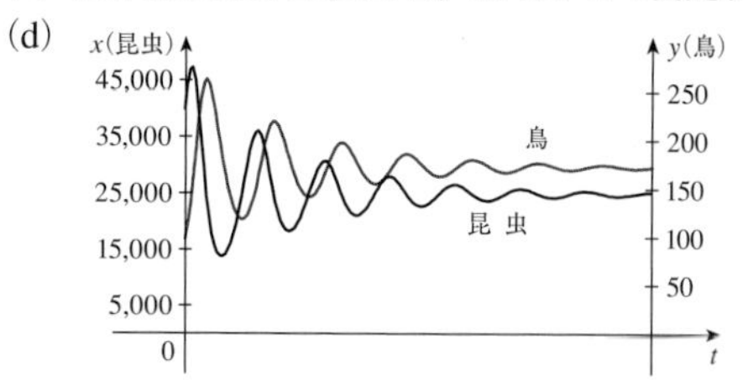

追加問題

1. $f(x) = \pm 10e^x$　**5.** $y = x^{1/n}$　**7.** 20 °C

9. (b) $f(x) = \dfrac{x^2 - L^2}{4L} - \dfrac{L}{2}\log\left(\dfrac{x}{L}\right)$　(c) できない

11. (a) 9.5 h　(b) $2700\pi \approx 8482\ \mathrm{m}^2$；$471\ \mathrm{m}^2/\mathrm{h}$
(c) 5.1 h

13. $x^2 + (y-6)^2 = 25$　**15.** $y = K/x, K \neq 0$

第5章

5・1

1.

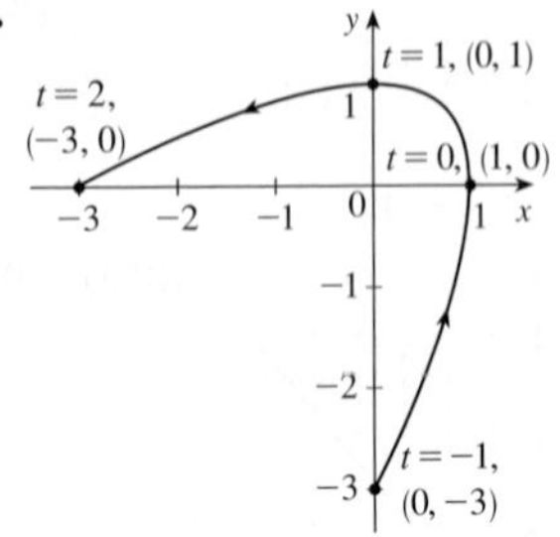

3.

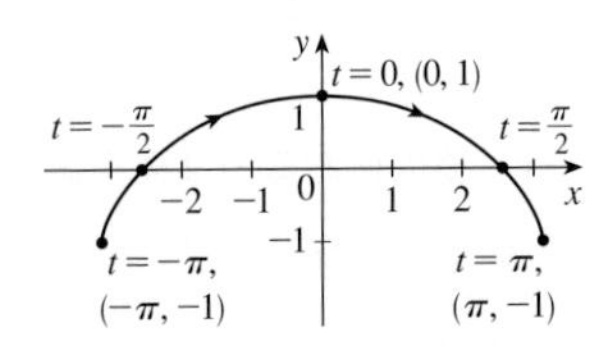

5. (a)

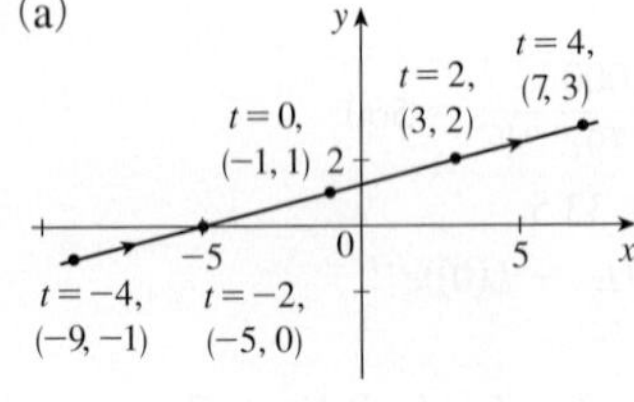

(b) $y = \frac{1}{4}x + \frac{5}{4}$

7. (a)

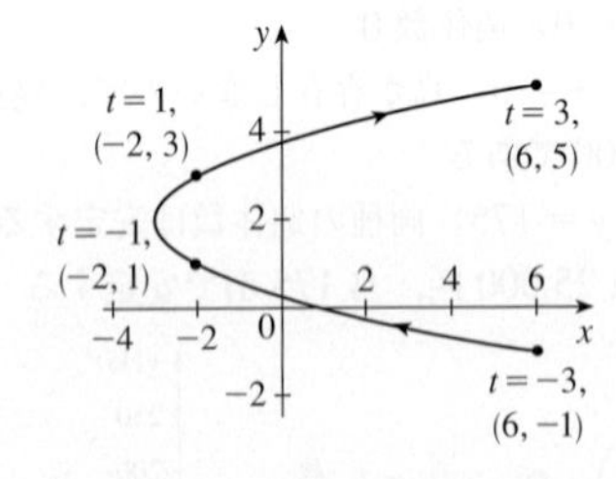

(b) $x = y^2 - 4y + 1, -1 \leqslant y \leqslant 5$

9. (a)

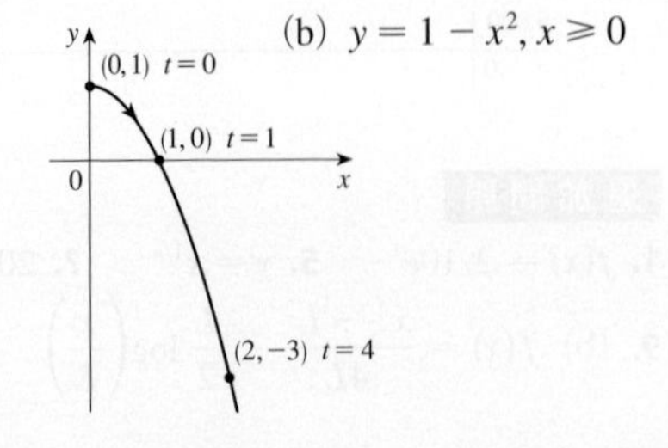

(b) $y = 1 - x^2, x \geqslant 0$

11. (a) $x^2 + y^2 = 1, y \geqslant 0$
(b)

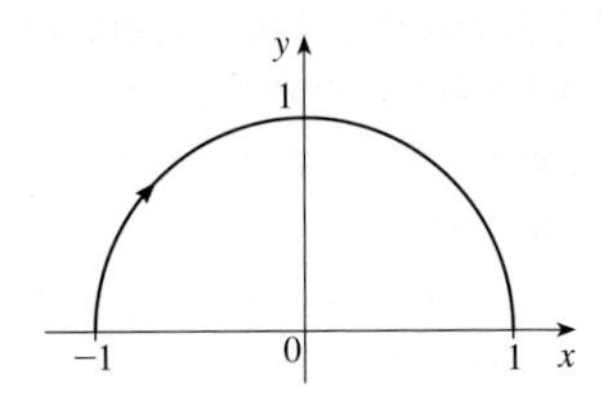

13. (a) $y = 1/x, y > 1$　(b)

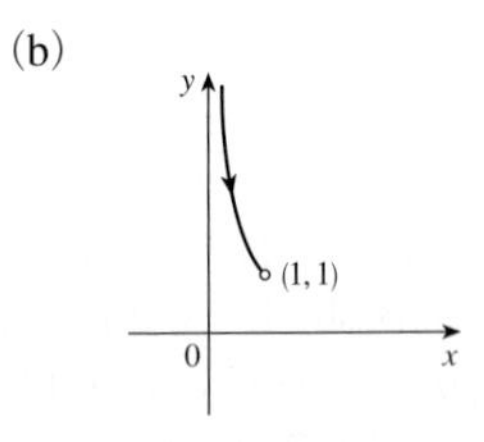

15. (a) $x = e^{2y}$　(b)

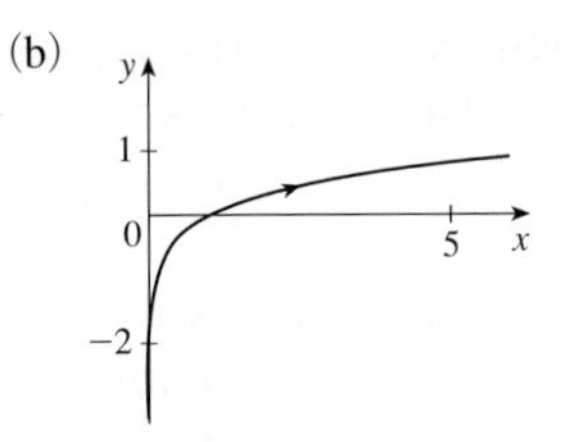

17. (a) $y^2 - x^2 = 1, y \geqslant 1$
(b)

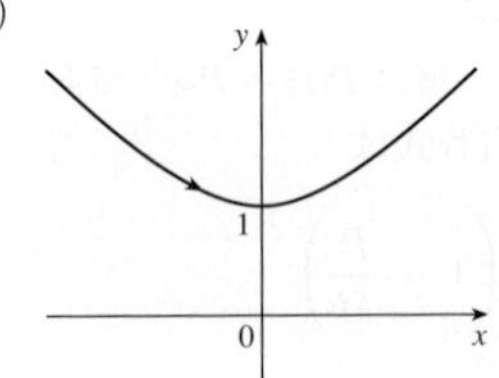

19. 円 $\left(\dfrac{x-5}{2}\right)^2 + \left(\dfrac{y-3}{2}\right)^2 = 1$ に沿って点 (3, 3) から点 (7, 3) まで反時計回りに移動する．

21. だ円 $(x^2/25) + (y^2/4) = 1$ に沿って始点と終点を (0, −2) として時計回りに 3 周する．

23. $1 \leqslant x \leqslant 4$，$2 \leqslant y \leqslant 3$ の長方形内に表された曲線である．

25.

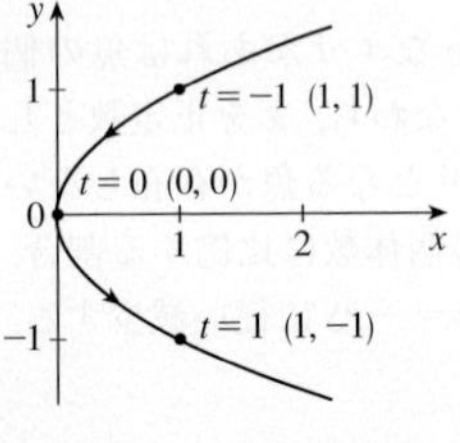

27.

t = −1, 1 (0, 1)

t = 0
(1, 0)

29.

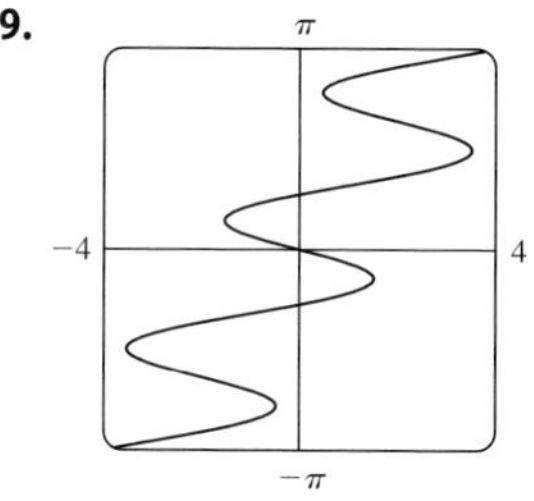

31. (b) $x = -2 + 5t,\ y = 7 - 8t,\ 0 \leqslant t \leqslant 1$

33. (a) $x = 2\cos t,\ y = 1 - 2\sin t,\ 0 \leqslant t \leqslant 2\pi$

(b) $x = 2\cos t,\ y = 1 + 2\sin t,\ 0 \leqslant t \leqslant 6\pi$

(c) $x = 2\cos t,\ y = 1 + 2\sin t,\ \pi/2 \leqslant t \leqslant 3\pi/2$

37. (a)は曲線 $y = x^{2/3}$ を表し，(b)はその曲線の $x \geqslant 0$ の領域のみを表し，(c)は $x > 0$ の領域のみを表す．

41. $x = a\cos\theta,\ y = b\sin\theta$; $(x^2/a^2) + (y^2/b^2) = 1$, だ円

43.

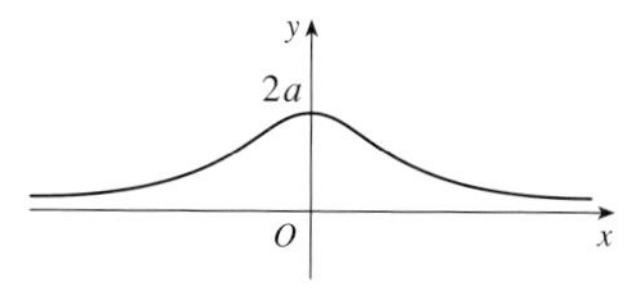

45. (a) 交点の数は 2　(b) $t = 3\pi/2$ のとき点 $(-3, 0)$ で衝突する．(c) 2 交点をもつが，衝突点はない．

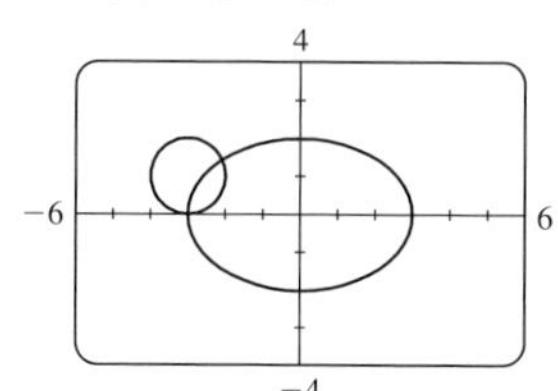

47. $c = 0$ ならば尖点があり，$c > 0$ ならばループになり，c が増加するに従ってループも大きくなる．

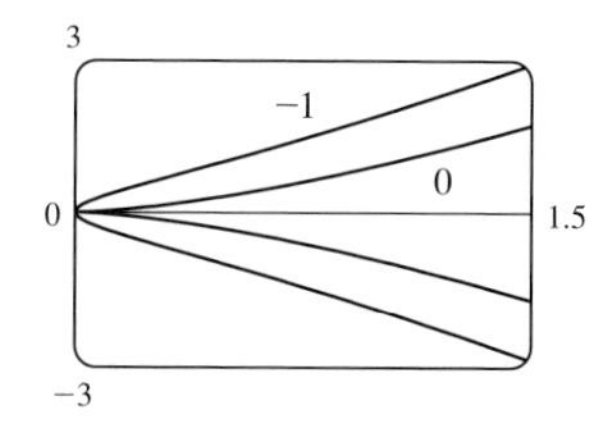

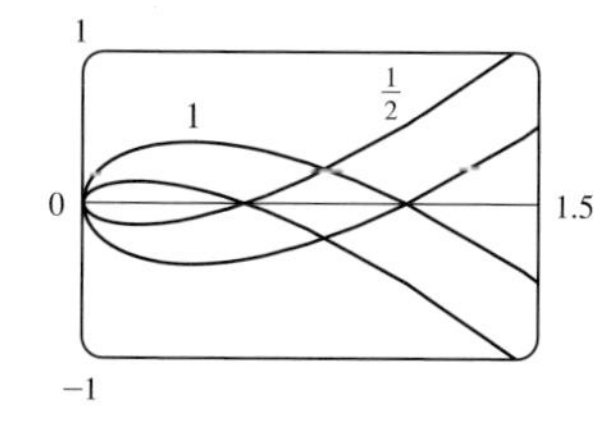

49. 曲線は，直線 $y = x$ にだいたい沿う．a が 1.4 から 1.6 の間をとるとき（より正確には，$a > \sqrt{2}$ のとき），ループが現れる．a の値が増加するに従って，ループも大きくなる．

51. n が増加するに従って，振動数が増加する．a と b の値で幅と高さが決まる．

5・2

1. $\frac{1}{2}(1+t)^{3/2}$　**3.** $y = -x$　**5.** $y = \pi x + \pi^2$

7. $y = 2x + 1$

9. $y = 3x + 3$

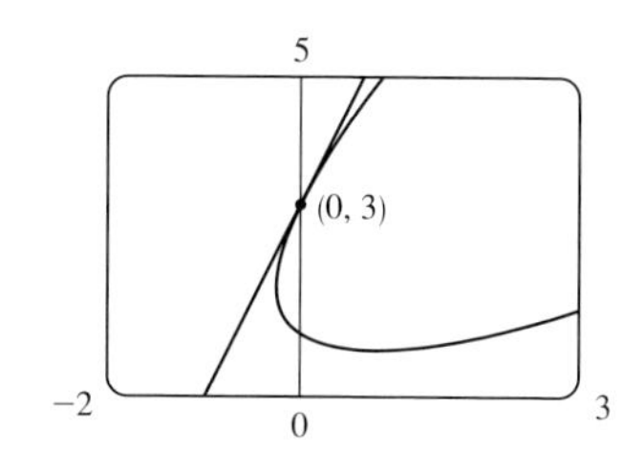

11. $\dfrac{2t+1}{2t},\ -\dfrac{1}{4t^3},\ t < 0$

13. $e^{-2t}(1-t),\ e^{-3t}(2t-3),\ t > \frac{3}{2}$

15. $\dfrac{t+1}{t-1},\ \dfrac{-2t}{(t-1)^3},\ 0 < t < 1$

17. 点 $(0, -3)$ で水平接線をもち，点 $(\pm 2, -2)$ で垂直接線をもつ．

19. 点 $\left(\frac{1}{2}, -1\right)$ と $\left(-\frac{1}{2}, 1\right)$ で水平接線をもち，垂直接線はもたない．

21. $(0.6, 2)$; $\left(5 \cdot 6^{-6/5},\ e^{6^{-1/5}}\right)$

23.

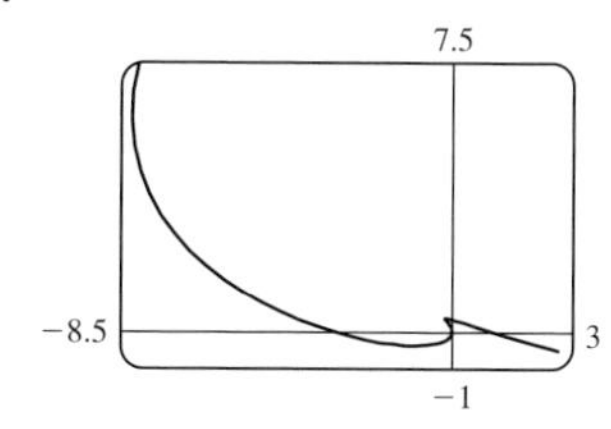

25. $y = x,\ y = -x$

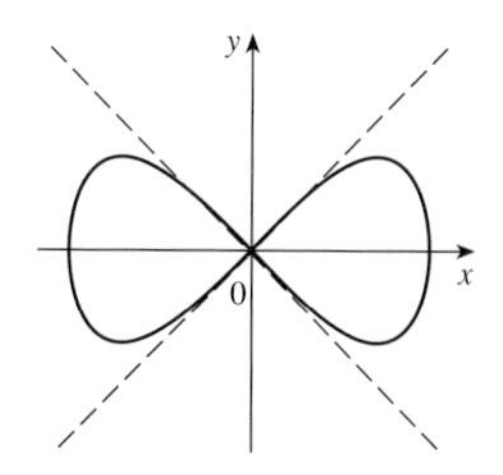

27. (a) $d\sin\theta/(r - d\cos\theta)$　**29.** $(4, 0)$　**31.** πab

33. $\frac{24}{5}$　**35.** $2\pi r^2 + \pi d^2$

37. $\int_0^2 \sqrt{2 + 2e^{-2t}}\,dt \approx 3.1416$

39. $\int_0^{4\pi} \sqrt{5 - 4\cos t}\,dt \approx 26.7298$　**41.** $4\sqrt{2} - 2$

43. $\frac{1}{2}\sqrt{2} + \frac{1}{2}\log\left(1 + \sqrt{2}\right)$

45. $\sqrt{2}(e^{\pi} - 1)$

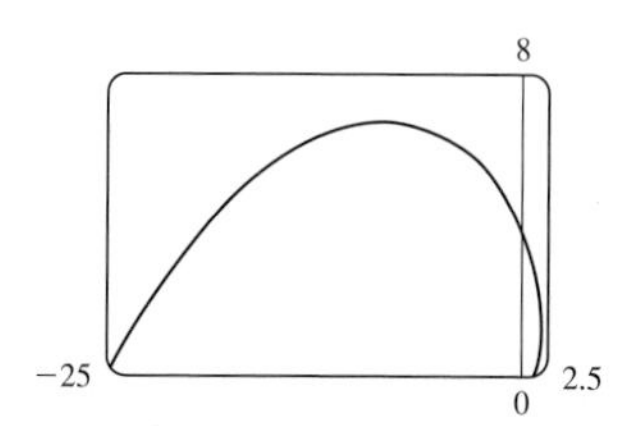

47. 16.7102

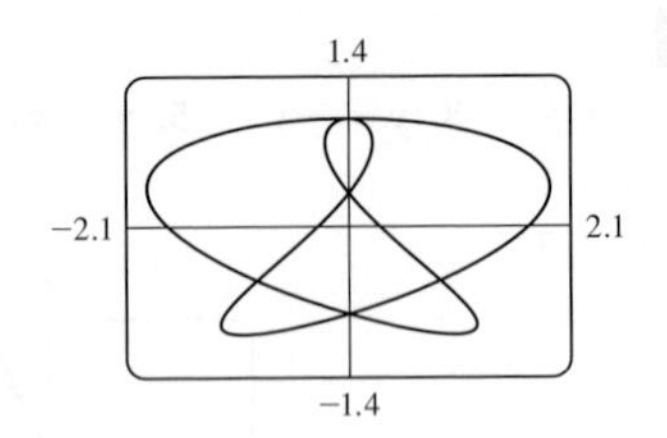

49. 612.3053　**51.** $6\sqrt{2}, \sqrt{2}$

55. (a)　$t \in [0, 4\pi]$

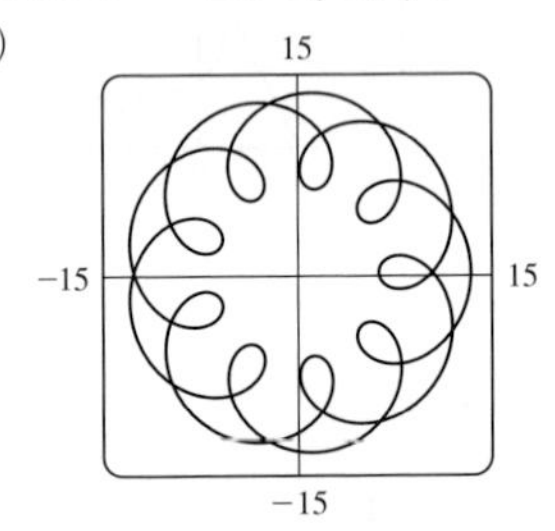

(b) 294

57. $\int_0^{\pi/2} 2\pi t \cos t \sqrt{t^2+1}\, dt \approx 4.7394$

59. $\int_0^1 2\pi e^{-t}\sqrt{1+2e^t+e^{2t}+e^{-2t}}\, dt \approx 10.6705$

61. $\frac{2}{1215}\pi\left(247\sqrt{3}+64\right)$　**63.** $\frac{6}{5}\pi a^2$

65. $\frac{24}{5}\pi\left(949\sqrt{26}+1\right)$　**71.** $\frac{1}{4}$

5・3

1. (a)

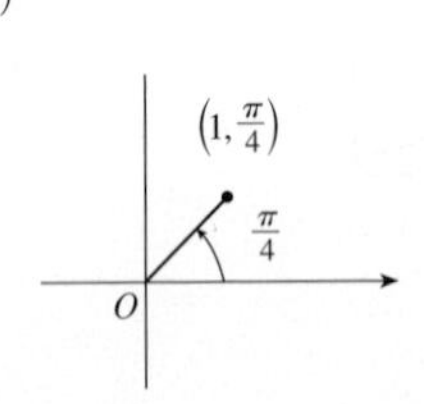

$(1, 9\pi/4), (-1, 5\pi/4)$

(b)

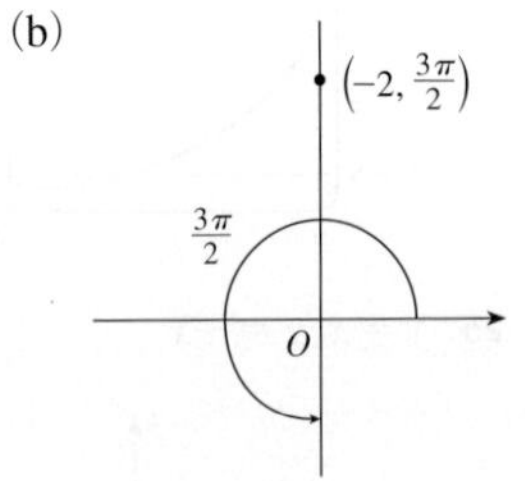

$(2, \pi/2), (-2, 7\pi/2)$

(c)

$-\frac{\pi}{3}$　$(3, -\frac{\pi}{3})$

$(3, 5\pi/3), (-3, 2\pi/3)$

3. (a)

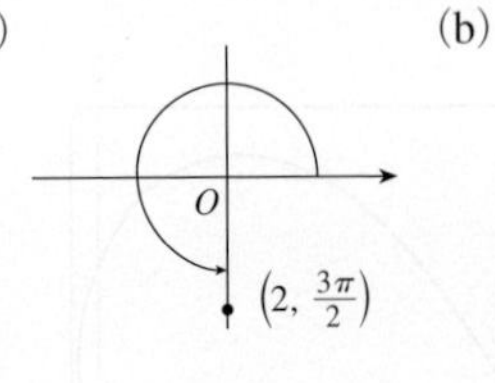

$(0, -2)$

(b)

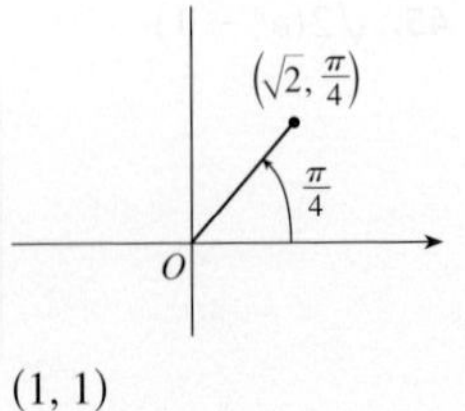

$(1, 1)$

(c)

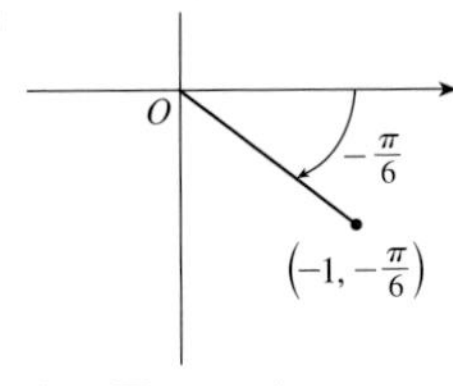

$\left(-\sqrt{3}/2, 1/2\right)$

5. (a) (i) $\left(4\sqrt{2}, 3\pi/4\right)$　(ii) $\left(-4\sqrt{2}, 7\pi/4\right)$
(b) (i) $(6, \pi/3)$　(ii) $(-6, 4\pi/3)$

7.

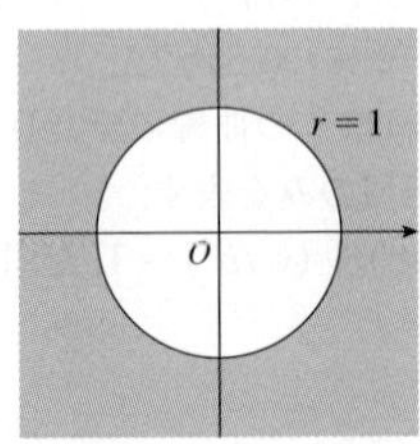

9.

$\theta = \frac{3\pi}{4}$　$\theta = \frac{\pi}{4}$　O

11.

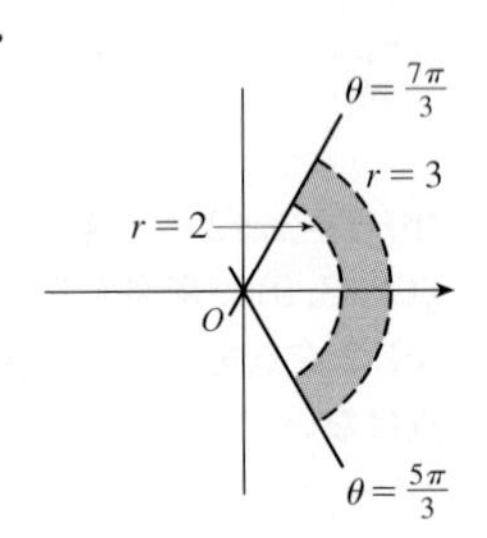

13. $2\sqrt{7}$　**15.** 円，中心 O，半径 $\sqrt{5}$

17. 円，中心 $(5/2, 0)$，半径 $5/2$

19. 双曲線，中心 O，x 軸上に焦点

21. $r = 2\csc\theta$　**23.** $r = 1/(\sin\theta - 3\cos\theta)$

25. $r = 2c\cos\theta$　**27.** (a) $\theta = \pi/6$　(b) $x = 3$

29.

O　$(2, 3\pi/2)$

31.

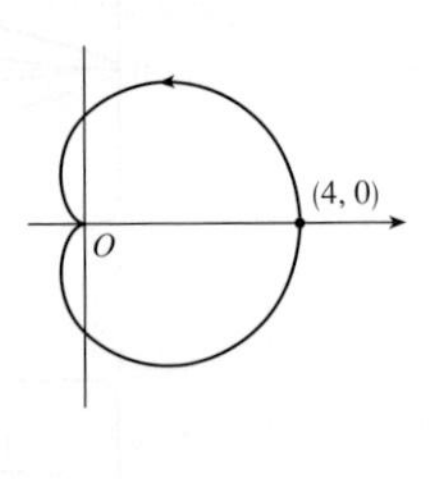

33.

O　$(2\pi, 2\pi)$

35.

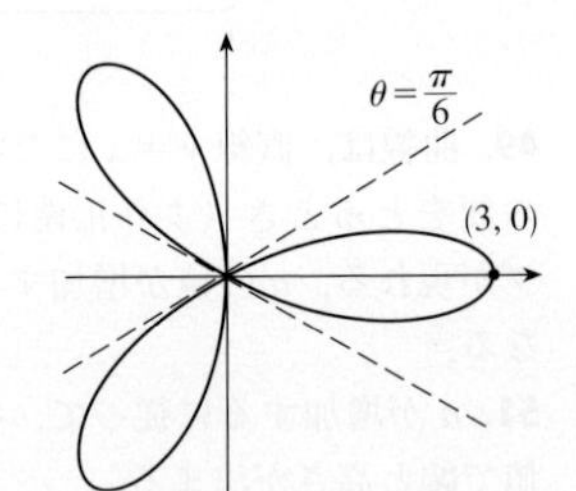

37.

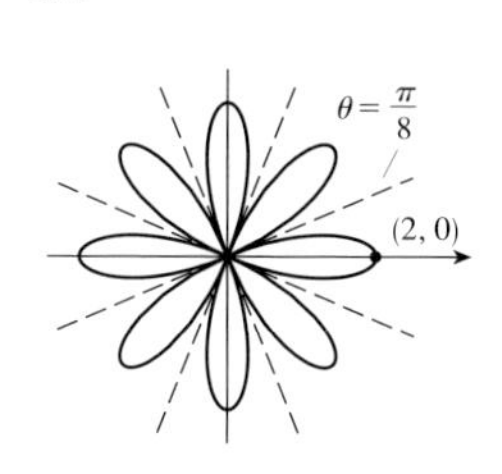

39.

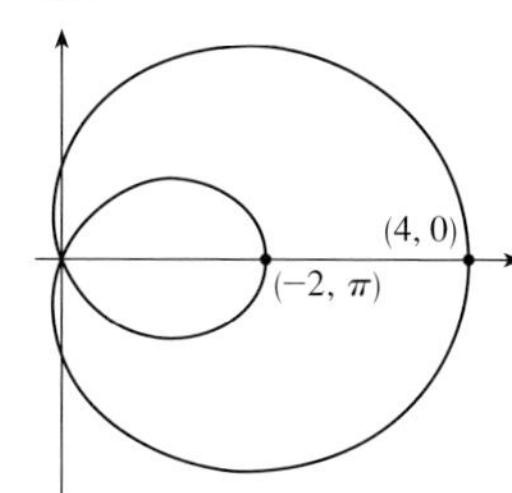

41.

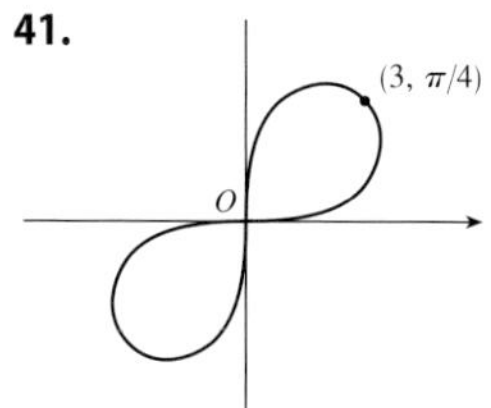

43.

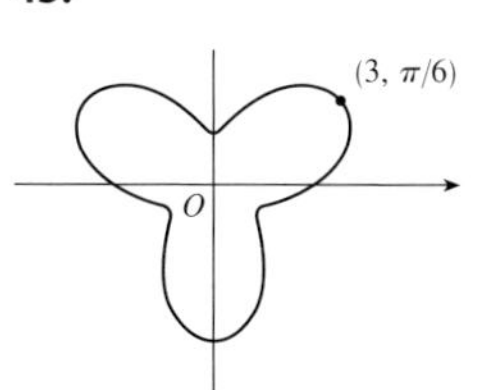

45.

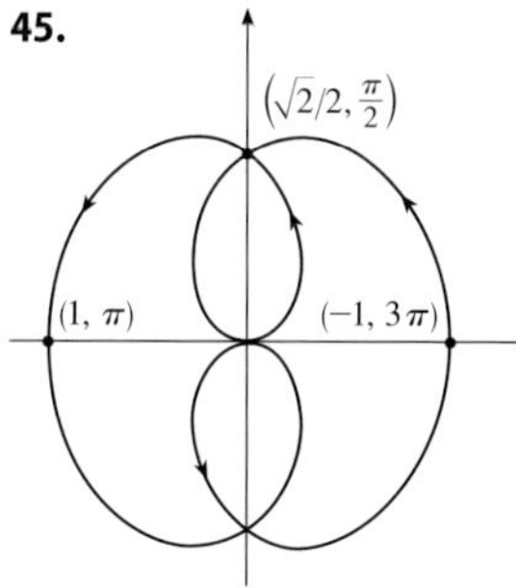

47.

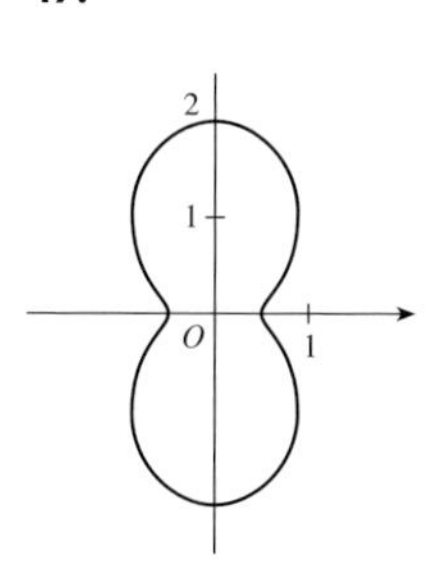

49.

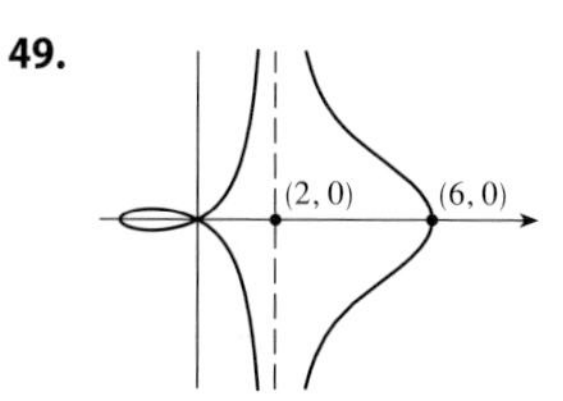

51.

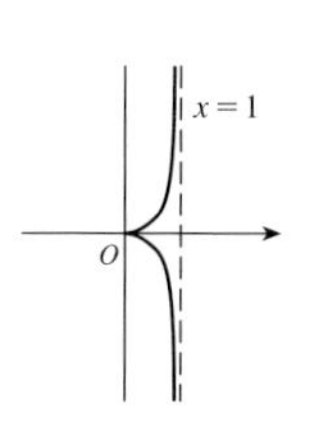

53. (a) $c<-1$ の場合，$\theta=\sin^{-1}(-1/c)$ のときループが生じ，$\theta=\pi-\sin^{-1}(-1/c)$ のときループが消滅する；$c>1$ の場合，$\theta=\pi+\sin^{-1}(1/c)$ のときループが生じ，$\theta=2\pi-\sin^{-1}(1/c)$ のときループが消滅する．

55. $1/\sqrt{3}$　**57.** $-\pi$　**59.** 1

61. 点 $\left(3/\sqrt{2}, \pi/4\right), \left(-3/\sqrt{2}, 3\pi/4\right)$ で水平接線；点 $(3, 0), (0, \pi/2)$ で垂直接線

63. 点 $\left(\frac{3}{2}, \pi/3\right), (0, \pi)$ (極), $\left(\frac{3}{2}, 5\pi/3\right)$ で水平接線；点 $(2, 0), \left(\frac{1}{2}, 2\pi/3\right), \left(\frac{1}{2}, 4\pi/3\right)$ で垂直接線

65. 中心 $(b/2, a/2)$，半径 $\sqrt{a^2+b^2}/2$

67.

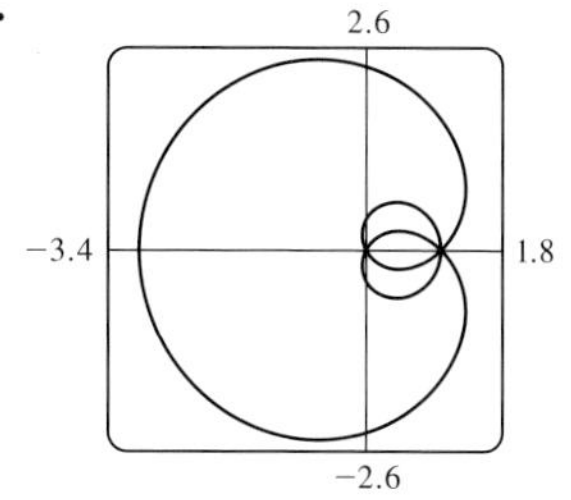

69.

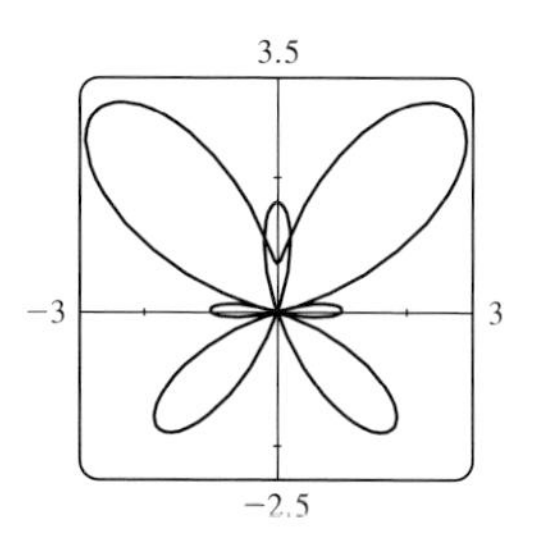

71.

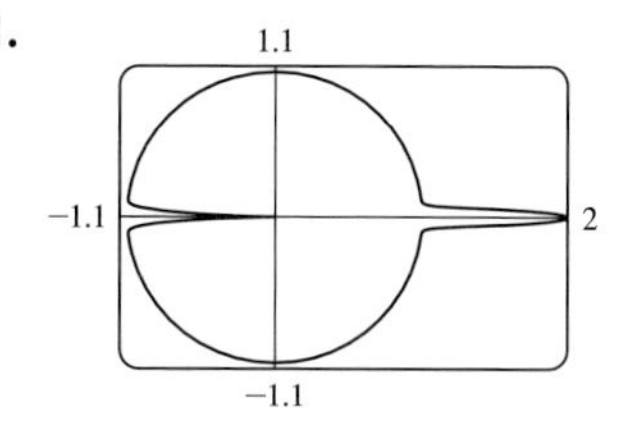

73. $r=1+\sin\theta$ のグラフを原点に関してそれぞれ角度 $\pi/6$，$\pi/3$，α だけ反時計回りに回転させた関係

75. $c=0$ で曲線は円である．c が増加すると曲線の左側が平坦になっていき，$0.5<c<1$ でくぼみができ，$c=1$ で尖点が生じ，$c>1$ でループになる．

5・4

1. $e^{-\pi/4}-e^{-\pi/2}$　**3.** $\pi/2$　**5.** $\frac{1}{2}$　**7.** $\frac{41}{4}\pi$

9. π　**11.** 11π

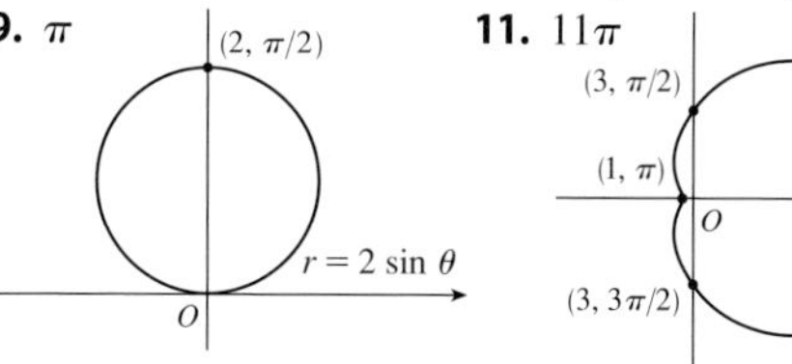

13. $\frac{9}{2}\pi$

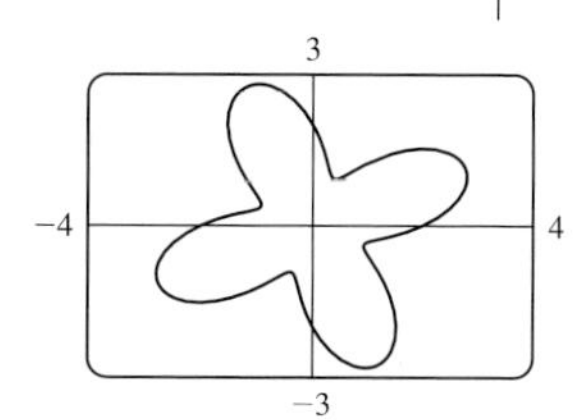

15. $\frac{3}{2}\pi$

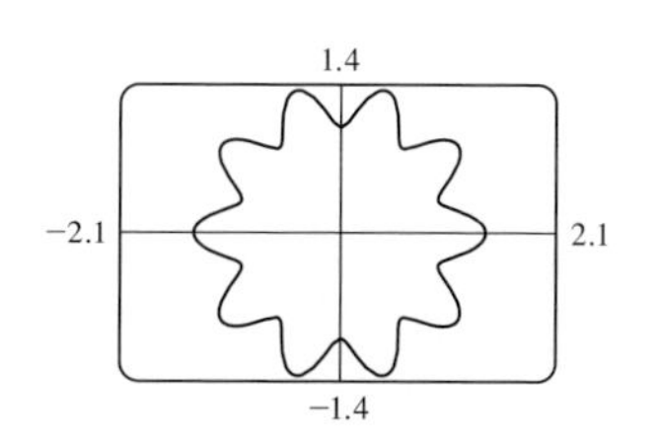

17. $\frac{4}{3}\pi$　**19.** $\frac{1}{16}\pi$　**21.** $\pi - \frac{3}{2}\sqrt{3}$
23. $\frac{4}{3}\pi + 2\sqrt{3}$　**25.** $4\sqrt{3} - \frac{4}{3}\pi$　**27.** π
29. $\frac{9}{8}\pi - \frac{9}{4}$　**31.** $\frac{1}{2}\pi - 1$　**33.** $-\sqrt{3} + 2 + \frac{1}{3}\pi$
35. $\frac{1}{4}(\pi + 3\sqrt{3})$　**37.** $(\frac{1}{2}, \pi/6), (\frac{1}{2}, 5\pi/6)$, 極
39. $(1, \theta)$，ここで $\theta = \pi/12, 5\pi/12, 13\pi/12, 17\pi/12$；$(-1, \theta)$，ここで $\theta = 7\pi/12, 11\pi/12, 19\pi/12, 23\pi/12$
41. $(\frac{1}{2}\sqrt{3}, \pi/3), (\frac{1}{2}\sqrt{3}, 2\pi/3)$, 極
43. $\theta \approx 0.89, 2.25$ で交点をもつ；面積 ≈ 3.46
45. 2π　**47.** $\frac{8}{3}((\pi^2 + 1)^{3/2} - 1)$　**49.** $\frac{16}{3}$
51. 2.4221　**53.** 8.0091　**55.** (b) $2\pi(2 - \sqrt{2})$

5・5

1. $(0, 0), (0, \frac{3}{2}), y = -\frac{3}{2}$

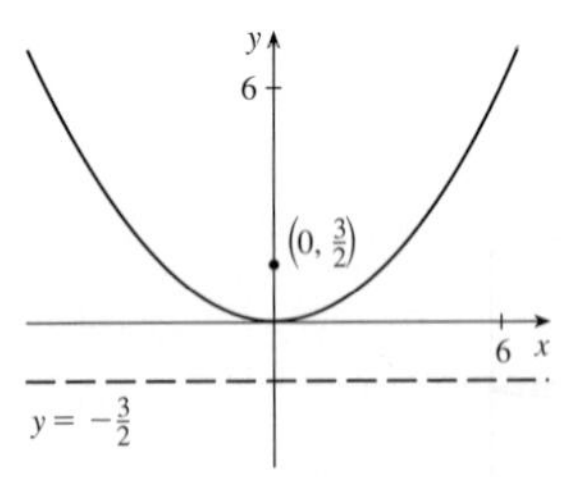

3. $(0, 0), (-\frac{1}{2}, 0), x = \frac{1}{2}$

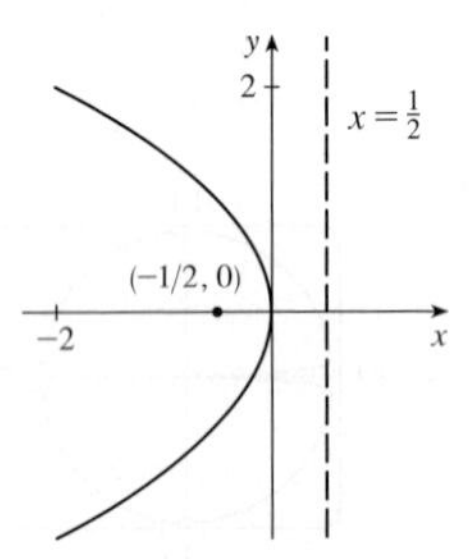

5. $(-2, 3)\ (-2, 5), y = 1$

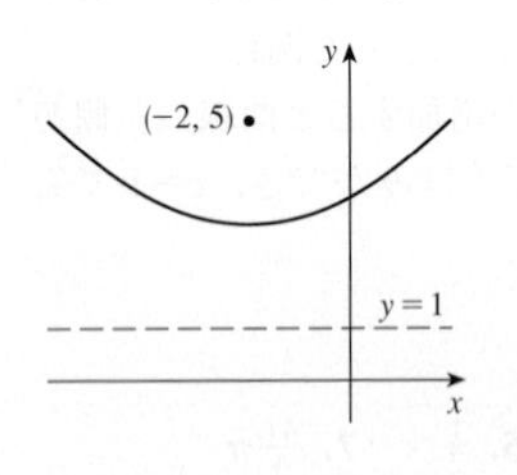

7. $(4, -3), (\frac{7}{2}, -3), x = \frac{9}{2}$

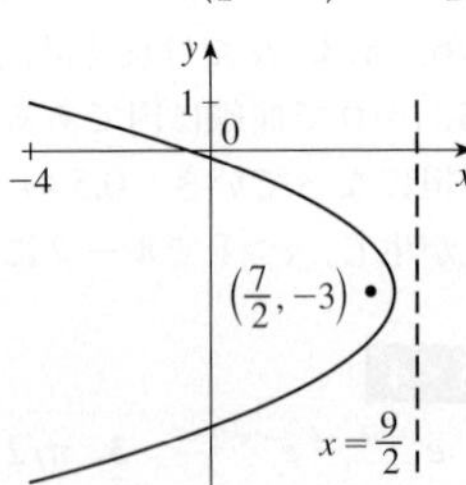

9. $x = -y^2$，焦点 $(\frac{1}{4}, 0)$，準線 $x = \frac{1}{4}$
11. $(0, \pm 2), (0, \pm\sqrt{2})$

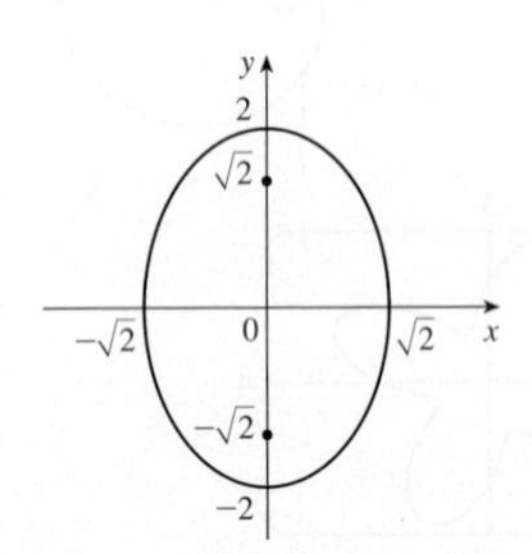

13. $(\pm 3, 0), (\pm 2\sqrt{2}, 0)$

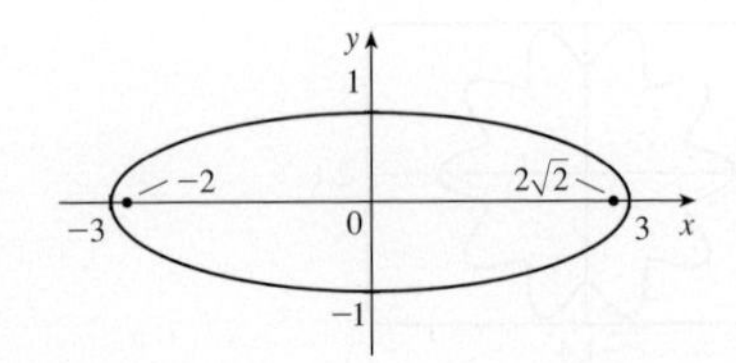

15. $(1, \pm 3), (1, \pm\sqrt{5})$

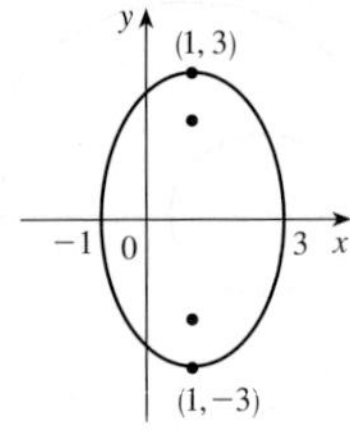

17. $\dfrac{x^2}{4} + \dfrac{y^2}{9} = 1$, 焦点 $(0, \pm\sqrt{5})$
19. $(0, \pm 5); (0, \pm\sqrt{34}); y = \pm\frac{5}{3}x$

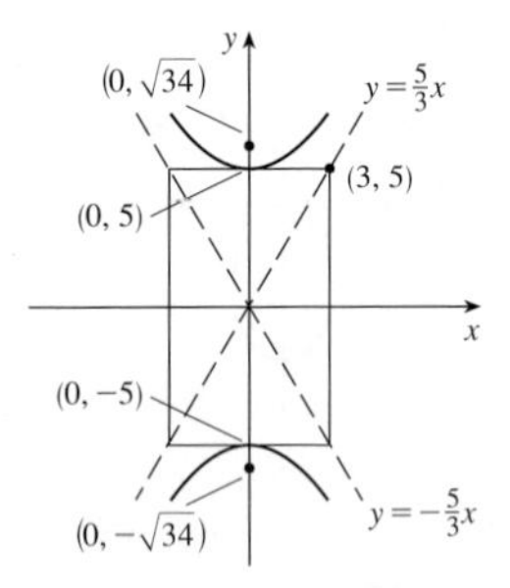

21. $(\pm 10, 0), (\pm 10\sqrt{2}, 0), y = \pm x$

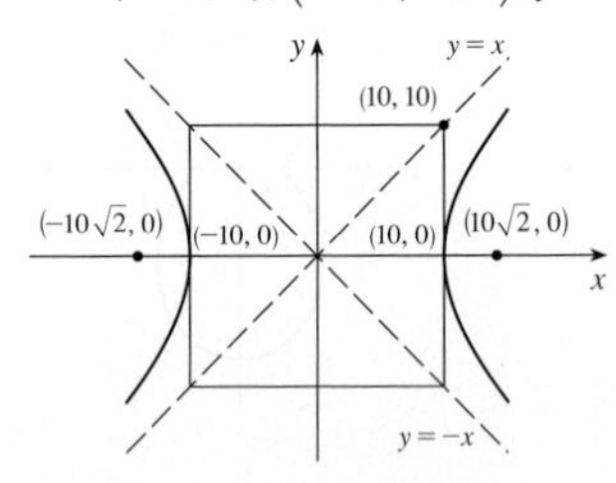

23. $(\pm 1, 1), (\pm\sqrt{2}, 1), y - 1 = \pm x$

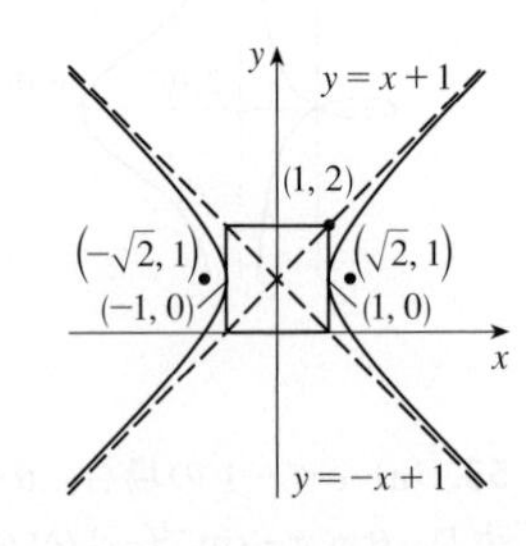

25. 双曲線，$(\pm 1, 0), (\pm\sqrt{5}, 0)$
27. だ円，$(\pm\sqrt{2}, 1), (\pm 1, 1)$
29. 放物線，$(1, -2), (1, -\frac{11}{6})$
31. $y^2 = 4x$　**33.** $y^2 = -12(x + 1)$
35. $(y + 1)^2 = -\frac{1}{2}(x - 3)$
37. $\dfrac{x^2}{25} + \dfrac{y^2}{21} = 1$

39. $\dfrac{x^2}{12}+\dfrac{(y-4)^2}{16}=1$

41. $\dfrac{(x+1)^2}{12}+\dfrac{(y-4)^2}{16}=1$　**43.** $\dfrac{x^2}{9}-\dfrac{y^2}{16}=1$

45. $\dfrac{(y-1)^2}{25}-\dfrac{(x+3)^2}{39}=1$　**47.** $\dfrac{x^2}{9}-\dfrac{y^2}{36}=1$

49. $\dfrac{x^2}{3{,}763{,}600}+\dfrac{y^2}{3{,}753{,}196}=1$

51. (a) $\dfrac{x^2}{32{,}400}-\dfrac{y^2}{57{,}600}=1$　(b) ≈ 320 km

55. (a) だ円　(b) 双曲線　(c) 曲線ではない

59. 15.9

61. $\dfrac{b^2c}{a}+ab\log\left(\dfrac{a}{b+c}\right)$　ここで $c^2=a^2+b^2$

63. $(0, 4/\pi)$

5・6

1. $r=\dfrac{4}{2+\cos\theta}$　**3.** $r=\dfrac{6}{2+3\sin\theta}$

5. $r=\dfrac{10}{3-2\cos\theta}$　**7.** $r=\dfrac{6}{1+\sin\theta}$

9. (a) $\frac{4}{5}$　(b) だ円　(c) $y=-1$

(d)

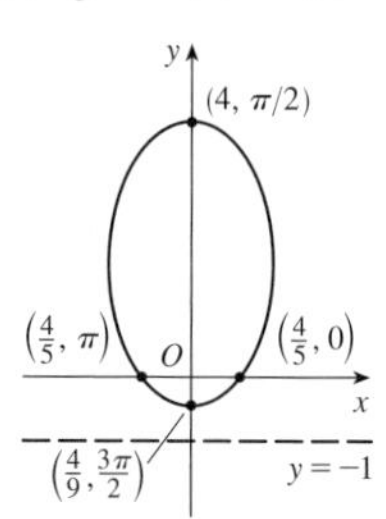

11. (a) 1　(b) 放物線　(c) $y=\frac{2}{3}$

(d)

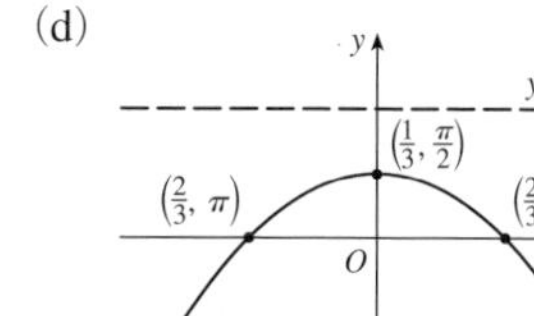

13. (a) $\frac{1}{3}$　(b) だ円　(c) $x=\frac{9}{2}$

(d)

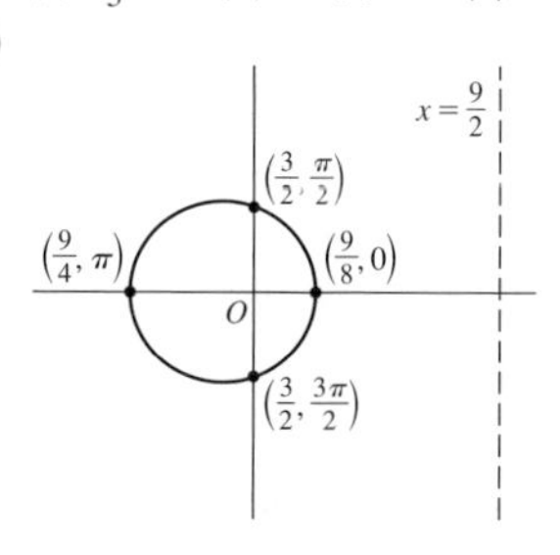

15. (a) 2　(b) 双曲線　(c) $x=-\frac{3}{8}$

(d)

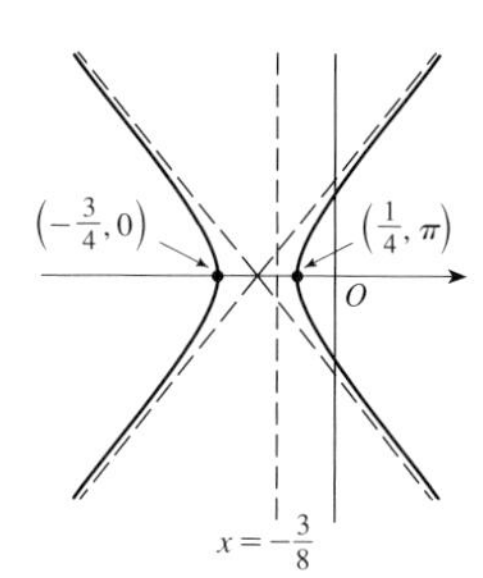

17. (a) $2, y=-\frac{1}{2}$

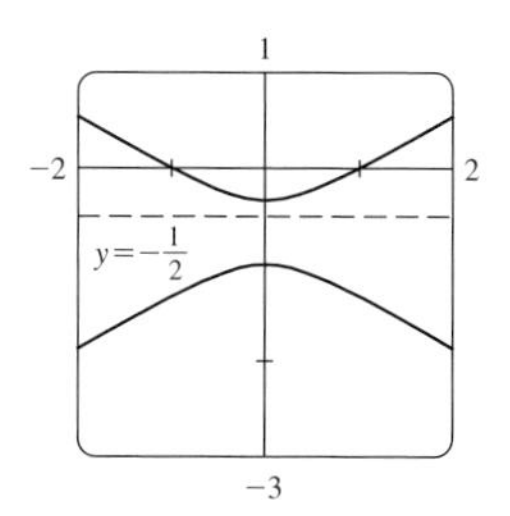

(b) $r=\dfrac{1}{1-2\sin(\theta-3\pi/4)}$

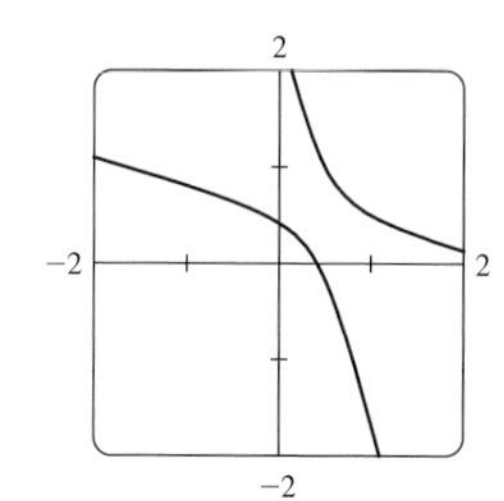

19. だ円は e が 0 に近づくとほぼ円形になり，$e\to 1^-$ で横に長い形になる．$e=1$ のとき，放物線になる．

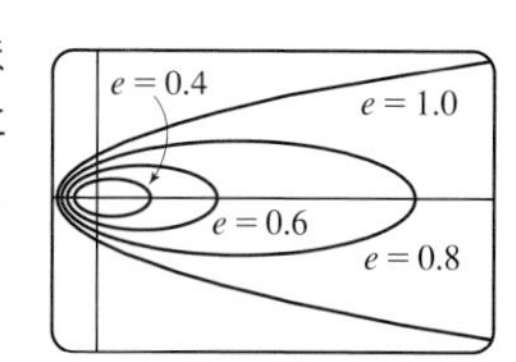

25. $r=\dfrac{2.26\times 10^8}{1+0.093\cos\theta}$

27. $r=\dfrac{1.07}{1+0.97\cos\theta}$; 35.64 AU

29. 7.0×10^7 km　**31.** 3.6×10^8 km

章末問題

概念の理解の確認

1. (a) パラメトリック曲線とは，$(x, y)=(f(t), g(t))$ の形式の点の集合である．ここで，f と g は媒介変数（パラメーター）t の関数である．

(b) 関数のグラフを描くようにパラメトリック曲線を描くことは一般に難しい．手計算であるいは計算機やコンピューターを使って，さまざまな t の値についての $f(t)$ お

よび $g(t)$ を求め，曲線上の点をプロットすることができる．f と g が式で与えられるときは，方程式 $x = f(t)$ と $y = g(t)$ から t を消去して，x と y の関係式（方程式）が得られる．この方程式をグラフ化する方が，元の式（t の関数である x と y の式）を扱うよりも簡単である．

2. (a)

$$dx/dt \neq 0 \qquad \text{ならば} \qquad \frac{dy}{dx} = \frac{dy/dt}{dx/dt}$$

を計算することによって，t の関数として dy/dx を求めることができる．

(b) 曲線がパラメトリック方程式 $x = f(t)$，$y = g(t)$，$\alpha \leqslant t \leqslant \beta$ で与えられているならば，面積は

$$A = \int_a^b y\,dx = \int_\alpha^\beta g(t) f'(t)\,dt$$

である（左端点が $(f(\alpha),\ g(\alpha))$ ではなく $(f(\beta),\ g(\beta))$ の場合は，$\int_\beta^\alpha g(t) f'(t)\,dt$ である）．

3. (a) 曲線がパラメトリック方程式 $x = f(t)$，$y = g(t)$，$\alpha \leqslant t \leqslant \beta$ で与えられているならば，曲線の長さは

$$L = \int_\alpha^\beta \sqrt{(dx/dt)^2 + (dy/dt)^2}\,dt = \int_\alpha^\beta \sqrt{(f'(t))^2 + (g'(t))^2}\,dt$$

である．

(b)

$$S = \int_\alpha^\beta 2\pi y \sqrt{(dx/dt)^2 + (dy/dt)^2}\,dt = \int_\alpha^\beta 2\pi g(t) \sqrt{(f'(t))^2 + (g'(t))^2}\,dt$$

4. (a)

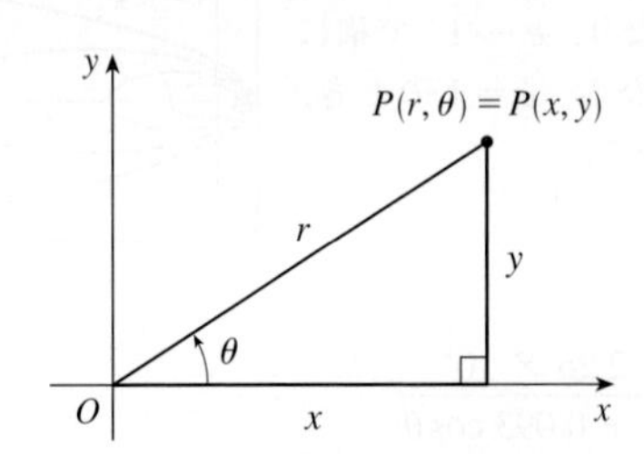

(b)

$$x = r\cos\theta \qquad y = r\sin\theta$$

(c) 極座標 (r, θ)，$r \geqslant 0$，$0 \leqslant \theta < \pi/2$ を求めるためには，まず $r = \sqrt{x^2 + y^2}$ を計算する．次に，θ を $\tan\theta = y/x$ を用いて表す．このとき点 (r, θ) が位置する象限にある θ をとらなければならない．

5. (a)

$$\frac{dy}{dx} = \frac{\dfrac{dy}{d\theta}}{\dfrac{dx}{d\theta}} = \frac{\dfrac{d}{d\theta}(y)}{\dfrac{d}{d\theta}(x)} = \frac{\dfrac{d}{d\theta}(r\sin\theta)}{\dfrac{d}{d\theta}(r\cos\theta)}$$

$$= \frac{\left(\dfrac{dr}{d\theta}\right)\sin\theta + r\cos\theta}{\left(\dfrac{dr}{d\theta}\right)\cos\theta - r\sin\theta}$$

ここで $r = f(\theta)$

(b)

$$A = \int_a^b \tfrac{1}{2} r^2\,d\theta = \int_a^b \tfrac{1}{2}(f(\theta))^2\,d\theta$$

(c)

$$L = \int_a^b \sqrt{(dx/d\theta)^2 + (dy/d\theta)^2}\,d\theta = \int_a^b \sqrt{r^2 + (dr/d\theta)^2}\,d\theta = \int_a^b \sqrt{(f(\theta))^2 + (f'(\theta))^2}\,d\theta$$

6. (a) 放放物線は，一つの定点 F（焦点）と一つの定直線（準線）から等距離である平面上の点の集合である．

(b) 前者が $x^2 = 4py$ で，後者が $y^2 = 4px$ である．

7. (a) だ円は，二つの定点（焦点）からの距離の和が一定となる，平面上の点の集合である．

(b)

$$\frac{x^2}{a^2} + \frac{y^2}{b^2} = 1$$

ここで $a \geqslant b > 0$，$c^2 = a^2 - b^2$

8. (a) 双曲線は，二つの定点（焦点）からの距離の差が一定である平面上の点の集合である．この差は，より大きい距離からより小さい距離を差し引いたものとして解釈されるべきである．

(b)

$$\frac{x^2}{a^2} - \frac{y^2}{b^2} = 1$$

ここで $c^2 = a^2 + b^2$

(c)

$$y = \pm\frac{b}{a}x$$

9. (a) 円すい曲線が焦点 F と準線 l をもつならば，離心率 e は円すい曲線上の点 P についての定数比 $|PF|/|Pl|$ である．

(b) だ円は $e < 1$；放物線は $e = 1$；双曲線は $e > 1$

(c)

$$\text{準線 } x = d:\ r = \frac{ed}{1 + e\cos\theta}$$

$$x = -d:\ r = \frac{ed}{1 - e\cos\theta}$$

$$y = d:\ r = \frac{ed}{1 + e\sin\theta}$$

$$y = -d:\ r = \frac{ed}{1 - e\sin\theta}$$

○×テスト

1. ×　**3.** ×　**5.** ○　**7.** ×　**9.** ○

練習問題

1. $x = y^2 - 8y + 12$

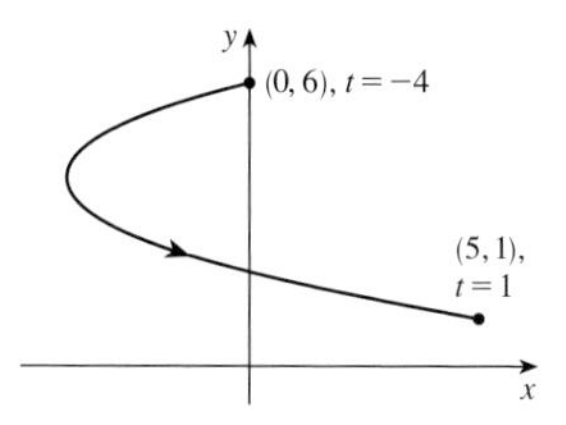

3. $y = 1/x$

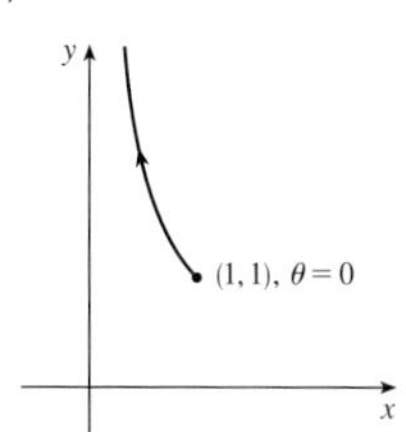

5. $x = t, y = \sqrt{t}$; $x = t^4, y = t^2$; $x = \tan^2 t, y = \tan t, 0 \leqslant t < \pi/2$

7. (a) $\left(4, \frac{2\pi}{3}\right)$, $\frac{2\pi}{3}$, O

$\left(-2, 2\sqrt{3}\right)$

(b) $\left(3\sqrt{2}, 3\pi/4\right)$, $\left(-3\sqrt{2}, 7\pi/4\right)$

9.

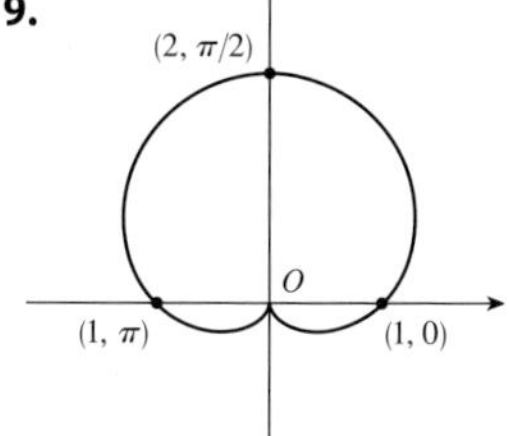

11.

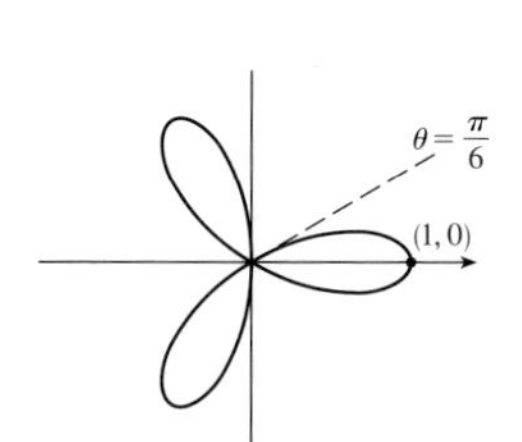

13.

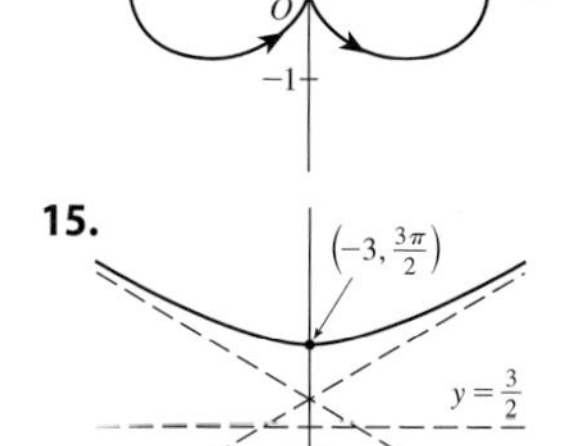

15. $\left(-3, \frac{3\pi}{2}\right)$, $y = \frac{3}{2}$, O, $\left(1, \frac{\pi}{2}\right)$

17. $r = \dfrac{2}{\cos\theta + \sin\theta}$

19. $r = \dfrac{\sin\theta}{\theta}$ (0.75, −0.3, 1.2, −0.75)

21. 2　**23.** −1

25. $\dfrac{1 + \sin t}{1 + \cos t}, \dfrac{1 + \cos t + \sin t}{(1 + \cos t)^3}$　**27.** $\left(\frac{11}{8}, \frac{3}{4}\right)$

29. 点 $\left(\frac{3}{2}a, \pm\frac{1}{2}\sqrt{3}\,a\right), (-3a, 0)$

で垂直接線

点 $(a, 0), \left(-\frac{1}{2}a, \pm\frac{3}{2}\sqrt{3}\,a\right)$

で水平接線

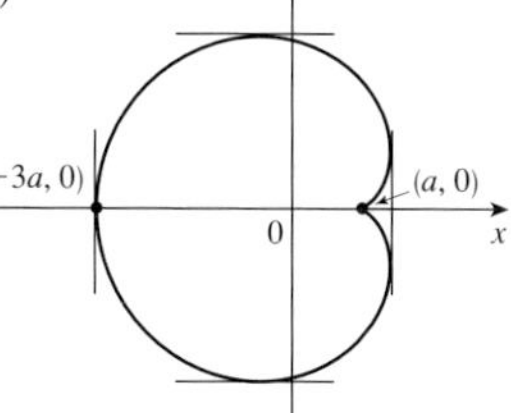

31. 18　**33.** $(2, \pm\pi/3)$　**35.** $\frac{1}{2}(\pi - 1)$

37. $2\left(5\sqrt{5} - 1\right)$

39. $\dfrac{2\sqrt{\pi^2 + 1} - \sqrt{4\pi^2 + 1}}{2\pi} + \log\left(\dfrac{2\pi + \sqrt{4\pi^2 + 1}}{\pi + \sqrt{\pi^2 + 1}}\right)$

41. $471{,}295\pi/1024$

43. すべての場合において垂直漸近線 $x = 1$ が存在する. $c<-1$ では右側に膨らんだ曲線, $c=-1$ で直線 $x=1$, $-1<c<1$ では左側に膨らんだ曲線, $c=0$ で点 $(0, 0)$ に尖点が生じ, $c>0$ でループが現れる.

45. $(\pm 1, 0), (\pm 3, 0)$

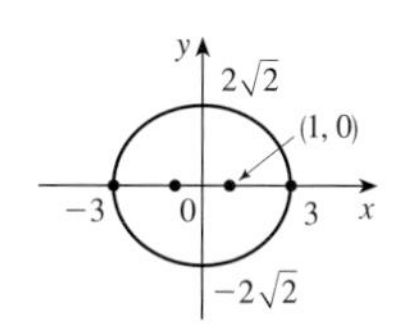

47. $\left(-\frac{25}{24}, 3\right), (-1, 3)$

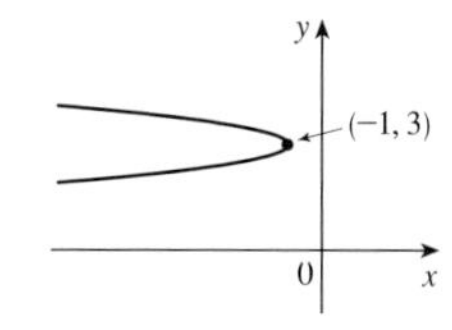

49. $\dfrac{x^2}{25} + \dfrac{y^2}{9} = 1$　**51.** $\dfrac{y^2}{72/5} - \dfrac{x^2}{8/5} = 1$

53. $\dfrac{x^2}{25} + \dfrac{(8y - 399)^2}{160{,}801} = 1$　**55.** $r = \dfrac{4}{3 + \cos\theta}$

57. $x = a(\cot\theta + \sin\theta\cos\theta), y = a(1 + \sin^2\theta)$

追加問題

1. $\log(\pi/2)$　**3.** $\left[-\frac{3}{4}\sqrt{3}, \frac{3}{4}\sqrt{3}\right] \times [-1, 2]$

第6章

6・1

1. (a) 数列とは，一定の順序で並ぶ数の列である．自然数の集合を定義域とする関数として定義することもできる．
(b) n が大きくなるに従って，項 a_n は8に近づく．
(c) n が大きくなるに従って，項 a_n も大きくなる．
3. $\frac{2}{3}, \frac{4}{5}, \frac{8}{7}, \frac{16}{9}, \frac{32}{11}$　**5.** $\frac{1}{5}, -\frac{1}{25}, \frac{1}{125}, -\frac{1}{625}, \frac{1}{3125}$
7. $\frac{1}{2}, \frac{1}{6}, \frac{1}{24}, \frac{1}{120}, \frac{1}{720}$　**9.** 1, 2, 7, 32, 157
11. $2, \frac{2}{3}, \frac{2}{5}, \frac{2}{7}, \frac{2}{9}$　**13.** $a_n = 1/(2n)$
15. $a_n = -3\left(-\frac{2}{3}\right)^{n-1}$　**17.** $a_n = (-1)^{n+1}\dfrac{n^2}{n+1}$
19. 0.4286, 0.4615, 0.4737, 0.4800, 0.4839, 0.4865, 0.4884, 0.4898, 0.4909, 0.4918；
極限が存在する；$\frac{1}{2}$
21. 0.5000, 1.2500, 0.8750, 1.0625, 0.9688, 1.0156, 0.9922, 1.0039, 0.9980, 1.0010；
極限が存在する；1
23. 5　**25.** 発散　**27.** 0　**29.** 1　**31.** 2
33. 発散　**35.** 0　**37.** 0　**39.** 発散　**41.** 0
43. 0　**45.** 1　**47.** e^2　**49.** $\log 2$　**51.** $\pi/2$
53. 発散　**55.** 発散　**57.** 発散　**59.** $\pi/4$
61. 発散　**63.** 0
65. (a) 1060, 1123.60, 1191.02, 1262.48, 1338.23
(b) 発散
67. (b) 5734　**69.** $-1 < r < 1$
71. この数列は単調数列定理より収束するから；
$5 \leqq L < 8$
73. 減少数列；有界数列である
75. 単調数列ではない；有界数列ではない
77. 増加数列；有界数列である
79. 2　**81.** $\frac{1}{2}\left(3+\sqrt{5}\right)$　**83.** (b) $\frac{1}{2}\left(1+\sqrt{5}\right)$
85. (a) 0　(b) 9, 11

6・2

1. (a) 数列は一定の順序で並ぶ数の列であり，級数は数の列の和である．
(b) 部分和数列が収束数列ならば級数は収束する．部分和数列が収束しないならば級数は発散する．
3. 2
5. 0.5, 0.55, 0.5611, 0.5648, 0.5663, 0.5671, 0.5675, 0.5677；収束する
7. 1, 1.7937, 2.4871, 3.1170, 3.7018, 4.2521, 4.7749, 5.2749；発散する
9. −2.40000, −1.92000, −2.01600, −1.99680, −2.00064, −1.99987, −2.00003, −1.99999, −2.00000, −2.00000；
収束する，級数の和 = −2

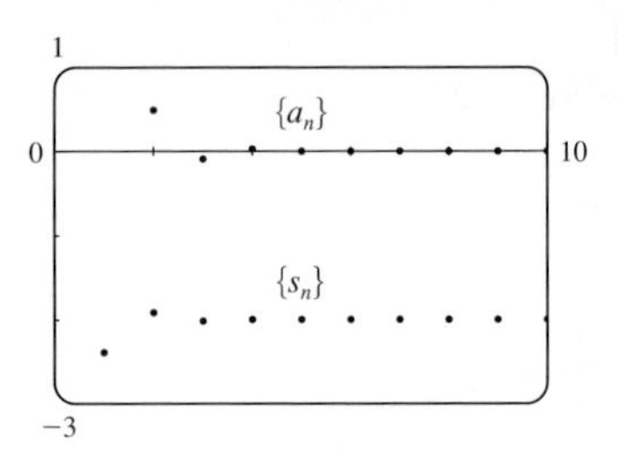

11. 0.44721, 1.15432, 1.98637, 2.88080, 3.80927, 4.75796, 5.71948, 6.68962, 7.66581, 8.64639；発散する

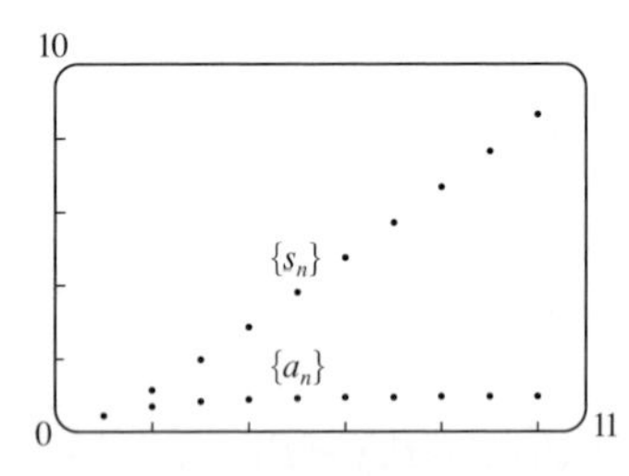

13. 1.00000, 1.33333, 1.50000, 1.60000, 1.66667, 1.71429, 1.75000, 1.77778, 1.80000, 1.81818；
収束する，級数の和 = 2

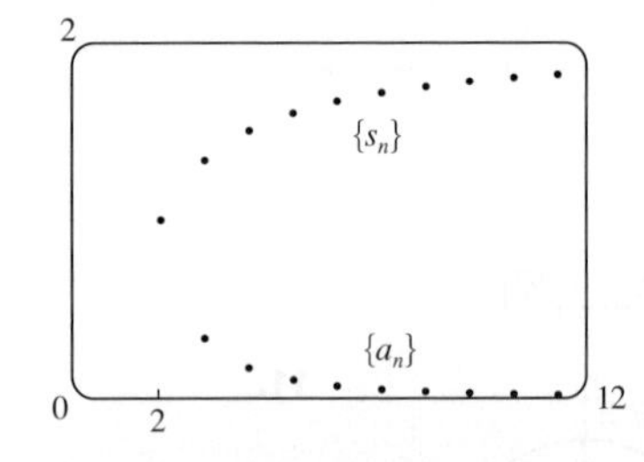

15. (a) 収束する　(b) 収束しない　**17.** 発散
19. $\frac{25}{3}$　**21.** $\frac{400}{9}$　**23.** $\frac{1}{7}$　**25.** 発散　**27.** 発散
29. 発散　**31.** 9　**33.** 発散　**35.** $\dfrac{\sin 100}{1-\sin 100}$
37. 発散　**39.** 発散　**41.** $e/(e-1)$　**43.** $\frac{3}{2}$
45. $\frac{11}{6}$　**47.** $e-1$
49. (b) 1　(c) 2　(d) 有限の10進法表示で表される，0を除くすべての有理数
51. $\frac{8}{9}$　**53.** $\frac{838}{333}$　**55.** 45,679/37,000
57. $-\dfrac{1}{5} < x < \dfrac{1}{5}; \dfrac{-5x}{1+5x}$
59. $-1 < x < 5; \dfrac{3}{5-x}$
61. $x > 2$ あるいは $x < -2; \dfrac{x}{x-2}$
63. $x < 0; \dfrac{1}{1-e^x}$　**65.** 1
67. $a_1 = 0, a_n = \dfrac{2}{n(n+1)}$ $(n > 1)$，級数の和 = 1
69. (a) 120 mg；124 mg　(b) $Q_{n+1} = 100 + 0.20Q_n$
(c) 125 mg

71. (a) 157.875 mg; $\frac{3000}{19}(1-0.05^n)$　(b) 157.895 mg

73. (a) $S_n = \dfrac{D(1-c^n)}{1-c}$　(b) 5　**75.** $\frac{1}{2}(\sqrt{3}-1)$

79. $\dfrac{1}{n(n+1)}$　**81.** 級数が発散すること．

87. $\{s_n\}$ は有界増加数列であるから．

89. (a) $0, \frac{1}{9}, \frac{2}{9}, \frac{1}{3}, \frac{2}{3}, \frac{7}{9}, \frac{8}{9}, 1$

91. (a) $\frac{1}{2}, \frac{5}{6}, \frac{23}{24}, \frac{119}{120}$; $\dfrac{(n+1)!-1}{(n+1)!}$　(c) 1

6・3

1. 収束

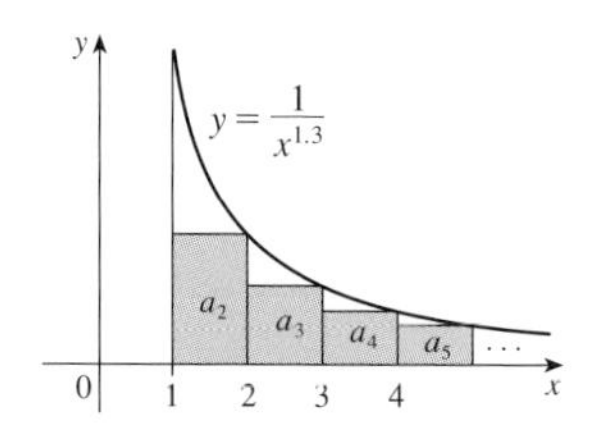

3. 収束　**5.** 発散　**7.** 発散　**9.** 収束　**11.** 収束
13. 発散　**15.** 収束　**17.** 収束　**19.** 発散
21. 発散　**23.** 収束　**25.** 収束
27. f が正でも減少関数でもないから．　**29.** $p>1$
31. $p<-1$　**33.** $(1, \infty)$
35. (a) $\frac{9}{10}\pi^4$　(b) $\frac{1}{90}\pi^4 - \frac{17}{16}$
37. (a) 1.54977，誤差 $\leqslant 0.1$
(b) 1.64522，誤差 $\leqslant 0.005$
(c) 1.64522 対 正確な値 1.64493　(d) $n>1000$
39. 0.00145　**45.** $b<1/e$

6・4

1. (a) 何も言えない　(b) 収束する　**3.** 収束
5. 発散　**7.** 収束　**9.** 発散　**11.** 収束　**13.** 収束
15. 発散　**17.** 発散　**19.** 収束　**21.** 発散
23. 収束　**25.** 発散　**27.** 収束　**29.** 収束
31. 発散　**33.** 0.1993，誤差 $<2.5\times10^{-5}$
35. 0.0739，誤差 $<6.4\times10^{-8}$　**45.** 成り立つ

6・5

1. (a) 項ごとに交互に符号が変わる級数
(b) $0<b_{n+1}\leqslant b_n$ かつ $\lim_{n\to\infty} b_n = 0$，ここで $b_n = |a_n|$
(c) $|R_n|\leqslant b_{n+1}$
3. 発散　**5.** 収束　**7.** 発散　**9.** 収束　**11.** 収束
13. 発散　**15.** 収束　**17.** 収束　**19.** 発散
21. -0.5507　**23.** 5　**25.** 5　**27.** -0.4597
29. -0.1050　**31.** 和よりも小さい
33. p は負の整数でなければどんな実数でもよい．
35. $\{b_n\}$ が減少数列ではないから．

6・6

1. (a) 発散　(b) 収束　(c) 収束または発散する
3. 条件収束　**5.** 絶対収束　**7.** 絶対収束　**9.** 発散
11. 絶対収束　**13.** 絶対収束　**15.** 発散
17. 絶対収束　**19.** 絶対収束　**21.** 絶対収束
23. 発散　**25.** 絶対収束　**27.** 絶対収束　**29.** 発散
31. 条件収束　**33.** 絶対収束　**35.** 発散
37. 絶対収束　**39.** 発散　**41.** 絶対収束
43. (a)と(d)
47. (a) $\frac{661}{960}\approx 0.68854$，誤差 <0.00521
(b) $n\geqslant 11$，0.693109
53. (b) $\displaystyle\sum_{n=2}^{\infty}\frac{(-1)^n}{n\log n}$; $\displaystyle\sum_{n=1}^{\infty}\frac{(-1)^{n-1}}{n}$

6・7

1. 発散　**3.** 条件収束　**5.** 発散　**7.** 発散
9. 収束　**11.** 収束　**13.** 収束　**15.** 収束
17. 収束　**19.** 収束　**21.** 発散　**23.** 発散
25. 収束　**27.** 収束　**29.** 収束　**31.** 発散
33. 収束　**35.** 発散　**37.** 収束

6・8

1. $\sum_{n=0}^{\infty} c_n(x-a)^n$ の形をした級数．ここで，x は変数，a と c_n は定数．
3. $1, (-1, 1)$　**5.** $1, [-1, 1)$　**7.** $\infty, (-\infty, \infty)$
9. $4, [-4, 4]$　**11.** $\frac{1}{4}, \left(-\frac{1}{4}, \frac{1}{4}\right]$　**13.** $2, [-2, 2)$
15. $1, [1, 3]$　**17.** $2, [-4, 0)$　**19.** $\infty, (-\infty, \infty)$
21. $b, (a-b, a+b)$　**23.** $0, \left\{\frac{1}{2}\right\}$
25. $\frac{1}{5}, \left[\frac{3}{5}, 1\right]$　**27.** $\infty, (-\infty, \infty)$
29. (a) 結論づけられる　(b) 結論づけられない
31. k^k　**33.** 不可能
35. (a) $(-\infty, \infty)$
(b)，(c)

37. $(-1, 1)$，$f(x) = (1+2x)/(1-x^2)$　**41.** 2

6・9

1. 10　**3.** $\displaystyle\sum_{n=0}^{\infty}(-1)^n x^n, (-1, 1)$

5. $2\displaystyle\sum_{n=0}^{\infty}\frac{1}{3^{n+1}}x^n, (-3, 3)$　**7.** $\displaystyle\sum_{n=0}^{\infty}\frac{(-1)^n x^{4n+2}}{2^{4n+4}}, (-2, 2)$

9. $-\dfrac{1}{2} - \displaystyle\sum_{n=1}^{\infty}\frac{(-1)^n 3x^n}{2^{n+1}}, (-2, 2)$

11. $\displaystyle\sum_{n=0}^{\infty}\left(-1-\frac{1}{3^{n+1}}\right)x^n, (-1, 1)$

13. (a) $\sum_{n=0}^{\infty}(-1)^n(n+1)x^n$, $R=1$

(b) $\frac{1}{2}\sum_{n=0}^{\infty}(-1)^n(n+2)(n+1)x^n$, $R=1$

(c) $\frac{1}{2}\sum_{n=2}^{\infty}(-1)^n n(n-1)x^n$, $R=1$

15. $\log 5-\sum_{n=1}^{\infty}\frac{x^n}{n5^n}$, $R=5$

17. $\sum_{n=0}^{\infty}(-1)^n 4^n(n+1)x^{n+1}$, $R=\frac{1}{4}$

19. $\sum_{n=0}^{\infty}(2n+1)x^n$, $R=1$

21. $\sum_{n=0}^{\infty}(-1)^n x^{2n+2}$, $R=1$

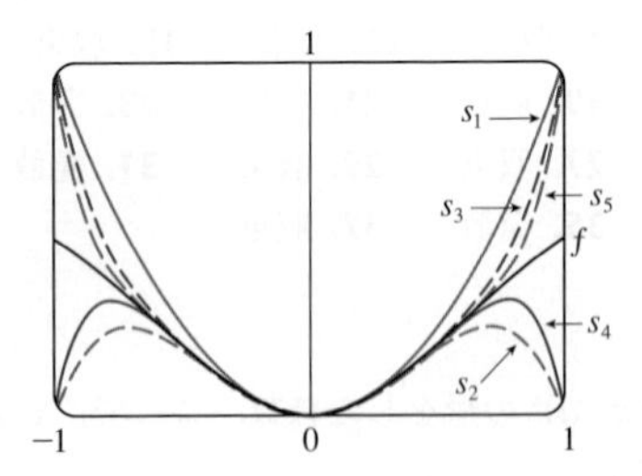

23. $\sum_{n=0}^{\infty}\frac{2x^{2n+1}}{2n+1}$, $R=1$

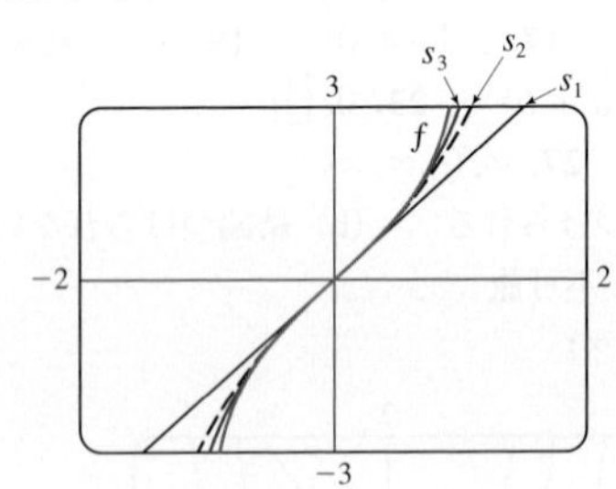

25. $C+\sum_{n=0}^{\infty}\frac{t^{8n+2}}{8n+2}$, $R=1$

27. $C+\sum_{n=1}^{\infty}(-1)^n\frac{x^{n+3}}{n(n+3)}$, $R=1$

29. 0.044522 **31.** 0.000395 **33.** 0.19740

35. (b) 0.920 **39.** $[-1,1]$, $[-1,1)$, $(-1,1)$

6・10

1. $b_8=f^{(8)}(5)/8!$ **3.** $\sum_{n=0}^{\infty}(n+1)x^n$, $R=1$

5. $x+x^2+\frac{1}{2}x^3+\frac{1}{6}x^4$

7. $2+\frac{1}{12}(x-8)-\frac{1}{288}(x-8)^2+\frac{5}{20{,}736}(x-8)^3$

9. $\frac{1}{2}+\frac{\sqrt{3}}{2}\left(x-\frac{\pi}{6}\right)-\frac{1}{4}\left(x-\frac{\pi}{6}\right)^2-\frac{\sqrt{3}}{12}\left(x-\frac{\pi}{6}\right)^3$

11. $\sum_{n=0}^{\infty}(n+1)x^n$, $R=1$ **13.** $\sum_{n=0}^{\infty}(-1)^n\frac{x^{2n}}{(2n)!}$, $R=\infty$

15. $\sum_{n=0}^{\infty}\frac{(\log 2)^n}{n!}x^n$, $R=\infty$ **17.** $\sum_{n=0}^{\infty}\frac{x^{2n+1}}{(2n+1)!}$, $R=\infty$

19. $50+105(x-2)+92(x-2)^2+42(x-2)^3+10(x-2)^4+(x-2)^5$, $R=\infty$

21. $\log 2+\sum_{n=1}^{\infty}(-1)^{n+1}\frac{1}{n2^n}(x-2)^n$, $R=2$

23. $\sum_{n=0}^{\infty}\frac{2^n e^6}{n!}(x-3)^n$, $R=\infty$

25. $\sum_{n=0}^{\infty}\frac{(-1)^{n+1}}{(2n+1)!}(x-\pi)^{2n+1}$, $R=\infty$

31. $1-\frac{1}{4}x-\sum_{n=2}^{\infty}\frac{3\cdot 7\cdot\cdots\cdot(4n-5)}{4^n\cdot n!}x^n$, $R=1$

33. $\sum_{n=0}^{\infty}(-1)^n\frac{(n+1)(n+2)}{2^{n+4}}x^n$, $R=2$

35. $\sum_{n=0}^{\infty}(-1)^n\frac{1}{2n+1}x^{4n+2}$, $R=1$

37. $\sum_{n=0}^{\infty}(-1)^n\frac{2^{2n}}{(2n)!}x^{2n+1}$, $R=\infty$

39. $\sum_{n=0}^{\infty}(-1)^n\frac{1}{2^{2n}(2n)!}x^{4n+1}$, $R=\infty$

41. $\frac{1}{2}x+\sum_{n=1}^{\infty}(-1)^n\frac{1\cdot 3\cdot 5\cdot\cdots\cdot(2n-1)}{n!\,2^{3n+1}}x^{2n+1}$, $R=2$

43. $\sum_{n=1}^{\infty}(-1)^{n+1}\frac{2^{2n-1}}{(2n)!}x^{2n}$, $R=\infty$

45. $\sum_{n=0}^{\infty}(-1)^n\frac{1}{(2n)!}x^{4n}$, $R=\infty$

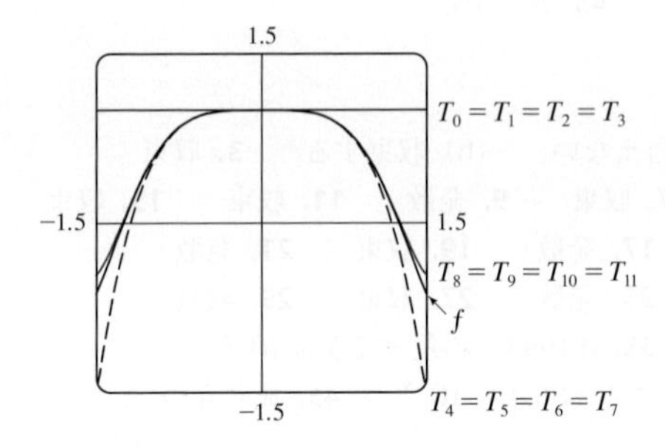

47. $\sum_{n=1}^{\infty}\frac{(-1)^{n-1}}{(n-1)!}x^n$, $R=\infty$

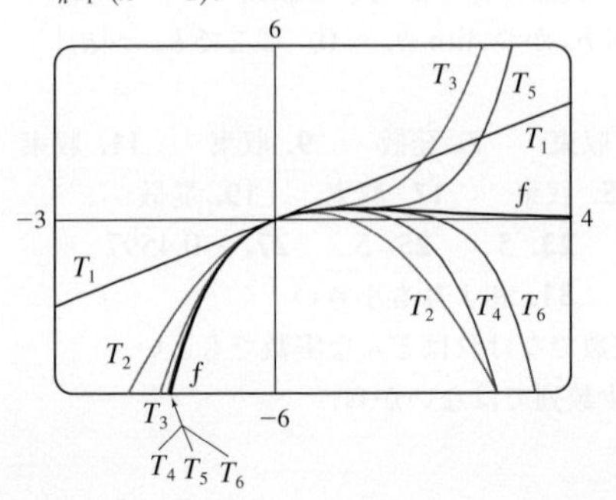

49. 0.99619

51. (a) $1 + \sum_{n=1}^{\infty} \frac{1 \cdot 3 \cdot 5 \cdot \cdots \cdot (2n-1)}{2^n n!} x^{2n}$

(b) $x + \sum_{n=1}^{\infty} \frac{1 \cdot 3 \cdot 5 \cdot \cdots \cdot (2n-1)}{(2n+1)2^n n!} x^{2n+1}$

53. $C + \sum_{n=0}^{\infty} \binom{\frac{1}{2}}{n} \frac{x^{3n+1}}{3n+1}, R = 1$

55. $C + \sum_{n=1}^{\infty} (-1)^n \frac{1}{2n(2n)!} x^{2n}, R = \infty$

57. 0.0059　**59.** 0.40102　**61.** $\frac{1}{2}$　**63.** $\frac{1}{120}$

65. $\frac{3}{5}$　**67.** $1 - \frac{3}{2}x^2 + \frac{25}{24}x^4$　**69.** $1 + \frac{1}{6}x^2 + \frac{7}{360}x^4$

71. $x - \frac{2}{3}x^4 + \frac{23}{45}x^6$　**73.** e^{-x^4}　**75.** $\log \frac{8}{5}$

77. $1/\sqrt{2}$　**79.** $e^3 - 1$

6・11

1. (a) $T_0(x) = 0, T_1(x) = T_2(x) = x,$
$T_3(x) = T_4(x) = x - \frac{1}{6}x^3, T_5(x) = x - \frac{1}{6}x^3 + \frac{1}{120}x^5$

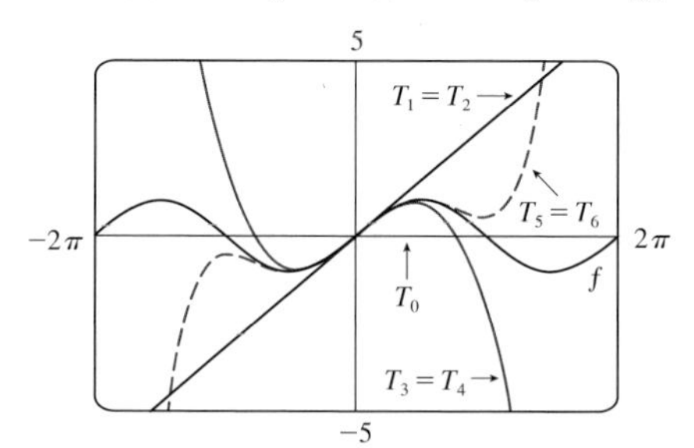

(b)

x	f	T_0	$T_1 = T_2$	$T_3 = T_4$	T_5
$\pi/4$	0.7071	0	0.7854	0.7047	0.7071
$\pi/2$	1	0	1.5708	0.9248	1.0045
π	0	0	3.1416	−2.0261	0.5240

(c) n が増加するに従って，$T_n(x)$ はより広い区間においてて $f(x)$ のよい近似となる．

3. $e + e(x-1) + \frac{1}{2}e(x-1)^2 + \frac{1}{6}e(x-1)^3$

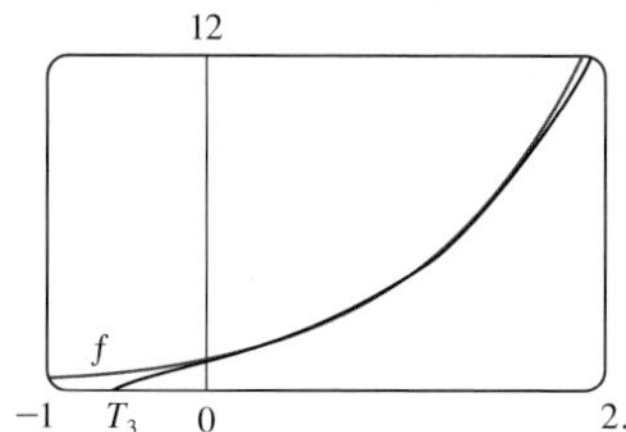

5. $-\left(x - \frac{\pi}{2}\right) + \frac{1}{6}\left(x - \frac{\pi}{2}\right)^3$

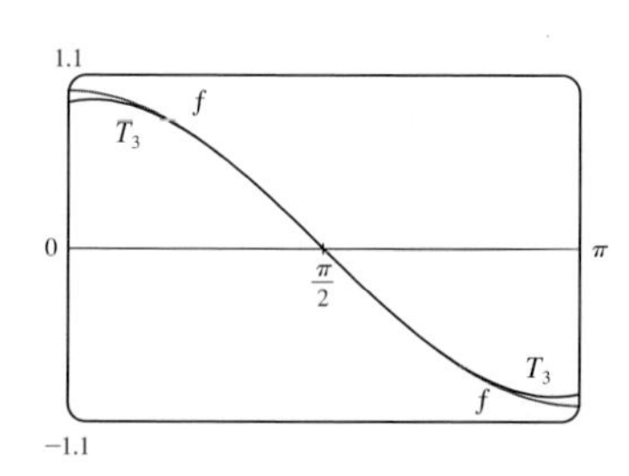

7. $(x-1) - \frac{1}{2}(x-1)^2 + \frac{1}{3}(x-1)^3$

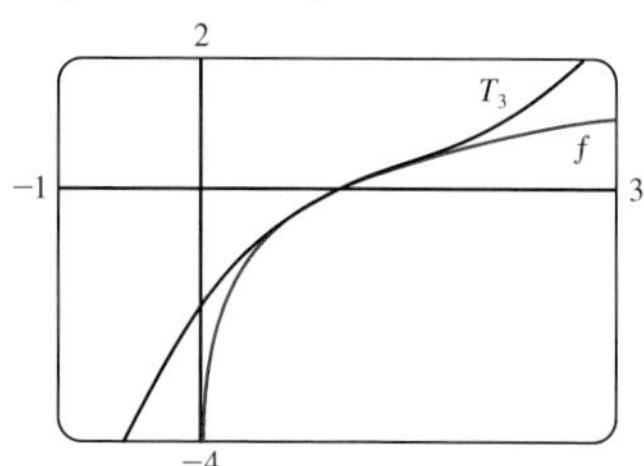

9. $x - 2x^2 + 2x^3$

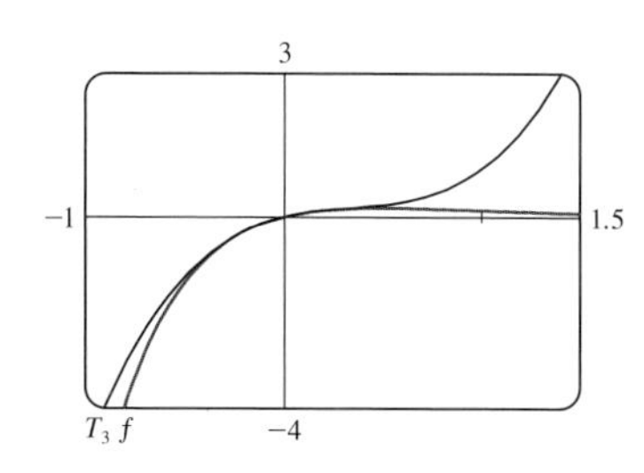

11. $T_5(x) = 1 - 2\left(x - \frac{\pi}{4}\right) + 2\left(x - \frac{\pi}{4}\right)^2 - \frac{8}{3}\left(x - \frac{\pi}{4}\right)^3 + \frac{10}{3}\left(x - \frac{\pi}{4}\right)^4 - \frac{64}{15}\left(x - \frac{\pi}{4}\right)^5$

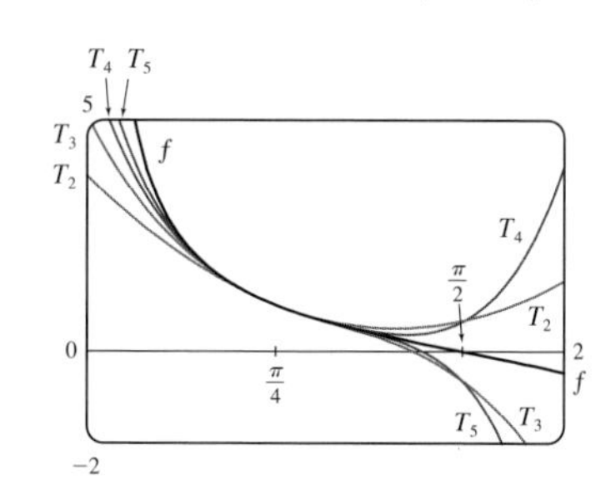

13. (a) $1 - (x-1) + (x-1)^2$　(b) 0.006 482 7

15. (a) $1 + \frac{2}{3}(x-1) - \frac{1}{9}(x-1)^2 + \frac{4}{81}(x-1)^3$
(b) 0.000 097

17. (a) $1 + \frac{1}{2}x^2$　(b) 0.0015

19. (a) $1 + x^2$　(b) 0.000 06

21. (a) $x^2 - \frac{1}{6}x^4$　(b) 0.042

23. 0.17365　**25.** 4　**27.** $-1.037 < x < 1.037$

29. $-0.86 < x < 0.86$　**31.** 21 m，妥当ではない

37. (c) 約 8×10^{-9} km の差がある．

章末問題

概念の理解の確認

1. (a) 収束数列 $\{a_n\}$ は $\lim_{n \to \infty} a_n$ が存在する数の列である．

(b) 級数 Σa_n は数列の和である．その部分和 $s_n = \sum_{i=1}^{n} a_n$ が有限の値に近づくならば，すなわち $\lim_{n \to \infty} s_n$ が実数として存在するならば，その級数は収束級数である．

(c) n が大きくなるに従って，数列 $\{a_n\}$ の項は 3 に近づく．

(d) 十分な項を足し合わせることによって，級数の部分和が3に近づく．

2. (a) すべての $n \geqq 1$ について $m \leqq a_n \leqq M$ となる m と M が存在するならば，数列 $\{a_n\}$ は有界数列である．

(b) すべての $n \geqq 1$ について，数列 $\{a_n\}$ が増加数列あるいは減少数列であるならば，単調数列である．

(c) 任意の有界単調数列は収束する．

3. (a) 等比級数は

$$\sum_{n=1}^{\infty} ar^{n-1} = a + ar + ar^2 + \cdots$$

の形の級数である．$|r| < 1$ ならば収束し，級数の和は $\dfrac{a}{1-r}$ である．

(b) p-級数は $\displaystyle\sum_{n=1}^{\infty} \frac{1}{n^p}$ の形の級数である．$p > 1$ ならば収束する．

4. $\Sigma a_n = 3$ ならば $\lim_{n\to\infty} a_n = 0$ であり，$\lim_{n\to\infty} s_n = 3$ である．

5. (a) $\lim_{n\to\infty} a_n = 0$ が存在しないか，または，$\lim_{n\to\infty} a_n \neq 0$ であるならば，級数 $\displaystyle\sum_{n=1}^{\infty} a_n$ は発散する．

(b) f を区間 $[1, \infty)$ において連続で正の減少関数とし，$a_n = f(n)$ とする．

- $\displaystyle\int_1^{\infty} f(x)\,dx$ が収束するならば，$\displaystyle\sum_{n=1}^{\infty} a_n$ も収束する．
- $\displaystyle\int_1^{\infty} f(x)\,dx$ が発散するならば，$\displaystyle\sum_{n=1}^{\infty} a_n$ も発散する．

(c) Σa_n と Σb_n を正の項からなる級数とする．

- Σb_n が収束し，すべての n について $a_n \leqq b_n$ であるならば，Σa_n も収束する．
- Σb_n が発散し，すべての n について $a_n \geqq b_n$ であるならば，Σa_n も発散する．

(d) Σa_n と Σb_n を正の項からなる級数とする．$\lim_{n\to\infty} a_n/b_n = c$（ただし，$c$ は有限の数で $c > 0$）とするならば，級数は共に収束するか，あるいは共に発散する．

(e) 交代級数

$$\sum_{n=1}^{\infty} (-1)^{n-1} b_n = b_1 - b_2 + b_3 - b_4 + b_5 - b_6 + \cdots$$

（ただし，$b_n > 0$）が (i) すべての n について $b_{n+1} \leqq b_n$，かつ (ii) $\lim_{n\to\infty} b_n = 0$ を満たすならば，この級数は収束する．

(f)

- $\displaystyle\lim_{n\to\infty}\left|\frac{a_{n+1}}{a_n}\right| = L < 1$ ならば，級数 $\displaystyle\sum_{n=1}^{\infty} a_n$ は絶対収束する（ということは，収束もする）．
- $\displaystyle\lim_{n\to\infty}\left|\frac{a_{n+1}}{a_n}\right| = L > 1$ あるいは $\displaystyle\lim_{n\to\infty}\left|\frac{a_{n+1}}{a_n}\right| = \infty$ ならば，級数 $\displaystyle\sum_{n=1}^{\infty} a_n$ は発散する．
- $\displaystyle\lim_{n\to\infty}\left|\frac{a_{n+1}}{a_n}\right| = 1$ ならば，比判定法では判定できない．

(g)

- $\lim_{n\to\infty} \sqrt[n]{|a_n|} = L < 1$ ならば，級数 $\displaystyle\sum_{n=1}^{\infty} a_n$ は絶対収束する（ということは，収束もする）．
- $\lim_{n\to\infty} \sqrt[n]{|a_n|} = L > 1$ あるいは $\lim_{n\to\infty} \sqrt[n]{|a_n|} = \infty$ ならば，級数 $\displaystyle\sum_{n=1}^{\infty} a_n$ は発散する．
- $\lim_{n\to\infty} \sqrt[n]{|a_n|} = 1$ ならば，ベキ根判定法では判定できない．

6. (a) 絶対値級数 $\Sigma |a_n|$ が収束するとき，級数 Σa_n は絶対収束するという．

(b) 級数 Σa_n が絶対収束するならば，その級数は収束する．

(c) 級数 Σa_n が収束するが絶対収束しないとき，その級数は条件収束するという．

7. (a) 次の不等式によって評価される．

$$s_n + \int_{n+1}^{\infty} f(x)\,dx \leqq s \leqq s_n + \int_n^{\infty} f(x)\,dx$$

ここで，s_n は第 n 項までの部分和である．

(b) まず，比較する級数の剰余項の評価を求める．これは与えられた級数に関する剰余項の上界を与える（§ 6･4 例5）．

(c) 交代級数の部分和 s_n を完全和の近似として用いることができる．誤差の大きさは，無視された最初の項の絶対値 $|a_n + 1|$ よりも小さい．

8. (a) a を中心とするベキ級数は

$$\sum_{n=0}^{\infty} c_n (x-a)^n$$

(b) 与えられたベキ級数が $\displaystyle\sum_{n=0}^{\infty} c_n (x-a)^n$ の場合，収束半径は

(i) $x = a$ のときにのみ級数が収束するならば，0

(ii) 任意の x について級数が収束するならば，∞

(iii) ある正数 R が存在して，$|x-a| < R$ ならば級数は収束し，$|x-a| > R$ ならば発散する場合は，R

(c) ベキ級数の収束区間とは，級数が収束するすべての x 値からなる区間．(b) の場合の収束区間は，(i) 1点からなる $\{a\}$，(ii) $(-\infty, \infty)$，(iii) 端点 $x = a - R$，$x = a + R$ を，両方含む，あるいは両方含まない，または一方の端点のみを含む四つの区間

9. (a) $f(x) = \displaystyle\sum_{n=0}^{\infty} c_n (x-a)^n$ ならば $f'(x) = \displaystyle\sum_{n=1}^{\infty} n c_n (x-a)^{n-1}$ であり，収束半径は R

(b) $\displaystyle\int f(x)\,dx = C + \sum_{n=0}^{\infty} c_n \frac{(x-a)^{n+1}}{n+1}$，収束半径は R

10. (a)

$$T_n(x) = \sum_{i=0}^{n} \frac{f^{(i)}(a)}{i!}(x-a)^i$$

(b) $\displaystyle\sum_{n=0}^{\infty} \frac{f^{(n)}(a)}{n!}(x-a)^n$

(c) $\displaystyle\sum_{n=0}^{\infty}\frac{f^{(n)}(0)}{n!}x^n$　((b)に$a=0$を代入)

(d) $T_n(x)$をfの第n次Taylor多項式，$R_n(x)$をTaylor級数の剰余項として，$f(x)=T_n(x)+R_n(x)$とするならば，

$$\lim_{n\to\infty}R_n(x)=0$$

を示す必要がある．

(e) $|x-a|\leqslant d$について$|f^{(n+1)}(x)|\leqslant M$ならば，Taylor級数の余剰項$R_n(x)$は次の不等式を満たす．

$|x-a|\leqslant d$について　$\displaystyle |R_n(x)|\leqslant\frac{M}{(n+1)!}|x-a|^{n+1}$

11. (a) $\displaystyle\frac{1}{1-x}=\sum_{n=0}^{\infty}x^n,\quad R=1$

(b) $\displaystyle e^x=\sum_{n=0}^{\infty}\frac{x^n}{n!},\quad R=\infty$

(c) $\displaystyle\sin x=\sum_{n=0}^{\infty}(-1)^n\frac{x^{2n+1}}{(2n+1)!},\quad R=\infty$

(d) $\displaystyle\cos x=\sum_{n=0}^{\infty}(-1)^n\frac{x^{2n}}{(2n)!},\quad R=\infty$

(e) $\displaystyle\tan^{-1}x=\sum_{n=0}^{\infty}(-1)^n\frac{x^{2n+1}}{2n+1},\quad R=1$

(f) $\displaystyle\log(1+x)=\sum_{n=1}^{\infty}(-1)^{n-1}\frac{x^n}{n},\quad R=1$

12. kが任意の実数で，$|x|<1$とするとき，

$$(1+x)^k=\sum_{n=0}^{\infty}\binom{k}{n}x^n$$

$$=1+kx+\frac{k(k-1)}{2!}x^2+\frac{k(k-1)(k-2)}{3!}x^3+\cdots$$

である．2項級数の収束半径は1である．

○×テスト

1. ×　**3.** ○　**5.** ×　**7.** ×　**9.** ×　**11.** ○
13. ○　**15.** ×　**17.** ○　**19.** ○　**21.** ○

練習問題

1. $\frac{1}{2}$　**3.** 発散　**5.** 0　**7.** e^{12}　**9.** 2　**11.** 収束
13. 収束　**15.** 発散　**17.** 収束　**19.** 収束
21. 収束　**23.** 条件収束　**25.** 絶対収束　**27.** $\frac{1}{11}$
29. $\pi/4$　**31.** e^{-e}　**35.** 0.9721
37. 0.189 762 24，誤差 $<6.4\times10^{-7}$
41. 4, $[-6, 2)$　**43.** 0.5, $[2.5, 3.5)$

45. $\displaystyle\frac{1}{2}\sum_{n=0}^{\infty}(-1)^n\left(\frac{1}{(2n)!}\left(x-\frac{\pi}{6}\right)^{2n}+\frac{\sqrt{3}}{(2n+1)!}\left(x-\frac{\pi}{6}\right)^{2n+1}\right)$

47. $\displaystyle\sum_{n=0}^{\infty}(-1)^n x^{n+2},\ R=1$　**49.** $\displaystyle\log 4-\sum_{n=1}^{\infty}\frac{x^n}{n4^n},\ R=4$

51. $\displaystyle\sum_{n=0}^{\infty}(-1)^n\frac{x^{8n+4}}{(2n+1)!},\ R=\infty$

53. $\displaystyle\frac{1}{2}+\sum_{n=1}^{\infty}\frac{1\cdot5\cdot9\cdot\cdots\cdot(4n-3)}{n!\,2^{6n+1}}x^n,\ R=16$

55. $\displaystyle C+\log|x|+\sum_{n=1}^{\infty}\frac{x^n}{n\cdot n!}$

57. (a) $1+\frac{1}{2}(x-1)-\frac{1}{8}(x-1)^2+\frac{1}{16}(x-1)^3$

(b)

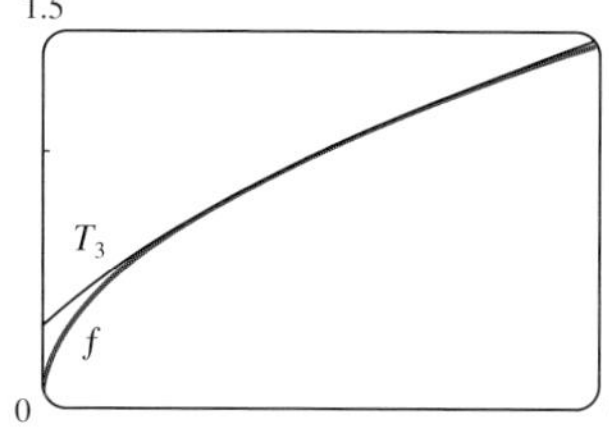

(c) 0.000 006

59. $-\frac{1}{6}$

追加問題

1. $15!/5!=10{,}897{,}286{,}400$

3. (b) $x=0$であるならば0，$x\neq k\pi$（ただしkは整数）であるならば$(1/x)-\cot x$

5. (a) $s_n=3\cdot4^n$，$l_n=1/3^n$，$p_n=4^n/3^{n-1}$　(c) $\frac{2}{5}\sqrt{3}$

9. $\dfrac{3\pi}{4}$　**11.** $(-1, 1)$, $\dfrac{x^3+4x^2+x}{(1-x)^4}$　**13.** $\log\frac{1}{2}$

17. (a) $\frac{250}{101}\pi(e^{-(n-1)\pi/5}-e^{-n\pi/5})$　(b) $\frac{250}{101}\pi$

19. $\dfrac{\pi}{2\sqrt{3}}-1$

21. $-\left(\dfrac{\pi}{2}-\pi k\right)^2$，ここで$k$は自然数

付　録

A

1. $(x-3)^2+(y+1)^2=25$　**3.** $x^2+y^2=65$
5. $(2, -5), 4$　**7.** $\left(-\frac{1}{2}, 0\right), \frac{1}{2}$　**9.** $\left(\frac{1}{4}, -\frac{1}{4}\right), \sqrt{10}/4$

11. 放物線

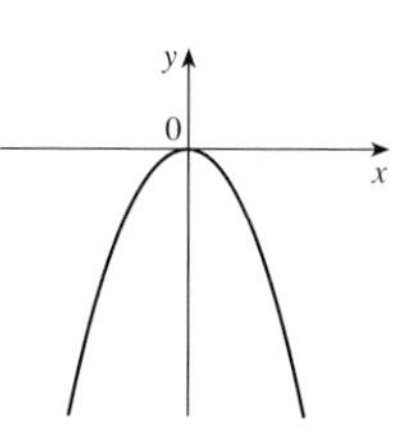

13. だ円

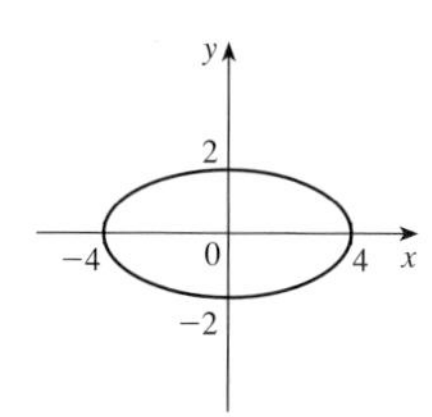

15. 双曲線

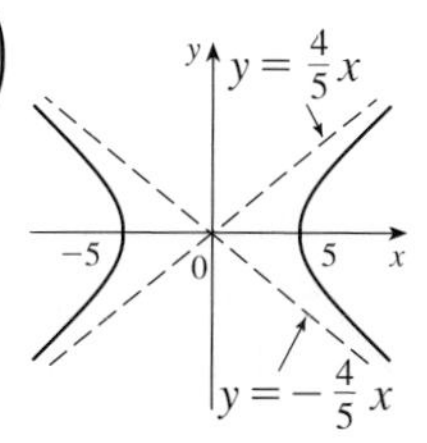

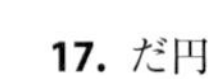
17. だ円

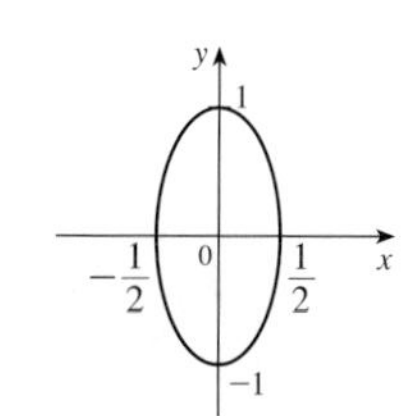

19. 放物線

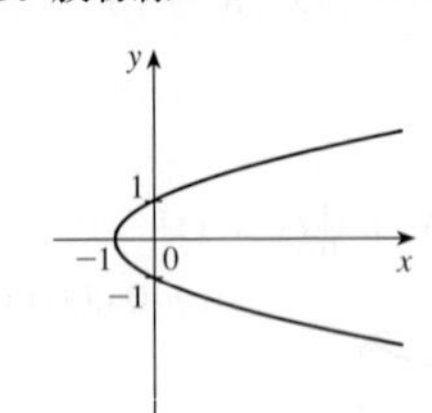

21. 双曲線

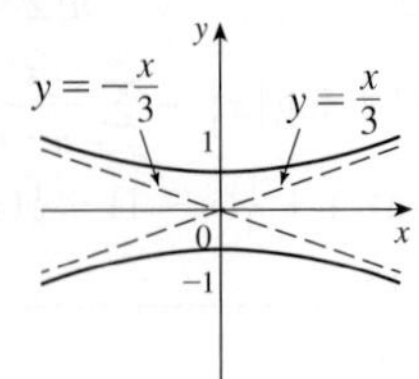

23. 双曲線

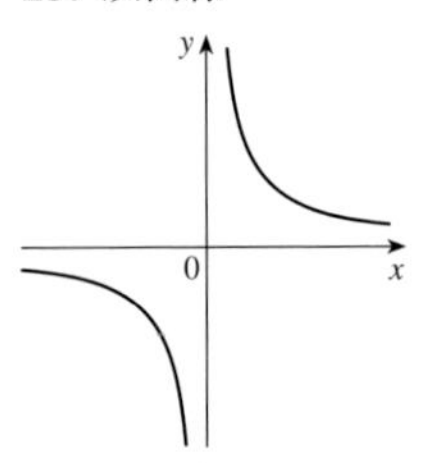

25. だ円

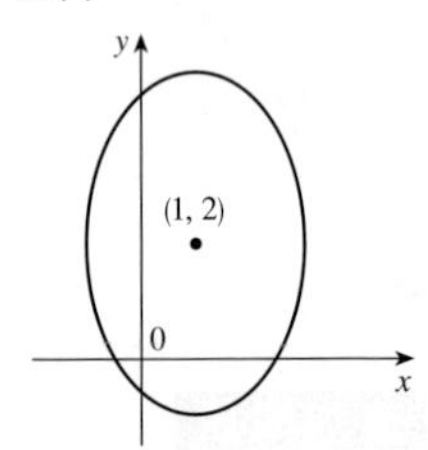

27. 放物線

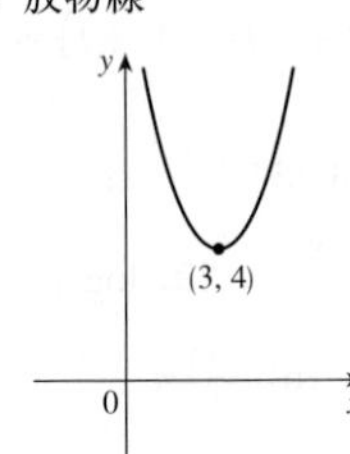

29. 放物線

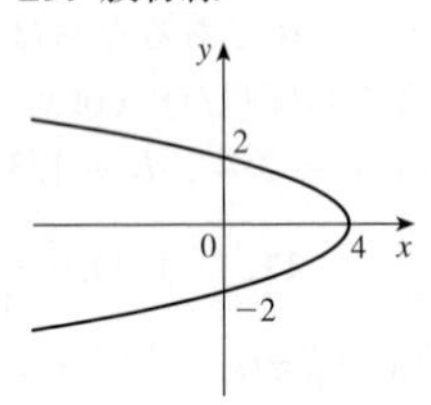

31. だ円

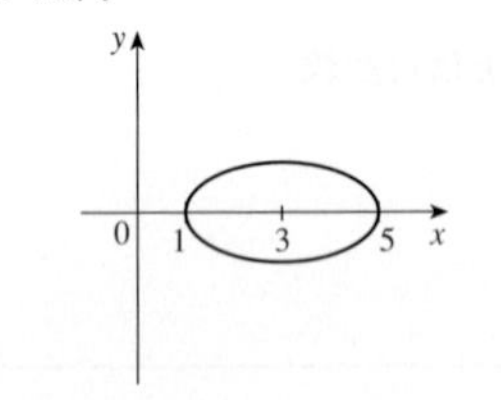

33.

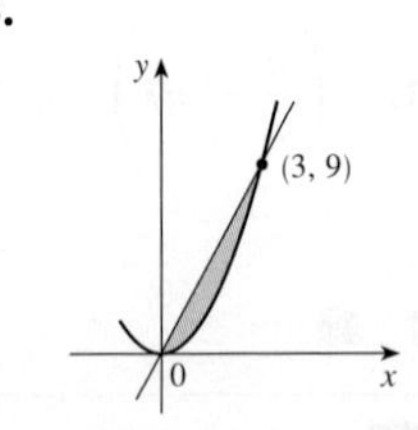

35. $y = x^2 - 2x$

37.

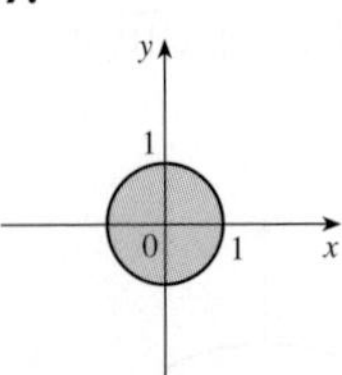

39.

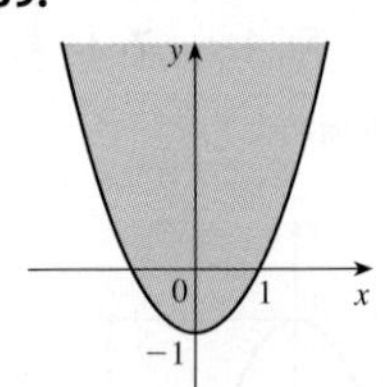

B

1. $7\pi/6$　**3.** $\pi/20$　**5.** 5π　**7.** $720°$　**9.** $75°$

11. $-67.5°$　**13.** 3π cm　**15.** $\frac{2}{3}$ rad $= (120/\pi)°$

17.

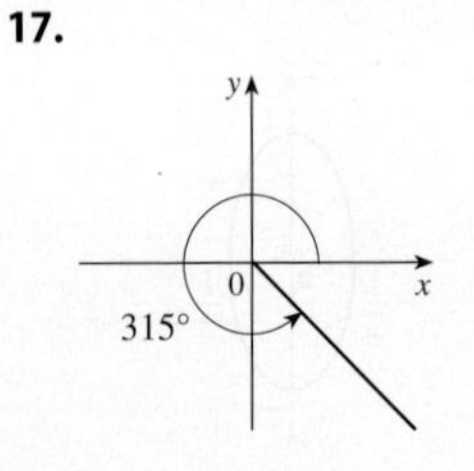

19.

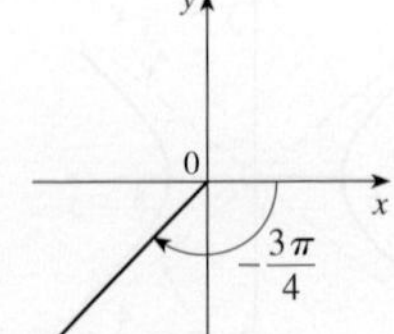

21.

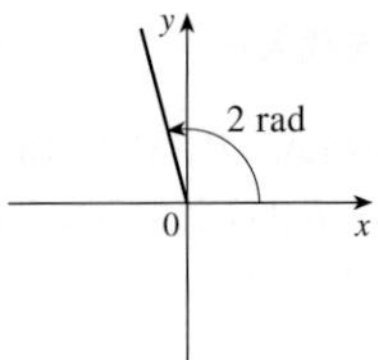

23. $\sin(3\pi/4) = 1/\sqrt{2}$, $\cos(3\pi/4) = -1/\sqrt{2}$, $\tan(3\pi/4) = -1$, $\csc(3\pi/4) = \sqrt{2}$, $\sec(3\pi/4) = -\sqrt{2}$, $\cot(3\pi/4) = -1$

25. $\sin(9\pi/2) = 1$, $\cos(9\pi/2) = 0$, $\csc(9\pi/2) = 1$, $\cot(9\pi/2) = 0$, $\tan(9\pi/2)$ と $\sec(9\pi/2)$ は定義されていない

27. $\sin(5\pi/6) = \frac{1}{2}$, $\cos(5\pi/6) = -\sqrt{3}/2$, $\tan(5\pi/6) = -1/\sqrt{3}$, $\csc(5\pi/6) = 2$, $\sec(5\pi/6) = -2/\sqrt{3}$, $\cot(5\pi/6) = -\sqrt{3}$

29. $\cos\theta = \frac{4}{5}$, $\tan\theta = \frac{3}{4}$, $\csc\theta = \frac{5}{3}$, $\sec\theta = \frac{5}{4}$, $\cot\theta = \frac{4}{3}$

31. $\sin\phi = \sqrt{5}/3$, $\cos\phi = -\frac{2}{3}$, $\tan\phi = -\sqrt{5}/2$, $\csc\phi = 3/\sqrt{5}$, $\cot\phi = -2/\sqrt{5}$

33. $\sin\beta = -1/\sqrt{10}$, $\cos\beta = -3/\sqrt{10}$, $\tan\beta = \frac{1}{3}$, $\csc\beta = -\sqrt{10}$, $\sec\beta = -\sqrt{10}/3$

35. 5.73576 cm　**37.** 24.62147 cm

59. $\frac{1}{15}(4 + 6\sqrt{2})$　**61.** $\frac{1}{15}(3 + 8\sqrt{2})$　**63.** $\frac{24}{25}$

65. $\pi/3, 5\pi/3$　**67.** $\pi/4, 3\pi/4, 5\pi/4, 7\pi/4$

69. $\pi/6, \pi/2, 5\pi/6, 3\pi/2$　**71.** $0, \pi, 2\pi$

73. $0 \leqslant x \leqslant \pi/6$, $5\pi/6 \leqslant x \leqslant 2\pi$

75. $0 \leqslant x < \pi/4$, $3\pi/4 < x < 5\pi/4$, $7\pi/4 < x \leqslant 2\pi$

77.

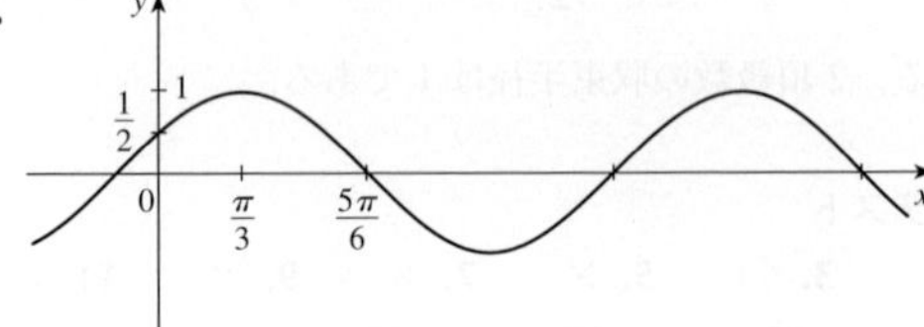

79.

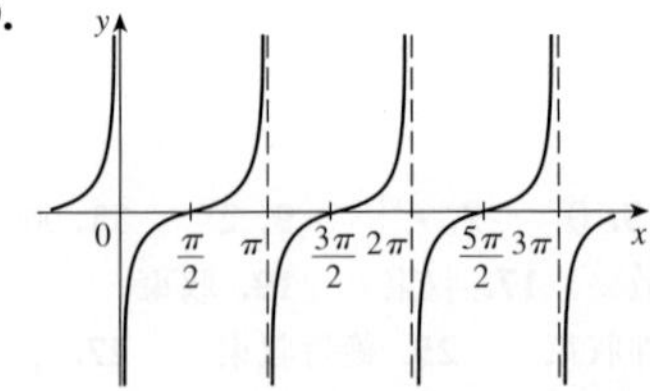

81.

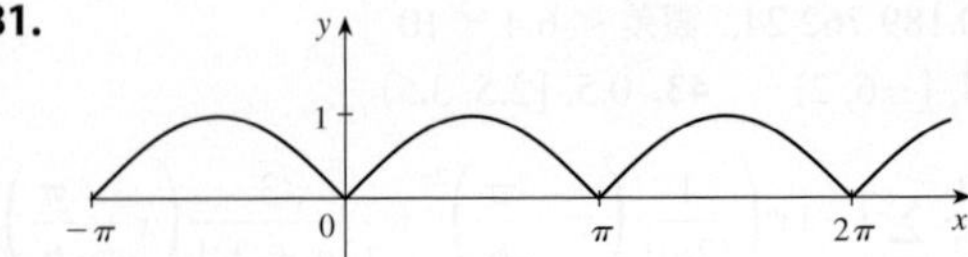

89. 14.34457 cm^2

C

1. $8 - 4i$　**3.** $13 + 18i$　**5.** $12 - 7i$　**7.** $\frac{11}{13} + \frac{10}{13}i$

9. $\frac{1}{2} - \frac{1}{2}i$ **11.** $-i$ **13.** $5i$ **15.** $12 + 5i, 13$
17. $4i, 4$ **19.** $\pm\frac{3}{2}i$ **21.** $-1 \pm 2i$
23. $-\frac{1}{2} \pm \left(\sqrt{7}/2\right)i$ **25.** $3\sqrt{2}(\cos(3\pi/4) + i\sin(3\pi/4))$
27. $5\left\{\cos\left(\tan^{-1}\left(\frac{4}{3}\right)\right) + i\sin\left(\tan^{-1}\left(\frac{4}{3}\right)\right)\right\}$
29. $4(\cos(\pi/2) + i\sin(\pi/2)), \cos(-\pi/6) + i\sin(-\pi/6),$
$\frac{1}{2}(\cos(-\pi/6) + i\sin(-\pi/6))$
31. $4\sqrt{2}\left(\cos(7\pi/12) + i\sin(7\pi/12)\right),$
$\left(2\sqrt{2}\right)\left(\cos(13\pi/12) + i\sin(13\pi/12)\right),$
$\frac{1}{4}\left(\cos(\pi/6) + i\sin(\pi/6)\right)$
33. -1024 **35.** $-512\sqrt{3} + 512i$

37. $\pm 1, \pm i, \left(1/\sqrt{2}\right)(\pm 1 \pm i)$ **39.** $\pm(\sqrt{3}/2) + \frac{1}{2}i, -i$

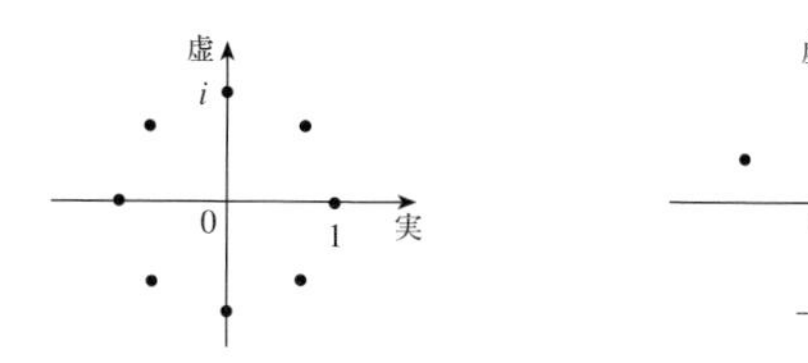

41. i **43.** $\frac{1}{2} + \left(\sqrt{3}/2\right)i$ **45.** $-e^2$
47. $\cos 3\theta = \cos^3\theta - 3\cos\theta\sin^2\theta,$
$\sin 3\theta = 3\cos^2\theta\sin\theta - \sin^3\theta$

索　引

さ

し

す～そ

た

ち～と

な 行

は

ひ

ふ

へ

ほ

ま 行

や 行

ら 行

わ

[翻 訳]

伊藤雄二（いとう ゆうじ）

1957年 米国エール大学数学科 卒業
1962年 米国エール大学数学科博士課程 修了
米国ブラウン大学教授,
立教大学理学部教授,
慶應義塾大学理工学部教授を歴任
慶應義塾大学名誉教授
専攻 エルゴード理論，確率論
Ph.D. in Mathematics

秋山仁（あきやま じん）

1969年 東京理科大学理学部応用数学科 卒業
1972年 上智大学大学院理工学研究科修士課程 修了
東海大学教授を経て,
東京理科大学 教授
専攻 離散幾何学，グラフ理論
理学博士

第1版 第1刷 2018年9月3日 発行

スチュワート 微分積分学（原著第8版）
Ⅱ. 微積分の応用

訳 者 伊藤雄二
秋山仁

発行者 小澤美奈子

発 行 株式会社 東京化学同人
東京都文京区千石3丁目36-7（〒112-0011）
電 話（03）3946-5311・FAX（03）3946-5317
URL：http://www.tkd-pbl.com/

印 刷 株式会社 木元省美堂
製 本 株式会社 松岳社

ISBN978-4-8079-0874-5
Printed in Japan

スチュワート
微分積分学
全3巻

James Stewart 著

I. 微積分の基礎

伊藤雄二・秋山　仁 監訳／飯田博和 訳

B5判　カラー　504ページ　定価：本体3900円+税

【主要目次】関数と極限／導関数／微分の応用／積分／積分の応用／付録(数, 不等式, 絶対値／座標幾何学と直線／2次方程式のグラフ／3角法／和の記号Σ／定理の証明)／公式集／解答

II. 微積分の応用

伊藤雄二・秋山　仁　訳

B5判　カラー　536ページ　定価：本体3900円+税

【主要目次】逆関数：指数関数, 対数関数, 逆3角関数／不定積分の諸解法／積分のさらなる応用／微分方程式／媒介変数表示と極座標／無限数列と無限級数／付録(2次方程式のグラフ／3角法／複素数／定理の証明)／公式集／解答

III. 多変数関数の微積分

伊藤雄二・秋山　仁　訳

B5判　カラー　約440ページ　定価：本体3900円+税

【主要目次】ベクトルと空間の幾何／ベクトル値関数／偏微分／重積分／ベクトル解析／2階の微分方程式／付録(複素数／定理の証明)／公式集／解答